国家出版基金资助项目

影响数学世界的猜想与问题

佩捷　王忠玉　欧阳维诚　编著

从费马到怀尔斯
——费马大定理的历史

From Fermat to Wiles
—The History of Fermat's Last Theorem

哈爾濱工業大學出版社
HARBIN INSTITUTE OF TECHNOLOGY PRESS

内容简介

本书介绍了关于费马大定理的历史,并详细介绍了证明费马大定理的艰难历程.本书适合大中学数学爱好者参考阅读.

图书在版编目(CIP)数据

从费马到怀尔斯:费马大定理的历史/佩捷,王忠玉,欧阳维诚编著.—哈尔滨:哈尔滨工业大学出版社,2013.3

(影响数学世界的猜想与问题)

ISBN 978-7-5603-3809-5

Ⅰ.①从… Ⅱ.①佩… ②王… ③欧… Ⅲ.①费马最后定理-数学史 Ⅳ.①O156

中国版本图书馆 CIP 数据核字(2012)第 234584 号

策划编辑 刘培杰 张永芹
责任编辑 王勇钢
封面设计 孙茵艾
出版发行 哈尔滨工业大学出版社
社　　址 哈尔滨市南岗区复华四道街 10 号 邮编 150006
传　　真 0451-86414749
网　　址 http://hitpress.hit.edu.cn
印　　刷 黑龙江省教育厅印刷厂
开　　本 787mm×1092mm 1/16 印张 45 字数 830 千字
版　　次 2013 年 3 月第 1 版 2013 年 3 月第 1 次印刷
书　　号 ISBN 978-7-5603-3809-5
定　　价 198.00 元

朗兰兹

巴里·马祖尔

（1995年8月波士顿会议）

泰特

（1995年8月波士顿会议）

格哈德·费雷

（1995年8月波士顿会议）

肯·里贝特

（1995年8月波士顿会议）

所有的获奖者

大会主席马丁·格罗斯彻甘居幕后

1998年国际数学协会认可安德鲁·怀尔斯费马大定理的证明，授予其银质奖章

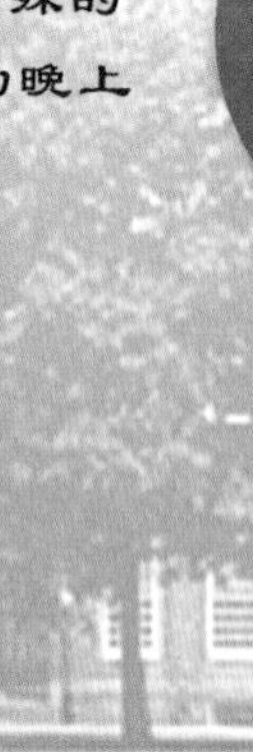

安德鲁·怀尔斯特殊的关于“数论20年”的晚上演讲拥有2300追随者

安德鲁·怀尔斯

怀尔斯的一天

费马

费马故居（图卢兹）

高斯

（C.F.Gauss，1777—1855）

MODULAR ELLIPTIC CURVES
AND
FERMAT'S LAST THEOREM

Andrew Wiles
(October 7, 1994)

INTRODUCTION

An elliptic curve over Q is said to be modular if it has a finite covering by a modular curve of the form $X_0(N)$. Any such elliptic curve has the property that its Hasse-Weil zeta function has an analytic continuation and satisfies a functional equation of the standard type. If an elliptic curve over Q with a given j-invariant is modular then it is easy to see that all elliptic curves with the same j-invariant are modular (in which case we say that the j-invariant is modular). A well known conjecture which grew out of the work of Shimura and Taniyama in the 1950's and 1960's asserts that every elliptic curve over Q is modular. However, it only became widely known through its publication in a paper of Weil in 1967 in [We] (as an exercise for the interested reader!), in which moreover Weil gave conceptual evidence for it. Although it had been numerically verified in many cases, prior to the results described in this paper it had only been known that finitely many j-invariants were modular.

In 1985 Frey made the remarkable observation that this conjecture should imply Fermat's Last Theorem. The precise mechanism relating the two was formulated by Serre as the ϵ-conjecture and this was then proved by Ribet in the summer of 1986. Ribet's result only requires one to prove the conjecture for semistable elliptic curves in order to deduce Fermat's Last Theorem.

ANNALS OF
MATHEMATICS

TABLE OF CONTENTS

SECOND SERIES, VOL. 141, NO. 3

May, 1995

ANMAAH

数学年刊的封面

世界数学领袖，
德国数学家希尔伯特
（1862-1943）

外尔（1885-1955）

瑞士苏黎世工业大学，1897年
第一届国际数学大会在此举行

匈牙利传奇数学家爱尔特希（1913—1996）

怀尔斯（1953-　）证明了费马定理后在费马墓前留影

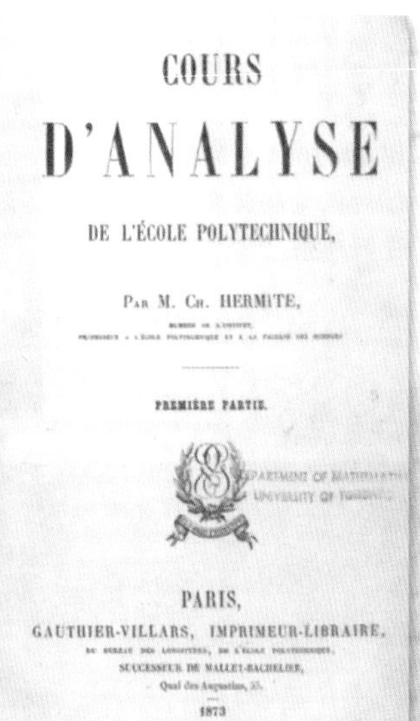

COURS

D'ANALYSE

DE L'ÉCOLE POLYTECHNIQUE,

PAR M. CH. HERMITE,

PREMIÈRE PARTIE.

PARIS,

GAUTHIER-VILLARS, IMPRIMEUR-LIBRAIRE,

SUCCESSEUR DE MALLET-BACHELIER,

Quai des Augustins, 55.

1873

(Tous droits réservés.)

1887年的埃尔米特（1822—1901）及其《微积分》

DIOPHANTI
ALEXANDRINI
ARITHMETICORVM
LIBRI SEX,
ET DE NVMERIS MVLTANGVLIS
LIBER VNVS.

LVTETIAE PARISIORVM,
Sumptibus SEBASTIANI CRAMOISY, via
Iacobæa, sub Ciconiis.
M. DC. XXI.
CVM PRIVILEGIO REGIS.

1621年拉丁文版的
《算术》的封页

法国邮局在费马诞辰400周年
发行的邮票。费马的微笑诱
惑了数学人长久的探索

红条中写有
“ANDREW WILES 1995”，
表示费马定理终被怀尔斯
于1995年证明。该邮票由捷
克发行，以纪念2000年世界
数学年

阿贝尔
（N.H.Abel，1802—1827）

埃米尔·阿廷

(Emil Artin)

海尔穆特·哈塞

(Helmut Hasse)

菲尔兹奖1954年得主赛尔(左)与1966年得主格罗滕迪克摄于1958年

⊙前言

天才的产生从来就不是均匀的，中国素有江浙多才子之说，尤盛产状元．明清两朝共有状元郎203名，江浙籍人士即有105名，占据全国半壁江山．

数学家的产生也有很强的地域性，甚至胡毓达教授还写了一本名为《数学家之乡》的书，专门收集了祖籍温州的中国著名数学家，竟达几十位之多．在国际上数学家群体也是分布不均的，尤以英、法、德、美居多．

本书讲述的是一个源于法国终于英国的数学传奇．提到法国，人们自然会想到埃菲尔铁塔、凯旋门、香榭丽舍大街和拿破仑．其实喜欢人文的我国读者对法兰西文化也是不陌生的，在文学领域中巴尔扎克、斯汤达、大仲马、雨果、乔治·桑的小说曾使我们手不释卷，艺术领域中德拉克洛瓦、科罗、库尔贝、莫奈和米勒的绘画也曾令我们如痴如醉．

如果说到哲学，法国那些灿若繁星的哲学大师则更为我国读者所熟悉，正如黑格尔所断言：关涉到文化有两种最重要的形态，那就是法国哲学和启蒙思想，这里既有深邃理论的探索，也有诚挚感情的抒发，既有《百科全书》主编狄德罗，也有一代宗师，启蒙运动的先驱伏尔泰，以及让·梅利叶、孟德斯鸠、卢梭、孔狄亚克、霍尔马赫、马布利等等．

然而就在我们津津乐道于科罗作品的梦幻境界为绘画增添了诗意，拿破仑三世曾一度撰写《凯撒传》，福楼拜因创作小说

《包法利夫人》而遭控告,波德莱尔的诗集《恶之花》被删砍等文坛掌故时;在人们为拉美特利的“人是机器”,爱尔维修“自爱是人的本性”,摩莱里“私有制是万恶之源”的宏论拍案称奇时,人们可曾想到对法兰西的科学,我们又了解多少呢?作为科学的皇后——数学,法国有什么贡献?法国有哪些数学大师?对这些我们又知道多少呢?

法国是一个科学大国,法国的世界大国地位与其说是由其经济实力所决定,倒不如是说由其科技实力所奠定.蔡元培先生早在1928年2月6日欢迎法国大使马德尔演说词中就指出:

> “不久以前,我国某处有一个小学教员,命学生把他们最看得起的一个外国举出来.结果,列强及瑞士、比利时等,都得到一部分学生的崇拜.有的国家,因为它的殖民地是世界上最多;有的国家,因为它的财富是世界上第一;有的国家,因为它的维新 modernis—atio 是世界上最快.法国也得到许多小学生的崇拜,不过小学生崇拜它,不是因为它的殖民地多,不是因为它富庶,也不是因为它能学人家,能维新,却是因为它的文化发达的成就最高.法兰西的文化,在中国小学生的眼光中,已经有这么正确的判断,那在成人的眼光中,更不必说了.
>
> 所以我们今天欢迎马德尔公使,不是因为他是强大盛富的国家的代表,法国尽管是强大盛富,却是因为他是文化极高的国家的代表.”

法国是世界上最盛产数学思想的国度,曾经是世界数学的中心.法兰西民族是世界上数学家辈出的民族,翻开任何一本数学著作映入眼帘的总少不了法国数学家的名字,从近代的韦达、笛沙格、笛卡儿、费马、达朗贝尔、拉格朗日、蒙日、傅里叶、柯西、伽罗瓦到现代的庞加莱、勒贝格、托姆及布尔巴基学派.

在这本书中,我们将选取在近代数学中最具传奇色彩的一位法国数学家来讲叙他和他的猜想的故事.要找到这样一位传主是很困难的.美国第一家现代报纸,1833年7月30日在纽约创办的《太阳报》的一位编辑约翰·博加特曾说过:“狗咬人不是新闻,人咬狗才是新闻.”同样,写职业数学家如何证明或提出数学猜想,除了专家以外,很少有人会感兴趣的,因为这是意料之中的事,是他在做自己该做的事,不具传奇色彩.说到传奇,那么他应该完全是一位并不专门从事数学的业余数学家,如果他再是世界业余数学家之王就更好了.这个唯一的人选就是法国律师费马.首先,是因为怀尔斯那轰动全球的讲演,怀尔斯的证明气势宏大,可谓黄钟大吕,史无前例.它宣告了费马大定理这桩长达350年之久的历史悬案在20世纪末彻底结案,数学将翻开新的一页.而且在费马大定理长达350年的历史中,它一直充当了人类智力极限的计量表.法国一位悲观的

物理学家曾断言,人类的智力已达到了极限,例证之一就是费马大定理.传说犹太王大卫的戒指上刻有一句铭文"一切都会过去".但在契诃夫小说中却有一个人反其意,在自己的戒指上也刻了一句铭文"一切都不会过去".

如果说怀尔斯宣布了费马猜想已经成为过去,那么本书将告诉你:它不会过去,费马永远在我们心中! 费马大定理曾引"无数英雄竞折腰",而人类又以特有的坚韧一步步向目标逼近,可谓筚路蓝缕,艰苦卓绝,在征服费马大定理的征途中留下了一系列里程碑般的著名的定理.这些定理如同英国索尔兹勃里平原上的巨石群那样,永远巍然矗立.可以将其视为数学史上的一大景观和人类对未知领域不懈探索的顽强精神的见证.作为一个现代人没有到此一游的经历,应该是很遗憾的.

更令人感到遗憾的是,最初新闻出版界对此事的冷漠和迟钝,就在全球新闻媒介为怀尔斯而疯狂,世界各大报刊铺天盖地、连篇累牍的时候,我们却出奇地冷静,只有《中国科学报》和《上海经济导报》报导了此消息,是什么原因呢?这似乎与世界名著受冷遇原因相同,在一篇分析名著被搁置的原因的文章中道出了其中的原因:

> "我们所处的这个信息、媒介异样发达的时代,有谁想过,恰恰是最容易淹埋真实事物和事物本质的时代呢? 因为发达,所有浮泛的、虚假的、劣质的、琐碎的东西得以传播和泛滥、流行和传染,它们实际上正联合起来,谋杀那些最有价值的东西!
>
> 这样的谋杀和误导,正时时刻刻发生在我们身边,混乱着我们的生活.而名著的搁置,只是其中的一部分.一切发展和进步都藏着它的悖论和反效果,就像人们都摆脱不掉自己的影子一样,近两年才有了一些转机."

对于为什么要读名著这个问题,有人的回答是:只有读名著你才可能知道别人的深度.同样只有读这些著名猜想的解决历史你才可能了解人类思维的深度.客观地说:这本书也可以算做一本中级科普读物.科普传统由来已久,科学需要普及,数学尤甚之,因为它面临着双重的需要,大众与数学家.大众需要了解,数学家需要解释.

中国人一直把学习数学当做一件很神圣的事,视为一生中的一件大事.中国有首古诗夸张地表达了这种对数学的崇敬之情.

人生世不能学算,
如空中日月无光;

即学书不学其算,
俾精神减其一半.

十几年前书市曾有一本十分走俏的书叫《曾国藩家书》,多次再版,颇受欢迎.曾国藩在中国历代封疆大吏中可算是博学者(他本人曾是道光进士),并治家有方,《曾文正公全集》颇受现代人欣赏,他本人曾因为不通晓数学而自责,并嘱其子孙认真习之,因此后代多为科技界精英.例如,他的第五代子孙曾宪衡为湖南医科大学教授,曾宪衡之子曾群曾在中国科技大学少年班学习,后入哈佛大学攻读博士学位.

曾国藩本人也大力擢用数学家,清代著名数学家华衡芳曾在曾国藩府中作嘉宾,并多次被保举,一生与曾国藩洋务运动结下不解之缘.而华氏则是极力推崇数学重要性的数学家.他在其长达12卷之巨的《学算笔谈》中认为:"故深于算法者可以析至纷之数,穷至赜之理,选至精至奇之器,奇造化之极舆,池天人之秘奥.国家因此而富强,天下俱得其便利,其功岂浅鲜哉!"

由于这种心理价值取向的引导,我国一直有着良好的数学科普传统,而且非常成功.比如早在1953年老一辈数学家孙泽瀛曾编写过一本《数学方法趣引》(中国科学图书仪器公司出版)的小书,此书在当时引起强烈反响,其中介绍的"柯克曼女生问题"和"斯坦纳系列问题"吸引了一个当时哈尔滨电机厂生产科叫陆家羲的统计员,从那时起,他经过30多年的拼搏,终于攻克了这一世界难题,成为中国数学界的骄傲.这就是科普书籍该起的作用,它虽然不能告诉你登月球的方法,但它却极力向你讲述那里是琼楼玉宇、玉兔折桂的仙境,让你想往,让你着迷.眼下科普似乎有更重要的功效.因为现实的境况在不断地逼迫人收紧视野,先去关注眼前的物质需要,这使人缺乏理性,粘滞于世俗功利.但有了钱并不能就天圆地方,自足自在,精神生活也是人类所必需的.正如爱德华·杨(E.Young)1728年所写的一首诗"Love and Fame"中所说

"哲人虽然贫穷,
　却是精神富翁;
生性俭朴寡欲,
　小获便有大兴.
愚者贪得无厌,
　炫耀、虚幻、拚命;
追求物质享受,
　每每万事皆空.
贪婪的恶水,

一旦淹没欢乐的土地,
人生的快乐,
就会变成梦幻泡影;
就好似耗子,
钻进了狭窄的风箱,
拚命地挣扎,
也解救不了垂危的生灵."

精神的滋养是长期的,正如王国维在其《人间词话》中所说"夫物质的文明,取诸他国,不数十年而具矣.独至精神上之趣味,非千百年之培养与一二天才之出不及此".

当然有人说讲实际、重功利是以西方为榜样,实际上东西方情况完全不同,西方虽然在俗世生活中重功利、重物质,可是在俗世生活外还有宗教生活,可以使人在这个领域内汲取精神的资源,以济俗世生活的偏枯.而在中国,没有超越的领域.一旦受到功利观念的侵袭,则整个人生都陷于不能超拔的境地.

而从某种意义上说,科学特别是自然科学可以暂时充当这种超越的领域.学习科学、热爱科学也可看成是"逃避日常生活的折磨人的粗鲁和绝望的空虚,是由纯个人的存在走向认识客观世界的和谐的形式之一".爱因斯坦曾说过:"这种动因,可以同满腹忧愁相比较,这种忧愁不可遏止地促使市民从一般喧嚣和混乱的环境中走入平和的高山区域,在这里,山峰上新鲜而怡静的空气渗入肺腑,那仿佛为世世代代建立的永恒的宁静使他心旷神怡."

这就是爱因斯坦醉心于科学的自我解释,当然这也可以当做老百姓的一种活法的选择.

如果本着这样的目的,选择数论来作科普是再合适不过的了.因为在数论这门最古老,但又是永葆青春的数学分支中,不时会提出精彩的、独特的问题:就其内容而言,它们是如此初等,每个中学生都能理解,它们通常是关于数字世界遵从的某一个很简单的法则,这些法则对于所有已经验证过的特殊情况都是正确的,但是,要求查明它们实际上是否总是正确的.这样,尽管问题看起来简单,但是,为解决它们,往往要用上好几年的时间,有时,甚至困惑历代最著名的学者达几百年.您应会承认,它们使人心向神往.

其次,数学的普及对数学家来说也是至关重要的,往低了说,因为他们花着纳税人的钱在搞研究,他们有义务让纳税人知道他们在干什么.往高了说,社会给了数学家在社会声望排序中很高的地位,数学家也需要向公众解释或说明一下他配占据这一地位.而现在的数学家似乎无不陷入一种矛盾的心理中,一方面是由于庆幸掌握了某种深奥理论和高深技巧所带来的强烈的自豪感,而另一方面却是惧怕自己的理论不被外界理解而产生的懊恼与孤独感.这有点像白居易《卖炭翁》中卖炭翁"可怜身上衣正单,心忧炭贱愿天寒"的两难境地.

无疑,数学是艰深的,现代数学语言是人类现存的最难掌握的、外行人根本无法破译的语言.

1992年2月26日在挪威特隆赫姆举行了纪念挪威著名数学家李(S. Phus Lie)诞辰150周年的挪威皇家文学理科学院大会上巴思(Nils A. Bass)说:

> "用普通语言来叙述一位数学家的工作是一个困难的任务,让我们引用一段西洛(L. Sylow)所做的关于李的纪念演讲:'数学家比任何其他科学家要更加不幸,因为他的工作不能向受过良好教育的一般公众,甚至科学界的一般听众表述和解释,要是能够感受一个数学定理特殊的美或者欣赏这门科学已经完成部分的推理思路,他就必须是位数学家.'"

数学的极端形式化(从布尔巴基开始的),不仅阻碍了一般公众了解和欣赏数学的可能,而且有时甚至连职业数学家都大叫其苦.特别是有许多人病态地将这种形式化倾向发展到了不可理喻的地步.阿诺德(Arnol'd. VLadimir Igorevic)是前苏联著名数学家,他曾成功地证明了希尔伯特第十三问题(不可能用只有两个变数的函数解一般的7次方程),是一位世界级大师.当有一次记者采访他,问他"关于数学,你念些什么?"他回答说:对于我来说,要想读当代数学家们的著述,几乎是不可能的.因为他们不说"彼嘉洗了手",而只是写道:

> "存在一个 $t_1<0$,使得这 t_1 在自然的映射 $t_1\to$彼嘉(t_1)之下的象属于脏手组成的集合,并且还存在一个 $t_2, t_1<t_2\leqslant 0$,使得 t_2 在上面得到的映射之下的象属于前一句中定义的集合的补集."

这种令人费解的现象用经济学家"庸俗"的观点解释就是:在市场经济环境下,只有稀缺的才能才可能是高价的.所以社会各行业都有保持从业人员稀少的倾向,于是修高门槛,提高进入成本便是最佳方法,这其中当然包括引入过繁过难的符号(西医用拉丁文写药名,中医用只有行内才认识的天书写药方均同此理).这种形式化倾向在中学数学中也有反映,许多人在评价法国中学数学改革方案时激烈地抨击说:人们往往错误地认为严密的论证就是形式主义.因此,花了很多时间去给出十分抽象的、复杂的定义,使用了过多的符号,以至数学课成了语法修辞课,要学生完成的许多练习往往是毫无趣味的,例如,要教给14岁的学生仿射直线的正式定义是:"一条仿射直线就是一个集合 D,它带有双射

$\sigma D \to R$,这个双射要满足以下一些性质……"这显得相当可笑,以至一个讽刺杂志特地刊登了这个定义,把它作为一个笑料.躲在象牙塔中闭门苦修的数学家与成千上万渴望了解数学的人之间的关系,颇像一个国外幽默所描述的那样.

> 记者问体育场工作人员彼得,足球对体育有什么贡献."什么贡献?一点儿也没有!""一点儿也没有?"记者吃惊地问."你能说得详细一点儿吗?""当然."彼得说:"你想想看,足球使22个需要休息的人在场上拚命地跑,而4万个需要运动的人却坐在那里傻看."

所以说,好的数学科普著作是在大众与数学家这两极之间架起一座互相沟通理解的桥梁,数学科普著作会将读者领入一个陌生的领域,告诉人们什么是现代数学,数学家整天在忙些什么.沃尔夫岗·克鲁尔在其《数学的审美观》(见李砚祖主编.艺术与科学(卷一).清华大学出版社,2005.P.175)中指出:与其他大多数学科的代表人物相比,数学家在交流过程中受到极其不利条件的影响,法学家、语言学家、生物学家、化学家和物理学家——所有这些人都可以与未入门的门外汉谈论他们的专业.或许他们不能完全解释那些令他们深思的问题,但他们很容易对那些表层的问题给予一个综合的描述,使他们的听众感兴趣并表示感激.

而在数学中完全不是这样!看来要理解数学真需要一种特殊的第六感官.具有这种感官的少数人会热情地投入这门科学,而其余人就会尽可能远离它,或认为它毫无价值.当然这种隔绝也给数学家们一种好处:他们不必像其他专业人员那样,他们很少在社会集合中试图与外行人作专业对话.但是数学家们并不总是甘于这种隔绝状态.

我今天对此感到特别苦恼.因为我如此热切地想给你们说明那种使我迷恋数学的极富魅力的观念.

另外,科普书与所谓的入门书又有一定区别,有些入门书是为准专家写的(如冯克勤先生的《代数数论入门》,千万别以为可以轻易入门).以费马大定理为例,目前有许多关于费马大定理的入门书,但一般人想读懂它们也是非常之难.1977年美国数学史专家纽约大学数学教授哈罗德·爱德华斯(Harol d M.Edwards)曾写了一本著名的入门书《费马的最后定理》(《Fermat's Last Theorem》),长达410页,他本人曾为此获得美国数学会1980年的一项大奖——Steele奖.此书详细介绍了直到20世纪70年代费马大定理的进程,然而近代从法尔廷斯开始的有关费马大定理的工作又都是跟椭圆曲线相联系的,而要想了解什么是椭圆曲线及它与费马大定理的关系,那又得读西尔弗曼(JosephH.Silverman)的《椭圆曲线的算术理论》,真可谓"路漫漫其修远兮".加拿大数学会最新编辑的一本关于费马大定理近期进展的巨著《SEMINAR ON FERMAT'S LAST THEOREM》正在我国数论界流传，它对普通读者来说绝不亚于天书.所以说，对那些有一点数论知识(初等数论、代数数论)，不想作研究，仅想了解一下费马大定理的历史的人来说，甚至仅了解一点整数知识而对费马本人感兴趣的读者来说，读本书是合适的.

数学是需要普及的.同时，数学真正意义下的普及又是极其困难的.首先是因为这项工作不具功利性，甚至比纯数学研究还缺乏功利倾向，而基础数学正是由此受到许多国家政府的冷遇.以美国为例，美国 Exxon 研究与工程公司总经理戴维(Edward E. David)博士曾在《科学美国人》中撰文呼吁美国联邦政府加强对数学基础研究的财政支持，尽管到 1989 年美国用于基础数学的经费已达 1 800万美元，虽然对我国来说已近乎天文数字，但和美国其他基础科学相比仍十分不足.所以，在美国，研究数学的人自称为"敢死队"，因为相比较而言，那里的数学教授年薪最低，而这些人因热爱数学而不悔，因为有了他们才有了独执世界数学发展之牛耳的美国数学界，而不是单靠投资.现在再来看看数学普及工作，如果说政府不重视基础数学研究是因为数学对整个社会的功利需求无法快速满足，那么数学普及面临的另一个难题是由于它自身的性质所决定的不具独创性，所以这同时又满足不了那些欲在学术圈中"争名逐利"的数学家的"名利欲"，其实这是推动数学研究的健康动力之一，是深植于人性之中，无可非议的，所以尽管美国政府已开始重视数学的普及，美国数学会也在大力提倡人们写说明性和解释性的文章，借以普及现代数学，但这项工作一般说来，由于以上原因，在美国数学家眼中的价值不高，所以真正的精品并不多见.中国的情况也是如此：十几年前由中国科学院学部联合办公室、中国工程院学院工作部和《科学时报》共同策划，组织两院院士撰写，由清华大学出版社暨南京大学出版社联合出版的跨世纪科普工程——《院士科普书录》的作者中我们只发现了少数几位数学家：吴文俊、刘应明、林群、张景中 4 位与总数 176 位之比，仅为 2%，这与数学在自然科学中的地位极不相称.

中国科协主席周光召在"高士其星"命名仪式上强调指出：科普工作是整个科学、社会体系中不可缺少的一部分，科普工作的对象不仅包括青少年、领导干部，也包括科学家，科学的发展要求许多跨学科的交流和互相促进.例如，数学界最新的发展除了少数科学家以外鲜有人知，这就需要数学家进行一定的科学普及工作，使他们的研究成果为全社会所享有.

此外，还有一种观点使得数学科普流于文艺化，从而丧失了它的精髓——科学化.有位著名数学家曾对是否是一个好的数学问题提出了一个判别标准是："它能讲给你的外祖母听."此话固然不错，数学中许多著名猜想，特别是数论中许多猜想真就能讲给老人家听，但千万不要将听懂和真正的理解搞混，虽

然表面上结果是一样的,但过程迥然不同,而科普往往追求的是过程.这就像老奶奶不只一次给外孙讲嫦娥奔月的故事,但它和阿波罗登月计划却是完全两回事.以往一提到科普著作很多人会联想到类似凡尔纳科幻小说的笔法,其实随着时代的发展,这种有媚俗之嫌的笔法早已不需要了.前苏联作家和科学家N·叶费列莫夫说:"优秀的科普书籍和文章吸引着比今天的文艺作品多得多的读者.在这样一些条件下,为了深刻地和独特地影响读者,文艺作品在科学知识普及中的那些老的手法已经不够用了……为了宣传科学知识必须赋以旅游、历险或侦探色彩的时代已一去不复返了.现在,科学在其积累的知识和效用的总和中本身就是有趣的."

数学科普也是要用数学本身的魅力去吸引读者,而绝不是仅靠几条名人轶事.对此中国科技大学的冯克勤教授(他是国内费马问题的权威)有精辟的论述,他曾风趣地讲了一个源于法国数学家托姆(Thom)的一个民间传说.有一次,托姆和两位古人类学家讨论这样一个问题:我们的祖先第一位想保留火种的动机是什么?一位古人类学家说:是由于想吃熟食.另一位则说:是想取暖.而托姆则有不同的看法.他认为:第一个想保留火种的人,首先是由于在黑暗中被美丽的火焰弄得神魂颠倒.我想,对于一位数学教师来说,如果他使班上学生都取得很好的成绩,他是一个努力的教员;只有他能使学生(即使是一部分学生)对数学着了迷,被数学火焰的美妙弄得神魂颠倒,他才是一位真正好的数学教员!

在今天,一本好的科普著作标准,应该是王元教授在其为单墫先生《趣味数论》中所作的序中提出的四个标准,即准、新、浅、趣.然而要想做到这点是很不易的.作者努力以这四个标准为尺度,尽全力悉心写作,虽然作者是学数学出身的,但对数论的学习和研究纯属业余爱好,决非专攻.另外,在费马猜想长达350年的历史中产生了浩如烟海的研究文献,法尔廷斯、怀尔斯等大师的非凡思想又是现代数学博大精深之典范,决非作者编写的几十万字的概括性介绍和评说所能充分表现出来的.

当然,数学科普著作只对那些对数学有兴趣的人才有用,而有些人命里注定要与数学无缘.法国数学家和哲学家朱尔·昂利·庞加莱(Jules Henri Poincaté,1854—1912)在其名著《科学与方法》一书中,提出了一个难解而又具有重大教育意义的问题——数学为什么难以理解?他指出:"有人不理解数学,这是怎么发生的呢?既然数学有助于所有正常思想都能接受的逻辑规则,既然数学的论据建立在对一切人都是共同的原理的基础上,既然没有一个不发疯的人会否认这一点,那么在这里为何出现如此之多不开化的人呢?并非每一个人都能够发明,这绝不是难以理解的;并非每一个人都能够记住一次学到的证明,这也可以略而不提.但是,当把数学推理加以解释之后,并非每一个人都能够理解它.我们考虑这件事,似乎是十分奇怪的."对这个问题庞加莱本人的回答是:(1)记忆力和注意力较差;(2)缺乏数学直觉;(3)过于依赖形象思维、直观思维;(4)缺乏正确的技艺.这四条中似乎只有第四条是可以后天培养的,而其余几条都是天生的,绝非读几本书就可以改变的.

编写这本书的原因有三.

第一,是费马猜想太著名、太令人想往了.如果把现代数学比做夏夜的星空的话,那么众多的数学猜想就是点缀于其间的星座.其中最为耀眼的当首推费马大定理,以至于著名数学家E·D·克莱姆在《现代数学的现状及其成长》中作了如下的比喻:"可以说,这个论断在数学中正如法兰西革命在现代史一样著名."英国数学家阿蒂亚说:

> "我们无法先验地看清楚费马的这个问题的重要性.事实上,它对数学的发展一直有着深远的影响.费马宣称得到了一个证明,但他没有地方把它记下来!在过去300年里,许多世界上最好的数学家被这一貌似简单的问题的难度所吸引,致力于证明这个费马的"定理",但只获得了部分成功.在他们奋力解决这个问题的过程中,引进了许多新的技巧与概念,它们已渗透到大部分数学之中.
>
> 于是费马问题扮演了类似珠穆朗玛峰对登山者(在成功登上之前)所起的作用.它是一个挑战者,试图登上顶峰的企图刺激了新的技巧和技术的发展与完善."

一个问题可能自身具有基本的重要性,它是进一步发展的道路上不可化解的障碍.在这种情形下,任何有关它的解答都代表了进步,都会被人们愉快地接受.然而,在很多情况下,并不能事先预测一个特殊的问题究竟有多重要.如果它很快就被标准的方法所解决,那它就没有多大意思.如果在长时间内用已知的方法对它都无能为力,并被列入经典问题的名单,那它就具备了作为挑战所需的潜在魅力.但是,正如四色问题所提示的,即使达到这种地位也不能保证它不落入虎头蛇尾的境地.判断一个"好的"问题的真正准则在于:在寻求它的解的过程中能产生新的有着广泛应用的强有力的技巧.费马大定理是这种意义下的好问题的典型例子.

在任何给定的时期内,数学都不乏各种类型的众多问题.通往解答的各个台阶,特别是那些包含了本质上的全新的思想的步骤,乃是数学进步的一种主要标志.这种观念已得到公认,因为所有的数学家,不管专业如何,他们本质上都是技巧熟练的艺人,器重用于解决长期未解决问题时的技巧.就是一点不懂数论的人都忍不住要赞美它,我国曾有一部中篇小说就叫《再见吧,费马》,描写

了一位证明费马猜想的业余爱好者.

第二,许多事情都是从不知深浅干起的,一个小学生如果知道将来等待着他的将是微分拓扑、积分方程、多复变函数论……非吓得逃离学堂不可.19世纪30年代,法国的一些青年数学家,创立了一个以法国将军命名的布尔巴基学派,他们的著作《数学原理》已出了多卷,被冠以世界数学著作之最,并被几乎所有的青年数学家奉为圭臬.但这一学派的主力,著名数学家让·迪厄多内(J. Dieudonne)回忆说:"当时我的代数知识不超过预科数学、行列式以及一点方程的可解性和单行曲线,我那时已经从高等师范学校毕业,却不知道什么是理想,而且才刚刚知道什么是群."可以说当时距离写《数学原理》相差甚远,可贵的是,在这种条件下,他开始了并且成功了.

正如迪厄多内所说:"从我个人的经验来看,我相信,假如我没有被迫起草那些我一点都不懂的问题,并且设法使它通过,那我就不可能完成我已经完成的工作的四分之一甚至十分之一."

第三,对于费马大定理这样一个超级题材,世界各国均有大量通俗读物及综述文章来介绍,据台湾高雄大学应用数学系黄文璋教授介绍,在台湾可见到的就有康明昌、姚玉强、余文卿、李文卿、于靖、Cook 及 Cox 等人发表的文章. Stewart是一篇较通俗的文章,假借一位教授与乘坐时空隧道机回来的费马的对话,介绍过去300多年来费马最后定理探讨的演变,有趣且易读. Cipra 在《Science》发表关于费马大定理的通俗介绍,并罗列出近年来在该刊物发表的关于费马大定理的文章. Singh 和 Ribet 写的文章也很有趣,将问题的来龙去脉交待得很清楚, Aczel 写了非常好的回顾性专著.

这本小书中所引用的均是国外一些著名数学家有关费马大定理的通俗文章,由于时间关系在编译时参考了国内一些优秀数学家的译文与著作,如胡作玄先生、袁向东先生、冯克勤先生、冯绪宁先生、戴宗铎先生、史树中先生、陆洪文先生,等等.在此向他们表示最诚挚的谢意,正是由于他们的引介,才使得国人得以了解当今数学主流——代数数论的发展.

另外需指出的是由于时间的紧迫,使得写作时间很短,错误与不足显然会很多.按说数学著作的写作周期,应该是很长的,这是严谨的治学态度的必然结果.例如前面提到的那套《数学原理》的第一部分整整用了30多年才出版完毕,为了完成一卷著作,布尔巴基的成员可以8次、10次地推翻手稿一年修改一次或重写一次,要经过10多个年头才最后去付印.虽然这本小书无法和皇皇《数学原本》相比,但严谨的写作态度应该是可以学习的.正如美国经济学家保罗·A·萨缪尔森、威廉·D·诺德豪斯在其名著《经济学》(第12版)的结束语中写到:"有的时候,我们在学习经济学中所寻求的是哲人之石,得到的却是沙滩卵石."

对于费马大定理来说,我们又何尝不是如此呢?

在意大利数学家皮耶尔乔治·奥迪弗雷迪(Piergiorgio Odifreddi)所著《数学世纪——过去100年间30个重大问题》(胡作立、胡俊美、于金青译.上海科学技术出版社,2012年1月,P.64)所写:1999年,布赖恩·康拉德(Brian Conrad),理查德·泰勒(Richurd Taylor),克里斯托弗·布留伊(Christophe Breuil)和弗雷德·戴蒙德(Fred Diamond)最终完成了怀尔斯的工作.他们证明了:对于非半稳定椭圆曲线,谷山猜想同样为真.而此时谷山早已因感情原因自杀身亡多年.

1924年6月,由袁世凯中央政府出资10万大洋为宋教仁修了个宋园.在宋园正中立了宋教仁全身坐像,坐像背面的铭文为"于右任撰语康宝忠书字"前二句为:

"先生之死,天下惜之.先生之行,天下知之."

仅以此书纪念那些在攻克费马猜想途中倒下的先烈,同时也彰显那些健在勇士们的丰功伟绩.

刘培杰

2012.10

于哈工大

⊙ 目录

上篇　攻克费马大定理的历程

中篇　费马对数学的贡献及其影响

上篇

To Fermat's Last Theorem

攻克费马大定理的历程

毕达哥拉斯——费马大定理的原始雏形提出者

第一章

1. 指环王之子——毕达哥拉斯

关于毕达哥拉斯(Pythagoras,约前572—前480年)的生平,历史记载有许多矛盾之处,这符合一个神秘人物的特征.

比较主流的说法是毕达哥拉斯大约于公元前570年左右出生于小亚细亚沿海的萨摩斯岛,他的鼎盛时期是公元前532~前529年,第欧根尼·拉尔修说他的父亲涅萨尔科是一个指环雕刻匠,但也有许多古代记载说他是一个商人,富裕的商人.也有人坚持认为他是古希腊音乐、诗歌和舞蹈之神阿波罗之子,英国著名哲学家罗素说得好:"到底哪种说法对,我看还是让读者自己选择吧!"

萨摩斯是伊奥尼亚人建立的殖民城邦,和米利都、爱菲索等地隔海相望,它地处海上交通要道,和小亚细亚腹地、埃及、黑海地区,以及居勒尼、科林斯等地有广泛的贸易往来.

世纪以来,萨摩斯就是当时地中海地区主要的和最富裕的城邦之一.据说这种富饶源于一次海格立斯神柱范围以外的传奇的航行(即越过直布罗陀进入大西洋).萨摩斯人的船队回来的时候满载"人所共知的财富",也正是有了这些在神秘的气氛之中得来的财富,萨摩斯才得以成为和埃及、西班牙这样远离自己的殖民地通商的主要贸易伙伴.一个殖民地设在西班牙南部的塔蒂萨斯(一个古老的地区,旧约全书中称之为“塔尔希斯”.甚至在史前的古希腊神话中也有所提及).这个殖民地有银矿,而且坐落在海格立斯神柱的范围以外西南海岸,这就足以说明那次最早的传奇航行的原因.毕达哥拉斯活动的时代,萨摩斯正由波吕克拉底实行僭主政治.在波吕克拉底的统治下,萨摩斯达到了前所未有的繁荣和强盛.它依靠强大的海军,一度统治了伊奥尼亚地区,击败了当时该地区的海上强国米利都和列斯堡的联盟;它还缔造了当时希腊世界的三项伟大的工程:一是欧帕利努(Eupalinus)领导掘建的隧道(1882 年重新发现),二是洛厄库斯(Rhoecus)建造的伟大的神庙,三是巨大的海港防波堤(它在海中的界线现在还可找到).所以,在波吕克拉底统治下的萨摩斯,是当时希腊世界主要的政治、经济和文化的中心之一,他本人也被希罗多德称为伟大的僭主:

> “除去叙拉古的僭主以外,希腊人中的僭主没有一个其伟大是可以和波吕克拉底相比的.”

毕达哥拉斯在青少年时代就热衷于研究学术和宗教仪式,到过希腊各地和外国.古代记载有他和米利都学派的关系.杨布利柯说毕达哥拉斯曾问学于泰勒斯,泰勒斯感到自己年事已高,把他介绍给自己的学生阿那克西曼德,并劝他像自己一样到埃及去游学.波菲利则记载毕达哥拉斯直接听过阿那克西曼德的讲演.现代学者耶格尔据此认为毕达哥拉斯学派的数的学说和阿那克西曼德的学说有相似之处.另一位现代学者康福德则认为毕达哥拉斯学派的自然哲学是由两部分组成的,一部分是数学,另一部分是物理学;他们的物理学和阿那克西曼德的哲学有某种相似之处.这些记载和说法表明,毕达哥拉斯本人曾受过米利都学派的影响,历史上第一个科学的哲学家学派就是在米利都兴起的.这个伊奥尼亚滨海城市是繁忙的贸易和商业要塞,东南是塞浦路斯、腓尼基和埃及,北面是爱琴海和黑海,西向横渡爱琴海是希腊本土和克里特岛.米利都东面紧邻吕底亚,由此通往美索不达米亚诸帝国.米利都人向吕底亚学会了铸造金币.米利都港聚集着来自许多国家的航船.仓库里堆存着来自全世界的商货.因为使用货币作为储存价值和不同货物交易的普遍手段,米利都哲学家提出“万物是由什么造成的”这样一个问题,就不足为怪了.这一点对我们理解毕达哥拉斯学派的哲学思想颇有好处,他们的学说和伊奥尼亚的哲学是有联系的.

毕达哥拉斯还接受了锡罗斯岛的斐瑞居德(Pherecydes)的影响.第欧根尼·拉尔修说斐瑞居德是希腊人中第一个用希腊文写关于自然和神的著作的人,他还制造过许多奇迹.毕达哥拉斯和他结下了深厚的师生情谊,以致斐瑞居德病危时,毕达哥拉斯从外地赶来,亲自护理并为他营葬.在亚里士多德的残篇中也

讲到:“涅萨尔科的儿子毕达哥拉斯,起初勤奋地探讨数学和算术,后来却像斐瑞居德一样沉溺于兜售奇迹了.”

毕达哥拉斯到过埃及,并且在那里住了相当长的时间.据说他学习并通晓埃及文字,当过埃及的僧侣,介入埃及神庙中的祭典和秘密入教仪式,从而洞悉埃及的宗教思想和制度等.他在埃及时还被波斯国王掳往巴比伦等地,和当地的僧侣也有过来往.在希罗多德的《历史》中,也多次提到毕达哥拉斯和埃及等地的关系.比如,在《历史》第二卷第八十一节中谈到希腊人和埃及人都有这样的习惯:不能将毛织品带入神殿或与人一同埋葬,他说这是奥菲斯教派、埃及人和毕达哥拉斯一致的.在第二卷第一百二十三节中讲到埃及人有灵魂不灭和轮回转世的思想,说有些希腊人也采用了这种说法.希罗多德说:“这些人的名字我都知道,但我不把他们记在这里.”多数学者认为他所说的这些希腊人中,就包括毕达哥拉斯.又如第二卷第三十七节中说到埃及祭司有许多教规,如不许吃鱼,不许吃豆子等,实际上就是后来毕达哥拉斯学派的教规.古代埃及和巴比伦很早就有几何学和算术的知识,毕达哥拉斯的数学知识是否是从他们那里学来的?在西方学者中虽然有争论,但大体上应该说是可信的.据英国数学家哲学家罗素分析:毕达哥拉斯崛起的年代(前532年)正是帕利克拉脱斯的暴政时期,而有一个时期帕利克拉脱斯是埃及阿玛西斯的亲密同盟者.于是必然产生了毕达哥拉斯旅游埃及并从那里获得他的数学知识的传说.(伯特兰·罗素.《西方的智慧》.马家驹,贺霖,译.北京:世界知识出版社,1992年,P.19)

毕达哥拉斯从埃及等地回来后,就离开萨摩斯,移居到意大利的克罗顿去了.第欧根尼·拉尔修是这样记载的:“他进过埃及神庙,学习了关于神的秘密教规.后来他回到萨摩斯,发现他的母邦正处在波吕克拉底的僭主统治下,他就航行到意大利的克罗顿去了.”

毕达哥拉斯之所以离开萨摩斯,大概与他和波吕克拉底的关系不好有关.因为波吕克拉底是当时颇有作为的僭主,在当时奴隶主民主派和贵族的斗争中,僭主政治往往是有利于民主派的.许多学者根据这一点推论毕达哥拉斯是站在反民主的反动立场上,所以反对波吕克拉底的这种说法看来有理,但是根据不足,有点将事情简单化了.一个有作为的僭主不见得处处都是好的.希罗多德就记载了波吕克拉底是因为贪财和骄傲,不听忠告而被谋杀的.所以,毕达哥拉斯和波吕克拉底究竟是不是因为政治分歧而不和,这种分歧是不是民主和反民主的问题?都缺乏足够的事实根据去作出判断.

克罗顿在靴形的意大利南部靴跟上,地处布鲁提(今名卡拉布里亚 Calabria)地区东岸.它是在公元前710年左右,在密斯刻洛领导下,由希腊的阿该亚人建立的殖民城邦.当时还有希腊的美塞尼亚人在这里居住,不久就和邻近的另一希腊城邦锡巴里斯一起,成为强盛富裕的城邦.公元前6世纪左右,在意大利的这些希腊城邦,和伊奥尼亚地区的米利都、萨摩斯等相比,在政治、经济、文化上都比较落后,但和当时的希腊本土相比,却还是比较发达的.在毕达哥拉斯来到以前,克罗顿由于在萨伽拉战役中被邻邦洛克里战败,处于衰落地位.毕达哥拉斯来到以后,克罗顿在各方面的情况有了改进,以致在一个相当长的时期内,成为该地区最强大的一个城邦.公元前510年,克罗顿战败了锡巴里斯.

2.神秘组织——毕达哥拉斯盟会

克罗顿的这些变化,据说和毕达哥拉斯有关.毕达哥拉斯来到克罗顿以后,很快就吸引了一大批门徒,组成了毕达哥拉斯学派的盟会.这个盟会既是一个宗教信仰和研究科学的团体,又是一个政治组织.毕达哥拉斯成为人们崇拜的对象.对于这种情况,杨布利柯不无夸张地描述说:

> "克罗顿这个杰出的城邦,是毕达哥拉斯以他的教导获得许多门徒的第一个地方.他赢得了六百名以上的公民,他们不仅热衷于他所传授的哲学,而且还据说是财产共有的公社成员.他们按照毕达哥拉斯的教导,过共同的生活,这六百人都是哲学家.根据资料,还有许多号称为'信条派'的听众,他们是他到意大利作第一次讲演时就成为他的门徒的.还有二千名以上的听众,也被他的讲演说动,衷心信服,以致不再回家,和他们的妻子儿女一起建立了一个宏大的毕达哥拉斯学派的听众之家,被称为大希腊城.他们从毕达哥拉斯那里接受教导和法规,当做神圣的盟约那样遵循.他们和广大追随者一起继续保持它们,受到邻人的尊敬和赞美.已经说过,他们有公共的财产.他们几乎将毕达哥拉斯看成一个神,好像他原来就是一个有善心的精灵.有些人称他为皮提亚的阿波罗,有些人称他为许佩玻瑞的阿波罗,有些人称他为医药之神的阿波罗,有人认为他是居于月亮中的一个精灵,有人甚至说他是另一个人形的奥林比亚神.他向同时代人显灵,给世俗带来有益的新生活.由于他的降临,把幸福的火花和哲学带给人类,作为神的礼物,那是过去不曾有过的,也不能有更大的善了.因此,到今天还流传着,用最庄严的方式公开赞扬这个长头发的萨摩斯人."

毕达哥拉斯受到人们的格外尊崇,这在古代记载中几乎是一致的.柏拉图在《国家篇》中,讲到立法家莱喀古斯之于斯巴达,梭伦之于雅典,卡隆达斯之于意大利和西西里等所起的巨大作用时,一面谴责荷马,一面赞扬毕达哥拉斯说:

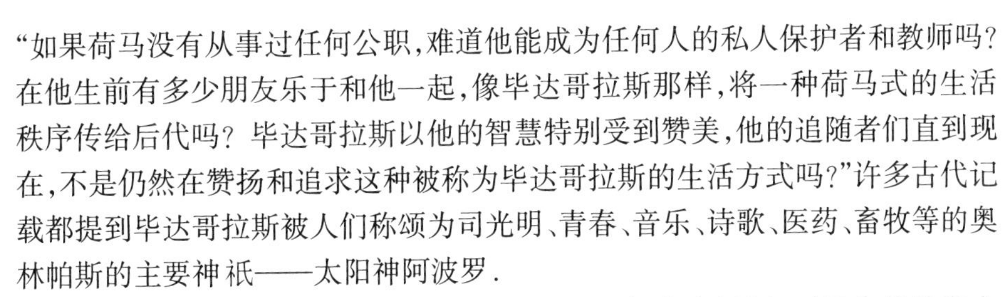

"如果荷马没有从事过任何公职,难道他能成为任何人的私人保护者和教师吗?在他生前有多少朋友乐于和他一起,像毕达哥拉斯那样,将一种荷马式的生活秩序传给后代吗?毕达哥拉斯以他的智慧特别受到赞美,他的追随者们直到现在,不是仍然在赞扬和追求这种被称为毕达哥拉斯的生活方式吗?"许多古代记载都提到毕达哥拉斯被人们称颂为司光明、青春、音乐、诗歌、医药、畜牧等的奥林帕斯的主要神祇——太阳神阿波罗.

毕达哥拉斯所组织的盟会,成为当地——不但在克罗顿,而且在其他意大利城邦——一个很大的有势力的组织.关于它的成员的划分,也有不同的说法.一种说法是:他的一些门徒,只有公共财产,过着共产的生活,他们被称为"毕达哥拉斯学派"(Pythagorean);另外一些教徒则可以保留私人财产,只是联合聚居在一个地方,他们被称为"毕达哥拉斯主义者"(Pythagorists).还有一种说法是:上面提到被称为"信条派"(Acousmatics)的门徒,主要接受毕达哥拉斯学说中的宗教神秘主义,另外一些学生则主要接受毕达哥拉斯学说中的科学方面,被称为"数理学派"(Mathematicians).

毕达哥拉斯的这个盟会,也就是一般被称为最早的毕达哥拉斯学派.它是一个宗教的、科学的和政治的组织.关于它在宗教和科学方面的活动,将在以下有关各节论述.现在主要讨论他们的政治活动方面.

根据第欧根尼·拉尔修的记载,毕达哥拉斯到克罗顿以后,"他在那里为意大利的希腊人立法,他和他的门徒获得极大的尊崇;他们几乎有三百人,出色地治理着城邦,把他们的政治搞成真正的贵族政治."

黑格尔也说,毕达哥拉斯所建立的教派,对意大利的多数希腊城邦有巨大的影响,甚至可以说这些城市是由这个教派来统治的,这种统治保持了很久.策勒尔一方面说,这些意大利城邦的大多数立法者都承认毕达哥拉斯是他们的老师,而且在他的影响下,克罗顿和整个希腊都重新建立了秩序、自由、文明和法律;另一方面又说,毕达哥拉斯的盟会成为当地贵族党派的中心,以致当由一些野心家煽动起来的群众反对传统的贵族政治的民主运动兴起时,各地的毕达哥拉斯学派组织都被捣毁了.

许多学者根据这些以及别的资料,做出结论说:毕达哥拉斯学派在政治上是代表反民主的贵族力量,是反动的.

但是,也有一些学者提出与此不同的看法.比如,伯奈特认为毕达哥拉斯盟会只是一个宗教团体,不是政治联盟.他认为,说他们偏袒贵族派也是没有根据的,第欧根尼·拉尔修所说的"贵族政治",并不是指从出生和财产上说的贵族,而是像柏林图在《国家篇》中使用的 Aristocracy 的意义,指好人或贤人政治.自称要以马克思主义观点研究古代社会的汤姆逊认为,毕达哥拉斯是当时在克罗顿出现的铸币的雕刻者.他由此以及一些别的根据,认为毕达哥拉斯学派所代表的阶级必定是新兴的富有的工商阶级;认为他们向传统的思想挑战,并且还从土地贵族方面夺取了政权,从而运用政权来推进商品生产的发展.他还用这个观点去解释毕达哥拉斯学派的学说.格思里多少同意这种看法,认为毕达哥拉斯属于有海外市场经验的新兴的工商阶级,他的贵族政治并不属于古老的土地所有型的,而是有很强的贸易关系的.写《毕达哥拉斯传》的戈尔曼也认为毕达哥拉斯到意大利的目的,是在各城邦中推行自由和民主,以消灭民众的不满.

我们介绍这些不同的意见,只是想说明:根据为数很少的资料,既不充分,也不准确,要以此为古代的哲学家下政治结论,是不大可靠的.

关于毕达哥拉斯盟会的被消灭,也是一个有分歧意见的问题.毕达哥拉斯和他的门徒们在克罗顿等城邦掌权,据说达20年之久.他们的影响遍及南意大利各地,直至西西里岛.大约在公元前500年左右,他们遭到了打击.过去许多著作说打击他们的是当时的民主派,可是,根据亚里士多德、阿里司托森、阿波罗多洛等人记载,毕达哥拉斯盟会遭到两股不同政治力量的反对,一股是以库隆(Cylon)为代表的上层贵族,一股是以尼农(Ninon)为代表的民主派.第欧根尼·拉尔修曾记载毕达哥拉斯遭到克罗顿的库隆的批评.根据阿里司托森的说法,库隆是一个富有而生活放荡的贵族,一个根据个人恩怨行事的人,毕达哥拉斯盟会拒绝他加入.

关于毕达哥拉斯是怎样死的,在第欧根尼·拉尔修的书中就记载了几种不同的说法:

> "毕达哥拉斯是这样死的.有一天,他和门徒们在米罗(Milo)家里,有一个人因为没有被收为门徒而心怀不满,放火将房子烧了.也有人将这件罪行归于克罗顿人,说他们害怕毕达哥拉斯会成为僭主.毕达哥拉斯是在逃走时被抓住的,他逃到一块豆子地时就停住了,说他宁可被捕也不愿穿过它,宁可被杀也不能糟蹋他的学说;这样,他就被割断了喉管."
>
> "可是,狄凯亚尔库却说毕达哥拉斯是在逃亡到墨塔蓬通的摩西神庙四十天以后饿死的.赫拉克利德(Heraclides)在他的《萨堤罗斯传略》中说,当他(毕达哥拉斯)在提洛埋葬了斐瑞居德以后,回到意大利,发现克罗顿的库隆大摆奢侈的筵席,就隐退到墨塔蓬通,不愿活下去而饿死的.另外,赫尔米波(Hermippus)却说,当阿格里根特人和叙拉古人作战时,毕达哥拉斯和他的学生站在阿格里根特部队的前锋,他们转变战线时,毕达哥拉斯试图避开豆子地,被叙拉古人杀死了."

从这些古代的不同记载,我们怎么能断定毕达哥拉斯盟会是因为站在反动

的奴隶主贵族一边,所以被民主派打击而失败的呢?

上述那一次打击,并没有能够摧毁毕达哥拉斯盟会和学派,他们的著名代表阿尔基波(Archippus)、吕西斯(Lysis)等人都逃掉了.他们只是遭到了暂时的挫折,后来还继续存在四五十年.可能是在公元前460年左右,毕达哥拉斯学派遭到更沉重的毁灭性的第二次打击.根据古罗马的历史学家波利比奥(Polybios)的记载,这一次反毕达哥拉斯学派的运动,漫延到整个南意大利.他们在各地聚会的场所纷纷被捣毁,在各城邦的领导人也被杀掉.结果导致一批毕达哥拉斯学派成员避居希腊本土,在佛利岛和底比斯等地建立起新的毕达哥拉斯学派的中心,主要代表人物有菲罗劳斯等人,他们的学说影响了智者柏拉图.据柏拉图研究专家王宏文、宋洁人考证:南意大利城市塔拉斯是继克罗顿城之后兴起的另一个毕达哥拉斯学派的中心.克罗顿城自毕达哥拉斯学派会场被焚事件后,由于学派成员四处逃散已失去了昔日的光辉地位;到这来,继续宣传、研究毕达哥拉斯学说,柏拉图在游历时期对这个城市发生兴趣,多次前往该城和毕达哥拉斯学派人切磋学术,并不是偶然的,我们从柏拉图的"不成文的学说",亦即他在学徒口头宣讲的数的神秘主义可以推想出这一学派对柏拉图的影响.

即使这样,毕达哥拉斯学派在意大利也没有被最后消灭掉.他们在各地还保留着影响,甚至还保留着盟会组织和生活方式.但随着各种政治情况对他们越来越不利时,他们的活动和影响也就日益减弱.公元前4世纪初,大约只有阿尔基塔在塔壬同还继续存在.到公元前4世纪的前半叶,早期毕达哥拉斯学派的活动也就基本结束了.

注 本节大部引自哲学史家文库,汪子嵩等著,《希腊哲学史》,人民出版社,1997年.

3.谁能告诉我

毕达哥拉斯和毕达哥拉斯学派的学说的创立、内容及其演变,可以说是古希腊哲学史上最复杂的现象之一,许多著名的哲学史家认为要将这些问题讲清楚几乎是不可能的.

首先是毕达哥拉斯学派存在的时间很长,从公元前6世纪末古代希腊开始,一直到公元3世纪古代罗马时期,几乎有800年之久,他们的发展大体上经历了两个时期共3个阶段.一、早期毕达哥拉斯学派,从公元前6世纪到公元前4世纪前半叶.这个时期又可以分为前后两个阶段:前期阶段,包括毕达哥拉斯和他的门徒;后期阶段,大体指公元前5世纪末到公元前4世纪前半叶的毕达哥拉斯学派,其中有姓名记载的如佩特罗斯(Pertos)、希凯塔俄(Hiketaos)、欧律托斯(Eurytos)、菲罗劳斯(Philolaos),阿尔基塔(Archytas)等人.二、希腊文化时期,作为一个学派,到公元前4世纪,毕达哥拉斯学派已经消亡,但他们的影响继续存在.

4.高徒之名师

要了解毕达哥拉斯我们先要了解他的两位老师,毕竟名师出高徒.

据史学家考证,毕达哥拉斯肯定得到过泰勒斯的指点.

希腊后人认为,泰勒斯是希腊科学、数学和哲学的创始人,甚至还认为他几乎是每一门知识的奠基者,就是说此时的西方哲学仍然是件新奇的事情.其博大的领域尚有待人们去探索(可以称其为当时的因特网,因为它吸引了近乎相同比例的神童、奇才和怪杰).很难说这种看法究竟有多少是后来加以渲染的.

泰勒(Thales of M tus,约前62 约前574),希 数学家、自然 学家.生于伊 尼亚的米利都

据推测,泰勒斯的母亲是腓尼基人,然而有些人对此持怀疑态度.也许这个传说只能说明他受的是东方科学的教育.他当然访问过埃及,也许还去过巴比伦.可能希腊人所认为的他的多种成就,只不过是把从更古老人民口头传下的成就归于他一身罢了.

例如,据希腊历史学家希罗多德所说的故事,最使泰勒斯享有盛名的一件事就是他曾预言了日食,并且就在他预言的那一年发生了日食.(发生日食使米提亚(Media)人和吕底亚(Lydia)人受了惊,那时他们正要进行一场战斗,日食使他们相信和平是美好的,因此双方签订了条约,把军队撤回本土)现代天文学的研究证明,泰勒斯时代发生在小亚细亚的唯一的一次日食是在公元前585年5月28日.因此,可以肯定,那次未成的战争是第一个可以肯定地指出日期的历史事件.

然而,早在泰勒斯时代之前至少二百年,巴比伦人已找出精确预测月食的方法.与此相比,泰勒斯的事迹似乎也就算不上什么奇迹了.他只能预言这次日食发生在哪年,而没有预言发生的日子,这在东方无疑已能做到.泰勒斯是第一个认为月亮是靠反射太阳光而发光的希腊人.这一点巴比伦人可能也早已知道了.

泰勒斯还借用了埃及人的几何学,在这方面他作出了十分重要的发展.他把几何学变成一种抽象的研究对象,我们知道,是泰勒斯首先把几何学用来研究假设没有任何厚度、绝对直的线条,而不是研究画在沙子上或刻写在蜡上的具有厚度而不完全直的线条(如果埃及人和巴比伦人已经发展到这一步,泰勒斯仍不失为有案可查的第一个建立这种观点的人,这是从后来的一些哲学著作中查到的).

看来,泰勒斯还是首先通过一整套有系统的论点证明数学命题的人,他整

理了人们已有的知识,并自然地逐步得出理想的证明.换言之,250年后经欧几里得加以系统并进一步加工而成的演绎数学就是他发明的.

一些具体的几何定理后来被认为是泰勒斯发现的.例如,圆的直径把圆分为两等份,所有的对顶角相等,等腰三角形的两底角相等.

后人还认为他曾把金字塔的影子和一已知长度竿子的影子进行比较,从而测出埃及金字塔的高度,这里用到了三角学的概念.

在物理方面,他是研究磁学的始祖.更为重要的是:据我们所知,他第一个提出了宇宙是由什么构成的这个问题,并在回答时不涉及上帝和鬼神.

泰勒斯的答案是:宇宙的基本组成(我们今天会用"元素"这个词)是水,而地球只是浮在浩瀚无边的海洋上的一个扁盘.这个回答在当时是最为合理的猜想了.因为很清楚,至少生命依赖于水.然而,问题本身的提出远比回答重要得多,因为它激励了一批包括赫拉克利特在内的哲学家来思考这一问题.正是沿着这一思路,经过2 000年辛勤的思考,终于导致了现代化学的产生.有人评论说泰勒斯有自发的唯物主义思想,他也是一位领袖级人物,是爱奥尼亚学派的创立人和领袖,被尊为七贤之首.

亚里士多德(Aristotle, 前—前322),希哲学家、科学.生于哈尔基斯(Chalcidice)斯塔基尔agira),卒于哈基斯(Chal-).

泰勒斯不仅是位哲学家,根据后来的传说,他还是位实干家.在政治上他坚决主张成立希腊爱奥尼亚(今土耳其西南岸)各城邦的政治联盟(迈特利是其中之一)以进行自卫,反抗侵略成性的非希腊王国吕底亚.随后的几百年充分说明,这是希腊人能够借以反抗周围民族保卫自己的唯一途径.但是,希腊人不团结的情绪后来占了上风,造成了国家的毁灭.

亚里士多德曾告诉了我们一则似乎是虚构的关于泰勒斯的轶事,用以回答为什么如此聪明的泰勒斯没有发财.具说泰勒斯凭着他的气象知识预料某一年橄榄会丰收,于是他在迈利特悄悄买下了全部的橄榄榨油机及周围的土地,他规定了使用榨油机的垄断价格,所以在一个季度里就发了大财.让那些俗人想不到的是:泰勒斯证明了他的能力后就放弃了经商,又继续从事他的哲学研究.

另一则故事则有些像清高的哲学家的自嘲,借以消除劳动人民同知识阶层那种由来已久的紧张关系,使其找到心理平衡.据柏拉图(Plato,前427—前347)说当泰勒斯正在散步研究星球时,失足摔入井内,一老妪听到他的呼叫赶来将他救出,但随后轻蔑地说:"这个人想研究星星,可却看不见脚下是什么!"

柏拉图和亚里士多德生活的年代比泰勒斯要晚250年,人们对这位老哲学家的观点都记忆得不十分完整了.这也是使他的事迹成为传奇的原因之一.

泰勒斯对哲学思想的评价高于科学的实际运用,这为后来的希腊哲学思想定下了调子.结果,希腊工程师、发明家的工作被以后的希腊作家和后人大大忽视和低估.因此,我们对泰勒斯时代的其他著名人物知之甚少,包括在当时(前600年左右)享有盛名的希腊建筑师欧帕利努斯(Eupalinus),竟也是古希腊黄金时代的工程师中唯一在现代留下点名声的人物.因为他的名字至少和一项特殊成就联系在一起,他是专攻水利的专家,约在公元前530年,在他的家乡梅加拉修建了一项水利工程,后来,爱琴海的萨摩斯岛上的暴君波利克雷兹让他在那里修建一条水渠.为了修建这项工程,欧帕利努斯不得不凿穿一座山,挖了一条10英里(1英里＝1.609千米)长的隧道.隧道同时从两端开凿,在离中心只几英尺处两端相会,这一做法给古希腊人留下了深刻的印象,也仅仅是这样伟大的工程,才能与哲学思想争辉.

5.毕达哥拉斯之梦

据奥博瑞《生活简介》中记载,当17世纪英国哲学家托马斯·霍布斯40岁时,去参观了一家图书馆,他不经意地瞥见了摊在桌子上的一本欧几里得的《几何原本》.摊开的部分恰是毕达哥拉斯定理的证明,霍布斯惊呼:“我的上帝,这不可能!”

他阅读了这个证明,这又让他向前翻看这个定理,他读了该定理.这又让他向前查另一个定理,这个定理他也读了.如此再三最后他被论证折服,确信了那个真理.这使他爱上了几何学.

罗素也同霍布斯一样的途径迷上了几何,特别是迷上了毕达哥拉斯.不仅如此,少年罗素还在欧几里得几何学中发现了乐趣的另一方面,即它让他见识到日后极大地影响他的哲学发展的哲学家们经常称为“柏拉图的理念世界”的东西.

罗素(R sell, Bert Arthur Willi 1872—1970),国数理逻辑家、哲学家.生英国蒙茅斯(Monmouthshi 特里莱克(T leck),卒于威士(Wales)的拉斯彭林(P penrhyn).

在其论文“我为什么走向哲学”中,罗素澄清了这种形式的神秘主义在他自己的哲学动机上的重要性:“我一度发现,一个源自柏拉图但有所变化的理论令人满意.根据柏拉图的理论——我只以一种打折扣的方式接受它——有一个不变的无时间的理念世界,展现在我们感觉中的世界只是这个世界的不完善的摹本.根据这一理论,数学处理理念世界并且随之而来有着日常世界所缺乏的精确和完美.柏拉图从毕达哥拉斯发展而来的这种数学神秘主义,吸引了我.”

从这个意义上讲,毕达哥拉斯对罗素而言是一位重要的标志性人物.正如罗素在《西方哲学史》中所讲,“从理智上说(是)曾在世的最重要的人之一”.

正如罗素所介绍的那样:毕达哥拉斯既是一个宗教先知(毕达哥拉斯曾接受他的老师泰勒斯的建议远去埃及求学,并在埃及生活了很长时间.他学会了埃及的语言和文字,在埃及人的寺院当过僧侣,亲身经历过埃及寺院的祭典仪式),对于宗教又是一个纯数学家.“在两方面他都影响巨大,这两方面也并不像现代思维所认为的那样截然分开.”按罗素的说法,毕达哥拉斯的宗教是奥菲士

教的变种,而奥菲士教又是对狄俄尼索斯崇拜的变种.这三种教的中心都是崇尚身心沉醉,但在毕达哥拉斯教派中,这种沉醉不是通过饮酒或沉湎于性行为获得的,而是通过理智训练达到的.在这种观点看来,最高的生活是那种献身于"充满激情之沉思"的生活,此为罗素称之为"理论"一词的原始意义.

6.充满激情的沉思

在《西方哲学史》中罗素写道:

"对毕达哥拉斯而言,'充满激情的沉思'是理智的,并流行于数学知识中.这样,通过毕达哥拉斯主义,'理论'逐渐获得其现代意义;但是对于所有被毕达哥拉斯吸引的人来说,它保留了一个心醉神迷的启示的成分.在那些从学校里不情愿地学了一点数学的人看来,这或许是令人奇怪的;但对那些曾体验到数学给予的顿悟所带来的使人陶醉的快乐的人来说,有时对那些爱它的人来说,毕达哥拉斯的观点将被视为完全自然的,即使它不是真实的.经验哲学家可以视其为材料的奴隶,而纯数学家,像音乐家一样,是他秩序井然的美丽世界的自由创造者."

亚里士多德在《形而上学》中论及到了毕达哥拉斯学派:

"在这个时候,甚至更早些时候,所谓毕达哥拉斯派曾从事数学的研究,并且第一个推进了这个知识部门.他们把全部时间用在这种研究上,进而认为数学的本原就是万物的本原.由于在这些本原中数目是最基本的,而他们又以为自己在数目中间发现了许多特点,与存在物以及自然过程中所产生的事物有相似之处,比在火、土或水中找到的更多,所以他们认为数目的某一种特性是正义,另一种是灵魂和理性,还有一种是机会,其他一切也无不如此;由于他们在数目中间见到了各种各类和谐的特性与比例,而一切其他事物就其整个本性来说都是以数目为范型的,数目本身则先于自然中的一切其他事物,所以他们从这一切进行推论,认为数目的元素就是万物的元素,认为整个的天是一种和谐,一个数目.因此,凡是他们能够在数目和各种和谐之间指出的类似之处,以及他们能够在数目与天的特性,区分和整个安排之间指出的类似之处,他们都收集起来拼凑在一起.如果在什么地方出现了漏洞,他们就贪婪地去找这个东西填补进去,使它们的整个系统能自圆其说.例如,因为他们认为十这个数目是充满的,包括了数目的全部本性,所以他们就认为天体的数目也应当是十个,但是只有九个看得见,于是他们就捏造出第十个天体,称之为‘对地’.”

在古希腊之后,虽然毕达哥拉斯学派的以“中心火”作为宇宙中心的宇宙模型没有得到发扬,代之以流行开来的是亚里士多德-托勒密的地心说模型,但在那种以拯救现象为目标的本轮-均轮模型中,我们仍然可以看到像圆轨道这样的保留着数学意义上的和谐与美的传统.

在经过了严酷的黑暗中世纪后,到了文艺复兴时期,和谐的概念再次在宇宙认识中突显出来.更一般地来说,毕达哥拉斯学派相信自然是一个和谐宇宙,这个术语意味着一个理性的秩序.但言外之意还有对称和美丽的意思,以及存在于一个健康生物体中的和谐.当柏拉图的著作被重新发现,从而使得毕达哥拉斯学派的思维方式再次流行起来时,这种宇宙必定和谐的直觉,成为文艺复兴时期天文学发展的强大驱动力.

这些哲学家显然是把数目看做本原,把它既看做存在物的质料因,又拿来描写存在物的性质和状态.(见北京大学哲学系外国哲学史教研室编译.《西方哲学原著选读》上册.北京:商务印书馆,1989,P.18-19)

7.抽象不敌具体

哲学家的数学观点不一定是正确的,虽然对哲学会有某些帮助,一个明显的例子是黑格尔.

由康德创始的德国古典唯心主义辩证法,在19世纪初期经过黑格尔之手才最后臻于系统化.这是同黑格尔本人所具有的精湛的数学和自然科学素养分不开的.就数学而论,正如恩格斯在一封信中提到的:“黑格尔的数学知识极为丰富,甚至他的任何一个学生都没有能力把他遗留下来的大量数学手稿整理出版.”(《马克思恩格斯全集》第31卷,P.471)即使置此不论,我们在他生前刊印的屈指可数的几部哲学著作中,例如,《精神现象学》序言部分,两部《逻辑学》的量论部分,《自然哲学》的论时空部分,以及《大逻辑》的论时空部分、本质论和概念论的有关部分,也同样可以看到他对数学材料的大量引证和对数学问题的详细讨论.

黑格尔关于数学的论述涉及初等数学,但更多的则是涉及高等数学,即由牛顿和莱布尼兹于17世纪所创立然而在当时还不够完善的微积分.他晚年再版《大逻辑》第一编存在论时所增加的专门论证微积分的长达100页的三个注

释,几乎占了该编四分之一的篇幅.当然,这毫不意味着黑格尔是为了炫耀自己的渊博学识而有意编织一些神奇瑰丽的数学花环,而是无可争辩地表明了黑格尔哲学与数学之间的某种关联.英国新黑格尔主义者缪尔早已看到了这一点.他写道:"黑格尔关于量的逻辑受到现代观点(它正力图使数学越来越强烈地摆脱空间和时间的限制,甚至力图使之在顺序而不是量的基础上)的影响究竟有多大,我无法判定.黑格尔似乎想要指明,正如自然科学为自然哲学提供了原料一样,数学同样也为量的逻辑提供了原料."(缪尔《黑格尔逻辑学研究》英文本,牛津大学出版社,1959年,P.729)然而,缪尔却没有看到其中最重要的东西.这种关联诚然包含在黑格尔利用数学来佐证其关于量的逻辑观点的意图中,但更主要的却是表现在自笛卡儿将变数引入数学里来的变数数学(数学辩证法)思想对黑格尔哲学的巨大影响中,以及反过来黑格尔运用辩证法的犀利解剖刀对数学所作的深刻剖析中,前者导致了黑格尔在阐述自己的哲学观点时,连篇累牍地大谈数学,后者则是他关于量的哲学思想能够影响到现代科学思潮的关键所在.

黑格尔无疑是历史上自觉地从辩证思维的角度出发而去探讨数学中的哲学问题的第一人.借助唯心辩证法思辨地论证数学基本概念,揭示数学的本质和意义.强调数学认识和哲学认识,数学方法和哲学方法之间的原则区别,这大体上就是黑格尔数学哲学思想的主要内容.然而,黑格尔对数学所作的这种哲学探讨的结果究竟如何,或者说,对黑格尔的数学哲学应该如何评价呢?有两种不同的意见,一派是以哲学家缪尔为代表的,他们认为黑格尔哲学与当代数学是有一定关联的,但由于其太冗长,太专门化了才被人们所忽略;而英国现代哲学家和数学家罗素则全盘否定了黑格尔哲学中的数学部分.他认为黑格尔哲学根本不能应用于数学,在学习了魏尔斯特拉斯的分析理论,康托的集合论以及非欧几何理论后,更觉得黑格尔《大逻辑》里所讲的数学都是错误的,甚至完全是胡说八道(胡作玄,《当代的大思想家——罗素》,《自然辩证法通讯》,1981年,第1期),由此可否套用一句周国平式的名言,哲学家研究数学对数学和哲学都是一种伤害.但毕达哥拉斯是一个例外,他在数形结合、公理化与数学美的标准方面以及数学方法中的经验归纳法都为数学家所称道.

注 关于黑格尔的数学哲学思想可参见江西大学哲学系何建南先生发表在由商务印书馆出版的《外国哲学》(7)上的文章"黑格尔哲学思想述评".

8.天国中独立的永恒存在

毕达哥拉斯对数学的真正影响在于他对数学的认识,在毕达哥拉斯看来在

现实世界之外还独立存在着一个数学统治的世界,柏拉图主义是与之一脉相承的,这种认识不乏追随者,如罗素就曾在一篇文章写道:

"历史上对数学的研究可能比对希腊和罗马的研究还要多,但是,数学在人类的文明中,一直没有找到它恰当的位置.虽然传统业已裁定千千万万个有学识的人至少应该知道数学这门学科的组成部分,但是,这种传统产生的思考却被遗忘,被掩盖在故意卖弄学问,无足轻重,毫无意义的废话之中.对于那些努力探索数学的存在价值的人来说,最一般意义上的回答将是:数学促进了机器的制造生产,方便了人们的旅行,帮助国家在战争中或在商品贸易中取得胜利……然而这些都不是数学这门学科存在的本质意义.众所周知,古希腊哲学家柏拉图把对数学真理的观照看做是神的旨意,并且他比任何其他人都深刻地意识到数学是人类生活必不可少的组成部分.

"……对数学的正确看法是:数学不仅仅拥有真理,而且它也是最伟大的美——一种像雕塑般的冷峻的严格的美,它对人类的脆弱的天性不感兴趣,也没有像图画或音乐那样华丽的装饰,然而它却是崇高的、纯粹的,它有着只有最伟大的艺术才能展现出来的严格意义上的完美.作为最优秀的标准,喜悦、兴奋、超凡脱俗的感觉,这些将会在数学和诗歌艺术中得到充分的体验……对于大多数人来讲,真实的生活是居第二位的,是在理想和可能之间做出永远的妥协的状态;但是在纯粹理性的世界里是没有妥协的,也没有实践上的限制,更没有在充满激情的志向中具体的创造活动的壁垒.

"……对于严格的人来说,对真理的热爱永远是第一位的,并且,这种真理是在数学中而不是其他的学科中,对真理的向往与热爱对于苍白无力的信仰来说是一种鼓舞."

但是到了罗素70多岁时他的观点发生了改变,他认识到:柏拉图的客观数学真理的世界是一个幻想.在1951年他写的一篇名为"数学是纯语言学吗?"的哲学论文中,他表述了上面的观点,他为他早期的数学理想的坟墓献上了一个花环:

"毕达哥拉斯和之后的柏拉图各自的数学理论简洁、迷人……毕达哥拉斯认为数学是对数字的研究,每个数字都是居住在超感觉的天国中的独立的永恒的存在.当我年轻的时候我对此深信不疑……但是,随着研究的逐步深入,我对此产生了怀疑……数字其实只是为了语言上

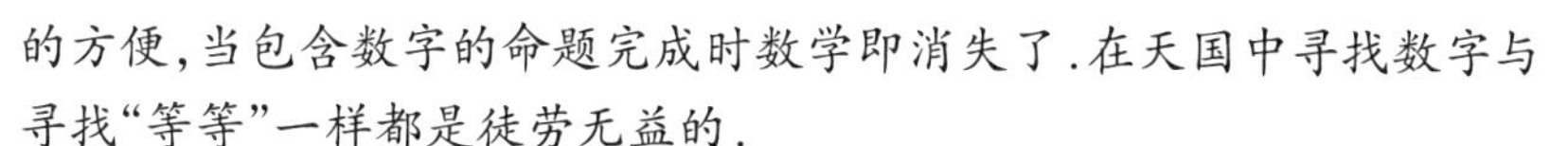
的方便，当包含数字的命题完成时数学即消失了.在天国中寻找数字与寻找“等等”一样都是徒劳无益的.

“……所有的数学命题和逻辑命题都主张对若干字(词)正确使用.如果这个结论是正确的，那么它可以看做是毕达哥拉斯的墓志铭.”

几乎与此同时，罗素还写出了一个短篇小说，其中的故事情节戏剧性地表现了他在思考数学的时候思想变化的过程.这个小说的名字叫《数学家的噩梦》.故事的主人公是“平方底教授”，他在研究了一整天的毕达哥拉斯的理论之后疲倦地在椅子上睡着了，这时，他做了一个奇怪的梦，在梦中各种数都是那样真实地存在着.但随着一声女妖的哀号，整个庞大的序列消散在迷雾中.并且，当他醒来时，他听见自己在说:“柏拉图不过如此.”

通过这个故事罗素告诉自己，他青年时一直怀有的“毕达哥拉斯之梦”，不过是一个噩梦罢了.

注 详见英国C·雷·蒙克——沃莱提克公司1999年出版的雷·蒙克，弗雷德里克·拉斐尔等著的《大哲学家》.

9.亲和数的历史

早在毕达哥拉斯学派时期，数学理论被分为绝对理论和应用部分，那时数的绝对理论指算术，而应用部分指音乐.在毕达哥拉斯看来，万物皆数.其理论核心是算术，他们说的算术不包括为实际事务需要而用的计算，主要还是今天称之为数论的内容，例如，完全数、亲和数、毕达哥拉斯数组、形数等等.

亲和数自毕达哥拉斯提出第一对220与284以来已过了2 000多年，直到1636年费马给出第二对亲和数.公元9世纪阿拉伯塔比伊本库拉提出一个法则:若 $p=3\cdot 2^n-1, q=3\cdot 2^{n-1}-1, r=9\cdot 2^{2n-1}-1$($n$为正整数)为3个素数，则 $a=2^npq, b=2^nr$ 是一对亲和数.例如，$n=2$时有 $p=11, q=5, r=71$ 都是素数，则 $a=220, b=284$ 是亲和数.费马重新发现了这一法则，并验证了 $n=4$ 时，$p=47, q=23, r=1\ 151$ 都是素数，因此 $a=17\ 296$ 和 $18\ 416$ 是第二对亲和数.费马的工作鼓舞了同时代的数学家.两年后，笛卡儿就发现了第三对亲和数9 363 584与9 437 056.100年后欧拉遵循同样的思路一下子找到了62对 亲和数.时至今日已发现的亲和数有1 000多对!由此看来费马的突破性成果具有里程碑式的意义.

10.数学史上的第一个定理

费马定理和毕达哥拉斯定理是同源的两个重要定理,要了解费马定理先从毕达哥拉斯定理开始.

初等几何中最引人注目、肯定的定理也是最著名最有用的一个定理,就是所谓的毕达哥拉斯定理:在任何直角三角形中,斜边上的正方形等于两条直角边上的正方形之和.如果有一个定理可以当之无愧地算是数学史上的"菁华",那么毕达哥拉斯定理大概就是主要的候选者了,因为它可能是数学史上第一个真正名副其实的定理.但是,当我们开始考虑该定理的渊源时,心里总觉得不是那么踏实,虽然传说是把这个著名的定理归功于毕达哥拉斯,但是20世纪对美索不达米亚出土的陶器铭文上的楔形文字考察的结果表明,早在毕达哥拉斯时代之前的1 000多年间,古巴比伦人就已经知道该定理了.在古代印度和中国

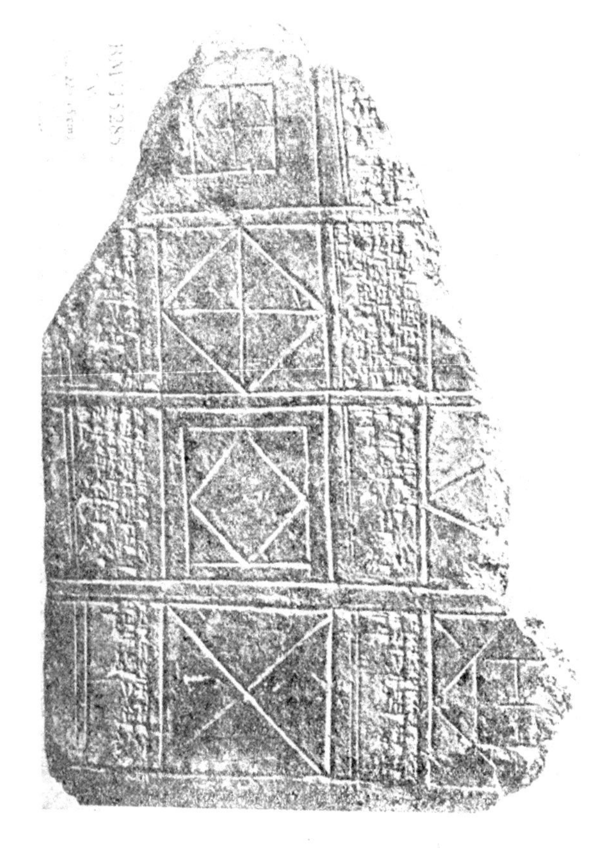

楔形文字

的有些著述中也可以见到对该定理的阐述，这些著述的时期至少可以上溯至毕达哥拉斯的时代以前．不过，在提到这个定理的那些非古希腊文献或古希腊前的文献中，都没有对上述关系的证明；很可能是毕达哥拉斯或他那著名的哥老会的某个成员，第一个对该定理提供了合乎逻辑的演绎证明．

现在让我们停一下，对毕达哥拉斯及其半神秘的哥老会讲点东西．毕达哥拉斯是数学史上第二个名垂青史的人．透过古代神秘的迷雾，我们可以推断毕达哥拉斯约生于公元前572年，出生地是爱琴海的萨莫斯岛，与著名的塞利斯的故乡迈里特斯城相距不远．毕达哥拉斯大约比塞利斯小五十岁，又跟他住得很近，所以很可能曾在这位老者的门下受业．无论如何，他跟塞利斯一样，有一个时期曾经旅居埃及，后来纵情于更加广泛的旅游，很可能远至印度．他浪迹两年之后回归故里，发现萨莫斯岛正处于“多头政治”的暴政之下，爱奥尼亚地区大部分处于波斯统治下，所以他移居希腊海港城市克罗多纳（现位于意大利南部靴形地区），他在那里建立了著名的毕达哥拉斯学派．这个学派不仅是研究哲学、数学和自然科学的学术团体，而且还发展成组织严密的哥老会，有秘密的仪式和章程．最后，这个哥老会的政治势力和贵族倾向咄咄逼人，所以意大利南部的民主势力捣毁了该学派的建筑物，使这个组织分崩离析．据传，毕达哥拉斯亡命于墨塔蓬通，以75岁或80岁的高龄在那里终其一生，可能是追踪者暗杀的结果．这个哥老会的成员虽然都作鸟兽散，但仍继续活动了至少两个多世纪．

毕达哥拉斯的哲学，在风格上有印度渊源，其基本假设是：全体正整数是人类和物质千差万别的诱因；简言之，全体正整数控制着大千世界的质与量．正整数的这种观念和升华促使他们进行深入的研究，因为，谁知道呢，也许由于揭示出整数的奥妙性质，人类说不定就有办法在某种程度上支配或改善自己的命运呢．因此，他们加紧了数的研究，而由于数与几何紧密相关，也加紧了几何的研究．因为毕达哥拉斯的讲授纯系口述，而且哥老会的惯例是把所有的发现都归功于至尊开山祖师，所以现在很难弄清哪些数学发现应该算是毕达哥拉斯本人的功绩，哪些应该归在哥老会其他成员的名下．

现在回过头来再讲所说的那件数学史上的“菁华”，我们自然很想知道，对于以毕达哥拉斯命名的那个名副其实的定理，他可能给出的证明其性质如何？对此有很多推测，一般认为大概是一种分解式的证明，如下所述．设 a，b，c 表示已知直角三角形的勾、股、弦，考虑图1所示两个正方形，都以 $a+b$ 为一边．第一个正方形被分解成六块，即是分别以勾、股为边的两个正方形以及与已知三角形全等的四个直角三角形．第二个正方形被分解成五块，即是以弦为边的一个正方形以及与已知三角形全等的四个直角三角形．于是，由等量减等量可见，以弦为边的正方形等于以勾、股为边的两个正方形之和．

为了证明第二种分解当中的那一块的确是边长为 c 的正方形，我们要利用

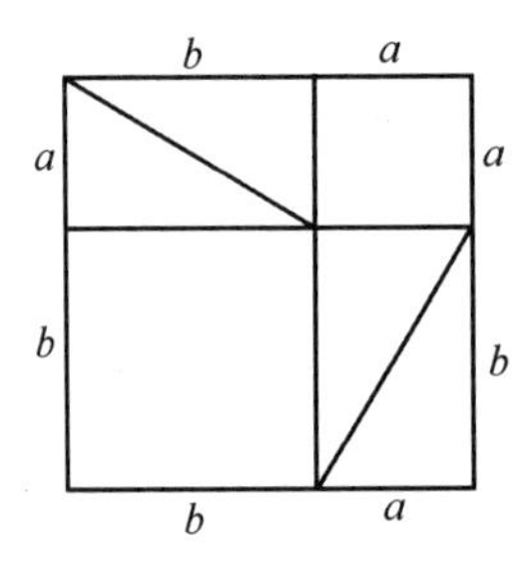

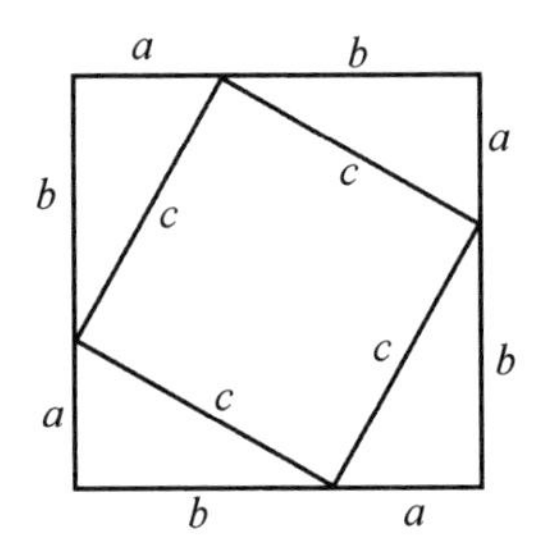

图 1

直角三角形诸角之和等于两个直角这个事实. 不过,这个事实就一般三角形而言已经被认为是毕达哥拉斯学派的功劳了. 由于对这个一般事实的证明又需要知道平行线的某些性质,所以平行线理论也被认为是毕达哥拉斯学派早期的功绩.

整个数学史上也许找不出第二个定理有毕达哥拉斯定理那样多的千姿百态的证明. 在 E·S·卢米斯的著作《毕达哥拉斯命题》第二版中,他搜集了这个著名定理的 370 种证明,并加以分类整理.

两个面积(或两个体积) P 和 Q 叫做按加法全等,如果它们可以分解成若干对互相对应的全等图形. P 和 Q 叫做按减法全等,如果它们可以拼接成若干对互相对应的全等图形,使得所得到的两个新图形是按加法全等的. 毕达哥拉斯定理有很多证明,其依据就是证明直角三角形弦上的正方形是按加法或按减法全等于该直角三角形勾、股上的正方形的拼合. 上面扼要介绍的那个证明,据传可能是毕达哥拉斯提出的,就是一种按减法全等的证明.

图 2 和图 3 对毕达哥拉斯定理提出了两个按加法全等的证明,第一个是 H·贝利果于 1873 年给出的,第二个是 H·E·杜德内于 1917 年给出的.

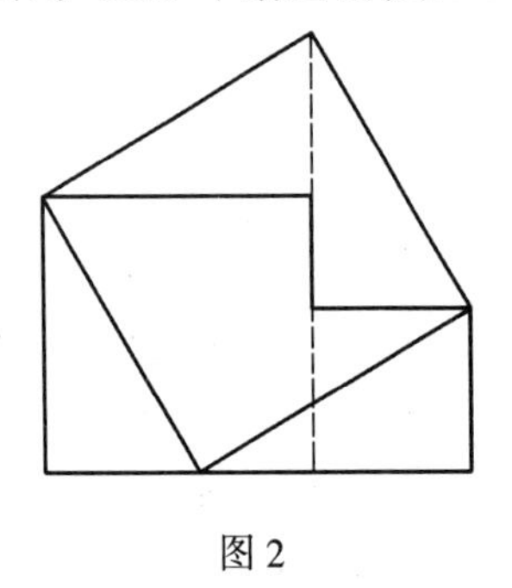

图 2

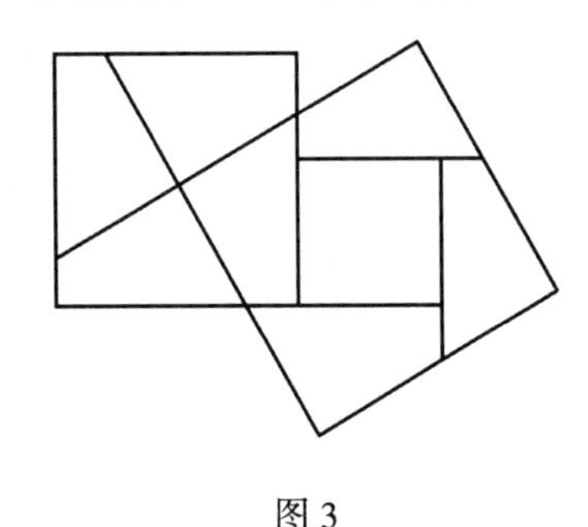

图 3

图 4 提出了一个按减法全等的证明,据说是达·芬奇(1452—1519)想出来的.

任何两个多边形的面积如果相等,就是按加法全等的,而且面积的分解总是可以用圆规直尺作图. 另一方面,M·德恩在 1901 年证明了两个多面体的体

积即使相等,却不一定是按加法全等的,也不一定是按减法全等的.特别是,不可能把一个正四面体分解成一些多面体图形,使得这些图形可以重新拼成一个立方体.欧几里得在其《几何原本》(约在公元前300年)中有时就使用分解方法来证明面积相等.

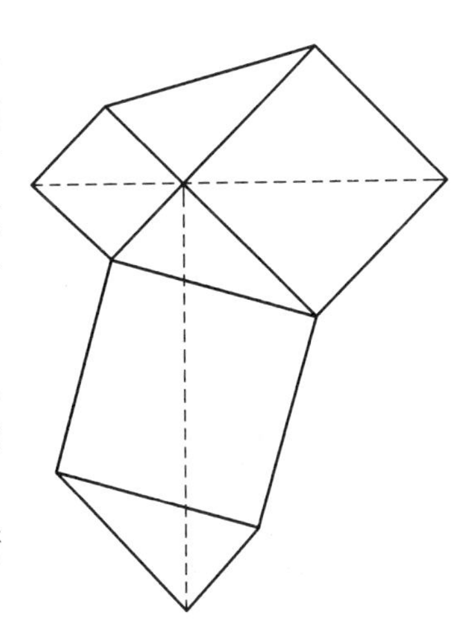

图4

欧几里得在其《几何原本》卷Ⅰ命题47中,基于图5对毕达哥拉斯定理给出了一个优美的证明.

图5有时叫做"圣方济会道袍",也叫做"新娘的花轿".证明大意如下:$AC^2=2S_{\triangle JAB}=2S_{\triangle CAD}=S_{ADKL}$;同样,$BC^2=S_{BEKL}$.因此

$$AC^2+BC^2=S_{ADKL}+S_{BEKL}=AB^2$$

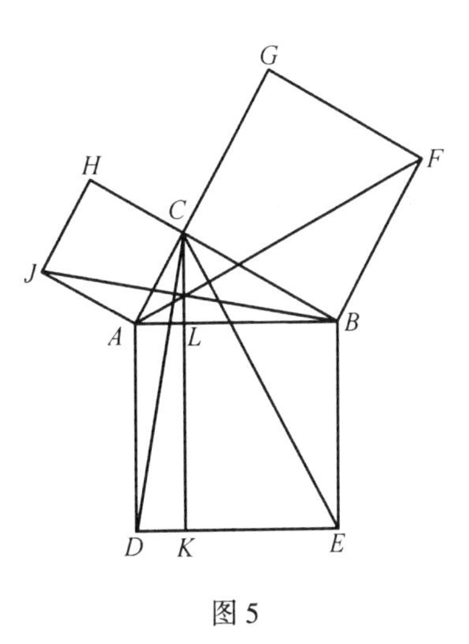

图5

中学教师有时也向学生讲毕达哥拉斯定理的一个奇怪的证明,那是印度数学家兼天文学家巴斯卡拉给出的,他的学术活动在1150年左右达到高峰.证明是分解式的.如图6所示,弦上的正方形分成四个三角形,都和已知直角三角形全等,还有一个正方形,边长等于已知直角三角形勾、股之差.这些图形很容易重新拼成勾、股上的两个正方形之和.巴斯卡拉画出了图,没有多加解释,只写了一个字:"瞧!"当然了,添一点代数运算就把证明补全了,因为,如果 a,b,c 是已知直角三角形的勾、股、弦,则有

$$c^2=4(ab/2)+(b-a)^2=a^2+b^2$$

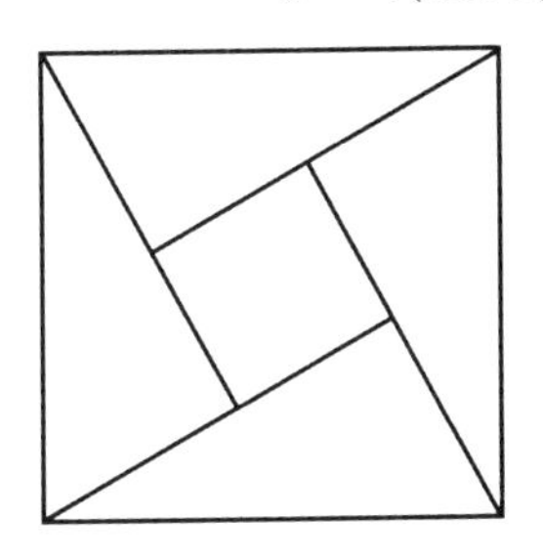

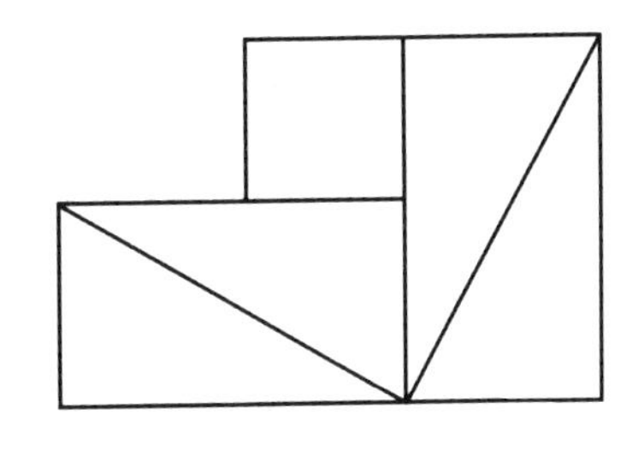

图6

也许,电影放映出来的活动证明才是更加好"瞧"的证明,这时,经过图7所

示各阶段,弦上的正方形连续变形,最后成为勾、股上两个正方形之和.

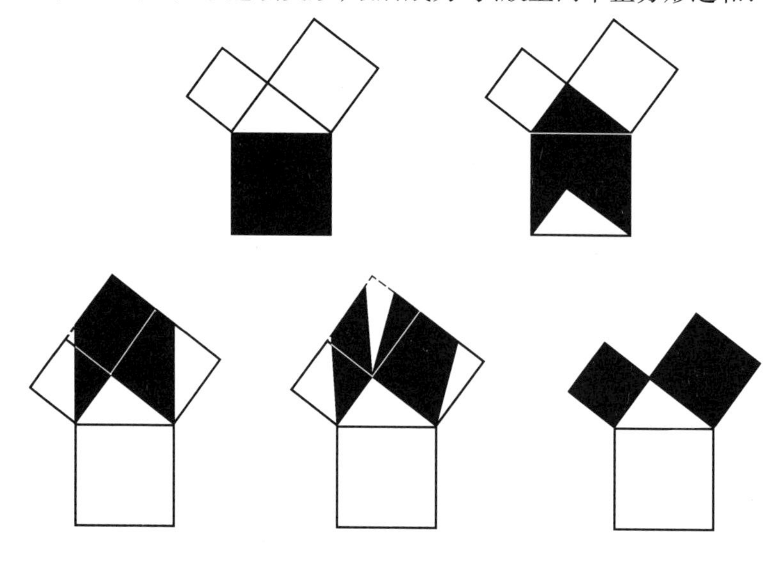

图 7

巴斯卡拉又画一条高线垂直于弦,提出了毕达哥拉斯定理的第二个证明.由图 8 的相似直角三角形可见 $c/b = b/m, c/a = a/n$,即是

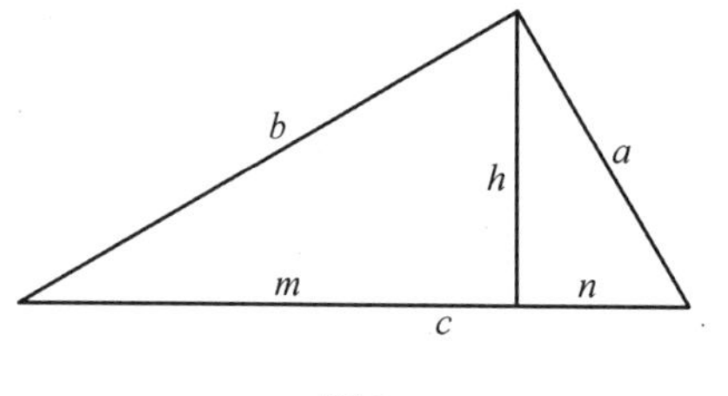

图 8

$$cm = b^2, cn = a^2$$

相加得到

$$a^2 + b^2 = c(m + n) = c^2$$

这个证明在 17 世纪由英国数学家 J·瓦里斯(1616—1703)重新发现.

美国有几位总统同数学有点瓜葛.G·华盛顿(1732—1799,美国第一任总统)曾经是一位著名的勘测员,T·杰斐逊(1743—1826,美国第三任总统)曾大力促进美国高等数学的教学工作,A·林肯(1809—1865,美国第十六任总统)据说研究了欧几里得的《几何原本》之后学会了逻辑.更有创造力的是 J·A·伽菲尔德(1831—1881,美国第二十任总统),他当学生的时候就对初等数学表现出热切的兴趣和良好的能力.1876 年,他在当众议员的时候,也就是他当美国总统的前五年,他独立发现了毕达哥拉斯定理的一个非常漂亮的证明,他是在和一些国会议员讨论数学时灵机一动想出来的.这个证明后来在《新英格兰教育杂志》上登出来了.中学生看到这个证明总是很感兴趣.只要学了梯形面积的公式以后马上就可以讲,主要是用两种不同的方法来计算图 9 中梯形的面积:先用梯形面积的公式(面积为上下底之和之半乘以高),然后再把梯形面积表为它分成的三个直角三角形面积之和.这样求得的梯形面积的两个表达式相等,所以

有

$$(a+b)(a+b)/2=2((ab)/2)+c^2/2$$

即 $$a^2+2ab+b^2=2ab+c^2$$

从而 $$a^2+b^2=c^2$$

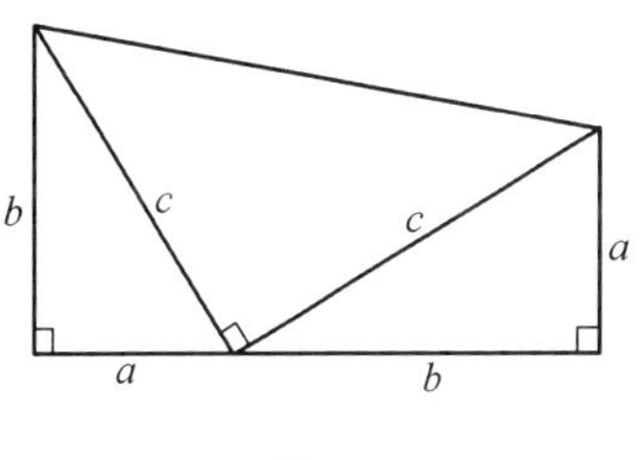

图 9

由于勾、股、弦为 a,b,c 的任何直角三角形总是相应地有所画的那样一个梯形,所以就证明了毕达哥拉斯定理.

毕达哥拉斯定理也像许多别的著名定理一样有很多推广,甚至在欧几里得时代这个定理就已经有一些推广了.例如,《几何原本》卷Ⅵ命题 31 说:在直角三角形中,在弦上画出一个图形的面积等于在勾、股上用同样方法画出的两个相似图形面积之和.这个推广只是把直角三角形三边上的三个正方形换成了任何三个作法相同的相似图形.由《几何原本》卷Ⅱ命题 12 和 13 可以得到一个更有价值的推广.这两个命题合并起来有一个稍许现代化的提法:在一个三角形中,钝角(锐角)对边的平方等于其余两边的平方和再加上(减法)其中一边与另一边在其上的投影之积的两倍.按照图 10 的记号,就是说

$$AB^2=BC^2+CA^2\pm 2BC\cdot DC$$

正负号视$\triangle ABC$ 的$\angle C$ 是钝角或锐角而定.如果我们使用有向线段,就可以把《几何原本》卷Ⅱ的命题 12 和 13 以及卷Ⅰ的命题 47(毕达哥拉斯定理)合并成一个命题:在$\triangle ABC$ 中,如果 D 是 BC 边上高线的垂足,则有

$$AB^2=BC^2+CA^2-2BC\cdot DC$$

由于 $DC=CA\cos\angle BCA$,所以我们看出,最后这个式子实际上就是所谓的余弦定理,的确是毕达哥拉斯定理极好的推广.

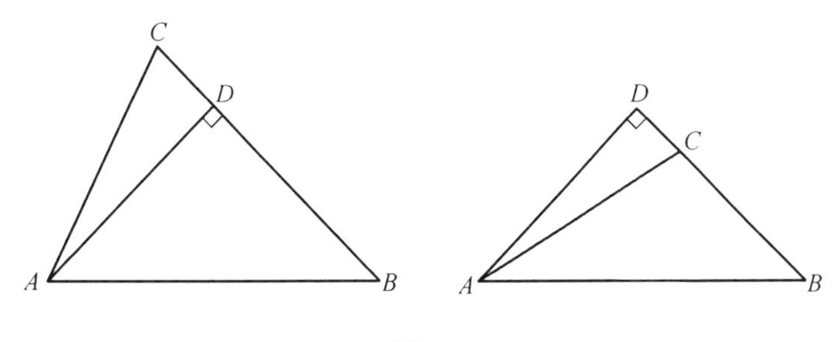

图 10

但是,毕达哥拉斯定理最引人注目的推广可能是亚历山大港的巴布斯在其《数学荟萃》卷Ⅳ开头提出的推广了(约在公元 300 年).巴布斯对毕达哥拉斯定理的推广如下:如图 11 所示,设$\triangle ABC$ 是任意三角形,$CADE$,$CBFG$ 是在边 CA 和 CB 上向外画出的任意平行四边形,DE 和 FG 相交于 H,作 AL,BM 跟 HC 相等且平行,于是,平行四边形 $ABML$ 的面积等于两个平行四边形 $CADE$ 与 $CBFG$

面积之和. 这点容易证明,因为我们有 $CADE = CAUH = SLAR$, $CBFG = CBVH = SMBR$,所以 $CADE + CBFG = SLAR + SMBR = ABML$. 还应指出,毕达哥拉斯定理的这一推广有两个方面,一是毕达哥拉斯定理中的直角三角形换成了任意三角形,而直角三角形勾、股上的正方形则换为任意平行四边形.

学几何的中学生在见到巴布斯对毕达哥拉斯定理的推广时几乎没有不感兴趣的,所以这一推广的证明可以供学生作为很合适的练习,更有才能的学生也许愿意证明巴布斯所作的下述进一步的(三维空间)推广:如图 12 所示,设 $ABCD$ 是任意四面体, $ABD-EFG$, $BCD-HIJ$, $CAD-KLM$ 是在 $ABCD$ 的面 ABD, BCD, CAD 上向外画出的三个任意三棱柱, Q 是平面 EFG, HIJ, KLM 的交点, $ABC-NOP$ 是三棱柱,其三条棱 AN, BO, CP 都是向量 QD 的平移. 于是, $ABC-NOP$ 的体积等于 $ABD-EFG$, $BCD-HIJ$, $CAD-KLM$ 的体积之和. 证明类似于前面对巴布斯推广提出的证明.

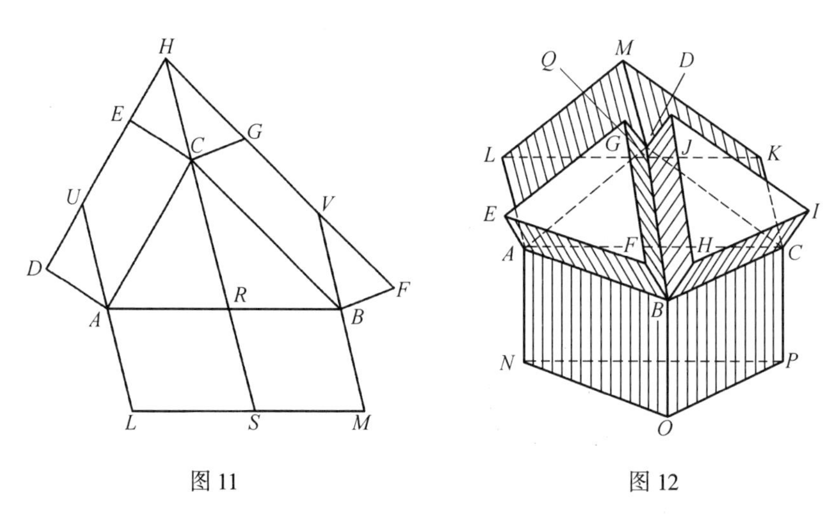

图 11　　　　图 12

最后,我们提出毕达哥拉斯定理在三维空间中一个类似的结果,不加证明. 这个结果经常叫做德卦定理. 我们先提出一些定义. 一个四面体如果有一个三面角,其三个面上的角全都是直角,则称为三直角四面体,该三面角称为四面体的直角,其相对面称为四面体的底. 于是,德卦定理可以陈述如下:三直角四面体底面积的平方等于其余三面的面积平方之和. 读者如果跃跃欲试,不妨给以证明.

由于现在对星际探索的兴趣日益增长,而宇宙中其他星球上可能存在生命,所以不时有人建议,在地球上建造某种巨大的图案,借以向可能有的天外来客表明,我们这个星球上是存在智慧的. 最可取的图案似乎是毕达哥拉斯定理的一种巨大的图示构形,可以建造在撒哈拉沙漠上、俄国的西伯利亚大草原上或别的广阔地区. 任何有智慧的生物对于欧氏几何中这个杰出的定理必定是一

目了然的,而且似乎很难想出一个更好的、形象化的图案来达到这个目的了.

1971年,尼加拉瓜发行了一组邮票,对世界"十大数学公式"表示敬仰.每张邮票印有一个特殊的公式,附上一幅适当的插图,邮票的背面印有用西班牙文字的有关这一公式重要性的简要说明;这套邮票中有一张就是纪念毕达哥拉斯公式 $a^2+b^2=c^2$ 的.科学家和数学家见到这些公式如此受人景仰,一定是喜笑颜开的,因为这些公式对于人类发展的贡献肯定大大超过了邮票上经常出现的许多帝王将相的贡献.

11."万物皆数"

在古希腊的米利都学派和赫拉克利特认识论有一个共同的特点是不脱离认识对象的感性特质,虽然包含着越来越强的理性主义因素,最终却仍然立足于对客观世界感性直观的把握之上.可以说,他们的哲学标志着经验主义倾向的最早出现和向理性主义的转化,但毕达哥拉斯学派却走向了另外一条完全不同的道路."……他们不从感觉对象中引导出始基……他们所提出的始基和原因,是用来引导他们达到一种更高级的实在的."通俗地讲,现实生活中的MM对毕达哥拉斯并不感兴趣,而是热衷于网恋."从哲学的角度讲毕达哥拉斯学派开了这样一个先例:不是从感性经验'上升'到理性的概括,而是直接从某种理性的抽象原则"下降"到经验世界的万事万物.虽然在他这种早期哲学的朴素性中也包含着感性经验的因素,但就整个倾向来说,他在认识论上是第一个理性主义."(陈修斋主编,《欧洲哲学史上的经验主义和理性主义》.北京:人民出版社,1986年,P.34-35)

毕达哥拉斯相信"万物皆数".世上的众物,不管它是金字塔的建筑,自然界中的事物 ,音乐的和谐,或其他什么东西,都表达了一系列的数量关系,并能用这些关系来描述.毕达哥拉斯学派的悲剧在于他们最伟大、最知名的发现正是那消解这种观点的东西,即著名的关于直角三角形的毕达哥拉斯定理,这立即导致了不可度量性的发现.

由毕达哥拉斯定理知$\sqrt{2}$是一个单位正方形的对角线长,但$\sqrt{2}$却是一个无理数,它不可度量,不可像有理数那样表为两个整数之比,一个进一步的结论将是在世界上至少有一个东西不是数量关系的表达,而这与"万物皆数"是矛盾的,当然其他例子随之源源不断地产生出来,如π,所以对古希腊人来讲,这恰好说明了,几何学而不是代数学是确定知识的最可靠的源泉.这也是欧几里得的《几何原本》备受青睐的原因之一.

这样看来,欲表明万物都可还原为代数关系的毕达哥拉斯之梦是完结了.

在美国独立学者和科学史专家马克·彭德格拉斯特所著的《镜子的历史》中，对毕达哥拉斯的描述是：他将镜子向月亮举起，然后就能解读镜子里的未来. 对于毕达哥拉斯来说，数字就是宇宙的灵魂. 抽象的数学、音乐和天文学是神圣的. 也许在他的魔法镜子中，他看到了一个有秩序的宇宙. 他认为，世界在这个宇宙中的进步是靠对立物之间的应对来实现的.（《镜子的历史》. 北京：中信出版社，2005 年，P. 12）

附录　作为数学家的毕达哥拉斯①

这里将探讨这样三个相互联系的问题：(1)毕达哥拉斯作为一个数学家的传统形象的可信程度如何？(2)以可靠的事实为根据，数学中哪些具体的成就是他的贡献？(3)在数学的发展中，毕达哥拉斯起了什么样的作用？

提出第一个问题主要是针对早在 20 世纪初就已出现的、对毕达哥拉斯数学活动的真实性的怀疑，否定他的科学业绩的趋势，反映在 20 世纪开始的 30 年的一些文章与书中；又出现在从 40 年代到 70 年代的许多位作者的书里. 归纳起来，其主要论点有下面三条：

(1)毕达哥拉斯首先是一个宗教上的偶像，早期的资料就是这样介绍的. 有关他的哲学和科学活动的记载出现得很晚，而且不能令人信服.

(2)即使毕达哥拉斯同数学有联系，他也不是具有首创精神的思想家，而只是埃及(或巴比伦)数学传统的传播者，他是在到东方旅行时熟悉那些知识的.

(3)严格的演绎证明以及由此而达到的数学理论只是在 Eleatic 学派进行的探究(大约在前 480—前 440)之后才成为可能. 而且 Parmenides 和 Zeno 是在毕达哥拉斯死后(大约前 495 年)才建立起他们的理论的，有关毕达哥拉斯数学的演绎特点的传说不可信.

对最早的证据(前 5 世纪)的分析表明，那时毕达哥拉斯不仅因鼓吹“灵魂转世说”而出名，而且主要还是作为一位理性思想家、科学家和具有渊博知识的人物而闻名的. 描述他的具体科学成就的证据首先出现在公元前 4 世纪. 虽然许多这类证据是通过较后的作者的著作流传给我们的，但毫无疑问，这些传说起源于毕达哥拉斯生活的时代.

毕达哥拉斯数学的“东方来源”这一假设以他到过东方旅行的传说为根据，但这一点并没有可靠的原始资料给予证实. 另外，在平面上展开的希腊演绎数学同埃及和巴比伦的演算数学完全不同. 即使是像 Thales，Democritus 和 Eu-

① 原题：Pythagoras as a Mathematician，节译自：Historia Mathematica，16(1989)，249-268.

doxus 这些实际访问过埃及的希腊数学家,在他们的著作中也找不到东方影响的痕迹.甚至在亚历山大大帝征服东方后,希腊人就生活在同东方人密切接触之中,他们也没有表现出要采用东方数学方法的明显趋势.虽然,欧几里得一生的绝大部分岁月生活在亚历山大,我们也未能在他十三卷的《几何原本》(Elements)这一巨著中找到一点埃及影响的证据.这一点对公元前 3 世纪的其他数学家也是一样,像 Archimedes 和珀加的 Apollonius,这两位也许大体上熟悉东方数学.只是在 Hypsicles(前 2 世纪中叶)的著作中可以找到巴比伦数学的明显特征.在公元前 6 世纪到公元前 5 世纪(甚至可能更早),有极少量模仿东方数学的内容,但也只是些具体的计算方法(这些方法属于埃及人而不属于巴比伦人),但绝没有涉及希腊数学家感兴趣的问题.

虽然希腊第一位数学家 Thales 的著作没有留下任何片断,但有关他的 5 条定理的信息通过古代传说保存至今.罗德岛的逍遥学派人士 Eudemus 在他的不朽巨著《几何学历史》中提到了其中的两条定理.新柏拉图学派的学者 Proclus 从 Eudemus 的著作中取材,转述了另外两个定理.还有一个定理,Diogenes Laertius 在引述 1 世纪女作家 Pamphyla 的著作中提及.Eudemus 很可能从 Elis 的智人学派成员,以爱好数学著称的 Hippias 那里了解到 Thales 的定理.值得注意的是 Thales 作为著名几何学家的声望在 Aristophanes 的喜剧著作中曾有所反映.

Eudemus 对 Thales 的数学所写的内容,以及他的说明方式清晰地表明他对这个主题是掌握得很好的.在某些场合,Eudemus 说明某个定理的证明;在另外的地方,他说明这是由 Thales"发现"的;在第三处,他又评论说尚未给出科学的证明,不应忽视 Eudemus 对 Thales 某些结论的演绎特征的关注,因为在他写的另一文章也有类似的含意:"Thales 讲授某些结果时相当抽象,而讲授另一些结果时则主要凭直观."

普遍认为 Thales 的论证基于叠合方法,而并不是严格的演绎.保存在 Aristotle 著作中的关于他对等腰三角形底角相等这一定理的证明显示,Thales 肯定不满足于直观的证明.他的证明过程如下(图 1):ABC 是顶点在圆心处的一个等腰一角形.证明底角相等.$\angle\alpha=\angle\beta$,因为它们两个都是半圆所对的角.$\angle\gamma=\angle\delta$,因为同一段圆弧所对的两个角彼此相等.从等角 α,β 中减去等角 γ,δ,我们得到 $\angle CAB$ 和 $\angle CBA$ 相等.

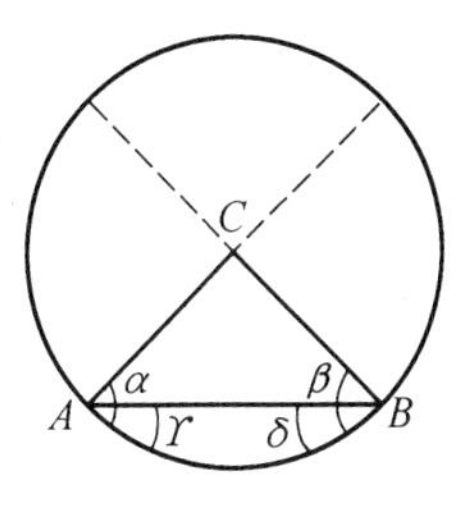

图 1

现在让我们来看看 Elealics 更年轻的同时代人的数学研究水平.我们知道,Democritus(大约前 470 年)写了一本关于不可公度线段的书;可见$\sqrt{2}$的无理性此前已经得到证明.希俄斯岛的 Hippocrates(前 440 年前后)致力于当时的著名问题"立方倍积"的研究.这当然比平面上的对应问题——正方形倍积更复杂,后者是和不可公度线段的发现密切有关的问题.从 Hippocrates 关于月牙形面积计算的工作残篇可以清楚地看出,他已熟悉后来出现在欧几里得《几何原本》前四卷中的绝大部分内容.还有一点也很清楚:那些命题必定在他以前已经得到过证明,因为 Hippocrates 本人的论证的严格性,只有建立在他依据的命题具有同样的逻辑形式,并像他那样来完成证明的基础之上.Eudemus 认为,搜集了当时已经知道的定理和问题并以合乎逻辑的次序编排起来的第一部"原本"(Elements)是 Hippocrates 所著.所有这一切都证明,如果我们假设演绎方法只在公元前 5 世纪中期才被借用数学中,那么当时数学的成熟程度是无法解释得通的.

这里我们应该提到 van der Waerden(1978)令人信服地重建了早期毕达哥拉斯学派的数学教本,那是一部先于 Hippocrates"原本"的、包含了欧几里得巨著前四卷的基础的教材.这一重建工作以 Hippocrates 学派和毕达哥拉斯学派具有密切联系的历史资料为依据,使我们看到了公元前 5 世纪的数学,它可能就是 Parmenides 和 Zeno 借用演绎证明思想的源泉.根据传统说法,Parmenides 跟毕达哥拉斯学派所处的社会环境相近,所以我们有种种理由接受 Th. Gomperz(1922)得出的结论:Parmenides 体系的形式取自于毕达哥拉斯的数学.

在科学史上有许多这样的例子,在一个知识领域里行之有效、硕果累累的方法被别的科学分支所借用.但如果一个方法在产生它的领域中首次应用而未能给出值得称道的结果,恐怕谁也不会去理睬它.很显然,演绎论证并未给 Elealic 学派的哲学和同类其他哲学带来合乎逻辑的说明力,更没有显示出像数学证明那样的无可争辩性.无论 Parmenides 还是 Zeno 都未能证明任何结果,他们只是试图这样去做.跟他们同时代的年青学者,那些原子论者,已经抛弃了 Parmenides 的"无虚空"(no nonbeing)的信条,他们的宇宙就是一个充满原子的虚空.虽然 Zeno 提出的问题极大地刺激了哲学的发展,但他试图否定运动和多样性(plurality)的企图没有成功,也不可能成功.Eleatic 学派对后世哲学家的影响在于其思想的深刻而不在于演绎论证.尽管 Heraclitus 的推理还远不是证明,难道他的思想就不能接受吗? 换言之,当比较了演绎方法在数学中带来那么丰硕的成果,而在哲学中则成效甚微,究竟是哪一个领域从另一个领域中借用演绎方法这个问题该是一目了然了吧!

在我们讨论毕达哥拉斯的数学研究以前,还有必要陈述另一个问题.即使那些承认毕达哥拉斯从事过数学研究的学者,对他在这门科学中的具体贡献也常常避而不答.在重新整理这些贡献时通常遇到的困难被归咎于毕达哥拉斯学派有这样的习惯,即把科学成就归功于创始人;因此我们无法区分出毕达哥拉斯自己的贡献.

必须指出,这种观点并没有得到公元前 5 世纪至公元前 4 世纪的传统或者后来的资料所证实.我们没有找到哪怕是位毕达哥拉斯学派的学者把自己的发

现算在毕达哥拉斯的账上.也没有可靠的证据说明在毕达哥拉斯学派内部存在这样倾向最早(也是仅有的)提到这类倾向的人,是3至4世纪一位以充满奇想著称的新毕达哥拉斯学派的学者Iamblichus,但在他的著作里也只是间接地暗示.传统上归于毕达哥拉斯的数学发现从未和其他任何一位毕达哥拉斯学派的学者有联系(只有Proclus的一段文字可能有争议,后面我们再讨论).当然天文学中的某些发现除了同毕达哥拉斯有联系以外,也和Parmenides,Oenopides有联系.但很显然,他们自己并没有把这些发现归功于毕达哥拉斯,所以在后来的传说中如此普遍存在的含混说法跟我们所要讨论的问题没有关系.

Iamblichus重复了好几个有关Hippasus的传说,按照其中的一种说法,他把毕达哥拉斯学派数学的奥秘泄漏给外面的人并因此而受到了神的惩罚.另一种传说讲,他把正十二面体的发现归功于他自己,而实际上"那完全是属于那个人(即毕达哥拉斯)的".没有理由把这句话看成是公元前5世纪毕达哥拉斯学派数学家们的一句格言.

从公元前3世纪开始,许多宗教的和哲学的论文都打着毕达哥拉斯,或者他的门徒——特别是Archytas的旗号,但它们和我们这里所要讨论的趋势没有共同之处.那些在毕达哥拉斯学派之后出现的,伪造成是毕达哥拉斯学派的作品并没有追随学派的传统,而只是反映了当时一种流传甚广的风尚,而且它们已经被淘汰.在这些作品出现以前,Plato主义者、逍遥学派以及Hippocratic学派的医学家就把他们的工作归功于他们的老师.甚至对于诗人Epicharmus——他对哲学有兴趣但没有创立学派,也有一些公元前5世纪末的伪作声称是属于他的.无论如何,伪造的毕达哥拉斯学派的作品跟正统的作品之间有一道鸿沟,其主要特征就是跟毕达哥拉斯的科学发现无关,对科学问题也毫无兴趣.作者们既没有自己的发现可归功于毕达哥拉斯,也没有打算把任何哪怕是欺骗性的发现算在毕达哥拉斯的账上.

因此,有充分的证据宣告Iamblichus的断言是没有根据的.他的书中提及这些说法的两章并不能证实过去的传说.的确,Iamblichus在两处谈到在他的时代,伪造的毕达哥拉斯学派作品广泛流传,其中绝大部分都挂了毕达哥拉斯的名字.就是这些事实使他认为毕达哥拉斯学派的学者,"除了罕见的例外","都把他们的发现归功于他们的老师":"因此很少有他们的作品被声明是他们自己的".Iamblichus的推理明显地缺乏根据,特别是经过核查,除了他以外没有任何一位经典作家提到毕达哥拉斯学派有把他们的科学发现归于学派奠基人的趋势,而他的结论竟能迷惑好几代学者,实在令人难以置信.

上述结论使我们能够拆除那些人为的障碍,重建毕达哥拉斯的数学.既然毕达哥拉斯学派的成员并没有把自己的成就归功于他们的老师,那么我们当然能够根据流传的说法判断哪些理论属于毕达哥拉斯,哪些是属于他的门徒的.

为了验证这一结论，让我们回到最可靠的来源，公元前4世纪时论及毕达哥拉斯的数学研究的作者们.

(1)雅典的演说家 Isocrates 在他的辞藻华丽的讲演 Busiris 中宣称，毕达哥拉斯的哲学是从埃及人，或更准确地说，是从埃及的传教士那里借来的.按照 Isocrates 的说法，这种"埃及的哲学"包括几何、算术和天文.当然，这些学科与祭司关心的事情无关，但恰好同描述毕达哥拉斯学派讲授这些学科的其他资料来源吻合.

(2)Plato 的门徒 Xenocrates 证实毕达哥拉斯发现了和声音程的数值表示.这一发现与比例理论密切相关，后者的发现可能先于前者.音乐的数学理论使毕达哥拉斯学派中讲授的有关课程最终形成一个完整的体系.这个体系包括几何、算术、天文和声学——这就是未来中世纪盛行的四艺.把它们统一起来功绩不属于昔勒尼的 Theodorus，也不属于在公元前5世纪后半讲授四艺的 Elis 的 Hippias，而是属于毕达哥拉斯，他在其著名的天体和谐排列的学说中不仅把音乐同数学，而且把音乐同天文学联系起来.

(3)Aristotle 在论及毕达哥拉斯学派成员的残篇中这样写道："毕达哥拉斯，Mnesarchus 的儿子，起初致力于数学，特别是数的研究，但后来他沉醉于 Pherecydes①的奇迹创造."常常有人怀疑这段文字是否真的是 Aristotle 所写，但没提出令人信服的论据.

(4)在另一段文字中，Aristotle 又涉及以数学为基础的毕达哥拉斯学派的教育："与这些哲学家(Leucippus 和 Democritus)同时代但比他们略早一些的所谓毕达哥拉斯学派的成员是最早从事数学科学的研究并取得巨大进步的；有了数学科学方面的训练，他们开始把他们的原理看成是一切事物必然遵循的原理."Aristotle 在谈及生活在 Democritus 和 Leucippus 之前的数学家时，他心理究竟指的是谁呢？在公元前5世纪的前三分之一时期，有一位毕达哥拉斯学派的数学家兼哲学家 Hippasus，但 Aristotle 自己这样写道，Hippasus 把火而不是把数当成是一切事物的要素.所以毕达哥拉斯本人必定是 Aristotle 心里想着的数学家，虽然可能不止他一个.

(5)Aristotle 之后，毕达哥拉斯学派最后时期的一位门生 Aristoxenus 认为"毕达哥拉斯比其他任何人都更注重数的研究，他作出了巨大的贡献，把它从商人的实际计算中抽象出来，并把所有的事物都比喻作数."在这一残篇的最后一部分，他谈到偶数和奇数，表述方式正是典型的毕达哥拉斯式的，因此有可能 Aristoxenus 所理解的"数的研究"或"数的理论"即是后来保存在欧几里得《几何原本》第四卷中关于偶数和奇数的理论.Becker 曾鲜明地指出，这一理论属于毕

① Pherecydes 是古希腊的一位神话作者和宇宙起源论者.据传说，他还是毕达哥拉斯的老师.——译注

达哥拉斯数学的最早阶段.把 Becker 未曾提及的 Aristoxenus 的一段文字作为补充证据,我们可以把这一理论直接地同毕达哥拉斯联系起来.很明显形数的有关理论也属于他.

(6)Proclus 在评论欧几里得《几何原本》第一卷时,提供了著名的"几何学家名录",其素材从基本特色看是参考了 Eudemus 的书的.下面是谈及毕达哥拉斯的一段文字:"在他们(Thales 和 Mamercus)之后,毕达哥拉斯改造了几何的哲学,使之成为普通教育的一种形式,抽象地考察它的原理,用非物质的、理性的方法检验定理.他发现了比例理论和天体的结构.尽管对这段文字的真实性提出过许多疑问,绝大多数专家至少认为第一句话是 Eudemus 说过的.实际上,要是 Eudemus 在列举著名数学家时会把毕达哥拉斯漏掉,那才是咄咄怪事.因为他很熟悉 Thales,他应该像 Aristotle 和 Aristoxenus 一样了解毕达哥拉斯."

Vogt 注意到"毕达哥拉斯改造了几何的哲学,使其成为普通教育的一种形式"这段文字同 Iamblichus 的一段文字准确的一致性.但这并不能用来证明 Proelus 在 Eudemus 那里没有找到任何有关毕达哥拉斯的资料,而把 Iamblichus 的这段文字插进"几何学家名录"中.因为这同一句话的第二部分在亚历山大的 Hero 的名录中以一种缩写的形式出现,Hero 生活在 Iamblichus 之前 200 年,显然 Proclus 和 Iamblichus 的说法有相同的出处.

这一段的第二个句子,把毕达哥拉斯当做是比例理论和天体构造的发现者.虽然"比例理论"这一说法被广泛接受,但它仅仅是根据 Proclus 的一份手稿,而别的一些资料来源都提成是"无理数理论".尽管如此,第一种说法在许多方面似乎更可取.对于在毕达哥拉斯时代,我们不能说无理数"理论",只能说$\sqrt{2}$的无理性的发现.Eudemus,还有 Proclus,一定知道这一事实.比例理论是同毕达哥拉斯的声学研究以及他的一些数学发现密切相关的,显然他正是基于这一理论证明了他的著名定理.此外,其他作者也提到过毕达哥拉斯同比例理论的联系.

如果毕达哥拉斯真的发现了$\sqrt{2}$的无理性,这样一个著名的发现同一个同等著名的名字联系起来,应该能在希腊文献中找到有关反映.然而没有哪一位古代作家提到此事.在这方面,我们掌握的所有资料都把$\sqrt{2}$的无理性的发现同 Hippasus 的名字联系在一起.

关于天体构造,即五种正多面体的作图,情况更为复杂.Eudemus 未把所有这五种天体的构造都归功于毕达哥拉斯,因为在欧几里得《几何原本》第十三卷的旁注中提到过前三种天体(正十二面体、正立方体和正四面体)是毕达哥拉斯发现的,而正八面体和正二十面体是由 Theaetetus 发现的.这些被普遍接受的信息必定来自 Eudemus 传统上,正十二面体的作图同 Hippasus 相联系;此外,它需要假定无理性的发现,而它不像是由毕达哥拉斯所完成的.从所有这些史料可得出结论,那就是前两个正多面体,即正立方体和正四面体是毕达哥拉斯构造出来的.

把毕达哥拉斯当做是所有五种正多面体的作者这类说法甚至在 Proclus 以前,在古希腊哲学家著作选录中就记载过.这对我们来讲是重要的,因为对待古希腊哲学家著作选录有各种各样的随意解释甚至错误理解,这是众所周知的.但无论如何,只有后来的作者,而不是早期毕达哥拉斯学派的学者,才会把某些别人的发现算在毕达哥拉斯的账上,这一点是清楚的.

(7)Diogenes Laertius 讲述过,有一位计算大师 Apollodorus 称赞毕达哥拉斯证明了直角三角形直角边平方和等于斜边的平方这一定理.下面是 Diogenes 摘引的赞美这一发现的短诗:

毕达哥拉斯找到的那精美图案是他做出的珍贵奉献!

(When Pythagoras that famous figure found a noble offering he laid down)

Cicero 是第一位摘引这两行文字的,随后的有 Vitruvius, Plutarch, Athenaeus, Diogenes Laertius, Porphyry 和 Proclus.没有竞争者,一致宣告毕达哥拉斯是这一定理的作者,以及这一定理同毕达哥拉斯的其他发现的紧密联系都说明 Apollodorus 这段话的真实性.虽然不知道这位 Apolloldorus 生活的准确年代(显然生活在公元前 1 世纪以前).按照 Burkert 有说服力的论据,我们可以认为那就是 Cyzicus 的哲学家 Apollodorus(前 4 世纪的后半叶).

Burkert 正确地注意到宰牛献祭正可以看做是这两行古诗所示事实的证据而不是为别的目的进行的活动,但这与后来说毕达哥拉斯是吃素的看法矛盾.而我们知道,正是在公元前 4 世纪,Aristoxenus 坚持说毕达哥拉斯并不拒绝吃肉,而 Aristotle 说他只是不吃动物的某些部分.有趣的是,唯一一位怀疑毕达哥拉斯发明权的 Proclus,显然是从毕达哥拉斯不可能杀生献祭这一假设出发来推论的.

(8)下面是最后一段值得考虑的史料.亚历山大的 Hero 和在他以后的 Proclus 把确定直角三角形各边长(称为毕达哥拉斯数)的方法归功于毕达哥拉斯,现知他们两位都利用了 Eudemus 的著作——这一信息最大的可能就是来自于他.

这样我们可以把毕达哥拉斯明显研究过的那些具体的数学问题归纳如下:比例理论,偶数和奇数的理论,毕达哥拉斯定理,研究毕达哥拉斯数的方法和前两个正多面体的作图.可以认为,我们不能把这些成就看成是毕达哥拉斯在数学上的全部发现.从公元前 4 世纪的作者们提供的零碎资料中几乎无法得到毕达哥拉斯科学探索的一幅完整图像.在进一步重建毕达哥拉斯的数学时,这些成就是我们必须依靠的基础,然后再参考后期的资料以及数学自身发展的内在逻辑.

在进一步讨论之前,我们必须注意:第一,前面所引述的史料并无矛盾,它们所提到的那些数学问题之间有密切的内在联系,第二,毕达哥拉斯的所有发现完全适合公元前6世纪末希腊数学的水平.公元前5世纪前半期毕达哥拉斯学派的数学(无理数的发现,应用面积的方法等)自然地继续了这学派的奠基人的工作,而所有这一切并未被归在毕达哥拉斯本人的名下,而是笼统地归功于毕达哥拉斯学派的门徒或具体地归功于Hippasus.因此无论在毕达哥拉斯学派的范围内,还是在这个范围之外都不存在想把其他人的科学成就归功于毕达哥拉斯的任何企图,至少在数学这个领域里是如此.

是否有可能在较后的时期出现了那种趋势,以致随着时间的推移,毕达哥拉斯被造成是那些新发现的作者呢? 没有.我们所能接触到的材料不能证实这一看法.

公元前4世纪后期的两位历史学家Abdera的Anticlides和Hecataeus,在谈到毕达哥拉斯的数学探索时没有提供任何具体事实.诗人Callimachus(前3世纪)提到三角形的研究和毕达哥拉斯发现的一类"图形".通常把这理解为是对那著名定理一种暗示,它间接地证实了Apollodorus摘引的短诗出自更早的年代.Plutarch在摘引这一短诗时,对诗中所指的是毕达哥拉斯定理还是应用面积的方法有过怀疑,因为他相信后者是更重要的发现.有一点是显然的,即Plutarch没有找到直接的根据可以认为毕达哥拉斯是应用面积方法的作者.

新毕达哥拉斯学派的学者,生于Gerasa的Nicomachus写道,算术的、几何的和调和的比,以及对应的三种平均都为毕达哥拉斯所熟悉.Iamblichus补充道,在毕达哥拉斯时代,调和平均称为"次逆"(Subcontrary),而现在的术语是由Hippasus引进的.在另一处Iamblichus宣称毕达哥拉斯知道另一种比例,"音乐"比.最后,他还把亲和数的发现归功于毕达哥拉斯,亲和数是指这样的一对正整数,其中无论哪一个,其所有真因子的和恰等于另一个,例如220和284①.

以上就是可以找得到的有关毕达哥拉斯数学发现的全部实质性材料;其他史料上面也已讨论过.我们注意到没有一位上面提到过的作者把原则上不应该归功于毕达哥拉斯的发现同毕达哥拉斯的名字联系起来.实际上只有Iamblichus关于亲和数的信息超出了公元前4世纪作者们所提供的情报的范围.这种一致性是惊人的.Proclus有关五个正多面体的报道很难否定这些事实,因为他毕竟生活在毕达哥拉斯千年之后的年代里.

在声学和天文学方面我们只强调所遇到的情况类似的,详细的分析就省略了.在后一个领域,情况更为复杂些;但我们同样可以指出,不同渠道提供的信息有些差异是在成千上万的其他场合都会遇到的自然失真,而不是由于毕达哥

---

① 原文关于亲和数的解释"Where the sum of the factors of one is equal to the sum of the factors of the other"有错.——译注

拉斯学派的任何怪癖造成的.

至于毕达哥拉斯的哲学,情景大不相同,风马牛不相及的思想也算在奠基人的账上.按 Plato 主义的精神来解释他的哲学始于公元前 4 世纪,但那是 Plato 的弟子 Speusippus 和 Xenocrates 搞起来的,而不是毕达哥拉斯门徒的责任.由于无法解释的原因,Aristotle 的学生 Theophrastus 很喜欢这种特殊的 Plato 式的解释,且由于他的缘故,大多数后来的文献都是参考这种观点,这就大大复杂化了早期毕达哥拉斯哲学的重建工作.幸运的是在自然科学方面情况并非如此.

现在让我们回到前面提到过的看法:毕达哥拉斯的所有数学发现有着密切的内在联系.当然,这并不是进行重建的唯一基础,众所周知,两个逻辑上相近问题的解决可能相隔数十年甚至更远.不过这种密切的内在联系可以用来进一步证实搜集到的史料的可靠性.

在算术、几何和调和性之间的重要联系之一是比例理论.毕达哥拉斯无疑知道三种平均:算术平均 $c=(a+b)/2$,几何平均 $c=\sqrt{ab}$ 和调和平均 $c=2ab/(a+b)$ 以及直接同他的声学经验有关的音乐比例 $a:(a+b)/2=\frac{2ab}{(a+b)}:b$.毕达哥拉斯通过把单弦分成比例 12:6,12:8,12:9 发现了和声音程的数值表示.同样的关系(6:9=8:12)也出现在音乐比例中,其中内项分别是比例外项的算术平均和调和平均.Hippasus 把这一比例应用在他关于铜碟的声学实验中.

Fraenkel 找到了毕达哥拉斯发明比例理论的一个有趣证据.他指出 Heraclitus 的某些思想是用几何比例来表示的.例如上帝/成人 = 成人/小孩,上帝/成人 = 成人/猴子和醉汉/小孩 = 小孩/清醒的人.Fraenkel 合理地假设 Heraclitus 自己并没有发明几何比例,而是取自于毕达哥拉斯学派.

适用于可公度量的比例的算术理论可能被毕达哥拉斯用来证明他的著名定理.

毕达哥拉斯的算术的下一部分内容是数论研究的第一个例子,即偶数和奇数的理论.Becker 认为他的工作几乎原封不动地保存在欧几里得《几何原本》第九卷之中,Becker 的观点被大部分研究希腊数学的史学家所继承.这一理论的前五个命题(简化陈述方式)可以作为例子:

①偶数的和是偶数.

②偶数个奇数的和是偶数.

③奇数个奇数的和是奇数.

④一个偶数减去一个偶数是偶数.

⑤一个偶数减去一个奇数是奇数.

这些命题的证明基于《几何原本》第七卷的定义,以严格的逻辑次序一个接一个地推出.虽然欧几里得有时用线段来表示数(这是个别的而不是规律),而毕达哥拉斯学派则利用计数用的石子(Psephoi),但基本思想没有改变.Becker

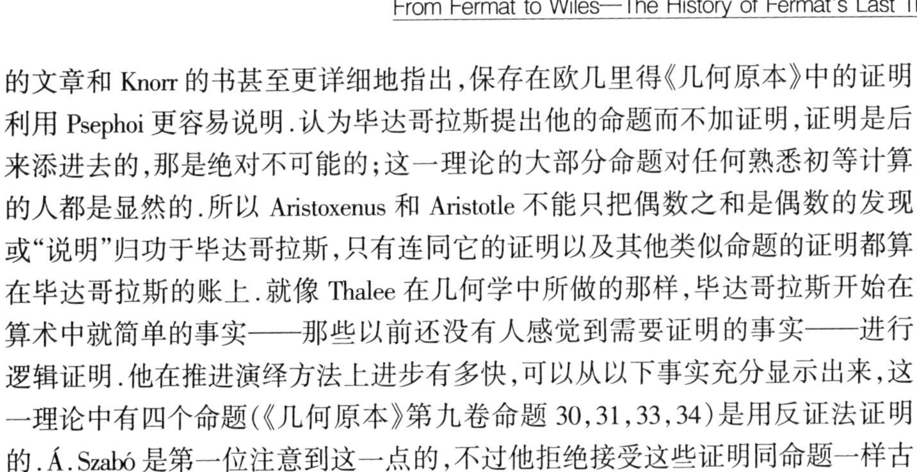

的文章和 Knorr 的书甚至更详细地指出,保存在欧几里得《几何原本》中的证明利用 Psephoi 更容易说明.认为毕达哥拉斯提出他的命题而不加证明,证明是后来添进去的,那是绝对不可能的;这一理论的大部分命题对任何熟悉初等计算的人都是显然的.所以 Aristoxenus 和 Aristotle 不能只把偶数之和是偶数的发现或"说明"归功于毕达哥拉斯,只有连同它的证明以及其他类似命题的证明都算在毕达哥拉斯的账上.就像 Thalee 在几何学中所做的那样,毕达哥拉斯开始在算术中就简单的事实——那些以前还没有人感觉到需要证明的事实——进行逻辑证明.他在推进演绎方法上进步有多快,可以从以下事实充分显示出来,这一理论中有四个命题(《几何原本》第九卷命题 30,31,33,34)是用反证法证明的.Á.Szabó 是第一位注意到这一点的,不过他拒绝接受这些证明同命题一样古老.他提出的仅有论据——缺乏史料——是经不起反驳的.早期希腊数学的原始资料保存下来的是如此之少,指望每一个证明都有史料可查那完全是空想.

考虑问题的数学内容方面,我们必须承认 Becker 结论的合理性;他提出偶数和奇数的理论应该整体地来考虑(他注意到的某些小的变动不涉及命题 30,31 和 33,34).用反证法证明命题很自然是那些用直接法证明命题的继续,其复杂程度同它们没有区别.因此,例如命题 33 和 34 的证明除了《几何原本》第七卷的定义 8 和 9 以外并不需要其他的东西.假定原来的直接证明后来被改成用反证法证明,这岂非咄咄怪事?希腊数学是避免这样做法的.所有这一切都认定这一理论以它本来的面目保留给了我们.由此可以得出两个重要的结论:(1)数学事物的形象性和它们的演绎证明当然不成为一种不可调和的矛盾.正像 Szabó 所试图要证明的那样.(2)反证法是数学不可分割的一个组成部分,从它发展的最初阶段就出现了,只是到后来 Eleatic 学派的哲学才使用这种方法.

反证法早期应用的另一个例子是三角形中等角所对的边相等这一定理这是 Thales 证明的等腰三角形底角相等那个定理的逆.它出现在由 van der Waerden 重建的早期毕达哥拉斯学派的数学教本中,很显然,它或者是被毕达哥拉斯那一代,或者是被在他之后的第二代学者所证明的.

几何和算术之间的第二个联系是(三角的,平方的,长方的等等)形数理论,它建立了数和图形之间的一种联系.虽然没有直接的史料可证明这一理论是毕达哥拉斯的贡献,但有一系列的论据支持他的发明权.

借助于磐折线,形数的构造相当于简单的算术级数,例如奇数或偶数的求和(图 2)

$$1+3+5+\cdots+(2n-1)=n^2 \quad \text{平方数}$$

$$2+4+6+\cdots+2n=n(n+1) \quad \text{长方数}$$

从类型上来讲,这显然属于包含偶数和奇数理论的早期毕达哥拉斯石子算术(psephic arithmetic).Aristotle 在写那些把数摆成三角形或正方形式样的人时显然是指早期毕达哥拉斯学派的成员.他同时代的Speusippus在写作“论毕达哥拉斯数”时,称它们中的某些数为多角数.

另一方面,形数的理论明显地先于应用面积的方法,后者出现在公元前5世纪的前半叶,而且也用到了磬折形.最后,由Hero和Proclus认定是毕达哥拉斯发明的,确定毕达哥拉斯数的方法,是借助于平方数决定的(参见下文).因此,我们有充分理由赞成那些把毕达哥拉斯当做是这一理论的作者的学者们的观点.

图 2

这一理论的基本命题并没有包含在欧几里得的汇集里,它们以通俗的形式出现在后来的作者像Nicomachus和Smyrna的Theon等人的书中,还出现在Iamllichus关于Nicomachus的评论中.Nicomachus并没有提供证明.不过,其证明显然包含在他所利用的材料中,他实际上没有做任何补充.因为他是为那些对证明不感兴趣的公众(非专业人员)写的,就是那些和欧几里得《几何原本》中一样的命题,欧几里得证明了,他也同样把证明删去了.如果毕达哥拉斯严格地证明了偶数和奇数的所有初等命题,那么他必然把形数的理论建筑在演绎的基础上.Knorr对这一理论做了相当合理的改造,尽管他怀疑毕达哥拉斯学派成员是否像他自己那样用严格的公理化方法建立起这一理论.

从三角数和平方数的研究出发,我们可以进而考察体积测定的问题,并尝试用等边三角形和正方形为边界构造几何体——这时我们得到四面体和正立方体.对平方数性质的研究很可能导致确定毕达哥拉斯数的方法,这种方法可以表述如下,加一个磬折形到方块上,我们得到下一个方块;因此我们必须寻找这样的磬折形,它是一个平方数(图3).a是方块的边,从

(1) $a=(m^2-1)/2$,

(2) $a_1=a+1=(m^2+1)/2$,

得到磬折形$m^2=2a+1$,为要m^2满足(1)和(2),m必须是奇数.由此我们又得到

$$m^2+\left(\frac{m^2-1}{2}\right)^2=\left(\frac{m^2+1}{2}\right)^2$$

其中m是任何一个奇数.

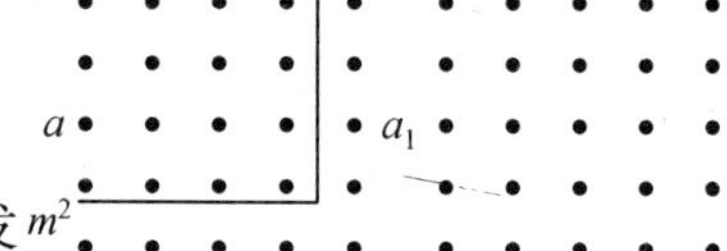

图 3

上面我们引述过Iamblichus把亲和数的发现归功于毕达哥拉斯,亲和数中的每一个恰等于另一个的诸因子之和.虽然从整体上看Iamblichus提供的信息不可靠,但在亲和数这个问题上我们似乎没有理由怀疑他.如果我们转向另一个有关的问题——完全数,那就是另一回事了,所谓完全

数,就是那些本身等于其诸因子之和的数,例如

$$1+2+3=6 \text{ 或 } 1+2+4+7+14=28$$

完全数被 Nicomachus,还有 Smyrna 的 Theon 和 Iamblichus 研究过. Nicomachus 给出了寻找它们的基本法则;如果几何级数 $1+2+4+\cdots+2^n+\cdots$ 的部分和是素数,那么用其最后一项乘上该部分和将给出一个完全数①. 在 Nicomachus 的著作里,这一法则的证明照例被省略,但可以在欧几里得《几何原本》第九卷,命题 36 中找到.

Heath, Becker 和 van der Waerden 把完全数或者直接归功于毕达哥拉斯,或者归功于早期的毕达哥拉斯学派的学者. 但 Burkert 反驳这种观点,认为完全数的发现不会早于公元前 4 世纪的后半叶. 实际上我们只是在欧几里得《几何原本》中才第一次接触到完全数. Aristotle 证实,毕达哥拉斯派的学者把 10,而不是 6 或 28,称为完全数. 在 Speusippus 著作的残片里虽然提到过素数,但没有谈及这些数.

由于缺乏直接的史料,我们难以坚持完全数起源于早期毕达哥拉斯学派的观点或者把它归功于毕达哥拉斯本人. 虽然如此,我们必须承认,寻找它们的方法是那样简单,当然有可能在毕达哥拉斯生活的时代就已被发现. 寻找完全数的法则直接从偶数和奇数的理论推出,而它的稍加改变的证明可以只借助于欧几里得《几何原本》第九卷命题 21 ~ 34 给出. 如果这一证明实际上就是原始的证明,它可能属于毕达哥拉斯算术的最早阶段.

在查验毕达哥拉斯的数学研究时,我们不得不注意到算术比之几何占有优势. 这一事实 Michel 和 Knorr 都注意到了,仅从史料本身很难解释还有好几个重要的证据充实了这一结论. Archytas 就已经把算术摆在第一位,认为它比几何更严格,这应该标志着毕达哥拉斯学派的算术在 5 世纪前半就已经成熟. Diogenes Laertius 引述历史学家 Anticlides 的话说,毕达哥拉斯更注意几何的算术方面. Aristotle 和 Aristoxenus 提供的证据也支持这种说法.

无论如何,欧几里得《几何原本》前四卷中还有若干其他的几何定理很有可能属于毕达哥拉斯,虽然没有保存下这方面的史料. 自然,在这里所列举的毕达哥拉斯的成就不能认为是详尽无遗的.

另一方面,我们不应该对毕达哥拉斯的数学发现相对来说数量较少感到不解. 希腊人常常描绘毕达哥拉斯哲学的数学色彩,但他们从未认为他是一位杰出的数学家,因为他主要并不是数学家. 他的才能显示在极其广泛的领域——政治、宗教、哲学、科学之中,所以对于他来说,数学不可能是第一位的工作. 至于以数学为第一职业的数学家 Hippocrates, Theaetetus 和 Eudoxus,我们可以认定

① 原文泛指几何级数,但如果不是 $1+2+2^2+\cdots+2^n+\cdots$,换成别的几何级数,所述规则并不能给出完全数. ——译注

他们把毕生的精力倾注在对数学的系统研究之中;但这不可能是毕达哥拉斯的特点,对于他来讲,政治和宗教也是同等重要的.

尽管如此,为了对他的数学发展中的作用作出公正的评价,还必须用历史的观点来认识毕达哥拉斯.毕达哥拉斯只是希腊数学家中的第二代,我们不应该用后来的 Archytas 或 Eudoxus 的成就作为衡量的标准,而应该将他同他的先辈 Thales 作比较.对 Thales 来说,数学也不是他的智力活动的主要舞台.这样一比较,就有充分的根据来说毕达哥拉斯开创了希腊数学发展的一个新阶段.

数学的基础——演绎方法,是由 Thales 发现的,并被他用来证明那些正确性非常直观并且几乎是显然的数学事实.例如用来证明下述命题:直径把圆分割成两个相等的部分.但是 Thales 不满足于这种单靠直观达到的结论,他的证明就不只是给出直观的说明.那些保存至今的证明都显示了逻辑推理的正规步骤.

毕达哥拉斯的定理已不像 Thales 的定理那样是直观形象的了,所以是前进了重要的一步.经常提到的早期希腊数学把重心从直观形象性的几何作图转移到抽象的逻辑证明这一趋势,无可争议地应该归功于毕达哥拉斯,实际上 Eudemus 提到过这一点,强调毕达哥拉斯的几何相对于 Thales 的几何,具有更抽象的特点.

虽然毕达哥拉斯时代的几何还谈不上有什么发达的理论.但几何学的第一批基本公理和第一批定义的明确表述表明了需要这样一种理论. Favorinus 断言,毕达哥拉斯是第一位在数学中给出定义的学者,这不是毫无根据的.

跟埃及和巴比伦的学者只限于研究“直线”几何相比,Thales 是第一位研究“角的”几何的学者,而毕达哥拉斯则跨出了第二步,通过构造正四面体和正方体创立了立体几何.

除了几何学,他还把演绎方法引进算术中尚未触及过的领域,开辟了数论的第一批例子:偶数和奇数的理论,形数的理论. Aristoxenus 证实,正是这些理论开始使理论数学从实际计算的技巧中分离出来.反证法也很可能是从这里开始的,虽然它可以很容易地从几何学中移植过来.

毕达哥拉斯关于比例的理论在算术和几何之间建起了联系,在和声学中,它铺平了用数学描述物理规律性的道路,无需我们强调,在研究大自然时成功地利用定量方法的第一次尝试,有着巨大的重要性.

用数值规律描述天体运动,尽管十分初步,也已经对希腊数理天文学的形成起了直接作用.

最后的但不是最不重要的一点是,毕达哥拉斯是一个著名的数学学派的创造人,这个学派决定着希腊随后数十年以至更长时期数学的发展.在研究毕达哥拉斯的数学时,我们不仅要牢记毕达哥拉斯,Hippasus, Theodorus(Cyrene)和

Archytas,他们都是直接属于毕达哥拉斯的社团;还要记住他们的学生,像 Democritus, Hippocrates Hippias(Elis 的),Theaetetus 和 Eudoxus,这些人从毕达哥拉斯学派那里接受过这门科学的训练.容易看到,在这个社团之外 ,从公元前 5 世纪到公元前 4 世纪的前三分之一,实际上就没有其他出色的数学家.

自然,这些显著成就取得的原因,并不能简单地认为是数学家们献身于把数视为通达知识的钥匙这一毕达哥拉斯路线的结果.虽然这种观点经常出现,但没有人能够给出满意的解释,以说明为什么这种信仰能够帮助人们做数学研究,像在对自然的研究中使用数学方法有好处一样.不管怎么说,Hippasus 或 Theodorus 并没有显露出任何强调数的作用的哲学思想,他们在数学上的成就要远比那个声称"没有数就谈不上认识"的 Philolaus 的成就大得多.精密科学在毕达哥拉斯学派的繁荣发展,除了 Zaitsev 所提示的希腊文化革命的普遍影响以外,也同毕达哥拉斯时代那四门相关的学科——算术、几何、音乐和天文已经融为一体相关,还同这种四位一体的学问在毕达哥拉斯学派的教育中占据了牢固的地位这一事实有联系.这种做法有助于新知识产生不断的吸引力以及它们的保存,同时使青年人在他们最适合于学习和独立研究的年龄,有机会得到数学的教育.这一传统被智人学派所继承,也得到 Plato 权威性的支持,因而贯串在整个古代和中世纪两个漫长的历史时期之中,到今天仍不失其价值.

第二章 费马——孤独的法官

1. 出身贵族的费马

皮埃尔·费马(Pierre de Fermat,1601—1665),1601年8月17日生于法国南部图卢兹(Towlouse)附近的博蒙·德·罗马涅(Beaumont de Lomagen)镇,同年8月20日接受洗礼.费马的双亲可用大富大贵来形容,他的父亲多米尼克·费马(Domiaique Fermat)是一位富有的皮革商,在当地开了一家大皮革商店,拥有相当丰厚的产业,这使得费马从小生活在富裕舒适的环境中,并幸运地享有进入格兰塞尔夫(Grandselve)的圣方济各会修道院受教育的特权.老费马由于家财万贯和经营有道,在当地颇受人们尊敬,所以在当地任第二领事官职,费马的母亲名叫克拉莱·德·罗格,出身穿袍贵族.父亲多米尼克的大富与母亲罗格的大贵,构筑了费马富贵的身价.

费马的婚姻又使费马自己也一跃而跻身于穿袍贵族的行列.费马娶了他的舅表妹伊丝·德·罗格.原本就为母亲的贵族血统而感到骄傲的费马,如今干脆在自己的姓名前面加上了贵族姓氏的标志“de”.今天,作为法国古老贵族家族的后裔,他们依然很容易被辨认出来,因为名字中间有着一个“德”字.一听到这个字,今天的法国人都会肃然起敬,脑海中浮现出“城堡、麋鹿、清晨中的狩猎、盛大的舞会和路易时代的扶手椅……”

1601—1665）

从费马所受的教育与日后的成就看，费马具有一个贵族绅士所必备的一切.费马虽然上学很晚，直到14岁才进入博蒙·德·罗马涅公学.但在上学前，费马就受到了非常好的启蒙教育，这都要归功于费马的叔叔皮埃尔.据考克斯(C.M.Cox)研究(《三百位天才的早期心理特征》)，获得杰出成就的天才，通常有超乎一般少年的天赋，并且在早期的环境中具有优越的条件.显然，少年天才的祖先在生理上和社会条件上为他们后代的非凡进步做出了一定的贡献.在这里卢梭所极力倡导的"人人生来平等"的信条是完全不起作用的，因为根本不可能所有的人都站在同一个起跑线上，而且许多人的起跑线远远超过了绝大多数人几代人才跑到的终点线.贝尔曾评价费马说，他对主要的欧洲语言和欧洲大陆的文学，有着广博而精湛的知识.希腊和拉丁的哲学有几个重要的订正得益于他.用拉丁文、法文、西班牙文写诗是他那个时代绅士们的素养之一，他在这方面也表现出了熟练的技巧和卓越的鉴赏力.

费马有三女二男5个子女，除了大女儿克拉莱出嫁之外，其余四个子女继承了费马高贵的出身，使费马感到体面.两个女儿当了修女，次女当上了菲玛雷斯的副主教，尤其是长子克莱曼·萨摩尔，继承了费马的公职，在1665年也当上了律师，使得费马那个大家族得以继续显赫.

2.官运亨通的费马

迫于家庭的压力，费马走上了文职官员的生涯.1631年5月14日在法国图卢兹就职，任晋见接待官，这个官职主要负责请愿者的接待工作.如果本地人有任何事情要呈请国王，他们必须首先使费马或他的一个助手相信他们的请求是重要的.另外费马的职责还包括建立图卢兹与巴黎之间的重要联系，一方面是与国王进行联络，另一方面还必须保证发自首都的国王命令能够在本地区有效地贯彻.

但据记载，费马根本没有应付官场的能力，也没有什么领导才能.那么他是如何走上这个岗位的呢？原来这个官是买来的.

费马中学毕业后，先后在奥尔良大学和图卢兹大学学习法律，费马生活的时代，法国男子最讲究的职业就是律师.

有趣的是，法国当时为那些家财万贯但缺少资历的"准律师"尽快成为律师创造了很好的条件.1523年，佛朗期瓦一世组织成立了一个专门卖官鬻爵的机关，名叫"burean des parries casuelles"，公开出售官职.由于社会对此有需求，所以这种"买卖"一经产生，就异常火暴.因为卖官鬻爵，买者从中可以获得官位从而提高社会地位，卖者可以获得钱财使政府财政得以好转，因此到了17世纪，除了宫廷官和军官以外的任何官职都可以有价出售.直到近代,法院的书记官、公证人、传达人等职务,仍没有完全摆脱买卖性质.法国的这种买官制度,使许多中产阶级从中受益,费马也不例外.费马还没大学毕业,家里便在博蒙·德·罗马涅买好了"律师"和"参议员"的职位,等到费马大学毕业返回家乡以后,他便很容易地当上了图卢兹议院顾问的官职.从时间上,我们便可体会到金钱的作用.费马是在1631年5月1日获得奥尔良(Orleans)大学民法学士学位的,13天后即5月14日就已经升任图卢兹议会晋见接待员了.

尽管费马在任期间没有什么政绩,但他却一直官运亨通.费马自从步入社会直到去世都没有失去官职,而且逐年得到提升,在图卢兹议会任职3年后,费马升任为调查参议员(这个官职有权对行政当局进行调查和提出质疑).

1642年,费马又遇到一位贵人,他叫勃里斯亚斯,是当时最高法院顾问,他非常欣赏费马,推荐他进入了最高刑事法庭和法国大理院主要法庭,这又为费马进一步升迁铺平了道路.1646年,费马被提升为议会首席发言人,以后还担任过天主教联盟的主席等职.

有人把费马的升迁说成是并非费马有雄心大志,而是由于费马身体健康.因为当时鼠疫正在欧洲蔓延,幸存者被提升去填补那些死亡者的空缺.其实,费马在1652年也染上了致命的鼠疫,但却奇迹般地康复了.当时他病得很重,以至他的朋友伯纳德·梅登(Bernard Medon)已经对外宣布了他的死亡.所以当费马脱离死亡威胁后,梅登马上开始辟谣,他在给荷兰人尼古拉斯·海因修斯(Nicholas Heinsius)的报告中说:

> "我前些时候曾通知过您费马逝世.他仍然活着,我们不再担心他的健康,尽管不久前我们已将他计入死亡者之中.瘟疫已不在我们中间肆虐."

但这次染上瘟疫给费马一贯健康的身体带来了损害.1665年元旦一过,费马开始感到身体不适,于1月10日辞去官职,3天以后溘然长逝.由于官职的缘故,费马先被安葬在卡斯特雷(Custres)公墓,后来改葬在图卢兹的家族墓地中.

3.淡泊致远的费马

数学史家贝尔曾这样评价费马的一生:"这个度过平静一生的、诚实、和气、谨慎、正直的人,有着数学史上最美好的故事之一."

很难想象一个律师、一位法官能不沉溺于灯红酒绿、纸醉金迷,而能自甘寂

寞、青灯黄卷,从根本上说这种生活方式的选择源于他淡泊的天性.在1646年,费马升任为议会首席发言人,后又升任为天主教联盟的主席等职,但他从没有利用职权向人们勒索,也从不受贿,为人敦厚、公开廉明.

另一个原因是政治方面的,俗话说高处不胜寒,政治风波时刻伴随着他.在他被派到图卢兹议会时,恰是红衣天主教里奇利恩(Richelien)刚刚晋升为法国首相3年之后.那是一个充满阴谋和诡计的时代,每个涉及国家管理的人,哪怕是在地方政府中,都不得不小心翼翼以防被卷入红衣主教的阴谋诡计中.费马用研究数学来逃避议会中混乱的争吵,这种明哲保身的做法,无意中造就了这位“业余数学家之王”.

按费马当时的官职,他的权力是很大的.从英国数学家凯内尔姆·迪格比爵士(Sir Kenelm Digby)给另一位数学家约翰·沃利斯(John Wallis)的信中我们了解到一些当时的情况:

> 他(费马)是图卢兹议会最高法庭的大法官,从那天以后,他就忙于非常繁重的死刑案件.其中最后一次判决引起很大的骚动,它涉及一名滥用职权的教士被判以火刑.这个案子刚判决,随后就执行了.

由此可见,费马的工作是很辛苦的,所以很多人在考虑到费马的公职的艰难费力的性质和他完成的大量第一流数学工作时,对于他怎么能找出时间来做这一切感到迷惑不解.一位法国评论家提出了一个可能的答案:费马担任议员的工作对他的智力活动有益无害.议院评议员与其他的——例如在军队中的公职人员不同,对他们的要求是避开他们的同乡,避开不必要的社交活动,以免他们在履行职责时因受贿或其他原因而腐化堕落.由于孤立于图卢兹高层社交界之外,费马才得以专心于他的业余爱好.

幸好,费马所献身的所谓“业余事业”是不朽的,费马熔铸在数论之中,这是织入人类文明之锦的一条粗韧的纤维,它永远不会折断.

4.复兴古典的费马

日本数学会出版的《岩波数学辞典》中对费马是这样评价的:“他与笛卡儿不同,与其说他批判希腊数学,倒不如说他以复兴为主要目的,因此他的学风古典色彩浓厚.”

早在1629年,费马便开始着手重写公元前3世纪古希腊几何学家阿波罗尼斯(Apollonius,约前260—前170)所著的当时已经失传的《平面轨迹》(《On

Plane Loni》),他利用代数方法对阿波罗尼斯关于轨迹的一些失传的证明作了补充,对古希腊几何学,尤其是对阿波罗尼斯圆锥曲线论进行了总结和整理,对曲线作了一般研究,并于1630年用拉丁文撰写了仅有8页的论文"平面与立体轨迹引论"(Introduction anx Lieux Planes es Selides,这里的"立体轨迹"指不能用尺规作出的曲线,和现代的用法不同),这篇论文直到他死后1679年才发表.

开普勒

(1571—1630)

早在古希腊时期,阿基米德(Archimedes,前287—前212)为求出一条曲线所包任意图形的面积,曾借助于穷竭法.由于穷竭法繁琐笨拙,后来渐渐被人遗忘.到了16世纪,由于开普勒(Johannes Kepler,1571—1630)在探索行星运动规律时,遇到了如何研究椭圆面积和椭圆弧长的问题.于是,费马又从阿基米德的方法出发重新建立了求切线、求极大值和极小值以及定积分的方法.

费马与笛卡儿(Renédu perron Descartes)被公认为解析几何的两位创始人,但他们研究解析几何的方法却是大相径庭的,表达形式也迥然不同;费马主要是继承了古希腊人的思想,尽管他的工作比较全面系统,正确地叙述了解析几何的基本原理,但他的研究主要是完善了阿波罗尼斯的工作,因此古典色彩很浓,而笛卡儿则是从批判古希腊的传统出发,断然同这种传统决裂,走的是革新古代方法的道路,所以从历史发展来看,后者更具有突破性.

笛卡儿

(1596—1650)

费马研究曲线的切线的出发点也与古希腊有关,古希腊人对光学很有研究,费马继承了这个传统.他特别喜欢设计透镜,而这促使费马探求曲线的切线,他在1629年就找到了求切线的一种方法,但迟后8年才发表在1637年的手稿《求最大值与最小值的方法》中.

另一表现费马古典学风之处在于费马的光学研究.费马在光学中突出的贡献是提出最小作用原理,这个原理的提出源远流长.早在古希腊时期,欧几里得就提出了今天人们所熟知的光的直线传播和反射定律.后来海伦统一了这两条定律,揭示了这两条定律的理论实质——光线行进总是取最短的路径.经过若干年后,这个定律逐渐被扩展成自然法则,并进而成为一种哲学观念.人们最终得出了这样更一般的结论:"大自然总是以最短捷的可能途径行动."这种观念影响着费马,但费马的高明之处则在于变这种哲学的观念为科学理论.

对于自然现象,费马提出了"最小作用原理".这个原理认为,大自然各种现象的发生,都只消耗最低限度的能量.费马最早利用他的最小作用原理说明蜂房构造的形式,在节省蜂蜡的消耗方面比其他任何形式更为合理.费马还把他的原理应用于光学,做得既漂亮又令人惊奇.根据这个原理,如果一束光线从一个点 A 射向另一个点 B,途中经过各种各样的反射和折射,那么经过的路程——所有由于折射的扭转和转向,由于反射的难于捉摸的向前和退后可以由从 A 到 B 所需的时间为极值这个单一的要求计算出来.由这个原理,费马推出了今天人们所熟知的折射和反射的规律:入射角(在反射中)等于反射角;从一

个介质到另一个介质的入射角(在折射中)的正弦是反射角的正弦的常数倍,折射定律其实都是1637年费马在笛卡儿的一部叫《折光》(《Ia Dioptriqre》)的著作中看到的.开始他对这个定律及其证明方法都持怀疑和反对态度,并因此引起了两人之间长达十年之久的争论,但后来在1661年他从他的最小作用原理中导出了光的折射定律时,他不但解除了对笛卡儿的折射定律的怀疑,而且更加确信自己的原理的正确性.可以说费马发现的这个最小作用原理及其与光的折射现象的关系,是走向光学统一理论的最早一步.

最能体现费马"言必称希腊"这一"复古"倾向的是一本历尽磨难保存下来的古希腊著作《算术》(《Arithmetica》).17世纪初,欧洲流传着3世纪古希腊数学家丢番图(Diophantus)所写的《算术》一书.丢番图是古希腊数学传统的最后一位卫士.他在亚历山大的生涯是在收集易于理解的问题以及创造新的问题中度过的,他将它们全部汇集成名为《算术》的重要论著.当时《算术》共有13卷之多,但只有6卷逃过了欧洲中世纪黑暗时代的骚乱幸存下来,继续激励着文艺复兴时期的数学家们.1621年费马在巴黎买到了经巴歇(M.Bachet)校订的丢番图《算术》一书法文译本,他在这部书的第二卷第八命题——"将一个平方数分为两个平方数"的旁边写道:"相反,要将一个立方数分为两个立方数,一个四次幂分为两个四次幂,一般地将一个高于二次的幂分为两个同次的幂,都是不可能的.对此,我确信已发现了一种美妙的证法,可惜这里空白的地方太小写不下."这便是数学史上著名的费马大定理.

5.议而不作的数学家

我国著名思想家孔子是"述而不作",而费马却是"议而不作",并且费马还有一个与毛泽东相同的读书习惯"不动笔墨不读书".他读书时爱在书上勾勾画画,圈点批注,抒发见解与议论.他研究数学的笔记常常是散乱地堆在一旁不加整理,最后往往连书写的确切年月也无可稽考.他曾多次阻止别人把他的结果付印.

至于费马为什么会养成这种"议而不作"的习惯,有多种原因.据法国著名数学家韦尔(André Weil)的分析,是由于17世纪的数论学家缺少竞争所致,他说:

> "那个时代的数学家,特别是数论学家是很舒服的,因为他们面临的竞争是如此之少.但对微积分而言,即使在费马的时代,情形就有所不同,因为今天使我们许多人受到困扰的东西(如优先权问题)也困扰

> 过当时的数学家.然而,有趣的是费马在整个17世纪期间,在数论方面可以说一直是十分孤独的.值得注意的是在这样一段较长的时间中,事物发展是如此缓慢,而且这样从容不迫,人们有充足的时间去考虑大问题而不必担心他的同伴可能捷足先登.在那时候,人们可以在极其平和宁静的气氛中研究数论,而且说实在的,也太宁静了.欧拉和费马都抱怨过他们在这领域中太孤单了.特别是费马,有段时间他试图吸引帕斯卡(Blaise Pascal)对数论产生兴趣并一起合作.但帕斯卡不是搞数论的材料,当时身体又太差,后来他对宗教的兴趣超过了数学,所以费马没有把他的东西好好写出来,从而只好留给了欧拉这样的人来破译,所以人们说欧拉刚开始数论研究时,除了费马的那些神秘的命题外,什么东西也没有."

帕斯-
(1623—1

对费马"议而不作"的原因的另一种分析是费马有一种恶作剧的癖好,本来从16世纪沿袭下来的传统就是:巴黎的数学家守口如瓶,当时精通各种计算的专家柯思特(Cossists)就是如此.这个时代的所有专业解题者都创造他们自己的聪明方法进行计算,并尽可能地为自己的方法保密,以保持自己作为有能力解决某个特殊问题的独一无二的声誉.用今天的话说就是严守商业秘密,加大其他竞争对手进入该领域的进入成本,以保持自己在此领域的垄断地位,这种习惯一直保持到19世纪.

当时有一个人在顽强地同这种恶习作斗争,这就是梅森神父.他所起到的作用类似于今天数学刊物的作用,他热情地鼓励数学家毫无保留地交流他们的思想,以便互相促进各自的工作.梅森定期安排会议,这个组织后来发展为法兰西学院.当时有人为了保护自己发现的结果,不让他人知道而拒绝参加会议.这时,梅森则会采取一种特殊的方式,那就是通过他们与自己的通信中发现这些秘密,然后在小组中公布.这种作法,应该说是不符合职业道德的,但是梅森总以交流信息对数学家和人类有好处为理由为自己来辩解.在梅森去世的时候,人们在他的房间发现了78位不同的通信者写来的信件.

梅森(
Mersenne,
1588—1648
国科学家.
缅因省(M
奥泽(Oizé
于巴黎.

当时,梅森是唯一与费马有定期接触的数学家.梅森当年喜欢游历,到法国及世界各地,出发前总要与费马会见,后来游历停止后,便用书信保持着联系,有人评价说梅森对费马的影响仅次于那本伴随费马终生的古希腊数学著作《算术》.费马这种恶作剧的癖好在与梅森的通信中暴露无遗.他只是在信中告诉别人"我证明了这,我证明了那",却从不提供相应的证明,这对其他人来讲,既是一种挑逗,也是一种挑战,因为发现证明似乎是与之通信的人该做的事情,他的这种作法激起了其他人的恼怒.笛卡儿称费马为"吹牛者",英国数学家约翰·沃利斯则把他叫做"那个该诅咒的法国佬".而这些因隐瞒证明给同行带来的烦恼

给费马带来了莫大的满足.

这种“议而不作”与费马的性格也有关.费马生性内向,谦抑好静,不善推销自己,也不善展示自我,所以尽管梅森神父一再鼓励,费马仍固执地拒绝公布他的证明.因为公开发表和被人们承认对他来说没有任何意义,他因自己能够创造新的未被他人触及的定理所带来的那种愉悦而感到满足.

另外一个更为实在的动机是,拒绝发表可以使他无需花费时间去全面地完善他的方法,从而争取时间去转向征服下一个问题.此外,从费马的性格分析,他也应该采取这种方式,因为他频频抛出新结果不可避免会招来嫉妒,而嫉妒的合法发泄渠道就是挑剔,证明是否严密完美是永远值得挑剔的.特别是那些刚刚知道一点皮毛的人,所以为了避免被来自吹毛求疵者的一些细微的质疑所分心,费马宁愿放弃成名的机会,当一个缄默的天才.以致当帕斯卡催促费马发表他的研究成果时,这个遁世者回答说:“不管我的哪个工作被确认值得发表,我不想其中出现我的名字.”

费马的“议而不作”带来的副作用是他当时的成就无缘扬名于世,并且使他暮年脱离了研究的主流.

欧拉——多产的数学家

第三章

1. $n=3$ 时,费马定理的初等证明

对费马大定理的证明过程是先从具体的路线出发的,人们迈出的第一步就是 $n=3$ 时的证明,而绝无人像费马宣称的那样,一上来就试图全部解决.这种想法是很自然的,它符合数论中具体先于抽象的特点,正如线性规划创始人丹齐克之父老丹齐克在其名著《数,科学的语言》中所指出:

> 在宗教神秘中诞生,经过迂回曲折的猜哑谜时期,整数的理论最后获得了一种科学的地位.

虽然在那些把神秘和抽象等同的人看来,这仿佛是令人费解的,然而这种数的神秘性的基础,却是十分具体的.它包含两个观念.渊源于古老的毕达哥拉斯学派的形象化的数字,显示了数与形之间的紧密联系.凡表示简单而规则的图形,如三角形、正方形、角锥体和立方体等图形的数,较易于想象,因此被作为有特殊重要性的数被选择出来.另一方面,完全数、友数和质数都具有与可除性相关的特性.这都可以追溯到古人对分配问题所给予的重要地位,正如在苏美尔人的黏土片和古埃及的芦草纸上所明白显示出的一样.

这种具体性,说明了早期的试验的性质,这种特性今天多少还在这门理论中保持着.我们转引当代最卓越的数论专家之一,英国的哈代(G.H.Hardy)的话如下:

"数论的诞生,比数学中的任一分支都包含着更多的实验科学的气味.它的最有名的定理都是猜出来的,有时等了一百年甚至百余年才得到证明;它们的提出,也是凭着一大堆计算上的证据."

具体往往先于抽象.这就是数论先于算术的理由.而具体又往往成为科学发展中的最大绊脚石.把数看做个体,这种看法自古以来对人类有巨大的魔力,它成了发展数的集合性理论(即算术)的道路上的主要障碍.这正如对于单个星体的具体兴趣长期地延缓了科学的天文学的建立一样.

最早证明费马猜想 $n=3$ 时情形的数学家大概要算胡坚迪(Al-khujandi,? —1000),这位阿拉伯数学家、天文学家,曾在特兰索克塞(Transoxania,位于阿姆河之北)做过地方官,他长期从事科学研究工作,并得到白益王朝的统治者的赞助.在数学方面,对球面三角学和方程理论有所贡献.重新发现了球面三角形的正弦定理(该定理曾被希腊数学家梅涅劳斯发现).他最先证明了方程 $x^3+y^3=z^3$ 不可能有整数解.在天文学方面,他在瑞依(Rayy,今德黑兰附近)附近建造过一座精确度空前的测量黄赤交角的装置,角度测量可以精确到秒.还制作了浑天仪和其他天文仪器,测出了瑞依的黄赤交角和黄纬.

2.被印在钞票上的数学家

707—1783)

其实现在流传下来的费马大定理当 $n=3$ 时的证明是瑞士大数学家欧拉(Leonhard Euler,1707—1783)所给出的.欧拉作为数学史上为数不多的几位超级大师早已被读者所熟悉,但有多少人知道,他还是唯一被印在钞票上的数学家.

1994年国际数学家大会在瑞士举行,瑞士联邦的科学部长,德赖费斯(Ruth Dreifus)女士在开幕式上的讲话指出:

绝大多数老百姓并不意识到在日常生活每件事的背后有科学家们的工作,譬如随便问一个瑞士人"在10瑞士法郎钞上的头像是谁?"他们可能答不上来,他们从没有注意到这是欧拉,也许根本不知道欧拉是什么人.

但不管怎样,欧拉毕竟作为一位最伟大的数学家而受到人们的怀念.欧拉的一生,可以说是“生逢其时”,这要从两方面说:一是事业上恰逢方兴未艾之时,欧拉的数学事业开始于牛顿去世那年,于是恰呈取代之势,数学史家贝尔说:“对于像欧拉那样的天才,不能选择比这更好的时代了.”

那时,解析几何已经应用了90年,微积分产生了40年,万有引力定律出现在数学家们面前有40年,在这些领域中充满着大量已被解决了的孤立问题,也偶尔出现过一些方面试图统一的理论尝试,但对整个纯数学与应用数学的统一系统的研究还尚未开始,正等待着欧拉这样的天才去施展.

历史上,能跟欧拉相比的人的确不多,有历史学家把欧拉和阿基米德、牛顿、高斯列为有史以来贡献最大的四位数学家.

拉普拉
(1749—18

由于欧拉出色的工作,后世的著名数学家都极度推崇欧拉.大数学家拉普拉斯(P.S.M.de Laplace,1749—1827)曾说过:“读读欧拉,他是我们一切人的老师.”数学王子高斯也曾说过:“对于欧拉工作的研究,将仍旧是对于数学的不同范围的最好的学校,并且没有别的可以替代它.”

对于欧拉这样的天才人物,我们不得不多说上几句,欧拉无疑是历史上著作最多的数学家,人们说欧拉撰写他的伟大的研究论文,就像下笔流畅的作家给密友写信一样容易.甚至在他生命的最后17年中的完全失明,也没有妨碍他的无与伦比的多产.

以出版欧拉的全集来说,一直到1936年,人们也没能确切知道欧拉的著作的数量,当时估计要出版他的全集需要大四开本60至80卷.1909年瑞士的自然科学协会开始着手收集和出版欧拉散轶的论文,得到了世界各地许多个人和数学团体的经济资助,由此可以看出欧拉不仅属于瑞士更属于整个文明世界.当时预算全部出齐需花费约8万美元,可是过了不久,在圣彼得堡又发现了一大堆确切属于欧拉的手稿,这样原有的预算就大大超支了,有人估计要全部出版这些著作至少有100卷,在著作量上,似乎只有英国文豪莎士比亚可以与之匹敌.

对于欧拉来说,对人激励最大、最具有人格魅力的是他那种在失明后对数学研究的继续奋进的精神.眼睛对于数学家来说不亚于登山运动员的腿,数学史上失明的大数学家只有三位,除欧拉外还有前苏联数学家庞德里雅金,但他与欧拉都是在掌握了数学之后才失明的,真正在失明后才掌握数学的是英国数学家桑德森.

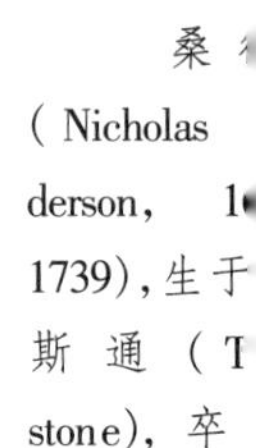

桑
(Nicholas
derson, 1
1739),生于
斯通(T
stone),卒
桥.

桑德森1岁时因患天花病导致双目失明,但他并没有屈服于厄运,而是顽强地坚持学习和研究.他从小练就了十分纯熟的心算法,能够解许多冗长而又复杂的算术难题.他曾是剑桥大学路卡斯教授惠斯顿的学生,1711年,他接替了惠斯顿的教授职位.1728年英国乔治二世授予他法学博士称号.1736年被选为伦敦皇家学会会员.桑德森还是一位出色的教员.他编著了《代数学》(《Algebra》,1740~1741,已译为法文和德文),《流数术》(《Method of Fluxions》,1751)等书.

第四章 库默尔——"理想"的创造者

1. 老古董——库默尔

贝尔说:"库默尔是一个典型的老派德国人,有着最好不过地刻画了在迅速消亡的那一类人的特性的全部直率、单纯、好脾气和幽默.这些老古董,本质已经陈旧,可以在上一代的任何旧金山德国花园酒店的柜台后面找到."

首先,库默尔是一个极端的爱国主义者.这要从拿破仑说起,库默尔(Ernst Edward Kummer,1810—1893)1810 年 1 月 29 日生于德国的索劳(Suoran),当时属勃兰登堡公国,现在是波兰(Zary)的,当时距著名的滑铁卢战役还有 5 年.在库默尔 3 岁时,拿破仑的大军对俄战争失败,一批批满身虱子的幸存士兵通过德国准备撤到法国去,那些带着俄国人特有的斑疹伤寒的虱子,将病毒大量地传染给爱清洁的德国人,其中包括库默尔的父亲(Curl Gotthelf Kummer),一位操劳过度的医生(想必他也对科学产生过兴趣,有人也称他为物理学家).父亲的去世,使他的家庭完全沦落为赤贫境地.库默尔与哥哥在母亲的照料下,在艰难困苦中长大,由于贫穷,库默尔在上大学时不能住在大学里,而是背着装食物和书本的背包,每天在索劳与哈雷之间来回奔波.

拿破仑时代法国人的傲慢和苛捐杂税,以及母亲竭力保持的对父亲的记忆,使年轻的库默尔实际上成了极端爱国者,他发誓要尽最大努力使他的祖国免遭再次打击,一读完大学就立即用他的知识去研究炮弹的弹道曲线问题.他以极大的热忱,在后半生把他超人的科学才能用来在柏林的军事学院给德意志军官讲授弹道学.结果是,他的许多学生在普法战争中都表现出色.

库默尔

(1810—18

老古董库默尔的另一个表现是对学生无微不至的关怀.库默尔记得他自己为了受教育所作的奋斗和他母亲作出的种种牺牲,因而他不仅对他的学生是一位父亲,对他们的父亲也是一位类似兄弟的朋友.成千上万的年轻人在人生的旅途上,在柏林大学或军事学院得到过库默尔的帮助,因此对他感激不尽,他们终生铭记他,把他当做一位伟大的教师和朋友.

康托

(1845—19

在柏林时,库默尔是39篇博士论文的第一鉴定者.他的博士生中有17名后来做了大学教师,其中有几位成了著名数学家,如博伊斯·雷芒德(Paul du Bois Reymond)、戈尔丹(Paul Gordan,1837—1912)、巴赫曼(Paul Bachmann,1837—1920)、施瓦兹(H. A. Schwarz,1843—1921,同时也是他的女婿)、康托(Geory Cantor,1845—1918)和舍恩弗利斯(Arthur Schoenflies,1853—1928)等.库默尔还是30篇博士论文的第二鉴定人.此外,当克莱布什(Alfred Clebsch,1833—1872)、克里斯托费尔(E. B. Christoffer,1829—1900)、富克斯(I. L. Frchs,1833—1902)通过教学资格时,他是第一仲裁人,在另外4人的资格考试中,他是第二仲裁人.库默尔作为教授享有盛名并不仅仅是课讲得好,还因为他的魅力和幽默感,以及他对学生福利的关心,当他们在物质生活方面有困难时,他很愿意帮助他们,因此,学生们对他的崇拜有时达到狂热的地步.

一次,一个就要参加博士学位考试的贫穷的年轻数学家,因患天花,不得已回到靠近俄国边境的波森的家中去了.他走后没有来过信,但是人们知道他贫困至极.当库默尔听说这个年轻人也许没有能力支付适当的治疗费用时,他就找到这个学生的一个朋友,给了他必需的钱,派他去波森看看是否该做的事都做了.

老古董库默尔的另一特征,是他在担任公职时表现出的特别严格的客观态度,毫不留情的正直坦率以及保守性.这些品质在1848年革命事件中也体现出来,当时除了高斯之外几乎每个德国数学家都卷入了这次事件.当时,库默尔属于运动的右翼,而雅可比(Jacobi,1804—1851)属于激进的左翼,库默尔拥护的是君主立宪制而非共和制,但库默尔并没有由于政治观点的不同而影响学术观点的一致,所以当一贯爱夸张的雅可比宣称,科学的光荣就在于它的无用时,库默尔表示赞同,他认为数学研究的目的在于丰富知识而不考虑应用.他相信,只有数学追随它自己的结果前进时,才能得到最高的发展,与外部自然界无关.

雅可比

(1804—18

另外,库默尔退休决定的突然性,是库默尔这位老古董刚直、执拗性格的又

一例证.1882年2月23日,他作了一个使教授会大吃一惊的声明,声明说他注意到自己记忆力衰退,已不能以合乎逻辑的、连贯的、抽象论证的方式去自由发展自己的想法,以此为理由他要求退休.虽然没有任何人觉察出他有所说的症候,他的同事力劝库默尔留任,然而不管别人如何劝说、挽留,也没有使他改变主意.他立即安排自己的继任者,1883年他正式退休.自然,有些史学家觉得这反映库默尔性格固执,但另一方面也说明他是有自知之明,是相信年青一代的.

2.哲学的终生爱好者——库默尔

(1826—1866)

库默尔18岁时(1828),由他的母亲把它送到哈雷大学(与康托尔同校)学习神学,并力图训练库默尔使其在其他方面适于在教会供职.这种经历许多著名数学家早年都曾发生过.例如,黎曼在1846年春考入哥廷根大学时也是遵照其父亲的愿望攻读神学和语言学,后来受哲学读物的影响,黎曼的文体有一种德文句法不通的倾向,不精通德文的人也许会觉得他的文章神秘.库默尔最后终于决定学习数学,一方面是出于对哲学的考虑,他认为数学是哲学的"预备学校",并且他终生保持着对哲学的强烈嗜好,库默尔觉得对于一个有抽象思维才能的人来说,究竟是从事哲学还是从事数学,多少是一桩由偶然因素或环境决定的事.对于库默尔来说,促使他放弃哲学主攻数学的偶然因素是海因里希·费迪南德·舍尔克(Heinrich Ferdinand Scherk,1798—1885),他在哈雷担任数学教授,舍尔克是一个相当老派的人,但是他对代数和数论很热爱,他把这种热心传给了年轻的库默尔,在舍尔克的指导下,库默尔进步飞快.1831年9月10日,库默尔还在大学三年级的时候就解决了舍尔克提出的一个大问题,写出了题为"De cosinuum et sinuum potestatibus secuudum cosinus et sinus arcuum multiplicium evolvendis"的论文并获了奖.

数学史家贝尔对库默尔的哲学爱好有如下评论:库默尔模仿笛卡儿,说他更喜欢数学而不是哲学,因为"纯粹错误的谬误的观点不能进入数学".要是库默尔能活到今天,他可能会修改他这种说法,因为他是一个宽宏大量的人,而现在数学的那些哲学倾向,有时令人奇怪地想到中世纪的神学.

与库默尔有着惊人的相似之处,德国著名数学家黎曼对哲学也有着强烈的嗜好,为其做传的汉斯(Freudenthal Hans)曾评价说:"他可算是一位大哲学家,要是他还能活着工作一段时间的话,哲学家们一定会承认他是他们之中的一员."据说他在逝世的前一天还躺在无花果树下饱览大自然的风光,并撰写关于自然哲学的伟大论文.德国是一个哲学的国度,德意志民族是一个有哲学气质的民族,在贡献了像康德、尼采、叔本华、海德格尔、马克思等职业哲学大师的同时,也产生了像库默尔这样一大批酷爱哲学的数学大师.

库默尔的教学也同其他数学家不同,充满了富于哲理的比喻.比如,为了充分说明在一个表示中,一个特殊因子的重要性,他这样向他的学生比喻:“如果你们忽视了这个因子,就像一个人在吃梅子时吞下核却吐出了果肉.”

3.“理想数”的引入者——库默尔

我们因此看出理想素因子揭示了复数的本质,似乎使得它们明白易懂,并揭露了它们内部透明的结构.

——库默尔

这样一个非常特殊、似乎不十分重要的问题会对科学产生怎样令人鼓舞的影响?受费马问题的启发,库默尔引进了理想数,并发现把一个分圆域的整数分解为理想素因子的唯一分解定理,这定理今天已被戴德金与克罗内克推广到任意代数数域.在近代数论中占着中心地位,其意义已远远超出数论的范围而深入到代数与函数论的领域.

——希尔伯特

今天,库默尔的名字主要是与他三方面的成就结合在一起的,每一成就出自他的一个创作时期,第二个创作时期最长,长达20年.这一时期数论占有特别重要的地位,这一时期的标志是“理想数”的引入,理想数是库默尔在数论上花的时间最多,贡献也最大的一个领域.发展这一方法的起因是出于他试图用乘积方法解决费马大定理,在狄利克雷向他指出素数分解的唯一性在数域中并非一般成立,且库默尔本人对此也确信无疑之后,从1845年到1847年,他建立了他的理想素因子理论.具体地说,这是一个代数数论中的基本问题:

如果从代数数域的角度讲,代数数域的整数环 A 的除子(divsor)半群 D 中的元素,半群 D 是自由交换幺半群,它的自由生成元称为素理想数(prime ideal numbers).

理想数的引进与代数数域的整数环中没有素因子分解唯一性有关,若在 A 中的素因子分解不是唯一的,则对于任一 $a\in A$,对应的除子 $\varphi(a)$ 分解成素理想数之积,可以视为 A 中的素因子唯一分解的替代.

例如,域 $Q(\sqrt{-5})$ 的整数环 A 由所有数 $a+b\sqrt{-5}$ 组成,其中 a,b 都是整数,在该环中,数6有两种不同的分解,即

$$6=2\times3=(1-\sqrt{-5})(1+\sqrt{-5})$$

其中 $2,3,1-\sqrt{-5}$ 和 $1+\sqrt{-5}$ 是 A 中两两互不相伴的不可约(素)元,因而 A 中的不可约因子分解不是唯一的. 但是,在 D 中,元素 $\varphi(2),\varphi(3),\varphi(1-\sqrt{-5})$ 和 $\varphi(1+\sqrt{-5})$ 都不是不可约的,事实上,$\varphi(2)=p_1^2,\varphi(3)=p_2p_3$,$\varphi(1-\sqrt{-5})=p_1p_2,\varphi(1+\sqrt{-5})=p_1p_3$,其中,$p_1,p_2$ 和 p_3 都是 D 中的素理想数. 因此,6 在 A 中的两种分解,在 D 中产生同一个分解 $\varphi(6)=p_1^2p_2p_3$.

用这种理论,库默尔在几种情况下证明了费马大定理,这再一次显示出库默尔建立自己的理论仅仅是对于他感兴趣的问题 —— 费马大定理和高斯一般互反律的证明所提出的进一步要求.我们在本书中只关心费马大定理的情况.

为了证明费马大定理,人们将其分为两种情形考虑,情形 Ⅰ:$(xyz,p)=1$;情形 Ⅱ:$p\mid z$.库默尔对费马大定理作出了重要贡献,他创造了一种全新的方法,此法基于他所建立的分圆域(cyclotomic field) 的算术理论,它用到这样的事实:在域 $Q(\xi)(\xi=\mathrm{e}^{2\pi i/p})$ 中,方程 $x^n+y^n=z^n$ 的左边分解成线性因子 $x^p+y^p=\prod\limits_{i=1}^{p-1}(x+y\xi^i)$. 在情形 Ⅰ 中,这些线性因子是 $Q(\xi)$ 中理想数(ideal number) 的 p 次幂;而在情形 Ⅱ 中,当 $i>0$ 时,它们与 p 次幂相差一个因子 $1-\xi$,如果 p 整除诸贝努利数(bernoulli numbers)$B_{2n}(n=1,\cdots,(p-3)/2)$ 的分子,则由正则性判别法知 p 不整除 $Q(\xi)$ 的类数 h,且这些理想数皆为主理想.库默尔证明了这种情形的费马定理.不知道正则素数 P 究竟有无穷多个还是有限个,虽然根据琴生(Jensen) 的定理可知非正则素数有无穷多个.库默尔对某些非正则素数证明了费马定理,并对所有素数 $p<100$ 证明了此定理为真.

具体地说,设 h 为 $Q(\xi)$ 的类数,设 $Q(\xi)$ 中包含的实域 $Q(\xi+\xi^{-1})$ 的类数为 h_2,则 h_2 为 h 的因子,$h_1=h\mid h_2$ 称为 h 的第一因子,h_2 称为 h 的第二因子.

库默尔 1850 年证明了当 $(h,l)=1$ 时,即对于正则素数 l,$x^l+y^l=z^l$ 没有使 $xyz\neq 0$ 的整数解.100 以下的非正则素数只有 37,59,67 三个,而在 $3\leqslant l\leqslant 4\ 001$ 的素数 l 中则有 334 个正则素数,216 个非正则素数.在自然数序列的起始部分,正则素数的数目要比非正则的数目多.

1850 年,库默尔证明了 $(l,h)=1$ 的条件,与贝努利数 $B_{2m}(m=1,2,\cdots,(l-3)/2)$ 的分子不能被 l 整除的条件等价,且对非正则素数 l,$l\mid h$,则一定有 $l\mid h_1$ 成立.

另外,对情形 Ⅰ,库默尔还证明了 $x^p+y^p=z^p$ 蕴含同余式

$$B_n\left[\frac{d^{p-n}}{dV_{p-n}}\mid n(x+\mathrm{e}^v y)\right]_{v=0}\equiv 0\ (\mathrm{mod}\ p),n=2,4,\cdots,p-3$$

这些同余式对 $x,y,-z$ 的任何置换都正确,因此他证得:如果在情形 Ⅰ,方程 $x^p+y^p=z^p$ 有一个解,则对 $n=3,5$ 有

$$B_{p-n}\equiv 0(\mathrm{mod}\ p)$$

对于情形 Ⅱ,库默尔证明了在下列条件下成立:

1) $p \mid h_1, p^2 \nmid h_1$;

2) $B_{2ap} \not\equiv 0 \pmod{p^3}$;

3) 存在一个理想,以它为模,单位

$$E_n = \sum_{i=1}^{(p-3)/2} \mathrm{e}^{g^{-2ni}}$$

和 $Q(\xi)$ 中整数的 p 次幂皆不同余,这里 g 是模 p 的一个原根,而

$$e_i = \frac{\xi^{g^{(i+1)/2}} - \xi^{-g^{(i+1)/2}}}{\xi^{g^{i/2}} - \xi^{-g^{i/2}}}$$

在第 Ⅰ 情形下,还有所谓的库默尔判据:如果 $x^l + y^l = z^l$ 具有 $xyz \neq 0$ 的整数解,则对于所有的 $-t = x/y, y/x, y/z, z/y, x/z, z/x$,有

$$B_{2m} f_{l-2m}(t) \equiv 0 \pmod{l}, m = 1, 2, \cdots, (l-3)/2$$

这里 B_m 为第 m 个贝努利数,$f_m(t) = \sum_{r=0}^{l-1} r^{m-1} t^r$,库默尔的方法极为重要,在若干论费马大定理的文章中得到极大的发展.

库默尔不仅研究了有理整数解 x, y, z 的问题,他还考虑了在 $Q(\xi)$ 的代数整数环中,$\alpha^l + \beta^l = \gamma^l$ 没有 $\alpha\beta\gamma \neq 0$ 的解 α, β, γ 的问题.第 Ⅰ 种情形为 $\alpha^l + \beta^l + \gamma^l = 0, (\alpha\beta\gamma, l) = 1$,在 $Q(\xi)$ 中没有整数解.

第 Ⅱ 种情形,等价变形为

$$\alpha^l + \beta^l = \varepsilon \lambda^{nl} \gamma^l$$

其中,n 为自然数,ε 为 $Q(\xi)$ 的单位元,$\lambda = 1 - \xi$.$(\alpha\beta\gamma, l) = 1$ 在 $Q(\xi)$ 中没有整数解.

1850 年,库默尔证明了如果 $(h, l) = 1$,则以上两种情形都无解.

正是由于这些经典的结果使库默尔在数学史上英名永存,正如数学史家贝尔所说:

"目前算术在固有的难度方面,处于比数学的其他各大领域更高的程度;数论对科学的直接应用是很少的,而且不容易被有创造力的数学家中的普通人看出来,虽然一些最伟大的数学家已经感觉到,自然的真正数学最终会在普通完全整数的性态中找到;最后,数学家们——至少是一些数学家,甚至是大数学家——通过在分析、几何和应用数学中收获惊人的成功的比较容易的收成,企图在他们自己那一代中得到尊敬和名望,这只不过是合乎常情的.

"当年库默尔的工作远远超出了他所有的前辈曾经做过的工作,以至于他几乎不由自主地成为名人.他因那篇名为'理想素分解理论'

(theorie der idealen primfaktoren)的论文而授予他数学科学的大奖,而他并没有参加竞争."

法兰西科学院关于他在1857年大奖赛的报告,全文如下:

"关于对数学科学大奖赛的报告.大奖赛设于1853年,结束于1856年.委员会发现提交参加竞赛的那些著作中,没有值得授予奖金的著作,故此建议科学院将奖金授予库默尔,以奖励他关于由单位元素根和整数构成之复数的卓越研究.科学院采纳了这一建议."

库默尔关于费马大定理的最早的工作,日期为1835年10月,1844~1847年他又写了一些文章,最后一篇的题目是"关于 $x^p + y^p = z^p$ 对于无限多个素数 p 的不可能性之费马定理的证明".

4.承上启下的库默尔

狄利克雷 ter Gustuv ne Dirich- 德国数学 生于迪伦 en),卒于哥 .

库默尔在数学上的起步有赖于狄利克雷(Dirichlet)和雅可比的推荐.库默尔得到博士学位后,当时大学没有空位子,所以,库默尔回自己读书的中学开始了教学生涯,这个时期他的工作主要是以函数为主,最重要的成果是关于超几何级数的,他将论文寄给了雅可比、狄利克雷,从此开始了与他们的学术往来.

1840年库默尔与奥廷利特·门德尔松(Ottilite Mendelssohn)结婚,她是狄利克雷妻子的表妹.在狄利克雷和雅可比的推荐下,库默尔于1842年被任命为布劳斯雷(Breslan,现在波兰的Wroclaw)大学的正式教授.在这个时期,他的讲课才能进一步得到发展,他负责从初等的引论开始的全部数学课程.并开始了他第二个创作时期,这个时期持续了20多年之久,主题是数论,直到1855年,当时高斯的去世造成了欧洲数学界大范围的变动.

高斯去世的十年前,哥廷根大学数学教育相当贫乏,甚至高斯也只是教基础课,呼声较高的是柏林大学,高斯去世后,虽然狄利克雷在柏林已很满意,但他还是不能抗拒接替这位数学家之王和他本人以前的老师担任哥廷根大学教授的诱惑.甚至在以后很长时间,作"高斯的继任者"的荣誉,对于可以轻而易举地在其他职位上挣到更多的钱的数学家们,也仍然具有不可抗拒的吸引力,可以说,哥廷根一直可以选择它愿意挑选的人.当狄利克雷于1855年离开柏林大学到哥廷根接替高斯时,他提名库默尔为接替自己教授职位的第一人选,于是从1855年起,库默尔就成为柏林大学的教授,一直到退休,库默尔到柏林前安排了自己以前的学生约阿希姆斯塔尔(Joachimsthal),作为他在布劳斯雷大学的继任.当时魏尔斯特拉斯也申请了布劳斯雷大学的职务,但库默尔阻止了他,因为库默尔想把他调到身边.1年以后,库默尔的愿望得以实现,魏尔斯特拉斯来到了柏林.波尔曼评论说:这个城市开始体验了新的数学精英的力量.

在库默尔和魏尔斯特拉斯的推动下,德国第一个纯数学讨论班于1861年在柏林开办.很快地,它就吸引了世界各地有才能的青年数学家,其中有不少研究生,可以认为库默尔讨论班的建立是从他自己在哈勒(Halle)大学当学生时,参加谢维克(Heinrich F Schevk,1798—1885)数学协会的体验得到启示的.在柏林大学,库默尔的讲课吸引了大量学生,最多时可达250人,可谓盛况空前.因为他在讲课之前总是经过认真准备,加之他明晰又生动的表述方式.

库默尔还接替了狄利克雷做了军校的数学教师,对绝大多数人来说,这是个沉重的负担,但库默尔却很乐意作,他对任何一种数学活动都很喜爱,他干这个附带的数学工作直至1874年才退出.由于狄利克雷的推荐,早在1855年他就成为柏林科学院的正式成员,至此他已全面接替了狄利克雷在柏林的位置,从1863年到1878年他一直是柏林科学院物理数学部的终身秘书,他还当过柏林大学的院长(1857~1858,1865~1866)和校长(1868~1869),库默尔从不认为这些工作占据了他的创造时间,反而是通过这些附加工作重新恢复了精力.库默尔这种承受超负荷工作的能力与早年的经历有关,他大学毕业后在家乡中学见习一年之后,1832年在里格尼茨(今波兰赖克米卡)文法中学任教,当时授课负担极重,每周除讲课22到24小时之外,还要备课和批改作业,而且还要挤时间搞研究.

高斯和狄利克雷对库默尔有着最持久的影响.库默尔的三个创作时期,都是从一篇与高斯直接有关的文章开始的,他对狄利克雷的尊敬则生动地表现在1860年7月5日在柏林科学院所作的纪念演说中.他说,虽然他没有听过狄利克雷的课,但是他认为狄利克雷是他真正的老师.在对纯数学和应用数学的态度上,库默尔有些像高斯,两者并不偏废,他极大地发展了高斯关于超几何级数的工作,这些发展在今天数学物理中最经常出现的微分方程理论中十分有用.

库默尔在算术上的后继者是尤利马斯·威廉·里夏德·戴德金(他成年后略去了前两个名字).数学史家贝尔说戴德金是德国——或任何其他国家曾经产生的一个最重大的数学家和最有创见的人.当戴德金在1916年去世时,他已经是远远超出一代人的数学大师了.正如埃德蒙·朗道(他本人是戴德金的一个朋友,也是他的一些工作的追随者)在1917年对哥廷根皇家学会的纪念演讲中所说:"里夏德·戴德金不只是伟大的数学家,而且是数学史上过去和现在最伟大的数学家中的一个,是一个伟大时代的最后一位英雄,高斯的最后一位学生,40年来他本人是一位经典大师,从他的著作中不仅我们,而且我们的老师,我们老师的老师,都汲取着灵感."

库默尔的理想数就是今日理想之雏形.在库默尔理想数理论的基础上,戴

德金创立了一般理想理论,库默尔的学说经戴德金和克罗内克的研究加以发展,建立了现代的代数理论.因此,可以说,库默尔是19世纪数学家中富有创造力的带头人,是现代数论的先驱者.

5.悠闲与幽默的库默尔

库默尔对于他那个时代的数学家而言是长寿的,他活到了83岁高龄,这大部分应归功于他良好的性格,但这似乎妨碍了他取得更大的成就.

贝尔曾评论说:"虽然库默尔在高等算术方面的开拓性的进展,使他有资格与非欧几何的创造者相媲美,但我们在回顾他一生的83年时不知为什么得到这样一个印象,就是尽管他的成就是辉煌的,但他没有完成他能够做到的一切,也许是他的缺乏个人野心,他的悠闲和蔼,以及他豁达的幽默感,阻止他去作打破纪录的努力."

]罗内克

23—1891)

库默尔在军事学院的工作中,通过表明他自己在弹道学工作是第一流的实验者,使科学界大吃一惊.库默尔以他特有的幽默,为他在数学上的这种糟糕的堕落辩解,他对一个年轻的朋友说:"当我用实验去解决一个问题时,这就证明这个问题在数学上是很难解决的."

在库默尔的性格中有某种克己性,尤其明显的是他从未出版过一本教科书,而仅仅是一些文章和讲义.想到高斯在去世后留给编辑的大量工作,库默尔决定不这样做,他说:"在我的遗作中什么也找不到."

<斯特拉斯

15—1897)

库默尔家庭观念很强,终日被他的家人包围着.1848年库默尔的第一个妻子去世,不久他又和考尔(Bertha Cauer)结婚,当他退休时就永远放弃了数学,除了偶尔去他少年时代生活的地方旅游,他过着极严格的隐居生活.魏尔斯特拉斯曾讲过:在库默尔的数论时期和更晚些时,库默尔有点不再参与和关心数学中发生的事情.当然听这话我们要打一定的折扣,因为虽然库默尔、克罗内克(Leopdd Kronecker,1823—1891)和魏尔斯特拉斯三个曾十分友好和谐一致地在一起工作了20年之久,并保持密切的学术联系.然而在19世纪70年代,魏尔斯特拉斯和克罗内克之间出现了隔阂,几乎导致了二人绝交,而此时库默尔和克罗内克的友谊仍然继续保持,这不可能不影响到魏尔斯特拉斯对库默尔的态度.

总之,库默尔绝不是一个孜孜以求、功利色彩浓厚的名利之徒,而是一位悠闲自得、幽默豁达的谦谦君子.

库默尔在这种儿孙绕膝的环境中生活了10年之后,一次流感夺去了他的生命,1893年5月14日平静地离开了人世.

高斯——数学王子

第五章

“如果其他人也像我那样持续不断地深入钻研数学真理，他也会做出我所做出的那种发现.”

——卡尔·弗里德里克·高斯

对于大数学家而言，高斯应该是继欧拉之后又给出 $n=3$ 时费马大定理成立的一个证明的第一人.但高斯的着眼点更高，他不是在有理数域中证明的，而是在复数域中给出的，具体地说，他是在域 $Q(\sqrt{-3})$ 中考虑问题的.但是，他证明的本质同欧拉是一样的，而且都沿用了费马发明的无限递降法，只不过在欧拉的证明中，复数只是隐含在后面，并没有明显的出现.而高斯的工作则是革命性的，把复数由幕后移到台前，在意义上远远超过费马大定理，它将初等数论完完全全地引向了代数数论.但是，他同欧拉一样，在证明中也假定唯一素因子分解定理成立.因此，从现代严格的角度看，他的证明也是不完全的.并且据数学史家胡作玄先生推测，高斯肯定还研究过 $n=5$，特别是 $n=7$ 时的情形，不过没能成功.于是，他把自己数论研究的重点转向高次互反律这个更一般的问题，而放弃了费马大定理.

借此机会，我们来稍加介绍一下这位被誉为“数学王子”的高斯.

1.最后一个使人肃然起敬的峰巅

著名数学家克莱茵(Felix Klein)曾这样恰当地评价了18世纪的数学家:“如果我们把18世纪的数学家想象为一系列的高山峻岭,那么最后一个使人肃然起敬的峰巅便是高斯——那样一个广大的、丰富的区域充满了生命的新元素.”

(1777—1855)

他是最后一位卓越的古典数学家,又是一位杰出的现代数学家.

卡尔·费里德里克·高斯(Canl Friderich Guass,1777—1855)出生于德国不伦瑞克(Branuschweig)的一个贫穷的自来水工人的家庭,幼年时就显示出非凡的数学才能,得到斐迪南(Canl Wilhelm Ferdinand)大公的赏识,在这位公爵的鼓励下,他得以在哥廷根大学受高等教育.1799年,因证明代数学基本定理而获得哈雷(Halle)大学的博士学位.从1807年到1855年逝世,他一直担任哥廷根天文台台长,兼大学教授.

(1642—1727)

高斯不仅被公认为19世纪前半叶最伟大的数学家,而且数学评论家们还一致认为高斯应该作为一切时代最伟大的数学家而列入阿基米德和牛顿(Sir Isaac Newton)的行列之中.尽管高斯自己曾说过:只有三个划时代的数学家——阿基米德、牛顿和爱森斯坦.

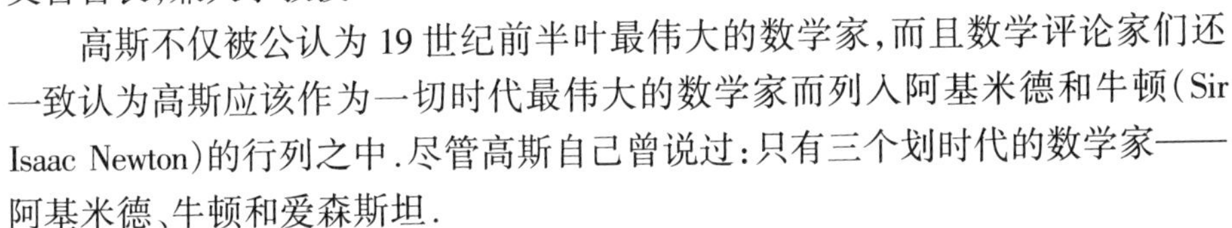

爱森斯坦 enstein, —1852),德 学家.生于 ,卒于同地.

作为哥廷根的教授,高斯以高度的创造性连续工作了近50年,他的工作几乎都是开创性的,以致后人评论说“后来数学家的许多工作只不过是高斯所开创的工作的重复和推广”.高斯的卓越工作和贡献使他成为当时全世界的最高权威,到他1855年逝世的时候,他受到了广泛的尊重,并称他为“数学之王”,所以我们要了解这位“数学之王”,与其热衷于分析他超然世外、淡漠无情却又聪明绝顶、智力过人的复杂而又矛盾的个性,与其津津乐道于他能记住全部对数表,站着五分钟就证明了有人说“实在是永远不能证明”的威尔逊定理等富有传奇色彩的轶事,倒不如对他在数学的各个领域所作的重大贡献有一个比较细致的了解,尽管从某种意义上说这是不可能的,因为高斯所做的工作实在是太多了,所以谁要真正了解高斯,除非他是第二个高斯.高斯的工作涉及了数论、代数、复变函数论、非欧几何、超几何级数、椭圆函数论、天文学、测地学、电磁学以及与数学应用有关的最小二乘法、曲面论、位势论等.

2.高斯的《算术研究》及高斯数问题

在高斯长达50年的数学研究中,其中开始和结束都是活跃在数论领域.

1801年当高斯24岁时,出版了被誉为开创了数论新纪元的巨著《算术研究》(《Disquisitiones Arithmeticae》)(以下简称《研究》).此书的出版彻底改变了数论这一学科的面貌,将数论研究提高到了一个新的水平,该书的第四章二次剩余,第五章二次型,第七章分圆方程,都是划时代的理论成果.《研究》远远超越了当时的水平,以致当时的学术界对它与其说是理解,毋宁说是抱着敬畏的态度,以致这部巨著1800年寄到法国科学院时遭到了拒绝.为了使更多的数学家能够读懂《研究》,狄利克雷毕生致力于《研究》的简化工作.他还应用解析方法计算二次型类数,爱森斯坦、闵可夫斯基、西格尔(C.I.Siegel)等致力于把高斯的二次型理论扩展到多变数的情形,而后来库默尔、希尔伯特等人关于代数数论的研究也都源于高斯关于四次剩余的研究,所以说高斯的《研究》是开近代数论研究的先河的巨著.

闵可夫
(Hermann
Minkowski,
1864—1909
国数学家.
俄国的阿列
塔斯(Alex
今在立陶宛
斯(Kaунае)
于哥廷根.

在《研究》中,高斯给出了被他誉为算术中的宝石的二次互反律的各种证明.所谓二次互反律,即对于奇素数 $p,q(p\neq q)$ 有

$$\left(\frac{p}{q}\right)\left(\frac{q}{p}\right)=(-1)^{((p-1)/2)((q-1)/2)}$$

其中
$$\left(\frac{n}{p}\right)=\begin{cases}1,若\ n\ 为二次剩余(\mathrm{mod}\ p)\\ -1,若\ n\ 为二次非剩余(\mathrm{mod}\ p)\end{cases}$$

换言之,若 $p\equiv q\equiv 3(\mathrm{mod}\ 4)$,则二次同余式 $x^2\equiv p(\mathrm{mod}\ q)$,$x^2\equiv q(\mathrm{mod}\ p)$ 中一可解,一不可解,不然,则皆可解,或皆不可解.在《研究》中高斯分别用数学归纳法、二次型理论、高斯和整系数多项式的同余关系给出了这一定理的各种不同证明,显示出了非凡的数学才能.希尔伯特在1897年研究了这一19世纪数论的关键问题——将二次互反律推广到代数数域,并进而开创了著名的类域理论.直到20世纪60年代,还有人在证明二次互反律,其中1963年Murray Gerstenhaber发表的一篇论文的题目就叫“关于二次互反律的第152个证明”,足见人们对其的重视与喜爱.

拉格朗日
(1736—181

19世纪数论中还有一个主课题,即型的理论.所谓二元二次型即 $ax^2+2bxy+cy^2$,它的研究源于欧拉和拉格朗日,高斯却第一个系统化并扩展了型的理论.他的《研究》一书中有一个异乎寻常的大章——第五章就是专注于这一课题的.

另外,在此书中高斯还提出了这样的一个猜想即高斯数猜想.近代数学往

往不是研究单个的数,而是按基本性质把数集合成种种数的系统,研究的是这些数系具有什么性质,现代数学研究的数系,已从整数系、有理数系、实数系、复数系扩展到高斯整数系,即 $a+b\sqrt{-1}$(a,b 是通常的整数).高斯从 19 岁开始就研究了这一数系的算术性质,并且证明了在这一系中唯一的因子分解定理也成立.他又进一步研究了一般情形即 $a+b\sqrt{-d}$(d 是正整数)的算术性质,他发现并不是对所有的 d 唯一因子分解定理都成立,高斯证明了当 $d=1,2,3,7,11,19,43,67,163$ 这九个整数时,唯一因子分解定理成立.可是他没能再找出其他的 d 满足这一性质,于是高斯猜想只有这九个 d 有上述性质,这一猜想直到 1966 年才被美国的哈罗德·斯塔克和英国的阿伦·贝克证明.

3.离散与连续的“不解之缘”

素数论中有许多著名定理都是从经验概括出猜想,然后再经过严格的数学推导加以证明.然而,我们说提出猜想比证明猜想更难能可贵,而高斯则是一个“猜”的能手,一个著名的例子就是所谓“素数定理”的提出.

在数论领域中,人们始终关心的一个问题是从 0 到已知数 x 之间的素数的平均密度问题,我们可以列出一张表,这些数据之间乍看起来似乎没有丝毫联系,然而高斯却能独具慧眼地指出比 x 小的素数个数趋近于 $x/\ln x$.这个猜想实在太奇妙了,难怪当时的数学界表示无法理解,它一端是离散的素数,而另一端却是连续的函数 $\ln x$,有人称此为离散与连续的“不解之缘”.

	$x<100$	$x<1\ 000$	$x<1\ 000\ 000$
素数个数	25	168	78 496
素数百分比	25%	16.8%	7.8%

4.高斯的“关于一般曲面的研究”

高斯有一句名言:“你,自然,是我的女神,我对你的规律的贡献是有限的.”高斯在热衷于纯数学的同时,对自然规律的研究也倾注了巨大的热情.从 1816 年开始,高斯就在大地测量和地图绘制方面做了大量的研究,并亲自参加实际的物理测量,同时发表了大量的论文,这些工作激起了高斯对微分几何的兴趣,并提出了一个全新的概念,从而在非欧几何学中开辟了新的远景.

根据数学史的有关资料,我们可以断言:是高斯第一个发现了非欧几何.他在1824年写的一封信中透露,他已发现如果假定三角形的内角和小于180°就会导致一种与传统几何根本不同的独特几何,他已经能在这种新几何中解决任何问题,只除去某个常数必须预先给定.高斯在信中称,他发现的这种新几何为非欧几里得几何,就这样历史上第一次出现了“非欧几何”这个术语.

然而,高斯却没有勇气把这项重大发现理直气壮地拿出来,因为他深知这种新几何的许多结论与人们直觉经验相距太远,不易为世人理解,发表后恐怕会受到误解和攻击.但是,高斯却在1827年发表了他的曲面一般理论.否定第五公设不过是在众目睽睽之下带来一种非欧几何,而高斯的一般曲面论却神不知鬼不觉地暗暗带来无穷多种非欧几何.

在他的题为“关于一般曲面的研究”的经典论文中,高斯证明了每种曲面都有它自己内在的几何学,称为曲面的内蕴几何.后来黎曼推广了高斯的工作.克莱茵在评价高斯的微分几何的工作时指出:“高斯在微分几何方面的工作本身就是一个里程碑,但是它的含义比他自己的评价要深刻得多,在这个工作之前,曲面一直是被作为三维欧几里得空间中的图形而进行研究的,但是高斯证明了,曲面的几何可以集中在曲面本身上进行研究.”高斯的“关于一般曲面的研究”,继欧拉、蒙日(Garpard Monge)之后将微分几何大大推进了一步,并决定了这一学科的发展方向.

5.高斯与正17边形

在哥廷根高斯的墓碑上没有刻他的赫赫英名,也没有后人的溢美之词,而是刻了一个圆内接正17边形.这是因为在高斯上大学一年级的时候发现了用尺规作正17边形的方法,从而解决了两千年悬而未决的几何难题,高斯十分欣赏自己这个将他引向数学之路的杰作,就立下遗嘱,将其刻到自己的墓碑之上.

在解决这个遗留了两千年的难题时,高斯并没有满足于仅仅给出画法,而是给出了极其一般的结果.高斯断言:一个正n边形是可作图的,当且仅当$n=2^lP_1P_2\cdots P_n$,这里$P_1,P_2,\cdots,P_n$是形为$2^{2^h}+1$的不同素数,而l是任意正整数或0.在证明自己的这项工作时,高斯不无自豪地指出:“虽然3,5,15边的正多边形以及从它们直接得出的那些——如$2^n,2^n\cdot 3^n,2^n\cdot 5,2^n\cdot 15$(这里$n$是正整数)的正多边形的几何作图在欧几里得时期就已知道了.但在两千年的期间里,没有发现新的可作图的正多边形,而且几何学家们曾一致声称没有别的正多边形能够做得出来.”言外之意,两千年没人能做出而且被权威们宣称不能

作出的东西,高斯做出来了,不但做出而且做得那样彻底.高斯之所以能在等分圆方面取得如此巨大的成就仅仅是因为他将原来的纯几何问题变成了代数问题.他是在以他的名字命名的平面上的复数表达中完成这一变换的,高斯的想法,简单说来就是考察方程 $x^p - 1 = 0$(p 是素数),因为此方程的根

$$x_k = \cos\frac{k2\pi\theta}{p} + \mathrm{i}\cdot\sin\frac{k2\pi\theta}{p}, k = 1,2,\cdots,p$$

这些复根在高斯平面的图象恰是单位圆内接正 p 边形的顶点,方程 $x^p - 1 = 0$ 也因此得名为分圆方程.

6.奇妙的高斯数列

在数学史上有一个与斐波那契数列齐名的数列,那就是高斯算术几何平均数列,即

$$\begin{cases} a_{n+1} = \frac{1}{2}(a_n + b_n) \\ b_{n+1} = \sqrt{a_n b_n} \end{cases}, \quad n = 0,1,2,\cdots$$

其中,$a = a_0, b = b_0$ 为非负的.

1791 年,年仅 14 岁的高斯在没有计算机的情况下,取 $a_0 = \sqrt{2}, b_0 = 1$ 得出了惊人的结论,a_n, b_n 趋于相同的极限值,即

$$\lim_{n\to\infty} a_n = \lim_{n\to\infty} b_n = 1.918\ 140\ 234\ 735\ 592\ 207\ 44$$

聪明的高斯从中看出 $\lim\limits_{n\to\infty} a_n, \lim\limits_{n\to\infty} b_n$ 依赖于 a 和 b 的选择,可以记作

$$M(a,b) = \lim_{n\to\infty} a_n = \lim_{n\to\infty} b_n$$

于是高斯猜想,对于某一几何量,可以通过高斯算术平均数列来收敛它,换言之,某一难于解决的数学问题,可由 a_n, b_n 逐步逼近而得到数值解答.果然 8 年之后,此数列在计算椭圆积分中获得了巨大的成功.我们知道,在研究单摆运动时,不可避免地要遇到一类椭圆积分

$$A = \int_0^{\frac{\pi}{2}} \frac{\mathrm{d}\theta}{\sqrt{a^2\cos^2\theta + b^2\sin^2\theta}}$$

这个积分的原函数是不能用初等函数有限给出的,必须利用近似积分法或者展开成无穷级数来求出.但在高斯所处的时代,由于没有计算机,所以要计算这一积分几乎是不可能的,而高斯却设想用一串构造极其简单的数列来逼近这个积分值.1799 年 5 月 30 日,他在日记中写道:"严格地证明 $M(\sqrt{2},1) = \frac{\pi}{2}$,也许会打开数学的一个新领域."12 月 23 日高斯宣布他已证得了这个结果,即

$$\lim_{n\to\infty} a_n = \lim_{n\to\infty} b_n = M(a,b) = \left(\frac{2}{\pi}\int_0^{\frac{\pi}{2}} \frac{\mathrm{d}\theta}{\sqrt{a^2\cos^2\theta + b^2\sin^2\theta}}\right)^{-1}$$

换言之,不能用初等函数表达的椭圆积分$\int_0^{\frac{\pi}{2}} \frac{\mathrm{d}\theta}{\sqrt{a^2\cos^2\theta + b^2\sin^2\theta}}$能被一串构造简单的数列$\{a_n\}$或$\{b_n\}$所逼近.

在某种意义上,发现算法比论证算法更重要,所以说高斯在计算数领域确实做出了了不起的贡献.直到近代,高斯算法仍被人们所发展、完善.

7.多才多艺的数学家

正如克莱茵所指出的那样:"由于高斯同时代人已开始局限于专门问题的研究,所以高斯研究活动的广泛性更加显得非凡了."

高斯除了在数论、微分几何、复变函数、代数学、位势论中有许多重大贡献外,还涉足于当时数学、物理学、天文学的一切分支.

统计学中的最小二乘法的基础就是高斯建立的.另外,高斯对概率也很有研究,1812年1月30日在他写给拉普拉斯的信中提出了一个著名问题,即设任取一0与1之间的数而展为寻常连分数,试求其第n个完全商数有0与$x(0<x<1)$间的分数部分的概率.这个问题提出后一百多年没有人能够解答,直到1928年才被苏联著名数学家P·O·库兹民解决,可见问题之深刻.

高斯生活的年代正是航海事业高度发展的时期,高斯用他那超人的学识解决了许多航海的观测理论问题,如被后人命名的高斯双方高度问题:根据已知两星球的高度以确定时间及位置,这个问题对于天文工作者、地理学者和航海人员都是十分重要的.这个问题的解决促使了一系列航海问题的解决,比较著名的是促使了道维斯(Douwen)导航问题的解决.①

在确定时间及位置的时候,由于大气折射而容易产生观测误差,为了消除误差,高斯还解决了所谓的"高斯三高度问题"(即从在已知三星球获得同高度瞬间的时间间隔,确定观察瞬间、观察点的纬度及星球的高度),而这一问题的解决又导致了许多重要问题,如李西奥里(Ricccioli)问题.②

作为哥廷根天文台台长,高斯曾以巨大的热情致力于天文学20余年.1801年,当皮亚吉(Giuseppe Piaggi)发现了小行星谷神星(Geres)时,高斯在没有计算机的情况下用笔算出了它的轨道,并创立了行星椭圆轨道法,成功地解决了天

① 道维斯是荷兰的海军数学家,道维斯问题:由一个赤纬及两观测点间隔均为已知的星球(太阳)的双高确定观测点的纬度.

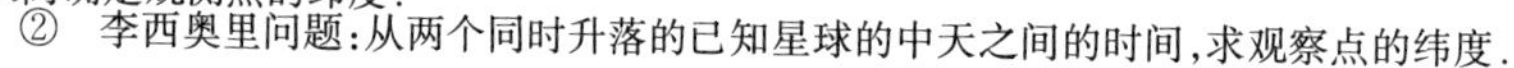

② 李西奥里问题:从两个同时升落的已知星球的中天之间的时间,求观察点的纬度.

文学中怎样根据有限的观测数据来确定新行星的轨迹这一大难题,导致了一个八次方程,后来他总结此法写成了《天体沿圆锥曲线绕日运动的理论》(《The Oria Motus Corporum Coeletium》).正是在此书中,高斯首次叙述了前面提到的最小二乘法定理,这实际给出了一种新的统计方法,这种方法被用来判断一个几何图形是否最好地表示了一组数据.

高斯对磁学的贡献也很多,在电磁学中有以高斯命名的磁学单位.对于高斯在理论磁学与实验磁学的研究,麦克斯韦(Maxwell,1831—1879)在他的巨著《电学与磁学》中给予了很中肯的评价,他说:"高斯的磁学研究改造了整个科学,改造了使用的仪器、观察方法以及结果的计算.高斯关于地磁的论文是物理研究的典范,并提供了地球磁场测量的最好方法.他对天文学和磁学的研究开辟了数学与物理相结合的新的光辉的时代."

8.追求完美的人

高斯1797年3月19日的日记表明,高斯已经发现了一些椭圆函数的双周期性.他那时还不到20岁.另外一则较晚的日记表明,高斯已经看出了一般情形的双周期性.要是他发表了这个结果,它本身就足以使他名声显赫,但是他从来没有发表它.

到了1898年,高斯去世后43年,这本日记才在科学界传播,当时哥廷根皇家科学院从高斯的一个孙子手里借来这本日记,进行鉴定研究.它由19张小8开纸组成,包括146个发现或计算结果的极简短的说明,最后一个说明的日期是1814年7月9日.1917年,复制件发表在高斯著作集的第十卷(第一部分)中,和它一起发表的有几位担任编辑的专家对它的内容所作的详尽分析.

数学史家贝尔认为:要是在这本日记中埋藏了几年或几十年的东西,当时就立刻发表的话,它们可能会给他赢来半打伟大的声誉.一些内容在高斯生前从来没有发表过,当其他人赶上他的时候,他在他自己写的任何著作中都从未说过他比他们领先,并且这些领先的东西并不是纯粹不足道的.它们中的一些成了19世纪数学的主要领域.

他的日记迟迟不发表的原因是他决定要以阿基米德和牛顿为榜样,在自己身后只留下完美的艺术品,要极其完美,达到增一分则多,减一分则少的地步.他宁肯三番五次地琢磨修饰一篇杰作而不愿发表他很容易就能写出来的许多杰作的概要.他的印章是一棵只有很少几个果实的树,上面刻着座右铭:"Paucu sed matura(少些,但是要成熟)."

其实这种完美主义倾向,发生在许多数学家身上,无独有偶.

魏尔斯特拉斯作为现代分析之父,也总是推迟发表自己的工作.他并不是厌恶发表,而是力求以崭新的途径,使结论建立在牢固的基础上,他反复推敲自己的观念、理论和方法,直到他认为已达到它们理应具有的自然完美的方式为止,所以他正式发表的论文数量并不多,这多少影响了他的某些定理的优先权.如他在1840年至1842年间写的4篇颇有价值的论文,直到他的全集刊印时才被人们所看到,这四篇论文分别是:(1)关于模函数展开;(2)单复变量解析复数的表示;(3)幂级数论;(4)借助代数微分方程定义单变量解析函数.这些鲜为人知的论文已显示了他建立函数论的基本思想和结构,其中圆环内解析函数的展开早于洛朗两年(不幸的是,目前大学复变函数论中将此称为洛朗展开),幂级数系数的估计独立于柯西(A.I.Cauchy),而现代书中都冠以柯西的名字.

柯西(1789—

洛朗(

Laurent, 1

1854),法国

家、光学家

巴黎,卒于

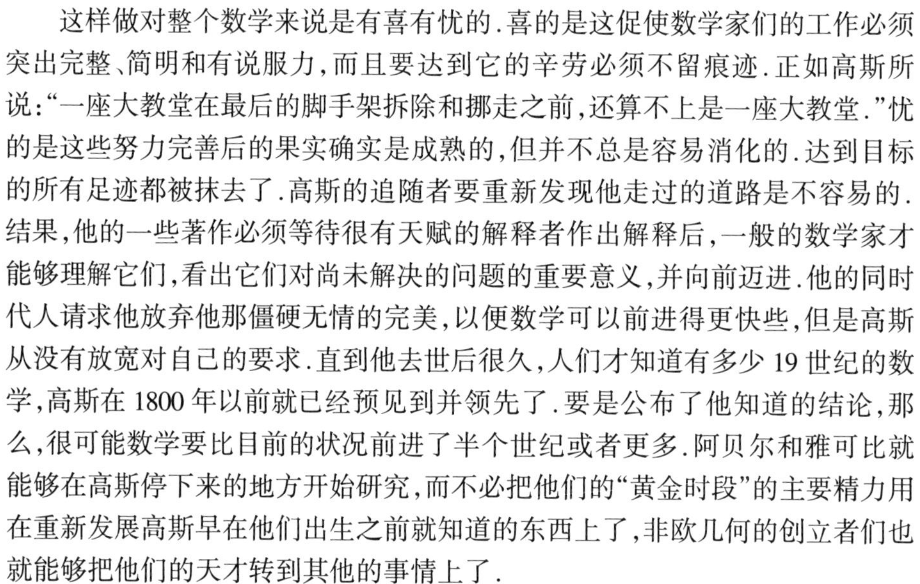

这样做对整个数学来说是有喜有忧的.喜的是这促使数学家们的工作必须突出完整、简明和有说服力,而且要达到它的辛劳必须不留痕迹.正如高斯所说:"一座大教堂在最后的脚手架拆除和挪走之前,还算不上是一座大教堂."忧的是这些努力完善后的果实确实是成熟的,但并不总是容易消化的.达到目标的所有足迹都被抹去了.高斯的追随者要重新发现他走过的道路是不容易的.结果,他的一些著作必须等待很有天赋的解释者作出解释后,一般的数学家才能够理解它们,看出它们对尚未解决的问题的重要意义,并向前迈进.他的同时代人请求他放弃他那僵硬无情的完美,以便数学可以前进得更快些,但是高斯从没有放宽对自己的要求.直到他去世后很久,人们才知道有多少19世纪的数学,高斯在1800年以前就已经预见到并领先了.要是公布了他知道的结论,那么,很可能数学要比目前的状况前进了半个世纪或者更多.阿贝尔和雅可比就能够在高斯停下来的地方开始研究,而不必把他们的"黄金时段"的主要精力用在重新发展高斯早在他们出生之前就知道的东西上了,非欧几何的创立者们也就能够把他们的天才转到其他的事情上了.

9.不受引诱的原因

1801年9月出版了高斯的第一部著作《算术研究》,有人认为这是纯数学领域高斯最伟大的杰作,因为在这之后,他就不再把数学作为唯一兴趣了.但到了后期高斯感到有些后悔,因为算术是他最喜爱的学科,而他竟一直没有抽出时间来写出他年轻时计划写的第二卷.并且十分遗憾的是这本书原定要写八节,但由于出版商为了缩减印刷费用而删去了一节,变成了七节,天知道有什么天才的想法被删去了.

在这部书中,高斯研究了许多费马曾研究过的问题.但高斯完全从他个人

的观点进行讨论,添加了许多他自己的东西,并从他对有关问题的一般公式和解答,推出了费马的许多孤立结果.例如,费马用他的"无限下推"的艰难方法,证明了每一个形式为 $4n+1$ 的素数是两个数的平方和,并且只有一种和的方式.但他的这个美妙的结论,不过是高斯对二元二次形式的一般论述的自然结果.

但高斯从来没有试图去解决费马大定理.巴黎科学院在1816年提出,以证明费马大定理作为1816~1818年期间的获奖问题.奥尔贝斯在1816年3月7日从不来梅写信给高斯,试图怂恿他参加竞争,信中写到:"亲爱的高斯,对我来说,你着手这项工作是理所当然的."

但是从两星期后,高斯的回信来看,他并没有受到引诱,信中说:"我非常感谢你告诉我巴黎大奖赛的消息.但是,我对作为一个孤立的命题的费马大定理,实在没有什么兴趣,因为我可以很轻易地提出一大堆既不能证明其成立,又不能证明其不成立的命题."

高斯又说,这个问题使他回想起了他对数论进一步发展的一些旧的想法,即今天所谓的代数数论.但是,高斯心目中的理论是那样一些东西中的一个,他宣称,对于只是透过黑暗模模糊糊地看到的目标,无法预见能够取得什么样的进展.为了在这样一个困难的探索中取得成功,必须吉星高照,而高斯这时的情况是这样的,由于大量工作分散了他的注意力,他不能埋头于这样的冥思苦想.但高斯说他仍然确信,如果他像他希望的那样幸运,如果他能在代数数论中迈出主要的几步,那么费马大定理就会只是最没有意思的推论中的一个.

由此可见,高斯之所以"不受引诱"是因为他对自己能否证明这个问题实在没有信心.

闯入理性王国的女性

第六章

在向费马大定理挑战的人群中，人们很少见到女人的名字．据心理学家说，女人善于形象思维，而不善于抽象思维，就是说女人重情感而少理性，所以在理性王国中鲜有女人的足迹，哲学家周国平先生曾说过："女人学哲学，对女人和对哲学都是一种伤害．"古代与近代几乎没有女哲学家出现，现代世界仅有屈指可数的几位女哲学家，如美国的阿伦特、斯皮瓦克，法国的波伏瓦，英国的玛丽·道格拉斯，澳大利亚的安娜·韦尔斯贝卡．这句话完全适用于数学，但这些毕竟只是一种概率提法，大千世界无奇不有，小概率事件也时有发生，像发现了白乌鸦之于"天下乌鸦一般黑"，史怀泽去了非洲丛林之于"人往高处走"一样，闯入理性王国的女性也是一种反熵的小概率事件．

1．首先闯入理性王国的女性——吉尔曼的故事

在通往费马猜想的这条布满荆棘的纯理性之路上，出现的第一位可敬的女性就是费马的同乡，法国数学家索菲·吉尔曼(Sophie Germain)．

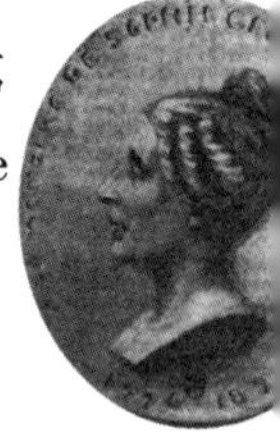

索菲·吉尔

我国数学史专家解延年先生饱含激愤地写道：

"1831 年 6 月 26 日，在法国巴黎，人类历史上少数几位

杰出的女数学家之一索菲·吉尔曼因患乳腺癌溘然长逝了.她带着满腔的悲愤,带着终身遗憾默默地离开了人世.谁说妇女没有才能?就是她,在数学领域里给女性争得了荣誉的一席之地,但是,社会的偏见紧紧地束缚着这位杰出的女数学家,她有翅难展,有志难伸,最后在抑郁悲伤中逝去.索菲的死,是对不合理社会的无情的控诉!黑格尔说,存在的就是合理的,从这个意义上说,社会没有错,民众也没有错,因为如果把对人才的鉴别与选拔看成全社会的一种集体经济行为,那么它是需要成本的,随大流于世俗是一种成本最低的选择,就像高考一样,对某些天才来说,就是不合理的,但对全社会来说,它却又是合理的."

索菲·吉尔曼,1776年4月1日出生在巴黎一个富有的家庭.她出生的年代正处在法国政治经济矛盾集中的18世纪末,在她的整个少年时期,法国社会一直动荡不安.索菲是她父母的独生女儿,一向被视为掌上明珠.在这种骚乱时期,父母出于安全的考虑把她关在家里,让她过着与世隔绝的生活,这使她感到极度的孤独与苦闷,于是,便一头钻进了她父亲丰富的藏书室中.索菲发现了一本数学史书,这本数学史书深深地吸引着她.最使她难以忘记的是"数学之神"阿基米德之死.75岁高龄的阿基米德在罗马士兵攻破叙拉古时,还在专心致志研究几何,不幸死在一个罗马士兵的屠刀之下.她想,几何学竟有如此之魅力,其中必有无穷之奥秘,于是开始走进了数学王国的大门.当然一个人从事何种职业,确立什么生活志向是由许多因素决定的,但这次偶然的阅读,是一个决定性的因素,这是情理之中的.

索菲潜心钻研数学,竟到了夜以继日、废寝忘食的地步.父母亲心疼她,强迫这位姑娘晚上早早睡觉.为了防止她偷偷爬起来看书,拿走了她所有的外衣.可是第二天一早才发现,桌子上点残的蜡烛,结了冰的墨水瓶,没有写完的算式,索菲裹着被子在桌子前睡着了.这种刻苦钻研的精神使双亲感动得热泪盈眶,由反对转为热心的支持.索菲利用这段时期自学了代数、几何与微积分,打下了数学的牢固基础.这时她刚满18岁.

伽罗瓦
(1811—1832)

1794年巴黎创办了多科工艺学院(伽罗瓦(Evariste Galois)曾报考过).索菲兴冲冲地去报名,可是他们拒绝招收女生.索菲感到失望,但没有灰心.她想方设法弄来了数学方面的所有教材.她经过细心的钻研以后,发现各种讲义中以拉格朗日教授的讲义最为精辟.法国大革命后,社会风气日趋开明,大学里允许学生向教授们提出自己的看法.于是,索菲便化名为"布朗"这样一个男学生的名字写了一篇论文,寄给了拉格朗日.拉格朗日看罢论文,大为赞赏,决定亲自拜访这位叫"布朗"的学生.见面之后才知道这位学生竟是一位年轻女郎,大数学家拉格朗日感到惊异万分,给索菲以热情的鼓励,并欣然接受指导她的请求.

得到拉格朗日教授的鼓励和指导，索菲更增添了继续攀登数学高峰的勇气.

1801 年，德国大数学家高斯发表了一部数论的杰作《算术研究》，这是一部经典之作，但这部著作过于艰深以至于许多数学家都很难看懂.索菲用心钻研了这部著作，并得出了自己的一些结果.1804 年，她又化名“布朗”写信给高斯，高斯看到来信欣喜万分，认为找到了知音.从那以后，两人一直保持书信来往，研讨数论问题.1807 年普法战争爆发，法国军队占领了汉诺威.这消息不禁使索菲想起了古希腊“数学之神”阿基米德之死，她深为高斯的安全担心.恰好攻占汉诺威的法军统帅培奈提将军是索菲父亲的朋友，于是她毅然前往拜见培奈提，要求他对高斯进行保护.培奈提被这位姑娘的精神所感动，派出一位密使到汉诺威执行保护高斯的命令.高斯后来才知道这位见义勇为的朋友就是和他经常通信的“布朗”，使他更为惊异的是这位“布朗”原来是一位漂亮的小姐——索菲.

索菲在数论方面的成就，是在一定条件下证明了著名的费马猜想.索菲利用高斯的某些结果证明了在 x,y,z 互素的条件下，不定方程

$$x^n + y^n = z^n$$

在 $n < 100$ 以内没有正整数解.这在当时是对费马猜想的一个重大突破.这项成就使索菲开始在数学界崭露头角.

现在让我们具体了解一下吉尔曼究竟做了些什么.

费马猜想可以归结为证明

$$x^4 + y^4 = z^4$$

和不定方程

$$x^p + y^p = z^p \quad ①$$

(其中，p 是奇素数) 均无 $xyz \neq 0$ 的整数解.

这是因为任一个大于 2 的整数 n，如果不是 4 的倍数，就一定是某个奇素数 p 的倍数.当 n 是 4 的倍数时，$x^{4m} + y^{4m} = z^{4m}$ 的无解又可归之于证 $x^4 + y^4 = z^4$ 的无解，这一点已由费马用无递降法解决了！同样地，当 n 是 p 的倍数时则归之于证 $x^p + y^p = z^p$ 无解.但是，这就异常困难了.

如果 $(x,y) = d$，则有 $d \mid z$，故只需研究下述不定方程，即

$$x^p + y^p = z^p = 0, (x,y) = (x,z) = (y,z) = 1 \quad ②$$

熟知，当 $x + y \neq 0, (x,y) = 1$ 时

$$\left(x + y, \frac{x^p + y^p}{x + y}\right) = 1 \text{ 或 } p$$

同理，当 $x + z \neq 0, (x,z) = 1$ 或 $y + z \neq 0, (y,z) = 1$ 时，分别有

$$\left(x + z, \frac{x^p + z^p}{x + z}\right) = 1 \text{ 或 } p$$

和
$$\left(y+z,\frac{y^p+z^p}{y+z}\right)=1\text{ 或 }p$$
当
$$\left(x+y,\frac{x^p+y^p}{x+y}\right)=\left(x+z,\frac{x^p+z^p}{x+z}\right)=\left(y+z,\frac{y^p+z^p}{y+z}\right)=1$$
时,即 $p\nmid xyz$ 时,叫费马大定理的第一情形;除此之外,即 $p\mid xyz$ 时,叫费马大定理的第二情形.

一般来讲,初等方法往往仅能解决费马大定理的第一情形.索菲首先推出:

定理1 如果存在一个奇素数 q,使得同余式
$$x^p+y^p=z^p\equiv 0(\bmod p) \qquad ③$$
只有 $q\mid xyz$ 的整数解 x,y,z,且对任意整数 k 有 $k^p\not\equiv p(\bmod p)$,则 ② 没有 $p\nmid xyz$ 的整数解 x,y,z,即费马大定理第一情形成立.

证明 如果 ② 有解 $x,y,z,p\nmid xyz$,则由 ② 有
$$y+z=a^p,\frac{y^p+z^p}{y+z}=\xi^p,x=-a\xi$$
$$z+x=b^p,\frac{z^p+x^p}{z+x}=\eta^p,y=-b\eta$$
$$x+y=c^p,\frac{x^p+y^p}{x+y}=\rho^p,z=-c\rho$$
由此可得
$$2x=b^p+c^p-a^p,2y=c^p+a^p-b^p,2z=a^p+b^p-c^p$$
而 ② 的解 x,y,z 显然满足同余式 ③,故有 $q\mid xyz$,可设 $q\mid x$,从而
$$x=b^p+c^p+(-a)^p\equiv 0(\bmod q)$$
再根据题设 $q\mid abc$,但 $q\nmid bc$(这是因为,若 $q\mid b$ 或$q\mid c$,不妨设 $q\mid b$,得 $q\mid y$,与$(x,y)=1$矛盾,同理可证 $q\nmid c$).于是 $q\mid a$,得出
$$z+y\equiv a^p\equiv 0(\bmod q)$$
或
$$z\equiv -y(\bmod q) \qquad ④$$
由 $q\mid x$ 得
$$\eta^p=z^{p-1}-z^{p-2}x+\cdots+x^{p-1}\equiv z^{p-1}(\bmod q) \qquad ⑤$$
再由 ④ 得
$$\xi^p=y^{p-1}-y^{p-2}z+\cdots+z^{p-1}\equiv pz^{p-1}(\bmod q)$$
由 ⑤ 得
$$\xi^p\equiv p\eta^p(\bmod q) \qquad ⑥$$
由于奇素数 $q\nmid\eta$(否则$(x,y)\neq 1$),故$(q,\eta)=1$即存在 η',使得 $\eta\eta'+q'q=1$ 或 $\eta\eta'\equiv 1(\bmod q)$,由 ⑥ 得
$$(\xi\eta')=p\eta^p\eta'^p\equiv p(\bmod q)$$
此与所给条件"对于任意 $k^p\neq p(\bmod q)$"矛盾.证毕.

例如,利用定理,可以轻易证出费马定理第一情形在 $p=7$ 时成立.不定方程②在 $p=7$ 时,没有 $7\nmid xyz$ 的整数解.这只要取 $q=29$,因为对任何整数 l 有 $(l,29)=1$,则 $l^7\equiv\pm1,\pm12 \pmod{29}$.从这一点同时可知同余式

$$x^7+y^7+z^7\equiv0 \pmod{29}$$

没有 $29\nmid xyz$ 的解,以及没有整数 k 适合同余式

$$k^7\equiv7 \pmod{29}$$

故上述定理的条件满足.

索菲进一步又得到更具一般性的:

定理2 设 $q=2hp+1$ 是素数,如果 $q\nmid D_{2h}$,这里

$$2h=\begin{vmatrix} \binom{2h}{1} & \binom{2h}{2} & \cdots & \binom{2h}{2h-1} & 1 \\ \binom{2h}{2} & \binom{2h}{3} & \cdots & 1 & \binom{2h}{1} \\ \vdots & \vdots & & \vdots & \vdots \\ 1 & \binom{2h}{1} & \cdots & \binom{2h}{2h-2} & \binom{2h}{2h-1} \end{vmatrix}$$

且

$$p^{2h}\not\equiv1 \pmod{q} \tag{7}$$

则方程②无 $p\nmid xyz$ 的整数解,即费马大定理第一情形成立.

证明 利用定理1来证.如果

$$x^p+y^p+z^p\equiv0 \pmod{q}$$

有解 x,y,z 满足 $q\nmid xyz$,则易证存在整数 u,v 适合

$$x\equiv uz \pmod{q},\ y\equiv-vz \pmod{q},\ (u,q)=(v,q)=1$$

代入式③,得

$$z^p(u^p+1-v^p)\equiv0 \pmod{q}$$

故 $q\nmid z$,故

$$u^p+1\equiv u^p \pmod{q} \tag{8}$$

因为 $q=2hp+1$,故由费马小定理有

$$u^{2hp}\equiv1 \pmod{q} \tag{9}$$

和

$$v^{2hp}\equiv1 \pmod{q} \tag{10}$$

将⑨,⑧代入⑩可得

$$u^{2hp}+\binom{2h}{1}u^{(2h-1)p}+\binom{2h}{2}u^{(2h-2)p}+\cdots+\binom{2h}{2h-1}u^p+1\equiv1 \pmod{q}$$

由⑨逐步得

$$\binom{2h}{1}u^{(2h-1)p}+\binom{2h}{2}u^{(2h-2)p}+\cdots+\binom{2h}{2h-1}u^{p}+1\equiv 1(\bmod q)$$

$$\binom{2h}{2}u^{(2h-1)p}+\binom{2h}{3}u^{(2h-2)p}+\cdots+\binom{2h}{1}1\equiv 1(\bmod q)$$

$$\vdots$$

$$u^{(2h-1)p}+\binom{2h}{1}u^{(2h-2)p}+\binom{2h}{2h-2}u^{p}+\binom{2h}{2h-1}\equiv 0(\bmod q)$$

故得
$$D_{2h}\equiv 0(\bmod q)$$
与所设条件 $q\nmid D_{2h}$ 不合.这就证明了 ③ 没有 $q\nmid xyz$ 的整数解 x,y,z.

此外,如果有整数 k 满足

$$k^p\equiv p(\bmod q)$$

由于 $q=2hp+1\neq p$,显然 $(k,q)=1$,故由上式得

$$p^{2h}\equiv k^{2hp}\equiv 1(\bmod q)$$

这与式 ⑦ 矛盾.这就证明了对任意的整数 k,$k^p\not\equiv p(\bmod q)$,于是定理 1 的两个条件都得到了满足.证毕.

最后,索菲利用定理 2 推出了如下关键的结论:

定理 3 设 p 是一个奇素数,当

(1) $2p+1$ 是一个素数时,费马大定理第一情形成立.

(2) $4p+1$ 是一个素数时,费马大定理第一情形成立.

证明 (1) 如果 $2p+1$ 是一个素数,则 $2p+1\geqslant 7$,而 $D_2=3$,故 $2p+1\nmid D_2$;此外,$p^2-1=(p+1)(p-1)$,故 $2p+1\nmid p^2-1$,故结论成立.

(2) 如果 $4p+1$ 是一个素数,则 $4p+1\geqslant 13$,而

$$D_4=\begin{vmatrix}4&6&4&1\\6&4&1&4\\4&1&4&6\\1&4&6&4\end{vmatrix}=-3\times 5^3$$

故 $(D_4,rp+1)=1$.此外

$$p^4-1=(p-1)(p+1)(p^2+1)$$

而
$$4p+1\nmid (p-1)(p+1)$$

我们来证明 $4p+1\nmid p^2+1$,否则有

$$p^2+1=2(4p+1)(4m+1) \qquad ⑪$$

显然 $m\neq 0$,故可设 $m>0$,由 ⑪ 得

$$2(4p+1)(4m+1)>4p^2+p>p^2+1$$

故式 ⑪ 不能成立,于是证得 $4p+1\nmid p^4-1$.证毕.

此外,法国数学家勒让德利用定理 2 还证明了当 $8p+1$,$10p+1$,$14p+1$,

$16p+1$之一为素数时，费马定理第一情形成立.由此可推出$p<100$时，第一情形成立.

这就是吉尔曼在数论方面的部分工作.除此之外，索菲最为卓著的成就是用微分方程解决了“关于弹性曲面振动的数学理论”的问题.这个问题是由德国物理学家克拉尼(Frnst F.F.Chladni)最先提出来的，解决这个问题需要用到很高深的微积分知识.一维的情形解决得较好，二维的情形却非常棘手，就连当时很多著名的科学家对此都一筹莫展.同费马大定理一样，重赏之下，必有勇夫，拿破仑下令法国科学院用金质奖章悬赏征求符合实验数据的弹性曲面数学理论的最好论文.1811年，索菲呈交了第一篇论文，包括拉格朗日在内的科学院评议会认为尚不够完善，未予通过.1813年，索菲呈交了第二篇论文，得到了评议会很高的评价，但他们认为还有需要改进的地方.1816年，索菲呈交了第三篇论文，题为“关于弹性板振动的研究报告”，终于获得了法国科学院的金质奖章.索菲“三试状元榜”的事迹传为科坛佳话.她的这项重要成果震动了整个科学界.索菲被誉为近代数学物理(建立在数学理论基础上的物理学)的奠基人，受到当时最著名的科学家，如柯西、安培、勒维、勒让德、泊松、傅里叶的赞扬和敬佩.勒维特别赞赏这位女数学家的成就，他颇为风趣地说：“这是一项只有一个女人能完成而少数几个男人能看懂的巨大成就!”

傅里

(1768—

但是同后面将要介绍的几位女数学家一样，巨大的成功并没有带来相应的承认，许多科学家为了推荐她而四处奔走，但当时社会的学术大门对妇女是关闭的，她连一个合适的职业也找不到.她终生没有获得过一个学位，没有担任过任何科学职务，更不可能进大学里去当教授.她郁郁寡欢，悲愤难平，55岁那年离开了人世.她的最知音者是高斯，两人虽然长期通信，但始终未能谋面.高斯在德国为她奔走呼吁，最后在著名的哥廷根大学替她申请到了一个荣誉博士的学位.但当高斯把这个好消息写信寄到巴黎时，索菲已经抱着终身的遗憾闭上了双眼.我们似乎应该抛弃那种简单的抱怨社会不公平，或像女权主义者那样偏执激昂，因为这样丝毫没有建设性，从现代物理学“熵”的角度来看，女人搞数学是一种反熵活动，它与当时社会对妇女的要求，与流行的价值观差距甚大.从物理的观点看，负熵的产生必须伴之以做功.同样，人的负熵行动则是需要付出代价的.在索菲之后还有两位著名的女数学家，即柯娃列夫斯卡娅与诺特.

柯娃列夫

(1850—

2.糊在墙上的微积分——俄国女数学家柯娃列夫斯卡娅的故事

读者们大概会很多次听见过一位伟大的女数学家的名字，数学史上极少的几位女大学教授之一索菲亚·化西里耶夫娜·柯娃列夫斯卡娅.虽然，在科学的

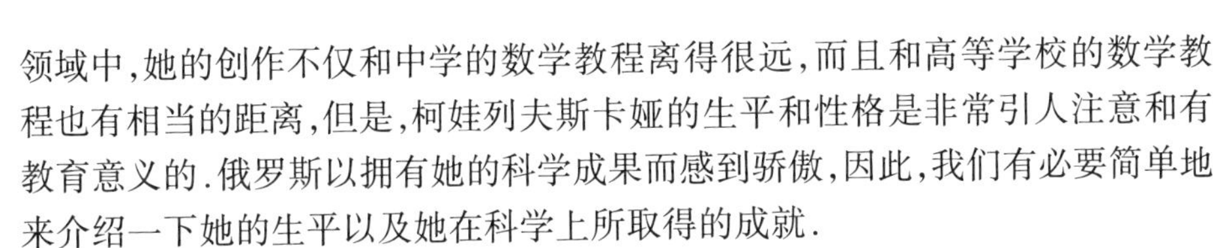

领域中,她的创作不仅和中学的数学教程离得很远,而且和高等学校的数学教程也有相当的距离,但是,柯娃列夫斯卡娅的生平和性格是非常引人注意和有教育意义的.俄罗斯以拥有她的科学成果而感到骄傲,因此,我们有必要简单地来介绍一下她的生平以及她在科学上所取得的成就.

柯娃列夫斯卡娅于1850年1月15日生于莫斯科一个名叫B·B·果尔维-克鲁可夫斯基的军人家庭.她的父亲不久就退职了,并且迁居到威特比斯克省自己曾管辖的领域上居住.这位将军有两个女儿,大女儿叫安娜,小女儿叫索菲亚.将军为了使自己的女儿们成为一个有教养的贵族小姐,因此聘请了一位家庭教师.姊妹两人在家庭教师的监督和培养之下接受教育,并学习外国语及音乐.因为这位将军本身原来是一位有名望的数学家M·B·奥斯特洛格拉德斯基(微积分中有著名的奥斯特洛格拉德斯基公式)的一位学生,于是这位将军决定使小女儿索菲亚接受比较严格的教育,因此,就聘请了一位有名望的教师——约瑟夫·依格纳契耶维契·玛列维芝.索菲亚是一位聪明而用功的学生,但是,学习开始时她对于算术不是感到特别有兴趣.只有在第五学年时,这位13岁的女学生,当她在计算圆周的长度与直径的比(数 π)时,才表现出了自己的数学天才:她给出了所求的比的独立结论.当女教师玛列维芝指出索菲亚在得出结论时走了某些弯路的时候,她就开始哭起来.

柯娃列夫斯卡娅在自己的回忆中亲自谈到过,她对数学感到兴趣的最大的影响是一次与叔父的谈话,是谈到关于化圆为方问题(关于用圆规和直尺无法做出一个具备等于该圆面积的正方形图的问题)和其他一些津津有味的数学题目.这些谈话激发了她的思维活动并且在思维活动中形成了一种关于数学作为一门有很多有趣味又奥妙的疑谜的科学的表象.

柯娃列夫斯卡娅还谈到过另外巩固了她对数学的兴趣的情况.她说:"当我的家庭迁居在乡村时,所有的房子都要重新装饰一新,因此要将所有的房子贴上新的壁纸.但是,因为房间多,壁纸不够,所以有一间儿童的房子没有贴上壁纸,然而,这些壁纸必须要到圣彼得堡城订购才行.这是一件大事情.为了一间房子而决定去订购壁纸,这是不值得的,全家人都在等待着解决这个问题.但是,这间受潮的房子,已经经历了若干年月,只有一边墙贴上了简单的纸.幸而从我父亲在青年时代所买到的一本奥斯特洛格拉斯基所著的关于高等数学入门的指导书中撕下一些纸,可以临时裱糊其他的墙."柯娃列夫斯卡娅就从这些散页中经过经常的观察,把一些难以理解的词句和一些奥妙的公式牢记在心中了.这也变成了她学习高等数学的入门指导.柯娃列夫斯卡娅15岁的时候就开始学习非常著名的教师A·H·斯达拉诺柳柏斯基所著的《高等数学》的课程,并听过某些问题的说明,这些问题是她在壁纸上看到而没有了解的问题.教师教给她一些新的概念,这些新的概念像她的老朋友一样,她很快就领会了这些概念,这使得她的教师感到异常的惊奇.

但是,在这件事情以前,柯娃列夫斯卡娅14岁时,她就以自己的天才使得她父亲的朋友,物理学教授Л·Л·德尔托夫感到了惊奇.这时,柯娃列夫斯卡娅还没有学完中学数学课程,但不久,她就独立地通晓了在课本中所使用的数学公式(三角学的公式).在此之后,这位以自己的女儿的成绩而感到骄傲的将军,就决定在冬季送柯娃列夫斯卡娅到圣彼得堡去学习数学和物理.15岁的柯娃列夫斯卡娅抓住了这个机会,于是她就到圣彼得堡去继续学习.

然而,这样的事情,对她说来毕竟是很小的事情.柯娃列夫斯卡娅迫切要求受到完整的高等教育.

当时的俄罗斯的高等学校是不收女生的,而给妇女留下唯一的道路,就是当时很多女孩子所走的道路,即是请求到国外去寻找受高等教育的可能!

赴国外旅行必须要得到父亲的许可才行,而她的父亲是不愿意让自己的女儿去国外旅行的.当柯娃列夫斯卡娅已满18岁时,借与当时一位闻名的自然科学研究者——弗拉基米尔·奥鲁依耶维契·卡瓦列夫斯基试婚为名,并以他的"妻子"的身份与她的姐姐一起到德国.到达德国后,她顺利地进入了海德堡大学.大学的教授们,其中包括一些著名的教授,都为自己有这样一位有才能的女学生而感到喜出望外.因而,柯娃列夫斯卡娅就成为这个小城市很稀奇而著名的人物,当这个城市的一些母亲们在街上一碰到她时,就告诉自己的孩子们,这是正在大学学习数学的一位惊人的俄国的姑娘.

在3年的学习中,柯娃列夫斯卡娅由于非常努力地学习而学完了大学的课程,如数学、物理学、生物学.她很想跟当时居住在柏林的一位欧洲闻名的数学家——卡尔·魏尔斯特拉斯继续深造数学.当时妇女们是不能被录取进入柏林大学的,但受到柯娃列夫斯卡娅的特殊的才能所感动的魏尔斯特拉斯教授终于同意教她一部分课程,并在4年中与她一起复习了她以前在大学所学过的课程(这里也不排除异性相吸的因素,据数学史家考证,开始魏尔斯特拉斯对此事非常冷淡,但当他第一次见到大草帽下面那张动人的脸时,不禁为之一动,于是态度大变,欣然接受单独辅导的请求,并据传后期两人的关系颇有暧昧之嫌.所以从这件事说来,数学家不是神,他首先是个人).1874年的哥廷根大学是德国数学科学研究的中心,根据魏尔斯特拉斯教授的建议,无辩论通过柯娃列夫斯卡娅三项工作而决定授予柯娃列夫斯卡娅博士学位.

其中第一项研究工作是关于偏微分方程的理论.众所周知,柯西在1842年得出了偏微分线性方程组解的存在的理论,并指出如何把非线性组化为这种情况.然而,柯娃列夫斯卡娅当时并不知道柯西这些工作.柯娃列夫斯卡娅的证明较柯西的证明要简单些,用庞加莱的话来说,柯娃列夫斯卡娅给出了这条定理的最终形式.现在,人们称这条定理为柯西-柯娃列夫斯卡娅定理,并把它列入

分析的基本教程中.

第二项研究工作是关于土星环的形状问题.这是补充和评论有关研究拉普拉斯关于土星环形的问题.柯娃列夫斯卡娅在这里发展了拉普拉斯认为土星环是由几个液体环所组成并且是互不影响的土星环的研究.拉普拉斯得出,横断环面有一个椭圆形状.柯娃列夫斯卡娅在比较一般的前提下解决了这个问题(第二次近似值),得出横断环面是卵形,这项研究在狄塞郎的天体力学中有详细的叙述.这项工作的主要成就被蓝柏的水动力学加以引用.

第三项工作是关于把某类第三阶的阿贝尔积分化为椭圆积分的研究.特别地,柯娃列夫斯卡娅解决了在任何情况下将包含八次多项式的超椭圆积分化为一种椭圆积分的问题.魏尔斯特拉斯曾经在自己的谈话中指出:“我有许多从不同国家来的学生,在这么多的学生中,谁都比不上柯娃列夫斯卡娅女士.”

柯娃列夫斯卡娅经过了5年的顽强的学习,得到了最令人称赞的博士学位.在这些年里,她旅行过一些地方,到过伦敦,也到过巴黎.由于她没有生活经验和不善于安排自己的事情,她的生活过得不够舒适.

24岁的柯娃列夫斯卡娅带着令人称赞的哲学博士毕业证书同她的丈夫一起回到了俄国.

她的姐姐安娜·瓦西里也耶夫娜是一位有写作天赋的人,常被杰出的俄国作家Φ·M·多斯托斯基所称赞.她已经离开海德堡去巴黎,并在巴黎与一位从事革命工作的维克托尔·查克辽尔结了婚.1871年,安娜与其丈夫积极地参加了巴黎公社的活动.当巴黎公社失败时,维克托尔·查克辽尔被捕.被捕后死刑在威胁着他.柯娃列夫斯卡娅与她的丈夫潜入被包围的巴黎.她帮助受伤的公社社员,她曾在医院工作过,为了救助姐夫,柯娃列夫斯卡娅写了一封信给她的父亲请求帮助,因为她父亲曾经认识一些新兴资产阶级政府中有势力的人.

柯娃列夫斯卡娅和她的丈夫回到俄国并居于圣彼得堡.受到过卓越的数学教育的柯娃列夫斯卡娅,当时竟无法为祖国贡献自己所获得的知识.当时在国外所获得的哲学博士学位正等于帝俄时代的硕士.获得硕士学位的人是可以在俄国的大学里教书的,且有答辩硕士和博士学术论文的可能,并能以后担任大学教研室主任的职务.可是,所有这一切,柯娃列夫斯卡娅是无法获得的.她仅仅在女子中学里教初级班的算术,没有教高级班的课程.当她亲自参加了祖国的政治和文化的活动时,她有好多年抛弃了数学的钻研.后来,在切比雪夫的帮助下,她在1880年恢复了数学的研究,她在俄国提出过学位考试的请求被当时的政府拒绝了.赫里辛格福尔大学教授米特达格·莱夫勒想把柯娃列夫斯卡娅聘请到这所大学做教员的尝试也没有得到结果.

柯娃列夫斯卡娅在各方面都取得了一些成就并是一位卓越的活动家.她从事过文学评论工作,为报纸撰稿,在报上发表过一些科学短文和戏剧评论.柯娃列夫斯卡娅曾经举行过一次盛大的晚会,很多著名的学者和杰出的作家都出席了这个晚会.如化学家门捷列夫、布特烈洛夫,物理学家斯托列夫,自然学家色车诺夫,数学家切比雪夫,作家屠格涅夫、妥思陀耶夫斯基以及一些科学和文化方面的代表.

1881年在斯德哥尔摩开办了一所新的大学,莱夫勒教授担任这所大学数学教研室的领导工作.莱夫勒教授经过非常大的努力终于说服了斯德哥尔摩的当权者,才把柯娃列夫斯卡娅聘请到这所大学里来担任副教授的职务,当时的民主报发表了一篇文章来迎接她的抵达:“今天我们报道的并不是一个平常的公主……科学的公主柯娃列夫斯卡娅女士亲自来访问我们,这说明了她尊敬我们的城市.她并且是全瑞典的第一位女副教授.”

一些保守的学者和居民带着一种轻视的眼光来迎接柯娃列夫斯卡娅.作家斯特林德别尔格指出,女数学教授是一种骇人听闻的、有伤体面的和不合适的现象.但是,柯娃列夫斯卡娅的学识和教育才能终于使她的反对者缄口无言.一年以后她被提升为正教授,并且,除了教数学以外,她还被委任代教力学的课程.

柯娃列夫斯卡娅在斯德哥尔摩工作期间,即从1884年起她对科学和文学的事业更感到了极大的兴趣.在文学作品中表现了她的生动活泼和渊博的知识以及广泛的兴趣.柯娃列夫斯卡娅在当时就是一位卓越的小说作家.在斯德哥尔摩工作时,她与瑞典的女作家米特达尔·莱夫勒共同写出一本有趣味的剧本《为幸福而奋斗》.这是在世界文学史中以数学为题材所写出的唯一作品.这个剧本在俄国曾被公演过好多次.除此以外,她还写了一本自传《儿童时期的回忆》,长篇小说《虚无主义者》,散文《在瑞典农民大学里的三天》,回忆录《乔治·爱里柯》以及其他的一些作品,这些作品曾经用瑞典文、俄文以及其他国家的文字出版过.

1888年,巴黎科学院举行了一次国际征文,题目是“关于刚体绕固定点运动的问题”.在当时,这是一件能得到最高奖金的研究工作.这个问题归根结底仅决定于两种情形.这是一个最难的数学题目,当时有许多杰出的数学家试着解过,像伟大的数学家、物理学家和天文学家,圣彼得堡科学院院士欧拉和法国的数学家拉格朗日.因为当时考虑到这项研究工作的特别重要性,所以,由法国最广泛的数学家们所组成的科学委员会决定把奖金由3 000法郎增加到5 000法郎.柯娃列夫斯卡娅在自己的应征著作扉页上写了这么一句格言:“说你所知道的话,做你所应做的事,成为你所想做的人.”1888年征文结果终于公布了.柯娃列夫斯卡娅就是这项研究工作的作者.1888年2月24日,巴黎科学院讨论决定将奖金颁发给柯娃列夫斯卡娅.正如法国当时的杂志所登载的:“柯娃列夫斯卡娅是第一个越过大学门槛而领到奖金的女士.”

柯娃列夫斯卡娅当时的高兴,我们是可以理解的.关于这件事情她这样地记载下来:"从一些杰出的数学家手中所溜跑了的题目,人们称它为长发鱼尾的裸体女鬼之妖的题目(这是古代南斯拉夫之传说),它被谁所窥破和抓住了呢?……终究被索菲亚·柯娃列夫斯卡娅解决了!"

直到现在,从前被称为数学上的长发鱼尾的裸体女鬼之妖的关于能动的问题也还不是完全地被解决了,也就是说,我们没有一般的方法来研究对于任何参数值和运动方程式内函数的任何初值的运动.但是,无论怎样,今后的研究结果仍然永远与柯娃列夫斯卡娅的名字连在一起.

柯娃列夫斯卡娅定理 重刚体绕固定点运动的方程式,在一般的情形下没有一些单值的解答,这些解答包含5个任意常数并在整个变量的平面上除了极点之外,没有其他的奇异点.柯娃列夫斯卡娅得出一种新的情况,当物体的重心在为了定点而作的惯性椭圆的赤道上时,这个惯性椭圆体应该是一个旋转的椭圆体,并且满足下列条件:$A = B = 2C$,A,B 和 C 是主要惯性能率.

当得出这样一个结论时,柯娃列夫斯卡娅就转到刚体运动在所说情况下的问题,并且完全地解决了这个问题.

为了俄国和俄国的科学,柯娃列夫斯卡娅的朋友们尽力设法使她回到祖国,但是始终没有得到口是心非、敷衍塞责的沙皇时代的科学院的批准.它说:"柯娃列夫斯卡娅女士在俄国不能得到像她在斯德哥尔摩工作所获得的那样的荣誉和那样高的报酬和地位."一直到1889年末,根据以切比雪夫(Лафнутий Львович Чебышев,1821—1894)为首的俄国数学家们的建议,才推选这位卓越的妇女为彼得格勒科学院通讯院士.为了这一问题,科学院不得不预先通过一个关于推选一名女通讯院士的原则性的决议.但是,只赋予了她这一光荣的称号,而没有给予她以物质的支持,因此,柯娃列夫斯卡娅的回国工作的希望终于没有实现.

当时在俄国,柯娃列夫斯卡娅找不到能适合她工作的地方.差不多她全部的科学的活动都是在国外进行的.她所有的科学著作都登载在外国的杂志上.

1874年到1881年这是她生活在俄国的时期.为了了解俄国数学家们的思想,在这一时期中她很少从事数学的研究工作.但是,后来她开始对切比雪夫的著作很感兴趣,她曾经把切比雪夫的论文译成法文,在数学杂志上发表.

柯娃列夫斯卡娅在意大利度过寒假后回到斯德哥尔摩.她于1891年初就患了感冒,经过短期的医治,后因肺炎于同年2月10日病逝于斯德哥尔摩并埋葬在那个地方.

在举行葬礼的时候,广大的社会阶层都参加了这个集会,其中参加葬礼的有科学院的院士、大学教授和大学生.一位杰出的法律专家格瓦列夫斯基致祭词:

"索菲亚·柯娃列夫斯卡娅！由于您渊博的科学知识,您创作的天才,您高贵的品质,不管过去和将来,将永远是您祖国的光荣.俄国所有的科学家和文学家不是白白地为您哀悼.从辽阔的帝国的各个角落里,从赫尔新格福尔和齐夫里西地方,从哈尔科夫和萨拉托夫地方都向您的陵墓送来了花圈来悼念您.命中注定了您没有机会为您的祖国工作.然而,瑞典接纳了您,您为这个国家增加了光荣,为科学上的朋友增加了光荣！尤其是为年轻的斯德哥尔摩大学增加了光荣！但是,当您由于不得已而远离祖国出外工作的时候,您始终保持了自己的民族特性,您仍然是一个诚实可靠而忠实于俄国南方的同盟者.未来是属于爱好和平的、正义的和自由的俄国.我代替她向您致最后一次的告别!"

斯德哥尔摩大学的前任校长米特达尔·莱夫勒说:"我代表斯德哥尔摩大学,代表全国数学科学研究工作者,代表所有从远方和近处来的朋友们和学生们向您作最后一次的告别,并向您致以谢意.感谢您深厚的友情和广博的智慧,您以这些来作为青年时代的精神上的粮食,我们后代的子孙,如同今天的人一样将永远会尊敬您的名字.感谢您那些珍贵的友谊的礼物,您把这些礼物赠送给了所有亲近于您的人."

1896年俄国高级女子训练班委员会征集了一些钱,在斯德哥尔摩给柯娃列夫斯卡娅的陵墓上立上了一块纪念碑,这块纪念碑是根据一位建筑家H·B·苏尔达诺夫的设计而制成的.

柯娃列夫斯卡娅得到了瑞典科学院其中一项奖金以后,接连发表过几篇科学的文章.她的著作范围是一些还没有发表过的研究,如数学、力学、物理学和天文学(关于土星环)等方面的研究.关于力学方面的研究,她已完成了卓越的数学家欧拉和拉格朗日所研究的工作.在数学方面,她完成了柯西定理,她补充和修正了拉普拉斯关于土星环的理论问题.欧拉、拉格朗日、拉普拉斯、柯西,他们都是18世纪末至19世纪初的杰出的数学家.为了补充和修正这样一些科学泰斗的工作,必须要一位有过人智慧的人,柯娃列夫斯卡娅就是这么一位有过人智慧的人.她所得到一些科学上的新成就,大学里的很多课程中都得到了陈述.

为了阐明柯娃列夫斯卡娅在科学史中占有什么样的地位,不仅要与男子比较一下,而且需要与一些搞科学的女性学者相比较一下,这样就会清楚了.柯娃列夫斯卡娅曾经亲自谈到过她的生活和人生观:我觉得,我要献身于真理——科学,并且为女性开辟一条新的道路,这就是致力于正义的事业.

因此,除了她的一些科学上和文学上的功绩之外,在为妇女获得平等地位

的斗争历史中也有过柯娃列夫斯卡娅的功绩.她经常在自己的书讯中谈到:她的成败与否,这不仅与她个人有关,而且与全体妇女们的利益是息息相关的.因此,她对自己的要求是非常严格的.

在柯娃列夫斯卡娅之前,除吉尔曼以外我们在数学史上仅仅知道几个女数学家的名字.如5世纪,一位希腊女人希帕蒂娅,她以自己的博学而驰名,她研究过哲学和数学,她对数学家阿波罗尼斯和基阿万特的数学写过一些评论.她写过几部小说,又是一位语言学家.一位侯爵之妻周莎列(1706—1749),是一位女翻译员,她曾经把牛顿的著作《原理》从拉丁文译成法文,她向法国著名的作家和哲学家伏尔泰学过历史学并教过伏尔泰数学.巴龙斯基大学的一位教授,意大利人玛丽雅·安耶吉(1718—1799),在高等数学里的"安耶吉定律"中有她的名字,她为了意大利青年的学习而写了一本分析课程.另一位法国妇女高尔钦西娅·列波特(1723—1788),是一位著名的计算家,她的名字被人们称为绣球化,这是从印度引用来的.

在前苏联也有很多女性是数学教授,其中我们罗列出这样一些杰出的教授,如维拉·约瑟夫娜·亚芙(卒于1918年),娜杰施达·尼里拉也夫娜·耿尔特(1876—1943),叶卡特利娜·阿列克塞也夫娜·娜雷西基娜(1895—1940),柯娃列夫斯卡娅的朋友叶里查维特·费多洛夫娜·李特维诺娃(1845—1918),以及现今很多还活着的数学家.同时不能不同意前苏联科学院院士、物理数学科学博士别拉格依·雅可夫列夫诺依·博陆巴尔诺夫·可奇的意见,柯娃列夫斯卡娅以自己的天才和所得到的成就胜过了许多男性.

3.美神没有光顾她的摇篮——近世代数之母诺特

如果说吉尔曼和柯娃列夫斯卡娅的工作还属于古典数学的范畴,那么可以说第一位对近代数学有所贡献的女数学家当推德国数学家诺特(Amalie Emmy Noether,1882—1935).

在美国布林·莫尔(Bryn Mawr)女校友公告中有一段说明:"如果上文不是著名德国数学家外尔(Hermann Weyl,1885—1955)博士亲笔所写,那也是在他的鼓励下写成的.爱因斯坦(Albert Einstein)先生根本没有见过诺特(Noether)女士."所谓"上文",就是爱因斯坦于1935年5月3日在《纽约时报》上发表的文章,内容如下:

"人类的大多数正为他们的日常生计而奋斗;那些或是由于幸运、或是由于特殊的天赋而能免于这类奋斗的人,他们之中的大多数主要被吸引去进一步改善他们的物质生活.在人们积累物质财富的种种努力背后,总是隐藏着一种幻觉,以为那就是最具体、最值得追求的目标:幸好这里还有少数人,他们在年轻的时候就认清了人类所能体验到的最美的和最令人满足的事并非来自外部世界,而是和自己的感情、思维和行为息息相关的.这些个人的生活并不为他人所注目.然而,他们奋斗得来的果实却是一代人所能给予子孙后代的最有价值的财富.

“就在前几天,一位杰出的数学家埃米·诺特教授去世了,享年53岁.她以前在哥廷根大学,近两年在布林莫尔学院工作.根据现在的权威数学家们判断,诺特女士是自妇女开始受到高等教育以来最富于创造性的数学天才.在最有天赋的数学家们为之忙碌了若干世纪的代数领域里,她发现了一套方法,当前一代年轻数学家的成长已证明了这套方法的巨大意义.按照这种方法,纯粹数学就是一首逻辑概念的诗篇.人们寻找最一般的运算概念,它将给尽可能大的涉及形式关系的领域以一个简单的、逻辑的和统一的形式.在努力达到这种逻辑美的过程中,你会发现精神的法则对于更深入地了解自然规律是必需的.

“埃米·诺特出生在一个以喜好钻研学问著称的犹太家庭,尽管有哥廷根伟大的数学家希尔伯特为她出力,她却始终没能在自己的国家里获得科学上的地位.但在哥廷根,仍然有一群学生和研究者跟随她开展工作,她确实已经成为著名的教师和研究者.德国的新统治者对经年累月所从事的不谋私利和意义重大的工作所给予的报答,就是将她解雇,这使她丧失了维持简朴生计的手段和从事数学研究的机会.美国科学界有远见的朋友们有幸能为她在布林莫尔学院和普林斯顿安排了工作,这不仅使她生前在美国找到了珍惜她的友谊的同事,而且有了一批令人欣慰的学生,他们的热情使她在生命的最后几年过得最为愉快,也许还使她获得了一生中最丰硕的成果.”

1809年,德国巴登省发布的宽恕令中,提到一个名叫塞缪尔(Elias Samuel)的人.他是一个犹太家庭的户主,当局要求他和他的五个孩子更改姓名.于是,他选了诺特(Nöther)作姓,并把一个儿子赫茨(Hertz)改名为赫尔曼(Hermann).赫尔曼18岁那年离开家乡,前往曼海姆(Mannheim)学习神学.然而在1837年,他跟他的哥哥约瑟夫(Joseph)一起开办了一所铁器批发商号.这个买卖一直经营了近一个世纪,最后被反犹太势力所逼迫而倒闭.

赫尔曼(Hermann)和阿玛莉亚·诺特(Amalia Nöther)一共生了五个子女.1844年出生的老三叫马克斯.他14岁那年患小儿麻痹症,给他留下了终身的轻度残疾.但他后来却成了一位伟大的数学家.1875年,他到爱尔兰根大学任教

授,一直工作到 1921 年去世.1880 年,马克斯和艾达·阿玛莉亚·考夫曼(Ida Amalia Kaufmann)结婚.虽然他们在结婚证上用的姓是 Nöther,但马克斯和他所有的孩子都改用 Noether 作姓.

埃米·诺特,1882 年 3 月 23 日生于德国南部城市爱尔兰根(Erlangen).她是马克斯和艾达·诺特(Ida Noether)的第一个孩子.不久,她就有了弟弟.阿伯特(Albert)生于 1883 年,弗瑞兹(Fritz)生于 1884 年,还有一个弟弟降生于 1889 年.这一家子租了 Nürnberger 大街 30 – 32 号公寓大楼第一层里的一个大套间.公寓里另一个长年居住的房客是威德曼(Eilhard Wiedemann)教授,人们记得他是一位物理学家,还是个伊斯兰人.诺特家在那里大约一直住了 45 年.

小时候,埃米的眼睛就高度近视,长相也极平常,没有任何出众之处.老师和同学记得她喜欢学习语言,对所教授的犹太宗教一点也不感兴趣.像其他女孩子一样,她修学钢琴课和舞蹈课,但也并不喜好它们.

离开她念的高中——爱尔兰根市立高级女子学校 3 年之后,埃米参加了为到中学去当法语和英语教师的考试.这场考试于 1900 年 4 月在安斯巴希(Ansbach)举行.不过,她刚刚通过考试而获得当语言教师的资格,却又对上大学产生了兴趣.

1900 年冬季,诺特进入爱尔兰根大学.在近千名学生中,只有两名女性,她就是其中之一.但按照规定,女学生不能像男学生那样在校注册,她们只有在一门课的主讲教授的同意下,才能参加该课的考试以取得学分,而她们往往得不到这份同意.不过,不论有没有通过按常规必修的课程,女学生最后可以参加为取得大学文凭而设的考试.

在爱尔兰根大学,早期教埃米的教授中有一位历史学家,和一位罗曼斯语①教授.1900 年至 1902 年间,埃米必须去攻读数学而不是语言,因为她应利用那段时间为最后的毕业考试做准备.1903 年 7 月,她通过了大考.

1903 年冬,埃米到哥廷根大学听讲.她在那里听了像赫尔曼·闵可夫斯基、菲克思·克莱茵和大卫·希尔伯特那样一些杰出数学家们讲的课.可是,她在那里只呆了一学期就回到爱尔兰根,因为这时候可以准许女性像男性一样在校上学,女性也能以过去只适用于男性的方式参加考试了.

1904 年 10 月,诺特正式注册进入爱尔兰根大学学习.作为哲学系二部的一名成员,她仅仅攻读数学.1907 年 12 月 13 日,她通过了博士口试;1908 年 7 月,她的文凭号列进爱尔兰根大学的档案,号码是 202.

关于指导诺特完成学位论文的教授哥尔丹,大数学家外尔在他的纪念演说中是这样讲的:

菲克思·克 Felix 1849— 德国数学 于德国杜 尔 多 夫 eldorf),卒 廷根.

卫·希尔伯 vid , 1862— ,德国数学 于普鲁士 尼 斯 堡 gbherg,今俄 的加里宁格 的 韦 洛 lau),卒于 根.

① 罗曼斯语(Romance):拉丁系语言,包括由拉丁语演变而成的法语、意大利语、西班牙语、葡萄牙语等.

> “在爱尔兰根，跟马克斯·诺特并肩工作的数学家是哥尔丹，他像诺特本人一样也是克莱伯斯(Clebsch)学派的门徒.不久前(1874年)，哥尔丹来到爱尔兰根，他在这所大学一直工作到1912年亡故.1907年，埃米由他指导完成了博士论文“三元双二次型不变量的完全系”，这篇论文完全体现了埃米的精神，并追随了他所研究的问题.《数学年鉴》(《Mathematische Annalen》)中有一篇追悼哥尔丹的详细讣告以及分析他的工作的文章，那是马克斯·诺特在埃米的协助下起草的.在埃米早年的生活中，除了她的父亲，哥尔丹肯定是她最熟悉的人当中关系最密切的一位，起初是因为哥尔丹是他们家的朋友，后来当然还因为哥尔丹是一位数学家.虽然她自己的数学志趣很快转向了完全不同的方向，但她对哥尔丹一直怀着深深的敬意.我记得，她在哥廷根的书房里挂着他的肖像.她的父亲和哥尔丹这两个人对她的成长起了决定性的作用；这个父女科学家族——女儿无疑是父亲的代数方面的继承人，但跟父亲又有不同，她有自己的基本概念和问题，她干得十分出色，令人满意.这位父亲——我们从他的文章，甚至从他为《数学年鉴》写的许多篇讣告性传记中获得这样的印象——聪明、睿智、为人热心豁达，他的兴趣广泛并受过最好的教育.”

哥尔丹是另一种类型的人：脾气古怪、容易冲动、兴趣偏一.他极喜好散步和谈话——散步时，他喜欢不时到一片露天啤酒店或者咖啡馆里去坐坐.要是有朋友在旁相伴，他会挥舞胳膊，打着手势在那里高谈阔论，毫不理会周围的环境；要是独自一人，他便会自言自语地在那里深思数学问题；在闲暇无聊时，他的脑子里就会作起冗长的计算.在他身上，还保留着某些1848年不朽“青年”的味道——睡衣、啤酒和烟草，加上强烈的幽默感和智慧的激发.当他不得不在课堂或会议上听别人讲话时，总是处在半睡眠状态.作为数学家，他不是诺特那一类型的，本质上说他应属于另外一类.老诺特用短短一句话概括了他的特征：“他是一个算法家.”他的力量在于发明了形式化方法及其计算技巧，他写的一些文章居然接连20页全是公式，中间没有一处文字；据说他的文章中的文字都是朋友们给添上去的，他自己只写公式.诺特这样评论他：“他完全靠公式来形成他的想法、他的结论和他的表达方式……讲课时，他小心地避开任何概念性的基本定义，甚至包括极限的定义.”

埃米·诺特居然从像哥尔丹那样的形式主义者数学家那里出师，从而走上她的数学轨道，这一点已足以让人奇怪了；但最最令人无法思议的是她的第一篇文章——博士论文和她的成熟作品之间的悬殊差异，前者是形式化演算的一

个极端的例子,后者却是数学中概念公理化思维的壮观之极的例证.她那篇博士论文以一张表格做结尾,它写出了一个给定的三元二次型的不变式完全系,其中包括331个用符号表示的不变式,这真是件让人望而生畏的工作;但是在今天,我想我们恐怕会把它归入那样一类成果,哥尔丹本人在别人问起不变量理论的用处时曾说出了对这类成果的评价:"呀!它确实非常有用,你可以写出许多关于它的论文."

1916年埃米·诺特离开爱尔兰根前往哥廷根大学.那时,希尔伯特正在从事广义相对论的研究.由于埃米·诺特通晓不变量理论,因此受到了特别的欢迎.

外尔把她对相对论中两个重要的方面做出的主要贡献视为一种"纯粹和普遍的数学表述.第一,利用'正规坐标'将微分不变式的问题化归为纯粹的代数问题;第二,就一个变分问题的各种欧拉方程而言,当(多重)积分在包含任意函数的变换群下保持不变时,这些方程的左端也保持恒同(这种恒同性相当于任意变换4维时空坐标时,能量和动量守恒定理所示之不变性)."

威格纳
ner,
–?), 匈牙
美国数学
论物理学
于匈牙利
佩斯.

有人在调查埃米·诺特的材料时,听说"年轻的物理学家们正在使用她的理论".后来,人们叫外尔去请教威格纳教授——1963年的诺贝尔物理学奖获得者.他写道:"我们物理学家只是口头上说说埃米·诺特的伟大成就,但并没有真的去用她的工作.在物理学方面,她的最常被人引证的贡献是在克莱茵的建议下做出的.内容是有关物理学的守恒定律.她导出这条定律所用的方法,在当时的确很新颖,是应更多地引起物理学家的注意,但事实却不然.纵然我们许多对数学兼有兴趣的人,曾读过不少她的著作和有关她的材料,但对大多数物理学家而言,她几乎是个陌生人."

西那库斯(Syracuse)大学的彼得·伯格曼(Peter G. Bergmann)教授有一段话评论诺特对物理学的影响:所谓的诺特定理,乃是相对论,以及基本粒子物理学的某些方面的基石之一.简而言之,其思想就是:对于自然规律(或人们设计出的理论)的每一种不变性或对称性,都存在相应的守恒律,反之亦然.因此,如果知道一种物理量满足一条守恒律(在量子物理学中称这样的物理量为"佳量子数"),理论家就试图去建造一个具有适当对称性质的理论;相反,如果知道一个理论具有某些对称性质,那么,单凭这一事实就限定了动力方程的某些积分的存在性.

戈尔茨坦
lstein,
—?)应用数
.生于英国
尔(Hull).

广义相对论具有广义协变性,根据这一原理,自然法则在任意曲线坐标变换下(它满足起码的连续、可微条件)保持不变.特别地依照诺特定理(不管是否这样明确地称呼它)对各种结果进行的讨论,必将把有关可称运动定律的全部工作都包罗无遗.戈尔茨坦的教科书《经典力学》(《Classical Mechanics》)就讨论了诺特定理,但没用诺特的名字称呼它(也没用别的名字).安德森(J. L. Anderson)的《相对论物理原理》(《Principles of Relativity Physics》, Academic Press, 1967)一书,明确地提到了诺特定理.

然而,诺特也遇到了所有女数学家所遇到的不公平待遇.

想在哥廷根为诺特博士争取任何有工资的职位,那跟在爱尔兰根一样是件难事.哥廷根哲学教授会的语言学家和历史学家反对希尔伯特为了埃米的利益所作的努力.有一次,希尔伯特在大学评议会上公开表态:"我无法想象候选人的性别竟成了反对她升任讲师的理由.别忘了,我们这里是大学而不是洗澡堂."最后,到了1919年,她终于晋升为讲师;3年后,她成了一名"并非雇员的特殊教授"("Nichtbeamteter Ausserordentlicher Professor"),有了这种头衔,她还是领不到工资.不久,因为她教代数课,学校才付给她一小笔薪金.

外尔描写过诺特的政治生活,他饶有兴趣地介绍了第二次世界大战前德国的状况:

> 在1918年革命后的混乱年代,她没有超脱于政治动乱,多少站在了社会民主党一边;她虽然没有实地参加党的活动,但是热情地参与了对当时政治和社会问题的讨论.她的首批学生中有一个叫赫尔曼(Grete Hermann),是哥廷根的尼尔森(Nelson)哲学政治圈子里的人物.在今天,很难想象当时的德国青年对一个新的开端怀有多么高的兴致,他们试图在理智、人道和正义的基础上去建立德国、欧洲和一般的社会.哎!科学界的青年的情绪真是一日三变;而在其后几年震荡德国的争斗中,内战此起彼伏,我们发现他们中的大部分人站到了反动的国家主义势力一边,共和制德国终于感受到了胜利者打来的拳头,它的分量绝不比帝制德国可能受到的轻;特别是那些年轻人,被实施严厉的和平条约所招致的民族耻辱激怒了.这样一来,就丧失了实现欧洲和平的良机,却播下了灾难的种子——我们都亲眼目睹着这场灾难的进程.在以后的岁月中埃米·诺特没有参与政治事务.然而,她一直是个笃信的和平主义者,她认为持这种立场是十分重要和严肃的事.

前苏联数学家亚历山大洛夫于1935年在莫斯科数学会的演说,论及了埃米·诺特从1919年至1923年的数学研究活动,以及她对数学界的影响:

> 1919年至1920年间,埃米·诺特开始走上她的完全独特的数学研究道路.她本人把她和史密德(V. Schmeidler)合写的著名论文(见《Mathematische Zeilschrift》Vol.8, 1920)看做这一最重要的研究时期的起点,它拉开了她的一般理想论的序幕,正戏则以1921年的经典性论文

"Idealtheorie in Ringbereiche"("环中的理想论")开场.亚历山大洛夫认为,埃米·诺特在这里做出的全部工作正是一般理想论的基础,与此有关的所有研究对整个数学已经产生并将继续产生最巨大的影响…….如果说当今数学的发展无疑是在代数的庇护下进行的,那么,所有这一切只有在埃米·诺特的工作之后才成为可能.她教我们用最简单的(因此也是最一般的)专门术语去思考:同态表示,算子群或环,理想,而不是去做复杂的代数计算;由此,她开辟了发现代数规则的路径;过去,复杂的特殊条件使得这些规则隐匿不露.

只要看一看庞德里雅金在连续群理论方面的工作,柯尔莫哥洛夫在局部紧空间的组合拓扑方面刚刚完成的研究以及范·德·瓦尔登在连续表示论方面的工作,就足以感受到诺特的思想影响,更不必说范·德·瓦尔登在代数几何方面研究了.这种影响也生动清晰地反映在外尔写的《群论和量子力学》(《Gruppentheorie and Quantenmechanik》)一书中.

尽管她在一生中的各个研究时期获得过各式各样具体的和构造性的数学成果,但毋须怀疑,她的主要精力、主要才能是用在研究一般的、带有相当程序公理化色彩的数学概念上的.更加详细地分析她在这方面的研究颇合时宜,特别是因为,涉及一般和特殊,抽象和具体,公理和构造的诸多问题,似乎成了当前数学实践中面临的最实际的问题之一.下述事实又使整个问题的重要性更为突显:一方面,毋须怀疑,数学杂志登载了数量庞大,又包罗万象的各种推广性的、公理的和大同小异的文章,它们常缺少具体的数学内容;另一方面,到处可以听到这种声明——唯有"经典"的东西才是真正的数学.在后一口号影响下,人们对一些重要的数学问题不予受理,其理由仅仅是因为它跟传统的这一种或那一种思想相对立,或者仅仅由于它们使用了几十年前并不流行的概念……外尔也在已引述过的悼词中提出了这个带有普遍性的问题.他就这个问题所阐明的观点深入到了事物的本质,我们必须全文加以引证:

"1931年,我在一次关于拓扑和抽象代数——这是认识数学的两条途径——的会议上说了这样的话:

'然而,我不应该对下述事实保持沉默:今天,有一种感觉正开始在数学家中间扩散,即那些多产的抽象方法正接近其能量荡尽的地步.事情是这样的:所有这些漂亮的一般性概念不是自己从天上掉下来的.可以说,那些确定的具体问题首先是在未被割裂的情况下作为一个复杂事物而单用蛮力加以征服的.只是在后来,公理学家们才走出来,并且声明:你不必花费那么大的力气破门而入,甚而还擦伤了双手.你应该制造如此这般的一把精妙的钥匙,用它能非常顺当地打开这道门.然而,他们之所以能造出这把钥匙,恰是由于在破门之后,他们能里里外外地研究这个锁的缘故.在你能进行一般化、系统化和公理化工作之前,必须先有数学的实质内容.我认为,近几十年间我们一直把自己训练来将它们形式化的那些数学的实质内容,已经逐渐耗竭了.因此,我预言,目前成长起来的一代人将面临数学上的艰难时期.'"

外尔继续说:

"埃米·诺特坚决反对这种看法;的确,她能够清楚地表明这样的事实,她用公理方法已经开发出新的、具体的和深刻的问题,她还指明了解决它们的方法."

这段引文有许多值得注意之处:当然,首先是如下无可置疑的观点,即攫获具体的(或更愿意用"朴素的"这个词)数学素材必须先于它的任何一种公理化研究;进而,公理化的讨论仅仅当它接触到真正的数学知识(即外尔所说的"数学的实质内容")时才有意义,它不应该只有——粗略地说——一座风磨.所有这些看法都不容怀疑的,但这跟外尔坚决主张的观点并非水火不相容.他的的确确坚决反对那种悲观主义,即外尔本人引证他在 1931 年演说中的最后几句话:"人类的知识,包括数学知识,其中的实质性内容是取之不竭的,至少在即将来临的漫长岁月里会如此."埃米·诺特坚信这一点."近几十年间的那些带实质性的东西"正在自我耗尽,但这不是一般而论的数学的实质性内容,后者通过千百条复杂的渠道跟现实世界和人类联系.埃米·诺特强烈地感觉到了每一个重要的数学体系——即使是最最抽象的,都具有跟现实的这种联系.她的这种感觉即使不是来自哲学的考虑,也是来自一个博学的、活生生的,绝非被束缚在抽象框架上的人的全部气质.对埃米·诺特而言,数学永远是研究世界的一门知识而不是一种符号游戏;当直接与应用有关的那些数学领域的代表,想要为有实际应用的知识争得特殊荣誉时,她就劲头十足地表示反对.

在 1924~1925 年间,埃米·诺特学派得到了它的最卓越的成员之一:阿姆斯特丹(Amsterdam)大学的毕业生范·德·瓦尔登(B.L. van der Waerden),他成了她的学生.那时他 22 岁,是欧洲最年轻的数学天才之一.范·德·瓦尔登很快掌握了埃米·诺特的理论,并以重要的新发现扩展了这些理论;没有一个人能像他那样推进她的思想.1927 年范·德·瓦尔登在哥廷根极其成功地讲授了一般理想论的课程.经范·德·瓦尔登精辟透彻的解释,埃米·诺特的思想先是在哥廷根,其后在欧洲其他领头的数学中心征服了公众的数学观点.埃米·诺特要有一

个人来普及她的思想,这不是偶有所需的事,因为她班上的学生人数很少,只有这些人在她自己的研究方向上工作并经常听她的课.在局外人眼里,埃米·诺特的讲课是乏味、匆忙和不连贯的;但是,她的课确实充满着极其深刻的数学思想和非同一般的生气和热情.她向数学会作的报告以及在会议上的演说也同属这一类型.对于那些已经被她的思想所征服并对她的工作兴趣盎然的数学家来说,她的报告提供了丰富的内容;但那些远离她的工作的数学家却只有克服巨大的困难才能弄懂她的讲演.

从 1927 年起,诺特的思想对当时数学的影响不断增长,随之而来的是对这位新思想创造者的学术上的赞誉.此时,她的研究方向更多地转向了非交换领域,转向了表示论和超复系的一般算术理论.在她后期的研究中有两件带基础性的成果:"超复系和表示论"("Hyperkomplexe Grossen und Darstellungstheorie",1929)和"非交换代数"("Nichtcommutative Algebra",1933).它们都发表在 Mathematische Leitschrift(vols.30 和 37)上.这两篇文章以及与此相关的研究工作在代数数论专家中引起了相当大的反响,尤其是汉斯(Helmut Hasse).在这个研究时期,她有一整批开始成为数学家的年轻学生威特(Witt)、菲庭(Fitting)和其他人,最杰出者当属德林(M.Deuring).

诺特的思想终于得到了公认.如果说在 1923 ~ 1925 年间,她还不得不论述由她发展起来的那套理论的重要性,那么,在 1932 年的苏黎世国际数学会议上,她已荣获了胜利者的桂冠.她在这次集会上宣读的工作总结象征了以她为代表的研究方向的真正的成功.此时此刻,她不仅能怀着内心的满足,还能在感受到获得外界完全承认的心情下,回眸她走过的数学研究道路.她的国际科学声誉在苏黎世会议上达到了顶峰.可是,几个月之后,德国的文明,尤其是成了她的家的哥廷根大学突然蒙受了法西斯的浩劫.没过几个星期,耗时几十年之久而建设起来的一切都化为了乌有.文艺复兴以来人类文明经历的最大悲剧发生了.20 世纪的欧洲居然会遭此悲剧,这在几年前看来还是不可能的.大批人在这场浩劫中遭难,由埃米·诺特创建的哥廷根代数学派就在其列,它的女指导被逐出了大学校园.埃米·诺特丧失了教书的权力,不得不迁出德国.她接受了布林·莫尔女子学院的邀请,在那里度过了她的后半生.

如果说上面引述的是亚历山大洛夫演说的主线,演说的另一部分就是描写埃米·诺特对前苏联数学的影响,以及她对苏维埃理想的关怀:

"埃米·诺特跟莫斯科大学有密切的联系.这种联系始于 1923 年,那时她和已故的乌利松(Pavel Samuelovitch Urysohn)一起首次来到了哥廷根,我们立即发现自己加进了以埃米·诺特为首领的数学圈子.埃米·诺特学派的基本特征即刻打动了我们的心:学派女指导从事科学研究的热情——它传给了她所有的学生;她对自己的思想所结出的数学硕果及其重要性的深刻信念(当时,并非所有的人都抱有这种信念,即使在哥廷根,学派首领和成员之间的特别坦率和真诚的关系).在那时,这一学派几乎完全由哥廷根的年轻学生组成,由于它成员的状况,由于它得到公认的国际影响,这一学派的前途无量,它将成为国际间研究代数思想的杰出中心.

“埃米·诺特的数学兴趣(当时,她正将全力集中于一般理想论的研究)和乌利松跟亚历山大洛夫的兴趣(集中于所谓的抽象拓扑问题)有许多共同点,这很快促成了我们之间不断的(几乎是每日的)数学讨论.然而埃米·诺特不仅对我们的拓扑研究感兴趣,而且对苏维埃俄国在所有数学领域内进行的工作都感兴趣;她并不隐晦对我们的国家、社会和政治制度的同情,而不管表露这种同情在大多数西欧科学界的代表人物眼里似乎是荒谬和不适当的.事情还发展到这种地步:埃米·诺特确确实实被撵出了哥廷根的一所公寓(她在那里居住和生活),因为住在这里的学生团体不想跟一个“倾向马克思主义的犹太女人”生活在同一屋檐下.

“埃米·诺特真心为苏维埃国家的科学成就,尤其是数学成就而高兴.她知道,这些成就最终驳倒了大意是“布尔什维克正在毁灭文化”的无稽之谈.这位数学科学中最抽象领域的代言人,在敏锐地理解我们时代的伟大历史运动方面也同样表现出惊人的特色.她一直热切地关心着政治,全身心地憎恨战争,憎恶一切形式的沙文主义,在这些方面她绝没有半点踌躇和犹豫.她的同情心永远在苏联一边,她从这里看到了人类历史新纪元的起点,看到了对一切进步事业的坚定支持,而正是由于这类事业,人类的思想才得以从古至今永世长存.

“埃米·诺特和亚历山大洛夫于1923年建立起来的在科学和私人方面的友谊,不曾随着她的去世而了结.外尔在悼念演说中回顾这一友谊时,提出了一种想法,埃米·诺特的总的思想体系对他的拓扑研究产生了影响.亚历山大洛夫现在乐于证实外尔的推测确是真理:埃米·诺特对我自己以及对莫斯科的其他拓扑学研究的影响非常巨大,它涉及我们工作的全部实质,特别是我的关于拓扑空间的连续倒塌理论(the theory of the continuous breakdown of topological spaces).1925年12月和1926年1月,我们都在荷兰,我跟她交谈了多次,在她的影响下,终使这个理论发展到了具有重要意义的程度.

“1928~1929年的那个冬季,埃米·诺特是在莫斯科度过的,她在莫斯科大学教抽象代数,并在共产主义者学院指导一个代数几何讨论班.

她很快就和大多数莫斯科的数学家有了交往,特别是和庞德里雅金以及施米特(O.U.Schmidt)两位.我们不难循踪发现埃米·诺特对庞德里雅金的数学才能的影响,由于跟埃米·诺特的往来,使他在研究时加强了对代数的强烈注意.埃米·诺特很容易就适应了莫斯科的生活,无论在科学研究方面还是非职业生活方面都如此.她住在靠近克里米亚桥的KSU招待所,房间很朴素,通常步行去大学.她对苏联的生活,尤其是苏维埃青年和学生的生活十分感兴趣.

"在跨越1928~1929年的冬季,我像往常一样去访问斯莫伦斯克(Smolensk),给那里的师范学院讲代数.由于跟埃米·诺特频繁地交谈所受到的启示,我就按照她建立起来的系统讲课.在我的学生中间,库洛什(A.G.Kurosh)很快崭露了头角,我详细阐述的理论跟埃米·诺特的思想完全融汇在一起,使他产生了强烈的共鸣.通过我讲课的方式,埃米·诺特又获得了一名门徒.大家知道,从那时起库洛什就成长为一个有独立见解的学者;在近期的研究中,他又推进了她创建的主要思想.

"1926年春,她离开莫斯科返回哥廷根,她决心在不久的将来再次访问莫斯科.她有好多次几乎成行,在临终那年,她更极度渴望进行这次访问.当她从德国流亡后,她曾严肃地考虑过最终要前来莫斯科旅行.亚历山大洛夫跟她就这件事互通过信件.她清楚地懂得,她找不到一个地方能有办法创立一个新的光辉的数学学派,以代替她在哥廷根建起的学派.那时跟人民教育委员会谈过,商讨任命她到莫斯科大学任教.然而,在人民委员会里作决定通常是很慢的,他们没有给我最后的答复.光阴流逝,她在哥廷根担任的那处报酬很低的工作被剥夺之后,她再也不能等待了,不得不接受了女子学院的邀请……

"这就是埃米·诺特,一位最伟大的数学家,一位伟大的科学家,一位无与伦比的教师,一位使人无法忘怀的人.的确,外尔说过"美神没有光顾她的摇篮",如果你心里想到的是通常所指的她那粗笨的外表,那他说得不错.但是,外尔在这里讲的不仅是位伟大的学者,而且还是位伟大的女性.她是这样的一个人——她的女性特质表现在温柔和具有一种精妙的激情的方面,她对于人民、对于她的职业、对于全人类的利益有着广泛而又决非浅薄的关心.她热爱人民、热爱科学、热爱生活;爱的是那样热烈、那样衷心、那样无私、那样敦厚——一个非常敏觉的,又是女性的灵魂所能具有的一切."

奎 因
ne,1908—),
数学家.哈
学教授.

格雷斯·肖夫(Grace Shover)、奎因都是埃米·诺特在布林·莫尔的合作者,现任美国大学教授.1934年9月格雷斯·肖夫被授予从事博士后研究的埃米·诺特奖学金，从此跟埃米·诺特相熟.

奎因教授回忆说："埃米·诺特身高大约5尺4寸，体形略显粗胖，肤色黝黑，剪得短短的黑色头发中夹着几丝灰发.她戴着一付厚厚的度数很高的近视镜.谈话中需加思索时，她会把头转向一边窥视远方.她的外表穿着与众不同，她像在故意引起人们的注意，其实这跟她的思想是风马牛不相及的.她待人真诚、坦率、和蔼可亲，又能体贴别人，乐于为他人着想.她喜爱散步.星期六下午，她常带着学生外出作短途远足.途中，她往往全神贯注地谈论着数学，全然不顾来往的行人车辆，以致她的学生必须来保护她的安全."

布林·莫尔学院数学系主任惠勒(Anna Pell Wheeler)现已故去.埃米·诺特1910年获得芝加哥大学的博士学位前，曾去哥廷根学了几年，那时惠勒教授就成了埃米·诺特非常亲密的朋友.麦基夫人描写过她们之间的友情："她到美国之后，生活中最具特色的就是跟数学系主任的亲密友谊.在当时的德国，认为女性在日常生活中的作用是操持家务，既不期望也不鼓励她们从事科学研究.因此，能有一位受到全体国民承认的，早年曾在哥廷根学习过的，又充分了解女学者在德国所受遭遇的女性当自己的朋友，这对埃米·诺特女士来说是多么不平凡的经历……，当许多诺特女士过去的学生和同事顺道到布林·莫尔学院看望她时，她总以'好朋友'热情相待."

一位数学家说过，有史以来的女数学家比历史上的女王还少，真是如此，物以稀为贵，我们愿意再介绍几位女数学家让大家熟悉，首先介绍意大利女数学家阿格妮丝(Maria Gaetana Agnesie，1718—1794).1718年5月16日出生于米兰市.父亲是意大利北部的波伦那大学教授.在父亲的指导下，她学习了数学、古代语和东方语.1750年她在意大利北部的波伦那大学教数学.1794年8月4日逝世.1748年阿格妮丝发表了《解析的直观原理》一书，在意大利国内外赢得了声誉.她在书中证明了任何一个三次方程都有三个根.后人为了纪念她，把由方程式 $y(x^2+a^2)=a^3$ 所表示的平面曲线称为"阿格妮丝卷发".

另一位早期的女数学家是萨默维尔.在18至19世纪期间，英国的数学一直是处于低潮的.19世纪初，促使英国数学复兴的主要人物之一是一位妇女玛丽·萨默维尔，她生于1780年.玛丽·萨默维尔并不像后来英国数学家(包括凯利、西尔维斯特、布尔)那样真正有创造性，实际上，她最著名的贡献是在天文学和地理学方面.但是，她在促进智力活动方面(包括数学)起到一种催化剂的作用.

在那时，妇女进入正规学校的机会是受限制的，从事于科学职业的机会就更少了.她父亲试图使她专注于家务，她的第一个丈夫也是如此.但是，她喜欢研究自然，而且被一种流行杂志所刊登的一些代数问题所吸引.她在麦史密斯学院通过绘画课程来介绍欧几里得几何学.这个教师说："研究欧几里得几何学

对于理解透视法是必不可少的."玛丽得到一本欧几里得几何学书,可是那时她父亲采取了一种戏剧性的行为,他把玛丽晚上学习几何学的那个房间里所有的蜡烛都拿走了.

没有关于她的第一个丈夫拿走她的蜡烛的任何记载,但是他肯定没有鼓励她.他死后,玛丽就与萨默维尔博士结婚,他是一个富有同情心的第一流学者.他们的家庭在伦敦成为英国和欧洲大陆的许多著名知识分子(包括拉普拉斯、摩奇逊和巴贝奇)集会的地方.应知识普及学会的请求,萨默维尔夫人为很少或者几乎没有数学知识的外行写了一部拉普拉斯的《天体力学》的译述注释本.

当时对"外行"的解释与今天的说法可能有些不同,但是按照那个时代的标准,玛丽·萨默维尔的《天体的结构》一书是非常成功的,正如她在1834年出版的《物理科学的联系》一书以及后来的许多版本所取得的成功一样.剑桥大学的J·C·亚当斯说到《物理科学的联系》一书的1842年版本中的一句话时指出:天王星的摄动可能揭示出未被发现的行星的存在,而且启发他去做他推导出海王星运行轨道所根据的那种计算.

一个评论家评论《物理科学的联系》说:"它是用简单明了的语言写成的,在风格上它肯定会引起初学者的兴趣,当时大多数著名的科学家还把它当做有充分权威的著作来参考."

玛丽·萨默维尔的《自然地理》是英国在该领域的第一本综合性著作,它使玛丽在欧洲和美国博得盛名.这种承认的某些表现形式是值得注意的.因为她的观点与当时的神学抵触,所以,她在约克大教堂被劝诫.北极探险者E·帕利爵士回到英国时告诉玛丽,他已经把一个小岛命名为"萨默维尔岛".她被选为法国、意大利和美国一些学会的会员,可是由于她是一个女性而在自己的国家内却被排斥在学会之外.后来,她的同胞改变了态度,她获得了荣誉包括牛津的一所女子学院是以她的名字命名的.

虽说历史上的女数学家比历史上的女王还少,但不太重要的女数学家倒是有一些.著名数学家哈尔莫斯在回忆他当年在伊利诺伊读研究生时说:"当时代数是奥利芙·黑兹利特(Olive Hazlett)教的,照他们的看法,黑兹利特是一位著名的重要的女数学家,因为她发表论文,她教高等课程."

在现代女数学家中比较著名的是鲁宾逊(Julia Bowman Robinson, 1919—1985),美国女数学家.生于密苏里州的圣路易斯,卒于奥克兰.1940年取得加州大学伯克利分校的学士学位,后在该校连获硕士和博士学位.1976年在伯克利进行数学研究工作,并在数学系担任教授.同年成为美国科学院院士,在整个科学院中是数学方面唯一的女性,1983年成为美国数学会的第一任女会长.鲁宾逊是当代杰出的女数学家,主要数学成就是对解决希尔伯特第10问题作出了重要贡献.第10问题是丢番图方程可解性的判定.1959年她与戴维斯(M.

Davis,1795—1851)和普特南(H. Putnam)证明了一个辅助定理,对第10问题做出突破性的工作.她献身于数理逻辑的研究,为支持哥德尔的《全集》的出版,捐赠了一笔款项.她还在博弈论方面作出了贡献.

在中国女数学家中,最著名的当推胡和生教授.胡和生教授是我国著名数学家谷超豪的夫人,1992年成为中国科学院学部委员,是获此荣誉的第一位女数学家.她在射影微分几何、黎曼空间完全运动群、规范场、调和映照等方面均成效卓著.她与谷超豪均毕业于浙江大学,又同为苏步青先生的研究生.近年来她还在经典规范场理论的研究中取得重大成果,获1982年国家自然科学三等奖.

在华人女数学家中,我们还应该提到一位台湾的女数学家,她就是曾在1986年国际数学家大会上被邀请做大会报告的张圣容女士,她也是获此殊荣的中华妇女第一人.作为国际知名的函数论专家,她现在受聘为美国加州大学洛杉矶分校数学系教授.

当今国际上,女数学家受到了越来越多的重视.

1996年5月29日至30日在俄罗斯的Volgograd举行了国际妇女数学家大会的数学、模拟、生态学会议.

法尔廷斯——年轻的菲尔兹奖得主

第七章

德意志足以向世人骄傲的不是她曾经拥有腓特烈大帝或俾斯麦，而是德意志曾经产生了伟大的文化英雄：歌德、贝多芬、康德和海涅……

——一篇著名的演讲词

1. 曲线上的有理点——莫德尔猜想

莫德尔(Louis Joel Mordell, 1888—1972)，英国数学家，他生于美国费城(Philadelphia)，后定居英国.先任曼彻斯特大学教授，后来到剑桥任数学教授.曾在80多所大学、研究院及许多国际会议上讲学和主持讲座.许多大学授予他荣誉教授和荣誉博士的称号.他是奥斯陆科学院院士.莫德尔对不定方程的有理解进行了深入的研究，给出了关于代数族的有理点的重要结果(莫德尔－韦尔定理).提出了所谓的莫德尔猜想："在有理数域 $\mathbf{Q}$ 上定义的代数曲线 C 的有理点，当 C 的亏格大于1时，只有有限个."莫德尔还研究数论函数中的分析方法，其著作有《丢番图方程》(《Diophantine Equations》,1969)等.

莫德尔猜想与费马大定理有关.因为可将 $x^n+y^n=z^n$ 变形为 $(\frac{x}{z})^n+(\frac{y}{z})^n=1$.这时变为在有理数域考虑问题，而左边可以看成是一个代数曲线,且亏格为 2,所以莫德尔猜想一旦获证,将意味着费马方程即使有解也仅有有限多个解.

对于一般的代数曲线,其上的有理点可能有无穷多个,比如在单位圆周 $x^2+y^2=1$ 上.在某一年的中国大学生冬令营上,还以此为试题.

试题 (1) 证明有理点(即 x,y 坐标都是有理数的点)在 $\mathbf{R}^2$ 的圆周 $x^2+y^2=1$ 上处处稠密;

(2) 上述结论能否推广到单位球面 $S^{n-1}(n\geqslant 3)$ 上?能否推广到代数曲线 $P(x,y)=0$ 上?其中 P 是有理系数的多项式.

证法 1 (1) 先证有理点在单位半圆周上处处稠密.那么,由于对称性,有理点在单位圆周上处处稠密.

事实上,半圆周上点可表示为

$$x=\cos\theta,y=\sin\theta,0\leqslant\theta<\pi$$

记

$$t=\tan\frac{\theta}{2}$$

于是(由万能置换公式)

$$\cos\theta=\frac{1-t^2}{1+t^2},\sin\theta=\frac{2t}{1+t^2},\forall t\in\mathbf{R}$$

而且$(\cos\theta,\sin\theta)$为有理点当且仅当 t 为有理数.这是因为

$$(1+t^2)\cos\theta=1-t^2,(1+t^2)\sin\theta=2t$$

前式保证了当 $\sin\theta,\cos\theta\in\mathbf{Q}$ 时,有

$$t^2=\frac{1-\cos\theta}{1+\cos\theta}\in\mathbf{Q}$$

后式保证了

$$t=\frac{1}{2}\sin\theta(1+t^2)\in\mathbf{Q}$$

今对半圆周上任一点$(\cos\theta_0,\sin\theta_0)$,$0\leqslant\theta_0<\pi$,有实数 $t_0=\tan\frac{\theta_0}{2}$ 与其对应.熟知存在有理数序列$\{t_n\}$,$t_n\to t_0$.记

$$\cos\theta_n=\frac{1-t_n^2}{1+t_n^2},\sin\theta_n=\frac{2t_n}{1+t_n^2}$$

于是$(\cos\theta_n,\sin\theta_n)$为有理点.当 $n\to\infty$ 时,极限为

$$\frac{1-t_0^2}{1+t_0^2}=\cos\theta_0,\frac{2t_0}{1+t_0^2}=\sin\theta_0$$

这证明了

$$\lim_{n\to\infty}\sin\theta_n=\sin\theta_0,\ \lim_{n\to\infty}\cos\theta_n=\cos\theta_0$$

因此单位圆周上有理点处处稠密.

(2) 为了讨论问题(2),我们来分析问题(1)的证明.实际上,在 $\mathbf{R}^n$ 中任给曲面.设此曲面有如下参数表示,即

$$x_i = f_i(u_1,\cdots,u_{n-1}),1 \leqslant i \leqslant n$$

其中,$u_1,\cdots,u_{n-1} \in \mathbf{R}$.如果 $f_i(u_1,\cdots,u_{n-1})$ 为 $u_1,\cdots,u_{n-1}$ 的具有有理系数的有理函数,即为两个有理系数多项式之商,且分母在 $\mathbf{R}^{n-1}$ 中无零点,于是在曲面上任意给一点 $(x_1^{(0)},\cdots,x_n^{(0)})$,便存在 $n-1$ 个实数 $u_1^{(0)},\cdots,u_{n-1}^{(0)}$,使得

$$x_i^{(0)} = f_i(u_1^{(0)},\cdots,u_{n-1}^{(0)}),1 \leqslant i \leqslant n$$

由于实数可用有理数逼近,故存在 $n-1$ 个有理数序列

$$\{u_j^{(k)}\}_{k=1}^{\infty},j = 1,2,\cdots,n-1$$

使得

$$\lim_{k\to\infty} u_j^{(k)} = u_j^{(0)},1 \leqslant j \leqslant n-1$$

而

$$x_i^{(k)} = f_i(u_1^{(k)},\cdots,u_{n-1}^{(k)}),1 \leqslant i \leqslant n$$

仍为有理数,有 $(x_1^{(k)},\cdots,x_{n-1}^{(k)})$ 在此曲面上,所以是此曲面之有理点,它们极限就是给定之任一点 $(x_1^{(0)},\cdots,x_n^{(0)})$.这证明了此曲面上有理点处处稠密.

已知对球面 S^{n-1} 有如下参数表示,即

$$\begin{cases} x_1 = \cos\theta_1 \\ x_2 = \sin\theta_1\cdot\cos\theta_2 \\ \vdots \\ x_{n-1} = \sin\theta_1\cdot\sin\theta_2\cdot\cdots\cdot\sin\theta_{n-1}\cdot\cos\theta_{n-1} \\ x_n = \sin\theta_1\cdot\sin\theta_2\cdot\cdots\cdot\sin\theta_{n-2}\cdot\sin\theta_{n-1} \end{cases}$$

注意到 $\sin\theta,\cos\theta$ 可用有理函数参数化,且分母无零点.所以证明了 S^{n-1} 上有理点处处稠密.

对代数曲线,则情况不同.我们可以举出很多反例说明它.例如,取

$$P(x,y) = x^3 + y^3 - 1$$

由于 $x^3 + y^3 = z^3$ 的整数解只有 $(n,0,n),(0,n,n),n \in \mathbf{Z}$,所以此代数曲线 $P(x,y) = 0$ 的有理点只有 $(1,0)$ 和 $(0,1)$,显然无处稠密.

下面,给出第二种证明方法.

分析 要证明有理点在圆周 $S^1 = \{(x,y) \in \mathbf{R}^2 \mid x^2 + y^2 = 1\}$ 上处处稠密,只需证明对任意给定的点 $(x,y) \in S^1$ 和任意给定的数 $\varepsilon > 0$,可以找到有理点 $(x_0,y_0) \in S^1 \cap (\mathbf{Q}\times\mathbf{Q})$,这里 $\mathbf{Q}$ 为有理数集,使得 $|x - x_0| < \varepsilon$,$|y - y_0| < \varepsilon$.

另一方面,由于 $x_0 \in \mathbf{Q}$,$y_0 \in \mathbf{Q}$,所以 $x_0 = \frac{p}{u}$,$y_0 = \frac{q}{v}$,$u,v,p,q \in \mathbf{Z}$,$uv \neq 0$,$(p,u) = (q,v) = 1$(这里 (p,u) 表示 p 与 u 的最大公约数).记 u,v 的最小公倍数为 $w = [u,v]$,并令 $u_1 = \frac{w}{u}$,$v_1 = \frac{w}{v}$,则由 $x_0^2 + y_0^2 = 1$ 得 $(pu_1)^2 +$

$(qv_1)^2 = w^2$. 由勾股数的表达公式,不妨设 $pu_1 = 2mn, qv_1 = m^2 - n^2, w = m^2 + n^2$,其中,$m, n \in \mathbf{Z}$, m, n 不全为 0. 因此

$$\begin{cases} x_0 = \dfrac{p}{u} = \dfrac{pu_1}{w} = \dfrac{2mn}{m^2 + n^2} \\ y_0 = \dfrac{q}{v} = \dfrac{qv_1}{w} = \dfrac{m^2 - n^2}{m^2 + n^2} \end{cases}$$

不妨设 $m \neq 0$,令 $r = \dfrac{n}{m}$,则 $r \in \mathbf{Q}$,可得

$$\begin{cases} x_0 = \dfrac{2r}{1 + r^2} \\ y_0 = \dfrac{1 - r^2}{1 + r^2} \end{cases} \qquad ①$$

因此,只要找到 $r \in \mathbf{Q}$,使得

$$\left|\frac{2r}{1 + r^2} - x\right| < \varepsilon, \left|\frac{1 - r^2}{1 + r^2} - y\right| < \varepsilon$$

则由于

$$\left(\frac{2r}{1 + r^2}\right)^2 + \left(\frac{1 - r^2}{1 + r^2}\right)^2 = 1$$

所以令 $(x_0, y_0) \in S^2 \cap (\mathbf{Q} \times \mathbf{Q})$ 由 ① 定义,(1) 即被证明.

至于(2),即推广到 $S^{n-1}(n \geqslant 3)$ 的问题,只需注意对任意的 $(x_1, \cdots, x_{n-1}, x_n) \in S^{n-1}$,有 $x_1^2 + \cdots + x_{n-1}^2 + x_n^2 = 1$. 显然可设 $x_n \neq \pm 1$(否则 $x_1 = \cdots = x_{n-1} = 0$,此时 $(x_1, \cdots, x_{n-1}, x_n)$ 本身就是一个有理点). 因此

$$X_1^2 + \cdots + X_{n-1}^2 = 1$$

其中
$$X_i = \frac{x_i}{\sqrt{1 - x_n^2}}, i = 1, \cdots, n - 1$$

这样,$(X_1, \cdots, X_{n-1}) \in S^{n-2}$. 利用归纳法可知,可以用 S^{n-2} 上的有理点来逼近 $(X_1, \cdots, X_{n-1})$.

而对于 x_n 和 $\sqrt{1 - x_n^2}$,由于 $x_n^2 + (\sqrt{1 - x_n^2})^2 = 1$,由(1),亦可用 S^1 上的有理点来逼近 $(x_n, \sqrt{1 - x_n^2}) \in S^1$. 这样,最终 $x_i = X_i\sqrt{1 - x_n^2}$ 亦能用有理数来逼近,$i = 1, 2, \cdots, n - 1$.

对于代数曲线 $P(x, y) = 0$, P 为有理系数多项式,显然可举出例子,使得 $P(x, y) = 0$ 上没有有理点,当然更谈不上有理点在其上稠密了. 反例:

$$P(x, y) = x^2 - 2$$

则
$$\{(x, y) \in \mathbf{R}^2 \mid P(x, y) = 0\} = \{(\pm\sqrt{2}y) \mid y \in \mathbf{R}\}$$

证法 2 (1) 给定 $(x, y) \in S^1$. 由于 $(0, \pm 1)$, $(\pm 1, 0)$ 为 S^1 上的有理点,因

此不妨设 $x, y \neq 0, \pm 1$. 由于 S^1 的对称性,不妨设 $x > 0, y > 0$.

现证对于任意的 $\varepsilon > 0$,存在有理数 $r \in (0,1)$,使得

$$\left|\frac{2r}{1+r^2} - x\right| < \varepsilon, \left|\frac{1-r^2}{1+r^2} - y\right| < \varepsilon$$

这样,即证明了有理点在 S^1 上稠密.

不妨设 $\varepsilon > 0$ 充分小,使得

$$0 < \min(x-\varepsilon, y-\varepsilon) < \max(x+\varepsilon, y+\varepsilon) < 1$$

并且存在 $\delta \in (0,\varepsilon)$,使得当 $(\tilde{x}, \tilde{y}) \in S^1, \tilde{y} > 0, |\tilde{x} - x| < \delta$ 时,有 $|\tilde{y} - y| < \varepsilon$(由于 $y = \sqrt{1-x^2}$ 及函数 $\sqrt{1-x^2}$ 在 $(0,1)$ 中的连续性,这是可以做到的).令

$$f(z) = \frac{2z}{1+z^2}, z \in [0,1]$$

则易知 $f(0) = 0, f(1) = 1, f$ 在 $[0,1]$ 中严格单调递增. 因此存在 $z_{\pm} \in (0,1)$, $z_- < z_+$,使得 $f(z_{\pm}) = x \pm \delta$. 任取有理数 $r \in (z_-, z_+)$,则 $f(z_-) < f(r) < f(z_+)$,即

$$\left|\frac{2r}{1+r^2} - x\right| < \delta$$

又

$$\frac{1-r^2}{1+r^2} > 0, \left(\frac{2r}{1+r^2}\right)^2 + \left(\frac{1-r^2}{1+r^2}\right)^2 = 1$$

所以

$$\left(\frac{2r}{1+r^2}, \frac{1-r^2}{1+r^2}\right) \in S^1 \cap (\mathbf{Q} \times \mathbf{Q})$$

由 δ 的选取法可知 $\left|\frac{1-r^2}{1+r^2} - y\right| < \varepsilon$. (1) 得证.

(2) 给定 $(x_1, \cdots, x_{n-1}, x_n) \in S^{n-1}, n \geqslant 2$. 要证对于任意的 $\varepsilon > 0$,存在有理点 $(x_1^{(0)}, \cdots, x_{n-1}^{(0)}, x_n^{(0)}) \in S^{n-1}$,使得

$$|x_i^{(0)} - x_i| < \varepsilon, i = 1,2,\cdots,n$$

对于 $n = 2$,上述结论已在(1)中证明了.

现设对于任意给定的 $(y_1, y_2, \cdots, y_{n-1}) \in S^{n-1}, n \geqslant 3$,对于任意的 $\varepsilon > 0$,存在有理点,$(y_1^{(0)}, y_2^{(0)}, \cdots, y_{n-1}^{(0)}) \in S^{n-2}$,使得

$$|y_i^{(0)} - y_i| < \varepsilon, i = 1,2,\cdots,n-1$$

现设给定 $(x_1, \cdots, x_{n-1}, x_n) \in S^{n-1}$, 则有

$$x_1^2 + \cdots + x_{n-1}^2 + x_n^2 = 1$$

若 $x_n^2 = 1$,则 $x_1 = x_2 = \cdots = x_{n-1} = 0$. 此时取 $x_i^{(0)} = x_i, i = 1,2,\cdots,n$,则 $(x_1^{(0)}, \cdots, x_{n-1}^{(0)}, x_n^{(0)})$ 为 S^{n-1} 上的有理点,且显然

$$|x_i^{(0)} - x_i| = 0 < \varepsilon, i = 1,2,\cdots,n$$

若 $x_n=0$,则 $x_1^2+x_2^2+\cdots+x_{n-1}^2=1$,即$(x_1,x_2,\cdots,x_{n-1})\in S^{n-2}$.由归纳假设,对于任意的 $\varepsilon>0$,存在有理点

$$(x_1^{(0)},x_2^{(0)},\cdots,x_{n-1}^{(0)})\in S^{n-2}$$

使得
$$|x_i^{(0)}-x_i|<\varepsilon,i=1,2,\cdots,n-1$$

令 $x_n^{(0)}=0$,则$(x_1^{(0)},\cdots,x_{n-1}^{(0)},x_n^{(0)})$为 S^{n-1} 上的有理点,且显然有

$$|x_i^{(0)}-x_i|<\varepsilon,i=1,2,\cdots,n$$

现不妨设 $x_i^2\neq 0,1,i=1,2,\cdots,n$.因此,若令

$$X_i=\frac{x_i}{\sqrt{1-x_n^2}},i=1,2,\cdots,n-1$$

则有
$$X_1^2+X_2^2+\cdots+X_{n-1}^2=\frac{1}{1-x_n^2}(x_1^2+x_2^2+\cdots+x_{n-1}^2)=1$$

即
$$(X_1,X_2,\cdots,X_{n-1})\in S^{n-2}$$

由 S^{n-1} 的对称性,不妨设 $0<x_i<1,i=1,2,\cdots,n$.因而 $0<X_i<1,i=1,2,\cdots,n-1$.由归纳假设,存在有理点$(R_1,R_2,\cdots,R_{n-1})\in S^{n-2}$,使得

$$|R_i-X_i|<\frac{\varepsilon}{2},i=1,2,\cdots,n-1$$

由于 $x_n^2+(\sqrt{1-x_n^2})^2=1$,所以$(x_n,\sqrt{1-x_n^2})\in S^1$.由(1),存在有理数 $r_n,r\in(0,1)$,使得 $r_n^2+r^2=1$,并且

$$|r_n-x_n|<\frac{\varepsilon}{2}\sqrt{1-x_n^2},\ |r-\sqrt{1-x_n^2}|<\frac{\varepsilon}{2}\sqrt{1-x_n^2}$$

现令 $r_i=rR_i,i=1,2,\cdots,n-1$,则$(r_1,\cdots,r_{n-1},r_n)$为有理点,且

$$r_1^2+\cdots+r_{n-1}^2+r_n^2=r^2(R_1^2+R_2^2+\cdots+R_{n-1}^2)+r_n^2=r^2+r_n^2=1$$

即
$$(r_1,\cdots,r_{n-1},r_n)\in S^{n-1}$$

现在只需证 $|r_i-x_i|<\varepsilon(i=1,2,\cdots,n)$ 即可.事实上,$|r_n-x_n|<\frac{\varepsilon}{2}$,$\sqrt{1-x_n^2}<\varepsilon$.对于 $i=1,2,\cdots,n-1$,有

$$\begin{aligned}|r_i-x_i|=|rR_i-x_i|&=\left|R_i-\frac{x_i}{r}\right|=r\left|R_i-X_i+X_i-\frac{x_i}{r}\right|\leqslant\\ &r|R_i-X_i|+r\left|\frac{x_i}{\sqrt{1-x_n^2}}-\frac{x_i}{r}\right|<\\ &\frac{\varepsilon}{2}r+\left|\frac{r-\sqrt{1-x_n^2}}{\sqrt{1-x_n^2}}\right|x_i<\frac{\varepsilon}{2}r+\frac{\varepsilon}{2}x_i<\frac{\varepsilon}{2}+\frac{\varepsilon}{2}=\varepsilon\end{aligned}$$

这样,对于 $n\geqslant 2$,S^{n-1} 上的有理点在其上稠密.

对于代数曲线 $P(x,y)=0$ 的反例:这一结论不能推广到代数曲线上.

令 $P(x,y)=x^2-2$,则点集$\{(\pm\sqrt{2},y)\mid y\in\mathbf{R}\}$没有有理点,因此,上面

所证明的关于 $S^{n-1}(n \geqslant 2)$ 的结论不能推广到代数曲线上.这正是莫德尔猜想的一个特例.

2.最年轻的菲尔兹奖得主——法尔廷斯

为了介绍法尔廷斯(G.Faltings,1954—)需要先了解他获得的菲尔兹奖.

众所周知,在科学大奖中,诺贝尔奖是最引人瞩目的大奖,科学家的成就似乎可由获得了诺贝尔奖而盖棺定论.但遗憾的是,在诺贝尔奖中唯独缺少数学奖.对此人们有两种猜测,一是说诺贝尔与同时代的瑞典数学家莱夫勒交恶(并有人说,这是诺贝尔独身的主要原因,因为诺贝尔的女友嫁给了风流倜傥的莱夫勒.莱夫勒也确实容易获得女人青睐.俄国美丽的女数学家柯娃列夫斯卡娅与其相交甚厚).如果设立数学奖,那么以莱夫勒当年的成就,第一位获奖者极有可能就是莱夫勒,而诺贝尔不愿意将自己的钱送给自己的仇人.当然,此种说法未免将诺贝尔说得过于狭隘,但又有哪一个男人能在这个问题上大度呢! 另一种说法是诺贝尔本人有重实用轻理论的倾向,而数学恰恰是纯理论的东西.总之,不论什么原因,这对数学家来说都是一种缺憾,极需弥补,于是被称为数学界的诺贝尔奖——菲尔兹奖诞生了.

菲尔兹奖(Fields Prize)是由已故加拿大数学家菲尔兹提议设立的国际性数学奖项,是国际数学界最有影响的奖项之一.菲尔兹本人捐献的部分资金和1924年国际数学家大会的结余经费建立了菲尔兹奖的基金.1932年国际数学家大会上通过并决定从1936年起开始评定,在每届大会上颁发(奖金1 500美元和金质奖章一枚,奖金额虽少,但意义重大).由规则规定菲尔兹奖只颁赠给在纯粹数学领域中作出贡献的年轻的数学家,至今尚未有超过40岁以上的数学家获奖.获奖者一般是在当届数学家大会之前的几年内做出突出成就并以确定形式发表出来的数学家,他们的获奖工作一般能够反映当时数学的重大成就.1952年国际数学联合会成立之后,每届执行委员会都指定一个评奖委员会,在国际数学家大会之前通过广泛征求意见,从候选人中评定获奖者名单.一般每届评出两名获奖者,1966年以后获奖人数有所增加.菲尔兹奖设立初期,并没有在世界上引起广泛重视,但随着国际数学家大会的不断扩大,特别是获奖者的杰出数学成就,使菲尔兹奖的荣誉日益提高,现已成为当今数学家可望得到的最高奖项之一.菲尔兹奖获得者及其主要工作成就见下表:

年度	获奖者	主要工作领域
1936	L·V·阿尔福斯(芬兰-美国) J·道格拉斯(美国)	复分析 极小曲面

续表

年度	获奖者	主要工作领域
1950	L·施瓦尔茨(法国) A·赛尔伯格(挪威-美国)	广义函数论,泛函分析,偏微分方程,概率论 解析数论,抽象调和分析,李群的离散子群
1954	小平邦彦(日本) J·P·塞尔(法国)	分析学,代数几何,复解析几何 代数拓扑,代数几何,数论,多复变函数
1958	K·F·罗特(德国-英国) R·托姆(法国)	解析数论 代数拓扑与微分拓扑,奇点理论
1962	L·赫尔曼德尔(瑞典) J·W·米尔诺(美国)	偏微分方程一般理论 代数拓扑与微分拓扑
1966	M·F·阿蒂亚(英国) P·J·科恩(美国) A·格罗登迪克(法国) S·斯梅尔(美国)	代数拓扑,代数几何 公理集合论,抽象调和分析 代数几何,泛函分析,同调代数 微分拓扑,微分动力系统
1970	A·贝克(英国) 广中平佑(日本) C·П·诺维科夫(苏联) J·G·汤普森(美国)	解析数论 代数几何,奇点理论 代数拓扑与微分拓扑,代数K理论,动力系统 有限群论
1974	E·邦别里(意大利) D·B·曼福德(美国)	解析数论,偏微分方程,代数几何,复分析,有限群论 代数几何
1978	P·德利哥尼(比利时) C·费弗曼(美国) Г·A·马尔库利斯(苏联) D·G·奎伦(美国)	代数几何,代数数论,调和分析,多复变函数 调和分析,多复变函数 李群的离散子群 代数拓扑,代数K理论,同调代数
1982	A·孔涅(法国) W·P·瑟斯顿(美国) 丘成桐(中国-美国)	算子代数 几何拓扑,叶状结构 微分几何,偏微分方程,相对论
1986	M·弗里德曼(美国) S·唐纳森(英国) G·法尔廷斯(德国-美国)	拓扑学 拓扑学 莫德尔猜想
1990	B·Г·德林菲尔德(苏联) V·F·R·琼斯(新西兰) 森重文(日本) E·威顿(美国)	数论、代数几何、动力系统等 统计力学、拓扑学、量子群、李代数 代数几何 数学物理

续表

年度	获奖者	主要工作领域
1994	J·布儒盖恩(比利时－法国) P·L·莱昂斯(法国) J·C·约科兹(法国) E·泽尔马诺弗(俄罗斯)	现代分析各领域(Banach 空间几何复分析和实分析) 非线性偏微分方程(黏性解) 动力系统学 群理论
1998	R·E·博切尔兹(英国) W·T·高尔斯(英国) M·康采维奇(俄罗斯－法国) C·T·麦克马兰(美国) 安德鲁·怀尔斯(英国)	魔群月光猜想、李代数、量子场论 Banach 空间 数学和物理大统一理论 复动力系统理论 费马猜想
2002	劳伦·拉福格(法国) 符拉基米尔·弗沃特斯基(俄罗斯)	数论、分析 新的代数簇上同调理论
2006	安德烈·欧克恩科夫 格里高利·佩雷尔曼 陶哲轩 温德林·沃纳	联系概率论、代数表示论和代数几何学 几何学、对瑞奇流中的分析和几何结构 偏微分方程、组合数学、谐波分析和堆垒数论 随机共形映射、布朗运动二维空间的几何学以及共形场理论
2010	埃伦·林登施特劳斯 吴宝珠 斯坦尼斯拉夫·斯米尔诺夫 塞德里克·维拉尼	遍历理论、加性数论 代数几何、自守形式 复动力系统、概率论 分析、统计物理学

现在让我们把目光投到 1986 年,第 20 届菲尔兹奖颁奖大会.

地址:美国伯克利.参加人数:3 500 多人.

此届大会主席:格利森(A.Gleason)(美国数学家).L·V·阿尔福斯担任名誉主席.

受邀请在大会上作报告的数学家共有 16 位,他们是:S·斯格尔,德布兰格斯(L. de Branges),唐纳森(S. Donaldson,1957—),法尔廷斯,费罗利奇(J.M. Fröhlich,1916—),格林(F.W.Gehling),格罗莫夫(M.Gromov,1943—),伦斯特拉(H.W.Lenstra),舍恩(R.M.Schoen),舍恩黑格(A.Schönhaga),希拉(S.Shelah),斯科罗霍德(A.V.Skorohod),斯坦(E.M.Stein,1931—),萨斯林(A.A.Suslin),沃甘(D.A.Jr.Vogan),威滕(E.Witten,1951—).

这次兹菲尔兹奖得主是:弗里德曼,唐纳森,法尔廷斯.由 J·X·米尔诺,M·F·阿蒂雅,B·梅热分别对 3 位获奖者的主要成就作了评介.我们的主角法尔廷斯于 1954 年 7 月 28 日生于联邦德国的格尔森基尔欣－布舍(Gelsenkirchen-Buer),并在那里度过了学生时代,而后就学于明斯特(Münsfer)的纳斯托德(H.

J.Nastold)教授的门下学习数学.1978年获得博士学位.

以后在哈佛(Harvard)作过研究员(1978～1979),当过助教(1979～1982),现在是乌珀塔尔(Wuppertal)的教授.他在数学上的兴趣开始于交换代数尔后转至代数几何.

由本次大会名誉主席、首届菲尔兹奖得主阿尔福斯亲自将菲尔兹奖章和奈望林纳奖授予上述3人.

这次大会充分体现了数学的统一倾向.

现在,数学的进展速度并没有放慢.近些年来,全世界研究人员的数目显著增加.每年都有年轻数学家极为富有创见,解决前辈无能为力的问题.人们总要问:这种进展会不会由于今后发展受到抑制而停顿下来？这是因为人们实质上不可能掌握这么多的富有成果的理论而导致极端的专业化,以及理论彼此之间逐步孤立,最后由于缺少来自外界的生动活泼的新思想而衰退.幸运的是,数学中还存在强有力的统一化的趋势使得这种危险大大地缩减并集中在少数地方.这是来自对基本概念更加深入的分析或者对于过时的技术长期和反复的发展而导致新方法的发现.因此,数学家没有理由怀疑他们的科学一定会繁荣昌盛,以及文明的真正形态源远流长.

如此年轻的法尔廷斯能获得被誉为“数学界的诺贝尔奖”的菲尔兹奖,是令人惊奇的.对此曾游学美国的日本著名数学家广中平佑先生曾有一番高论.1987年6月广中平佑应中国台湾科学会邀请赴中国台湾地区讲学,27日,广中平佑与中国台湾大学数学系施拱星教授、赖东升教授与康明昌教授等进行了会谈.

问:广中先生熟知东西方的数学界,依您看,两者有何不同呢?

广中:我也不知道为什么西方国家,例如美国和欧洲的许多国家,有许多优秀的数学家在少年时就一鸣惊人;但是在日本及亚洲其他国家,数学家需要长时间来孕育、培养.

问:这是令人奇怪的现象,您能不能多说一点呢?

广中:嗯！我由数学得到的印象,美国极其鼓舞年轻人,给他们许多的奖励,例如升职,很年轻的人,可以升为正教授.我获得哥伦比亚大学的正教授时,日本的大学只肯给我助理教授的职位呢！我当然不干(众笑).你看美国的学生,他们年纪轻轻的,就想做出一些出众的事.在日本及一些亚洲国家吧！你必须先有点办法,取得地位后,然后才能研究大问题.这不仅是制度的问题,或许也是传统吧！

问:文化背景吗?

广中:嗯！可能每个人都希求光彩夺目吧！从我的美国学生中观察,这种希求有时对学生好.有时学生在还没有打好基础前,就想一步登天！但有时却

很成功,那真是太好了,他们年轻,精力充沛,即使局面太窄,但确是很有深度,如果他们愿意扩大范围,不难得到广博的知识.

美国资助了许多年轻人,特别是在20世纪60年代和70年代,美国花费了许多经费支持年轻学者、研究生、讲师、助理教授,政府给钱,让他们闲着做研究(笑),现在,美国不同了,我想别的国家也应该做此事,替外国学生服务,这只是时间问题.

3.厚积薄发——法尔廷斯的证明①

对数学中"猜想"这个词的使用,韦尔常常有所批评:数学家常常自言自语道:要是某某东西成立的话,"这就太棒了"(或者"这就太顺利了").有时,不用费多少事就能够证实他的推测,有时则很快就否定了它.但是,如果经过一段时间的努力还是不能证实他的推测,那么他就要说到"猜想"这个词了,即便这个东西对他来说毫无重要性可言.绝大多数情形都是没有经过深思熟虑的.因此,对莫德尔猜想,他指出:"我们稍许来看一下"莫德尔猜想".它所涉及的是一个几乎每一个算术家都会提出的问题,因而人们得不到对这个问题应该去押对还是押错的任何严肃的启示."

或许大多数数学家都会同意韦尔的观点.然而,情况不同了,1993年年轻的德国数学家法尔廷斯证明了莫德尔猜想,从而翻开了数论的新篇章.事实上,他的文章还同时解决了另外两个重要的猜想,即塔特(Tate)和沙法列维奇(Shafarevich)的猜想,这些具有同等重大意义的成就,这一点不久将被证实.我们来简要地描述一下这三个猜想说了些什么,以及法尔廷斯的证明有哪些要素.

按其最初形式,这个猜想说,任一个不可约、有理系数的二元多项式,当它的"亏数"大于或等于2时,最多只有有限个解.记这个多项式为$f(x,y)$,有理数域为$\mathbf{Q}$,这个猜想便表示:最多存在有限对数偶$x_i,y_i\in\mathbf{Q}$使得$f(x_i,y_i)=0$.如果f的次数为d,它的亏数是个小于或等于$(d-1)(d-2)/2$的数(下面,我们要给出更为准确的表示).比如,在法尔廷斯之前,人们不知道,对任意非零整数a,方程式$y^2=x^5+a$在$\mathbf{Q}$中只有有限个解.

后来,人们把这个猜想扩充到了定义在任意数域(实为"全局域")上的多项式,并且,随着抽象代数几何的出现又重新用代数曲线来叙述这个猜想了.因此,法尔廷斯实际证明的是:任意定义在数域K上,亏数大于或等于2的代数曲线最多只有有限个K-点.

---

① 编译自Spencer Bloch的一篇文章,原题"The Proof of the Mordell Conjecturre".译自:The Mathmatical Intelligencer, 6:2(1984),41-47.

所谓代数曲线，粗略地说，就是在包含K的任意域中，$f(x,y)=0$的全部解的集合．然而，这种陈述还必须在不少方面作点修订．其一，这个解集合丢掉了“无穷远点”．为了不至在我们不能掌握的无穷远地方，会有什么恶魔留下了不祥之物，我们引进了射影空间（参见《搭车旅行者游览银河系的指南》①）域K上的 n 维射影空间是$n+1$维向量空间中，通过原点的直线的集合．在选定向量空间的一组基之后，可以用一直线上的一个非零点的坐标$(x_0,\cdots,x_n)$来确定这条直线，也就是定出射影空间中的一个点．如果 F 是$x_0,x_1,\cdots,x_n$的一个齐次多项式，那么 F 在一个射影点为零就表明 F 在相应的直线上为零．

比如，令 $F(X,Y,Z)$ 为 d 次齐次多项式，其中 d 为$f(x,y)$的次数，并使得 $F(x,y,1)=f(x,y)$．这样的 F 是唯一的．这时，F 在二维射影空间中的零点集包含了$f(x,y)=0$的解，但是还有其他的，对应于 $Z=0$平面上直线的点，使得 $F=0$．例如$f(x,y)=y^2-x^3-1$，则 $F(X,Y,Z)=Y^2Z-X^3-Z$ 有一个无穷远零点 $X=Z=0,Y=1$．

可以给出 f 的亏数的更精确的公式，即亏数等于

$$(d-1)(d-2)/2-\sum_p v_p$$

其中，和号是对于满足

$$\frac{\partial F}{\partial X}(p)=\frac{\partial F}{\partial Y}(p)=\frac{\partial F}{\partial Z}(p)=0$$

的射影点 p 取的，并且 $v_p\geqslant 1$．这样一些点称为零点轨迹的奇点，比如，费马多项式 x^n+y^n-1没有奇点，其亏数为$(n-1)(n-2)/2$．

相反地，$y^2=x^2(x+1)$在原点是一个二重点，其相应射影曲线 $F=Y^2Z-X^2(X+Z)=0$的偏导数

$$\frac{\partial F}{\partial X}=-3X^2-2XZ,\frac{\partial F}{\partial Y}=2YZ,\frac{\partial F}{\partial Z}=Y^2-Z^2$$

在$[0,0,1]$全为零．因为这条曲线的亏数是0而不是1，像 $y^2=x^2(x+1)$一样，奇异曲线的亏数比其次数所表示的亏数要小一些．因为莫德尔猜想是用了亏数表示出的，从而有必要时时留意所给曲线的奇异性．

为什么猜想中除去了 f 的次数小于或等于3的情形呢？当 $d=1$，$f=ax+by+c$ 显然有无穷多个解．当 $d=2$，f 可能没有解（比如当 $\mathrm{K}=\mathbf{Q}$ 时的 x^2+y^2+1），但是如果它有一个解就必定有无穷多个解．我们从几何上来论证这点．设 P 是f的解集合中的一点，让 L 表示一条不经过点 P 的直线．对 L 上坐标在域K中的点 Q，直线 PQ 通常总与解集合交于另一个点R．当 Q 在L上取遍无穷多个K－点时，点 R 的集合就是f的K－解的无穷集合．例如，把这种方法用

① 原文：《The Hitchhiker's Guide to the Galaxy》．

贝尔

—1829)

于 x^2+y^2-1,给出了熟知的参数化,即

$$x=\frac{t^2-1}{t^2+1},y=\frac{2t}{t^2+1}$$

当 F 为三次非奇异曲线时,其解集合是一个群,即一条所谓的椭圆曲线.这个群的规则是:经过点 P,Q 的直线交零点集于第三个点 R,这个 R 就是 $-P-Q$.选定一个适当的原点 P_0,假定这个起始点 R 对群来说不是有限阶,则上述的迭代产生了一个解的无穷集.法尔廷斯的工作的一个结果是,对于次数大于或等于 4 的非奇异 F,这种产生点的几何方法是不存在的.虽然如此,却存在称为阿贝尔(Abel)簇的高维代数簇,其上有类似的群结构,研究这些阿贝尔簇构成了法尔廷斯证明的核心.

证明中一个关键步骤是由帕希恩(A.N.Parshin)得到的,他证明了莫德尔猜想可以由沙法列维奇(Shafarevich)关于曲线的良约化的猜想推导出来.比如,假设齐次多项式 F 为非异(即无奇点)且 $\mathrm{K}=\mathbf{Q}$.消去 F 的系数的分母后,可设 F 的系数为无公因子的整数;那么,我们可以对某个素数 p,考虑其 mod p 的方程.如果其偏导数 mod p 没有公因子,则方程 $F(X,Y,Z)=0(\bmod p)$ 给出域 $\mathbf{Z}/p\mathbf{Z}$ 上的非异曲线,这就称原来的曲线在 p 具有良约化.例如,费马曲线 $X^3+Y^3+Z^3$ 在素数3没有良约化.更说明问题的例子是曲线 $Y^2Z=Z^3-17Z^3$.它在 $\mathbf{Q}$ 上为非异,然而 mod 2,3 或 17 它却是奇异的.

沙法列维奇作了如下猜测:对给定的亏数 g,及给定的数域 K 中的有限素数集合 S,最多只存在 K 上的亏数为 g 的曲线的有限个同构类,它们在 S 之外具有良约化.例如,对于椭圆曲线集 $y^2=X(X-1)(X-\lambda)(\lambda\in\mathbf{Z})$,由使 λ,$\lambda-1$ 仅被 S 中的素数除尽的λ 的集合的有限性,可推出这个猜想.

假定 C 是一条亏数$g\geqslant 2$ 的曲线,P 是C 上一个 K-点.帕希恩曾证明,作 K的有限扩张K′后,可以找到另一条曲线 C' 及映射$C'\to C$,使得 C' 具亏数g',且在 S' 外具有良约化,同时这个映射只在点 P 有分歧(所谓曲线间映射在一点 P 有分歧是指P 的逆象点的个数严格地小于映射的度数).更进一步,我们还知道 K′,g',S' 仅仅依赖于g 与S,而与 P 的选取无关.那么,沙法列维奇猜想表明只有有限个这样的 C'.现设 C 上有无穷多个 K-点 P_r,$r=1,2,3,\cdots$.这样,相应的 C'_r 中的无穷多条就必须同构于一条公共的曲线C'',而它就会有无穷多个不同的映射映到 C.然而由经典的黎曼曲面论,一个亏数大于或等于 2 的曲面到另一个曲面的映射集合必为有限,故 C 的 K-点集合为有限.

用"过渡到雅可比簇"方法去处理曲线的难以捉摸的问题常常有所裨益;从数论的观点看这就是由椭圆曲线到阿贝尔簇的推广,就目前情况而言,由沙法列维奇提出而被法尔廷斯证明的,实则是对于阿贝尔簇的更强形式的沙法列维奇猜想.

为了说明清楚,需要追述更多一些关于黎曼曲面的知识(即维数为 1 的紧致复流形).当选定系数域 K 到复数域的一个嵌入并考虑它的所有复点时,我们一直在讨论的曲线便产生出了黎曼曲面.曲面的亏数 g 等于曲面上"洞"的个数.复平面的一个开集 u 上的一个全纯微分 1 - 形式,即表达式 $f(z)\mathrm{d}z$,其中 z 是复参量,f 是全纯函数.如果 P 是 u 中的一条路径,我们则可计算积分 $\int_p f(z)\mathrm{d}z$.黎曼曲面被这样一些开集 u_i 所覆盖,在曲面上可以定义一个全纯微分形式,它是 u_i 上全纯微分形式的集合,而在 $u_i \cap u_j$ 上相等.曲面上全纯1 - 形式构成了空间 V,它的维数等于曲面的亏数.

通过积分,曲面上的路径 p 定义了 V 的对偶空间 V^* 中的一个元$\int_p$.当 p 遍历所有闭路径时,这些泛函的集合构成的 V^* 中一个具极大秩的格 L.商空间 $J = V^*/L$ 是个复环,称为这个曲面的雅可比簇.在 J 上有一个自然的除子θ,之所以用这个符号,是因为它在 V^* 的逆象是由黎曼 - 西塔函数的零点定义的.其结果在于 θ 确定了一个极化,即存在一个 J 到射影空间P^n 的嵌入及一个超平面射影 H,使得 $H \cap J$ 等于θ的某个倍数.托尔林(Torelli)定理说明这一对 J,θ 实际上确定了曲线.

雅可比簇的构造也可以代数地进行,从而产生了定义在域 K 上的一个阿贝尔簇,其中 K 即原曲线的定义域.阿贝尔簇是一个具有群结构的、射影空间的闭连通子簇,它定义在 K 即表明它是系数在 K 的一组多项式的零点集.定义在复数域上的这个簇必为复环,然而并非所有复环均可作为多项式零点集而嵌入到射影空间中.

最简单的阿贝尔簇是那些一维的,即前面提到的椭圆曲线.对于阿贝尔簇的沙法列维奇猜想是说,定义在 K 上的、维数为 g 的主极化阿贝尔簇,且在一给定的位 S 的有限集合外具有良约化,必为有限个.这就是法尔廷斯实际证明的结果.由托尔林定理,这蕴涵了对曲线的沙法列维奇猜想,再由帕希恩的论证,它又蕴涵了莫德尔猜想.

对于证明某些数值问题无解,有一个属于费马的经典方法.法尔廷斯的工作部分地来说,是这个方法的推广.费马在证明方程 $x^4 + y^4 = z^4$ 没有非零整数解时,对每个(p,q,r) 给出一个高,例如 $|r|$,其中(p,q,r) 满足这个方程.无限递降的方法使他能够证明,当(p,q,r) 在曲线上并具有正的高时,则有一组新的$(\tilde{p},\tilde{q},\tilde{r})$ 也在曲线上,而它具有较小的高,$0 < |\tilde{r}| < |r|$,从而得到在 $x^4 + y^4 = z^4$ 上不存在(0,0,0) 以外的整点.

法尔廷斯怎样推广呢?如前,设 V 是射影曲线上全纯1 - 形式的向量空间.如果 $v_1, v_2, \cdots, v_g$ 是坐标函数在 V^* 上的一组基,则微分 $\mathrm{d}v_1 \wedge \mathrm{d}v_2 \wedge \cdots \wedge \mathrm{d}v_g$

在平移下不变,所以可降到 J 上的一个 g - 形式 w.实际上,对任意 g 维阿贝尔簇,w 可以代数地定义,并且除去 K 的一个因子外被典型地确定.法尔廷斯对每个 K 上阿贝尔簇给了一个数值不变量 $h(A)$,称为高.对于 K 的每个素理想(非阿基米德域)和每个实或复的完备化(阿基米德域)都给定了局部定义,而后再作和,就给出了 $h(A)$.当 p 是 K 的一个素理想,由尼罗恩(Neron)的模型理论给出了一种约化簇 $A(\bmod p)$ 的适当办法,当被 $\bmod p$ 约化时,如果微分为零(或相应于一个极点),这个局部项为 $-\lg N_p$(相应地,$+\lg N_p$)的某个倍数,其中 N_p 是 p 的有限域的元素个数(当 $K=\mathbf{Q}, N_p=p$ 时),至于每个 K 到 $\mathbf{R}$ 或 $\mathbf{C}$ 的嵌入,法尔廷斯取了 A 的对数体积 $\frac{1}{2}\lg\int_A w\wedge\overline{w}$ 的某个倍数.把这些局部不变量加起来,就得到了高.由数论中的乘积公式,$h(A)$ 与 w 的选取无关.

在丢番图几何中通常总是把高的概念用于射影空间的点上.假设 x 是有理数域上射影空间 P^n 中一个点,因而它对应于 O^{n+1} 中一条直线.让 $x_0,x_1,\cdots,x_n$ 为直线上的点坐标,使它们为无公因子的整数,定义 $h(x)=\max\{\ln|x_r|\}$.若以 K 代替 $\mathbf{Q}$,仍有一个类似的构造.当数域 K 及常量 c 固定后,最多只有有限个点,其高小于或等于 c.

利用塞格模空间 $\mathscr{N}_g$,即 g 维主级化阿贝尔簇的参量化空间,法尔廷斯把这两个高的概念结合起来了.他注意到 $\mathscr{N}_g$ 可作为局部闭子簇嵌入到射影空间中,使得当 x 对应于阿贝尔簇 A 时,$h(x)$ 与 $h(A)$ 仅差一个固定的非零倍数再加上一个误差项,这个误差项在 $\mathscr{N}_g$ 的无穷远处最多为对数增长速度(这里,无穷远处是有意义的,因为 $\mathscr{N}_g$ 不完备,阿贝尔簇可以是退化的).因而,最多只存在有限个 g 维主极化半稳定阿贝尔簇,其高小于或等于 c.我们称这个事实为有界高度原理.这是证明中的主要思想.

下一步是研究在同源下高的行为.由定义,阿贝尔簇的一个同源是代数群之间的一个具有有限核的满同态.椭圆曲线间的映射 $f:A\to B$ 是其经典的情形,把这个映射提升到它们的覆盖空间之间的映射 $f:C\to C$,它满足 $f(z+\lambda)=f(z)$,其中 λ 在 A 的周期格 A 中.因而 f 的导函数为周期且全纯,由刘维尔(Liouville)定理它必为常数 a.故 A 被映入 B 的周期格 A' 中,并为其具有有限指数的子群,从而这个映射具有有限核.

庞加莱
aré,
1912),法
家、物理
生于法国
卒于巴黎.

在许多情形下,同源是阿贝尔簇的等价性的"正确"概念.例如,在给出由 A 到 B 的同源 P 之后,并设其象为 A',则由庞加莱的完全可约定理,把 A,B 分别换成同源的簇 $A'\times A, A'\times B$ 时,使得 f 变为 $A'\times A\to A'\to A'\times B$,即一个投射映射与内射映射的复合.因而,许多涉及阿贝尔簇的问题用簇与它的同源象的等价性去处理颇有益处.法尔廷斯的文章正是依此而行.那么,我们必须要看一看高在同源下是怎样变化的.

一个同源在 mod p 约化时可能出现的分歧是个有趣的现象.作为例子,考虑由 $X^3+Y^3-1=0$ 定义的一维阿贝尔簇.如果取(1,0)为群结构的原点,于是乘以 -2 可几何地描述为过 P 的曲线的切线与曲线交出的第三个点,曲线在点 (x,y) 的切线由 $x^2X+y^2Y-1=0$ 定义,所以乘以 -2 可由坐标交换:$(x,y)\to\left(\frac{x^4-2x}{1-2x^3},\frac{y^4-2y}{1-2y^3}\right)$ 推出,这个映射的 mod 2 约化(即在公式中置 2 为 0) 在点 (1,0) 上有垂直切线.同源的映射度的对数的一半再减去某个修正项给出了在同源下高的改变值,这个修正项度量出这一类分歧.

应用这个公式将要引向塔特猜想.为了说明清楚,我们必须谈一点阿贝尔簇的算术.定义在域 K 上的阿贝尔簇 A 上,作乘以整数 n 的运算;考虑它的核 $_nA$.想到 A 的复点集好似一个 C^g/L,其中 L 为格,我们可以看出作为抽象群的 $_nA$ 象便是 $(\mathbf{Z}/_n\mathbf{Z})^{2g}$.但是 $_nA$ 还有更多的结构.有限点集 $_nA$ 的坐标是代数于K的但不一定属于 K,从而 K 的代数包的伽罗瓦群 G 作用于 $_nA$ 时给出了 G 到 $GL_{2g}(\mathbf{Z}/_n\mathbf{Z})$ 的一个表示.为方便计,固定一素数 l,并同时考虑所有的 $_nA$,其中 n 取 l 的所有幂次,乘以 l 来连接它们,$_nA\to{}_nA$,从而取其反向极限得到了塔特模,记为 $T_l(A)$,作出抽象群它同构于 $\mathbf{Z}_l^{2g}$,其中 $\mathbf{Z}_l$ 表示整数的 l - adic 完备化.但 G 也作用于 $T_l(A)$,给出了 $G\to GL_{2g}(\mathbf{Z}_l)$ 的一个表示.为进一步了解 $T_l(A)$ 的情况,仍然把 A 的复点集看做 C^g/L.于是,$_nA$ 同构于 $L/_nL$,$T_l(A)$ 同构于 $L\otimes\mathbf{Z}_l$.因为 L 自然地对应于 C^g/L 的 1 维同调群,我们可以把 $T_l(A)$ 看做为 A 的以 $\mathbf{Z}_l$ 为系数群的 1 维同调群.

如果 B 是另一个阿贝尔簇,则可以去比较 K 上阿贝尔簇间的映射群 $\mathrm{Hom}(A,B)$ 和相应的 G - 映射群 $\mathrm{Hom}_G(T_l(A),T_l(B))$,其中后者表示与 G 的作用可交换的同态构成的群.塔特的一个重要猜想(他证明了 K 为有限域的情形)是 $T_l(A)$ 上的伽罗瓦表示为半单纯的,且当 K 在其素域上为有限生成时,$\mathrm{Hom}(A,B)\otimes\mathbf{Z}_l\backsimeq\mathrm{Hom}_G(T_l(A),T_l(B))$(作为群的同构).这个重要结果与下面情形下的描述特征的一般框架相顺应,即由真正的几何映射诱导出的两个对象间同调群的一个同态的情形.

设 $W\subset T_l(A)$ 是一个子模,它在伽罗瓦群 G 下为稳定.可以把 W 表示为有限子群 $W_n\subset A$ 的逆向极限,并定义 A_n 为商 A/W_n.塔特的论证中的一个关键步骤是:在某个关于极化的技巧性条件下,A_n 中有无限多个为同构.那么,比如当 A_n 与 A_{mn} 为同构,他取键映射 $A\to A_{mn}\backsimeq A_n\to A$,并由此构造了 A 到自身的一个几何映射.这样做的结果,使得把法尔廷斯的同源下高的变化公式以及塔特的关于 p - 可除群的一个定理,应用于上述 A_n(不过此时是定义在数域上的),便给出了 $h(A_n)$ 的一个一致界.有界高原理使他能推出 A_n 中有无限个为同构,现在,应归功于扎惠恩(Zarhin) 的塔特方法与论断导致了塔特猜想的证明.

现在,法尔廷斯必须要去证明这样的沙法列维奇猜想,即最多只存在有限个 g 维主级化阿贝尔猜想,它们定义在数域K上且在给定素数集 S 之外具有良约化.首先去考虑证明最多只存在有限个在 S 外具良约化的 g 维阿贝尔簇的同源类的问题(即当存在一个簇到另一个的同源时,把这两个阿贝尔簇看做一样).因为有塔特猜想,这就相当于去证明在 $T_l(A) \otimes \mathbf{Q}$ 间最多只有有限个同构类;但因其表示为半单,也就只需证明它在伽罗瓦群上仅生成有限个不同的迹函数就可以了.

为此,法尔廷斯证明存在 G 的一个由弗罗比尼乌斯元组成的有限子集,使得它的象在 $T_l(A)$ 的自同态环中生成的子环与 G 在其中生成的子环一样.并进一步证明,这个有限集权依赖于素数 l、集合 S 及 A 的维数.除此以外,与 A 无关.这就归结为去证明对每个给定的弗罗比尼乌斯元,其在 $T_l(A)$ 的作用的迹只能取有限个值.现在则可用有名的韦尔猜想了,它说这个迹应是有有界绝对值的整数(即在 $\mathbf{Z}$ 中).

沙法列维奇猜想的证明再一次要求助于有界高原理.给定了K上具 S 外良约化的 g 维主极化阿贝尔簇的集合后,只要去证明高为有界就够了.由前节的结果,我们可以假定这些簇都是同源的.最后,应用高的变差公式以及雷劳特(Raynaud)的一个定理,它是关于在群概型的点上的伽罗瓦作用,还有韦尔猜想对阿贝尔簇的其他应用,就完成了论证.

4.激发数学——莫德尔猜想[①]与阿贝尔簇理论

(1) 基本结果.

1983年7月19日,《纽约时代杂志》刊登了一篇文章,报道了法尔廷斯解决了“本世纪一个杰出的数学问题”(这是塞吉·兰(Serge Lang)的观点).芝加哥大学的布洛克(Spencer Bloch)说,德国人的这项成就“回答了过去似乎绝对不能回答的一些问题”.法尔廷斯文章的最醒目部分是证明不定方程理论中的一个基本问题,即莫德尔猜想.

直到这前不久,多数专家都相信,莫德尔猜想不会很快得到解决.法尔廷斯的文章是代数几何中一个困难的练习,他使用了参模(moduli)理论,半阿贝尔簇理论,阿贝尔簇的高度理论以及其他这种深奥的理论.在这种背景下我们现在做一些评述,希望这些评述能阐明关于莫德尔猜想的法尔廷斯工作的意义和它与解决阿贝尔簇理论中许多重要猜想的关系,以及历史上的来龙去脉.

① 原题:《The Mordell Conjecture》,译自:Notices of the Amer. Math. Soc.,33(1986),443-449.

首先我们列举出五个基本结果，这些结果已全被证明．在整节中我们将用它们的名称来表示这些结果，在下一小节我们对于解不定方程问题作一般性的介绍，基本结果都涉及如下的丢番图问题：在一条曲线上有多少整坐标点或有理坐标点．正如下面所讨论的，解方程的通常绘图方法将解不定方程这样一个代数问题变成求方程解的轨迹点这样一个几何问题．本节的其余部分则探讨曲线上的整点和有理点问题．第(3)小节描述莫德尔、韦尔和塞格关于这一课题的开创性工作．在第(4)小节，我们描述研究莫德尔猜想的早期尝试，一直讲到苏联学派的工作．第(5)小节对法尔廷斯的工作做一个概要介绍．在第(6)小节，我们讨论使用法尔廷斯的工作有效地解具体的不定方程这样一个问题．

· 塞格定理

如果 C 是定义于环 R 上的一条仿射曲线，而环 R 在 $\mathbf{Z}$ 上是有限生成的，并且 C 的亏格大于等于 1，则 C 在 R 中只有有限个解．

更确切地说，设 c 是一个固定的自然数，则不可约方程 $f(x,y)=0$ 有无穷多解 (x,y) 使得 cx 和 cy 均是某数域中整数的充要条件是该方程的解可写成两个有理函数 $x=P(t),y=Q(t)$，其中

$$P(t)=a_nt^n+a_{n-1}t^{n-1}+\cdots+a_{-n}t^{-n}$$

$$Q(t)=b_nt^n+b_{n-1}t^{n-1}+\cdots+b_{-n}t^{-n}$$

不全为常数．而这条件成立当且仅当对应射影曲线的亏格为 0，并且函数 $|x|+|y|$ 至多有两个极点．(事实上，塞格将此结果推广到由 n 个未知数 $n-1$ 个方程给出的曲线)

因此，只有类型很特殊的仿射曲线才能有无限多个整点，于是零点轨迹是一条曲线的那些不定方程，只有很特殊的一类才能有无限多个整数解．

· 莫德尔－韦尔定理

设K是域并且在它的素域上是有限生成的．A 是定义在K上的阿贝尔簇(即 A 是定义于K上的完备(Complete)簇，可以嵌到K－射影空间中，并且具有定义于K上的群结构)．设 A_k 是K－有理点群，则 A_k 是有限生成阿贝尔群．

作为一个特殊情形，定义在K上的椭圆曲线具有K－有理点，这些点形成一个有限生成阿贝尔群．在有理数域上，这个群的扭(torsion)部分只能是十五个有限阿贝尔群当中的一个，但是有理点可以具有自由无限阿贝尔群部分，从而，椭圆曲线可以具有无限多个有理点，但是只能有有限多个整点(对于仿射坐标)．

一个亏格为 0 的射影曲线如果有有理点，则采用初等方法可以证明它的有理点全体一一对应于 $P^1(\mathbf{Q})$．所以，亏格 0 曲线或者没有有理点，或者有无限多个有理点．于是，一个圆锥曲线或者没有有理点，或者有无限多个有理点，而这些有理点可以从一点采取扫描线方法得到．对于一个椭圆曲线，它可以没有有

理点,但是如果具有有理点,那么根据有理点的群结构,我们从有限个点出发采用群作用,即所谓弦切法,在理论上可以构造出所有有理点.法尔廷斯的工作表明,对于亏格大于或等于2的曲线,不存在构造有理点的这种方法.

· 数域上的莫德尔猜想

设K是$\mathbf{Q}$的有限扩域,X/K是亏格大于或等于2的光滑曲线,则X上的K-有理点集合$X(\mathrm{K})$是有限的.

只有类型很特殊的曲线才可以具有无限多个有理点,对于零点轨迹是一条曲线的不定方程组,只有其中类型很特殊的才可以具有无限多个有理解.

· 函数域上的莫德尔猜想

设K是特征0域K上的正规(regular)扩张,C是定义于K上的亏格大于或等于2的光滑曲线,则或者有理点集$C(\mathrm{K})$是有限的,或者C可定义在K上并且$C(\mathrm{K})$中除有限个点之外其余均在$C(\mathrm{K})$的象之中.

这个定理是数域上莫德尔猜想在函数域上的模拟,是兰重述莫德尔猜想的工作的副产品.它由曼宁和格劳尔特(Grauert)首先证明.苏联数学家们关于这一定理所做的工作引出法尔廷斯证明中最根本性的思想,这是由于莫德尔猜想可以由下一个猜想推出:

· 关于曲线的沙法列维奇猜想

设K是$\mathbf{Q}$的有限扩张,S是K的一个有限的位集合,则亏格$g \geqslant 2$并且在S外具有好的约化(reduction)的光滑曲线X/K只有有限多个同构类.

对于定义在$\mathbf{Z}$上的非奇异代数簇,通过对方程组的系数作模p约化可得到有限域上的代数簇.好的约化是指用这种方法给出有限域上的非奇异代数簇.一个代数簇在素数p处有好的约化,是指该代数簇存在某个嵌入,而此嵌入在p处有好的约化.与此相联系的是如下的思想:为了试验某不定方程是否有整数解,我们可以试验该方程模每个素数p是否有解,因为模每个素数p均有解是有整数解的必要条件.

法尔廷斯的工作还与阿贝尔簇的沙法列维奇猜想有关.这个猜想的内容是:对于具有给定维数g,极化次数$d > 0$并且在位的有限集S之外有好的约化的极化(Polarized)阿贝尔簇,共K-同构类集合是有限的.阿贝尔簇的极化与它嵌在射影空间中的方式有关.利用托尔林定理的一个精细化命题可以证明:如果关于阿贝尔簇的沙法列维奇猜想成立,则关于曲线的沙法列维奇猜想成立.法尔廷斯在解决莫德尔猜想过程中证明了上述两个猜想均是成立的.

(2) 解不定方程的一般性问题.

设$f(x_1, x_2, \cdots, x_n)$是n个变量的整系数多项式.有时我们考虑它的系数是某数域中整数的情形.如果我们求方程$f(x) = 0$的整数解或者有理数解(或者在某数域中的解),这个方程便叫做不定方程,从而可以谈该不定方程的整数解或有理数解,值在域 K 中的解叫做 K - 有理解或 K - 有理点.

不定方程叫做是齐次的,是指它的诸项具有相同次数.这时,如果向量 $\boldsymbol{x}$ 是解,则对于每个常数 c,$c\boldsymbol{x}$ 也是解,所以对于齐次方程,我们将彼此相差一个非零常数因子的两个解等同起来,只求彼此不等同的解.由一个非齐次 d 次方程总可以得到一个相关联的齐次方程,办法是:将 n 个变量集合增加一个新变量,然后将原方程的每项乘以新变量适当方幂使每项次数均为 d.于是,原来非齐次方程的解对应于齐次方程新变量等于 1 时的解.在实际中,我们对于非齐次方程情形求整数解而对齐次方程情形求有理数解.$n+1$ 个变量的齐次方程与 n 个变量的非齐次方程的关系会使读者联想起射影几何与仿射几何的关系.

从古希腊时代起,数学家就在寻找特殊不定方程的解,并且总是企图找出一般解.希尔伯特问:是否存在解不定方程的一般算法?这就是所谓希尔伯特第 10 问题,在 1900 年国际数学家大会上,希尔伯特曾提出了堪称“现代数学发展的路标”的 23 个数学问题.这个问题由马蒂贾西维(Matijasevi)于 1970 年最终加以解决.他证明了不存在这样的算法能判定方程是否有有理整数解.但是,至今仍然不知道是否有算法能判定不定方程是否有有理数解.

研究不定方程的另一途径是采用几何的方法,每个不定方程的复数解的轨迹定义出一个复代数簇;如果方程是非齐次的,它的全部解形成一个仿射代数簇;如果方程是齐次的,它的解形成一个射影代数簇.上面描述的非齐次方程和相应齐次方程的关系恰好对应于仿射代数簇和它在适当的射影空间取射影闭包(即添加一些“无穷远”点)所得到的射影代数簇.

于是,研究不定方程的解变成了求由系数属于某数域的方程组定义的复代数簇上的整数点或有理点.例如,费马所研究的方程是射影平面中亏格为 $\frac{1}{2}(n-1)(n-2)$ 的非奇异曲线的方程.一般地,三个变量的 n 次不可约齐次方程对应于射影平面中一条曲线,其亏格为 $\frac{1}{2}(n-1)(n-2)$ 减去由该曲线的奇异点给出的校正项.人们希望几何学会使某些不定方程问题更容易处理.第一步显然是把注意力局限于对应于曲线的那些不定方程(或者更一般地,对应于其解形成某高维空间中一条曲线的那些不定方程组).利用这种方法,可以把不定方程的求解问题重新叙述成寻求曲线上有理点和整点问题,我们主要考虑问题的后一种形式.

另一个相关问题是定义在有限域上的光滑射影代数簇,这个问题的解在法尔廷斯工作中被用到,这样一个代数簇在各个不同有限扩域中的有理点数可以表示成一个母函数,叫做此代数簇的 zeta 函数.关于这个 zeta 函数的性质,韦尔有一系列猜想,这些猜想使我们在理论上可以计算这个 zeta 函数.这些韦尔猜想的最后一条由德利哥尼(Deligne)于 1973 年最终加以证明.关于阿贝尔簇的

韦尔猜想的证明则较为简单,而在法尔廷斯的证明中本质性地使用了关于阿贝尔簇的韦尔猜想.

(3) 莫德尔、韦尔和塞格的工作.

让我们考虑非齐次方程 $x^2+y^2=1$ 和它对应的齐次方程 $x^2+y^2=z^2$.仿射方程显然只有有限多个整数解.其射影代数簇则有无穷多个不同的整数解(如上所说,彼此相差非零常数倍的整数解看做是相同的).换言之,所有毕达哥拉斯三数组给出其全部整数点.仿射方程的解作为特殊情形包含在射影平面上的解之中.但是,后者给出了仿射方程无穷多个有理数解,所以我们需要考虑相互联系但是不等价的两个问题.关于仿射曲线上整点个数是否有限的问题我们可以称之为塞格问题,因为塞格解决了这个问题.而关于射影曲线上有理点数是否有限的问题(相差非零常数因子的两个解看做是等同的)叫做莫德尔问题.当然,这些理论问题可能不会对求解的个数的上界有所帮助(即使证明了解数是有限的),肯定也不会帮助我们找出哪怕是一个解来,后者叫做是有效求解问题.

历史上,这些问题是由莫德尔的工作所引出的.莫德尔在 1922 年用直接方法研究椭圆曲线(即亏格 1 的非奇异曲线)上的有理点.次年他写了关于这一研究对象的奠基性文章.他证明了一个椭圆曲线上的有理点形成有限生成交换群,而其仿射曲线只有有限多个整点,他猜想亏格更大的超椭圆的平面仿射曲面上均只有有限多个整点,并且亏格大于或等于 2 的光滑射影曲线均只有有限多个有理点.

这些猜想激发出一系列的研究工作,这些工作一直延续至今日,超椭圆曲线的猜想由塞格于 1926 年证明,而关于亏格大于或等于 2 的射影曲线的猜想变成了莫德尔猜想,现今在法尔廷斯工作中最终得以证明.关于椭圆曲线上有理点形成限生成群的证明促使韦尔写成第一篇重要论文,即莫德尔 - 韦尔定理的证明,而从此论文于 1928 年发表之后,这个定理引导出代数几何和数论的许多成果.韦尔的工作产生了阿贝尔簇理论,将群论与代数几何结合在一起,对于 19 世纪的椭圆积分理论作了极大的推广.

莫德尔工作的核心是他看出了高度理论的益处,就像后来瑟厄 - 西格尔 - 罗斯(Thue-Siegel-Roth)定理所展示的那样,这是一个使全世界的数学家都感到吃惊的定理,这是一个被剑桥大学达文波特逼出来的定理.1954 年阿姆斯特丹国际数学家大会上,德裔英国数学家罗斯作了一个 20 分钟的报告.会后达文泡特举办了一个讨论班专讲瑟厄 - 西格尔定理.并把主要的任务交给了罗斯.正是这样,罗斯将它推广成了瑟厄 - 西格尔 - 罗斯定理.这个问题源于用有理数 $\frac{y}{x}$(其中 y 是整数,x 是自然数)去逼近一个无理数 θ.人们把能有无数多个 $\frac{y}{x}$

满足$\left|\theta - \frac{y}{x}\right| < \frac{1}{x^{\mu}}$的那些$\mu$的上界记作$\mu(\theta)$.于是产生了一个重大问题,即$\mu(\theta)$是什么?对这个问题的回答整整持续了一个世纪.1844年,刘维尔证明了$\mu(\theta) \leqslant n$.1908年塞格证明了$\mu(\theta) \leqslant 2\sqrt{n}$.1955年罗斯证明了$\mu(\theta) = 2$.西格尔在他的大作中看出如何将高度的存在性理论和莫德尔－韦尔定理以及阿贝尔簇理论的原始形式结合在一起,解决了现在我们称之为塞格的问题,他的结果就是前面所述的塞格定理.这篇文章还包括了许多其他有价值的东西,其中包括对于超越理论很重要的著名塞格引理.阿贝尔簇的高度理论是法尔廷斯工作的核心.这样一个高度理论可以看成是费马引进的著名的无穷下降法的现代形式.

(4) 解决莫德尔猜想早期尝试.

随着阿贝尔簇理论的发展,下面的事实逐渐变得清楚了:莫德尔猜想应当理解成关于包含亏格大于或等于2的曲线的某种阿贝尔簇的一个命题.在这种称为雅可比簇的阿贝尔簇上,人们希望利用莫德尔－韦尔理论给出嵌入曲线的有理点的信息.这种方法可以追溯到沙鲍蒂(Chabauty)在20世纪30年代和40年代的工作,后来由兰相当具体地做了这一工作.莫德尔猜想的一种重述形式的兰猜想,即阿贝尔簇上的一条曲线与此阿贝尔簇的每个有限生成子群只有有限多个公共点.他还证明了,莫德尔猜想也可以看成是关于曲线代数族的一个猜想.

另一些数学家研究莫德尔猜想则是通过分片地分析特殊的曲线族,或者是仔细运用高度理论.

第一个重要的突破是在20世纪60年代,即证明了莫德尔猜想在函数域上的等价命题.代数数论中的一个标准的工作程序是问:对于数域上的某个定理或猜想,它在函数域上的类似命题是否正确?或者反过来,这种类比是由如下的一般理论所促使的:如何证明关于素域的有限生成扩域的某些问题.尼罗恩证明了由两个莫德尔猜想能够建立起$\mathbf{Q}$的任何有限生成扩域上的相应猜想.曼宁和格劳尔特都致力于证明前面所述的莫德尔猜想在函数域的类似命题,但是除在兰的书中已经显示的之外,对于如何转到数域上来看不出进一步的线索.

曼宁的工作是苏联人对于莫德尔猜想值得尼罗恩注意的研究工作的组成部分.苏联学派的中心人物是曼宁、沙法列维奇,尼罗恩和帕希恩的工作回过头来集中于前述的沙法列维奇猜想和它与莫德尔猜想在函数域上类比的联系.15年后,法尔廷斯的工作受到这些工作的本质上的启发.帕希恩证明了若沙法列维奇猜想成立,则可以证得莫德尔猜想.

在帕希恩的思想能够用于数域上的莫德尔猜想之前,根据需要发展了更多的数学工具.这些工具包括阿贝尔簇和曲线的参模理论,采用表示论建立的阿

贝尔簇的一个复杂理论.

(5) 法尔廷斯工作的概要介绍.

设K是有理数域$\mathbf{Q}$的有限扩张,K^*是K的代数闭包,A是定义于K上的阿贝尔簇.$\pi = Gal(K^*/K)$为K的绝对伽罗瓦群,l是素数,则π作用在塔特模

$$T_l(A) = \lim_{\leftarrow} A[l^n](K^*)$$

之上.更确切地说,$T_l(A) = \{(a_1, a_2, \cdots, a_n, \cdots) \mid a_n$是$A$上阶为$l$的幂的$K^*$-点,且对每个$n \geqslant 1, la_{n+1} = a_n$,而$la_1 = 0\}$,其中无限长的向量相加是按逐分量相加,于是$T_l(A)$是$l$-adic整数环$\mathbf{Z}_l$上的模.

这个塔特群是有限生成无扭$\mathbf{Z}_l$-模,维数是2dim A.塔特模可以扩张成l-adic数域$\mathbf{Q}_l$上的向量空间$E_l(A) = T_l(A) \otimes \mathbf{Z}_l\mathbf{Q}_l$,它叫做扩大的塔特群,而$\pi$作用于其上.法尔廷斯的基本结果如下:

1) π在$E_l(A)$上的表示是半单的.

2) 映射$\mathrm{End}_K(A) \otimes_z \mathbf{Z}_l \to \mathrm{End}_\pi(T_l(A))$是同构.

3) 设S是K-位的有限集,$d > 0$,则对于K上在S外有好的约化的d重极化阿贝尔簇,其同构类数有限.

结果2)是说:$T_l(A)$的某类性状良好的自同态对应于A的自同态,这解决了塔特的一个猜想,使用塔特模研究阿贝尔簇之间映射的一些类似结果可见兰关于阿贝尔簇的书.3)即是关于阿贝尔簇沙法列维奇猜想,然后由曲线的雅可比簇理论就得到关于曲线的沙法列维奇猜想.

在得到沙法列维奇猜想之后,法尔廷斯现在便可应用莫德尔的早年推导来证明猜想.现在简要地描述这个推导.设X是K上亏格大于或等于2的光滑曲线,S是K-位的有限集,对于每个K-有理点x,可以构作X的一个亏格为g'的覆盖,它定义在K的某个有限扩域上,恰好只在x处分歧,从而$Y(x)$在某集合T之外具有好的约化.这里g',T和扩域只依赖于X和S而不依赖于点x.根据沙法列维奇猜想,这样的$Y(x)$只有有限多个同构类,如果有理点x的集合是无限的,则从某个$Y(x)$到X便有无限多个不同的映射,而这与亏格大于或等于2的黎曼面上的一个古典结果相矛盾.

3)的证明是基于这种极化阿贝尔簇的同种的类数是有限的(同种(isogeny)是核有限的满同态).后一点和1),2)都是用类似的推理得到,推理要利用高度理论、曲线和阿贝尔簇的参模理论以及关于阿贝尔簇的韦尔猜想.

法尔廷斯从半阿贝尔簇理论开始,这是域上阿贝尔簇概念到概型上代数簇的推广,他讨论了关于稳定曲线和主极化阿贝尔簇的参模空间的一些结果.然后,他发展了可利用于半阿贝尔簇的高度理论.基本定理是说,对于给定的常数c,高度小于或等于c并具有某些性质的半阿贝尔簇的同构类数是有限的.这个有界高度原理成为法尔廷斯工作中的最有用的结果,它是他得到的所有结果的基础.

法尔廷斯还讨论了高度在同种之下的性状，这里需要韦尔猜想. 然后法尔廷斯证明了 1) 和 2)，这些随后又用来证明两个阿贝尔簇是同种的，当且仅当它们的扩大塔特模作为 π - 模是同构的. 这解决了所谓同种猜想，它本身也是一个重要结果. 从上述这些结果再一次应用韦尔猜想，法尔廷斯便证明了 3). 最后，得到关于曲线的沙法列维奇猜想，于是像前面所解释的，证明了莫德尔猜想.

(6) 某些评注.

莫德尔猜想已被证明，一个明显的问题是：对于解集合不是曲线的不定方程组情形如何呢？关于高维代数簇上的整点和有理点会怎样？早些时候人们对这样的问题作了尝试. 查特利特(Chatelet) 研究了三次曲面，关于这一方向有一系列猜想，它们是关于曲线的一些已知结果在各种方向上的推广. 但是，对于高维情形的实在的理解，还仍旧是遥远的目标.

更重要的是，各种存在性结果的有效性问题. 在这里不仅意味着它们对于解不定方程问题的理论上的可应用性，而且也意味着实际上的可利用性，一个问题如果用极大的工作量才能解决，则它的理论解法可能没有任何价值. 不幸的是，西格尔问题、莫德尔问题，以及采用莫德尔 - 韦尔定理去发现阿贝尔簇有理点的群结构，似乎均属于上述情况(存在着关于有效利用莫德尔 - 韦尔定理的一个未经证明的算法，它的正确性等价于韦尔于 1929 年的一个猜想，而这个猜想至今仍未解决). 定理结果是很难得到的. 莫德尔 - 韦尔定理和莫德尔猜想的证明在极大程度上均是非构造性的，很难计算有理点或整点的个数，也很难得到莫德尔 - 韦尔群的生成元集合.

西格尔在一篇文章中说到，即使整点的大小不能估计，也应当有有效的办法来计算整点的个数. 因此，关于整点的个数我们可能会有某种想法，但却不知要在多么大的空间中寻找，才能保证毫无遗漏地得到全部解. 实际上，是否存在着实际方法计算曲线上整点个数这一点也是不清楚的. 成熟的数论学者当中比较一致的意见是：我们距离寻求亏格大于或等于 2 的曲线的全部整(有理) 解的确实有效方法还有很长的一段路.

目前，法尔廷斯的工作在很大程度上还不是有效性的. 例如，还没有算法来决定一条曲线上究竟是否有有理点(对于整点情形，马蒂贾西雅已经给出否定的答案，所以对于有理点情形这种算法的存在性很难持乐观态度). 费马大定理正是一个例子表明这个问题是多么难. 假定在某曲线上存在有理点，还仍然不知道有理点数的可计算的上界. 事实上，在法尔廷斯的工作之前，我们还不知道一条亏格大于或等于 2 的曲线 X，它在所有数域 K 上的点集 $X(\mathrm{K})$ 都是有限的. 这一切使我们对于法尔廷斯的工作直接用于数论的实际益处产生了悲观情绪，尽管它的理论价值是显著的. 只有时间才能告诉我们这种悲观情绪是否对头.

未来或许会表明，法尔廷斯工作的重要性本质上不在于解决了莫德尔猜想. 对于一个代数几何学家，法尔廷斯关于沙法列维奇猜想和塔特猜想的结果

可能开辟了通往重要进展之路.法尔廷斯关于阿贝尔簇的高度理论的工作也可能是更重要的,还可能间接地给不定方程问题带来进步,这一切也只有时间才能告诉我们.

5.众星捧月——灿若群星的代数几何大师

代数几何是解析几何的自然推广,研究的对象是由多项式方程组的零点定义的代数簇,如代数曲线是一维代数簇.近代代数几何主要在两个方面有所发展:一是由实数推广到复数(顺便说一句,至今实代数几何进展不大,问题成堆),二是考虑的主要问题是在双有理等价下对代数簇进行分类.第二次世界大战之后,代数几何有了巨大发展,成为当前数学的核心之一,但是留给21世纪的问题恐怕一个世纪也解决不完.

代数曲线我们了解得最清楚,复光滑代数曲线,其实就是紧黎曼曲面.按照双有理不变量——亏格 g,可以分成三大类:

(1) $g = 0$,有理曲线;

(2) $g = 1$,椭圆曲线;

(3) $g \geqslant 2$,一般型代数曲线.

亏格为 $g \geqslant 2$ 的代数曲线的双有理等价类构成复维 $3g - 3$ 的空间,称为参模空间.近半个世纪,对各种参模空间的结构已有了相当多的了解,但尚未完全搞清楚.另有一个重要问题是肖特基(F.Schottky)问题.黎曼以前已经知道,每条代数曲线都对应一个 g 维的雅可比簇,这是一种极化阿贝尔簇,但任一极化阿贝尔簇未必是一代数曲线的雅可比簇.肖特基的问题是:如何从极化阿贝尔簇的集合(参模空间)中把雅可比簇挑出来?这问题尚未完全解决.苏联数学家诺维科夫(S.P.Novikov,1938—)提出一个猜想,即是雅可比簇上 θ 函数满足非线性方程(KP方程).KP方程是一系列方程中的一个,其中最简单的即是有孤立子解的KdV方程.1986年日本数学家盐田隆比吕证明了诺维科夫猜想,向肖特基问题迈进了一大步.

椭圆曲线不是椭圆,只是比椭圆稍复杂的三次曲线,方程为

$$y^2 = x^3 + ax + b$$

其中,a,b 是常数,$4a^3 + 27b^2 \neq 0$.由于它能被椭圆函数参数化,故得名.19世纪椭圆函数可以说无处不在,从数学物理到数论都有应用,一种现在常用的因式分解方法是伦斯特兰(Hendrik Lenstra)研究出的椭圆曲线法(ECM),此法可以把大得多的数分解开,只要该数至少有一个素因子足够小,例如,澳大利亚国立大学的布伦特(Richard P.Brent)最近用ECM算法分解了 F_{10}.他首先找出了

该数的一个“仅有”40位的素因子.到如今,这个看似简单的椭圆曲线用处也不小.从费马大定理的解决到类数问题、大数素因子分解及素数判定都显示了其威力.即使如此简单的曲线也仍有许多基本问题未解决.下面考虑有理系数椭圆曲线的有理点,即满足上述方程的坐标为有理数的点问题.前面提到了法尔廷斯解决莫德尔猜想时涉及了椭圆曲线上有理点群.它既然是有限生成阿贝尔群,其中有一个由有限阶元构成的挠子群 T,其他部分可以由 r 个母元生成,r 称为椭圆曲线的秩.因此了解椭圆曲线只要了解 T 与 r 就行了.耗费了半个多世纪,1977年美国数学家梅热最终对 T 给出结论,它只有15种类型,不用说,证明极难.而秩有多大,是否可以任意大,现在还很难说,我们看看进度:

1948年首先找到 $r = 4$ 的椭圆曲线;

1974年首先找到 $r = 6$ 的椭圆曲线;

1984年首先找到 $r = 14$ 的椭圆曲线.

要知道,在计算机的帮助下,这也不是一件简单的事,我们只要看一下 $r = 14$ 的曲线

$$a = -3\ 597\ 173\ 708\ 112, b = 85\ 086\ 213\ 848\ 298\ 394\ 000$$

看来 r 越大,a 与 b 也小不了.反过来,已知椭圆曲线,求 r 也不易.关于这点有一个重要猜想:伯奇 - 斯温内顿 - 代尔(Birch-Swinnerton-Dyer)猜想,简记为BSD猜想.猜想很复杂,一个简单的形式把椭圆曲线的秩 r 与其同余式解数联系在一起,它可写为

$$\prod_{p<x} \frac{N(p)+1}{p} \sim C(\lg x)^r, x \to \infty$$

如果说法尔廷斯是一个天才的武器使用者,那么那些代数几何学家就是武器的制造者.所以其中 $\sim$ 表示当 $x \to \infty$ 时渐进等于,C 为常数,$N(p)$ 表示同余式

$$y^2 \equiv x^3 + ax + b \pmod p$$

的解数.1993年哈塞(H.Hasse)证明了这种情形的代数几何基本定理,即黎曼 - 洛赫定理从而得出下面的估计,即

$$p - 2\sqrt{p} < N(p) < p + 2\sqrt{p}$$

1940年韦尔把这个结果推广到 $g \geqslant 2$ 的代数曲线,1949年韦尔提出著名的韦尔猜想,1974年德利哥尼运用所有先进武器(各种上同调)证明了它.

椭圆曲线中有一类比较好的曲线称为模曲线,模曲线中有一类更好的CM曲线,这是具有复数乘法的椭圆曲线的缩写.最近BSD猜想只证到CM曲线,而一般问题则极难.对此韦尔提出另一个猜想:所有椭圆曲线均为模曲线.考虑到只用这个韦尔猜想的一部分就能证明费马大定理,可见这个猜想威力有多大,同时也可看出它多么难,代数几何乃至整个数学留给下个世纪的问题可想而知.

从代数几何的整个发展来看,年轻的法尔廷斯有些像一个极富想象力的编花篮能手,将代数几何中的许多最漂亮的花朵如格罗登迪克、塞尔、曼福德、尼罗恩、塔特、曼宁、沙法列维奇、帕希恩、诺维科夫、札惠恩、雷劳特(Grothedieck, Serre, Mumfovd, Néron, Tate, Manin, Shafavevied, Parsin, Arakelov, Zarhin, Raynaud)等人的工作,编织在两个骨架上,这两个骨架被数学家称为高度理论和 P 可除群理论.

梅热将法尔廷斯证明了莫德尔猜想称为"最近数学的一个伟大时刻".他说:"法尔廷斯的这些贡献,使我们对这极为富有创造力的头脑的工作留下非常深刻的印象.我们可以同样期待它将来会产生出更令人惊奇的事物来."

与此同时,我们也对那些发展了如此庞大的"武器系统"的代数几何大师们表示深深的敬意,我们下面很不完全的列出这些大师的"明星榜".

·沙法列维奇 (1923—)Шафаревич, Ияорь Ростиславович

沙法列维奇,苏联人.1923 年 6 月 3 日生于托米尔.17 岁时以校外考生资格通过莫斯科大学毕业考试,19 岁获副博士学位,1943 年后一直在苏联科学院数学研究所工作.1953 年获数学物理学博士学位,同年成为教授.1958 年成为苏联科学院通讯院士.

沙法列维奇主要研究代数学、代数几何学、代数数论.1954 年,他证明了在任何代数数域上都存在具有预先给定的伽罗瓦可解群的无穷多个扩张(伽罗瓦理论的逆问题).1950 年至 1954 年间发表了几篇有关代数数论的论文(发现了一般互反律和可解群的伽罗瓦逆问题的解法).

·塔特 (1925—)Tate, John Torrence

塔特,美国人.主要研究代数几何学及整数论、类域论等.他发现了以他的名字命名的塔特定理.他论著很多,主要有《类域论》(1951,与阿廷合作)、《代数上同调类》(1964)、《局部域的形式复积》(1965)、《有限域上阿贝尔变量的自同态》(1966)等.

·朗 (1927—)Lang, Serge

朗,美国人.1927 年 5 月 19 日生于巴黎.现任哥伦比亚大学教授.他是为数不多的布尔巴基学派的非法国成员之一.他的学术成就主要在代数学、整数论、代数几何学、微分几何学等方面.他有多种著作闻名于世,诸如《微分流形引论》(1967)、《代数学》(1970)、《丢番图逼近论导引》(1970)、《代数数论》(1976)、《代数函数和阿贝尔函数引论》(1976)等都有很大的影响.

·格罗登迪克 (1928—)Grothendieck, Alexandre

格罗登迪克,法国人.1928 年 3 月 24 日生于德国柏林.没有受过系统的教育,只是第二次世界大战后在法国高等师范学校和法兰西学院听过课.20 世纪 60 年代起任法国高等研究院的终身教授.

格罗登迪克在数学上做出的主要贡献：

首先，他在系统地研究了拓扑向量空间理论的基础上，引进了核空间(最接近有限维空间的抽象空间)，利用核空间理论解释了广义函数论的许多问题.他还引进了张量积的概念，这也是重要的数学工具.

其次，他建立了一套抽象的代数几何学的庞大体系，而且用这套理论作工具解决了许多著名的猜想问题.例如，1973 年德林用这种理论证明了韦尔猜想.格罗登迪克实际上把代数几何学变成了交换代数的一个分支.

格罗登迪克和他的学生们将系统的数学体系写成了十几部专著，命名为《概型论》.

格罗登迪克还热衷于无政府主义运动及和平运动，并劝说向他求教的人积极参加社会活动.他富有正义感，当他知道法国高等研究院得到了北大西洋公约组织的资助后，就辞去了教授职位，并回乡务农.1970 年后，他完全离开了数学研究和教学.

格罗登迪克获 1966 年的菲尔兹奖.

·曼福德 (1937—)Mumford，David Bryant

曼福德，美籍英国人.1937 年 6 月 11 日生于撒塞克斯郡.16 岁上哈佛大学.1961 年获博士学位.1967 年起任哈佛大学教授.

曼福德在数学上做出了重大贡献.

首先，他对参模理论进行了深入的研究.他发现了“环式嵌入法”，并将它用于研究代数簇(即参模)的整体结构.他构造性地应用不变式理论，建立了几何不变式理论，这是数学的一个新的分支.1965 年他发表了专著《几何不变式论》.

其次，曼福德对代数曲面理论也进行了独创性的研究.他于 1961 年证明了代数曲面与代数曲线和高维代数簇有一个不同之处：代数曲面如有一点具有一个邻域，它在一个连续映射之下是实现 4 维空间的一个邻域的象，则这点也具有一个邻域是复 2 维空间一个邻域的一一解析映射下的象.这一结论对于其他维数不成立.他对代数曲面的分类问题也作出了重要贡献.

曼福德对费马大定理也进行了系统研究.他证明了 $x^n+y^n=z^n$ 的最大整数解满足

$$z_m > 10^{10^{am+b}}$$

其中，$a>0$，a，b 均为常数.

曼福德获 1974 年的菲尔兹奖.

·曼宁 (1937—)Манин，Юрий Иванович

曼宁，苏联人.1937 年 2 月 16 日生于辛菲罗波尔.1958 年毕业于莫斯科大学.1961 年起在苏联科学院斯捷克洛夫数学研究所工作.1963 年获数学物理学

博士学位.1965 年起回到莫斯科大学工作.1967 年成为教授.

曼宁的主要工作在代数几何、群论与代数数论等方面.他用自己给出的新的微分算子证明了数论中的定理,据此足以使一般二元不定方程有有限的有理数解.另外,他在数学的许多分支中所取得的成果都得到了有价值的应用.他也提出了许多尚待解决的问题.

曼宁于 1967 年获列宁奖金.

布朗——用真心换无穷

第八章

在试图攻克费马大定理的路途上,一直都只有量的积累(即对越来越大的指数,证明了它的成立),但一直都没有质的突破(即证明有多少个指数使得费马大定理成立),在这方面布朗走到了前面.首先,素数分布理论起了决定性作用.我们将会看到 FLT 与素数分布理论是怎样联系起来的,以及看到一些引入素数理论的必要.

然而首先,让我们回顾费马问题的一些其他的结论.现在,FLT 对于所有指数 $n \leqslant 12\ 500$(瓦格斯塔夫(Wagstaff))是成立的.然而,关于 FLT 最深刻的结果,也许是下述定理,即法尔廷斯最近研究的特殊情形.为了简明地表达这个结果,我们将说 x,y,z 是 $x^n+y^n=z^n$ 的原始解,如果 $xyz\neq 0$ 以及 $(x,y,z)=1$(因此,任何一个非平凡解可以简化为一个原始解).那么,我们有:

· 法尔廷斯定理

对于 $n\geqslant 3$ 的每一个指数,方程 $x^n+y^n=z^n$ 至多有有限个原始解.

众所周知,由于方程对于 $n=4$ 没有解,人们可以限定考虑素数指数 p 的情形.那么,我们有将问题分为第一种情形和第二种情形的习惯.FLT 的第一种情形是指对于指数 p,在 x,y,z 关于 p 是互素整数时,如果方程 $x^n+y^n=z^n$ 没有原始解.类似地,第二种情形是指对于指数 p,在 x,y,z 满足 $p\mid xyz$ 时,如果方程 $x^n+y^n=z^n$ 没有原始解.在此我们论及的第一种情形,通常是最容易计算出

结果的.事实上,对于所有的 $p<6\times10^9$(莱默(Lehmer))是成立的,这一事实早为人们所知.第一种情形最早的结果,以及被分成几种情形来考虑的,有下述定理.

· **吉尔曼定理**

FLT 的第一种情形成立,对于 $p,2p+1$ 同是素数.

这个定理圆满地处理了例如 $p=3,5,11$ 的情况,然而却不能处理 $p=7$ 或 $p=13$ 的情况.对于第一种情形给出的许多准则中最为人知晓的一个也许是威弗里奇定理.

· **威弗里奇(Wieferich, Mirimanoff)定理**

FLT 的第一种情形成立,对于 p 除非满足

$$m^{p-1}\equiv 1(\bmod p^2) \qquad ①$$

既对于 $m=2$ 又对于 $m=3$,即同时满足

$$2^{p-1}\equiv 1(\bmod p^2)$$
$$3^{p-1}\equiv 1(\bmod p^2)$$

事实上,第一种情形对于 p 除非 ① 是满足的,对于每一个 $m=2,3,\cdots,36$,实质上是这样的,由森岛太郎(Morishima)证明的.没有一个素数既对 $m=2$ 又对 $m=3$ 满足 ① 同余,并且看起来对任何这样的素数都未必可能存在.事实上,仅对于 $2^{p-1}\equiv 1(\bmod p^2)$ 的素数 $p,p\leqslant 6\times10^9$,是 $p=1\ 093$ 和 $p=3\ 511$.

借助于费马小定理,可知存在 $2^{p-1}=1+ap,3^{p-1}=1+bp$.$a$ 与 b 的模 p 剩余数似乎是随机分布的.这样,人们期望有 $p\mid a$ 和 $p\mid b$ 的概率是 $1/p^2$,以及这种素数的"期望数"既对 $m=2$ 又对 $m=3$ 满足 ① 的是 $\sum p^{-2}<\infty$.

尽管上述准则显现得长了些,但仍是人们想得到的,上述准则从前面的观点看它们对所有素数是失败的.事实上,由阿蒂曼(Adleman)、福弗瑞(Fouvry)和布朗(R. Heath. Brown)证明了 FLT 的第一种情况对无穷多个素数是成立的.第二种情况对无穷多个素数是否成立仍是一个未解决的问题.这一困难在于例如准则 ① 很难进行涉及更多的素数 p 的讨论.

这个问题,即要求无穷多个具有某一性质的素数,显然是解析数论专家的研究范围.例如,我们考虑索菲·吉尔曼准则希望得知对于无穷多个素数 p,$2p+1$ 仍是素数.解析数论专家们很久前就熟悉这个问题,并且对该问题有了相当多的了解.然而,他们还没有解决它.布朗试图研究与吉尔曼准则的推广相联系的一些素数理论,以及用它们证明下述的结果:费马大定理的第一种情形对于无穷多个素数是成立的.

事实上,如果我们定义 $s=\{p\mid$第一种情形成立的 $p\}$,那么这一方法事实上将显示

$$\#\{p\in s\mid p\leqslant x\}\gg x^{\frac{2}{3}}$$

这个记号意思是,左边对于某常数 $c>0$ 至少是 $cx^{\frac{2}{3}}$. 这样,对于第一种情形成立的素数,存在一个"适当的素数"(记住,素数定理指出,一直到 x 的素数总数是渐近趋向 $x/\lg x$).

· 索菲 · 吉尔曼准则的推广

让我们从考虑第一种情形的准则开始. 假设 k 是一个不能被 p 整除的正整数,以及令 $2kp+1=q$ 是素数(我们将全节用 p 与 q 表示素数). 设 $x^p+y^p=z^p$, 满足 $(x,y,z)=1$ 及 $p\mid xyz$. 我们将需要一个应归于弗厄特万格勒研究的结果,即如果 x,y,z 满足上述条件,那么对于 xyz 乘积的任何除数 d, $d^{p-1}\equiv 1\pmod{p^2}$(例如,这样就推导出式 ① 的 $m=2$ 的情况,因为 x,y,z 不能都是奇数). 让我们看一看是否有 q 能除尽 xyz 的可能. 利用弗厄特万格勒定理,可以推得 $q^{p-1}\equiv 1\pmod{p^2}$. 然而,利用二项式定理,我们有

弗厄特万格勒 (Furtwängler, 1869—1940) 奥地利数学家

$$q^{p-1}=(2kp+1)^{p-1}=1+2kp(p-1)\not\equiv 1\pmod{p^2}$$

因为 $p\geqslant 3$ 和 $p\mid k$. 因此, x,y,z 中任何一个都不能被 q 整除.

其次,我们选择 y' 使得 $y'y\equiv 1\pmod q$, 这是可能的,因为现在我们有 $q\nmid y$, 那么

$$(xy')^p+1\equiv (xy')^p+(yy')^p=(zy')^p\pmod q$$

设 $X=(xy')^p$, $V=(zy')^p$, 所以 $X+1\equiv V\pmod q$. 注意到 $q\mid xy'$, 我们利用费马小定理得

$$X^{2k}=(xy')^{2kp}=(xy')^{q-1}\equiv 1\pmod q$$

而且类似地我们得到 $V^{2k}\equiv 1\pmod q$, 由此 $q\mid X^{2k}-1$ 和 $q\mid (X+1)^{2k}-1$. 由此可得 $q\mid R_k$, 其中 R_k 是多项式 $X^{2k}-1$ 和 $(X+1)^{2k}-1$ 的结式. 我们需要知道,对于什么样的 k 有 $R_k=0$. 这种情况成立当且仅当两个多项式有一个共同的复根,记为 a. 那么 $|a|=|a+1|=1$, 所以 $a=\exp(\pm 2\pi i/3)$. 由此可得,由于我们有 $a^{2k}=1$, $3\mid k$. 这样 R_k 将是非零的,无论 k 是与3怎样相联系的素数. 我们还需要一个对 R_k 大小的估计. 我们注意到 R_k 是由 $4k$ 阶行列式来定义的,其值全部是零或者是多项式 $X^{2k}-1$ 和 $(X+1)^{2k}-1$ 的系数. 因此,这些值以 $\binom{2k}{k}$ 为界,以及由此可得

$$|R_k|\leqslant (4k)!\binom{2k}{k}^{4k}\leqslant (4k)^{4k}(2^{2k})^{4k}=2^{24k^2} \qquad ②$$

现在我们定义

$$T_k=\{p\mid 2kp+1\text{ 是素数,但 } p\notin s\}$$

$$U_k=\{p\mid 2kp+1=q\text{ 是素数,且或者 } p\mid k\text{ 或者 } q\mid R_k\}$$

那么,从我们所得到的上述结果看,我们有 $T_k\subseteq U_k$. 此外,如果 $3\nmid k$, 那么 U_k 是一个原则上能够确定的有限集. 事实上, U_k 经常是空集. 达内斯(Dénes) 利用此

方法来推广了索菲·吉尔曼准则,即满足对于任何具有 $3 \nmid k$ 的 $k \leqslant 52, 2kp+1$ 是素数的情况.如果我们知道 T_k 对于 $3 \nmid k$ 总是空集,我们能证明费马大定理的第一种情形对所有的素数是成立的.这仅仅取 $k=3j-p$(由此 $3 \nmid k$)以及利用狄利克莱雷定理于算术级数里的素数,来找 $j>\frac{p}{3}$ 的值使得 $6pj+1-2p^2=2pk+1$ 是素数(注意$(6p, 1-2p^2)=1$).那么 p 将位于 s 内,当 $T_{3j-p}=\Phi$.

不幸的是需要数值的研究,对于每一个 k 要证明 T_k 是空集.然而,仅仅估计 U_k 的大小是容易的.显然,k 至多能有 k 个素数因子 p.此外,由于 $2kp+1 \geqslant 2$,从式 ② 得到 R_k 至多有 $24k^2$ 个素数因子 q,如果 $3 \nmid k$,因此

$$\# T_k \leqslant \# U_k \leqslant 24k^2+k, 3 \nmid k \tag{3}$$

为了将此表述成更有用的形式,我们引入计数函数

$$\pi(x; u, v)=\#\{q \leqslant x \mid q \equiv v(\bmod u)\}$$

以及对于 $3 \nmid u$

$$\pi^*(x; u)=\#\{q \leqslant x \mid q \equiv 1(\bmod u), 3 \mid q-1 \mid\}$$

因此,如果 $3 \nmid u$ 我们有

$$\pi^*(x; u)=\pi(x; u, 1)-\pi(x; 3u, 1) \tag{4}$$

函数 $\pi(x; u, v)$ 是一个在素数理论中研究的基本对象之一.按照素数理论关于算术级数的定理,如果 u 和 v 是固定的,并且 $x \rightarrow \infty$,有

$$\pi(x; u, v) \sim \frac{\operatorname{Li}(x)}{\varphi(x)}, (u, v)=1 \tag{5}$$

这里的 $\varphi(u)$ 是欧拉函数以及 $\operatorname{Li}(x)=\int_2^x(\log t)^{-1} \mathrm{d}t$.由于对于 $p \neq 3, \varphi(p)=p-1$ 和 $\varphi(3p)=2p-2$,从式 ④ 得到

$$\pi^*(x; p) \sim \frac{\operatorname{Li}(x)}{2p-2} \tag{6}$$

我们着手证明关于 T_k 大小的式 ③ 的界是如何导致一个和式的估计

$$\sum\nolimits_1=\sum_{\substack{y<p \leqslant x \\ p \notin s}} \pi^*(x; p)$$

这里我们将取 $y=x^\theta$,具有在$0<\theta<1$范围内选择合适的常数 θ.根据 $\pi^*(x; p)$ 的定义,我们看到 $\sum_1$ 是素数对(p, q)的一个素数,满足 $y<p \leqslant x, p \notin s$, $q \leqslant x, p \mid q-1$ 和 $3 \nmid q-1$.如果我们写 $q-1=2kp$ 这是可能的,由于 p 与 q 都是奇数,我们看出 $k<x/(2p)<x/(2y)$ 和 $3 \mid k$.现在如果 p, q, k 是满足上述条件的,我们将有 $p \in T_k$.以及由于 q 是被 p 与 k 所确定的,我们在应用式 ③ 的基础上推导得

$$\sum\nolimits_1 \leqslant \sum_{\substack{k<x/2y \\ 3 \nmid k}} \# T_k \leqslant \sum_{k<x/2y} 8k^2+k \ll (x/y)^3 \tag{7}$$

结果是,借助于完全不同的方法,能证明对应于 $\sum_1$ 的和是 $O(x/\lg x)$.除非条件 $p \notin s$ 省略.因此,式⑦不能告诉我们集 s 的情况,除非 $y = x^{\theta}$ 满足 $\theta > \frac{2}{3}$.然而,对于 θ 的值接近于1时,式⑦的界表述成严格约束于素数 $p \notin s$ 上.为了使这更精确,我们将进一步考虑刚刚提及的和

$$\sum_2 = \sum_{y<p\leqslant x} \pi^*(x;p)$$

为了阐述的目的,让我们假设式⑥能够在范围 $y < p \leqslant 2y$ 内对所有的 p 是一致的——这个假设事实上我们不能论证.那么,如果 $2y \leqslant x$,我们有

$$\sum_2 \geqslant \sum_{y<p\leqslant 2y} \pi^*(x;p) \sim \sum_{y<p\leqslant 2y} \frac{\mathrm{Li}(x)}{2p-2} \geqslant \sum_{y<p\leqslant 2y} \frac{\mathrm{Li}(x)}{4y-2}$$

然而,在 y 与 $2y$ 之间的素数 p 是渐近趋于 $y/\lg y = y/(\theta\lg x)$ 以及 $\mathrm{Li}(x) \sim x/\lg x$.由此

$$\sum_2 \gg \frac{y}{\theta\lg x} \cdot \frac{x}{\lg x} \cdot \frac{1}{4y-2} \gg \frac{x}{(\lg x)^2} \quad ⑧$$

因为 θ 是常数.

我们现在比较式⑦和式⑧的估计.根据取 $y = x^{\theta}$,满足 $\theta > \frac{2}{3}$,我们看出 $\sum_1 = O(x^{3-3\theta}) = O(x(\lg x)^{-2})$.从而,只要 x 充分大就有 $\sum_1 < \sum_2$,而且在 $y < p \leqslant 2y$ 范围内必存在一个素数 $p \in s$.用增加 x 值序列的方法,可得 s 是无限的.尤其注意到,这里有 $\theta > \frac{2}{3}$ 是必要的.人们甚至没有做满足 $\theta = \frac{2}{3}$ 的情况.

· 邦别里 - 维诺格拉朵夫(Bombieri-Vinogradov,1891—1983)素数定理

现在我们必须考虑能够应用式⑤的 u 值的范围,并且从而考虑式⑥成立的 p 值的范围.这个问题借助于检验下面的估计可以说明

$$\pi(x;u,v) = \frac{\mathrm{Li}(x)}{\Phi(u)}\left\{1 + O\left(\frac{u}{\lg x}\right)\right\},(u,v) = 1$$

即误差项 u 的依赖性被明确表示的式⑤形式.对于固定的 u,这实际上蕴涵渐近的公式⑤.不过,只要 $u \gg \lg x$,甚至就不能推导出 $\pi(x;u,v)$ 是非零的.可以证明,最佳估计是可以得到的,但是,至此能满足的最明显结果证明为 $\pi(x;u,v)$ 是对于 $u \ll x^{\frac{1}{17}}$ 为正的(当然,还有 $(u,v) = 1$),当我们对 $u \gg x^{\frac{2}{3}}$ 的范围感兴趣时(这里我们所具有的是林尼克定理的形式:如果 $(u,v) = 1$,那么存在一个满足 $p \ll u^{17}$ 的素数 $p \equiv v(\mathrm{mod}\ u)$.这是狄利克莱雷关于素数定理在算术级数里的数量形式.指数17归功于陈景润的研究).人们猜测:对任何正的常数 ε 而言,估计式⑤对于 $u \ll x^{1-\varepsilon}$ 是一致成立的,可是,我们至今远远没有证明这个猜测.

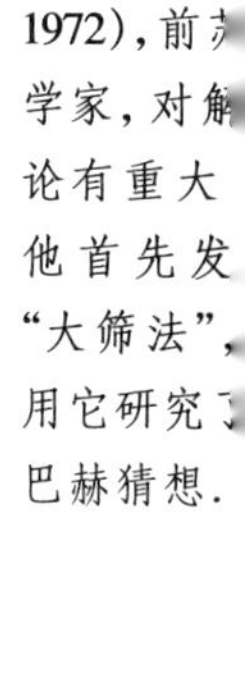

进行推导的一种方法是用邦别里 - 维诺格拉朵夫定理.这叙述成

$$\sum_{u \leqslant x^{\Phi}} \max_{z \leqslant x} \max_{(u,v)=1} \left| \pi(z;u,v) - \frac{\mathrm{Li}(z)}{\Phi(u)} \right| \ll \frac{x}{(\lg x)^{10}} \quad ⑨$$

对于 $\Phi \leqslant \frac{1}{2} - \varepsilon$,其中 ε 是固定的正常数.随即,我们立刻看到,该定理实质上说式 ⑤ 在 $u \leqslant x^{\Phi}$ 范围内对"几乎所有"的 u 值一致地成立.为了我们的目的,我们取 $z = x, v = 1$ 以及仅用 $u = p, 3p$ 的项.那么

$$\sum_{p \leqslant x^{\Phi}} \left| \pi(x;p,1) - \frac{\mathrm{Li}(x)}{p-1} \right| \ll \frac{x}{(\lg x)^{10}}$$

并且类似地用 $3p$ 来代替 p.这样式 ④ 导致

$$\sum_{3 < p \leqslant x^{\Phi}} \left| \pi^{*}(x;p) - \frac{\mathrm{Li}(x)}{2p-2} \right| \ll \frac{x}{(\lg x)^{10}} \quad ⑩$$

事实上,我们在一种估计中有 $p \leqslant x^{\Phi}$ 以及在另一种估计中有 $3p \leqslant x^{\Phi}$,因此,小的"整理"是必要的.

现在,我们取 $y = x^{\theta}$ 以及用 $2y = x^{\Phi}$ 来定义 Φ.对于一个合适的 $\varepsilon = \varepsilon(\theta) > 0$,如果 x 是充分的大,那么 $\theta < \frac{1}{2}$ 蕴涵着 $\Phi \leqslant \frac{1}{2} - \varepsilon$,我们将用式 ⑩ 来证明式 ⑥ 对在 $y < p \leqslant 2y$ 范围内的"几乎所有"的 p 都成立.特别地令 $\delta > 0$ 是已知的,以及假设存在 $N\delta$ 这样的素数,对于

$$\left| \pi^{*}(x;p) - \frac{\mathrm{Li}(x)}{2p-2} \right| > \delta \frac{\mathrm{Li}(x)}{2p-2} \quad ⑪$$

此处我们有

$$\delta \frac{\mathrm{Li}(x)}{2p-2} \gg \delta \frac{\frac{x}{\lg x}}{y} \gg \frac{x}{y(\lg x)}$$

因为 δ 是常数.因此,式 ⑩ 得

$$N_{\delta} \frac{x}{y \lg x} \ll x(\lg x)^{-10}$$

从而

$$N_{\delta} = O(y(\lg x)^{-9})$$

由于 $y < p \leqslant 2y$ 的素数总和是渐近趋于 $\frac{y}{\lg y}$,我们看到式 ⑪ 仅对所要求的这些素数的一小部分成立.特别地,如果 x 是充分大的,我们必有

$$\left| \pi^{*}(x;p) - \frac{\mathrm{Li}(x)}{2p-2} \right| \leqslant \delta \frac{\mathrm{Li}(x)}{2p-2} \quad ⑫$$

至少对于 $\frac{1}{2} \cdot \frac{y}{\lg y}$ 的素数是成立的.当选择 $\delta = \frac{1}{2}$,我们从式 ⑫ 中看出:$\pi^{*}(x;p) \geqslant \frac{1}{2} \cdot \frac{\mathrm{Li}(x)}{2p-2}$ 至少对于 $\frac{1}{2} \cdot \frac{y}{\lg y}$ 的素数是成立的,所以估计式 ⑧ 是如上的结果.

现在,我们存在一个使得式⑧成立的严格证明.遗憾的是,可容许的范围是$\theta < \frac{1}{2}$,而我们喜欢取$\theta > \frac{2}{3}$,问题就会自然出现:关于邦别里-维诺格拉朵夫定理为正确的可否推广到Φ值集上呢?人们猜测对于任何的$\Phi < 1$是可能的.最近,在某种特殊的情况下,由伊瓦涅科(Iwaniec)和其他人得到一些小的但是重要的进展.可是,这不直接与我们感兴趣的$\sum_2$和相涉及,尽管随后我们也会发现,它们之间存在着较少的明显的联系.

·切比雪夫论证和布朗·梯奇马什(Brun-Titchmarsh)定理

存在一个归功于切比雪夫的方法,我们从这个事实开始,即

$$\sum_{p^m \mid n} \lg p = \lg u \tag{13}$$

此处对于每一个p的幂除以n左边的和计算$\lg p$,所以,如果p'是表示的最大的幂,相对应的分布是$r(\lg p)$,正是所要求的.现在我们注意到

$$\sum_{\substack{p^m \leq x \\ p \neq 3}} \pi^*(x;p^m)\lg p = \sum_{\substack{p^m \leq x \\ p \neq 3}} \#\{q \leq x; p^m \mid q-1, 3 \nmid q-1\}\lg p = \sum_{\substack{q \leq x \\ 3 \nmid q-1}} \sum_{\substack{p^m \leq x, p \neq 3 \\ p^m \mid q-1}} \lg p$$

关于变化求和次序.在里面的求和条件$p^m \leq x$与$p \neq 3$是多余的,由于$q \leq x$与$3 \nmid q-1$,从而我们利用⑬推得

$$\sum_{\substack{p^m \leq x \\ p \neq 3}} \pi^*(x;p^m)\lg p = \sum_{\substack{q \leq x \\ 3 \nmid q-1}} \lg(q-1)$$

对于右边求和,我们将需要一个渐近公式.现在我们就来达到这点,在这个讨论中不再是适当地给出需要的全部估计的所有细节.对于考虑中的这个和式,构造一个完备的论证有点冗长,但是一点也不困难.粗略地讲,此处有一个$1 + \pi(x;3,2)$项的和式(由于$q = 3$或$q \equiv 2 \pmod 3$).借助于式⑤,这个数渐近地是$\frac{1}{2} \cdot \frac{x}{\lg x}$,注意到我们是恰当地使用了具有固定值$u = 3$的式⑤).而且,这些项中相当多的部分有$x/\lg x \leq q \leq x$,所以$\lg(q-1) \sim \lg x$.这样得到了

$$\sum_{\substack{p^m \leq x \\ p \neq 3}} \pi^*(x;p^m)\lg p = \sum_{\substack{q \leq x \\ 3 \mid q-1}} \lg(q-1) \sim \frac{1}{2}x \tag{14}$$

我们也将计算$\sum \pi^*(x;p^m)\lg p$的和式,对于比较短的范围$p^m \leq x^{\Phi}$,其中Φ是小于$\frac{1}{2}$的常数.我们的出发点是估计

$$\sum_{\substack{p^m \leq x^{\Phi} \\ p \neq 3}} \left| \pi^*(x;p^m) - \frac{\mathrm{Li}(x)}{2\Phi(p^m)} \right| \ll \frac{x}{(\lg x)^{10}}$$

它是式 ⑩ 的直接推广. 由于 $\lg p \leqslant \lg x$, 对于 $p^m \leqslant x^{\Phi}$, 我们发现

$$\sum_{\substack{p^m \leqslant x^{\Phi} \\ p \neq 3}} \left| \pi^*(x;p^m)\lg p - \frac{\operatorname{Li}(x)\lg p}{2\Phi(p^m)} \right| \ll \frac{x}{(\lg x)^9}$$

由此
$$\sum \pi^*(x;p^m)\lg p = \frac{\operatorname{Li}(x)}{2} \sum_{\substack{p^m \leqslant x^{\Phi} \\ p \neq 3}} \frac{\lg p}{\Phi(p^m)} + O\left(\frac{x}{(\lg x)^9}\right)$$

现在我们估计右边的和式, 并不给出所有的细节. 具有 $m \geqslant 2$ 的许多项对和式 $O(1)$ 做了贡献 —— 事实上对应于所有的 p 与所有的 $m \geqslant 2$ 双无限求和收敛. 而且

$$\lg p/\Phi(p) \sim (\lg p)/p, \sum_{p \leqslant x}^{\lg p} p \sim \lg z$$

这样有
$$\sum_{\substack{p^m \leqslant x^{\Phi} \\ p \neq e}} \frac{\lg p}{\Phi(p^m)} \sim \lg x^{\Phi}$$

因此
$$\sum_{\substack{p^m \leqslant x^{\Phi} \\ p \neq e}} \pi^*(x;p^m)\lg p \sim \frac{1}{2}\operatorname{Li}(x)(\lg x^{\Phi}) \sim \frac{\Phi}{2}x$$

现在我们从式 ⑭ 中减去此式, 得

$$\sum_{\substack{x^{\Phi} < p^m \leqslant x \\ p \neq 3}} \pi^*(x;p^m)\lg p \sim \frac{1-\Phi}{2}x$$

我们必须考虑此处具有 $m \geqslant 2$ 的一些项 p^m. 我们不给出所有的细节, 基本想法是在任何 $X \leqslant p^m \leqslant 2X$ 范围内这样项的总数是 $O(X^{\frac{1}{2}})$, 其对比于区间上的个数而言是可忽略不计的. 因此, 我们可忽略具有 $m \geqslant 2$ 的一些项 p^m, 没有改变这个渐近公式. 由此可见

$$\sum_{x^{\Phi} < p^m \leqslant x} \pi^*(x;p^m)\lg p \sim \frac{1-\Phi}{2}x \tag{15}$$

因此有

$$\sum\nolimits_2 = \sum_{x^{\Phi} < p^m \leqslant x} \pi^*(x;p^m) \gg \frac{x}{\lg x} \tag{16}$$

对于 $\theta = \Phi < \frac{1}{2}$.

估计式 ⑯ 可以用相同的方法与 ⑦ 相比较, 当我们使用以前的式 ⑧. 迄今, 在这方面没有收获, 因为允许的范围 $\theta < \frac{1}{2}$ 与前节分析的结果是相同的. 现在, 进一步的进展是可能的, 然而, 由于在式 ⑮ 中存在明显的常数 $\frac{1-\Phi}{2}$. 我们将给出由一些素数 $x^{\Phi} < p \leqslant x^{\theta}$ 而产生的对式 ⑮ 有贡献的一个上界, 假若这个上界估计值小于 $\frac{1}{2}x(1-\Phi)$, 我们仍将能够推导出式 ⑯. 对于 $\pi^*(x;p)$ 的仅仅

一个上界的这一点是需要的，而不需要渐近公式.

我们将用到 $\pi^*(x;p)$ 的一些界，这是布朗-梯奇马什定理的形式，这是对于 $u \leqslant x^{1-\delta}$（其中 δ 是任意正常数），$\pi(x;u,v) \ll \frac{\mathrm{Li}(x)}{\Phi(u)}$ 一致成立的叙述.特别地，对于 $p \leqslant x^{1-\delta}$ 有 $\pi^*(x;p) \ll x/(p\lg x)$.由记号 $\ll$ 推出的这个常数当然可能依赖于 δ，而且实际上这些界中人们证明有

$$\pi^*(x;p) \leqslant \frac{C(r)x}{p\lg x}, r = \frac{\lg p}{\lg x}, r < 1 \tag{17}$$

这个估计与渐近公式⑤做比较是有趣的.这两个估计式有相同的数量级.然而，大家都知道的式⑰，常数 $C(r)$ 随着 $r \to 1$ 而趋于无穷大.此外，最有名的 $C(\frac{1}{2})$ 的值，例如，$C(\frac{1}{2}) = 1.6$，而如果式⑤对 $x^{\frac{1}{2}}$ 阶的一些素数是可用的，那么基本上能得到 $C(\frac{1}{2}) = 0.5$.这样，在这个意义上布朗-梯奇马什定理是更弱于式⑤的.然而式⑤完全是非一致成立的，而式⑰对于所有的 $p < x$ 是能应用的.

让我们看一看式⑰是如何运用的.我们有

$$\sum_{x^{\Phi} < p \leqslant x^{\theta}} \pi^*(x;p)\lg p \leqslant \frac{x}{\lg x}\sum_{x^{\Phi} < p \leqslant x^{\theta}} C(\frac{\lg p}{\lg x})\frac{\lg p}{p}$$

右边的和能够运用素数定理，利用部分求和的技术估计出来.这里不给出细节，让我们仅仅考虑在数 t 附近的素数密度大致在 $\lg t$ 处是1，用到了素数定理.这样，用对应的积分 $\int f(t)\mathrm{d}t/\lg t$ 代替和式 $\sum f(p)$ 看起来似乎有道理——这确实是部分求和允许做的内容.这导致了

$$\sum_{x^{\Phi} < p \leqslant x^{\theta}} \pi^*(x;p)\lg p \lesssim \frac{x}{\lg x}\int_{x^{\Phi}}^{x^{\theta}} C(\frac{\lg t}{\lg x})\frac{\lg t}{t}\cdot\frac{\mathrm{d}t}{\lg t} = x\int_{\Phi}^{\theta} C(r)\mathrm{d}r$$

这里，我们用到 $A(x) \lesssim B(x)$ 记号意指当 $x \to \infty$ 时，$A(x) \leqslant (1 + O(1))B(x)$.

许多不同形式的具有各种常数 $C(r)$ 的布朗-梯奇马什定理被建立起来.这些定理中最简单的形是对于任何的 $\varepsilon > 0$ 和 $x \geqslant x(\varepsilon)$，给出了 $C(r) = (1-r)^{-1} + \varepsilon$.从这一点可得

$$\sum \pi^*(x;p)\lg p \lesssim x\lg\frac{1-\Phi}{1-\theta}$$

这与式⑮相比较，人们发现

$$\sum_{x^{\theta} < p \leqslant x} \pi^*(x;p)\lg p \gtrsim (\frac{1-\Phi}{2} - \lg\frac{1-\Phi}{1-\theta})x$$

由于 Φ 当需要时，可以取值为接近于 $\frac{1}{2}$，假若 $\lg(\frac{1}{2-2\theta}) < \frac{1}{4}$，我们断定

$\sum_2 \gg \frac{x}{\lg x}$. 对于式⑯这个结果在容许的范围内,由 $\theta < 1 - \frac{1}{2}e^{-\frac{1}{4}} = 0.611\cdots$ 给出.因此,我们还没有取到 $\theta > \frac{2}{3}$,但是我们已经接近了它.

· 筛法

现在我们必须简要地考察筛法及其应用于布朗-梯奇马什定理.一般的筛问题如下所述.我们给定一个有限的正整数集 A,和一个参数 $z > 1$.然后我们希望得出 $S(A,z) = \#\{n \in A \mid (n,P) = 1\}$,其中

$$P = \prod_{p \leqslant Z} p$$

显然,在集 A 中的素数数目至多是 $A(A,z) + z$,对于任何 $z > 1$.

筛法的基本思想是挑选出条件 $(n,P) = 1$,详细地用选择系数 λ_d 使得 $\lambda_1 = 1$ 和对所有的 $n \geqslant 1$.这样

$$\sum_{d \mid (n,P)} \lambda_d \geqslant \begin{cases} 1, (n,P) = 1 \\ 0, (n,P) > 1 \end{cases}$$

由此

$$S(A,z) \leqslant \sum_{d \mid P} \lambda_d \leqslant \#\{n \in A \mid n \equiv 0 (\mathrm{mod}\ d)\} \tag{18}$$

一种可能是取 $\lambda_d = \mu(d)$,即弗罗比尼乌斯函数.然后,我们有式⑱中的等式,对于 $n \geqslant 2$ 时.然而,随后我们将看到,对于 λ_d,S 能够更好地进行选择.

现在,我们将假设这种形式的近似公式存在,即

$$\#\{n \in A \mid n \equiv 0 (\mathrm{mod}\ d)\} = e(d)X + R_d$$

其中,X 是对 $\# A$ 的近似,函数 $e(d)$ 是乘法的(即 $e(mn) = e(m)e(n)$,每当 $(m,n) = 1$)以及 R_d 是在近似意义下取值"小"的余项.这样,例如,对于素数 $p \leqslant x$ 可以取 A 是 $p - 1$ 数集.然后,根据式⑤,应该取 $X = \mathrm{Li}(x)$ 和 $e(d) = \Phi(d)^{-1}$.现在有

$$S(A,z) \leqslant X \sum_{d \mid P} \lambda_d e(d) + \sum_{d \mid P} \lambda_d R_d \tag{19}$$

将证明,这个上界的第一项产生了主项,而第二项——"剩余项和"相对是小的.然而,这依赖于 λ_d,S 的明智选择,随后我们将看到这一点.

为减少解释,我们将阐述不带有 $\pi^*(x;p)$ 而带有最简单函数 $\pi(x;p,1)$ 的估计量.因此,我们将取 $A = \{n \leqslant x \mid n \equiv 1 (\mathrm{mod}\ p)\}$.我们选 $X = \frac{x}{p}$,那么 $\# A = X + O(1)$.如果 $p \mid d$ 那么 $\{n \in A \mid n \equiv 0 (\mathrm{mod}\ d) = \Phi\}$,从而在这种情况下我们取 $e(d) = 0$,$R_d = 0$.当 $p \nmid d$,条件 $n \equiv 1 (\mathrm{mod}\ p)$,$n \equiv 0 (\mathrm{mod}\ p)$ 定义了一个单剩余类 pd,借助于中国剩余定理.在这种情况下我们有

$$\#\{n \in A \mid n \equiv 0 (\mathrm{mod}\ d)\} = \frac{x}{pd} + O(1) = \frac{X}{d} + O(1)$$

这样,我们对于 $p \nmid d$ 定义了 $e(d)=d^{-1}$,否则 $e(d)=0$,而且在这两种情形下,我们有 $R_d=O(1)$. 现在让我们深刻研究选择 $\lambda_d=\mu(d)$ 的结果. 借助于 P 的余数,余项和 $\sum\lambda_d R_d$ 将是有界的,其上界是 $2^{\pi(z)}$(其中 $\pi(z)$ 是不超过 z 的素数). 如果我们想进一步得到估计 $\pi(x;p.1)\ll\frac{x}{p}$,我们将需要有 $Z^{\pi(z)}\ll X$. 然而,由于 $\pi(z)\sim\frac{z}{\lg z}$,这导致了 $z\ll(\lg X)(\lg\lg X)$. 不幸的是,结果是(在这里我们将不证明它)主项 $X\sum\lambda_d e(d)$ 的阶是 $X(\lg z)^{-1}$. 这样,随着选择 $\lambda_d=\mu(d)$,估计式⑲最好也不过是 $O(X(\lg X)^{-1})$. 然而,对于 $S(A,z)$ 布朗 - 梯奇马什定理需要一个界 $O((X\lg X)^{-1})$,从而一个更好的系数集 $\lambda_d\cdot S$ 是合乎需要的.

这里我们先看一个筛法的基本例子:选择 λ_d,以便使得主项尽可能地小,而使余项和得以控制. 对于集 A 广泛的类,包括上面描述的,存在一个归功于罗瑟(Rosser)的本质上指出了一个最优结果的构造. 选择一个参数 D 以及以一个更复杂的方式来定义 S_D,除非使得对每一个 $d\in S_D$ 有 $d\leqslant D$. 然后罗瑟对 $d\in S_D$ 取 $\lambda_d=\mu(d)$,否则 $\lambda_d=0$. S_D 的构造是使得对于每一个 $n\geqslant 1$ 式⑱成立. 现在,如果 $R_d=O(1)$,对于所有的 d,λ_d 的这个选取将产生一个余项和 $O(D)$. 此外,关于 $\pi(x;p,1)$ 引入一个特殊函数 $e(d)$,结果是

$$X\sum\lambda_d p(d)\sim zX\frac{p}{p-1}(\lg D)^{-1},\text{当 } D\to\infty \qquad ⑳$$

对于 $D^{\frac{1}{3}}\leqslant z\leqslant D$ 一致地成立.

迄今,我们省略细节的地方都是些次要的事. 然而,上述关于罗瑟筛的断言是完全不同的. 它们代表着相当多的技术困难的数学问题,幸运的是,结果即对余项和的估计 $O(D)$,连同对主项的渐近公式⑳是容易运用的. 如果我们选取 $Z=D=X(\lg X)^{-2}$,我们立刻有

$$\pi(x;p,1)\leqslant S(A,z)+z\leqslant zX\frac{p}{p-1}(\lg D)^{-1}+O(D)+z\leqslant$$
$$\frac{zX_p}{p-1}(\lg X)^{-1},\text{当 } x/p=X\to\infty$$

事实上,如果我们让 x/p 和 p 趋于无穷,我们有 $\pi(x;p,1)\leqslant 2X(\lg X)^{-1}$. 对函数 $\pi^*(x;p)$ 进行类似的分析,可以得到相同的界,而没有因子 z. 因此,人们发现满足 $C(r)=(1-r)^{-1}+\varepsilon$ 的式⑰成立,像前面讲述过的至少当 $\varepsilon<r<1-\varepsilon$ 时成立.

· 平均的布朗 - 梯奇马什定理

存在许多种对布朗 - 梯奇马什定理改进的方法. 在式⑰中的常数 $C(r)$ 是筛界式⑲中主项的结果. 由于这个主项是利用式⑳的方法计算出的,我们能够

简化 $C(r)$ 的方法是通过增大 D.这样,只好对式 ⑲ 中的余项和使用非平凡的界,来证明它仍小于主项,即使 D 可能大于先前的值.这样做的一种主要方法归功于胡利(Hooley),是对集

$$A = \{n \leqslant x \mid n \equiv 1(\bmod p)\}$$

利用式 ⑲,并且从区间 $Q < p \leqslant 2Q$ 上求所有的素数和.这样,它的界为

$$\sum_{Q<p\leqslant 2Q} \pi(x;p,1)$$

而不是单个项 $\pi(x;p,1)$.然而,这对于我们处理 $\sum_2$(当然,除了要用 $\pi^*(x;p)$ 代替 $\pi(x;p,1)$)来说是十分充足的.我们关于集 $A = A_{p'}$ 的描述中参数 X,函数 $p(d)$ 和余项 R_d 依赖于素数 p;我们将记它们分别为 X_p, $P(d;p)$ 和 $R_{d,p}$.另一方面,我们将取 z 和 D 依赖于 Q,而不是依赖于单个 p 值.特别地,λ_d 将是与 p 无关的.那么,有

$$\sum_{Q<p\leqslant 2Q} S(A_p,z) \leqslant \sum_{Q<p\leqslant 2Q} X_P \sum_{d\mid p} \lambda_d P(d;p) + \sum_{Q<p\leqslant 2Q} \sum_{d\mid p} \lambda_d R_{d,p}$$

现在我们像以前一样用式 ⑳ 来计算右边的第一个双和式.由于我们运用了 $\lg Q$ 和 $\lg x$ 的阶,因此结果将有 $x(\lg x)^{-2}$ 数量阶.这里我们用到了 $X_P = O(x/Q)$ 的事实以及素数 p 的数目是 $O(Q/\lg Q)$.这样对于尽可能大的 D 值来说,要求双余项和 $\sum\sum \lambda_d R_{d,p}$ 是 $O((x\lg x)^{-2})$.

如果仅用到估计 $R_{d,p} = O(1)$,那么由于对于 $d > D$,有 $\lambda_d = 0$,双余项和是 $O(Q/\lg Q \cdot D)$.这允许使用 $D = x/Q(\lg x)^{-2}$,其本质上是先前相同的值.然而,较好的余项和处理可以借助于用非平凡的变量 p 来给出.回想 X_P, $P(d;p)$ 和 $R_{d,p}$ 的定义,我们有

$$\sum_{Q<p\leqslant 2Q} R_{d,p} = \sum_{Q<p\leqslant 2Q} \#\{n \in A_p \mid n \equiv 0(\bmod d)\} - P(d;p)X_p =$$
$$\sum_{n\leqslant x,\, d\mid n} \#\{P \mid Q < p \leqslant 2Q, n \equiv 1(\bmod p)\} - xd^{-1}\sum_{\substack{Q<p\leqslant 2Q\\ p\nmid d}} p^{-1} =$$
$$N(x+1;d,-1) - \omega(d)x$$

其中

$$N(y \mid d,a) = \sum_{\substack{m\leqslant y\\ m\equiv a(\bmod p)}} C_m \qquad ㉑$$

$$C_m = \#\{p \mid Q < p \leqslant 2Q, m = 0(\bmod p)\} \qquad ㉒$$

和

$$\omega(d) = d^{-1}\sum_{\substack{Q<p\leqslant 2Q\\ p\nmid d}} p^{-1} \qquad ㉓$$

由此我们有

$$\left|\sum_{Q<p\leqslant 2Q} \sum_{d\mid p} \lambda_d R_{d,p}\right| \leqslant \sum_{d\leqslant D} \left| N(x+1;d,-1) - \omega(d)x \right|$$

右边和与邦别里 - 维诺格拉朵夫定理 ⑨ 中的形式有相似性. 我们用 C_m 代替素数特征函数, $N(y;d,a)$ 与 $\pi(y;d,a)$ 是相似的 ,而 $\omega(d)$ 对应于 $1/\Phi(d)$. 结果是,对某一确定的系数 C_m 的类,以及特别地对于由式 ㉒ 定义的 C_m,对应于 ⑨ 的估计事实上是成立的,还具有相同的范围 $\Phi < \frac{1}{2}$. 这样的估计证明了双余项和式 ㉓ 是 $O(x(\lg x)^{-10}) = O(x(\lg x)^{-2})$ 对于 $D = x^{\frac{1}{2}-\varepsilon}$,是有任何固定的 $\varepsilon > 0$. 以前我们使用满足 $X = x/p$ 的 $D = X(\lg X)^{-2}$,这样的新方法允许对无论何时的 $p \geqslant x^{\frac{1}{2}+\varepsilon}$, D 的值很大. 事实上, 我们利用本质上是 $(\lg x/p)/(\lg x^{\frac{1}{2}}) = 2(1-r)$ 对于 $p = x^r$ 的因子来改进了结果. 这样,对于任何的 $\varepsilon < 0$ 满足 $C(r) = 2 + \varepsilon$ 的式 ⑰ 在平均意义上是成立的. 这导致了对式 ⑯ 的一个允许范围 $\theta < \frac{5}{8} = 0.625$,用到了与以前同样的讨论方法. 我们慢慢地接近了 $\theta = \frac{2}{3}$.

· 更进一步的改进

对于 $\theta > \frac{2}{3}$,为了建立式 ⑯ 存在几种不得不被并入到筛法中的成分. 它们都是极其复杂的技术,因此在此详细地描述它们是不合时宜的. 主要的思想是用到邦别里 - 维诺格拉朵夫定理的推广形式,涉及例如由式 ㉑ 给出的函数 $N(y;d,a)$. 我们前面注意到,关于式 ⑨ 与式 ⑩ 的估计是很容易拓广到允许的范围 $\theta < \frac{1}{2}$. 这还没有证明邦别里 - 维诺格拉朵夫定理 ⑨ 的可行性. 然而,对于由式 ㉑ 和式 ⑳ 给出的特殊函数 $N(y;d,a)$,事实上可以建立一个对某个 $D > x^{\frac{1}{2}}$ 关于和式㉓满意的估计,至少是对合适的 Q 值. 为考察这一点,仅观察在 $Q = 1$ 的极端情形. 那么按照 m 是奇或偶, $C_m = 0$ 或 1,由于 $p = 2$ 是一个仅有的偶素数. 这样 $N(x+1;d,-1)$ 对于偶数 d 是 0,而对于奇数 d 是 $x/2d + O(1)$. 然而 $\omega(d)$ 在这两种情形下是 0 或$\frac{1}{2d}$,并得出结论

$$\sum_{d \leqslant D} | N(x+1;d,-1) - \omega(d)x | \ll D \ll x(\lg x)^{-10}$$

对于 $D \leqslant x^{1-\varepsilon}$. 对于 Q 的更多相关值,即那些在 $x^{\frac{1}{2}}$ 和 $x^{\frac{1}{3}}$ 之间的相应地需要一个更加复杂的论证,而且对于 D 来说结果范围不是很好.

结果是指数和理论能被用于该问题的研究,而且特别的是需要关于克洛斯特曼(Kloosterman) 和的知识,克洛斯特曼和被定义为

$$S(m,n;c) = \sum_{\substack{K=1 \\ (K,C)=1}}^{c} \exp(2\pi i(mK + n\overline{K})/c)$$

其中,$\overline{K}$ 是 $K\overline{K} \equiv 1 (\bmod\ c)$ 的解.这个和被韦尔考虑过,由于他在有限域上对曲线的“黎曼假设”(Riemann Hypothesis) 的证明,他证明了假若 $(m,n;c) = 1$ 有 $S(m,n;c) \ll C^{\frac{1}{2}+\varepsilon}$.这样大致有一个 C 项的和,所有的单位模,其相约在和是 $O(C^{\frac{1}{2}+\varepsilon})$ 范围内.这个相约的影响反馈到在筛问题中给出的双余项和上的估计.因此伊瓦涅科能够建立许多的平均布朗–梯奇马什定理的改进形式.对式⑯导致了可行范围 $\theta < 0.638$.事实上,对于指数和韦尔的估计有许多应用于解析数论中的反问题里,该状况更多应归功于胡利的工作.到目前为止,通过比较,仅有少数关于多重指数和的德利哥尼界的应用.

在邦别里–维诺格拉朵夫定理的推广内容中,克洛斯特曼和 $S(m,n;c)$ 存在,或者它作为对 m,n 和 c 的某一平均而能够被构造出来.自然有人会问,任何保留在这些平均中的能否从相约中得到?例如,韦尔估计仅产生

$$\sum_{c\leqslant C} S(1,1;c) \ll C^{\frac{3}{2}+\varepsilon}$$

但是,人们对在左边的和希望得正好的估计,由于许多项 $S(1,1;c)$ 有变化着的符号.事实上,结果是上面的和是 $O(C^{\frac{7}{6}+\varepsilon})$,如同库兹涅佐夫(Kuznietsor) 所证明的那样.这个结果由德尚勒斯(Deshouillers) 和伊瓦涅科以许多方法进行了推广,以便包括对参数 m 和 n,c 平均的各种形式.如果存在许多对平均的布朗–梯奇马什定理改进的结果,其结果足够得到⑯,对于 $\theta < 0.656\ 3$ 而言.

正像对克洛斯特曼和韦尔的估计导致了在解析数论中许多结果的改进,这些对克洛斯特曼和的平均的许多界也同样产生了重要的影响.这个领域中,由绰号为“克洛斯特曼”的方法迅速地应用于如此大范围的许多问题,也许是最近在解析数论中最激动人心的发展.然而,必须说明的是除了少数的先驱者外,涉及证明的技术对其余人来说太严峻了.

就涉及克洛斯特曼和的这些估计和中的技术而言,认为有两点评论就足够了.第一,$S(m,n;c)$ 随着在某一模函数 $f(x+\mathrm{i}y)$ 中的系数而产生.这些函数是定义在上半平面 $\{z \in c \mid Zm(z) > 0\}$,也是在 $PSL_2(z)$ 意义上的不变量;第二,能够借助于研究它们关于非欧几里得的拉普拉斯算子 $y^2(\frac{\partial^2}{\partial x^2} + \frac{\partial^2}{\partial y^2})$ 的特征函数展开式,这个算子也是在 $PSL_2(z)$ 意义上的不变量,来得到这样的函数的关于系数的信息.

· **结论**

现在,我们看一看索菲·吉尔曼准则的推广形式怎样导致了关于 $\sum_1$ 的上界式⑦,当筛法提供了一个关于 $\sum_2$ 的对比估计式⑯时.我们遇见了对式⑯改进有效性范围的种种技术.然而,为找到素数 $P \in S$,我们需要证明 $\sum_1 <$

$\sum_2$，以及这需要的值 $\theta > \frac{2}{3}$. 事实上几乎上述关于布朗 - 梯奇马什定理应用于 $\sum_2$ 的研究，在对 FLT 可能的有关问题显露出现之前就被完成了. 当这个新的刺激出现时，这个问题由福重新展开，他发现了对布朗 - 梯奇马什定理应用"克洛斯特曼"的进一步方法，而且在他做了许多努力之后的可行范围 $\theta < 0.6687$. 这样该问题被解决了：集 S 是无限的.

在过去一些年里，对布朗 - 梯奇马什定理的成功改进导致了估计式 ⑯ 的许多不同形式，我们提及到的仅仅是一部分. 特别地，0.58，0.611，0.619，0.625，0.638，0.656 3，0.657 8，0.658 7 和 0.668 7 许多值已经出现在文献中或私人通信中. 由福引进的最后的值，对于 r 的不同范围并入了 5 个新的对 $C(r)$ 的估计值. 在解析数论中的某一领域中，许多努力花费在改进某些指数或别的内容是十分常见的事，因此上面的数据证明了这点. 对于局外人来说，这能够表现出对脆弱的研究者是一个避难所，好像这种改进仅仅由多加留心，多增加研究文章的页数以及过多重复某些确定的技术. 然而，事实上每一个这样的改进，不管怎样小都是个新想法. 福的改进从 0.658 7 到 0.668 7 需要 5 个新想法，以此来达到增加 1.5%. 然而，必须指出的是，现在的例子是迄今唯一的例证，它由许多小步骤改进的进展促使我们跨过了将产生新结果的临界阈值(也就是，在这种情形中 $\theta = \frac{2}{3}$).

第九章 谷山和志村——天桥飞架

村五郎
930—)

1927—1958)

1.双星巧遇——谷山与志村戏剧性的相识

志村五郎(Goro Shimura)是当时日本东京大学的一位出色的数论专家,他一直在代数数论领域进行创造性的研究.1954年1月的一天,志村在研究时遇到了一个极其复杂使他难以应付的计算,他经过查阅文献发现,德林(Deuring)曾写过一篇关于复数乘法的代数理论的论文,这篇论文或许对他要进行的计算会有些帮助,这篇论文发表在《数学年刊》(《Mathematische Annalen》)第24卷上.于是他赶到系资料室去查找,然而,结果使他大吃一惊.原来恰好这一卷已被人借走了,从借书卡上志村得知这位与他同借一卷的校友叫谷山(Yutaka Taniyama).虽然是校友可是志村与他并不熟,由于校园很大,谷山与他又是分住两头,于是志村给谷山写了一封信,信中十分客气地询问了什么时候可以归还杂志,并解释说他在一个什么样难以计算的问题上需要这本杂志.

回信更令志村惊奇,这是一张明信片,谷山说巧得很,他也正在进行同一个计算,并且在逻辑上也是在同一处卡住了.于是谷山提出应该见上一面,互相交流一下,或许还可以在这个问题上合作.从而,由一本资料室的书引出一段二人合作的佳话,同时也改变了费马大定理解决的历程.

这种由书引起的巧遇在科学史上是常有的事.例如,诺贝尔物理学奖得主、天才的物理学家费曼(Richrd Feynman)在麻省理工学院上学时与当时另一位神童韦尔顿(Ted Welton)就是这样相识的,当时费曼发现韦尔顿手里拿着一本微积分的书,这正是他想从图书馆里借的那本,而韦尔顿发现,他在图书馆里四处找的一本书已被费曼借出来了.

2.战时的日本科学

为了理解谷山与志村当时的研究环境,我们有必要介绍一下与他们同时代即在日本历史上最艰难的岁月里活跃着的两个卓越的理论物理学派.

日本有着不算长久的科学传统.1854年马修期·佩里(Matthew Perry)将军的战舰迫使日本对国际贸易开放门户,从而结束了持续两个世纪的封闭状态.日本人由此意识到,没有现代技术,军事上就处于弱小地位.1868年一批受过教育的武士迫使幕府将军下台,重新恢复了天皇的地位,那之前天皇仅仅是傀儡,新政权派遣青年人去德国、法国、英国和美国学习语言、科学、工程和医学,并在东京、京都和其他地方建立了西式大学.

日本最早产生的一位物理学家是长冈丰太郎,他的父亲是一位军官,对家庭教育极为重视,在家里教他学习书法和汉语.在大学时丰太郎对是否选择科学作为自己的终身事业感到犹豫不决,因为他无法断定亚洲人在学习自然科学时是否有天赋.后来他研究了一年中国古代科技史,从中受到启发,觉得日本也会有机会.

从后来的日中战争(1895)、日俄战争以及在第一次世界大战中的胜利表明,日本追求技术进步的政策取得了成功.于是,第一个进行基础研究的研究所Riken(理论学研究所)在东京成立.1919年,仁科芳雄被Riken研究所派往国外进修,他在尼尔斯-玻尔研究所学习了6年后带着“哥本哈根精神”回到日本,以前日本的大学中学霸横行,知识陈旧,而仁科芳雄带回的恰好是人人都可以发表自己的见解这样一种研究的民主风格和有关现代问题和方法的知识.

当时的日本与西方在物理学方面差距甚大.在海森伯和狄拉克来日本演讲时,只有朝永振一郎(Tomonaga Shinichiro)等少数几位大学生能听懂,以至于在讲演的最后一天,长冈丰太郎批评道,海森伯和狄拉克20多岁时就发现了新理论,而日本学生依然还在可怜地抄讲演笔记.就在这种情况下,朝永振一郎决心与他中学和大学的同学汤川秀树(Yukawa Hideki)一起振兴日本物理学(与谷山与志村颇为相似).他们两人的父亲都曾在国外留学,又都是专家,朝永的父亲是西方哲学教授,汤川的父亲是地质学教授.1929年他们俩同时获得了京都大

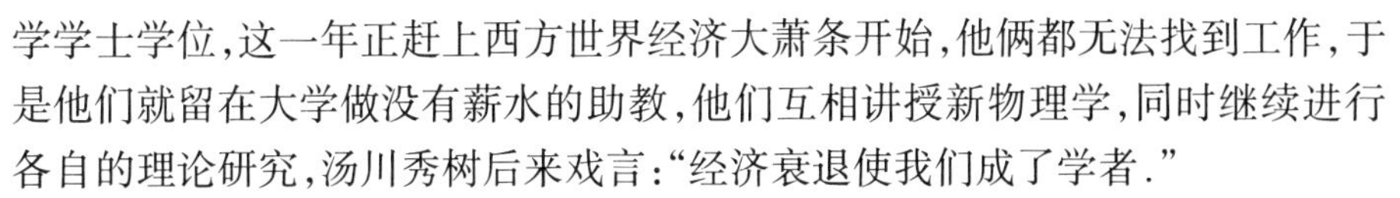
学学士学位,这一年正赶上西方世界经济大萧条开始,他俩都无法找到工作,于是他们就留在大学做没有薪水的助教,他们互相讲授新物理学,同时继续进行各自的理论研究,汤川秀树后来戏言:“经济衰退使我们成了学者.”

和谷山与志村一样,在日本投降后的饥饿的和平年代,日本的理论物理学家们做出了令全世界惊奇的成绩.当时的生活极为艰苦,因为极糟糕的经济状况不能提供豪华的实验研究环境,朝永一家住在一间被炸烂了一半的实验室里,南部阳一郎作为研究助理也来到东京大学,他没有多余的衣服,总是穿着一身军装,没有地方睡觉,他就在书桌上铺上草垫,一住就是3年.

“民以食为天”,当时每个人的头等大事就是设法获得食物.南部阳一郎的办法是去东京的鱼市场弄些沙丁鱼,但他没有冰箱贮藏,所以弄到的鱼很快就腐烂了,所以有时他也会到乡下去,向农夫们随便讨一点能吃的东西,但就是在这样艰苦的条件下,他们为日本带来了三个诺贝尔物理学奖.

对于这个特别的时期,南部阳一郎解释说:“人们会奇怪为什么本世纪日本最糟糕的数十年却是其理论物理学家最富创造性的时代.也许烦恼的大脑要通过对理论的抽象思索而从战争的恐怖中解脱出来.也许战争强化和刺激了创造性所需要的那种孤独状态,当然对教授和政府官员的封建式孝忠的传统也得以暂时打破.也许物理学家就这样得以自由探索自己的设想.”

或许这个时期太特别了,根本就不能给予解释,但是有两点是可以肯定的,即自然科学的重大突破大多是在青年时代完成的,以物理学为例,当年爱因斯坦创立相对论时才25岁,1912年玻尔创立量子论时才27岁,到1925年,量子力学建立时薛定谔、海森伯和泡利分别是37岁、24岁、25岁.狄拉克建立了狄拉克方程时才25岁,在迎接原子核物理的新挑战时,解决问题的是28岁的汤川秀树,在量子电动力学基础完成时,朝永振一郎36岁、施温格(J. S. Schwinger)和费曼都是29岁.

谷山与志村的学校教育都恰逢战争期间,谷山本来就因为疾病经常中断学业,特别是高中阶段又因为结核病休学两年,再加上战争的冲击,使他的教育支离破碎,志村虽身体远较谷山健康,但战争使他的教育完全中断,他的学校被关闭,他非但不能去上学,而且还要为战争效力,去一家兵工厂装配飞机部件.尽管条件如此艰苦,他俩都没改变对数学研究的向往,直到战争结束后几年,他俩都进入到东京大学,才走上了受正规数学教育的道路.

3.过时的研究内容——模形式

俗话说“塞翁失马,焉知非福”,有时福祸真是无法判断,按理道说对于一个刚刚进入研究领域的年轻人来讲，名师指点和充足的资料应该说是必需的，但对谷山和志村来说这又恰恰是缺乏的.

1954 年，谷山和志村相遇，两个人刚开始从事数学研究时，恰逢战争刚结束，由于战争使数学研究中断，战争造成的巨大灾难使教授们意志消退，激情不再，用志村的话说教授们已经“精疲力竭，不再具有理想”，恰恰相反，战争的磨炼，却使学生们对学习显得更为着迷和迫切，和法国布尔巴基学派的年轻数学家们一样，他们选择了自己教育自己这条路，他们自发组织起来成立了研讨班，定期在一起讨论和交流各自新学到的数学知识.

谷山是属于那种只为数学而存在的人物，他在其他方面永远是漠然处之、无精打采，但一到研讨班立即精神焕发，成为研讨班的灵魂和精神领袖，他同时扮演着两种角色. 一方面他对高年级学生探索未知领域起着一种激励作用，另一方面他又充当了低年级学生父辈的角色.

由于第二次世界大战的原因，当时日本科技方面资料奇缺，当时一些年轻的物理学家（如木庭二郎、小谷、久保、亮五等）只有经常去麦克阿瑟将军在日本帮助建立的实验室，只有那里有最新的物理学期刊，他们仔细阅读能找到的每一本杂志，并相互传授各自掌握的知识，谷山和志村也一样，由于他们近似于与外界隔离，所以在研讨班上所讨论的内容难免会相对“陈旧”一点，或是相对脱离当时数学研究的主流，其中他们讨论的比较多的是所谓的模形式论（theory of modular form），严格地讲，这是一种特殊的自守形式的理论. 它是由法国数学家庞加莱所发展的一般的富克斯群上的自守形式，是属于单复变函数论的一个课题. 由 E·赫克所创的模形式是对于模群 $SL_2(\mathbf{Z})$或其他算术群的自守形式，就其内容和方法而言，则应为数论的一部分. 它在以后的发展中与椭圆曲线理论、代数几何、表示论等有十分深刻的联系而成为数学中的一个综合性学科.

其实，很早就有了对模形式的研究，例如雅可比对 theta 级数的讨论，尽管高斯从没发表过有关模形式的文章，但是数学史料表明他已有一些这方面的概念. 历史上，人们关注模形式的一个重要原因是对二次型的研究，特别是对计算整数的平方和表示的表示法个数问题的讨论，对自然数 m 和 n 记

$$r_{m(n)} = \#\{x_1, \cdots, x_m \in \mathbf{Z} \mid x_1^2 + \cdots + x_n^2 = n\}$$

其中 # 表示集合的势，人们一直寻求求 $r_{m(n)}$ 的方法，雅可比首先注意到 $r_m(n)$ 与 theta 级数

$$\theta^m(q) = \sum_{n\geqslant 0} r_{m(n)} q^n = \sum_{x_1,\cdots,x_m \in \mathbf{Z}} q^{x_1^2+\cdots+x_m^2} = (\sum_n q^{n^2})^m = \theta(q)^m$$

的联系.

他发现求 $r_{m(n)}$ 就是求模形式 θ^{8k} 的傅里叶系数.

谷山与志村长期在模形式这块领地中耕耘，终于将这种在某种变换群下具

有某种不变性质的解析函数与数论建立起了联系,实现了经典数论向现代数论的演变,终于在怀尔斯的证明中起到了不可替代的作用,并且它在其他数学分支以及实际应用中显示了越来越大的用途.

志村后来的许多工作都成为模形式理论中的开创性工作.如1973年志村建立了一个从权$\frac{k}{2}$模形式到权$k-1$的模形式之间的一个对应,现称为志村提升,半整权模形式成为一个系统的理论同志村的工作是分不开的,志村的论文发表后,有许多学者如丹羽(Niwa)和新谷(Shintani)、科恩(Kohnen)、沃尔斯西格(Waldspurger)、扎格(Zagier)等立即响应,又得出许多重要结果,其中滕内尔(Tunnell)用志村提升证明了一个关于同余数的问题.

4.以自己的方式行事

在模形式和椭圆曲线的联系这一方向的研究中,谷山和志村是唯一一对志趣相投的合作者,他们互相欣赏对方、相信对方深邃有力的思想,他们在日光会议结束后,又一起研究了两年,到1957年由于志村应邀去普林斯顿高等研究院工作而停止.两年后,当志村结束了在美国的客座教授生活回到东京准备恢复研究时,斯人已去,谷山已于1958年11月17日自杀身亡,年仅31岁,仅留下了若干篇文章和两部著作《现代自然数论》(1957)、《数域的L—函数和ξ—函数》(1957).

他的遗书是这样写的:

> "直到昨天为止,我都没有下决心自杀,但是想必你们许多人都感觉到了我在体力和心智方面都十分疲乏.说到我自杀的原因,我自己都不清楚,但可以肯定,它绝不是由某件小事所引起,也没有什么特别的原因,我只能说,我似乎陷入了对我的未来失去信心的境地.我的自杀可能会使某个人苦恼,甚至对其是某种程度的打击.我衷心地希望这种小事不会使那个人的将来蒙上任何阴影.无论如何,我不能否认这是一种背叛的行为,但是请原谅我这最后一次按自己的方式采取行动,因为我在整个一生中一直是以自己的方式行事的."

据志村五郎在《伦敦数学学会通讯》(《Bulletion of the London Mathematical Society》)上发表的对谷山悼念的文章中我们知道,谷山像沃尔夫斯凯尔一样对死后的一切安排得井井有条.

(1)他交代了他的哪些书和唱片是从图书馆或朋友那里借来的,应及时归还.

(2)如果他的未婚妻铃木美佐子不生气的话,将唱片和玩具留给她.

(3)向他的同事表示歉意,因为他的死给他们带来了麻烦,并向他们交代了他正在教的两门课微积分和线性代数已经教到了哪里.

在文章的最后,志村五郎无限感慨地写到:"就这样,一位那个时候最杰出和最具开拓性的学者按照自己的意愿结束了他的生命,就在5天前他刚满31岁."

多年以后,志村仍清晰地记着谷山对他的影响,他深情地说:"他总是善待他的同事们,特别是比他年轻的人,他真诚地关心他们的幸福.对于许多和他进行数学探讨的人,当然包括我自己在内,他是精神上的支柱.也许他从未意识到他一直在起着这个作用.但是我在此刻甚至比他活着的时候更强烈地感受到他在这方面的高尚的慷慨大度.然而,他在绝望之中极需支持的时候,却没有人能给他以任何支持.一想到这一点,我心中就充满了最辛酸的悲哀."

从今天医学的角度看,谷山一定是受到了抑郁症的袭击,这种世纪绝症似乎偏爱那些心志超高的人,数学家被击倒的不在少数,这是一个人类共同的悲哀.

5.怀尔斯证明的方向——谷山-志村猜想

谷山在1955年9月召开的东京日光会议上,与志村联手研究了椭圆曲线的参数化问题,一是曲线的参数化对于曲线表示和研究曲线性质有很重要的关系,比如在中学平面几何中单位圆

$$x^2 + y^2 = 1$$

的参数表示为

$$\begin{cases} x = \cos\theta \\ y = \sin\theta \end{cases},\theta \text{ 为参数}$$

椭圆曲线是三次曲线,它也可以用一些函数进行参数表示.但是,如果参数表示所用的函数能用模形式,则我们称之为模椭圆曲线,简称模曲线.模曲线有许多好的性质,如久攻不下的黎曼猜想对于模曲线成立,谷山和志村猜想任一椭圆曲线都是模曲线.1986年里贝特由塞尔猜想证明了谷山-志村猜想,这样要证费马大定理,只需证对半稳定椭圆谷山-志村猜想成立.

这样一个很少有人能意识到,而又是千载难逢的好机会,被怀尔斯抓住了,据后来怀尔斯回忆:

"那是1986年夏末的一个傍晚,当时我正在一个朋友的家中啜饮着冰茶,谈话间他随意地告诉我,肯·里贝特已经证明了谷山-志村猜想与费马大定理之间的联系.我感到极大的震动.我记得那个时刻——那个改变我的生命历程的时候,因为这意味着为了证明费马大定理,我必须做的一切就是证明谷山-志村猜想.它意味着我童年的梦想现在成了体面的值得去做的事.我懂得我绝不能让它溜走.我十分清楚我应该回家去研究谷山-志村猜想."

怀尔斯在剑桥时的导师约翰·科茨教授评价这一猜想时说:"我自己对于这个存在于费马大定理与谷山-志村猜想之间的美妙链环能否实际产生有用的东西持悲观态度,因为我必须承认我不认为谷山-志村猜想是容易证明的.虽然问题很美妙,但真正地证明它似乎是不可能的.我必须承认我认为在我有生之年大概是不可能看到它被证明的."

但作为约翰·科茨的学生,怀尔斯却不这样看,他说:"当然,已经很多年了,谷山-志村猜想一直没有被解决.没有人对怎样处理它有任何想法,但是至少它属于数学中的主流.我可以试一下并证明一些结果,即使它们并未解决整个问题,它们也会是有价值的数学.我不认为我在浪费自己的时间.这样,吸引了我一生的费马的传奇故事现在和一个专业上有用的问题结合起来了!"

在回忆起他对谷山-志村猜想看法的改变时,怀尔斯说:"我记得有一个数学家曾写过一本关于谷山-志村猜想的书,并且厚着脸皮地建议有兴趣的读者把它当做一个习题.好,我想,我现在真的有兴趣了!"

哈佛大学的巴里·梅热(Barry Mazur)教授这样评价说:"这是一个神奇的猜想——推测每个椭圆方程相伴着一个模形式——但是一开始它就被忽视了,因为它太超前于它的时代.当它第一次被提出时,它没有被着手处理,因为它太使人震惊.一方面是椭圆世界,另一方面是模世界,这两个数学分支都已被集中地但单独地研究过.研究椭圆方程的数学家可能并不精通模世界中的知识,反过来,也是一样.于是,谷山-志村猜想出现了,这个重大的推测说,在这两个完全不同的世界之间存在着一座桥.数学家们喜欢建造桥梁."怀尔斯在谈到这一猜想时说:"我在1966年开始从事研究工作,当时谷山-志村猜想正席卷全世界.每个人都感到它很有意思,并开始认真地看待关于所有的椭圆方程是否可以模形式化的问题.这是一段非常令人兴奋的时期.当然,唯一的问题是它很难取得进展.我认为,公正地说,虽然这个想法是漂亮的,但它似乎非常难以真正地被证明,而这正是我们数学家主要感兴趣的一点."

20世纪整个70年代谷山-志村猜想在数学家中引起了惊惶,因为它的蔓延之势不可阻挡,怀尔斯后来回忆说:“我们构造了越来越多的猜想,它们不断地向前方延伸,但如果谷山-志村猜想不是真的,那么它们全都会显得滑稽可笑.因此我们必须证明谷山-志村猜想,才能证明我们满怀希望地勾勒出来的对未来的整个设计是正确的.”

第十章

宫冈洋一——百科全书式的学者

1. 费马狂骚曲——因特网传遍世界,UPI电讯冲击日本

费马定理像一块试金石,它检验着世界各国的数学水平,在亚洲诸国中,唯独日本出现了一位对此颇有贡献的数学家,他就是日本数学界的骄傲——宫冈洋一先生.宫冈先生是东京都立大学数学教授,曾在德国波恩访问进修.1988年整个数学界被闹得沸沸扬扬,有关宫冈证明了费马大定理的新闻传遍了世界各个角落,那么宫冈洋一真的成功了吗?现在我们已经从1988年4月8日《The Independent》发表的一篇评论中知道:“不幸,宫冈博士试图在一个相关的领域——代数数论中,得到一种基变换,但这一点似乎是行不通的.”我们对整个事件的经过非常感兴趣.

日本数论专家浪川幸彦以《波恩来信》的形式讲述了这一事件的经过.他的讲述既通俗又有趣,他写道:

> “收到贺年信一直想要回信,转眼之间过了一个月,而且到了月底.不过托您的福我可以报告一个本世纪的大新闻.
>
> “历史上最古老而著名的问题之一费马猜想很可能已被在德国波恩逗留的宫冈洋一(从理论上)证明了.目前正处在细节的完成阶段,还要花些时间来确定正确与否,依我所见有

足够的成功希望.众所周知,费马猜想是说对于自然数 $n>2$,不存在满足

$$x^n + y^n = z^n \qquad *$$

的自然数 x,y,z,上面所说的'理论上',意思是指对于充分大的(自然)数 $n>N$ 可以证明,而且这个 N 在理论上是可以计算的.该 N 可以用某个自守函数与数论不变量表示,但实际的数值计算似乎相当麻烦,并且还不知道是否对一切 n 确实都已解决.不过如果他的结果被确认是正确的,人们就会同时集中,改善 N 的估计,有必要就动用计算机,那么最终解决也就为期不远了.但是,姑且不论宣传报道,对于我们纯数学工作者来说,本质是理论上的解决.

"宫冈先生从去年下半年起对这个问题感兴趣并一直持续地进行研究,特别是今年在巴黎与梅热等讨论以后,他的研究工作迅速取得进展.偶尔在饭桌上听到他研究工作的进展情况,就是作为旁观者也感到心情激动,能成为这一历史事件的见证人我深感荣幸,何况宫冈先生还是我最亲密而尊敬的朋友之一,其喜悦之情又添一分."

在其证明方法中,阿兰基洛夫-法尔廷斯(Arake-Faltings)的算术曲面理论起着中心的作用.

要说明什么是算术曲面是很难的,这就是在代数整数环(例如有理整数环 Z)上的代数曲线中,进一步考虑了曲线上的"距离".代数整数环在代数几何中说是一维的(曼宁称数论维数),整体当然是二维(曲面).从图上看,整数环成星状结构,例如在 Z 上就是只是该(数论)曲线在"0"处开着"孔",不具有紧流形那种好的性质.通过引入"距离"将其"紧化"后就是算术曲面.这一理论受韦尔批判的影响,本质上超越了格罗登迪克的概型理论.这回的结果如果正确,那么就是继法尔廷斯证明了莫德尔猜想之后,表明了这一理论在本质上的重要性.

实际上,宫冈的理论给出了比莫德尔猜想本身,包括估计解的个数更强的形式,以及更自然的证明,他的结果的最大重要性正在于此.费马定理不过是一个应用例子(的确是个漂亮的应用).法尔廷斯在莫德尔猜想的证明之处展开了算术曲面理论,我们推测他恐怕是指望用后者证明莫德尔猜想.宫冈的结果正是实现了法尔廷斯的这一目标.

他的理论包含了重要的新概念,今后必须详细加以研究.这一理论若能确立,将会给不定方程理论领域带来革命性的变化.它把黎曼曲面上的函数论与数论联系了起来,遗憾的是我们代数几何工作者看来似乎很难登台表演.

要对证明作详细介绍实在是无能为力,就按进展的情况来说说大概.首先由莫德尔猜想知道方程 *(当 n 确定时)的解的个数(除整数倍外)是有限多

个.帕希恩利用巧妙的手法表明,类似于由宫冈自己在 10 年前证明的一般复曲面的 Chern 数的不等式(Bogomolov - 宫冈 - Yau 不等式)若在算术曲面成立,那么就可以证明较强形式的莫德尔猜想,进而利用弗雷的椭圆曲线这种特殊的算术曲面,就可以证明费马猜想(对于充分大的 n).

但是,在帕希恩的笔记中成问题的是,若按算术曲面中 Chern 数的定义类似地去做,就很容易作出不等式不成立的反例,一时间就怀疑帕希思的思想是否成立.但是梅热却想出摆脱这点的好方法,宫冈进一步推进了这条路线.就是主张引入只依赖于特征 0 上纤维(本质上是有限个黎曼面)的别的不变量,使得利用它不等式就能成立.证明则是重新寻找复曲面的不等式(令人吃惊的是不只定理,甚至连证明方法都非常类似),此刻最大的障碍是没有关于向量丛的阿兰基洛夫 - 法尔廷斯理论,他援引了德利哥尼 - 比斯莫特(Bismut) - 基列斯莱等关于奎伦距离(解析挠理论)这种高度的解析手法的最新成果克服了这一困难(还应注意这一理论与物理的弦模型理论有着深刻的联系).

伦(Daniel
),美国数
1940 年 4
日出生于
西州奥林
59 年任麻
工学院教
国国家科
院士.1978
尔兹奖得

这一宏大理论的全貌涉及整个数论、几何、分析,它综合了许多人得到的深刻结果,宛如一座 Köln 大教堂.恐怕可以这样说,宫冈作为这一建筑的明星,他把圆顶中央的最后一块石子镶嵌到了顶棚之上.

但宫冈的推论交叉着如此壮大的一般理论与包含相当技巧的精细讨论,就连要验证都很不容易,对他始终不渝的探索、最终找到这复杂迷宫出口的才能,浪川幸彦钦佩至极.他出类拔萃的记忆为人称道,有人曾赠他"Walkingencyclopedia"(活百科全书)的雅号,并对他灵活运用他那个丰富数据库似的才能惊讶万分.

在 3 月 29 日浪川幸彦的信中又说,此信虽是准备作为发往日本的特讯,但到底还是宣传报道机构的嗅觉灵敏,在此信到达以前日本早已轰动,就像在全世界捅了马蜂窝似的.而且仅这方面的奇妙报道就不少,为此浪川幸彦想对事情经过作一简短报告,以正视听.

öln 是德意
河畔的古
元前作为
民地而发
工商业城
哥萨克的
建筑 Köln
而闻名.

事情的发端是,2 月 26 日在研究所举行的讨论班上宫冈发表了算术曲面中类似的宫冈不等式看来可以证明的想法.这时的笔记复印件由扎格(D. Zagier)(报纸上有各种读法)送给欧美的一部分专家,引起了振动.

因特网是 IBM 计算机的国际通信线路,可以很方便地与全世界通信联络,这回就是通过它把宫冈的消息迅速传遍数学界的.因此其震源扎格那里从 3 月上旬起电话就多得吓人,铃声不断.

但是,具有讽刺意味的是 IBM 计算机在日本还没有普及,因特网在日本几乎没有使用,因此宫冈的消息除少数人知晓外,在日本还鲜为人知.

正当其时,3 月 9 日 UPI 通讯(合众国际社)以"宫冈解决了费马猜想吗?"为题作了报道,日本包括数学界在内不啻晴天霹雳,上下大为轰动.

但感到震惊的不仅日本，而且波及整个世界，此后宫冈处的电话铃声不绝，他不得不切断电话，暂时中止一切活动.

从效果上看，这一报道是过早了.UPI电讯稿发出之时，正当宫冈将其想法写成(手写)的第一稿刚刚完成之际.在数学界，将这种论文草稿(预印本)复印送给若干名专家，得到他们的评论后再确定在专业杂志发表的最终稿，这种做法司空见惯(不少还要按审稿者的要求再作修改).像费马问题这样的大问题，出现错误的可能性相应的也要大些，因此必须慎之又慎.在目前阶段还不能说绝对没有最终毫无结果的可能性.宫冈先生面临着巨大的不利条件，在一片吵闹声中送走了很重要的修改时期.

正如人们所预料的，实际上第一稿中确实包含了若干不充分之处.

宫冈预定3月22日在波恩召开的代数几何研究集会上详细公布其结果.但经过与前一天刚刚从巴黎赶来的梅热反复讨论，到半夜时分就明白了还存在相当深刻的问题.为此次日的讲演就改为仅止于解说性的.

与此前后，还收到了法尔廷斯、德利哥尼等指出的问题(前者提的本质上与马祖尔相同).

后来才清楚，他的主要思想，即具有奎伦距离的讨论是好的(仅此就是独立的优秀成果).但紧接着的算术代数几何部分的讨论有问题，依照那样推导不出莫德尔型的定理.

这段时间大概是宫冈最苦恼的时期了.事情已经闹大，退路也没有了.不过这一周的研究集会中，欧洲各位同行老朋友来此聚会本身就大大搭救了他.大家都充分体会研究的甘苦，所以并不把费马作为直接话题，在无拘束的交谈之中使他重新振奋起了精神.

尽管如此，对于在如此状况下继续进行研究的宫冈的顽强精神，浪川幸彦说他只能表示敬服.在大约一周之内，他改变了主要定理的一部分说法，修正了证明的过程，由此出现了克服最大问题点的前景.在浪川写这篇稿时，他已开始订正其他不齐备与错误之处，进行修改稿的完成工作.

因此，虽然一切还都处于未确定的阶段，但很难设想如此漂亮的理论最终会化为乌有，也许还可能修正一部分过程，但即使是宫冈先生这种修正过程的技巧也是有定论的.

2.从衰微走向辉煌——日本数学的历史与现状

谷山、志村与宫冈洋一的出现并非偶然，有着深刻的历史背景与现实原因，我们有必要探究一番.日本的数学发展较晚，与中国古代的数学成就相比稍显

逊色,但交流是存在的.伴随律令制度的建立,中国的实用数学也很早就在日本传播开来.除了天文和历法的需要之外,班田制的实施、复杂的征税活动以及大规模的城市建设,都必须掌握实用的计算、测量技巧.早在7世纪初,来自百济的僧人观勒已经在日本致力于普及中国的算术知识.在大化革新(645)之后,日本仿照中国的学制设立了大学(671).当时算术是大学中的必修科目之一.在大宝元年(701)制定的大宝律令中,明确地把经、音、书、算作为大学的四门学科,在算学科中设有算博士1人、算生30人.在奈良时代(710—793),《周髀》、《九章》、《孙子》等著名算经已经成为在大学中培养官吏的标准教材.

我们从日本最古老的歌集《万叶集》(759)中可以见到九九口诀的一些习惯用法.例如把81称做"九和",把16称做"四四",这说明九九口诀在奈良时代已相当流行.①

古代日本和中国一样,也是用算筹进行记数和运算.中国元朝末期发明的珠算,大约在15~16世纪的室町时代传入日本.在日本称算盘为"十露盘"(そツぼツ,Soroban).这个词的语源至今不明,但在1559年出版的一部日语辞典(天草版)中,已经收入了"そろぼ"这个词.除了从中国引进的"十露盘"之外,在日本的和算中还有一种称做"算盘"(さんぼん,Sanban)的计算器具,是在布、厚纸或木盘上画出棋盘状的方格,借助于大约6厘米长的算筹在格中进行运算.这两种不同的计算器具其汉字都可写做"算盘",但是发音不同,含义也不一样.

17世纪,日本人在中国传统数学的基础上创造了具有民族特色的数学体系——和算.和算的创始人是关孝和(1642—1708).

在关孝和以前,日本的数学和天文、历算一样,在很长一个时期(大约9~16世纪)处于裹足不前的状态.16世纪下半叶,织田信长和丰臣秀吉致力于统一全国,当时出于中央集权政治的需要,数学重新受到重视.以此为历史背景,明万历年间程大位所著《算法统宗》(1592)一书,出版不久即传入日本.江户早期的著名数学家毛利重能著《割算书》②(1622)一书,推广了《算法统宗》中采用的珠算法,而他的学生吉田光由(1598—1672)则以《算法统宗》为蓝本著《尘劫记》(1627)一书,用适合于日本人口味的体裁,把中国的实用算术普及到广大民间.

在日本影响较大的另一部算书是元朝朱世杰的《算学启蒙》(1299).此书出版不久即传至朝鲜,而在中国却一度失传,后由朝鲜返传回中国.日本流行的《算学启蒙》一书,据说是根据丰臣秀吉出征朝鲜之际带回的版本复刻而成(1658).

---

① 从20世纪敦煌等地出土的木简可知,中国在很古老的时候已经形成了九九口诀.《战国策》中称,有人曾以九九之术赴齐桓公门下请求为士.

② 日文中的"割算"即除法.

通过《算法统宗》和《算学启蒙》,日本人掌握了中国的算术和代数(即“天元术”).关孝和就是在中国传统数学的影响下,青出于蓝而胜于蓝,在代数学中创造性地发展了有文字系数的笔算方法.他的《发微算法》(1674)为和算的发展奠定了基础.

这期间稍后的一位比较著名的数学家是会田安明(Aida Ammei,1747—1817).会田安明生于山形(Yamagata),卒于江户(现在的东京).15 岁开始从师学习数学,22 岁到江户谋生,曾管理过河道改造和水利工程.业余时间刻苦自学数学,经常参加当时的学术争论.1788 年,他弃去公职,专门从事数学研究和讲学,逐渐扩大了在日本数学界的影响,他所建立的学派称为宅间派.会田安明的工作包括几何、代数、数论等几个方面.他总结了日本传统数学中的各种几何问题,深入研究了椭圆理论,指出怎样决定椭圆、球面、圆、正多边形的有关公式.探讨了代数表达式和方程的构造理论,提出用展开 $x_1^2+x_2^2+\cdots+x_n^2=y^2$ 的方法,求 $k_1x_1^2+k_2x_2^2+\cdots+k_nx_n^2=y^2$ 的整数解.利用连分数来讨论近似分数.还编制出以 2 为底的对数表.在他的著作中,大量地使用了新的简化的数学符号.会田安明非常勤奋,一年撰写的论文有五六十篇,一生的著作不少于 2 000 种.

日本数学的复兴是与对数学教育的重视分不开的.

日本从明治时代就非常重视各类学校的数学教育.数学界的元老菊池大麓、藤泽利喜太郎等人曾亲自编写各种数学教科书,在全国推广使用.因此,日本的数学教育在 20 世纪初就已经达到了国际水平.从大正时代开始,著名数学家层出不穷.特别是在纯数学领域,藤泽利喜太郎(东京大学)和他门下的三杰(高木贞治、林鹤一、吉江琢儿)发表了一系列有国际水平的研究成果.其中最著名的是高木贞治(1875—1960)关于群论的研究.在高木门下又出现了末纲恕一、弥永昌吉、正田健二郎三位新秀,他们以东京大学为基地,推动了数学基础理论的研究.

吉江 (Yoshie, 1874—194 本数学家 东京.著作 等第一阶 方程式 (1947)、《 微分方 (1937).

大约与此同时,在新建的东北大学形成了以林鹤一为中心的另一个重要的研究集团,其成员主要有藤原松二郎、洼田忠彦、挂谷宗一等人.日本著名数学教育家、数学史家小仓金之助也是这个集团的重要成员之一.林鹤一在 1911 年创办了日本最早的一个国际性专业数学刊物《东北数学杂志》,使日本的数学成就在世界上享有盛名.

进入 20 世纪 30 年代之后,沿着《东北数学杂志》的传统,在东北大学涌现了淡中忠郎、河田龙夫、角谷静夫、佐佐木重夫、深宫政范、远山启等著名数学家.此外,在大阪大学清水辰次郎(东京大学毕业)周围又形成了一个新兴的研究中心,其主要成员有正田健次郎(抽象代数)、三村征雄(近代解析)、吉田耕作(马尔可夫过程)等人.在东京大学,除了末恕纲一、弥永昌吉在整数论方面的卓

越成就之外,更值得注意的是,在弥永昌吉门下出现了许多有才华的数学家,其中有小平邦彦(调和积分论)、河田敬义(整数论)、伊藤清(概率论)、古屋茂(函数方程)、安部亮(位相解析)、岩泽健吉(整数论)等人.到战后,以弥永的学生清水达雄为中心,展开了类似法国布尔巴基学派的新数学运动.

战时京都大学的数学研究似乎比较沉默,但也还是出现了一位引人注目的数学家冈洁.他在1942年发表了关于多复变函数论的研究,于1951年获日本学士院奖.到战后,围绕代数几何学的研究,形成了以秋月良夫为中心的京都学派.

可以看出,日本的纯数学研究从明治时代开始,到20世纪30,40年代,已经形成了一支实力相当雄厚的理论队伍.在战时动员时期,数学作为"象牙塔中的科学"仍然保持其稳步前进的势头,并取得了不少创造性成就.

3.废止和算、专用洋算——中日数学比较

日本数学与中国数学相比,虽然开始中国数学居于前列,并且从某种意义上充当了老师的角色,但随后日本数学后来居上.两国渐有差距,是什么原因促使这一变化的呢?关键在于对洋算的态度,及对和算的废止.

据华东师大张奠宙教授比较研究指出:

> "1859年,当李善兰翻译《代微积拾级》之时,日本数学还停留在和算时期.日本的和算,源于中国古算,后经关孝和(1642—1708)等大家的发展,和算有许多独到之处.行列式的雏形,可在和算著作中找到.19世纪以来,日本学术界,当然也尊崇本国的和算,对欧美的洋算,采取观望态度.1857年,柳河春三著《洋算用法》,1863年,神田孝平最初在开城所讲授西洋数学,翻译和传播西算的时间均较中国稍晚."

但是明治维新(1868)之后,日本数学发展极快.经过30年,中国竟向日本派遣留学生研习数学,是什么原因导致这一逆转?

日本的数学教育政策起了关键的作用.

这一差距显示了中日两国在科学文化方面的政策有很大不同.抚今追昔,恐怕会有许多经验值得我们吸取.

中国从1872年起,由陈兰彬、容闳等人带领儿童赴美留学,但至今不知有何人学习数学,也不知有何人回国后传播先进的西方算学.数学水平一直停留在李善兰时期的水平上.可是,日本的菊池大麓留学英国,从1877年起任东京

大学理学部数学教授，推广西算．特别是1898年，日本的高木贞治远渡重洋，到德国的哥廷根大学（当时的世界数学中心）跟随希尔伯特（当时最负盛名的大数学家）学习代数数论（一门正在兴起的新数学学科），显示了日本向西方数学进军的强烈愿望．高木贞治潜心学习，独立钻研，终于创立了类域论，成为国际上的一流数学家，这是1920年的事．可是中国留学生专习数学的竟无一人．熊庆来先生曾提到一件轶事．1916年，法国著名数学家波莱尔（E. Borel）来华，曾提及他在巴黎求学时有一位中国同学，名叫康宁，数学学得很好，经查，康宁返国后在京汉铁路上任职，一次喝酒时与某比利时人发生冲突，竟遭枪杀．除此之外，中国到西洋学数学而有所成就者，至今未知一人．

1894年，甲午战争失败后，中国向日本派遣留学生．1898年，中日政府签订派遣留学生的决定．中国青年赴日本学数学的渐增，冯祖荀就是其中一位，他生于1880年，浙江杭县人，先在日本第一高等学校（高中）就读，然后进入京都帝国大学学习数学，返国后任北京大学（1912）数学教授．1918年成立数学系时为系主任．

当然，尽管日本数学发展迅速超过中国，但20世纪初的日本数学毕竟离欧洲诸国的水平很远，中国向日本学习数学，水平自然更为低下．第二次世界大战之后，随着日本经济实力的膨胀，日本的数学水平也在迅速提升．当今的世界数学发展格局是“俄美继续领先，西欧紧随其后，日本正迎头赶上，中国则还是未知数．”中、日两国的数学水平，在20世纪50年代，曾经相差甚远，但目前又有继续扩大的趋势．

比较一下中日中小学数学教育的发展过程也是有益的．

1868年，日本开始了“明治维新”的历史时期．明治5年，即1872年8月3日，日本颁布学制令．其中第27章是关于小学教科书的，在“算术”这一栏中明确规定“九九数位加减乘除唯用洋法”．1873年4月，文部省公布第37号文，指出“小学教则中算术规定使用洋算，但可兼用日本珠算”，同年5月的76号文则称“算术以洋法为主”．

一百多年后的今天，返观这项数学教育决策，确实称得上是明智之举，它对日本数学的发展、教育的振兴，起到了不可估量的作用．

最初在日本造此舆论的当推柳河春三．他在1857年出版的《洋算用法》序中说“唯我神州，俗美性慧，冠于万邦，而我技巧让西人者，算术其最也．……故今之时务，以习其术发其蒙，为急之尤急者．”

明治以后，1871年建立文部省．当时的文部大臣是大木乔任．他属改革派中的保守派，本人并不崇尚洋学，可是他愿意推行教育改革，相信“专家”的决策．当时，全国有一个“学制调查委员会”，其中的多数人是著名的洋学家．例如，启蒙主义者箕作麟祥（曾在神田孝平处学过洋算），瓜生寅是专门研究美国的

(曾写过《测地略》,用过洋算),内田正雄是荷兰学家(曾学过微积分),研究法国法律和教育的河津佑之是著名数学教授之弟,其余的委员全是西医学、西洋法学等学家.在这个班子里,尽管没有一个洋算家,却也没有一个和算家,其偏于洋算的倾向,当然也就可以理解了.

在日本的数学发展过程中,国家的干预起了决定性作用,江户时代发展起来的和算,随着幕末西方近代数学的传入而日趋没落.从和算本身的演变来看,自18世纪松永良弼确立了"关派数学"传统之后,曾涌现出许多有造诣的和算家,使和算的学术水平遥遥领先于天文、历法、博物等传统科学部门.但另一方面,和算脱离科学技术的倾向也日益严重.这是因为和算有两个明显的弱点:第一,和算虽有卓越的归纳推理和机智的直观颖悟能力,却缺乏严密的逻辑证明精神,因而逐渐背离理论思维,陷于趣味性的智能游戏;第二,江户时代的封建制度使和算家们的活动带有基尔特(guild)式的秘传特征,不同的流派各自垄断数学的传授,因而使和算陷于保守、僵化,没有能力应付近代数学的挑战.

由于存在上述弱点,和算注定是要走向衰落的.然而这些弱点并不妨碍和算能够在相当长一个时期独善其身地向前发展.事实上,直到明治初期,统治着日本数学的仍然是和算,而不是朝气蓬勃的西方近代数学①.如果没有国家的干预,和算是不会轻易让出自己的领地的.

明治五年(1872),新政府采纳洋学家的意见公布了新学制,其中明令宣布,在一切学校教育中均废止和算,改用洋算,这对和算是个致命的打击.在这之后,再也没有出现新的年轻和算家,老的和算家则意气消沉,不再有所作为.自从荻原信芳写成《圆理算要》(1878)之后,再也没有见到和算的著作问世.1877年创立东京数学会社时,在会员人数中虽然仍是和算家居多,但领导权却把持在中川将行、柳楢悦等海军系统的洋算家手中.这些洋算家抛弃了和算时代数学的秘传性,通过《东京数学会社杂志》把数学研究成果公诸于世.1882年,一位海军教授在《东京数学会社杂志》第52号上发表论文,严厉谴责了和算的迂腐,强调要把数学和当代科学技术结合起来.这是鞭挞和算的一篇檄文,小仓金之助称它为"和算的葬词".

此后不久,以大学出身的菊池大麓为首,在1884年发动了一次"数学政变",把一大批和算家驱逐出东京数学会社,吸收了一批新型的物理学家(如村冈范为驰、山川健次郎等)、天文学家(如寺尾寿等)入会,并把东京数学会社改称为东京数学物理学会.这次大改组,彻底破坏了和算家的阵容,至此结束了和算在日本的历史.

① 明治六年时,东京的和算塾102所,洋算塾40所,前者仍居于优势.

4."克罗内克青春之梦"的终结者——数论大师高木贞治

但凡一门艰深的学问要在一国扎根,生长点是至关重要的,高木贞治对于日本数论来说是一个高峰也是一个关键人物,是值得大书特书的.

高木贞治先生于1875年(明治八年)4月21日出生在日本岐阜县巢郡的一色村.他还不满5岁就在汉学的私塾里学着朗读《论语》等书籍.童年时期,他还经常跟着母亲去寺庙参拜,时间一长,不知不觉地就能跟随着僧徒们背诵相当长的经文.

1880年(明治十三年)6月,高木开始进入公立的一色小学读书.因为他的学习成绩优异,不久就开始学习高等小学的科目.1886年6月,年仅11岁的高木就考入了岐阜县的寻常中学.在这所中学里,他的英语老师是斋藤秀三郎先生,数学老师是桦正董先生.1891年4月,高木以全校第一名的优异成绩毕业.经过学校的推荐,高木于同年9月进入了第三高级中学预科一类班学习.在那里,教他数学的是河合十太郎先生,河合先生对高木以后的发展有着重大的影响.在高中时期,高木的学友有同年级的吉江琢儿和上一年级的林鹤一等.1894年7月,高木在第三高级中学毕业后就考入了东京帝国大学的理科大学数学系.在那里受到了著名数学家菊池大麓和藤泽利喜太郎等人的教导.在三年的讨论班中,高木在藤泽先生的直接指导下作了题为"关于阿贝尔方程"的报告.这篇报告已被收入《藤泽教授讨论班演习录》第二册中(1897).

1897年7月,高木大学毕业后就直接考入了研究生院.当时也许是根据藤泽先生的建议,高木在读研究生时一边学习代数学和整数论,一边撰写《新编算术》(1898)和《新编代数学》(1898).

1898年8月,高木作为日本文部省派出的留学生去德国留学3年.当时柏林大学数学系的教授有许瓦兹、费舍、弗罗比尼乌斯等人.但许瓦兹、费舍二人因年迈,教学方面缺乏精彩性,而弗罗比尼乌斯当年49岁,并且在自己的研究领域(群指标理论)中有较大的突破,在教学方面也充满活力,另外他对学生们的指导也非常热情.当高木遇到某些问题向他请教时,他总是说:"你提出的问题很有趣,请你自己认真思考一下."并借给他和问题有关的各种资料.每当高木回想起这句"请你自己认真思考一下",总觉得是有生以来最重要的教导.

从第三高级中学到东京大学一直和高木要好的学友吉江比高木晚一年到德国留学.他于1899年夏季到了柏林之后就立即前往哥廷根.高木也于第二年春去了哥廷根.在高木的回忆录文章中记载着:"我于1900年到了哥廷根大学.当时在哥廷根大学有克莱茵、希尔伯特二人的讲座.后来又聘请了闵可夫斯基,

共有三个专题讲座.使我感到惊奇的是,这里和柏林的情况不大一样,当时在哥廷根大学每周都有一次'谈话会',参加会议的人不仅是从德国,而且是从世界各国的大学选拔出的少壮派数学名家,可以说那里是当时的世界数学的中心.在那里我痛感到,尽管我已经25岁了,但所学的知识要比数学现状落后50年.当时,在学校除了数学系的定编人员之外,还有副教授辛弗利斯(Sinflies)、费希尔(Fischer)、西林格(Sylinger)、我以及讲师策梅罗(Zermelo)、亚伯拉罕(A'braham)等人."

高木从克莱茵那里学到了许多知识,特别是学会了用统一的观点来观察处理数学的各个分支的方法.而作为自己的专业研究方向,高木选择了代数学的整数论.这大概是希尔伯特的《整数论报告》对他有很强的吸引力吧!特别是他对于被称之为"克罗内克的青春之梦"的椭圆函数的虚数乘法理论具有很浓的兴趣.在哥廷根时期,高木成功地解决了基础域在高斯数域情况下的一些问题(他回国后作为论文发表,也就是他的学位论文).

1901年9月底,高木离开了哥廷根,并在巴黎、伦敦等地作了短暂的停留之后,于12月初回到了日本.当时年仅26岁零7个月.由于1900年6月,高木还在留学期间就被东京大学聘为副教授,所以他回国后马上就组织了数学第三(科目)讲座,并和藤泽及坂井英太郎等人共同构成了数学系的班底.1903年,高木的学位论文发表后就获得了理学博士学位,并于第二年晋升为教授.

1914年夏季,第一次世界大战爆发后,德国的一些书刊、杂志等无法再进入日本.在此期间,高木只能潜心研究,"高木的类域理论"就是在这一时期诞生的.关于"相对阿贝尔域的类域"这一结果对于高木来说是个意外的研究成果.他曾反复验证这一结果的正确性,并以它为基础去构筑类域理论的壮丽建筑.而且关于"克罗内克的青春之梦"的猜想问题他也作为类域理论的一个应用作出了一般性的解决.并把这一结果整理成133页的长篇德语论文发表在1920年度(大正九年)的《东京帝国大学理科大学纪要》杂志上.同年9月,在斯特拉斯堡(Strasbourg)召开了第6届国际数学家大会.高木参加了这次会议并于9月25日在斯特拉斯堡大学宣读了这结果的摘要.然而,遗憾的是在会场上没有什么反响.这主要是因为第一次世界大战刚刚结束不久,德国的数学家没有被邀请参加这次会议,而当时数论的研究中心又在德国,因此,在参加会议的其他国家的数学家之中,能听懂的甚少.

1922年,高木发表了关于互反律的第二篇论文(前面所述的论文为第一篇论文).他运用自己的类域理论巧妙而又简单地推导出弗厄特万格勒(Futwängler)的互反律,并且对于后来的阿丁一般互反律的产生给出了富有启发性的定式化方法.

1922年,德国的西格尔把高木送来的第一篇论文拿给青年数学家阿丁阅读,阿丁以很大的兴趣读了这篇论文,并且又以更大的兴趣读完了高木的第二篇论文.在此基础上,阿丁于1923年提出了“一般互反律”的猜想,并把高木的论文介绍给汉斯(Hasse).汉斯对这篇论文也产生了强烈的兴趣,并在1925年举行的德国数学家协会年会上介绍了高木的研究成果.汉斯在第二年经过自己的整理后,把附有详细证明的报告发表在德国数学家协会的年刊上,从而向全世界的数学界人士介绍了高木的类域理论.另一方面,阿丁也于1927年完成了一般互反律的证明.这是对高木理论的最重要的补充.至此,高木-阿丁的类域理论完成了.

从此以后,高木的业绩开始在国际上享有盛誉.1929年(昭和四年),挪威的奥斯陆大学授予高木名誉博士称号.1932年在瑞士北部的苏黎世举行的国际数学家大会上,高木当选为副会长,并当选为由这次会议确定的菲尔兹奖评选委员会委员.

在国内,高木于1923年(大正十一年)6月当选为学术委员会委员.1925年6月,又当选为帝国学士院委员等职.1936年(昭和十一年)3月,他在东京大学离职退休.1940年秋季,在日本第二次授勋大会上荣获文化勋章.1951年获全日本“文化劳动者”称号.1955年在东京和日光举行的国际代数整数论研讨会上,高木当选为名誉会长.1960年2月28日,84岁零10个月的高木贞治先生因患脑出血和脑软化的合并症不幸逝世.

高木贞治先生用外文写的论文共有26篇,全部收集在《The Collected Papers of Teiji Takagi》(岩波书店,1973)中.他的著作除了前面提到的《新编算术》、《新编代数学》以及《新式算术讲义》之外,还有《代数学讲义》(1920)、《初等整数论讲义》(1931)、《数学杂谈》(1935)、《过渡时期的数学》(1935)、《解析概论》(1938)、《近代数学史谈》(1942)、《数学小景》(1943)、《代数整数论》(1948)、《数学的自由性》(1949)、《数的概念》(1949)等.另外,高木先生还撰写了数册有关学校教育方面的教科书.

高木与菊池、藤泽等著名数学家完全不同,他从来不参加社会活动或政治活动,就连大学的校长、系主任或什么评议委员之类的工作也一次没有做过,而是作为一名纯粹的学者渡过了自己的一生.从高木的第一部著作《新编算术》到他的后期作品《数的概念》可以看出他对数学基础教育的关心.他的《解析概论》一书被长期、广泛地使用,使得日本的一般数学的素养得到了显著的提高.许多青年读了他的《近代数学史谈》之后都决心潜心研究数学,作出成果.在日本的数学家中,有许多人不仅受到了他独自开创整数论精神的鼓舞,而且还受到了他的这些著作的恩惠.在日本,得到高木先生直接指导的数学家有末纲恕一、正田建次郎、管原正夫、荒又秀夫、黑田成腾、三村征雄、弥永昌吉、守屋美贺雄、中山正等人.

可以说在日本数学界的最近一百年的时间里,首先做出世界性业绩的是菊池先生,其次就是藤泽先生,第三位就是高木先生①.

5.日本代数几何三巨头——小平邦彦、广中平佑、森重文

伯克霍夫 Birkhoff, -1944),美学家,生于艮州,卒于者塞州的坎亍.

宫冈洋一关于费马定理的证明尽管有漏洞,但他的证明的整体规模宏大、旁征博引,具有非凡的知识广度及娴熟的代数几何技巧.这一切给人留下了深刻印象.有人说:"一夜可以挣出一个暴发户,但培养一个贵族至少需要几十年."宫冈洋一的轰动决非偶然,它与日本数学的深厚积淀与悠久的代数几何传统息息相关.提到日本的代数几何人们自然会想到三巨头——小平邦彦、广中平佑、森重文.而日本的代数几何又直接得益于美国的扎里斯基,所以必须先讲讲他们的老师扎里斯基.伯克霍夫说:"今天任何一位在代数几何方面想作严肃研究的人,将会把扎里斯基和塞缪尔(P. Samuel)写的交换代数的两卷专著当做标准的预备知识."

扎里斯基是俄裔美籍数学家.1899 年 4 月 24 日生于俄国的科布林.由于他在代数几何上的突出成就,1981 年荣获沃尔夫数学奖,时年 82 岁.

扎里斯基 1913 ~ 1920 年就读于基辅大学.1921 年赴罗马大学深造.1924 年获罗马大学博士学位.1925 ~ 1927 年接受国际教育委员会资助作为研究生继续在意大利研究数学.1927 年到美国霍普金斯大学任教,1932 年被升为教授.1936 年加入美国国籍.1945 年访问巴西圣保罗.1946 ~ 1947 年他是伊利诺易大学的研究教授.1947 ~ 1969 年他是哈佛大学教授.1969 年成为哈佛大学的名誉教授.扎里斯基 1943 年当选为美国国家科学院院士.1951 年被选为美国哲学学会会员.1965 年荣获由美国总统亲自颁发的美国国家科学奖章.

扎里斯基对代数几何做出了重大贡献.代数几何是现代数学的一个重要分支学科,与数学的许多分支学科有着广泛的联系,它研究关于高维空间中由若干个代数方程的公共零点所确定的点集,以及这些点集通过一定的构造方式导出的对象即代数簇.从观点上说,它是多变量代数函数域的几何理论,也与从一般复流形来刻画代数簇有关.进而它通过自守函数、不定方程等和数论紧密地结合起来.从方法上说,则和交换环论及同调代数有着密切的联系.

扎里斯基早年在基辅大学学习时,对代数和数论很感兴趣,在意大利深造期间,他深受意大利代数几何学派的三位数学家卡斯泰尔诺沃(G. Castelnuovo, 1865—1952)、恩里克斯(F. Enriques, 1871—1946)、塞维里(Severi, 1879—1961)在

① 《理科数学》(日本科学史会编)第一法规(1969)第 7 章"高本の类体论".

古典代数几何领域的深刻影响.意大利几何学者们的研究方法本质上很富有“综合性”,他们几乎只是根据几何直观和论据,因而他们的证明中往往缺少数学上的严密性.扎里斯基的研究明显带有代数的倾向,他的博士论文就与纯代数学有密切联系,精确地说是与伽罗瓦理论有密切联系.他的博士论文主要是把所有形如 $f(x)+t\cdot g(x)=0$ 的方程分类,这里 f 和 g 是多项式,x 可以解为线性参数 t 的根式表达式.扎里斯基说明这种方程可分为5类,它们是三角或椭圆方程.取得博士学位后,他在罗马的研究工作仍然主要是与伽罗瓦理论有密切联系的代数几何问题.到美国后,他受莱夫谢茨(S. Lefschetz)的影响,致力于研究代数几何的拓扑问题.1927~1937年间,扎里斯基给出了关于曲线 C 的经典的黎曼-罗赫定理的拓扑证明,在这个证明中他引进了曲线 C 的 n 重对称积 $C(n)$ 来研究 C 上度数为 n 的除子的线性系统.

1937年,扎里斯基的研究发生了重要的变化,其特点是变得更代数化了.他所使用的研究方法和他所研究的问题都更具有代数的味道(这些问题当然仍带有代数几何的根源和背景).扎里斯基对意大利几何学者的证明感到不满意,他确信几何学的全部结构可以用纯代数的方法重新建立.在1935年左右,现代化数学已经开始兴盛起来,最典型的例子是诺特与范·德·瓦尔登有关论著的发表.实际上代数几何的问题也就是交换环的理想的问题.范·德·瓦尔登从这个观点出发把代数几何抽象化,但是只取得了一部分成就,而扎里斯基却获得了巨大成功.在20世纪30年代,扎里斯基把克鲁尔(W. Krull)的广义赋值论应用到代数几何,特别是双有理变换上,他从这方面来奠定代数几何的基础,并且做出了实质性的贡献.扎里斯基和其他的数学家在这方面的工作,大大扩展了代数几何的领域.

扎里斯基对极小模型理论也作出了贡献.他在古典代数几何的曲面理论方面的重要成果之一,是曲面的极小模型的存在定理(1958).它给出了曲面的情况下代数-几何间的等价性.这就是说,代数函数域一经给定,就存在非奇异曲面(极小模型)作为其对应的“好的模型”,而且射影直线如果不带有参数就是唯一正确的.因此要进行曲面分类,可考虑极小模型,这成了曲面分类理论的基础.

扎里斯基的工作为代数几何学打下了坚实的基础.他不但对于现代代数几何的贡献极大,而且在美国哈佛大学培养起了一代新人,哈佛大学以他为中心形成了一个代数几何学的研究集体.1970年度的菲尔兹奖获得者广中平佑(Hironaka Heisuke,1931—)和1974年度的菲尔兹奖获得者曼福德都出自他的这个研究集体.从某种意义上讲,广中平佑的工作可以说是直接继承和发展了扎里斯基的成果.

扎里斯基的主要论文有90多篇,收集在《扎里斯基文集》中,共四卷. 扎里

斯基的代表作有《交换代数》(共两卷,与P·塞缪尔合著,1958~1960)、《代数曲面》(1971)、《拓扑学》等.

扎里斯基的关于代数簇的四篇论文于1944年荣获由美国数学会颁发的科尔代数奖.由于他在代数几何方面的成就,特别是在这个领域的代数基础方面的奠基性贡献,使他荣获美国数学会1981年颁发的斯蒂尔奖.他对日本代数几何的贡献是培养了几位大师,第一位贡献突出者是日本的小平邦彦.

小平邦彦(Kunihiko Kodaira,1915—1997)是第一个获菲尔兹奖的日本数学家,也是日本代数几何的推动者.

小平邦彦,1915年3月16日出生于东京.他小时候对数就显示出特别的兴趣,总爱反复数豆子玩.中学二年级以后,他对平面几何非常感兴趣,特别对那些需要添加辅助线来解答的问题十分着迷,以致老师说他是"辅助线的爱好者".从中学三年级起,他就和一位同班同学一起,花了半年时间,把中学的数学课全部自修完毕,并把习题从头到尾演算了一遍.学完中学数学,他心里还是痒痒的,进行更深层次地学习.看见图书馆的《高等微积分学》厚厚一大本,想必很难,没敢问津,于是从书店买了两本《代数学》,因为代数在中学还是听说过的,虽然这两本1 300页的大书里还包含现在大学才讲的伽罗瓦理论,可是他啃起来却津津有味.

虽然他把主要精力放在数学上,却不知道世界上还有专门搞数学这一行的人,他只想将来当个工程师.于是他考相当于专科的高等学校时,就选了理科,为升大学做准备.理科的学校重视数学和外文,更促使他努力学习数学.他连当时刚出版的抽象代数学第一本著作范·德·瓦尔登的《近世代数学》都买来看.从小接受当时最新的思想对他以后的成长很有好处,在老师的指引下,他走上了数学的道路.

他于1932年考入第一高等学校理科学习.1935年考入东京大学理学院数学系学习.1938年在数学系毕业后,又到该校物理系学习三年,1941年毕业.1941年任东京文理科大学副教授.1949年获理学博士学位,同年赴美国在普林斯顿高等研究所工作.1955年任普林斯顿大学教授.此后,历任约翰大学、霍普金斯大学、哈佛大学、斯坦福大学的教授.1967年回到日本任东京大学教授.1954年荣获菲尔兹奖.1965年当选为日本学士会员.1975年任学习院大学教授.他还被选为美国国家科学院和哥廷根科学院国外院士.

小平邦彦在大学二年级时,就写了一篇关于抽象代数学方面的论文,大学三年级时他醉心于拓扑学,不久写出了拓扑学方面的论文.1938年他从数学系毕业后,又到物理系学习,物理系的数学色彩很浓,他主要是搞数学物理学,这对他真是如鱼得水.他读了冯·诺依曼(von Neumann)的《量子力学的数学基础》,范·德·瓦尔登的《群论和量子力学》以及外尔的《空间、时间与物质》等书后,深刻认识到数学和物理学之间的密切联系.当时日本正出现研究泛函分析的热潮,他积极参加到这一门学科的研究中去,于 1937 ~ 1940 年大学学习期间共撰写了 8 篇数学论文.

正当小平邦彦踌躇满志,准备在数学上大展宏图的时候,战争爆发了.日本偷袭珍珠港,揭开了太平洋战争的序幕.日本与美国成了敌对国,大批日本在美人员被遣返.这当中有著名数学家角谷静夫.角谷在普林斯顿高等研究院工作时曾提出一些问题,这时小平邦彦马上想到可以用自己以前的结果来加以解决,他们一道进行研究,最终解决了一些问题.

随着日本在军事上的逐步失利,美军对日本的轰炸越来越猛烈,东京开始疏散.小平邦彦在 1944 年撤到乡间,可是乡下的粮食供应比东京还困难,他经历的那几年缺吃挨饿的凄惨生活,使他长期难以忘怀.但是,在这种艰苦环境下,他的研究工作不但没有松懈,反而有了新的起色.这时,他开始研究外尔战前的工作,并且有所创新.在战争环境中,他在一没有交流,二没有国外杂志的情况下,独立地完成了有关调和积分的三篇文章,这是他去美国之前最重要的工作,也是使他获得东京大学博士的论文的基础.但是直到 1949 年去美国之前,他在国际数学界还是默默无闻的.

战后的日本处在美国军队的占领之下,学术方面的交流仍然很少.角谷静夫在美国占领军当中有个老相识,于是托他把小平邦彦的关于调和积分的论文带到美国.1948 年 3 月,这篇文章到了《数学纪事》的编辑部,并被编辑们送到外尔的桌子上.

在这篇文章中小平对多变量正则函数的调和性质的关系给出极好的结果.著名数学家外尔看到后大加赞赏,称之为“伟大的工作”.于是,外尔正式邀请小平邦彦到普林斯顿高等研究院来.

从 1933 年普林斯顿高等研究院成立之日起,聘请过许多著名数学家、物理学家.第二次世界大战之后,几乎每位重要的数学家都在普林斯顿待过一段.对于小平邦彦来讲,这不能不说是一种特殊的荣誉与极好的机会,他正是在这个优越的环境中迅速取得非凡成就的.

在外尔等人鼓励下,他以只争朝夕的精神,刻苦努力地研究,5 年之间发表了 20 多篇高水平的论文,获得了许多重要结果.其中引人注目的结果之一是他将古典的单变量代数函数论的中心结果,代数几何的一条中心定理:黎曼 - 罗赫定理,由曲线推广到曲面.黎曼 - 罗赫定理是黎曼曲面理论的基本定理,概括地说,它是研究在闭黎曼曲面上有多少线性无关的亚纯函数(在给定的零点和极点上,其重数满足一定条件).所谓闭黎曼曲面,就是紧的一维复流形.在拓扑上,它相当于球面上连接了若干个柄.柄的个数 g 是曲面的拓扑不变量,称为亏格.黎曼 - 罗赫定理可以表述为,对任意给定的除子 D,在闭黎曼曲面 M 上

存在多少个线性无关的亚纯函数f,使f的除子(f)满足$(f)\geqslant D$.如果把这样的线性无关的亚纯函数的个数记作$l(D)$,同时记$i(D)$为M上线性无关的亚纯微分ω的个数,它们满足$(\omega)-D\leqslant 0$.那么,黎曼-罗赫定理就可表述为:$l(D)-i(D)=d(D)-g+1$. $d(D)=\sum n_i$称为除子的阶数.由于这个定理将复结构与拓扑结构沟通起来的深刻性,如何推广这一定理到高维的紧复流形自然成为数学家们长期追求的目标.小平邦彦经过潜心研究,用调和积分理论将黎曼-罗赫定理由曲线推广到曲面.不久德国数学家希策布鲁赫(F. E. P. Hirzebruch)又用层的语言和拓扑成果把它成功地推广到高维复流形上.

小平邦彦对复流形进行了卓有成效的研究.复流形是这样的拓扑空间,其每点的局部可看做和C^n中的开集相同.几何上最常见而简单的复流形是被称为紧凯勒流形的一类.紧凯勒流形的几何和拓扑性质一直是数学家们关注的一个重要问题,特别是利用它的几何性质(由曲率表征)来获取其拓扑信息(由同调群表征).小平邦彦经过深入的研究得到了这方面的基本结果,即所谓小平消灭定理.例如,其中一个典型结果是,对紧凯勒流形M,如果其凯勒度量下的里奇曲率为正,则对任何正整数q,都有$H^{(0,q)}(M,C)=0$,这里$H^{(0,q)}(M,C)$是M上取值于$(0,q)$形式芽层的上同调群.小平邦彦还得到所谓小平嵌入定理:紧复流形如果具有一正的线丛,那么它就可以嵌入复射影空间而成为代数流形,即由有限个多项式零点所组成.小平嵌入定理是关于紧复流形的一个重要结果.

由于小平邦彦的上述出色成就,1954年他荣获了菲尔兹奖.在颁奖大会上,著名数学家外尔对小平邦彦和另一位获奖者J· P·塞尔给予了高度评价,他说:“所达到的高度是自已未曾梦想到的.”“自已从未见过这样的明星在数学天空中灿烂地升起.”“数学界为你们所做的工作感到骄傲,它表明数学这棵长满节瘤的老树仍然充满着勃勃生机.你们是怎样开始的,就怎样继续吧!”

小平邦彦获得菲尔兹奖之后,各种荣誉接踵而来. 1957年他获得日本学士院的奖赏,同年获得文化勋章,这是日本表彰科学技术、文化艺术等方面的最高荣誉.小平邦彦是继高木贞治之后第二位获文化勋章的数学家.

有的数学家在获得荣誉之后,往往开始走下坡路,再也作不出出色的工作了.对于小平邦彦这样年过40的人,似乎也难再有数学创造的黄金时代了.可是,小平邦彦并非如此,40岁后十几年间,他又写出30多篇论文,篇幅占他三卷集的一半以上,而且开拓了两个重要的新领域.1956年起,小平邦彦同斯宾塞研究复结构的变形理论,建立起一套系统理论,在代数几何学、复解析几何学乃至理论物理学方面都有重要应用.60年代他转向另一个大领域:紧致复解析曲面的结构和分类.自从黎曼对代数曲线进行分类以后,意大利数学家对于代数曲面进行过研究,但是证明不完全严格.小平邦彦利用新的拓扑、代数工具,对曲面进行分类,他先用某个不变量把曲面分为有理曲面、椭圆曲面、$K3$ 曲面等等,然后再加以细致分类.这个不变量后来被日本新一代的代数几何学家称为小平维数.对于每种曲面,他都建立一个所谓极小模型,而同类曲面都能由极小曲面经过重复应用二次变换而得到.于是,他把分类归结为极小曲面的分类.

他彻底弄清了椭圆曲面的分类和性质.1960 年,他得出每个一维贝蒂数为偶数的曲面都是一个代数曲面的变形.1968 年,他得到当且仅当 S 不是直纹曲面时,S 具有极小模型.可以说,在代数曲面的现代化过程中,小平邦彦是最有贡献的数学家之一.对于解析纤维丛的分类只能对于某些限定的空间,也是由小平邦彦等人得出的.小平邦彦这些成就,有力地推动了 20 世纪 60 年代以来代数几何学和复流形等分支的发展.从 1966 年起,几乎每一届菲尔兹奖获得者都有因代数几何学的工作而获奖的.

在微分算子理论中,由小平邦彦和梯奇马什(Titchmarsh)给出了密度矩阵的具体公式而完成了外尔 - 斯通 - 小平 - 梯奇马什理论.

小平邦彦对数学有不少精辟的见解.他认为:“数学乃是按照严密的逻辑而构成的清晰明确的学问.”他说:“数学被广泛应用于物理学、天文学等自然科学,简直起了难以想象的作用,而且有许多情况说明,自然科学理论中需要的数学远在发现该理论以前就由数学家预先准备好了,这是难以想象的现象.”“看到数学在自然科学中起着如此难以想象的作用,自然想到在自然界的背后确确实实存在着数学现象的世界.物理学是研究自然现象的学问.同样,数学则是研究数学现象的学问.”“数学就是研究自然现象中数学现象的科学.因此,理解数学就要‘观察’数学现象.这里说的‘观察’,不是用眼睛去看,而是根据某种感觉去体会.这种感觉虽然有些难以言传,但显然是不同于逻辑推理能力之类的纯粹感觉,我认为更接近于视觉,也可称之为直觉.为了强调纯粹是感觉,不妨称此感觉为‘数觉’……要理解数学,不靠数觉便一事无成.没有数觉的人不懂数学就像五音不全的人不懂音乐一样.数学家自己并不觉得例如在证明定理时主要是具备了数觉,所以就认为是逻辑上作了严密的证明,实际并非如此,如果把证明全部形式逻辑记号写下看看就明白了……谈及数学的感受,而作为数学感受基础的感觉,可以说就是数觉.数学家因为有敏锐的数觉,自己反倒不觉得了.”对于数学定理,他说:“数学现象与物理现象同样是无可争辩实际存在的,这明确表现在当数学家证明新定理时,不是说‘发明了’定理,而是说‘发现了’定理.我也证明过一些新定理,但绝不是觉得是自己想出来的.只不过感到偶尔被我发现了早就存在的定理.”“数学的证明不只是论证,还有思考实验的意思.所谓理解证明,也不是确认论证中没有错误,而是自己尝试重新修改思考实验.理解也可以说是自身的体验.”对于公理系统他认为:“现代数学的理论体系,一般是从公理系出发,依次证明定理.公理系仅仅是假定,只要不包含矛盾,怎么

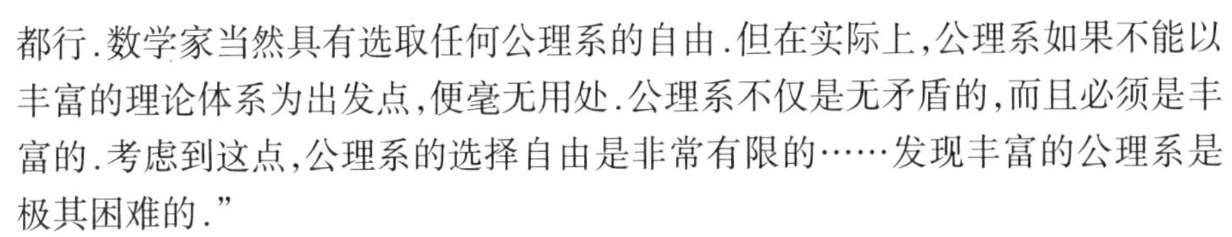

都行.数学家当然具有选取任何公理系的自由.但在实际上,公理系如果不能以丰富的理论体系为出发点,便毫无用处.公理系不仅是无矛盾的,而且必须是丰富的.考虑到这点,公理系的选择自由是非常有限的……发现丰富的公理系是极其困难的."

关于数学的本质,他说:"数学虽说是人类精神的自由创造物,但绝不是人们随意杜撰出来的,数学乃是研究和描述实际存在的数学现象……数学是自然科学的背景.""为了研究数学现象,从开始起唯一明显的困难就是,首先必须对数学的主要领域有个全面的、大概的了解……为此就得花费大量的时间.没有能够写出数学的现代史我想也是由于同样的理由."

日本代数几何的第二位代表人物是广中平佑.

广中平佑是继小平邦彦之后日本的第二位菲尔兹奖获得者.他的工作主要是1963年发表的218页的长篇论文"Resolution of singu - larities of an algebraic variety over a field of characteristic zero",在这篇论文中他圆满地解决了复代数簇的奇点解消问题.

1931年广中平佑出生于日本山口县.当时正是日本对我国开始进行大规模侵略之际.他在小学受了6年军国主义教育,上中学时就赶上日本逐步走向失败的时候.当时,国民生活十分艰苦,又要经常躲空袭,因此他得不到正规学习的机会.中学二年级就进了工厂,幸好他还没到服役的年龄,否则就要被派到前线充当炮灰.战争结束以后,他才上高中.他在1950年考入京都大学时,日本开始恢复同欧、美数学家的接触,大量新知识涌进日本.许多学者传抄1946年出版的韦尔名著《代数几何学基础》,组织讨论班进行学习,为日本后来代数几何学的兴旺发达打下了基础.1953年,布尔巴基学派著名人物薛华荔到达日本,对日本数学界有直接影响.薛华荔介绍了1950年出版的施瓦兹的著作《广义函数论》.还没有毕业的广中立即学习了他的讲义,并写论文加以介绍.当时京都大学的老师学生都以非凡的热情来学习,这对广中有极大的鼓舞.他对数学如饥似渴的追求,使他早在1954年就开始自学代数几何学这门艰深的学科了.1954年,他从京都大学毕业之后进入研究院,当时秋月康夫教授正组织年轻人攻克代数几何学.在这个集体中,后来培养出了井草准一、松阪辉久、永田雅宜、中野茂男、中井喜和等有国际声望的代数几何学专家,他们都是从那时开始他们的创造性活动的.在这种环境之中,早就以理解力和独创性出类拔萃的广中平佑更是如鱼得水,很迅速地成长起来.1955年,在东京召开了第一次国际会议,代数几何学权威韦尔以及塞尔等人都顺便访问了京都.1956年,前面提到的代数几何学权威查里斯基到日本,做了14次报告.这些大数学家的光临对于年轻的广中平佑来说真是难得的学习机会.他开始接触当时代数几何学最尖端的课题(比如双有理变换的理论),这对他的一生有决定性的影响,因为广中的工作可以说是直接继承和发展查里斯基的成果的.

广中平佑在家里是老大,下面弟妹不少,他在念研究生时,还不得不花费许多时间当家庭教师,干些零活挣钱养家糊口.尽管如此,他学习得仍旧很出色.

1957 年夏天在赤仓召开的日本代数几何学会议上,他表现十分活跃,他的演讲也得到大会一致好评.由于他的成绩突出,不久,他得以到美国哈佛大学学习,从此他同哈佛大学结下了不解之缘.当时代数几何学正进入一个突飞猛进的时期.第二次世界大战之后,查里斯基和韦尔已经给代数几何学打下了坚实的基础.10 年之后,塞尔又进一步发展了代数几何学.1964 年,格罗登迪克大大地推广了代数簇的概念,建立了一个庞大的体系,在代数几何学中引入了一场新革命.哈佛大学以查里斯基为中心形成了一个代数几何学的研究集体,几乎每年都请格罗登迪克来讲演,而听课的人当中就有后来代数几何学的新一代的代表人物——广中平佑、曼福德、小阿廷等人.在这样一个富有激励性的优越环境中,新的一代茁壮成长.1959 年,广中平佑取得博士学位,同年与一位日本留学生结婚.

这时,广中平佑处在世界代数几何学的中心,并没有被五光十色的新概念所压倒,他掌握新东西,但是不忘解决根本的问题.他要解决的是奇点解消问题,这已经是非常古老的问题了.

所谓代数簇是一个或一组代数方程的零点.一维代数簇就是代数曲线,二维代数簇就是代数曲面.拿代数曲线来讲,它上面的点一般来说大多数是常点,个别的是奇点.比如有的曲线(如双纽线)自己与自己相交,那么在这一交点处,曲线就有两条不相同的切线,这样的点就是普通的奇点;有时,这两条(甚至多条)切线重合在一起(比如尖点),表面上看起来好像同常点一样也只有一条切线,而实际上是两条切线(或多条切线)重合而成(好像代数方程的重根),这样的点称为二重点(或多重点).对于代数曲面来说,奇点就更为复杂了.奇点解消问题,顾名思义就是把奇点分解或消去,也就是说通过坐标变换的方法把奇点消去或者变成只有最简单的奇点.这个问题的研究已有上百年的历史了.而坐标变换当然是我们比较熟悉的尽可能简单的变换,如多项式变换或有理式变换.而行之有效最简单的变换是二次变换和双有理变换.这一变换最早是由一位法国数学家提出的,他名叫戎基埃尔(Jonguiéres, Ernest Jean Philippe Fauque de, 1820—1901),他生于法国卡庞特拉(Carpentras),卒于格拉斯(Grasse)附近.1835 年进入布雷斯特(Brest)海军学院学习,毕业后,在海军中服役达 36 年之久,军衔至海军中将.戎基埃尔在几何、代数、数论等几方面均有贡献,而以几何学的成就最大.他运用射影几何的方法研究初等几何,探讨了当时流行的平面曲线、曲线束、代数曲线、代数曲面问题,推广了曲线的射影生成理论,发现了所谓双有理变换.这种变换在非齐次坐标下有形式 $x' = x, y' = \frac{\alpha y + \beta}{\gamma y + \delta}$,其中,$\alpha$,

β,γ 是 x 的函数，且 $\alpha\delta-\beta\gamma\neq 0$. 1862 年，戌基埃尔关于 4 阶平面曲线的工作获得巴黎科学院奖金的三分之二. 1884 年，他被选为法兰西研究院成员. 很早就已经证明，代数曲线的奇点可以通过双有理变换予以解消. 从 19 世纪末起，许多数学家就研究代数曲面的奇点解消问题，但是论述都不能算很严格. 问题是通过变换以后，某个奇点消去了，是否还会有新奇点又生出来呢？一直到 20 世纪 30 年代，沃克和查里斯基才完全解决这个问题. 不久之后，查里斯基于 1944 年用严格的代数方法解决了三维代数簇问题. 高维的情况就更加复杂了. 广中平佑运用许多新工具，细致地分析了各种情况，最后用多步归纳法才最终完全解决这个问题. 这简直是一项巨大的工程. 它不仅意味着一个问题圆满解决，而且有着多方面的应用. 他在解决这个问题之后，进一步把结果向一般的复流形推广，对于一般奇点理论也做出了很重要的贡献.

广中平佑是一位精力非常充沛的人，他的讲话充满了活力，控制着整个讲堂. 他和学生的关系也很好，每年总有几个博士出自他的门下. 在哈佛大学，查里斯基退休之后，他和曼福德仍然保持着哈佛大学代数几何学的光荣传统，并推动其他数学学科向前迅速发展.

广中平佑 1975 年由日本政府颁授文化勋章(360 万日币终身年俸).

继广中平佑之后，将日本代数几何传统发扬光大的是森重文(Mori, shigefumi, 1951—). 森重文是日本名古屋大学理学部教授，他先是在 1988 年与东京大学理学部的川又雄二郎一起以“代数簇的极小模型理论”的出色工作获当年日本数学学会秋季奖. 他们的工作属于 3 维以上代数几何.

代数簇是由多项式方程所定义的空间. 它们的维数是标记一个点(的复数)的参数数目. 曲线(在复数集合上的维数为 1，因而在实数上的维数为 2)的一个分类由亏格“g”给出，即由“孔穴”的数目来决定，这从 19 世纪以来已为人们所知. 对一簇已知亏格的曲线的详细研究，是曼福德的主要工作，这使他于 1974 年获菲尔兹奖，同样的工作，使德利哥尼于 1978 年，法尔廷斯于 1986 年荣膺桂冠. 他们把所开创并由格罗登迪克加以发展了的经典语言作了履行. 一个曲面(复数上为 2 维，或者实数上为 4 维，因此很难描绘)的分类在 20 世纪初为意大利学派所尝试，他们的一些论证，被认为不太严格(这再次与上文所论情况相同)，后被扎里斯基及再后的小平邦彦重作并完成其结果. 森重文的理论是非常广泛的，然而目前只限于 3 维范围. 古典的工具是微分形式的纤维和流形上的曲线. 森重文发现了另外一些变换，它们正好只存在于至少 3 维的情形，被称为“filp”，更新了广中平佑对奇点的研究.

日本数学会理事长伊藤清三对上述获奖工作作了很通俗的评论:

“森重文、川又雄二郎两位最近在 3 维以上的高维代数几何学中，取得了世界领先的卓越成果,为高维代数几何今后的发展打下了基础.

"这就是决定代数簇上正的1循环(one-cycle)构成的锥(cone)的形状的锥体定理;表示在一定的条件下在完备线性系中没有基点的无基点定理(base point free theorem);完全决定3维时关于收缩映射的基本形状的收缩定理;递变换的公式化与存在证明——根据森、川又两位关于上述的各项基本研究,在1987年终于由森氏证明了,不是单有理的3维代数簇的极小模型存在.

"这样,利用高维极小模型具有的漂亮性质与存在定理,一般高维代数簇的几何构造的基础也正在逐渐明了,可以期待对今后高维几何的世界性发展将做出显著的贡献.

"森、川又两位的研究尽管互相独立,但在结果方面两者互相补充,从而取得了如此显著的成果,我认为授予日本数学会奖秋季奖是再合适不过的."

为了更多地了解森重文的工作.我们节选日本数学家饭高茂的通俗介绍.于此森重文工作可略见一斑.首先饭高茂指出:极小模型理论被选为日本数学会奖的对象,对于最近仍然发展显著的代数几何来说,是很光荣的,实在欣喜至极.

他先从双有理变换谈起:

代数几何学的起源是关于平面代数曲线的讨论,因此经常出现

$$x_1 = P(x,y), y_1 = Q(x,y)$$

型的变换.P,Q是两变量的有理式.反过来若按两个有理式来解就成了二变量双有理变换的一个例子,特别地称为克雷莫纳(Cremona)变换.这是平面曲线论中最基本的变换.在双有理变换中,值不确定的点很多,这时可认为多个点对应于一个点.克雷莫纳变换若将线性情形除外,则在射影平面上一定存在没有定义的点,而以适当的有理曲线与该点对应.但是,当取平面曲线C,按克雷莫纳变换T进行变换得到曲线B时,若取C与B的完备非奇异模型,则它们之间诱导的双有理变换就为处处都有定义的变换,即双正则变换.于是就成为作为代数簇的同构对应.

这样,由于1维时完备非奇异模型上双有理变换为同构,一切就简单了.但是即使在处理曲线时,只说非奇异的也不行.像有理函数、有理变换及双有理变换等都不是集合论中说的映射.因此里德(M. Reid)说道:"奉劝那些对于考虑值不唯一确定的对象感到难以接受的人立即放弃代数几何."

但1到2维,即使是完备非奇异模型,也会出现双有理变换却不是正则的情形.这就需要极小模型.查里斯基教授向日本年轻数学家说明极小模型的重

要性时是1956年.查里斯基这一年在东京与京都举行了极小模型讲座,讲义已由日本数学会出版,讲义中对意大利学派的代数曲面极小模型理论被推广到特征为正的情形进行了说明.

查里斯基在远东讲授极小模型时,是否就已经预感到高维极小模型理论将在日本昌盛,并建立起巨大的理论呢?

适逢其时,他与年轻的广中平佑相遇,并促成广中到哈佛大学留学.以广中在该校的博士论文为基础,诞生了关于代数簇的正代数1循环构成的锥体的理论.广中建立的奇异点分解理论显然极为重要,是高维代数几何获得惊人发展的基础.

那么森重文的工作又该如何评价呢?

哈茨霍恩(Hartshorne)的一个猜想说,具有丰富切丛的代数簇只有射影空间,森重文在肯定地解决该猜想上取得了成功,他在证明的过程中证明K若不是nef,则它与曲线的交恒为非负.若K是nef,则S为极小模型.

已证明了一定存在有理曲线,并且存在特殊的有理曲线.而且重新对偶地抓住曲面时第一种例外曲线的本质,推广到高维,确立端射线的概念.从而明确把握了代数簇的正的1循环构成的锥体的构造,在非奇异的场合得到了锥体定理.以此为基础对3维时的收缩映射(contraction)进行分类,所谓的森理论即由此诞生.它有效地给出了具体研究双有理变换的手段,确实成果卓著.

极小模型的存在一经确立,马上得到如下有趣的结果.

(1)小平维数为负的3维簇是单直纹的

其逆显然,得到相当简明的结论,即3维单直纹性可用小平维数等于$-\infty$来刻画,可以说这是2维时恩里克斯单直纹曲面判定法的3维版本,该判定法说,若12亏格是0,则为直纹曲面.若按恩里克斯判定法,就立即得出下面耐人寻味的结果:直纹曲面经有理变换得到的曲面还是直纹曲面.但遗憾的是在3维版本中这样的应用不能进行.若不进一步进行单直纹簇的研究,恐怕就不能得到相当于代数曲面分类理论的深刻结果.

(2)3维一般型簇的标准环是有限生成的分次环

这只要结合川又的无基点定理的结果便立即可得.与此相关,川又-松木确立的结果也令人回味无穷,即在一般型的场合极小模型只有有限个.

2维时的双有理映射只要有限次合成收缩及其逆便可得到,这是该事实的推广.2维时的证明用第一种例外曲线的数值判定便可立即明白,而3维时则远为困难.看看(1)所完成的证明,似乎就明白了那些想要将2维时双有理映射的分解定理推广的众多朴素尝试终究归于失败的必然理由.

森在与科拉尔(Kollár)的共同研究中,证明了即使在相对的情形下,也存在3维簇构成的簇极的小模型.利用此结果证明了3维时小平维数的形变不变性.多重亏格的形变不变性无法证明,是由于不能证明上述极小模型的典范除子是半丰富的.根据川又、宫冈的基本贡献,当 $K^3=0$,K^2 在数值上不为0时,知道只要小平维数为正即可.

如以上所见,极小模型理论是研究代数簇构造的关键,在高维代数簇中进行如此精密而深刻的研究,前不久连做梦都不敢想象.我们期待着更大的梦在可能范围内得以实现,就此结束.

6.好事成双

1990年8月21日至29日在日本东京举行了1990年国际(ICM-90)会议,在此次会上,森重文又喜获菲尔兹奖,并在大会上做了一小时报告.为了解森重文自己对其工作的评价,我们节选了其中一部分.

我们只讨论复数域 C 上的代数簇.主要课题是 C 上函数域的分类.

设 X 与 Y 为 C 上的光滑射影簇.我们称 X 双有理等价于 Y(记为 $X\sim Y$),若它们的有理函数域 $C(X)$ 与 $C(Y)$ 是 C 的同构的扩域.在我们的研究中,典范线丛 K_x,或全纯 n 形式的层 $\theta(K_X)$,$n=\dim X$,起着关键作用.换言之,若 $X\sim Y$,则有自然同构

$$H^0(X,\theta(vK_X))\cong H^0(Y,\theta(vK_Y)),\forall v\geqslant 0$$

于是多亏格(plurigenera)

$$P,(X)=\dim_C H^0(X,\theta(vK_X)),v>0$$

是 X 的双有理不变量,又小平维数 $k(X)$ 也是,后者可用下式计算,即

$$k(X)=\overline{\lim_{v\to\infty}}\frac{\lg P,(X)}{\lg v}$$

这个由饭高(S.Iitaka)与Moishezon引进的 $k(X)$ 是代数簇双有理分类中最基本的双有理不变量.它取 $\dim X+2$ 个值:$-\infty,0,\cdots,\dim X$,而 $k(X)=\dim X,0,-\infty$,是对应于亏格大于等于2,1,0的曲线的主要情况.若 $k(X)=\dim X$,X 被称为是一般型的.

从本维尼斯特(Benveniste)、川又(Y.kawamata)、科拉尔、森、里德与Shokurov在极小模型理论方面的最新结果,可以得到关于3维簇的两个重要定理.

定理 1(本维尼斯特与川又的工作) 若 X 是一般型的3维簇,则典范环

$$R(X)=\bigoplus_{p\geqslant 0}H^0(X,\theta(vK_X))$$

是有限生成的.

当 X 是具有 $k(X)<3$ 的3维簇时,藤田(Fujita)不用极小模型理论早就证

明了 $R(X)$ 是有限生成的.

定理 2(宫冈的工作) 3 维簇 X 有 $k(X)=-\infty$(即 $P_v(X)=0,\forall v>0$)当且仅当 X 是单直纹的,即存在曲面 Y 及从 $P^1\times Y$ 到 X 的支配有理映射.

虽然在上列陈述中,并未提到在与 X 双有理等价的簇中,找一个"好"的模型 Y(极小模型)是至关重要的;但选取正确的"好"模型的定义,证明是个重要的起点.

定义(里德) 设(P,X)是正规簇芽.我们称(P,X)是终端奇点,若:

i 存在整数 $r>0$ 使 rK_X 是个卡蒂埃(Cartier)除子(具有此性质的最小的 r 称为指标),及

ii 设 $f:Y\to(P,X)$ 为任一消解,并设 $E_1,\cdots,E_n$ 为全部例外除子,则有

$$rK_Y=f^*(rK_X)+\sum a_iE_i,a_i>0,\forall i$$

我们称代数簇 X 是个极小模型若 X 只有终端奇点且 K_X 为 nef(即对任一不可约曲线 C,相交数$(K_X\cdot C)\geqslant 0$),我们称 X 只有 Q - 分解奇点若每个(整体积)韦尔除子是 Q - 卡蒂埃的.

此处的要点是尝试用双有理映射把 K_X 变为 nef(在维数大于 3 时仍是猜想),X 可能获得一些终端奇点,它们是可以具体分类的.下面是一个一般的例子.

设 a,m 是互素的整数,令 $\mu_m=\{z\in C\mid z^m=1\}$ 作用于 C^3 上,有

$$\zeta(x,y,z)=(\zeta x,\zeta^{-1}y,\zeta^a z),\zeta\in\mu_m$$

则$(P,X)=(0,C^3)/\mu_m$ 是个指标 m 的终端奇点.

极小模型理论认为:

定理 3 设 X 为任一光滑射影 3 维簇.通过复合两种双有理映射(分别称为 flip 及除子式收缩)若干次,X 变得双有理等价于一个只有 Q - 分解终端奇点的射影三维簇 Y 使:

i K_X 为 nef(极小模型情况),或

ii Y 有到一个正规簇 Z 的映射,$\dim Z<\dim Y$ 而 $-K_Y$ 是在 Z 上相对丰富的.

暂时放开 flip 与除子式收缩的问题,让我们看一下几个重要的推论.

在情况 ii 中,$k(X)=-\infty$,而宫冈与森证明 X 是单直纹的.在情况 i 中,若继一般型,则本维尼斯特与川又证明(vK_X),对某些 $v>0$,由整体截面所生成,于是完成了定理 1.宫冈证明情况 i 中时 $k(X)\geqslant 0$,于是完成了定理 2.

总结在一起,我们有

定理 4 对光滑射影 3 维簇 X,下列条件等价:

i $k(X)\geqslant 0$.

ii X 双有理等价于一个极小模型.

iii X 不是单直纹的.

用相对理论的框架,3 维簇的双有理映射的粗略分解便得到了.

定理 5 设 $f: X \to Y$ 是在只有 Q - 分解奇点 3 维簇之间的映射,则 f 可表达为 flip 与除子式收缩的复合.

在定理 3 与 5 中,我们只从端射线(extremal rays)所提供的信息去选 flip 与除子式收缩.

除子式收缩可视为曲面在一点吹开(blow up)的 3 维类似. flip 是 3 维时的新现象,它在原象与象的 1 维集以外为同构.

7. 对日本数学教育的反思——几位大师对数学教育的评论

数学研究靠人才,而人才的培养靠教育. 日本的教育一向竞争残酷. 日本的几位代数几何大师对日本的数学教育与人才培养非常关心,并有许多高见.

小平邦彦晚年致力于教育事业,曾决定将自己的余生用来普及数学知识,培养青少年一代. 他编写了许多大学和中学的数学教材,这些教材对日本数学教学产生了极大的影响,其中一套由他主编的中学数学教材,已译成中文由吉林人民出版社于 1979 年出版.

日本文艺春秋杂志曾刊登了日本索尼(SONY)公司董事长井深访问数学家小平邦彦与广中平佑的谈话记录.

谈话间讨论当时世界上流行的新数学对日本中学数学教育的种种影响,风趣而引人深思. 摘录如下.

井深:广中先生此次获得文化勋章,恭喜. 我向来对儿童的教育非常关心. 回想过去,各位决定要走向成为数学家这一条路,有什么动机?

广中:不管怎样说,我不是脑筋好的人.(笑)

井深:譬如说,高斯发现等差级数的原理,据说是因为童年时代常看他父亲砌砖的缘故.

广中:那是天才的故事. 想起来有一件我认为好的事. 战时我是(初)中学生,当时的教育可说极为混乱. 初一的时候,我到农家去帮忙;初二的时候被抓去兵工厂工作. 老师也换了好几位,后来的老师不知道前任的老师教到那里,因为战时老师之间的联系也不够紧密. 所以,每位老师只好讲述他认为重要的部分.(笑)可以说,重复又重复,连续又连续的重复. 基础部分连续教三次,学生自然就明白了.

小平:我在童年时代没有学到什么. 小学只学到计算. 中学只有代数和平面几何. 代数只是二次方程式和因式分解. 微积分到了高等学校二年级才学到. 就

年龄说,已经是现在的大学一年级学生.这样也能成为数学家,(笑)所以从童年时代就学高深的课程,实在不必要.

井深:基础可以提早教,至于抽象、应用以后慢慢来,这样的做法实在有必要.九九乘法表可以像念经那样背念,提早引入.

小平:那样最好.可是现今的教育,从小就让学生使用计算器.用计算器,即使不懂计算方法,也能得出答案.我很担心,这样做下去可能使人都变成傻瓜.

广中:计算机好像很畅销.对索尼公司来说,不是很好吗?

井深:我们从三四年前就停止销售了.我们自觉这是非常明智的措施.(笑)

广中:常打算盘的人,心算也很好.这是由于使用算盘可促使计算进步.用计算器实在有导致计算退步的危险性.

井深:但有一种异论——普通人对于数学常有枯燥无味、使人扫兴的感觉.这样的话对二位也许很失礼,……(笑)像这样,如果让我们从小使用计算器,也许可以引起他们对于数学的兴趣.

小平:最近美国也开始使用算盘了,不过还在小学阶段.已经有人重新认识算盘的这一特色了.

井深:的确,计算难免有“黑箱”(black box,要魔术用)的一面.

小平:还有,现在的数学教育让人觉得可笑之处,就是集合论.就我所知的范围,现“役”的数学家都反对教儿童集合论.

广中:不错.集合不但在日本,即使法国也教.以前我带家眷去法国教书时,发现他们在小学课本中也编入集合.我的孩子常来问我习题,我自己也不会做.虽然我是认真想过了,(笑)可是不会解.小孩不高兴地说:“爸爸不是数学家吗?”

集合论是我进大学以后才由严密逻辑过程学到的,可是小学的课本不能照高度的逻辑方式编写.纵然如此,但是有些人还坚持要教集合论,问题就在此产生了.譬如说有这样的题目——分出同类的东西,找出他的共同部分.比方说狗是共同部分的答案,但由课本上的插图看来,却绘有头向上、向下、向左、向右的狗.是否把头向上或向下的都看做同一种狗?如果这样的地方分不清楚,就有好几种答案了.我就被这个题意不清楚的题目问垮了.

小平:我看现在教给小孩的集合论是集合论的玩具,而不是真正的集合论.

广中:如果怎样说都对,就没有答案了.在刚才的题目中,如果在开始就有“不管头向上、向下、向左、向右,所有的狗都视为同样的狗”这样的约定,那就有答案了,没有这样的说明,那一定会混淆不清.如果小孩是在准备考试,要把“这样时候这样答”如此强记下来,后果将如何?究竟,学习集合论有什么意义?

井深:是不是要拿集合论来澄清数学的意义?

小平:那是在极度高等的数学中才需要的.除非你要做数学家,否则,集合论可以不用.

广中:同感.如果由一些认为强调集合论是无聊的做法的人来教数学,那还可以;如果由不明事理而却认为“教集合论很不错”这样的教师来教,那小孩就很可怜了.

小平:初等教育的集合论最无聊.

广中:无聊极了.为某种原因绊倒的地方绊倒,(笑)这是矛盾.原来集合论从数学的历史来看,就是因为绊倒才搞出来的.

小平:不错,是19世纪末吧.谈到它的出现,没有追究那时候数学的发展,就不能明了引入集合论的必要.

广中:如果就公理化的立场而言,一定会遇到非把集合论搞好不可的阶段.但这是纯粹数学家的问题,对于非纯粹数学家是不必要的.

小平:就是物理学家、机械工程师也不必要.

广中:为了集合论,父母苦恼,老师苦恼,小孩迷惑.

井深:问题在那里?在教育部吗?

小平:有所谓教科书检验.我也正在编写教科书,如果不把“集合”放进去,就不能通过检验.

井深:不只教育界这样,在日本已有凡是一经决定的事就不能反对的态势.环境不容许你就事论事,我想这是很危险的事.

广中:我认为训练学生学习基础的计算技术或是培养学生对“数”的感觉才是儿童数学教学的当务之急.我们数学家同事之间,有从年轻时代就完成只有天才才能做到的业绩的人,也有上了年纪以后才开花结果的人,这样两种典型.如果就“创造性”的观点而言,就在“留余裕于将来”的意味上,我想在小学不必着急.

井深:二位都有日、美两国的大学教书的经验.日、美两国的学生有很大的差别吗?

小平:东京大学是特殊的大学,也许不能作为比较的对象.东大的学生实在不错,真是意想不到的好.不论哪一方面都很熟悉,听说连莫扎特的作品号码都记得……

广中:这也许是东大的特征.京都的学生就不懂这些.

小平:美国的学生不行的就是不行.

广中:更有趣的是,完全不行的人有一天突然好起来了.

小平:那是很有趣的现象.

广中:在研究院成绩不佳,好不容易才拿到博士学位的人,后来却成为很卓越的人物.

井深:日本的学生进大学以后就不用功了?

小平:在美国正好相反.他们到高中毕业为止,都是悠然自得的态度,一般的数学程度也低.微积分是大学后才学.研究院最初的水准也低……

广中:水准是低的.但是美国有"跳级".在哈佛,也有叫做 advance studying,可以直升大学二年级.更好的人,从大三直升研究院.这一类型的人,非常优秀,可是,有趣的是,虽然在这一阶段表现出色的人,也不能断言他将来有更大的发展.有时候好不容易才进入研究院的那些人中,也会出现有很好创意的人.

井深:实际上并不是脑筋的优劣分别集中在年龄的某一阶段.通常都说最能发挥创造力是在 20 岁前后,但就现在的日本教育体系来说,到了那个时候真的能否发挥全部能力,实无把握可言.沿着教育部规定的课程进行教育,像具有百科全书式头脑的人,也许倒可以培养出来.

广中:搞数学的人,应该多知道些事物.同时,不培养创见也不行,这两样都需要.但是先灌输知识,然后再来培育创见,也不是那么简单(即可造就人才).

井深:现在根本没有培育创见的时间,也没有这种过程.

广中:任何环境都能造就天才的人物.问题在于那些没有出类拔萃才能的人,如果多花时间培育,他们就能发挥他们的能力,往往因为操之过急反而把他们的能力扼杀了.日本人在贡献他们的特殊知觉力上面,应该是很拿手的,可惜因为填鸭教育,自己把这种能力扼杀掉了.

汤川秀树先生说过"评分,先(将各科分数)平方再取其平均".意思是,人虽然有短处,但是如果在某一方面有了长处,就应该设法把它发扬光大.

井深:美国人对于平等的想法根本和我们不同.

小平:按照自己的能力,你想怎么做就怎么做,我觉得这是美国的平等主义.

井深:普通人以为,数学家或理科较强的人就是脑筋好的人.数学家即是脑筋好的人的代名词.

广中:这一点我不敢同意.(笑)我所尊敬的京都大学的前辈曾说:"广中的脑筋并不好."我回应他说:"我的脑筋虽然不是特别的好,但也不是特别的坏."他会更进一步地说:"数学是有趣的学问,因为脑筋不是特别好的人也有相当的成就."说得不错.

我不说"脑筋坏"是数学家的条件,(笑)可是我总想,所谓脑筋好的人有一种危险:如果是脑筋特别好的天才,那是另当别论,但普通程度脑筋好的人,总是要抢先走在前头,因为知道得太多,总有从事物上滑过去的危险.

井深:领悟快,不深入.

广中:有时候会觉得自己还有不明白的事,这种人反而更能深入事物的本质.

小平:听说爱因斯坦这样说过:"自己发育较慢,成年以后对时间、空间的概念还不清楚,因此深入思考这个问题,终于发现相对论."他是个有趣的人,可以说是悠然自得吧,他始终不能了解自己是很有名气的人.

井深:那真是出人意料.

小平:爱因斯坦有一次去了普林斯顿的电影院,忽然想出去吃冰淇淋,他向电影院的查票人说了好几次:"我出去一趟,请记住我的长相."他始终不了解他是人人皆知的有名人物.

井深:这一段话很好.(笑)这样一来,我们必须重新考虑"怎样才是脑筋好"这一个定义.如果把能考入东京大学这一种平均分数好的人说成脑筋好,一定使人发生误解.那就等于说只有当今政府的一些官员才是脑筋好的人.尤其是数学,不但需要"理科的"想法,更需要有"文科的"悟性.

广中:的确不错.说是"文科的"吗? 也可以说近于艺术.

井深:广中先生对于音乐很在行,(笑)桑原武夫先生说过:"数学是用记号排成的诗."

小平:我担任东京大学理学部部长的时候,和我意见最一致的是文学部长林健太郎先生,意见完全不合的是学法学出身的大学校长.(笑)想法根本不同.

广中:把"数学近乎艺术"的观点用稍微不同的方式来表现,就是"为造就好的数学家,与其让他来解试题不如让他去听音乐."这种想法有一点古怪,可是我觉得应是这样.我想"听音乐"和"培育觉察模型或构造的感觉"有关联.在数学里,分辨何事重要,何事不重要,选择是很重要的.脑筋太好但缺乏选择能力的人,什么都做,结果做的都是没什么价值的事.也有走上这一条路的人.

井深:信州有一所小提琴训练所,已有 20 万毕业生散布于全国.追踪调查显示他们的数学成绩显著良好.音乐与数学大有关系.

广中:脑筋稍差,只要有创造性,还能成为数学家,而脑筋虽然好,但无创造性的人就没法子了.

井深:听了上面的话,我明白日本的教育现状并没有朝"发展学童具有的才能"这一方向进行,这与二位以头脑外流的形式去美国有关吗?

广中:我的情形是当时没有职业.我就读东京大学研究院的时候正好查里斯基来京都讲学.我在读代数几何学,正好教授遇到一个解不出的问题,我对那个问题开始有兴趣,想把它解出来.

井深:那是几年前的事?

广中:20 年前.当时的大学,教授的位置都已占满,比我大 4 岁的人都升教授.我得等到他们退休才能轮到.就是认真去等,轮到我升教授时,4 年后也要退休了.(笑)

井深:为什么那么年轻的人占满了教授的位置?

小平:这种现象说也奇怪,每隔 10 年就有一次.我们那一年代各方面已趋

安定,以后 10 年很少变动.

井深:学数学除任教师外,有没有其他的"销路"? 还有像保险公司这样的特殊市场吧.

广中:我到哈佛的时候,在美国大学的职位很多.也许在其他方面也有很多空缺.

井深:日本学者难以居住的地方.日本人对于"头脑外流"稍有过分渲染之处.只要是人,谁不期望待遇好的地方? 待遇好,就是说在那里可以充分发挥,大胆地工作.在我们公司,也有江崎玲于奈先生到 IBM 去,我受到很多非难.可是我想:"送他到那里,是很对的."能力高强的人有种种类别,要把他们安置在能充分发挥能力的岗位上,非常不容易.尤其是那个人越伟大,安排他做事越困难.

小平:在日本情况全部一律相同.就是不用功,只要蹲在一个地方,后来也能升教授.

在与中国台湾教授的一次谈话中,广中又对数学教育发表了很多见解,台湾的三位教授以下简称教授甲、教授乙、教授丙.

教授甲:有人曾建议我们与日本数学家合开学术会议.但首先,我们必须找到适当的日本人选.例如,李国伟所长曾询问宫西正谊教授,但他自认资望不够.

教授乙:眼前正有一位人选.

广中:日本学术界的程度高了,但是他们的心态不及世界水准.他们是日本人,看到外国,就想到能学到什么,而不是想想看自己能贡献什么,这种心态与美国人的心态不同.美国教育外国学生,形成国际通信网,这是泱泱大国的国际作风.从国际观点来看,一心想学的心态是低层次的,我相信出国留学,再回来,来来去去,可以改变这种心态.

我很惊奇地发现,当我成了京都大学的正教授时,西班牙及民主德国邀请我去讲学,我向大学申请出国,填申请表格时,我必须写上"进修项目"以及"学成归国"时,如何发挥所学(众笑).这真是荒谬绝伦.我以为,去了可以贡献些,从贡献中就可互相学习,一心只想学习别人之长而不贡献,真是低层次的.

教授丙:中日文化背景相似,我们可从日本比从美国学到更多的东西,但是一般政府领导却有"恐日症".

广中:"恐日症"与日本人的"日恐症"正好相反!

教授乙:日本的科学成就低于经济成就,很少有真正出众的概念来自日本.

广中:对.

教授乙:如果日本处于第二的地位就可以永远向第一的美国学,当日本超前时,日本必须创新概念.

广中:那么,日本应该花钱培养文化.例如,可以省钱省事地在一个发展很好的数学领域中,作出色的工作.但发展一门全新的数学就不同了,你可能虚掷金钱与人力而一无所得.当然,你也可能获得全新的概念.你不能预知.这必须从文化上着眼.到目前为止,日本精于选取别人找出的新方向,而且学得很快.

教授丙:这儿的学生不愿学基础科学.

广中:日本也一样,但是在改变中,当生活水平提高后,对许多人来说,比别人赚更多的钱,不是一件有趣味的事.自然,有些人会永远只想赚钱,但是,那是一件乏味的事,更有趣味的是做一些原创性的工作.对一颗年轻的心,原创性的事更有激情.这只是时间的问题,不必担心,我想台湾已经快要非常有钱了,10年、20年后,应该会有很大的变化.年轻人想法不一样,糟糕的是,一个有才气但不适合当医生的年轻人,他仅仅为了医科的声望去读医学院,那在他生命的某一个时期,不知道什么时期,也许得医学学位,或是在60岁时就会后悔,他对自己说:“老天,在生命中,我错过了什么,生命中很重要的什么.”

教授丙:你觉得你选对了行业吗?

广中:我自认为是学数学的料子,虽然我不知道我算不算一个好数学家.当我在京都大学当学生的时候,我想读物理,因为汤川秀树得了诺贝尔奖等等.年轻的我工作得很努力,我参加了一些非常高级的讨论会,但是,在读物理时,我觉得对物理的数学部分更有兴趣,过了一阵子,我自觉应该成为一个数学家,虽然,数学中没有诺贝尔奖,这也无所谓.发现自己特长的最好办法是献身.如果有些学生想读医科,那也好.让他们朝着医生的目标努力,然后看看什么事会发生,他们会发现自己的.如果他们不努力,就不能发现.即使入错行,只要你肯努力工作,你还是会发现自己的.在学生时代,我确实非常努力用功,我以为,年轻人,例如高中生,应该好好想想,什么对他们本身最好,而不是一脑子哪一个科系能赚钱.当他们成长以后,生活水准已经大幅度提高了.生命的问题在于如何使工作更有意义.

教授乙:生命比生活更重要.在这样一个世界大体系里,应该怎样学习呢?

广中:重要的是在努力贡献中学习,这样你可以学到更多,不仅仅是些科技成果,而且是学会了别人的心态或态度.

教授乙:50年前,日本还是个数学小国,现在日本是数学大国了,台湾正面临发展数学的瓶颈,能否有所教言?

广中:(笑)出国啊!你知道,大量的日本数学家去欧洲、美国,工作了很多年,当然时代不同了.有人提到,台湾留学生不回国.15年前,许多日本数学家去了美国,也是不想回来,现在,很多人想回来了,因为第一,日本的生活水平不太坏,事实上,有时日本的薪水还高出美国的薪水呢!这是很重要的;其次,日本可以邀请外国数学家,留在日本也不坏,他们可以与外国学者接触;最后,他

们可以出国,现在旅费不成为负担了,与20年前大大地不同.

教授乙:文化立国的意义越来越清楚了.

广中:文化无声无色地影响着人民的心态,这是文化重要的地方.如果文化贫乏,经济繁荣,总有一天会出大问题的.文化包含工作的态度、幸福及快乐的定义等等.总之一句话,在日本,理论科学对我而言,特别是数学,越来越重要.而理论科学与工业应用的时间差距越来越短,工业技术越来越需要理论科学的基础.日本应花更多的人力与金钱来从事基础科学的研究,数学是文化的一部分,也许是较小的部分.当一个国家有优良的数学教育、充沛的数学新概念,则所有国民都普受滋润,不论他们从事哪一行业,都会从一些新的数学观点来看问题,这就是说文化提升了,大家都早有准备,不必回学校重新读数学,于是文化内化了,在你我心中.

怀尔斯——毕其功于一役

第十一章

1.世纪末的大结局——怀尔斯的剑桥演讲

这是数学界发生的最激动人心的事情.

——伦纳德·阿德尔曼(Leonard Adelman)

光阴似白驹过隙,世界的脚步似乎在加快,时间以前所未有的速度奔向20世纪末,又一场百年大戏即将落幕,到了该压轴戏上场的时候了.数学界突然热闹非凡,精彩纷呈,使人颇有目不暇接之感.其中最引人注目的一场上演在英国的剑桥大学.

剑桥大学是英国最古老的大学之一. 1984年,剑桥大学中最古老的彼得豪斯学院已建校700周年.现代的剑桥大学是一所多学科综合性大学,采取院系两级体制,有31所学院,62个系所,其中29个属理工科,33个属文科.

剑桥大学以其杰出的科研队伍和丰硕的科研成果闻名于世.讲到剑桥人文会想到密尔顿、徐志摩;讲到自然科学,就自然会想到哈代、李特伍德、罗素以及卡文迪许实验室.特别是,最近几年来风靡中国的被人誉为继爱因斯坦之后的最伟大的物理学家霍金,他以仅能动弹的三根手指,敲打出通俗的语言,向人们讲述了最艰深的理论物理、天文学的问题.有人说,从这里培养出来的和在这里工作过的诺贝尔奖获得者,比法国全国的获奖者还多.20世纪

初,卡文迪许实验室在原子模型、晶体构造的研究中,有许多重大突破.第二次世界大战中,这里的科学家们在雷达、电子学、电讯等方面的研究中,发挥了主导作用.战后,卡文迪许实验室又在分子生物学和射电天文学等领域取得了举世瞩目的成就.一登龙门,身价百倍,在英国和全世界,不少青年以能获得剑桥大学的文凭而感到骄傲.就连在剑桥大学工作过一段时间,也成了学者学术生涯中的一段光荣史.多少年来,不少人前往剑桥大学参观游览,以一睹这所古老的高等学府为快.仅1983年,去剑桥旅游的人使这座大学城获得31亿英镑以上的收入.

1993年6月23日星期三是一个永载数学史册的日子.在位于英格兰剑桥市(在加拿大安大略省和美国马里兰州、马塞诸塞州、俄亥俄州也都有剑桥市)卡姆河畔的剑桥大学,举行了一次自该校1209年建校以来最著名的一次数学演讲.熟悉数学史的人都会记得1669年艾萨克·牛顿曾来此讲授数学使剑桥大学成为当时世界数学中心,18世纪剑桥大学学生坐三条腿板凳进行首次荣誉学位考试时,其主科就是数学.而此次讲演从某种意义上说则更令人瞩目.主讲人是一位拔顶、消瘦的中年人,他就是当年40岁的英国数学家安德鲁·怀尔斯(Amdrew Wiles).他是美国新泽西州普林斯顿大学的教授,此刻他站在写满数论公式的硕大黑板前意气风发,因为他刚刚作完题为"椭圆曲线,模形式和伽罗瓦表示"的报告.在讲演的最后,怀尔斯宣布了一个震惊世界的结论:他征服了困扰国际数学界长达350年之久,悬赏100 000金马克之巨的世界最著名猜想——费马大定理.

…·怀尔斯
…53—)

就在怀尔斯的讲演结束几分钟之后,这一消息就立即通过各种现代化通信设备传播到世界各大学及研究中心,其速度不亚于里根被刺、苏联解体等重大事件传播的速度,因为它表明了一个时代的结束.

2.风云乍起——怀尔斯剑桥语出惊人

怀尔斯的结果使数学的面貌发生了变化,看来是完全不可能的事情却有更多的真实性.

——肯尼思·里布特(Kenneth Ribet)

一块硕大的黑板上,书写着密密的数学公式.其中有一行是

假定 p,u,v 和 w 都是整数,而 $p>z$.如果 $u^p+v^p+w^p=0$,那么 $uvw=0$.

1993年6月,英国剑桥牛顿(Issac Newton)数学科学研究所举行了关于岩坡(Iwasawa)理论、自守形式,和 $p-adic$ 表示的一个讨论会.会上美国普林斯顿(Princeton)大学的安德鲁·怀尔斯教授作了一系列演讲,整个由三个演讲组成.

作为一系列演讲的结论，他推出了上述形式的费马大定理．他给他的这一系列演讲起了一个启发性的而且雄心勃勃的题目——“椭圆曲线，模形式和伽罗瓦表示”，以致没有给听众任何迹象，谁也无法猜到这些演讲会怎样结束，这颇有些像一部煽情的电视剧．人们焦急地等待着结果．连日来持续的传闻在与会数论专家中流传着，随着这一系列演讲的进行，形势越发明朗．随之紧张的情绪也在不断增长．第三个演讲共有 60 多位数学家出席，他们之中有相当多的人带了照相机去记载这一事件．

终于，在最后一个演讲里，怀尔斯既出乎意料而又在情理之中地宣布，他对于 $\mathbf{Q}$ 上一大类椭圆曲线证明了谷山猜想——算术代数几何中一个极为重要的猜想．这类椭圆曲线就是所谓的“半稳定”（“semistable”）椭圆曲线，即没有平方导子（square-free conductor）的椭圆曲线．在场的听众中大多数人都知道，费马最后定理是这一结果的推论．虽然许许多多业余爱好者和职业数学家都深深地迷上了费马最后定理，可是在近代数论中谷山猜想却有更为重大的意义．这如同在一场足球赛上，业余的人爱看临门一脚，而球迷们却着眼于过程．

谷山猜想，它的大意是 $\mathbf{Q}$ 上的每条椭圆曲线都是模曲线，这是在 20 世纪 50 年代中期首先在 Tokyo-Nikko 会议上以某种不太明确的形式提出来的．通过志村和韦尔的努力，使它的陈述变得精练了，所以它也被称为韦尔猜想，或谷山－志村猜想，等等．在这个猜想通常的陈述中，它把表示论的对象（模形式）和代数几何的对象（椭圆曲线）联系了起来．它是说，$\mathbf{Q}$ 上一条椭圆曲线的 L－级数（它测量对所有素数 p 曲线 mod p 的性质）可以和从一个模形式导出的傅里叶（Fourier）级数的积分变换等同．谷山猜想是“朗兰兹（Langlands）纲领”的一个特例，后者是由朗兰兹和他的同事们提出来的互相关联的一个猜想网．

虽然要想陈述朗兰兹的那些猜想，必须要有自守函数的基础，但是却还另有一种方式来陈述谷山猜想，其中只有复解析映射这一概念出现．我们来考察 $\mathbf{Q}$ 上的椭圆曲线，但对 $\overline{\mathbf{Q}}$－同构的椭圆曲线不加区别：他们是亏格（Genus）1 的可以用有理系数多项式方程定义的那些紧黎曼曲面．谷山猜想说，对于每个这种曲面 S，都有 $SL(2,\mathbf{Z})$ 的一个同余子群 Γ 和一个不等于常数映射的解析映射 $\Gamma/H \to S$，这里 H 是复上半平面．

1985 年，弗雷（G·Frey）在 Oberwolfach 所作的一个演讲中首先指出了费马大定理和谷山猜想的联系．他指出，利用 $a^p + b^p = c^p$（p 是奇素数）的一组非平凡解可以写出一条不适合谷山猜想的半稳定椭圆曲线．弗雷的曲线是由特别简单的三次方程 $y^2 = x(x-a^p)(x+b^p)$ 所定义的椭圆曲线 E（在写下这个曲线之前可能需要对 (a,b,c) 作初步调整），他在 Oberwolfach 散发了一份打字稿，在其中他给出了他的曲线不是模曲线（即“谷山猜想 $\Rightarrow$ 费马猜想”这一蕴涵关系）的一个不完整证明的大纲．他期望他的证明能被模曲线理论方面的专家来完整化．

弗雷开始观察到，一旦 E 是模曲线，那它的 p - 除法点（p - division points）的群 $E[p]$ 也是，这就是说，把 $E[p]$ 看做 $\mathbf{Q}$ 上的代数群，可以把它嵌入与一个适当的商 Γ/H 典范相伴的 $\mathbf{Q}$ 上的代数曲线的雅可比之中. 塞尔在知道了弗雷的构造以后，陈述了两个猜想，它们蕴涵 $E[p]$ 与 $SL(2,\ \mathbf{Z})$ 的一个特定的同余子群 $\Gamma_0(2)$ 相伴. 因为 $\Gamma_0(2)/H$ 的雅可比等于零，所以这是荒谬的.

从塞尔的两个猜想里，瑞贝特认识到，在他读梅热的论文时所提出的一个问题可以推广. 1986 年 7 月，大约在塞尔的两个猜想提出一年之后，瑞贝特证明了它们，他宣布，他证明了“谷山猜想$\Rightarrow$费马猜想”，这使数学界相信费马最后定理一定成立：几乎所有的数论专家们都期待着有一天谷山猜想会成为一个定理. 然而这毕竟是一个美好的愿望. 对于真正了解其难度的人来说一般都接受这一看法，即现在距谷山猜想证明的出现还很遥远.

但是怀尔斯对谷山猜想的证明还不可能出现的看法并不以为然，在他了解到费马最后定理是这一猜想的推论后，立即开始了他的庞大谷山猜想的证明. 这个证明用到了他以前工作中（包括他和梅热合作的工作中）以及法尔廷斯、格林伯格、哈蒂、柯罗亚金等人（这里仅引几个名字）工作中的结果和技巧. 在怀尔斯收到菲舍的一篇预印本之后，一块主要的绊脚石被搬掉了.

在下面几段里我们转引西瑞贝特所介绍的怀尔斯的证明概述.

为了证明一条半稳定椭圆曲线 $E/\mathbf{Q}$ 是模曲线，怀尔斯固定一个奇素数 l，实际上取作 3 或 5. 考察 $Gal(\overline{\mathbf{Q}}/\mathbf{Q})$ 在 E 的 l - 幂可除点（l-power division points）上的作用，就得到与 E 相伴的 l - adic 表示 $\rho_l: Gal(\overline{\mathbf{Q}}/\mathbf{Q}) \to GL(2,\mathbf{Z}_l)$. 椭圆曲线 E 适合谷山猜想，当且仅当 ρ_l 在如下意义下是“模的”（modular），即它在通常方式下与一个权 - 2 的尖（cuspidal）本征形式相伴. 表示 ρ_l，“看上去并且感觉是”模的是指它有右行列式并且在 l 和其他分歧素数处适合某些必要的局部条件.

粗略地说，怀尔斯证明了像 ρ_l 这样的一个表示是模的. 如果它“看上去并感觉是”模的，并且它 mod l 约化成一个表示 $\overline{\rho}_l$; $GL(\overline{\mathbf{Q}}/\mathbf{Q}) \to GL(2,\ F_l)$，而 $\overline{\rho}_l$ 是：(1) 映上的；(2) 本身是模的. 条件 (2) 的意思是，$\overline{\rho}_l$ 可以提升成某个模表示；换言之，我们希望 $\overline{\rho}_l$ 和某个模表示同余.（在许多情况下，在研究 $\overline{\rho}_l$ 时，我们可以用“不可约”来代替“映上”）

怀尔斯的证明是用梅热的形变理论（deformation theory）的语言来表达的. 怀尔斯考察了适合 (1) 和 (2) 的表示 $\overline{\rho}_l$ 的形变，并局限他的注意力于那些似乎能够与权 2 尖形式相伴的形变（他要求形变的行列式是分圆特征标，并且在素数 l 处加了一个局部条件. 例如，如果 $\overline{\rho}$ 超奇异（supersingular），他要求形变与贝巴斯特 - 塔特（Barsotti - Tate）群局部地在 l 处相伴）. 怀尔斯证明了凡有的这种形变是模的，由此验证了梅热的一个猜想. 为了证明这一点，他必须证明，局部环的某个结构映射(structural map)φ,若是映上的,则事实上就是同构.在这里怀尔斯用了梅热等许多人的思想.这证明 φ 是满射,怀尔斯研究了对于 ρ 的一个模提升 $\bar{\rho}$ 的对称平方(symmetric square of a modular lift)的经典塞尔默(Selmer)群的一个类比,并且柯罗亚金和菲舍的那些技巧导出的技巧给出它的界(在许多情形下,怀尔斯确切地计算了这个塞尔默群的阶).

怀尔斯证明了这个关键定理之后,接着就去证明 E 是模曲线.他先研究 $l=3$的情形.利用滕内尔(J. Tunnell)的一条定理,再加上 H. Saito-T. Shintani 和朗兰兹的一些结果,他证明 $\bar{\rho}_3$ 适合(2)当且仅当它适合(1).由此推出,当 $\bar{\rho}_3$ 是满射时,E 是模曲线.

怀尔斯在他的第二讲结束的时候,提出了一个诱人的问题,即当 $\bar{\rho}_3$ 不是满射时,情况怎样?例如,假定 $\bar{\rho}_3$ 可约,我们是否仍能达到目的?怀尔斯在第三讲中解释了他对这个问题的惊奇解答.他利用希尔伯特不可约定理和格布塔叶夫(Gebotarev)密度定理,造了一个辅助性的半稳定椭圆曲线 E',它的 mod 3 表示适合(1)而它的 mod 5 表示和 $\bar{\rho}_5$ 同构.因为模曲线 $X(5)$的亏格等于 0,所以这个构造成功了.运用一次他的关键定理,怀尔斯就证明了 E' 是模曲线.因为 $\bar{\rho}_5$ 可以看做从 E' 来的,所以它是模的.怀尔斯再一次运用它的关键定理,这次是用到 $\bar{\rho}_5$ 上,他就推出 E 是模曲线.

谷山猜想的怀尔斯证明是近代数学的巨大里程碑.一方面,它戏剧性地说明了在我们处理具体的丢番图方程(diophantine equation)时积累起来的抽象"工具"的威力.另一方面,它使我们大大接近了把自守表示和代数簇联成一体的目标.

3.天堑通途——弗雷曲线架桥梁

费马大定理将数学特有的魅力展现给每个人,使他们能欣赏它.

——阿林·杰克逊(Allyn Jackson)

为了理解怀尔斯的证明思路,我们先介绍一个描述数学家思维的比喻.英国数学家、哲学家诺莎曾形象地打了一个比喻,使我们可以窥见数学家独特的思维方式之一斑.她说:"现在有一位数学家和一位物理学家利用煤气和水壶去烧开水,当水壶是空的时候数学家和物理学家行动方式一样,都是先将水壶灌满水,然后放到煤气灶上,打开火.如果再去烧开已经灌满水的一壶水时,物理学家会直接将水壶放到煤气灶上,然后打开;而数学家的做法也许有些出人意料,他会将已经灌满水的壶倒空,然后他说:'空壶的情况我已经处理过了.'"

这种思维的实质是化归原则,即将要证明的未知的猜想通过一定的方法巧

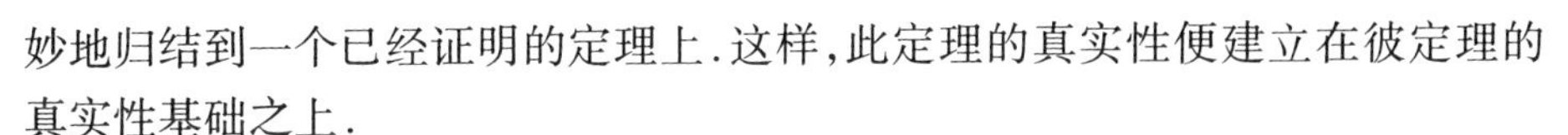

妙地归结到一个已经证明的定理上.这样,此定理的真实性便建立在彼定理的真实性基础之上.

我们故事的最有趣部分是从1982至1986年弗雷的工作开始的.弗雷是一位椭圆曲线方面的专家,他证明了由费马方程的非平凡解会得到很特殊的一类椭圆曲线,即所谓的弗雷曲线.这种曲线的重要性在于椭圆曲线理论是现代数论一个很大而且重要的分支,更为重要的是关于椭圆曲线的一系列标准猜想均可推出弗雷曲线不可能存在.

如果 $a^p+b^p=c^p$ 为费马方程的一组解,则

$$y^2=x(x+b^p)(x+c^p)$$

便是一条弗雷曲线.像通常那样,我们假定 a,b,c 是互素的非零整数,而 p 为奇素数,和费马所考虑的 $y^2=x^3-2$ 一样,这是一条有理数域 $\mathbf{Q}$ 上的椭圆曲线.一般地,$\mathbf{Q}$ 上的椭圆曲线由形如

$$y^2=ax^3+bx^2+cx+d$$

的方程给出,其中 a,b,c,d 为有理数,并且方程右边关于 x 的三次多项式没有重根.

实际上,在构造弗雷曲线时还需要小心一些.由于 p 为奇数,由解 $a^p+b^p=c^p$ 还可给出解 $b^p+a^p=c^p$ 和 $a^p+(-c)^p=(-b)^p$.所以我们总可使 b 为奇数而 $c\equiv 1(\bmod 4)$.这些条件是为了使弗雷曲线为半稳定的,然后我们再假定 $p>3$.

在20世纪80年代末期,国际数论界一共流行有三种方法由弗雷曲线加上一些标准的猜想可以证明费马大定理,这些方法所用的标准猜想分别如下.

(1)关于算术曲面的Bogomolov-宫冈洋一-Miyaoka-丘成桐(BMY)不等式,它给出与定义在整数上的曲线的各种不变量的联系.这个不等式是复曲面上一个熟知不等式的算术模拟.根据帕希恩的一个定理可知,这个不等式可推出斯皮罗(Szpiro)猜想(它叙述椭圆曲线的最小判别式和导子的关系.判别式和导子是椭圆曲线两个不变量,我们将在后面给出定义).最后,由斯皮罗猜想可以推出费马大定理对于充分大的 p 均成立.

(2)关于整数上定义的曲线上诸点(对于正则类)的高度的沃伊塔(Vojta)猜想,这个猜想可推出莫德尔猜想,它也可推出费马大定理对充分大的指数 n 成立.

(3)谷山-志村猜想(是说所有椭圆曲线均是模曲线.我们今后再给出更精细的叙述),由它再加上塞尔关于伽罗瓦模表示的水平约化的一个猜想,可以推出费马大定理对所有 p 均成立.

1988年,宫冈洋一(BMY中的M)在波恩的一次演讲中宣布他证明了算术BMY不等式,从而延用上述方法对充分大 p 证明了费马大定理.演讲后的几天

之内,报纸上大肆宣扬,遗憾的是在一周之后他要回了他的证明,因为在推理中发现错误.

沃伊塔猜想至今未能被证明,它是一大类猜想和问题的代表.这些猜想和问题主要研究具有整数解的某些方程的有理解的大小和位置.(Number Theory Ⅲ: Diophantine Geometry(Springer,1991)).特别在该书第 63 ~ 64 页讨论沃伊塔猜想和费马大定理.这方面的进一步结果可见朗(S. Lang)的书《数论Ⅲ》.

我们现在要讲的是通往费马大定理的第 3 条路上发生的故事.1985 年,弗雷试图证明由谷山 – 志村猜想可推出费马大定理,但是他的证明有许多漏洞,不少人试图修补弗雷的推理,但只有塞尔看出,利用某些伽罗瓦模表示关于水平约化的一个猜想可以修补弗雷的漏洞.所以,弗雷和塞尔一起证明了:将谷山 – 志村猜想和塞尔的水平约化猜想加在一起可以推出费马大定理.

到了 1986 年,里伯特在通往费马大定理的这条路上迈出了重要的一步,他证明了塞尔猜想.于是,费马大定理成了谷山 – 志村猜想的推论.在这一进展的激励之下,怀尔斯开始研究谷山 – 志村猜想.7 年后,他宣布证明了谷山 – 志村猜想对于半稳定的椭圆曲线是正确的.我们在下面将会看到,这对于证明费马大定理已经足够了.当时,据说在怀尔斯证明的初稿还没有拿出来以前,他的证明加起来有 200 多页,但是数学界许多人士相信证明是经得起仔细审查的.

有趣的是,弗雷不是看出费马大定理与椭圆曲线有联系的第一位.过去的联系多为用关于费马大定理的已知结果来证明椭圆曲线的定理.但是,1975 年赫勒高戈(Hellegouareh)于文章"椭圆曲线的 $2p^h$ 阶点"(Acta Arith. 20(1975),253-263)的第 262 页给出了对于 $n=2p^h$ 的费马方程解的弗雷曲线. 不容置疑,弗雷第一个猜出由谷山 – 志村猜想可推出弗雷曲线是不存在的.

为了解释清楚谷山 – 志村猜想,我们首先需要知道什么是模函数.

定义 上半平面 $\{x+iy \mid y>0\}$ 上的函数 $f(z)$ 叫做水平 N 的模函数,是指:

(1)$f(z)$(包括在尖点处)是亚纯的(这是复变函数可微性的模拟).

(2)对每个方阵 $\begin{pmatrix} a & b \\ c & d \end{pmatrix}$,其中,$ad-bc=1, a,b,c,d \in \mathbf{Z}$ 并且 $N \mid c$,有

$$f\left(\frac{az+b}{cz+d}\right)=f(z)$$

猜想(谷山 – 志村) 给了 $\mathbf{Q}$ 上一条椭圆曲线 $y^2=ax^3+bx^2+cx+d$,必存在水平均为 N 的两个不为常数的模函数 $f(z)$ 和 $g(z)$,使得

$$f(z)^2=ag(z)^3+bg(z)^2+cg(z)+d$$

所以谷山 – 志村猜想是说:$\mathbf{Q}$ 上的椭圆曲线均可由模函数来参数化. 即 $\begin{cases} x=g(z) \\ y=f(z) \end{cases}$ 这样的椭圆曲线叫做模曲线. 怀尔斯对一半稳定的椭圆曲线证明了这个猜想. 值得指出的是,我们对这一猜想的叙述是非常狭义的,而且也是不完

全的,还必须要求这类参数化在某种意义下"定义于$\mathbf{Q}$上".实际上,数学家们工作时是采用模曲线的其他一些定义方式.

除了模函数之外,我们还需要知道什么是权2的模形式.给出这种模形式的最容易的办法是利用椭圆积分.所谓椭圆积分是形如

$$\int \frac{\mathrm{d}x}{\sqrt{ax^3 + bx^2 + cx + d}}$$

的积分(严格说来,这只是第一类椭圆积分,还有许多其他类型的椭圆积分).如果 $y^2 = ax^3 + bx^2 + cx + d$,则积分为$\int \frac{\mathrm{d}x}{y}$.如果这是一条模曲线,则 $x = f(z)$,$y = g(z)$,而

$$\frac{\mathrm{d}x}{y} = \frac{\mathrm{d}f}{g} = \frac{f'(z)\mathrm{d}z}{g(z)} = F(z)\mathrm{d}z$$

由于 $F(z)$ 在定义中矩阵作用的变换方式,我们称 $F(z)$ 为水平 N 和权2的模形式.函数 $F(z)$ 有一些很值得注意的性质:它是全纯的并且在尖点处取值为零,所以叫做尖点形式.此外,$F(z)$ 是尖点形式向量空间对于某个赫克(Hecke)代数作用的本征形式.所以 $F(z)$ 是多种性质混于一身的数学对象.

奇迹出现于 $F(z)$ 和曲线 $y^2 = ax^3 + bx^2 + cx + d$ 有密切的联系,粗糙地说,只要对所有素数 p 知道了同余式$y^2 \equiv ax^3 + bx^2 + cx + d \pmod p$ 的解数,便可由此构造出 $F(z)$.然后由于 $F(z)$ 是水平 N 和权2的模形式,可以告诉我们关于上述椭圆曲线的一些深刻的性质.这是使谷山－志村猜想吸引人的一个原因.即使它没有和费马大定理的联系,它的证明也会使数论专家们兴奋不已.

现在我们可以粗略地讲一下弗雷和塞尔的推理,即说明为什么费马大定理是谷山－志村猜想和塞尔的水平约化猜想的推论.设费马方程有解 $a^p + b^p = c^p$.我们仍像前面一样假定 p 为大于3的素数,而 a,b,c 为互素的整数,b 是偶数而 $c \equiv 1 \pmod 4$.第一步需要计算弗雷曲线 $y^2 = x(x + b^p)(x + c^p)$ 的一些不变量.

三次多项式 $x(x + b^p)(x + c^p)$ 的判别式为根差平方之乘积

$$(-b^p - 0)^2(-c^p - 0)^2(c^p + b^p)^2$$

由于 a,b,c 为费马方程的解,可知它等于 $a^{2p}b^{2p}c^{2p}$.

除了上面定义的判别式之外,椭圆曲线还有一个更精细的不变量叫做最小判别式.可以证明,上述弗雷曲线的最小判别式为$2^{-8}a^{2p}b^{2p}c^{2p}$.由于 b 为偶数及 $p \geqslant 5$,这个最小判别式仍旧是整数.(区别在于:判别式和定义曲线的具体方程有关,而最小判别式是曲线本身的内蕴性质)

上述弗雷曲线的导子为 $N = \prod_{p \mid abc} p$.谷山－志村猜想的更精细形式认为这个导子等于将曲线参数化的模函数的水平 N.

上述弗雷曲线的 j 不变量为 $j = 2^8(b^{2p} + c^{2p} - b^pc^p)/(abc)^{2p}$.

然后可得到关于弗雷曲线的如下结果.

定理1 弗雷曲线是半稳定的.

证明 我们首先要说明半稳定的含义.如果某个素数1除尽判别式,则三个根当中至少有两个根是模 l 同余的.粗糙地说,一条椭圆曲线叫做半稳定的,是指对每个可除尽判别式的素数 l,恰好只有两个根模 l 同余(在 $l = 2$ 和3的情形还应复杂一些).于是在除尽判别式的 l 大于3时,上述条件是满足的,因为判别式为 $(abc)^{2p}$,而三个根为0, $-b^p$ 和 $-c^p$,其中 b^p 和 c^p 互素.对于 $l = 2$ 和 $l = 3$ 的情形,验证半稳定性还需再花点力气.对于 $l = 2$ 需要用条件 $2 \mid b$ 和 $c \equiv 1 \pmod 4$.

推论(怀尔斯) 弗雷曲线是模曲线.

引理 对每个奇素数 $l \mid N$,弗雷曲线的 j 不变量可写成 $l^{-mp} \cdot q$,其中 m 为正整数,而 q 是分数,并且 q 的分子分母均不包含因子 l.(这时,我们称 j 不变量恰好被 l^{-mp} 除尽)

证明 若 l^t 恰好除尽 j 不变量的分母,则 t 显然为 p 的倍数,而 j 不变量的分子为

$$
\begin{aligned}
2^8(b^{2p} + c^{2p} - b^pc^p) = 2^8(b^{2p} + c^{2p} - b^p(a^p + b^p)) = 2^8(bc^{2p} - a^pb^p) = \\
2^8((a^p + b^p)^2 - a^pb^p) = 2^8(a^{2p} + b^{2p} + a^pb^p) = \\
2^8(a^{2p} + b^p(a^p + b^p)) = 2^8(a^{2p} + b^pc^p)
\end{aligned}
$$

由 $l \mid N$ 可知 l 除尽 a,b,c 当中的至少一个.由于 a,b,c 互素而且 l 为奇数,可知 l 不能除尽分子.这就证明了引理2.注意此引理在 $l = 2$ 时不成立,因为分子有因子 2^8.

由于上述三个结果(曲线是半稳定的模曲线,并且对每个奇素数 $l \mid N$,恰好除尽了不变量的 l 的幂指数为 p 的倍数),下面要讨论的塞尔水平约化猜想可用于所有奇素数 $l \mid N$.现在我们可以证明费马大定理.

定理2 对每个奇素数 p,方程 $x^p + y^p = z^p$ 没有整数解 a,b,c 使 $abc = 0$.

证明 假设有解 $a^p + b^p = c^p$ 并且 p,a,b,c 满足前面的假定,则我们有一条弗雷曲线,由推论它给出水平 N 和权2的一个尖点形式 F.这条曲线还有一个伽罗瓦表示 ρ,作用于曲线的 p 阶点上(我们不能说明它的确切含义了). F 和表示 ρ 之间以非常好的方式联系在一起.

如上所述,塞尔水平约化猜想的假设对于 N 的每个奇素因子 l 均成立.这时,由里伯特所证的塞尔猜想可推出:存在水平 N/l 和权2的尖点形式 F',使得

$$F' \equiv F \pmod p$$

4. 集之大成——十八般武艺样样精通

他完成了一个思想链.

——尼克拉斯·卡茨(Nicholas Katz)

1993年6月在关于“p - *adic* 伽罗瓦表示,岩坡理论和玉川(Tamagawa)的动机数”的为期一周的讨论班上,怀尔斯宣布他可以证明有“许多”条椭圆曲线是模曲线,这种椭圆曲线 的数量有足够多,从而蕴含费马大定理.那么怀尔斯关于椭圆曲线的工作,究竟是怎样和费马大定理联系起来的.这是所有数论爱好者和数学家都极感兴趣的.

怀尔斯在剑桥讲演中提出的思想对数论的研究将有重大的影响.鉴于人们对此问题有极大的兴趣,同时又缺乏可以公开获得的手稿,瑞宾与塞尔韦伯格根据怀尔斯的报告详尽地介绍了证明的主要思路.以下便是报告内容.这份报告不仅对数学界是有用的,而且对那些数学爱好者也有一定用处.这种用途并非是指望他们能从中学到多少定理及方法.客观地说,这些对专业数学家来说也是很艰深的.钱钟书先生的《管锥篇》和《谈艺录》对几乎所有人来说都是属于那种壁立千仞的仰止之作,但却发行量极大.这说明看懂并不是想看的唯一动机,还有一个重要原因是敬仰.对于热衷于费马大定理猜想的爱好者来说,这种稍微详细的介绍或许可以起到高山仰止和“知难而退”的作用.一是让他们通过这套精深工具的运用看到现代数学距离他的知识水平有多远.另外,使他们产生临渊羡鱼不如退而结网的念头,并大概知道渊有多深,鱼有多大,反省出他现在的数学水平之于费马大定理无异于用捉虾的网去捕鲸鱼,用自行车去登月球.从这个意义上说,看不明白要比看明白似乎更好,而以前大多数通俗过劲了的科普文章对一些具体过程过于省略给一些急功近利的读者造成自己离费马大定理没多远,翘翘脚、伸伸手就能够着的感觉.这也是造成目前假证明稿子满天飞的原因之一,要根治这种狂热症,把证明的细节展示给他似乎是一剂良方.几乎没什么业余数学家企图证明黎曼猜想、比勃巴赫猜想、范·德·瓦尔登猜想,因为他们从记号上就品出这类问题并不是给他预备的,另外这种介绍对科普界以玄对玄的学风也有帮助.

本文整数、有理数、复数和 p - *adic* 整数分别用 $\mathbf{Z}$, $\mathbf{Q}$, $\mathbf{C}$ 和 $\mathbf{Z}_p$ 表示,若 F 是一个域,则 $\overline{F}$ 表示 F 的代数闭包.

一、费马大定理和椭圆曲线之间的联系

1.从椭圆曲线的模性导出费马大定理

假设费马大定理不真,则存在非零整数 a,b,c 及 $n>2$ 使 $a^n+b^n=c^n$. 易见,不失一般性,可以假设 n 是大于3的素数也可假设 $n>4\times10^6$;对 $n=3$ 及4,且 a 与 b 互素.写出三次曲线

$$y^2=x(x+a^n)(x-b^n) \quad ①$$

在下面的"椭圆曲线"中我们将看到,这种曲线是椭圆曲线,在下面的"模性"中我们要说明"椭圆曲线是模曲线"的含义.瑞宾证明了如果 n 是大于3的素数,a,b,c 为非零整数,且 $a^n+b^n=c^n$,那么椭圆曲线①不是模曲线.但是怀尔斯宣布的结果蕴含下面的定理.

定理1(怀尔斯) 若 A 与 B 是不同的非零互素整数,且 $AB(A-B)$ 可被16整除,那么椭圆曲线

$$y^2=x(x+A)(x+B)$$

是模曲线.

取 $A=a^n,B=-b^n$,这里 a,b,c 和 n 是取上述费马方程的假设存在的解,我们看到,由于 $n\geqslant5$ 且 a,b,c 中有一个是偶数,所以定理1的条件是满足的.从而定理1和瑞宾的结果合起来就蕴含着费马大定理.

2.历史

费马大定理和椭圆曲线之间的联系始于1955年,当时谷山提出了一些问题,它们可以看成是下述猜想的较弱的形式.

谷山-志村猜想 **Q**上的每条椭圆曲线都是模曲线.

这一猜想目前的这种形式是大约在1962~1964年间由志村五郎作出的,而且由于志村和安德鲁的工作,这一猜想变得更易于为人们所理解.谷山-志村猜想是数论中的主要猜想之一.

从20世纪60年代后期开始,赫勒高戈把费马方程 $a^n+b^n=c^n$ 和形如①的椭圆曲线联系起来,并且用与费马大定理有关的结果来证明与椭圆曲线有关的结论.1985年,形势发生了突然的变化,弗雷在Oberwolfach的一次演讲中说,由费马大定理的反例所给出的椭圆曲线不可能是模曲线.此后不久,罗贝特按照塞尔的思想证明了这一点.换句话说,谷山-志村猜想蕴含着费马大定理.

前进的路线就这样确定了:通过证明谷山-志村猜想(或者确知费马方程给出的椭圆曲线均为模曲线也就够了)来证明费马大定理.

3.椭圆曲线

定义1 **Q**上的椭圆曲线是由形如

$$y^2+a_1xy+a_3y=x^3+a_2x^2+a_4x+a_6 \quad ②$$

的方程所定义的非奇异曲线,其中诸系数 $a_i(i=1,\cdots,6)$ 均为整数,解$(-\infty,$

$+\infty$)也可看成是椭圆曲线上的一个点.

注意　(1)曲线 $f(x,y)=0$ 上的奇点是两个偏导数均为0的点.曲线称为非奇异的,如果它没有奇点.

(2)$\mathbf{Q}$ 上的两条椭圆曲线称为同构的,如果其中一条可经坐标变换 $x=A^2x'+B, y=A^3y'+Cx'+D$ 从另一条曲线得到,这里 $A,B,C,D\in\mathbf{Q}$ 且代换后两边要被 A^6 除之.

(3)$\mathbf{Q}$ 上每条椭圆曲线必与形如

$$y^2=x^3+a_2x^2+a_4x+a_6$$

(a_i 为整数)的一条曲线同构.这种形状的曲线是非奇异的,当且仅当右方的三次多项式没有重根.

例1　方程 $y^2=x(x+3^2)(x-4^2)$ 定义了 $\mathbf{Q}$ 上的一条椭圆曲线.

4.模性

令 N 表示上半复平面 $\{z\in\mathbf{C}\mid \mathrm{Im}(z)>0\}$,其中 $\mathrm{Im}(z)$ 为 z 的虚部.若 N 为正整数,定义矩阵群

$$\Gamma_0(N)=\left\{\begin{pmatrix}a & b\\ c & d\end{pmatrix}\in SL_2(\mathbf{Z})\mid c\text{ 可以被 }N\text{ 整除}\right\}$$

群 $\Gamma_0(N)$ 用线性分析变换 $\begin{pmatrix}a & b\\ c & d\end{pmatrix}(z)=\dfrac{ax+b}{cz+d}$ 作用在N上,商空间 $N/\Gamma_0(N)$ 是一个(非紧的)黎曼曲面.通过加进称为“尖点”的有限点集可将此商空间变为一个紧黎曼曲面,在 $\Gamma_0(N)$ 的作用下,尖点集是 $\mathbf{Q}\cup\{\mathrm{i}\infty\}$ 的有限多个等价类.椭圆曲线上的复点也可看成是一个紧黎曼曲面.

定义2　椭圆曲线 E 是模椭圆曲线,如果对某个整数 N 存在从$X_0(N)$到 E 上的一个全纯映射.

例2　可以证明,存在从 $X_0(15)$ 到椭圆曲线 $y^2=x(x+3^2)(x-4^2)$ 上的(全纯)映射.

注意　模性有许多等价的定义.某些情形的等价性是很深刻的结果.为讨论怀尔斯对费马大定理的证明,只要用后面“再谈模性”中给出的定义就够了.

5.半稳定性

定义3　$\mathbf{Q}$ 上一条椭圆曲线称为在素数 p 处是半稳定的,如果它与 $\mathbf{Q}$ 上一条椭圆曲线同构,后者 $\bmod q$ 或者是非奇异的,或者有一个奇点,在该奇点有两个不同的切方向.$\mathbf{Q}$ 上一条椭圆曲线称为是半稳定的,如果它在每个素数点是半稳定的.

例3　椭圆曲线 $y^2=x(x+3^2)(x-4^2)$ 是半稳定的,因为它同构于 $y^2+xy+y=x^3+x^2-10x-10$,但是椭圆曲线 $y^2=x(x+4^2)(x-3^2)$ 不是半稳定的(它在2不是半稳定的).

后面我们要阐述怀尔斯是怎样证明他关于伽罗瓦表示的主要结果蕴含下面这部分.

半稳定谷山 - 志村猜想 $\mathbf{Q}$上每条半稳定的椭圆曲线均为模曲线.

命题1 半稳定谷山 - 志村猜想蕴涵定理1.

注意 我们看到定理1和罗贝特定理合起来蕴涵费马大定理.于是,半稳定谷山 - 志村猜想蕴涵费马大定理.

6.模形式

本节中我们涉及的模性是用模形式定义的.

定义4 如果N是正整数,关于$\Gamma_0(N)$的一个权为k的模形式f是一个全纯函数$f:N\to C$,对每个$\gamma=\begin{pmatrix}a & b\\ c & d\end{pmatrix}\in\Gamma_0(N)$和$z\in N$,它满足

$$f(\gamma(z))=(cz+d)^k f(z) \tag{③}$$

而且它在尖点也是全纯的.

模形式满足$f(z)=f(z+1)$(把$\begin{pmatrix}1 & 1\\ 0 & 1\end{pmatrix}\in\Gamma_0(N)$用于式③),故它有傅里叶展开式$f(z)=\sum\limits_{n=0}^{\infty}a_n e^{2\pi i n z}$,其中$a_n$为复数,$n\geqslant 0$,这是因为$f$在尖点$i\infty$是全纯的.我们称$f$是一个尖点形式,如果在所有尖点处它取值0.特别有,尖点形式的系数a_0(在$i\infty$的值)为0.称一个尖形式是正规化的,如有$a_1=1$.

N固定时,对整数$m\geqslant 1$,在关于$\Gamma_0(N)$权为2的尖点形式组成的(有限维)向量空间上,存在交换的线性算子T_m(称为汉克算子),如果$f(z)=\sum\limits_{n=1}^{\infty}a_n e^{2\pi i n z}$,那么

$$T_m f(z)=\sum_{n=1}^{\infty}\Big(\sum_{\substack{(d,N)=1\\ d\mid(n,m)}}d a_{nm/d^2}\Big)d^{2\pi i n z} \tag{④}$$

这里(a,b)表示a与b的最大公约数,$a\mid b$表示a整除b.赫克代数$T(N)$是$\mathbf{Z}$上由这些算子所生成的环.

定义5 本节中特征形式是指对某个$\Gamma_0(N)$来说权为2的一个标准化的尖点形式,它是所有汉克算子的特征函数.

根据④,如果$f(z)=\sum\limits_{n=1}^{\infty}a_n e^{2\pi i n z}$是一个特征形式,则对所有$m$有$T_m f=a_m f$.

7.再谈模性

设E是$\mathbf{Q}$上一条椭圆曲线.如果p是素数,则用F_p记有p个元素的有限域,而用$E(F_p)$记E的方程的F_p - 解(包括无穷远点).现在来给出椭圆曲线模性

的第二定义.

定义 6 $\mathbf{Q}$上一条椭圆曲线是模曲线,如果存在一个特征形式$\sum_{n=1}^{\infty} a_n e^{2\pi i n z}$,对除去有限多个素数外的所有素数$q$皆有

$$a_q = q + 1 - \#(E(F_q)) \quad ⑤$$

二、概述

1. 半稳定模提升

设$\overline{\mathbf{Q}}$表示$\mathbf{Q}$在$\mathbf{C}$中之代数闭包,$G_{\mathbf{Q}}$表示伽罗瓦群$Gal(\overline{\mathbf{Q}}/\mathbf{Q})$.若$p$为素数,记

$$\bar{\varepsilon}_p : G_{\mathbf{Q}} \to F_p^{\times}$$

为特征,它给出$G_{\mathbf{Q}}$到p次单位根上的作用.如果E是$\mathbf{Q}$上的椭圆曲线,F是复数域的一个子域,那么E的F-解集上存在自然的交换群构造,并以无穷远点为单位元.记这个群为$E(F)$.如果p是素数,用$E[p]$记$E(\overline{\mathbf{Q}})$中阶整除p的点构成的子群,则有$E[p] \cong F_p^2$ · $G_{\mathbf{Q}}$在$E[p]$上的作用就给出连续表示

$$\bar{\rho}E,_p : G_{\mathbf{Q}} \to GL_2(F_p)$$

(在同构意义下),使得

$$\det(\bar{\rho}E,_p) = \bar{\varepsilon}_p \quad ⑥$$

且对除去有限多个素数以外的所有素数q

$$\mathrm{trace}(\bar{\rho}E,_p\mathrm{Frob}_q) \equiv q + 1 - \#(E(F_p))(\bmod p) \quad ⑦$$

(对每个素数q有一个弗罗比尼乌斯(Frobenius)元素$\mathrm{Frob}_q \in G_{\mathbf{Q}}$)

如果$f(z) = \sum_{n=1}^{\infty} a_n e^{2\pi i n z}$是一个特征形式,用$V_f$记数域$\mathbf{Q}(a_2, a_3, \cdots)$的整数环.(记住这里特征形式皆为正规化的,故有$a_1 = 1$)

下面的猜想是梅热一个猜想.

猜想 1(半稳定模提升猜想) 设p是一个奇素数,E为$\mathbf{Q}$上一条半稳定椭圆曲线,它满足

(1)$\bar{\rho}E,_p$是不可约的.

(2)存在一个特征形式$f(z) = \sum_{n=1}^{\infty} a_n e^{2\pi i n z}$和$O_f$的一个素理想$\lambda$,使$p \in \lambda$,且对除去有限个以外的所有素数$q$,有

$$a_q \equiv q + 1 - \#(E(F_q))(\bmod \lambda)$$

那么E是模曲线.

2. 朗兰兹-腾内尔定理

为了叙述朗兰兹-腾内尔定理,我们需要关于$\Gamma_0(N)$的子群的权为1的模形式.

令

$$\Gamma_1(N)=\left\{\begin{pmatrix}a & b\\ c & d\end{pmatrix}\in SL_2(\mathbf{Z}) \mid c\equiv 0(\bmod N), a\equiv d\equiv 1(\bmod N)\right\}$$

在“半稳定性”中用 $\Gamma_1(N)$ 代替 $\Gamma_0(N)$，可以定义 $\Gamma_1(N)$ 上的尖点形式这一概念.关于 $\Gamma_1(N)$ 的权为 1 的尖点形式组成的空间上的赫克算子和定义.

定理 2(朗兰兹 - 腾内尔)　设 $\rho: G_{\mathbf{Q}}\to GL_2(\mathbf{C})$ 是连续不可约表示，它在 $PGL_2(\mathbf{C})$ 中的象是 S_4(四个元素的对称群) 的一个子群，τ 是复共轭，且 $\det(\rho(\tau))=-1$.那么，对某个 $\Gamma_1(N)$ 有一个权为 1 的尖点形式 $\sum\limits_{n=1}^{\infty} b_n \mathrm{e}^{2\tau i n z}$，它是所有相应的赫克算子的特征函数，对除去有限多个以外的所有素数 q 有

$$b_q=\operatorname{trace}(\rho(\mathrm{Frob}_q)) \tag{⑧}$$

由朗兰兹和腾内尔所陈述的这一定理，与其说产生了一个尖点形式，不如说是产生出一个自守表示.利用 $\det(\rho(\tau))=-1$ 及标准的证法，可以证明，这一自守表示对应于定理 2 中的权为 1 的尖点形式.

3.半稳定模提升猜想蕴涵半稳定谷山 - 志村猜想

命题2　设对 $p=3$ 半稳定模提升猜想为真，E 为半稳定椭圆曲线，$\bar{\rho}_{E,p}$ 不可约，那么 E 为模曲线.

证明　只要证明对 $p=3$，给定的曲线 E 满足半稳定提升模猜想的假设 (2) 就够了，存在一个忠实的表示

$$\psi: GL_2(F_3)\to GL_2(\mathbf{Z}[\sqrt{-2}])\subset GL_2(\mathbf{C})$$

使得对每个 $g\in GL_2(F_3)$ 有

$$\operatorname{trace}(\psi(g))\equiv\operatorname{trace}(g)(\bmod(1+\sqrt{-2})) \tag{⑨}$$

和

$$\det(\psi(g))\equiv\det(g)(\bmod 3) \tag{⑩}$$

ψ 可以用

$$\psi\left(\begin{pmatrix}-1 & 1\\ -1 & 1\end{pmatrix}\right)=\begin{pmatrix}-1 & 1\\ -1 & 0\end{pmatrix},\psi\left(\begin{pmatrix}1 & -1\\ 1 & 1\end{pmatrix}\right)=\begin{pmatrix}\sqrt{-2} & 1\\ 1 & 0\end{pmatrix}$$

通过 $GL_2(F_3)$ 的生成元给出显式定义令 $\rho=\psi_0\bar{\rho}_{E,3}$.如果 τ 是复共轭，则由 ⑥ 和 ⑩ 得到 $\det(\rho(\tau))=-1$.ψ 在 $PGL_2(C)$ 中的象是 $PGL_2(F_3)\cong S_4$ 的一个子群.利用 $\bar{\rho}_{E,3}$ 不可约，可证 ρ 也是不可约的.

设 P 是 $\overline{\mathbf{Q}}$ 中包含 $1+\sqrt{-2}$ 的一个素元，设 $g(z)=\sum\limits_{n=1}^{\infty} b_n \mathrm{e}^{2\pi i n z}$ 是把朗兰兹 - 腾内尔定理(定理 2) 应用于 ρ 所得到的一个权为 1 的尖点形式(对某个 $\Gamma_1(N)$ 而言).由 ⑥ 与 ⑩ 推出，N 被 3 整除.函数

$$E(\mathbf{Z}) + 1 + 6\sum_{n=1}^{\infty}\sum_{d|n}\chi(d)\mathrm{e}^{2\pi\mathrm{i}nz}$$

是关于 $\Gamma_1(3)$ 的权为 1 的模形式.其中

$$\chi(d) = \begin{cases} 0, d \equiv 0(\mathrm{mod}\ 3) \\ 1, d \equiv 1(\mathrm{mod}\ 3) \\ -1, d \equiv 2(\mathrm{mod}\ 3) \end{cases}$$

乘积 $g(z)E(z) = \sum_{n=1}^{\infty} c_n\mathrm{e}^{2\pi\mathrm{i}nz}$ 是关于 $\Gamma_0(N)$ 的权为 2 的尖点形式,其中 $c_n \equiv b_n(\mathrm{mod}\ p)$(对所有 n). 现在可在 $\Gamma_0(N)$ 上求出一个特征形式 $f(z) = \sum_{n=1}^{\infty} a_n\mathrm{e}^{2\pi\mathrm{i}nz}$,使得对每个 n 有 $a_n \equiv b_n(\mathrm{mod}\ p)$. 由 ⑦,⑧,⑨ 知,$f$ 满足 $p = 3$ 时的半稳定模提升猜想,且 $\lambda = p \cap O_f$.

命题 3(怀尔斯) 设半稳定模提升猜想对 $p = 3$ 与 5 为真,E 是 $\mathbf{Q}$ 上的半稳定椭圆曲线,$\bar{\rho}E,_3$ 可约,则 E 是模曲线.

证明 已知,若 $\bar{\rho}E,_3$ 和 $\bar{\rho}E,_5$ 均为可约,则相应的椭圆曲线 E 是模曲线,于是可以假定 $\bar{\rho}E,_5$ 是不可约的. 只要找到像半稳定模提升猜想中的(2)所示的一个特征形式就够了,但是这一次没有与朗兰兹-腾内尔定理类似的结果可以帮我们的忙. 怀尔斯把希尔伯特的不可约性定理应用到椭圆曲线的参数空间,从而得到 $\mathbf{Q}$ 上另一条半稳定椭圆曲线 E',它满足:

(1) $\bar{\rho}E',_5$ 同构于 $\bar{\rho}E,_5$,且

(2) $\bar{\rho}E',_3$ 是不可约的. 事实上,这样的 E' 有无穷多个,E' 是模曲线. 令 $f(z) = \sum_{n=1}^{\infty} a_n\mathrm{e}^{2\pi\mathrm{i}nz}$ 是对应的特征形式. 那么,对除去有限个以外的所有素数 q 有(根据 ⑦)

$$a_q = q + 1 - \#(E'(F_q)) \equiv \mathrm{trace}(\bar{\rho}E',_5(\mathrm{Frob}_q)) \equiv$$
$$\mathrm{trace}(\bar{\rho}E,_5(\mathrm{Frob}_q)) \equiv q + 1 - \#(E(E_q))(\mathrm{mod}\ 5)$$

于是,f 满足半稳定模提升猜想中的假设(2),从而推导出 E 是模曲线.

把命题 2 与命题 3 合起来就证明了对 $p = 3$ 和 5 成立的半稳定模提升猜想蕴涵半稳定朗兰兹-腾内尔猜想.

三、伽罗瓦表示

下一步要把半稳定模提升猜想变换成关于伽罗瓦表示的提升的模性的一个猜想(猜想 2). 如果 A 是一个拓扑环,那么表示 $\rho: G_{\mathbf{Q}} \to GL_2(A)$ 总是指一个连续同态,而 $[\rho]$ 总是表示 ρ 的同构类. 如果 p 是素数,令

$$\varepsilon_p: G_{\mathbf{Q}} \to Z_p^{\times}$$

为特征,它给出 $G_{\mathbf{Q}}$ 在 p 次幂单位根上的作用.

1.伴随椭圆曲线的 p - $adic$ 表示

设 E 为 $\mathbf{Q}$ 上一条椭圆曲线,p 是素数.对每个正整数 n 用 $E[p^n]$ 记 $E(\overline{\mathbf{Q}})$ 中阶能整除 p^n 的点组成之子群,用 $T_p(E)$ 记 $E[p^n]$ 关于 p 的乘法逆向极限.对每个 n 有 $E[p^n] \cong (\mathbf{Z}/p^n\mathbf{Z})^2$,因此 $T_p(E) \cong \mathbf{Z}_p^2 G_{\mathbf{Q}}$ 的作用诱导出表示

$$\rho E,_p: G_{\mathbf{Q}} \to GL_2(\mathbf{Z}_p)$$

使得 $\det(\rho E,_p) = \varepsilon_p$ 且除有限个素数外,对所有素数 q 有

$$\mathrm{trace}(\rho E,_p(\mathrm{Frob}_q)) = q + 1 - \#(E(F_q)) \tag{11}$$

把 $\rho E,_p$ 和 $\mathbf{Z}_p$ 到 F_p 的约化映射合起来就给出"半稳定模提升"中的 $\overline{\rho}E,_p$.

2.模表示

如果 f 是一个特征形式,λ 是 O_f 的一个素理想,用 $O_{f,\lambda}$ 记 O_f 在 λ 的完备化.

定义 7 如果 A 是一个环,我们称表示 $\rho: G_{\mathbf{Q}} \to GL_2(A)$ 是模表示,如果存在一个特征形式 $f(z) = \sum\limits_{n=1}^{\infty} a_n \mathrm{e}^{2\pi \mathrm{i} nz}$、一个包含 A 的环 A' 和一个同态 $\tau: O_f\mathrm{ri}A'$,使对除去有限个以外的所有素数 q 有

$$\mathrm{trace}(\rho(\mathrm{Frob}_q)) = \tau(a_q)$$

如果给定一个特征形式 $f(z) = \sum\limits_{n=1}^{\infty} a_n \mathrm{e}^{2\pi \mathrm{i} nz}$ 和 O_f 的一个素理想 λ,埃舍尔和志村构造出一个表示

$$\rho_{f,\lambda}: G_{\mathbf{Q}} \to GL_2(O_{f,\lambda})$$

使得 $\det(\rho_{f,\lambda}) = \varepsilon_p$(这里 $\lambda \cap \mathbf{Z} = p\mathbf{Z}$),且对除去有限个以外的所有素数 q 有

$$\mathrm{trace}(\rho_{f,\lambda})(\mathrm{Frob}_q) = a_q \tag{12}$$

于是 $\rho_{f,\lambda}$ 是模表示,τ 取为 O_f 到 $O_{f,\lambda}$ 里的包含关系.

设 p 是素数,E 是 $\mathbf{Q}$ 上一条椭圆曲线.若 E 是模曲线,由 ⑪,⑦,⑤ 可知,$\rho E,_p$ 和 $\overline{\rho}E,_p$ 均为模表示.反之,若 $\rho E,_p$ 是模表示.则由 ⑪ 推出 E 是模曲线,这就证明了下面的定理.

定理 3 设 E 是 $\mathbf{Q}$ 上一条椭圆曲线,那么 E 是模曲线 $\Leftrightarrow$ 对每个 p,$\rho E,_p$ 均为模表示 $\Leftrightarrow$ 对一个 p,$\rho E,_p$ 是模表示.

注意 换种说法,半稳定模提升猜想可说成:如果 p 是奇素数,E 是 $\mathbf{Q}$ 上一条半稳定椭圆曲线,又 $\overline{\rho}E,_p$ 是模表示且不可约,那么 $\rho E,_p$ 是模表示.

3.伽罗瓦表示的提升

固定一个素数 p 和特征 p 的有限域 k,记 $\overline{k}$ 表示 k 的代数闭包.

给定映射 $\varnothing: A \to B$,则 $GL_2(A)$ 到 $GL_2(B)$ 的诱导映射也记为 $\varnothing$.

如果 $\rho: G_{\mathbf{Q}} \to GL_2(A)$ 是一个表示,A' 是一个包含 A 的环,我们用 $\rho \otimes A'$ 表示 ρ 和 $GL_2(A)$ 在 $GL_2(A')$ 中包含关系的合成.

例 4 (1) 如果 E 是一条椭圆曲线,那么 $\rho E,_p$ 是 $\overline{\rho}E,_p$ 的提升.

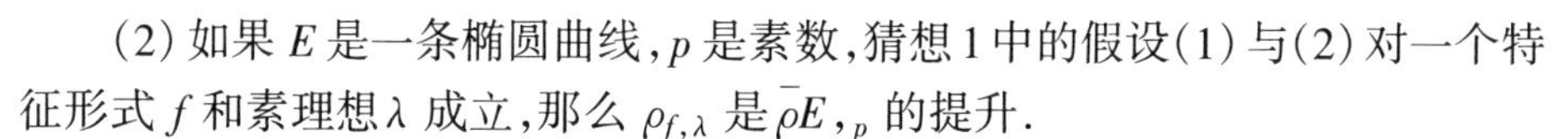

(2) 如果 E 是一条椭圆曲线,p 是素数,猜想 1 中的假设(1) 与(2) 对一个特征形式 f 和素理想 λ 成立,那么 $\rho_{f,\lambda}$ 是 $\overline{\rho}E,_{p}$ 的提升.

4. 形变数据

我们并非对给定 $\overline{\rho}$ 的所有提升感兴趣,而是对那些满足各种限制条件的提升感兴趣. 我们称 $G_{\mathbf{Q}}$ 的一个表示 ρ 在素数 q 处是非分歧的,如果 $\rho(I_q) = 1$. 如果 Σ 是一个素数集,我们称 ρ 在 Σ 的外部是非分歧的,如果在每个 $q \notin \Sigma\rho$ 都是非分歧的.

定义 8　形变数据指的是元素对

$$D = (\Sigma, t)$$

其中,Σ 是一个有限素数集,t 是通常的(ordinary) 和平坦的(flat) 这两个词中的一个.

如果 A 是一个 $\mathbf{Z}_p$- 代数,令 $\varepsilon_A : G_{\mathbf{Q}} \to \mathbf{Z}_p^{\times} \to A^{\times}$ 是分圆特征 ε_p 和结构映射的复合.

定义 9　给定形变数据 D,表示 $\rho : G_{\mathbf{Q}} \to GL_2(A)$ 称为是 D - 型的,如果 A 是完全的诺特局部 $\mathbf{Z}_p$- 代数,$\det(\rho) = \varepsilon_A$,$\rho$ 是在 Σ 之外非分歧的,且 ρ 在 p 处就是 t(这里 $t \in \{$通常的,平坦的$\}$).

定义 10　表示 $\overline{\rho} : G_{\mathbf{Q}} \to GL_2(k)$ 称为是 D - 模的,如果有一个特征形式 f 和 O_f 的一个素理想 λ,使得 $\rho f,\lambda$ 是 $\overline{\rho}$ 的一个 D - 提升.

注意　(1) 一个有 D - 型提升的表示本身必是 D - 型的. 所以,如果一个表示是 D - 模的,那么它既是 D - 型的,也是 D - 模的.

(2) 反之,如果 $\overline{\rho}$ 是 D - 型的模表示,且满足下面定理 6 的(2),那么,根据罗贝特和其他人的工作,$\overline{\rho}$ 也是 D - 模的. 这在怀尔斯的工作中有重要的作用.

5. 梅热猜想

定义 11　表示 $\overline{\rho} : G_{\mathbf{Q}} \to GL_2(k)$ 称为绝对不可约的. 如果 $\overline{\rho} \otimes \overline{k}$ 是不可约的.

梅热猜想的如下变体蕴含半稳定模提升猜想.

猜想 2(梅热)　设 p 为奇素数,k 是特征为 p 的有限域,D 是形变数据,$\overline{\rho} : G_{\mathbf{Q}} \to GL_2(k)$ 是一个绝对不可约的 D - 模表示. 那么,$\overline{\rho}$ 到 Q_p 的有限扩张的整数环的每个 D - 型提升都是模表示.

注意　用不太严格的话来说,猜想 2 表明,如果 $\overline{\rho}$ 是模表示,那么每个"看起来像模表示" 的提升均为模表示.

定义 12　$\mathbf{Q}$ 上一条椭圆曲线 E 在素数点 q 处有好的(坏的) 约化,如果 $E \cdot \bmod q$ 是非奇异的(奇异的). $\mathbf{Q}$ 上一条椭圆曲线 E 在 q 有通常的(超奇异的) 约化,如果 E 在 q 有好的约化,用 $E[q]$ 有(没有) 在惯性群 I_q 作用下稳定的 q 阶子群.

命题4 猜想2蕴涵猜想1.

证明 设 p 是奇素数，E 为 $\mathbf{Q}$ 上满足猜想1中(1)与(2)的半稳定椭圆曲线. 我们要对 $\bar{\rho}=\bar{\rho}_{E,p}$ 应用猜想2. 记 τ 为复共轭，则 $\tau^2=1$，又由⑥有 $\det(\bar{\rho}_{E,p}(\tau))=-1$. 由于 $\bar{\rho}_{E,p}$ 不可约且 p 为奇，用简单的线性代数方法可证 $\bar{\rho}_{E,p}$ 是绝对不可约的.

由于 E 满足猜想1的(2)，所以 $\bar{\rho}_{E,p}$ 是模表示. 令

$$\Sigma=\{p\}\cup\{\text{素数 } q \mid E \text{ 在 } q \text{ 有坏的约化}\}$$

t 等于通常的，如果 E 在 p 有通常的或坏的约化；t 等于平坦的，如果 E 在 p 有超奇异的约化

$$D=(\Sigma,t)$$

利用 E 的半稳定性可证，$\rho_{E,p}$ 是 $\bar{\rho}_{E,p}$ 的 D - 型提升，且(把几个人的结果合起来可证) $\bar{\rho}_{E,p}$ 是 D - 模表示. 猜想2给出 $\rho_{E,p}$ 是模表示，由定理3得 E 是模曲线.

四、怀尔斯解决梅热猜想的方法

这里我们要扼要叙述怀尔斯解决猜想的思想. 第一步(定理5)，也是怀尔斯证明中关键的一步，是把猜想归结为限定余切空间在 R 的一个素元处的阶的界限. 在"斯梅尔群"中我们看到对应的切空间是斯梅尔群，在"欧拉系"中我们要简要叙述求斯梅尔群大小的界限的一个一般性的程序，它属于科里瓦尼(Kolyvagin)，科里瓦尼方法要用到的基本材料称为欧拉系(Euler system). 怀尔斯工作中最困难的部分，也是他12月宣告中所说的"还不完备"的部分，就是构造一个合适的欧拉系. 在"怀尔斯结果"中我们要叙述怀尔斯所宣布的结果(定理6,7及推论)，并要说明为什么定理6就足以证明半稳定谷山 - 志村猜想. 作为推论的一个应用，我们可以写出无穷的模椭圆曲线簇.

在这里，我们如在上文中一样固定 $p,k,D,\bar{\rho},O,f(z)=\sum_{n=1}^{\infty}a_n e^{2\pi i n z}$ 和 λ，则存在一个同态

$$\pi: T\to O$$

使得 $\pi\circ\rho_T$ 同构于 $\rho_{f,\lambda}\otimes O$. 并且，对有限多个以外的所有素数 q 皆有 $\pi(T_q)=a_q$.

1. 关键的转化

怀尔斯用到梅热一个定理的如下推广，这定理说的是"T 是 Gorenstein".

定理4 存在一个(非标准的) T - 模同构

$$\mathrm{Hom}_O(T,O)\xrightarrow{\sim}T$$

用 η 记元素 $\pi\in\mathrm{Hom}_O(T,O)$ 在复合

$$\mathrm{Hom}_O(T,O) \xrightarrow{\backsim} T \xrightarrow{\pi} O$$

下的象所生成的 O 的理想. 理想 η 有确切的定义,它与定理 4 中同构的选取无关.

映射 π 确定了 T 和 R 的不同的素理想

$$PT = \ker(\pi), P_R = \ker(\pi \circ \varphi) = \varphi^{-1}(PT)$$

定理 5(怀尔斯) 如果

$$^{\#}(P_R/P_R^2) \leqslant {}^{\#}(O/\eta) < \infty$$

那么 $\varphi: R \to T$ 是同构.

证明 全是交换代数方法,φ 是满射表示 $^{\#}(P_R/P_R^2) \geqslant {}^{\#}(P_T/P_T^2)$,而怀尔斯证明了 $^{\#}(P_T/P_T^2) \geqslant {}^{\#}(O/\eta)$. 于是,如果 $^{\#}(P_R/P_R^2) \leqslant {}^{\#}(O/\eta)$,那么

$$^{\#}(P_R/P_R^2) = {}^{\#}(P_T/P_T^2) = {}^{\#}(O/\eta) \tag{13}$$

⑬ 中第一个等式表明,φ 诱导出切空间的一个同构. 怀尔斯用 ⑬ 中第二个等式和定理 4 推出:T 是 O 上的一局部完全交叉(这就是说, 存在 $f_1,\cdots,f_r \in O[[x_1,\cdots,x_r]]$) 使得作为 O - 代数有

$$T \cong O[[x_1,\cdots,x_r]]/(f_1,\cdots,f_r)$$

怀尔斯把这两个结果组合起来证明了 φ 是同构的.

2. 斯梅尔群

一般来说,如果 M 是一个挠 $G_{\mathbf{Q}}$ 模,那么与 M 相伴的斯梅尔群就是伽罗瓦上同调群 $H^1(G_{\mathbf{Q}},M)$ 的一个子群,它由下述方式给出的某种"局部条件" 所决定. 如果 q 是素数,相应有分解群 $D_q \subset G_{\mathbf{Q}}$,则有限制映射

$$\mathrm{res}_q : H^1(G_{\mathbf{Q}},M) \to H^1(D_q,M)$$

对一组固定的、与考虑的特殊问题有关的子群 $J = \{J_q \subseteq H^1(D_q,M) \mid q$ 为素数$\}$,对应的斯梅尔群是

$$S(M) = \bigcap_q \mathrm{res}_q^{-1}(J_q) \subseteq H^1(G_{\mathbf{Q}},M)$$

用 $H^i(\mathbf{Q},M)$ 表示 $H^i(G_{\mathbf{Q}},M)$,用 $H^i(\mathbf{Q}_q,M)$ 表示 $H^i(D_q,M)$.

例 5 斯梅尔群最初的例子来自椭圆曲线. 固定一条椭圆曲线 E 和一个正整数 m,取 $M = E[m]$,它是 $E(\overline{\mathbf{Q}})$ 中阶整除 m 的点组成的子群. 有一个自然的包含关系

$$E(\mathbf{Q})/mE(\mathbf{Q}) \to H^1(\mathbf{Q},E[m]) \tag{14}$$

它是把 $x \in E(\mathbf{Q})$ 映射成余圈 $\sigma \to \sigma(y) - y$ 所得到的,这里 $y \in E(\overline{\mathbf{Q}})$ 是满足 $my = x$ 的任一点. 类似地,对每个素数 q,有一个自然的包含关系

$$E(\mathbf{Q}_q)/mE(\mathbf{Q}_q) \to H^1(\mathbf{Q}_q,E[m])$$

在这种情形下定义斯梅尔群 $S(E[m])$ 的方法是: 对每个 q 取群 J_q 是 $E(\mathbf{Q}_q)/mE(\mathbf{Q}_q)$ 在 $H^1(\mathbf{Q}_q,E[m])$ 中的映象. 这个斯梅尔群是研究 E 的算术的

一个重要工具,因为它(通过⑭)包含 $E(\mathbf{Q})/mE(\mathbf{Q})$.

用 m 表示 O 的极大理想,取一个固定的正整数 n. 切空间 $\mathrm{Hom}_O(P_R/P_R^2, O/m^n)$ 可以按下法和一个斯梅尔群等同起来.

令 V_n 是矩阵代数 $M_2(\mathbf{Q}/m^n)$, $G_{\mathbf{Q}}$ 通过伴随表示 $\sigma(B)=\rho_{f,\lambda}(\sigma)B_{\rho f,\lambda}(\sigma)^{-1}$ 而起作用. 有一个自然的单射

$$s: \mathrm{Hom}_O(P_R/P_R^2, O/m^n) \to H^1(\mathbf{Q}, V_n)$$

怀尔斯定义了一组 $J=\{J_q \subseteq H^1(\mathbf{Q}_q, V_n)\}$,它们依赖于 D. 用 $S_D(V_n)$ 记与之有关的斯梅尔群. 怀尔斯证明了 s 诱导出一个同构

$$\mathrm{Hom}_O(P_R/P_R^2, O/m^n) \cong S_D(V_n)$$

3. 欧拉系

我们现在来把梅热猜想的证明归结成求斯梅尔群 $S_D(V_n)$ 的大小. 科里瓦尼根据自己以及塞恩(Thaine)的思想,为估计斯梅尔群的大小引进了一种革命性的新方法. 此法对怀尔斯的证明至关重要,它正是我们要讨论的.

假设 M 是一个奇次幂 m 的 $G_{\mathbf{Q}}$ - 模,如"斯梅尔群"中所述, $J=\{J_q \subseteq H^1(\mathbf{Q}_q, M)\}$ 是与斯梅尔群 $S(M)$ 相伴的一组子群,令 $\hat{M}=\mathrm{Hom}(M, \mu_m)$,其中 μ_m 是 m 次单位根群. 对每个素数 q,上积给出一个非退化的塔特对,即

$$\langle , \rangle_q : H^1(\mathbf{Q}_q, M) \times H^1(\mathbf{Q}_q, \hat{M}) \to H^2(\mathbf{Q}_q, \mu_m) \xrightarrow{\sim} \mathbf{Z}/m\mathbf{Z}$$

如果 $c \in H^1(\mathbf{Q}, M)$, $d \in H^1(\mathbf{Q}, \hat{M})$,那么

$$\sum_q \langle \mathrm{res}_q(c), \mathrm{res}_q(d) \rangle_q = 0 \tag{15}$$

假设 C 是一个有限素数集,设 $S_C^* \subseteq H^1(\mathbf{Q}, \hat{M})$ 是由局部条件 $J^*=\{J_q^* \subseteq H^1(\mathbf{Q}_q, \hat{M})\}$ 给出的斯梅尔群,其中

$$J_q^* = \begin{cases} J_q \text{ 在}\langle , \rangle\text{ 下的正交补,若 } q \notin C \\ H^1(\mathbf{Q}_q, \hat{M}),\text{若 } q \in C \end{cases}$$

如果 $d \in H^1(\mathbf{Q}, \hat{M})$,定义

$$\theta_d : \prod_{q \in C} J_q \to \mathbf{Z}/m\mathbf{Z}$$

为

$$\theta_d((c_q)) = \sum_{q \in C} \langle c_q, \mathrm{res}_q(d) \rangle_q$$

用 $\mathrm{res}_C : H^1(\mathbf{Q}, M) \to \prod_{q \in C} H^1(\mathbf{Q}_q, M)$ 表示限制映射的乘积. 根据⑮和 J_q^* 的定义,如果 $d \in S_C^*$,那么 $\mathrm{res}_C(S(M)) \subset \ker(\theta_d)$. 如果 res_C 在 $S(M)$ 上还是单射,那么

$$^\#(S(M)) \leqslant {}^\#\Big(\bigcap_{d \in S_C^*} \ker(\theta_d)\Big)$$

困难在于做出 S_C^* 中足够多的上同调类,以便证明上述不等式右边是很小的.

仿照科里瓦尼,对很大的一组(无穷多个)素数集 C 来说,欧拉系就是一组相容的类 $k(C)\in S_C^*$.粗略地说,相容是指:如果 $l\notin C$,那么 $\mathrm{res}_l(k(C\cup\{l\}))$ 与 $\mathrm{res}_l(k(C))$ 相关.欧拉系一旦给出,科里瓦尼就有一个归纳程序来选取集 C,使得:

(1)res_C 是 $S(M)$ 上的单射.

(2) $\bigcap\limits_{p\subset C}\ker(\theta_k(P))$ 可用 $k(\varnothing)$ 加以计算.(注:如果 $p\subset C$,则 $S_P^*\subset S_C^*$,从而 $k(P)\in S_C^*$)

对若干重要的斯梅尔群,可以构造出欧拉系,对此可用科里瓦尼的程序做出一个集合 C,对此集合实际上给出等式

$$^{\#}(S(M))={}^{\#}(\bigcap_{p\subset C}\ker(\theta_k(P)))$$

这正是怀尔斯要对斯梅尔群 $S_C(V_n)$ 做的.文献中有一些例子较详细地做了这种讨论.在最简单的情形下,所讨论的斯梅尔群是一个实阿贝尔数域的理想类群,而 $k(C)$ 可用分圆单位构造出来.

4.怀尔斯的几何欧拉系

现在的任务是构造上同调类的一个欧拉系,并用科里瓦尼的方法和这个欧拉系定理$^{\#}(S_D(V_n))$的界.这是怀尔斯的证明中技术上最困难的部分,也是他在12月宣告中所指的尚未完成的部分.我们仅对怀尔斯的构造给出一般性的说明.

其构造的第一步属于弗拉奇(Flach),他对恰由一个素数组成的集合 C 构造出类 $k(C)\in S_C^*$.这使他能定出 $S_D(V_n)$ 的指数,而不是它的阶.

每个欧拉系都是从某些明显、具体的对象出发.欧拉系的更早的例子来自分圆或椭圆单位,高斯和,或者椭圆曲线上的赫格纳(Heegner)点.怀尔斯(仿效弗拉奇)从模单位构造出上同调类,模单位即是模曲线上的半纯函数,它们在尖点外均为全纯且不为0.更确切地说,$k(C)$ 使得自模曲线 $X_1(L,N)$ 上一个显函数,而这条模曲线又是由下法得到的:取上半平面在群作用

$$\Gamma_1(L,N)=\left\{\begin{pmatrix}a&b\\c&d\end{pmatrix}\in SL_2(\mathbf{Z})\mid c\equiv 0(\mathrm{mod}\ LN),a\equiv d\equiv 1(\mathrm{mod}\ L)\right\}$$

下的商空间,并联结尖点,其中 $L=\prod\limits_{l\in C}l$ 且 N 就是"斯梅尔群"中的 N.关于类 $k(C)$ 的构造与性质,都大大地有赖于法尔廷斯以及他人的结果.

5.怀尔斯结果

在关于表示 $\bar\rho$ 的两组不同的假设下,在梅热猜想这个方向上怀尔斯宣布了两个主要结果(下面的定理6和定理7).定理6蕴含半稳定谷山-志村猜想及费马大定理.怀尔斯对定理6证明依赖于(尚未完成)构造出一组合适的欧拉系,然而定理7的证明(虽未充分予以检验)则不依赖于它.对定理7怀尔斯并

未构造新的欧拉系,而是用岩坡关于虚二次域的理论的结果给出了斯梅尔群的界,这些结果反过来依赖于科里瓦尼的方法和椭圆单位的欧拉系.

为了容易说清楚,我们是用 $\Gamma_0(N)$ 而不是用 $\Gamma_1(N)$ 来定义表示的模性的,所以下面所说的定理比怀尔斯宣布的要弱一些,但对椭圆曲线有同样的应用.注意,根据我们对 D 型的定义,如果 $\bar{\rho}$ 是 D - 型的,就有 $\det(\bar{\rho}) = \bar{\varepsilon}_p$.

如果 $\bar{\rho}$ 是 $G_{\mathbf{Q}}$ 在向量空间 V 上的一个表示,就用 $Sym^2(\bar{\rho})$ 来记在 V 的对称平方上由 $\bar{\rho}$ 所诱导出的表示.

定理 6(怀尔斯) 设 $p,k,D,\bar{\rho}$ 和 O 如上所述,$\bar{\rho}$ 满足如下附加的条件:

(1) $sym^2(\bar{\rho})$ 是绝对不可约的.

(2) 如果 $\bar{\rho}$ 在 q 是分歧的且 $q \neq p$,那么 $\bar{\rho}$ 到 D_q 的限制是可约的.

(3) 如果 p 是 3 或 5,就有某个素数 q,使 p 整除 $\bar{\rho}(I_q)$,那么 $\varphi: R \to T$ 是同构.

由于对 $p = 3$ 和 5,定理 6 得不到完全的梅热猜想,我们需要重新检查“二、概述”中的讨论,以便弄清楚对 $\bar{\rho}_{E,3}$ 和 $\bar{\rho}_{E,5}$ 应用定理 6 可以证出什么样的椭圆曲线是模曲线.

如果 $\bar{\rho}_{E,p}$ 在 $GL_2(F_p)$ 中的象足够大(例如,如果 $\bar{\rho}_{E,p}$ 是满射的话),那么定理 6 的条件(1) 是满足的.对 $p = 3$ 和 $p = 5$,如果 $\bar{\rho}_{E,p}$ 满足条件(3) 而且还是不可约的,那么它也满足条件(1).

如果 E 是半稳定的,p 是一个素数,$\bar{\rho}_{E,p}$ 是不可约的模表示,那么对某个 D,$\bar{\rho}_{E,p}$ 是 D - 模的,且 $\bar{\rho}_{E,p}$ 满足(2) 和(3)(利用塔特曲线).于是,定理 6 蕴含“半稳定模提升猜想(猜想 1) 对 $p = 3$ 和 $p = 5$ 成立”.如“二、概述”中所指出的,由此就推出半稳定谷山 - 志村猜想和费马大定理.

定理 7(怀尔斯) 设 $p,k,D,\bar{\rho}$ 和 O 如在上文中所给出的,且 O 不包含非平凡的 p 次单位根.又设有一个判别式与 p 的虚二次域 F 和一个特征 $\chi: Gal(\bar{\mathbf{Q}}/F) \to O^{\times}$,使得 $G_{\mathbf{Q}}$ 的诱导表示 Ind_{χ} 是 $\bar{\rho}$ 的 (D,O) - 提升,那么 $\varphi: R \to T$ 是同构的.

推论(怀尔斯) 设 E 是 $\mathbf{Q}$ 上一条椭圆曲线,有用虚二次域 F 作的复乘法,p 是一个奇素数,E 在 p 有好的约化.如果 E' 是 $\mathbf{Q}$ 上一条椭圆曲线,它满足 E' 在 p 有好的约化,且 $\bar{\rho}_{E',p}$ 同构于 $\bar{\rho}_{E,p}$,那么 E' 是模曲线.

推论的证明 设 p 是 F 中包含 p 的一个素元,定义:

(1) $O = F$ 在 P 的完备化的整数环.

(2) $k = O/PO$.

(3) $\Sigma = \{$素数 $\mid E$ 与 E' 在这些素数点均有坏的约化$\} \cup \{p\}$.

(4) t 等于通常的,如果 E 在 p 有通常的约化;t 等于平坦的,如果 E 在 p 有超奇异的约化.

(5) $D = (\Sigma, t)$. 令

$$\chi : Gal(\overline{\mathbf{Q}}/F) \to \mathrm{Aut}_O(E[P^\infty]) \cong O^\times$$

是特征,它给出 $Gal(\overline{\mathbf{Q}}/F)$ 在 $E[P^\infty]$ 上的作用(这里 $E[P^\infty]$ 是 E 中的被 E 的那样一些自同态去掉的点组成的群,这些自同态含在 P 的某个幂中). 不难看出 $\rho_{E,P} \otimes O$ 与 Ind_χ 同构.

由于 E 有复乘法,熟知 E 是模曲线而 $\overline{\rho}_{E,p}$ 是模表示. 既然 E 在 p 有好的约化,可以证明 F 的判别式与 p 互素,且 O 不包含非平凡的 p 次单位根. 我们可以证明,$\overline{\rho} = \overline{\rho}_{E,p} \otimes k$ 满足定理 7 的所有条件. 根据我们对 E' 所作的假设,$\rho_{E',p} \otimes O$ 是 $\overline{\rho}$ 的一个 (D, O) – 提升,我们就推出(用命题 2 的证明同样推理),$\rho_{E',p}$ 是模表示,从而 E' 是模曲线.

注 (1) 推论中的椭圆曲线 E' 不是半稳定的.

(2) 设 E 和 p 如推论中所给出,且 $p = 3$ 或 5,一样可以证明 $\mathbf{Q}$ 上的椭圆曲线 E' 如果在 p 有好的约化且使 $\overline{\rho}_{E',p}$ 同构于 $\overline{\rho}_{E,p}$,那么它给出无穷多个 C – 同构类.

例 6 取 E 是由

$$y^2 = x^3 - x^2 - 3x - 1$$

所定义的椭圆曲线,则 E 有 $\mathbf{Q}(\sqrt{-2})$ 给出的复乘法,且 E 在 3 有好的约化. 定义多项式

$$a_4(t) = -2\,430t^4 - 1\,512t^3 - 396t^2 - 56t - 3$$

$$a_6(t) = 40\,824t^6 + 31\,104t^5 + 8\,370t^4 + 504t^3 - 148t^2 - 24t - 1$$

对每个 $t \in \mathbf{Q}$,令 E_t 是椭圆曲线

$$y^2 = x^3 - x^2 + a_4(t)x + a_6(t)$$

(注意 $E_0 = E$),可以证明,对每个 $t \in \mathbf{Q}$,$\overline{\rho}_{E_t,3}$ 同构于 $\overline{\rho}_{E,3}$. 如果 $t \in \mathbf{Z}$ 且 $t \equiv 0$ 或 $1 \pmod 3$(一般地讲,如果 $t = 3a/b$ 或 $t = 3a/b + 1$,a 与 b 为整数且 b 不能被 3 整除),则 E_t 在 3 有好的约化,比如,因为 E_t 的判别式是

$$2^9(27t^2 + 10t + 1)^3(27t^2 + 18t + 1)^3$$

于是对 t 的这些值,推论表明 E_t 是模曲线,于是 $\mathbf{Q}$ 上任一条在 C 上与 E_t 同构的椭圆曲线也是模曲线,也就是说,$\mathbf{Q}$ 上任一条 j – 不变量等于

$$\left(\frac{4(27t^2 + 6t + 1)(135g^2 + 54t + 5)}{(27t^2 + 10t + 1)(27t^2 + 18t + 1)}\right)^3$$

的椭圆曲线皆为模曲线.

这就用显式给出了 $\mathbf{Q}$ 上无穷多条模椭圆曲线,它们在 C 上均不同构.

5.好事多磨——证明有漏洞沸沸扬扬

跟以前谁宣布证明了费马大定理马上就会被否定的情形相反,怀尔斯的证明得到了那些理解他的证明方法的专家的强有力的支持.

——阿林·杰克逊(Allyn Jackson)

“好事多磨”仿佛是宇宙间的普适定律,任何使人们感到兴奋的好事都逃不掉这一规律.数学家杰克逊在美国数学会会报中对费马大定理的进展的介绍恰好验证了这点,他写道:

“1993年6月,对数学界来说是一个令人心醉的时刻,E-mail(电子邮件)在全球飞驰,都是宣传怀尔斯证明了费马大定理:怀尔斯在英国剑桥大学作的三次系列演讲中宣布了这一成果.伊萨克·牛顿学院被淹没在访问者的提问、解释以及照相机的闪光之中.全世界的报纸都在大力宣传,说这个貌似简单,却曾使很多人努力求索而久攻不下的难题,终于土崩瓦解了.跟以前谁宣布证明了费马大定理马上就会被否定的情形相反,怀尔斯的证明得到了那些理解他的证明方法的专家的强有力的支持.”

然而,在1994年12月初,怀尔斯发出一个E-mail,确认了与正流传的谣言相一致意见,即证明中有漏洞(gap).早在1994年7月,有的专家就对怀尔斯的证明中使用了欧拉系的部分结果提出了尖锐的问题,那时还没发现错误.欧拉系是科里瓦尼近年才提出的,它是同调群中元素的一个序列.尽管罗贝特利用它在许多情形下获得过成功,但数学家们对欧拉系的一般理论还只能说理解了一部分.漏洞正是出现在由斯梅尔群构成的欧拉系上,正如上节所述此处的斯梅尔群是由跟椭圆曲线对应的对称平方表示得出的.怀尔斯的这种构造受到费拉奇工作的启发并推广了后者的结论.

有关出现漏洞的含混的流言,是由1994年秋季开始广泛传播并渐渐地变得似乎越来越确切,越肯定了.最后在1994年11月15日,关于漏洞的传闻被怀尔斯的博士导师科茨(John Coates)在一次演讲中所证实.这次演讲早在计划之中并于报告的几周前就向外界公布了,巧的是它在牛顿学院怀尔斯作报告的同一房间中举行.修补怀尔斯的证明可能需要数学家们参与讨论,但他的手稿始终未向外界公布,手稿通过贝尔(Barre)投给了“Inventiones Mathematicae”准备

出版.梅热是该杂志的编辑,他和一个很小的审稿组成员得以接触手稿.

在那一段时间里,怀尔斯避免和舆论接触,安静地在手稿上工作,改正审稿人提出的有问题的部分,并试图使手稿变成更易于传播的形式.虽然世界各地请他演讲的邀请信如雪片般飞至,但他不肯对他的证明再讲一句话.直到1994年12月4日,他发了一个E-mail,承认了证明中的漏洞.在信中说:

> "鉴于对我关于谷山-志村猜想和费马大定理的工作情况的推测,我将对此作一简要说明.在审稿过程中,发现了一些问题,其中绝大多数都已经解决了.但是,其中有一个特别的问题我至今仍未能解决.把谷山-志村猜想归结为斯梅尔群的计算(在绝大多数情形)这一关键想法没有错.然而,对半稳定情形(即与模形式相适应的对称平方表示的情形)斯梅尔群的精确上界的计算还未完成.我相信在不久的将来我将用我在剑桥演讲时说过的想法解决这个问题.
>
> "由于手稿中还留下很多工作要做,因此现在作为预印本公开是不适当的.2月份开始我在普林斯顿上课,在课上我将给出这个工作的充分的说明."

在辛辛那提召开的联合数学会议上,伯克利加州大学的罗贝特关于怀尔斯的工作做了一个演讲.在演讲中,罗贝特说,在怀尔斯的工作以前,谷山-志村猜想看起来是一个完全达不到的目标.而怀尔斯把一个给定的椭圆曲线的谷山-志村猜想归结为一个数值不等式,这下把数论专家们镇住了.罗贝特说,这是"震动整个数论界"的大功绩.

罗贝特还为怀尔斯的工作加入一个背景材料,他说,每个椭圆曲线有一个"j-不变量",这是一个有理数,由曲线的定义方程很容易算出来.每个有理数都是某个椭圆曲线的j-不变量.进一步,两个椭圆曲线有相同的j-不变量当且仅当两者作为黎曼曲面是相同的.最后一点是,一个椭圆曲线是否是模曲线取决于它的j-不变量.这样,谷山-志村猜想可重新叙述为:所有有理数都是模椭圆曲线的j-不变量.

直到1994年6月以前,人们只知道有限多个有理数是模椭圆曲线的j-不变量.怀尔斯在剑桥的第一个报告中,宣布他能够对一类椭圆曲线证明谷山-志村猜想,而这类椭圆曲线的j-不变量构成一无限集合.在他最后一次报告中,怀尔斯宣布,他能够对第二类椭圆曲线证明谷山-志村猜想.由于第二类中包括了弗雷构造的与费马问题有关的椭圆曲线,怀尔斯在第一类曲线中的成功在征服费马问题的兴奋中被人们忘得一干二净.而怀尔斯关于费马问题的证明出现的漏洞仅仅影响了第二类曲线,不影响第一类.

新闻媒介对于怀尔斯证明中出现了漏洞没有作出与他最初宣布(证明了费马定理)时同样的关注.《纽约时报》在怀尔斯剑桥演讲的第二天就在第一版上报道了此事,并配有费马的相片.而在怀尔斯承认证明中有漏洞之后的一周,《纽约时报》才报道了这件事,并把这消息藏在了第九版.由于确信证明所用的框架及策略仍是强有力的,故而新闻媒介比较谨慎地表示了宽容.事实上,没有人声称这个漏洞是不可弥补的,架桥通过看来也是可行的.最为重要的一点是,即使不包括费马大定理的完全证明,怀尔斯的成果已是对数论的意义深远的贡献.

在怀尔斯剑桥演讲之后数月中,新闻媒介对他的关注对于一个数学家而言是不同寻常的.他被《人物》(《People》)杂志列为“1993 年最令人感兴趣的 25 个人物”之一.与他一起被列入的有戴安娜王妃、麦克尔·杰克逊(Michael Jackson)以及克林顿总统和他夫人希拉里·克林顿等等,但怀尔斯拒绝了 Gap 牛仔裤公司想让他做广告的企图.关于电影女演员斯通(Sharon Stone)要求会见他的传闻被证明是谣言.这谣言是由于在怀尔斯演讲后,一个显然是伪造的,署名为斯通的 E-mail 被发送到牛顿学院给怀尔斯.其他在怀尔斯的结果中作出重要贡献的人也与怀尔斯分享了出风头的快乐.传言说,弗雷在美国一个机场上被海关官员叫住,并问他:“你是发现费马(大定理)与椭圆曲线的联系的那个弗雷吗?”

一般来说,宣传媒介都是以称赞、欣赏的态度热情地欢迎怀尔斯所作出的杰出的工作.然而,有一则报道却激起了强烈的反响:从怀疑的低语到义愤填膺.萨瓦特(Marilyn Von Savant),这个以“最高智商”之名列入“吉尼斯世界纪录”的女人给《Parade Magazine》的周六增刊写了一篇专栏文章(这个杂志夹在报纸中发行到全国).1993 年 11 月 21 日,她的专栏主题是说明为什么怀尔斯关于费马大定理的证明是错误的.

在她的文章中,她指出著名问题“化圆为方”已被证明是不可能的,所以关于这个论断的任一“证明”都可以被认为是有缺陷的.当她由此推断出波雷雅(Jάnos Bolyai)在双曲线几何中化圆为方是错的时,她的推理就变得行不通了.她说波雷雅之所以错是因为“他的双曲型证明对欧氏几何不起作用”.然后她说怀尔斯的证明也是“基于双曲几何”,她把同样的逻辑用到怀尔斯的工作上:“如果我们在化圆为方上拒绝双曲法,我们应当也拒绝费马大定理的双曲性证明.”

那么她是如何得到这些结论呢? 原来,在辛辛那提的数学大会上,哈佛大学的梅热接受美国数学会的 Chauvenet 奖.他的得奖文章是《像牛虻的数论》(《Number Theory as Gadqty》).这篇文章虽然写于怀尔斯宣布其结果的两年前,但还是解释了一些数论与费马大定理的关系及怀尔斯的工作.在答谢讲话时,梅热提到:哈佛大学数学系曾收到了萨瓦特的请求,要求提供有关费马问题证明的信息,因此他给她寄去了一份“牛虻”文章.萨瓦特拿了这篇文章后不仅写

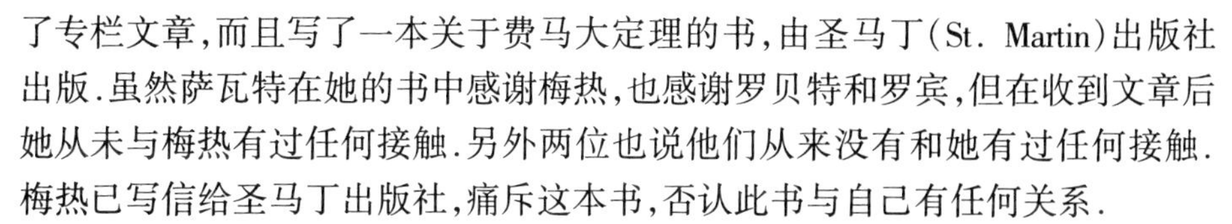

了专栏文章,而且写了一本关于费马大定理的书,由圣马丁(St. Martin)出版社出版.虽然萨瓦特在她的书中感谢梅热,也感谢罗贝特和罗宾,但在收到文章后她从未与梅热有过任何接触.另外两位也说他们从来没有和她有过任何接触.梅热已写信给圣马丁出版社,痛斥这本书,否认此书与自己有任何关系.

虽然有这段插曲,费马大定理已经帮助公众更好地理解了数学的性质.公众渐渐意识到要努力将“经济竞争”和“技术传播”与数学联系起来.费马大定理将数学特有的魅力展现给每个人,使他们能欣赏它.

6.避重就轻——巧妙绕过欧拉系

> 虽然在稍长一点时间里保持小心谨慎是明智的,但是肯定有理由表示乐观.
>
> —卡尔·罗宾(Karl Rubin)

自从怀尔斯那篇长达 200 页的论文被发现漏洞之后,从 1993 年 7 月起他就在修改论文.终于在 1994 年 9 月,怀尔斯克服了困难,重新写了一篇 108 页的论文.并于 1994 年 10 月 14 日寄往美国.

1994 年 10 月 25 日,美国俄亥俄州立大学教授罗宾向数学界的朋友发了一个电子信件之后,这个电子信件就在数学界反复传递,全文如下.

> “今天早晨,有两篇论文的预印本已经公开,它们是:《模椭圆曲线和费马最后定理》,作者是怀尔斯.《某些赫克代数的环论性质》,作者是泰勒(Richard Taylor)和怀尔斯.”

第一篇是一篇长文,除了包含一些别的内容之外,它宣布了费马最后定理的一个证明,而这个证明中关键的一步依赖于第二篇短文.

第一篇文章于 1995 年 5 月发表在《数学年刊》(《Annals of mathematics》)第 41 卷第 3 期上.大多数读者都已经知道,怀尔斯在他的剑桥演讲中所描述的证明被发现有严重的漏洞,即欧拉系的构造.在怀尔斯努力补救这个构造没有成功之后,他回到他原先试过的另一途径,以前由于他偏爱欧拉系的想法而放弃了这个途径.在作了某些赫克代数是局部完全交换的假设之后,他可以完成他的证明.这一想法以及怀尔斯在剑桥演讲中描述的其余想法写成了第一篇论文.怀尔斯和泰勒合作,在第二篇论文中,建立了所需的赫克代数的性质.

证明的整个纲要和怀尔斯在剑桥描述的那个相似.新的证明和原来那个相

比,因为排除了欧拉系,所以更为简单和简短了.实际上,法尔廷斯在看了这两篇论文以后,似乎是提出了那部分证明的进一步的重要简化.

在一些重大的问题上,小人物喋喋不休的谈论是毫无意义的.因为他们只能将问题搞糟,只有那些大家才有发言的资格.像当年评价爱因斯坦的相对论一样,当今世界能够对费马大定理说三道四的大家并不多.但法尔廷斯肯定是其中一位.

以下是法尔廷斯对修改后的怀尔斯证明的简单介绍,据法尔廷斯自己说:"是由我将这个问题的几个报告改编而成,但绝不是我本人的工作.我要试图把这里的基本想法介绍给更广大的数学听众.在讲述时,我略去了一些我认为非专业人员不大感兴趣的细节,而专家们可以来找找错误并改正它们,以缓解阅读时的无聊."大家风范溢于言表.

虽然在前面我们已反复介绍过怀尔斯的思路,但法尔廷斯的介绍却另有一种简洁的风格.

·椭圆曲线

从我们的目的出发,椭圆曲线 E 可由方程 $y^2 = f(x)$ 的解 $\{x, y\}$ 的集合给出,其中 $f(x) = x^3 + \cdots$ 是一个三次多项式.通常 E 是定义在有理数域 $\mathbf{Q}$ 上的,这就是说 f 的系数在 $\mathbf{Q}$ 中.我们还要求 f 的三个零点两两不同(E 是"非奇异"的).我们可以考虑 E 作为方程在 $\mathbf{Q}$、$\mathbf{R}$ 或 $\mathbf{C}$ 上的解,分别记为 $E(\mathbf{Q})$,$E(\mathbf{R})$ 或 $E(\mathbf{C})$.通常在这个集合中加入一个无穷远距离点,记作 ∞.加上 ∞ 后,解集合就有阿贝尔群的结构,并以 ∞ 为零元素.(x, y) 的逆是 $(x, -y)$,且若三个点在一条直线上,则它们的和为零.群 $E(\mathbf{Q})$ 是有限生成的(莫德尔定理),$E(\mathbf{R})$ 同构于 $\mathbf{R}/\mathbf{Z}$ 或 $\mathbf{R}/\mathbf{Z} \times \mathbf{Z}/2\mathbf{Z}$,而 $E(\mathbf{C}) \cong \mathbf{C}/$格(例如 $y^2 = x^3 - x$ 生成的这个格是 $\mathbf{Z} \oplus \mathbf{Z}_i$).对任一整数 n,用 $E[n]$ 记 n - 分点集合,即乘 n 后得零的点的集合.在 $\mathbf{C}$ 上它同构于 $(\mathbf{Z}/n\mathbf{Z})^2$,且坐标是代数数.例如,2 - 分点集恰是 ∞ 和 f 的三个零点(此时 $y = 0$).因为定义方程系数在 $\mathbf{Q}$ 中,故绝对伽罗瓦群 $Gal(\overline{\mathbf{Q}}/\mathbf{Q})$ 可作用于 $E[n]$ 上.这样就产生了一个伽罗瓦表示:$Gal(\overline{\mathbf{Q}}/\mathbf{Q}) \to GL_2(\mathbf{Z}/n\mathbf{Z})$.利用坐标变换可使 f 变为整系数.作模素数 p 的约化,我们得到一个有限域 F_p 上的多项式.如约化多项式的零点仍是不同的,则得到一个 F_p 上的椭圆曲线.除了 f 的判别式的有限个素因子外,对其他一切素数都是这种情况.还有,f 的选择不是唯一的,但若我们可以找到一个 f,它的零点模 p 后仍不同,则我们称 E 在 p 处有好约化;这个断言对 $p = 2$ 是不完全正确的,由于有 y^2 这一项之故.反之则 E 在 p 处有坏约化.这时,如果 f 只有两个零点 mod p 重合,我们称 E 有半稳定的坏约化,如果 E 对所有 p 都有好约化或半稳定约化,则称 E 为半稳定的.曲线 $y^2 = x^3 - x$ 对 $p = 2$ 不是半稳定的(没有一条 CM - 曲线是半稳定的).

半稳定曲线的一个例子(在最后我们知道它实际上不存在)是弗雷曲线.

对费马方程 $a^l+b^l=c^l$ 的一组解(其中 a,b,c 互素,$l\geqslant 3$ 为素数),我们可造出相应的曲线

$$E:y^2=x(x-a^l)(x-c^l)$$

该曲线只在 abc 的素因子处有坏约化.它有下面这个值得注意的性质.考虑对应的伽罗瓦表示 $Gal(\overline{\mathbf{Q}}/\mathbf{Q})\to GL_2(F_l)$.该表示在一切使 E 具有好约化的素数 p 处是无分歧的(好约化的一种模拟).当 $p=l$ 时我们需以"透明的"(crystalline)来代替"无分歧的".由于 E 的方程的特殊形式,这一点对于 abc 的所有大于2的素因子 p 也是如此.因此 l - 分点集的性质与 E 在所有 $p>2$ 处有好约化非常相似.但是我们将会看到,没有半稳定的 $\mathbf{Q}$ 上的椭圆曲线具有这种性质.这是我们所希望得到的矛盾.

为了能用这种方法达到目的,我们必须用模形式来替换椭圆曲线.从谷山 - 韦尔猜想(其本质上是属于志村的,以下会详细介绍)可以做到这点.如果 E 满足这一猜想的结论,就是说 E 是"模"的,则依照罗贝特的定理,我们可以对 $\Gamma_0(2)$ 找到一个模形式,$\Gamma_0(2)$ 对应于 $E[l]$ 的表示.然而,并不存在这样的模形式.泰勒和怀尔斯的文章正是对 $\mathbf{Q}$ 上半稳定的椭圆曲线证明了谷山 - 志村猜想.为了解释这个结论我们需要几个关于模形式的基本事实,及有关赫克代数的有关结论.为了使更多的读者了解这些背景材料,我们先插入一些粗浅介绍.它基于选自美国马里兰大学和西德波恩大学教授扎格(D. Zagier)一次来华的通俗演讲,这是由代数数论专家冯克勤先生翻译的.

· 模形式

模形式理论是单复变函数理论研究中的一个专门的论题,所以说它是分析学的一个分支.但是它和数论、群表示论以及代数几何有着许多深刻的关系.基于这些联系,许多数学家,包括20世纪一些大数学家都研究过模形式.在它与许多分支的联系中,它和数论的关系是最容易解释的.利用模形式,人们可以得到数论函数之间许多非常新奇的恒等式,这些恒等式当中有许多是绝不能用其他方法得到的.先给出一些例子.

例1 令 $r_4(n)$ 为 n 表示成四个整数之平方和的表法数,于是

$r_4(1)=8(1=(\pm 1)^2+0+0$,4个置换 $\times$ 2个符号)

$r_4(2)=24(2=(\pm 1)^2+(\pm 1)^2+0+0$,6个置换 $\times$ 4个符号)

$r_4(3)=32(3=(\pm 1)^2+(\pm 1)^2+(\pm 1)^2+0$,4个置换 $\times$ 8个符号)

$r_4(4)=24(4=(\pm 2)^2+0+0+0=(\pm 1)^2+(\pm 1)^2+(\pm 1)^2+(\pm 1)^2)$

$r_4(5)=48(5=(\pm 2)^2+(\pm 1)^2+0+0)$

欧拉和拉格朗日证明了,对于每个自然数 n 均有 $r_4(n)>0$.事实上,我们有公式

$$r_4(n)=8\sum_{\substack{d\mid n\\ 4\nmid d}}d$$

类似地,令 $r_8(n)$ 为自然数 n 表示成八个整数的平方和的表法数,我们有

$$r_8(n)=16\sum_{d\mid n}(-1)^{n-d}d^3$$

这些关系式很古老,也很吸引人,但是确实没有容易的办法来证明它们,然而在模形式理论上可以对这些公式作出切实的解释.

例 2 利用下面的展开式来定义数 $\tau(n)$,即

$$\tau(1)x+\tau(2)x^2+\tau(3)x^3+\cdots=x(1-x)^{24}(1-x^2)^{24}(1-x^3)^{24}\cdots$$

这个定义看起来很奇怪,但是等式右边的椭圆函数理论上是基本的函数之一,因此是很自然的.它的前几个值为并且 τ 满足

$$\begin{cases}\tau(p_1^{r_1}p_2^{r_2}\cdots p_n^{r_n})=\tau(p_1^{r_1})\tau(p_2^{r_2})\cdots\tau(p_n^{r_n})(\text{即 }\tau\text{ 是“积性”的})\\ \tau(p^2)=\tau(p)^2-p^{11},\tau(p^3)=\tau(p)^3-2p^{11}\tau(p),\text{对于 }\tau(p^4)\text{ 等有类似的公式}\end{cases}\quad ①$$

拉马努然(在本书中有关于他的较为详尽的介绍)于1916年猜想出这些公式,莫德尔于次年证明了它们.随后赫克于20世纪20年代和30年代作了推广,并且发展成理论.我们不久将叙述赫克的推广.

我们对上述那些奇怪的恒等式①作同解释,是基于函数 $x\prod(1-x^n)^{24}$ 的如下一个值得注意的性质.

定理 1 对于 $z\in\mathbf{C},\mathrm{Im}(z)>0$,定义

$$\triangle(z)=\mathrm{e}^{2\pi\mathrm{i}z}\prod_{n=1}^{\infty}(1-\mathrm{e}^{2\pi\mathrm{i}nz})^{24}$$

则对于满足 $ad-bc=1$ 的任意整数 a,b,c,d,均有

$$\triangle\left(\frac{az+b}{cz+d}\right)=(cz+d)^{12}\triangle(z)$$

这个定理来源于椭圆函数理论,我们在这里不给出证明(目前已有许多证明,其中包括西格尔给出的一个非常简短的证明,只用到柯西留数公式①).这个性质正是说 $\triangle(z)$ 是模形式.

我们令

$$|H|=\{z\in\mathbf{C}\mid \mathrm{Im}(z)>0\}$$

$$\Gamma=\left\{\begin{pmatrix}a&b\\c&d\end{pmatrix}\middle|\,a,b,c,d\in\mathbf{Z},ad-bc=1\right\}$$

定义 模形式是一个函数

① C.L.Siegel, $\eta(1-\frac{1}{\tau})=\eta(\tau)\sqrt{\frac{\tau}{i}}$,一种简单证明,Mathematika,1(1954).P.4.

$$f(z)=\sum_{n=0}^{\infty}a(n)e^{2\pi inz},z\in H$$

并且满足

$$f\left(\frac{az+b}{cz+d}\right)=(cz+d)^k f(z)(对于每个\ z\in |H| 和\begin{pmatrix}a & b\\ c & d\end{pmatrix}\in\Gamma)\qquad ②$$

其中,k 是某个整数,叫做是模形式 f 的权.如果它的系数 $a(n)$ 满足恒等式①(但是 11 要改成 $k-1$),我们称 f 为赫克形式.我们以 M_k 表示全体权 k 的模形式所组成的集合.显然 M_k 是(复数域上的)向量空间,注意当 k 是奇数时,则 $M_k=\{0\}$,这是因为取$\begin{pmatrix}a & b\\ c & d\end{pmatrix}=\begin{pmatrix}-1 & 0\\ 0 & -1\end{pmatrix}$可知 $f(z)=(-1)^k f(z)$.

定理 2 向量空间 M_k 是有限维的,并且它的维数是

$$\dim M_k=d_k=\begin{cases}0,k=2\\ 1,k=0,4,6,8,10\\ d_{k-12}+1,k\geqslant 12\end{cases}$$

k	0	2	4	6	8	10	12	14	16	18	20	22	24	26
d_k	1	0	1	1	1	1	2	1	2	2	2	2	3	2

这个定理是不难的,后面我们将给出证明.

赫克理论中的最重要的"财富"是下述定理.

定理 3(赫克) (1)M_k 中的赫克形式构成一组基,即恰好存在 d_k 个权 k 的赫克形式,并且它们是线性无关的.

(2) 赫克形式的系数 $a(n)$ 均是代数数.

事实上,$a(n)$ 均是某个代数数域中的代数整数(当 $k<24$ 时,这个代数数域可取为 $\mathbf{Q}$.而对 $k=24$ 则是 $\mathbf{Q}(\sqrt{144\ 169})$).

注意,对于一个赫克形式,只要知道了 $a(p)$(p 为全体素数),我们便可以(由式①)得到所有的系数 $a(n)$.而 $a(p)$ 是很神秘的,对于它我们基本上只知道:

定理 4 设 f 是权 k 的赫克形式,系数为 $a(n)$,并且 $a(0)=0$,则对于每个素数 p 均有

$$|a(p)|\leqslant 2p^{\frac{k-1}{2}}$$

这是由拉马努然首先对于 $\tau(p)$ 作了上述猜想,后来彼得森(Petersson)将猜想推广到任意赫克形式上去.它是由德利哥尼(Deligne)于 1974 年证明的.这可能是迄今所证明的最困难的定理.

现在我们给出另一些模形式的例子.令

$$f(z)=\sum_{\substack{(m,n)\in\mathbf{Z}\times\mathbf{Z}\\ m,n\neq(0,0)}}\frac{1}{(mz+n)^4},z\in H$$

这个级数绝对收敛. 如果$\begin{pmatrix} a & b \\ c & d \end{pmatrix} \in \Gamma$, 则

$$f\left(\frac{az+b}{cz+d}\right) = \sum_{(m,n)} \frac{1}{\left(m\frac{az+b}{cz+d}+n\right)^4} = \sum_{(m',n')} \frac{1}{\left(\frac{m'z+n'}{cz+d}\right)^4} = (cz+d)^4 f(z)$$

其中, $\begin{pmatrix} m' \\ n' \end{pmatrix} = \begin{pmatrix} a & c \\ b & d \end{pmatrix}\begin{pmatrix} m \\ n \end{pmatrix}$. 从而 $f \in M_4$. 但是

$$f(z) = \sum_{m=0} f + \sum_{m>0} f = 2\sum_{n=1}^{\infty} \frac{1}{n^4} + 2\sum_{m=1}^{\infty}\sum_{n=-\infty}^{+\infty} \frac{1}{(mz+n)^4}$$

而

$$\sum_{n=-\infty}^{+\infty} \frac{1}{(z+n)^4} = \frac{(2\pi i)^4}{3!}\sum_{\tau=1}^{\infty} r^3 e^{2\pi i rz}$$

后一公式是泊松(Poisson)求和公式的特殊情形. 而泊松求和公式告诉我们如何将任意函数 $\sum_{n=-\infty}^{+\infty} \Phi(z+n)$ 傅里叶展开 $\sum c_r e^{2\pi i rz}$. 从而

$$f(z) = 2\left(1+\frac{1}{2^4}+\frac{1}{3^4}+\cdots\right) + 2\,\frac{16\pi^4}{6}\sum_{m=1}^{\infty}\sum_{\tau=1}^{\infty} r^3 e^{2\pi i rz} =$$

$$2\zeta(4) + \frac{16\pi^4}{3}\sum_{n=1}^{\infty} \sigma^3(n) e^{2\pi n i z}$$

因此数 $\sigma^3(n) = \sum_{d\mid n} d^3$ 是一个模形式的傅里叶系数. 利用同样的推理方法可以证明.

定理 5 令

$$G_k(z) = c_k + \sum_{n=1}^{\infty} \sigma_{k-1}(n) e^{2\pi i nz}, z \in H$$

其中 $k \geqslant 4$ 并且 k 是偶数, $\sigma_{k-1}(n) = \sum_{d\mid n} d^{k-1}$, 而

$$c_k = (-1)^{\frac{k}{2}} \frac{(k-1)!}{(2\pi)^k}\left(1+\frac{1}{2^k}+\frac{1}{3^k}+\cdots\right)$$

则 $G_k(z) \in M_k$.

这里我们需要 $k \geqslant 4$ 以保证级数绝对收敛, 从而可以将 $\pm(m,n)$ 放在一起.

现在我们来证明如何能得到维数 d_k 的公式: 由于 $c_k \neq 0$, 我们可以将任意模形式 $f \in M_k (k \geqslant 4, 2 \mid k)$ 写成 G_k 的常数倍加上一个新的模形式

$$\tilde{f} = \sum \tilde{a}(n) e^{2\pi i z} \in M_k$$

其中 $\tilde{a}(0) = 0$. 于是 $g = \frac{\tilde{f}}{\triangle}$ 是权为 $k-12$ 的权形式(g 在 Γ 的作用下显然满足变换公式②(对于权 $k-12$), 又由于 $\triangle(z)$ 是收敛的无穷乘积, 从而它不等于

零,并且在 ∞ 处展开式为 $\triangle(z) = e^{2\pi iz} - 24e^{4\pi iz} + \cdots$);反之,如果 $g \in M_{k-12}$,而 $c \in \mathbf{C}$,则 $cG_k(z) + g(z)\triangle(z) \in M_k$. 因此 $M_k \cong C \oplus M_{k-12}(k \geq 4, 2 \mid k)$. 再注意,当 $k < 0$ 和 $k = 2$ 时,$M_k = \{0\}$,而 $M_0 = C$,然后由数学归纳法即得结果.

现在我们给出另一些应用. 我们已经证明了

$$G_4 = c_4 + \sum \sigma_3(n) x^n \in M_4, x = e^{2\pi iz}$$

$$G_8 = c_8 + \sum \sigma_7(n) x^n \in M_8$$

其中 $$c_4 = \frac{3}{8\pi^4}\left(1 + \frac{1}{2^4} + \frac{1}{3^4} + \cdots\right), c_8 = \frac{315}{16\pi^8}\left(1 + \frac{1}{2^8} + \frac{1}{3^8} + \cdots\right)$$

但是 $\dim M_8 = 1$,从而 G_4^2 和 G_8 只相差一个常数因子. 我们有

$$G_4^2(c_4 + x + 9x^2 + 28x^3 + \cdots)^2 = c_4^2 + 2c_4 x + (18c_4 + 1)x^2 + \cdots$$

$$G_2 = c_8 + x + 129x^2 + \cdots$$

于是

$$\begin{cases} 129 = \dfrac{18c_4 + 1}{2c_4} \\ c_8 = \dfrac{c_4^2}{2c_4} = \dfrac{c_4}{2} \end{cases}$$

即 $c_4 = \frac{1}{240}, c_8 = \frac{1}{480}$. 从而得到另一算术应用

$$1 + \frac{1}{2^4} + \frac{1}{3^4} + \cdots = \frac{\pi^4}{90}$$

推论 $1 + \frac{1}{2^8} + \frac{1}{3^8} + \cdots = \frac{\pi^8}{9\,450}$.

注 欧拉曾用不严格的类比法证明了

$$1 + \frac{1}{2^2} + \frac{1}{3^2} + \cdots = \frac{\pi^2}{6}$$

利用类似的推理,可得到所有 c_k 的值,它们均是有理数. 特别地

$$G_4 = \frac{1}{240} + x + 9x^2 + 28x^3 + \cdots$$

$$G_6 = -\frac{1}{504} + x + 33x^2 + \cdots$$

作为模形式的进一步应用,我们注意 $\triangle$,G_4^3 和 G_6^2 有一定线性相关(由于 $\dim M_{12} = 2$). 计算它们的前几个系数可得到恒等式

$$\triangle = 8\,000 G_4^3 - 147 G_6^2$$

从而可得到用 $\sigma_3(n)$ 和 $\sigma_5(n)$ 表达 $\tau(n)$ 的一个公式.

这里需要一个引理,容易直接证明

$$8\,000\left(\frac{1}{240}+\sum\sigma_3(n)x^n\right)^3-147\left(-\frac{1}{504}+\sum\sigma_5(n)x^n\right)^2$$

的系数均是有理整数.

于是整个思路是很清晰的:由于 M_k 是有限维的,一旦得到一些同权模形式之间的线性关系,然后考察它们的傅里叶系数,便可得出数论函数的恒等式.现在我们证明如何按此法得到例 1 中的等式.首先我们有

$$\sum_{n=0}^{\infty}r_4(n)x^n=1+8x+24x^2+\cdots=\sum_{n_1,n_2,n_3,n_4}x^{n_1^2+n_2^2+n_3^2+n_4^2}=(\sum_{n=-\infty}^{+\infty}x^{n^2})^4$$

类似地

$$\sum r_8(n)x^n=(\sum_{n=-\infty}^{+\infty}x^{n^2})^8$$

定理 6 令

$$\theta(z)=\sum_{n=-\infty}^{+\infty}e^{2\pi in^2z},z\in H$$

则 $\theta(z)^4$ 是对于群 $\Gamma_4=\left\{\begin{pmatrix}a&b\\c&d\end{pmatrix}\in\Gamma\,\middle|\,c\equiv0(\bmod 4)\right\}$的权 2 模形式,即

$$(\triangle):\theta\left(\frac{az+b}{cz+d}\right)^4=(cz+d)^4\theta(z)^4,\begin{pmatrix}a&b\\c&d\end{pmatrix}\in\Gamma_4$$

注意 $M_2=\{0\}$,而 M_4 只有$\frac{1}{240}+\sum\sigma_3(n)q^n(q=e^{2\pi iz})$,但是群 Γ_4 比 Γ 小,所以对于 Γ_4 可以有更多的模形式.采用与证明 $G_k\in M_k$ 相类似的方法,可知$\frac{1}{8}+\sum_{n=1}^{\infty}(\sum_{\substack{d\mid n\\4\nmid d}}d)g^n$ 是对于群Γ_4的权 2 模形式.然后利用上面例子中我们已经谈过的方法,即可得到 $r_4(n)=8\sum_{\substack{d\mid n\\4\nmid d}}d$.类似地得到 $r_8(n)=16\sum_{d\mid n}(-1)^{n-d}d^3$.

为什么公式$(\triangle)$成立?根据上面提到的泊松求和公式,我们有

$$\sum_{n=-\infty}^{+\infty}e^{-\pi i(n+z)^2}=\sum_{r=-\infty}^{+\infty}\left(\frac{1}{\sqrt{t}}e^{-\frac{\pi r^2}{i}}\right)e^{2\pi irz}$$

取 $z=0$,即得到

$$\sum_{n=-\infty}^{+\infty}e^{-\pi in^2}=\frac{1}{\sqrt{t}}\sum_{r=-\infty}^{+\infty}e^{-\frac{\pi r^2}{t}}$$

令 $t=\frac{2z}{i}$,则得到 $\theta(z)=\sqrt{\frac{i}{2z}}\theta(-\frac{1}{4z})$,从而

$$\theta\left(-\frac{1}{4z}\right)^4=-4z^2\theta(z)^4$$

也就是说,若不考虑符号,则 $\theta(z)$ 对于$\begin{pmatrix}a&b\\c&d\end{pmatrix}=\begin{pmatrix}0&-\frac{1}{2}\\2&0\end{pmatrix}$满足式②.另一方面,显然有 $\theta(z+1)=\theta(z)$,从而 $\theta(z)^4$ 对于$\begin{pmatrix}a&b\\c&d\end{pmatrix}=\begin{pmatrix}1&1\\0&1\end{pmatrix}$满足式②,但是

矩阵$\begin{pmatrix} 0 & -\frac{1}{2} \\ 2 & 0 \end{pmatrix}$和$\begin{pmatrix} 1 & 1 \\ 0 & 1 \end{pmatrix}$生成群

$$\widetilde{\Gamma}_4 = \Gamma_4 \cup \left\{ \begin{pmatrix} 2a & \frac{1}{2}b \\ 2c & 2d \end{pmatrix} \middle| a,b,c,d \in \mathbf{Z}, 4ad - bc = 1 \right\}$$

从而若不考虑符号,则 θ^4 对于每个$\begin{pmatrix} a & b \\ c & d \end{pmatrix} \in \Gamma_4$ 均满足式②,而负号恰好是对于 $\widetilde{\Gamma}_4 - \Gamma_4$ 中的矩阵.

最后,我们讲一下模形式与数论之间的另一种联系.这也是本书感兴趣的联系.设 a 和 b 是整数,考虑方程

$$y^2 = x^3 + ax + b \qquad ③$$

如果 $D = (4a^3 + 27b^2) = 0$,则方程③的右边有重因子(即为$(x - n)^2(x + 2n)$),其中 $n = \sqrt{-a/3} = \sqrt[3]{b/2}$.否则我们就称方程③定义出一个椭圆曲线.这时,我们有如下所述的猜想:

(1)(谷山,韦尔)给了一个椭圆曲线③,则存在一个对于群 Γ_D 的权2赫克形式(Γ_D 的定义类似于上述的 Γ_4),即

$$f(z) = \sum_{n=1}^{\infty} a(n)q^n, q = e^{2\pi i z}$$

其中对于每个素数 $p \nmid D$,均有

$$a(p) = p - ((③)\bmod p \text{ 的解数})$$

对于 $p \mid D$ 的 $a(p)$ 也猜想出一个公式.这样一来,给了椭圆曲线③,我们就有了全部系数 $a(p)$,然后利用公式①可以把所有的 $a(n)$ 通过 a 和 b 表示出来,问题在于要证明:由此得到 $\sum a(n)q^n$ 满足③.(对于群 Γ_D)

(2)(伯奇-斯温纳顿-戴尔(Birch-Swinnerton-Dyer))方程③有无穷多组有理解 $\Leftrightarrow \int_0^{\infty} f(\mathrm{i}t)\mathrm{d}t = 0$.

已经计算了成百个例子,这两个猜想都是正确的.但是,目前离证出这两个猜想还相距甚远.大约几十年前,德林对于一类(无穷多个)椭圆曲线(即所谓具有复乘法的椭圆曲线,例如当 $a = 0$ 或者 $b = 0$ 时),证明了猜想(1).而大约在7年前,科茨(Coates)和怀尔斯对于某些情形证明了猜想(2).

现在让我们回到法尔廷斯对怀尔斯证明的介绍中去.设 $H = \{\tau \in \mathbf{C} \mid \mathrm{Im}(\tau) > 0\}$ 为上半平面,$SL(2,\mathbf{R})$ 以通常的方式 $(a\tau + b)/(c\tau + d)$ 作用于其上.$SL(2,\mathbf{Z})$ 的子群 $\Gamma_0(N)$ 由矩阵

$$\begin{pmatrix} a & b \\ c & d \end{pmatrix}$$

组成,其中 $c \equiv 0 (\bmod N)$.一个(权为2)相对于 $\Gamma_0(N)$ 的模形式是 H 上的全纯函数 $f(\tau)$,对于一切 $\begin{pmatrix} a & b \\ c & d \end{pmatrix} \in \Gamma_0(N)$ 满足

$$f((a\tau + b)/(c\tau + d)) = (c\tau + d)^2 f(\tau)$$

且 $f(\tau)$“在尖点处为全纯”.后者即是说对傅里叶级数(因 $f(\tau + 1) = f(\tau)$)

$$f(\tau) = \sum_{n \in \mathbf{Z}} a_n e^{2\pi i n \tau}$$

当 $n < 0$,则 $a_n = 0$,若再加上 $a_0 = 0$,则 f 称为尖点形式,赫克代数 T 作用于尖点形式空间.它由赫克算子 T_p(若 p 与 N 互素)和 U_p(若 $p \mid N$)生成.对于傅里叶系数,有

$$a_n(T_p f) = a_{np}(f) + p a_{n \mid p}(f)$$

$$a_n(U_p f) = a_{np}(f)$$

一个特征形式是指所有的赫克算子的公共特征形式.我们总可将其正规化,使得 $a_1(f) = 1$,于是 $a_p(f)$ 就是对应于 T_p 或 U_p 的特征值.上面的等式使我们可以递归地定出所有 a_n,从而可定出特征形式 f.反之,对于给定的一系列特征值 $\{a_p\}$,我们也可构造一个傅里叶级数 $f(\tau) = \sum a_n e^{2\pi i n \tau}$.根据韦尔的定理,此 $f(\tau)$ 为模形式当且仅当 L - 级数

$$L(s,f) = \sum_{n=1}^{\infty} a_n n^{-s}$$

在全 s - 平面上有全纯延拓并满足适当的函数方程.对于带有狄利克雷特征的 L - 函数这也是对的.

对所有的 a_p 都在 $\mathbf{Q}$ 中的情形,特征形式 f 对应于一条椭圆曲线 E,它在除了 N 的素因子外的一切素数处都有好约化.对于与 N 互素的 p,$E(E_p)$ 的 E_p - 有理点数等于

$$\# E(F_p) = p + 1 - \alpha_p$$

反过来,对每个 $\mathbf{Q}$ 上的椭圆曲线 E,我们可以定义一个汉斯 - 韦尔 L - 级数 $L(s,E)$,并猜想它具有上面讲到的好性质.这样,根据韦尔定理,这个 L - 函数一定属于一个具有有理特征值的特征形式.这就是谷山 - 韦尔猜想的内容(注意与查格的叙述对比一下).

即便系数 a_p 不在 $\mathbf{Q}$ 中,我们也可以构造一个与特征形式对应的伽罗瓦表示.

赫克代数 T 是一个有限生成 $\mathbf{Z}$ - 模.我们现在以 $\hat{T}$ 记它在一个合适的极大理想 m(非爱森斯坦因理想)之下的完备化,$k = T/m$ 表示特征 l 的剩余类域.于是有一个2维的伽罗瓦表示,即

$$\rho: Gal(\overline{\mathbf{Q}}/\mathbf{Q}) \to GL_2(\hat{T})$$

它对于与 N 互素的 p 是无分歧的(或相应地为透明的),且

$$\mathrm{trace}(\rho(\mathrm{Frob}_p)) = T_p$$

$$\det(\rho(\mathrm{Frob}_p)) = p$$

每个有理特征值的特征形式产生一个同态 $\hat{T} \to Z_l$;ρ 诱导出 $l-adic$ 表示,它是由与之对应的椭圆曲线 E 给出的,它描述了在 E 的全部 l^n 分点上的伽罗瓦作用.反过来,也可以证明 E 是模的,当且仅当 $l-adic$ 表示能以这种方式构造出来.

· **形变**(Deformations)

从 3 分点的表示出发,可以构造出 $l=3$ 的 $l-adic$ 表示.已知它同余于一个模表示,于是,可以证明,该表示的万有提升是模的.这是整个证明的核心,这里素数 3 是非常特殊的,所以我们从 $l=3$ 开始考虑.

我们可局限于 3 分点产生的满映射

$$Gal(\overline{\mathbf{Q}}/\mathbf{Q}) \to GL(2,F_3)$$

(这一段推理对 5 分点也适用).因 $PGL(2,F_3) \subsetneqq S_4(P^1(F_3))$ 上四个元素的对称群是可解群.故而依朗兰兹和滕内尔的(提升)定理可知 3 分点的表示已经是模的了.这里充分利用了素数 $l=3$ 的特殊性质;对 $l=2$,由于种种理由,一般的理论都不能奏效;而对 $l \geqslant 5$,这开头一步也行不通.现在我们找一种形变的论证法,对于模 9,27,81,243,729 等的表示,依次可认定它们全是模表示.为此,运用了模 3 表示的万有形变,即一个 $\mathbf{Z}_3$ 代数 $R=\mathbf{Z}_3[[T_1,\cdots,T_r]]/I$($I$ 是一理想)及一个"万有"伽罗瓦表示

$$\rho: Gal(\overline{\mathbf{Q}}/\mathbf{Q}) \to GL_2(R)$$

它有下列性质:

(1) 对于与 N 互素的 p(这就是说 E 在 p 处有好约化),ρ 是无分歧的(或是透明的);

(2) 在与 N 非互素的 p 处,ρ 具有某些局部性质(此处不讨论"某些"之所指);

(3) 对与 N 互素的 p,$\det(\rho\mathrm{Frob}_p)=p$;

(4)$\rho\bmod(3,T_1,\cdots,T_r)$ 即是我们给定的 $E[3]$ 上的表示;

(5) 任一其他的表示 $Gal(\overline{\mathbf{Q}}/\mathbf{Q}) \to GL_2(A)$,若具有上述性质(1) 到(4),则都可通过一个同态 $R \to A$ 用唯一方法产生.

R 的构造照一般的原则进行,基本上是取一个伽罗瓦群的生成元集合 $\{\sigma_1,\cdots,\sigma_s\}$,考虑 $4s$ 个变元的幂级数环,并除以一极小理想 I,这样在模 I 后就得到了满足(1) 到(4) 的一个表示,只要我们给每个 σ_i 指定一个 2×2 矩阵,这矩阵有四个对应于 σ_i 的未定元作为素数.

在完成上述构造后,我们得到下面的换向图

$$k\begin{cases}\hat{T}\to T/m\\ \mathbf{Z}_3\to F_3\end{cases}$$

其中左方的两个映射是由模伽罗瓦表示和 E 的伽罗瓦表示产生的. 至此, 怀尔斯的想法是证明 R 同构于 $\hat{T}$, 这样椭圆伽罗瓦表示就自然是模表示了.

为此, 我们当然需要关于 R 的信息, 这些信息不能从一般的构造法中得到. 令 W_n 表示 $sl(2,\mathbf{Z}/3^n\mathbf{Z})$ (迹为0的 2×2 矩阵) 的伴随伽罗瓦表示. 生成元的最小个数 $\gamma(R=\mathbf{Z}_3[[T_1,\cdots,T_\gamma]]/I)$ 由 $\dim^1_{F_3}H^1_f(\mathbf{Q},W_1)$ 给出, 其中 H^1_f 表示满足与上面(1), (2) 相对应的某种局部条件的上同调群. 这种群也称为斯梅尔群. 在定义中, 我们见到的是令 $A=F_3[T]/(T^2)$ 的情形. 可以证明 $H^1_f(\mathbf{Q},W_n)$ 的阶对 n 是一致有界的. 这个阶出现于为了证明 $R=\hat{T}$ 而作的一系列数值判定中: 存在一个 $\mathbf{Z}_3$ – 同构 $\hat{T}\to O$, O 是 $\mathbf{Z}_3$ 在 $\mathbf{Q}_3$ 的有限扩张中的整闭包. 为了简单起见, 我们假定 $O=\mathbf{Z}_3$. 已知 $\hat{T}$ 是戈伦斯坦(Gorenstein)环, 这就是说 $\mathrm{Hom}_{\mathbf{Z}_3}(\hat{T},\mathbf{Z}_3)$ 是一个自由 $\hat{T}$ – 模. 此时满映射 $\hat{T}\to Z_3$ 有一伴随映射 $\mathbf{Z}_3\to T$; 两个映射的合成是乘以 $\mathbf{Z}_3$ 中一元素 η, 除了差一个单位数外是定义合理的, 而且 $\eta\neq 0$. 另一方面, 设 $\rho\subseteq R$ 是满映射 $\mathbf{R}\to\hat{T}\to Z_3$ 的核, 则有 $\#(\rho/\rho^2)\geqslant\#(\mathbf{Z}_3/\eta\cdot\mathbf{Z}_3)$ (这里 # 表示阶), 等号成立当且仅当 $R=\hat{\boldsymbol{T}}$ 且这是一个完全交(I 可由 γ 个元素生成). 左方 $\#(\rho/\rho^2)$ 等于斯梅尔群 $H^1_f(\mathbf{Q},W_n)$ 的阶($n>0$). 开始的打算是试图用欧拉系(是科里瓦尼发明的) 来建立等式, 然而仅能证明 ρ/ρ^2 被 η 所零化. 这是弗拉奇定理的内容. 较高层的欧拉系, 未能被构造出来.

· 证明

先对最小情形进行证明, 然后说明问题可归结为最小情形. 所谓最小情形意指出现的所有相应于坏约化的素数都已经模了 3(不仅仅模了高次幂). 依照罗贝特和其他人的定理(对 $l=3$ 应用而不是对费马方程中的幂次 l 应用它), 属于曲线模3的伽罗瓦表示的层为3模表示. 在最小情形下计算欧拉特征(波伊托 – 塔特)(Poitou – Tate), 可证明 $H^1_f(\mathbf{Q},W_1)$ 和 $H^2_f(\mathbf{Q},W_1)$ 有相同维数 r. 对每个 n, 选取 r 个素数 $q_1,\cdots,q_r$ 满足模 3^n 同余于1. 再进一步应用 $\Gamma_0(N)$ 的子群. 该子群包含 $\Gamma_0(N)$ 与 $\Gamma_1(q_1,\cdots,q_r)$ 的交. $\Gamma_0(N)$ 对此子群的商群同构于 $G=(\mathbf{Z}/3^n\mathbf{Z})^r$. 相应的赫克代数 $\hat{T}_1$ 是 $\mathbf{Z}_3[G]$ 上的自由模, 具有 G – 不变量 $\hat{T}$, 是一表示环的商 $R_1=\mathbf{Z}_3[[T_1,\cdots,T_r]]/I_1$, 它又可由 r 个元素生成. 由于群 G 的自由作用, 理想 I_1 是小的. 现在取 $n\to\infty$ 时的极限, 在极限情况下 R_1 和 $\hat{T}_1$ 变成最幂级环而且相等了. 进而从 R_1 得到 R, $\hat{T}_1$ 得到 $\hat{T}$, 同时加入 r 个关系“$\sigma_i=1$”, 其中 $\sigma_1,\cdots,\sigma_r$ 是 G 的生成元. 最后 $R=\hat{T}$, 且这是一个完全交.

如何将之归结为最小情形? 只要估计不等式

$$\#(\rho/\rho^2)\geqslant\#(\mathbf{Z}_3/\eta\cdot\mathbf{Z}_3)$$

当从层 M 过渡到更高的层 $N(M\mid N)$ 时左右两边的变化,对于左边的 $\# H_f^1(\mathbf{Q}, W_n)$,那种局部条件被减弱,可得到一个上界. 对于右边则存在着“合并”现象,即老形式与新形式间是同余的. 这里的下界已由罗贝特和伊哈拉(Ihara)作出. 幸运的是这两个界一样,于是,一切都被证明了.

的确,怀尔斯是幸运的,他终于提出了一个使世人相信的关于费马大定理的证明,从而从数学家那装满众多未解决猜想的重负中卸下了几乎是最大的,而且已背负了长达350年之久的一块.

这场精彩的大戏,最后以怀尔斯荣获著名的沃尔夫奖而进入尾声. 让我们读一下,《美国数学会会刊》一篇来自沃尔夫基金新闻发布会的消息.

沃尔夫

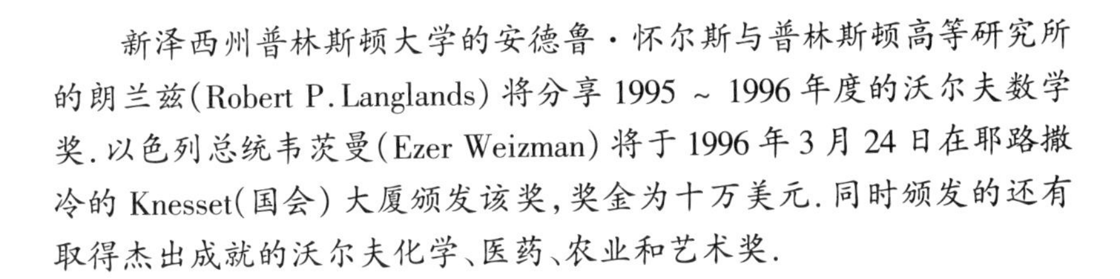

新泽西州普林斯顿大学的安德鲁·怀尔斯与普林斯顿高等研究所的朗兰兹(Robert P. Langlands)将分享1995～1996年度的沃尔夫数学奖. 以色列总统韦茨曼(Ezer Weizman)将于1996年3月24日在耶路撒冷的Knesset(国会)大厦颁发该奖,奖金为十万美元. 同时颁发的还有取得杰出成就的沃尔夫化学、医药、农业和艺术奖.

由于证明费马大定理的成就,使怀尔斯在得沃尔夫奖之后,又于同年获得了美国国家科学院数学奖(National Academy of Sciences Award in Mathematics),此奖是美国数学会为纪念该学会成立100周年,而于1988年设立的. 此奖每四年颁发一次,奖励过去十年内发表杰出数学研究成果的数学家.

朗兰兹获沃尔夫(Wolf)奖是由于“他在数论、自守形式和群表示论领域里所作的引人注目的开拓工作和非凡的洞察”. 朗兰兹形成了自守形式包括爱森斯坦因级数的基本工作,群表示论,L-函数和阿丁(Artin)猜想,函子原理,及广泛的朗兰兹程序的系统阐述的现代理论. 他的贡献与洞察为目前与未来在这些领域的研究者提供了基础和灵感.

朗兰兹,1936年生于加拿大英属哥伦比亚(British Columbia)的新威斯敏特. 他先后于1957年和1958年在英属哥伦比亚大学获学士学位和硕士学位. 并于1960年在耶鲁大学(Yale University)获博士学位,同年他被任命为耶鲁大学讲师并于1967年获教授职位. 1972年他得到目前的普林斯顿高等研究所教授职位. 他已荣获的主要奖项有耶鲁大学克罗斯(Wilbur L. Cross)奖章(1975),美国数学会科尔(Cole)奖(1982),Sigma Xi联邦奖(1984),及美国科学院数学奖(1988). 1972年他被选为加拿大皇家学会会员. 1981年他又被选为伦敦皇家学会会员. 朗兰兹荣获英属哥伦比亚大学、麦吉尔大学、纽约城市大学、滑铁卢大学、巴黎第七大学及多伦多大学的名誉博士学位. 他们二位得奖的相关资料见1996年2月号的Notices of the American Mathematical Society pp. 221-222; Langlands and Wiles share wolf prize 一文.

怀尔斯获沃尔夫奖是由于“他在数论和相关领域的杰出贡献,在某些基本猜想上所作的重大推进,及解决费马大定理.”怀尔斯引进了既深又新的方法,从而解决了数论中长期悬而未决的重要问题.他自己以及他的合作者致力于研究的问题包括伯奇(Birch,1931—)和戴尔(Swinnerton Dyer)猜想,岩坡理论的主要猜想,及谷山-志村-韦尔猜想.他的工作终致著名的费马大定理的证明.在过去的两个世纪里,数论中的许多结果和方法都是为证明费马大定理而形成的.

怀尔斯,1953 年生于英国剑桥.他于 1974 年在牛津大学的默顿(Merton)学院获学士学位.1977 年在剑桥大学的克莱尔(Clare)学院获博士学位.他是哈佛大学助教(1977~1980)和高等研究所的成员(1981).在访问了多所欧洲大学之后,1982 年他被任命为普林斯顿大学的教授.从 1984 年起,他是普林斯顿的 Eugene Higgins 数学教授.从 1988 年到 1990 年,他还拥有牛津皇家研究教授学会的职位.从 1985 年到 1986 年,怀尔斯是古根海姆(Guggenheim)研究员.1989 年他被选为伦敦皇家学会会员.

自 1978 年以来,已有 160 位来自 18 个国家的最杰出成就者被沃尔夫基金会授予此殊荣.该基金由已故的里卡尔·沃尔夫(Ricardo Wolf)所建立.他是发明家、外交官和慈善家.设此基金的目的在于“有利于提高人类的科学和艺术水平”.沃尔夫 1887 年生于德国,后移民于古巴,于 1961 年被任命为古巴驻以色列大使.从那时起他一直生活在以色列国直到 1981 年去世.沃尔夫数学奖是一种“终身成就奖”,获奖者大都年逾古稀,著作等身,硕果累累.如德国数学家西格尔在 82 岁时获奖、法国数学家韦尔 73 岁获奖、法国的嘉当 76 岁获奖、芬兰的阿尔福斯 74 岁获奖、匈牙利的厄尔多斯 71 岁获奖、陈省身 73 岁获奖,所以此奖颇有“盖棺定论”的意味.而怀尔斯正当盛年(获奖时才 43 岁),实在是令人吃惊.当然这都托费马的福,是费马大定理使怀尔斯年纪轻轻就功成名就.

怀尔斯还获得过 1997 年的 Frank Nelson Cole Prize in Number Theory. Frank Nelson Cole 曾长期任美国数学学会的秘书(1896~1920).并当过美国数学学会的刊物 Bulletin 主编长达 21 年,经由他自己及美国数学学会会员的捐款设立了 Frank Nelson Cole Prize in Algebra 及 Frank Nelson Cole Prize in Number Theory. 1928 年首次颁奖,每五年一次,为代数及数论方面的大奖.1903 年,在美国数学学会的一次会议中,时任美国哥伦比亚大学教授的 Cole 作了一个令人惊奇的报告,他走上讲台,一声不响地在黑板写下

$$2^{67}-1=193\ 707\ 721\cdot 761\ 838\ 257\ 287$$

但是,像许多美好的事物都有争论一样.怀尔斯的证明也不是满堂喝彩.1996 年《科学美国人》杂志发表了一篇名为“证明的消亡”的文章,该文引用了

许多著名数学家的言论.以表明在概念框架之下的经典证明将自然地被用计算机所做的可视化验法所代替.从而怀尔斯关于费马大定理的证明则被认为是一个“极大的时代错误”.但文章一发表即引起了一场轩然大波,即使是那些在文中被引用了言论的数学家也都认为实际情况被完全地误解.专家们指出,严格的论证将导致只是在某一概念绝对成立的近似真理,甚至是错误的结论,而且为了得到这个不一定正确的结论还需耗费大量的时间.

关于沃尔夫奖获奖者之情况本书还有详细论述.

千年等一回.数论史上最重要的一页终于翻了过去.这既使那些踌躇满志的失意者惘然若失,也使那些像怀尔斯这样的成功者信心百倍地迈向新的领域.

中篇

Fermat's Contribution and Influence to Mathematics

费马对数学的贡献及其影响

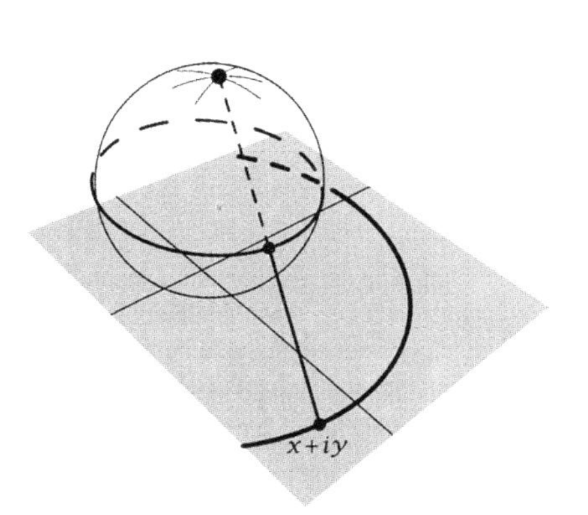

不幸之至的猜测

第十二章

1. 不幸之至的猜测

1640年,费马在给僧侣数学家梅森的一封信中,提到了一种现在以他的名字命名的数——费马数,即

$$F_n = 2^{2^n} + 1, n = 0,1,2,\cdots$$

其中,F_0, F_1, F_2, F_3, F_4 都是素数,费马宣称:对所有的自然数 n, F_n 都是素数.但不到100年,到了1732年,瑞士大数学家欧拉就指出:F_5 是合数,它可分解为

$$F_5 = 4\ 294\ 967\ 297 = 641 \times 6\ 700\ 417$$

对此人们一直怀疑,费马作为伟大的业余数学家似乎不可能仅凭这5个数就做出这样的断言.美国著名的趣味数学专家亨斯贝格(R. Honsberger)在1973年出版的《Mathematical Gems》中提出了一个令人较为信服的解释,他指出:早在2 500年前,中国古人就通过数值检验而确信了这样一条"定理":

"若正整数 $n > 1$,且 $n \mid 2^n - 2$,则 n 一定为素数."

这可以看做是费马小定理:

"若 p 是素数,$a \in \mathbf{Z}$,则 $p \mid (a^p - a)$."

当 $a = 2$ 时的逆命题,现代的计算已经证明,当 $1 < n < 300$

时,这个命题是正确的.但对超过这个范围的数就不一定了.例如 $n = 341$ 就是一个反例,我们将满足 $n \mid 2^n - 2$ 的合数称为假素数,我们还能用341构造出无穷多个奇假素数.1950年美国数论专家莱默还找了偶假素数161 038,紧接着1951年荷兰阿姆斯特丹的比格(N.G.W.H.Beeger)证明了偶假素数也有无穷多个.但这些都是后话,当时就连莱布尼兹这样的大数学家在研究了《易经》的这一记载之后都相信了这一结果.所以,费马很可能也知道这个中国最古老的数论"定理"并也信以为真,且用它来检验 F_n.

莱默(Lehmer,1905—199…)国数学家…伯克利.

实际上,我们不难推断出 $F_n \mid 2^{F_n} - 2$,这只要注意到 $n > 1$ 时,$n + 1 < 2^n$,所以 $2^{n+1} \mid 2^{2^n}$.设 $2^{2^n} = 2^{n+1} \cdot k$($k$ 是自然数),那么

$$2^{F_n} - 2 = 2^{2^{2^{n+1}}} - 2 = 2(2^{2^{n+1} \cdot k} - 1) = 2((2^{2^{n+1}})^k - 1)$$

所以 $$2^{2^{n+1}} - 1 = (2^{2^n})^2 - 1 = (2^{2^n} + 1)(2^{2^n} - 1) = F_n(2^{2^n} - 1)$$

于是有 $F_n \mid 2^{F_n} - 2$.

于是,我们就不难理解费马为什么会做出这样的断言.

需要指出的是:用 $n \mid 2^n - 2$ 来检验 n 的素性虽然可能出错,但出错的可能是相当小的.有人计算过,在 $n < 2 \times 10^{10}$ 的范围内出错的概率小于 $\dfrac{19\ 865}{(882\ 206\ 716 + 19\ 865)} \approx 0.000\ 002\ 5$.因为隆德大学的博曼(Bohman)教授曾证明了小于 $10^{10} \times 2$ 的素数有882 206 716个,而塞尔弗里奇(Selfridge)和瓦格斯塔夫(Wagstaff)计算出底为2的伪素数(即满足 $n \mid 2^n - 2$ 的合数)在1到 2×10^{10} 之间只有19 865个.所以,华罗庚先生在其《数论导引》中称:"此一推测实属不幸之至."

我们把假素数叫做波利特数.1926年波利特(P.Poulet)发表了到 5×10^8 为止的奇假素数表,1938年他又把这个表扩充到 10^9.因此,假素数被称为波利特数.例如,我们可以证明2 047是一个波利特数.

首先,$2\ 047 = 2^{11} - 1$,并且 $2\ 047 = 11 \times 186 + 1$,所以 $2^{2\ 047} - 2 = 2^{11 \times 186 + 1} - 2 = 2(2^{11 \times 186} - 1) = 2((2^{11})^{186} - 1^{186}) = 2(2^{11} - 1)(\cdots) = 2(2\ 047)(\cdots)$.

我们注意到这个波利特数具有下述性质:它的所有因子 d 也都满足波利特数的定义关系 $d \mid 2^d - 2$.因为2 047的素数分解是 23×89,可见2 047的因子就是这两个素数,从而费马小定理保证这两个素因子满足 $d \mid 2^d - 2$.一个波利特数,如果它的所有因子 d 都满足 $d \mid 2^d - 2$,就叫做超波利特数.我们已经看到,费马定理保证了所有素因子满足这个关系.因此,我们可以给出超波利特数的一个等价定义:一个波利特数,如果它的合成因子也都是波利特数,就叫做超波利特数.

并非所有波利特数都是超波利特数.例如,对于波利特数561,我们有

$561 = 3 \times 11 \times 17$,所以 33 是一个因子,但是 $33 \nmid 2^{33} - 2$. 为了看出这点,注意 $2^{10} = 1\,024 = 11 \times 93 + 1 + 1 \pmod{11}$, 所以 $2^{30} \equiv 1 \pmod{11}$. 可是 $2^3 \equiv 8 \pmod{11}$,所以 $2^{33} \equiv 8 \pmod{11}$,$2^{33} - 2 \equiv 6 \pmod{11}$. 因此,$11 \nmid 2^{33} - 2$,从而 $33 \nmid 2^{33} - 2$. 于是,波利特数有的是超波利特数,有的则不然. 原来,不论是波利特数还是超波利特数,每种都有无穷多个.

1936 年,美国数学家莱莱证明:存在无穷多个波利特数,每一个都只有两个素因子,例如 2 047,从而保证了有无穷多个超波利特数. 另一方面,任何偶数都不可能是超波利特数,而比格定理(1951) 断定有无穷多个偶波利特数. 我们可以证明:所有超波利特数都是奇数.

假若不然,偶数 $2n$ 是超波利特数. 这时我们有:

(1) $2n \mid 2^{2n} - 2$.

(2) 对于因子 n 也有 $n \mid 2^n - 2$.

把(1) 遍除以 2 可见,$n \mid 2^{2n-1} - 1$,所以 n 必定是奇数. 因此,关系(2) 即是 $n \mid 2(2^{n-1} - 1)$ 将给出 $n \mid 2^{n-1} - 1$. 从而,我们看出,n 整除差数$(2^{2n-1} - 1) - (2^{n-1} - 1)$(因为 n 整除每一项),即是 $n \mid 2^{2n-1} - 2^{n-1}$,或 $n \mid 2^{n-1}(2^n - 1)$. 由于 n 是奇数,所以 $n \mid 2^n - 1$. 由于 n 也整除 $2^n - 2$,所以它必须整除两者之差,即是整除 1. 从而,$n = 1$,$2n = 2$. 于是,素数 2 是超波利特数,因而是波利特数. 但是,按定义,波利特数都是合成数,所以 2 不可能是波利特数.

与费马小定理有关的还有其他的数. 费马小定理说,素数 n 整除 $a^n - a$,不论 a 是什么整数. 对于与 n 互素的整数 a,我们有

$$n \mid a^n - a = a(a^{n-1} - 1)$$

所以 $n \mid a^{n-1} - 1$. 如果,只要 a 和 n 互素(即$(a,n) = 1$),就有 $n \mid a^{n-1} - 1$,这样的合成数 n 中心叫做卡迈克尔数,因为这是卡迈克尔于 1909 年首先考虑的. 显然,绝对假素数(即是一个合成数 n,使得对所有整数 a 满足 $n \mid a^n - a$) 都是卡迈克尔数,反过来也对,这就说明卡迈克尔数和绝对假素数是一回事.

卡迈克尔
t
hael,
-1967) 美
家. 生于
沃特,1911
斯顿大学

还有一些合成数 n,使得只要$(a,n) = 1$,就有 $n \mid a^{n-2} - a$. 例如 $n = 195$ 就是这样的数. 195 的素分解是 $3 \times 5 \times 13$,这些素数每一个都整除 $a^{193} - a$,不论 a 是什么整数. 我们考虑素数 5 的情形,其余的类似,即

$$193 = (5 - 1)48 + 1 = 4 \times 48 + 1$$

所以

$$a^{193} - a = a^{4\times48+1} - a = a((a^4)^{48} - 1^{48}) = a(a^4 - 1)(\cdots) = (a^5 - a)(\cdots)$$

由于 5 是素数,费马小定理给出 $5 \mid a^5 - a$,从而保证 $5 \mid a^{193} - a$.

如果 a 和 n 互素,则关系

$$n \mid a^{n-2} - a = a(a^{n-3} - 1)$$

给出 $n \mid a^{n-2}-1$. 大于 3 的自然数 n(不只是合成数),使得只要$(a,n)=1$,则

$$n \mid a^{n-2}-1$$

则称为 D 数. 这是莫罗(D.C.Morrow)在 1951 年研究的. 我们可以证明奇素数的三倍总是一个 D 数,这就表明 D 数有无穷多.

奇素数 $p=3$ 单独考虑,这时 $n=3p=9$. 我们要证明:对于所有的整数 a,只要$(a,9)=1$,就有 $9 \mid a^6-6$. 因为 a 和 9 互素,所以我们有

$$a \equiv \pm 1,\ \pm 2,\ \pm 4 \pmod 9$$

在每种情况下我们都容易验证 $a^6 \equiv 1 \pmod 9$,即所求证.

现在假设 $n=3p$,其中 p 是大于 3 的奇素数. 我们来证明只要$(a,n)=(a,3p)=1$,则

$$n=3p \mid a^{3p-3}-1$$

因为$(a,3p)=1$,所以 a 不是 3 的倍数,于是 $a \equiv \pm 1 \pmod 3$, $a^2 \equiv 1 \pmod 3$,从而对所有自然数 k 有 $a^{2k} \equiv 1 \pmod 3$. 这就是说,a 的所有偶数次幂都模 3 余 1. 由于 p 是奇数,所以 $3p-3$ 是偶数,从而 $a^{3p-3}-1$ 被 3 整除.

由于 p 大于 3 而 p 是素数,所以$(3,p)=1$. 于是,如果 3 和 p 每一个都整除 $a^{3p-3}-1$,则其乘积 n 也是如此. 为了完成我们的证明,只需证明 p 整除 $a^{3p-3}-1$. 我们有

$$a^{3p-3}-1=(a^{p-1})^3-1^3=(a^{p-1}-1)(\cdots)$$

据费马小定理,由于$(a,p)=1$,我们看出,$p \mid a^{p-1}-1$. 证毕.

1962 年马可夫斯基(A.Makowski)证明:对所有自然数 $k \geqslant 2$ 都存在无穷多个合成数 n,使得只要$(a,n)=1$,则

$$n \mid a^{n-k}-1$$

对于 $k=3$,这个定理肯定了存在无穷多个合成 D 数. 对于 $k=2$,这个定理断定存在无穷多个合成数 n,使得,只要$(a,n)=1$,则

$$n \mid a^{n-2}-1$$

对于这样的 n,我们看出,只要$(a,n)=1$,则 $n \mid a^{n-1}-a$. 我们还可以进一步断定:存在无穷多个合成数 n,使得 $n \mid a^{n-1}-a$ 对所有整数 a 都成立,不论 a 和 n 是否互素. 我们来证明:若 p 是奇素数,则 $n=2p$ 就是这样的数.

显然,a 和 a^{n-1} 同时是奇数或同时是偶数,所以 $2 \mid a^{n-1}-a$. 由于 p 是奇素数,我们有$(2,p)=1$,所以,只要 2 和 p 都是整除 $a^{n-1}-a$,则 n 亦然. 既然

$$a^{n-1}-a=a^{2p-1}-a=a(a^{2p-2}-1)=a((a^{p-1})^2-1^2)=$$
$$a(a^{p-1}-1)(a^{p-1}+1)=(a^p-a)(a^{p-1}+1)$$

而费马小定理给出 $p \mid a^p-a$,这就完成了所要的证明.

让 p 表示 n 的最小素因子,于是 p 也是奇数,因而

$$(p,2)=2$$

按照费马小定理,我们有 $p \mid 2^{p-1}-1$.

现在我们考虑使得 $p \mid 2^m-1$ 的 m 的值.我们已知 $m=p-1$ 是一个值,也许还会有 m 的一些值是小于 $p-1$ 的,让 q 表示 m 的最小值,于是我们有 $q \leqslant p-1, p \mid 2^q-1$.由于 p 是素数,它大于1,所以要使 2^q-1 被 p 整除,必须 q 大于1.于是我们有

$$1<q \leqslant p-1$$

即

$$1<q<p$$

如果我们能证明 q 整除 n,则 p 不是 n 的最小素因子(q 的任何素因子都比 p 小),从而得到矛盾.

我们仍然用反证法,假设 q 不整除 n.这时我们将有

$$n=kq+r, k \in \mathbf{Z}, 0<r<q$$

既然 $p \mid 2^q-1$,即 $2^q \equiv 1(\bmod p)$,所以

$$2^k-1=2^{kq+r}-1=2^r(2^q)^k-1 \equiv 2^r-1(\bmod p)$$

由于 $n \mid 2^n-1$,而 $p \mid n$,所以 $p \mid 2^n-1$,即 $2^n-1 \equiv 0(\bmod p)$.因此,我们有

$$2^r-1 \equiv 0(\bmod p) \text{ 或 } p \mid 2^r-1$$

但是 $r<q$,这与 q 作为 m 的最小值矛盾.

不难证明:存在无穷多个自然数 n,使得 $n \mid 2^n+1$.事实上,$n=3^k, k=0,1,2,\cdots$,就是这样的数.证明留给读者,是归纳法的简单应用.

最后,存在无限多个自然数 n,使得 $n \mid 2^n+2$(如 $n-2,6$ 以及66),同时却没有任何 $n>1$ 的自然数,使得 $n \mid 2^{n-1}+1$.

平心而论,像费马提出的这种表素数的公式绝不是可以随便提出来的,同时这个问题也吸引着许许多多业余爱好者.例如,1983年9月《数学通讯》编辑部收到广西富川县朱声贵先生的一件来稿,他提出一个问题,即

“当 p 为奇素数时,形如 $\frac{2^p+1}{3}$ 的数是不是素数.”

为表示简便起见,我们令 $Z_p=\frac{2^p+1}{3}$,朱声贵先生已经验证:

当 $p=3$ 时,$Z_3=\frac{2^3+1}{3}=3$ 是素数;

当 $p=5$ 时,$Z_5=\frac{2^5+1}{3}=11$ 是素数;

当 $p=7$ 时,$Z_7=\frac{2^7+1}{3}=43$ 是素数;

当 $p=11$ 时,$Z_{11}=\frac{2^{11}+1}{3}=683$ 是素数;

当 $p=13$ 时,$Z_{13}=\frac{2^{13}+1}{3}=2\ 731$ 是素数;

当 $p=17$ 时，$Z_{17}=\dfrac{2^{17}+1}{3}=43\ 691$ 是素数；

当 $p=19$ 时，$Z_{19}=\dfrac{2^{19}+1}{3}=174\ 763$ 是素数.

根据这些数据，朱声贵先生猜测：

“对于奇素数 p，一切形如 $\dfrac{(2^p+1)}{3}$ 的数都是素数.”

他问这一猜测是否正确？

很明显：这个问题提得是有意义的.同时从他的来稿可以看出，朱声贵先生本人显然也花费了大量的劳动，编辑部的同志先对数 Z_p 来做初步的讨论.并以此说明此猜测是错误的，为此先讲一个引理.

引理　设 d 是满足 $a^x\equiv 1(\bmod m)$ 的一切正整数 x 中的最小者，则必有 $d\mid x$.

事实上，令 $x=nd+r$，这里 $0\leqslant r<d$，再注意到

$$a^x=a^{nd+r}=(a^d)^n\cdot a^r$$

从而就有

$$1\equiv a^x\equiv a^r(\bmod m)$$

因为 d 是满足 $a^x\equiv 1(\bmod m)$ 的一切正整数 x 中的最小者，又由于 $r<d$，故必有 $r=0$，亦即有 $d\mid x$，于是引理成立.

有了这个引理，下面我们就可以证明关于 Z_p 的素因子的一个定理.

定理　如果 q 为 $Z_p=\dfrac{2^p+1}{3}$ 之素因子，并且 $q>3$，则必有 $q=2pt+1$，这里 t 为正整数.

证明　由定理的条件可知有

$$2^p+1\equiv 0(\bmod q)$$

即

$$2^p\equiv -1(\bmod q)$$

从而推得

$$2^{2p}\equiv 1(\bmod q)$$

由于 $2p$ 的因子只有 $1,2,p,2p$ 这四个数，再注意 $q>3$，就显然有

$$2^2\not\equiv 1(\bmod q)$$

$$2^p\not\equiv 1(\bmod q)$$

这就表明 $2^{2p}\equiv 1(\bmod q)$ 是 $2^x\equiv 1(\bmod q)$ 的一切正整数 x 中的最小者.但另一方面，由费马小定理又有 $2^{q-1}\equiv 1(\bmod q)$，故根据引理可知

$$2p\mid q-1$$

亦即 $q=2pt+1$（均为正整数），定理证毕.

根据这个定理，我们要判定 Z_p 是不是素数，就可大大减少计算的工作量，经实际计算，我们得出结果如下，即

当 $p=23$ 时，$Z_{23}=\frac{2^{23}+1}{3}=2\ 796\ 203$ 是素数；

当 $p=29$ 时，$Z_{29}=\frac{2^{29}+1}{3}=178\ 956\ 971=59\times 3\ 033\ 169$；

当 $p=31$ 时，$Z_{31}=\frac{2^{31}+1}{3}=715\ 827\ 883$ 是素数.

从上面的计算已经可以看出：对于前面的10个 Z_p，有9个都是素数，但 Z_{29} 却是两个素数59与3 033 169的乘积，这表明朱声贵先生的猜测是不正确的.

对于 Z_{31} 以后的 Z_p，利用上述定理继续进行验算工作，还得出了以下一些结果，即

当 $p=37$ 时，$Z_{37}=45\ 812\ 984\ 491=1\ 777\times 25\ 781\ 083$；

当 $p=41$ 时，$Z_{41}=733\ 007\ 751\ 851=83\times 8\ 831\ 418\ 697$；

当 $p=43$ 时，$Z_{43}=2\ 932\ 031\ 007\ 403$；

当 $p=47$ 时，$Z_{47}=46\ 912\ 496\ 118\ 443=283\times 165\ 768\ 537\ 521$；

当 $p=53$ 时，$Z_{53}=3\ 002\ 399\ 751\ 580\ 331=107\times 28\ 059\ 810\ 762\ 433$；

当 $p=59$ 时，$Z_{59}=192\ 153\ 584\ 101\ 141\ 163=2\ 833\times 67\ 826\ 891\ 670\ 011$.

在 Z_{31} 以后的6个 Z_p 中，除 Z_{43} 尚不知其是否是素数外，其余5个 Z_p 均为合数.这几个数的素因子是大冶有色金属公司教育处夏桓山同志计算出来的，他在这方面耐心地作了许多计算工作.例如，他还算出

$$Z_{83}=3\ 223\ 802\ 185\ 639\ 011\ 132\ 549\ 803=499\times 6\ 460\ 525\ 422\ 122\ 266\ 798\ 697$$

最后，除了对 Z_{43} 尚不知其是不是素数外，《数学通讯》编辑部的编辑们还提出以下三个问题：

(1)当 p 为奇素数时，我们已经发现有9个 Z_p 为素数，那么 Z_p 这种形状的素数是有限多个还是无限多个呢？

(2)能否断定并证明 Z_p 的素因子个数小于一个固定常数呢？

(3)关于 Z_p 的素因子除了具有上述定理的性质外，是否还有另外的规律或性质呢？

这几个问题，可供有兴趣的读者进一步思考和研究.但那之后并没有什么新的讨论结果出现.

2.一块红手帕——费马数的挑战

德夫林(Keith Devlin)博士是兰开斯特(Lancaster)大学数学方面的高级讲师.他曾在伦敦皇家协会举行的国际数学奥林匹克发奖仪式上所作的演讲中指出，大多数人会受挫于检验下一个费马数是素数，即

$$F_5 = 2^{2^5} + 1 = 2^{32} + 1 = 4\ 294\ 967\ 297$$

他说,这表明费马数从刚刚开始就引起了问题.双重取幂意味着这样的数会迅速地变得非常大.它对于计算数学家就像一块红手帕对于一头公牛一样.

据记载,1878年苏联数学家伊凡·米赫叶维奇·彼尔乌辛证明了 F_{12} 能被 $7\times2^{14}+1=114\ 689$ 整除,F_{23} 能被 $5\cdot2^{25}+1=167\ 772\ 161$ 整除.这是非常不容易的,因为 $2^{22}+1$ 写成十进制数共有2 525 223位.若用普通铅字将其排印出来,将会是长达5 km的一行.倘若印成书将会是一部1 000页的巨册.更令人吃惊的是,1886年塞尔霍夫否定了 F_{36} 是素数,他证明了 F_{36} 能被 $10\times2^{38}+1=2\ 748\ 779\ 069\ 441$ 整除.为了帮助我们想象数字 F_{36} 的巨大,柳卡计算出 F_{36} 的位数比200亿还多,印成一行铅字的话,将比赤道还长.

正是因为判断 F_n 是否为素数的极端困难性,许多数学家借此一举成名,可以说每一位对费马数做出判断的人都会为自己赢得巨大的荣誉.如丹麦数学家克劳森曾证明了费马数 $F_6=2^{2^6}+1$ 的非素数性,因此得到高斯和贝塞尔的赏识.

克劳森(Thomas Clausen,1801—1885)是数学家、天文学家.他生于丹麦斯诺拜克(Snogbaek),卒于多帕特(Porpat),现在的爱沙尼亚塔尔图(Tapty).他自学成才,早年学习语言学、数学和天文学.1828年到德国慕尼黑光学研究所任职.1844年在贝塞尔指导下获博士学位.1866年在多帕特任天文台主任和大学教授.1854年、1856年分别成为哥廷根和彼得堡科学院通讯院士.克劳森一生共出版和发表150多种论著,内容涉及纯粹数学、应用数学、天文学、地理学和地球物理等多门学科.他长于计算,曾因得出1770年的彗星轨道而获得哥本哈根研究院奖励.

1992年,加利福尼亚州雷德市NEZT软件公司的首席科学家克兰德尔(Richard E. Crandall)和多尼亚斯(Doenias)及Amdahl公司的诺里(Christopher Norrie)成功地用计算机证明了第22个费马数 $2^{2^{22}}+1$ 是合数.这个数的十进制形式有100万位以上,这一证明被称为有史以来为获得一个"一位"答案(即答案为"是"或"否")而进行的最长计算,总共用了 10^{16} 次计算机运算,这与制作革命性的迪斯尼动画片《玩具总动员》(《Toy Story》)时所用的计算机工作量相当.

3.超过全世界图书馆藏书总和的费马数 F_{73} 的十进制表示

1968年,《美国数学月刊》(AMM)第1119页,刊登了一个编号为 $E2024$ 的问

题.此题是由澳大利亚库郎保(Cooorangbong)埃文达尔学院(Avondale College)的埃格尔顿(R.B.Eggleton)提出,由纽约市普莱斯(Harray Pless)解答.

问题 全世界图书馆的藏书之总数能否提供足够的地方,以便容纳这个巨大的数 F_{73} 的十进制表示.为了回答这个问题,我们从下面涉及全部图书及图书馆的规模的估算出发.

有 100 万家图书馆,每家假定藏书 100 万册.每册书有 1 000 页,每页 100 行,每行提供 100 个数字的地方.

作为第二个问题,将确定数 F_{73} 十进制表示中的最后三位数.

解 (1) 给定的假设表明,全部图书馆总共可容纳

$$(100)(100)(1\ 000)(1\ 000\ 000)(1\ 000\ 000)=10^{19}$$

个数字.这实际上是多么大的数啊!显然,我们必须对数 F_{73} 的位数加以估算.由于 $2^{10}=1\ 024>10^3$.因而有

$$2^{73}=8\times 2^{70}>8\times 10^{21}$$

从而

$$2^{2^{73}}>2^{8\times 10^{21}}=(2^{80})^{10^{20}}=((2^{10})^8)^{10^{20}}>10^{24\times 10^{20}}$$

因此,F_{73} 的位数多于 $24\times 10^{20}=240(10^{19})$.这就是说,需要有比我们所设想的那样的图书馆大 240 倍的地方,才能记下 F_{73} 的十进制表示.

(2) 为了确定 F_{73} 的最后三位数,我们将不加证明地利用下述两个著名的结论,即

i 一个自然数的平方及其 22 次方,末两位数相同,即

$$n^{22}=n^2(\bmod 100)$$

ii 一个自然数的三次方与 103 次方,末三位数相同,即

$$n^{103}=n^3(\bmod 1\ 000)$$

对非负的 k,由 i mod 100 得出

$$n^{k+22}=n^k\cdot n^{22}\equiv n^k\cdot n^2=n^{k+2}$$

因此,可以从大于22的幂指数减去20,而不改变该幂函数的 mod 100 的余数.所以,多次运用这种方法,每次均使幂指数减少 20,直到幂指数不小于 2 为止.类似地,从 ii 可以得知,对幂指数的 mod 1 000 可以减少 100 倍,直到得出的幂指数刚刚大于 2 为止.

这就表明

$$2^{73}=2^{60+13}=2^{13}(\bmod 100)$$

因此,由 mod 100 有

$$2^{73}\equiv 2^{13}\equiv 2^3\times 2^{10}=8\times 1\ 024\equiv 8\times 24=192\equiv 92(\bmod 100)$$

借助一个整数 q 可得

$$2^{73}=100q+92$$

利用 ii,可得

$$2^{2^{73}}=2^{100q+92}\equiv 2^{92}(\bmod 1\ 000)$$

简单的计算表明 $2^{92}\equiv 896(\bmod 1\ 000)$,因此,$F_{73}=2^{2^{73}}+1$ 以 897 结尾.

后来,圣杰曼(St. Germagin) 和斯蒂恩(Steen),利用计算机计算出了数 F_{73} 的最后 40 位数,即

8 947 301 518 995 672 165 296 243 935 786 246 864 897

果然如此!顺便指出,现代数学的重要成就之一,就是得知了巨大的数

$$F_{1\ 945}=2^{(2^{1\ 945})}+1$$

是一个合数.

与这个庞然大物相比,F_{73}是极其渺小的.借助于上述的方法,确定 $F_{1\ 945}$ 的最后三位数,要比确定 F_{73} 的最后三位数容易.读者可能会喜欢自己去证明 $F_{1\ 945}$ 的最后三位数是 297.

我们也可以用另一种方法来确定 F_{73} 的最后三位数,而且这次不再应用前述没有证明的结论.

显然

$$2^{10}=1\ 024=25t-1\equiv -1(\bmod 25),t=41$$

由二项式定理得知

$$2^{100}=(2^{10})^{10}=(25t-1)^{10}=(25t)^{10}-10(25t)^{9}+\cdots-10(25t)+1$$

因为在这个合数里,除了最后一项外,每一项都可被 125 整除,所以

$$2^{100}\equiv 1(\bmod 125)$$

此外

$$2^{73}=(2^{10})^{7}\times 2^{3}\equiv(-1)^{7}\times 2^{3}\equiv -8(\bmod 25)$$

由此可以得出

$$2^{73}=25k-8$$

其中,k 为整数.另外,很显然,4 整除 2^{73}.这就表明

$$2^{73}\equiv 0\equiv -8(\bmod 4)$$

从而有

$$2^{73}=4r-8$$

其中,r 为一个适当的整数,进一步有

$$25k-8=4r-8$$

从而

$$25k=4r$$

因此 $4\mid k$.

取 $k=4k_1$,我们得到

$$2^{73}=100k_1-8\equiv -8\equiv 92(\bmod 100)$$

这就是说

$$2^{73}=100q+92$$

其中,q 为一个适当的整数.

因此,我们得到

$$2^{2^{73}}=2^{100q+92}=2^{92}(2^{100})^q\equiv 2^{92}(1)^q(\bmod 125)$$

从而
$$2^{2^{73}}\equiv 2^{92}(\bmod 125)$$

令 $2^{92}\equiv x(\bmod 125)$,则得

$$2^8\cdot x\equiv 2^{100}\equiv 1(\bmod 125)$$

$$2^8\cdot x=256x\equiv 1(\bmod 125)$$

$$6x\equiv 1(\bmod 125)$$

从而有

$$6x\equiv 126(\bmod 125)$$

$$x\equiv 21\equiv -104(\bmod 125)$$

由此得知

$$2^{2^{73}}\equiv x\equiv -104(\bmod 125)$$

另外,显然 $8\mid 2^{(2^{73})}$.这就是说

$$2^{2^{73}}\equiv 0\equiv -104(\bmod 8)$$

结果得到

$$2^{2^{73}}\equiv 125s-104=8w-104$$

从而导致 $8\mid s$,$1\ 000\mid 12s$,以及

$$2^{2^{73}}=1\ 000v-104\equiv -104\equiv 896(\bmod 1\ 000)$$

因此,F_{73} 以 897 结尾.更大的费马数现在都具备研究方法,1987 年,汉堡大学的凯勒(Wilfrid Keller)使用一种筛法找出了大得吓人的数 $F_{23\,471}$ 的一个因子,$F_{23\,471}$ 的十进制形式大约有 $10^{7\,000}$ 位,而凯勒找到的这个因子本身"只有"大约 7 000 位.

4. 费马跨时代的知音——欧拉

费马一生中从未发表过数学著作,并且他给出的绝大部分定理都没有证明.在他逝世后的近百年中也很少有人能解决它们.但是,当欧拉出现之后,一切问题都冰释了,他几乎独占地解决了费马留下的全部问题(尤其是数论问题),为完善费马的数学思想做出了非凡的贡献 ,也为费马赢得了许多荣誉.所以有人把欧拉喻为"费马跨时代的知音".对于费马数问题,欧拉也作了深入的研究，但在费马数问题上，他没能为费马赢得荣誉，相反却发现了重大的错误。

据1729年哥德巴赫介绍，欧拉很早就注意到费马数问题，他曾给出相关的两个性质：

(1) 任何费马数 F_n 都没有小于100的因数。

(2) 任意两个费马数都没有公因数。

欧拉给出的性质(1)预示着如果费马素数猜想不成立，即费马数中存在合数，它的因数也将是很大的，不易找到。这是对费马数问题的最早怀疑。1732年，欧拉终于惊喜地发现第六个费马数 F_5 有真因数641，即

$$F_5 = 641 \times 6\,700\,417$$

从此费马在人们心目中"一贯正确"的形象被破坏了！

欧拉的工作彻底改变了人们对费马数研究的观念，事实上从这里开始人们再也没有找到任何新的费马素数，而费马合数却如雨后春笋，不断出现。

在欧拉证明 F_5 是合数之后，曾有人试图弥补费马猜想的不足。例如，1828年 有一位匿名者猜想：数列

$$2+1, 2^2+1, 2^{2^2}+1, 2^{2^{2^2}}+1, \cdots$$

将唯一地给出所有的费马素数。然而这也是一个错误的猜测，1895年马尔威指出费马数 $2^{2^8}+1$ 虽不在这个数列中，但它却是素数。

至于欧拉的第二个结论可由下列命题推出

$$3, 5, 17, 257, 65\,537, \cdots$$

可以看出费马数列它满足递推关系

$$F_n = F_0 F_1 \cdots F_{n-1} + 2$$

1935年，《美国数学月刊》(AMM)在第569页问题 $E152$ 中，对此给出了下述巧妙的证明方法。这个问题是美国康奈狄格州的哈特福德联邦学院(Hartford Federal College)的罗森鲍姆(J.Rosenbaum)提出的，纽约州布鲁克莱恩(Brooklyn)的芬克尔(Daniel Finkel)给出解答。

$2^{(2^0)}-1$ 恰好等于1，因而

$$\begin{aligned}
1 \cdot F_0 F_0 \cdots F_{n-1} &= [2^{(2^0)}-1][2^{(2^0)}+1][2^{(2^1)}+1]\cdots[2^{(2^{n-1})}+1] = \\
&[2^{(2^1)}-1][2^{(2^1)}+1][2^{(2^2)}+1]\cdots[2^{(2^{n-1})}+1] = \\
&[2^{(2^2)}-1][2^{(2^2)}+1]\cdots[2^{(2^{n-1})}+1] = \cdots = \\
&[2^{(2^{n-1})}-1][2^{(2^{n-1})}+1] = 2^{(2^n)}-1 = F_n - 2
\end{aligned}$$

由这个关系式出发，很容易证明，任意两个不同的费马数，都是互质的。当 $m < n$ 时

$$F_n = F_0 F_1 \cdots F_m \cdots F_{n-2} + 2$$

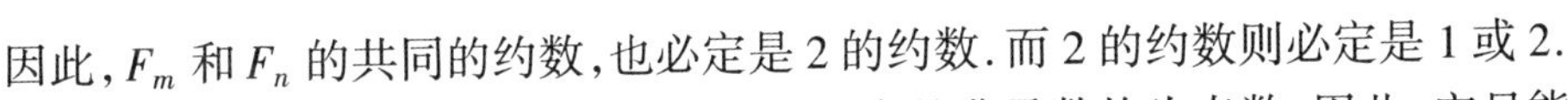

因此,F_m 和 F_n 的共同的约数,也必定是 2 的约数.而 2 的约数则必定是 1 或 2.

我们知道这个约数不可能是 2,因为所有的费马数均为奇数.因此,它只能是 1,所以 F_m 和 F_n 互质.

由于 $F_n > 1$,因此,每个费马数都有一个素数约数,它不能整除其他的费马数.因为有无穷多个费马数,所以,对存在无穷多个质数这一点,又得出另一种证明.

这个结果,又直接给出了下述问题的解.

刊于《美国数学月刊》(AMM),1968 年第 1 016 页的问题 $E2014$,是由纽约市布龙克斯社会学院(Bronx Community College)的贾斯特(Erwin Just)和肖姆伯格(Norman Schaumberger)提出的.

问题 试证明:$2^{(2^n)}-1$ 至少含有 n 个不同的质数约数.

证明 $2^{(2^n)}-1=[2^{(2^n)}+1]-2=F_n-2=F_0F_1\cdots F_{n-1}$.

后者是 n 个不同的费马数之乘积.这些费马数互质,因此,该乘积至少含有 n 个不同的质数约数.

在费马数的情形下,还可以证明一个简单的结果,即所有费马数都不是一个平方数或三次方数,并且,除 $F_0=3$ 之外,它们也不是三角数.

(1)F_n 不是平方数.

显然 $$(F_n-1)^2=[2^{(2^n)}]^2=2^{(2^{n+1})}=F_{n+1}-1$$

由此得出

$$F_{n+1}=1+(F_n-1)^2$$

因此,可由 $F_n\equiv 2(\mathrm{mod}\ 3)$ 推得 $F_{n+1}\equiv 2(\mathrm{mod}\ 3)$.由于 $F_1=5\equiv 2(\mathrm{mod}\ 3)$,因而表明当 $n>0$ 时,$F_n\equiv 2(\mathrm{mod}\ 3)$.

但是,任何一个平方数都不能 mod 3 与 2 同余(因为,$n\equiv 0,1,-1(\mathrm{mod}\ 3)$,从而 $n^2\equiv 0,1,1(\mathrm{mod}\ 3)$).因为 $F_0=3$ 不是一个平方数,因此,任何 F_n 都不是平方数.

(2)F_n 不是三次方数.

人们知道,任何一个三次方数,均使 mod 7 与 0,1 或 -1 同余,即

$$n\equiv 0,1,2,3,4,5,6$$
$$n^2\equiv 0,1,4,2,2,4,1$$
$$n^3\equiv 0,1,1,-1,1,-1,-1$$

在费马数的情形下,则有 $F_0=3,F_1=5$,由

$$F_{n+1}=1+(F_n-1)^2$$

得出,当 $F_n\equiv 3(\mathrm{mod}\ 7)$ 时

$$F_{n+1}\equiv 5(\mathrm{mod}\ 7)$$

当 $F_n \equiv 5(\bmod 7)$ 时

$$F_{n+1} \equiv 3(\bmod 7)$$

因此,费马数 mod 7 的余数在 3 和 5 之间交替变化,不与 0,1 或 -1 同余.故任何一个费马数,均不可能是三次方数.

(3) 大于 $3(F_n > 3)$ 的费马数,不是三角数.

第 n 个三角数是 $t_n = \frac{n(n+1)}{2}$,由此得出 $2t_n = n(n+1)$,并且 $n \equiv 0,1$ 或 $2(\bmod 3)$.当 $n \equiv 0$ 或 $n \equiv 2(\bmod 3)$ 时,n 或 $n+1$ 可被 3 整除.这表明 $t_n \equiv 0(\bmod 3)$.另一方面,当 $n \equiv 1(\bmod 3)$ 时,有等式 $2t_n \equiv n(n+1) \equiv 2(\bmod 3)$,这仅当 $t_n \equiv 1(\bmod 3)$ 时才可能.因此,t_n 对 mod 3 而言,与 0 或 1 同余,正如前面已看到的那样,这对大于 3 的费马数是不成立的.由此即可得证.

5.难啃的硬果——朱加猜测与费马数

如何判断一个很大的自然数 p 是否为素数,这是人们甚为关心的一个问题.1950 年,朱加(G.Giuga)猜测:

设 $p > 1$,则

$$\sum_{k=1}^{p-1} k^{p-1} + 1 \equiv 0(\bmod p) \quad ①$$

成立是 p 为素数的充要条件.

由费马小定理可知,p 为素数时 ① 成立.但 ① 成立则 p 必为素数的猜测至今未能证明.作为一个难啃的硬果至今没有被解决,但有一些较弱的结果.

成都地质学院的康继鼎及周国富两位先生曾证明了如下的定理.

定理 1 ①成立的充要条件是或 p 为素数,或 $p = \prod_{j=1}^{n} p_j$,其中,$p_1,\cdots,p_n$ 为不同的奇素数,$n > 100$,且

$$(p_j - 1) \mid (p - 1), p_j \mid (m_j - 1), j = 1,\cdots,n$$

其中,$m_j = \frac{p}{p_j}$.

定理 2(判别法 1) 费马数 $F_m = 2^{2^m} + 1$ 是素数的充要条件为

$$\sum_{k=1}^{F_m-1} k^{F_m-1} + 1 \equiv 0(\bmod F_m) \quad ②$$

为了证明以上两个定理,先介绍几个易证的引理.

引理 1 若 p 为素数,$p \nmid a$,n 为任一自然数,则

$$a^{p-1} \equiv 1(\bmod p), a^{n(p-1)} \equiv 1(\bmod p)$$

引理 2　若 p 为奇素数,$(p-1)\nmid m$,则

$$\sum_{k=1}^{p-1} k^m \equiv 0 \pmod p$$

引理 3　若 $p=p^* m$,p^* 为素数,且$(p^*-1)\mid(p-1)$,则

$$\sum_{k=1}^{p-1} k^{p-1}+1 \equiv 1-m \pmod{p^*}$$

证明　由于在$1,\cdots,p-1$中有且只有$\left[\frac{p-1}{p^*}\right]=\left[\frac{p^* m-1}{p^*}\right]=m-1$(个)数是 p^* 的倍数,因此在$1,\cdots,p-1$中有且只有$(p-1)-(m-1)=p-m$(个)数与 p^* 互素.记 $p-1=n(p^*-1)$,由于 p^* 是素数,于是根据引理 1 就有

$$\sum_{k=1}^{p-1} k^{p-1}+1=\sum_{k=1}^{p-1} k^{n(p^*-1)}+1 \equiv \sum_{\substack{k=1 \\ (k,p^*)=1}}^{p-1} 1+1=(p-m)+1 \equiv 1-m \pmod{p^*}$$

引理 4　若 $p=\prod_{j=1}^{n} p_j$,其中,$p_1,\cdots,p_n$ 为不同的奇素数,$n\geqslant 2$,且

$$(p_j-1)\mid(p-1),\ p_j\mid(m_j-1),\ j=1,\cdots,n$$

其中,$m_j=\frac{p}{p_j}$,则 $n>100$.

证明　由于 $p_j\mid(m_j-1)$,$j=1,\cdots,n$,故

$$p\mid\left(\sum_{j=1}^{n} m_j-1\right)$$

从而

$$\sum_{j=1}^{n}\frac{1}{p_j}-\frac{1}{p}=\frac{\sum_{j=1}^{n} m_j-1}{p}\geqslant 1$$

因此

$$\sum_{j=1}^{n}\frac{1}{p_j}>1 \tag{③}$$

又由于$(p_j-1)\mid(p-1)$,而 $p_i\nmid(p-1)$,因此

$$(p_i,p_j-1)=1,\ i,j=1,\cdots,n \tag{④}$$

若 $n=2$,③ 显然不能成立.设 $n\geqslant 3$.

以下分 6 种情况讨论,在此,记全体奇素数所组成的集合为 $\overline{P}$.

i 若 p 有因子 3,5.

置 $Q=\{q_i\}$ 是 $\overline{P}$ 中去掉所有形如 $3k+1$ 及 $5k+1$ 的素数后所成的集合.不妨设 $q_1<q_2<\cdots$.于是由 ④ 有

$$\sum_{j=1}^{100}\frac{1}{p_j}\leqslant\sum_{j=1}^{100}\frac{1}{q_j}\leqslant 0.93<1 \tag{③$_1$}$$

ii 若 p 有因子 3,但无因子 5.

置 $Q = \{q_i\}$ 是 $\overline{P}$ 中去掉 5 及所有形如 $3k+1$ 的素数后所成的集合.不妨设 $q_1 < q_2 < \cdots$.于是由 ④ 有

$$\sum_{j=1}^{100} \frac{1}{p_j} \leqslant \sum_{j=1}^{100} \frac{1}{q_j} \leqslant 0.77 < 1 \qquad ③_2$$

iii 若 p 无因子 3,但有因子 5,7.此时仿上讨论,知

$$\sum_{j=1}^{100} \frac{1}{p_j} \leqslant \sum_{j=1}^{100} \frac{1}{q_j} \leqslant 0.98 < 1 \qquad ③_3$$

iv 若 p 无因子 3,5,但有因子 7.此时仿上讨论,知

$$\sum_{j=1}^{100} \frac{1}{p_j} \leqslant \sum_{j=1}^{100} \frac{1}{q_j} \leqslant 0.99 < 1 \qquad ③_4$$

v 若 p 无因子 3,7,但有因子 5.此时仿上讨论,知

$$\sum_{j=1}^{100} \frac{1}{p_j} \leqslant \sum_{j=1}^{100} \frac{1}{q_j} \leqslant 0.92 < 1 \qquad ③_5$$

vi 若 p 无因子 3,5,7.此时仿上讨论,知

$$\sum_{j=1}^{100} \frac{1}{p_j} \leqslant \sum_{j=1}^{100} \frac{1}{q_j} \leqslant 0.94 < 1 \qquad ③_6$$

现在,由 ③ 及 $③_1 \sim ③_6$,则知 $x > 100$.

引理 5 费马数 $F_m = 2^{2^m} + 1$ 的素约数必形如 $2^{m+1}x + 1$.

下面首先证明定理 1.

证明 (1) 充分性.

若 p 为素数.此时由引理 1 有

$$\sum_{k=1}^{p-1} k^{p-1} + 1 \equiv (p-1) + 1 \equiv 0 \pmod p$$

即 ① 成立.

若 p 不为素数.此时由引理 3 知

$$\sum_{k=1}^{p-1} k^{p-1} + 1 \equiv 1 - m_j \equiv 0 \pmod{p_j}, j = 1, \cdots, n$$

因此

$$\sum_{k=1}^{p-1} k^{p-1} + 1 \equiv 0 \pmod p$$

即 ① 成立.

(2) 必要性.

设 ① 成立.若 p 不为素数,我们分以下 4 步进行讨论.

i 若 $p = 2m (m > 1)$.

此时 $p-1$ 为奇数.由二项式定理知,对于任何正整数 k 有

$$k^{p-1} + (p-k)^{p-1} \equiv 0 \pmod p \equiv 0 \pmod m \qquad ⑤$$

从而根据 ⑤ 有

$$\sum_{k=1}^{p-1} k^{p-1} + 1 = \sum_{k=1}^{\frac{p}{2}-1} (k^{p-1} + (p-k)^{p-1}) + \left(\frac{p}{2}\right)^{p-1} + 1 =$$

$$\sum_{k=1}^{m-1} (k^{p-1} + (p-k)^{p-1}) + m^{p-1} + 1 \equiv 1 (\bmod m) \quad ⑥$$

⑥ 的左端既然不能被 m 除尽,故必不能有 ①,此与 ① 成立相矛盾.

因此 $p \neq 2m(m > 1)$,即 p 无素因子 2.

ii 若 $p = p^* m(m > 1)$,p^* 为奇素数,且$(p^* - 1) \nmid (p - 1)$.此时

$$p = p^* m = (m-1)p^* + p^*$$

由引理 2 有

$$\sum_{k=1}^{p-1} k^{p-1} + 1 \equiv \sum_{k=1}^{p} k^{p-1} + 1 \equiv \sum_{l=0}^{m-1} \sum_{r=1}^{p^*} (lp^* + r)^{p-r} + 1 \equiv$$

$$m\sum_{r=1}^{p^*} r^{p-1} + 1 \equiv m\sum_{r=1}^{p^*-1} r^{p-1} + 1 \equiv 1 (\bmod p^*) \quad ⑦$$

⑦ 的左端既然不能被 p^* 除尽,故必然不能有 ①,此与 ① 成立相矛盾.

因此 p 的奇素因子p^* 必然有$(p^* - 1) \mid (p - 1)$,以下进一步证明 p 的奇素因子互不相同.

iii 若 $p = p^{*2} m(m \geqslant 1)$,$p^*$ 为奇素数,且$(p^* - 1) \mid (p - 1)$.

此时由引理 3 有

$$\sum_{k=1}^{p-1} k^{p-1} + 1 \equiv 1 - p^* m \equiv 1 (\bmod p^*) \quad ⑧$$

与前同理,知 ⑧ 与 ① 矛盾,故 p 的奇素因子p^* 互不相同,且皆有$(p^* - 1) \mid (p - 1)$.

iv 若 $p = \prod_{j=1}^{n} p_j (n \geqslant 2)$,其中,$p_1,\cdots,p_n$ 为不同的奇素数,且$(p_j - 1) \mid (p - 1)(j = 1,\cdots,n)$.

此时由引理 3 及 ① 有

$$1 - m_j \equiv \sum_{k=1}^{p-1} k^{p-1} + 1 \equiv 0 (\bmod p_j), j = 1,\cdots,n$$

于是得到

$$p_j \mid (m_j - 1), j = 1,\cdots,n$$

再由引理 4 知 $n > 100$.至此,定理 1 证毕.

其次,证明定理 2.

证明 (1) 充分性.

若 F_m 是素数,于是由(1) 知(2) 成立.

(2) 必要性.

若 F_m 不是素数,则由定理1知 $F_m=\prod_{j=1}^{n}p_j$,其中,$p_1,\cdots,p_n(n\geqslant 2)$ 为不同的奇素数,且

$$(p_j-1)\mid 2^{2^m},j=1,\cdots,n \tag{9}$$

不妨设 $p_1<\cdots<p_n$.由引理5知,可设

$$p_j=2^{m+1}x_j+1,j=1,\cdots,n$$

于是 $p_j-1=2^{m+1}x_j$.再由⑨知 $2^{m+1}x_j\mid 2^{2^m}$.因此可设

$$p_j=2^{\alpha_j}+1,j=1,\cdots,n$$

其中

$$0<\alpha_1<\alpha_2<\cdots<\alpha_n<2^m \tag{10}$$

从而

$$F_m=2^{2^m}+1=\prod_{j=1}^{n}(2^{\alpha_j}+1) \tag{11}$$

由于 $2^{2^m}+1\equiv 1(\bmod 2^{\alpha_2})$,又由⑩有

$$\prod_{j=1}^{n}(2^{\alpha_j}+1)\equiv 2^{\alpha_1}+1(\bmod 2^{\alpha_2})$$

于是由⑪有

$$1\equiv 2^{\alpha_1}+1(\bmod 2^{\alpha_2})$$

即 $2^{\alpha_1}\equiv 0(\bmod 2^{\alpha_1})$,此与 $\alpha_1<\alpha_2$ 相矛盾,故 F_m 必是素数.至此,定理2证毕.(以上证明属于康继鼎、周国富)

有一道国际中学生数学竞赛题:当 $4\nmid m$ 时,$1^m+2^m+3^m+4^m\equiv 0(\bmod 5)$;当 $4\mid m$ 时,$1^m+2^m+3^m+4^m\equiv -1(\bmod 5)$,若将5改为素数 p,则陈景润已得到漂亮的结果:

定理3 m 为自然数,p 为素数,则

$$S_m^{(p-1)}\equiv\begin{cases}0(\bmod p),p-1\nmid m\\-1(\bmod p),p-1\mid m\end{cases} \tag{12}$$

实际上,广西灌阳高中的王云葵老师进一步证明了式⑫是判别素数的充要条件,其中 $S_m^{(p-1)}=1^m+2^m+\cdots+(p-1)^m$.

定理4 p 为素数的充要条件是,满足:

(1) 当 $p-1\nmid m$ 时,有

$$S_m^{(p-1)}\equiv 0(\bmod p) \tag{13}$$

(2) 当 $p-1\mid m$ 时,有

$$S_m^{(p-1)}\equiv -1(\bmod p) \tag{14}$$

朱加猜想是说 p 为素数的充要条件是

$$1^{p-1}+2^{p-1}+\cdots+(p-1)^{p-1}\equiv-1(\bmod p) \quad ⑮$$

如果套用等幂和 $S_m^{(n)}=1^m+2^m+\cdots+n^m$ 的定义,朱加同余式⑮即为

$$S_{p-1}^{(p-1)}\equiv-1(\bmod p) \quad ⑯$$

证明 (1)必要性.

i 因 p 为素数,故 p 有原根存在,设为 a,因为 $p-1\nmid m$,所以 $a^m\not\equiv 1(\bmod p)$.

因为 $1,2,\cdots,p-1$ 是 p 的简化剩余系,而 $(a,p)=1$,故 $a,2a,\cdots,(p-1)a$ 也是 p 的简化剩余系,故

$$S_m^{(p-1)}=1^m+2^m+\cdots+(p-1)^m\equiv$$
$$(a^m+(2a)^m+\cdots+(a(p-1))^m)(\bmod p)\equiv a^mS_m^{(p-1)}(\bmod p)$$

即
$$(a^m-1)S_m^{(p-1)}\equiv 0(\bmod p)$$

由于 $a^m-1\not\equiv 0(\bmod p)$,故 $S_m^{(p-1)}\equiv 0(\bmod p)$.

ii 由费马小定理,若 $(a,p)=1$,则 $a^{p-1}\equiv 1(\bmod p)$,因 $p-1\mid m$,故 $a^m\equiv 1(\bmod p)$,故

$$S_m^{(p-1)}=\sum_{a=1}^{p-1}a^m\equiv p-1\equiv-1(\bmod p)$$

(2)充分性.

设 p 满足条件 i 与 ii,并设 p_0 为 p 的最小素因数,$p_0^k\mid p$,则 $p=p_0^kp'$ 且 $p_0\nmid p'$.下设 $p'=1$ 且 $k=1$,用反证法.

a.若 $p'\neq 1$,则

$$p'>p_0\geqslant 2$$

$$\varphi(p_0^k)=p_0^k-p_0^{k-1}\geqslant p_0^k-1=\frac{p}{p'}-1\leqslant\frac{p}{3}-1\leqslant p-5$$

所以 $p-1\nmid\varphi(p_0^k)$,则根据条件 i 有

$$S_{\varphi(p_0^k)}^{(p-1)}\equiv 0(\bmod p)$$

因为 $p_0^k\mid p$,所以

$$S_{\varphi(p_0^k)}^{(p-1)}\equiv 0(\bmod p_0^k)$$

另一方面,由欧拉定理,若 $(a,p_0)=1$,则

$$(a,p_0^k)=1,a^{\varphi(p_0^k)}\equiv 1(\bmod p_0^k)$$

若 $(a,p_0)=p_0$,因 $\varphi(p_0^k)\geqslant k$,故

$$a^{\varphi(p_0^k)}\equiv 0(\bmod p_0^k)$$

对于任意的整数 a,或 $(a,p_0)=1$ 或 $p_0\mid a$,故

$$S_{\varphi(p_0^k)}^{(p-1)}=\sum_{a=1}^{p-1}a^{\varphi(p_0^k)}\equiv\sum_{\substack{(a,p_0)=1\\1\leqslant a\leqslant p-1}}1(\mathrm{mod}\ p_0^k)\equiv$$

$$p-\frac{p}{p_0}\equiv p_0^kp'-p_0^{k-1}p'(\mathrm{mod}\ p_0^k)$$

即
$$S_{\varphi(p_0^k)}^{(p-1)}\equiv -p_0^{k-1}p'\equiv 0(\mathrm{mod}\ p_0^k)$$
所以 $p_0\mid p'$,这与 $p_0\nmid p'$ 矛盾,因为 $p'=1$,即 $p=p_0^k$.

b.若 $k>1$,则 $p-1=p_0^k-1$,有 $p^1-1\mid p-1$.

由费马小定理,当 $(a,p_0)=1$ 时,$a^{p_0-1}\equiv 1(\mathrm{mod}\ p_0)$,所以 $a^{p-1}\equiv 1(\mathrm{mod}\ p_0)$,所以

$$S_{p-1}^{(p-1)}=\sum_{a=1}^{p-1}a^{p-1}\equiv\sum_{a=1}^{p-1}a^{p_0-1}(\mathrm{mod}\ p_0)\equiv$$

$$\sum_{\substack{(a,p_0)=1\\1\leqslant a\leqslant p-1}}1\equiv p-\frac{p}{p_0}(\mathrm{mod}\ p_0)$$

即
$$S_{p-1}^{(p-1)}\equiv p_0^k-p_0^{k-1}\equiv 0(\mathrm{mod}\ p_0)(\text{由于 } k>1)$$
这与条件 ii 矛盾.

故 $k=1$,即 $p=p_0$,则 p 为素数.

由定理 4 的证明显然可得到:

定理 5　p 为素数的充要条件是,满足:

(1) 对 $1\leqslant m<p-1$,有

$$S_m^{(p-1)}\equiv 0(\mathrm{mod}\ p) \tag{17}$$

(2) 对 $m=p-1$,有

$$S_{p-1}^{(p-1)}\equiv -1(\mathrm{mod}\ p) \tag{18}$$

对定理 5 做一些改进则得到:

定理 6　奇数 p 为素数的充要条件是,满足:

(1) 对 $2\leqslant 2m\leqslant\frac{p}{5}-1$ 有

$$S_{2m}^{(p-1)}\equiv 0(\mathrm{mod}\ p) \tag{19}$$

(2) $S_{p-1}^{(p-1)}\equiv -1(\mathrm{mod}\ p)$.

证明　必要性显然.

充分性.

设 p 的最小素因数为 p_0,则 $p=p_0^kp'$ 且 $p_0\nmid p'$.下证 $p'=1$ 及 $k=1$,用反证法.

若 $p'\neq 1$,则 $p'>p_0\geqslant 3$,从而

$$\varphi(p_0^k)=p_0^k-p_0^{k-1}\leqslant p_0^k-1=\frac{p}{p'}-1\leqslant\frac{p}{5}-1$$

又 $\varphi(p_0^k)$ 必为偶数,故由(2)有

$$S_{\varphi(p_0^k)}^{(p-1)} \equiv 0(\bmod p)$$

接下去的证明与定理 4 类似,略.

定理 7　奇数 p 为素数的充要条件是,满足:

(1) 对 $2 \leqslant 2m \leqslant \frac{p}{5} - 1$,有

$$S_{2m}^{(\frac{p-1}{2})} \equiv 0(\bmod p) \qquad ⑳$$

(2) $S_{p-1}^{(p-1)} \equiv -1(\bmod p)$.

证明　对任意奇数 p,有

$$(p-1)^{2m} \equiv 1^{2m}(\bmod p)$$

$$(p-2)^{2m} \equiv 2^{2m}(\bmod p)$$

$$\vdots$$

$$\left(\frac{p+1}{2}\right)^{2m} \equiv \left(\frac{p-1}{2}\right)^{2m}(\bmod p)$$

故

$$S_{2m}^{(p-1)} = 1^{2m} + 2^{2m} + \cdots + (p-1)^{2m} \equiv$$

$$2(1^{2m} + 2^{2m} + \cdots + (\frac{p-1}{2})^{2m})(\bmod p) \equiv$$

$$2S_{2m}^{(\frac{p-1}{2})}(\bmod p)$$

由 ⑲ 有

$$S_{2m}^{(p-1)} \equiv 2S_{2m}^{(\frac{p-1}{2})} \equiv 0(\bmod p)$$

于是,由定理 6 即知本定理成立.

利用解析数论中的冯・斯托特 - 克劳森(Von Staudt-Clansen) 定理及贝努利(Bernoulli) 数还可以得到如下的判别法 2.

判别法 2　F_m 是素数的充要条件是 $F_m \nmid T_{F_{m-2}}$,其中,T_n 称为正切数(tangential number),它是下述级数 $\tan Z = \sum_{n=0}^{\infty} T_n \frac{Z^n}{n!}$ 的系数.

现在人们所使用的判别法是 1877 年由佩平(T. Pepin) 提出的.

判别法 3　F_n 是素数的充要条件是 $F_n \mid 3^{(F_n-1)/2} + 1$.

利用这一判别法,到目前为止我们所知道的费马素数仅仅是费马宣布的那五个:F_0, F_1, F_2, F_3, F_4,此外还发现了 84 个费马型合数.

需要说明的是,对于一些 F_n,我们可以得到其标准分解式如 F_5, F_6, F_7,但对另一些我们仅知道其部分因子如 $F_{1\,945}$,就是 F_8 也早在 1909 年就知道它是合数,但直到 1975 年才找出它的一个因子.甚至还有至今都没能找到其任一个因子的,如 F_{14},尽管早在 1963 年已经知道它是合数.

6. 欧拉成功的秘诀——进军西点军校的敲门砖

始于1972年的美国数学奥林匹克(简记为USAMO)是目前美国中学生所参加的四种竞赛(AHSME,AIME,USAMO,AJHSME)中水平最高的一种,代表美国参加IMO的六名选手就在其优胜者中遴选.USAMO在国际上有一定影响,它的集训地点大多选在美国著名的西点军校,因为这所举世闻名的军事学院以重视数学著称,据传它曾在大学生数学竞赛中击败过哈佛大学,而且校风严谨.前些年还在校学生宿舍中悬挂雷锋像,开展学雷锋运动,所以说进军西点军校是走向IMO的前站,而USAMO试题则是进军西点军校的敲门砖.1982年举行的第11届USAMO中有一道初等数论的试题如下.

题目 证明存在一个正整数 k,使得对各个正整数 n,$k\cdot 2^n+1$ 都是合数.

熟悉数论的读者马上会看出,这是以费马数为背景的试题.因为费马数的素因子都形如 $k\cdot 2^n+1$,这种形式的数在费马数的研究中占有极重要的地位,下面我们将对费马数的素因子 $k\cdot 2^n+1$ 型数作一介绍.

1732年大数学家欧拉成功地分解了 F_5,直到1747年才在一篇论文中向世人公布了他所使用的方法.主要基于以下的定理.

定理1 若费马数 $2^{2^n}+1$ 不为素数,则其素因数一定形如 $2^{n+1}\cdot k+1$,$k\in\mathbf{Z}$.

卓越的法国数论专家鲁卡斯(Edward Lucas)于1877年改进了欧拉的结果,他证明了 $2^{n+1}\cdot k+1$ 中的 k 总是偶数,即定理2.

定理2 F_n 的每个因子 p 都具有形状 $2^{n+2}\cdot k+1$,$k\in\mathbf{Z}$.

这样 F_n 的每个因子都在等差级数 $1,2^{n+2}+1,2\times 2^{n+2}+1,3\times 2^{n+2}+1,\cdots$ 中了.对于给定的 n,我们只消计算出上述级数的每一项,并检验其是否为 F_n 的因子即可.以 $n=5$ 为例,可能的因子序列为1,129,257,385,513,641,769,…,但我们注意到其最小的非平凡因子一定是素数,所以复合数129,385,513都不在试验之列.另外由于任两个不同的 F_n 都是互素的(后面将给出证明),所以 $F_3=257$ 也不在试验之列.所以试除的第一个便是641,一试即中.另一个因子6 700 417可写成 $2^{5+2}\times 52\ 347+1$.

正是利用以上有效的方法,1880年兰德里(Landry)发现了 F_6 的复合性质,即

$$F_6=274\ 177\times 67\ 280\ 421\ 310\ 721$$

这时 $2^{n+2}=2^8=256$,F_6 的两个素因子可表示为

$$274\ 177=1\ 071\times 256+1$$

$$67\ 280\ 421\ 310\ 721 = 262\ 814\ 145\ 745 \times 256 + 1$$

研究 $k \cdot 2^m + 1$ 型素数，其主要意义有两个，一是它对分解费马数有重要作用. 如前面定理2所示 F_n 的每个素因子都具有形状 $k \cdot 2^m + 1$，其中 $m \geqslant n + 1$，$k \in \mathbf{Z}$，所以一旦知道了某些 $k \cdot 2^m + 1$ 是素数时，便可用它们去试除 $F_n(n \leqslant m - 2)$，这样就有可能找到一些费马数的因子. 另外，当验证了某个 $k \cdot 2^m + 1$ 是素数后，如再能判断出 $k \cdot 2^m - 1$ 也是素数，则可能找出一对孪生素数来，例如孪生素数 $297 \times 2^{548} + 1$，$297 \times 2^{548} - 1$ 就是这样找到的.

为了解决 $k \cdot 2^m + 1$ 的素性判别问题，普罗丝(Proth) 首先给出了一个充要条件，这就是定理3.

定理3 给定 $N = k \cdot 2^m + 1, k < 2^m$，先寻找一个整数 D，使得雅可比符号 $\left(\frac{D}{k}\right) = -1$，则 N 是素数的充要条件是

$$D^{\frac{N-1}{2}} \equiv -1 \pmod N$$

利用普罗丝定理，贝利(Baillie)、鲁宾逊(Robinson)、威廉斯等人对一些奇数 k 和 m 决定的数 $k \cdot 2^m + 1$ 作了系统的考察. 他们的工作包括三个部分：一是对 $1 \leqslant k \leqslant 150, 1 \leqslant m \leqslant 1\ 500$ 找出了所有 $k \cdot 2^m + 1$ 型的素数，其二是对 $3 \leqslant k \leqslant 29$ 和 $1\ 500 < m \leqslant 4\ 000$ 列出了所有的 $k \cdot 2^m + 1$ 型的素数，第三他们顺便得到了7个新的费马合数的因子.

目前，对 $k \cdot 2^m + 1$ 型素数还有许多有趣的问题. 1837年狄利克雷利用高深的方法解决了著名的素数在算术级数中的分布问题，设 $\pi(x, k, l)$ 表示以自然数 l 为首项，以自然数 k 为公差的算术级数中不超过 x 的素数的个数，则如果 $(l, k) = 1$. 那么当 $x \to \infty$ 时，$\pi(x, k, l) \to \infty$.

显然当 m 固定时，序列 $\{k \cdot 2^m + 1\}$ 满足狄利克雷定理的条件，故它含有无限多个素数. 自然人们会问当 k 固定时，情况又将怎样呢？是否仍含有无穷多个素数呢？斯塔克(Stark) 证明了对某些固定的 k，上述结论不成立，他举例说当 $k = 293\ 536\ 331\ 541\ 925\ 531$ 时，序列 $\{k \cdot 2^m + 1\}$ 中连一个素数都没有. 事实上，这正是本节开始时那道11届USAMO试题所要证明的结论. 关于这一问题的结论最先是由波兰的数论专家夕尔宾斯基(Sierpinski) 得到的，他论证了当 $k \equiv 1(\bmod 641 \times (2^{32} - 1))$ 或 $k \equiv -1(\bmod 6\ 700\ 417)$ 时，序列 $\{k \cdot 2^m + 1\}$ 中的每一项都能被 3，5，17，257，641，65 537 和 6 700 417 中的某一个整除. 他还注意到对某些其他的 k 值，序列 $\{k \cdot 2^m + 1\}$ 中的每一项都能被 3，5，7，13，17，241 中的某一个整除.

另一方面，设 $N(x)$ 表示不超过 x 的并且对某些正整数 m 使 $k \cdot 2^m + 1$ 为素数的奇正数 k 的个数，夕尔宾斯基证明了 $N(x)$ 随 x 趋于无穷. 匈牙利数学家爱尔多斯(Erdös) 和奥德查克(Odlyzko) 还进一步证明了存在常数 C_1, C_2 使得

$$\left(\frac{1}{2}-C_1\right)x \geqslant N(x) \geqslant C_2 x$$

目前,有一个尚未解决的问题:对于所有的正整数 m,使 $k \cdot 2^m + 1$ 都为合数的最小的 k 值是什么?现在的进展是塞尔弗里奇(Selfridge)发现 2,5,7,13,19,37,73 中的一个永远能整除$\{78\ 557 \times 2^m + 1\}$中的每一项,他还注意到对每一个小于 383 的 k 值. $\{k \cdot 2^m + 1\}$ 中都至少有一个素数存在,以及对所有 $m < 2\ 313$ 的 m 值,$383 \times 2^m + 1$ 都是合数.门德尔松(N.S.Mendelsohn)、沃克(B.Wolk)将其加强为 $m \leqslant 4\ 017$.看来383有希望成为这最小的 k 值,但不幸的是,最近威廉斯发现$383 \times 2^{6\ 393} + 1$是素数,使这一希望破灭了.看起来最小 k 值的确定可由计算机找到,进一步的计算结果已由贝利、利马克(Cormack)和威廉斯做出.当发现了以下几个 $k \cdot 2^m + 1$ 型的素数

$$k = 2\ 897, 6\ 313, 7\ 493, 7\ 957, 8\ 543, 9\ 323$$

$$n = 9\ 715, 4\ 606, 5\ 249, 5\ 064, 5\ 793, 3\ 013$$

之后,他们得到了 k 值小于 78 557 的 118 个备选数,这些数中的前 8 个是当

$$k = 3\ 061, 4\ 847, 5\ 297, 5\ 359, 7\ 013, 7\ 651, 8\ 423$$

$$n = 16\ 000, 8\ 102, 8\ 070, 8\ 109, 8\ 170, 8\ 105, 8\ 080, 8\ 000$$

时各自都没有素数存在.但真正满足要求的 k 值还没有被确定.

还有两点需要指出的是:

(1)一般说来,同一个 $k \cdot 2^m + 1$ 型素因子不可能在 F_n 中出现两次.因为有一个至今未被证明但看起来成立可能性很大的猜想:不存在素数 q,使 $q^2 \mid F_n$. 1967年沃伦(Warren)证明了如果素数 q 满足$q^2 \mid F_n$,则必有 $2^{q-1} \equiv 1 \pmod{q^2}$.而这个同余式在 $q < 100\ 000$ 时仅有 1 093 和 3 511 能够满足.

(2)若 $k \cdot 2^m + 1$ 是 F_n 的素因子中最大的一个,则斯图尔特(C.L.Stewart)用数论中深刻的丢番图逼近论方法证明了存在常数 $A > 0$ 使 $k \cdot 2^m + 1 > An2^n$, $n = 1, 2, \cdots$.但常数 A 的具体值没有给出.

现在,我们将那道USAMO试题的证明转录于下以飨读者.这道试题的证法目前仅有一种,而且很间接,显露出很浓的“人工”味道.

证明 设 $F_r = 2^{2^r} + 1$,容易计算出 $F_0 = 3$, $F_1 = 5$, $F_2 = 17$, $F_3 = 257$, $F_4 = 65\ 537$,不难验证 $F_i(0 \leqslant i \leqslant 4)$ 是素数,但 $F_5 = 641 \times 6\ 700\ 417$ 是合数.注意到这一点,我们令

$$n = 2^r \cdot t$$

其中,r 为非负整数,t 为奇数,建立如下的同余式组,即

$$\begin{cases} k \equiv 1 \pmod{2^{32}-1} \\ k \equiv 1 \pmod{641} \\ k \equiv -1 \pmod{6\ 700\ 417} \end{cases} \quad (\text{将 } 6\ 700\ 417 \text{ 记为 } p)$$

因为 $2^{32}-1,641,p$ 两两互素,由孙子定理知此同余式组一定有解 k,满足

$$k=1+m(2^{32}-1),k=1+641u,k=pv-1$$

下面分三种情况讨论 $n=2^r\cdot t$ 的情形.

(1) 当 $r=0,1,2,3,4$ 时

$$g(n)=k\cdot 2^m+1=k(2^{2^r\cdot t}+1)-(k-1)=k(2^{2^r\cdot t}+1)-m(2^{32}-1)$$

显然 $2^{2^r}+1\mid 2^{2^r\cdot t}+1,2^{2^r}+1\mid 2^{32}-1$. 从而 $2^{2^r}+1\mid g(n)$ 且 $1<2^{2^r}+1<g(n)$,所以 $g(n)$ 为合数.

(2) 当 $r=5$ 时

$$g(n)=k(2^{2^r\cdot t}+1)-(k-1)=k(2^{32t}+1)-641n$$

因为 $641\mid 2^{32}+1,2^{32}+1\mid 2^{32}+1$,故 $641\mid 2^{32t}+1$,且 $1<641<g(n)$,所以 $g(n)$ 为合数.

(3) 当 $r\geqslant 6$ 时

$$g(n)=k(2^{2^r\cdot t}-1)+(k+1)=(pv-1)(2^{2^r\cdot t}-1)+pv=$$
$$pv(2^{2^r\cdot t}-1)-(2^{2^r\cdot t}-1)+pv$$

因为 $2^{32}+1\mid 2^{2^r\cdot t}-1,p\mid 2^{32}+1$,所以 $p\mid g(n)$,又 $1<p<g(n)$,所以 $g(n)$ 为合数.

综合(1),(2),(3) 知,不论 n 为何种自然数,对满足上述同余式组的 k,$g(n)=k\cdot 2^n+1$ 都是合数.

计算数论的产生

第十三章

1. 年青与古老的结合——计算数论

对费马数的研究基本上是属于素数判定与大数分解问题,这类问题在数论中占有重要地位,很早以前人们就重视它的研究,近年来由于计算机科学的发展,使这一古老的问题焕发了青春,形成了一个数论的新分支——计算数论.

利用电子计算机分解费马数最先是从 F_7 开始的. F_7 是一个 39 位数,早在 1095 年莫尔黑德(J.C.Morehead) 和韦斯顿(A.E.Western) 就运用普罗丝检验法证明了它是复合数,然而直到 1971 年布里尔哈特(Brillhart) 和莫利森(Morrison) 才在加利福尼亚大学洛杉矶分校的一台 IBM360 - 91 型的电子计算机上使用莱茱和鲍尔斯的连分数法计算了 1.5 小时.分解的结果表明,它是两个具有 17 位和 22 位的素因子之积,即

$$F_7 = 59\ 649\ 589\ 127\ 497\ 217 \times 5\ 704\ 689\ 200\ 685\ 129\ 054\ 721$$

随即,波门兰斯(Pomenrance) 利用高深的算法分析得到这种连分数法的平均渐近工作量是

$$O(n\sqrt{0.5(\log_2\log_2 n)/\log_2 n})$$

与 F_7 类似,1909 年还是由莫尔黑德和韦斯顿用同样的方法证明了78位的 F_8 也是合数.72年后,布伦特(Brent) 和波拉德(Pollard)

使用波拉德的灵巧方法,在通用电子计算机(universal au tomatic computer)1100型上计算了两个小时才发现了第一个16位的素因子,但他们未能证明另一个62位的因子的素性,随后,威廉斯解决了这一问题,得到 $F_8 = 1\ 238\ 926\ 361\ 552\ 897 \times 93\ 461\ 639\ 715\ 357\ 977\ 769\ 163\ 558\ 199\ 606\ 896\ 584\ 051\ 237\ 541\ 638\ 188\ 580\ 280\ 321$.

在今天的大型机上证明了 $F_{1\ 945}$ 是合数. $F_{1\ 945}$ 是非常巨大的,光是它的位数本身就是一个580位数,但同用来检验它的大数 $m = 3^{2^{2^{1\ 945}}-1} + 1$ 来比真是小巫见大巫了.1957年鲁宾逊发现 $5 \cdot 2^{1\ 947} + 1$ 是它的一个因子.目前人们所发现的最大的费马合数是 $F_{23\ 471}$,它约有 $3 \times 10^{7\ 087}$ 位.汉堡大学的凯勒(Wilfrid Keller)使用一种筛法找到了它的一个素因数,这个因数本身"只有"大约7 000位.

但计算机的能力并非是无限的.前不久就连 F_9 和 F_{13} 这样的数计算机都没能力进行完全分解,尽管已经知道 F_9 有素因子242 483,而且 F_{13} 也有一个13位的因子.1990年,伦斯特拉(Arjen Lenstra)、加利福尼亚大学伯克利分校的H·W·伦斯特拉(Hendrik W. Lenstra. Jr.)、数字设备公司的马纳斯(Mark Manasse)以及英国数学家约翰(John)借助于一个相当大的计算机网络分解出了 F_9.正是基于大数分解的极端困难性,1977年,阿德利曼(Adleman)、沙米尔(Shamir)和里夫斯特(Rivest)发明了一个公开密钥码体制,简称RSA体制.美国数学家波拉德和兰斯特拉最近发现了一种大数的因子分解方法,利用这种方法经过全世界几百名研究人员和100台电子计算机长达三个月的工作,成功地将一个过去被认为几乎不可能分解的155位长的大数分解为三个分别长为7,49和99位的因子.这使美国的保密体制受到严重威胁,这意味着美国的许多银行、公司、政府和军事部门必须改变编码系统,才能防止泄密.因为在此方法发现的一年半前,人们才只解决了100位的因子分解,所以目前绝大多数保密体系还在使用150位的大数来编码密码.

2. 支持与反证——计算机对数论猜想的贡献

计算机这一世纪的宠儿从刚一诞生那一天,数学家就发现了它无可替代的优势,纷纷将其当做自己研究的助手,利用它证明那些久攻不下的经典猜想或寻求支持的数据,或查访能被推翻的蛛丝马迹.

我们从数学中最重要的常数π说起.π是一个无限不循环小数,只能近似表示.公元前3世纪,阿基米德把它表示为22/7,它不仅很接近其值,而且实际运算时也够精确了.阿基米德计算π的方法很简单,在直径为1的圆内内接一个边尽可能多的正多边形,再计算正多边形的周长.正多边形的边越多,则周长就越接近 π 值.例如,为了使 π 值近似到3.14,则正多边形至少是96边形.荷兰莱顿大学教授鲁道夫·范·居伦不畏艰难,于1596年用一个32 212 254 720边的正多边形把 π 值计算到小数点后面20位.以后,范·居伦曾把 π 值计算到小数点后35位.

一个世纪以后,π 的计算出现了一场革命,微积分的发明使得数学家有可能用方程式来表示 π,最著名的就是1674年莱布尼兹发明的无穷级数表示法

$$\pi/4 = 1 - 1/3 + 1/5 - 1/7 + 1/9 - \cdots$$

这个级数的不足之处类似于阿基米德的多边形,即需要作许多次的加减法才能使 π 值精确.

1706年,约翰·马勒又发现了一个三项式的变分方程能把 π 值计算到3.141 6.后来马勒又创记录地把 π 值计算到100位.1949年,第一台计算机ENICA运用马勒的方法,花了70小时把 π 值计算到2 037位.

为了使 π 值更加精确,丘德诺维斯基兄弟运用新的公式把 π 值计算到1 001 196 691位.如果要把这么长的数字打印出来,则计算机打印纸至少长达37米.

计算 π 值并不是丘德诺维斯基兄弟的主要目标,他们要运用这些数字来解开数论中的一些未解之谜.其中之一就是 π 是不是一个正规数.何谓正规数呢?如果一个数字序列中的数字,在序列中出现的概率相等,数学家就把这个数列定义为"正规".也就是说,在正规数列中,0到9每个数字出现的可能性均为10%,00到99出现的可能性均为1%,每个3位数出现的可能性均为0.1%,以此类推.

数学家们很早就猜测 π 是一个正规数,但一直难以证明,原因之一是以前所获得的 π 值的位数还不够多.现在 π 值的位数已达到10亿位,因此,丘德诺维斯基兄弟正在对 π 是否是正规数进行证明.

顺便指出,据报道,一位东京大学的21岁大学生历时9小时21分30秒,背诵出圆周率小数点后42 194位数,从而刷新了吉尼斯世界纪录.其间,他的停顿思考时间计1小时26分47秒.

先前背诵圆周率小数点后4 000位数的纪录也是一位日本人于8年前创下的,当时他用了17小时21分钟背出来.

自20世纪70年代波恩大学的舍纳奇(Arnold Schonage)和其他研究人员把快速傅里叶变换(FFT)进一步发展成一个严密的理论后,它就被应用到计算 π 值中.1985年,加利福尼亚州帕洛阿尔托的Symbolics公司的戈斯皮尔(R. William Gosper. Jr)算出了 π 的1 700万位.一年以后,国家航空航天局艾姆斯研究中心的贝利(David Bailey)把 π 算到了小数点后2 900万位以上.后来,贝利和

哥伦比亚大学的查特诺夫斯基(Gregory Chudnovsky)又创造了10亿位的记录,而东京大学的金田(Yasumasa Kanada)则报告说他把π算到350亿位.如果有人想在家里查验这一结果,金田说π的第10亿小数位是9.

黎曼假说是未解决的著名数学猜想之一.一个多世纪以来,许多优秀数学家,为寻求这个问题的解答,消耗了大量时间.这个问题之所以继续引人注意,正如纽约大学数学系的爱德沃斯(Harold M. Edwards)所说,是因为它看起来似乎是"逗人地容易解答",而其解答或许会揭示出具有深远意义的新(数学)技术,例如,其解答与素数分布有关系.据说英国大数学家哈代在每次横渡大西洋的航行中及每年的新年祝愿中都提到他证明了黎曼猜想,前者是为了防止发生意外,因为他认为黎曼猜想不可能被证明,后者是真心希望这一巨大的幸运落到他头上.最近,位于新泽西州默里山的贝尔实验室的奥德利兹科(Andrew Odlyzko)和阿姆斯特丹的数学和计算机科学中心的里利(Herman te Riele)证明,一个一度被认为是证明黎曼猜想的可能途径的数学猜想,是不能成立的.一位数学家说,虽然这一证明并不惊奇,但"它是一个重大的成就".

奥德利兹科和里利考虑的是默顿猜想.如果这一猜想正确的话,这将暗示黎曼猜想也正确.这一猜想涉及一种叫做麦比乌斯函数记为$\mu(n)$的奇特函数,这里n为正整数.当$n=1$时,$\mu(1)=1$;如果n的因子包含两个或两个以上的同一个素数,则$\mu(n)=0$;如果n能被不等素数整除的话,则$\mu(n)=1$或-1(取决于素因数的个数是偶数还是奇数).据此,$\mu(12)=0$,因为$12=3\times2\times2$(同一素数出现一次以上),而$\mu(15)=1$,因为$15=5\times3$(两个不等素数).约100年前,数学家默顿猜想,从$n=1$一直到n等于某一数值的所有$\mu(n)$的各项的总和,总是小于n的平方根.即在那以后,数学家已证明,在数值100亿以内,这一猜想是正确的,$\sum\limits_{i=1}^{n}\mu(i)\leqslant\sqrt{n}$.例如,$\mu(1)\leqslant\sqrt{1}$,$\mu(1)+\mu(2)=0<\sqrt{2}$,$\mu(1)+\mu(2)+\mu(3)=-1<\sqrt{2}$等等.

奥德利兹科和里利采取间接方法,以求证明,对一个足够大的数来说,这一猜想不再成立.他们用一种新发明的、特别快速的通过高速计算机进行的高效的数学算法,找出默顿猜想所需要的和的"古怪"平均值.由于平均值总是小于取平均值数列里的最大的数,因而只要证明该平均值本身是一个足够大的数就行了.这两位研究人员找到了这么一个平均值,虽然他们还未求得该猜想不再成立时的特定数或反例.

奥德利兹科说:"据我们猜测,这些反例是很巨大的.我个人猜测它们应大于10^{30},但我们的确还不知道."他还说:"我们认为,我们能猜中这个猜想不再成立的可能邻数或邻位,不过,这个数真是难以想象的巨大:10×10^{70}幂.这个数远远超过任何人能进行计算的范围."

宾夕法尼亚州立大学的数学家安德鲁斯(George E. Andrews)说:"(默顿猜想)不再成立这一事实,不会使任何人感到惊奇.令人惊奇的是,竟有人能找到如此巨大的数字,大到使这个猜想不再成立."贝尔实验室的格雷厄姆(Ronald L. Graham)说:"奥德利兹科和里利的研究表明,采用算法进行人们已从事了一百年的研究,其效率要比过去高多少."

3. 寻找基本粒子——费马的办法

素数是物理学中基本粒子的数学等价物.虽然计算机已经使求任何数的素数结构更为容易,但是,数学家仍然有许多工作要做.

欧几里得约在公元前350年就已经知道:除1以外的任何正整数要么是素数,要么是一个唯一的素数集的乘积.这一简单而重要的结果充分证明了算术基本定理是合理的.这意味着,素数在所有整数理论中处于类似于化学家的元素或物理学家的基本粒子的地位.一个已知数的素数分解(怎样把那个数表示成素数的乘积)告诉你许多有关这个数的情况.

可见,检验一已知数是否是素数,与确定它的某些或全部素因子有着密切的关系.给定一个数 N,确定 N 是否是素数的最明显的方法是系统地寻找能除尽它的任何较小的数,首先用2试,然后是3,接着是4,5,等等一直到 $N-1$.如果其中有一个除尽 N,那么 N 就不是素数,并且你就会发现它的一个因子,第一个找到的因子总是素因子.在理论上通过以这个因子除 N 并以商重复这一过程,它可以一直进行到你得到完全的素数分解.

如果你停止这一过程并思考它,那么你会发现,有几种加速这一试除过程的方法,如著名的埃拉托塞尼筛法.首先,一旦你发现2不能除尽 N,那么就不必再用其他偶数试除.同样,如果3不能除尽 N,那就不必再用任何3的倍数试除.概括这些观察,你会看到,实际上只需用素数试除.除此之外,也不必用比 $\sqrt{N}$ 更大的素数试除,如果 N 没有小于或等于 $\sqrt{N}$ 的除数,那么,N 就一定是素数.

在计算机上,这种试除方法对约有10位数的中等数处理得很好(与其存入一长列试除的素数,往往不如存入例如前20个左右的素数更好,然后用所有的不是任何这些素数的倍数的奇数试除.这一思想有各种不同的改进方法).但是正如表1所表明的,即使在一个很快的计算机上,对于那些大于20位数的数,这种试除方法也是不现实的.对于更大的数,例如,在20到1 000位数之间,有几种有效的检验来确定一个数是否是素数——称之为素性检验,它在试除的需要的一小部分时间内就能得出一个结果.

这些更有效的方法除了仅仅使用一个素数的定义之外，还应使用素数的一些数学性质.但是，提到它们的速度就要付出代价.如果这样的检验表明一个数 N 不是素数，那么它不能提供有关 N 的因子的任何信息.你得到的全部信息仅仅是这样一个事实：N 不是素数 —— 再无更多的内容.如果你想知道这些因子，你就不得不从头开始用一种不同的方法，并且这会是相当艰苦的.对于素性，尚有几种有效的检验方法，而对于因子分解一个大约80位数的数，还没有一种公认的方法.

表1　大数的素性需要冗长的检验

数的位数	试除	ARCL 素性
20	2 小时	10 秒
50	10^{11} 年	15 秒
100	10^{38} 年	40 秒
200	10^{86} 年	10 分
1 000	10^{488} 年	1 星期

1984年，位于新墨西哥州阿尔伯基的Sandia国家实验室的数学家对一个异常困难的71位数进行了因子分解，打破了他们最近创立的因子分解数的世界纪录.这些研究人员使用一台更大型、更快速的计算机和更精细的算法，只花了9个小时的时间，就把这个71位数的因子分解出来了.但在目前要证明一个仅有几千位的"随机" 素数的确是一个素数需要进行相当多的计算.例如，1992年伯纳德(Cluude Bernard) 大学的莫里安(Fran Cois Morian) 运用与伊利诺伊大学的阿特金(A.O.L.Atkin) 及其他人联合研究出的方法，在计算机上花了几个星期的时间证明了某个有1 505位的数字(称为分隔数) 是素数.

这里所讨论的是一种能求出任何数的素因子的方法.显然，一个正好是许多小素数的积的大数，例如，$2^{100}\times 3^{50}$，能够用试除得到因子分解.但是，一个为两个100位的素数的积的200位的数，却超出了任何已知的解决方法的应用范围.这个事实被用来设计一种非常安全的密码形式，它叫做RSA公开电码系统(RSA表示Rivest，Shamir和Adleman，它以发明这种方法的这三位数学家的姓名命名.他们是麻省理工学院的里夫斯特(Ronald L Rivest)，以色列魏茨曼科学研究所沙米尔(Adi Shamir) 和南加利福尼亚大学的阿德利曼(Leonard M. Adileman)).粗略地讲，在RSA系统中，对一条消息编码相当于乘两个大素数 —— 这是容易的，译码则相当于因子分解那个大的乘积 —— 这是只有知道了这两个素因子时才能完成的工作，使得这种方法特别有用的是：对一条消息编码不需要知道这两个素数，只需它们的积.因此，除了这个消息的接受者外，任何人都不必知道译码的这两个素因子.这个特征使这个系统能实际用于一个公开的通信网络.只有当一个数有一个特殊的形式,并且对这个形式我们可以使用特别的数学技巧时,我们才能够因子分解这个大于约 80 位数的数.费马数是一个恰当的例子.

费马本人发现了一个做这件事的特别简单的方法.这个思想是运用代数恒等式

$$x^2 - y^2 = (x + y)(x - y)$$

如果 N 是你要因子分解的数(这时,你已经知道它是复合奇数,并且没有任何小素数因子),那么,你设法找到这样的 x 和 y,使 $N = x^2 - y^2$.

这样,第一个恒等式就给了你 N 的两个因子 $(x + y)$ 和 $(x - y)$.当然,也许其中之一是素数,但是,这时你可以对它们每一个重复这一过程,并且可以一直进行下去,直到你的确得到素数.由于你处理的这些数一直是越来越小的,所以整个过程将很快结束.

为了找到 x 和 y,你把第二个方程重写为

$$y^2 = x^2 - N$$

从那个其平方大于 N 的最小的 x 开始,你反复地一次给 x 增加 1,并检查每一步,看看是否 $x^2 - N$ 是一个完全平方.如果是,那么因子分解就完成了;反之, 则继续进行.

供你本人进行的一个很好的例子是对 119 143 的因子分解.其平方超过 119 143 的最小数是 346,因此,你以考虑

$$346^2 - 119\ 143 = 119\ 716 - 119\ 143 = 573$$

开始,因为 573 不是一个完全平方,你继续进行,考虑下一个 347,经一个相当少的步骤,这个过程就可引出一个因子分解.

显然,费马的方法特别(并且仅仅)适用于这样一些数:它们是两个差不多相等的素数的积,因此,它们两者都非常接近于这个数的平方根,这正是费马搜寻方法的起点.

莫里森(Morrison)和布里尔哈特(Brillhart)因子分解 F_7 所使用的方法有它不同于费马方法的起点.代替寻找 $N = x^2 - y^2$ 的解,他们寻找(不等于)这样的 x 和 y(小于 N),即

$$x^2 = y^2 (\mathrm{mod}\ N)$$

这个方程存在更多的解,但它们有时不满足上一个方程.因此,就有更多的机会找到这个方程的一个解.

由于这个方程意味着 N 整除 $x^2 - y^2$,或者换言之,N 整除 $(x + y)(x - y)$,所以,这个方程的一个解将给出一个因子分解.因此,N 和 $(x + y)$ 的最大公因子是 N 的一个非平凡因子.由于欧几里得算法给出了计算最大公因子的一个非常有效的方法,所以,一旦你找到 x 和 y,那么这一艰巨工作就告结束.

系统搜寻该方程的解有各种办法.布里尔哈特和莫里森采用的方法涉及考虑$\sqrt{N}$的连分数展开式.实际上,他们的方法以试图因子分解几个小得多的数的问题代替了寻找大数N的因子的问题.通过平行地施行这些更小的因子分解,从而运用现代计算机技术,这使得最近对这个方法的改进大大提高了它们的速度.

波拉德用于因子分解F_8的方法是蒙特卡罗(Monte Carlo)方法的一个例子.正如这个名称所暗示的,这样的方法依赖于"确保"它们成功的概率规律.这个思想非常简单,并且容易在一个家用微型计算机上完成.为了因子分解N,你以选择某个简单的多项式,例如,x^2+1,和一个小于N的数x_0开始.然后,你以(在多项式x^2+1的例子中)下述迭代过程计算N以下的整个数列$x_0,x_1,x_2,\cdots$,即

$$x_{n+1}=(x_n^2+1)(\bmod N)$$

当你进行时,对于$h=2^i-1$和$2^i\leqslant k\leqslant 2^{i+1}$,你注意$x_k-x_h$这些数的每一个(当$i$值递增时).该方法的理论背景是:有一个很高的概率,使你迅速找到k,h值,使得x_k-x_h和N的最大公因子大于1(并且因而有一个N的恰当因子),这比运用欧几里得算法容易算出.这个概率依赖于多项式和初始值x_0的选择.多项式x^2+1对那些微型计算机能对付的数处理得很好.为了因子分解F_8,布伦特和波拉德采用了$x^{210}+1$.对多项式的一个"不利"选择可能导致不能产生一个因子分解的无穷连续的迭代.

4.爱模仿的日本人——推广的费马数

在高科技领域,世界上似乎公认了两大模式,即美国的独创领先优势和日本紧随其后的模仿发扬光大的能力.后一种模仿性据说源自于日本人的国民性之中,这种模式在数学中也时有体现,以费马数的研究为例.

由于计算机的介入,使得我们有能力将费马数推广为关于x的多项式

$$F_n(x)=x^n+1,n=0,1,2,\cdots$$

显然,通常的费马数是其当$x=2$时的特例.

1983年,五位美国数学家里尔哈特、莱茉、塞费里奇、塔克曼(Bryant Tuckerman)、瓦格斯塔夫(S.S.Wagstaff)联合研究了$x=2,3,5,6,7,10,11,12$时的情形,并进行了素因子分解.

1986年1月日本上智大学理工学部的森本先生利用PC9801型微机对$F_n(x)$,当$n=0,1,2,3,4,5,6,7;x=2,3,4,5,\cdots,1\,000$时是否为素数进行了研究.由于当$x$是奇数时,$F_n(x)$为偶数,所以他同时观察了$F_n(x)/2$的情形.

森本先生说:若用微机能够做以上的工作,那确实是一件幸运的事情.

若设 $P = 2^n$,那么 $F_n(x)$ 就成为 $2p$ 次的分圆多项式 $\varphi_{2p}(x)$.

现在设

$$A_n = \{x \mid 2 \leqslant x \leqslant 1\,000 \text{ 且 } F_n(x) \text{ 是素数}\}$$

$$B_n = \{x \mid 2 \leqslant x \leqslant 1\,000 \text{ 且 } F_n(x)/2 \text{ 是素数}\}$$

则 A_n 和 B_n 的因素的个数 $\# A_n$ 和 $\# B_n$ 如表 2 所示.

表 2

n	$F_n(x)$	$\# A_n$	$\# B_n$
0	$x+1=\Phi_2(x)$	167	95
1	$x^2+1=\Phi_4(x)$	111	129
2	$x^4+1=\Phi_8(x)$	110	110
3	$x^8+1=\Phi_{16}(x)$	40	41
4	$x^{16}+1=\Phi_{32}(x)$	48	40
5	$x^{32}+1=\Phi_{64}(x)$	22	20
6	$x^{64}+1=\Phi_{128}(x)$	8	16
7	$x^{128}+1=\Phi_{256}(x)$	7	3
8	$x^{256}+1=\Phi_{512}(x)$	4	4

(A_n 和 B_n 所属的 x 的一览表见表 3 和表 4)

对于 $F_2(x) = x^4 + 1$,Lal 于 1976 年计算并列出 $2 \leqslant x \leqslant 4\,004$ 区间内的 376 个素数.他的最大的素数没有超过 $4\,002^4 + 1 = P_{15}$(15 位的素数).

我们用 PC9801 微机,可以对 30 位以下的所有整数进行素因子分解.Lal 的研究是用 1960 年生产的 3 台 IBM1620 进行的,而森本先生的 PC9801 则远比他的机器先进.

下面的递推公式是成立的:$F_n(x) = F_{n-1}(x^2)$.

他所发现的 300 位以上的素数是

$$F_7(234) = P_{304}, F_7(506) = P_{347}, F_7(532) = P_{349}$$

$$F_7(548) = P_{351}, F_7(960) = P_{382}$$

$$F_8(278) = P_{382}, F_8(614) = P_{714}, F_8(892) = P_{756}, F_8(898) = P_{757}$$

戈鲁丁(Gloden)在 1962 年曾列出了 $F_2(x)/2, 2 \leqslant x \leqslant 1\,000$ 范围内的素数.

对于 $F_3(x) = x^8 + 1$,古鲁丁 1965 年在 $x < 152$ 时进行了素因子分解,而 $F_3(x), 2 \leqslant x \leqslant 1\,000$,由于它小于 $10^{24} + 1$,因此用 PC9801 机完全可以进行素因子分解.

使 $F_n(x)$ 为素数的 n, x 值($2 \leqslant x \leqslant 1\,000$).

($n = 0,1$ 时,由于 $F_n(x) \leqslant 10^6 + 1$ 容易分解,因此表中省略)

表 3

$n=2$	$x=$								
2	4	6	16	20	24	28	34	46	48
54	56	74	80	82	88	90	106	118	132
140	142	154	160	164	174	180	194	198	204
210	220	228	238	242	248	254	266	272	276
278	288	296	312	320	328	334	340	352	364
374	414	430	436	442	466	472	476	488	492
494	498	504	516	526	540	550	554	556	566
568	582	584	600	616	624	628	656	690	702
710	730	732	738	742	748	758	760	768	772
778	786	788	798	800	810	856	874	894	912
914	928	930	936	952	962	966	986	992	996
$n=3$	$x=$								
2	4	118	132	140	152	208	240	242	288
290	306	378	392	426	434	442	508	510	540
542	562	596	610	664	680	682	732	782	800
808	866	876	884	892	916	918	934	956	990
$n=4$	$x=$								
2	44	74	76	94	156	158	176	188	198
248	288	306	318	330	348	370	382	396	425
456	470	474	476	478	560	568	598	642	686
688	690	736	774	776	778	790	830	832	834
846	900	916	940	956	972	982	984		
$n=5$	$x=$								
30	54	96	112	114	132	156	332	342	360
376	428	430	432	448	562	588	726	738	804
850	884								
$n=6$	$x=$								
102	162	274	300	412	562	592	728		

续表 3

$n=7$	$x=$					
120	190	234	506	532	548	960
$n=8$	$x=$					
278	614	892	898			

使 $F_n(x)/2$ 为素数的 n 与 x 的值($2 \leqslant x \leqslant 1\ 000$).
($n=0,1$ 时的表省略, * 号表示没有完成素数判定的概素数)

表 4

$n=2$	$x=$								
3	5	7	11	13	17	21	23	29	35
39	57	61	65	71	73	81	103	105	113
115	119	129	153	165	169	171	199	203	205
251	259	267	275	309	313	317	333	337	339
353	363	403	405	415	419	431	445	449	453
455	463	471	477	479	487	503	505	513	517
523	537	539	543	551	561	567	573	579	605
607	613	623	639	643	649	657	677	681	701
703	713	719	721	725	745	761	769	795	805
811	819	821	829	833	843	845	855	857	879
883	891	895	913	917	919	931	963	965	997
$n=3$	$x=$								
9	13	33	43	47	51	53	69	81	145
185	205	237	239	305	323	341	365	373	395
409	433	451	455	491	501	519	531	553	557
565	577	705	723	747	795	835	841	859	951
973									
$n=4$	$x=$								
3	9	29	41	73	81	87	111	113	157
167	173	187	195	199	253	295	301	309	371
391	403	435	441	485	525	575	585	589	599
607	617	657	669	779	789	905	955	969	995

续表 4

$n=5$	$x=$								
3	9	21	65	75	163	181	191	229	251
363	527	583	589	605	763	831	839	847	971
$n=6$	$x=$								
3	35	51	85	353	427	429	587	727	803
837 *	863	883	919	965	981				
$n=7$	$x=$								
113 *	499 *	871 *							
$n=8$	$x=$								
331 *	507 *	665 *	819 *						

几种计算法如下.

(1) 尝试分解运算.

我们已知 $F_n(x)$ 的奇素数 q,可写成 $q=2^{n+1}k+1$.再以 $q=2^{n+1}k+1$, $k=1,2,3,\cdots$ 依次分解 $F_n(x)$.这时,为了使$(q,3)=1,(q,5)=1,(q,7)=1$. k 值可取周期为 105 车轮法(Wheel method).这样,可以减少分解运算次数.

森本首先用此方法求出了 $q\leqslant 10^6$ 的素因子.

(2) 费马测验.

如果在 $F_n(x)$ 和 $F_n(x)/2$ 中,没有发现小的素数时就用费马测验进行测验.即用 $b=2,3,5,7$,对费马小定理的假设(1)进行测验.费马测验是以幂乘的形式进行的,因此和尝试分解运算相比,具有判定速度快的优点.

费马小定理 设 m 为自然数,b 是素数,当 $b\nmid m$ 时,若 $b^{m-1}\not\equiv 1(\bmod m)$ 那么 m 是合成数.

当 m 满足 $2^{m-1}\equiv 1,3^{m-1}\equiv 1,5^{m-1}\equiv 1,7^{m-1}\equiv 1(\bmod m)$ 时,称 m 为概素数(probable prime)(当 m 的位数小于等于 7 时).

(3) 素数判定法.

对于没有小素数,而被费马测验判定为概素数的数可以用下面的判断法.

定理 设 m 为自然数,对 $m-1=\gamma, F=p\prod_{j=1}^{n} q_j^{B}\beta_j$ 进行 $m-1$ 素因子分解.且设$(p,F)=1$,使 qj 为互相不同的素数.

若对于所有 q_j 存在一个满足:

i $(a_j^{(m-1)/q_j-1},m)=1$;

ii $a_j^{(m-1)} \equiv 1 \pmod m$.

的 a_j,那么当 $R < \sqrt{m}$ 时,m 为素数.

而我们的情况是

$$F_n(x) - 1 = x^{\alpha^m}, 2 \leqslant x \leqslant 1\ 000$$

因此,对 $F_n(x) - 1$ 的完全素因数分解很容易.若设 $p = 2^n$,那么可分解为

$$F_n(x)/2 - 1 = (x^p - 1)/2 = (1/2)\prod_{a \mid p}\Phi_d(x)$$

利用此法,对 $F_n(x)/2 - 1$ 的素因子分解也不难.

表 5,6,7,8 列出了对 $n = 5,6,7,8$ 的计算结果.

表 5

$F_5(x)/2 - 1 = (1/2)(x - 1)(x + 1)\Phi_4(x)\Phi_8(x)\Phi_{16}(x)\Phi_{32}(x)$

(表中的 $C**$ 表示 $**$ 位的复合数,$PRP**$ 表示 $**$ 位的概素数,$*$ 为普通乘号,$2*5 = 2\times 5$)

$F_5(3)/2 = (1/2)(2)(2^2)(2*5)(2*41)(2*17*193)(2*21\ 523\ 361)$

$F_5(9)/2 - 1 = (1/2)(2^3)(2*5)(2*41)(2*17*193)(2*21\ 523\ 361)(2*926\ 510\ 094\ 425\ 921)$

$F_5(21)/2 - 1 = (1/2)(2^2*5)(2*11)(2*13*17)(2*97\ 241)(2*62\ 897*300\ 673)(2*1\ 217*2\ 689*31\ 873*6\ 857\ 635\ 489)$

$F_5(65)/2 - 1 = (1/2)(2^5)(2*3*11)(2*2\ 113)(2*8\ 925\ 313)(2*17^2*113*577*8\ 455\ 217)(2*2\ 615\ 329*1\ 011\ 422\ 561*19\ 192\ 199\ 272\ 577)$

$F_5(75)/2 - 1 = (1/2)(2*37)(2^2*19)(2*29*97)(2*1\ 153*13\ 721)(2*17^2*1\ 732\ 057\ 353\ 617)(2*2\ 273*339\ 841*558\ 913*843\ 649*1\ 375\ 843\ 393)$

$F_5(163)/2 - 1 = (1/2)(2*3^4)(2^2*41)(2*5*2\ 657)(2*601*587\ 281)(2*17*2\ 275\ 681*6\ 440\ 365\ 793)(2*577*175\ 937*59\ 125\ 601*20\ 685\ 361\ 308\ 269\ 128\ 129)$

$F_5(181)/2 - 1 = (1/2)(2^2*3^2*5)(2*7*13)(2*16\ 381)(2*1\ 777*301\ 993)(2*17*2\ 801*4\ 289*22\ 817*123\ 601)(2*6\ 113*C33)$

$F_5(191)/2 - 1 = (1/2)(2*5*19)(2^5*3)(3*17*29*37)(2*41*16\ 230\ 041)(2*113*337*1\ 301\ 057*17\ 874\ 433)(2*25\ 537*3\ 558\ 913*1\ 288\ 350\ 857\ 153*13\ 396\ 226\ 490\ 497)$

$F_5(229)/2 - 1 = (1/2)(2^2*3*19)(2*5*23)(2*13*2017)(2*17*73*1\ 108\ 001)(2*449*8\ 421\ 850\ 388\ 552\ 369)(2*53\ 569*447\ 510\ 529*1\ 192\ 946\ 382\ 899\ 184\ 646\ 304\ 161)$

续表 5

$F_5(231)/2-1 = (1/2)(2*5^3)(2^2*3^2*7)(2*17^2*109)(2*1\,984\,563\,001)(2*1\,553*14\,517\,809*349\,371\,313)(2*769*34\,369*344\,801*371\,617*36\,643\,101\,233\,612\,887\,073)$

$F_5(363)/2-1 = (1/2)(2*181)(2^2*7*13)(2*5*133\,177)(2*8\,681\,534\,681)(2*17*8\,866\,946\,401\,026\,380\,833)(2*193*353*667\,027\,885\,932\,187\,019\,776\,141\,089\,853\,942\,849)$

$F_5(527)/2-1 = (1/2)(2*263)(2^4*3*11)(2*5*27773)(2*33\,529*1\,150\,249)(2*7\,681*387\,290\,782\,501\,709\,761)(2*97*293\,729*C36)$

$F_5(583)/2-1 = (1/2)(2*3*97)(2^3*73)(2*5*41*829)(2*113*5\,641*90\,617)(2*17*881*1\,489*7\,681*38\,956\,609\,297)(2*C44)$

$F_5(589)/2-1 = (1/2)(2^2*3*7^2)(2*5*59)(2*89*1\,949)(2*137*337*1\,303\,409)(2*17*673*633\,035\,954\,089\,813\,601)(2*104\,909\,476\,749\,264\,954\,017\,880\,186\,806\,505\,718\,862\,261\,281)$

$F_5(605)/2-1 = (1/2)(2^2*151)(2*3*101)(2*197*929)(2*66\,987\,150\,313)(2*17*113*1\,553*3\,008\,251\,770\,424\,001)(2*353*9\,920\,353*45\,999\,611\,872\,141\,555\,938\,013\,987\,807\,231\,457)$

$F_5(763)/2-1 = (1/2)(2*3*127)(2^2*191)(2*5*58\,217)(2*17*193*577*89\,513)(2*257*4\,177*32\,801*1\,631\,103\,896\,449)(2*279\,232\,033*140\,905\,184\,129\,167\,675\,805\,573\,151\,809\,946\,725\,953)$

$F_5(831)/2-1 = (1/2)(2*5*83)(2^6*13)(2*449*769)(2*17*1\,193*11\,756\,681)(2*113*6\,833*147\,261\,198\,397\,812\,449)(2*97*257*176\,641*15\,082\,721*78\,591\,521*4\,953\,756\,112\,183\,611\,285\,409)$

$F_5(839)/2-1 = (1/2)(2*419)(2^3*3*5*7)(2*109*3\,229)(2*93\,553*2\,648\,257)(2*17*113*513\,473*124\,457\,397\,158\,177)(2*97*193*257*C40)$

$F_5(847)/2-1 = (1/2)(2*3^2*47)(2^4*53)(2*5*71741)(2*41^2*401*381\,761)(2*17*50\,833*153\,264\,871\,168\,249\,121)(2*980\,935\,457*35\,765\,486\,487\,066\,475\,888\,241\,538\,735\,692\,018\,273)$

$F_5(971)/2-1 = (1/2)(2*5*97)(2^2*3^5)(2*197*2393)(2*17*73*4\,817*74\,353)(2*337*7\,489*156\,556\,142\,592\,362\,017)(2*14\,657*C44)$

表 6

$F_6(x)/2-1=(1/2)(x+1)(x+1)\Phi_4(x)\Phi_8(x)\Phi_{32}(x)\Phi_{64}(x)$

$F_6(3)/2-1=F_5(9)/2-1$

$F_6(35)/2-1=(1/2)(2*17)(2^2*3^2)(2*613)(2*750\ 313)(2*113*449*22\ 191\ 649)(2*577*4\ 694\ 231\ 174\ 092\ 284\ 521\ 569)(2*193*257*83\ 969*PRP40)$

$F_6(51)/2-1=(1/2)(2*5^2)(2^2*13)(2*1\ 301)(2*73*46\ 337)(2*22\ 883\ 972\ 285\ 201)(2*97*10\ 797\ 447\ 165\ 975\ 764\ 827\ 037\ 633)(2*C55)$

$F_6(85)/2-1=(1/2)(2^2*3*7)(2*43)(2*3\ 613)(2*41*337*1\ 889)(2*97*881*15\ 943\ 136\ 609)(2*1\ 115\ 401\ 577\ 366\ 753*3\ 328\ 446\ 352\ 539\ 521)(2*769*C59)$

$F_6(353)/2-1=(1/2)(2^5*11)(2*3*59)(2*5*17*733)(2*7\ 763\ 701\ 441)(2*12\ 738\ 353*9\ 463\ 556\ 247\ 377)(2*30\ 977\ 821\ 093\ 313*938\ 241\ 034\ 824\ 994\ 602\ 599\ 423\ 297)(2*193*1\ 217*C76)$

$F_6(427)/2-1=(1/2)(2*3*71)(2^2*107)(2*5*18\ 233)(2*17*3\ 889*251\ 417)(2*106\ 961*5\ 166\ 156\ 401\ 277\ 281)(2*449*13\ 069\ 058\ 369*104\ 069\ 954\ 843\ 796\ 188\ 901\ 575\ 733\ 601)(2*204\ 161*C79)$

$F_6(429)/2-1=(1/2)(2^2*107)(2*5*43)(2*17*5413)(2*1\ 93*87\ 748\ 937)(2*54\ 193*23\ 352\ 257*453\ 269\ 281)(2*109\ 389\ 411\ 041*6\ 016\ 049\ 420\ 352\ 070\ 143\ 485\ 532\ 870\ 721)(2*1\ 153*PRP81)$

$F_6(587)/2=(1/2)(2*293)(2^2*3*7^2)(2*5*34\ 457)(2*17*44\ 953*77\ 681)(2*13\ 841*509\ 222\ 219\ 719\ 157\ 921)(2*193*769*12\ 524\ 036\ 944\ 577*53\ 450\ 483\ 172\ 022\ 273\ 214\ 188\ 769)(2*257*4\ 481*C83)$

$F_6(727)/2-1=(1/2)(2*3*11^2)(2^3*7*13)(2*5*17*3\ 109)(2*521*268\ 083\ 401)(2*32\ 103\ 713*1\ 215\ 318\ 270\ 605\ 057)(2*286\ 260\ 692\ 257*10\ 635\ 523\ 239\ 349\ 573\ 550\ 370\ 733\ 823\ 584\ 033)(2*257*C89)$

$F_6(803)/2-1=(1/2)(2*401)(2^2*3*67)(2*5*17*3\ 793)(2*7\ 673*27\ 093\ 617)(2*97*257*702\ 353*4\ 936\ 669\ 660\ 513)(2*42\ 689*492\ 912\ 925\ 121*710\ 121\ 302\ 507\ 196\ 859\ 510\ 537\ 678\ 369)(2*449*C90)$

续表 6

$F_6(837)/2-1=(1/2)(2^2*11*19)(2*419)(2*5*13*17*317)(2*$
$62\,137*3\,949\,313)(2*1\,697*70\,972\,781\,488\,880\,626\,513)(2*$
$C47)(2*C94)$

$F_6(863)/2-1=(1/2)(2*431)(2^5*3^3)(2*5*13*17*337)(2*137*$
$13\,049*155\,137)(2*449*7\,078\,727\,569*48\,401\,055\,281)(2*$
$1\,617\,697*569\,738\,593*$
$51\,353\,484\,468\,353\,978\,295\,026\,894\,083\,201)(2*257*769*$
$126\,337*C84)$

$F_6(883)/2-1=(1/2)(2*3^2*7^2)(2^2*13*17)(2*5*77\,969)(2*$
$303\,957\,468\,361)(2*929*198\,902\,352\,146\,661\,697\,649)(2*$
$10\,529*292\,673*1\,288\,335\,809*2\,305\,256\,417*$
$7\,461\,448\,726\,335\,044\,641)(2*C94)$

$F_6(919)/2-1=(1/2)(2*3^3*17)(2^3*5*23)(2*37*101*113)(2*$
$356\,641\,641\,361)(2*2\,142\,577*118\,729\,231\,530\,359\,473)(2*97*$
$27\,431\,765\,833\,057*349\,281\,291\,651\,329*$
$139\,257\,105\,184\,585\,601)(2*1\,153*C92)$

$F_6(965)/2-1=(1/2)(2^2*241)(2*3*7*23)(2*17*61*449)(2*$
$433\,590\,000\,313)(2*1\,956\,001*192\,229\,235\,435\,967\,313)(2*$
$1\,346\,369*3\,637\,121*$
$57\,741\,114\,854\,654\,525\,604\,751\,736\,381\,864\,737)(2*C96)$

$F_6(981)/2-1=(1/2)(2^2*5*7^2)(2*491)(2*481\,181)(2*4*$
$11\,294\,374\,321)(2*17*337*892\,817*83\,845\,699\,084\,097)(2*$
$6\,689*627\,169*39\,220\,033*$
$2\,235\,735\,320\,976\,566\,077\,388\,752\,862\,497)(2*4673*C92)$

（表 6 中的 $\Phi32(85)$ 的素因子分解是由陶山弘实先生提供的）

表 7

$F_7(x)/2-1=(1/2)(x-1)(x+1)\Phi_4(x)\Phi_8(x)\Phi_{16}(x)\Phi_{32}(x)\Phi_{64}(x)\Phi_{128}(x)$

$F_7(113)/2-1=(1/2)(2^4*7)(2*3*19)(2*5*1\,277)(2*81\,523\,681)(2*$
$17*3\,121*250\,527\,187\,073)(2*$
$353\,366\,276\,339\,896\,558\,409\,817\,277\,595\,521)(2*769*$
$PRP63)(2*257*C129)$

续表 7

$F_7(499)/2-1=(1/2)(2*3*83)(2^2*5^3)(2*13*61*157)(2*401*7\ 393*10\ 457)(2*17*593*50\ 993*292\ 673*12\ 775\ 489)(2*257*2\ 419\ 777*15\ 552\ 001*763\ 983\ 521\ 030\ 955\ 926\ 078\ 058\ 209)(2*577*C84)$

$F_7(871)/2-1=(1/2)(2*3*5*29)(2^3*109)(2*17*53*421)(2*34\ 457*8\ 351\ 513)(2*100\ 673*1\ 645\ 137\ 620\ 752\ 705\ 697)(2*C47)(2*193*3\ 457*981\ 889*C82)(2*257*13\ 441*C182)$

表 8

$F_8(x)/2-1=(1/2)(x-1)(x+1)\Phi_4(x)\Phi_5(x)\Phi_{16}(x)\Phi_{32}(x)\Phi_{64}(x)\Phi_{128}(x)\Phi_{256}(x)$

$F_8(331)/2-1=(1/2)(2*3*5*11)(2^2*83)(2*29*1\ 889)(2*17*41*8\ 610\ 913)(2*72\ 673*14\ 927\ 201*66\ 411\ 377)(2*36\ 833*1\ 361\ 089*1\ 776\ 833*6\ 271\ 510\ 529*18\ 581\ 275\ 406\ 849)(2*30\ 977*C76)(2*641*3\ 329*4\ 481*51\ 713*C147)(2*257*10\ 753*C316)$

$F_6(507)/2-1=(1/2)(2*11*23)(2^2*127)(2*5^2*53*97)(2*137*1\ 433*168\ 281)(2*17*10\ 667\ 261\ 953*12\ 037\ 375\ 201)(2*193*P41)(2*449*3\ 137*C81)(2*641*572\ 161*C165)(2*257*C344)$

$F_6(665)/2-1=(1/2)(2^3*83)(2*3^2*37)(2*41*5\ 393)(2*17*4\ 049*1\ 420\ 561)(2*673*28\ 413\ 720\ 399\ 075\ 919\ 681)(2*34\ 721*519\ 742\ 177*C32)(2*C91)(2*13\ 441*C177)(2*257*9\ 473*C355)$

$F_8(819)/2-1=(1/2)(2*409)(2^2*5*41)(2*335\ 381)(2*224\ 960\ 159\ 561)(2*17*18\ 593*320\ 215\ 852\ 199\ 187\ 041)(2*13\ 537*68\ 449*65\ 690\ 113*336\ 606\ 801\ 352\ 181\ 547\ 177\ 637\ 317\ 089)(2*449*7\ 937*15\ 809*C83)(2*1\ 409*PRP184)(2*257*C371)$

对于可部分分解为素数的数,可从 $a_j=2,3,5,7,11,13,\cdots$ 小的素数开始按顺序利用条件 i,ii 进行素数判定.

(4) 素因子分解.

在用(3) 的方法对 $F_n(x)/2$ 进行素数判定时,有必要对 $F_m(x),m\leqslant n-1$ 进行素因子分解.为此要进行(1) 中所述的尝试运算.由于很费时间,这是不可

能的.森本先生用了波拉德·布伦特(Pollard Brent)的蒙特卡罗方法进行了素因数分解.但如表5,6,7,8所示,还没有完全素因子分解.从而对 $F_n(x)/2$ 的素数判定也如表4中的 * 号表示,还没有完全分解.

最能体现日本人模仿与推陈出新能力的是神经计算机的研制.

神经计算机是以人脑的功能为模型,应用最尖端的半导体技术和光技术实现高速度处理各种信息的计算机.1988年日本企业界着手研究这种计算机,并把这一年称为神经计算机元年.1990年1月8日,日本富士通公司宣布,该公司已研制出一台模仿人脑思考、判断、理解能力的当时具有世界最快运算速度的超神经计算机.这台计算机每秒能运算5亿次,运算速度是以往神经网络计算机的400倍.本来两年才能处理完的股票价格信息,使用这台计算机只要1分钟就能处理完毕.这种计算机有256个神经细胞,神经细胞由能够进行乘法和加法运算的处理机和记忆软件组成,逻辑线路将神经细胞逐个连接在一起,对信息进行处理.由于这种计算机具有能在瞬间学习并掌握外部环境的变化且迅速作出判断和采取对应措施的特点,所以很适用于高精密组装和检测用机器人等方面.1990年11月26日,日本应新制作所宣布,该公司制成了具有世界最高速学习机能的神经计算机(仿人脑结构计算机),由1 152个神经细胞构成,一秒钟能够进行最高23亿次学习动作,比超级计算机的速度快10倍以上.这种计算机可以在证券、金融、制造、交通、通信、医疗等领域应用.同时,日本其他一些民间企业,如三菱电机、日本电器、松下电器、东芝等,也十分重视神经计算机的研制,都已选定了自己的开发领域,并取得了良好的进展.

5.计算实力的竞赛——梅森素数的发现

正如核弹头的枚数标志着一个国家的军备竞赛实力,计算梅森素数则是检验一个国家计算机能力的标志.

$M_n = 2^n - 1$ 被称为梅森数.这是用一位法国修士梅森的名字命名的,梅森和当时一些主要的数学家有过大量的通信.这在科技刊物还不存在的那个时代,对于传播重要的数学结果作出了巨大贡献.由于梅森数与完美数之间的关系,人们对梅森数很感兴趣.自从人们开始记载这种结果以来,被发现的最大素数的世界纪录总是一个梅森素数.素数 $M_{127} = 2^{127} - 1$ 是一个39位的数字,从1914年起保持着世界纪录的称号,直到1952年,仅仅在几个月的时间里,这个世界纪录就被连续刷新.数学家鲁宾逊使用SWAC电脑在短短几个小时之内,就找到35个梅森素数,且证明了在 $127 < P < 2\ 309$ 范围内只有5个梅森素数:$M_{521}, M_{607}, M_{1\ 279}, M_{2\ 203}$ 直到 $M_{2\ 281}$,最后这个数是一个687位的数字,这些结果

的出现全靠电子计算机，此后又完成了许许多多分解因子的工作，进一步又发现了8个梅森素数，即 $M_{3\,217}$(1957年发现)，$M_{4\,253}$，$M_{4\,423}$ 在1961年被证明是素数，$M_{9\,253}$，$M_{9\,423}$，$M_{9\,689}$，$M_{9\,941}$，$M_{11\,213}$，到80年代初，最高纪录是发现了 $M_{19\,937}$，这是塔克曼在1971年3月4日晚上发现的. 这天晚上美国电视台中断了日常节目播放，发布了这条消息，塔克曼是用IBM360/91电脑找到的. 1979年2月23日美国克雷研究公司的电脑专家斯洛温斯基(David Slowinski)宣布他找到了第26个梅森素数 $M_{23\,209}$ 时，人们告诉他早在两星期前诺尔已得出这一结果，为此他又潜心发奋，花了一个半月时间，使用克雷一号电脑终于找到了 $M_{44\,497}$ 这一新的素数.

$M_{216\,091}$ 作为第30个梅森素数被斯洛温斯基等人所发现. 虽然它被判定为素数，但并不是说细分了$\sqrt{M_{216\,091}}$ 内的所有的素数. 在自然数 m 是20位数的情况下，若想细分$\sqrt{m}$ 内的所有素数，即使用大型的计算机也需要2小时左右. 若 m 为50位自然数，则需要1 000亿年以上. 但若只需要判定是不是素数，而不是写出所有素因子的话，那么用一下阿德利(Adleman)和拉姆利(Rumely)在1980年创造的方法，在15秒钟内就可判定50位的自然数. 而且若已经知道了 m 是个合成数，那么对50位数在12小时内一定能进行素因子分解瓦格斯塔夫的研究. 下面说明一下有哪些方法.

被发现的第30个梅森数是 $M_{216\,091}=2^{216\,091}-1=65\,050$(位)的素数. 这是人类当时所得到的最大的素数. 正如 $M_{11}=2\,047=23\times 89$ 这一结果所示，梅森数的结果不止是素数. 在1588年时被告知 $p=2,3,5,7,13,17,19$ 时，M 为素数. 1644年，梅森指出在 $p\leqslant 257$ 这个范围内，除上面的 p 值外还有 $p=31,67,127,257$ 的情况下，也是素数. 1883年，波佛辛(Pervusin)证明了 M_{61} 是被梅森漏掉的一个梅森素数，梅森还漏掉了另外两个素数 M_{89} 与 M_{107}. 这两个素数分别到1911年，1914年才被鲍尔(R.E.Powers)发现. 1772年欧拉证明了 M_{31} 是素数. 1903年美国数学家柯尔(F.N.Cole)在美国数学学会的大会上作了一个一言不发的学术报告，证明了 M_{67} 不是素数，且等于 $193\,707\,721\times 761\,838\,257\,287$. M_p 的除数 q 可以由费马小定理写成 $q=2kp+1$ 的形式. 虽然知道可以利用平方剩余写成 $q=8l\pm 1$ 的形式，但同样难免带来大量的计算麻烦. 1878年刘维卡提出如下的想法.

使 $S_1=4, S_{i+1}\equiv S_i^2-2 \pmod{M_p}$，若确定了 S_i，那么 $M_p=$ 素数 $\Leftrightarrow S_{p-1}\equiv 0 \pmod{M_p}$.

根据这一方法确定了 M_{127} 是素数，此后，又知道了 M_{67}，M_{257} 不是素数，而 M_{61}，M_{89}，M_{107} 是素数，梅森的断言，便不可思议地只对了一半. 以后不久，出现了下面的竞赛.

(1)$p>257$ 时，M_p 是否是素数；

(2)$p \leqslant 257$ 时,M_p 可完全素因子分解.

开始时,这种竞赛是计算机性能竞赛.方法是利用刘维卡测验法,但只要把一个大的数的平方编成计算程序,就无法进行分拆计算.因为 $A \cdot 2^p \equiv A + B(\bmod M_p)$,而计算机是以二进制法进行计算的.第29个梅森素数 $M_{132\,049}$ 就是在大数平方计算上利用了快速乘算法.一般来说,算几位数的平方所用的时间看来要比算 2^n 需要更长的时间,但若是2位数的话,在 $A,B,C,D < p$ 时,$(Ap+B)(Cp+D)=(p^2+p)AC+p(A-B)(D-C)+(p+1)BD$.这种方法用了三次乘法计算.若如此重复计算.就可以用相当于 $n^{\log_2^3}$ 的时间即可完成.进而,若利用快速傅里叶变换,那么只用相当于计算 $n \cdot \log n \cdot \log\log n$ 的时间就可以了.在试用一种超级计算机时,偶然发现的 $M_{216\,091}$ 也是利用了快速傅里叶变换.

第二次竞赛的冷却,是在1979年用蒙特卡罗法发现15位的 M_{257} 的素因子535 006 138 814 359和1980年用 $p-1$ 法发现25位素因子1 155 685 395 246 619 182 673 033之际,这时 M_{257} 被分解为 $M_{257}=P_{15}\times P_{25}\times P_{39}$($P_n$ 意即 n 位素数).为判断 M_{257} 的素性,莱默在1922~1923年花了近700个小时才证明了 M_{257} 不是素数.最后使分解工作出现不顺利现象的是 M_{211} 和 M_{251},它们后来用二次筛法在1983年末及1984年分别被分解如下,即

$$M_{211}/15\,193 = 60\text{ 位合数} = 60\,272\,956\,433\,838\,849\,161 \times P_{40}$$

$$M_{251}/(503\times 54\,217) = 69\text{ 位合数} = 178\,230\,287\,214\,063\,289\,511 \times 61\,676\,882\,198\,695\,257\,501\,367 \times P_{26}$$

日本的业余数学学者陶山弘实氏利用16比特计算机根据最近的椭圆曲线法得到如下分解结果,即

$$M_{461}/(2\,767\times 358\,228\,856\,441\,770\,927) = 118\text{ 位的合数} = 7\,099\,353\,734\,763\,245\,383 \times P_{99}$$

关于梅森素数的最新进展是这样的,1983~1985年间斯洛温斯基连下三城找到了 $M_{86\,243}$,$M_{132\,049}$,$M_{216\,091}$,但他未能确定 $M_{86\,243}$ 与 $M_{216\,091}$ 之间还有没有异于 $M_{132\,049}$ 的梅森素数.而到了1988年,科尔奎特(Kolquitt)和韦尔什(Welsh)使用高速电脑NECFZ-2,果然抓到一条"漏网之鱼"——$M_{110\,503}$,之后7年世界各国均无建树.1992年3月25日,英国原子能技术权威机构哈韦尔实验室的一个研究小组宣布他们找到了新的梅森素数 $M_{756\,839}$.1994年1月14日,克雷研究公司夺回发现了"已知最大素数"的桂冠——这一素数是 $M_{859\,433}$.1996年9月4日,美国威斯康星州克雷研究所的斯洛温斯基和他的同事美国的盖奇(Paul Gage)在测试其最新超级电脑克雷 T_{99} 巨型机的运算速度时,发现了 $M_{1\,257\,787}$ 是一个素数,它是一个378 632位数,同年11月巴黎的阿门格德(J·el Armeng)和美国佛罗里达州的沃尔特曼(George F. Woltman)又发现了一个更大的素数

$M_{1\,398\,269}$,这是一个 40 万位数.

目前最新的两个梅森数,$M_{2\,976\,221}$,$M_{3\,021\,377}$(尚未确定位次)分别是在 1997 和 1998 年发现的.而最大的梅森素数(也是已知最大素数)$M_{302\,137}$ 是美国加州州立大学的 19 岁学生罗立·克拉森在 1998 年 1 月 27 日证明的.这是一个具有 909 526 位的数,展开写可以占满对开报纸的 36 个版面.

对于梅森素数,我国语言学家、数学家中山大学年轻的周海中教授在 1992 年仿照费马素数形成提出了一个猜想:当 $2^{2^n} < P < s^{2^{n+1}}(n = 0,1,2,\cdots)$ 时,M_p 有 $2^{n+1} - 1$ 个是素数,并据此得出了小于 $2^{n+1} - 1$ 的梅森素数 M_p 的个数为 $2^{n+2} - n - 2$ 的推论.

1995 年,这一猜想被国际数学界正式承认,并被命名为"周氏猜想",收录于《数学中的著名难题》一书.美国数论专家巴拉德博士和加拿大数论专家里本伯恩教授发来贺信,认为这是"梅森素数研究中的一项重大突破".这是一个精确的表达式,其对目前已知的所有梅森素数都是成立的.按"周氏猜想",在 $2^{2^4} < P < 2^{2^5}$ 的范围内,M_p 有 31 个,而到目前为止,在此范围内已找出 10 个.

另一位数论爱好者,山西太原五中的许轶发现了另外一个可以更快得到大素数的公式,即

$$\begin{cases} p_0 = 2 \\ p_{n+1} = 2p^{p_n - 1} \\ X_p = p_{n+1}, X_p \text{ 为系数}, n = 0,1,2,3,\cdots \end{cases}$$

如果 $M_{3\,021\,377}$ 是一个具有 909 526 位的数,那么第 5 个 X_p,即 $X_{2^{127}} - 1 = 2^{2^{127}-1}$,其中 $2^{127} - 1 \approx 1.701\,411\,834 \times 10^{38}$,$2^{127} - 1$ 比 $M_{3\,021\,377}$ 大不知多少倍.

梅森素数的分布是极不规则的.在 1961 年赫维兹(Hurwitz)证明 $3\,300 < P < 5\,000$ 范围内只有两个梅森素数 $M_{4\,523}$ 和 $M_{4\,923}$.后来盛克斯(D.Shanks)又提出在 $p_n \leqslant P \leqslant p_m$ 范围内,梅森素数约有 $\frac{1}{\lg 2}\sum_{p=p_n}^{p_m}\frac{1}{p}$ 个,并据此推测在 $5\,000 < P < 50\,000$ 范围内,约有 5 个梅森素数 M_P.而到 1979 年,人们在上述范围内实际找到 37 个梅森素数,所以他的猜测并不是准确的.

吉里斯(D.B.Gillies)是美国伊利诺伊大学的数学教授,他曾在 1964 年证明了 $M_{9\,689}$,$M_{9\,941}$ 和 $M_{11\,213}$ 是素数.该校为纪念这一突出成就,当年在它寄出的每一封信上都印上"$2^{11\,213} - 1$".吉里斯凭借多年寻找梅森素数的经验提出了一个猜测:当 P 在 x 与 $2x$ 之间时约给出两个梅森素数 M_p,其中,x 是大于 1 的正整数(这与著名的贝特立假设相似,但比它更强).但遗憾的是,这一猜测与梅森素数的实际分布仍有较大距离,有时在$[x,3x]$,甚至$[x,4x]$之间也找不到一个梅森素数,更不用说两个了.如当 $x = 22\,000$ 时,$[x,3x]$ 中不存在使 M_p 为素数的

P,当 $x = 128$ 时,$[x, 4x]$ 中也不存在使 M_P 为素数的 P.

另一位提出有关梅森素数分布猜想的是伯利哈特(J. Brillhart).他猜测第 n 个梅森素数 M_P 的 P 值(下面记为 P_n)大约是$(1.5)^n$.如果从回归分析的角度来看,$P_n = (1.5)^n$ 可以说是一个拟合得较好的回归方程(拟合得更好的方程是 $P_n = (1.512\,5)^n$),但是如果逐个地对照,我们会发现有许多吻合不好的地方,如

$$P_{10} = 89, P_{15} = 1\,289, P_{21} = 9\,689, P_{30} = 132\,049, P_{32} = 756\,839$$

$$(1.5)^{10} = 58, (1.5)^{15} = 438, (1.5)^{21} = 4\,988$$

$$(1.5)^{30} = 19\,175, (1.5)^{32} = 431\,440$$

由此可见,在计算数论领域还有大量的工作需要去做.

等分圆的理论

第十四章

1. 牛棚中的探索——欧阳维诚的作图法

关于费马数 17 的几何作图问题，高斯等人都用了复数，尽管问题已经解决，并且也算简明，但人们仍会有这样的疑问，能不能仅用实数理论给出作法呢？令人惊奇的是，这个肯定的回答竟是出自“牛棚”.

1980 年 5 月 20 日《湖南日报》发表了一篇题为“为四化选贤举能——记国防科技大学副校长孙本旺教授”的文章.在文中有这样一段：

> “为了推荐人才，孙教授还不计个人得失，敢于冒‘风险’.去年，他接到黔阳地区欧阳维诚寄给他的一篇数学论文，觉得颇有水平.可是，欧阳维诚曾在一九五七年被划成右派，‘文化大革命’中被开除出教师队伍，直到写这篇论文时还没有摘帽，没有正式工作.然而，‘玉裹石璞和氏苦，骥缚盐车伯乐怜’，孙教授还是毅然把欧阳维诚请到家里面谈，并让他参加省数学学会的学术讨论会.这引起了当地有关部门的重视.后来，当地党组织对欧阳维诚被错划右派的问题进行了改正，并把他安排到地区教学辅导站工作，使他的数学才能得到了较好的发挥.”

文中提到的欧阳维诚曾是湖南省教育出版社编审，湖南省政协常委，而文中提到的那篇文章正是关于正 17 边形作图问题的，承欧阳先生允诺，本书全文摘登如下，也算是对那个特殊年代中国人对费马有关问题研究的一点历史记载和考证吧！

使用圆规与直尺分圆为 p 等份的作图是一个古典的，但却长时期使人们极感兴趣的问题. 1801 年高斯证明了 p 等分圆可以作图的充分必要条件. 但是实际作图的方法问题以及如何判断形如 $2^{2^n}+1$ 的费马数是否为素数的问题均未完全解决. 前者涉及高深的理论和特殊的技巧，后者则是数论中悬而未决的著名难题. 本文用初等方法建立了一个等分圆的统一多项式 $f_n(x)$，从 $f_n(x)$ 的性质出发给出了高斯定理一个较简单的新证明；同时在证明的过程中给出了一个具有普遍性的实际作图方法，文中以 17 和 257 等分圆为例作出说明.

2. $f_n(x)$ 的定义及其与等分圆的关系

定义　在区间 $[-2,2]$ 上令 $x=2\cos\varphi$，递推定义

$$\begin{cases}f_0(x)=1,f_1(x)=x\\ f_n(x)=xf_{n-1}(x)-f_{n-2}(x),n=2,3,\cdots\end{cases} \qquad ①$$

从 ① 出发可以顺次写出各个 $f_n(x)$，如

$$f_2(x)=xf_1(x)-f_0(x)=x^2-1$$

$$f_3(x)=xf_2(x)-f_1(x)=x(x^2-1)-x=x^3-2x$$

$$\vdots$$

但易于证明 $f_n(x)$ 的一般表达式是

$$f_n(x)=x^n-C_{n-1}^1x^{n-2}+C_{n-2}^2x^{n-4}+\cdots+(-1)^{[\frac{n}{2}]}C_{n-[\frac{n}{2}]}^{[\frac{n}{2}]}x^{n-2[\frac{n}{2}]}=$$

$$\sum_{k=0}^{[\frac{n}{2}]}(-1)^kC_{n-k}^kx^{n-2k} \qquad ②$$

此处 $[\frac{n}{2}]$ 表示不超过 $\frac{n}{2}$ 的最大整数.

证明　当 $n=2$ 时

$$f_2(x)=x^2-1=x^2-C_{2-1}^1x^{2-2}$$

当 $n=3$ 时

$$f_3(x)=x^3-2x=x^3-C_{3-1}^1x^{3-2}$$

② 均成立. 设对于一切小于 n 的自然数 ② 都成立，即 $f_{n-1}(x)$ 的第 $k+1$ 项为

$$(-1)^kC_{(n-1)-k}^kx^{(n-1)-2k}=(-1)^kC_{n-k-1}^kx^{n-2k-1}$$

而 $f_{n-2}(x)$ 中的第 k 项为

$$(-1)^{k-1}C_{(n-2)-(k-1)}^{k-1}x^{(n-2)-2(k-1)}=(-1)^{k-1}C_{n-k-1}^{k}x^{n-2k}$$

根据 $f_n(n)=xf_{n-1}(x)-f_{n-2}(x)$ 知 $f_n(x)$ 的第 $k+1$ 项为

$$x(-1)^kC_{n-k-1}^{k}x^{n-2k-1}-(-1)^{k-1}C_{n-k-1}^{k-1}x^{n-2k}=$$
$$(-1)^k(C_{n-k-1}^{k}+C_{n-k-1}^{k-1})x^{n-2k}=(-1)^kC_{n-k}^{k}x^{n-2k}$$

而且 $f_n(x)$ 的项数为 $f_{n-2}(x)$ 的项数加 1(退后一位),即$[\frac{n-2}{2}]+1+1=[\frac{n}{2}]+1$,故公式 ② 对一切自然数 n 成立.

利用公式 ② 可以直接写出第 n 个$f_n(x)$,如

$$f_8(x)=x^8-C_7^1x^6+C_6^2x^4-C_5^3x^2+C_4^4=$$
$$x^8-7x^6+15x^4-10x^2+1$$

$f_n(x)$ 有许多有趣的性质和应用,本文只介绍其与等分圆有关的一些性质.

定理 1　对一切自然数 n,$f_n(x)$ 有 n 个实根,它们是

$$x_k=2\cos\frac{k\pi}{n+1},k=1,2,\cdots,n \qquad ③$$

证明　先证明一个恒等式

$$\sin\varphi f_n(x)=\sin(n+1)\varphi \qquad ④$$

当 $n=0$ 时,$\sin\varphi f_0(x)=\sin\varphi\cdot 1=\sin\varphi$.

当 $n=1$ 时,$\sin\varphi f_1(x)=\sin\varphi\cdot x=\sin\varphi\cdot 2\cos\varphi=\sin 2\varphi$ 均成立,若 ④ 对一切小于 k 的自然数成立,则当 $n=k$ 时

$$\sin\varphi f_k(x)=\sin\varphi[xf_{k-1}(x)-f_{k-2}(x)]=x\sin\varphi f_{k-1}(x)-\sin\varphi f_{k-2}(x)=$$
$$2\cos\varphi\sin k\varphi-\sin(k-1)\varphi=\sin(k+1)\varphi \qquad ⑤$$

④ 也成立.故 ⑤ 对一切自然数 n 成立.

今在 ③ 中任取 $x_k=2\cos\frac{k\pi}{n+1}$,代入 ④ 便有

$$\sin\frac{k\pi}{n+1}f_n(x_k)=\sin(n+1)\frac{k\pi}{n+1}=\sin k\pi=0$$

但当 $k=1,2,\cdots,n,0<\frac{k\pi}{n+1}<\pi,\sin\frac{k\pi}{n+1}\neq 0$,故必 $f_n(x_k)=0$.即 x_k 是 $f_n(x)$ 的根.另一方面,在$(0,\pi)$ 内,$\cos\varphi$ 单调下降,当 $k_1\neq k_2,x_{k_1}\neq x_{k_2}$,故 ③ 中的 n 个数互不相同,n 次多项式$f_n(x)$ 不再有另外的根.证毕.

现在我们建立 $f_n(x)$ 与等分圆的关系,设 O 为单位圆,BA_0 为直径,A_0,$A_1,\cdots,A_k,\cdots,A_j,\cdots,A_n$ 分别为圆的 $n+1$ 个等分点.若 n 为偶数,则 B 不是分点;当 n 为奇数,$n=2m+1$,则 B 是第 $m+1$ 个分点.

任取一分点 A_k,联结 BA_k,则 $\angle A_0BA_k$ 可以看做是以 BA_0 为始线绕点 B 旋转所生成的角,显然

$$\angle A_0BA_k = \varphi_k = \frac{k\pi}{n+1}, k = 1,2,\cdots,n$$

今规定线为 BA_k 在 BA_0 之上方(即 $k < \frac{n+1}{2}$ 或 $\varphi_k < \frac{\pi}{2}$)时为正;在 BA_0 之下方(即 $k > \frac{n+1}{2}$ 或 $\varphi_k > \frac{\pi}{2}$)时为负(特例:当 $n = 2m+1$,B 为第 $m+1$ 个分点,$m+1 = \frac{n+1}{2}$,$\varphi_{m+1} = \frac{\pi}{2}$,$BA_{m+1} = 0$),因为 $BA_0 = 2$,所以

$$BA_k = 2\cos\frac{k\pi}{n+1} = x_k, k = 1,2,\cdots,n \qquad ⑥$$

诸线为 BA_k 恰好是 $f_n(x) = 0$ 的 n 个根.故有定理 2.

定理 2 若 $p = n+1$,p 等分圆可以作图的充分必要条件是方程 $f_n(x) = 0$ 的 n 个根都可以作图.

例 求作圆内接正五边形.

解 $f_4(x) = x^4 - C_3^1x^2 + C_2^2 = x^4 - 3x^2 + 1 = (x^2 - x - 1)(x^2 + x - 1)$,解方程 $f_4(x) = 0$,求得其四个根为

$$x_1 = \frac{1+\sqrt{5}}{2}, x_2 = \frac{-1+\sqrt{5}}{2}, x_3 = \frac{1-\sqrt{5}}{2}, x_4 = \frac{-1-\sqrt{5}}{2}$$

作圆的直径 BA_0,以 B 为圆心,x_1 为半径画弧交圆于 A_1,则 A_0A_1 为圆内接正五边形的一边.与我们通常用的黄金分割法一致.

下面继续介绍 $f_n(x)$ 的几个简单性质,然后利用这些性质证明高斯定理.

3. $f_n(x)$ 的几个简单性质

由上节的 ② 及定理 1 知,$f_n(x)$ 必可写成下面的形式,即

$$f_n(x) = \begin{cases} f_{2m}(x) = (x - x_1)(x - x_2)\cdots(x - x_m)(x - x_{m+1})\cdots(x - x_{2m}) \\ f_{2m+1}(x) = x(x - x_1)(x - x_2)\cdots(x - x_m)(x - x_{m+1})\cdots(x - x_{2m+1}) \end{cases}$$

当 $n = 2m$ 时,我们有

$$x_1 = 2\cos\frac{\pi}{2m+1} = -2\cos\frac{2m\pi}{2m+1} = -x_{2m}$$

$$x_2 = 2\cos\frac{2\pi}{2m+1} = -2\cos\frac{(2m-1)\pi}{2m+1} = -x_{2m-1}$$

$$\vdots$$

$$x_m = 2\cos\frac{m\pi}{2m+1} = -2\cos\frac{(m+1)\pi}{2m+1} = -x_{m+1}$$

同样地,当 $m = 2m + 1$ 时,有

$$x_1 = -x_{2m+1}, x_2 = -x_{2m}, \cdots, x_m = -x_{2m+2}, x_{m+1} = 0$$

故上式的 $f_n(x)$ 又可写成

$$f_n(x) = \begin{cases} f_{2m}(x) = (x^2 - x_1^2)(x^2 - x_2^2)\cdots(x^2 - x_m^2) \\ f_{2m+1}(x) = x(x^2 - x_1^2)(x^2 - x_2^2)\cdots(x^2 - x_m^2) \end{cases}$$

现在令 $$f_{2m+1}(x) = x \cdot f'_{2m+1}$$

则 $$f'_{2m+1}(x) = (x^2 - x_1^2)(x^2 - x_2^2)\cdots(x^2 - x_m^2)$$

如果在 $f_{2m}(x)$ 和 $f'_{2m+1}(x)$ 中用 $x^2 = 4 - y^2$ 代入,并且用 $y - 2$ 代替 $f_{2m+1}(x)$ 中第一个因式 x,便得到一个关于 y 的 n 次多项式,记作 $g_n(y)$,注意到

$$4 - x_k^2 = 4 - (2\cos\frac{k\pi}{n+1})^2 = 4\sin^2\frac{k\pi}{n+1} = y_k^2$$

此处置 $y_k = 2\sin\frac{k\pi}{n+1}$. 于是,$g_n(y)$ 可写作

$$g_n(y) = \begin{cases} g_{2m}(y) = (y_1^2 - y^2)(y_2^2 - y^2)\cdots(y_m^2 - y^2) = \\ \qquad (-1)^m = (y^2 - y_1^2)(y^2 - y_2^2)\cdots(y^2 - y_m^2) \\ g_{2m+1}(y) = (y-2)(y_1^2 - y^2)(y_2^2 - y^2)\cdots(y_m^2 - y^2) = \\ \qquad (-1)^m = (y-2)(y^2 - y_1^2)(y^2 - y_2^2)\cdots(y^2 - y_m^2) = \\ \qquad (y-2) = 2m + 1(y) \end{cases}$$

显然 $g_n(y)$ 的 n 个根是 $y_k = \pm 2\sin\frac{k\pi}{n+1}(k = 1, 2, \cdots, m)$ 和 $y_{m+1} = 2$(当 $n = 2m + 1$). 现在来确定 $g_n(y)$ 的系数.

首先,当 $n = 2m + 1$ 时,用 $x^2 = 4 - y^2$ 代入 $f'_{2m+1}(x)$ 中,得

$$g'_{2m+1}(y) = (-1)^m(y^2 - y_1^2)(y^2 - y_2^2)\cdots(y^2 - y_m^2)$$

但若直接用 $x^2 = y^2$ 代入 $f'_{2m+1}(x)$ 中,则得

$$f'_{2m+1}(y) = (y^2 - x_1^2)(y^2 - x_2^2)\cdots(y^2 - x_m^2)$$

因为

$$x_1^2 = 2\cos^2\frac{\pi}{2m+2} = 2\sin^2(\frac{\pi}{2} - \frac{\pi}{2m+2}) = 2\sin\frac{m\pi}{2m+2} = y_m^2$$

$$x_2^2 = 2\cos^2\frac{2\pi}{2m+2} = 2\sin^2(\frac{\pi}{2} - \frac{2\pi}{2m+2}) = 2\sin\frac{(m-1)\pi}{2m+2} = y_{m-1}^2$$

$$\vdots$$

$$x_m^2 = 2\cos^2\frac{m\pi}{2m+2} = 2\sin^2(\frac{\pi}{2} - \frac{m\pi}{2m+2}) = 2\sin\frac{\pi}{2m+2} = y_1^2$$

所以 $$f'_{2m+1}(y) = (y^2 - y_1^2)(y^2 - y_2^2)\cdots(y^2 - y_m^2)$$

因此 $g'_{2m+1}(y)$ 与 $f'_{2m+1}(y)$ 只相差一个符号 $(-1)^m$. 故若用 $a_{m,k}$ 表 $g'_{2m+1}(y)$

中第 $k+1$ 项的系数，则 $a_{m,k}$ 就是$f'_{2m+1}(x)$的第 $k+1$ 项的系数$(-1)^k C_{(2m+1)-k}^k$再乘以符号$(-1)^m$.即 $a_{m,k}=(-1)^{m+k}C_{2m+1-k}^k$.

再看 $g_{2m}(y)$ 的系数是怎样的？因为

$$f_{2m+1}(x)=xf'_{2m+1}(x)=xf_{2m}(x)-f_{2m-1}(x)=xf_{2m}(x)-xf'_{2(m-1)+1}(x)$$

所以
$$f_{2m}(x)=f'_{2m+1}(x)+f'_{2(m-1)+1}(x)$$

所以
$$g_{2m}(y)=g'_{2m+1}(y)+g'_{2(m-1)+1}(y)$$

故若令 $g_{2m}(y)$ 的第 $k+1$ 项系数为 $b_{m,k}$，则

$$\begin{aligned}b_{m,k}=a_{m,k}-a_{(m-1),(k-1)}=&\\(-1)^{m+k}C_{(m+1)-k}^k-(-1)^{m+k-1}C_{2(m-1)+1-(k-1)}^{k-1}=&\\(-1)^{m+k}(C_{2m+1-k}^k+C_{2m-k}^{k-1})=&\\(-1)^{m+k}\left(\frac{2m+1-k}{k}C_{2m-k}^{k-1}+C_{2m-k}^{k-1}\right)=&\\(-1)^{m+k}\frac{2m+1}{k}C_{2m-k}^{k-1}&\end{aligned}$$

去掉公因数$(-1)^m$ 后，上述结果可以归结为定理1.

定理1 令

$$\begin{cases}a_{m,0}=1,a_{m,k}=(-1)^k C_{(2m+1)-k}^k\\b_{m,0}=1,b_{m,k}=(-1)^k\dfrac{2m+1}{k}C_{2m-k}^{k-1}\end{cases}$$

则由下式决定 n 次多项式$g_n(y)$，即

$$g_n(y)=\begin{cases}g_{2m}(y)=\sum\limits_{k=0}^{m}b_{m,k}y^{2m-2k}\\g_{2m+1}(y)=(y-2)g'_{2m+1}(y)=(y-2)\sum\limits_{k=0}^{m}a_{m,k}y^{2m-2k}\end{cases}\qquad ①$$

有 n 个实根，它们是

$$y_k=\begin{cases}\pm 2\sin\dfrac{k\pi}{n+1}, & n=2m,k=1,2,\cdots,m\\\pm 2\sin\dfrac{k\pi}{n+1}\text{ 和 }y_{m+1}=2, & n=2m+1,k=1,2,\cdots,m\end{cases}$$

易知 $A_0A_k=2\sin\dfrac{k\pi}{n+1}=y_k$，故有下述推论.

推论 若 $p=n+1$，则 p 等分圆可以作图的充分必要条件是多项式$g_n(y)$的 n 个根都可作图.

定理2 若 $m+1$ 是 $n+1$ 的因数，则$f_m(x)$整除$f_n(x)$，$g_m(y)$整除 $g_n(y)$.

证明 设 $n+1=q(m+1)$，$f_m(x)$ 的 m 个根是

$$x_k=2\cos\frac{k\pi}{m+1}=2\cos\frac{qk\pi}{q(m+1)}=2\cos\frac{qk\pi}{n+1}$$

此处 $1\leqslant k\leqslant m$，所以 $1<qk<n$，故 x_k 也是$f_n(x)$ 的根. 既然 $f_m(x)$ 的所有根均为 $f_n(x)$ 的根，必有 $f_m(x)\mid f_n(x)$. 又由 $g_m(y)$ 与 $g_n(y)$ 的定义即知同时 $g_m(y)\mid g_n(y)$. 证毕.

定理 3 若 $2m+1$ 为一素数，则 $g_{2m}(y)$ 为一不可约多项式.

证明 因 $g_{2m}(y)$ 中除最高次项系数为 1 外，其余各项的系数 $b_{m,k}=(-1)^k\dfrac{2m+1}{k}C_{2m-k}^{k-1}$ 都是整数，$2m+1$ 为素数，k 与 $2m+1$ 没有公因数，必 $k\mid C_{2m-k}^{k-1}$，从而知 $(2m+1)\mid b_{m,k}$. 而常数项 $b_{m,m}=(-1)^m\dfrac{2m+1}{m}C_m^{m-1}=(-1)^m(2m+1)$ 不能被 $(2m+1)^2$ 整除，故由爱森斯坦判别法，$g_{2m}(y)$ 不可约.

定理 4 令 $p_1=2m_1+1$ 为一素数，$p=p_1^2=2m+1$，那么 $g_{2m}(y)=g_{2m_1}(y)G(y)$，其中 $G(y)$ 是一个 $p_1(p_1-1)$ 次不可约多项式.

证明 因 $(2m_1+1)\mid(2m+1)$，故有 $g_{2m}(y)=g_{2m_1}(y)G(y)$（定理 2），$G(y)$ 的次数显然为 $2m-2m_1=p_1(p_1-1)$. 令

$$g_{2m}(y)=b_{m,m}+b_{m,m-1}y^2+b_{m,m-2}y^4+\cdots+b_{m,m-p_1}y^{2p_1}+\cdots+y^{2m}$$

$$g_{2m_1}(y)=b_{m_1,m_1}+b_{m_1,m_1-1}y^2+b_{m_1,m_1-2}y^4+\cdots+y^{2m_1}$$

$$G(y)=a_0+a_1y^2+a_2y^4+\cdots+a_iy^{2i}+\cdots+a_{m-m_1-1}y^{2m-2m_1-2}+y^{2m-2m_1}$$

此处 $i=p_1-m_1$. $g_{2m_1}(y)$ 中除 y^{2m_1} 一项外，其余各项的系数 $b_{m_1,k}$ 均有 $p_1=b_{m_1,k}$，但 $p_1^2\nmid b_{m_1,m_1}$ 在 $g_{2m}(y)$ 中除 y^{2m} 一项外，其系数 $b_{m,k}=\dfrac{p_1^2}{k}C_{2m-k}^{k-1}$，因 p_1 为素数，在 $1,2,\cdots,2m$ 中，若 $k\neq1$，当且仅当 $k=p_1$ 时，$k\mid p_1^2$，故在其余各项均有 $k\mid C_{m-k}^{k-1}$，从而 $p_1^2\mid b_{m,k}$，当 $k=p_1$，$p_1\mid b_{m,m-p_1}$.

比较 $g_{2m}(y)=g_{2m_1}(y)G(y)$ 两边的系数

$$b_{m,m}=a_0b_{m_1,m_1}$$

$$b_{m,m-1}=a_1b_{m_1,m_1}+a_0b_{m_1,m_1-1}$$

$$\vdots$$

$$b_{m,m-p_1}=a_i1+a_{i+1}b_{m_1,1}+a_{i+2}b_{m_1,2}+\cdots$$

$$\vdots$$

因为 $b_{m,m}=(-1)^mp_1^2$，$b_{m_1,m_1}=(-1)^{m_1}p_1$，故 $p_1\mid a_0$，$p_1^2\nmid a_0$.

$p_1^2\mid b_{m,m-1}$，$p_1\mid b_{m_1,m_1}$，$p_1\mid b_{m_1,m_1-1}$，$p_1\mid a_0$，但 $p_1^2\mid b_{m_1,m_1}$，故必 $p_1\mid a_1$.

如此继续可得 $p_1\mid a_2,\cdots,p_1\mid a_{i-1}$，而对 a_i 有

$$b_{m,m-p_1}=a_i\cdot1+a_{i+1}b_{m_1,1}+a_{i+2}b_{m_1,2}+\cdots$$

因 $p_1 \mid b_{m,m-p_1}, p_1 \mid b_{m_1,1}, p_1 \mid b_{m_1,2}, \cdots$,故亦有 $p_1 \mid a_i$.

同法可推出,$p_1 \mid a_{i+1}, p_1 \mid a_{i+2}, \cdots$

最后即得 $p_1 \mid a_0, p_1 \mid a_1, \cdots, p_1 \mid a_{m-m_1-1}$,但 $p_1^2 \nmid a_0$,故 $G(y)$ 为一 $p_1(p_1-1)$ 次不可约多项式.

定理 5 设 n 为偶数,$n=2m$,则方程

$$F_m(x) = f_m(x) + f_{m-1}(x) = 0 \qquad ②$$

的根是

$$z_k = (-1)^k 2\cos\frac{k\pi}{n+1}, k = 1,2,\cdots,m \qquad ③$$

并且

$$z_1 + z_2 + \cdots + z_m = \sum_{k=1}^{m} z_k \equiv -1 \qquad ④$$

证明 先证明 $F_m(x)$ 的 m 个根是

$$x_k = 2\cos\frac{k\pi}{n+1}, k = 2,4,\cdots,2m \qquad ⑤$$

因为 $$(m+1)\frac{k\pi}{n+1} + m\cdot\frac{k\pi}{n+1} = (2m+1)\frac{k\pi}{n+1} = k\pi$$

当 k 为偶数时

$$\sin(m+1)\frac{k\pi}{n+1} + \sin m\frac{k\pi}{n+1} = 0$$

令 $\varphi = \frac{k\pi}{n+1}, x_k = 2\cos\varphi = 2\cos\frac{k\pi}{n+1}$,由上节中恒等式 ④ 有

$$\sin\frac{k\pi}{n+1}f_m(x_k) + \sin\frac{k\pi}{n+1}f_{m-1}(x_k) = \sin\frac{k\pi}{n+1}F_m(x_k) = 0$$

因为 $\sin\frac{k\pi}{n+1} \neq 0$,故 $F_m(x)=0$. ⑤ 中 m 个不同实数为 $F_m(x)$ 的 m 个根.对于 ⑤ 中的 $k=2i \leqslant m$ 时

$$x_k = 2\cos\frac{k\pi}{n+1} = (-1)^k 2\cos\frac{k\pi}{n+1} = z_k$$

$k=2j>m$ 时,令 $k'=(2m+1)-2j$,则 $k' \leqslant m$ 且为奇数,即

$$x_k = 2\cos\frac{k\pi}{n+1} = -2\cos\frac{k'\pi}{n+1} = (-1)^{k'}2\cos\frac{k'\pi}{n+1} = z_{k'}$$

故 ⑤ 中 m 个 x_k 可写成 ③.

又 $F_m(x)$ 中第二项即 $f_{m-1}(x)$ 的首项,系数恒为 1,故 ④ 成立,即 $\sum_{k=1}^{m} z_k \equiv -1$.证毕.

$F_m(x)$ 及其根的表达式 ③ 比 $f_n(x)$ 的应用更为方便.

推论 若 $p=2m+1$,则 p 等分圆可以作图的充分必要条件是 $F_m(x)$ 的

m 个根可以作图.

例如在上节的例中,求作圆内接正五边形,不用 $f_4(x)=0$ 而用 $F_2(x)=f_2(x)+f_1(x)=x^2+x-1=0$ 将更为方便.

定义 若 $p=2m+1$,i 叫做 j 对模 p 的余数,若

$$j=rp+i \text{ 或 } j=rp-i \text{ 且 } i\leqslant m \qquad ⑥$$

已作 $i=\bar{j}(p)$,对指定的模 p,简写作 $i=\bar{j}$.如此定义的 $\bar{j}$ 难以确定,实际上用 p 除 j,余数 i 和 $p-i=i'$ 都唯一确定,于是

$$j=rp+i \text{ 或 } j=(r+1)p-i'=r'p-i'$$

若 $i\leqslant m,\bar{j}=i$;若 $i>m$,则 $i'\leqslant m,\bar{j}=i'$.

根据 ⑥ 不难验证,下列运算规则成立,即

$$\overline{i\cdot j}=\overline{\bar{i}\cdot\bar{j}},\ \overline{a^{i+j}}=\overline{\overline{a^i}\cdot\overline{a^j}},\ \overline{(a^i)^j}=\overline{\overline{(a^i)}^j}$$

定理 6 令 $z_k=(-1)^k 2\cos\dfrac{k\pi}{2m+1}$,$i,j$ 为任意的自然数,则对模 $p=2m+1$,有恒等式

$$\begin{cases}z_i=z_{-i}=z_{\bar{i}}\\ z_i\cdot z_j=z_{i-j}+z_{i+j}=z_{\overline{i-j}}+z_{\overline{i+j}}\end{cases} \qquad ⑦$$

证明 由定义得

$$i=rp\pm\bar{i}$$

$$z_i=(-1)^i 2\cos\frac{(rp\pm\bar{i})\pi}{p}=$$

$$\begin{cases}(-1)^{i-rp}2\cos\dfrac{\bar{i}\pi}{p}=(-1)^{\bar{i}}2\cos\dfrac{\bar{i}\pi}{p}=z_{\bar{i}},r\text{ 为偶数}\\ -(-1)^{i-rp}\left(-2\cos\dfrac{\bar{i}\pi}{p}\right)=(-1)^{\bar{i}}2\cos\dfrac{\bar{i}\pi}{p}=z_{\bar{i}},r\text{ 为奇数}\end{cases}$$

$$z_i\cdot z_j=(-1)^i 2\cos\frac{i\pi}{p}\cdot(-1)^i 2\cos\frac{j\pi}{p}=(-1)^{i+j}\cdot$$

$$2\left[\cos\frac{(i-j)\pi}{p}+\cos\frac{(i+j)\pi}{p}\right]=$$

$$(-1)^{i-j}2\cos\frac{(i-j)\pi}{p}+(-1)^{i+j}2\cos\frac{(i+j)\pi}{p}=z_{i-j}+z_{i+j}=$$

$$z_{\overline{i-j}}+z_{\overline{i+j}}$$

定理 7 若 $2m+1$ 为素数,必有正整数 a 存在,使由 ③ 表示的 $F_m(x)$ 的 m 个根

$$z_1,z_2,\cdots,z_k,\cdots,z_m$$

经过适当排列后(对模 $p=2m+1$)可写成

$$z_{\overline{a^0}},z_{\overline{a^1}},\cdots,z_{\overline{a^k}},\cdots,z_{\overline{a^{m-1}}} \qquad ⑧$$

证明 由数论中知道 p 为素数必有一原根 $a^{[k]}$,即有 a 存在,使满足 $a^k=$

$rp+1$ 的最小正数 k 是 $2m$.

现在我们证明,对 p 的一个原根 a,$\overline{a^0},\overline{a_1},\cdots,\overline{a^{m-1}}$ 恰好是 $1,2,\cdots,m$ 这 m 个数.

因为 $(a,p)=1$,故 $\overline{a^k}\neq 0$,且由定义 $\overline{a^k}\leqslant m$,故只要证明 $\overline{a^0},\overline{a^1},\cdots,\overline{a^{m-1}}$ 这 m 个数中没有两个相同就可以了.设有 $k_2>k_1$,且 $\overline{a^{k_1}}=\overline{a^{k_2}}=b$,则令 $k=k_2-k_1$,显然 $0<k<m$,依定义有

$$a^{k_1}=r_1p\pm b,b^{k_2}=r_2p\pm b$$

即得

$$a^{k_2}\pm a^{k_1}=(r_2\pm r_1)p$$

或

$$a^{k_1}(a^k\pm 1)=r_3p$$

因为 $(a^{k_1},p)=1$,故 $a^{k_1}\mid r_3$,便可得 $a^k=r_4p\pm 1$,即得 $a^{2k}=(r_4p\pm 1)^2=rp+1$.因为 $k\neq 0$,必 $2k\geqslant 2m$,矛盾.故 $\overline{a^{k_1}}\neq\overline{a^{k_2}}$,定理得证.

有了上述准备就可以证明高斯定理了.

4.高斯定理的证明

定理 p 等分圆可以作图的充分必要条件是 p 可写成

$$p=2^kp_1p_2\cdots p_i,k,i\in\mathbf{N} \quad ①$$

的形式,p_i 为 $q^{2^t}+1$ 型的素数且没有两个相等.

证明 因 2^k 等分一个圆或弧总是可作图的故可不计,只对 $p=p_1p_2\cdots p_i$ 型的数加以证明即可.以后用"p 可作"代替"p 等分圆可以作图".

(1)先证明条件的必要性.

1)任取 $p_i=2m_i+1$,若 p_i 可作,则由上节定理1的推论知,$g_{2m_i}(y)$ 的所有根可以作图.因 p_i 为素数,由上节定理3知 $g_{2m_i}(y)$ 既约,故 $g_{2m_i}(y)$ 必为 2^k 次,即 $2m_i=2^k$,$p_i=2^k+1$.若 $k\neq 2^t$,则有大于1的奇数 q,使 $k=q2^s$,令 $2^{2^s}=a$,便有

$$p_i=2^k+1=2^{q2^s}+1=(a)^q+1=(a+1)(a^{q-1}-a^{q-2}+\cdots)$$

故必 $k=2^t$,即 $p_i=2^{2^t}+1$,与 p_i 为素数矛盾.

今若 p 可作,必每一 p_i 可作,因此 $p_1,p_2,\cdots,p_i$ 都必须是 $2^{2^t}+1$ 型的素数.

2)若 $p_1,p_2,\cdots,p_i$ 中有两个相等,如 $p_1=p_2$,令 $p_1=2m_1+1$,$p'=p_1p_2=p_1^2=(2m_1+1)^2=2m+1$.由上节定理4知,$g_{2m}(y)$ 有一个既约因式 $G(y)$,其次数为 $p_1(p_1-1)$.但因 $p_1=2^{2^t}+1=2^k+1$,所以 $p_1(p_1-1)=p_1\cdot 2^k\neq 2^s$,

故 $g_{2m}(y)$ 的根不可作图,从而由上节定理 1 推论,$p' = p_1p_2$ 不可作,p' 既已不可作,则 p 必不可作,故 p_1 不能等于 p_2.

(2) 证明条件的充分性.

1) 首先,若 $p_1,p_2,\cdots,p_i$ 均可作,因 p_i 为素数且互不相同,故$(p_1,p_2) = 1$,必有 a,b 存在,使

$$ap_1 + bp_2 = 1$$

或

$$\frac{a}{p_2} + \frac{b}{p_1} = \frac{1}{p_1p_2}$$

令 p_1 和 p_2 可作,故 p_1p_2 可作. 又因仍有$(p_1p_2,p_3) = 1$,故 $p_1p_2p_3$ 可作,……,最后 $p = p_1p_2\cdots p_i$ 可作.

2) 因此只要证对素数 $p = \alpha^{\alpha^t} + 1$,$p$ 可作则充分性得证. 令 $p = 2m + 1$,取 p 的原根 a,将 $F_m(x)$ 的 m 个根依上节定理 7 排列成

$$z_1,z_{a^1},z_{a^2},\cdots,z_{a^k},\cdots,z_{a^{m-1}}(z_{a^k} = z_{\bar{a}^k}) \qquad ②$$

因为 $a^{2m} = rp + 1$,$(a^m - 1)(a^m + 1) = rp$ 有 $a^m = r_1p - 1$,知 $\overline{a^m} = 1$. 引进记号

$$\begin{cases} r_1 = \overline{a^1},r_k = \overline{r_{k-1}^2} = \overline{a^{2^{k-1}}} \\ q_1 = m,q_k = \dfrac{1}{2}q_{k-1} = \dfrac{m}{2^{k-1}} \end{cases} \quad (\overline{((r_k)^{q_k}} = \overline{a^m} = 1) \qquad ③$$

现将 ② 中的 m 个数按下法进行分组.

i m 个数一组,共分一组,称为"一级分组",记作

$$\eta_i^{(1)} = z_1 + z_{a^1} + z_{a^2} + z_{a^3} + \cdots + z_{a^{m-1}} = z_1 + z_{r_1^1} + z_{r_1^2} + \cdots + z_{r_1^{q-1}}$$

ii 取 $\eta_i^{(1)}$ 中相隔一项的数相加,分 $\eta_i^{(1)}$ 为二组,每组有 $q_2 = \dfrac{m}{2}$(个)数,称为"二级分组",记作

$$\begin{cases} \eta_i^{(2)} = z_1 + z_{r_1^2} + z_{r_1^4} + \cdots + z_{r_1^{2(q_1-1)}} = z_1 + z_{r_2} + z_{r_2^2} + \cdots + z_{r_2^{q_2-1}} \\ \eta_{ik}^{(2)} = z_{r_1} + z_{r_1^3} + z_{r_1^5} + \cdots + z_{r_1^{2(q_1-1)}} = z_{r_1} + z_{r_1r_2} + z_{r_1r_2^2} + \cdots + z_{r_1r_2^{q_2-1}} \end{cases}$$

如此继续分下去,因 $m = 2^{2^t} - 1$,这样的分组一直可进行到 2^t 次. 一般地,对一个"$k - 1$ 级分组",记作

$$\eta_i^{(k-1)} = z_i + z_{ir_{k-1}} + z_{ir_{k-1}^2} + \cdots + z_{ir_{k-1}^{q_{k-1}-1}}$$

又相隔一项的数相加分为二组

$$\begin{cases} \eta_i^{(k)} = z_i + z_{ir_{k-1}^2} + \cdots + z_{ir_{k-1}^{2(q_{k-1})-1}} = z_i + z_{ir_k} + z_{ir_k^2} + \cdots + z_{ir_k^{q_k-1}} \\ \eta_{ir_{k-1}}^{(k)} = z_{ir_{k-1}} + z_{ir_{k-1}^3} + z_{ir_{k-1}^5} + \cdots + z_{ir_{k-1}^{2q_{k-1}-1}} = \\ \qquad z_{ir_{k-1}} + z_{ir_{k-1}r_k} + z_{ir_{k-1}r_k^2} + \cdots + z_{ir_{k-1}r_k^{q_{k-1}}} \end{cases} \qquad ④$$

④ 特别地称为"k 级共轭分级". $\eta_i^{(k)}$ 与 $\eta_{ir_{k-1}}^{(k)}$ 的上标和下标分别表明:一共有 2^{k-1} 个"k 级分级",其中各两两共轭;每一个"k 级分组"中共有 $q_k = \frac{m}{2^{k-1}}$(个)数,特别地最后的"2^t 级分组"只有一个数即 $z_1, z_2, \cdots, z_m$. $\eta_i^{(k)}$ 中的 i 表示 $\eta_i^{(k)}$ 中有一个数为 z_i,因为每一个 z_i 必属于且仅属于一个一定的"k 级分组",并且若有 $z_j \in \eta_i^{(k)}$,则必 $j = ir_k^s = jr_k^{q_k}(\overline{r_k^{q_k}} = \overline{a^m} = 1)$, $i = jr_k^{q_k-s} = jr_k^{s'}$. 因此对 $\eta_i^{(k)}$ 中的每一项 $z_{ir_k^u} = z_{jr_k^s r_k^u} = z_{jr_k^{s'+u}} = z_{jr_k^v}$,因此

$$\eta_i^{(k)} = \eta_j^{(k)} = z_j + z_{jr_k} + z_{jr_k^2} + \cdots + z_{jr_k^{q_k-1}}$$

即 $\eta_i^{(k)}$ 与其"代表"z_i 的选择没有关系.

iii 任何一对"k 级共轭分组"必满足恒等式

$$\begin{cases}\eta_i^{(k)} + \eta_{ir_{k-1}}^{(k)} = \eta_i^{(k-1)} = A \\ \eta_i^{(k)} \cdot \eta_{ir_{k-1}}^{(k)} = \sum\limits_{j=\text{奇数}}^{q_k} (\eta_{i(r_{k-1}^i-1)}^{(k-1)}) + \eta_{i(r_{k-1}^j+1)}^{(k-1)} = B\end{cases} \quad ⑤$$

第一个等式是"共轭分组"的定义本身所规定的无须证明,只证第二个.

等式左边 $\eta_i^{(k)}$ 与 $\eta_{ir_{k-1}}^{(k)}$ 中各有 q_k 个数,故共有形如 $Z_i \cdot Z_j$ 的积 q_k^2 项,因 $Z_i \cdot Z_j = Z_{i-j} + Z_{i+j}$,故左边共有 $2q_k^2$ 个数相加.等式右边 j 取 1 至 q_k 间的奇数,有 $\frac{1}{2}q_k$ 个,对应于每一个 j 有两个 $\eta_{i(r_{k-1}^j-1)}^{(k-1)}$ 和 $\eta_{i(r_{k-1}^j+1)}^{(k-1)}$,故共有 q_k 个 $\eta^{(k-1)}$,每一个 $\eta^{(k-1)}$ 中有 q_{k-1} 即 $2q_k$ 个数,故右边也共有 $2q_k^2$ 个 Z_i 相加.

左边每一个 Z_i 都是由 $\eta_i^{(k)}$ 中的某数 $Z_{ir_k^{s_1}}$ 与 $\eta_{ir_{k-1}}^{(k)}$ 中的某一 $Z_{ir_{k-1}r_k^{s_2}}$ 相乘而得到的,但因

$$ir_{k-1}r_k^{s_2} \pm ir_k^{s_1} = ir_{k-1}^{2s_2+1} \pm ir_{k-1}^{2s_1} = i(r_{k-1}^j \pm 1)r_{k-1}^s$$

此处令 $s = 2s_1, j = 2s_2 + 1 - 2s_1$,当 $s_2 < s_1$,可将 s_2 换作 $s_2 + q_k$.那么便有

$$Z_{ir_k^{s_1}} \cdot Z_{ir_{k-1}r_k^{s_2}} = Z_{i(r_{k-1}^j-1)r_{k-1}^s} + Z_{i(r_{k-1}^j+1)r_{k-1}^s}$$

两个数都是右边 $\eta_{i(r_{k-1}^j-1)}^{(k-1)}$ 和 $\eta_{i(r_{k-1}^j+1)}^{(k-1)}$ 中的数.

反过来,等式右边任一数必形如 $Z_{i(r_{k-1}^j \pm 1)r_{k-1}^s}$,在 $\eta_i^{(k)}$ 和 $\eta_{ir_{k-1}}^{(k)}$ 中分别取 $Z_{ir_k^{s_1}}$ 和 $Z_{ir_{k-1}r_k^{s_2}}$ 相乘,使其合乎:

若 s 为偶数,取 $2s_1 = s, (2s_2 + 1) - 2s_1 = j$;

若 s 为奇数,取 $(2s_2 + 1) = s, 2s_1 - (2s_2 + 1) = j$.

即得到 $Z_{i(r_{k-1}^j \pm 1)r_{k-1}^s}$.故恒等式 ⑤ 成立.

3) 由 ⑤ 知每一对"k 级共轭分组"为二次方程

$$\eta^2 - A\eta + B = 0 \quad ⑥$$

的二根.此中 $A = \eta_i^{(k-1)}$ 和 $B = \sum\limits_{j=\text{奇数}}^{q_k} \eta_{i(r_{k-1}^j \pm 1)}^{(k-1)}$ 分别为一个"$k-1$ 级分组"与 q_k 个

“$k-1$级分组”之和，故若一切“$k-1$级分组”可以作图，则必A和B可以作图，从而所有的“k级分组”也必可以作图.

今已知“一级分组”$\eta_i^{(1)}\equiv(-1)$（上节定理5），故“一级分组”$\eta_i^{(1)}$必可作图，$\eta_i^{(1)}$即可作图，则“二级分组”必可以作图.“三级分组”，“四级分组”，…，“2^t级分组”，即每一个$Z_1,Z_2,\cdots$必均可作图，Z_1即可作图则p可作，高斯定理至此证毕.

5. p等分圆的作图——17与257等分圆

很明显在上节的证明中，我们已得出了一个p等分圆的普遍作图法. 其步骤如下.

(1) 取p的最小正原根3，计算诸$\overline{3^k}$，写出本章第三节中序列中⑧，并写出各r_k.

若$p=2^{2^t}+1=2m+1$确为素数，则3必为其一个原根. 因为当$t\geqslant1$，用归纳法易证明$2^{2^t}=3r+1$，根据勒让得(Legender)符号，3是p的一个平方非剩余，又因$p-1=2^t$只有素因数2，故其每一平方非剩余均为其原根.

(2) 顺次作各级分组，利用上节恒等式⑤算出A与B，根据上节方程⑥，作出各级分组.

特别地，“二级分组”只有一对，恒满足方程

$$\eta^2+\eta-\frac{m}{2}=0 \qquad (*)$$

因为$A=\eta_i^{(1)}\equiv-1, B=\sum\limits_{j=\text{奇数}}^{q_2}\eta_{i(r_1^j\pm1)}^{(1)}=\frac{m}{2}\eta_i^{(1)}=-\frac{m}{2}$.

(3) 最后必可作出Z_1. 作圆的直径BA_0，以B为圆心，以$|Z_1|$为半径画弧交圆于A_1，则$\overset{\frown}{A_0A_1}$为圆的$\frac{1}{p}$.

下面我们介绍17和257等分圆的作法.

例1 求作圆内接正五边形.

解 $5=2^{2^1}+1, 2^t=2, m=2$.

故只要求“二级分组”，可直接利用方程(*)，即

$$\eta^2+\eta-1=0$$

与本节第二节的例及第三节的定理5完全一致.

例2 求作圆内接正17边形.

解 $17=2^{2^2}+1, 2^t=4, m=8$，需求四级分组. 取17的原根3，计算出

$$3^0 = 1 \qquad \overline{3^4} = \overline{3\times 7} = \overline{17+4} = 4(r_3)$$

$$3^1 = 3(r_1) \qquad \overline{3^5} = \overline{3\times 4} = \overline{17-5} = 5$$

$$\overline{3^2} = \overline{9} = \overline{17-8} = 8(r_2) \qquad \overline{3^6} = \overline{3\times 5} = \overline{17-2} = 2$$

$$\overline{3^3} = \overline{3\times 8} = \overline{17+7} = 7 \qquad \overline{3^7} = 3\times 2 = 6$$

所以 $\qquad \eta_1^{(1)} = Z_1 + Z_3 + Z_8 + Z_7 + Z_4 + Z_5 + Z_2 + Z_6 = -1$

作二级分组

$$\begin{cases} \eta_1^{(2)} = Z_1 + Z_8 + Z_4 + Z_2(>0) \\ \eta_3^{(2)} = Z_3 + Z_7 + Z_5 + Z_6(<0) \end{cases}, r_2 = 8$$

利用方程(*)解 $\eta^2 + \eta - \frac{8}{2} = 0$,即得

$$\eta_1^{(2)} = \frac{-1+\sqrt{17}}{2}, \eta_3^{(2)} = \frac{-1-\sqrt{17}}{2}$$

作出 $\eta_1^{(2)}$ 和 $\eta_3^{(2)}$.再看“三级分组”($r_3 = 4$)

$$\begin{cases} \eta_1^{(3)} = Z_1 + Z_4(<0) \\ \eta_8^{(3)} = Z_8 + Z_2(>0) \end{cases}, \begin{cases} \eta_3^{(3)} = Z_3 + Z_5(<0) \\ \eta_7^{(3)} = Z_7 + Z_6(>0) \end{cases}$$

利用上节的⑤计算出($r_2 = 8$),即

$$\eta_1^{(3)}\eta_8^{(3)} = \eta_{8-1}^{(2)} + \eta_{8+1}^{(2)} = \eta_7^{(2)} + \eta_9^{(2)} = \eta_7^{(2)} + \eta_8^{(2)} = \eta_3^{(2)} + \eta_1^{(2)} = \eta_1^{(1)} = -1$$

$$\eta_3^{(3)}\eta_7^{(3)} = \eta_{3(8-1)}^{(2)} + \eta_{3(8+1)}^{(2)} =$$

$$\eta_{21}^{(2)} + \eta_{27}^{(2)} = \eta_4^{(2)} + \eta_7^{(2)} = \eta_1^{(2)} + \eta_3^{(2)} = \eta_1^{(1)} = -1$$

解方程 $\eta^2 - \frac{-1+\sqrt{17}}{2}\eta - 1 = 0$ 和 $\eta^2 - \frac{-1-\sqrt{17}}{2}\eta - 1 = 0$,得

$$\eta_1^{(3)} = \frac{-1+\sqrt{17}-\sqrt{2(17-\sqrt{17})}}{4}$$

$$\eta_8^{(3)} = \frac{-1+\sqrt{17}+\sqrt{2(17-\sqrt{17})}}{4}$$

$$\eta_3^{(3)} = \frac{-1-\sqrt{17}-\sqrt{2(17+\sqrt{17})}}{4}$$

$$\eta_7^{(3)} = \frac{-1-\sqrt{17}+\sqrt{2(17+\sqrt{17})}}{4}$$

作出各 $\eta^{(3)}$.最后看“四级分组”

$$\begin{cases} Z_1 + Z_4 = \eta_1^{(3)} = \dfrac{-1+\sqrt{17}-\sqrt{2(17-\sqrt{17})}}{4} \\ Z_1 \cdot Z_4 = Z_3 + Z_5 = \eta_3^{(3)} = \dfrac{-1-\sqrt{17}-\sqrt{2(17+\sqrt{17})}}{4} \end{cases}$$

解方程

$$Z^2-\frac{-1+\sqrt{17}-\sqrt{2(17-\sqrt{17})}}{4}Z+\frac{-1-\sqrt{17}-\sqrt{2(17+\sqrt{17})}}{4}=0$$

得

$$Z_1=\frac{1}{4}((1-\sqrt{17}+\sqrt{2(17-\sqrt{17})})-\sqrt{68+16\sqrt{17}+16\sqrt{2(17+\sqrt{17})}+2\sqrt{2(17-\sqrt{17})}-2\sqrt{2\sqrt{17}(17-\sqrt{17})}})$$

作圆的直径 BA_0,以 B 为圆心,以 $|Z_1|$ 为半径画弧交圆于 A_1,则 A_0A_1 为圆内接正 17 边形的一边.在实际作图中,不必先算出各级 $\eta^{(k)}$ 的数学表达式而只需作出其所代表的线即可.

例 3 257 等分圆.

解 $p=257=2^{2^3}+1, m=128, 2^t=8$,要作出“八级分组”.算出$\overline{3^k}$ 和 r_k 得

$$r_1=3, r_2=9, r_3=81, r_4=121, r_5=8, r_6=64, r_7=16, r_8=1$$

$$\begin{aligned}\eta_1^{(1)}=&Z_1+Z_3+Z_9+Z_{27}+Z_{81}+Z_{14}+Z_{42}+Z_{126}+Z_{121}+Z_{106}+Z_{61}+\\&Z_{74}+Z_{35}+Z_{105}+Z_{58}+Z_{83}+Z_8+Z_{24}+Z_{72}+Z_{41}+Z_{123}+Z_{112}+\\&Z_{79}+Z_{20}+Z_{60}+Z_{77}+Z_{26}+Z_{78}+Z_{23}+Z_{69}+Z_{50}+Z_{107}+Z_{64}+Z_{65}+\\&Z_{62}+Z_{71}+Z_{44}+Z_{125}+Z_{118}+Z_{97}+Z_{34}+Z_{102}+Z_{49}+Z_{110}+Z_{113}+\\&Z_{38}+Z_{114}+Z_{85}+Z_2+Z_6+Z_{18}+Z_{54}+Z_{95}+Z_{28}+Z_{84}+Z_5+Z_{15}+\\&Z_{45}+Z_{122}+Z_{109}+Z_{70}+Z_{47}+Z_{116}+Z_{91}+Z_{16}+Z_{48}+Z_{113}+Z_{82}+\\&Z_{11}+Z_{33}+Z_{99}+Z_{40}+Z_{120}+Z_{103}+Z_{52}+Z_{101}+Z_{46}+Z_{119}+Z_{100}+\\&Z_{43}+Z_{128}+Z_{127}+Z_{124}+Z_{115}+Z_{88}+Z_7+Z_{21}+Z_{63}+Z_{68}+Z_{53}+\\&Z_{98}+Z_{37}+Z_{111}+Z_{76}+Z_{29}+Z_{87}+Z_4+Z_{12}+Z_{36}+Z_{108}+Z_{67}+Z_{56}+\\&Z_{89}+Z_{10}+Z_{30}+Z_{90}+Z_{13}+Z_{39}+Z_{119}+Z_{94}+Z_{25}+Z_{75}+Z_{52}+Z_{96}+\\&Z_{31}+Z_{93}+Z_{22}+Z_{66}+Z_{59}+Z_{80}+Z_{17}+Z_{51}+Z_{104}+Z_{55}+Z_{92}+Z_{19}+\\&Z_{57}+Z_{86}=-1\end{aligned}$$

利用上节的 ⑤ 将各级分组的计算结果列表于下,见表 1,用熟知的作二次方程 $\eta^2-A\eta+B=0$(A,B 为可作出的线为二根)的方法,可顺次作出各级分组 $\eta_i^{(k)}$,最后作出 $\eta_1^{(8)}$ 即 Z_1.

表 1

级别	共轭分组下标		按上节恒等式⑤计算出的		本身符号		解方程时判别式前取号	
	i	ir_{k-1}	A	B	i	ir_{k-1}	i	ir_{k-1}
$\eta^{(2)}$ $r_1=3$	1	3	-1	-64	+	−	+	−
$\eta^{(3)}$ $r_2=9$	1	9	$\eta_1^{(2)}$	-16	+	−	+	−
	3	27	$\eta_3^{(2)}$	-16	+	−	+	−
$\eta^{(4)}$ $r_3=81$	1	81	$\eta_1^{(3)}$	$2\eta_1^{(3)}+4\eta_9^{(3)}+5\eta_3^{(3)}+5\eta_{27}^{(3)}$	+	−	+	−
	9	42	$\eta_9^{(3)}$	$4\eta_2^{(3)}+\alpha\eta_9^{(3)}+5\eta_3^{(3)}+5\eta_{27}^{(3)}$	+	−	+	−
	3	14	$\eta_3^{(3)}$	$5\eta_1^{(3)}+5\eta_9^{(3)}+2\eta_3^{(3)}+4\eta_{27}^{(3)}$	+	−	+	−
	27	126	$\eta_{27}^{(3)}$	$2\eta_1^{(4)}+\eta_{81}^{(4)}+2\eta_9^{(4)}+\eta_{42}^{(4)}+2\eta_{14}^{(4)}$	−	−	−	+
$\eta^{(5)}$ $r_4=121$	1	121	$\eta_1^{(4)}$	$2\eta_1^{(4)}+\eta_{81}^{(4)}+2\eta_9^{(4)}+\eta_{42}^{(4)}+2\eta_{14}^{(4)}$	+	+	+	−
	81	35	$\eta_{81}^{(4)}$	$\eta_1^{(4)}+2\eta_{81}^{(4)}+\eta_9^{(4)}+2\eta_{42}^{(4)}+2\eta_3^{(4)}$	−	−	+	−
	9	61	$\eta_9^{(4)}$	$\eta_1^{(4)}+2\eta_{81}^{(4)}+\alpha\eta_9^{(4)}+\eta_{42}^{(4)}+2\eta_{126}^{(4)}$	+	+	+	−
	42	58	$\eta_{42}^{(4)}$	$2\eta_1^{(4)}+\eta_{81}^{(4)}+\eta_9^{(4)}+2\eta_{42}^{(4)}+2\eta_{127}^{(4)}$	−	−	−	+
	3	106	$\eta_3^{(4)}$	$2\eta_3^{(4)}+\eta_{14}^{(4)}+2\eta_{27}^{(4)}+\eta_{126}^{(4)}+2\eta_{81}^{(4)}$	+	−	+	−
	14	105	$\eta_{14}^{(4)}$	$\eta_3^{(4)}+2\eta_{14}^{(4)}+\eta_{27}^{(4)}+2\eta_{126}^{(4)}+2\eta_9^{(4)}$	+	−	+	−
	27	74	$\eta_{27}^{(4)}$	$\eta_3^{(4)}+2\eta_{14}^{(4)}+2\eta_{27}^{(4)}+\eta_{126}^{(4)}+2\eta_1^{(4)}$	−	−	+	−
	126	83	$\eta_{126}^{(4)}$	$2\eta_3^{(4)}+\eta_{14}^{(4)}+\eta_{27}^{(4)}+2\eta_{126}^{(4)}+2\eta_{42}^{(4)}$	+	−	+	−
$\eta^{(6)}$ $r_5=8$	1	8	$\eta_1^{(5)}$	$\eta_1^{(5)}+\eta_3^{(5)}+\eta_{14}^{(5)}+\eta_9^{(5)}$	+	+	−	+
	121	60	$\eta_{121}^{(5)}$	$\eta_{121}^{(5)}+\eta_{106}^{(5)}+\eta_{105}^{(5)}+\eta_{61}^{(5)}$	+	+	−	+
	3	24	$\eta_3^{(5)}$	$\eta_3^{(5)}+\eta_9^{(5)}+\eta_{42}^{(5)}+\eta_{27}^{(5)}$	+	+	−	+
	126	20	$\eta_{126}^{(5)}$	$\eta_{126}^{(5)}+\eta_{121}^{(5)}+\eta_{35}^{(5)}+\eta_{106}^{(5)}$	+	−	+	−
	83	107	$\eta_{83}^{(5)}$	$\eta_{83}^{(5)}+\eta_{81}^{(5)}+\eta_1^{(5)}+\eta_3^{(5)}$	−	−	−	+
	106	77	$\eta_{106}^{(5)}$	$\eta_{106}^{(5)}+\eta_3^{(5)}+\eta_{61}^{(5)}+\eta_{74}^{(5)}$	+	−	+	−
$\eta^{(7)}$ $r_6=64$	1	64	$\eta_1^{(6)}$	$\eta_3^{(6)}+\eta_{20}^{(6)}$	−	+	−	+
	60	15	$\eta_{60}^{(6)}$	$\eta_{106}^{(6)}+\eta_{83}^{(6)}$	+	−	+	−
$\eta^{(8)}$ $r_7=16$	Z_1	Z_{16}	$\eta_1^{(1)}$	$\eta_{15}^{(7)}$	−	+	−	+

完全类似地可以作圆内接正 65 537 边形.

最后,必须指出本文建立的作图方法是普遍适用的,不足之处是未给出预

先判断 $p = 2^{2^t} + 1$ 是否为素数的方法(在计算$\overline{3^k}$时,若发现 $k < m$,而$\overline{3^k} = 1$,则 p 非素数,作图将不能进行),这是数论中的难题,此处不多加讨论.

故事到这里并没有完结,欧阳维诚先生于 1989 年创办了我国第一本《数学竞赛》杂志,并在第二期发表了一篇以高斯等分圆周为背景的文章.在文中给出了第 29 届 IMO 中一个极为困难的问题但与几位专家迥然不同的解答,在此之前我国数论专家潘承彪教授、香港中文大学的萧文强教授、中国科技大学常庚哲教授、陕西师范大学罗增儒教授都给出了十分独特的解答.据南京师范大学单墫教授介绍说此题曾在一次纪念华罗庚教授的数论讨论会上供各位专家解答,但仅有少数几位有所建树.无独有偶,此题开始提供给第 29 届 IMO 的举办国澳大利亚时,该国曾邀请了 3 位顶尖数论高手解答,以判定问题的难度.但令人惊奇的是 3 位高手忙了几个小时竟然连边都没摸到,而在该次竞赛中却有 11 位中学生选手成功地解答了这个题目.更为可喜的是一位保加利亚选手提供了一个极为简单的解法,仅用到了最小数原理和韦达定理并因此获得了当年的"特别奖"(此奖到目前为止只授予了 4 位选手).与之相比,欧阳先生的解答虽并不简单但欧阳维诚的方法系统有效,而且还可以捎带解决一系列竞赛试题,奇文供欣赏,我们也将其列于文后.

第 29 届 IMO 的第 6 道试题是:"正整数 a 与 b,使得 $ab+1$ 整除 a^2+b^2,求证:$\frac{a^2+b^2}{ab+1}$ 是某个正整数的平方."

本文给出了这个问题的一个构造性证明,并给出了使$\frac{a^2+b^2}{ab+1}$为整数的 a,b 所满足的充要条件.①

(1) 问题的证明与结论的充要条件.

为方便计,我们记

$$f(a,b) = \frac{a^2+b^2}{ab+1} \tag{①}$$

不妨设 $a > b > 0$,并令

$$a = nb - r, n \geqslant 1, 0 \leqslant r < b \tag{②}$$

将 ② 代入 ①, 我们有

$$f(a,b) = \frac{(nb-r)^2+b^2}{(nb-r)b+1} = \frac{n^2b^2-2nbr+r^2+b^2}{nb^2-br+1} \tag{③}$$

若 $f(a,b) \leqslant n-1$,则有

$$nb(b-r) + r^2 + b^2 \leqslant br + n - 1$$

因为 $n \geqslant 1, b > r \geqslant 0$,所以 $nb(b-r) \geqslant n, r^2+b^2 \geqslant 2br \geqslant br$,与上式矛盾,

① 此文摘自《数学竞赛》,湖南教育出版社,1989 年 6 月.

故 $f(a,b) \geqslant n$.

若 $f(a,b) \geqslant n+1$,则有

$$r^2+b^2 \geqslant nb^2+(n-1)br+(n+1)$$

当 $r=0$,因 $n \geqslant 1$,上式显然不成立;若 $r>0$,则 $n \geqslant 2$,仍与上式矛盾,故 $f(a,b) \leqslant n$,从而

$$f(a,b)=n \quad ④$$

现在分两种情况进行讨论.

i 若 $r=0$,则 $a=nb$,由 ③ 与 ④ 得

$$f(a,b)=\frac{n^2b^2+b^2}{nb^2+1}=n$$

即得

$$n=b^2 \quad ⑤$$

这时有

$$f(a,b)=f(b^3,b)=b^2 \quad ⑥$$

ii 若 $r>0$,则由 ③ 与 ④ 得

$$\frac{n^2b^2-2nbr+r^2+b^2}{nb^2-br+1}=n$$

$$n^2b^2-2nbr+r^2+b^2=n^2b^2-nbr+n$$

解出 n,得

$$n=\frac{b^2+r^2}{br+1}=f(b,r) \quad ⑦$$

欲证 n 为完全平方数,要对 $f(b,r)$ 继续上述讨论.由于 a,b 是有限的正整数,必存在自然数 $m(m \geqslant 2)$,使

$$\left.\begin{aligned} a&=nb-r\\ b&=nr-s\\ &\vdots\\ u&=nv-y\\ v&=ny \end{aligned}\right\}\text{共 } m \text{ 个等式} \quad ⑧$$

这时,我们有

$$n=f(a,b)=f(b,r)=f(r,s)=\cdots=f(u,v)=f(v,y) \quad ⑨$$

因为在式 ⑨ 中,已有 $v=ny$,从而

$$f(a,b)=f(v,y)=f(ny,y)=f(y^3,y)=y^2$$

IMO 试题的要求至此证明.

这个证明不仅是简单的、优美的,而且是构造性的,就是说,对使 $f(a,b)$ 成为正整数的 a,b,可以指明 $f(a,b)$ 是怎样一个自然数的平方.

现在我们给出 $f(a,b)$ 为正整数,从而必是一个完全平方数时,正整数对

a,b 所应满足的充要条件,为此,我们先引进一个多项式序列.

定义 令 $g_0(x)=1,g_1(x)=x$,则

$$g_m(x)=xg_{m-1}(x)-xg_{m-2}(x),m\geqslant 2 \tag{⑩}$$

根据式 ⑩,不难顺次写出各个 $g_m(x)$,例如

$$g_0(x)=1$$

$$g_1(x)=x$$

$$g_2(x)=xg_1(x)-g_0(x)=x^2-1$$

$$g_3(x)=xg_2(x)-g_1(x)=x(x^2-1)-x=x^3-2x$$

$$g_4(x)=xg_3(x)-g_2(x)=x(x^3-2x)-(x^2-1)=x^4-3x^2+1$$

$$\vdots$$

$g_m(x)$ 是关于 x 的 m 次多项式.这个多项式有着深刻的数学背景,它联系到历史上著名的高斯关于等分圆周的定理的初等证明.

现在,我们来建立 $f(a,b)$ 与 $g_m(x)$ 之间的联系.

引理 对所有的自然数 m,有

$$g_m^2(x)+g_{m-1}^2(x)=xg_m(x)g_{m-1}(x)+1 \tag{⑪}$$

证明 用数学归纳法证.

当 $m=1$ 时,$g_1(x)=x,g_0(x)=1$,于是

$$g_1^2(x)+g_0^2(x)=x^2+1=x\cdot x\cdot 1+1=xg_1(x)g_0(x)+1$$

即式 ⑪ 当 $m=1$ 时成立.

假定式 ⑩ 对 $m-1(m\geqslant 2)$ 成立,即

$$g_{m-1}^2(x)+g_{m-2}^2(x)=xg_{m-1}(x)g_{m-2}(x)+1$$

则

$$\begin{aligned}g_m^2(x)+g_{m-1}^2(x)=&(xg_{m-1}(x)-g_{m-2}(x))^2+g_{m-1}^2(x)=\\&x^2g_{m-1}^2(x)-2xg_{m-1}(x)g_{m-2}(x)+g_{m-2}^2(x)+g_{m-1}^3(x)=\\&x^2g_{m-1}^2(x)-xg_{m-1}(x)g_{m-2}(x)+1=\\&xg_{m-1}(x)(xg_{m-1}(x)-g_{m-2}(x))+1=\\&xg_{m-1}(x)g_m(x)+1\end{aligned}$$

式 ⑪ 也成立.根据归纳原理,引理得证.

定理 1 $f(a,b)$ 是完全平方数的充要条件是,存在正整数 y 和 m,使

$$a=yg_m(y^2),b=yg_{m-1}(y^2) \tag{⑫}$$

并且,这时有

$$f(a,b)=y^2 \tag{⑬}$$

证明 设 $a=yg_m(y^2),b=yg_{m-1}(y^2)$,则

$$f(a,b)=\frac{y^2g_m^2(y^2)+y^2g_{m-1}^2(y^2)}{y^2g_m(y^2)+g_{m-1}(y^2)+1}=y^2\frac{g_2^m(y^2)+g_{m-1}^2(y^2)}{y^2g_m(y^2)+g_{m-1}(y^2)+1}$$

根据引理,即有 $f(a,b)=y^2$.

反之,若 $f(a,b)$ 为完全平方数,在前面的证明中,将式 ⑧ 逆推上去,即是

$$y=yg_0(y^2)$$

$$v=ny=y^2y=yy^2=yg_1(y^2)$$

$$u=nv-y=y^2(yg_1(y^2)-yg_0(y^2))=$$

$$y(y^2g_1(y^2)-g_0(y^2))=yg_2(y^2)$$

如此继续,经过 m 次后,便得

$$b=yg_{m-1}(y^2),a=yg_m(y^2) \tag{14}$$

定理 1 证完.

根据定理 1,顺次令 $y=1,2,\cdots$,即可写出一切使 $f(a,b)$ 为完全平方数的正整数对 a,b.例如,取 $y=2,m=3$,则有

$$g_3(x)=x^3-2x,g_2(x)=x^2-1$$

于是

$$a=yg_3(y^2)=y((y^2)^3-2(y^2))=y^7-2y^3=2^7-2^4=112$$

$$b=yg_2(y^2)=y((y^2)^2-1)=y^5-y=2^5-2=30$$

$$f(a,b)=f(112,30)=\frac{112^2+30^2}{112\times30+1}=4$$

特别地,取 $m=1$,则 $b=y,a=y^3$.

(2)$g_{2m}(x)$ 的性质及其应用.

$g_m(x)$ 有许多有趣的性质,利用这些性质可以编出许多以某些三角函数为根的多项式,从而可以编造出许多有兴趣的数学竞赛试题,现略举数例如下.

定理 2 当 $-2\leqslant x\leqslant2$,则可设 $x=2\cos\varphi(0\leqslant\varphi\leqslant\pi)$,这时下列恒等式成立,即

$$\sin\varphi g_m(x)=\sin(m+1)\varphi \tag{15}$$

$$g_m(x)-g_{m-2}(x)=2\cos m\varphi \tag{16}$$

利用数学归纳法容易证明定理 2,此处证明略.

定理 3 对一切自然数 m,$g_m(x)=0$ 有 m 个实根,它们是

$$x_k=2\cos\frac{k\pi}{m+1},k=1,2,\cdots,m \tag{17}$$

证明 先研究 $g_m(x)$ 在区间 $(-2,2)$ 内的实根.在 $(-2,2)$ 内,设 $x=2\cos\varphi(0<\varphi<\pi)$,则由式 ⑮,得

$$\sin\varphi g_m(x)=\sin(m+1)\varphi$$

令 $\varphi = \frac{k\pi}{m+1}(k = 1,2,\cdots,m)$，则 $x_k = 2\cos\frac{k\pi}{m+1}$，代入上式得

$$\sin\frac{k\pi}{m+1}g_m(x_k) = \sin(m+1)\frac{k\pi}{m+1} = \sin k\pi = 0$$

因为 $0 < \frac{k\pi}{m+1} < \pi$，$\sin\frac{k\pi}{m+1} \neq 0$，故必有 $g_m(x_k) = 0$，即 $x_k = 2\cos\frac{k\pi}{m+1}$ 为 $g_m(x) = 0$ 的根. 又因在区间 $(0,\pi)$ 内，$\cos x$ 单调递减，当 $k_1 \neq k_2$ 时，$x_{k_1} \neq x_{k_2}$，即 ⑰ 中的 m 个互不相等，因而 ⑰ 包含了方程 $g_m(x) = 0$ 的 m 个不同的实根. 因为 $g_m(x)$ 是 m 次多项式，最多有 m 个实根，所以，$g_m(x)$ 不再有另外的根. 证毕.

推论 1 方程

$$g_m(x) + g_{m-1}(x) = 0 \tag{18}$$

有 m 个不同的实根，它们是

$$x = (-1)^k 2\cos\frac{k\pi}{2m+1}, k = 1,2,\cdots,m \tag{19}$$

推论 2 在多项式 $g_{2m}(x)$ 中，令 $y^2 = 4 - x^2$，则得 y 的 $2m$ 次多项式 $f_{2m}(y)$，$f_{2m}(y)$ 有 $2m$ 个不同的实根，它们是

$$y = \pm\sin\frac{k\pi}{2m+1}, k = 1,2,\cdots,m \tag{20}$$

两个推论均可利用 ⑮ 仿照定理 3 的方法证明.

现在，我们来看几个数学竞赛试题.

试题 1 证明下列恒等式：

(1) $\cos\frac{\pi}{7} - \cos\frac{2\pi}{7} + \cos\frac{3\pi}{7} = \frac{1}{2}$；

(2) $\sin\frac{\pi}{7}\sin\frac{2\pi}{7}\sin\frac{3\pi}{7} = \frac{\sqrt{7}}{8}$；

(3) $\tan\frac{\pi}{7}\tan\frac{2\pi}{7}\tan\frac{3\pi}{7} = \sqrt{7}$.

（其中(1)为某届 IMO 试题）

解 (1) 因为

$$g_3(x) = x^3 - 2x, g_2(x) = x^2 - 1$$

$$g_3(x) + g_2(x) = x^3 + x^2 - 2x - 1$$

由定理 3 的推论 1，方程

$$x^3 + x^2 - 2x - 1 = 0$$

的三个根是 $-2\cos\frac{\pi}{7}, 2\cos\frac{2\pi}{7}, -2\cos\frac{3\pi}{7}$. 由韦达定理，立得

$$-2\left(\cos\frac{\pi}{7} - \cos\frac{2\pi}{7} + \cos\frac{3\pi}{7}\right) = -1$$

或

$$\cos\frac{\pi}{7}-\cos\frac{2\pi}{7}+\cos\frac{3\pi}{7}=\frac{1}{2} \quad ㉑$$

(2) 利用式 ⑩,可写出

$$g_6(x)=x^6-5x^4+6x^2-1$$

令

$$x^6-5x^4+6x^2-1=0$$

用 $4-y^2$ 代替 x^2,得 y 的 6 次方程

$$y^6-7y^4+32y^2-7=0$$

根据推论 2,这个方程的 6 个实根是

$$\pm\sin\frac{\pi}{7},\ \pm\sin\frac{2\pi}{7},\ \pm\sin\frac{3\pi}{7}$$

根据韦达定理,得

$$-\left(2\sin\frac{\pi}{7}\cdot 2\sin\frac{2\pi}{7}\cdot 2\sin\frac{3\pi}{7}\right)^2=-7$$

从而

$$\sin\frac{\pi}{7}\sin\frac{2\pi}{7}\sin\frac{3\pi}{7}=\frac{\sqrt{7}}{8} \quad ㉒$$

(3) 由 ㉑ 与 ㉒,立得

$$\tan\frac{\pi}{7}\tan\frac{2\pi}{7}\tan\frac{3\pi}{7}=\sqrt{7} \quad ㉓$$

试题 2 设 $p_1(x)=x^2-2, p_i(x)=p_1(p_{i-1}(x)), i=1,2,\cdots$,求证:对任意的自然数 n,方程 $p_n(x)=x$ 的全部解为实数,且两两不同.(第 18 届 IMO 试题)

证明 我们先在区间 $[-2,2]$ 上考虑 $p_n(x)$ 的实数解.因为

$$p_1(x)=x^2-2=(x^2-1)-1=g_2(x)-g_0(x)$$

因此,根据定理 2 的 ⑯,有

$$p_1(x)=2\cos 2\varphi$$

从而 $p_2(x)=(2\cos 2\varphi)^2-2=4\cos^2 2\varphi-2=2(2\cos^2 2\varphi-1)=2\cos 4\varphi$

一般地,若 $p_k(x)=2\cos 2^k\varphi$,则

$$p_{k+1}(x)=(2\cos 2^k\varphi)^2-2=4\cos^2 2^k\varphi-2=2(2\cos^2 2^k\varphi-1)=2\cos 2^{k+1}\varphi$$

根据归纳原理,对一切自然数 n,有

$$p_n(x)=2\cos 2^n\varphi \quad ㉔$$

$$p_n(x)-x=2\cos n\varphi-2\cos\varphi=-4\sin\frac{2^n+1}{2}\varphi\sin\frac{2^n-1}{2}\varphi$$

当 $\varphi=\dfrac{2k\pi}{2^n+1}$,即 $x_k=2\cos\dfrac{2k\pi}{2n+1}, k=1,2,\cdots,2^{n-1}$ 时,有

$$\sin \frac{2^n+1}{2}\varphi = \sin k\pi = 0$$

当 $\varphi = \frac{2l\pi}{2^n-1}$，即 $x_l = 2\cos\frac{2l\pi}{2^n-1}, l = 0,1,\cdots,2^{n-1}-1$ 时，有

$$\sin \frac{2^n-1}{2}\varphi = \sin l\pi = 0$$

所以，在$[-2,2]$上，$p_n(x)$有 2^n 个不同的实根，即

$$\begin{cases} x_k = 2\cos\frac{2k\pi}{2^n+1}, k = 1,2,\cdots,2^{n-1} \\ x_l = 2\cos\frac{2l\pi}{2^n-1}, l = 0,1,\cdots,2^{n-1}-1 \end{cases} \tag{㉕}$$

㉓ 中的 2^n 个根彼此互不相同.事实上，由于余弦函数 $\cos x$ 在$[0,\pi)$内严格单调，若有 $x_k = x_1$，则必有

$$\frac{2l\pi}{2^n-1} = \frac{2k\pi}{2^n+1}$$

或

$$k = \frac{l(2^n+1)}{2^n-1} = l + l\frac{2}{2^n-1}$$

因为$(2,2^n-1)=1$，故 $2^n-1 \mid l$，但 $l \leqslant 2^{n-1}-1 < 2^n-1$，矛盾，所以 $x_k \neq x_l$.因而 ㉕ 中 2^n 个根互不相等.又 $p_n(x)-x$ 为 2^n 次多项式，不再有另外的根，故本题得证.

其实，欧阳先生所用的多项式 $f_n(x)$ 可以看成切比雪夫多项式的一种变形运用.切比雪夫多项式 $T(x)$（切比雪夫还有几种其他的多项式，最常用的是 $T(x)$）的一般表达式是

$$T_n(x) = A\cos(n\cdot\arccos x)\ (A\text{ 为常数}), n = 0,1,2,\cdots$$

取 $A = \frac{1}{2^{n-1}}$ 时，它满足微分方程

$$(1-x^2)T''_n(x) - xT'_n(x) + n^2T_n(x) = 0$$

它在$[-1,1]$内有几个实根

$$x_n = \cos\frac{2n-1}{2n}\pi$$

而欧阳维诚文中的多项式 $f_n(x)$ 定义为

$$\begin{cases} f_0(x) = 1, f_1(x) = x \\ f_n(x) = xf_{n-1}(x) - f_{n-2}(x) \end{cases}, x = 2\cos\varphi, n = 2,3,\cdots$$

将 $f_n(x)$ 与 $T_n(x)$ 比较，得

$$x = 2\cos\varphi, \varphi = \arccos\frac{x}{2}, n\varphi = n\cdot\arccos\frac{x}{2}$$

$$\cos n\varphi = \cos\left(n\cdot\arccos\frac{x}{2}\right) = T_n\left(\frac{x}{2}\right)\quad (A=1)$$

因 $$f_n(x)-f_{n-2}(x)=2\cos n\varphi$$

所以 $$\frac{f_n(x)-f_{n-2}(x)}{2}=T_n\left(\frac{x}{2}\right)$$

或 $$f_n(x)-f_{n-2}(x)=2T_n\left(\frac{x}{2}\right)$$

这样变形有如下三个好处.

(1) 由 $T_n(x)$ 满足微分方程变为 $f_n(x)$ 满足逆推的函数方程，为一系列引理的推证提供运用数学归纳法的方便.

(2) n 个实根变为 $2\cos\frac{k\pi}{n+1}$，恰好表示正 n 边形中某些线段之长，$2\cos\frac{\pi}{n+1}$ 恰为正 n 边形之一边.

(3) 整个过程在实函数上推证，避免了高斯使用分圆多项式而涉及复函数的麻烦.

6. 旧中国对正 17 边形作图的研究

对于正 17 边形的作法，早在 1935 年就有人著书介绍，在 1935 年商务印书馆出版的算学丛书中的《初等几何学作图不能问题》(林鹤一，著，任诚，等译) 中就有详细介绍.

林鹤一(Hayashi, Tsuruichi, 1873—1935) 是日本数学家兼数学史专家. 他生于德岛(Tokuschima)，毕业于东京大学，曾任东京高等师范学校教授，东京大学教授. 他曾编辑过多种数学教科书，并于 1911 年创办了著名的《东北数学杂志》，我国著名数学家陈建功、苏步青的许多早期论文就发表于此.

这节我们先介绍林鹤一的一个不依赖于高斯的一般证明，而仅适用于正 17 边形的特殊方法，然后叙述一个作图的方法.

以 $2\cos\frac{2\pi}{17}$ 表能得作图之长的数，显然可能.

1 的 17 次方根有 17 个，其一为 1，自不待论，其他是以

$$\cos\frac{2k\pi}{17}+\mathrm{i}\sin\frac{2k\pi}{17}, k=1,2,3,\cdots,16$$

所表之虚数.

以 ε 表 $\cos\frac{2\pi}{17}+\mathrm{i}\sin\frac{2\pi}{7}$，则此 16 个虚数以

$$\varepsilon,\varepsilon^2,\varepsilon^3,\cdots,\varepsilon^8,\varepsilon^{-8},\varepsilon^{-7},\varepsilon^{-6},\cdots,\varepsilon^{-3},\varepsilon^{-2},\varepsilon^{-1}$$

表示，今令

$$\varepsilon+\varepsilon^2+\varepsilon^4+\varepsilon^8+\varepsilon^{-1}+\varepsilon^{-2}+\varepsilon^{-4}+\varepsilon^{-8}=\eta$$

$$\varepsilon^3+\varepsilon^6+\varepsilon^{-5}+\varepsilon^7+\varepsilon^{-3}+\varepsilon^{-6}+\varepsilon^5+\varepsilon^{-7}=\eta_1$$

则有

$$\eta+\eta_1=-1$$

再将其相乘有

$$\eta\eta_1=4(\eta+\eta_1)=-4$$

故

$$\eta=\frac{-1+\sqrt{17}}{2},\eta_1=\frac{-1-\sqrt{17}}{2} \qquad ①$$

再令

$$z=\varepsilon+\varepsilon^4+\varepsilon^{-1}+\varepsilon^{-4}=2\cos\frac{2\pi}{17}+2\cos\frac{8\pi}{17}$$

$$z_1=\varepsilon^2+\varepsilon^8+\varepsilon^{-2}+\varepsilon^{-8}=2\cos\frac{4\pi}{17}-2\cos\frac{\pi}{17}$$

$$z_2=\varepsilon^3+\varepsilon^{-5}+\varepsilon^{-3}+\varepsilon^5=2\cos\frac{6\pi}{17}-2\cos\frac{7\pi}{17}$$

$$z_3=\varepsilon^6+\varepsilon^7+\varepsilon^{-6}+\varepsilon^{-7}=-2\cos\frac{5\pi}{17}-2\cos\frac{3\pi}{17}$$

则有

$$z+z_1=\eta,zz_1=-1$$

及

$$z_2+z_3=\eta,z_2z_3=-1$$

故

$$\begin{cases}z=\dfrac{\eta+\sqrt{\eta^2+4}}{2},z_1=\dfrac{\eta-\sqrt{\eta^2+4}}{2}\\ z_2=\dfrac{\eta_1+\sqrt{\eta_1^2+4}}{2},z_3=\dfrac{\eta-\sqrt{\eta_1^2+4}}{2}\end{cases} \qquad ②$$

最后令

$$y=\varepsilon+\varepsilon^{-1}=2\cos\frac{2\pi}{17}$$

$$y_1=\varepsilon^4+\varepsilon^{-4}=2\cos\frac{8\pi}{17}$$

则有

$$y+y_1=z,yy=z_2$$

故

$$y=\frac{z+\sqrt{z^2-4z_2}}{2},y_1=\frac{z-\sqrt{z^2-4z_2}}{2} \qquad ③$$

所以由①知η及η_1表得作图之长,因之由②知z,z_1,z_2,z_3表得作图之长,又因之由③知y及y_1表得作图之长,而y即表$2\cos\frac{2\pi}{17}$.故正17边形能得作图.即顺次解一组二次方程式

$$
\begin{cases}
x^2+x-4=0,\text{其根 } \eta,\eta_1=-\dfrac{1}{2}\pm\dfrac{1}{2}\sqrt{17},\eta>0,\eta_1<0 \\
x^2-\eta x-1=0,\text{其根 } z,z_1=\dfrac{\eta}{2}\pm\dfrac{1}{2}\sqrt{\eta^2+4},z>0,z_1<0 \\
x^2-\eta x-1=0,\text{其根 } z_2,z_3=\dfrac{\eta_1}{2}\pm\dfrac{1}{2}\sqrt{\eta_1^2+4},z_2>0,z_3<0 \\
x^2-zx+z_2=0,\text{其根 } y,y_1=\dfrac{z}{2}\pm\dfrac{1}{2}\sqrt{z^2-4z_2},y>y_1
\end{cases}
$$

这里我们按顺序求出 y_1,正如 y 对应于正 17 边形,y_1 对应于正 34 边形.

下面我们介绍正 17 边形之作图法.

引直线 l,过其任意一点 O,引垂线 OA,OA 的长等于单位线段.以 O 为中心,OA 为半径画圆.将 17 等分此圆之周.若以

$$OB=-\frac{1}{4}$$

则

$$BA=\frac{1}{4}\sqrt{17}$$

以 B 为中心,BA 为半径画半圆 CAC',则

$$OC=OB+BC=-\frac{1}{4}-\frac{1}{4}\sqrt{17}=\frac{\eta_1}{2}$$

$$OC'=OB+BC'=-\frac{1}{4}+\frac{1}{4}\sqrt{17}=\frac{\eta}{2}$$

再以 C 为中心,CA 为半径画圆弧 AD,又以 C' 为中心,$C'A$ 为半径画圆弧 AD',则

$$OD'=OC'+C'D'=\frac{\eta}{2}+\sqrt{\left(\frac{\eta}{2}\right)^2+1}=z$$

$$OD=OC+CD=\frac{\eta_1}{2}+\sqrt{\left(\frac{\eta_1}{2}\right)^2+1}=z_2$$

再令

$$OE=-1$$

以 ED 为直径,画半圆 EFD,其与 OA 之交点为 F.以 F 为中心,以等于 $\frac{1}{2}OD'$ 为半径画圆弧.它与 OE 的交点为 G.以 G 为中心,GF 为半径画半圆 HFH',则

$$-OH+OH'=HH'=2GH'=OD'=z$$

$$-OH\cdot OH'=\overline{OF}^2=-OE\cdot OD=OD=z_2$$

故

$$-OH=\frac{z+\sqrt{z^2-4z_2}}{2},OH'=\frac{z-\sqrt{z^2-4z}}{2}$$

故 OH 的长等于 $2y$(OH' 之长等于 $2y_1$).

故以 OH 之中点为 L,过 L 引垂线,则得两个分点 2 及 17.E 当然为分点 1,所以可得其他各分点.

此作图的方法称为塞雷特(Serret)及博哈曼(Bochmann)方法.这是一个最易理解的方法.尚有其他各种方法,例如,冯·斯托特的方法,舒伯特(Schubert)的方法等.

有趣的是我们还能得到仅用圆规的作图方法.

这种方法是依顺序作下面一组数所表的长

$$\frac{\eta}{2}=-\frac{1}{4}+\frac{\sqrt{17}}{4},\frac{\eta_1}{2}=-\frac{1}{4}-\frac{\sqrt{17}}{4}$$

$$z=\frac{\eta}{2}+\sqrt{\left(\frac{\eta}{2}\right)^2+1},z_2=\frac{\eta_1}{2}+\sqrt{\left(\frac{\eta_1}{2}\right)^2+1}$$

$$y=\frac{z}{2}+\sqrt{\left(\frac{z}{2}\right)^2-z_2}$$

先画以 O 为中心的圆 $ABCD$,将它 17 等分,而视其半径为单位线段.

在此圆周上取任意一点 A,以 $AB=BC=CD=1$ 而顺次标定三点 B,C,D,则 AOD 为直径.

以 A 为中心,AC 为半径画圆弧,又以 D 为中心,OB 为半径画圆弧.两圆弧的交点为 E,则 $OE=\sqrt{2}$,以 D 为中心,OE 即$\sqrt{2}$为半径画弧,使之与前面所画的圆周交于 F,F',则 FOF' 为垂直于 AOD 的直径.

以 A 为中心,AD 为半径所作之圆弧,及以 D 为中心,DB 为半径所作的圆弧,其交点为 G,G'.以 G 为中心,GD 为半径之圆弧,及以 G' 为中心,$G'D$ 为半径的圆弧,其交点为 H,则

$$OH=HA$$

以 H 为中心,以 OA 即 1 为半径画圆弧,与所给的圆周交于 KK'.

今以直径 AOD 作 x 轴,直线 $F'OF$ 作 y 轴,则 K 的坐标为

$$\left(-\frac{1}{4},\sqrt{1-\frac{1}{16}}\right)$$

分别以 K 及 K' 为中心,以 OE 即$\sqrt{2}$为半径的二圆弧,因为其交点为 X 及 X',所以此两交点皆在 X 轴上.

直线 KK' 与点 X 的距离为$\frac{1}{4}\sqrt{17}$.由此直角三角形的边之间的关系易得知,而

$$OX=\frac{1}{4}\sqrt{17}-\frac{1}{4}=\frac{\eta}{2}$$

同样

$$OX_1=\frac{\eta_1}{2}$$

分别以 F 及 F' 为中心,OX 为半径画圆弧,又以 X 为中心,OA 为半径画圆弧,以其交点为 L 及 L',则此两点的横坐标为$\frac{\eta}{2}$,而其纵坐标分别为 ± 1.

再定适合于下面关系的点 Y

$$LY = L'Y = XE$$

此点在 X 轴上,则

$$OY = \frac{\eta}{2} + \sqrt{\left(\frac{\eta}{2}\right)^2 + 1} = z$$

因为 $$XE = \sqrt{\left(\frac{\eta}{2}\right)^2 + 2}, XY = \sqrt{\left(\frac{\eta}{2}\right)^2 + 1}$$

以 F 及 F' 为中心,OX_1 为半径画圆弧,又以 X_1 为中心,OA 为半径画圆弧.以其交点为 M 及 M',则此两点之横坐标为$\frac{\eta_1}{2}$,而纵坐标各为 ± 1.

而定适合于次之关系之点 Z,有

$$MZ = M'Z = X_1E$$

则 $$OZ = z_2$$

所以 $$X_1E = \sqrt{\left(\frac{\eta_1}{2}\right)^2 + 2}$$

所以 $$OZ = \frac{\eta_1}{2} + \sqrt{\left(\frac{\eta}{2}\right)^2 + 1}$$

但需注意 η_1 为负.

最后我们将作 y.

定适合于下面关系的二点 N 及 N',有

$$ON = ON' = NY = N'Y = AZ$$

则此二点的横坐标皆为$\frac{z}{2}$,而其坐标各为

$$\pm\sqrt{(1 + z_1)^2 - \frac{z^2}{4}}$$

此亦由勾股定理易得知.

决定适合于关系

$$NT = N'T = ZB$$

之点 T,则 $$OT = y$$

因为 B 的坐标为$\left(-\frac{1}{2}, \frac{1}{2}\sqrt{3}\right)$,而 Z 的坐标为$(Z_1, 0)$.故

$$BZ = \sqrt{1 + Z_2 + Z_2^2}$$

故是 $$OT = \frac{Z}{2} + \sqrt{\left(\frac{Z}{2}\right)^2 - Z_2} = y = 2\cos\frac{2\pi}{17}$$

以 T 为中心,以 OA 即 1 为半径画圆弧,使与所给的圆交于两点,则此即所要的二分点(2 及 17),而 D 为分点 1.

此方法称为纪勒儿方法.其他仅以圆规作图的方法,亦有多种.

7.高斯割圆方程解法

在商务印书馆早期出版的《数学全书》第三册代数(韦伯,Von H.Weber著,邓太朴,译)中专门用较长的篇幅介绍了高斯的正17边形作法及一般理论.(出于数学史的角度的考虑,为了保持原来面貌,我们除极小改动外,不作改动)

(1)今试将高斯割圆方程解法的基本原理作一叙述,并以质次数 $n = p$ 者为限.

用须尼尔曼(Schoenemann)定理,指出割圆方程

$$x^{p-1} + x^{p-2} + \cdots + x + 1 = 0 \quad ①$$

为不可分解者,其解为

$$\omega, \omega^2, \omega^3, \cdots, \omega^{p-1} \quad ②$$

其中无有一解,能满足一有理系数的较低次方程.

(2)高斯方法之基本,在其卓异的根本思想,将②中的解以其他顺序排列.我们可将指数 $1,2,\cdots,p-1$ 易以一缩系 $r_1, r_2, \cdots, r_{p-1} \pmod p$.如果是剩余缩系,可用 p 之单纯根的幂来表示,即

$$1, g, g^2, g^3, \cdots, g^{p-2}$$

因此,②中的解,如换其次序,则也可列之如下,即

$$\omega, \omega^g, \omega^{g^2}, \omega^{g^3}, \cdots, \omega^{g^{p-2}} \quad ③$$

按此顺序,可知每一解为其前一解的 g 次方,而末后的解的 g 次方,则因 $g^{p-1} \equiv 1 \pmod p$,故与第一个同.如果这样,我们可将诸解组成为一环列.

(3)③中之 g^a,亦可用其最小(正或负)余数 $(\bmod p)$ 代之.为简单计,今采用以下之记法①,即

$$g^\alpha \equiv [\alpha] \pmod p \quad ④$$

则③中的解可写作下式,即

$$\omega^{[0]}, \omega^{[1]}, \omega^{[2]}, \cdots, \omega^{[p-2]} \quad ⑤$$

关于符号$[\alpha]$,适用以下之规律.

1)当且仅当 $\alpha \equiv \alpha' (\bmod (p-1))$ 时,有可能$[\alpha] = [\alpha']$.

2)$[\alpha] + [\beta] = [\alpha + \beta]$.

3)$[p-1] = [0] \equiv 1 \pmod p$.

⑤的和与②的和相同,按①,可知其为 -1,故

① 为避免误会,此处需说明一点,此处所用记号$[\alpha]$,其意义为 ω^α 之代.

$$\omega^{[0]}+\omega^{[1]}+\omega^{[2]}+\cdots+\omega^{[p-2]}=-1 \quad ⑥$$

(4) 现证明一定理如下.

凡系数为有理数的 ω 之整函数,用置换$(\omega,\omega^{[1]})$时数值上为不变者①,其值为有理的.

凡 ω 之整函数,如计及 $\omega^p=1$ 及方程 ① 时,均可使其成为

$$h(\omega)=a_1\omega+a_2\omega^2+\cdots+a_{p-1}\omega^{p-1} \quad ⑦$$

除顺序而外,指数 ω^{μ} 与 $\omega^{[a]}$ 相同,故可作为后者的齐次的一次函数表出,即

$$h(\omega)=c_0\omega^{[0]}+c_1\omega^{[1]}+\cdots+c_{p-2}\omega^{[p-2]}$$

而如原来的整函数的系数为有理的,则 $a_1,a_2,\cdots,a_{p-1}$ 与 $c_0,c_1,\cdots,c_{p-2}$ 亦然.今将 ω 换为$\omega^{[1]}$,则 $h(\omega)$ 之值不变,故

$$h(\omega)=c_0\omega^{[1]}+c_1\omega^{[2]}+\cdots+c_{p-2}\omega^{[0]}$$

而

$$0=(c_{p-2}-c_0)\omega^{[0]}+(c-c_1)\omega^{[1]}+(c_1-c_2)\omega^{[2]}+\cdots+(c_{p-3}-c_{p-2})\omega^{[p-2]}$$

倘用 ω 去除,则将余一 ω 的$(p-2)$次的方程,其系数为有理数.但因割圆方程的不可分解,此为不可能者,故必方程之系数均为0,即

$$c_0=c_1=c_2=\cdots=c_{p-2}$$

而函数之值为

$$h(\omega)=c_0(\omega^{[0]}+\omega^{[1]}+\cdots+\omega^{[p-2]})=-c_0$$

倘 $h(\omega)$ 的原式内的系数为整数,则 $h(\omega)$ 的值也为整数.

(5) 经置换$(\omega,\omega^{[1]})$后,$\omega^{[0]},\omega^{[1]},\cdots,\omega^{[p-2]}$ 变为 $\omega^{[1]},\omega^{[2]},\cdots,\omega^{[0]}$,故此置换与环置换

$$\pi=(0,1,2,\cdots,p-2)$$

意义相同.由此置换之反复的使用,可得周期

$$1,\pi,\pi^2,\cdots,\pi^{p-2} \quad (*)$$

构成一$(p-1)$级的置换群,名为环置换群 ⑦.

环置换群的每一变式,① 其值为有理的.

反之,亦不难知:凡系数为有理数的单位根的整函数,其值为有理者,亦为环置换的不变式.

所有这样的函数,可使其成为 ⑦ 的形式,倘若其值为有理数 c,则因割圆方程的不可分解,可知

$$a_1=a_2=\cdots=a_{p-1}=-c$$

因而函数的表达式为

$$-c(\omega+\omega^2+\cdots+\omega^{p-1})=-c(\omega^{[0]}+\omega^{[1]}+\cdots+\omega^{[p-2]})$$

---

① 即将 ω 易为$\omega^{[1]}=\omega^g$ 时,仍无变动.

而此则为环置换群的不变式.

由这两个定理可知环置换群(＊)为割圆方程之伽罗华群.

(6) 求解割圆方程时,可由推解式以决定属群的不变式,将其添加入(＊)内.

(＊)的阶数 $p-1$ 恒为偶数,故不为质数.今设

$$p-1=ef \tag{8}$$

则
$$1,\pi^{e},\pi^{2e},\cdots,\pi^{(j-1)e}$$
为 f 阶的(＊)之环置换子群类,不难知①其为特殊的属类.与错列 π^{e} 相当者,为置换$(\omega,\omega^{[e]})$.

按⑧之分解法,可将⑤中的解分为 e 类,每类 f 个,其方法是在由一解出发,取其后之第 e 个用之.倘若求每类内所有解的和,则得 f 项的周期

$$\begin{aligned}
\eta_0&=\omega^{[0]}+\omega^{[e]}+\omega^{[2e]}+\cdots+\omega^{[(f-1)e]}\\
\eta_1&=\omega^{[1]}+\omega^{[e+1]}+\omega^{[2e+1]}+\cdots+\omega^{[(f-1)e+1]}\\
&\vdots\\
\eta_{e-1}&=\omega^{[e-1]}+\omega^{[2e-1]}+\cdots+\omega^{[p-2]}
\end{aligned} \tag{9}$$

此为各不相同者②,而由(3)中的规律,不难知它们构成一系统的共轭不变式,它们属于 θe 类,故可知:e 个周期 $\eta_0,\eta_1,\cdots,\eta_{e-1}$ 为一 e 次不可分解的方程之解,其系数为整数,且每一周期可有理地用其中之一来表示.

(7) 欲作此方程时,不必先求 $\eta_0,\eta_1,\cdots,\eta_{e-1}$ 的对称函数,而可用以下的定理.

属 θe 类的不变式,可作为周期的齐次的一次函数表之,其系数为有理数.

所有这样的不变式为 ω 的整函数,其系数为有理数,故按(4),可作如下之式,即

$$\begin{aligned}
\emptyset(\omega)=\;&c_0\omega^{[0]}+c_1\omega^{[1]}+\cdots+c_{e-1}\omega^{[e-1]}+\\
&c_e\omega^{[e]}+c_{e+1}\omega^{[e+1]}+\cdots+c_{2e-1}\omega^{[2e-1]}+\\
&c_{2e}\omega^{[2e]}+c_{2e+1}\omega^{[2e+1]}+\cdots+c_{3e-1}\omega^{[3e-1]}+\cdots+\\
&c_{[f-1]e}\omega^{[(f-1)e]}+\cdots+c_{p-2}\omega^{[p-2]}
\end{aligned}$$

现在用 $\omega^{[e]}$ 来代 ω,则得

$$\begin{aligned}
\emptyset(\omega^{[e]})=\;&c_0\omega^{[e]}+c_1\omega^{[e+1]}+\cdots+c_{e-1}\omega^{[2e-1]}+\\
&c_e\omega^{[2e]}+c_{e+1}\omega^{[2e+1]}+\cdots+c_{2e-1}\omega^{[3e-1]}+\cdots+\\
&c_{[f-1]e}\omega^{[e]}+\cdots+c_{p-2}\omega^{[e-1]}
\end{aligned}$$

用置换$(\omega,\omega^{[e]})$时,$\emptyset(\omega)$的值不变,故可知

① 我们可注意,在环置换的组合方面,交易律可以适用.
② 这可由割圆方程的不可分解性得到.

$$\varnothing(\omega^{[e]}-\varnothing(\omega))=0=(c_0-c_e)\omega^{[e]}+(c_1-c_{e+1})\omega^{[e+1]}+\cdots+(c_e-c_{2e})\cdot \omega^{[2e]}+(c_{e+1}-c_{2e+1})\omega^{[2e+1]}+\cdots$$

由割圆方程的不可分解性,故可由此知

$$c_0=c_e=c_{2e}=\cdots=c_{[f-1]e}$$

$$c_1=c_{e+1}=c_{2e+1}=\cdots=c_{[f-1]e+1}$$

$$\vdots$$

一般地有 $c_\alpha=c_{ke+\alpha}$.今在 $\varnothing(\omega)$ 这式内将同系数的项合并之,则即得

$$\varnothing(\omega)=c_0\eta_0+c_1\eta_1+\cdots+c_{e-1}\eta_{e-1} \tag{⑩}$$

如定理所述.

倘 $\varnothing(\omega)$ 的原来系数为整数,则 η_a 的系数亦为整数.

(8) 根据此定理,每二周期之积,可用 ⑩ 之形式以表之,其系数为整数.

例如①

$$\eta_0\eta_0=a_{00}\eta_0+a_{01}\eta_1+\cdots+a_{0,e-1}\eta_{e-1}$$

$$\eta_0\eta_1=a_{10}\eta_0+a_{11}\eta_1+\cdots+a_{1,e-1}\eta_{e-1}$$

$$\vdots$$

$$\eta_0\eta_{e-1}=a_{e-1,0}\eta_0+a_{e-1,1}\eta_1+\cdots+a_{e-1,e-1}\eta_{e-1} \tag{⑪}$$

或

$$(a_{00}-\eta_0)\eta_0+a_{01}\eta_1+\cdots+a_{0,e-1}\eta_{e-1}=0$$

$$a_{10}\eta_0+(a_{11}-\eta_0)\eta_1+\cdots+a_{1,e-1}\eta_{e-1}=0$$

$$\vdots$$

$$a_{e-1,0}\eta_0+a_{e-1,1}\eta_0+\cdots+(a_{e-1,e-1}-\eta_0)\eta_{e-1}=0$$

因割圆方程是不可分解的,$\eta_0,\eta_1,\cdots,\eta_{e-1}$ 不能有为 0 的,故此系统的齐次方程必须其行列式为 0,所以周期 η_0 为方程

$$\begin{vmatrix} a_{00-z} & a_{01} & \cdots & a_{0,e-1} \\ a_{10} & a_{11-z} & \cdots & a_{1,e-1} \\ \vdots & \vdots & & \vdots \\ a_{e-1,0} & a_{e-1,1} & \cdots & a_{e-1,e-1}-z \end{vmatrix}=0 \tag{⑫}$$

的解,而因这是一个 e 次的方程,又因它是不可行的,故一切周期 $\eta_0,\eta_1,\cdots,\eta_{e-1}$ 均为其解.

(9) 倘用此方程将周期决定,则割圆方程的根,即可用以下的定理来得到.

构成周期的 f 个单位根,能满足一 f 次的方程,其系数为周期的一次的整数函数.

① 构成方程时,可计 $\eta_0+\eta_1+\cdots+\eta_{e-1}=-1$.

此定理可直接由(7)得到,因为f个单位根的对称基本函数为θe的不变式.

因此,对$p-1$个单位根来说,有e个f次的方程

$$F_1(z)=0,F_2(z)=0,\cdots,F_e(z)=0$$

而
$$z^{p-1}+z^{p-2}+\cdots+z+1=F_1(z)F_2(z)\cdots F_e(z)$$

此即是,在有理数域内为不可分解的割圆方程,经添入周期后,成为可分解者,按这定理,我们只需添入一周期便可,而求单位根时,亦只需解一个方程$F_a(z)=0$,求得一单位根后,即可求其方数以得其余者.

(10) 方程$F_a(z)=0$亦可按①的方法从事.今设f亦可分解成为因子

$$f=e'f'$$

则
$$1,\pi^{ee'},\pi^{2ee'},\cdots,\pi^{(f'-1)ee'}$$

为(θe)之特殊的属类,其等级为f',而每一周期分解成为e'个亚周期,为$(\theta ee')$之共轭不变式,例如,η_0可分解成为以下诸亚周期

$$\eta'_0=\omega^{[0]}+\omega^{[ee']}+\omega^{[2ee']}+\cdots+\omega^{[(f'-1)ee']}$$

$$\eta'_e=\omega^{[e]}+\omega^{[e(e'+1)]}+\omega^{[e(2e'+1)]}+\cdots+\omega^{[e(f'-1,e'+1)]}$$

$$\vdots$$

$$\eta'_{e(e'-1)}=\omega^{[e(e'-1)]}+\omega^{[e(2e'-1)]}+\cdots+\omega^{[e(f-1)]}$$

用置换$(\omega,\omega^{[e]})$时,此项亚周期作一环错列,故其对线基本函数为(θe)之不变式,而按(7),可知其可一次地齐次地用$\eta_0,\cdots,\eta_{e-1}$表示.因为构成周期η_α的e'个亚周期,能满足一个e'次的方程,其系数可一次地且整数地用$\eta_0,\cdots,\eta_{e-1}$以表之.

易知,此方程于有理性领域$R(\eta_\alpha)$内①为不可分解者,且ee'个亚周期中,其每个可用其中之一以表之.

此外,并可知亚周期内之单位根,为一个f'次的方程的解,其系数为亚周期所组成.

(11) 倘若f'尚可分解成为因子,则我们仍仿前法为之,将亚周期η'再加以分解.此法可继续应用,直至不能分解为止.于是最后即可得高斯的方法.设

$$p-1=\alpha\beta\gamma\cdots v$$

为所得的质因数分解,并设

$$\frac{p-1}{\alpha}=a,\frac{p-1}{\alpha\beta}=b,\frac{p-1}{\alpha\beta\gamma}=c,\cdots$$

今选取p的单纯根,将$p-1$个单位根分配于α个周期η,每周期有a项,再于此项周期分解为β个周期η',每周期有b项,并再继续分解之,使每个周期成为γ个周期η'',有c项,等等.

① 此即是将η_α添入自然有理性领域后所得之有理性领域.

1) 周期 η 决定于整系数的 a 次方程.

2) 将此方程的一根 η 添入后,周期 η' 为α 个β 次的方程所决定,其系数为 $R(\eta)$ 内之数.

3) 再添入此项方程之一根 η' 后,周期 η'' 为$\alpha\beta$ 个γ 次的方程所决定,其系数为 $R(\eta,\eta')$ 内之数.

如果继续用此法,则末后可得一 v 次的方程,仅以单位根为解.

(12) 用高斯的这种方法,倘若 $p-1$ 为 2 之方幂数,则割圆方程的解法,可归为若干二次方程之解.倘若 $p-1$ 尚有其他的质数含于其内,则割圆方程的解法须归为高于二次的不可分解的方程,不能用若干平方根以求其解,可得定理如下.

将圆分为 n 等份,或求作正 n 边形,只当 n 不含有奇的质因子或仅含有 2^m+1 形式者,且仅单纯的含有时,能用直尺与圆规作出来.

欲使 2^m+1 为一质数,则必 m 为 2 的方幂数,如 m 含有奇因子μ,如 $m=q\mu$,则 $2^m+1=(2^p)^\mu+1$ 可为 2^q+1 所除.因此,我们可讨论的内容为 $2^{2^v}+1$ 形式之数目,事实上,此于 $v=0,1,2,3,4$ 时为质数,即

$$v=0,2^1+1=3$$
$$v=1,2^2+1=5$$
$$v=2,2^4+1=17$$
$$v=3,2^8+1=257$$
$$v=4,2^{16}+1=65\ 537$$

费马曾臆测 $2^{2^v}+1$ 形式之数均为质数,但欧拉曾证明 $v=5$ 时,有

$$2^{32}+1=4\ 294\ 967\ 297=641\times 6\ 700\ 417$$

于 $v=6$ 及 $v=7$ 时,所得亦非质数;因之,奇边数的多边形可作,其数之多到底为有限或无限,此问题尚未能解答

$$\eta'_0+\eta'_3=\eta_0,\eta'_0\eta'_3=\eta_2$$

故 η'_0 与 η'_3 为二次方程

$$t^2-\eta_0 t+\eta_2=0 \tag{13}$$

或

$$t^2-\eta_0 t+\eta_0^2+\eta_0-3=0$$

之根.按⑬,可知其二解中之一为正,其他为负,正者为 η'_0.

今再将 η'_0 添加,则单位根 ω 决定于方程

$$\omega^2-\eta'_0\omega+1=0 \tag{14}$$

其解为共轭复数,ω 之虚数部分为正数.

如是,13 次的割圆方程,按照 $12=3\cdot 2\cdot 2$ 的方法分解,已归为一个三次方程与两个二次方程,固为理论上所已知者.

(13) 于 $p=17$ 时, $g=6$ 为一单纯根. 单位根为

$$\omega^6,\omega^2,\omega^{-5},\omega^4,\omega^7,\omega^8,\omega^{-3},\omega^{-1},\omega^{-6},\omega^{-2},\omega^5,\omega^{-4},\omega^{-7},\omega^{-8},\omega^3$$

今作二周期

$$\begin{aligned}\eta_0&=\omega+\omega^2+\omega^4+\omega^8+\omega^{-1}+\omega^{-2}+\omega^{-4}+\omega^{-8}\\ \eta_1&=\omega^6+\omega^{-5}+\omega^7+\omega^{-3}+\omega^{-6}+\omega^5+\omega^{-7}+\omega^3\end{aligned} \tag{15}$$

η_0 中之指数与偶方数 $g^0,g^2,g^4,\cdots$ 同余(mod 17), η_1 中者则与奇方数 g^1, $g^3,g^5,\cdots$ 同余. 由此可知, η_0 内的指数遍历 17 之平方余数, η_1 的指数则遍历平方非余数. 此于 $\frac{p-1}{2}$ 项的周期均适用之.

今用 ρ 表平方余数, 用 v 表非余数, 则可写为

$$\eta_0=\sum_{\rho}\omega^{\rho},\eta_1=\sum_{v}\omega^{v}$$

其中, $\eta_0+\eta_1=-1$.

其乘积可作

$$\eta_0\eta_1=\sum\omega^{\rho+v}$$

此为 64 项的和数, 我们并可知在 64 个指数 $\rho+v$ 中, 已约余数系统(mod 17) 之每一数目, 均以四次出现. 例如, 指数 1, 其四次为 $\omega^4\cdot\omega^{-3},\omega^8\cdot\omega^{-7},\omega^{-2}\cdot\omega^3$, $\omega^{-4}\cdot\omega^5$. 故若

$$1\equiv\rho+v\equiv\rho'+v'\equiv\rho''+v''\equiv\rho'''+v'''\pmod{17}$$

则于任何一与 17 相互质之数 k, 有

$$k\equiv k\rho+kv\equiv k\rho'+kv'\equiv k\rho''+kv''\equiv k\rho'''+kv'''\pmod{17}$$

而因 $k\rho$ 与 kv 不能同为余数或非余数, 故此四者在 $\rho+v$ 之内. 因此, 事实上, 每一指数 k 以四次发现, 而

$$\eta_0\eta_1=4\sum\omega^k=-4$$

于是我们对于 η_0,η_1 得一二次方程为

$$z^2+z-4=0 \tag{16}$$

其判定式为 $D=17$. 今于 ⑮ 内将

$$\omega=\cos\frac{2\pi}{17}+\mathrm{i}\sin\frac{2\pi}{17}$$

代入, 则有

$$\begin{aligned}\eta_0&=2\left(\cos\frac{2\pi}{17}+\cos\frac{4\pi}{17}+\cos\frac{8\pi}{17}+\cos\frac{16\pi}{17}\right)=\\ &4\left(\cos\frac{3\pi}{17}\cos\frac{\pi}{17}+\cos\frac{12\pi}{17}\cos\frac{4\pi}{17}\right)=\\ &4\left(\cos\frac{\pi}{17}\cos\frac{3\pi}{17}-\cos\frac{4\pi}{17}\cos\frac{5\pi}{17}\right)>0\end{aligned}$$

但

$$\eta_1=2\left(\cos\frac{12\pi}{17}+\cos\frac{10\pi}{17}+\cos\frac{14\pi}{17}+\cos\frac{6\pi}{17}\right)=$$

$$4\left(\cos\frac{\pi}{17}\cos\frac{11\pi}{17}+\cos\frac{10\pi}{17}\cos\frac{4\pi}{17}\right)=$$

$$-4\left(\cos\frac{\pi}{17}\cos\frac{6\pi}{17}+\cos\frac{4\pi}{17}\cos\frac{7\pi}{17}\right)<0$$

故可知 η_0 为 ⑯ 之正解，η_1 为其负解，即

$$\eta_0=\frac{-1+\sqrt{17}}{2},\eta_1=\frac{-1-\sqrt{17}}{2}$$

(14) 今再将 η_0 分解成为亚周期为

$$\eta'_0=\omega+\omega^4+\omega^{-1}+\omega^{-4}=4\cos\frac{3\pi}{17}\cos\frac{5\pi}{17}$$

$$\eta'_2=\omega^2+\omega^8+\omega^{-2}+\omega^{-8}=-4\cos\frac{6\pi}{17}\cos\frac{7\pi}{17} \quad ⑰$$

则有 $$\eta'_0+\eta'_2=\eta_0,\eta'_0\eta'_2=\eta_0+\eta_1=-1$$

故 η'_0 与 η'_2 为方程

$$z^2-\eta_0z-1=0 \quad ⑱$$

之根，且 η'_0 为正者，η'_2 为负者.

仿此，并有

$$\eta'_1=\omega^6+\omega^7+\omega^{-6}+\omega^{-7}=-4\cos\frac{\pi}{17}\cos\frac{4\pi}{17}$$

$$\eta'_3=\omega^{-5}+\omega^{-3}+\omega^5+\omega^3=4\cos\frac{2\pi}{17}\cos\frac{8\pi}{17}$$

以及方程

$$z^2-\eta_1z-1=0 \quad ⑲$$

于此，η'_1 为其负解，η'_3 为其正解.

(15) 此四个亚周期必可有理地用其中之一(及 η_0)来表示.今用 η'_0 来表示 η'_3，由于我们必须要用到它，前面所得的式子为

$$\eta'_0\eta'_3=2(\omega+\omega^{-1}+\omega^4+\omega^{-4})+\omega^2+\omega^{-2}+\omega^8+\omega^{-8}+\omega^6+\omega^{-6}+\omega^7+\omega^{-7}=$$

$$2\eta'_0+\eta'_2+\eta_1=\eta'_0+\eta_0+\eta'_1=$$

$$\eta'_0+\eta_0+\eta_1-\eta'_3=\eta'_0-1-\eta'_3$$

故 $$\eta'_3=\frac{\eta'_0-1}{\eta'_0+1}$$

η'_0 之此种分数函数式，尚可化为 η'_0 与 η_0 之整函数式，用 ⑱ 与 ⑯ 时，有

$$\eta'_3=\frac{(\eta'_0-1)^2}{\eta'^2_0-1}=\frac{\eta'^2_1-2\eta'_0+1}{\eta_0\eta'_0}=$$

$$\frac{\eta_0\eta'_0-2\eta'_0+2}{\eta_0\eta'_0}=1-\frac{2}{\eta_0}+\frac{2}{\eta_0\eta'_0}=$$

$$1-\frac{\eta_0+1}{2}+\frac{1}{2}(\eta_0+1)(\eta'_0-\eta_0)=$$

$$\frac{1}{2}-\frac{\eta_0}{2}+\frac{1}{2}\eta_0\eta'_0+\frac{\eta'_0}{2}-\frac{\eta_0}{2}-\frac{1}{2}(4-\eta_0)$$

或

$$\eta'_3=\frac{1}{2}(\eta_0\eta'_0+\eta'_0-\eta_0-3) \tag{⑳}$$

(16) 今再将 η'_0 分解之为

$$\eta''_0=\omega+\omega^{-1}=2\cos\frac{2\pi}{17}$$

$$\eta''_4=\omega^4+\omega^{-4}=2\cos\frac{8\pi}{17}$$

则

$$\eta''_0+\eta''_4=\eta'_0, \eta''_0\eta''_4=\eta'_3$$

故 η''_0 与 η''_4 为

$$z^2-\eta'_0z+\eta'_3=0$$

之根,而按⑳,此方程亦可作

$$z^2-\eta'_0z+\frac{1}{2}(\eta_0\eta'_0+\eta'_0-\eta_0-3)=0$$

并可知 η''_0 为二解中之较大者.

末后,我们立即可由方程

$$\omega^2-\eta''_0\omega+1=0$$

以得单位根 ω.此方程有二共轭根,ω 之实部为正者.

微积分的先驱者

第十五章

1.微积分的先驱者——费马

我们可认为费马是这种新计算(求切线、求面积)的第一个发明人.

——拉格朗日(J.L.Lagrange)

在一般数学史著作中,微积分的创始人是牛顿和莱布尼兹,但如果认真追究其中的细节我们会发现,其实费马也是微积分创立的先驱者之一.

牛顿曾经说过:“我从费马的切线作法中得到了这个方法的启示,我推广了它,把它直接并且反过来应用于抽象的方程.”①

对光学的研究特别是透镜的设计,促使费马探求曲线的切线.他在1629年就找到了求切线的一种方法,但迟后8年才在1637年的手稿《求最大值与最小值的方法》中发表(后面将介绍此书).

费马把韦达的代数理论应用到帕普斯《数学汇编》(《Mathematical Collection》)中的一个问题,便得到了求最大值与最小值的方法.他在《求最大值与最小值的方法》中曾用如下的一个例

① Turnbull,《Mathematical Discoveries of Newton》, 1945,P.5.

子加以说明:已知一条直线(段),要求出它上面的一点,使被这点分成的两部分线段组成的矩形最大.他把整个线段叫做 B,并设它的一部分为 A,那么矩形的面积就是 $AB - A^2$.然后他用 $A + E$ 代替 A,这时另外一部分就是 $B - (A + E)$,矩形的面积就成为 $(A + E)(B - A - E)$.他把这两个面积等同起来,因为他认为,当取最大值时,这两个函数值 —— 即两个面积应该是相等的,所以

$$AB + EB - A^2 - 2AE - E^2 = AB - A^2$$

两边消去相同的项并用 E 除,便得到

$$B = 2A + E$$

然后,令 $E = 0$(他说去掉 E 项),得到 $B = 2A$.因为该矩形是正方形.

费马认为这个方法有普遍的适用性.他说,如果 A 是自变量,并且如果 A 增加到 $A + E$,则当 E 变成无限小,且当函数经过一个极大值(或极小值)时,函数的前后两个值将是相等的.把这两个值等同起来;用 E 除方程,然后使 E 消失,就可以从所得的方程确定使函数取最大值或最小值的 A 值.这个方法实质上是他用来求曲线切线的方法.但是求切线时是基于两个三角形相似,而这里是基于两个函数值相等.

遗憾的是,费马对于他的方法从来未从逻辑上作过清楚的全面的解释,因此对于他究竟是怎样考虑这个问题的,一些数学史专家曾产生过争论.费马没有认识到有必要去说明先引进非零 E,然后用 E 遍除之后,令 $E = 0$ 的合理性(贝克莱大主教曾攻击这是用暴力消灭了 E).

但从这里我们可以看出,费马这种求极值的方法已非常接近微分学的基本观念了.如果使用现代的记号,他的规则可以表述如下:

欲求 $f(x)$(费马先取个别的整有理函数)的极值.先把表达式 $\frac{f(x+h)-f(x)}{h}$ 按照 h 的乘幂展开,弃去含 h 的各项,命所得的结果等于零,再求出方程的根,便是可能使 $f(x)$ 具有极值的极值点.他的方法给出了(可微函数的)极值点 x 所能满足的必要条件 $f'(x) = 0$.费马还有区分 x 为极大值点和极小值点的准则,即现在所谓的"二阶导数准则"($f''(x) < 0$ 有极大值,$f''(x) > 0$ 有极小值),尽管他没能系统地去研究拐点($f''(x) = 0$),但也得到了求拐点的一种法则.

另外,费马还用自己的方法处理了许多几何问题.例如,求球的内接圆锥的最大体积、球的内接圆柱的最大面积,等等.

奇怪的是,费马在应用他的方法来确定切线、求函数的极大值极小值以及求面积、求曲线长度等问题时,能在如此广泛的各种问题上从几何和分析的角度应用无穷小量,而竟然没有看到这两类问题之间的基本联系.其实,只要费马对他的抛物线和双曲线求切线和求面积的结果再仔细地考察和思考,是有可能

发现微积分的基本定理的.也就是说费马差一点就成为微积分的真正发明者,以致拉格朗日说:"我们可以认为费马是这种新计算的第一个发明人."拉普拉斯和傅里叶也有类似的评论.但泊松持有异议,他认为费马还没达到如此高的境界.因为费马不但没有认识到求积运算是求切线运算的逆运算,并且费马终究未曾指出微分学的基本概念——导数与微分;也未曾建立起微分学的算法.他之所以没有作进一步的考虑,可能是由于他以为自己的工作只是求几何问题的解,而不是统一的很有意义的一种推理过程.

2.微分学前史上的重要经典文献——《求极大值与极小值的方法》

熟悉微积分的人能够这样魔术般地处理的一些问题,曾使其他高明学者是百思不得其解.

——莱布尼兹

发表自己的著作是几乎所有做学问人的最大心愿.因为文章固然重要,但它体现不出一种思想体系、一个完整的理论.无怪乎中国古代文人成名后要做的几件事中第一件就是"刻一部稿"(即出一本著作),可见发表一本著作之重要.但偏偏在他们同时代的人中就有人反其道而行之,不愿公开发表自己的著作,费马就是一个典型.

《求极大值与极小值的方法》(《Methodus ad Disquirendam Maximam et Minimam》)出自费马之手,初步断定写于1636年前,由于费马从来不愿公开发表自己的著作,只是在给朋友的信中或以其他方式记下自己的发现,因而其著述的年代不能确定.该文记述了费马利用"准等式(adcquality)"求极值的著名方法.

费马求极值的方法,后来成为求代数多项式的一阶导数的法则,跟他的坐标几何思想一样也是起源于韦达的代数应用于帕普斯的《数学汇编》中的一个问题的研究.帕普斯曾试图将一已知线段分成数份,使部分线段所成的矩形相互成最小比.在对这一问题的代数分析中,费马意识到可以将其与二次方程联系起来.他认为这意味着方程的常数项只能取使方程只有单一重根解的特殊值.如费马考虑了"将一线段分成两部分,使两线段的乘积最大"这种简单情形.这一问题的代数形式即 $bx - x^2 = c$,其中,b 是所给线段长度,c 是部分线段的乘积,如果 c 是所有乘积中的最大值,则方程只能有一个重根.基于该方程有两相异根 x,y 的假设,费马得到 $bx - x^2 = c$ 和 $by - y^2 = c$,因而 $b = x + y$,$c = xy$.认为这些关系对上述形式的任意二次方程都一般地成立,然后费马考

虑了一个重根即 $x = y$ 的情形.他发现 $x = b/2, c = b^2/4$,如此便求得上述问题的正确解,费马认为他的这一方法是完全普适的.在《求极大值与极小值的方法》中,费马将假定的两相异根记为 A 和 $A + B$(即 x 和 $x + y$),其中 E 表示根之间的差.例如,求表达式 $bx^2 - x^3$ 的极大值,费马是如下进行的,即

$$bx^2 - x^3 = M^3, b(x + y)^2 - (x + y)^3 = M^3$$

因而

$$2bxy + by^2 - 3x^2y - 3xy^2 - y^3 = 0$$

用 y 除上式得方程

$$2bx + by - 3x^2 - 3xy - y^2 = 0$$

这一关系对形如 $bx^2 - x^3 = M^3$ 的任意方程都成立.但当 M^3 是极值时方程有一个重根,即 $x = x + y$ 或 $y = 0$.所以 $2bx - 3x^2 = 0$ 或 $x = 2b/3, M^3 = 4b^2/27$.费马的方法适用于任意多项式 $p(x)$.为了运用韦达的方程理论确定多项式的系数之一与根的关系,它故意假定了两相等根的不等性,当费马使两个根相等时,这一关系就导致了一个极值解.费马令其两根相等之前的方程为“准等式”.

1638 年春,费马的极大、极小方法和求切线法引起了费马与笛卡儿之间的一场关于优先权的争论.但跟坐标几何的情形一样,他们很快便认识到对方的各自的独创性.1642 年费马的方法发表后,许多数学家很快便得到了他们各自的更一般的方法.不久,费马关于极大、极小值的方法就被牛顿和莱布尼兹的微积分所取代.

值得指出的是费马的方法还被其他一些数学家独立得到,如意大利数学家蒙福尔特(A. Di Monforte,1644—1717).1699 年,他和费马彼此独立地得到了求极大值和极小值的方法.他的方法在那不勒斯发表在文章“某些问题的确定”中.

函数的导数值为零是函数达到极值的必要条件 —— 这就是费马极值定理.

3. 枯树新枝 —— 费马极值定理的新发展

300 年前,费马是无论如何也想不到当时一个还相当模糊的观念,在多少大数学家描绘出雄伟壮丽、千姿百态巨作以后,还会有今天这样的非光滑“回转”,为了探明数学洪流的奔腾的方向,这一看来似还不太显眼的峰回路转,当会引起不少人的思索!

—— 史树中

史树中教授认为,300多年来,费马定理本身被不断推广、改进和深化.它吸引了许多大数学家在这个方向上工作,尤其是欧拉、拉格朗日、雅可比,庞加莱(H.Poincaré)、希尔伯特等这些光辉的名字,都在这条定理上刻下了他们的痕迹.在他们的努力下,费马定理首先被推广到多变量情形.之后,又对所谓条件极值问题提出了拉格朗日乘子法则;条件极值问题可以表述为

$$\begin{cases}\min f(\boldsymbol{x}),\boldsymbol{x}\in\mathbf{R}^n(\mathbf{R}^n\text{ 是 }n\text{ 维向量空间})\\ g(\boldsymbol{x})=0,\boldsymbol{G}=(g^1,\cdots,g^m):\mathbf{R}^n\to\mathbf{R}^m\end{cases}$$

这里 f 是自变量为 n 维向量 $\boldsymbol{x}$ 的可微函数,g 是自变量为 n 维向量 $\boldsymbol{x}$,函数值为 m 维向量值的可微函数.上述问题的意思是:在 $g(\boldsymbol{x})=0$ 的条件下,求 f 对 $\boldsymbol{x}$ 的最小值.拉格朗日乘子法则指出,在一定条件下,这一问题可归结为对 $n+m$ 个变量的拉格朗日函数

$$L(\boldsymbol{x},\boldsymbol{\lambda})=f(\boldsymbol{x})+\langle\boldsymbol{\lambda},g(\boldsymbol{x})\rangle=f(\boldsymbol{x})+\sum\lambda_i g^i(\boldsymbol{x})$$

可应用费马定理.这里 $\boldsymbol{\lambda}=(\lambda_1,\cdots,\lambda_m)\in\mathbf{R}^m$ 为一个 m 维向量,它就是所谓拉格朗日乘子.这些结果又被很快推广到"无限多个变量"情形,也就是变分学的情形.实际上,变分学中的欧拉-拉格朗日方程就是由无限维的费马定理(这时"导数为零"改为"变分为零")导出的.这一点尤其是在弗雷希(M.Fréchet,1878—1973)的关于"抽象空间上的分析"的工作出现以后,变得更为明显.

令人惊奇的是,除了力学、物理学以外,经济学似乎也是费马定理的用武之地.新古典主义经济学的基本假设是生产者要追求最大利润,消费者要追求最大效用.于是费马定理就告诉我们,为使利润(收入-成本)达到最大,生产者应使他的边际收入(收入的导数)与边际成本(成本的导数)相等;而拉格朗日乘子法则告诉我们,在支出一定的条件下,要使消费效用最大,消费者的各边际效用(效用对各商品量的偏导数)与各商品的价格之比应该是常数(相应的拉格朗日乘子).

应该说,费马极值定理经过这样300多年的发现,应该是非常完善了,到了20世纪,人们似乎只关心根据定理中"导数为零"而列出的方程是否有解和怎样求解.例如,为求曲面上(或更一般的弯曲空间中)两点之间距离最短的曲线,由费马定理就可以得到这样一个方程,它称为测地线方程.当曲面或弯曲空间曲得较厉害时,这个方程是非常复杂的.而这样的问题又是不可避免必须进行研究的.因为它本身又是广义相对论的基本问题,于是就激发出对于这一类方程的许多的研究.但是,作为极值必要条件的费马极值定理本身,人们已经很难想象它还能有什么本质上的进展,更难设想它在初等领域中还会有新的突破.

然而,从20世纪30年代开始,由于数学应用范围的不断扩大,费马定理受到了接连不断的新的冲击,并且从数学的角度来看,这些冲击竟然都出现在相当初等的领域里．首先是线性规划问题．线性规划问题最早出现在苏联的康托洛维奇(Л.В,Канторович)1939年的著作中．以后在50年代前后，美国的丹齐克(G.Dantzig,其父是那位写了名著《数——科学的语言》的那位老丹齐克，据他自己讲他关于线性规划两个著名定理的证明是因为上课迟到误将老师结尾介绍的两个未解决的难题当成作业抄回去做才得到的）又对此进行了大量的研究．他们的问题大都起源于企业的生产管理，因此有很大的实用价值．线性规划问题涉及的是一个线性函数在几个半径间的公共部分上的极值，它丝毫不触及深奥的数学概念．但费马定理却在这里失效了，因为非常数的线性函数的导数总不为零，而且在两直线交点处又不可导．其次是由于经济理论上的需要，出现了对策论和更一般的规划问题研究，这类研究的代表人物有冯·诺伊曼(J. von Neumann)、库恩(H.W.Kuhn)、塔克(A.W.Tucker)等人，虽然他们研究的都是极值问题，但其特点在于所涉及的函数常常是不可微的．例如，对策论中要涉及某个增益函数的“极大极小”

$$\max_{x\in A}\min_{y\in B}f(x,y)$$

这里即使$f(x,y)$本身很光滑，但作为x的函数

$$F(x)=\min_{y\in B}f(x,y)$$

一般不会仍是光滑函数，而极大极小问题就涉及这样的函数的极值问题．不仅对策论中这样的问题很多，而且在经济理论中许多函数也都是这种类型的．例如，生产中的成本函数作为产量的函数就是所有可能完成产量指标的生产成本中的最小值，它恰好有上述形式．对于非光滑函数，许多地方无导数可言，费马定理当然再次失效．最后，60年代前后由于航天科学等需要而发展起来的最优控制理论，也向费马定理提出了挑战，最优控制理论的卓越成果可以以贝尔曼(R.Bellman,1920—1984)的动态规划理论和苏联的庞德里雅金(Л.С. Понтрягин)及其学生们的最大值原理作为代表，最优控制理论从形式上看与变分学很相似，有人甚至称最优控制理论为“现代变分学”．它主要研究某个动态系统在怎样的控制下使某个目标函数达到最优，毫无疑问这当然也是个极值问题，但是这类极值问题的解往往在控制集合的边界上达到(这点与线性规划是一致的)，而在边界上达到极值时费马定理也是不成立的．它只能肯定对导数的不等式(即所谓“变分不等式”)，而不是等式．

诸如此类的从实际中提出的极值问题竟然都不能应用费马定理，这就迫使人们去寻求一种新的数学工具．

有些数学家开始抛弃费马定理，他们认为，费马定理要求函数光滑，以至连求$y=|x|$这样简单的函数的极值问题都解决不了，因为这个函数的极值显然是在当$x=0$时取得，但$|x|$却在$x=0$处不可导．在一个时期时，人们似乎找到了费马定理的替代物．他们认为凸集分离定理或凸集承托定理也许是合适的

新工具.这类定理最早出现在闵可夫斯基(H,Minkowski,1864—1909,这是一位数学神童,曾在17岁时与年逾80的老数论专家史密斯分享了一项数学大奖,并与爱因斯坦共同建立了狭义相对论)的著作中.后来,巴拿赫(S.Banach,1892—1945,波兰数学家,曾任波兰数学学会主席.在德军占领期间在一所医学研究所做喂养昆虫的工作)在他的泛函分析奠基工作中作了推广,并把它与线性连续泛函的延拓相联系.现在,它以汉恩(Hahn) - 巴拿赫定理的名称出现在泛函分析的教科书中,20世纪40年代后,在冯·诺伊曼等的倡导下,出现了大量的有关凸集和凸函数的研究,并成功地用来解决了许多非光滑函数的极值问题.例如,上面提到的简单问题:求 $y=|x|$ 的极小值,它的解 $x=0$,可以刻画为平面上 $y=|x|$ 的图象所形成的凸集 C,在(0,0)处有一条水平承托直线 $y=0$.从几何上看,函数的极值问题就是要求函数图象上有"局部水平承托超平面"的点,因此在不光滑而又能具有某种凸性的情形,凸集承托定理显然可用来代替费马定理求得某种极值条件.

凸性对于解决条件极值问题也是有力的工具在这里不详说了.还要指出的是:当函数非凸时,在一定条件下还可通过函数的"凸逼近"来运用凸集分离定理,或者考虑使函数变小的方向集合与约束条件所允许的方向集合,当它们是凸集时,也可应用凸集分离定理.由此可见,利用凸集分离定理可以得到很强的结果.从20世纪50年代起到60年代中期,曾经有大量的有关凸集和凸集分离定理的研究,并且用它处理了许多很困难的极值问题(例如,由此给出了带状态约束的庞德里雅金最大值原理的证明).其中较突出的有美国的克利(V.L.Klee)和苏联的杜勃维茨基(А.Я.Дубовицкий)、米柳金(А.А.Милюмин)、保尔强斯基(В.Г.Болгянский)等人的工作.

凸集分离定理得到的结果虽然相当漂亮,但是它几乎完全失去了费马定理的"分析味"或者说"微分学味".能不能用凸集分离定理建立起另一套"微分学",使得极值问题的处理重新再回到费马定理的轨道上来?在这一动机的驱动下,逐渐形成了一门新学科——凸分析.开这门学科先河的除上述的一些研究凸集的数学家之外,还有丹麦的芬凯尔(W.Fenchel)等,而公认的奠基者则为法国的莫罗(J.J.Moreau)和美国的洛卡菲勒(R.T.Rockafellar).他们的代表著作为莫罗1966年在法兰西学院的讲义《凸泛函》和洛卡菲勒1970年的书《凸分析》.这两位数学家把导数的概念对凸函数进行推广,而提出所谓"次微分(subdifferential)"的概念,凸函数 $f(x)$ 在 $x=x_0$ 处的次微分定义为其上图(epigraph)

$$\text{epi} f=\{(x,y)\mid f(x)\leqslant y\}$$

(这是个凸集)在 $(x_0,f(x_0))$ 处的承托超平面的"标准"法向量对 x 所在空间的射影全体.当 x 方向只有一维且 f 在 $x=x_0$ 处可微时,$(x_0,f(x_0))$ 处的承托超平

面即法向量为$(f'(x_0), -1)$的切线其在 x 方向的投影正是$f'(x_0)$.一般情况的“标准”法向量即指最后一个分量为 -1 的法向量.如果承托超平面只有一个,那么由它决定的“标准”法向量的射影就是梯度向量.如果这样的承托超平面很多,那么该函数在 $x=x_0$ 处就不可导了,但却有次微分存在.由上述定义,一般来说次微分映射是取集合值的.拿最简单的例子 $f(x)=|x|$ 来说,它的次微分映射为

$$\partial f(x)=\begin{cases}\{+1\}, x>0\\ [-1,1], x=0\\ \{-1\}, x<0\end{cases}$$

这里 f 在 x 处的次微分 $\partial f(x)$ 就是 f 的上图

$$\text{epi } f=\{(x,y) \mid |x| \leqslant y\}$$

在点$(x, |x|)$上的承托直线的“标准”法向量在 x 方向的射影(即斜率)全体.在原点(0,0),因为所有斜率在 -1 和 $+1$ 之间的直线都是承托直线,所以次微分是集合$[-1,1]$.

次微分这个名称并不妥当,因为它是导数或梯度概念的推广,而并非是微分概念的推广,但目前大家已习惯于这个名称.有了这个概念以后,费马定理又重新有了出路.事实上,凸函数 $f(x)$ 在 $x=x_0$ 处达到最小值的条件可表达为,在 $x=x_0$ 处的次微分中有零元素:$O\in\partial f(x_0)$.其几何含义是点$(x_0,f(x_0))$处上图 epi f 的承托超平面中有水平超平面.如果 $f(x)$ 在 $x=x_0$ 处可微,它就是费马定理,但现在它包含了不可微的情形.不但如此,由于凸函数的特点,现在这一条件不仅是必要的,而且还是充分的.这样,对于凸函数就有了一条更为完善的费马定理.

更有意思的是,在凸分析中通过使函数取广义实值,即允许它们取 $\pm\infty$,还能把条件极值问题变为无条件极值问题.由此出发,洛卡菲勒等得到了许多有关条件极值问题的结果,其中不但有经典的拉格朗日乘子法则,而且连本来无法用费马定理处理的线性规划问题以及极值点在边界上的情形也都可归结为这一条件.有限区间上的线性函数的最小值点上,也可用相应点上有承托水平直线来刻画.至此,在涉及的函数和集合都是凸的情形,凸分析就使费马定理发展到了顶点.它不但能处理有限维的最优化问题,也能处理无限维的变分学问题和最优控制问题.后一情况尤其是在法国的莱昂斯(J.L.Lions)学派那里得到了极为广泛的深入研究.

凸分析是一门有趣而又应用性极强的学科.它还包含共轭变换、对偶性等一系列很有用的内容.尽管它只有短短十来年的历史,其许多基础内容却已进入了大学基本课程.这种情况在数学发展史上也是很少见的.但是,凸分析的局限性也是明显的,因为函数与集合的凸性要求在相当多的实际问题中是不能达

到的.然而这对数学家们来说是不能“容忍”的,他们能眼看着他们自诩万能的分析手段在如此多的问题上束手无策吗?于是,人们又开始了对“非凸分析”(或者说一般的“非光滑分析”)的研究.这类研究可以说是花样百出、各显神通,光是与凸性有关的概念就提出了一大堆,诸如广义凸性、拟凸性、伪凸性等.自然,这类研究中不少是相互交叉、相互重叠的.而且由于在如此短的时间里,得出如此多的概念自然也是泥沙俱下鱼龙混杂.因此,有些不太深入的结果很快就被淘汰.而洛卡菲勒的学生加拿大的克拉克(F.H.Clarke)1975年提出的“广义梯度”的概念,却由于它简单明了、性质良好,立即得到了广泛的传播,并且像凸函数的次微分一样,现在已成了一个经典的概念.

克拉克的广义梯度是对局部李普希兹(Lipschitz)函数提出的.所谓n维空间$\mathbf{R}^n$的集合Ω上的李普希兹函数$f(x)$,是指存在常数C,使得对于任何x_1,$x_2\in\Omega$,有

$$|f(x_1)-f(x_2)|\leqslant C\|x_1-x_2\|$$

这里$\|x_1-x_2\|$表示x_1,x_2间的距离.所谓局部李普希兹函数则是指该函数在其定义域的每一点的某个领域中是李普希兹函数.容易看出,有连续偏导数的函数是局部李普希兹函数;也可证明连续凸函数是局部李普希兹函数.因此,这类函数包含了两大类最常见的函数.对于局部李普希兹函数有一条拉德马克(Rademacher)定理说,它一定是几乎处处可微的,克拉克首先利用这点把局部李普希兹函数的广义梯度定义为它邻近的梯度的极限点的闭凸包,即包含这些极限的最小的闭凸集.例如,对于函数$y=|x|$来说,当$x>0$时,它有连续导数恒为$+1$,故导数的极限也是$+1$;当$x<0$时,情况类似;而当$x=0$时,邻近各点梯度即导数的极限点有$+1$,-1两个值,包含这两点的最小闭凸集为$[-1,+1]$.因此,$f(x)=|x|$的广义梯度为

$$\partial f(x)=\begin{cases}\{+1\},x>0\\ [-1,+1],x=0\\ \{-1\},x<0\end{cases}$$

注意,这与$y=|x|$的次微分的结果一样.实际上,克拉克也指出了当函数为连续凸函数时,广义梯度也就变为次微分.

除此以外,克拉克还提出“广义方向导数”的概念(目前文献中已称它为“克拉克方向导数”),并且指出,这时广义梯度为满足一定条件的向量全体.

广义梯度的这个定义的特点在于它不再利用拉德马克定理,从而很容易推广到无限维情形.克拉克利用广义梯度的概念处理了许多最优化、变分学、最优控制的问题,其中的出发点就是对局部李普希兹函数的极值问题来说,费马定理

$$O\in\partial f(x_0)$$

成立．克拉克的工作及其有关研究已被总结在克拉克的《最优化和非光滑分析》(1983)一书中．

如前面所述，凸函数的次微分定义是利用切向量和法向量推广出几何意义．但是克拉克却反过来用广义梯度先定义任意集合，然后定义函数图象在某点的切向量集合和法向量集合．这两个集合都是闭凸锥，故分别称为切向锥和法向锥．具体地说，设 C 为一个任意点集，$d(x,C)$ 表示点 x 到 C 的距离，则容易验证 $d(x,C)$ 是李普希兹函数．因此，可以定义它的广义梯度 $\partial d(x,C)$ 和克拉克方向导数 $d^0(x,C;h)$．C 在点 x 处的法向锥就定义为由闭凸集 $\partial d(x,C)$ 所生成的锥，而 C 在点 x 处的切向锥则定义为满足 $d^0(x,C;h)=0$ 的方向 h 的全体．既然已定义了集合在一点的法向量，当然也就可以确定函数的图象中的任意点关于上图的法向量；在这些法向量中取出那些"标准"法向量(即最后一个分量为 -1 的法向量)，再经过射影，就可作为函数在对应点的广义梯度的定义．由于这里的函数没有任何限制，因此克拉克的这个广义梯度的定义也就广得不能再广了．也就是说，不管函数如何不光滑、不正规，我们总可以定义出它在任何点上的广义梯度来．尽管对于这一广得不能再广的广义梯度，可以有对于局部极小(但不是局部极大，因为它是对上图定义的)的费马定理 $O\in\partial f(x_0)$ 成立，但是由于经过这番几何上的绕圈子，这种"广广义梯度"在分析上的含义很复杂，不好把握．因此，它的"广广义"只是形式上的，实质性的好处并不多，不过后来，洛卡菲勒在1980年的一篇论文中指出，这种"广广义梯度"还是可以对于某些比局部李普希兹函数类更大的函数类，例如，"方向李普希兹函数类"得到较好的应用．

克拉克广义梯度虽然取得了很大的成功，但也有不少弱点．最主要的弱点在于：在许多情形下，广义梯度集合太大了，特别是当函数在某点有通常的梯度时，它在该点的广义梯度一般并不是只包含这一通常梯度的单点集(仅在凸函数等情形有保证)．克拉克自己就构造了一个例子：一个单变量李普希兹函数的广义梯度处处为$[-1,1]$．从构造的方法来看，这样的例子并不能说是罕见的．这样，特别是对极值问题来说，即使问题有唯一解，但由费马定理 $O\in\partial f(x_0)$ 只知有解，却不能求出解．这当然是个严重的缺陷．为了克服它，有些数学家就要设法缩小广义梯度定义的集合．

从一般的无限维空间来看，广义梯度和法向锥都是对偶空间的集合．能否不涉及对偶空间来完成广义方向导数与切向锥的互相定义呢？这是可能的，法国的奥班(J.P.Aubin)通过提出集值映射的导数概念而指出以下的概念循环关系

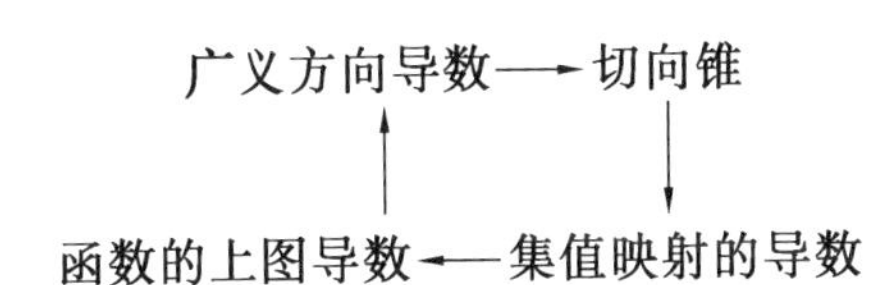

为说明这个循环关系,我们回顾一下莱布尼兹时代以来的导数与切线的关系.众所周知,单变量可导函数 $y = f(x)$ 在 $x = x_0$ 处的导数 $f'(x_0)$ 可解释为 $f(x)$ 的图象在点 $(x_0, f(x_0))$ 处的切线的斜率.这里实际上是用函数的导数来作为函数图象上一点的切线的斜率的定义.现在如果我们有办法先定义光滑曲线上某点的切线,那么该如何来定义函数的导数呢?首先应该把导数理解为把 x 的变化量 $(x - x_0)$ 映为 y 的变化量 $(y - y_0)$ 的映射.这个映射是个线性映射,$f'(x_0)(x - x_0)$ 对应 $(y - y_0)$,而它的图象恰好就是函数图象上对应点的切线(原点需移到函数图象上的对应点 (x_0, y_0)).在一般的多变量情形或更一般的抽象空间情形,如果函数是光滑的,则其梯度与函数图象上的切超平面之间仍有类似的对应关系,但是当函数是非光滑时,简单地照搬这种对应关系会带来不合理的结果.正如我们前面所看到的,它经常需要用函数的上图来过渡.因此,奥班指出,如果我们有了某种切向锥的定义后,不应立即用它来定义函数的广义导数,而是应该用它先来定义一般的集值映射的导数.设 F 是空间 X 到空间 Y 的集值映射,即对于每个 $x \in X$,我们定义了一个空间 Y 中的集合 $F(x)$. F 的图象则定义为

$$\text{graph } F = \{(x, y) \in X \times Y \mid y \in F(x)\}$$

而 F 在其图象上的一点 (x_0, y_0) 的导数可定义为一个映射,其图象恰为 graph F 在点 (x_0, y_0) 处的切向锥.这个定义说起来有点别扭,但对照上述的单变量情形,可以看出它还是很自然的.而有了这个定义以后,我们可把一个函数的上图看做某个集值映射的图象,从而定出所谓函数的上图导数.最后,再把这个上图导数构成的集合取某种边界,就能得到函数的广义方向导数.至于由广义方向导数来定义切向锥我们前面已经做过,即通过距离函数 $d(x, C)$ 来进行.

发现非光滑分析的这个循环关系的意义是深远的.首先,很明显,集值映射的导数的定义肯定会有很多用处.事实上,奥班已用它来定义凸函数的次微分(它是集值映射)的导数,也就是凸函数的二阶导数,从而可讨论某些凸规划的稳定性问题.其次,我们可完全从几何出发,即从切向锥的定义出发,来展开非光滑分析.从克拉克的切向锥出发,我们就可得到克拉克的广义梯度;而如果用20世纪30年代一位法国数学家博里刚(G. Bouligand)为微分几何目的而提出的一种切向锥出发,则可得到说过的狄尼次微分.奥班用这样的观点在他与埃克朗(I. Ekeland)合作的新书《应用非线性分析》(1984)中写了一章"非光滑分析",从而为这门新学科描绘了一幅新图景.这本书中也对凸分析作了新的处理.史树中教授在这篇介绍文章中提醒有兴趣阅读这本书的读者,切莫错过第492页上的评注.在这个评注中,奥班提到了他的波兰学生弗兰科斯卡(H. Frankowska)的工作,即她运用了界于克拉克锥与博里刚锥之间的中间切向锥,由此可得到另一套非光滑分析.而我们在弗兰科斯卡的论文中则可读到,实际上这三种切向锥已能适合常见的各种应用,但它们不能互相取代.

我们的介绍应该在此打住了.因为再往前走就会涉及更多的不太成熟的研究.这一简单的介绍肯定是相当不全面的.在研究课题如海、研究强手如林的今天,即使只就“提出非光滑函数的广义导数概念,推广费马定理”这样一个小主题而言,要在其中找出一条研究主线,只提少数几个代表人物,也是非常困难的.数学的公理化方法无疑是20世纪中出现的最有用的科学方法之一.但是,如果有一批粗通此道之士把它当成一种高级游戏而竞赛起来,那也会在数学界造成灾难.非光滑分析的浩瀚文献,就使人有一点灾难感.因为从表面上看起来,在这个题材上只需不断地把概念和定理推广就行了.而把一个概念或一条定理推到尽可能广的地步,则是今天每个懂点公理化方法的数学系学生都会做的事.于是,我们便在许多数学杂志上到处看到新的导数的发明.这些琳琅满目、各有千秋的新发明,要有植物分类学家的耐心,才有可能把它们理出个头绪来.

然而,新的数学方法是否更深刻地反映客观世界的数量关系,并不是由它形式上是否漂亮来决定的,最终还是要看它能否解决实践中提出的数学问题.与克拉克广义梯度概念几乎同时出现的广义导数概念数以十计,形式上很难比较它们的高下,广义梯度最终能站住脚全在于它的大量应用.当前与奥班的集值映射导数概念同时出现的也有各种类似的定义.它们谁优谁劣也还有待各种数学问题的检验.

费马定理的非光滑新发展,从凸分析的出现算起,已有近30年历史.至今也许只能说它仅仅是粗具规模.我们只要回顾一下经典的光滑费马定理的影响几乎遍及数学的每个方面,就可设想非光滑费马定理将涉及的领域该有多大,从洛卡菲勒、克拉克等这些名家的新近工作来看,他们目前似乎已不再对建立更一般的框架感兴趣,而都在致力于具体的变分学、最优化等问题的应用研究,这也是势在必行.否则学科的发展是没有生命力的.

法国著名数学家,巴黎第九大学和综合理工学院教授,决策数学研究中心主任,非线性分析、对策论、数理经济学等方面的许多专著的作者奥班教授(1982年奥班又当选为法国庞加莱数学研究所主任),在一篇文章中指出:“正如我已经说过,科学史上充满着在物理学和力学中利用数学比喻的例子.这里我只需提出从17世纪费马、莱布尼兹和牛顿开始,人们从未停止过周而复始地回到函数导数的概念.还要注意的是,在过去,如果说费马和莱布尼兹主要是被数

学原因所激发(对费马来说,是寻求最优值和作切线法),那么牛顿则是在流数的定义中使直觉依靠在力学上面.这一时代以后,伯努利兄弟曾对一类成为变分法起点的问题进行了研究.关于变分法,即使只列举那些最杰出的人物,也可以说它已经被打上了欧拉(18 世纪)、拉格朗日、雅可比(19 世纪)、庞加莱和希尔伯特(20 世纪初) 等人著作的烙印,并且直至今日,它还始终是许多著作的论述对象.正是变分法(以及成为物理学中最优先考虑的模型的偏微分方程),促使数学家逐步脱离过分窄的可导函数的框架.施瓦尔兹极为大胆地引入了广义函数(分布) 这样的数学概念,它比通常的函数更为一般,而且由于无限次可微,数量又足够多,所以可用来解决众多的偏微分方程.不过这也不是短时期内就能办到的事情.英国物理学家狄拉克早已提出过一些形式结果,而勒雷(Leray) 和索伯列夫(Sobolev) 也早已指出脱离原有框架的必要.而且这还不够,因为变分法以及它的现代变种最优控制理论现在正在促使数学家创造一系列新的导数概念,以利于最终能完善地采用费马的方法!"

4. 费马定理的推广与神经网络的稳定性与优化计算问题

稳定性理论在美国正迅速地变成训练控制论方面的工程师们的一个标准部分.

—— 美国数学家拉萨尔(J.P.Lasalle)

正如史树中教授所指出:300 多年来,费马定理本身被不断推广、改进和深化.同时它也应用在数学中的各个领域中,本节将介绍它在我国数学家廖晓昕教授关于神经网络的稳定性及最优化计算中的一个应用.廖晓昕教授 1963 年毕业于武汉大学,现任华中师大数学系教授,1991 年他在《科学》中介绍了他的一些工作及思考.他指出:神经网络的研究已有 30 余年的历史了,它的发展道路是不平坦的,曾一度陷入低谷,主要原因是由于传统的冯·诺伊曼型数字计算机正处于发展的全盛时期,它的缺点尚未充分暴露出来,人们陶醉于数字计算机的成功之中,从而忽视了发展新型模拟计算机及人工智能技术的必要性和迫切性.

随着科学技术的日新月异,科学家们发现,现行计算机在处理能够明确定义的问题和概念时,虽然具有越来越快的速度,但与人脑的功能相比,差别很大.近年来,国际上的不少计算机专家在探索研究模拟人脑的新一代计算机,这大大地促进了神经网络理论和应用的研究.

1983 年,美国加州理工学院的物理学家霍普菲尔德(Hopfield)提出了一个神经网络模型,首次提出了能量函数(李雅普诺夫(Liapunov)函数),建立了网络稳定性判据.它的电子电路实现为神经计算机的研究奠定了基础,同时开拓了神经网络用于联想记忆和优化计算的新途径.之后,许多学者沿着他的基本思路,提出了不同的模型,引进了不同的能量函数,进而得到了一系列类似的稳定性判据及优化问题的结论.然而近年来,人们对霍普菲尔德方法褒贬不一,众说纷纭,因此极有必要仔细研究它的数学理论基础.这其中涉及费马定理推广形式的应用.因为许多优化问题最后归结到求解一般连续可微函数

$$V = F(x_1, x_2, \cdots, x_n)$$

的极值点,根据极值存在的必要条件,即费马定理的推广形式极值点必须满足方程组

$$\begin{cases}\partial F/\partial x_1 \triangleq f_1(x_1, \cdots, x_n) = 0 \\ \partial F/\partial x_2 \triangleq f_2(x_1, \cdots, x_n) = 0 \\ \vdots \\ \partial F/\partial x_n \triangleq f_n(x_1, \cdots, x_n) = 0\end{cases} \quad ①$$

式①的解集也叫 $V = F(x_1, \cdots, x_n)$ 的驻点集,驻点集包含极大值点、极小值点、逗留点.当 $f:(x_1, \cdots, x_n)(i = 1,2,\cdots,m)$ 是多项式时,便是代数几何的研究范围.

1991 年是俄国数学家李雅普诺夫著名的博士论文“运动稳定性的一般问题”发表 100 周年.运动稳定性理论之所以经久不衰,成为自然科学、工程技术甚至社会科学中人们普遍感兴趣的课题,是因为任何一个实际系统总是在各种偶然的或持续的干扰下运动或工作的,在承受了这种干扰之后,该系统能否还稳定地保持预定的运动或工作状况,这是必须首先考虑的.美国数学家拉萨尔早在 60 年代就曾说过:“稳定性理论在吸引着全世界数学家的注意,而且李雅普诺夫直接法现在得到了工程师们的广泛赞赏.”“稳定性理论在美国正迅速地变成训练控制论方面的工程师们的一个标准部分.”

自从神经网络理论中引进李雅普诺夫函数和方法以来,人们对李雅普诺夫稳定性理论的兴趣日益浓厚.这里只介绍与神经网络有联系的自治系统稳定性定理的原始思想和精神实质,进而说明神经网络稳定性中的若干问题.

美国物理学家霍普菲尔德考虑了下列非线性连续神经网络模型

$$\begin{cases}C_i \dfrac{\mathrm{d}u_i}{\mathrm{d}t} = \sum\limits_{j=1}^{n} T_{ij}V_j - \dfrac{u_i}{R_i} + I_i \\ V_i = g_i(u_i)\end{cases}, i = 1,2,\cdots,n \quad ②$$

式中,R_i 为电阻,C_i 为电容,R_i,C_i 并联以模拟生物神经元输出的时间常数,而跨导 T_{ij} 则模拟神经元之间互连的突触特性,运算放大器则模拟神经元的非线

性特性，u_i 为第 i 个神经元的输入，V_i 为输出.

假设 $C_i>0, V_i=g_i(u_i)$ 为严格单调可微函数，$T_{ij}=T_{ji}$. 在这些假设下，霍普菲尔德采用如下的李雅普诺夫函数(或称计算能量函数)

$$E(V)=-\frac{1}{2}\sum_{i=1}^{n}\sum_{j=1}^{n}T_{ij}V_iV_j-\sum_{i=1}^{n}V_iI_i+\sum_{i=1}^{n}\frac{1}{R_i}\int_0^{V_i}g^{-1}(\xi)\mathrm{d}\xi$$

沿式 ② 的运动轨线对 $E(V)$ 求导，代入假设并整理得

$$\frac{\mathrm{d}E}{\mathrm{d}t}\mid_{(2)}\leqslant 0$$

而

$$\frac{\mathrm{d}E}{\mathrm{d}t}\mid_{(2)}=0\Leftrightarrow\frac{\mathrm{d}V_i}{\mathrm{d}t}=0\Leftrightarrow\frac{\partial E}{\partial V_i}=0\Leftrightarrow$$

$$\sum_{j=1}^{n}T_{ij}V_j-\frac{u_i}{R_i}+I_i=0, i=1,2,\cdots,n$$

据此，霍普菲尔德得出以下两个结论：

(1) 神经网络系统必然演化到一个平衡点，此平衡点是渐近稳定的，或者说整个神经网络系统 ② 是稳定的.

(2) 神经网络的这些渐近稳定平衡点恰恰是能量 $E(V)$ 的极小值点.

长期以来，人们对霍普菲尔德这两个结论并不怀疑，而且对第二个结论倍加赞赏，只是认为，其美中不足的是所得极小值点不一定是全局极小值点，且只是演化的收敛区域未给出.

廖晓昕教授在研究当前神经网络稳定性及优化计算中的数学理论问题时指出：

(1) 霍普菲尔德方法和类似方法最大的优点是用神经网络电路方法，通过解的演化以模拟方式，迅速地找到能量函数 $E(V)$ 的某些驻点(注意，不一定是极小值点)，而 $E(V)$ 的驻点恰恰是神经网络

$$C_i\frac{\mathrm{d}u_i}{\mathrm{d}t}=\sum_{j=1}^{n}T_{ij}V_j-\frac{u_i}{R_i}+I_iV, i=1,2,\cdots,n$$

的平衡解(奇点).

前面已谈到，求解一个非线性方程组是非常困难的. 而用模拟方法，只要构造出神经网络电路，输入一个初始值 x_0，系统便能自动而迅速地演化到一个依赖于此初值 x_0 的平衡点 $x^*(x_0)$. 这正是其新颖独到且令人极感兴趣之处.

(2) 然而，从稳定性的数学理论上看，霍普菲尔德方法并不严格. 他借助于李雅普诺夫直接法思想，巧妙地构造出了所谓计算能量函数 $E(V)$，却对李雅普诺夫稳定性理论断章取义. 李雅普诺夫的各种稳定性都有严格的数学定义，被研究是否稳定的平衡解 $x=x^*$ 本身是已知的，且规范化为 $x^*=0$. 李雅普诺夫函数 V 的数学限制(如 V 是正定的，$\mathrm{d}V/\mathrm{d}t$ 是负定的等等) 都是十分严格

的,通过对 V 本身的限制,实质上是把系统的平衡解 $x = x^* = 0$ 和 V 函数的极小值点 $x = 0$ 预先人为地对应起来,把轨线 $x(t, t_0, x_0)$ 趋于原点与 $V(x(t, t_0, x_0)) \triangleq V(t) \to 0$(当 $t \to +\infty$)对应起来.因此,李雅普诺夫定理论证严谨,结论准确.而霍普菲尔德神经网络系统的平衡位置却是未知的,$x = 0$ 不一定是平衡位置.究竟要研究哪个平衡位置的稳定性,给定一个具体平衡位置,欲知它是否稳定,霍普菲尔德方法无法回答,缺乏严格的定义.霍普菲尔德构造的能量函数在数学上几乎没加什么假设,函数本身的极值点和神经网络的平衡解是怎样的一种对应关系并不清楚.他试图通过构造 $E(V)$,利用神经网络电路的演化既找到 $E(V)$ 的极小值点,解决某些优化问题,又找到神经网络的平衡点,并证明这些平衡点是渐近稳定的.然而,这一般是不对的.

因 $E(V)$ 沿方程 ② 的轨线求导的本质含义是将解 $x(t, t_0, x_0)$ 代入 $E(V)$ 之中,则 $E(V(x(t, t_0, x_0))) \triangleq E(t)$ 是 t 的一元函数.满足 $\mathrm{d}E(t)/\mathrm{d}t = 0$ 的点不一定是 E 的极小值点,还可能是拐点.因此,霍普菲尔德找到的只是极小值点满足的必要条件,不是充分条件.用他的方法找到的神经网络的奇点(或平衡解),可能是李雅普诺夫意义下的渐近稳定点,也可能是李雅普诺夫意义下不稳定的鞍点型奇点.

(3) 现在,许多人对于霍普菲尔德方法得到的平衡位置是渐近稳定的,又是能量函数 $E(V)$ 的极小值点,似乎都不怀疑,只是认为他找到的是局部渐近稳定点,$E(V)$ 的局部极小值点,没有给出局部渐近稳定的吸引区域的估计,没有给出全局优化的计算问题.他们期望用神经网络本身的模拟方法解决吸引区域问题及全局优化问题,这恐怕是极难的.因为用霍普菲尔德方法找到的神经网络的平衡点(或 $E(V)$ 的驻点)依赖于初始值 x_0,从不同的 x_0 出发,演化可能收敛于不同的奇点(或 $E(V)$ 的驻点),即使试验多次,输入多个不同的 x_0 值,演化都收敛于同一奇点,也只能是不完全归纳.数学是演绎科学,不承认没有经过严格证明而单靠有限次实验所得到的结论.

为此廖晓昕教授建议:用霍普菲尔德的演化模拟方法找出神经网络的奇点(或能量函数 $E(V)$ 的驻点),然后再借助于其他数学方法(如成熟的李雅普诺夫稳定性方法)证明这些奇点哪些是稳定的,哪些是不稳定的,哪些是能量函数真正的极小值点,哪些则不是.渐近稳定的奇点的吸引区域也可借助于合适的李雅普诺夫函数来估计.对神经网络有兴趣的各行各业的学者应联合起来,互相学习,取长补短,共同促进神经网络理论和应用的蓬勃发展.

5. 费马与积分思想的发展

线是由点构成的，就像链是由珠子穿成的一样；面是由直线构成的，就像布由线织成的一样；立体是由平面构成的，就像书是由页组成的一样.不过，它们都是对于无穷多个组成部分来说的.

—— 卡瓦列里(B.Cavalieri)

积分思想是近代数学中的重要思想，费马为它的创立做出了无可替代的工作，虽然没有最后完成，但也十分接近，需要指出的是费马的积分思想并不是凭空想出来的，而是许多古代数学家杰出思想的积累的必然产物.可以说定积分的思想，早在古希腊时代就已经萌芽.大连理工大学的杜瑞芝教授曾撰文指出：公元5世纪，德莫克利特(Democritus)创立了原子论，把物体看做是由大量的微小部分(称为原子)叠合而成的，从而求得锥体体积是等高等底柱体的$\frac{1}{3}$.古希腊数学家欧多克斯(Eudoxus)又提出确定面积和体积的新方法——穷竭法(这一方法在17世纪才定名)，从中可以清楚地看出无穷小分析的原理.欧多克斯利用他的方法证明了一系列关于面积和体积的定理.阿基米德成功地把穷竭法、原子论思想和杠杆原理结合起来，得到抛物线弓形面积和回转锥线体的体积，他的种种方法都隐含着近代积分学的思想.

数学史的研究，不仅要注重内史还要涉及外史，即当时社会状态对数学的需求与影响.

17世纪，这是一个由中世纪过渡到新时代的时期，资本主义刚开始发展，生产力得到解放.生产中出现了简单的机械，并逐步过渡到使用比较复杂的机器.工业以工场手工业的方式转向以使用机器为基础的更完善的形式.生产力的发展影响了生产关系的发展，产生了工业资本.社会经济的发展和生产技术的进步促使技术科学急速向前发展.例如，在航海方面，为了确定船只的位置，要求更加精密的天文观测.在军事方面，弹道学成为研究的中心课题.准确时钟的制造，也吸引着许多优秀的科学家.运河的开凿，堤坝的修筑，行星的椭圆轨道理论，也都需要复杂的计算.所有这些课题都极大地刺激了数学的发展，古希腊以来所发展起来的初等数学已经远远不能满足当时的需要了，于是一个史无前例的富于发现的时代来到了.

在这一时期，研究运动成为自然科学的中心问题.数学作为自然科学的基础和研究手段在数学研究中也自然而然地引入了变量和函数的概念，数学的发展处于从初等数学(常量数学)向高等数学(变量数学)过滤的时期.标志着新时期的开始的是解析几何的创立,紧接着就是微积分的兴起.

微积分的出现,最初是为了处理17世纪人们所关注的几类典型的科学问题.求物体运动的瞬时速度,求曲线的切线,求函数的最大值和最小值,这些都是微积分学的典型问题.

古希腊时代诡辩家安提丰(Antiphon)在研究化圆为方问题时,提出了一种求圆面积的方法,后人称之为"穷竭法".在圆内作一内接正方形后,不断将其边数倍增加,希望得到一个与圆重合的多边形,从而来"穷竭"圆的面积.欧多克斯受安提丰和德莫克利特的影响,试图把穷竭法建立在科学的基础上,提出了下列著名原理:"对于两个不相等的量,若从较大量减去大于其半的量,再从所余量中减去大于其半的量,继续重复这一步骤,则所余之量必小于原来较小的量."如果反复执行原理所指出的步骤,则所余之量要多小就有多小.这一原理是近代极限理论的雏形.欧多克斯和阿基米德都利用穷竭法求出了一系列平面图形的面积和立体的体积.

穷竭法虽然是建立在较为严格的理论基础上,但是,由于缺乏一般性,即使是对于比较简单的问题也必须采用许多技巧,其结果又往往得不到准确的数字解答.所以在一段时间里,此法遭到冷落,后因阿基米德而复兴.17世纪初期,阿基米德的工作在欧洲被重新研究.成批的学者对面积、体积、曲线长和重心问题产生了极大兴趣,于是穷竭法先是被逐步修改,最终为现代积分法所代替.

在17世纪,第一个阐述阿基米德方法并推广应用的是德国天文学家、数学家开普勒.他在研究天体运动问题时,不知不觉地遇到了类似无穷小量的一些概念.他建立了运用这些概念的一种特殊方法,我们称之为"无限小元素法".

据说开普勒曾被体积问题所吸引,这是因为他注意到酒商用来量酒桶体积的方法不精确.开普勒为了求一个酒桶的最佳比例,结果导致他决心写一部完整的计算体积的论著——《酒桶的新立体几何》(《New Solid Geometry of Wine Barrels》,1615).一位富翁曾劝告他的儿子说:"只想喝一杯牛奶,何必买下一头奶牛."但数学家的思维却恰恰相反,他们往往会为了解决一个特殊问题而去发展一套庞大的理论.这部著作包括三部分内容:第一部分是阿基米德式的立体几何,带有附录,其中有个阿基米德没讨论过的问题;第二部分是对奥地利酒桶的测量;第三部分讲应用.

开普勒所使用的方法的要点是,在求线段和弧的长度、平面图形的面积、物体的体积时,他把被测量的量分成很多非常小的部分,然后利用几何论证求这些小部分的和.因此,我们称之为"无限小元素法".这种方法是现代积分法的前奏,它明显地带有希腊数学家德莫克利特"原子论"的遗风.

开普勒的著作从最简单的求圆面积开始,他把圆看成是边数为无限的多边

形,圆的面积看成是由无限多个顶点在圆心、以多边形的边为底的无限小的等腰三角形所组成.因此,圆面积等于圆周长与边心距——在边数无穷时即是圆的半径——乘积之半,即$2\pi r\cdot\frac{1}{2}r=\pi r^2$.开普勒用同样方法计算球的体积,他把球看成是由无限多个顶点在球心,底面构成球的表面的无限小的锥体所组成.因此,球的体积等于球的表面积与半径乘积的三分之一,即$4\pi r^2\cdot\frac{r}{3}=\frac{4}{3}\pi r^3$.

圆环即一个圆绕它所在平面上且在圆外的一条轴旋转一周所形成的立体.开普勒在求圆环体积时,用无穷多个通过旋转轴的平面把圆环截成许多很小的部分,这些小部分很像弯曲的圆柱体.开普勒以一个直圆柱来代替弯圆柱,这个直圆柱的底就是用以旋轴的圆.他认为这个小的直圆柱与截得弯圆柱等积.开普勒把从圆环中截出的每一份弯圆柱都用相应的直圆柱来代替,并把它们叠合起来,这样得到一个直圆柱与圆环等积.

当旋转轴在已知圆的内部时,开普勒把这种特殊情形的圆环称之为"苹果"或"柠檬".这就是说,由圆的比半圆大的弓形绕它的弦旋转所得到的旋转体叫做"苹果",而比半圆小的弓形绕它的弦旋转所得的旋转体叫做"柠檬".开普勒求出这种"苹果"的体积等于用平面从圆柱中截出的楔形的体积.

开普勒这种用同维的无穷小元素之和来确定面积和体积的方法,是建立在他思想中的连续性原则的基础上的.早在1604年,他的《天文学的光学部分》(《Ad Vitellionem Paralipomena, quibus Astronomiae pars Optica Tradidur》)中就出现了"一个数学对象从一个形状能够连续变到另一形状"的思想.因此,在把圆看成是无穷多个三角形之和时,他认为两种图形本质上没有什么区别.有时他也认为面积就是直线之和.

瓦列里
alieri,
647) 意
学家.生
,卒于波

开普勒的思想和方法影响了意大利的一位大几何学家,这就是伟大的天文学家、机械工程师、物理学家伽利略的学生卡瓦列里.他把开普勒的无限小元素法发展成为著名的"不可分原理".伽利略对他的工作给予了极高的评价,认为他是当时最卓越的数学家之一,他的才能不亚于阿基米德.

卡瓦列里生于意大利的米兰(Milan),早年得到良好的教育,后来任波伦那大学教授(1629 ~ 1647).著有圆锥论(1632)、三角学(1632)、光学和天文学等方面的书.卡瓦列里的最大贡献是提出了"不可分原理"(Principle of indivisibles).他的思想方法对于17世纪上半叶微积分发展所遵循的路线的影响是巨大的.

卡瓦列里在他的重要著作《连续不可分几何》(《Geometria Indivisibilibus Continuorum nova Quadam Ratione Promota》, 1635,波伦那)中指出,面积是由无数个平行线段构成的,体积是由无数个平行平面构成的.他分别把这些个体叫做面积和体积的不可分元素.

卡瓦列里认为不可分元素充满了已知平面或空间图形.为此,他引入了"全体不可分元素之和"的概念,以便在两块面积或两个立体之间进行比较.

为了计算$\sum\limits_{A}^{B}x^2$(即$\int_0^a x^2\mathrm{d}x$),卡瓦列里令

$$\sum_{A}^{B}a^2=\sum_{A}^{B}(x+y)^2=\sum_{A}^{B}x^2+2\sum_{A}^{B}xy+\sum_{A}^{B}y^2=2\sum_{A}^{B}x^2+2\sum_{A}^{B}xy$$

令$x=\frac{a}{2}-z,y=\frac{a}{2}+z$,因此

$$\sum_{A}^{B}a^2=2\sum_{A}^{B}x^2+2\sum_{A}^{B}\left(\frac{a^2}{4}-z^2\right)$$

$$\sum_{A}^{B}a^2=4\sum_{A}^{B}x^2-4\sum_{A}^{B}z^2$$

经过计算不难得出

$$\sum_{A}^{B}z^2=\frac{1}{4}\sum_{A}^{B}x^2$$

于是

$$\sum_{A}^{B}a^2=4\sum_{A}^{B}x^2-\sum_{A}^{B}x^2$$

即

$$\sum_{A}^{B}x^2=\frac{1}{3}a^3$$

这相当于得$\int_0^a x^2\mathrm{d}x=\frac{1}{3}a^3$.这里卡瓦列里以$\sum\limits_{A}^{B}a^2$表示边长为$a$的正方体的体积.

用类似的方法考虑

$$\sum_{A}^{B}a^3=\sum_{A}^{B}(x+y)^3$$

可得出

$$\sum_{A}^{B}x^3=\frac{1}{4}a^4$$

由此可推出一般的结果

$$\sum_{A}^{B}x^n=\frac{1}{n+1}a^{n+1}$$

这些元素之和的比作为面积与体积之比.从比较两个立体的不可分元素出发,卡瓦列里得到下列著名的定理:

如果两个立体等高,且它们的与底有相等距离的平行截面恒成定比,则这两个立体的体积之比就等于这个定比.

除了上述定理之外,卡瓦列里还发明了一种计算定积分$\int_0^a x^n\mathrm{d}x$的方法.我们用现代的术语和符号来讨论他的方法.

设正方形 $ABCD$ 边长为 a，联结 AC 得到两个全等三角形. 以 x 和 y 分别表示两个三角形中平行于 BC 边之截线，因此在任何位置都有 $x+y=a$. 这里 x，y，a 分别表示两个三角形和正方形的不可分元素，它们的面积用 $\sum_A^B x$，$\sum_A^B y$，$\sum_A^B a$ 来表示. 这里的"不可分元素之和"即"线段之和". 因为 $\triangle ABC$ 与 $\triangle ADC$ 面积相等，它们之和等于正方形的面积，即

$$\sum_A^B x + \sum_A^B y = \sum_A^B a$$

所以

$$\sum_A^B x = \frac{a^2}{2}\left(\text{即}\int_0^a x\mathrm{d}x = \frac{a^2}{2}\right)$$

这实际上等价于定积分

$$\int_0^a x^n \mathrm{d}x = \frac{a^{n+1}}{n+1}$$

这个定理在欧洲称卡瓦列里定理. 事实上，我国数学家祖暅(祖冲之的儿子)早在公元6世纪就提出了同样内容的定理:"幂势既同，则积不容异"("幂"是截面积)，比卡瓦列里早1 100年以上!

卡瓦列里计算到 $n=9$. 这些具有普遍性的结果对定积分概念的发展具有深远的影响. 卡瓦列里的《连续不可分几何》在微积分历史上具有重要地位，许多研究几何学中无限小问题的数学家还乐于引用并推崇它. 事实上，卡瓦列里距现代积分学的观念还很远，他的理论只不过是希腊人的穷竭法向牛顿、莱布尼兹微积分学的一种过渡而已. 卡瓦列里本人似乎也只是把他的方法看做避免穷竭法的实用的几何措施，而对这种方法的逻辑基础毫无兴趣. 在他的著作中完全回避代数方法，只使用古代数学家的几何方法，因此不可分原理遭到同时代人的批评. 在卡瓦列里所处的那个时代，代数符号的使用已经相当流行了. 如果他使用代数符号，也许会比较简单和精密地解决他所提出的问题.

夭利斯(J.
-1703)，英
家. 生于
阝，卒于牛

卡瓦列里这样不注意数学严密性的要求，使许多数学家对他的不可分原理的可靠性表示了怀疑. 意大利数学家托里拆利(E. Torricelli，1608—1647)、英国数学家沃利斯、法国数学家巴斯卡(B. Pascal，1623—1262)，都力图把卡瓦列里的不可分原理算术化. 特别是费马也对卡瓦列里的结果给出较为严密的证明.

例如，费马在计算曲线 $y=x^2$ 下的面积时，放弃了不可分元素，而以等距离的纵坐标把面积分成窄长条，并依据不等式

$$1^n + 2^n + \cdots + (k-1)^n < \frac{k^{n+1}}{n+1} < 1^n + 2^n + \cdots + k^n$$

也得到了相当于定积分 $\int_0^a x^n \mathrm{d}x = \frac{a^{n+1}}{n+1}$ 的结果.

对于形如 $x^p = y^q$ 的抛物线,费马把函数 $y = x^{pq}$ 的图象下的面积不是按等距离的纵坐标分为窄长条,而是在横轴上取坐标为

$$x, ex, e^2x, e^3x, \cdots$$

的点,这里 $e < 1$.然后在这些点上作纵坐标,则相邻长条间的面积将形成无穷几何级数.由此费马求得矩形之和为

$$x^{(p+q)/q}\left(\frac{1-e}{1-e^{(p+q)/q}}\right)$$

费马指出,为了求得这种抛物线下的面积,不仅要有无限多个这种矩形,而且每个矩形的面积必须为无限小.为此,他首先作变换 $e = E^B$,于是上述和式成为

$$x^{p+q/p}\left(\frac{1-E^q}{1-E^{p+q}}\right) = x^{p+q/b}\,\frac{(1-E)(1+E+E^2+\cdots+E^{q-1})}{(1-E)(1+E+E^2+\cdots+E^{p+q-1})}$$

约去因子$(1-E)$,再令 $e = 1$,则 $E = 1$,从而和式等于$\frac{qx^{(p+q)/q}}{p+q}$.此即计算定积分

$$\int_0^x x^{p/q}\mathrm{d}x = \frac{p+q}{q}x^{(p+q)/q}$$

费马实质上是运用极限思想求出了形如$\frac{0}{0}$ 的不定式的值,他还把这一结果推广到负指数.从这个意义上说,费马的思想方法已经接近现代的积分学.拉格朗日、拉普拉斯和傅里叶都曾称费马是“微积分的真正的发明者”,但是,泊松正确地指出:“费马没有认识到求积问题是求切线问题的逆运算.”

下篇

Thoughts in the Proof to the Fermat's Last Theorem

费马大定理获证带来的联想

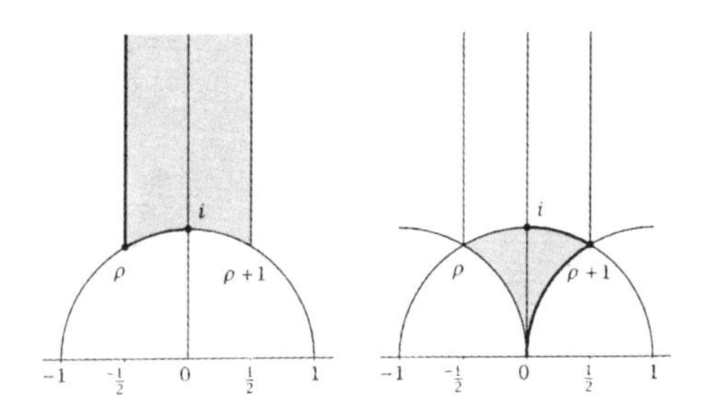

法兰西骄子

第十六章

1. 法兰西骄子——近年来获菲尔兹奖和沃尔夫奖的法国数论及代数几何大师

对于一个国家或民族来说,评价其数学成就的大小,两个比较重要的参考指标是菲尔兹奖与沃尔夫奖的获奖人数.菲尔兹奖素有数学界的诺贝尔奖之誉,它是奖给40岁以下的杰出数学家.而沃尔夫奖则是一种终身成就奖,华人在这两种大奖中各有一人获奖.1982年,由于在微分几何、偏微分方程中的出色工作,丘成桐获得了菲尔兹奖,陈省身则由于其在整体微分几何方面的出色工作,于1983年获沃尔夫奖.而法国人则在这两个大奖中占有非常多的位置,限于本书的范围,我们仅选择与费马大定理近代发展有关的几位获两项大奖之一的法国数学家.介绍他们的生平与工作,一是使读者了解数论及代数几何在法国的传统地位以及对今天的影响.也就是说,法国数学家或为费马大定理的解决直接提供了有用的工具,或是间接推动了许多重要结果的产生.二是使读者了解是许多人共同营造了费马大定理获证的氛围.①关于数学的发展,人们一般乐于引用汉克尔(H.Hankel)

① 注:本节许多材料是取自于胡作玄的《菲尔兹获奖者传》,及李心灿的《数学大师》.

的那句著名的话:"在大多数学科里,一代人要推倒另一代人所修筑的东西,一个人所建立的另一个人要加以摧毁.只有数学,每一代人都能在旧的大厦上添建一层新楼."这是数学发展渐进观的宣言,它明确地指出了数学与其他科学的发展模式之不同.饮水思源,怀尔斯的证明的得到不是偶然的而是许多数学大师共同积累的产物,其中当首推费马的老乡们.

· 最年轻的菲尔兹奖得主——让·皮埃尔·塞尔(Jean Pierre Serre)

塞尔在1954年获菲尔兹奖时,还不满28岁,他是迄今为止的获奖者中年纪最小的.外尔在介绍他和小平邦彦的工作时说:"数学界为你们二位所做的工作感到骄傲.它表明数学这棵长满节瘤的老树仍然充满着汁液与生机."他还用一句语重心长的话勉励他们:"愿你们像过去一样继续努力!"第二年外尔去世了,可是他的希望并没有落空,塞尔等人所做的研究大大推动了数学的发展,改变了数学的面貌,塞尔本人也成为当代数学界的领袖人物之一.

1926年9月15日,塞尔生于法国南部的巴热斯.他的父母都是药剂师,他在尼姆斯上中学,从小就显露出非凡的数学才能.1944年8月,德军占领巴黎时,他还不满18岁,就考进高等师范学校读书.老一辈的布尔巴基成员都是该校的毕业生.由于第二次世界大战的影响,布尔巴基成员很久没有集体活动了,这时又重新聚首,筹划新的活动.1948年底,布尔巴基讨论班恢复正常活动,主要是介绍国际上最重要的数学成就,其中有不少就是布尔巴基学派成员自己的工作.与此同时,小卡当主持的卡当讨论班也正式开办,他从代数拓扑学入手,整理近年来拓扑学及有关领域的成就,来培养一代新人.塞尔正是从这时开始走上他的科学道路.

塞尔之前,菲尔兹奖主要授予在分析方面做出重大成就的数学家,在塞尔之后,主要授予在拓扑学及代数几何学中有杰出贡献的数学家.塞尔正是由于代数拓扑学的工作而获奖的.

19世纪末,庞加莱开创了代数拓扑学的新方向.其后荷兰、苏联、波兰、瑞士、德国、英国、美国、捷克等国都有许多人从事该项研究,唯独法国似乎无人问津.早在20世纪20年代中期,布尔巴基学派的创始人就意识到这门学科的重要性,20世纪30年代中期,开始积极探索这方面的路子,并取得了一些成就.像埃瑞斯曼引进纤维丛的概念以及他对格拉斯曼流形上同调环的工作都对后来发展有很重要的影响.

塞尔开始进行拓扑学研究时,同调论已经有了相当的发展,而与此相关的同伦论则裹足不前.头一个拦路虎是同伦群的计算,连最简单的球面的同伦群至今还没有完整的结果.塞尔工作之前,像庞德里亚金这样的数学家对同伦群的计算都出了大错,这时20岁出头的塞尔开始向这一门极为困难的年轻学科进攻,他的工作完全改变了这门学科的面貌.

从1949年到1954年五年间,塞尔在卡当的指导下,发展了纤维丛的概念,得出一般纤维空间概念.对于一般纤维空间,他利用勒瑞等数学家研究的谱序列等一系列工具解决了纤维、底空间、全空间的同调关系问题,并由这个结果证明同伦群的头一个重要的一般结论:除了以前知道的两种情形之外,球面的同伦群都是有限群.可以毫不夸张地说,塞尔1950年的这篇博士论文使这个问题发生了巨大的变化.

不仅如此,塞尔引进局部化方法把求同伦群的问题加以分解,得出一系列重大结果,他的方法到20世纪70年代又有了更新的发展.另外他证明了上同调运算与某一空间的上同调之间的对应关系,从而把上同调运算系统化.

塞尔在20世纪50年代初还在同调代数方面做了许多重要工作,促使同调代数这门学科的诞生.同调代数实际上是把代数拓扑学的方法应用于代数学研究.这个重要工具形成之后,立即对抽象代数以及其他许多分支产生了重要影响.塞尔本人在1955年就得出了正则局部环的同调刻画.

1954年之后,塞尔的工作转向代数几何学及复解析几何学的领域.他在普林斯顿的时候,帮助德国数学家希策布鲁赫把代数几何学的中心定理——黎曼-洛赫定理推广到高维代数簇.原来这个定理只对代数曲线作出过证明,后来小平邦彦将其推广到代数曲面,而对于三维以上的代数簇,连黎曼-洛赫定理的形式也还不清楚.塞尔以其深刻的洞察力得出了这个表示,从这个表示出发,后来又有许多推广.

1955年,塞尔写了"凝聚代数层"及"代数几何学与解析几何学"两篇文章,这两篇文章经常以FAC及GAGA的缩写被多次引用,成为现代数学的新经典文献.在第一篇文章中,他运用勒瑞在1945年发表的"层"的理论研究多复变函数论,后来又将其应用于代数几何学的研究.在后一篇文章里,他发现代数几何学与解析几何学之间的平行性.这里解析几何学并不是我们平时讲的笛卡儿用坐标方法研究几何学的学科.正如代数几何学研究由多项式的零点定义的代数簇,解析簇则是由解析函数的零点定义的.它们都可以用更本质的方式来定义,这样所得的结果有某种平行关系.塞尔第一次发现这种关系,从而在多复变函数论及代数几何学这两个看来无关的学科之间建立起密切的关系.

从20世纪60年代中期起,塞尔的工作转向数论方面,他在证明"韦尔猜想"方面起了很大的作用,当时比利时的年轻学生德林就是跟随着他学习的.后来德林很快地成长起来,而他又非常谦虚,有时向德林请教,还说"我是来向老师学习的".他同欧美许多第一流学者保持着经常的交流与来往.他们常常合作共同写文章.在他50岁生日的时候,世界大多数著名数学家都写来文章祝贺,30多篇庆贺的文章占用了《数学发明》杂志35、36两卷.对于其他学者,哪怕是非常出名的,也很少有这样的表示.这不仅表明大家公认塞尔是当代数学界的一位领袖人物，而且也说明他的人缘非常之好.

塞尔在 20 世纪 70 年代被选为巴黎科学院院士，1982 年被选为国际数学联盟执委会副主席.

塞尔不仅在科学研究上成果累累，表现出极强的独创性，而且擅长写作，精于表述.有人说他写的文章都值得借鉴，这话的确不假.很复杂的东西经他一写，简单、明确、清楚、透彻，无论初学者或专家读后均大有收获.他写了十几本各种程度的书，大都被译成世界各国的文字，其中《数论教程》已正式出版(冯克勤译)，这对于中国学生掌握现代数学主流肯定会有所裨益.

·热衷于政治运动的菲尔兹奖得主——亚历山大·格罗登迪克(Alexandre Grothendieck)

亚历山大·格罗登迪克是一位富有传奇色彩的人物.他留一个和尚头，衣着随便，完全是一个平民的样子.的确，他和一般的教授、学者、科学家很不一样，既不是出身名门，也没有受过系统的正规教育.他热衷于政治运动，主要是无政府主义运动及和平运动.许多人慕名前来向他求教代数几何学，他却认为那是一般人所不易理解的，于是进行一套无政府主义宣传，动员求学的人参加他的政治活动.20 世纪 60 年代他被聘为巴黎的高等科学研究院的终身教授，当他获悉这个国际学术机构受到北大西洋公约组织资助时，他就辞去了职务回乡务农，过自食其力的生活.他对苏联的侵略扩张行径极为反感.1968 年参加抗议苏联入侵捷克斯洛伐克的活动.1970 年，一贯支持苏联官方政策的苏联科学院院士庞德里亚金做关于“微分对策”的报告，其中谈到导弹追踪飞机之类的问题.他不顾大会的秩序，上台抢话筒，打断了庞德里亚金的演说，抗议在数学家大会上演讲与军事有关的题目.当他认识到数学研究都直接或间接受到军方的资助时，终于毅然决然在 20 世纪 70 年代初脱离数学研究工作.但是在他短短 20 年的数学研究生涯中，却给数学带来了极为丰硕的成果，对于后来数学的发展有着巨大的影响.

格罗登迪克，于 1928 年 3 月 24 日生于柏林，在第二次世界大战期间受过一些教育，战后才去高等师范学校和法兰西学院听课.这期间正是布尔巴基学派的影响日益扩大的时候，格罗登迪克由于没有经过正规的训练，只是独立地自己去思考.当他把自己得到的一些结果请迪厄多内等人看时，他们发现他独立地发现和证明了许多已知的定理.无疑，这也显示了他的天才.于是他们就指导他去搞一些新题目，不久他就得到一大批新结果，并建立了一套新理论，这就是他短暂的第一个时期——泛函分析时期.

第二次世界大战之前，泛函分析集中研究希尔伯特空间、巴拿赫空间以及它们的算子.但是这两类空间对于数学的发展是不够的，在施瓦尔兹研究广义函数时，迪厄多内和施瓦尔兹在这些方面进行了重要的推广.格罗登迪克在他

们工作的基础上,开始了系统的拓扑向量空间理论的工作.他的工作是如此卓越,以致一直到20世纪70年代中期,他提出的理论还没有很大的改进.特别是他引进的核空间,是最接近有限维空间的抽象空间,利用核空间理论,可以解释广义函数论中许多现象.他还引进了张量积,这对以后的研究是很重要的工具.这些工作均因其独创性、深刻性及系统性使数学界震惊.1996年迪厄多内介绍他的工作时提到,格罗登迪克在这个时期的工作和巴拿赫的工作给数学的这个分支(即泛函分析)留下最强的标记.要知道,巴拿赫是泛函分析的创始人之一,而且是集其大成的伟大数学家.

20世纪50年代中期,格罗登迪克由泛函分析转向代数几何学的研究.他的工作标志着现代抽象代数几何学的扩张及更新.他不仅建立起一套抽象的庞大体系,而且运用这些概念及工具解决了许多著名猜想及难题.1973年,德利哥尼完成韦尔猜想的证明,主要就是靠格罗登迪克这一套了不起的理论.

这个时候,代数几何学已经经历了漫长的发展.长期以来,人们靠图形,靠直观,得出一系列的结果.但是,在考虑"两个代数簇相交截,交口的样子如何"这个问题时,却拿不出可靠的结论.看来直观是不太靠得住的,要靠严密的理论.抽象代数学发展之后,范·德·瓦尔登在20世纪30年代初步给代数几何学打下一个基础.但是,问题并没有彻底解决,真正为代数几何学奠定基础的是韦尔和查瑞斯基.韦尔的名著《代数几何学基础》是抽象代数几何学的一个里程碑.不过,它可太抽象了,抽象得连一个图形都没有.虽说是这样,在人们头脑里,"抽象代数簇"还是使人想到代数曲线、代数曲面的形象,不过到了格罗登迪克,几何的形象最后一点痕迹也没有了,代数几何学成为交换代数的一个分支.

1956年,卡蒂埃建议把代数簇再进一步推广,成为一点几何味道都没有的"概型".现在,概型已经是代数几何学的基本概念了,其余的就是环、层、拓扑、范畴…….看到这些,外行人会吓得退避三舍.从这时起,格罗登迪克制订了一项规模宏大的写作计划,然后带领他的学生一步一步加以实现.到1970年他脱离数学工作时候,他的巨著已经完成了十几卷,后来德林以及布尔巴基一些成员陆续加以整理出版,基本构成一个完整的体系,并将其命名为"概型论".

在他20多年的科研工作中,给数学界留下的一时还难以消化的财富实在太多了.他热衷于社会活动,忠实于自己的政治信念.他离开了数学,但是他给我们留下的却是难以忘怀的印象.

· 尚不知名但很有前途的人——皮埃尔·德利哥尼(Pierre Deligne)

几个世纪以来,法国的数学一直在世界上居于领先地位.法国数学界的伟人,往往也就是国际数学界的杰出人物.比如说,法国老一辈数学家、布尔巴基学派的创始人迪厄多内和韦尔,以及菲尔兹奖获得者格罗登迪克和塞尔都是当今国际数坛上举足轻重的数学家.那么,谁会是明天法国数学界的伟人呢?

1979年,法国《新观察家》周刊第777期与第778期发表了一篇调查报告,报道了50名法国各行各业"尚不知名但很有前途的人".这家周刊上对上述问题的回答是:"这个伟人将是(法国)高等科学研究所的一个比利时人,他叫皮埃尔·德利哥尼."这家周刊认为"正是由于像他那样的人才,法国才得以在数学等领域一直占据着一定的地位."

新闻界对于数学家圈子里的事常常报道失实,可是这几句评语却并不过分.唯一可以补充的是德利哥尼在数学界的名声,即使在今天说来也不算小.

一个比利时人,怎么会跑到法国来面南称王?原来,在德利哥尼的成长过程中,有过3次并非偶然的机会.这3次机会不仅使他和数学结下了不解之缘,而且一步步地把他促成为法国数学界新一代的精英.

德利哥尼是1944年10月3日在比利时首都布鲁塞尔出生的.他的第一次机会相当富有戏剧性.在他还是一个14岁的中学生的时候,一位热心的中学数学教师尼茨居然借了几本布尔巴基的《数学原本》给他看.人们知道,布尔巴基并非真有其人,这只不过是20世纪30年代一批杰出的法国青年数学家的集体笔名.他们为了以"结构"来整理数学知识,陆续写出了几十卷《数学原本》,迄今尚未写完.这套书的特点是严密、浩繁而又高度抽象.什么东西都被放到了应有的逻辑位置上,可就是没有什么背景性、启发性的叙述.因此,就是大学的数学系,也很少有人把这套书作为教本,人们只是把这套书作为百科全书来查阅,或是作为专著研读,以便对于数学的全盘获得清晰的概念.可是德利哥尼却读下去了,他不仅经受了这个沉重的考验,而且还真有所得.这件事,既说明了教师尼茨本人的学识修养和慧眼识人,也显示了德利哥尼把握抽象内容的出色禀赋.当德利哥尼后来进入布鲁塞尔大学学习时,他对于大部分的近代数学分支已经有了相当的认识.

德利哥尼的第二次机会,是有幸在布鲁塞尔自由大学做了群论学家梯茨的学生.梯茨是一位有世界声誉的数学家,在有限单群方面有出色的成就,对于现代数学的各个方面也有比较深刻的认识.他不仅使德利哥尼的基础知识臻于完美,难能可贵的是,他无意于把这个有才能的学生圈在自己的身边.根据德利哥尼的兴趣和特长,他极力劝说德利哥尼到巴黎去深造,这样可以在代数几何、代数数论等方面向前沿迈进,德利哥尼听从了老师的这一劝告.以后的事实说明,这是非常重要的一步.顺便一提,梯茨本人也长期在法国任教,并于1979年当选为法国科学院的院士.

20世纪60年代的巴黎,在代数几何、代数数论方面是世界上屈指可数的中心之一.格罗登迪克、塞尔这两位昔日的菲尔兹奖获得者,各自主持着一个讨论班.从1965年到1966年,德利哥尼在法国最著名的大学——法国高等师范学校学习.他怀着强烈的求知欲参加了这两个讨论班.这是使他取得今天这样

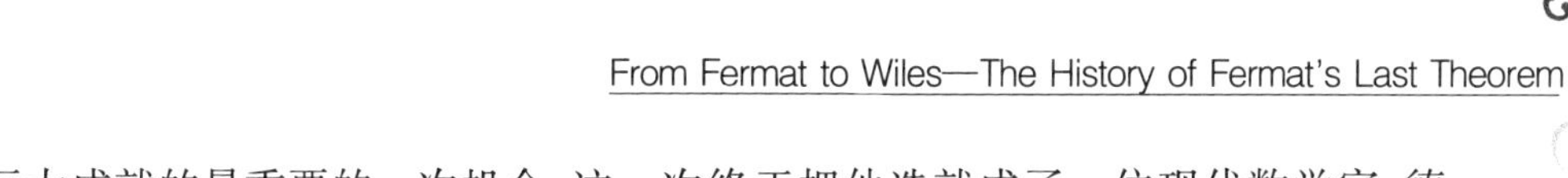

巨大成就的最重要的一次机会.这一次终于把他造就成了一位现代数学家.德利哥尼1967年到1968年回到布鲁塞尔,受比利时国家科学基金的资助作研究.1968年得到布鲁塞尔大学的博士学位并任该校教授.从1967年起,他也常去巴黎.1970年,他成为巴黎南郊的高等科学研究所终身教授,年仅26岁.

法国对于高级科研人才的培养和使用,一直奉行着一种"少数精英主义",强调"人不在多,但一定要出类拔萃".拿高等科学研究所来说,一共只有7位终身教授(其中4位是数学教授,3位是物理教授),30名访问教授.但就是这4位数学终身教授中,就有2位菲尔兹奖获得者——托姆和德利哥尼.

德利哥尼本人的研究,受格罗登迪克和塞尔的影响是很深刻的,虽然从表面上看,他没有费什么力气就掌握了这两位大数学家的思想和技巧,但德利哥尼在以后几年里的研究方向,基本上是格罗登迪克研究方向的延长与扩展.对于德利哥尼的优秀才能和出色表现,格罗登迪克评价说:"德利哥尼在1966年就与我旗鼓相当了."事实上,从1966年起到1978年获得菲尔兹奖为止,德利哥尼一共完成了近50篇重要的论文,其中包括使他获得菲尔兹奖的主要工作——证明了韦尔猜想.韦尔猜想的获证,可以说是代数几何学近40年来最重大的成就.

·获沃尔夫奖的布尔巴基的犹太人数学家——安德列·韦尔(Ardré Weil)

安德列·韦尔是一位最杰出的法国数学家,1906年5月6日生于法国巴黎.由于他在数论中的代数方法上所取得的光辉成就,1979年荣获沃尔夫数学奖,时年73岁.

韦尔是犹太人的后裔,自幼勤奋好学,16岁就考入了巴黎高等师范学校.在学习期间,他一方面精读了许多经典名著,一方面关心着最新的课题.1925年他毕业时才19岁,毕业后曾先后到罗马、哥廷根、柏林等地游历,深受当时正在兴起的抽象代数及拓扑学的影响,1928年回国后,便写出了论文"代数曲线上的算术",并获得博士学位,时年仅22岁.1929年,他又去罗马,研习泛函分析及代数几何,这对他后来的工作产生了深刻的影响.1930~1932年去印度阿里格尔的穆斯林大学任教授,其后在马塞当了一年讲师.1933~1939年回到本国斯特拉斯堡大学任教.第二次世界大战临近,法国开始扩军备战,韦尔不愿当兵,1939年夏天因逃避兵役,于1940年初被关进监狱.不久法国就沦陷,他便于1941年去了美国,先在美国教了几年书,然后于1945年去巴西圣保罗大学任教.1947~1958年任美国芝加哥大学教授,1958年任普林斯顿高等研究所教授.韦尔是美国国家科学院的外籍院士.

韦尔是法国布尔巴基学派的创始成员和杰出代表之一.他思维敏捷,才华横溢,在20岁时,他就写出了第一篇论文"论负曲率曲面",把卡勒曼不等式由极小曲面推广到一般的单连通曲面,并指出它对于多连通曲面不成立.1922年

起开始研究当时刚刚兴起的泛函分析，接着就进入了他的主攻领域数论．韦尔是一位博学多才的数学家．在将近半个世纪的岁月里，他相继在数论、拓扑学、调和分析、群论、代数、代数几何等重要分支取得了丰硕的成果．20 世纪 20 年代初，他推广了莫德尔(L. J. Mordell)的工作，从而得到了莫德尔－韦尔定理，即设 A 为在有限次代数数域 k 上定义的 n 维阿贝尔簇，则 A 上的 k 有理点全体构成的群 A_k 是有限生成的．$n=1$ 的情形是莫德尔 1922 年证明的，一般情形是韦尔于 1928 年证明的．另外，设 m 为有理整数，则商群 A_k/mA_k 为有限群，称为弱莫德尔－韦尔定理，它是莫德尔－韦尔定理证明的基础之一，并亦被用于西格尔定理的证明中．韦尔的这项成就既使莫德尔的定理得到了推广，又开辟了不定方程的新方向．20 世纪 30 年代末，他研究了拓扑群上的积分问题，证明了一致局部紧空间具有星形有限性．1938 年他引入了一致空间的概念，用对角线的邻域定义了一致结构，从而奠定了一致拓扑结构的基础．1936 年他写完了专著《拓扑群的积分及其应用》(但 1940 年才出版)，此书反映出的数学结构主义体现了布尔巴基学派的观点，它开辟了群上调和分析的新领域．20 世纪 40 年代，他潜心于把代数几何学建立在抽象代数和拓扑学的基础上．1946 年，他在把相交理论奠基于抽象域上的同时，把几何思想引进抽象代数理论之中．由此，他把哈塞等人开创的单变量代数函数理论的算术化推广到多变量的情形，从而开辟了一个新方向．韦尔根据他的交变理论，在抽象域的情形下重新建立塞弗里(Severi)的代数对应理论，并成功地证明了关于同余 ζ 函数的相应黎曼猜想．他把古典的阿贝尔簇的理论纯代数地建立起来，包括特征 p 的情形．他的这些工作建立了完整的代数几何学体系，使得他在 1946 年出版的《代数几何学基础》成为一本经典著作，它为代数几何学的发展奠定了严密的抽象代数基础，大大推动了代数几何理论及其应用的发展．他所确立的数域上或有限域上的代数几何被称为数论代数几何，形成独立的领域．1948 年，韦尔抛开了分析学而用纯代数方法成功地建立了阿贝尔簇的理论，这不仅从代数几何学的角度看是重要的，而且对于代数几何在数论方面的应用，也具有极其重要的意义．韦尔的阿贝尔簇的代数几何理论，推动了希尔伯特第 12 个问题研究的发展．1949 年，他引入了代数簇同余 ζ 函数的定义，并提出代数方程在有限域中解的个数的“韦尔猜想”：对每个素数 p，应该有一组复数 a_{ij} 使得 $N_{pr}=\sum_{j=1}^{n}(-1)^{i}\sum_{i=1}^{B_i}a_{ij}^{r}$，且 $|a_{ij}|=p^{\frac{1}{2}}$．这里，B_i 是二维曲面的贝蒂数．N_p 为整素数代数方程 $f_i(x,y,\cdots,w)=0$ 的有限组解数目，$i=1,\cdots,n$，而且要求未知数 $x,y,\cdots,w$，使得 f_i 都能被一个固定素数 p 整除．他的这个猜想揭示了特征 p 的域上流形理论与古典代数几何之间的深刻联系，因而在国际数学界引起了轰动．他自己证明了这个猜想的若干特殊情形．数学界为了证明这个猜想所做的研究，使代数几何获得了

大卫·希

(1862—

长足的发展.1952年,韦尔证明了黎曼猜想成立的充分必要条件是在伊代尔群J_k上定义的某个广义函数是正定的.1951年,他引进了所谓韦尔群,用它定义了最一般的L函数为其特例.1962年,他把有限域k上的不可约仿射簇简单地叫做簇,而把有限个簇(或簇的开集)利用双正则映射拼在一起来定义跟塞尔意义上的不可约代数簇等价的概念称为抽象代数簇.对自守函数,1967年,他得出了比一般满足某种函数方程狄利克雷级数与某种自守函数形式也一一对应的更一般的结果.韦尔和其他数学家将实数上的调和分析理论,包括维纳的广义陶伯型定理在内的一般理论,应用赋范环的理论推广到局部紧阿贝尔群的情形,这一理论称为"阿贝尔群上的调和分析".他还证明了微分几何中高维高斯-博内公式.另外,他对微分方程动力系统也颇有建树.

韦尔的主要专著有:《数论基础》(1967)、《拓扑群的积分及其应用》(1940)、《代数几何学基础》(1946)等.

世界著名的斯普林格(Springer)出版社于1980年出版了韦尔的三卷文集.这三卷文集收集了除韦尔专著外的全部数学论著,包括已发表过的文章,和过去未发表的不易得到的原始资料.最具特色的新内容是韦尔本人对他的数学工作及数学发展的广泛的评论,从而使人读起来很受启发.韦尔的文集反映了他广泛的兴趣和渊博的学识,并可以看出他对当代数学的许多领域所产生的重要影响.

1980年,美国数学会向韦尔颁发了斯蒂尔奖,表彰他的工作对20世纪数学特别是他做出过奠基性工作的许多领域的影响.韦尔在1980年还荣获了经国家科学院推荐由哥伦比亚大学颁发的巴纳德奖章.

韦尔是布尔巴基学派的精神领袖.数学结构的观念是布尔巴基学派的主要观点,他们把数学看成关于结构的科学,认为整个数学学科的宏伟大厦,可以不借助直观而建立在抽象的公理化的基础上.他们从集合论出发,对全部数学分支给以完备的公理化.在他们的工作中,结构的观点处于数学的中心地位.他们认为最普遍、最基本的数学结构有三类,即代数结构、序结构、拓扑结构,他们把这三种结构称为母结构.另外,母结构之间还可以经过混合和杂交,有机地组成一些新的结构,衍生出一些多重结构,比如拓扑代数,李群等就是代数、拓扑几种母结构结合的产物,实数是这三种结构有机结合在一起的结果.因此,在布尔巴基学派看来,三个基本结构就像神经网络那样渗透到数学的各个领域,乃至贯穿全部数学.整个数学就是由各类数学结构所构成,把门类万千的数学分支统一于结构之中,这就是他们的基本观点.

韦尔对数学史也很有见地.他的《数论:从汉谟拉比到勒让德的历史研究》对数论史作了详尽而深刻的描述与分析.他和他的学派认为:数学历史的进程,就像一部交响乐的乐理分析那样,一共有好几个主旋律,你多少可以听出来某一特定的主旋律是什么时候首次出现的,然后,这个主旋律又怎么逐渐与别的主旋律融合在一起,而作曲家的艺术就在于把这些主旋律进行同时编排,有时小提琴奏一个主旋律,长笛奏另一个,然后彼此交换就这样继续下去,数学的历史正是如此……,韦尔还说:“当一个数学分支不再引起除了少数专家以外的任何人的兴趣时,这个分支就快要僵死了,只有把它重新栽入生机勃勃的科学土壤之中才能挽救它.”1978 年,他应邀在国际数学家大会上作了关于“数学的历史、思想与方法”的报告,受到了极热烈的欢迎,当时不仅大会会场座无虚席,而且连转播教室也被挤得满满的,听众达 2 500 多人,况且此次活动的通知还印错了报告时间,可见盛况之空前.这也是韦尔第三次被邀请在国际数学家大会上作全会报告(第一次是 1950 年,第二次是 1954 年).

韦尔于 1976 年秋曾应邀到我国访问.他说:“这是一次给我极深印象的访问.”日本著名数学家小平邦彦说:“韦尔很热情,对青年人很亲切.”

韦尔治学严谨,忌浮如仇.他有一句名言:“严格性对于数学家,就如道德之于人.”

韦尔对数学做出了多种多样的贡献,但是他的影响绝不仅仅在于他的一些定理的结果.他的法语和英语表述采用博大精深(尽管偶尔有点牵强)的散文风格,赢得了大批的读者,他们接受他的关于数学本性与数学教学的鲜明观点.

韦尔于 1998 年 8 月 6 日在美国新泽西州普林斯顿自己的寓所辞世.直到去世前的几年,他作为一位数学家,后来还作为数学史专家,他一直都非常活跃.在他挚爱的妻子逝世之后,韦尔写了自己的回忆录,读者可以从中充分地了解他的性格.

2.法兰西的特性——法兰西社会的分析

为什么偏偏是费马?为什么这偏偏发生在法国?这是人们读有关费马大定理的历史时,掩卷后的沉思.有关费马人们会有许多的疑问:他那样喜爱数学,但为什么终身以律师为职业?他有那么多数学成果但为什么不发表,却用通信方式告诉别人?这类的问题如果仅仅是囿于数学领域,抑或是数学史领域都是无法给出圆满的回答.如果我们试着将它放到社会这个大系统中,我们或许能够找到一个答案.因为数学的产生和发展是一种社会现象,是文明社会的一种现象.伽罗瓦参与政治,屡受挫折,不幸早逝,发生在 19 世纪初的法国,是一个社会现象;阿贝尔穷困潦倒,命运不济,发生在 19 世纪初的北欧,也是一个社会现象.这都是社会影响数学发展的实例.

最明显的一个与数学有关的有趣的社会现象发生于匈牙利.在 1848 ~ 1849

年的革命中,未被消灭的封建势力严重地阻碍着匈牙利的工业发展,资本主义工业只是在19世纪末才缓慢地发展起来.多民族的匈牙利在政治上极不巩固,民族矛盾十分尖锐,资本主义工业与欧洲先进国家相比还较为落后;然而蜚声寰宇的人才却层出不穷.最著名的有:天才的作曲家和钢琴演奏家李斯特(1811—1886),才华横溢的诗人裴多菲(1823—1849),卓越的画家孟卡奇(1844—1900),现代航天事业的奠基人冯·卡门(1880—1963),全息照相创始人、诺贝尔物理学奖获得者加波(1900—1979),同位素示踪技术的先驱、诺贝尔化学奖获得者海维西(1855—1966),诺贝尔物理学奖获得者维格纳(1902—1995),氢弹之父特勒(1908—2003),分析大师费叶(1880—1959),泛函分析的奠基者黎斯(1880—1956),组合论专家寇尼希(1884—1944),对测度论做出重大贡献的拉多(1895—1965),领导研制第一台电子计算机的冯·诺伊曼(1903—1957),数学和数学教育家乔治·波利亚(1887—1985).无论从国土面积还是从人口比例来看,在一个短短的历史时期内涌现出如此众多的天才的艺术家和科学家,几乎是不可思议的.显然,把这种奇迹出现的原因归结于匈牙利生产水平的发展是不足取的.那么究竟应该怎样解释呢? 这几乎可以说是文明史和科学史上的一个谜.

在探讨科学共同体内兴趣转移的问题时,默顿写道:"每个文化领域的内部史都在某种程度上为我们提供了某种解释;但是,有一点至少也是合乎情理的,即其他的社会条件和文化条件也发挥了它们的作用."

也就是说,社会条件和文化条件是数学发展的外部环境,更多地了解和更好地认识费马当时所处的法国社会和当时科学及文化的发展是必要的.

现在让我们看看费马时代的法国是一种什么状态的社会.

据葛力的《当代法国哲学》中介绍:当时法国社会等级森严,所有的人分为三个等级.明文规定第一等级为僧侣(司汤达的《红与黑》中的黑即指修士,红则指从军,这是当时年轻人的两大理想职业,这样我们不难理解为什么梅森为修士,笛卡儿入军界的原因了),僧侣中包括修士和修女在内的黑衣僧和高级教士白衣僧,约为13万,同当时大约2 500万总人口相比是少数,但是他们享有特权.在经济上,他们"占有王国中十分之一左右的土地,土地收入每年达8 000万至1亿锂,此外还有1.2亿锂的什一税."在政治上,"有自己的行政组织(教士总管和教区议院),而且有自己的法庭(教区宗教法庭)."他们统治教育界,管辖大、中、小各级学校.在意识形态领域也掌握重要权力,散布宗教迷信思想.在生活上,他们并不信守自己宣扬的教条,相反,巧取豪夺,尽情享受.高级僧侣收入丰富,穷奢极欲,是教会的王侯;他们拥有富丽堂皇的宫殿,可以外出游猎,也可以在府邸里举行盛大宴会、舞会和演奏会,由衣着华丽的仆从服侍生活,无异于高级贵族.

僧侣组成教会，教会卷入政治漩涡，造成教会与国王争权的矛盾．作为天主教徒的僧侣，掀起一股狂热毒恶的浪朝，猛烈地翻滚腾跃，使国家业已混乱的局面更加动荡不安．1598年由亨利四世颁布有利于新教的南特命令被路易十四在1685年废止以后，大批的加尔文教徒逃亡国外．“3年内将近5万户人家离开了法国……它们把技艺、手工业和财富带往异邦．几乎整个德国北部原是朴野无文之乡，毫无工业可言，因为这大批移民涌来而顿然改观．他们住满整个城市．布匹、饰带、帽子、袜子等过去要购自法国的东西，如今全由他们自己制造．伦敦整整一个郊区住满法国的丝绸工人．另外一些移民给伦敦带来晶质玻璃器皿的精湛工艺，而这种工艺当时在法国都已失传绝迹．现在还能在德国经常找到逃亡者当时在那里散传的金子．这样一来，法国损失了大约50万居民，数量大得惊人的货币，尤其是那些使法国人发财致富的工艺．”天主教教会、教徒罪恶昭彰的行径，使法国在金钱、工艺和人才方面遭受极大的损失，造成极大的危害，而且，由于宗教狂热，还时有诬赖无辜人民亵渎天主教，制造严重的宗教事端，危及人民的生命财产，其发生在一些案例中的情景，残酷至极，骇人听闻．

僧侣是法国旧制度政治结构中的一股力量，国王对这个等级谨慎行事，注意维护他们的权利，不侵犯他们的特权．拥有特权在法律、习惯上已经成为僧侣的本质属性，绝对不能触动．正是由于这种衣食无忧的原因，像梅森那样的喜好数学的僧侣，才能用常人不能达到的精力与时间去研究数学，推动数学的发展．

除去第一等级僧侣以外，享有特权的还有属于第二等级的贵族．贵族免缴大部分捐税，特别是从临时税演变为经常税的军役税，即所谓达依税(taille)．在经济上，一些占有领地的贵族还向农民征集领主的税收．在权力机构中，他们有权充任高级军官、高级神职人员和高级法官．这种贵族实际上是高级贵族，即宫廷贵族，是世袭的．费马家族即是这种贵族，他们的封建爵位称号为公、侯、伯、子等，可以出入宫廷；他们身居高位，收入极丰，生活也糜烂不堪．

贵族中还有乡村贵族，他们长年居住在乡村，没有额外的收入，更不能指望获得国王的赏赐，只靠压榨农民、勒索地租而生活．就遗产而言，贵族子弟所能继承者不得超过总额的三分之一，这样，他们的子孙后代能接受的遗产越来越少，最后财产则所剩无几，他们也就几乎无所继承了．他们没有其他来源，既是贵族，又不能从事体力劳动，即使耕种自己的土地，其面积也有一定的范围．如果进行工商业活动，就会失去贵族的地位，丧失包括免税在内的特权．

无论是宫廷贵族，还是乡村贵族，可以说都与生产无缘，过着游手好闲的生活．他们的身份决定他们的生活方式，这种方式使他们成为寄生虫、社会的赘疣，人民必欲把他们除掉而后快．

在贵族之间，还有一种穿袍贵族．这种贵族的称号是王国政府卖官鬻爵的产物，是为增加王国收入，充实国库而采取的一种措施的结果．根据这种措施，

增加了许多无用的官职.例如,在1707年,设立了国王的酒类运输商兼经纪人的官职,这一官职卖了18万利弗.人们还想出皇家法院书记官、各省总监代理人,国王的掌管木料存放顾问、治安顾问、假发假须师、鲜牛油视察监督员、咸牛油品尝员等职位.穿袍贵族有的取得了王国中高级职位,进入高等法院,掌握司法权和行政权,由国王派到各省作监督或副监督.费马就是这样被任命为图卢兹地方法官的,但由于人品的原因,费马以研究数学代替了灯红酒绿的生活,以读书写作代替了营私舞弊.这些人都出身于上层资产阶级,诸如大工商业家和大银行家等.一旦他们获得贵族称号,就希望与披剑贵族为伍,和他们平起平坐,实际上在18世纪的法国他们已经达到了这种目的.他们的思想实质贵族化,一心一意紧握贵族特权,千方百计地为之辩护.

奇怪的是法国社会的腐败和动荡并没有殃及科学和艺术,这可能与法国人特别是统治者对科学与艺术的偏爱有关.同时也说明科学与艺术绝对是闲情逸致的产物.

在路易十四统治时代,法国除去修建了研究自然科学的机构以外,还创立了研究文学艺术和历史的组织,例如,于1663年由几位法兰西学院院士组成一个美文学院.它原来以为路易十四服务为目的,后来着重研究古代文化,正确合理地考证、详论各种思想观点和各种事件.对此,伏尔泰也作出了评价,说"它在历史学方面起的作用,和科学院在物理学方面起的作用差不多.它消除了一些谬误."他的评价依然公允,美文学院研究历史、文化,既有考证,又作出评判,启人心扉,开展思路,颇有重要的启蒙作用.

在一些王公重臣的心中,科学和技术还是有一定地位的,如路易十四的得力助手柯尔伯,他既是贸易能手,又是工业专家,还热心支持科学.1666年,他有鉴于英国皇家学会在光学、万有引力原理、恒星的光行差和高等几何方面的发现以及其他成就,极为欣羡,以至妒忌,希望法国能够分享同样的荣誉.借助几位学者的申请,敦促路易十四创立一所科学院.这个机构直到1699年都是自由组织.柯尔伯以高额补助把意大利的多来尼克·卡西尼,荷兰的惠更斯,丹麦的罗梅尔都招引到法国来.罗梅尔确定了太阳的光速,惠更斯发现了土星光环和一颗卫星,卡西尼发现了其他四颗.这一切都使得法国的科学盛极一时,人们的思想发生了很大的变化,不再在陈腐的轨道上运转,而是伸向新的方向,针对面临的问题,寻求新的解决方案."人们抛弃一切旧体系,对真正的物理学的各部分逐渐有了认识.研究化学而不寻求炼金术,也不寻求使人延年益寿到自然限度以外的办法.研究天文学而不再预言世事变迁.医学与月亮的盈蚀不再相干.人们看到这些,感到惊奇.人们一旦对大自然有了进一步的认识,世界上就不再存在什么奇迹.人们通过研究大自然的一切产物来对大自然进行研究."研究自然仅仅以自然本身为对象,不涉及神秘的东西,完全拨开了神秘的烟雾,开拓了新的视野,这给法国思想界带来莫大的利益,促使它取得丰硕的收获.

路易十四本人在对法国科学的发展上也具有一定的业绩.于1661年他下令开始修建天文台,于1669年责成多米尼克·卡西尼和皮卡尔划定子午线.1683年子午线经拉伊尔继续往北划,最后由卡西尼于1700年把它延长,划到鲁西荣.伏尔泰详细地记述了这段历史事实,尔后评论道:“这是天文学上最宏伟的丰碑.仅仅这项成就就足以使这个时代永放光芒.”他的评论说明他自己对法国的科学的成就是赞叹不已的.

3.法兰西的科学传统

法国有着深厚的科学传统,日本科学史家汤浅光朝曾以《法国科学300年》详论了这种值得称道的传统.法国人的理性主义,始于笛卡儿的理性主义(rationalistic,亦称唯理论),已有300年历史,法国就是产生这一思想的祖国.理性主义——特别是以数学为工具——是近代科学形成的重要因素.近代哲学两大潮流之一的欧洲大陆唯理论,即起源于法国的笛卡儿.后来,“大多数法国人都是笛卡儿唯理论的崇拜者…….笛卡儿对于近代思想——特别是对法国清晰的判断性观念的流行,起了决定性作用.”

传统的力量是惊人的,直至今天法国人仍然保留着喜爱哲学的习性.

《光明日报》曾专门刊登了一篇法国人喜爱哲学的小报道,每逢星期日,巴黎巴士底广场附近的“灯塔”咖啡馆便高朋满座,人声鼎沸.这个咖啡馆赖以吸引顾客的不是美味佳肴,而是一个开放性的哲学论坛.走进咖啡馆,人们相互友好地传递着话筒和咖啡.这种情景在人情淡漠的巴黎平时是相当罕见的.

这个哲学论坛的主持人是曾经当过哲学教师的马赫·索特,他已发表过两部关于德国哲学家尼采的专著.1992年,索特开办了一个“哲学诊所”,专门供那些酷爱哲学的人前来与他探讨哲学问题,尽管索特每小时收费350法郎,但仍有不少人前来“就诊”.于是,他产生了到咖啡馆等公共场所开办“哲学论坛”的想法,结果反应十分强烈.目前,索特已在巴黎和外地的30家咖啡馆开办了哲学论坛,迄今讨论的题目几乎涉及了哲学的各个领域.

哲学论坛能在各个咖啡馆持久不衰,表明了法国人对哲学的热衷和迷恋,另一个表明法国人对哲学情有独钟的迹象是:哲学著作经常出现在畅销书排行榜上.挪威哲学家乔斯坦·贾德以小说形式写的哲学史名著《苏菲的世界》,10个月时间在法国售出了70万本.巴黎索邦大学哲学教授安德烈·孔特一斯邦维尔的一部哲学专著在出版的第一年也售出了10万本.

孔特一斯邦维尔教授在解释法国出现“哲学热”的原因时说,除了传统的因

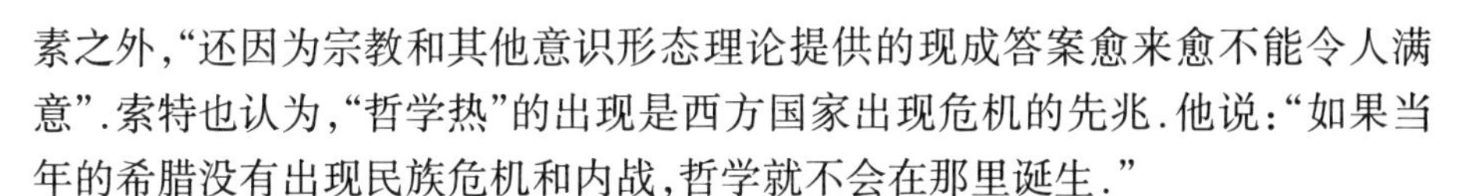

素之外,“还因为宗教和其他意识形态理论提供的现成答案愈来愈不能令人满意”.索特也认为,“哲学热”的出现是西方国家出现危机的先兆.他说:“如果当年的希腊没有出现民族危机和内战,哲学就不会在那里诞生.”

与边走路边思考的讲求实际的英国人不同,“法国人是想好了再去行动”.法国人是在行动中彻底实现笛卡儿明确的理性思想的.但是,这种理性主义并不像德国人那样在普遍的逻辑制约下追求系统性,而是依靠各自独立的才智和感性,具有一种天启的色彩.只要回忆一下笛卡儿、帕斯卡、拉瓦锡、卡诺、安培、贝尔纳、贝特洛、巴士德、庞加莱、柏克勒耳、居里等科学家的生平就可以看出,反映在法国文学、绘画、音乐中的那种独创性以及轻快的天才灵感,在科学家的业绩中也存在着.很明显,法国科学家与英国、德国、美国等国的科学家不同,具有法国的特色.

贝尔纳在《科学的社会功能》一书中,对“法国的科学”作了如下描述:

> “法国的科学具有一部辉煌而起伏多变的历史.它同英国和荷兰的科学一起诞生于17世纪,但却始终具有官办和中央集权的性质.在初期,这并不妨碍它的发展.它在18世纪末仍然是生机勃勃的,它不仅渡过了大革命,而且还借着大革命的东风进入了它最兴盛的时期.在1794年创立的工艺学校就是教授应用科学的第一所教育机关.由于它对军事及民用事业都有好处,因此受到拿破仑的赞助.它培养出大量的有能力的科学家,使法国科学于19世纪初期居于世界前列.不过这种发展并未能维持下去,和其他国家相比,虽然也出过一些重要人才,然而其重要性逐渐在减退.原因似乎主要在于资产阶级政府官僚习气严重,目光短浅,并且吝啬,不论是王国政府、帝国政府还是共和国政府都是如此……不过在这整个期间,法国科学从未失去其出众的特点——非常清晰而优美的阐述.它所缺乏的并不是思想,而是那个思想产生成果的物质手段.在20世纪前25年中,法国科学跌到第3或第4位,它有一种内在的沮丧情绪.”

要了解法国的科学传统就必须了解法国的大学.

法国是西方世界最早创立大学的国家,正如贝尔纳所指出的那样,法国的教育行政是典型的中央集权制.现在,全国划分为19个学区,各区中都设有大学.但是其中只有巴黎大学是特别出色的一所历史悠久的大学(创立于1109年),了解了巴黎大学,即可以对法国大学有个总体了解.这是因为法国文化也是中央集权的,主要集中在巴黎的缘故.

巴黎大学的创办可以追溯到12世纪.英国的剑桥和牛津就是以巴黎大学

为模式建立的.德国以及美国的大学,也都源于巴黎大学.巴黎大学可以算是欧美大学的共同源泉.香鲍的吉洛姆(Guillaume de Champeaux,即法国经院哲学家)于1109年取得教会许可,在位于锡特岛巴黎总寺院的圣母院内,以总寺院学校的形式,创立了巴黎大学(称做圣母学校).这所大学成为中世纪经院哲学的重要据点.同时对数学教育也给予了足够的重视.

巴黎大学讲授欧氏几何学.从记有1536年标记的欧儿里得《几何原本》前六卷的注解书,可以推定取得数学学位的志愿者必须宣誓听讲这卷书.实际考试时只限于《几何原本》的第一卷.因此,他们把第一卷最后出现的毕达哥拉斯起了"数学先生"的绰号.

16世纪法国出版了许多实用的几何学,但这些书没有进入大学校门.同样,商业的、应用的算术书大学也不能采用.当时,巴黎大学有些教授写的算术书,都是希腊算术的撮要,是以比的理论等为主要内容的旧式的理论算术.实际上,商业算术只能在工商业城市里印刷出版而不能在巴黎出版.在这方面,大学数学教育只作为教养科目而非实际应用学科的倾向性,仍有柏拉图学派的遗风.

在法国推行人文主义的学校,也设有数学课.但是,这种数学课程接近古希腊的"七艺"中的几何、算术科目,古典的理论算术和欧氏几何脱离实际应用.如1534年鲍尔德市的人文主义学校,除学些算术、三数法、开平方、开立方外,还在使用11世纪有名的希腊学者佩斯卢斯(Pesllus)的书《Mathematicorum Breviarium》(该书包括算术、音乐、几何、天文学的内容)和5世纪哲学家普罗克鲁斯(Proclus)的书《de Sphaera》等古典著作.

当然,法国和德国一样,16世纪以来,许多城市都有本国语的初等学校.这些下层市民的学校,都要学习简单应用的算术和计算法.

继巴黎大学之后,历史上最悠久的大学是位于法国南部地中海沿岸的蒙彼利埃大学,该大学创立于12世纪,在医学方面有着优秀的传统.它与意大利的萨勒诺大学都是欧洲先进医学研究的根据地.其全盛时期是13~14世纪.

到中世纪末为止,法国设立的大学除蒙彼利埃外,还有奥尔良(1231)、昂热(1232)、图卢兹(1230,1233)、阿韦龙(1303)、卡奥尔(1332)、格勒诺布尔(1339)、奥兰日(1365)、埃克斯(1409)、多尔(1422)、普切(1431)、卡昂(1437)、波尔多(1441)、瓦兰斯(1459)、南特(1460)、布鲁日(1464).

18世纪末的法国大革命,同社会制度一样清算了教育制度中的一切旧体制.中世纪的大学由于大革命而被消灭.这场大革命的教育精神,由拿破仑一世使之成为一种制度,并由1806年3月10日"关于设置帝国大学(Université Impériale)的法律"及其附属敕令——1808年的"关于大学组织的敕令"而具体化.这个帝国大学并不是一个具体学校,而是一个承担全法国公共教育的教师

组织机构.将全国划分为27个大学区,各大学区井然有序地配置高等、中等、初等学校,形成有组织的统一的学校制度.日本在1872年(明治五年)首次制定了教育组织,把全国分为8个大学区,就是模仿法国教育制度.法国的大学组织与法国的教育行政密切结合在一起,1808年确立的组织机构至今还在起作用.

法国大学的近代化是在1885年以后的10年内完成的,1870年普法战争中败北的法国,开始认真地考虑近代科学研究与国家繁荣的关系问题.法国大学真正重建为综合性的大学则是1891年以后的事.

从数学发展的角度来看,这一时期正是法国数学大发展的时期.

18、19世纪之交,世界数学的中心是在法国,而此时正值法国大革命时期,这之间可能存在着某种关联.

18、19世纪之交的法国资产阶级大革命是一场广泛深入的政治与社会变革,它极大地促进了资本主义的发展.在法国革命期间,由于数学科学自身那种对自由知识的追求,以及这种追求所取得的巨大成功,使法国新兴资产阶级政权将数学科学视为自己的天然支柱.当第三等级夺取了政权,开始改革教育使之适应了自己的需要时,他们看到正好可以利用这些数学科学进行自由教育,这种教育是面向中产阶级的.加上旧制度对于这些科学的鼓励,这时法国出现了许多第一流的数学科学家,如拉普拉斯、蒙日、勒让德、卡诺等,他们乐于从事教育,并指出了通向科学前沿的道路.这里我们要特别介绍对数论有较大贡献的勒让德.

勒让德(Adrien Manie. Legendre, 1752—1833),生于巴黎(另一说生于图卢兹,与费马同乡),卒于巴黎.早年毕业于马扎兰(Mazarin)学校,1775年任巴黎军事学院数学教授.1780年转教于高等师范学校.1782年以《关于阻尼介质中的弹道研究》(《Recherches sur la Trajectoire des Projectiles dans les Milieux Résistants》,1782)赢得柏林科学院奖金.第二年当选为巴黎科学院院士.1787年成为伦敦皇家学会会员.勒让德常与拉格朗日、拉普拉斯并列为法国数学界的“三L”.他的研究涉及数学分析、几何、数论等学科.1784年他在科学院宣读的论文“行星外形的研究”(“Recherches sur la Figure des Planètes”,1784)中给出了特殊函数理论中著名的“勒让德多项式”,并阐明了该式的性质.1786年又在《科学院文集》(《Mémoires del' Académie》)上发表变分法的论文,确定极值函数存在的“勒让德条件”,给出椭圆积分的一些基本理论,引用了若干新符号.此类专著还有《超越椭圆》(《Mémoire sur les Transcendantes Elliptiques》,1794)、《椭圆函数论》(《Traité des Fonctions Elliptiques》,1827~1832)等.他的另一著作《几何原理》(《Elements de Géomértie》,1794)是一部初等几何教科书.书中详细讨论了平行公设问题,还证明了圆周率π的无理性.该书独到之处是将几何理论算术化、代数化,说明透彻,简明易懂,深受读者欢迎,在欧洲用做教科书达一个世纪之久.《数论》(《Essai sur la Théorie des Nombres》)是勒让德的另一力作,该书出版于1798年,中间经过1808年、1816年和1825年多次修订补充,最后完善于1830年.书中给出连分数理论、二次互反律的证明以及素数个数的经验公式等,对数论进行了较全面的论述.勒让德的其他贡献有:创立并发展了大地测量理论(1787年)、提出球面三角形的有关定理.

另一所对法国科学有较大影响的学校是巴黎理工学校,由于当时军事、工程等的需要,资产阶级需要大量的科学家、工程技术人员,这是极为迫切的问题.当时朝着这方面努力的一个成功的例子就是1795年法国政府创办了巴黎理工学校(Ecole Polytechnique),它的示范作用对法国高等教育甚至初等教育都产生了深远的影响.它的成功使得欧洲大陆国家纷纷仿效,如1809年柏林大学改革,其影响甚至远播美国——著名的西点军校就是仿效巴黎理工学校建立的.

值得注意的是,1808年法国政府又建立了高等师范学校(Ecole Normale).这所学校是专门用来培养教师的,但也提供高深的课程,它有良好的学习与研究条件,学习好的学生被推荐去搞研究.它招进的都是优秀的学生,也培养了一批批一流的数学家,至今仍然如此.20世纪30年代产生的布尔巴基学派的成员大部分毕业于这所学校.从19世纪30年代开始,高等师范学校显示出了极为重要的地位.天才的伽罗瓦就是该校学生.新学校的发展使法国教育大为改观.

从教育的角度讲,巴黎大学在16~17世纪中,作为经院哲学的顽固堡垒,统治着整个法国的教育.但是巴黎大学已经丧失了指导正在来临的新时代的力量,新兴势力的新据点在与巴黎大学的对抗中产生.

- 1530年,法兰西学院(College de France),该学院在法国文化史上占有特殊地位,一直存续至今,是在人本主义者毕德(Bude, Guillaume, 1468—1540)建议下于弗郎西斯一世时创建.相当于伦敦的格雷沙姆学院(Gresham College),设有希腊语、希伯来语、数学等学科.
- 1640年,法兰西学会(Academie Francaise),由路易十三的宰相里切留(Richelieu,1585—1642)设立的新文学家团体,有会员40名.
- 1666年,科学学会(Academie des Sciences),由路易十四的宰相柯尔伯特(Colbert,J .B .1619—1683)设立.

英国与法国在科学会的成立与发展中有许多差异,英国皇家学会创立于1662年,而法国的巴黎皇家科学学会是于1666年在巴黎创立的.这正是太阳王路易十四(1643—1715)时期.与英国皇家学会的主体是贵族、商人和科学家不同,法国的科学学会是官办的.1666年设立时有会员约20人,会员都是由国王支付薪水的.而且,它与伦敦的皇家学会的会员们那种自选研究题目的平民科

学家的自主型集会不同,它是由一些政府确定研究题目的职业科学家组成的,是一个皇室经办的官方机构.伦敦的皇家学会经常面临经费困难,而法国皇家科学学会不仅提供会员们的年薪,而且实验和研究经费也由国库支付.路易十四从欧洲各地招募学者,使法国的这个学会一时呈现出全欧洲大陆最高学会的景观.学会附属机构——新设的天文台,台长是从意大利聘请来的天文学家卡西尼,荷兰的惠更斯更是学会的核心人物.

它的创立经过,与英国的皇家学会一样,有一个创立的基础.这个学会最初是以笛卡儿的学生,将伽利略的《天文学对话》(1632)译成法文(1634)的弗郎区斜科教派的祭司梅森(M.Mersenne,1588—1648)为中心的一个学术团体.笛卡儿曾通过梅森在较长的时期内(1629 ~ 1649)与伽利略、伽桑狄、罗伯沃尔(Roberval,法国数学家)、霍布斯、卡尔卡维、卡瓦列利、惠更斯、哈特里布(S. Hartlib,英国和平主义者)等人通信.对科学数学化或对实验科学感兴趣的科学家们,常在梅森的地下室集会.费马、迪沙格、洛伯沃尔、帕斯卡、伽桑狄均是其常客.后来每周四在各家集会,最后在顾问官蒙特莫尔(Montmort, 1600—1679)家定期集会活动.这个集会也与英国皇家学会发生联系.当时的宰相,重商主义政策实行者柯尔伯得知这一情况后,经过一番努力,正式创办了皇家科学学会.最早成为科学学会会员的有:

奥祖(Auzout),著名天文学家,望远镜用测微器发明者;

布德林(Bourdelin),化学家;

布特(Buot),技术专家;

卡尔卡维(Carcavi),几何学家,皇家图书馆管理员;

库普莱特(Couplet),法兰西学院数学教授;

库莱奥·德·拉·尚布尔(Cureau de la Chambre),路易十四侍医,法兰西学会会员;

德拉沃耶·米尼奥(Delavoye Mignot),几何学家;

多来尼克·迪克洛(Dominigue Duclos),化学家,柯尔伯侍医,最活跃的会员之一;

杜阿梅尔(Duhamel),解剖学家;

弗雷尼克莱·德·贝锡(Frenicle de Bessy),几何学家.

贝锡与费马有较密切的接触,他同时也是物理学家、天文学家,生于巴黎,卒于同地.他曾任政府官员,业余钻研数学,与笛卡儿、费马、惠更斯、梅森等当时著名的数学家保持长期的通信联系.他主要讨论有关数论的问题,推进了费马小定理的研究.另外对抛射体轨迹作过阐述.还第一个应用了正割变换法.曾指出幻方的个数随阶数的增长而迅速增加,并给出 880 个 4 阶幻方.其主要著作有《解题法》(1657)、《直角三角形数(或称勾股数)》(《Traité des Triangles Rectangles en Nombres》, 1676)等.另外还有:

加扬特(Gayant),解剖学家;

阿贝·加卢瓦(Abbe Gallois),后来任法兰西学院希腊语和数学教授,柯尔伯的亲友;

惠更斯(Huyens),最早的也是唯一的外国会员,荷兰数学家、物理学家、天文学家,最活跃的会员之一;

马尚特(Marchand),植物学家,皇家植物园园长;

马略特(Mariotte),物理学家,著名会员之一;

尼盖(Niguet),几何学家;

佩克盖(Pecguet),解剖学家;

佩罗(Perrault),建筑家,最活跃的会员之一,使柯尔伯对科学发生兴趣的就是他;

皮卡尔(Picard),天文学家,法兰西学院天文学教授,最活跃的会员之一;

皮韦(Pivert),天文学家;

里歇(Richer),天文学家;

罗伯瓦尔(Roberval),数学家.

柯尔伯特1683年去世后,学会活动曾一度衰落,1699年重新组织后又恢复了活力,当时选举冯特尼尔(Fontennelle,1657—1757)为干事,任职达40年之久.他著有《关于宇宙多样性的对话》(1686),普及了哥白尼学说.

在法国历史上对科学影响最大的是在伏尔泰、卢梭、狄德罗等人的启蒙思想影响下爆发的法国大革命,是18世纪世界历史上的重要事件.这一启蒙思想以17世纪系统化的机械唯物论的自然观,特别是以牛顿的物理学为基础,从科学和技术中去寻求人性形成的动力.启蒙思想对于17世纪确立的波旁王朝(1689~1792)的极权主义,以及支持极权主义的一切思想、宗教、精神权威而言,是批判性和破坏性的.18世纪是一个"理性的世纪"(达兰贝尔),同时也是一个"光明的世纪".启蒙思想家们强烈要求的是自由、平等、博爱,他们将"理性"与"光明"投向极权主义国家体制下不合理社会生活的各个角落,确立近代人道主义的启蒙运动.作为新兴的自然科学思想的支柱而得到发展,其主要舞台是法国.

法国启蒙运动始于冯特尼尔和伏尔泰.冯特尼尔是科学学会的终身干事.他的著作《关于宇宙多样性的对话》对普及新宇宙观和科学的世界观作出了贡献.伏尔泰将牛顿物理学体系引入到法国,完成了法国18世纪科学振兴的基础工作.1738年伏尔泰出版了《牛顿哲学纲要》.

集法国启蒙思想大成的巨型金字塔,能很好地反映18世纪法国科学实际情况,这就是著名的《法国百科全书》(1751~1772).这部百科全书是一项巨大

的研究成果,其包括正卷17卷(收录条目达60 600条),增补5卷,其字数相当于400字稿纸14万页之多,此外还有图版11卷,索引2卷.从狄德罗开始编辑起,经历了26年于1772年完成.执笔者职业涉及各方面:实行派(98人)——官吏(26人)、医生(23人)、军人(8人)、技师(5人)、工场主(4人)、工匠(14人)、辩护士(3人)、印刷师(3人)、钟表匠(2人)、地图师(2人)、税务包办人(2人)、博物馆馆长(2人),学校经营者、建筑家、兽医、探险家名1人.

桌上派(67人)——学会会员(24人)、著作家(17人)、教授(13人)、僧侣(8人)、编辑(2人),皇室史料编辑官、剧作家、诗人各1人.

这里的实行派,指除了读书写作外还从事其他职业,通过其职业而掌握经验知识者,而桌上派也是指采取实行派立场的桌上派.《百科全书》是从中世纪经院哲学立场向实验性、技术性立场转变期中的巨型金字塔.

18世纪法国的科学成果十分丰富.17世纪产生于英国的牛顿力学,18世纪初传入法国,经达朗贝尔、克雷洛、拉格朗日、拉普拉斯等人进一步发展,到18世纪末即迎来了天体力学的黄金时代.与18世纪英国的注重观测的天文学家布拉德雷(J. Bradley, 1692—1762)及马斯凯林(N. Maskelyne, 1732—1811)不同,法国出现了拉格朗日、拉普拉斯等优秀的理论家.这一倾向并不只限于力学.英国实验化学家普利斯特里,站在传统的燃素说立场上仅发现了氧,而法国的拉瓦锡则利用氧创立了新的燃烧理论,并由此而成为化学革命主要人物.生物学家布丰并没有满足于林奈在《自然体系》(1735)中提出的分类学说,进而完成了44卷的巨著《博物志》(1748~1788).牛顿阐明了支配天体等物体运动的规律,而布丰则力图阐明支配自然物(动物、植物、矿物)的统一规律.

与立足于实际的英国人开拓产业革命(1760~1830)道路的同一时期,侧重理论的法国人则完成了政治革命(1789~1794)的准备.可以说,18世纪末世界历史上的两大事件既发端于科学革命,又是受科学促进的.

始于1789年的法国大革命,虽然出现了将化学家拉瓦锡(税务包办人)及天文学家拜伊(J.S. Bailly,巴黎市长)送上断头台的暴行,然而革命政府的科学政策却将法国科学在18世纪末到19世纪前半叶之间推上了世界前列.革命政府为了创造美好的未来,制定了如下政策:

(1)改组科学学会;

(2)制定新度量衡制——米制;

(3)制定法兰西共和国历法(1792~1806);

(4)创立工艺学校(Ecole Polytechnique);

(5)创立师范学校(Ecole Normale);

(6)设立自然史博物馆(改组皇家植物园);

(7)刷新军事技术.

其中，制定米制及创立工艺学校（理工科大学，1794年）是法国科学发展中最优秀的成果．拉普拉斯、拉格朗日、蒙日、傅里叶等均是工艺学校的教官，该校培养了许多活跃于19世纪初的科学家．在自然史博物馆中则集聚了拉马克、圣提雷尔、居修、居维叶等大生物学家，不久后这里就成为进化论研究与争论的场所．

从法国大革命到拿破仑时代达到顶峰的法国科学活动，从19世纪中叶以后转而衰落下去．在19世纪以后，虽然也出现过世界首屈一指的优秀科学成果，除巴士德及居里外，安培的电磁学、卡诺的热力学、伽罗瓦的群论、勒维烈的海王星的发现、贝尔纳的实验医学、法布尔的昆虫记、贝克勒尔的放射性的发现等，均是极为出色的成果．但是从整体上看，法国的科学活动能力落后了，其原因是复杂的，不过法国工业的薄弱基础及其官僚性的大学制度，都是促成其落后的重要原因．而且法国人性格本身的原因也很重要，虽然法国人构思很好，然而对工业化兴趣不大．从19世纪后半叶社会文化史栏目中可以看到，在象征派诗人、自然主义文学家、印象派画家开拓新的艺术世界的同时，法国科学不但没能恢复反而衰落下去．

法国诺贝尔奖金获得者在人数上比英国、德国、美国都少．在20世纪上半叶，获得物理学、化学、医学奖的共16人，其中1901～1910年（6人）、1911～1922年（5人）、1921～1930年（3人）、1933～1940年（2人）、1941～1950年（0人）．可见20世纪初较多，以后逐渐少起来．

法国科学的衰落有着复杂的原因，但有一条可以肯定，那就是法国人对科学依旧依赖，对科学家依旧尊重．这就是法国科学得以重居世界中心地位的基础与保障．

1954年5月15日，在法国索邦（Sorbonne）举行的纪念庞加莱诞生100周年纪念大会上，法国老数学家哈达玛（Hadamard）在演讲中说：

> “今天，法兰西在纪念她的民族骄子之一亨利·庞加莱．他的名字应该是人所共知的，应当像他生前在人类精神活动的另一个领域那样，使每一个法国人感到骄傲．数学家的业绩不是一眼就能看见的，它是大厦的基础、看不见的基础，而大厦是人人都可以欣赏的，然而它只有在坚实的基础上才能建立起来．

“在费马大定理获证的今天，追忆往事，人们不禁会发出法兰西科学长青、法兰西科学传统永存的感慨，也只有在这样的国度与传统中才能产生费马这样的旷世奇才．”

第十七章 骑自行车上月球的旅人

1.业余数学爱好者的证明

陈省身教授在为庆祝国家自然科学基金委员会成立10周年所举行的科学报告会上的演讲中指出：

> "从这定理(指怀尔斯的证明)我们应认识高深数学是必要的，费马定理的结论虽然简单，但它蕴藏着许多数学的关系，远远超过结论中的数学观念，这些关系日新月异，十分神妙，学问之实，令人拜赏.
>
> 我能相信，费马大定理不能用初等方法证明. 这种努力会是徒劳的. 数学是一个整体，一定要吸收几千年的所有进步."(见《数学进展》，第25卷，第5期)

几乎可以肯定地说，在数学史上有关费马大定理的证明是最多的，给出证明的人也最杂. 据统计，仅在1908～1912年这4年内，仅德国哥廷根科学院就收到了1 000多个证明. 不用说，无一例是对的. 而这些证明的提出者用现代话说是费马猜想的发烧友，如果加以分析大致可分这样四类.

第一类是职业数学家，这类人是具备了证明费马大定理的素质,但不具备所必需的工具.

实际上,有许多数学家终生都在为费马大定理工作.例如,美国科学院院士范迪维尔(Harry Shultz Vandiver, 1882—1973)就是其中一位,他为此花费了他长达91岁的一生.这有点像买了一路下跌的股票的股民一样,一旦买进便马上被套牢,而且终生难释,但他最后得到了补偿——因研究费马问题的成果而获了大奖.

数学家虽然绝大多数在为人上是谦虚的,也可以说是与世无争的,但从某种意义上说又是最争强好胜的.他们总是觉得应该和各个时代的最伟大的数学家竞争,所以他们大搞世界级难题,啃最硬的果,并且对此充满自信.

记得有人在采访美国数学家罗宾逊教授时,当问及"在数学中,是否有某些领域比其他领域更容易使人成名"时,罗宾逊教授说:"在数论中,有许多经典的猜想——哥德巴赫猜想、费马猜想等,任何对此作出贡献的人将立刻成名,因为这些问题非常有名.美国数学家伯克霍夫的儿子现在还保留着充满他父亲豪言壮语的信,他的父亲——第一个被公认为世界上第一流美国数学家的美国人在给另一位数学家的信中写到'我们将解决费马问题,而且还不止于此'.但今天看来当时他似乎更应该说'我们必定无法解决费马问题,而且仅此而已'.因为当时他还没有掌握攻克费马大定理的工具——代数几何.那么这样急三火四地宣布可以解决它究竟是什么心理在作怪呢?很早以前有一位名叫梅里尔(Merrill)的数学家在一本称做《数学漫谈》的书中剖析了人类的这种情结.他写到:'凡属人类,天生有一种崇高的特性,也就是好胜的心理,这种心理,使人探险攀高、赴汤蹈火而不辞……'"

波兰最著名的数学家巴拿赫也常常以这样一句话不断勉励自己,他说:"最重要的是掌握技艺的巨大光荣感——众所周知.数学家的技艺有着像诗人做诗一样的秘诀……"

第二类证明者是初等数论的爱好者.他们认为唯有需要魄力和技巧的艰苦工作,才有诱惑的力量.有些人认为数学家之所以不能证明费马大定理,乃是工作太难的缘故.存有这个念头,当然想要自己去解决问题,以便打倒一切数学家,出人头地.总之,一切麻烦都因学识不够,竟不知这对他来说是不可能之事,真是可惜.现在无法证明高峰绝壁不可攀登,探险家仍然继续尝试,将来终有登临之日.但是凭借初等数学乃至大学本科或硕士研究生的功底要想证明费马大定理,无疑是想骑自行车到月球上旅行,这时人类的自省力便是遏制这种蠢行的唯一力量.

中国第一批理学博士曾为南京师范大学数学系主任的单墫教授专攻数论,曾拜师于王元,功力不可谓不深.但在他为中国青年出版社写的一本小册子《趣味数论》的结尾中写到:本书的作者还必须在此郑重声明,如果哪位数学爱好者

坚持要解决这个问题(费马猜想),务必请他别把解答寄来,因为作者不够资格来判定如此伟大、如此艰难的工作的正确性.

这一声明同样也适用于其他的猜想,如许多爱好者关心的哥德巴赫猜想和黎曼猜想.所幸的是,前几年中国科学院数学研究所所长杨乐专门在《文汇报》上撰文指出目前国内无人(包括陈景润在内)搞哥德巴赫猜想和黎曼猜想.另外数学所绝不受理宣布证明了这几个猜想的论文(大部分论文是各级各类政府官员"推荐"的,在这里数学不承认权力).可向国外投稿,世界著名数学杂志有200家之多.

再有一种心理就是心理寄托与转移的误区,正像中国千百万自己很不甘心默默无闻地走完人生大半的家长们把全部希望都寄托在自己的子女身上,即所谓的望子成龙的心理一样.有太多太多的人平凡又平凡地淹没在人海中.于是乎悲叹自己竟比不上夏夜的萤火虫在黑夜中尚有一丝自己的光亮.于是他们便开始挖空心思表现自己,或将名字刻到长城的石头上追求永恒,或当追星族,借明星之光照亮自己,而稍稍有点头脑的人便琢磨如何将自己同世界上公认伟大的、崇高的事联系起来.于是文坛上有了写了几千万字无一变成铅字的被讥讽为浪费中国字的"文学青年",有了吟诗百首无一首一人听得懂、看得明白的"朦胧派诗人",但最难对付的要算"业余数学爱好者"了.他们像练气功走火入魔一样,笃信自己是数学天才,天降解决某个重大猜想之大任于斯,于是整天衣冠不整,神经兮兮,置本职工作于不顾,视妻儿老小如路人,一心一意,夜不安寝,食不甘味,昼夜兼程为求得一个所谓的"证明".

第三类证明者是政治狂徒,试图以政治代替学术,最明显反映政治对数学的冲击是第二次世界大战时的德国.希特勒上台后,教育部长由冲锋队大队长拉斯特(Rust)担任.1936年,德国创办了一种新的数学期刊叫做《德意志数学》,第一卷的扉页上就是元首的语录.在所有政治数学家中,最著名的是倾向于纳粹的数学家比伯巴赫(Bieberbach),他曾在函数论及希尔伯特第18问题等方面做出过杰出的成就.但他从1934年起就发表文章论述种族与数学的关系,主张把"元首原则"搬到数学界来.

第四类是对数学基本外行的业余人士.在费马大定理提出后的350年间,不知有多少次被布之报端闹得沸沸扬扬.

对于这种轰动性的传闻,究其原因在很大程度上是源于记者对数学的无知.

谁都无意苛求新闻出版人员有专家般的学识,像周振甫为钱钟书的《管锥编》当责编时所显示出的学识水准,但最起码要有一种科学的态度.《纽约时报》的编辑兼记者、科技部主任詹姆斯·格莱克为了写《混沌开创新科学》,采访了大约200位科学家,这种精神是值得新闻工作者学习的.相反有一些新闻工作者仅凭道听途说，凭着一点少得可怜的数学知识，再加杂着一点好大喜功的心理作用，于是一篇篇攻克世界难题的报道被布之报端，混淆了人们的视听，助长了“爱好者”们不想做长期艰苦努力就想一鸣惊人的投机心理，于科学的普及极为不利.

历史有惊人的相似之处，在中国这片大地上出现过许多类似费马大定理被“爱好者”证明的事件.我们可以给读者展示一个小小的缩影，即中国历史上的三分角家及方圆家的悲喜剧.这对那些狂热的爱好者及不负责的报纸记者都是值得借鉴的.

所谓三分角家是指那些试图用尺规将一个给定角三等分的人，这个问题是公元前5世纪(相当于我国周朝贞定王时期)古希腊人提出来的，经过2 000多年的尝试，始终无法解决.直到1837年，即我们的清朝道光十七年才被证明是不可能的.中国老百姓就是不信，加之记者们的推波助澜，于是闹剧纷呈，一幕接着一幕.

先是1936年8月18日，当时中国颇有影响的大报《北平晨报》以整版篇幅报道了一个惊人的消息.河南郑州铁路局郑州站站长汪联松耗费了14年的精力终于解决了这一世界难题.不幸的是一个多月后，即同年9月27日，武汉的《扫荡报》马上发表了一位名叫李森林的文章，指出其错误.11月份《数学杂志》上又发表了顾澄君的文章，12月份《中等数学月刊》上也发表了两位名叫郭焕庭、刘乙阁读者的文章.他们分别用不同的方法指出汪联松的错误.随即抗日战争爆发了，战时8年艰辛，全国老百姓都致力于救亡图存之大业.由于这个数学难题与当时现实无关，于是沉寂不复有所闻.1945年8月15日抗战胜利，民族精神振奋，对此纯理论问题又引起了国人的兴趣.于是1946年12月4日四川省科学馆主办的《科学月刊》在第4期上又发表了成都一位名叫吴佑之的文章，宣称他已获成功，遭到驳回后，仍不死心.一年后，1949年5月13日，忽然有一位灌县的叫袁履坤的人，致函给四川大学数理学会主办的《笛卡儿半月刊》，称“吴君……已完成全部解法，……成为吾国学术界之光荣……特……附寄吴君原稿，敬希披露”云云.据当时著名的数学家余介石评价说：“吴君所表现之学力，尚未逮初中程度，其证明错误百出.”

以三等分角问题在中国轰动最大的，是旧上海一位叫杨嘉如的会计员.新中国成立前夕，1948年1月4日上海《大陆报》首先披露了这一消息，两天后的国民党中央社上海电称“颇引起科学界之重视，且公认为我国数学界无上之光荣，……早在1938年，他就制订了这个原则，一度曾将其法则呈寄牛津、剑桥诸大学，及纽约泰晤士学院、加尼西学院，以待证实.他们的答案，颇有相同之处，都认为仅用圆规与直尺来解答三等分任何一角问题绝不可能.并众口一声地劝告杨君放弃这个企图.”并且在报上还详细介绍了杨嘉如的证明过程：

"杨君肄业沪市中法学堂时,……承认'化圆为方'与'倍立方体'之不可能,而对'一角三等分'之不可能起了怀疑,9 年以前,杨君以衣袈作戏,忽然……起了特殊的灵感,……就寻得了答案……"这番传奇之消息,马上引起了国人的好奇心,以至沸沸扬扬自以为在此问题上,国人拨了头筹.其实当时的数学家头脑还是清醒的,5 天以后即 1948 年 1 月 9 日天津《大公报》马上登载了留英归来的南开大学教务长吴大任的讲话.1 月 12 日国民党中央通讯社长春分社又发表了曾获柏林大学数学博士学位的东北师范大学(当时称为长春大学)教务长张德馨博士的长篇讲话,皆指出这是绝不可能的.但杨氏有一种近乎病态的自信心,大放狂言说:"我静候全世界科学家、数学家,来公认这个原则的正确性,或是指出我的破绽."更有甚者,他还说什么"高等数学,我虽不懂,不过我希望海内外同人,能不吝指出我法则的错误处."

悲乎,当年一些知名数学家对此种行为撰文指出孟子有言,"舜人也,予人也,有为者亦若是",三分角家之精神类此.自未可厚非,惜其致力之途则谬.有志做纯理研究者,首当知所研讨之问题今日已发展至若何程度.权威之说,如无充分理由,固可不必轻信,但亦不必无故"轻"疑.今日之纯理科学,已达高远之域,未具有基本学识及相当修养者,断难望有徒恃灵感即可成功之事.否则将徒耗时间、精力,终归失败.

当然也有少数证明者尚存一丝自知,态度较为谨慎,这些都是受过高等教育的.1948 年 1 月 20 日成都《新民晚报》报道了当时广汉交通部第五区八总段三十分段袁成林工程师的证明经历.虽然袁成林也意欲"向法国数学会、诺贝尔奖金会,及世界有名数学家审核……"但仍有"但不知是否合乎原出题之规定"一语,表明还是有一定的科学态度.

当时这类报道充斥报刊,除以上诸位外,较著名的还有成都《新新新闻》报道的伪四川省教育厅职员宋叙伦,及 1949 年 1 月 17 日成都《西方日报》报道的某高中学生刘君明等.

世间的事真是说不准,前不久许多档次很高的数学杂志竟又报道说匈牙利一位数学家解决了三等分角问题,这就很难自圆其说.

当然这种报道的失误似乎已成为新闻传媒的常见病,不仅在我国有,就是美国著名的《时代》周刊也出现过这样严重失实的报道.

1984 年 2 月 13 日美国《时代》周刊报道了美国桑迪亚国家实验室的数学家们花了 32 小时,解决了一个历经 3 个世纪之久的问题:

他们找到了梅森(M. Mersenne)数表中最后一个尚未分解的 69 位数 $2^{251}-1$ 的因子,这个 69 位数是

132 686 104 398 972 053 177 608 575 506 090 561 429 353 935 989 033 525 802 891 469 459 697

它的三个因子是

178 230 287 214 063 289 511

61 676 882 198 695 257 501 367

12 070 396 178 249 893 039 969 681

我国的《参考消息》同年 2 月 17 日转载了这篇报道,《数学译林》杂志 1984 年第 3 期摘登了此消息,此外还有些杂志作了相应的报道①.后来我国天津的三位"业余"数学家,天津商学院的吴振奎、沈惠璋和华北第三设计院的王金月发现这是一篇严重失实的报道.

因为 $2^{251}-1$ 是个 76 位数,并且早在 1876 年卢卡斯(Francois-Edouard-Anatole Lucas , 1842—1891,法国数学家.生于巴黎,卒于同地.早年毕业于亚眠(Amiens)师范学校,曾任天文台职员.在普法战争(1870 ~ 1871)中充当炮兵军官.以后在巴黎两所中学里教学,致力于数论中素数理论和因子分解的研究.1876 年设计新方法证明了 $2^{127}-1$ 为一素数.此外,撰写过四大卷本《数学游戏》(《Récréations Mathematiques》,1891 ~ 1894),该书以问题新颖奇妙而盛行一时)就已经找到了它的一个素因数 503.1910 年克尼佛姆又找到了另一个素因数 54 217.所以真实的情况是报道中的数并不是梅森数 M_{251},即报道中的 132…697 只是梅森数 $2^{251}-1$ 的除去因子 $503\times 54\ 217=27\ 271\ 151$ 外的余因子.

当然对于像费马大定理这样的热门话题,很自然会成为喜欢数学的人议论的中心.其间有些善意的"谬传"是情理之中的,并不在抨击之列.我们都知道心理学中有一个酸葡萄效应,即对追求不到的东西就贬低,使人在潜意识中觉得它不值得追求.若干年前,在久攻费马大定理不下之际,西方数学界开始流传一则关于"费马大定理"的"小道新闻",可博一粲.当时医学界发现了一种奇怪的疾病,患者由于脑部或眼部某些机能不能正常运作,分不清上下或左右,导致上下左右对调.有人便猜想,会不会费马恰巧患了这种病,他写下的式子并非 $x^n+y^n=z^n$,而是 $n^x+n^y=n^z$.如果真是这样的话,那就太好了,因为若是那样,中学生就会解,但不幸的是这只是自欺欺人的传闻罢了.

英国诺丁汉大学纯粹数学教授,联合王国国家数学委员会委员哈勃斯坦(Heini Halberstam)曾这样评价数论问题:数论或高等算术是最古老的数学分支之一.整数数列的平凡外貌极易使人误解,这掩盖了它无穷无尽的漂亮的形式,以及从最古代起就使学者和业余爱好者都着迷的问题,这种问题的地位通常是由经验形成,而且易于描述,但是要解释它们是不容易的,而且常常是极端困难的.所以德国的一位数学家克罗内克将关心数论的数学家比做"一旦尝到食物的滋味就永远不会放弃它的贪吃的人"是有道理的.

---

① 曹聪.1984 年世界科学有哪些重大进展[J].科学画报,1986(4).(据[美]《发现》杂志 85.1 编译)

所以可以肯定从全世界对数学感兴趣的人群来看,对数论感兴趣的人最多,试图攻克数论难题的人也最多,而在这众多的爱好者中,选择不定方程的又是占了绝大多数.英国数论专家莫德尔在其专著《丢番图方程》(《Diophuntine Equations. Academic Press》. London, 1969)的前言中写道:这门学科可简要地这样来描述.它主要是讨论整系数多项式方程 $f(x_1,x_2,\cdots,x_n)=0$ 的有理解或整数解.众所周知,整个世纪以来,没有哪一个专题像这样吸引了如此众多的专业和业余的数学家的注意,也没有哪一个专题产生了像这样多的论文,如此就不难理解为什么会有如此众多的人士对费马猜想感兴趣,因为它是这一领域中最著名的问题.

这些人里又分三类,最庞大的一类人是有一定文化修养的业余爱好者,他们发表了大量的所谓"证明".在费马大定理的证明中,许多"花边"新闻出自他们.这一类爱好者失败的原因,是由于工具不够,且对问题的难度认识不够.这类论文的作者一般都初通数论,有的甚至有微积分的训练,对这类作者,一般受到的劝告是放弃用初等办法解决的幻想,继续钻研直到掌握足够的工具.这类作者一般都很理智,或知错而返,或知难而退.其实道理很简单,对数论中的经典猜想全世界有成千上万人都试图证明,并且你所使用的工具,以及你所运用的方法别人也同样会,那为什么别人没有做出来呢?所以此时我们提倡人们自问,我有什么过人之处吗?在解决这个问题的过程中我的长处是什么?这样会将自己的成果拿出来时"慎重"些.以下是几个错误证明的实例.

山东临沂师专有位叫崔舍兴的毕业生,他误以为自己证明了费马大定理,于是他在自己学校的学报(自然科学版)1985年的某期上发表了"费马大定理的证明"的论文,该校的校刊编辑为该文所加的编者按写道:"该文在证明中,尚有值得商榷的地方.但为鼓励青年大胆探索的精神,特予发表,以此引发对此问题有兴趣的同志们的讨论."以下节选自崔舍兴的证明部分,您能指出它错在哪吗?

敝人认为,费马大定理是成立的,且方程

$$x^n+y^n=z^n \tag{$*$}$$

在前设条件下不存在有理数.下面证明这些事实.

引理1　设 n 和 N 都是大于1的整数,若 $\sqrt[n]{N}$ 不是整数,则为无理数.

证明　用反证法.由题设知若 $\sqrt[n]{N}$ 不是无理数,必为有理分数.假设 $\sqrt[n]{N}=\frac{q}{p}$, $p>1$,且 $(p,q)=1$,则 $N=\frac{q^n}{p^n}$.由于 $(p,q)=1$,所以 $(p^n,q^n)=1$,又 $p>1$, $p^n>1$,故 $\frac{q^n}{p^n}$ 为有理分数.但 N 为整数,所以 $N=\frac{q^n}{p^n}$ 不成立,因而 $\sqrt[n]{N}$ 只能是无理数.

现在证明方程($*$)不存在有理数解.

为行文方便,以下证明都是在前设条件下进行的,不再另加说明.

首先证明(*)没有整数解.

显然,只要证明了当 X,Y 均为任意正整数时,Z 不是整数即可.

设 X,Y 均为任意整数,则有 $X=Y$ 或 $X\neq Y$.

i 若 $X=Y$,由(*)知 $Z=\sqrt[n]{2}X$ 显然为无理数,而 X 为整数,所以$\sqrt[n]{2}X$ 为无理数,即 Z 不是整数.

ii 若 $X\neq Y$,不失一般性,不妨设 $X<Y$,设 $Y=X+K$,则 K 为正整数,又由(*)知 $Z>Y$,所以对于任意正整数 $X<Y$,存在实数 $R>K$,使得 $Z=X+R$,代入(*)得

$$X^n+(X+K)^n=(X+R)^n$$

再由二项式定理得

$$2X^n+C_n^1KX^{n-1}+C_n^2K^2X^{n-2}+C_n^3K^3X^{n-3}+\cdots+K^n=$$
$$X^n+C_n^1RX^{n-1}+C_n^2R^2X^{n-2}+C_n^3R^3X^{n-3}+C_n^4R^4X^{n-4}+\cdots+R^n$$

即

$$X^n+C_n^1RX^{n-1}+C_n^2R^2X^{n-2}+C_n^3R^3X^{n-3}+\cdots+R^n=$$
$$(C_n^1X^{n-1}+C_n^2RX^{n-2}+C_n^3R^2X^{n-3}+C_n^4R^3X^{n-4}+\cdots+R^{n-1})R$$

令

$$P=X^n+C_n^1KX^{n-1}+C_n^2K^2X^{n-2}+C_n^3K^3X^{n-3}+\cdots+K^n \qquad ①$$

$$Q=C_n^1X^{n-1}+C_n^2RX^{n-2}+C_n^3R^2X^{n-3}+C_n^4R^3X^{n-4}+\cdots+R^{n-1} \qquad ②$$

于是 $P=RQ$.

下面仍用反证法证明 R 不是整数.

假设 R 为整数,由 $n,R,X,C_n^i(i=1,2,3,\cdots,m-1)$ 都是正整数知 P,Q 均为正整数,再由 $P=RQ$,知 $Q\mid P$.但是

$$P=\left(\frac{1}{n}X+K-\frac{C_n^3}{n^2}R\right)Q+\left(C_n^2K^2-C_n^2KR+C_n^2\frac{C_n^2}{n^2}R^2-\frac{C_n^3}{n}R^2\right)X^{n-2}+$$
$$\left(C_n^3K^3-C_n^3KR^2+C_n^3\frac{C_n^2}{n^2}-R^3+\frac{C_n^4}{n}R^3\right)X^{n-3}+\cdots+K^n-KR^{n-1}+\frac{C_n^2}{n^2}R^n$$

所以

$$\left(C_n^2K^2-C_n^2KR+C_n^2\frac{C_n^2}{n^2}R^2-\frac{C_n^3}{n}R^2\right)X^{n-2}+$$
$$\left(C_n^3K^3-C_n^3KR^2+C_n^3\frac{C_n^2}{n^2}R^3-\frac{C_n^4}{n}R^3\right)X^{n-3}+\cdots+K^n-KR^{n-1}+\frac{C_n^2}{n^2}R^n=0$$

由此得

$$C_n^2K^2-C_n^2KR+C_n^2\frac{C_n^2}{n^2}R^2-\frac{C_n^3}{n}R^2=0 \qquad ③$$

$$C_n^3K^3 - C_n^3KR^2 + C_n^3\frac{C_n^2}{n^2}R^3 - \frac{C_n^4}{n}R^3 = 0 \quad ④$$

$$K^n - KR^{n-1} + \frac{C_n^2}{n^2}R^n = 0 \quad ⑤$$

由③得

$$6nK^2 - 6nRK + (n+1)R^2 = 0$$

解关于 K 的二次方程得

$$K = \frac{3n \pm \sqrt{3n^2 - 6n}}{6n}R \quad ⑥$$

由④得

$$4nK^3 - 4nR^2K + (n+1)R^3 = 0 \quad ⑦$$

把⑥代入⑦得

$$4n\left(\frac{3n \pm \sqrt{3n^2-6n}}{6n}R\right)^3 - 4n\left(\frac{3n \pm \sqrt{3n^2-6n}}{6n}R\right)R^2 + (n+1)R^3 = 0$$

但左边等于

$$\left(\frac{27n^3 \pm 27n^2\sqrt{3n^2-6n} + 9n(3n^2-6n) \pm (3n^2-6n)\sqrt{3n^2-6n}}{54n^2} - \right.$$

$$\left.\frac{6n \pm 2\sqrt{3n^2-6n}}{3} + n + 1\right)R^3 =$$

$$\left(\frac{54n^3 - 54n^2 \pm 6n(5n-1)\sqrt{3n^2-6n}}{54n^2} - n \pm \frac{2}{3}\sqrt{3n^2-6n} + 1\right)R^3 =$$

$$\left(n - 1 \pm \frac{1}{9n}(5n-1)\sqrt{3n^2-6n} \pm \frac{2}{3}\sqrt{3n^2-6n} - n + 1\right)R^3 =$$

$$\pm\left(\frac{1}{9n}(5n-1) + \frac{2}{3}\right)\sqrt{3n^2-6n}R^3 = \frac{1}{9n}(n-1)\sqrt{3n^2-6n}R^3$$

所以

$$\pm\frac{1}{9n}(n-1)\sqrt{3n^2-6n}R^3 = 0$$

由于 $R > 0, R^3 \neq 0$,所以 $\pm\frac{1}{9}nR^3 \neq 0$,所以

$$(n-1)\sqrt{3n^2-6n} = 0$$

但

$$n > 2, n-1 > 0, \sqrt{3n^2-6n} = \sqrt{3n(n-2)} > 0$$

即

$$(n-1)\sqrt{3n^2-6n} > 0$$

所以 $R \notin \mathbf{Z}$.

因为 $X \in \mathbf{Z}, R \notin \mathbf{Z}$,所以 $Z = X + R \notin \mathbf{Z}$.

这就证明了 $Z \neq Y$ 时,$Z \notin \mathbf{Z}$.

综合 i,ii 知费马大定理成立.

以下他又证明费马方程不存在有理解.

对此类证明(人们还曾见过昔阳县的一位爱好者的同样证明),数论前辈四川大学的柯召和孙琦教授在《自然杂志》(3卷7期)曾有一个总结:

> “目前,有不少数学爱好者在搞费马大定理,有的还写成了论文,宣布他们‘证明’了费马大定理.我们也看过一些这类稿子,但毫无例外都是错的.这些稿子,大部分是运用整数的整除性质,也有的证明连初等数论都没有用到,仅仅用二项式公式展开一下,就给出了‘证明’.这些同志不了解费马大定理的历史,也不了解数学研究的复杂性和艰巨性.初等方法,固然能够创造出很高的技巧,并且至今还能解决一些困难问题,但是,我们觉得费马大定理并不属于这样的问题.300多年来,成百上千的人(其中包括许多极为优秀的数学家)运用过各种各样的方法都没有成功.可以说,打算用初等的方法证明费马大定理是不可能成功的.”

也有一些貌似专业的证明,幻想用初等数论证明费马大定理.例如,有人想通过如下9个引理完成对这个定理的证明.

引理2 p 为奇素数,m 为大于1的整数,当 $(m-1,p)=1$ 时,则

$$m^p-1=(m-1)(m^{p-1}+m^{p-2}+\cdots+m+1)=(m-1)(2pB_1+1)$$

当 $(m-1,p)=p$ 时,则

$$m^p-1=(m-1)(m^{p-1}+m^{p-2}+\cdots+m+1)=(m-1)p(2pB_2+1)$$

设 q 为奇素数,$q\mid 2pB_1+1$ 或 $q\mid 2pB_2+1$,则 q 为 $pb+1$ 之形状,且

$$m^p\equiv 1(\bmod q)$$

为最小解.

引理3 p 为奇素数,p^p-1 定有 $2np+1$ 型的素因子,其中 $p\nmid n$.

引理4 $p^p\equiv 1(\bmod q)$,$q=2np+1$,p,q 均为奇素数(以下均假定 p,q 为奇素数),$p\nmid n$,对任意整数 K,则 $K^p\not\equiv p(\bmod q)$.

引理5 $p^p\equiv 1(\bmod q)$,$q=2np+1$,且 $p\nmid n$,若 $m^p\equiv 1(\bmod q)$,则 $m\equiv p^d(\bmod q)$,其中 $d\geqslant 0$.

引理6 $p^p\equiv 1(\bmod q)$ 为最小解,$q=2np+1$,$p\nmid n$,那么,一定有 K,$K^{2np}\equiv 1(\bmod q)$ 为最小解.

引理7 $p^p\equiv 1(\bmod q)$,$q=2np+1$,$p\nmid n$,$K^{2np}\equiv 1(\bmod q)$ 为最小解,则

$$K^{np}\equiv -1(\bmod q)$$

亦为最小解,对于 l,$(l,q)=1$,则存在 b,使 $l^p\equiv K^b p(\bmod q)$.

引理8 $p^p\equiv 1(\bmod q)$,$q=2np+1$,$p\nmid n$,$K^{2np}\equiv 1(\bmod q)$ 为最小解,则

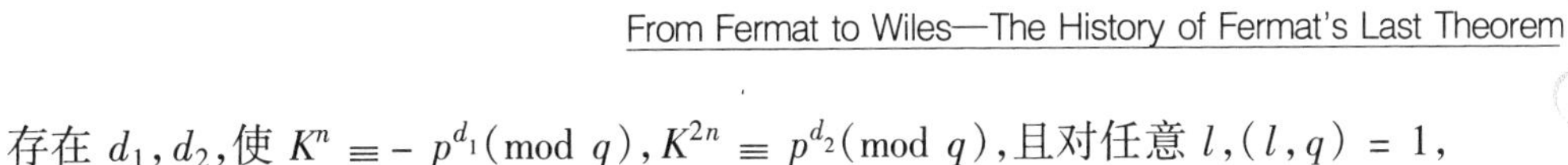

存在 d_1,d_2,使 $K^n \equiv -p^{d_1}(\text{mod } q)$,$K^{2n} \equiv p^{d_2}(\text{mod } q)$,且对任意 $l,(l,q)=1$,当 $n \mid b$ 时,若存在一个 m,使 $l^b \equiv \pm p^m(\text{mod } q)$,则一定存在一个 m_1,使 $l \equiv \pm p^{m_1}(\text{mod } q)$.

引理9 $p^p \equiv 1(\text{mod } q)$,$q=2np+1$,$p \nmid n$,$K^{2np} \equiv 1(\text{mod } q)$ 为最小解,当 $n>1$ 时,若 $n \nmid b$,则存在 c,d,使 $K^{bp} \equiv p^d K^c(\text{mod } q)$,且 $p \nmid dc$,$n \nmid c$.

引理10 $p^p \equiv 1(\text{mod } q)$,$q=2np+1$,$p \nmid n$,$K^{2np} \equiv 1(\text{mod } q)$ 为最小解,那么

$$1+K^{bp}+K^{cp} \not\equiv 1(\text{mod } q)$$

其中,$b \geqslant 0$,$c \geqslant 0$.

由上面的引理可得如下定理.

定理1 $p^p \equiv 1(\text{mod } q)$,$q=2np+1$,$p \nmid n$,$K^{2np} \equiv 1(\text{mod } q)$ 为最小解,当 $p \nmid xyz$ 时,若 $q \mid xyz$,则方程 $x^p+y^p=z^p$ 无正整数解.

定理2 $p^p \equiv 1(\text{mod } q)$,$q=2np+1$,$p \nmid n$,$K^{2np} \equiv 1(\text{mod } q)$ 为最小解,当 $p \nmid xyz$ 时,若 $q \nmid yz$,则方程 $x^p+y^p=z^p$ 无正整数解.

轻率不仅是年轻人爱犯的毛病,有时强烈的出人头地、渴望有一番作为的想法也会使老同志变得不理智.下面的证明是一位年近七旬的老者给出的,令人吃惊的是老人家竟然在一本薄薄的小册子(正式出版物)中宣布他证明了哥德巴赫猜想、费马大定理、奇完全数问题、居加猜测等诸多世界级难题.据数论专家曹珍富教授介绍,他的错误在于利用了一条错误的估计式,当指出后,老先生表示承认.摘录于此,供读者借鉴.

2.证 明

费马最后定理,可简单地表述为:

若 n 为大于2的整数,则不定方程

$$X^n=Y^n+Z^n \quad ①$$

没有整数解.

若定理成立,必然 $Y \neq Z$.因为,若 $Y=Z$,则式①可化为

$$X^n=Y^n+Z^n=2Y^n \quad ②$$

这样必有 $X=2^{\frac{1}{n}}Y$,此时,X,Y 中至少有一个为无理数,式①才能成立.故以后假设 $Y \neq Z$.

设 n 的标准分解式为

$$n={q_1}^{b_1}{q_2}^{b_2}\cdots{q_s}^{b_s} \geqslant 3$$

其中,q_i 为素数,当 $i \neq j$ 时,$q_i \neq q_j$,且若 $i<j$,则

$$q_i < q_j \quad ③$$

此时若 $q_1 = 2, b_1 = 1$,则仍有 $q_2^{b_2} q_3^{b_3} \cdots q_s^{b_s} \geqslant 3$. 因为 $n > 2$,又 $q_2 > q_1$,则 $n/2 \geqslant 3$. 这样式 ① 可改为

$$(X^2)^{\frac{n}{2}} = (Y^2)^{\frac{n}{2}} + (Z^2)^{\frac{n}{2}} \quad ④$$

式 ④ 仍是费马最后定理.

如果 $q_1 = 2, b_1 \geqslant 2$,则式 ① 可改为

$$(X^{\frac{n}{4}})^4 = (Y^{\frac{n}{4}})^4 + (Z^{\frac{n}{4}})^4 \quad ⑤$$

关于式 ⑤,数学家们已证明定理成立.

现再假设式 ③ 中,$q_i > 2(1 \leqslant i \leqslant s)$,且 $b_i \geqslant 1(1 \leqslant i \leqslant s)$,即 n 为奇复合数,这样可改式 ① 为

$$(X^{\frac{n}{q_1}})^{q_1} = (Y^{\frac{n}{q_1}})^{q_1} + (Z^{\frac{n}{q_1}})^{q_1} \quad ⑥$$

式 ⑥ 仍为费马最后定理,故在以下证明中规定 n 为奇素数.

已知 $Y \neq Z$,不妨设 $Y > Z$,因已有 $X > Y$,故有

$$X > Y > Z \quad ⑦$$

$$(Y + Z)^n = Y^n + C_n^1 Y^{n-1} Z + C_n^2 Y^{n-2} Z^2 + \cdots + C_n^{n-1} Y Z^{n-1} + Z^n > X^n \quad ⑧$$

从式 ⑧ 可得

$$Y + Z > X > Y > Z \quad ⑨$$

证明　假设定理不成立,式 ① 有正整数解,当然有

$$X = Y + a = Z + b \quad ⑩$$

已知 $X > Y > Z$,所以 $b > a \geqslant 1$. 设 b 的标准分解式为

$$b = p_1^{\alpha_1} p_2^{\alpha_2} \cdots p_r^{\alpha_r} \quad ⑪$$

其中,p_i 为素数,当 $i \neq j$ 时,$p_i \neq p_j$.

将式 ⑩ 及式 ⑪ 代入式 ①,可得

$$Y^n + Z^n = (Y + a)^n \quad ⑫$$

$$Y^n + Z^n = (Z + p_1^{\alpha_1} p_2^{\alpha_2} \cdots p_r^{\alpha_r})^n \quad ⑬$$

展开式 ⑫ 及式 ⑬ 得

$$Y^n + Z^n = Y^n + C_n^1 Y^{n-1} a + C_n^2 Y^{n-2} a^2 + \cdots + a^n \quad ⑭$$

$$Y^n + Z^n = Z^n + C_n^1 Z^{n-1} p_1^{\alpha_1} p_2^{\alpha_2} \cdots p_r^{\alpha_r} + C_n^2 Z^{n-2} (p_1^{\alpha_1} p_2^{\alpha_2} \cdots p_r^{\alpha_r})^2 + \cdots + (p_1^{\alpha_1} p_2^{\alpha_2} \cdots p_r^{\alpha_r})^n \quad ⑮$$

消去等式两边的同类项,得

$$Z^n = C_n^1 Y^{n-1} a + C_n^2 Y^{n-2} a^2 + \cdots + a^n \quad ⑯$$

$$Y^n = C_n^1 Z^{n-1} p_1^{\alpha_1} p_2^{\alpha_2} \cdots p_r^{\alpha_r} + C_n^2 Z^{n-1} (p_1^{\alpha_1} p_2^{\alpha_2} \cdots p_r^{\alpha_r})^2 + \cdots + (p_1^{\alpha_1} p_2^{\alpha_2} \cdots p_r^{\alpha_r})^n \quad ⑰$$

如式 ⑰ 成立,必有

$$p_1^{\beta_1}p_2^{\beta_2}\cdots p_r^{\beta_r} \parallel Y, \beta_i \geqslant 1 \tag{18}$$

否则式 ⑰ 不成立.

又因为 $Y + Z > X = Z + b$,所以 $Y > b$,设

$$Y = b + d = p_1^{\alpha_1}p_2^{\alpha_2}\cdots p_r^{\alpha_r} + d(\text{已知 } d > 0) \tag{19}$$

当然有

$$p_1^{\beta_1}p_2^{\beta_2}\cdots p_r^{\beta_r} \parallel d \tag{20}$$

否则式 ⑲ 不成立,再设

$$Y = p_1^{\beta_1}p_2^{\beta_2}\cdots p_r^{\beta_r}p, d = p_1^{\beta_1}p_2^{\beta_2}\cdots p_r^{\beta_r}q$$

当有

$$Y - d = p_1^{\beta_1}p_2^{\beta_2}\cdots p_r^{\beta_r}(p - q) = p_1^{\alpha_1}p_2^{\alpha_2}\cdots p_r^{\alpha_r} \tag{21}$$

当然有

$$p - q = p_1^{\alpha_1 - \beta_1}p_2^{\alpha_2 - \beta_2}\cdots p_r^{\alpha_r - \beta_r} \tag{22}$$

且

$$(p, q) = 1 \tag{23}$$

对于 α_i 与 β_i 之间($1 \leqslant i \leqslant r$),可雷同 α_1 与 β_1 的情况.只有以下三种可能:

第一种:$\beta_1 > \alpha_1$;

第二种:$\beta_1 = \alpha_1$;

第三种:$\beta_1 < \alpha_1$.

如果属第一种,即 $\beta_1 > \alpha_1$,则式 ⑰ 不成立,与定理不成立的假设相矛盾.

再看第二、三两种:将 $Y = p_1^{\beta_1}p_2^{\beta_2}\cdots p_r^{\beta_r}p$ 代入式 ⑰,有

$$(p_1^{\beta_1}p_2^{\beta_2}\cdots p_r^{\beta_r}p)^n = C_n^1Z^{n-1}p_1^{\alpha_1}p_2^{\alpha_2}\cdots p_r^{\alpha_r} + C_n^2Z^{n-2}(p_1^{\alpha_1}p_2^{\alpha_2}\cdots p_r^{\alpha_r})^2 + \cdots + (p_1^{\alpha_1}p_2^{\alpha_2}\cdots p_r^{\alpha_r})^n \tag{24}$$

如属第二种情况,即 $\beta_1 = \alpha_1$,则式 ㉔ 两边同除以 $p_1^{\alpha_1}$ 后有

$$(p_2^{\beta_2}p_3^{\beta_3}\cdots p_r^{\beta_r}p)^n p_1^{(n-1)\alpha_1} = C_n^1Z^{n-1}p_2^{\alpha_2}\cdots p_r^{\alpha_r} + C_n^2Z^{n-2}p_1^{\alpha_1}(p_2^{\alpha_2}\cdots p_r^{\alpha_r})^2 + \cdots + p_1^{(n-1)\alpha}(p_2^{\alpha_2}\cdots p_r^{\alpha_r})^n \tag{25}$$

式 ㉕ 两边 p_1 的幂指数仍应一致.已知 $(n - 1)\alpha_1 \geqslant 2$,即 $n = p_1$,则由于恒有

$$p_1 \mid C_{p_1}^i, 1 \leqslant i \leqslant p_1 - 1$$

故式 ㉕ 右边首项也应有因数 p_1,但其余各项 p_1 的幂指数均大于等于 2.如式 ㉕ 成立,只有 $p_1 \mid Z$ 也成立.因已知 $p_1 \mid Y$,故若式 ① 成立,必然有

$$(X, Y, Z) = p_1$$

这样,我们可令

$$X = p_1X_1, Y = p_1Y_1, Z = p_1Z_1 \tag{26}$$

将式㉖代入式①,消去公因数 $p_1{}^n$,得

$$X_1^n = Y_1^n + Z_1^n \tag{27}$$

式㉗与式①相比较,除前者无公因数 $p_1{}^n$ 外,两式完全一致,此后,可按此循环处理.直至

$$X_r^n = Y_r^n + Z_r^n \tag{28}$$

且式㉘中不再有 $p_i(1 \leqslant i \leqslant r)$ 公因数为止,此时

$$X_r = X/b, Y_r = X_r - a/b, Z_r = X_r - 1$$

即

$$X_r = Z_r + 1 > Y_r > Z_r \tag{29}$$

此时 Y_r 绝非自然数,与定理不成立的假设相矛盾.如此,则费马最后定理得证.

如果是第三种情况,即 $\beta_1 < \alpha_1$,这又可以分为以下四种:

第一种:$n\beta_1 < \alpha_1$;

第二种:$n\beta_1 > \alpha_1 + 1$;

第三种:$n\beta_1 = \alpha_1$;

第四种:$n\beta_1 = \alpha_1 + 1$.

除以上四种外,再没有第五种情况.

现按顺序证明如下:

若属第一种,即 $n\beta_1 < \alpha_1$,则从式⑰看,显然有等式右边的各项 p_1 的幂均大于等式左边的 p_1 的幂.故式⑰不成立.得出矛盾.故应排除 $n\beta_1 < \alpha_1$.

若属第二种,即 $n\beta_1 > \alpha_1 + 1$,从式⑰看,即使 $n = p_1$,等式两边 p_1 的幂也不平衡,除非 $p_1 \mid Z$ 成立.这点在前面已作了证明.这里就不赘述了.

若属第三种,即 $n\beta_1 = \alpha_1$,若 $n = p_1$,则有

$$p_1{}^{\beta_1+1} \mid Y$$

成立,这与式⑱相矛盾.

若在 $n\beta_1 = \alpha_1$ 时,并 $n \neq p_1$.这在以下讨论:

从式⑩及式⑲,可发现有

$$Z = a + b \tag{30}$$

将式㉚两边各取 n 次方得

$$Z^n = d^n + C_n^1 d^{n-1} a + C_n^2 d^{n-2} a^2 + \cdots + a^n \tag{31}$$

由式⑯~㉛,得

$$d^n = C_n^2(Y^{n-1} - d^{n-1}(a + C_n^2)Y^{n-2} - d^{n-2})a^2 + \cdots + C_n^{n-1}(Y - d)a^{n-1} \tag{32}$$

已知定有

$$Y - d \mid Y^k - d^k, 1 \leqslant k \leqslant n - 1 \tag{33}$$

成立,且 $Y - d > 1$.

因 n 为素数,已知

$$n \mid C_n^i, 1 \leqslant i \leqslant n-1 \tag{34}$$

成立,如式 ㉜ 成立,必然有

$$n \mid d \tag{35}$$

成立.这样又可以分别从四方面论证.

i 若 $n = p_i$(i 为2,3,…,r 中之一),只需视 p_i 为 p_1,即为本证明中的第三种情况,此时定理成立;

ii 若 $n \neq p_i(1 \leqslant i \leqslant r)$,这样从式 ㉜ 可发现,若 $n \mid Y$ 也成立, 则有 $(Y,d) = n$,这与式 ㉓ 相矛盾;

iii 若 $n \neq p_i(1 \leqslant i \leqslant r)$,且 $n \mid a$ 及 $n \nmid Y$.此时,我们将式 ㉜ 改写为

$$\begin{aligned} d^n = & C_n^1Y^{n-1}a + C_n^2Y^{n-2}a^2 + \cdots + C_n^{n-1}Ya^{n-1} - \\ & (C_n^1d^{n-1}a + C_n^2d^{n-2}a^2 + \cdots + C_n^{n-1}da^{n-1}) \end{aligned} \tag{36}$$

观察式 ㊱ 的两端各项 n 的幂,先设

$$n^k \mid a, k \geqslant 1$$

若 k 取最小值1,式 ㊱ 右端括号内的各项 n 的幂均为 $n+1$,所以,如式 ㊱ 成立,则必有

$$n^n \parallel C_n^1Y^{n-1}a + C_n^2Y^{n-2}a^2 + \cdots + C_n^{n-1}Ya^{n-1} \tag{37}$$

因为 $n \geqslant 3$,式 ㊲ 右端至少有两项,即使 $k = 1$,式 ㊲ 右端首项仅有因数 n^2,而其余各项有因数 n^s.幂指数 s,第 t 项有 $s = t \cdot k$,故若式 ㊲ 及式 ㊱ 均成立的话,必有 $n \mid Y$ 成立.这与假设 $n \nmid Y$ 相矛盾.且式 ㊱ 右端所有项 n 的幂均为 $n+1$,式 ㊱ 不成立.

iv 若 $n \neq p_i(1 \leqslant i \leqslant r)$,又 $n \nmid a, n \nmid Y$,从式 ㊱ 发现,一定有 $(d,a) = m(m > 1)$.此时 $a > 1$,若 $a = 1$,则从式 ㊱ 可得 $(Y,q) = n(n \neq p_i)$,这与式 ㉓ 矛盾.

已知 $m > 1$,此时必有 $a = m^{nt}$ 及 $m^t \parallel d$,否则有 $m \mid Y$.这样将有

$$(d,Y) = m, m \neq p_i$$

与式 ㉓ 矛盾.

最后,若属第三种,即 $n\beta_i = \alpha_i$,只有同时存在 $a = m^{nt}$ 及 $m^t \parallel d$ 时尚未证毕.

已知 $Y = {p_1}^{\alpha_1}{p_2}^{\alpha_2}\cdots{p_r}^{\alpha_r} + d = b + d$,将此代入式 ㊱,得

$$\begin{aligned} d^n = & C_n^1(d+b)^{n-1}a + C_n^2(d+b)^{n-2}a^2 + \cdots + \\ & C_n^{n-2}(d+b)^2a^{n-2} + C_n^{n-1}(d+b)a^{n-1} - \\ & (C_n^1d^{n-1}a + C_n^2d^{n-2}a^2 + \cdots + C_n^{n-1}da^{n-1}) = \\ & C_n^1(C_{n-1}^1d^{n-2}b + C_{n-1}^2d^{n-3}b^2 + \cdots + C_{n-1}^{n-2}db^{n-2} + b^{n-1})a + \end{aligned}$$

$$C_n^2(C_{n-2}^1 d^{n-3}b + C_{n-2}^2 d^{n-4}b^2 + \cdots + C_{n-2}^{n-3} db^{n-3} + b^{n-2})a^2 + \cdots + C_n^{n-2}(C_2^1 db + b^2)a^{n-2} + C_n^{n-1} ba^{n-1} \quad ㊳$$

因已知 $b \parallel d^n, a \parallel d^n$ 或写为 $ab \parallel d^n$(因$(a,b)=1$)均成立.

但从式㊳看,若 $n>2$,式㊳左端仅有 ab 因数,而式㊳右端所有项均有 $b^u a^v$ 因数,此时 u,v 符合以下条件,即

$$u \geqslant 1+\frac{n-2}{n}=2-\frac{2}{n}>1, 1 \leqslant v \leqslant 2-\frac{2}{n}, n>2$$

$u+v>2$,所以式㊳不成立.

至此,我们已讨论了第三种情况,即 $n\beta_1=\alpha_1$ 的一切情况,即在 $n\beta_1=\alpha_1$ 时,定理也成立.

现在研究第四种情况,即 $b\beta_1=\alpha_1+1$.此时若 $n \neq p_1$,从式㉕又可导出 $p_1 \mid Z$ 成立,并可得

$$(X,Y,Z)=p_1 \quad ㊴$$

这又回到式㉖~㉙证明过的情况.

若 $n=p_1$,从式㉜,仍可导出 $p_1 \mid a$,即有 $p_1 \mid Z$,得出式㊴.

至此,我们已讨论了一切情况,费马最后定理都成立.故费马最后定理得证.

当然,我们还可以这样证,先将

$$X^n=Y^n+Z^n$$

中所有公因数全部约去,即成

$$X_1{}^n=Y_1{}^n+Z_1{}^n$$

此时,即

$$(X_1,Y_1,Z_1)=1$$

然后又逐步导出$(X_1,Y_1,Z_1)=p_1$,得出矛盾,也可以得证定理成立.

当然有些人对自己的所谓证明还是心存怀疑,所以拿出来让众人评判一番.以下是湖南攸县一中的王开利提供的一个所谓"证明".

费马大定理　若 $n>2, n\in\mathbf{N}$,则 $x^n+y^n=z^n$.

首先证明无正整数解.

证明　我们知道,只要证明 n 是大于2的质数时无整数解,就可推出费马大定理成立.

若 n 是大于2的质数,且有正整数解,则 $z^n=x^n+y^n<(x+y)^n$,所以 $z<x+y$.

又因为 $z^n=x^n+y^n<(x+y)^n$,所以 $z<x+y$.

令 $z-x=a, z-y=b(a,b\in\mathbf{N})$.

所以 $z>x$,同理 $z>y$.又因为 n 是大于2的质数,故 n 为奇数.所以 $x+$

y 能整除 $x^n + y^n$(即 z^n).

故可令 $x + y = \frac{z^n}{c}(c \in \mathbf{Z})$.联立得

$$\begin{cases} z - x = a & ④⓪ \\ z - y = b & ④① \\ x + y = \frac{z^n}{c} & ④② \end{cases}$$

④⓪ + ④① + ④② 得

$$2z = a + b + \frac{z^n}{c}$$

即
$$z(2 - \frac{z^{n-1}}{c}) = a + b$$

则由 $z, a, b \in \mathbf{N}$,有 $2 - \frac{z^{n-1}}{c} \in \mathbf{N}$;而且 $c < 2 - \frac{z^{n-1}}{c} < 2$,所以

$$2 - \frac{z^{n-1}}{c} = 1, c = 2^{-1}$$

代入 ③ 得

$$x + y = z$$

这与 $x + y > z$ 相矛盾.故无整数解.

难道困惑了人类 300 多年的数学难题就这么简单地证明了?!

陈省身先生在"陈省身奖"第二届颁奖仪式上的讲话指出:"我们一定要维持一个水平.没有这个水平,普通一个人对数学有兴趣,有些老先生可以花很多时间,作一些费马问题、哥德巴赫问题.我们要不断努力,最重要是工作.因为这些人缺乏数学训练,根本不了解什么叫做数学的证明.像这类基本的训练,基本的了解,了解数学有个水平,我想大家也是应该做的."当然做这些是需要下苦功的,陈省身先生还说:"拓扑学要念进去或者数论要念进去,10 年苦功也许才能入门."

那些只读了几本初等数论书就以为可以解决大猜想,仿佛数学史从来没有存在过,仿佛哲学只是一门白痴的艺术,这种对前贤毫无敬畏之心的狂妄简直令人愤怒.

同样的业余证明也出现在企图给出素数个数的公式中,姚琦和楼世拓教授分析了此类错误的原因.我们用 $\pi(x)$ 来表示数值不大于 x 的素数的个数.素数定理是说:当 x 趋于无穷大时,$\pi(x) \approx \frac{x}{\lg x}$,也就是说,不大于 x 的素数的个数约为$\frac{x}{\lg x}$.假如素数在正整数中的分布是均匀的,在每$[\lg x]$个正整数中就应该有一个素数.但是,素数分布并不均匀,因此这是不可能的.克莱默在 1936 年借助于以概率理论为基础的方法提出一个猜想:当 $D = \lg^2 N$ 时,对任何自然数

N,N 与 $N+D$ 之间一定有素数.也就是说,在每$[\lg^2 N]$个正整数中至少有一个素数.明显地,这比在黎曼猜想成立时得到的结论要强得多.

有人在粗略地观察素数定理的结论后,似乎对解决这一猜想找到了一线希望,由于 $\pi(x)$ 近似于$\frac{x}{\lg x}$,而 $\pi(x-y)$ 近似于$\frac{x-y}{\lg(x-y)}$,因此在 $x-y$ 与 x 间的素数个数 $\pi(x)-\pi(x-y)$ 应该近似于$\frac{x}{\lg x}-\frac{x-y}{\lg(x-y)}$.如果 y 比 x 小得多,则这个数又与$\frac{y}{\lg x}$差不多.只要$\frac{y}{\lg x}>0$,就可以得到 $\pi(x)-\pi(x-y)>0$.即在区间$(x-y,x]$中一定存在素数.这样一来,不仅克莱默的猜想得以解决(只要取 $y=\lg^2 x$),还可以得到更好的结果.但是这种想法是不正确的.为了找出上述证明的错误,让我们看一看素数定理的严格叙述:当 x 趋向于无穷大时,$\pi(x)$ 与$\frac{x}{\lg x}$之商的极限是 1.这时,$\pi(x)$ 与$\frac{x}{\lg x}$之差比起$\frac{x}{\lg x}$来要小得多.但是,当 x 很大时,$\frac{x}{\lg x}$本身就是一个很大的数,因而 $\pi(x)-\frac{x}{\lg x}$ 也可能很大.同样地,当 $x-y$ 很大时,$\pi(x-y)-\frac{x-y}{\lg(x-y)}$ 也可能很大.两个很大的数相减当然可能是一个很大的数,可见 $\pi(x)-\pi(x-y)$ 与$\frac{x}{\lg x}-\frac{x-y}{\lg(x-y)}$可能相差甚远,因此两数不能被认为是近似相等的.显然,由这种错误观点得出的结论是不正确的.这个错误告诫我们,对待数学中的“近似”应十分慎重.应特别注意其中的误差.我们可以将素数定理表示为

$$\pi(x)=\frac{x}{\lg x}+A,A=O\left(\frac{x}{\lg x}\right)$$

上述记号 $O(\cdot)$ 表示当 x 趋于无穷大时,A 满足下式:$\lim\limits_{x\to\infty}\dfrac{A}{\frac{x}{\lg x}}=0$.也就是说,$A$ 是比$\frac{x}{\lg x}$高阶的无穷小量.自从阿达玛(Hadmard)、泊桑(Poussin)在 1896 年分别独立地证明了这个定理以后,人们致力于研究素数定理的误差项,即研究 A 的最佳估计.当今最好的结果是,1958 年维诺格拉多夫得到的 $A=O(xe^{-a(\lg x)^{3/5+\varepsilon}})$.这里的记号 $O(\cdot)$ 是表示:一定存在一个常数 C 使得

$$-Cxe^{-a(\lg x)^{3/5+\varepsilon}}\leqslant A\leqslant Cxe^{-a(\lg x)^{3/5+\varepsilon}} \quad ㊸$$

成立,上式中的 a 是某个正数;ε 可以取为任意小的正数,也就是说对于无论多么小的正数 ε,式㊸都是成立的,但是 ε 不能等于 0.式中 C 是一个仅仅与 a 和 ε 有关的正数.

另外,我们从前面素数定理的介绍中知道,人们已经得到了函数 $\pi(x)$ 的带误差项的表示式,一般称为渐近表示式.而 $\pi(x)$ 的准确表示式,至今还无法

得到.我们在素数分布问题的研究中所得到的公式往往是渐近表示式.这就使得许多分析工具在这些问题中难以直接使用.

$\pi(x)$ 的渐近表示式中 $\pi(x)$ 与其主要项$\frac{x}{\lg x}$之差可用$O(B)$表示.当 x 变动时,$O(B)$ 有时是正数,有时是负数.我们不禁要问:是否可以找到一个函数,它不仅是 $\pi(x)$ 的主要项,而且与 $\pi(x)$ 有一个固定的大小关系呢?我们如果用

$$\mathrm{li}\ x = \int_2^x \frac{\mathrm{d}u}{\lg u} + \mathrm{li}\ 2$$

$(\mathrm{li}\ 2 \approx 1.04\cdots)$ 来代替$\frac{x}{\lg x}$,不仅

$$\lim_{x\to\infty} \frac{\pi(x)}{\mathrm{li}\ x} = 1$$

成立,而且 $\mathrm{li}\ x$ 比$\frac{x}{\lg x}$ 更接近于$\pi(x)$.曾有人证明了 $\pi(10^9) < \mathrm{li}\ 10^9$.经过千万次运算,人们似乎认为

$$\pi(x) < \mathrm{li}\ x$$

有可能成立.如果这个不等式成立,$\pi(x)$ 与 $\mathrm{li}\ x$ 之差就有恒定的符号.可是事与愿违,李特伍德在 1914 年证明了:一定有充分大的 x 存在,使得 $\pi(x) > \mathrm{li}\ x$,而且这样的 x 有无穷多个.以后又有人证明了确有小于 $10^{10^{10^{10^3}}}$ 的整数 x 满足 $\pi(x) > \mathrm{li}\ x$.可见,不用说是 $\pi(x)$ 的准确表达式尚未得到,连 $\pi(x)$ 与它的主要项之间哪一个较大尚无一定规律.从式 ㊸ 已经可以看到,素数定理的渐近表示式

$$\pi(x) = \frac{x}{\lg x} + O(B)$$

实质上一定存在正的常数 C 使如下的不等式成立,即

$$-CB \leqslant \pi(x) - \frac{x}{\lg x} \leqslant CB \tag{44}$$

我们在前面已经指出,在使用素数定理时不能将误差项随便去掉.有些论文的作者不仅去掉了误差项,而且对 $\pi(x)$ 施行求导运算,即

$$\pi'(x) = -\frac{1}{\lg^2 x} + \frac{1}{\lg x} \tag{45}$$

还对函数 $\pi(x)$ 使用中值公式

$$\pi(x) - \pi(x-y) = \pi'(\xi)y \tag{46}$$

这里 $x-y<\xi<x$.若取 $y=\lg^{1+\varepsilon}x$(ε 为任意正数),则由式 ㊺,$\pi'(\xi)y>1$,再由式 ㊻ 得到在区间$(x,x+\lg^{1+\varepsilon}x]$ 中必有素数.这种错误的严重性不仅在于在素数定理中去掉了误差项,而且还在于对 $\pi(x)$ 施行了求导运算.从不等式 ㊹ 我们尚无法了解 $\pi(x)$ 的许多性质,当然不能随便使用分析工具.

当然并不是说使用初等方法不能碰费马猜想,可以用其得到一些粗浅的结论,如湖北的郑良俊只使用费马小定理和奇偶性分析可以证明不定方程 $x^p+y^p=z^p$ 无 $(x,y,2p)$ 的解.

即不定方程

$$x^p+y^p=(2p)^p \tag{47}$$

只有解 $(2p,0)$ 和 $(0,2p)$.

证明 当 $p=2$ 时,⑰ 是

$$x^2+y^2=16 \tag{48}$$

显然 ⑱ 有解 $(4,0)$ 和 $(0,4)$.现设 (x_0,y_0) 是 ⑱ 的解,且 $x_1\neq 0,y_0\neq 0$,则

$$0<x_0^2<16,0<y_0^2<16$$

故只可能有 $x_1=\pm1,\pm2,\pm3;y_1=\pm1,\pm2,\pm3$,但上面任意一组值都不满足 ⑱,故 ⑱ 无其他解,即 $p=2$ 时定理成立.

当 p 为奇素数,设 (x_0,y_0) 是 ⑰ 的一个解,且 $x_0\neq 0,y_0\neq 0$.

i 当 x_0,y_0 同正,则由 ⑰ 应有

$$0<x_0<2p,0<y_0<2p \tag{49}$$

从而

$$0<x_0+y_0<4p$$

但由 ⑰ 及推论有

$$x_0+y_0\equiv 0(\bmod p)$$

即

$$x_0+y_0=kp,k\in\mathbf{Z} \tag{50}$$

综合 ⑲,⑳ 有

$$x_0+y_0=p,2p,3p$$

若 $x_0+y_0=p$,则

$$x_0{}^p+y_0{}^p<(x_0+y_0)^p=p^p<(2p)^p$$

若 $x_0+y_0=2p$,则

$$x_0{}^p+y_0{}^p<(x_0+y_0)^p=(2p)^p$$

若 $x_0+y_0=3p$,则 x_0,y_0 一奇一偶,于是 $x_0{}^p,y_0{}^p$ 一奇一偶,从而 $x_0{}^p+y_0{}^p$ 为奇数,但 $(2p)^p$ 是偶数.

因此,x_0,y_0 同正时,(x_0,y_0) 不是 ⑰ 的解.

ii x_0,y_0 一正一负.不妨设 $x_0>0,y_0<0$.

若 $x_0+y_0\leqslant 0$,则 $x_0{}^p+y_0{}^p\leqslant 0<(2p)^p$,这表明在 ⑳ 中 k 取 0 或负整数时,(x_0,y_0) 不是 ⑰ 的解,于是 ⑳ 中 k 只能取 $1,2,3,\cdots$

若 $x_0+y_0=p$,则 x_0,y_0 一奇一偶,由上述讨论此时 (x_0,y_0) 不是解.

若 $x_0+y_0\geqslant 2p$,即 $x_0\geqslant 2p-y_0=2p+|y_0|$,则

$$x_0^p + y_0^p \geqslant (2p + |y_0|)^p + y_0^p = (2p)^p + C_p^1(2p)^{p-1}|y_0| + \cdots + C_p^{p-1}2p|y_0|^{p-1} > (2p)^p$$

所以 $x_0 + y_0 \geqslant 2p$ 时也不是 ㊼ 的解.

iii x_0, y_0 同负时显然不是 ㊼ 的解.

综上所述,定理得证.

数学世界是公平的,没有“暴发”的可能,得到任何结论都要付出相应的代价.工具的高精尖决定了得到结论的优劣.而所谓“业余爱好者”的证明因其所花代价太小,所以无法得到真正有价值的东西,但也正因如此小代价大收获的诱惑,证明“屡禁不止”.在陈景润教授去世后几天,这种“证明”热浪又开始掀起.于是《光明日报》在同一天发表了两篇文章,力劝爱好者们及时回头.一篇是中科院数学所业务处写的,文章说“著名数学家陈景润院士去世以后,我们数学研究所收到比以前多得多的来信来稿,声称解决了哥德巴赫猜想.过去我们也曾收到成千上万类似的稿件,但没有一篇是对的,而且绝大多数错误不超出中学数学的常识范围.”陈景润在1988年出版的《初等数论》的前言中说:“一些同志企图用初等数论的方法来解决哥德巴赫猜想及费马大定理等难题,我认为在目前几十年内是不可能的,所以希望青年同志们不要误入歧途,浪费自己的宝贵时间和精力.”

哥德巴赫猜想是数学中的一个古典难题,自1742年提出以来,已有250多年的历史.经过中外数学家200多年的努力,虽然未能最终解决,但对各种研究途径和其中的困难之处已有了很深的了解.陈景润于1966年证明了每个充分大的偶数都可表为一个素数和一个素因子个数不超过2的整数之和(简称为“1 + 2”,证明全文发表于1973年《中国科学》),这是目前该领域的最好结果,但距离完全解决哥德巴赫猜想还很遥远.哥德巴赫猜想看起来是个整数问题,实际上涉及非常复杂的三角和微积分的精确估计,属于经典分析的范畴.这类问题的重要性在于:在研究的过程中,不断产生新思想、新理论、新方法,对整个数学的发展起到推动作用.

由于哥德巴赫猜想的表述非常简洁,稍加解释任何人都能明白它的意思,这使许多业余数学爱好者抱着侥幸的心理,误以为靠一些初等的方法或从哲学的认识论角度就可以证明它.他们长年累月地冥思苦索,浪费了大量的时间和精力.他们并不明白哥德巴赫猜想难在何处,也不懂得什么才是严格的数学证明.在现代数学的研究领域,即使是做出很普通的成果,也需要长期的努力学习,打下良好的基础,达到大学数学系毕业的同等学力;对所研究领域的已有成果、方法和最新文献有较好的掌握;在所研究的课题上下一番苦工夫.可惜的是,那些自认为解决了哥德巴赫猜想的同志,绝大部分连上面最起码的第一条都不具备.许多同志只是从新闻报刊中了解到哥德巴赫猜想,根本没有认真读过一篇数学文献,甚至连中学数学和微积分都没有学好,显然还不具备数学研究的条件.这些同志无论花多少时间,也绝对不可能解决哥德巴赫猜想,就像用锯子、刨子去造宇宙飞船一样,是不可能成功的,因为缺乏必要的理论基础、工具和手段.希望业余数学爱好者不要再白白耗费时间去做无谓的"探索".

另一篇是对哥德巴赫猜想颇有贡献的前数学研究所所长王元教授写的,他说:

> "哥德巴赫猜想是哥德巴赫在1742年写信给欧拉时提出的,即(A):每个大于4的偶数都是两个奇素数之和.由(A)可以推出(B):每个大于7的奇数都是三个奇素数之和.多年来,有些人凭一时的热情欲攻克猜想(A),但他们既不了解这个问题80年来的成就,用的工具又原始,所以既浪费了宝贵的时间,又干扰了数学家的工作.潘承洞、杨乐和我本人多次对这种不正常现象提出劝告,比如,我本人1984年在国外出版的《哥德巴赫猜想》一书的前言中写道:可以确信,在哥德巴赫猜想的研究中,有待于将来出现一个全新的数学观念.意思实际是说用现有的方法不能解决这个问题.陈景润生前也有同样看法."

另外,王元教授在另一篇写给中学生的关于评论数论经典问题的科普文章中,语重心长地对数论爱好者说:"最后我还想说几句说过多次而某些人可能不爱听的话.那就是研究经典的数论问题之前,必须首先对整个近代数学有相当的了解与修养,对前人的工作要熟习.在这个基础上认真研究,才可能有效.由于某些片面的宣传,使一些人误解为解决上述著名数论问题就是研究数论的唯一目的,就是摘下数学皇冠上的明珠,就是为国争光.只要我们能破除迷信,敢于拼搏就可以成功.这就难怪有些人在专攻这些问题之前甚至连大学数学基础课也没有学过,初等数论书也没有念过,更不用说对这些问题的历史成果有所了解了.他们往往把一些错误的东西误认为是正确的,以为把问题'解决'了.这样做不仅没有好处,反而是很有害的.这些年来,在这方面不知浪费了多少人的宝贵光阴,实在令人痛心,我衷心希望他们从走过的弯路中,认真总结经验,端正看法,有所反思,有所更改."

有一种值得注意的倾向是有些爱好者已将试图证明猜想改为自己提出猜想,以期与著名猜想那样受到世人瞩目.但数学圈偏偏又是那样"势利",只注重那些大家提出的问题,因为它有价值的概率大,而那些小人物往往是人微言轻,不被人重视.这是自然的,因为那些小人物还没有证明自己行,还没取得说话的资格.

目前民间许多业余爱好者提出了许多所谓的猜想,有些比较容易否定,有

些则暂时无法证明或肯定，因为有一些是与著名的数论猜想具有某种等价性，随之而来的是将极端的困难性也传递了过来.

较典型的是，海南省的一位老农民梁定祥在劳动之余提出了一个类似哥德巴赫猜想的猜想：6的任何倍数的平方，恰好是两组孪生素数之和. 如

$$6^2 = (13+11)+(5+7)$$
$$12^2 = (61+59)+(11+13)$$
$$18^2 = (151+149)+(11+13)$$
$$24^2 = (271+269)+(19+17)$$
$$30^2 = (249+247)+(103+101)$$

这一猜想可归入堆垒素数论.

它的解决将会遇到的第一个难题就是孪生素数是否有无穷多对？因为 $(6n)^2$ 型数是无限的. 它自然需要有无穷多对孪生素数来配合.

另一方面，将 $(6n)^2=36n^2=18n^2+18n^2$，则如能证明 $18n^2$ 都可以用两种不同的方式分成两素数之和，即

$$18n^2 = p_1+p_2 = p'_1+p'_2$$

这些加上再能证明 (p_1,p'_1)，(p_2,p'_2) 恰是孪生素数，也能证明. 但前一部分已经涉及部分哥德巴赫猜想了，所以这一猜想将会有一定的难度.

最近，一次关于业余人士宣布证明了费马大定理的报道发表在《科学时报》上，是说中国航空工业总公司退休高级工程师蒋春暄宣布他发现了一种新的数学方法. 用他的话来说，这种方法"具有许多优美的性质，对未来的数学将产生重大影响"，而证明费马大定理只不过是其中的一个应用而已. 按照他的方法，证明费马大定理的论文只需要4页纸，而且也不需要任何最新的数论知识. 因此他认为这才应当是当年费马所想到的证明. 但与怀尔斯的证明不同的是，对蒋春暄来说，目前的尴尬倒不是无人喝彩，而是根本无人理睬.

自从1991年他在现已停刊的《潜科学》发表了他的证明后，只找到了有限的赞同者，但却从未收到过任何公开的来自学术上的反驳. 1994年一位数学家曾将蒋春暄发表在《潜科学》的那篇文章写成评论，寄给了美国的《数学评论》，但遭到了拒绝. 直到1998年才在一位美国人的帮助下发表在《代数，群，几何》上. 在报道这件事时，记者借用了一句流行歌曲的歌词："谁能告诉我是对还是错". 这也许是所有业余者的共同遭遇，从漠然和不置可否这点上说，数学家是吝啬和绝情的.

最近，蒋春暄又提供了新的所谓"证明".

利用初等函数(复双曲函数) 我们研究指数 $4P$ 和 P 费马方程式，其中 P 是奇素数. 只要证明指数4就证明费马大定理. 我们用12行证明费马大定理. 本文回答三百年所有数学家没有解决问题：费马是否证明他的最后定理?1992

年我们回答：费马证明他的最后定理.

1974 年我们发现欧拉公式

$$\exp\left(\sum_{i=1}^{4m-1} t_i J^i\right) = \sum_{i=1}^{4m} S_i J^{i-1} \tag{51}$$

其中 J 称为 $4m$ 次单位根，$J^{4m}=1$，$m=1,2,3,\cdots$，t_i是实数.

S_i 称为 $4m$ 阶具有 $4m-1$ 变量的复双曲函数

$$S_i = \frac{1}{4m}\left[e^{A_1} + 2e^H\cos\left(\beta + \frac{(i-1)\pi}{2}\right) + 2\sum_{j=1}^{m-1} e^{B_j}\cos\left(\theta_j + \frac{(i-1)j\pi}{2m}\right)\right] + \frac{(-1)^{(i-1)}}{4m}\left[e^{A_2} + 2\sum_{j=1}^{m-1} e^{D_j}\cos\left(\phi_j - \frac{(i-1)j\pi}{2m}\right)\right] \tag{52}$$

$$i = 1,\cdots,4m$$

$$A_1 = \sum_{\alpha=1}^{4m-1} t_\alpha, A_2 = \sum_{\alpha=1}^{4m-1} t_\alpha(-1)^\alpha,\ H = \sum_{\alpha=1}^{2m-1} t_{2\alpha}(-1)^\alpha, \beta = \sum_{\alpha=1}^{2m} t_{2\alpha-1}(-1)^\alpha$$

$$B_j = \sum_{\alpha=1}^{4m-1} t_\alpha\cos\frac{\alpha j\pi}{2m}, \theta_j = -\sum_{\alpha=1}^{4m-1} t_\alpha\sin\frac{\alpha j\pi}{2m}$$

$$D_j = \sum_{\alpha=1}^{4m-1} t_\alpha(-1)^\alpha\cos\frac{\alpha j\pi}{2m}, \phi_j = \sum_{\alpha=1}^{4m-1} t_\alpha(-1)^\alpha\sin\frac{\alpha j\pi}{2m}$$

$$A_1 + A_2 + 2H + 2\sum_{j=1}^{m-1}(B_j + D_j) = 0 \tag{53}$$

从式 ⑫ 我们有逆变换

$$e^{A_1} = \sum_{i=1}^{4m} S_i, e^{A_2} = \sum_{i=1}^{4m} S_i(-1)^{1+i}$$

$$e^H\cos\beta = \sum_{i=1}^{2m} S_{2i-1}(-1)^{1+i}, e^H\sin\beta = \sum_{i=1}^{2m} S_{2i}(-1)^i$$

$$e^{B_j}\cos\theta_j = S_1 + \sum_{i=1}^{4m-1} S_{1+i}\cos\frac{ij\pi}{2m}, e^{B_j}\sin\theta_j = -\sum_{i=1}^{4m-1} S_{1+i}\sin\frac{ij\pi}{2m}$$

$$e^{D_j}\cos\varphi_j = S_1 + \sum_{i=1}^{4m-1} S_{1+i}(-1)^i\cos\frac{ij\pi}{2m}, e^{D_j}\sin\varphi_j = \sum_{i=1}^{4m-1} S_{1+i}(-1)^i\sin\frac{ij\pi}{2m} \tag{54}$$

式 ⑬ 和 ⑭ 有相同形式.

从式 ⑬ 我们有

$$\exp\left[A_1 + A_2 + 2H + 2\sum_{j=1}^{m-1}(B_j + D_j)\right] = 1 \tag{55}$$

从式 ⑭ 我们有

$$\exp\left[A_1 + A_2 + 2H + 2\sum_{j=1}^{m-1}(B_j + D_j)\right] = \begin{vmatrix} S_1 & S_{4m} & \cdots & S_2 \\ S_2 & S_1 & \cdots & S_3 \\ \vdots & \vdots & & \vdots \\ S_{4m} & S_{4m-1} & \cdots & S_1 \end{vmatrix} = \begin{vmatrix} S_1 & (S_1)_1 & \cdots & (S_1)_{4m-1} \\ S_2 & (S_2)_1 & \cdots & (S_2)_{4m-1} \\ \vdots & \vdots & & \vdots \\ S_{4m} & (S_{4m})_1 & \cdots & (S_{4m})_{4m-1} \end{vmatrix} \quad ⑯$$

其中

$$(S_i)_j = \frac{\partial S_i}{\partial t_j}[7]$$

从式 ⑮ 和 ⑯ 我们有循环行列式

$$\exp\left[A_1 + A_2 + 2H + 2\sum_{j=1}^{m-1}(B_j + D_j)\right] = \begin{vmatrix} S_1 & S_{4m} & \cdots & S_2 \\ S_2 & S_1 & \cdots & S_3 \\ \vdots & \vdots & & \vdots \\ S_{4m} & S_{4m-1} & \cdots & S_1 \end{vmatrix} = 1 \quad ⑰$$

设 $S_1 \neq 0, S_2 \neq 0, S_i = 0$，其中 $i = 3,\cdots,4m$. $S_i = 0$ 是$(4m-2)$ 不定方程式具有$(4m-1)$ 变量. 从式(4) 我们有

$$e^{A_1} = S_1 + S_2, e^{A_2} = S_1 - S_2, e^{2H} = S_1^2 + S_2^2$$

$$e^{2B_j} = S_1^2 + S_2^2 + 2S_1S_2\cos\frac{j\pi}{2m}, e^{2D_j} = S_1^2 + S_2^2 - 2S_1S_2\cos\frac{j\pi}{2m} \quad ⑱$$

例如，设 $4m = 12$. 从式 ⑬ 我们有

$$A_1 = (t_1 + t_{11}) + (t_2 + t_{10}) + (t_3 + t_9) + (t_4 + t_8) + (t_5 + t_7) + t_6$$

$$A_2 = -(t_1 + t_{11}) + (t_2 + t_{10}) - (t_3 + t_9) + (t_4 + t_8) - (t_5 + t_7) + t_6$$

$$H = -(t_2 + t_{10}) + (t_4 + t_8) - t_6$$

$$B_1 = (t_1 + t_{11})\cos\frac{\pi}{6} + (t_2 + t_{10})\cos\frac{2\pi}{6} + (t_3 + t_9)\cos\frac{3\pi}{6} + (t_4 + t_8)\cos\frac{4\pi}{6} + (t_5 + t_7)\cos\frac{5\pi}{6} - t_6$$

$$B_2 = (t_1 + t_{11})\cos\frac{2\pi}{6} + (t_2 + t_{10})\cos\frac{4\pi}{6} + (t_3 + t_9)\cos\frac{6\pi}{6} + (t_4 + t_8)\cos\frac{8\pi}{6} + (t_5 + t_7)\cos\frac{10\pi}{6} + t_6$$

$$D_1 = -(t_1 + t_{11})\cos\frac{\pi}{6} + (t_2 + t_{10})\cos\frac{2\pi}{6} - (t_3 + t_9)\cos\frac{3\pi}{6} + (t_4 + t_8)\cos\frac{4\pi}{6} - (t_5 + t_7)\cos\frac{5\pi}{6} - t_6$$

$$D_2 = -(t_1 + t_{11})\cos\frac{2\pi}{6} + (t_2 + t_{10})\cos\frac{4\pi}{6} - (t_3 + t_9)\cos\frac{6\pi}{6} + (t_4 + t_8)\cos\frac{8\pi}{6} - (t_5 + t_7)\cos\frac{10\pi}{6} + t_6$$

$$A_1 + A_2 + 2(H + B_1 + B_2 + D_1 + D_2) = 0, A_2 + 2B_2 = 3(-t_3 + t_6 - t_9) \quad ⑲$$

从式 ㊳ 和 ㊴ 我们有费马方程式

$$\exp[A_1 + A_2 + 2(H + B_1 + B_2 + D_1 + D_2)] = S_1^{12} - S_2^{12} = (S_1^3)^4 - (S_2^3)^4 = 1 \quad ㊵$$

从式 ㊴ 我们有

$$\exp(A_2 + 2B_2) = [\exp(-t_3 + t_6 - t_9)]^3 \quad ㊶$$

从式 ㊳ 我们有

$$\exp(A_2 + 2B_2) = (S_1 - S_2)(S_1^2 + S_2^2 + S_1S_2) = S_1^3 - S_2^3 \quad ㊷$$

从式 ㊶ 和 ㊷ 我们有费马方程式

$$\exp(A_2 + 2B_2) = S_1^3 - S_2^3 = [\exp(-t_3 + t_6 - t_9)]^3 \quad ㊸$$

费马证明式 ㊵ 无有理数解对指数 4. 因此我们证明式 ㊸ 无有理数解对指数 3.

定理　设 $4m = 4P$, 其中 P 是奇素数, $\frac{P-1}{2}$ 是偶数.

从式 ㉝ 和 ㊳ 我们有费马方程式

$$\exp[A_1 + A_2 + 2H + 2\sum_{j=1}^{P-1}(B_j + D_j)] = S_1^{4P} - S_2^{4P} = (S_1^P)^4 - (S_2^P)^4 = 1 \quad ㊹$$

从式 ㉝ 我们有

$$\exp[A_2 + 2\sum_{j=1}^{\frac{P-1}{4}}(B_{4j-2} + D_{4j})] = [\exp(-t_P + t_{2P} - t_{3P})]^P \quad ㊺$$

从式 ㊳ 我们有

$$\exp[A_2 + 2\sum_{j=1}^{\frac{P-1}{4}}(B_{4j-2} + D_{4j})] = S_1^P - S_2^P \quad ㊻$$

从式 ㊺ 和 ㊻ 我们有费马方程式

$$\exp[A_2 + 2\sum_{j=1}^{\frac{P-1}{4}}(B_{4j-2} + D_{4j})] = S_1^P - S_2^P = [\exp(-t_P + t_{2P} - t_{3P})]^P \quad ㊼$$

费马证明式 ㊹ 无有理数解对指数 4. 因此我们证明式 ㊼ 无有理数解对所有奇素数指数 P. 我们证明费马证明了他的最后定理. 回答三百多年来所有数学家没有解决的问题：费马是否证明他的最后定理?我们回答费马证明了他的最后定理. 用多种方法我们证明了费马大定理,可参看：

(1) 蒋春暄. 费马大定理已被证明, 潜科学杂志,2,17－20(1992). Preprints

(in English) December (1991). http://www.wbabin.net/math/xuan47.pdf.

(2) 蒋春暄. 三百多年前费马大定理已被证明，潜科学杂志,6,18 - 20(1992).

(3)Jiang, C-X. On the factorization theorem of circulant determinant, Algebras, Groups and Geometries, 11. 371-377(1994), MR. 96a: 11023, http://www.wbabin.net/math/xuan45.pdf.

(4)Jiang, C-X. Fermat last theorem was proved in 1991, Preprints (1993). In: Fundamental open problems in science at the end of the millennium, T. Gill, K. Liu and E. Trell (eds). Hadronic Press, 1999, 555-558. http://www.wbabin.net/math/xuan46.pdf.

(5)Jiang, C-X. On the Fermat-Santilli theorem, Algebras, Groups and Geometries, 15. 319-349(1998).

(6)Jiang, C-X. Complex hyperbolic functions and Fermat's last theorem, Hadronic Journal Supplement, 15. 341-348(2000).

(7) Jiang, C-X. Foundations of Santilli Isonumber Theory with applications to new cryptograms, Fermat's theorem and Goldbach's Conjecture. Inter. Acad. Press. 2002. MR2004c:11001, http://www.wbabin.net/math/xuan13.pdf. http://www.i-b-r.org/docs/jiang.pdf.

(8) Ribenboim. P. Fermat last theorem for amateur, Springer-Verlag, (1999).

注 蒋春暄先生是我国著名"民科",多年来做了大量的"研究工作".对此,我们的态度是:坚决否定他的证明,但誓死捍卫他发表的权利.对于现代社会,这很重要.

大哉数学为之用

第十八章

数学不是算账和计数的技术，正如建筑学不是造砖伐木的技术，绘画不是调色的技术，地质学不是敲碎岩石的技术，解剖学不是屠宰的技术一样.

——凯泽(C.J.Keyser)

对费马大定理的研究已经走过了350年，很多人会对数学家们一代又一代锲而不舍的求证行为感到不解，总是禁不住要问，为什么非要如此呢？这也许可以用爱因斯坦的见解来回答，那就是数学家从证明费马大定理中找到了美感，产生了愉悦，摆脱了日常生活的单调与烦闷，即数学家找到了一个安度余生的“游戏”.再有一种说法是人们认为费马定理的求证过程体现了人们对于人类智力的不断追求.已故的两次荣获台湾地区联合报系文学类中篇小说大奖的大陆青年作家王小波，在他的“时代三部曲”中的《青铜时代》中写道了一个证明费马大定理的故事，其中有一句可圈可点的话就是:“证明了费马大定理，就证明了自己是世界上最聪明的人.这种事值得一干.”但如果进一步追问下去，社会为什么会容忍这些人(尽管人数很少)躲在象牙塔中搞这些既不当吃又不当喝的玩意呢？这就不可避免地涉及数学的应用问题，数学家会申辩说研究费马大定理会对数论乃至整个数学的发展产生良性刺激.而人类历史又一再强化着

这样一个共识,即数学对人类生活有益,至少是无害.于是一项社会契约达成,从全社会财富中取出一小部分(份额的大小随当权者对数学重要性的认识程度而定)资助那些自诩能搞数学的人去研究,成果归全社会共享,但哪一代人能受益不在契约中规定,全靠天命,而且绝大多数是卯吃寅粮,但我们的追问似乎还可以再进一步,即可问能否说说数学特别是数论和我们的现实世界究竟是怎么发生联系的? 是什么保证了一定会应用上?

对此我们可以给出一个挂一漏万的回答,但要注意的是切不可再追问下去了.因为那样就会走到哲学的领域中,使我们无法作答.一位青年哲学家曾经说,对任何事物如果追究到5重问号之后必然是个哲学问题,信乎?

数学与现实世界的联系首先是通过物理学发生的,可以说物理学是连接数学与现实的第一环,可以先验地说几乎所有数学都是多多少少,早早晚晚都要在物理中找到它的应用,任何否认这点的人,无论是谁,或在生前或在死后都会受到历史无情的嘲讽.

有这样一个小故事.

1910年,数学家维布伦在和物理学家琼斯讨论普林斯顿大学数学系课程表的修订事项时,琼斯说:"我们也可以去掉群论,这一门学科对物理学永远也不会有什么用处."当时维布伦到底有没有反驳琼斯的观点,或者没有基于纯数学的理由为保留群论而作过辩解,现在已没有纪录.我们仅知道,群论课程还是万幸地保存下来了.而维布伦置琼斯的提议于不顾的做法,其结果在普林斯顿的科学史上具有重要意义.作为命运的嘲讽,群论以后竟成为物理学的中心主题之一,并在现在支配着那些为理解基本粒子而奋斗的人的思想.也巧得很,外尔和维格纳,这两位从20世纪20年代起到现在都是物理学上群理论的先驱者,竟都是普林斯顿的教授.

然而,客观地说,琼斯的错误在当时是不足为怪的.在那时,略知物理学和群论的结合将会产生成果的人寥寥无几.我们应从这个故事中吸取的教训就是,科学的前途本来就是难以预料的,如同数学在物理学中的地位无法一下子加以确定.数学和科学的相互影响,如同科学本身的机制一样,是复杂多变的.

贯穿于整个物理科学曲折变化的历史之中,有一个恒定不变的因素,那就是数学想象力的绝对重要性.每个世纪都有它特有的科学预见和它特有的数学风格.每个世纪物理科学的主要进展都是在经验的观察与纯数学的直觉相结合的引导下取得的.对于一个物理学家来说,数学不仅仅是计算现象的工具,也是用以创造新理论的概念和原理的主要源泉.

几个世纪以来,数学反映物理世界行为的能力使物理学家惊奇不已.17世纪的伟大天文学家开普勒说大自然是用几何的艺术表示出来的.在理性主义盛行的19世纪,德国物理学家赫兹(正是他显示出电磁波的存在,因而首先证实了麦克斯韦电磁方程)认为数学公式具有它们自己的智慧.最后,在充满理性主义的20世纪,维格纳把数学比做能开启知识之门并取得意想不到的成功的钥匙.

开普勒的数学、赫兹的数学和维格纳的数学几乎没有任何共同之处.开普勒所关心的是欧几里得几何、圆、球和正多面体.赫兹则考虑的是偏微分方程.维格纳所描述的则是复数在量子力学上的应用,无疑他也有将群论引进物理学的许多领域的辉煌成就.欧几里得几何、偏微分方程和群论这三个数学分支,相互之间差异之大,似乎应该是分属于不同的数学世界.但结果表明它们三者是密切地包含在我们这个统一的自然世界中.这是一个令人惊异,并且无法完全理解的事实.从这些事实,看来只能得到一个结论,人的思想与完全理解自然世界,或数学世界,或这两者的关系还相距甚远.

随着时间的推移,这种现象在今天尤为突出,如果说以前是物理学家为了自身的需要,积极追求数学(如爱因斯坦补张量分析),那么今天则是学有所成的纯数学家在自愿朝物理学靠拢.

一位在美国参加国际学术会议的青年数学工作者以自己的亲身感受,向国内数学工作者谈到了数学的这一倾向,他举了费弗曼的例子.

费弗曼(Charles L. Fefferman)是美国数学界比较知名的一位青年分析学家.他毕业于普林斯顿大学,在斯坦(E. M. Stein)教授的指导下于1969年获博士学位.费弗曼一直都从事着纯数学研究,在其博士学位论文中,他发现并证明了哈代空间的对偶空间是BMO空间这一事实.将这一结果用于调和分析,立即取得重大成功.这一发现,使得对BMO空间的研究在后来20年中受到了广泛的重视,并且逐渐形成了一门专门的学问.也正是因为如此,芝加哥大学在准备聘请他作助理教授的同时决定聘任他为正教授.

以往在人们心目中,费弗曼所作的研究可谓是纯而又纯的数学了.然而,在普罗维登斯会议上,他锋芒一转,以数学物理中的两个问题作为其报告的主题.他以微分方程为工具,首先讨论了量子力学中的原子结构问题,然后,他又作了在广义相对论中的一个黑洞形成条件问题的讲座.以这些物理学问题为背景,费弗曼重新又回到数学家的立场,提出了关于微分方程和分析方面的一系列问题.进而,他又从这些数学问题去追索其背后的物理学背景.费弗曼的问题立即引起了一些数学家们的兴趣.人们私下议论说,这是一种有前途的数学,"新鲜"的数学.

因此看出纯粹数学之所以最近才得到广泛的应用,是由于它们应用的方式不是拿来就用.纯粹数学有自己独立的理论系统以及不同的设问方式及解决问题的途径,它与实际领域有较大的差别,在评价标准方面更有极大差异.这也许是数学物理与理论物理的差别.例如,弦论与超弦、超对称、超引力以及更早的

特威斯特(Twister)理论更多是数学物理,因为物理学家更需要一些能用实验检验的预言.在这种情况下,为了得到更有效的应用,双方都需要向前再跨越一步到几步,才能携起手来,使数学与物理,乃至其他科学达到完善的联姻.

费弗曼的工作告诉我们,原来世界上本来不存在所谓纯数学与应用数学之间的鸿沟.许多抽象的数学理论在其产生之初都有其朴素、具体或者实用的原形.往往一种好的理论后来又可付诸实用,用以解释我们生活于其中的这个物理的世界,这个具有社会结构的世界.美国数学会前主席、纽约大学的拉克斯(PeterD. Lax)教授在题为"应用数学在美国的繁荣"的报告中指出:在美国,应用数学的发展是有其历史根源的.每当人们在科学、工程、技术、金融和商业等方面遇到难以解决的问题时,人们常常想到数学.之所以会如此,是因为数学家们在美国现代历史上一次又一次地证实了数学在应用于实践中所具有的巨大潜在力量.比如,微分方程专家、流体力学家和数值分析学家合作使美国的超音速飞机克服了"音障"问题.这一成就使人们看到微分方程理论、微分方程数值解、流体力学的计算理论以及数值逼近方法等理论研究具有很高的社会价值.仅就流体力学计算而言,目前已经被用于飞行器外形设计、爆炸行为研究、心血管性态模拟和受控核聚变研究等许多方面.在这些方面,数学的应用价值和潜在的应用价值使得社会各界对数学家们的工作不得不刮目相看.同时,也使数学家们的研究工作得到了政府、私人企业和各种基金会的资助.在支持应用数学研究方面,美国国防部扮演了非常积极的角色.事实上,早在第二次世界大战期间,由丹齐格为首的运筹学家小组就发明了解线性规划的单纯形算法,使得美军在战略部署中直接受益,而以霍尔为首的代数学与组合数学专家小组则在破译日军电码和赢得太平洋战争的过程中做出了关键性的贡献(后面有密码学的详细介绍).这些都使得美国军方十分热衷于资助应用数学的研究,甚至对某些应用前景还不十分明显的项目,他们也乐于投资.了解了这一点,如果我们再看到一些数学理论方面的论文下面标有诸如"本文部分地承蒙美国陆军(海军或空军)研究局资助"的字样,就不会觉得奇怪了.今天,在美国,从高科技领域到一般制造业、商业、金融和保险业,都雇用了一些数学工作者或者兼职数学家从事各类试验、模拟、开发和预测性的研究.

霍尔
hall Hall,
-)美国数
加利福尼
教授.

人们已经逐步地认识到,数学是一种巨大的潜在力量.这种力量的显现通常被称为应用数学.这在很大程度上是由于从事应用数学的数学家们的工作,它们使得现代化社会中的普通大众有机会从一个侧面认识到全体数学家工作的意义.

而且,作为一国领袖的美国前总统里根也注意到了这一问题.他在 1987 年 12 月 24 日写给美国数学会全体会员的贺信中说:"今天,在我们即将跨入 21 世纪的时候,数学在商业、工业和政府部门中所起到的基本的作用已经越来越明显了.我们国家的安全和我们在世界市场中的竞争地位,从来都没有像今天这样依赖于我们使用数学技巧的本领.我知道,这恰恰是你们所准备迎接的挑战."

1992年在里约热内卢,联合国教科文组织(UNESCO)发起了"2000世界数学年"的倡议,国际数学联盟(IMV)在其宣言中总结性地写道:"纯粹与应用数学都是了解世界及其发展的主要钥匙之一."

1.在数论中我们变得最聪明——数论的应用三则

一位数学家曾说过:

"数学曾被称为关于无穷的科学.事实上数学发明了有限的构造来解决本质上属于无穷的课题,这是数学家的光荣.基尔基加特(Kierkegaard)曾说过:'宗教研究的是无条件地关系到人的事情.'与这种说法相反(但同样地夸张),我们可以说,数学所研究的乃是与人毫不相干的东西.数学具有像无人性的星光般的性质,光耀夺目,但冷酷无情.但是,这里似乎存在着对创造的嘲弄:愈是远离与我们生存直接有关的事情,我们的心智愈知道如何把它们处理得更好.于是,在最最无所谓的知识领域,在数学那里,尤其是在数论中我们变得最最聪明."

但在世俗领域中,一切活动的背后都被赋予了一个功利的目标,对像求证费马猜想这种极具艰辛,又前途未卜的心智劳作中,功利的动机更被无数次追问:如果为钱,那么当年悬赏的10万德国马克早已在两次世界大战中一再贬值几乎变为乌有.事实上,德国马克在当时的极度贬值,创造了至今也没有被打破的世界纪录.

惊人的通货膨胀摧毁了那时德国社会的基本结构的平衡,摧毁了对那时德国社会起着稳定作用的中产阶级的自信心和判断力.许多人一夜之间一无所有,这为希特勒上台在经济上奠定了基础.

现在,法尔廷斯最终部分证明了费马猜想,法尔廷斯也不过得到了1 000美元的菲尔兹奖,从经济学的角度讲这恐怕是回报率最低的投资了.要想象10万德国马克是多么的了不起.我们只需要看一下世界各国所设立的数学奖金与10万德国马克相比是多么微薄.

美国数学会颁发的Levoy P. Steele奖为1 000美元;美国数学联合会,颁发的为数学服务优秀奖为500美元;1925年设立的Chauvenet为500美元;1965年

设立的 L. R. Ford 奖为 100 美元;美国迈阿密大学设立的 J. Robevt Oppenheimev 纪念奖为 1 000 美元.

法国科学院里昂信贷银行百周年纪念奖为 150 000 法郎;纪念 1940 ~ 1945 年间被德国人杀害的法国学者基金奖为 2 200 法郎;法国国家奖为 25 000 法郎.

由前南斯拉夫贝尔格莱德市政委员会颁发的贝尔格莱德市十月奖,个人奖为 10 000 第纳尔;由前南斯拉夫共和国文化协会及共和国科学协会颁发的 9 月 7 日奖为 15 000 第纳尔.

意大利公共教育部设立的公共教育部奖为 4 000 000 里拉;意大利国家科学院设立的共和国总统颁发国家奖为 5 000 000 里拉.

比利时皇家科学院设立的以著名比利时数学家卡塔兰命名的卡塔兰(Eugéne Cutalan)奖为奖金 35 000 法郎,卡塔兰也有一个著名的数论猜想,至今已获得完全解决,即不存在两个自然数整数幂它们相差 1,除 $3^2-2^3=1$ 以外.

奥地利红衣主教 Lnnitzer 基金奖为 1 000 美元.

希腊国家银行基金会 George Stavros 奖为 500 000 德拉马克(dvachmas,希腊货币名称).

巴西的 Moinho Santista 奖约为 4 000 克鲁赛罗(Gruzeivo,巴西货币名).

我国的陈省身数学奖,其奖金为 50 000 港币.

然而,正如著名的布尔巴基学派主要成员迪厄多内所指出:

> "我们还必须考虑到整数在古代大多数哲学和宗教中所起的作用.这在毕达哥拉斯学派及受他们影响的思想家中就更明显.这些思想家对于那些出于实际考虑而玷污了对真与美的沉思的欢乐的数学家不那么轻蔑,而数的性质却使献身于研究它的人得到快乐.可见希腊人(以及现代持有同样美学观点的数学家)与把数学只当成是平凡的工具的那种系统的功利主义是格格不入的.把数学当成平凡的工具的观念只是到后来才有的,在 18 世纪方才出现.假如这种观念以前就占优势的话,就会堵死数学的发展,使得从那时起数学所征服的大多数领域无从产生,同时到现在就会产生更多的功利主义者.有些人力图把数学家归到自然科学的辅助技师的队伍中去,而对于宇宙学家、史前史专家或考古学家这类典型的'没有用的'科学专家却不那么考虑和估计,因此,数学在同他们的斗争中不能不表现出惊奇."

著名数学家伍鸿熙在批评功利主义对数学教育改革的冲击时指出:"数学教育应培养学生对这种结构和其内容紧密相关性质的智力赏识意识……一个

受过某种改革课程教育的学生可能不全理解,为什么新近的费马大定理的证明是人类文化进程中的一个划时代事件."

在下面的内容中,我们将讲述三个令人惊奇的故事,这三个故事之所以令人惊奇,是因为在这三个应用中所涉及的数论内容是纯而又纯,研究之初绝不会想到会有如此的应用.这有点像在终年积雪的珠穆朗玛峰上发现了热带丛林中的大象.

第一个故事发生在20世纪初,一位名叫西蒙·纽科姆(Simon Newcomb)的天文学家注意到一本对数表(天文学家常常要进行大量的计算,在纳皮尔发明对数之前,不知有多少天文学家累瞎了双眼甚至折寿,所以人们对纳皮尔的称赞是"他延长了天文学家的寿命")的开头几页磨损得最厉害,这表明人们较多地查找以1起首的数的对数.因此,他好奇地问:首位数为1的数在 全体自然数中占有多大的比例? 这就是所谓的"首位数问题".

这个问题很古怪.许多读者可能认为首位数为1的数应占全体自然数的九分之一,因为毕竟有九个数字可以作首位数,而且没有理由认为其中哪一个数会得天独厚.但是,斯坦福大学的统计学家珀西·迪亚科尼斯(Persi Diaconis)1974年在哈佛大学统计系做研究生时所得到的结论是出人意料的:首位数为1的数约占全体自然数的三分之一,准确地说,是$\lg 2\approx 0.3010$.这是因为首位数为1的数在自然数中的分布很不规则:它们在数字1到9之间占九分之一,在1到20之间占二分之一,在1到100之间占九分之一,在1到200之间占二分之一.总之,这个比例数总在二分之一与九分之一之间来回振荡.迪亚科尼斯用黎曼ζ函数(它是解析数论中最常遇到的一个无穷级数的和)给出了这些振荡着的比例数的一个合理的平均值,即$\lg 2$.这一平均值之所以合理,是因为在这种平均方法下,可以得出"偶数占全体自然数的二分之一"这样合乎常识的结论.

这个结果确实非常美妙,但它与现实世界似乎毫无关系,甚至迪亚科尼斯本人都不打算发表.但当西雅图波音航天局的数学家梅尔达德·沙沙哈尼(Mehrdad Shahshahani)研究一种用计算机描绘自然景象的方法而遇到困难时,迪亚科尼斯发现克服这个困难的方法恰恰是采用他那篇从未发表过的论文里的古怪结果.

沙沙哈尼的方法是:首先选定几个特殊的仿射变换,然后对平面上的一些非常普通的线条进行这些仿射变换以及这些仿射变换的各种随机组合,最后,求出在各个变换下的不动点,这些不动点便提供了一幅逼真图像的足够的信息.

迪亚科尼斯用马尔可夫链说明了沙沙哈尼的方法:这些仿射变换构成了一个马尔可夫链,而这个马尔可夫链的平稳分布便是问题的关键.知道了怎样的

初始仿射变换会导致怎样的平稳分布,就可知道初始仿射变换的选择对计算机所绘图像的影响.为此,需要对随机的无穷和(这些和就是变换)进行分析.这就是迪亚科尼斯论文里的和,他对此早已了如指掌.

现在,他和沙沙哈尼已能根据所选择的初始变换来预示计算机图像的概貌.更重要的是,他们还解决了这个问题的"逆问题":要绘出某种预定的自然景象,应当选择哪些初始变换.

波音航天局正打算将这些成果用于飞行模拟器.这是一种计算机系统,它给飞行员以飞行的实感(包括完美的窗外风景),使他们在不离开地面的情况下接受训练.

当然还有更令人惊奇的事.据日本《朝日新闻》报道,日本庆应大学理工系的一个研究小组,研究出能够诠释散文意境的计算机.利用计算机分析文章中词汇的意境,并用相应的景色和物体加以表现,成功地将文章"释译"成栩栩如生的风景画.这一利用机器表现人类"感性"的大胆尝试,引起了人们的广泛关注.

计算机在采用这种方法绘画时,首先将经常在风景画中出现的山峦、河流、海洋、天空等基本"部件"分成几个大类,并测试这些"部件"的宽广度、紧张感、跳跃感、坚硬度、柔软性等与人的感觉有关的指标,然后将它们存入数据库中.以"山峦"为例,必须对其轮廓线进行细分,分别研究各部位线条的特征,分析其中所包括的水平线、垂直线、斜线、直线、曲线等,并作为指标进行储存.

当人们输入一篇文章后,计算机即刻便开始了细致的分析.在这一过程中,表示山峦、河流、天空等景色的名词,表示季节、时间、场所等条件的词语,以及表示荒凉、浪漫、悠闲等意境和气氛的语句,是计算机的主要分析对象.

对于"草原的另一头是一座雄伟的大山"这样一个句子,计算机首先找出"草原"和"大山"这两个关键词汇,从数据库中挑选与此相对应的"部件"——草原和大山的图像.由于句子中出现了"雄伟"这个词,因此计算机特别选择了多水平线和曲线的山峦景象,并配以给人空旷感的背景.尽管句子中没有出现"牛"这个词,但根据常识,计算机还特意加上了两头牛作为点缀.

如果该句中出现的是"荒凉的大山",电脑则会选择多垂直线和直线的山峦,使绘画体现出另外一种截然不同的风格.

由于电脑数据库尚未储存大量资料,因此,目前人们还无法随心所欲地让计算机绘制出令人满意的图像来.不过,研究人员表示,经过不断努力和完善,人们完全可以利用计算机来表现自己心目中的景色.将来,甚至还能让计算机自由描绘小说中一个章节的内容.

第二个故事发生在解析数论领域.这一领域因陈景润而在我国家喻户晓.解析数论与其说是理论毋宁说是一种方法,所解决的问题叙述起来并不复杂,如哥德巴赫问题和圆内整点问题,可是解决这些问题需要极为精密的分析工具.以圆内整点为例,问题是求以原点 O 为圆心,半径为 R 的圆内整点的数目有多少个.这里所谓整点就是坐标为整数的点.对于任意的 R,一般并不能得出精确的点数.而解析数论的威力在于给出一个比较精密的上下界,一般表示为一个或几个主项加上一个误差项,主项一般较为简单,解析数论的功夫都在估计误差项上,而其主要应用也在于此.以上面的圆内整点问题为例,圆内整点数 $N(R)$接近于圆的面积 πR^2,这个不难证明,可是真正的问题是差多少? 20 世纪最伟大的解析数论专家哈代(G.H.Hardy,1877—1947)在 1913 年证明

$$N(R)=\pi R^2+O(R^{2/3})$$

也就是有一个常数 M,使

$$\pi R^2-MR^{2/3}<N(R)<\pi R^2+MR^{2/3}$$

显然为了使估计的数更加精密,必须把误差项的指数 2/3 降下来.表面上 M 减小也起作用,但这根本不是主要问题.一般的解析数论问题讨论最佳的误差项的指数,也就是指数降到什么程度就不能再降了.对于圆内整点问题最佳结果是

$$N(R)=\pi R^2+O(R^{1/2+\varepsilon})$$

其中,ε 为任意小常数.不过时至今日,这还只是一个猜想,它的重要性绝不在哥德巴赫猜想之下,尽管 2/3 与 $1/2+\varepsilon$ 之间相差不到 1/6,可是走完这段距离也许需要上百年.从这个例子可以看出解析数论的主要问题,这种硬分析的办法看来对实际问题用处不大,因为战后,物理、化学问题更多地求助于计算机进行数值计算.可是一方面计算机也有它无能为力之处,另一方面,分析技术对许多基本问题是能够突破的.量子化学最基本问题就是计算一个原子或一个分子的基态的能量.除了最简单的氢原子之外,我们碰到令人头痛的"多体问题".早在量子力学诞生之后,1927 年就有著名的托马斯-费密(Thomas-Fermi)自洽场方法.但对于原子序数为 Z 的基态能 $E(Z)$,该法只能得到一个粗糙的估计

$$E(Z)\approx -C_{TF}Z^{7/3}$$

物理学家包括著名的量子电动力学奠基者之一诺贝尔奖得主施温格(J.Schwinger)用启发式(heuristic)方法或其他方法得出

$$E(Z)\approx -C_{TF}Z^{7/3}+Z^2/8-C_{DS}Z^{5/3}$$

其中,C_{TF} 和 C_{DS} 是常数.

数学家的办法更严密,他们于 1977 年得出 $E(Z)=-C_{TF}Z^{7/3}+O(Z^a)$,其中,$2<a<7/3$.1987 年证明所谓"斯科特(Scott)猜想":$E(Z)=-C_{TF}Z^{7/3}+Z^2/8+O(Z^a)$,其中 $a<2$.1990 年当代最著名的分析大家、菲尔兹奖获得者费弗曼等人用强有力的解析数论方法证明了

$$E(Z)=-C_{TF}Z^{7/3}+Z^{2/8}-C_{DS}Z^{5/3}+O(Z^a)$$

其中 $$a < 3/5$$

这个过程还可以继续下去并可应用于分子,而且后面的问题同整点问题却有着意想不到的联系.

第三个故事发生在 1990 年 3 月.

1990 年 3 月,英国《自然》杂志以整版篇幅评论和祝贺中国著名物理学家陈难先教授,用数学上极其抽象的麦比乌斯定理来解决物理上既重要又困难的一系列逆问题.文章说,逆问题研究在科学技术上十分重要,陈的方法巧妙得像"从帽子中变出兔子"似的,并预计"新开张的麦比乌斯作坊"会"解决物理上一系列难题".

陈教授自己介绍说:"数论中的麦比乌斯反演定理是上个世纪 40 年代建立的,它给出了逆问题研究的工具,但一直没有人在物理研究上使用过."陈教授是从事凝聚态物理研究的,怎么把现象和本质联系起来,这种联系和规律有什么用处,都是靠物理上的概念和直觉,以及技术上的需要和可能来判断的.麦比乌斯定理是他首先从应用中发现的,后来才由数学界朋友正式介绍给他当工具.

陈教授强调说,逆问题研究多半是由表及里,由现象到本质,由宏观到微观,起着探隐索秘的作用.逆问题的研究发展多数不成熟,探索性、风险性较突出,但在技术应用和事物本质的发现上往往十分重要.实际上许多重大课题都包含逆问题,如遥感遥测、地球物理勘探、机电设备故障诊断、人体内脏构象、材料设计、目标侦察、密码破译等.对于物理学发展来说,卢瑟福的 α 粒子散射逆问题确立了原子核的存在,也是材料组织成分随深度变化探测的重要手段;劳厄的晶体衍射逆问题确定了晶体内部原子的周期性结构,也是目前 X 射线和电子显微技术确定材料结构的重要工具.医院里的 CT 技术就是解决 X 射线或超声波经过人体组织吸收衰减的逆问题的结果.

从国家自然科学基金会数理部主任的报告中,我们知道陈难先教授的研究工作在国际上是占有一席之地的.他对黑体辐射逆问题的公式被国际著名天体物理杂志 APJ 用来解决了星际尘埃温度分布的重要问题,并被称为"陈氏定理".美国著名的《物理评论》,以"陈氏反演公式"为标题发表专文讨论他对黑体辐射与声子比热逆问题的新结果.荷兰的《物理通讯》则不断称他的结果为"陈 - 麦比乌斯交换".

后来,陈难先教授应英国《自然》杂志要求,迎接了用麦氏定理解决高维物理问题的挑战.他在 1992 年一口气就解决了二维六方、三维体心和三维面心的问题.这在电子结构和材料的力学性能之间打通了一条快车道.英国物理杂志 J.Phys,荷兰 PLA 立刻用这算出铜、镍、铬、钼等金属材料中原子间相互作用势、弹性模量和声子谱.如此看来纯粹的数论是有很大应用价值的.

在前面三个故事的介绍中我们看到数论的各种应用,有些读者可能会问费马提出的那些数论问题有什么应用吗?当然有,为了避免过于深入,我们仅举一个小例子.

在利用电子计算机进行信息处理时经常要遇到所谓的卷积.设两个长为 N 的序列 x_n 和 $h_n(n=0,\cdots,N-1)$,其卷积是指

$$y_n=\sum_{k=0}^{N-1}x_kh_{n-k}=\sum_{h=0}^{N-1}x_{n-k}h_k,n=0,\cdots,N-1 \qquad (*)$$

其中,假定 $x_n=h_n=0(n<0)$.

直接计算式$(*)$通常需要 N^2 次乘法和 N^2 次加法;当 N 很大时,其计算量超出我们的能力,为此人们必须寻求快速算法以节省运算时间.

通常人们是通过循环卷积来计算$(*)$的,所谓两个序列 $x_n(n=0,1,\cdots,N-1)$ 和 $h_n(n=0,1,\cdots,N-1)$ 的循环卷积是指

$$y_n=\sum_{k=0}^{N-1}x_kh_{\langle n-k\rangle_N}=\sum_{k=0}^{N-1}x_{\langle n-k\rangle_N}h_N,n=0,1,\cdots,N-1$$

其中,$\langle k\rangle_N$ 表示整数 k 模 N 的最小非负剩余.而计算循环卷积一般采用离散的傅里叶变换(Discrete Fourier Transform,简记为 DFT),1965 年 7 月库利(Cooley)称图基(Tukey)提出了 DFT 的快速算法(Fast Fourier Transform,简记 FFT),使所需工作量及处理时间都在很大程度上得到了改进.

近年来,国外又出现了以数论为基础的计算循环卷积的方法,称为数论变换(NTT).特别引人注目的是其中有一种以费马数为基础的费马数变换(FNT).这种变换只需加减法及移位操作而不用乘法,从而提高了运算速度.

事实上数论的应用可谓千姿百态,而且层出不穷,为了更好地了解及更有力地揭示数论的这些奇妙应用,数学家们经常举行各种会议交流情况.例如,1996 年 7 月 15 日至 26 日在美国明尼苏达大学就举行了一次题为"数论的正露端倪的应用(Emerging applications)"IMA 夏季计算,其实数论最广泛与成熟的应用非密码学莫属.

2."抽象密码编制学等同于抽象数学"——97 式欧文印字机密码的破译

在数学的应用中,密码学可谓是初等工具,应用卓有成效.我国老百姓最早了解密码大概是从革命样板戏《红灯记》中开始的.

密码的研究历来带着一种神秘的色彩,一直是犹抱琵琶半遮面.中科院计算所的陶仁骥教授是我国较早涉足这一领域的专家.曾多次介绍过这方面的历

史与进展.但是,20世纪70年代以来,情况发生了急剧的变化.西方一些国家的学术界开始公开地讨论密码学的理论问题,甚至发表密码学的研究成果,而对背景不加任何掩饰.到了1977年,美国商业部国家标准局还公布了一个“数据加密标准”,义务地提供给用户使用.这些在过去是难以设想的事情,怎么会恰恰在20世纪70年代发生呢?让我们简略地回顾一下密码学走过的历程.

按照卡恩(D.Kahn)所著的《破译者》一书中的说法,在4 000多年前的埃及,贵族的墓志铭普遍地用一些奇妙的象形符号代替普通的象形文字,这就是密码的萌芽.1844年,莫尔斯(S.F.B.Morse)发明了有线电报.随着电报的广泛使用,产生了对保密的迫切需要,推动了对密码的研究.当时,人们创造了几十种新的密码体制.同时,由于电报用于战争的通信和指挥,为适应新的条件(如有线电报可能被偷听)和要求(如要求成本低廉,分发容易,不怕敌方缴获),出现了一种新的密码编制形式——战地密码.1883年,柯克霍夫斯(A.Kerckhoffs)的著作《军事密码学》出版,因此可以说,有线电报产生了现代密码编制学(cryptography).1895年无线电诞生以后,人们把它作为一种战争工具广泛地用于军事通信.无线电提供了源源不断的截收电报,使密码分析(破译)成为情报的一种来源,从而对战争的进程造成重大的影响.因此可以说,无线电产生了现代密码分析学(cryptanalysis).

第一次世界大战是密码史上的一个转折点.密码学(cryptology,包括密码编制学和密码分析学)由一个小的领域发展为一个大的领域,这门年轻的科学臻于成熟.第二次世界大战时期,密码学在密码编制和密码分析这两个核心领域内完成了一个发展阶段:密码编制实现了机械化,密码分析实现了数字化.

20世纪40年代电子计算机问世,开始了密码学的新变革.数字通信技术的发展为提高通信的可靠性和保密性创造了物质条件,高速度和大批量数据传输产生了对自动化的迫切要求,密码编制学进入了电子时代.同时,在密码分析学方面,计算机成了密码分析的基本手段.世界上最大最快的计算机被用于密码破译.美国国家保密局就是计算机的最大用户之一.

近30多年来,计算机由电子管时代,经过晶体管时代和集成电路时代,进入了大规模集成电路甚至超大规模集成电路时代.大规模集成电路给计算机带来了体积小型化和价格低廉这两个优点,使计算机不仅用于卫星发射、生产过程和自动控制这样一些军事、经济领域,而且还用于与日常生活和工作有关的领域,例如,电子转账系统、电子邮件、办公室自动化等.在电子转账系统、电子邮件这类应用中,数据保密的重要性是不言而喻的.除了计算机网络中计算机通信的数据传输保密问题外,数据库和操作系统的安全保密问题也很突出.大规模集成电路技术引起的计算机的广泛应用,产生了计算机密码学.同时,密码学的研究从面向军事和外交扩展到面向民用.与此相适应,密码学的研究方式也从秘密转向公开.

那么,密码学与数学又有什么相干呢?

1941年11月,著名代数学家艾伯特(A.A.Albert)在美国数学会的一次会议上提出了一篇文章,里面写道:“我们将会看到密码编制学不只是一个可以应用数学公式的课题,其实还可以毫不夸张地说,抽象密码编制学等同于抽象数学.”他这样讲,自然有一番道理.

首先密码编制的方法是数学的.著名古罗马将军朱利叶斯·恺撒(前100—前44)发明的一种写密信的方法是:每个字母用它之后的第三个字母代替(补充规定字母 z 后面的字母为 a).用数学的语言来说,用数字0,1,…,24,25分别表示字母 $a,b,\cdots,y,z$,则恺撒密码按照下式将明文字母 α 换为密文字母 β,即

$$\beta = \alpha + 3 \pmod{26} \qquad ①$$

这种办法在1929年后由美国纽约享特大学的助理教授希尔(L.S.Hill)作了系统研究,他用整数模26环上的非奇异矩阵作密钥.设 $\boldsymbol{A}$ 是一个 n 阶非奇异矩阵,按照公式

$$\begin{bmatrix} y_1 \\ \vdots \\ y_n \end{bmatrix} = \boldsymbol{A}\begin{bmatrix} x_1 \\ \vdots \\ x_n \end{bmatrix} \qquad ②$$

将 n 个明文字母 $x_1,\cdots,x_n$ 加密为 n 个密文字母 $y_1,\cdots,y_n$.解密过程则按照公式

$$\begin{bmatrix} x_1 \\ \vdots \\ x_n \end{bmatrix} = \boldsymbol{A}^{-1}\begin{bmatrix} y_1 \\ \vdots \\ y_n \end{bmatrix} \qquad ③$$

进行.因此,加密和解密的过程是一些简单的数值计算.

尽管希尔的密码受到当时计算技术条件的限制,只能在小范围内应用,但他的工作对密码学产生了巨大的影响.艾伯特正是运用希尔的代数概念去研究各种简单的和复杂的密码体制,得出了它们的数学方程.他的结论是:所有这些方法都是所谓代数密码体制的非常特殊的情形.把密码转化为数学公式,揭示了密码的基本结构,使密码编制人员可以改进密码的弱点.同时,也使破译者有可能依靠过去从未用过的数学技巧得出全新的破译方法.

代替和换位是传统密码编制的最基本方式.所谓代替密码是按一定规则将明文字母用密文字母来代替.将明文字母表 X 到密文字母表 Y 的一一映射的序列 $K = (f_1, f_2, f_3, \cdots)$ 称为代替密码体制的密钥.由密钥 K 决定一个密码变换 T_K,它按照公式

$$y_i = f_i(x_i),\ i = 1,2,3,\cdots \qquad ④$$

将明文字母序列 $x_1x_2x_3\cdots$ 变换为密文字母序列 $y_1y_2y_3\cdots$.解密过程是按照公式

$$x_i = f_i^{-1}(y_i), i = 1,2,3,\cdots \quad ⑤$$

将密文 $y_1y_2y_3\cdots$,恢复为明文 $x_1x_2x_3\cdots$,这里 f_i^{-1} 表示 f_i 的逆映射.当 $f_1 = f_2 = f_3 = \cdots$ 时,称 T_K 为单表代替,否则称 T_K 为多表代替.前面所说的恺撒密码就是一种单表代替密码.多表代替的种类较多,瓦伊密尔(Vigemère)密码是一个简单的例子.它的用户密钥是一个有限长整数序列 $K = (K_1, K_2, \cdots, K_e)$.将 K 扩充为周期为 e 的无穷序列 $K = (K_1, K_2, \cdots)$, $K_{i+ne} = K_i, i = 1, \cdots, e, n = 0, 1, \cdots$. 由密钥 K 决定的密码按照公式

$$y_j = x_j + K_j (\mathrm{mod}\ 26), j = 1,2,\cdots$$

即

$$y_{i+ne} = x_{i+ne} + K_i (\mathrm{mod}\ 26), i = 1,2,\cdots,e, n = 0,1,2,\cdots \quad ⑥$$

为将明文 $x_1x_2x_3\cdots$ 变换为密文 $y_1y_2y_3\cdots$.

换位密码是将明文字母的正常次序打乱.例如,由密钥埃内尼(enemy)决定的换位密码在加密时将明文 transpositionciphers 横行书写在密钥的下面,再按密钥所确定的顺序(一般是按字母顺序,若遇相同字母则先左后右)垂直地抄写纵列字母,即得到密文 tpipasnenicrroohstis.

周期为 e 的换位是先将明文字母划分为组,每组 e 个字母.密钥是 $1,2,\cdots,e$ 的一个置换 f.然后按照公式

$$y_{i+ne} = x_{f(i)+ne}, i = 1,\cdots,e, n = 0,1,\cdots \quad ⑦$$

将明文 $x_1x_2x_3\cdots$ 加密为密文 $y_1y_2y_3\cdots$.解密过程则按照下式进行,即

$$x_{j+ne} = yf^{(-1)}(j) + ne, j = 1,\cdots,e, n = 0,1,\cdots \quad ⑧$$

实际的密码往往是代替和换位的复合.例如,第一次世界大战中德军的战地密码 ADFGVX 体制就是一个单表代替和一个换位的复合.它先将 26 个英文字母和 10 个阿拉伯数字用{A,D,F,G,V,X}中的两个字母代替,再进行一个换位便得出密文.

对于这些传统密码的破译,通常是用统计分析方法,而分析字母的频率和连缀关系,是统计分析方法中最一般和最基本的方法.以英文字母的单表代替为例,破译者首先统计密文中每个字母的频率及连缀关系,然后与一般英语中各个字母的出现频率对照,即密文中高频字母群和明文中高频字母群对应,如此等等,再根据连缀关系并进行猜字就能破译密码.1863 年,普鲁士的卡西斯基(F.W.Kasiski)出版了《密码破译技术》一书,回答了 300 多年来使破译者大伤脑筋的问题:如何破译有周期密钥的多表代替密码.他建议破译者计算重码之间的距离,并将这些数分解成因子,出现频率最高的因子就是密钥的周期.这就是求多表代替周期的"卡西斯基检定法".一旦周期被确定,破译多表代替密码就可归结为用频率法破译各个单表代替密码了.经过柯克霍夫斯等人的发展,频率分析破译技术的效用在第一次世界大战期间达到了尽头.20 世纪 20 至 30

年代,美国的弗里德曼(F.W.Friedman)等人把密码分析与统计学结合起来,发明了用于发现密钥重叠部分的卡巴(Kappa)试验方法和判断某一给定频率统计是反映单表代替还是多表代替加密的 Phi 试验方法,以及确定两个频率分布中两个频率代表的字母是否用相同密钥加密的 Chi 试验方法.这些数学方法在密码学中的应用,为破译复杂的密码体制打开了大门.第二次世界大战中日本的最高级密码——97式欧文印字机被弗里德曼所破,就不是偶然的了.

日本的97式欧文印字机是恩尼格玛(Enigma)电码机的日本改进品.恩尼格玛是一种转轮密码机.第二次世界大战中广泛使用的转轮密码机大多是一部打字机外带几个转轮,它实现一种周期密钥多表代替密码.转轮(rotor)又名有线路的密码轮(wired codewheel).转轮的主体是一个用绝缘材料做成的厚圆盘,通常直径24英寸(1英寸 = 2.54厘米),厚半英寸.圆盘两面的边缘各嵌有26个间隔相等的通常是铜制的电接点.一面的每个接点用一根导线与另一面的某一接点连接,从而构成一条电流通路.转轮放在两块圆固定板之间,每块板也由绝缘材料做成,边缘也有一圈与转轮上的接点相匹配的26个接点,转轮密码的周期一般都设计得很长,使卡西斯基破译法这一类建立在字母频率基础上的简单破译方法难以奏效.事实上,按照香农(C.E.Shannon)信息论,至少需要 $53e$ 个密文字母.因此破译者退而寻求特殊情况.例如,大量通信时会在几份密文之间产生一段重叠密钥,用卡巴试验可以找出这些重叠部分,因而破译者有可能破出几段密文中用相同密钥加密的部分.利用这些已知的或假设的明文值,就可以列出若干方程,方程的未知数就是转轮结点的位移(即 $f(i)-i, i=0,1,\cdots,25$).然后,在整数模26环上解这些方程组.实际的方程组庞大而复杂,最好用群论来处理这类问题.正是用这种方法,经过一年半紧张分析,弗里德曼等人在1940年11月终于破译了日本的97式欧文印字机密码.在这次高水平的密码破译中,大大地依靠了数学工具,其中群论、数论、统计学都用上了.

关于恩尼格玛电码机和破译大师弗里德曼,在金浩编译的《密码术的奥秘》中有许多有趣的描述.

3. 中国人的骄傲——两位华裔工程师发明的密码

中国人的数学才能举世公认,在密码学中中国人参加角逐的虽然并不多,但也确有令人骄傲的成果出现.台湾杨重骏先生曾撰文介绍过一个成果,杨教授是江苏无锡人,早年毕业于台湾大学数学系,后获得美国威斯康星大学数学博士学位.他对单复变函数论、函数解析理论均有较深造诣.

我们知道在1976年两位数学家迪菲-赫尔曼(Diffie-Hellman)发表了一种

破天荒的数字密码.它和当时密码不同之处是,拍发及接受两方都不必怕拍出的数字密码中途被人截获侦破,只要收方保有一组解码的数字组,用来把拍出的数字转换成原来未拍出前的数字即可,其中所用的原理是整数论中的所谓"中国剩余定理",也是国人所称的"韩信点兵术",及若仅知一个大数 N,其为两个大质数 p_1,p_2 的乘积(即 $N = p_1p_2$),但要把这两个质因子 p_1,p_2 找出是很困难的事情(一般如果 N 为一个100位的,照目前已知找质数的方法及最快速的计算机来计算,就是日夜不停地进行计算,也至少要花上几年时间),所以迪菲-赫尔曼两人的密码算是目前最具保密性的了.但在该法中,拍码及译码(解码)时都用到了大数的高幂次计算,所以计算量很大,这是一个缺点,但也确保了保密性.

1979年两位华裔的工程师卢(S.C.Lu)及李(L.N.Lee)发明了一个较D-H两人方法简便得多的一种密码,它也是利用中国剩余定理及找大质数因子困难的事实,但发码时只涉及几个乘法及对模数的加法,译码时只涉及解一组二元一次方程组.虽然Lu-Lee在他们文中声称具有高度的保密性,可惜的是在他们的文章发表的同年就有人撰文指出了Lu-Lee密码的破绽.

1985年两位印度工程师对Lu-Lee方法进行了修正,并且声称此法至少可以抵挡宣称可破译人的破法.为了解数论究竟是怎样被用到密码学中去的,我们将先介绍卢和李两人的密码法及其破绽之处,然后介绍、讨论两位印度工程师所作的改进.

除非特别声明外,本节用来代表未知数及已知数的文字都是指的整数.我们将就拍码(或编码)法及解码(或译码)法作解释.

· **拍码法**

设 m_1 和 m_2 为两个要送出的数字码(或信息),我们不妨限定 $0 < m_1 < M_1$ 及 $0 < m_2 < M_2$,M_1 及 M_2 为有关数码 m_1 及 m_2 的上界.以下我们要介绍如何定此上界(这与解码有关).我们可以公开一组与拍码有关的数字组(c_1,c_2,r).

现所要拍出的数码为 x,即

$$x \equiv (c_1m_1 + c_2m_2)(\bmod r) \tag{①}$$

· **解码法**

收方必须具有一组可由 x 得出 m_1 及 m_2 的解码数字组$(a_{11},a_{12},a_{21},a_{22},p_1,p_2)$,此组为保密的.

当甲方拍出 x 时,乙方作如下的计算,即

$$x_1 \equiv x(\bmod p_1),x_2 \equiv x(\bmod p_2) \tag{②}$$

得出 x_1 及 x_2 后,m_1 及 m_2 可由下面分式得出,即

$$m_1 = \frac{x_1a_{22} - x_2a_{12}}{a_{11}a_{22} - a_{12}a_{21}} \tag{③}$$

$$m_2=\frac{x_2a_{11}-x_1a_{21}}{a_{11}a_{22}-a_{12}a_{21}} \quad ④$$

任何一解码必须要满足对于拍出不同的 x,一定得出不同的 m_1 及 m_2,否则就会混淆不知原来的数码了,如何有此种保证?这与参数 c_1,c_2,r 及 $a_{11},a_{12},a_{22},a_{21},M_1$ 及 M_2 的选择条件有关,以下我们就介绍如何选取这些参数.

i c_1 及 r,c_2 及 r 皆为互质,r 为两个大质数 p_1,p_2 之乘积,即

$$(c_1,r)=(c_2,r)=1,r=p_1p_2 \quad ⑤$$

并且进一步要求

$$c_1+c_2\geqslant r \quad ⑥$$

现要保密的解码参数组的 6 个参数($a_{11},a_{12},a_{21},a_{22},p_1,p_2$)都是要保密的,但它们之间要满足下列关系,即

$$a_{11}\equiv c_1(\mathrm{mod}\ p_1),a_{12}\equiv c_2(\mathrm{mod}\ p_1)$$
$$a_{21}\equiv c_1(\mathrm{mod}\ p_2),a_{22}\equiv c_2(\mathrm{mod}\ p_2) \quad ⑦$$

并且要求

$$a_{11}a_{22}-a_{12}a_{21}\neq 0 \quad ⑧$$

这是很明显的一个要求.

ii M_1 及 M_2 要求满足

$$M_1\leqslant\left[\frac{1}{2}\min\left\{\frac{q}{a_{11}},\frac{q'}{a_{21}}\right\}\right] \quad ⑨$$

$$M_2\leqslant\left[\frac{1}{2}\min\left\{\frac{q}{a_{12}},\frac{q}{a_{22}}\right\}\right] \quad ⑩$$

其中,$q=\min\{p_1,p_2\}$,$[y]$ 表 y 的整数部分.

现我们看解码成立的过程.

对式 ① 两边取模数 p_1,由同余的原理可得

$$x_1\equiv x(\mathrm{mod}\ p_1)\equiv(c_1m_1+c_2m_2)(\mathrm{mod}\ p_1) \quad ⑪$$

或

$$x_1\equiv x(\mathrm{mod}\ p_1)\equiv(c_1(\mathrm{mod}\ p_1)m_1+c_2(\mathrm{mod}\ p_1)m_2)(\mathrm{mod}\ p_1)\equiv$$
$$(a_{11}m_1+a_{12}m_2)(\mathrm{mod}\ p_2) \quad ⑫$$

由条件 ⑨ 及 ⑩ 可知 $a_{11}m_1+a_{12}m_2\leqslant p_1$,因而

$$x_1=a_{11}m_1+a_{12}m_2 \quad ⑬$$

同理可得

$$x_2=a_{21}m_1+a_{22}m_2 \quad ⑭$$

解方程式 ⑬ 及 ⑭ 可得 m_1 及 m_2,如式 ③ 及式 ④,此解的存在及唯一性是因为 $a_{11}a_{12}-a_{12}a_{21}\neq 0$,又注意到 m_1 及 m_2 皆为整数.

读者不难发现这个方法的计算量很少.我们再来看参数的选取.

大参数 p_1 及 p_2 的选取可依据索洛范(Solovay)及斯特拉森(Strassen)所提出的有效的或然率选法.一旦 p_1 及 p_2 选了,就可选 a_{11},a_{12},a_{21} 及 a_{22} 满足 $a_{11}a_{22}-a_{12}a_{21}\neq 0$,然后由于 p_1 及 p_2 互质,由欧几里得的辗转相除法可得

$$b_1p_1+b_2p_2=1 \tag{15}$$

对上式两边同乘以$(a_{21}-a_{11})$,经并项后可得

$$c_1\equiv((a_{21}-a_{22})b_1p_1+a_{11})(\bmod r) \tag{16}$$

或

$$c_1\equiv((a_{11}-a_{21})b_2p_2+a_{21})(\bmod r) \tag{17}$$

上式中 $r=p_1p_2$.同理可得

$$c_2\equiv((a_{22}-a_{12})b_1p_1+a_{12})(\bmod r) \tag{18}$$

或

$$c_2\equiv((a_{12}-a_{22})b_2p_2+a_{22})(\bmod r) \tag{19}$$

现在我们考查一个实际计算的例子.由此例子我们可看到一点端倪,为何此法被侦破了.当然参数选取的种种限制也多少提供了一些线索.

例 取 $p_1=97,p_2=103$,及 $a_{11}=3,a_{12}=2,a_{21}=5,a_{22}=4$ 作为解码的参数组(这是要保密的),现 $r=p_1p_2=9\ 991$ 及 $1=17\times 97-10\times 10^2$ 可得 $b_1=17,b_2=-16$,于是发码的参数组(c_1,c_2,r)(这是要公开的)中的 c_1 及 c_2 可得如下,即

$$c_1=2\times 17\times 97+3=3\ 301$$

$$c_2=2\times 17\times 97+2=3\ 300$$

现我们可以估计能拍送的数字码 m_1 及 m_2 能有多大?

$$M_1\leqslant[\frac{1}{2}\min(\frac{97}{3},\frac{97}{5})]=9$$

$$M_2\leqslant[\frac{1}{2}\min(\frac{97}{2},\frac{97}{4})]=12$$

换句话说,m_1 及 m_2 的选择不能分别大于9及12,现在我们比方取 $m_1=7,m_2=5$(或用二进制 $m_1=0111$ 及 $m_1=0101$).

拍发的明码为

$$x\equiv(7\times 3\ 300+5\times 3\ 300)\equiv 9\ 634(\bmod 9\ 991)$$

因而

$$x_1=9\ 634(\bmod 97)=31$$

$$x_2=9\ 634(\bmod 103)=55$$

解

$$3m_1+2m_2=31$$

$$5m_1+4m_2=55$$

得到 $m_1=7$ 及 $m_2=5$,即原来的数字信息.

发明此法之初,卢和李两人也曾预见到了一些可能会出现的破绽,不过他们总结出只要 p_1 及 p_2 取的足够大,及一般 a_{ij} 也取的相当大就可避免被侦破的危险,但 a_{ij} 一大,M_1 及 M_2 就要减小了,这个矛盾是两位印度工程师所要对付的,下面我们就介绍一改进后的方法.

· 参数选取

如同在 Lu - Lee 法一样,译码的秘密解码组为一组数$(p_1,p_2,a_{ij},i=1,2,j=1,2)$及公开的发码,参数组为$(c_1,c_2,r)$,但要求 a_{ij} 满足:

i a_{ij} 为 4 个连积数;

ii $a_{12}>a_{22}$;

iii $a_{21}>a_{11}$;

iv $a_{ij},i=1,2,j=1,2$,每个值不小于 2^{200}(或二进制 200 位的数字);

v 对于 M_1 及 M_2,我们要求 $M_1\leqslant 2^{50},M_2\leqslant 2^{50}$.

假定我们固定取 p_1 及 p_2 皆为二进制下具有 252 位数的数字(因而 r 为一二进制表示具有 504 位数的数字),就可以使得 v 满足了.

· 发码

i 首先我们要求发的数码 m 不大于 2^{199}(即在二进制下至多为一个 199 位数).

ii 任选一组整数(m_1,m_2),$m_1\leqslant M_1,m_2\leqslant M_2$,拍出下列明的数字码

$$m_e\equiv(m+c_1m_1+c_2m_2)(\bmod r)$$

换句话,把 Lu - Lee 中的明码加上了一个因子 $m(\bmod r)$,注意的是这时我们是一次送一数码,解一数码.

我们首先看这个密码法会不会产生混淆,即不同的原码 m 及 m' 其相应的 m_e 及 m'_e 是否可能会相同?

所以我们假设 $m\neq m'$,看 $m_e=m'_e$ 可不可能?今

$$\begin{aligned}m_e\equiv&(c_1m_1+c_2m_2+m)(\bmod r)\equiv\\&((c_1m_1+c_2m_2)(\bmod r)+m(\bmod r))(\bmod r)\equiv\\&(x_e+m)(\bmod r)\end{aligned}$$

同理可得

$$m'_e\equiv(x'_e+m)(\bmod r)$$

及

$$m_e(\bmod p_1)\equiv(x_e(\bmod p_1)+m(\bmod p_2))(\bmod p_1)\equiv(x_1+m)(\bmod p_1)$$

⑳

$$m_e(\mathrm{mod}\ p_2) \equiv (x_2 + m)(\mathrm{mod}\ p_2) \tag{21}$$

$$m'_e(\mathrm{mod}\ p_i) \equiv (x'_i + m')(\mathrm{mod}\ p_i), i = 1,2 \tag{22}$$

于是由 $m_e = m'_e$ 两边取 p_i 为模数的余式相等,利用上面三式可得

$$(x_i + m)(\mathrm{mod}\ p_i) \equiv (x'_i + m')(\mathrm{mod}\ p_i), i = 1,2 \tag{23}$$

即
$$(x_i - x'_i)(\mathrm{mod}\ p_i) \equiv (m - m')(\mathrm{mod}\ p_i), i = 1,2$$

因 m, m', x_i, x'_i 皆小于 $p_{ij}, i = 1,2$. 故 $x_i - x'_i = (m - m'), i = 1,2$. 因而

$$x - x'_1 = m - m' = x_2 - x'_2 \tag{24}$$

注意 $|(m - m')| \leqslant a_{ij}; i = 1,2$ 及 $j = 1,2$. 依定义

$$\begin{cases} x_1 = a_{11}m_1 + a_{12}m_2 \\ x_2 = a_{21}m_1 + a_{22}m_2 \end{cases}$$

及
$$\begin{cases} x'_1 = a_{11}m'_1 + a_{12}m'_2 \\ x'_2 = a_{21}m'_1 + a_{22}m'_2 \end{cases}$$

由上面两组方程组及 ㉔ 可得

$$a_{11}(m_1 - m'_1) + a_{12}(m_2 - m'_2) = a_{21}(m_1 - m'_1) + a_{22}(m_2 - m'_2) \tag{25}$$

于是
$$(a_{11} - a_{21})(m_1 - m'_1) = (a_{22} - a_{12})(m_2 - m'_2)$$

由于上式两边必须为同号,故 $m_1 - m'_1$ 或 $m_2 - m'_2$ 同为正或同为负. 若同为正,则依据式 ㉔,由式 ㉕ 可得

$$m - m' = x_1 - x'_1 = a_{11}(m_1 - m'_1) + a_{12}(m_2 - m'_2) > a_{11} + a_{12}$$

此与 m 与 m' 之大小规定不符,同样在 $m_1 - m'_1$ 及 $m_2 - m'_2$ 同为负时亦可得同样的矛盾,所以若 $m \neq m'$,则 $m_e \neq m'_e$.

下面我们来看一下改进码的解码步骤,计算

$$m_{e_i} \equiv m_i(\mathrm{mod}\ p_i), i = 1,2 \tag{26}$$

解下列方程组(未知数为 t_1 及 t_2,其解可能为有理数,不一定为整数)

$$\begin{cases} a_{11}t_1 + a_{12}t_2 = m_{e1} \\ a_{21}t_1 + a_{22}t_2 = m_{e2} \end{cases} \tag{27}$$

取

$$k_1 = [t_1], k_2 = [t_2] \tag{28}$$

计算

$$a_{i1}k_1 + a_{i2}k_2 = m'_{ei}, i = 1,2 \tag{29}$$

取

$$m = m_{ei} - m'_{ei} \tag{30}$$

我们现在看看上面每一步骤是否合理?主要是找出步骤 ㉗ 中 m_{ie} 与 m_{ei} 及检验步骤 ㉚.

任何一有理数 t 都可写成 $t = [t] + (t - [t])$(即 t),等于其整数部分加上

小数部分.所以不妨设

$$t_i = [t_i] + r_i/\Delta$$

$$\Delta = \begin{vmatrix} a_{11} & a_{12} \\ a_{21} & a_{22} \end{vmatrix} = a_{11}a_{22} - a_{21}a_{12}$$

r_i 为一适当的有理数,使得 r_i/Δ 为 t_i 之小数部分.

现我们把步骤中的方程组改写为下面的形式,即

$$\begin{cases} a_{11}t_1 + a_{12}t_2 = x_1 + m & (\text{即以 } x_1 + m \text{ 表 } m_{e1}, x_1 \text{ 为一参数}) \\ a_{22}t_1 + a_{22}t_2 = x_2 + m & (\text{即以 } x_2 + m \text{ 表 } m_{e2}, x_2 \text{ 为一参数}) \end{cases}$$

以下我们将证明 x_i 为步骤㉙中的 $m'_{ei}, i = 1,2$.这样步骤㉚亦成立,原数码也就得到了.解上面方程组得

$$\begin{cases} t_1 = (a_{22}x_1 - a_{12}x_2)/\Delta + m(a_{22} - a_{12})/\Delta \\ t_2 = (a_{21}x_1 - a_{11}x_2)/(-\Delta) + m(a_{21} - a_{11})/(-\Delta) \end{cases}$$

由于我们希望看到的是 x_i 为 m'_{ei}(等于 $a_{i1}k_1 + a_{i2}k_2$),所以我们不妨设

$$\begin{cases} x_1 = a_{11}m_1 + a_{12}m_2 \\ x_2 = a_{21}m_1 + a_{22}m_2 \end{cases}$$

再证明 m_1 与 m_2 事实上分别等于 k_1 及 k_2 就行了.由上面方程组可得

$$\begin{cases} m_1\Delta = a_{22}x_1 - a_{12}x_2 \\ m_2\Delta = -a_{21}x_1 + a_{11}x_2 \end{cases}$$

将此组结果代入 t_1 及 t_2 之值中得

$$\begin{cases} t_1 = m_1 + m(a_{22} - a_{12})/\Delta \\ t_2 = m_2 + m(a_{21} - a_{11})/(-\Delta) \end{cases}$$

由于参数选取的条件,可验证得 $m(a_{22} - a_{12})/\Delta$ 及 $m(a_{21} - a_{11})/(-\Delta)$ 皆为小数(利用 $-\Delta = -a_{11}a_{22} + a_{12}a_{21} \geqslant (a_{11}+1)(a_{22}+1) - a_{11}a_{22} \geqslant a_{11} + a_{22}$,及参数选取条件 i,可得 $|a_{22} - a_{12}| \leqslant 3$, $|a_{21} - a_{11}| \leqslant 3$).故我们得

$$[t_1] = m_1, [t_2] = m_2$$

因而在解码的步骤㉙中所计算的为方程组

$$\begin{cases} x_1 = a_{11}m_1 + a_{12}m_2 \\ x_2 = a_{21}m_1 + a_{22}m_2 \end{cases}$$

中的 x_1 及 x_2,有 $x_1 = m'_{e1}$ 及 $x_2 = m'_{e2}$.因而 $x_1 + m = m_{e1}$ 及 $x_2 + m = m_{e2}$.步骤㉚也就自然成立了.

4.道高一尺,魔高一丈——数学家大战RSA体制

前面的密码产生于1976年,两年后,一种新奇的密码又向数学家的智慧发

起了空前的挑战.

我们知道，用计算机进行两个很大的数相乘是件极容易的事，例如，193 707 721 × 761 838 257 287，只要几秒钟就可得出乘积为$2^{67}-1$；反过来，如果不知道这两个因数，而要求完成这个乘积($2^{67}-1$)的因数分解，即使用最快的计算机，用较小的数去试除的方法来做，计算量之大也是难以想象. 有人统计，如果进行两个101位数积的因数分解，最快的计算机也需要几十万亿年的时间.

正是看到了大数的因数分解的极端困难性，科学家里夫斯特(Rivest)、沙米尔(Shamir)、阿德曼(Adieman)三人发明了一种RSA(取三人名的头一个字母)密码系统，编制成了一种无法破译的密码.

RSA密码系统的基本思想是：取两个充分大的素数，求出它们的乘积，如果需要发送秘密电文，只需公开告诉发报人这两个素数的乘积是多少，并说明如何用它进行编码，但不必告诉他这两个素数，则任何一个发报人都可以按编码发送秘密电文了. 而收报人只要对这两个很大的素因数严守秘密，任何人都无法破译，只有他本人是唯一能破译这一密码电报的人.

用数学语言叙述RSA体制，即为在RSA系统中，加密密钥E_R相当于一个数集A的置换，而解密密钥D_R则相当于置换E_R的逆置换. 当A是剩余类环$Z/(m)$时，这些置换可取为模m的置换多项式. 里夫斯特、沙米尔和阿德曼所取的模m的置换多项式为x^k，$(k,\varphi(m))=1$. $m=pq$，p,q是不同的大素数. 设k_1是一正整数，满足

$$kk_1\equiv 1(\bmod\ \varphi(m))$$

则当$(M,m)=1$时，有

$$(M^k)^{k_1}=M^{kk_1}\equiv M(\bmod\ m) \qquad (*)$$

因$m=pq$无平方因子，当$(M,m)>1$时$(*)$仍然成立. 这样可取加密密钥为x^k，解密密钥为x^{k_1}. 在这个系统中，只有k和m是公开的. 要求得解密密钥，即求出k_1，必须先求出

$$\varphi(m)=(p-1)(q-1)=m-p-q+1$$

但是p,q只能从分解m才能得到. 由于p,q是保密的大素数，要分解$m=pq$几乎是不可能的.

正因RSA密码的安全性是建立在大合数分解的困难性上，他们(三位创始人)建议p和q选100位的十进制数，因此n为200位左右的十进制数，分解起来十分困难. 表1列出了近年来用计算机分解合数的进展情况. 应用RSA算法必须密切监视整数分解的进展，而决定其位数的选取.

表 1

年　　份	被分解数的十进制数	被分解数的二进制数
1970	43	142
1980	50	166
1982	55	182
1983	62	206
1984	72	239
1985(计划)	85	282

为了证明 RSA 算法的威力，里夫斯特、沙米尔和阿德曼在《科学美国人》1977 年 8 月加德纳(Martin Gavdner) 的“数学游戏”专栏向该专栏的读者发出挑战，要他们分解一个 129 位的数字(称为 RSA－129)，从而找到其中隐藏的信息．直到 1994 年 Bollre 公司的伦斯特拉(Arjen K Lenstra)、牛津大学的莱兰(Paul Leyland) 以及当时在麻省理工学院读研究生的阿特拉斯(Devek Atkins) 和依阿华州立格拉夫大学的在校生 Michael Graff 通过在 Internet 上与数百位同行合作，成功地解决了这个问题．由于这次成功的破译，所以人们建议 RSA 加密密钥应当至少有 240 位，以保安全．

在 RSA 系统中，其工作原理如下：系统中的每一方均有一对互逆的密钥 (E_R, D_R)，其中仅有解密密钥是保密的．加密密钥 E_R 全部被收集在一个密码簿内，供系统中的任何一方查阅．假设发方 S 要把信息 M 发给收方 R．S 先在密码簿内查出 R 方的加密密钥 E_R，用 E_R 加密 M 得到 $E_R(M)$，然后将密文 $E_R(M)$ 发给收方 R．R 收到 $E_R(M)$ 后，用自己的解密密钥 D_R 于密文 E_R 上得

$$D_R \cdot (E_R(M)) = D_R \cdot E_R(M) = M$$

即获得了发方 S 的原始信息．因为从 E_R 几乎不可能导出 D_R，故第三者无法破译密文 $E_R(M)$．这就保证了 RSA 系统的可行性．

由于 RSA 密码的明文字母表和密文字母表同为 $\{0, 1, \cdots, n-1\}$，故加密函数 E 是 n 次对称群中元素．当 E 的阶为 t 时，E 的 $t-1$ 次幂就是 E 的逆元素．因此，对于 t 较小的情形，可用重复加密的办法来破译．抵抗这种破译的方法为使 t 充分大，这可以通过大素数 p, q 选择上的限制来达到．选 p 使 $p-1$ 含大素数因子 p'，且 $p'-1$ 也含大素数因子，类似地选 q．

RSA 密码的加密算法 E 和解密算法 D 互为逆，故也可用来做数字签名．数字签名必须满足两个条件，一是签名者不能事后抵赖，二是别人只能验证不能伪造．用户对消息 y 的数字签名为 $D(y)$．因为只有该用户才知道 D，只有他能做出 $D(y)$，故不能抵赖．其他人可用公开的 E 验证 $E(D(y)) = y$．由于从 E 推

导出容易计算的 D 的等价算法是不可行的,故不能伪造 $D(y)$.

许多数学家对 RSA 算法进行推广.一种推广是以有限域上多项式环代替整数环.但这种体制不安全,因为有限域上多项式分解有多项式时间算法.另一种推广到代数整数环上.还有一个方向的推广是以一般的多项式函数代替幂函数作为加密解密函数.这些推广从数学上看是有意思的.

近来,埃尔卡马尔(Elqamal)提出一种方法.考虑 $GF(q)$,q 为奇素数,设 g 是一本原元素.用户甲选择 s 与 q 互素,$1 < s < q-1$,对 s 保密而公开 g^s.用户乙送消息 x 给用户甲时,随机选择一整数 k,$1 < k < q-1$,并传送 g^k 和 $m \cdot g^{sk}$ 给用户甲.只有用户甲能求出 $m = m \cdot g^{sk}/(g^k)^s$.这种体制的安全性建立在求离散对数问题的困难性上.已经知道的算法是亚指数时间的,执行时间为 $\exp(c(\lg q \lg\lg q)^{\frac{1}{2}})$.

在国外还有一些重要的分组公开钥密码体制,如麦克埃利斯(Mc Eliece)提出的基于纠错码的密码体制,想法是别致的.

密码体制的安全性是最基本的标准,但并不是唯一的标准.例如,一次一密体制尽管是完全保密的,但实际应用中大量使用的不是一次一密体制,因为它的密钥产生、分配和存储困难.公开钥密码体制也是如此.例如,公开钥的大小直接影响到多用户系统中全部用户的公开钥的一览表的存储量,而艾利卡密码由于密钥过长(500 000 比特左右)不能广泛应用.威廉斯(Williams)对 RSA 和背包体制的性能作了下述评价,RSA 密码体制的优点为:

i 看来非常安全;

ii 密钥的大小是小的;

iii 可用来做数字签名.

缺点为:

i 加密和解密费时,在麻省理工学院(MIT)作的大规模集成电路专用芯片每秒 6 000 比特;

ii 产生密钥费事;

iii 数字签名时要重新分组.

背包密码体制的优点为:

i 看来迭代体制是安全的;

ii 加密解密迅速;

iii 密钥产生容易.

缺点为:

i 密钥大小太大(超过 40 000 比特);

ii 用来数字签名困难.

RSA 密码系统的出现,一方面给一些国家的安全部门带来了喜悦;另一方面也给数学家带来不安,因为 RSA 密码系统钻的是数学家们暂时无知的空子.佐治亚大学的波梅兰斯教授说:“这种密码系统是由于无知而成功的一项应用.它的产生,使更多的人热衷于研究数论了.可以说,对分解因数束手无策的数学家越多,这种密码越好.”

在挑战面前,数学家们对这种秘密武器是不会容忍与沉默的.他们闻风而动,不约而同地投身到大因数分解的玄机妙算之中.经过艰辛的劳动,数学家和计算机专家的成果不断涌现,他们进行因数分解的位数迅猛增大:

1984 年 2 月 13 日,美国《时代》周刊以“32 小时解开三世纪之久未解决的难题 —— 数学家将 69 位的数进行分解”为题,介绍了美国科学家西蒙斯、戴维斯和霍尔德里奇等人分解因数的成果;

1986 年末,已有一些国家能在一天之内分解一个 85 位以上的数;

1988 年,100 位长的大数可被分解;

1990 年 6 月 25 日,我国《参考消息》报道:美国数学家 J · 波拉德和 H · 兰斯拉发现了一个 155 位数的分解方法.

……

这些消息一方面引起数学界的强烈反响与振奋,另一方面也对美国的保密体系提出了严肃的挑战.因为 1990 年以前美国绝大多数保密体系是使用 150 位长的大数来编制密码的,一旦找到分解 150 位以上数的方法,辅之以计算机,密码指日可破.例如,《参考消息》1994 年 5 月 2 日第 7 版上,以“600 多人用 1 600 台计算机攻关 8 个月破译世界最长最难密码”为题发表了路透社纽约 4 月 26 日电,电文称:“五大洲的 600 多人用 1 600 台计算机工作 8 个月才取得了这项成果.破译这个名为 RSA129 的密码是一件十分艰难的工作.这个密码是 17 年前由 3 位数学家和计算机科学家想出的.破译这个密码对于世界各地使用长数码保护储存在秘密商业及政府安全系统中的电子数据有着深远的意义.这 3 位科学家之一的罗纳法 · 里夫斯特说,人们曾数百次企图找出相乘产生 RSA129 密码的两个素数,这一难题的破解将会使编码人员今后在编密码时必须使用长得多的素数.”但是找大素数谈何容易!在过去 10 年中,克雷研究公司的斯洛威斯金(David slowinsk)创立了一门发现创纪录素数的名副其实的艺术.斯洛威斯金和他的同事盖奇(Paui guge)在 1996 年年中发现 $2^{1\,234\,567}-1$ 是一个素数.几个月之后,1996 年 11 月,巴黎的阿门高德(Joel Amnengaud)和佛罗里达州奥兰多的沃尔特曼(Geovge F. Woltman)两位编程专家在参加沃尔特曼实施的一个网络计划时,发现了一个更大素数 $2^{1\,398\,269}-1$.这是目前已知的最大素数,它的十进制形式有 40 万位.为了得出这一最新发现,沃尔特曼优化了一种名为“无理基离散加权变换”的算法.这一算法的理论是 Nezt 软件公司首席科学家,里德学院高级计算中心的沃卢姆(Vllum)科学副教授,主任克兰德尔(Richard E.

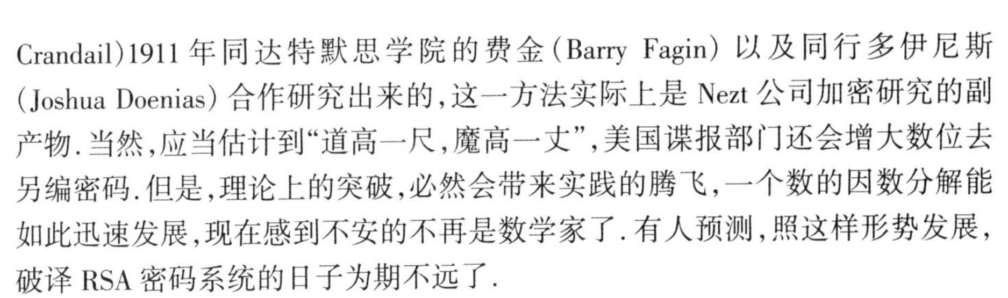

Crandail)1911 年同达特默思学院的费金(Barry Fagin) 以及同行多伊尼斯(Joshua Doenias) 合作研究出来的,这一方法实际上是 Nezt 公司加密研究的副产物.当然,应当估计到"道高一尺,魔高一丈",美国谍报部门还会增大数位去另编密码.但是,理论上的突破,必然会带来实践的腾飞,一个数的因数分解能如此迅速发展,现在感到不安的不再是数学家了.有人预测,照这样形势发展,破译 RSA 密码系统的日子为期不远了.

破译与反破译难题目前人们在信息网上也遇到了.假定你想在 Internet 上使用你的信用卡购物,如果你只是把你的信用卡号码送传给一家商店,则另外某个人很容易截获你的号码并拿来供自己使用.同理,你的个人身份号码(PIN)也可被别人从网络上窃取.为避免这类问题,大多数网络系统都采用加密方法来保密信息编码.如果没有人能破译密码,则加密了的信息 —— 比如说一个信用卡号码就始终是安全物.但在 Internet 上,情况已越来越清楚,这一措施是不够有效的.虽然有许多安全的加密码,但用户希望能证明没有人能获得保密信息.使一条信息保密的最佳办法当然就是当初不传送它.说来令人奇怪的是,所谓的零知识协议正好可以让你做到这一点.

依靠这一方法,你可以使某个人(例如一位银行经理) 相信你掌握有某条关键的信息(如个人身份号码),但却用不着透露此信息本身.

利用一种更完善的零知识协议,你可以让银行经理相信你知道某个特定的数 n 相当大 —— 比如说有 200 位,那么已知的任何算法都不可能在宇宙寿命那样长的时间内找出它的因子.但是却存在检验因子 p 和 q 是不是素数的算法.这样,你的银行经理可以找出两个素数.求出它们的积并把这些素数作为个人身份号码,当你在银行开户时便被告知用这个号码.通过适当的通信渠道,你可以让她相信你知道该号码,但却不把这些素数告诉她或其他任何人.

"适当的通信渠道" 指的是所谓"遗忘传送" 信道.这一通信渠道使你能向你的银行经理发送两条信息,而她只能读到其中一条信息.你不知道她能够读到的是哪条.

你和你的银行经理都知道两个素数(p 和 q) 及其积 n.一个受委托的独立机构发给你们两个一串二进制数字,从这一串数字你可以构造出协议所需的任何随机数.你可以使你的银行经理相信你知道 p 和 q,而不用说出这两个数字.其方法如下.

(1) 该独立机构生成一个随机整数 x,并把 x^2 除以 n 后所得的余数 r 发送给你和你的经理(即 r 等于 x^2 模 n).

(2) 根据数论知识,r 恰好有 4 个不同的模 n 平方根.你既然知道 p 和 q,便可据此求出这 4 个平方根,其中一个为 x,另外 3 个分别是 $n-x$,y 和 $n-y$(对于某个 y).(如果你不知道 p 和 q,则不存在任何有效的算法来求出这些平方

根;然而,从所有4个平方根很容易推导出 p 和 q)

(3) 从这4个数中随机选择一个,称其为 z.

(4) 选择一个随机整数 k,并把整数 $S = k^2$ 模 n 传送给你的银行经理.然后计算出两个整数 a 和 b,使 $a = k$ 模 n, $b = kz^z$ 模 n.通过遗忘传送把 a 和 b 传送给银行经理.

(5) 银行经理可以读出这两个信息中的一个.她检查其平方根模 n 是否是 s(如果她读的是信息 a)或 rs(如果她读的是信息 b).

(6) 将上述步骤重复 T 次.最终你的银行经理知道(其概率为 $1-2^{-T}$)你了解 n 的分解.

注意,不存在你的银行经理对你的逆向通信,也就是说,该协议是非交互式的.零知识协议及遗忘传送协议不过是从数论的深奥理论中产生出的新奇设想的两个例子而已.作为一门应用科学的数论一直是在缓缓地燃烧的炉子,但现在它已开始迸出火星来了.

顺便指出,在网络上进行合作分解因数现在已十分普遍,随之出现了一种稳固的因数分解文化.美国普渡大学的瓦格斯塔夫(Samuel S. Wagstaff)开办了一个因数分解通讯,登载因数分解的最新结果.类似地,田纳西大学马汀分校的考德威尔(Chvis K. Caldwell)提供了一个记载记录的 www 网点(网络地址为 http:/www. ntm. edu/research/pries/lagest.html).

5. 椭圆曲线公钥密码——拉马努然巧记出租车号码的秘密

在前面我们介绍过传奇数学家拉马努然.他有许多流传后世的故事,上海科技教育出版社的朱惠霖先生曾撰文介绍了一个与公钥密码学有关的故事.

有一次,英国数学家哈代去医院看望生病的拉马努然,见面后,哈代没话找话地说:"我来时乘的出租车号码是1729,这是个枯燥无聊的数字,但愿它不会给你带来什么坏兆头."谁知拉马努然不假思索地答道:"哪儿的话,这是个很有趣的数字.它是能用两种不同方法表示成立方数之和的正整数中最小的一个."可不是,1 729既可表示成 $1^2 + 12^3$,又可表示成 $9^3 + 10^3$,而且比它小的正整数都不能做到这一点.

拉马努然固然是一位颇具神奇色彩的数学家,然而再神奇,能在事先毫无准备的情况下一眼就看出1 729的这个特征,总让人感到有点不可思议.拉马努然逝世后,人们在他遗留下的手稿中发现,原来那一段时间拉马努然正在研究不定方程 $X^3 + Y^3 = Z^3 + W^3$,而 $X = 1, Y = 12, Z = 9, W = 10$ 正是这个方程的一组最小的正整数解,1 729这个数字也记录在他的手稿之中.难怪当时哈代

听了拉马努然的回答,十分惊奇地问他能用两种不同方法表示成两个四次方数之和的最小正整数是什么时,拉马努然就回答不上来了.

哈代的提问可说是遵循了数学家最常规、最典型的思路:当一个有趣的问题被解决后,马上就以最"自然"的方法改变问题的条件,把这个问题延伸到更广的范围,或更高的层次上去思考.事实上,从1 729的这个特征出发,至少可以引申出两个方面的问题.

第一个就是哈代所问的,能用两种方法表示成两个四次方数(以及更高次幂)之和的最小正整数是什么.哈代和拉马努然当时都不知道,但早在18世纪,欧拉就已经发现

$$635\ 318\ 657 = 57^4 + 158^4 = 133^4 + 13^4$$

就是这样一个数.但是,关于能用不同方法表示成两个五次方数之和的正整数,至今连有没有也不知道.

第二个反映数学家思维本质特点的方面就是探索能用 $N(N \geqslant 3)$ 种不同方法表示成两个立方数之和的正整数.这里的一个"一般性"问题是:对于任意正整数 $N(N \geqslant 3)$,是否总存在正整数 A,它至少能用 N 种不同方法表示成两立方数之和?

当然,对于具体的 N,可以寻找符合上述条件的最小正整数,而且那两个立方数也不限定为正的,可以是负的.下面列出已经找到的各个最小正整数.

i $N = 2$,立方数限定为正

$$1\ 729 = 1^3 + 12^3 = 9^3 + 10^3$$

立方数可正可负

$$91 = 6^3 + (-5)^3 = 3^3 + 4^3$$

ii $N = 3$,立方数限定为正

$$87\ 539\ 319 = 436^3 + 167^3 = 423^3 + 228^3 = 414^3 + 255^3$$

立方数可正可负

$$4\ 104 = 16^3 + 2^3 = 15^3 + 9^3 = (-12)^3 + 18^3$$

iii $N = 4$,立方数限定为正

$$6\ 963\ 472\ 309\ 248 = 2\ 421^3 + 19\ 803^3 = 5\ 436^3 + 18\ 948^3 = 10\ 200^3 + 18\ 072^3 = 13\ 322^3 + 16\ 630^3$$

立方数可正可负

$$42\ 549\ 416 = 348^3 + 74^3 = 282^3 + 272^3 = (-2\ 662)^3 + 2\ 664^3 = (-475)^3 + 531^3$$

iv $N = 5$,立方数限定为正,未知;立方数可正可负

$$1\ 148\ 834\ 232 = 1\ 044^3 + 222^3 = 920^3 + 718^3 = 846^3 + 816^3 = (-7\ 986)^3 + 7\ 992^3 = (-1\ 425)^3 + 1\ 593^3$$

v $N \geqslant 6$,什么都不知道.

这些结果有的是在几个世纪以前就发现的,如 1 729 并不是拉马努然最早发现的,而是 16 世纪的一位数学家发现的;有的则是近几十年才发现的.但像这样顺着 N 的增大向上"爬"的做法,不符合现代理论数学研究的要求,因此有意义的还是前面那个"一般性"问题.

最近,美国布朗大学的数学家西尔弗曼(J.H.Silverman)用代数几何(由此可以理解为什么费马大定理的证明需要大量代数几何结果)中的椭圆曲线理论轻而易举地解决了这个问题,下面予以简单介绍.

设方程

$$X^3 + Y^3 = A \qquad ①$$

其中,A 为正整数.根据问题的要求,未知数 X 和 Y 应该为整数或正整数,这就是所谓不定方程.我们要考察的是:对于某个正整数 A,方程 ① 是否能有足够多的整数解或正整数解,从而能使 A 有足够多的方式表示成两个立方数之和.作为数学中的一个常用方法,我们先在实数域上考查这个方程,这样就可在 $X - Y$ 平面上画出它的曲线.

现在曲线上任取两个点 $P(X_1, Y_1)$ 和 $Q(X_2, Y_2)$,设 L 是过这两点的直线(如果 $P = Q$ 为同一点,则设 L 是曲线在这点的切线).一般来说,只要 L 不同渐近线 $X = -Y$ 平行,它总可以与这条曲线相交(或相切)于一个点 $R(X_3, Y_3)$.L 为切线时,有可能 $P = Q = R$,或可能 $R = P$ 或 $R = Q$,但这些例外的情况都无关紧要.我们令 $R(X_3, Y_3)$ 关于直线 $X = Y$ 的对称点(Y_3, X_3) 为 P"加上"Q 的"和",并直接记为 $P + Q$.显然,$P + Q$ 也在这条曲线上,就是说,$P + Q$ 也对应着方程 ① 的一个解.

也许您已经看出,我们这样做是希望从方程 ① 的一个解(当 $P = Q$ 时)或两个解(当 $P \neq Q$ 时)引申出它的第三个解.但是,R 也对应着一个解,为什么不直接把 R 定义为 $P + Q$ 呢?

一个马上可以体会到的原因是:这样做就不能引申出更多的解了.而更深刻的原因将在下面展示:把 R 的对称点而不是 R 本身定义为 $P + Q$,就可以在曲线上建立起一个美妙的群结构!

要在曲线上建立群结构,首先就要对曲线上所有的点都定义上述那样一个"加法"运算,因此我们还必须对付 L 平行于直线 $X = -Y$ 的情况.这时,照西尔弗曼的说法,数学家显示出了潇洒的"骑士"风度.他们在 $X - Y$ 平面上再增加一个"无穷远点"O—— 凡是与 $X = -Y$ 平行的直线都经过点 O,凡是经过点 O 的直线都与 $X = -Y$ 平行;并定义 $O + O = O$.这样,我们就对曲线上所有的点以及点 O 都定义了一个"加法"运算.

我们再把 P 关于直线 $X = Y$ 的对称点记为 $-P$.现在,读者可以自行验证,

对于曲线上任意点 P,Q,R,有下面这4条性质:

i $P+O=O+P=P$;

ii $P+(-P)=O$;

iii $P+Q=Q+P$;

iv $(P+Q)+R=P+(Q+R)$.

熟悉群的基本概念的人都知道,这意味着曲线上的所有点以及刚才定义的点 O,在上述"加法"运算下构成了一个交换群,也称阿贝尔群.现在也可以体会到,如果当初在定义曲线上点的"加法"时不是拐弯地把联结 P,Q 的直线 L 与曲线的交点关于 $X=-Y$ 的对称点定义为 $P+Q$,上述第一和第四条性质就不能成立,也就建立不起来一个群.那么,这个群在我们这里有什么用呢?何况我们又是在实数域上考虑方程①,而要求的是方程的整数解或正整数解.早在1900年,庞加莱就指出:

> 如果把方程①局限在有理数域上考察,方程①的有理数解就仅对应于相应曲线上坐标为有理数的点,称这种点为有理点,那么,这条曲线上的所有有理点以及"无穷远点"O 在上述"加法"下仍然是一个阿贝尔群.

有了庞加莱的这个结论,我们一下子就从实数域收缩到了有理数域,而有理数域离整数域只有一步之遥了.

请注意,并不是对任意的正整数 A,方程①所对应的曲线上都有无穷多个有理点.例如,当 $A=1$ 时,由著名的费马大定理在 $n=3$ 时的情况可知,曲线 $X^3+Y^3=1$ 上只有两个有理点:(1,0)和(0,1).这两个点以及"无穷远点"O 在上述"加法"下只构成一个有限的阿贝尔群.

为了使方程①具有足够多的有理数解,从而我们能进一步得到足够多的整数解和正整数解.也就是说,能使一个正整数能以足够多的方法表示成两个立方数之和,我们必须对 A 作谨慎的选择.所幸的是,这并不很难,令 $A=7$ 就可以了.于是,我们考察方程

$$X^3+Y^3=7 \qquad ②$$

首先,方程②所对应的曲线上至少有一个有理点 $P(2,-1)$.我们就从这个点出发,去寻找更多的有理点.记

$$\underbrace{P+P+\cdots+P}_{n个}=nP$$

于是,在上述群结构的背景下,我们得到一系列有理点

$$P,2P,3P,4P,\cdots \qquad ③$$

可以证明,对于方程②,点列③中的点没有重复的.选其中前 N 个点,并记

$$nP = \left(\frac{a_n}{d_n}, \frac{b_n}{d_n}\right)$$

其中，a_n，b_n，d_n 均为整数，如果 nP 的两个有理数坐标的分母不相同，我们总可以用通分的方法把它们统一为 d_n. 再令

$$B = d_1 d_2 \cdots d_N$$

于是，方程

$$X^3 + Y^3 = 7B^3 \qquad ④$$

至少有 N 个不同的整数解，它们是

$$\left(\frac{a_n B}{d_n}, \frac{b_n B}{d_n}\right), n = 1, 2, \cdots, N$$

还可以证明，点列 ③ 中有无穷多个坐标为正有理数的点，在其中任选 N 个，再进行类似地处理，又可以得到一个方程为

$$X^3 + Y^3 = 7B_1^3 \qquad ⑤$$

它至少有 N 个不同的正整数解.

于是，我们得到如下结果：

对于任意正整数 N，总存在一个正整数 A，它至少可以有 N 种不同的方法表示成两个立方数之和(令 $A = 7B^3$) 或正立方数之和(令 $A = 7B_1^3$).

请注意，上述证明是构造性的，也就是说，对于具体的 N，这个 A 以及它的 N 种(正) 立方数之和表示是可以计算出来的，虽然当 N 较大时计算很复杂.

上面用到的方程 ①，它所对应的曲线其实是代数几何中一类曲线 —— 所谓椭圆曲线(不是椭圆) 的一个特例. 曲线上的那个阿贝尔群，以及庞加莱的有关结论也不是为我们这个立方数之和表示问题而建立的，它们是一般椭圆曲线所共有的性质. 西尔弗曼用之来解决这个问题，仅体现了椭圆曲线理论在一个数论问题上的小小应用. 西尔弗曼本人也只是把它作为普及性演讲的一个题材，借此让人们领略一下数论和代数几何中的美妙风光. 他在演讲中还提到，椭圆曲线理论还在物理学、计算机科学和密码学中有着更实际的应用. 我们就来介绍其中的一例 —— 椭圆曲线公钥密码.

椭圆曲线公钥密码是近年来新兴起的一类公钥密码系统，它用到的就是椭圆曲线上的阿贝尔群. 这里仅简单介绍一种椭圆曲线公钥密码 —— 迪菲 - 赫尔曼公钥密码的基本原理.

假定有 N 个人要建立一个通信联系，他们共同选定一椭圆曲线，并在其上选定一有理点 P，然后每人各定一个正整数 a_i($i = 1, 2, \cdots, N$)，各自予以保密，而将 a_iP 算出并公开. 如果第 n 个人要向第 m 个人发送一保密信息，他首先将对方公开的 a_mP 重复“加”a_n 次(注意：是这条椭圆曲线上的阿贝尔群中的“加法”)，得到 a_na_mP，然后用这个 a_na_mP 作为“码本”，将要发送的信息译成代码发

送出去.第 m 个人收到代码后,首先将对方公开的 a_nP 重复"加" a_m 次,得到同样的"码本" $a_ma_nP = a_na_mP$,然后用它将代码反译成原来的信息进行阅读.其他人纵然知道选定的椭圆曲线和点 P 是什么,而且知道 a_nP 和 a_mP,一定时期内也无法得知"码本" a_na_mP 的内容,从而无法将截获的代码破译出来.这是因为从 a_iP 反算出 a_i 是所谓的离散对数问题,一般是很难的.当然,为了加强安全性,椭圆曲线(一般要求有很多有理点) 它的定义数域(一般定义在有限域上) 和点 P 的选择是很有讲究的.

加利福尼亚雷德任德市 Nezt 软件公司的克兰德尔(Richard E. Crandll) 和加斯特(Blain Garst)、米切尔(Doug Mitchell) 及特范尼安(Avadis Tevanian) 等人在公司实施了一种以梅森素数为基础的加密方案.它是目前最有效的加密方案,它利用了椭圆曲线的代数性质,所以称为"快速椭圆加密法"(FEE),其速度非常快.例如,以新发现的梅森素数 $2^{1\,398\,269}-1$ 为基础,FEE 系统可以轻而易举地把一期《科学美国人》的全部内容编码为一堆似乎毫无意义的文字.根据现有的数论理论对破译 FEE 密码的难度的判断,如果不知道密钥,则必须动用地球上的全部计算能力连续工作 $10^{1\,000}$ 年以上,才能把这堆无意义的文字还原成人们能看懂的杂志.

6. 什么是好的通信网络

如果说拉马努然关于立方和的研究仅仅是椭圆曲线公钥密码的一个开端,而且应用似乎离我们的日常生活还有一定距离的话,那么他在数论中的另一猜想则与我们息息相关.在今天到处都充满"电子邮件","良机在手,一触即发"的信息时代,通信网络大显神通,但它同样离不开"最好".

冯克勤先生曾在《科学》(1996 第 4 期) 上以"拉马努然图 —— 数论在通讯网络中的应用" 为题以通俗的笔触介绍了模型式中拉马努然猜想的解决对图论的促进进而应用到通讯网络中的这一"曲线应用" 的实例,读之想必会对有那么多人不惜耗费毕生精力而去论证一个看似毫无用途的数论猜想的"痴人"之举有所理解.

一个通信网络在数学上就是一个图 $X = (V, E)$,其中,V 是图的所有顶点组成的集合,每个顶点可以是一步电话、一台电传打字机、一个通信站,或者是联成网的一台计算机.而 E 是图的边组成的集合,两个顶点 v_i 和 v_j 在图 X 中有边 $\overline{v_iv_j}$ 相连,表示两步电话 v_i 和 v_j 可以直接通话,或者两台计算机 v_i 和 v_j 可以直接交换信息.图 X 中所有不同顶点之间距离的最大值,叫做此图的直径,表示成 $d(X)$.其意义是:网络中每个顶点的信息通过 $d(X)$ 次直接通信均可让网络中所有顶点知道，并且不能小于 $d(X)$ 次达到此要求，所以好的通信网络要求直径愈小愈好．我们总假定网络是连通的，即任意两个不同顶点都有路相连．

人们自然想到，最好每个电话与其他电话都可直接通话，这时，n 个顶点当中任意两个不同点都有边相连，称之为 n 点完全图，表示成 K_n，完全图的直径为 1，但这在工程上是不现实的．如果电话很多，即 n 很大，我们在完全图 K_n 中共有 $n(n-1)/2$ 条边，即需要安装许多条电话线，很不经济，在设备上也有很多限制，比如每步电话机至多允许引出 k 条电话线．为了充分利用设备能力，考虑 n 个顶点的图中每个顶点都恰好向别的顶点引出 k 条边，这样的图叫做 n 个顶点的 k 次正则图．于是提出了这样的问题：对于固定的 n 和 k，在所有 n 个顶点的连通 k 次正则图中，直径最小是多少？如何把具有最小直径的这种图构作出来？

除了要求有小直径外，工程师对于好的通信网络还有其他标准，比如不希望在网络中有一些"小圈"．若从图 X 中某个顶点出发走过 l 条不同的边构成的路又回到该顶点，就会形成一个长为 l 的圈 $\overline{v_1v_2}, \overline{v_2v_3}, \cdots, \overline{v_{l-2}v_l}, \overline{v_lv_1}$．当 l 较小时，经过时间间隔 $l-1$ 可以由 v_1 把信息通过前 $l-1$ 条边传到 v_l，再加上最后一条边 v_lv_1 就是多余的了．我们用 $g(X)$ 表示图 X 中最小圈的长度，叫做 X 的圈度．于是，好的通信网络要求有大的圈度．

长期以来，工程师对于好的通信网络还有一个重要衡量标志，叫做放大倍数．设 $G=(V,E)$ 是 n 个顶点的连通图，即 $n=|V|$（$|V|$ 表示集合 V 中元素个数）．如果 S 是该图中一部分顶点，即 S 是 V 的一个子集，表示成 $S\subset V$，设想 S 中每个顶点都知道某一个信息，这些顶点同时打电话直接告诉相邻的顶点，那么所有知道这条信息的新的顶点组成的集合叫做 S 的邻居，表示成 ∂S．也就是说，∂S 是由这样的顶点组成的：它们不属于 S，并且它们都与 S 中至少有一个顶点有边相连．自然希望比值 $|\partial S|/|S|$ 愈大愈好，这表明该网络的效率高．但是当 S 很大时，比如极端情形 $S=V$，所有顶点都已知某种信息，就没有必要再通话，这时 ∂S 是空集，于是 $|\partial S|/|S|=0/n=0$，因此通常考虑 S 中顶点数不超过 $n/2$ 的情形，即考虑 V 的满足 $|S|\leqslant n/2=|V|/2$ 的所有子集 S，我们都希望 $|\partial S|/|S|$ 愈大愈好，它们中的最小值就叫作图 X 的放大倍数，表示成 $c(X)$．写成公式则为

$$c(X)=\min_{\substack{S\subset V\\ 1\leqslant|S|\leqslant|V|/2}}|\partial S|/|S|$$

在 20 世纪七八十年代，许多人致力于探讨各种特定类型的网络能够具有多么好的放大倍数，以及如何构作放大倍数很高的通信网络．此外，还可以提出判别网络好坏的一些别的工程条件，比如要求有好的抗干扰能力，即当某条边被破坏或者某个电话被破坏之后，剩下的网络不至于影响通信功能等．

总之，工程师对于好的通信网络提出了许多标准．要想找到同时满足这些

标准的好网络,并不是一件容易的事情.到了20世纪80年代后期,一批图论学家和组合数学家有了一个重要发现,他们意识到并证明了工程师给出的好通信网络的所有上述各种标准都密切依赖于图的另一个量值,这个量值在图论界已经进行了多年的理论研究,就是图的次根.这是又一个令人惊奇的现象.数学家在完全不知道工程师的要求的情况下,单凭图论自身的需要就已经研究了图的次根,这不能不使人联想到一定有一个主宰一切的上帝的存在,否则无法解释.

图论研究中有一个分支,试图用代数的方法和工具来研究图的各种特性,主要的代数工具是矩阵和群,这个图论分支叫做代数图论.首先,想用矩阵来表示一个图.设 $X = (V,E)$ 是一个图,$V = (v_1,v_2,\cdots,v_n)$ 是此图的 n 个顶点.我们可以构作出一个 n 阶方阵 $\boldsymbol{A} = \boldsymbol{A}(G) = (a_{ij})_{1\leqslant i,j\leqslant n}$,其中

$$a_{ij} = \begin{cases} 1,\text{如果图连有边}\overline{v_iv_j}; \\ 0,\text{否则} \end{cases}$$

这是一个实对称方阵,所以 $\boldsymbol{A}$ 的 n 个特征根都是实数,将它们依次排列成

$$\lambda_1 \geqslant \lambda_2 \geqslant \cdots \geqslant \lambda_n, \lambda_i = \lambda_i(X), 1 \leqslant i \leqslant n$$

当 X 是 k 次连通正则图时,利用简单的线性代数知识,可知图的大根 λ_1 为 k,并且除了可能小根 λ_n 为 $-k$ 之外,所有其他特征根的绝对值均小于 k.绝对值小于 k 的那些特征根的绝对值当中的最大值叫做图 X 的次根,记为 $\lambda(X)$,写成数学形式就是:对于 n 个顶点的 k 次连通正则图 X

$$\lambda(X) = \max_{\substack{2\leqslant i\leqslant n \\ |\lambda_i(X)| < k}} |\lambda_i(X)|$$

利用线性代数作为工具,图论学家在20世纪80年代中期发现,次根很小的图是好的通信网络,它们满足工程师心目中的诸多标准,即有小的直径,有很高的放大倍数,并且在一般情况下也有大的圈度.不过还需说得再准确一些,我们看一下 n 个顶点的完全图 K_n.它的方阵是 n 阶的,主对角线上元素均为0,而其他元素均为1(任意两不同顶点均有边相连).这个方阵的特征根很容易计算:大根为 $k = n - 1$(K_n 是 $n-1$ 次连通正则图),而其余 $n-1$ 个特征根都是 -1,因此 K_n 的次根为 $\lambda(K_n) = 1$.这是次根很小的图,但这样的网络,工程师不感兴趣,因为图的次数 $k = n - 1$ 和顶点个数 n 差不多一样大小.人们关心的是对固定的 k,希望给出一系列 k 次连通正则图 $X_1,X_2,\cdots,X_i,\cdots$ 使得图 X_i 的顶点个数 n_i 趋于无穷,且这些图的次根 $\lambda(X_i)(i = 1,2,\cdots)$ 都很小.换句话说,我们拥有的电话设备能力是受限制的,每个电话只能与固定 k 个电话直接通信.要求当电话机数目不断增加时,都能设计出好的通信网络.

对于固定的 k 值,一族 k 次连通正则图 $X_i(i = 1,2,\cdots,n_i \to \infty)$,它们的一次根序列 $\lambda(X_i)(i = 1,2,\cdots)$ 能够好到什么程度,图论学家也是利用线性代数证明:它们有一个下限值 $2\sqrt{k-1}$,确切地说是 $\lambda(X_i)$ 的下极限值不能小于

$2\sqrt{k-1}$,即

$$\lim \lambda(X_i) \geqslant 2\sqrt{k-1}$$

这表明:次根不超过 $2\sqrt{k-1}$ 的 k 次连通正则图是网络通信中感兴趣的,这种图叫做拉马努然图,简称拉氏图.

单个的拉氏图比较容易构作,比如完全图 K_n.我们的问题是,对于每个固定的 $k \geqslant 2$,是否存在一系列顶点数趋于无穷的 k 次连通正则拉氏图族?这是一个至今没有完全解决的图论问题.如果我们对某个 k 值可以构作出 k 次连通正则拉氏图族,这就相当于证明了 $\lim \lambda(X_i) = 2\sqrt{k-1}$.上述问题对于 $k=2$ 的情形很容易解决,因为 n 个顶点的 2 次连通正则图一定是 n 个顶点连成的一个圈 C_n.这种图的大根 $\lambda_1(C_n)$ 是 $k=2$,所以次根 $\lambda(C_n)$ 一定小于2,即 $\lambda(C_n) < 2 = 2\sqrt{k-1}$.所以 $C_n(n=3,4,5,\cdots)$ 都是拉氏图,它们形成一个拉氏图族.

1988 年,三位数论学家利用拉马努然猜想,对于每个素数 p,都具体构作出次数 $k=p+1$ 的连通拉氏正则图族.换句话说,对于 $k=p+1$ 的情形,前述的悬而未决的图论问题有了肯定答案.过了几年,摩根斯顿(Morgenstern) 推广了上述结果,对于每个素数幂 q 都具体构作出次数 $k=q+1$ 的连通拉氏正则图族.摩根斯顿采用了类似的构作方式,不过要利用函数域上的拉马努然猜想.函数域上的拉马努然猜想是由前苏联数学家德里菲德(Drinfeld) 证明的,事实上,德里菲德也证明了一个更大的数论猜想,叫做函数域上二阶局部朗兰兹猜想,而函数域上的拉马努然猜想是它的推论.德里菲德因这项工作也获得了菲尔兹奖(1990).到目前为止,这是问题的全部结果,对于 k 不为 $q+1$(q 是素数幂) 的情形,问题仍然没有解决.

我们可能用比较简单的数学来说明上面拉氏图族的构作方法,只需要一点群论知识.我们说过,代数图论除了用矩阵之外,还使用群论.用群来构作图是英国数学家凯利(Cayley) 提出的.设 G 是一个 n 阶有限群,$g_1,g_2,\cdots,g_n$ 是群 G 的 n 个元素.取 G 的一个子集 S 满足以下条件:i G 的幺元素 1 不属于 S;ii 若 g 属于 S,则它的逆元素 g^{-1} 也属于 S.这时,可用如下方式构作图(凯里图),记作 $X=C[G,S]$,此图的顶点就是 $g_1,g_2,\cdots,g_n$.而 g_i 和 g_j 有边相连,当且仅当 $g_ig_j^{-1}$ 属于 G.例如,若 G 有 n 个元素的群,取 S 为 G 中不为 1 的其余 $n-1$ 个元素,S 显然满足上述条件.这时 $C[G,S]$ 就是完全图 K_n.当 G 取有限交换群时,对于每个凯里图 $C[G,S]$,利用有限交换群的表示理论(即特征标理论) 可以写出该图矩阵的所有特征根的表达式.采用这种方法,可以构作出许多拉氏图来.但是,数学家们现在一般认为,若要构作出具有固定次数 k 的拉氏正则图族,必须取 G 为有限非交换群.

1988 年,三位数论学家取 G 为有限域上的射影线性群(有限非交换群),再

适当选取一个 $p+1$ 元子集，就构作出 $p+1$ 次的拉氏正则图族，其中 p 可以是任何素数．构作方法并不困难，但是证明它们是拉氏图则需要利用拉马努然猜想．为了证明这件事，需要考虑局部域上线性群的表示理论．而数论与群表示理论的联系是现代数论的一个重要内容，目前已有两本专门的书介绍拉氏图族的构作和证明．

7．数学对人类的关怀——拉东变换与 CT 圆周自映射

造福于人类的数学成果，何止千万．许多人享受着现代文明的恩惠，却不知道数学家的贡献．如果没有偏微分方程理论，喷气式飞机就设计不出来．如果没有卡尔曼滤波理论，现代飞机的导航就无法进行．而如果没有拉东(Radon)变换，也就没有诊断疑难病例的 CT 扫描仪．CT 的发明者豪斯费尔德(G.N. Hounsfield)和科马克(A.M.Cormak)获得了 1979 年的诺贝尔医学奖．尽管他们并不是数学家，但是他们构造了 CT 的数学模型，数学是他们成功的基石之一．

让我们简述一下 CT 的原理．X 光光源沿线 l 穿过断层扫描区域到达检测器，接收到光源的强度．由于扫描区域内置有被检物体，所以光源的强度将沿 l 不断衰减，这一衰减函数 $\mu(z)$ 是定义在 l 各点之上的函数．我们用补偿器和参考检测器可使在区域 G 之外的相对衰减均为 0．于是衰减只在区域 G 内发生，沿 L 的光线也只在 $Z=0$ 到 $Z=D$ 这一段有衰减．一个光子从光源经衰减后到达检测器时的强度为 p_L，反映出衰减的总和 $m_L=e-p_L$，e 是光子的能量．衰减的总和可写成积分形式

$$\int_0^z \mu(z)\mathrm{d}z = m_L$$

现在将直线 l 用 (l,θ) 作为参数来表示．我们就由衰减函数 $\mu(x,y)$，$(x,y)\in G$，得到沿直线 (l,θ) 的衰减总和 $m(l,\theta)$（它可由检测器的读数 $p(l,\theta)$ 得出）．

上面分析了由 $\mu(x,y)$ 得到 $m(l,\theta)$ 的过程．现在，我们要提出反问题：如果我们知道了 $m(l,\theta)$，即 $\mu(x,y)$ 沿 (l,θ) 的线积分值，能否知道 $\mu(x,y)$？也就是说，从检测器读数中得到的函数值 $m(l,\theta)$（(l,θ) 代表从光源出发的各条线 l）能否确定 $\mu(x,y)$，$(x,y)\in l$？如果在区域 G 内有异常物（癌变），那么 $\mu(x,y)$ 会在某些位置出现突然变化，这正是我们诊断所要知道的位置．

1917 年，奥地利数学家拉东已经给出了以下的公式，即

$$\mu(x,y) = -\frac{1}{2\pi^2}\lim_{\varepsilon\to 0}\int_\varepsilon^\infty \frac{1}{q}\int_0^{2\pi} m'(x\cdot\cos\theta + y\cdot\sin\theta + q,\theta)\mathrm{d}\theta\mathrm{d}q$$

这里 $m'(l,\theta)$ 是 $m(l,\theta)$ 关于 l 的偏导数．

这样，豪斯费尔德和科马克运用数学方法给出了断层扫描问题的数学模

型,恰巧拉东早在60年以前曾找到此问题的数学解法,一项造福于人类的发明就这样诞生了.

当然,诺贝尔医学奖并非唾手可得,拉东变换还只是理想化的工具.两位得奖人要借助物理学的成果,计算机的数据处理,以及误差消除和补偿等复杂的手续,才能真正付诸实用.1963年,他们用了两天时间求得256条数据来重建模型,而到20世纪80年代,只用5秒钟就能得到一百万条数据,计算技术在这里起了关键作用.

CT的成功说明,建立数学模型是何等艰难,两位获奖者几乎用了毕生精力构作了这个模型.这个模型当然不是用数学方法靠逻辑推理得出来的,数学家提供的仅是问题的求解方法,拉东所作的只是这项杰作的后期工程,作为数学思想的巧妙运用和数学模型的精心制作,应该归功于豪斯费尔德和科马克.

8.拓扑学与生物钟

21世纪是生物学大发展的世纪,对生物学来说数学也有用武之地吗?我国杭州大学的陆寿坤教授发现可以用数学研究生物钟,借此可见其应用的一斑.

生物钟是一种生物现象,圆周自映射是一个数学概念,从表面上看这二者相差很远,奇怪的是它们却有着内在的联系.

生物钟又称生理钟.生物体内有一种无形的"时钟",实际上就是生物生命活动的内在节律性.通过它,生物能感受外界环境的周期性变化(如昼夜的明暗变化等),并调节本身生理活动的步伐,使其在一定的时期开始、进行或结束.例如,植物在每年一定的季节开花,海滩动物在潮汐周期的一定时期产卵,雌性哺乳动物生殖器官发生周期性的变化,昆虫蛹在一定的时间羽化,候鸟在一定的季节移栖,动物的心脏节律性地跳动.就连那小小的低等生物的某些机能也存在着节律现象.例如,草履虫的生命中枢——细胞核的大小以24小时为周期发生变化:中午十二点时最小,然后逐渐增大,到夜间十二点变得最大,到第二天中午十二点,体积又变成最小.总之,生物领域中的节律的明显例子是无时不在,无处不有的.

数学中所谓圆周自映射,是指从圆周到圆周的一个连续变换.大家知道,平面上圆周可用

$$S^1=\{z\mid |z|=1\} \text{ 或 } S^1=\{e^{-2\pi si}\mid s\in I\}$$

表示,这里的 z 是复数,s 是实数,i 是$\sqrt{-1}$,I 是闭区间$[0,1]$.在圆周段到它自身的所有可能的连续变换当中,最简单的是所谓整数幂映射 $f_n:S^1\to S^1;z\to z^n,z\in S^1$ 或 $e^{-2\pi s}\to e^{-2\pi ns},s\in I$.这里的 n 是一个给定的整数.f_0 是常映射,因

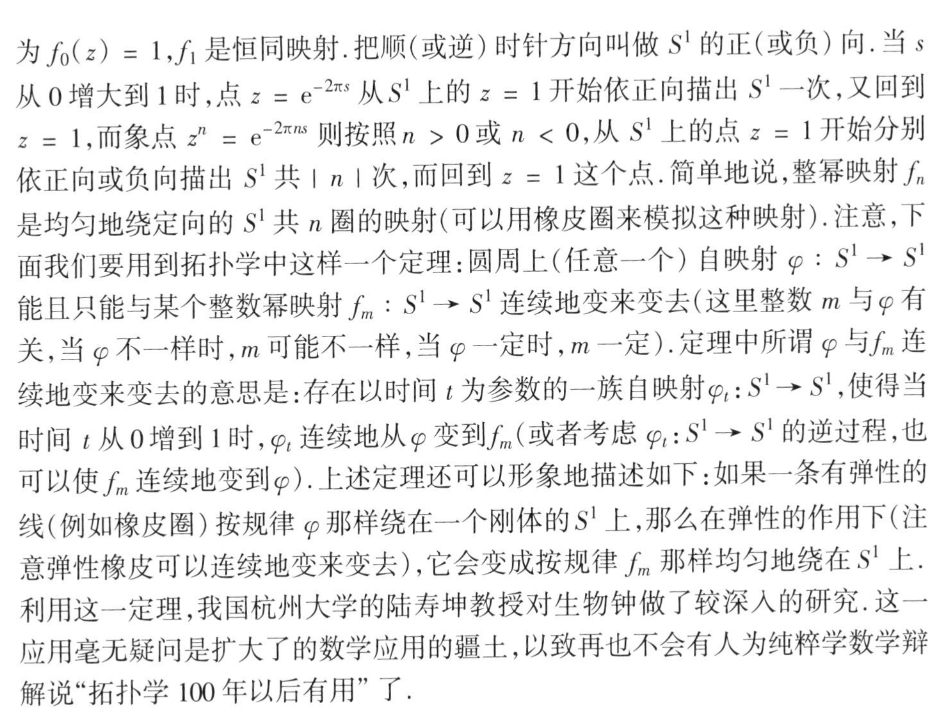

为 $f_0(z)=1$,f_1 是恒同映射. 把顺(或逆)时针方向叫做 S^1 的正(或负)向. 当 s 从 0 增大到 1 时,点 $z=\mathrm{e}^{-2\pi s}$ 从 S^1 上的 $z=1$ 开始依正向描出 S^1 一次,又回到 $z=1$,而象点 $z^n=\mathrm{e}^{-2\pi ns}$ 则按照 $n>0$ 或 $n<0$,从 S^1 上的点 $z=1$ 开始分别依正向或负向描出 S^1 共 $|n|$ 次,而回到 $z=1$ 这个点. 简单地说,整幂映射 f_n 是均匀地绕定向的 S^1 共 n 圈的映射(可以用橡皮圈来模拟这种映射). 注意,下面我们要用到拓扑学中这样一个定理:圆周上(任意一个) 自映射 $\varphi: S^1\to S^1$ 能且只能与某个整数幂映射 $f_m: S^1\to S^1$ 连续地变来变去(这里整数 m 与 φ 有关,当 φ 不一样时,m 可能不一样,当 φ 一定时,m 一定). 定理中所谓 φ 与 f_m 连续地变来变去的意思是:存在以时间 t 为参数的一族自映射 $\varphi_t: S^1\to S^1$,使得当时间 t 从 0 增到 1 时,φ_t 连续地从 φ 变到 f_m(或者考虑 $\varphi_t: S^1\to S^1$ 的逆过程,也可以使 f_m 连续地变到 φ). 上述定理还可以形象地描述如下:如果一条有弹性的线(例如橡皮圈) 按规律 φ 那样绕在一个刚体的 S^1 上,那么在弹性的作用下(注意弹性橡皮可以连续地变来变去),它会变成按规律 f_m 那样均匀地绕在 S^1 上. 利用这一定理,我国杭州大学的陆寿坤教授对生物钟做了较深入的研究. 这一应用毫无疑问是扩大了的数学应用的疆土,以致再也不会有人为纯粹学数学辩解说"拓扑学 100 年以后有用" 了.

在数学的应用这个问题上,有大致两种倾向,一是功利倾向,二是唯美主义倾向,两者都有对的一面又都有偏颇的一面.

先说功利倾向,它提高了数学在整个人类文明取向中的名次,但也极易流于庸俗,并阻碍那些暂时看不到应用前景的高深理论的发展.

在我国,功利倾向早有渊源,从秦九韶的"以拟于用" 为开端.

秦(九韶)、杨(辉)、李(冶)、朱(世杰) 四大家,作为中国古代数学的发展高峰期 —— 宋元时代的主要代表,早已闻名于世,而"秦道古数书九章,思精学博,其中若大衍求一术正负开方两术尤为阐自古不传之秘" 成为中世纪世界数学史上的不朽篇章. 秦九韶理所当然地成了"他的民族、他的时代以至一切时期的最伟大的数学家之一".

秦九韶认为:"汉去古未远,有张苍许商乘马延年耿寿昌郑(元) 张衡刘洪之伦,或明天道,而法传于后,或计功策,而效验于时,后世学者自高,鄙之不讲,此学殆绝.""窃尝设为问答,以拟于用. 积多而惜其弃,因取八十一题,为九类,立术具草,间以图发之.""愿进之于道,……,鸟足尽天下之用." 这是他对"以拟于用" 学术思想的自我阐发.

所谓"以拟于用",就是"对数学的倚重在于经世致用". 或者说,研究数学的目的全在于解决各种实际问题.

到了近代,功利主义在中国学术界愈演愈烈,它强烈地冲击着纯学术研究,所以一直被有识之士所抨击. 早在 1920 年前后,当时中国的一家著名杂志《东方杂志》上,就发表过钱智修的《功利主义与学术》的文章,他鉴于时人多以功利主义蔑弃高深之学,他对此加以批评.他借"儒家必有微言而后有大义,佛家必有菩萨乘而后有声闻乘"来说明高深之学与大众文化之间的关系.在文章中他还说:"功利主义最害学术者,则以应用为学术之目的,而不以学术为学术之目的."所谓《禹贡》治水,《春秋》折狱,《三百篇》当谏书者,即此派思想.

到了现代,这种思潮改变了提法与口号,听似合理,这就是我国20世纪五六十年代"理论联系实际"的一些讲法及作法,与此同时,前苏联也有类似作法,其中主要一点就是要求纯粹数学能够立竿见影地派上用场,否则就是没用的东西,甚至是"伪科学"(1959 ~ 1960年对多复变函数论的确有此提法),这种提法造成了严重后果.于是有些人转入地下继续搞,有些人转行不再搞,有些人徒劳地为纯粹数学辩护,说"拓扑学100年之后有用",还有的人则去搞纸面上的应用数学,最后一种现象国内外都很普遍,表面上联系实际,而内容又与具体的实际问题脱节,既不能解决科学及应用问题,理论本身也没有什么创新,看来这无论对数学还是科学及应用都没多大好处,这却是人们始料不及的.

我们再来看另一种倾向,唯美主义倾向者深信好的数学一定是无用的.

台湾社会学家金耀基教授曾介绍过剑桥的一个非常引人深思的趣事,他说:"在剑桥,饭后举杯有时会有这么一说'愿上帝护佑数学,愿它们永不会被任何人所用.'"(《剑桥与海德堡——欧游语丝》书趣闻丛第一辑),这与剑桥不重"实用",不重急功近利的学术理想一脉相承,剑桥人认为但凡称为学问的东西都应灵空不滞,一落实际,便无足观.

数学家阿里斯铁波斯指出:对于一个普通的技工来说,人们对他的手艺去作好坏或有无用处等方面的评论,然而诸如此类的实际考虑,是永远进入不了数学家的领地的.

但事情的发展往往是越纯粹看似无用的东西,如数论,偏偏会在实际应用中大显身手.

在1994年国际数学家大会召开之前,瑞士主管科学和教育的瑞士联邦科学部长曾向全世界十几位数学家提出三个问题.第一个问题是:纯粹数学怎样才能向资助它发展的国家证明它是一项正当的艺术?著名数学家格里菲斯(Phillip Griffths)在回信中指出:

> "生活中最奥妙的奇迹之一就是最好的纯粹数学总是坚持按照自身的方式不明显地、不可预料地终于使自己成为有用的东西."

这种倾向发展到了极端,便产生了切断数学与物理世界之间的生命线的大胆计划,这是在20世纪才主要由布尔巴基学派提出来的.除方向错了之外,它

还提出了在数学中进行价值判断的深刻哲学问题,即"什么是好的数学?"变成了一种先验的美学判断问题,而数学则成了一种艺术形式.这其中当然有些道理,但在一位数学大师看来,数学当做一门艺术来看时最近似于绘画.二者都在两种目标间维持着一种张力.在绘画中,既要表达可见世界的形状与色彩,又要在一块二维的画布上塑造出赏心悦目的图案;在数学中,既要研究自然的规律,又要编织出优美的演绎模式.最成功的创造必然在这两种倾向之间维持着最大张力;最不令人满意的是那些只在某一方面呈支配之势的作品,如风俗画或纯粹的抽象.

紧跟着布尔巴基对数学抽象的最最名副其实的拥护者来自美国数学界.对抽象的偏爱恰好是对美国注重实际和讲究实效的伟大传统的反抗;战后风行的抽象表现主义是另一种这样的反抗.

当然,对于极度纯粹的东西,在任何国家都有拥护者.比如,朗道(Landau)就称他的同事、流体动力学家普兰特尔(Prandtl)为"Schmieroelmechaniker"(拙劣的机械师).哈代一味蔑视应用工作,莱文森(Levinson)曾在一份报告说,哈代确实被他的朋友诺伯特·维纳的说法迷惑住了,因为维纳声称自己是由物理直觉导致了调和分析中的发现,哈代怀疑维纳的说法只不过是故作势态,在《一个数学家的自白》中,有一段话非常令人沮丧,哈代欢呼数学的无用,并举例说漂亮的无理数理论永远不能应用于工程,但这却是他犯的最大的错误!

若伯特·维
rbert
r,
-1964),美
学家.控制
创始人.生
国密苏里州
北亚,卒于
斯德哥尔
犹太人的

这一倾向无疑也渗透到对数学研究领域的前途判断中,以下问答是一位世界级大师被采访时的记录.

问:您认为数学中的哪一个研究领域最有前途?

答:数学有一个人们所不能不赞叹的性质,就是它的抽象性,因而乍一看毫无用处的一些分支,只要它们是美的,便具有超凡的效能.我非常喜欢温伯格(S.Weinberg)在1986年10月份的《美国数学会通告》(Notices of the AMS,728页)上对超凡效能所做的解释:"这是因为一些数学家为了预知哪一类数学在科学上将是重要的,而把灵魂出卖给了魔鬼."但是,在我看来,一方面当代数学著述的绝大部分并未能满足美学上的要求,因而另一方面也就绝不会有什么用处.也许不但过去情况总是如此,也是今后数学的所必需部分将产生的不可缺少的条件.

前面的若干例子都是来自于比较纯粹的数学分支,但也有一些是应用推动了数学.如果说前面是唯美的,那么后面的几个例子则是功利的.

9.范·梅格伦伪造名画案

在数学中,应用最为广泛的恐怕要数微分方程了.1975年德国斯普林格出版社出版的一套《应用数学丛书》中的一卷由布朗所著的《微分方程及其应用》一书获得了巨大的成功,其中一个主要原因就是介绍了关于科学工作者怎样运用微分方程来解决各种实际问题的大量历史事例.我们不妨摘评几例.

第一个例子是所谓的范·梅格伦伪造名画案件.[①]

在第二次世界大战时期,当比利时解放以后,荷兰野战军保安部开始搜捕纳粹同谋犯,在曾把大批艺术品卖给德国人的某商号的档案中,他们发现了一个银行家的名字,他曾充当把17世纪荷兰名画家杨·弗米尔(Jan Vermeer)的油画《捉奸》卖给戈林的中间人.这个银行家又承认,他是第三流荷兰画家范·梅格伦(H.A.Van Meegeren)的代表.1945年5月29日,范·梅格伦因通敌罪被捕.同年7月12日,范·梅格伦在牢房里宣布:他从未把《捉奸》卖给戈林,而且他还说,这一幅画和众所周知的油画《在埃牟斯的门徒》以及其他四幅冒充弗米尔的油画和两幅冒充德胡斯(De Hooghs, 17世纪荷兰画家)的油画,都是他自己的作品.这件事震惊了全世界.但许多人认为范·梅格伦不过是在撒谎,以免被判通敌之罪.范·梅格伦为了证实他所说的话,在监狱里开始伪造弗米尔的油画《耶稣在医生们中间》,以向怀疑者显示他真是弗米尔作品的伪造能手.当这项工作接近完成时,范·梅格伦获悉:通敌罪已变为伪造罪.因此,他拒绝最后完成和使这一幅油画变陈,以期检查者无法揭露他的使伪造品变陈的秘密.为了澄清问题,由一些卓越的化学家、物理学家和艺术史学家组成的国际专门小组受命究查这一事件.他们用X-射线检验画布上是否曾经有过别的画.此外,他们分析了油彩中的拌料(色粉),检验了油画中有没有历经岁月的迹象.

不过,范·梅格伦是很明白这些方法的.为了避免被人发觉,他在不值钱的古画上刮去颜料只利用其画布,然后设法使用弗米尔可能用过的颜料.范·梅格伦也知道陈年颜料是很硬的,不能溶化的,因此他很机灵地在颜料里掺了一种叫酚醛类人工树脂的化学药品,而这在油画完成后在炉上烘干时硬化为酚醛树脂.

然而,范·梅格伦的伪造工作有几点疏忽之处,使专家小组找出了现代颜料钴兰的痕迹.此外,他们在几幅画里检验出20世纪初才发明的酚醛类人工树脂.根据这些证据,范·梅格伦于1947年10月12日被宣告犯伪造罪,判刑一年.可是他在监狱中因心脏病发作,于1947年12月30日死去.

然而,即使知道了专家小组收集的证据后,许多人还是不肯相信著名的《在埃牟斯的门徒》是范·梅格伦伪造的.他们的论据是:其他所谓的伪制品以及范·梅格伦最近完成的《耶稣在医生们中间》质量都是很差的.他们说,美丽的《在埃牟斯的门徒》的作者一定不会画出质量如此之差的作品来.事实上,《在

① 使用了张鸿林的中译本.

埃牟斯的门徒》曾被著名的艺术史学家布雷丢斯(A. Bredius)鉴定为弗米尔的真迹,而且伦布兰特(Rembrandt)学会花 170 000 美元购买了这幅画.专门小组对怀疑者的回答是:由于范·梅格伦曾因他在世界艺术界中没有地位而十分懊恼,他下定决心绘制《在埃牟斯的门徒》,来证明他高于第三流画家.当创造出这样的杰作以后,他的志气消退了.而且,当他看到这幅《在埃牟斯的门徒》多么容易卖掉以后,在炮制后来的伪制品时就不大用心了.这种解释不能使怀疑者感到满意.他们要求完全科学地、确定地来证明《在埃牟斯的门徒》的确是一个伪制品.终于卡内基·梅伦大学的科学家们在 1967 年做到了这一点,现在我们来叙述他们的工作.

测定油画和其他像岩石和化石这样一些材料的年龄的关键,在于 20 世纪初发现的放射性现象.物理学家拉瑟福德(Rutherford)和他的同事们证明,某种放射性元素的原子是不稳定的,并且在已知的一段时间内,有一定比例的原子自然蜕变而形成新元素的原子.因为放射性的原子的性质,所以卢瑟福指出,物质的放射性与所存在的物质的原子数成正比.因此,如果 $N(t)$ 表示时间 t 存在的原子数,则$\frac{\mathrm{d}N}{\mathrm{d}t}$表示单位时间内蜕变的原子数与 N 成正比,即

$$\frac{\mathrm{d}N}{\mathrm{d}t}=-\lambda N \qquad ①$$

常数 λ 是正的,称为该物质的衰变常数.当然,λ 越大,物质蜕变得越快.衡量物质蜕变率的一个尺度是它的半衰期,半衰期定义为给定数量的放射性原子蜕变一半所需要的时间.为了通过 λ 来计算物质的半衰期,假设在时间 t_0,$N(t_0)=N_0$.于是,初值问题

$$\frac{\mathrm{d}N}{\mathrm{d}t}=-\lambda N,N(t_0)=N_0$$

的解是
$$N(t)=N_0\cdot\exp(-\lambda\int_{t_0}^{t}\mathrm{d}s)=N_0\cdot\mathrm{e}^{-\lambda(t-t_0)}$$

或者
$$\frac{N}{N_0}=\mathrm{e}^{-\lambda(t-t_0)}$$

取两端的对数,我们得到

$$-\lambda(t-t_0)=\ln\frac{N}{N_0} \qquad ②$$

现在,如果$\frac{N}{N_0}=\frac{1}{2}$,则 $-\lambda(t-t_0)=\ln\frac{1}{2}$,于是

$$(t-t_0)=\frac{\ln 2}{\lambda}=\frac{0.693\ 1}{\lambda} \qquad ③$$

因此,物质的半衰期是 $\ln 2$ 除以衰变常数 λ. λ 的量纲是时间的倒数,为了书写简单我们略去了.如果 t 是按年来度量的,则 λ 的量纲是年的倒数,如果 t 是按

分来度量的，则 λ 的量纲是分的倒数. 许多物质的半衰期都已经确定并记录下来了. 例如，碳 - 14(C^{14}) 的半衰期是 5 568 年，铀 - 238(U^{238}) 的半衰期是 4.5×10^9 年.

"放射性测定年龄法"的根据主要如下. 由方程 ② 我们能够解出 $t-t_0=\frac{1}{\lambda}\ln\frac{N_0}{N}$. 如果 t_0 是物质最初形成或制造出来的时间，则物质的年龄是 $\frac{1}{\lambda}\ln\frac{N_0}{N}$. 在大多数情况下，衰变常数是已知的，或者能够算出. 并且，我们通常很容易计算 N 的值. 因此，如果我们知道了 N_0，就能够确定物质的年龄. 然而，这正是问题的困难之处，因为我们通常并不知道 N_0. 不过，在某些情况下，我们或者能够间接确定 N_0，或者能够确定 N_0 的一些适当的范围，对于范·梅格伦的伪造品来说，情况就是如此.

我们从初等化学中所熟知的事实讲起. 地壳中几乎所有岩石都含少量铀. 岩石中的铀蜕变为另一种放射性元素，而该放射性元素又蜕变为其他一系列元素，最后变为无放射性的铅. 铀(它的半衰期是 4.5×10^9 年) 不断提供这一系列中后面各种元素的来源，使得当它们蜕变时就有前面的元素予以补充.

所有油画都含少量放射性元素铅 - 210 (Pb^{210}) 以及更少量的镭 - 226(Ra^{226})，因为 2 000 多年来画家所用的颜料铅白(氧化铅) 中都含有这些元素. 为使读者了解下述分析，必须指出铅白是由金属铅制成的，而金属铅又是从铅矿石提炼而成的. 在这一提炼过程中，矿石中的铅 - 210 随同金属铅一起提出. 然而 90% ~ 95% 的镭及其蜕变后裔则随同其他废料成为矿渣而除去. 这样，铅 - 210 的绝大部分来源被切断，它便以 22 年的半衰期而非常迅速地蜕变. 这个过程一直进行到铅白中的铅 - 210 同所余少量的镭再度处于放射性平衡时为止，这时铅 - 210 的蜕变恰好被镭的蜕变所补足而得到平衡.

现在，我们利用上述分析通过制造铅白时原有铅 - 210 的含量来计算样品中铅 - 210 的含量. 设 $y(t)$ 是时间 t 每克铅白所含铅 - 210 的数量. y_0 是制造时 t_0 每克铅白所含铅 - 210 的数量，$r(t)$ 是时间 t 每克铅白中的镭 - 226 在每分钟蜕变的数量. 如果 λ 是铅 - 210 的衰变常数，则

$$\frac{dy}{dt}=-\lambda y+r(t),y(t_0)=y_0 \tag{4}$$

因为我们所关心的时期最多只有 300 年，而镭的半衰期是 1 600 年，所以我们可以假设镭 - 226 的数量保持不变，于是 $r(t)$ 是一个常数 r. 把微分方程的两端乘以积分因子 $\mu(t)=e^{\lambda t}$，我们得到

$$\frac{dy}{dt}e^{\lambda t}y=re^{\lambda t}$$

因此 $$e^{\lambda t}(t)-e^{\lambda t_0}y_0=\frac{r}{\lambda}(e^{\lambda t}-e^{\lambda t_0})$$

或者

$$y(t) = \frac{r}{\lambda}(1 - e^{-\lambda(t-t_0)}) + y_0 e^{-\lambda(t-t_0)} \quad ⑤$$

现在,$y(t)$ 和 r 能够很容易地测量出来.因此,如果我们知道了 y_0,就能利用方程⑤来计算 $t - t_0$,因而,我们能够确定油画的年龄.但是,正如已经指出的,我们不能直接测量 y_0.克服这个困难的一种可以采取的方法是利用下述事实:在用来提炼金属铅的矿石中,原来所含铅 - 210 同较多数量的镭 - 226 处于放射性平衡.所以,让我们取不同矿石的样品,并计算矿石中每分钟镭 - 226 蜕变的原子数.对于各种矿石都这样做了,其结果在下面的表 2 中给出.这些数在 0.18 到 140 之间变化.因而,在刚制造出来时,每克铅白中所含铅 - 210 每分钟蜕变的原子数在 0.18 到 140 之间变化.这意味着 y_0 也在一个很大的范围内变化,因为铅 - 210 蜕变的原子数同它存在的数量成正比.因此,我们不能利用方程⑤得到油画年龄的精确估值,甚至也不能得到粗略的估值.

表 2　矿石和精选矿石样品(所有蜕变率按每克铅白每分钟计算)

矿石种类(产地)	每分钟 Ra^{226} 蜕变的原子数
精选矿石(俄克拉荷马 - 堪萨斯)	4.5
破碎的原矿石(密苏里东南部)	2.4
精选矿石(密苏里东南部)	0.7
精选矿石(爱达荷)	2.2
精选矿石(爱达荷)	0.18
精选矿石(华盛顿)	140.0
精选矿石(不列颠哥伦比亚)	1.9
精选矿石(不列颠哥伦比亚)	0.4
精选矿石(玻利维亚)	1.6
精选矿石(澳大利亚)	1.1

但是,我们仍然能够利用方程⑤来区别 17 世纪的油画和现代的赝品.这是根据下述简单事实而来的.如果颜料的年头比起铅的半衰期 22 年来久得多,那么颜料中铅 - 210 的放射作用量就几乎接近于颜料中镭的放射作用量.另一方面,如果油画是现代作品(大约 20 年),那么铅 - 210 的放射作用量就要比镭的放射作用量大得多.

我们把这一论点精确分析如下.设所考察的油画或者是很新的或者已有约 300 年之久.令⑤中的 $t - t_0 = 300$.于是,经过一些简单的代数运算,有

$$\lambda y_0 = \lambda y(t) e^{300\lambda} - r(e^{300\lambda} - 1) \quad ⑥$$

如果这幅画确是现代赝品,那么 λy_0 就会大得出奇.为确定这样一个大得出奇的蜕变率,我们注意到:如果当初(制造颜料时)每克铅白中所含铅 - 210 每分钟蜕变 100 个原子,则提炼出它的那种矿石里铀的质量分数大约为 1.4×10^{-4}.这个质量分数是相当高的,因为地壳岩石中铀的平均质量分数约为 2.7×10^{-6}.而西半球有些极罕见的矿石中铀的质量分数达0.02 ~ 0.03.为保险起见,我们说如果每克铅白中所含铅 - 210 的蜕变率超过每分钟 30 000 个原子,那么这样的蜕变率就肯定是大得出奇的.

要计算 λy_0 必须计算此刻铅 - 210 的蜕变率 $\lambda y(t)$,镭 - 226 的蜕变率 r 以及 $e^{300\lambda}$.因为钋 - 210 的蜕变率等于铅 - 210 若干年后的蜕变率,又因为钋 - 210 的蜕变率比较容易测量,所以我们用钋 - 210 蜕变率的值来代替铅 - 210 的蜕变率.为了计算 $e^{300\lambda}$,由方程 ③ 看出 $\lambda=\frac{\ln 2}{22}$.因此

$$e^{300\lambda}=e^{(300/22)\ln 2}=2^{150/11}$$

对于油画《在埃牟斯的门徒》和其他各种疑为伪制品的画,测量出钋 - 210 和镭 - 226 的蜕变率,其结果在下面的表 3 中给出.

表 3 作者有疑问的油画(所有蜕变率按每克铅白每分钟计算)

油画名称	Po^{210} 蜕变的原子数	Ra^{226} 蜕变的原子数
在埃牟斯的门徒	8.5	0.8
濯足	12.6	0.26
看乐谱的女人	10.3	0.3
演奏曼陀林的女人	8.2	0.17
花边织工	1.5	1.4
笑女	5.2	6.0

现在,如果我们对于油画《在埃牟斯的门徒》中的铅白,则方程 ⑥ 算出 λy_0 之值,就得到

$$\lambda y_0=8.5\times2^{(150/11)}-0.8\times(2^{(150/11)}-1)=$$
$$98\ 050(\text{每克铅白每分钟蜕变的原子数})$$

这个数大得难以置信.因此,这一幅画必定是现代的伪制品.由同样的分析无可争辩地证明,油画《濯足》、《看乐谱的女人》和《演奏曼陀林的女人》都不是弗米尔的作品.另一方面,油画《花边织工》和《笑女》都不可能是现代的伪制品(如某些专家所主张的),因为对于这两幅画来说,钋 - 210 和镭 - 226 非常接近于放射性平衡,而这种平衡在取自 19 世纪或 20 世纪油画的任何样品中都观察不到.

10.战争不让数学走开

• 兰彻斯特作战数学模型和硫黄岛之役

在第一次世界大战期间,兰彻斯特(F.W.Lanchester)曾指出军队的集中在现代作战中的重要性.他建立了一些可以从中得到预期的交战结果的数学模型.在这一节里我们来介绍其中两个数学模型,一个是常规部队对常规部队作战的数学模型,另一个是常规部队对游击队作战的数学模型.然后,我们求解这些数学模型即微分方程,并推出“兰彻斯特平方定律”,这个定律说的是:作战部队的实力同投入战斗的战士人数的平方成正比.最后,我们把其中一个数学模型同第二次世界大战中的硫黄岛之役作了比较,发现这个数学模型是非常精确的.

(1) 数学模型的建立.

假设 x 军和 y 军交战.为简单起见,我们把这两军的战斗力定义为他们的战士人数.因此,设 $x(t)$ 和 $y(t)$ 分别表示 x 军和 y 军的战士人数,其中 t 从战斗开始起按天数计算.显然,$x(t)$ 或 $y(t)$ 的变化率,等于其增援率减去非战斗减员率,再减去战斗减员率.

作战部队的非战斗减员率指的是由于非战斗的原因(例如,开小差、疾病等)的减员率.兰彻斯特建议,取作战部队的非战斗减员率同部队的战斗力成正比.然而,看来情况并非如此.例如,作战部队中开小差的速率往往取决于士气和其他一些无形的因素,这些因素甚至难以用语言来描述,更谈不上把它定量化.这里,我们采取一种简易的办法,即只考虑非战斗减员率可以忽略不计的那些情况.

战斗减员率,假设 x 军是正规部队,比较而言,它公开地活动,又假设这支部队的每一个成员都处于敌方 y 的杀伤范围内.我们还假设,当这支正规部队遭受损失以后,敌方的火力立即集中到其余战士的身上.在这些“理想的”条件下,正规部队 x 的战斗减员率等于 $ay(t)$,其中 a 是某个正的常数.这个常数称为部队 y 的战斗有效系数.

如果部队 x 是对方 y 看不到的占据着区域 R 的游击队,情况就大不相同.部队 y 向区域 R 射击,但并不知道其杀伤情况.我们肯定有理由设想:游击队 x 的战斗减员率应当与 $x(t)$ 成正比,因为 $x(t)$ 越大,被敌方的子弹命中的可能性越大;另一方面,部队 x 的战斗减员率还与 $y(t)$ 成正比,因为 $y(t)$ 越大,x 的伤亡人数也就会越大.因此,游击队 x 的战斗减员率等于 $cx(t)y(t)$,其中常数 c 称为敌方 y 的战斗有效系数.

增援率,作战部队的增援率是新战士投入战斗或战士撤离战斗的速率.我们用 $f(t)$ 和 $g(t)$ 分别表示 x 军和 y 军的增援率.

在上述假设下,现在我们就能够写出正规部队对正规部队作战和正规部队对游击队作战的下面两个兰彻斯特数学模型.

正规部队对正规部队作战

$$\begin{cases}\dfrac{\mathrm{d}x}{\mathrm{d}t}=-ay+f(t)\\[2ex]\dfrac{\mathrm{d}y}{\mathrm{d}t}=-bx+g(t)\end{cases}\qquad ①$$

正规部队对游击队作战(x 为游击队)

$$\begin{cases}\dfrac{\mathrm{d}x}{\mathrm{d}t}=cxy+f(t)\\[2ex]\dfrac{\mathrm{d}y}{\mathrm{d}t}=-dx+g(t)\end{cases}\qquad ②$$

方程组 ① 是线性方程组,只要 $a,b,f(t)$ 和 $g(t)$ 已知,便可用显式求解.相反,方程组 ② 是非线性的,很难求解.(事实上,我们只能利用数字计算机来求解)

考虑增援率为零的特殊情况,看来是很有益的.当两支部队都在孤军作战时,就会出现这种情况.这时,① 和 ② 简化为方程组

$$\frac{\mathrm{d}x}{\mathrm{d}t}=-ay,\frac{\mathrm{d}y}{\mathrm{d}t}=-bx\qquad ③$$

和

$$\frac{\mathrm{d}x}{\mathrm{d}t}=-cxy,\frac{\mathrm{d}y}{\mathrm{d}t}=-dx\qquad ④$$

正规部队对正规部队作战:平方定律.方程组 ③ 的轨迹是方程

$$\frac{\mathrm{d}y}{\mathrm{d}x}=\frac{bx}{ay}\text{ 或 }ay\frac{\mathrm{d}y}{\mathrm{d}x}=bx$$

的解曲线.把这个方程积分,得到

$$ay^2-bx^2=ay_0^2-bx_0^2=K\qquad ⑤$$

曲线 ⑤ 在 $x-y$ 平面上定义了一族双曲线.

让我们采用这样一个标准,即如果一支部队先被消灭,则认为另一支部队胜利了.因此,如果 $K>0$,则 y 胜利,因为当 $y(t)$ 减小到 $\sqrt{K/a}$ 时,部队 x 已经被消灭.同样地,如果 $K<0$,则 x 胜利.

说明 i 方程 ⑤ 常常被称为"兰彻斯特平方定律",方程组 ③ 常常称为平方定律数学模型,因为在 ⑤ 中相互对抗的部队的战斗力是以平方的形式出现的.这个术语有些牵强,因为方程组 ③ 实际上是线性方程组.

部队 y 总是力图建立这样一种局面,使得 $K>0$.这就是说,部队 y 想要使得不等式

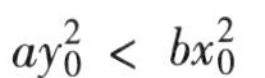

$$ay_0^2 < bx_0^2$$

成立.这可以通过增加 a,即采用更强有力的、更准确的武器,或者通过增加最初投入战斗的战士人数 y_0 来实现.但是,要注意 a 增到两倍结果使 ay_0^2 也增到两倍,而 y_0 增到两倍则会使 ay_0^2 增到四倍.这就是正规战的兰彻斯特平方定律的意义.

正规部队对游击队作战,方程组 ④ 的轨迹是方程

$$\frac{\mathrm{d}y}{\mathrm{d}x}=\frac{\mathrm{d}x}{cxy}=\frac{d}{cy} \qquad ⑥$$

的解曲线.把 ⑥ 的两端乘以 cy,然后积分,得到

$$cy^2-2\mathrm{d}x=cy_0^2-2\mathrm{d}x_0=M \qquad ⑦$$

曲线 ⑦ 在 $x-y$ 平面上定义了一族抛物线.如果 $M>0$,则部队 y 胜利,因为当 $y(t)$ 减小到$\sqrt{M/c}$ 时,部分 x 已经被消灭.同样地,如果 $M<0$,则 x 胜利.

ii 先验地来确定战斗系数 a,b,c 和 d 的数值通常是不可能的.因此,兰彻斯特作战数学模型似乎对于实际战争用处很小.然而,实际情况不是这样.正如下面我们就会看到的,利用战役本身的资料常常就可以确定 a 和 b(或 c 和 d)的适当数值.只要对于一场战斗确定了这些数值,那么对于其他一切在同样条件下进行的战斗,这些数值也就是已知的了.

(2) 硫黄岛之役.

第二次世界大战中最大的战役之一的硫黄岛之役,是在东京南 660 英里(1 英里 = 1.609 千米)的硫黄岛进行的.美国军队想要夺取硫黄岛作为接近日本本土的轰炸机基地,而日本人则需要这个岛作为战斗机基地,以便攻击美国派往轰炸东京和其他日本大城市的飞机.美国军队在1945年2月19日开始进攻硫黄岛,在整整一个月的战斗中,仗始终打得都很激烈,双方都遭受了严重的伤亡(见表4,5).日本当局命令日本军队战斗到最后一个人,他们的确这样做了.在战争进行到第28天时,美国军队宣布占领了该岛,而整个战斗实际直到第36天方才停止.(最后两个日本人坚持到1951年方才投降)

从硫黄岛之役我们可以得到下述资料.

i 增援率.在战斗中日本军队既没有撤退也没有增兵.另一方面,美国登陆军队数目如下:战斗的第一天54 000人,第二天没有,第三天6 000人,第四天和第五天没有,第六天13 000人,以后一直没再派兵.在战斗开始以前,硫黄岛上没有美国军队.

ii 战斗减员率.美国海军陆战队上尉莫尔豪斯(1946)保存着所有美国军队战斗减员情况的按日统计资料.遗憾的是,我们得不到日本军队的这种记录,很可能是栗林将军(硫黄岛上的日本军队指挥官)保存的伤亡名单在战斗中损毁了,而东京保存的任何记录在此后五个月的战争中全部毁于战火.然而,从表

4,5 我们可以推断:在战斗开始时,硫黄岛上的日本军队大约为 21 500 人.实际上,纽科姆(1965)得到的日本军队的数目为 21 000 人,但是这偏低一些,因为显然他没有包括最后几天在坑道中发现的一些活着的人和死尸.

表 4　硫黄岛之役美国方面伤亡情况

单位:人

	阵亡、失踪或受伤后死亡	受伤	残疾	总计
海军陆战队	5 931	17 272	2 648	25 851
海军部分				
海空部队	633	1 158	1 791	3 582
医务看护兵	195	529	724	1 448
海军工兵	51	218	269	538
医生和牙医士	2	12	14	28
参战的陆军部队	6 821	19 217	2 648	28 686

表 5　硫黄岛之役日本方面伤亡情况

单位:人

防御部队(估计)	被俘	阵亡
21 000	海军陆战队 216	20 000
	陆军 867	
	总计 1 083	

iii 非战斗减员率.双方的非战斗减员率均可忽略不计.

现在,设 $x(t)$ 和 $y(t)$ 分别表示战斗开始后第七天美国军队和日本军队的作战人数.由上面的资料可以得到关于硫黄岛之役的兰彻斯特数学模型

$$\begin{cases}\dfrac{\mathrm{d}x}{\mathrm{d}t}=-ay+f(t)\\ \dfrac{\mathrm{d}y}{\mathrm{d}t}=-by\end{cases} \quad ⑧$$

其中,a 和 b 分别为日本军队和美国军队的战斗有效系数,并且

$$f(t)=\begin{cases}54\ 000 & ,0\leqslant t<1\\ 0 & ,1\leqslant t<2\\ 6\ 000 & ,2\leqslant t<3\\ 0 & ,3\leqslant t<5\\ 13\ 000 & ,5\leqslant t<6\\ 0 & ,t\geqslant 6\end{cases}$$

利用参数变易法或者消元法,不难得到 ⑧ 的满足条件 $x(0)=0, y(0)=y_0=21\ 500$ 的解,即

$$x(t)=-\sqrt{\frac{a}{b}}y_0\cdot\cosh\sqrt{ab}t+\int_0^t\cosh\sqrt{ab}(t-s)f(s)\mathrm{d}s \tag{⑨}$$

和

$$y(t)=y_0\cdot\cosh\sqrt{ab}t-\sqrt{\frac{b}{a}}\int_0^t\sinh\sqrt{ab}(t-s)f(s)\mathrm{d}s \tag{⑩}$$

其中

$$\cosh x\equiv(\mathrm{e}^x+\mathrm{e}^{-x})/2, \sinh x=(\mathrm{e}^x-\mathrm{e}^{-x})/2$$

现在,摆在我们面前的问题是:是否存在常数 a 和 b,使得 ⑨ 能够很好地符合于莫尔豪斯收集的资料?这是一个极其重要的问题.肯定的回答就会说明兰彻斯特数学模型的确可以用来描述实际战斗,而否定的回答则说明兰彻斯特的大部分工作是有问题的.

正如前面我们所提到的,计算两支相互对抗的部队的战斗有效系数是极其困难的.然而,只要知道了一场战斗的资料,常常就可以确定 a 和 b 的适当数值,硫黄岛之役就属于这种情况.

a 和 b 的计算.把 ⑧ 的第二个方程在 0 和 s 之间积分,得到

$$y(s)-y_0=-b\int_0^s x(t)\mathrm{d}t$$

于是

$$b=\frac{y_0-y(s)}{\int_0^s x(t)\mathrm{d}t} \tag{⑪}$$

特别是,令 $s=36$,得到

$$b=\frac{y_0-y(36)}{\int_0^{36}x(t)\mathrm{d}t}=\frac{21\ 500}{\int_0^{36}x(t)\mathrm{d}t} \tag{⑫}$$

⑫ 的右端的积分可以用黎曼和来近似,即

$$\int_0^{36}x(t)\mathrm{d}t\cong\sum_{i=1}^{36}x(i)$$

而对于 $x(i)$,我们代入战斗第 i 天美国军队活着的人数.利用莫尔豪斯提供的数据,我们算出 b 的值

$$b=\frac{21\ 500}{2\ 037\ 000}=0.010\ 6 \tag{⑬}$$

说明 我们可能希望在 ⑪ 中设 $s=28$,因为在这一天美军宣布占领了硫黄岛,以后只有一些零星的战斗.然而,我们不知道 $y(28)$.因此,这里我们只好

取 $s=36$.

其次,把 ⑧ 的第一个方程在 $t=0$ 和 $t=28$ 之间积分,得到

$$x(28)=-a\int_0^{28}y(t)\mathrm{d}t+\int_0^{28}f(t)\mathrm{d}t=-a\int_0^{28}y(t)\mathrm{d}t+73\ 000$$

在战斗的第 28 天美国军队活着的人数是 52 735. 因此

$$a=\frac{73\ 000-52\ 735}{\int_0^{28}y(t)\mathrm{d}t}=\frac{20\ 265}{\int_0^{28}y(t)\mathrm{d}t} \tag{14}$$

最后,我们用黎曼和来近似 ⑭ 右端的积分,即

$$\int_0^{28}y(t)\mathrm{d}t\cong\sum_{j=1}^{28}y(j)$$

而用

$$y(j)=y_0-b\int_0^{j}x(t)\mathrm{d}t\cong 21\ 500-b\sum_{i=1}^{j}x(j)$$

来逼近 $y(j)$. 同样,我们用战斗第 i 天美国军队活着的人数来代替 $x(i)$. 计算结果是

$$a=\frac{20\ 265}{372\ 500}\approx 0.054\ 4 \tag{15}$$

我们把美国军队实际活着的人数同方程 ⑨ 预测的数值进行了对比. 我们看出,二者非常接近. 这就说明,兰彻斯特数学模型确实能够用来描述实际战争.

说明 我们采用的美国军队的数字包括所有的登陆人员——作战部队和支援部队. 因此,我们计算出的 a 和 b 的值应当解释为每个登陆人员的平均的战斗有效系数.

11. 政治与数学——L·F·理查森军备竞赛理论

下面,我们将介绍利用微分方程理论来建立军备竞赛的数学模型,以此来窥视政治中数学的应用. 政治家给人的感觉是纵横捭阖,指点江山,钩心斗角,龙争虎斗的样子,跟数学是毫不搭界的. 但数学是如此强大,它不会放过任何一个应用机会. 利用微分方程理论,我们可以来建立描述两国之间的关系的数学模型,其中每一个国家都决心防御对方可能发动的进攻. 每一个国家都认为这种进攻的可能性是完全现实的,因而有充分理由按对方准备发动战争的程度来作戒备. 我们的数学模型的根据是 L·F·理查森的工作. 这项研究并不是对于外国政治情况做出科学论述,也并不预言下一次战争在哪一天爆发. 当然,这显然是不可能的. 相反,这只是要说明不断思索着的人们将会怎样采取行动. 正如理查森所写的:"为什么这么多的国家勉勉强强地但还在不断地增加他们的军

备,就好像他们无意识地被迫这样去做呢?我说,这是因为他们遵循着他们的一成不变的传统和他们的机械的本能,也是因为他们还没有在理智上和道义上做出足够的努力来控制这种局势.这里推导出的方程所描述的过程不能认为是不可避免的.但是,如果允许本能和传统不受限制地起作用的话,那么就会发生这种过程."

设 $x = x(t)$ 表示第一个国家(称为甲方)的战争潜力或军备;$y = y(t)$ 表示第二个国家(称为乙方)的战争潜力.$x(t)$ 的变化率显然取决于乙方的军备 $y(t)$,以及甲方对于乙方的仇恨程度.在最简单的数学模型中,我们分别用 ky 和 g 来表示这两项,其中 k 和 g 都是正的常数,这两项使得 x 增加.另一方面,军备开支对于 $\frac{dx}{dt}$ 起着抑制的作用.我们用 $-ax$ 来表示这一项,其中 a 是正的常数.同样的分析对于 $\frac{dy}{dt}$ 也适用.因此,$x = x(t)$,$y = y(t)$ 是下列微分方程组的解,即

$$\begin{cases}\frac{dx}{dt} = ky - ax + g\\ \frac{dy}{dt} = lx - \beta y + h\end{cases} \quad ①$$

说明 数学模型①不只适用于两个国家,而且也能表示两个军事联盟之间的关系.例如,甲、乙双方可以表示第一次世界大战前若干年的法俄联盟和德奥匈联盟.

在整个历史上,对于战争的起因,一直存在着争论.在2 000多年以前,苏西迪底斯(Thucydides)主张:军备引起战争.在叙述伯罗奔尼撒战争时,他写道:"真正的但未明言的战争起因,我相信是雅典势力的增长,引起斯巴达人的恐惧,迫使他们发动战争."第一次世界大战期间的英国外交大臣格雷(E.Grey)赞成这种观点,他写道:"每一个国家增加军备都是为了使自己感到强大和安全,但实际上却不会产生这些效果,相反,增加军备的结果,反而会引起对别国力量的敏感和一种恐惧感.欧洲军备的巨大增加,由此而引起的不安和恐惧,正是这些原因使得战争不可避免了.这就是对于世界大战起因的真正的和最后的解释."

另一方面,20世纪30年代英国国会议员埃默里(L.S.Amery)则激烈地反对这种观点.当众议院里有人引述格雷先生的意见时,埃默里反驳道:"虽然我十分崇敬杰出的政治家的遗芳,但我相信这种见解是完全荒谬的.军备只是欲望和理想的冲突的象征,只是产生战争的民族主义力量的象征.世界大战之所以爆发,是由于塞尔维亚、意大利、罗马尼亚热衷于把当时属于奥地利帝国的领土并入自己的版图,而奥国政府则绝不会不经一战而把这些领土轻易让人.至于法国,则一有机会,就准备致力于收复阿尔萨斯—洛林.世界大战的起因,就在

于这些事实，就在于这些不可调解的欲望的冲突，而不在于军备本身.”

方程组 ① 把两种相互矛盾的理论都考虑在内了. 苏西迪底斯和格雷会把 g 和 h 取得远小于 k 和 l，而埃默里则会把 k 和 l 取得远小于 g 和 h.

方程组 ① 具有几个重要的含意. 假设 g 和 h 都是零，这时，$x(t) \equiv 0$，$y(t) \equiv 0$ 是方程组 ① 的平衡解. 这就是说，如果 x,y,g 和 h 同时为零，则 $x(t)$ 和 $y(t)$ 将永远保持为零. 这种理想的情况就是由于裁军和相互和解而达到的持久和平. 自 1817 年以来在加拿大和美国的边境上，以及自 1905 年以来在挪威和瑞典的边境上，就存在这种情况.

这些方程还进一步说明，未经和解的双方裁军是不会持久的. 假设在某个时间 $t = t_0$，x 和 y 同时为零. 这时，$\frac{dx}{dt} = g$，$\frac{dy}{dt} = h$. 因此，如果 g 和 h 是正数，则 x 和 y 不会保持为零. 相反，两国都将重整军备.

单方面裁军相应于在某一时刻令 $y = 0$，这时，$\frac{dy}{dt} = lx + h$. 这意味着，如果 h 或 x 是正数，则 y 不会保持为零. 因此，单方面裁军绝不会持久. 这同历史事实是一致的：根据凡尔赛条约，德国军队削减到 100 000 人，远远少于它们几个邻国，而在 1933 ~ 1936 这几年当中，德国竭力主张重整军备.

当 ① 中“防御”项占优势时，就会出现军备竞赛. 在这种情况下

$$\frac{dx}{dt} = ky, \frac{dy}{dt} = lx \quad ②$$

② 的每一个解都具有下列形式，即

$$x(t) = Ae^{\sqrt{kl}t} + Be^{-\sqrt{kl}t}$$

$$y(t) = \sqrt{\frac{l}{k}}(Ae^{\sqrt{kl}t} - Be^{-\sqrt{kl}t})$$

所以，如果 A 是正数，则 $x(t)$ 和 $y(t)$ 都趋向于无穷大. 这个无穷大可以解释为战争.

方程组 ① 并不完全正确，因为它没有考虑到甲方和乙方之间的合作或贸易的影响. 正如现在我们看到的，国家之间的相互合作有助于减少它们的恐惧和怀疑. 我们通过改变 $x(t)$ 和 $y(t)$ 的意义来修正上述模型；设变量 $x(t)$ 和 $y(t)$ 代表“威胁”减去“合作”. 具体地说，设 $x = U - U_0$，$y = V - V_0$，其中 U 是甲方的军事预算，V 是乙方的军事预算，U_0 是甲方向乙方出口货物的数量，V_0 是乙方向甲方出口货物的数量. 我们注意到，正如军备会招致更多的军备一样，一方的合作也会引起对方的合作. 此外，由于考虑到合作所带来的花费，各国都有削减合作的倾向. 因此，方程组 ① 仍然可以描述这种比较普遍的情况.

方程组 ① 具有唯一的平衡解，即

$$x = x_0 = \frac{kh - \beta g}{\alpha\beta - kl}, y = y_0 = \frac{lg + \alpha h}{\alpha\beta - kl} \quad ③$$

如果 $\alpha\beta - kl \neq 0$. 我们所关心的是确定这个平衡解是稳定的还是不稳定的. 为此,我们把 ① 定成下列形式

$$\boldsymbol{w} = \boldsymbol{A}\boldsymbol{w} + \boldsymbol{f}$$

其中 $$\boldsymbol{w}(t) = \begin{pmatrix} x(t) \\ y(t) \end{pmatrix}, \boldsymbol{f} = \begin{pmatrix} g \\ h \end{pmatrix}, \boldsymbol{A} = \begin{pmatrix} -\alpha & k \\ l & -\beta \end{pmatrix}$$

平衡解是

$$\boldsymbol{w} = \boldsymbol{w}_0 = \begin{pmatrix} x_0 \\ y_0 \end{pmatrix}$$

其中,$\boldsymbol{A}\boldsymbol{w}_0 + \boldsymbol{f} = \boldsymbol{0}$,令 $\boldsymbol{z} = \boldsymbol{w} - \boldsymbol{w}_0$,我们得到

$$\boldsymbol{z} = \boldsymbol{w} = \boldsymbol{A}\boldsymbol{w} + \boldsymbol{f} = \boldsymbol{A}(\boldsymbol{z} + \boldsymbol{w}_0) + \boldsymbol{f} = \boldsymbol{A}\boldsymbol{z} + \boldsymbol{A}\boldsymbol{w}_0 + \boldsymbol{f} = \boldsymbol{A}\boldsymbol{z}$$

显然,当且仅当 $\boldsymbol{z} = \boldsymbol{0}$ 是 $\boldsymbol{z} = \boldsymbol{A}\boldsymbol{z}$ 的稳定解时,$\boldsymbol{w} = \boldsymbol{A}\boldsymbol{w} + \boldsymbol{f}$ 的平衡解 $\boldsymbol{w}(t) = \boldsymbol{w}_0$ 是稳定的. 为了确定 $\boldsymbol{z} = \boldsymbol{0}$ 的稳定性,我们计算

$$p(\lambda) = \det\begin{pmatrix} -\alpha - \beta & k \\ l & -\beta - \lambda \end{pmatrix} = \lambda^2 + (\alpha + \beta)\lambda + \alpha\beta - kl$$

$p(\lambda)$ 的根是

$$\lambda = \frac{-(\alpha + \beta) \pm ((\alpha + \beta)^2 - 4(\alpha\beta - kl))^{1/2}}{2} = \frac{-(\alpha + \beta) \pm ((\alpha - \beta)^2 + 4kl)^{1/2}}{2}$$

我们看到,两个根都是实数并且不等于零. 而且,当 $\alpha\beta - kl > 0$ 时,两个根都是负的;当 $\alpha\beta - kl < 0$ 时,一个根是正的. 因此,$z(t) \equiv 0$,因而平衡解 $x(t) \equiv x_0$,$y(t) \equiv y_0$,当 $\alpha\beta - kl > 0$ 时是稳定的,当 $\alpha\beta - kl < 0$ 时是不稳定的.

现在,我们来考虑一个困难的问题,即估计系数 α,β,k,l,g 和 h. 显然,我们无法测量 g 和 h. 但是,有可能得到 α,β,k 和 l 的合理的估值. 注意到这些系数的单位都是时间的倒数. 物理学家和工程师把 α^{-1} 和 β^{-1} 称为松弛时间,因为如果 y 和 g 都恒等于零,则 $x(t) = \mathrm{e}^{-\alpha(t-t_0)}x(t_0)$. 这意味着,$x(t_0 + \alpha^{-1}) = x(t_0)/\mathrm{e}$. 因此,如果一个国家对于其他国家没有仇恨,而其他国家又都没有军备,α^{-1} 就是这个国家的军备减少到原来的 2.718 分之一所需要的时间. 理查森估计 α^{-1} 是一个国家议会的任期. 于是,对于英国来说,$\alpha = 0.2$,因为英国议会的任期是 5 年.

为了估计 k 和 l,我们考虑一种假设的情况,其中 $g = 0, y = y_1$,于是 $\frac{\mathrm{d}x}{\mathrm{d}t}ky_1 - ax$. 当 $x = 0$ 时,$\frac{1}{k} = y_1\Big/\left(\frac{\mathrm{d}x}{\mathrm{d}t}\right)$. 因此如果,i 乙方军备保持不变,ii 不存在仇恨,iii 军费开支不会使甲方军备增长速度减缓,则 $\frac{1}{k}$ 是甲方赶上乙方所需要的时间. 现在,我们来考虑 1933 ~ 1936 年德国重整军备的情况. 德国重整军

备几乎是从零开始的,用了大约 3 年的时间就赶上了它的邻国.假设 α 的减缓效应几乎被德国人的强烈仇恨 g 所平衡,所以对于德国,我们取 $k = 0.3^{-1}$ 年.而且,我们注意到:k 显然同一个国家具有的工业数量成正比.因此,对于工业能力只有德国一半的国家来说,$k = 0.15$,而对于工业能力是德国3倍的国家来说,$k = 0.9$.

现在,我们以 1909 ~ 1914 年欧洲军备竞赛的情况,来检验我们的数学模型.法国同俄国结盟,德国和奥匈帝国结盟.意大利与英国都没有同哪一方面明确结盟.因此,设甲方代表法俄联盟,乙方代表德奥匈联盟.因为这两个联盟实力大致相等,所以我们取 $k = l$,又因为每个联盟的实力大致是德国的 3 倍,所以我们取 $k = l = 0.9$,我们还假设 $\alpha = \beta = 0.2$,于是

$$\begin{cases} \dfrac{\mathrm{d}x}{\mathrm{d}t} = -\alpha x + ky + g \\ \dfrac{\mathrm{d}y}{\mathrm{d}t} = kx - \alpha y + h \end{cases} \tag{④}$$

方程 ④ 具有唯一的平衡解

$$x_0 = \frac{kh + \alpha g}{\alpha^2 - k^2}, y_0 = \frac{kg + \alpha h}{\alpha^2 - h^2}$$

这种平衡解是不稳定的,因为

$$\alpha\beta - kl = \alpha^2 - k^2 = 0.04 - 0.81 = -0.77$$

当然,这同历史事实是一致的,这两个联盟终于走向战争.

我们建立的数学模型是很粗糙的,因为其中假设仇恨 g 和 h 都不随时间变化.显然,这是不正确的.仇恨 g 和 h 甚至不是时间的连续函数,因为二者可能同时大幅度地突变(但是,假设 g 和 h 在长期内相对地不变,还是可靠的).尽管如此,方程组 ④ 仍然能够很精确地描述第一次世界大战前的军备竞赛情况.为了说明这一点,我们把 ④ 的两个方程加在一起,得到

$$\frac{\mathrm{d}}{\mathrm{d}t}(x + y) = (k - \alpha)(x + y) + g + h \tag{⑤}$$

据前述,$x = U - U_0$ 和 $y = V - V_0$,其中,U 和 V 是两个联盟的军事预算,U_0 和 V_0 是每一个联盟向对方出口货物的数量.因此

$$\frac{\mathrm{d}}{\mathrm{d}t}(U + V) = (k - \alpha)\left(U + V - \left(U_0 - V_0 - \frac{g + h}{k - \alpha} - \frac{1}{k - \alpha}\frac{\mathrm{d}}{\mathrm{d}t}(U_0 + V_0)\right)\right) \tag{⑥}$$

两个联盟的军事预算见表 6.

我们可以表示出了 $U + V$ 的年增加量同相应的两年内 $U + V$ 的平均值之间的关系

$$\Delta(U + V) = 0.73(U + V - 194) \tag{⑦}$$

表 6　军事预算　　　　　　**单位：百万英镑**

	1909 年	1910 年	1911 年	1912 年	1913 年
法国	48.6	50.9	57.1	63.2	74.7
俄国	66.7	68.5	70.7	81.8	92.0
德国	63.1	62.0	62.5	68.2	95.4
奥匈帝国	20.8	23.4	24.6	25.5	26.9
总 $U+V$	199.2	204.8	214.9	238.7	289.0
$\Delta(U+V)$	5.6	10.1	23.8	50.3	
同一时期的 $U+V$	202.0	209.8	226.8	263.8	

最后，我们由 ⑦ 看到：如果 $U+V$ 大于 194 百万英镑，则两个联盟的总的军事预算将会增加；否则，将会减少. 事实上，在 1909 年，两个联盟的军事预算为 199.2 百万英镑，而两个联盟之间的贸易总额只有 171.8 百万英镑. 因此，军备竞赛开始了，并最终导致第一次世界大战的暴发.

12. 弱肉强食，适者生存
——群体生物学中的竞争排斥原理

在自然界里我们常常会看到这种现象：两种相似的生物之间为了争夺有限的同样食物来源和生活空间而进行着的生存斗争，斗争直到其中一种生物完全绝灭时才会结束，这种现象称为“竞争排斥原理”. 达尔文在 1859 年第一次以略有不同的方式说明了这个原理. 他在“自然选择和物种起源”一文中写道：“因为同属的生物在习性、素质特别是构造方面通常（虽然并不一定）具有很多的相似性，所以，如果处于相互竞争的状态时，则他们之间的斗争比不同属的生物之间的斗争更为激烈.”

在生物学上，对于竞争排斥原理有一种非常有趣的解释. 这种理论的根据是所谓“小生境(niche)”的概念. 小生境指的是某种生物在群落(community)中占有的地位，即这种生物的习性、食物和生活方式是怎样的. 人们已经观察到：作为竞争的结果，两种相似的生物很少占有相同的小生境. 相反，每一种生物所占有的那些类型的食物和生活方式，使得它优越于它的竞争者. 如果两种生物倾向于占有相同小生境的话. 那么它们之间的生存斗争就会非常强烈，结果较弱的一种生物就会绝灭.

栖居在黑海的乔里尔加什岛上的燕鸥群就是一个很好的例证. 燕鸥群是由

四种不同的燕鸥组成的:三明治燕鸥、普通燕鸥、黑喙燕鸥和小燕鸥.这四种燕鸥联合起来赶走了它们的敌人.但是,当我们注意到它们的觅食方式时,则会发现它们之间存在着明显的差别.三明治燕鸥飞过宽阔的海面到远方攫取某种鱼类,而黑喙燕鸥却专门在陆地上觅食.另一方面,普通燕鸥和小燕鸥在海岩附近捕鱼.当它们飞着看到鱼时,立即潜入水中把鱼捉住.小燕鸥在浅水的海滩上捕鱼,而普通燕鸥则在离海岸稍远的地方捕鱼.这样,共同生活在同一个小岛上的这四种相似的燕鸥,在选择和攫取食物方面是有很大差别的.每一种燕鸥占有的小生境,使它们明显地优越于其竞争者.

在这一节,我们给出竞争排斥定律的严格的数学证明.证明是这样来进行:首先推导出两种相似的生物相互作用所遵循的微分方程组,然后证明这个方程组的每一个解都趋于平衡状态,而在平衡状态时一种生物已经绝灭.

在建立两种相互竞争的生物之间的生存斗争的数学模型时,我们有必要再来回顾一下生物总数增长的统计规律,即

$$\frac{\mathrm{d}N}{\mathrm{d}t} = aN - bN^2 \qquad ①$$

单独一种生物(这种生物成员本身之间为了有限数量的食物和生活空间而进行着竞争)的总数 $N(t)$ 的增长情况遵循这个方程.我们知道:当 t 趋于无穷大时,$N(t)$ 趋于极限值 $K = \frac{a}{b}$.这个极限值可以看做生活环境所能维持的这种生物的最大总数.通过 K,统计规律 ① 能够改写为

$$\frac{\mathrm{d}N}{\mathrm{d}t} = aN\left(1 - \frac{b}{a}N\right) = aN\left(1 - \frac{N}{K}\right) = aN\left(\frac{K - N}{K}\right) \qquad ②$$

方程 ② 具有下述有趣的解释.当总数 N 很低时,它的增长服从马尔萨斯定律

$$\frac{\mathrm{d}N}{\mathrm{d}t} = aN$$

aN 一项称为该物种的“生物潜能(biotic potential)”.它是在理想条件下的生物的潜在增长率,如果在食物和生活空间方面不受限制,而生物的各个成员都不排泄有毒的废物时,这个增长率就会实现.但是,当生物总数增加时,生物潜能就会依因子$(K - N)/K$而减小,这个因子是生活环境中仍然空着的位置的相对数目.生态学家把这个因子称为增长的环境阻力(environmental resistance).

现在,设 $N_1(t)$ 和 $N_2(t)$ 分别是生物 1 和 2 在时间 t 的总数.而且,设 K_1 和 K_2 是生活环境所能维持的生物 1 和 2 的最大总数,a_1N_1 和 a_2N_2 是生物 1 和 2 的生物潜能.这时,$N_1(t)$ 和 $N_2(t)$ 满足微分方程组

$$\begin{cases} \dfrac{\mathrm{d}N_1}{\mathrm{d}t} = a_1 N_1 \left(\dfrac{K_1 - N_1 - m_2}{K_1} \right) \\ \dfrac{\mathrm{d}N_2}{\mathrm{d}t} = a_2 N_2 \left(\dfrac{K_2 - N_2 - m_1}{K_2} \right) \end{cases} \quad ③$$

其中,m_2 是占据第一种生物的位置的第二种生物成员的总数,m_1 是占据第二种生物的位置的第一种生物成员的总数.初看起来,似乎有 $m_2 = N_2, m_1 = N_1$.然而,一般来说不是这样,因为两种生物以相同方式利用环境的情况是很少见的.个数相等的生物1和生物2所消耗的食物、所占据的生活空间和所排泄的化学成分相同的废物,一般来说,数量并不相等.一般来说,我们必须设 $m_2 = \alpha N_2$ 和 $m_1 = \beta N_1$,其中 α 和 β 都是常数,常数 α 和 β 表明一种生物对另一种生物影响的程度,如果两种生物之间并没有不可调和的利害关系,它们占有独立的小生境,那么 α 和 β 都是零.如果两种生物要求同样的小生境,并且是非常相似的,则 α 和 β 都接近于1;另一方面,如果说一种生物,譬如说生物2,利用环境非常浪费,也就是说,它消耗大量的食物,或者排泄毒性很大的废物,那么一个生物2的成员就会占据许多个生物1的成员的位置.因此,在这种情况下,系数 α 是很大的.

现在,我们仅限于考虑两种生物非常相似而要求同样的小生境的情况.这时,$\alpha = \beta = 1$,$N_1(t)$ 和 $N_2(t)$ 满足微分方程组

$$\begin{cases} \dfrac{\mathrm{d}N_1}{\mathrm{d}t} = a_1 N_1 \left(\dfrac{K_1 - N_1 - N_2}{K_1} \right) \\ \dfrac{\mathrm{d}N_2}{\mathrm{d}t} = a_2 N_2 \left(\dfrac{K_2 - N_1 - N_2}{K_2} \right) \end{cases} \quad ④$$

在这种情况下,我们可以预料生物1和生物2之间的生存斗争是很强烈的,结果一种生物完全绝灭.现在,我们来证明事实上的确如此.

竞争排斥原理 假设 K_1 大于 K_2.于是,当 t 趋向于无穷大时,④的每一个解 $N_1(t), N_2(t)$ 都趋向于平衡解 $N_1 = K_1, N_2 = K_2$.换句话说,如果生物1和生物2非常相似,而生活环境所能维持的生物1的数目比生物2的数目多,则生物2最终将会绝灭.

13. 掠俘问题:为什么第一次世界大战期间在地中海捕获的鲨鱼的百分比会戏剧性地增加

20世纪20年代,意大利生物学家棣安考纳(U.D.Ancona)曾研究过相互制约的各种鱼类总数变化的情况.在研究过程中,他无意中发现了第一次世界大

战那些年地中海各港口所获各种鱼类占总量的百分比的资料.特别是,他发现了各种软骨掠肉鱼(鲨鱼、鳐鱼、鹞鱼等)所占总渔获量的百分比,这些鱼并不是很理想的食用鱼.在1914 ~ 1923年期间,意大利阜姆(Finme)港收购的软骨掠肉鱼所占比例如下:

1914年	1915年	1916年	1917年	1918年	1919年	1920年	1921年	1922年	1923年
11.9%	21.4%	22.1%	21.2%	36.4%	27.3%	16.0%	15.9%	14.8%	10.7%

使得棣安考纳感到惊异的是:在战争时期,软骨掠肉鱼的百分比急剧增加.显然,他认为掠肉鱼百分比的增加是由于这一时期的捕鱼量大大降低了.但是,渔获量对于各种鱼类总数的影响又如何呢?这个问题的答案是棣安考纳非常关心的,因为他正在研究生物之间为生存而进行的斗争.这个问题的答案同渔业也有关系,因为它对于应当用什么方式捕鱼也有明显的意义.

软骨鱼同食用鱼之间的区别是:软骨鱼是掠夺者,而食用鱼则是它们的“活点心”;软骨鱼依靠它们所处环境中的食用鱼而生活.起初,棣安考纳认为战争时期软骨鱼比例增加的原因就在于此.因为,这一时期捕鱼量大大降低了,所以软骨鱼可以得到更多的食物,于是它们迅速地繁殖起来了.然而,这种解释还没有完全说明问题,因为战争时期食用鱼的总数也增加了.棣安考纳的理论只是说明:当捕鱼量降低时软骨鱼的数目将会增加;但是还没有解释为什么捕鱼量的降低对于软骨鱼比对于食用鱼更为有利.

对于这种现象,棣安考纳从生物学上进行了周密的考虑,然而未能得到解释,于是他去找他的同事后来成为他女婿的著名意大利数学家伏尔泰拉(V. Volterra),希望伏尔泰拉能够建立一个关于软骨鱼及其食物——食用鱼生长情况的数学模型,并且希望这个数学模型能够回答他的问题.伏尔泰拉开始分析这个问题,首先他把所有的鱼分为两类:食用鱼和掠肉鱼,前者总数为 $x(t)$,后者总数为 $y(t)$.这时,他认为食用鱼本身对于食物的竞争并不强烈,因为食物很丰富,鱼的数目并不稠密.因此,如果不存在掠肉鱼的话,食用鱼的生长应当遵循马尔萨斯生物总数增长定律 $\dot{x} = ax$,其中 a 是某个正的常数.其次,伏尔泰拉认为,单位时间内掠肉鱼和食用鱼相遇的次数为 bxy,其中 b 是某个正的常数.因此,$\dot{x} = ax - bxy$.类似地,伏尔泰拉认为掠肉鱼的自然减少率同它们存在的数目 y 成正比,即为 $-cy$,而自然增加率则同它们存在的数目 y 及其食物——食用鱼的数目 x 成正比,即为 dxy.于是得到

$$\begin{cases}\dfrac{\mathrm{d}x}{\mathrm{d}t} = ax - bxy \\ \dfrac{\mathrm{d}y}{\mathrm{d}t} = -cy + dxy\end{cases} \qquad ①$$

方程组①就是当不存在渔业活动时掠肉鱼和食用鱼相互影响所遵循的方

程组.我们来仔细地分析这个方程组,并且导出关于其解的几个有趣的性质.然后,我们再来考虑渔业活动对于这个数学模型的影响,并且说明为什么捕鱼量的降低对于掠肉鱼比对于食用鱼更为有利.事实上,我们将得到一个很奇怪的结果:捕鱼量的降低实际上对于食用鱼是有害的.

首先注意到:方程组 ① 具有两个平衡解 $x(t)=0, y(t)=0$ 和 $x(t)=\frac{c}{d}$, $y(t)=\frac{a}{b}$.当然,第一个平衡解对于我们来说是没有意义的.这个方程组还有一族解 $x(t)=x_0\mathrm{e}^{at}, y(t)=0$ 和 $x(t)=0, y(t)=y_0\mathrm{e}^{-ct}$.因此,$x$ 轴和 y 轴都是 ① 的轨迹.这意味着:① 中当 $t=t_0$ 时由第一象限 $x>0, y>0$ 出发的每一个解 $x(t), y(t)$,在以后一切时间 $t \geqslant t_0$ 都保持在第一象限内.

当 $x, y \neq 0$ 时,① 的轨迹是一阶方程

$$\frac{\mathrm{d}y}{\mathrm{d}x}=\frac{-cy+dxy}{ax-bxy}=\frac{y(-c+dy)}{x(a-by)} \qquad ②$$

的解曲线.这个方程是可分离变量的方程,因为我们可以把它改写成

$$\frac{a-by}{y}\cdot\frac{\mathrm{d}y}{\mathrm{d}x}=\frac{-c+dx}{x}$$

于是得到

$$a\ln y-by+c\ln x-\mathrm{d}x=k_1$$

其中,k_1 是某一常数.取这个方程两端的指数函数,得到

$$\frac{y^a}{\mathrm{e}^{by}}\cdot\frac{x^c}{\mathrm{e}^{dx}}=k \qquad ③$$

其中,k 是某一常数.

因此,① 的轨迹是由 ③ 定义的曲线族,我们可以证明这些曲线是封闭的.

现在,棣安考纳所用的数据实际上是掠肉鱼的百分比在每一年中的平均值.因此,为了把这些数据同方程组 ① 的结果进行比较,对于 ① 的任何解 $x(t), y(t)$,我们必须算出 $x(t)$ 和 $y(t)$ 的"平均值".值得注意的是,即使还没有准确地求得 $x(t)$ 和 $y(t)$,我们仍然能够算出这些平均值.下面已被证明的定理说明了这一点.

定理 设 $x(t), y(t)$ 是 ① 的周期解,其周期 $T>0$. x 和 y 的平均值定义为

$$\overline{x}=\frac{1}{T}\int_0^T x(t)\mathrm{d}t, \overline{y}=\frac{1}{T}\int_0^T y(t)\mathrm{d}t$$

其中,$\overline{x}=\frac{c}{d}, \overline{y}=\frac{a}{b}$.换句话说,$x(t)$ 和 $y(t)$ 的平均值是平衡解.

现在,我们准备考虑渔业对于上述数学模型的影响.注意到渔业使得食用鱼总数以速率 $\varepsilon x(t)$ 减少,而使得掠肉鱼的总数以速率 $\varepsilon y(t)$ 减少.常数 ε 反映

渔业的水平,即反映了海上的渔船数和下水的网数.因此,真实的状态由下列修正的微分方程组来描述,即

$$\begin{cases}\dfrac{\mathrm{d}x}{\mathrm{d}t}=ax-bxy-\varepsilon x=(a-\varepsilon)x-bxy\\ \dfrac{\mathrm{d}y}{\mathrm{d}t}=-cy+dxy-\varepsilon y=-(c+\varepsilon)y+dxy\end{cases}\qquad ④$$

这个方程组同① 完全一样(当 $a-\varepsilon>0$时),只是其中 a 换成$a-\varepsilon$,而 c 换成 $c+\varepsilon$.因此,现在 $x(t)$ 和 $y(t)$ 的平均值是

$$\bar{x}=\frac{c+\varepsilon}{d},\bar{y}=\frac{a-\varepsilon}{b}\qquad ⑤$$

结果,平均说来,中等捕鱼量($\varepsilon<a$) 实际上会增加食用鱼的数目,而减少掠肉鱼的数目.相反,捕鱼量的降低,平均说来,会增加掠肉鱼的数目,而减少食用鱼的数目.这个值得注意的结果称为伏尔泰拉原理,它解释了棣安考纳的数据,并且完全回答了我们提出的问题.

伏尔泰拉原理在杀虫剂施用方面有着独特的应用.杀虫剂不但可以杀死害虫,同时也可以杀死吃害虫的昆虫.这意味着:使用杀虫剂实际上会使得受别的吃害虫的昆虫所控制的那些昆虫的总数增加.一个著名的例证就是吹棉蚧(Icerya purchasi).这种昆虫在 1968 年偶然从澳洲传入美国以后,严重地威胁着美国的柑橘工业.因此,人们又引入了它的澳洲天敌 —— 澳洲瓢虫(Novius Cardinalis),这种甲虫使得吹棉蚧减少到很低的程度.后来发明了滴滴涕,园艺家们使用它以期进一步减少吹棉蚧.然而,同伏尔泰拉原理相一致,使用滴滴涕的结果反而使得吹棉蚧的数目增加了.

十分奇怪,许多生态学家和生物学家不肯承认伏尔泰拉的数学模型是正确的.他们指出:由伏尔泰拉的数学模型所推出的起伏性,在大多数掠俘系统中是观察不到的.相反,随着时间的增加,大多数掠俘系统都趋向于平衡状态.我们对于这种批评的回答是:微分方程组 ① 并不准备作为一般的掠俘系统的数学模型.这是因为,食用鱼或掠肉鱼本身之间为了得到所需的食物而进行的竞争并不强烈.掠俘系统的比较一般的数学模型是微分方程组

$$\begin{cases}\dfrac{\mathrm{d}x}{\mathrm{d}t}=ax-bxy-ex^2\\ \dfrac{\mathrm{d}y}{\mathrm{d}t}=-cy+dxy-fy^2\end{cases}\qquad ⑥$$

这里,ex^2 项反映了被掠夺者 x 本身为了外界存在的有限食物而进行的竞争,fy^2 项反映了掠夺者 y 本身为了数目有限的食物(被掠夺者) 而进行的竞争.一般说来,方程组 ⑥ 的解不是周期的.我们可以证明:如果$\frac{c}{d}$ 大于$\frac{a}{e}$,则 ⑥ 的满

足初始条件 $x(0) > 0, y(0) > 0$ 的所有解 $x(t), y(t)$ 最终都趋向于平衡解 $x = \frac{a}{e}, y = 0$. 在这种情况下,掠夺者将会绝灭,因为它们所能得到的食物不能满足它们的需要.

更使人奇怪的是:有些生态学家和生物学家甚至不肯承认比较一般的数学模型 ⑥ 是正确的.作为一个反例,他们引证生物数学家高舍(G.F.Gause)的试验.在这些试验中,生物总数是由两种原生动物组成的,其中一种原生动物——双环栉毛虫吞吃另一种原生动物——大草履虫.在高舍的所有试验中,双环栉毛虫很快吃光大草履虫,然后饿死.因为 ⑥ 的满足条件 $x(0)y(0) \neq 0$ 的任何解在有限时间内都不能达到 $x = 0$ 或 $y = 0$.

我们对于这些批评的回答是:双环栉毛虫是一种特殊的、非典型的掠夺者.一方面,它们是凶残的攻击者,需要大量的食物;一个双环栉毛虫每3小时需要一个活的大草履虫.另一方面,双环栉毛虫不会因大草履虫供应不足而立即绝灭.它们继续繁殖,但产生的后代体型较小.因此,方程组 ⑥ 不能精确地描述大草履虫和双环栉虫系统.在这种情况下,较好的数学模型是微方程组

$$\frac{\mathrm{d}x}{\mathrm{d}t} = ax - b\sqrt{xy}, \frac{\mathrm{d}y}{\mathrm{d}t} = \begin{cases} d\sqrt{xy}, x \neq 0 \\ -cy, x = 0 \end{cases} \qquad ⑦$$

我们能够证明:方程组 ⑦ 满足条件 $x(0) > 0, y(0) > 0$ 的每一个解 $x(t), y(t)$ 都会在有限时间内达到 $x = 0$. 这同存在和唯一性定理并不矛盾,因为函数

$$g(x, y) = \begin{cases} d\sqrt{xy}, x \neq 0 \\ -cy, x = 0 \end{cases}$$

在 $x = 0$ 处不存在对于 x 或 y 的偏导数.

最后,我们指出,在自然界存在这样一些掠俘系统,它们不能用任何常微分方程组来描述.当被掠夺者能够获得掠夺者无法进入的避难所时,就会出现这种情况.这时,我们不可能对于掠夺者和被掠夺者未来的数目做出任何确定的描述,因为我们不能预先指出有多少被掠夺者安全地躲在它们的避难所里.换句话说,这种过程是随机的,而不是确定的,所以不能用常微分方程组来描述.这一点在高舍的著名试验中直接得到了证明.他取30个同样的试管,在每一个试管中放入5个大草履虫和3个双环栉毛虫,并且为大草履虫提供一个躲避双环栉毛虫的避难所.两天以后,他发现有4个试管双环栉虫都已饿死了,而在其余26个试管里两种原生动物总数则分别包含2至38个大草履虫.

数学是有用的,数学家也是可以创造利润的.著名的微软公司已经开始投资于数学家,从1997年开始,微软研究部的理论组开始吸引包括著名的菲尔兹奖得主费德曼(Michael Freedman,1996年获奖者)和著名的图论专家凯姆

(Jeong Han Kim),后者曾获美国数学会和数学程序协会联合颁发的1997年度的Fulkerson(富尔克森)奖.凯姆的一番谈话可以用来结束本章,他说:“我不敢说,5年内我将发明某些东西,但我将不断研究,肯定会取得某些成果……如果我发现真理,真理最终将会是有用的.”

重振数学大国的雄风

第十九章

1.中国近代数学为什么落后了

1996 年第 5 期《科学》杂志上发表了我国代数数论专家陆洪文的文章，在文中他分析了为什么中国数学家没能在费马大定理研究上占有一席之地的原因.

其实，我国很早就开始重视费马大定理的研究，我国《科学》杂志早在 1918 年第 5 期上就有周美权介绍费马大定理的文章发表，题为“世界最大悬赏之数学问题”.

应该说，我国开始攻克费马大定理实际是在 20 世纪 50 年代初，那时华罗庚刚刚回国.他组织了两个讨论班，其中一个是为攻克费马大定理做准备工作的.但由于受到政治运动的冲击，队伍被打散，一切又得从头开始.俗话说“十年树木，百年树人”，一支高素质的队伍的建立绝非一朝一夕，甚至是不可重建的.当然这是就事论事的微观解释，如果把这个问题放到时间(历史)、空间(世界)这两大系统内考查，又会有新的认识.

数学作为社会与人类文明这个巨大系统中的一个子系统，它的兴盛与衰微绝不是一个简单的问题.要回答这个难解之谜，不仅要考虑数学子系统本身的特点及运行方式，更要考虑到整个系统的运行，此外还要考查各子系统间的相互作用与相互影响,所以我们先从文明的结构谈起.

文明,从广泛的意义上讲指的是人类的文化.

文明,包括精神文明和物质文明.物质文明是精神文明的物质载体,同时又对精神文明的发展起到重要作用.精神文明,在一定意义上是人类思维活动的产物,没有人类的思维,没有人类的思维能力,是不会有什么文明的.

文明是有结构的,这指的是:

(1)宗教伦理、数学和自然科学、文学艺术、工程技术、哲学、政治、经济、法律等文明组成部分.

(2)其各个组成部分在整个文明中各有其特殊的、具体的地位.

(3)其各个组成部分之间的相互关系也是具体的.这些“组成”、“地位”和“关系”就是文明的结构.文明的结构又是不断变化的.正因为如此,文明既有其民族性,又有其时代性.

数学的素质和数学在某文明中的地位会影响该文明在世界文明中的地位.从泰勒斯到毕达哥拉斯,再到柏拉图,都充分认识到数学的作用.柏拉图认为:作为一个统治者,为了很好地认识自己在所生活的那个多变的现象世界中的处境,应该学习数学.这是对数学在文明中的地位的最高评价.希腊数学是很有特色的,有一位数学史专家把希腊数学与印度数学相比较后,指出:

(1)在希腊人那里,数学取得了独立的地位,并且是为了数学本身的发展而被研究,而印度的数学却只不过是天文学的侍女;

(2)希腊数学是大众的,而印度数学是少数精英的,在希腊,数学的大门是对任何一个认真地研究它的人敞开的,在印度,数学教育几乎完全属于僧侣;

(3)希腊数学是理论的,而印度数学是实践的,希腊人对几何学有卓越的贡献,但对计算工作则不大认真,印度人却是有才能的计算家和拙劣的几何学者;

(4)希腊数学是逻辑的,而印度数学是直觉的,希腊人的著作在表述上力求清楚和合乎逻辑,印度人的著作却常被模糊不清和神秘的语言所笼罩;

(5)希腊数学是严格的,而印度数学是经验的,希腊数学的一个显著特征是主张严格证明,而印度数学则或多或少是经验的,很少给出证明和推导;

(6)希腊数学具有美学标准,而印度数学缺少这种标准,希腊人好像具备区别优劣的天性,印度数学却很不平衡,优秀的和拙劣的数学往往同时出现.

综上所述,充分体现了这位数学史专家对于希腊数学的深刻了解.同时也可以看到中国数学发展的一些特点.

现在让我们从另一个角度去看待中国古代数学发展落后这一问题,即解决问题与社会的关系.

回顾数学发展的历史,解决问题在数学的发展中起着重要的作用.没有解决的数学问题总是像没有被攀登的山峰一样耸立在数学家的面前,激励他们的

征服欲望,这种欲望是不会因为征途的艰险和多次受到挫折而有所减弱的.

数学问题可以分为两类.

第一类是现实问题的抽象,主要是由于社会发展的需要而提出来的.由于解决这类问题的迫切需要,会使大量的数学家同时从不同的途径去攻克它.而这些问题的解决往往向数学界引入新的概念和新的方法,由此构造起新的数学体系,开辟新的数学领域.数学发展的一些重要变革,如微积分的创立、常微分方程、偏微分方程以及非线性微分方程的理论的提出都是采用这种发展形势.这个过程与社会发展有着密切的联系,正是天文学的迫切要求促使了中国和巴比伦数学的发展.

第二类问题则是数学家们的自由创造.其中有些问题虽然也有具体问题的原型,但是数学家的兴趣显然不在于作为原型的实际问题的需要,而是数学问题本身的数学结构,是攻克难题的乐趣和欲望.例如,哥尼斯堡七桥问题、四色问题.还有许多数学问题则根本没有什么具体的模型.例如,希尔伯特在1900年巴黎国际数学会议上代表大会的讲演中所提出的那些著名问题.这些问题纯粹是数学家们借助于抽象思维、逻辑推理,运用了数学技巧对概念进行巧妙的分析和抽象才提出来的.20世纪数学的发展就是受到希尔伯特那个报告的强烈影响.

因此,数学的发展主要有两种方式.一种方式是根本性概念的变革导致新的数学领域的开拓.另一种方式则是使开始建立的新理论日臻完善.如果我们把前一种方式比作是对一个新阵地的突破,那么后一种方式就是扩大已经突破阵地的战果和巩固这块阵地.数学家们就是这样使自己的疆域不断向前推进的.

数学作为一种文化的子系统与经济生产、社会制度、文化传统、哲学思想等都有密切联系.现实世界提出的问题首先要经过数学家的抽象才能变成使用数学语言的数学问题.数学问题激励数学家发展数学方法去解决它们,由此积累了数学知识.要从数学知识的积累进一步上升为有系统的有内部逻辑结构的理论体系则需要更进一步的抽象.反过来,从数学理论的体系中可以用推理方法获得新的知识和方法,这些方法可以用来更有效地解决数学问题,也可以在现实世界获得应用.同时从数学理论的体系中也会产生新的数学问题,数学在实际中的应用促进各方面的发展也会产生新的实际问题.

数学的发展依赖于社会的发展所提供的新问题,它反过来也促进社会的发展.但是,促进社会发展的原因是很多的,而数学对社会发展所起的作用却不是直接的,特别是在数学没有受到充分重视,没有有效利用数学知识的手段和文化模式中尤其是这样.相反,社会的动荡和停滞却会严重地阻碍数学的发展.要有社会发展带来的大量新问题,又要为数学家提供稳定的工作环境,并保证他们的成果能迅速获得有效的应用.在中国历史上占有重要地位的大部分著作,主要是由一些问题和解法构成的.例如,中国算学的经典著作,《九章算术》包括264个数学问题以及解决这些问题的答案,但是对于与此有关的数学理论却没有给以足够的重视.刘徽虽然在《九章算术注》中不但整理了解题方法的系统,而且创立了许多新解法,阐述了一些解法的原理,甚至是极为重要的思想,但是也没有形成欧几里得几何那样的数学范式.

至于其他的著作如《孙子算经》、《夏侯阳算经》、《张邱建算经》,包括《缀术》这样重要的数学著作都更像是一本数学问题集.这充分反映了中国数学重实践的传统.在中国的文化模式中,数学是一种"术",一种济世之术.而在西方,数学是一门"学",是成体系的学问.

当然这并不是说中国的数学没有理论,没有结构.在中国古代数学中,用面积证明几何定理,刘徽在《九章算术注》中引入的极限方法,中国数学家致力于解方程发展起来的代数方法都是极为有价值的数学理论,但是没有形成公理化的结构.就是说还不注重概念的严格定义,没有求证的传统,也没有理论体系完备性的概念.

华裔菲尔兹奖得主丘成桐先生1997年6月在北京清华大学高等研究中心开幕式上有一个演讲,他说:"我们要谈中国数学的未来,先看一下我们的过去,现在中国人习惯上讲自己很了不起.事实上,中国古代数学主要贡献在计算及其实用化方面,我们算圆周率算得位数很高,但是对数学理论没有系统化的讲究,基本上抗拒几何学的逻辑结构和发现抽象代数.在我看来,它们在中国从来没有生过根,我们对传统的科学有不合理的热爱,结果不能接受新的观念,也不能对应用数学作出贡献."

纵观人类几千年文明史,可以说公理化思想是推动科学技术发展和社会进步的最深刻的思想源泉.

在古希腊诞生奥林匹克运动会与公理化思想不无关系.最初的奥林匹克运动只有跑步一项比赛,参加比赛者不分种族和社会地位,站在同一起跑线上,人们平等竞争,民主评定.谁先到达终点,雕塑家就用大理石塑造其健美雄姿,诗人作家描写其技巧和勇敢的伟绩.这就是公理化思想在运动场上的体现,这就是奥林匹克精神之所在.

公理化思想在社会生活中的体现就是社会的法制化,在法律面前,人人平等.公理化思想在技术领域的体现就是专利法的实行,社会保护发明者的利益,有偿推广发明者的成果,向全社会公开.

中华民族从来不乏能工巧匠和智力优秀者,但由于没有公理化思想的支持和相应的社会保护,发明只能保密,知识只能私有,科学技术主要靠祖传延续.祖传常常导致失传,失传后人们再从零开始努力.祖传的技术很难借鉴别人的

成果,更不会推广普及.

祖冲之的数学著作《缀术》的失传是一个典型的例子.唐朝科举制度分科取士,其中“明算科”规定《算经十书》之一的《缀术》做教科书,学习4年,这就足以见得它在当时受重视的程度和其内容的博大精深.但是,这门课程后来被腐败的官僚取消,因为有许多官员不懂《缀术》,设立这门课程有损他们的威信.更有甚者,《缀术》被进一步污蔑为妖术,实行查禁,以至最后失传.为此,至今人们不能明确祖冲之的圆周率究竟是用什么方法计算的.可以设想,如果在一个公理化思想普及的社会,专权者能如此恣意横行吗?

另外中国学术研究有一种明显的复古主义倾向,这与重要科学技术常常失传有关.以中国历史上影响最为深远的一部数学书《九章算术》为例,它是汉朝初年的著作.这本书记述的数学内容,对当时的世界是了不起的贡献.但从汉朝一直到清朝,将近2 000年,中国数学相当部分是在解释《九章算术》,似乎越古越好.人们普遍认为,最古老的东西一定有无尽的内涵.造成这种情况的原因,也是由于没有建立公理体系和实行公理化的研究方法.

15~16世纪,公理化思想在欧洲逐渐传播开来.17世纪初,这种思想由传教士传到中国.最早进行这项活动的是意大利耶稣会教士利玛窦(Matteo Ricei,1552—1610),他与徐光启合译《几何原本》前6卷.200多年后的1580年,李善兰与英国人伟烈亚利(Veileyarli)合译《几何原本》后9卷和《代微积拾级》等书.这些用公理方法研究数学的著作和新思维没有引起封建统治者的重视,在学术界和民间也没有产生强烈的反响.但与此相反,稍后传入日本的这些著作和研究方法,受到日本政界的重视,明治皇帝带头维新,改革教育,推行公理化思想,由此日本焕然一新,跻身世界强国之列.

为什么西方科技从15世纪以后大大超越中国?因为他们普及公理化思想,把教育建立在公理化思想的基础上.公理化思想可保证社会平等竞争,保证科学技术连续发展,不会失传,保证每一代研究者都能站在科学的最前沿进行再创造,保证后人一定超过前人,今人一定胜过古人.中国科技知识的祖传方法,基本属于个体的智力劳动,而公理化的研究方法是社会性的劳动,个人的力量怎么能胜过全社会的力量呢?因此,15世纪西方在普及公理化思想后胜过中国就成为必然的了.其他诸多原因与这一原因相比,都不具有根本的性质.中国长治久安并保持繁荣的根本在于发展教育事业,发展教育事业的关键是大力宣扬公理化思想,加强全民族的公理意识.

·第三只眼看中国

从客观上说,数学没有在中国发展只是方法不对头,并不是不重视.

我们的祖先自认为对数学是重视的,有皇帝亲自学数学的,有给数学家立传的(如《畴人传》),还有用考数学来委任官吏的.有一则古代故事,它是记载在

《唐阙史》里的.故事称颂“青州杨尚书损,政令颇肃”.说唐朝有一位高级官员叫杨损的,执政认真严肃,任人唯贤.“郡人戎校缺,必采于舆论而升陟之,缕及细胥贱卒,率用斯道.”他提拔行政官吏和权衡功过是非,不按个人喜恶行事.有一次,要在两个办事人员中提升一个,“众推合授”,“较其岁月、职次、功绩、违法无少差异者.”负责提升的人十分为难,便去请示上司杨损.杨损想了想说:“我得之矣.为吏之最,孰先于书算耶.姑听吾言:有夕道于丛林间者,聆群跖评窃贿之数.且曰,人六匹则长五匹,人七匹则短八匹,不知几人复几匹.”并说“先达者胜.”少倾,一吏果以状先,于是给他先提升了.

我们暂且不讲杨损公而善断,也不论算题难易与否,就其用书算来考核官吏一事,已是一大创造.但这些都是我们自己看自己有时难免美化,俗话说旁观者清,那就让我们看看“洋人”是如何看待中国古代科学落后的原因吧.韩琦①先生对此早有研究,他写道:

> “来自欧洲人所写的著作在法国科学家中也曾产生过影响.在1688年洪若翰、白晋等首批法国耶稣会士到达北京之前,法国出版了利玛窦、曾德昭、卫匡国等人撰写的有关中国的著作,值得注意的是,由于来华欧洲人的宣传,给法国人印象是:中国皇帝非常重视科学,因此法国应该向中国学习.”

1671年,法国耶稣会士科学家帕迪斯(G. G. Pardies, 1636—1673)在所著《Elemens de Geometrie》(此书后来被译为中文,名《几何原本》,与徐光启、利玛窦根据 Glavius, Euclidis Elementorum Libri XV 所译的《几何原本》同名,收入康熙御制《数理精蕴》中)一书中给法国科学院先生们的信,曾这样写道:

> “先生们:
>
> 我的目的不仅仅是向各位呈献此书(就像呈献给强大的保护者一样),而是把此书赠给你们,把你们看做最高的仲裁者.事实上,在法国我们尚没有如此的仲裁机构,而在中国早已有之,它是由一批博学的数学家所组成,以终审所有的数学问题,这是中国最为重要的国家事务之一.尽管我国的法律一点都没有赋予这个仲裁权,而你们凭借专业特长,是有资格担当此任的.并且考虑到你们皇家科学院的成员构成,我们可以说它不仅仅是欧洲一个拥有最杰出人物的团体,而且是一个最高的仲裁机构,它的评判在学者中可以作为定论,当我们看到如此宏伟

① 韩琦:关于17,18世纪欧洲人对中国科学落后原因的论述.

的建筑(当指法国皇家学会)拔地而起的时候,我们只能说它是一个建成来用做新的官办机构(Tribunal)的宫殿(Palacs),我们也只能说在建立皇家学会方面远胜中国皇帝的法王也许是从打算模仿中国的政策而建立起这个新的皇家学会的.先生们,你们知道,中国的钦天监通常设立两个观象台,它们都位于中华帝国两个城市的附近,那些向我们描述中国的人说:无论是从地点的壮观,还是从青铜仪器的宏伟来说,我们在欧洲都找不到与此媲美的观象台;这些仪器在700年前即已建成,数百年来陈设于宏伟的观象台的平台上,现在仍很完整,而且整洁如新,就像刚从冶炉中铸出一样;仪器刻度很精确,摆放得非常适合于观测,整个工作非常精致;一句话,给人的感觉是中国人比别人强,远胜于其他国家,好像其他国家用全部的科学与财富,也无法与中国比拟……"

从这段话可看出,法国皇家科学院的建立,与中国的制度有一定关系,帕迪斯显然是在阅读了欧洲人所写的有关中国的著作后做出上述评论的.法国耶稣会士李明在《中国现状新志》一书中也曾引用了上述关于中国天文仪器的论述.

德国科学家莱布尼兹对中国的科学状况也产生了很大的兴趣,他通过与耶稣会士闵明我、白晋的会面、通信,对中国有了更多的了解.在《中国近事》(Novissima Sinica,1697)一书中,莱布尼兹曾认为中国的手工艺技能与欧洲的相比不分上下,而在思辨科学方面欧洲要略胜一筹,但在实践哲学方面,即在生活与伦理、治国方面,中国远远要比欧洲进步.同时,这位科学家还对中国的数学状况作了评论:"看来中国人缺乏心智的伟大之光,对证明的艺术一无所知,而满足于靠实际经验而获得的数学,如同我们的工匠所掌握的那种数学."在讲到中国数学的状况时,利玛窦曾这样写道:"但是当时最受中国人欢迎的书莫过于欧几里得的《几何原本》,这可能是因为世界上没有一个民族如同中国人一样重视数学.虽然数学的方法不同,他们发现了许多数学上的问题,只是得不到证明.在这种光景下,每个人都可以发现数学的问题,施展他的想象力,而找不到任何的答案."莱布尼兹关于中国数学没有证明的看法很可能来自利玛窦的著作.

在莱布尼兹看来,"研究数学不应看做只是工匠们的事情,而应作为哲学家的事务."而"中国人尽管几千年来发展着自己的学问,并奇迹般地用于实际应用,他们的学者可以得到很高的奖赏,然而他们在科学方面并没有达到极高的造诣.简单的原因是,他们缺少欧洲人的慧眼之一,即数学."也就是说,莱布尼兹认为中国科学落后的一个原因是由于中国人对数学的研究只注意于实用,而缺乏证明,妨碍了对其他科学的深入研究.

丘成桐先生指出:"我很少见到中国数学家提出比较有意义的猜想,数学的一般理论需要大量的现象学研究……当我们发展一个一般理论时,我们不是为服务于其他学科，而是基于它自身的美达到和谐统一的愿望.”

莱布尼兹所处的时代，正值康熙皇帝对耶稣会士表示欢迎的时期.他认为东方和西方的关系是具有统一世界的重要媒介，并期望中西交流能促进科学的发展.在致闵明我的信中，莱布尼兹写道：“欧洲应当感谢您开始了这方面的交流.您把我们的数学传授给中国人，反过来，中国人通过您将他们经过长期观察而得到的自然界的奥秘传授给我们.物理学更多地以实际观察为基础，而数学恰恰相反，则以理智的沉思为根基，后者乃我们欧洲之特长.”“他们善于观察，而我们长于思考.”莱布尼兹的宏伟计划是，以西方的数学特长来弥补中国数学的落后状态，同时输入中国长期观察的物理学，互为补充.莱布尼兹孜孜不倦地致力于他的东方研究计划的各种准备工作，他为创设柏林科学院做了很大的努力，以打开中国门户，而使中国与欧洲的文化互相交流.

白晋等人来华后，法国耶稣会士接踵来华，正是他们的频繁通信，改变了欧洲科学界对中国科学状况的看法，其中最早对中国科学落后原因提出较为全面的看法的当推巴多明.

1698年，巴多明随白晋来华，在中国期间他参与了为康熙皇帝翻译满文《解剖学》的工作.由于他精通满汉文字，因此在俄国使节来华时，经常应皇帝的请求担任翻译工作.1723年雍正皇帝驱逐传教士以后，使他有更多的时间从事于中国科学的历史和现状的研究.最为可贵的是他与法国科学院院长梅兰(Dortous de Mairan)频繁通信.1728年至1740年梅兰向巴多明寄出了许多询问有关中国历史、天文学、中国文明的信，这些信在1759年发表，而巴多明的信大多发表在《耶稣会士通信集》(《Lettres Edifiantes et Curieuses》)中.

在致梅兰的信(1730年8月13日写于北京)中，巴多明写道：

> “(前略)先生，这也许使你莫名其妙.‘中国人很久以来就致力于所谓纯理论性的科学，却无一人深入其中’.我和你一样，都认为这是难以令人置信的；我不归咎于中国人的心灵，如说他们缺少格物致知的光明及活力，他们在别的学科中的成就所需要的才华及干劲，不减于天文及几何，许多原因凑合而成，致使科学至今不能得到应有的进步，只要这些原因继续存在，仍是前进中的绊脚石.”

这里巴多明提出了中国科学落后的问题，他的看法是：首先，凡是想一试身手的人得不到任何报酬.从历史上来看，数学家的失误受到重罚，无人见到他们的勤劳受到奖赏，他们观察天象，免不了受冻挨饿……钦天监正假如是一位饱学之士，热爱科学，努力完成科研；如果有意精益求精，或超过别人，加紧观察，或改进操作方法，在监内同僚之中就立刻引起轩然大波，大家是要坚持按部就

班的……这种情况势必是一种阻力,以致北京观象台无人再使用望远镜去发现肉眼所看不见的东西,也不用座钟去计算精确的时刻.皇宫内原来配备得很好,仪器都是出自欧洲的能工巧匠之手(指耶稣会士汤若望等人),康熙皇帝又加以改革,并把这些好的仪器都放在观象台内,他虽知道这些望远镜和座钟为准确观象是多么重要,但没有人叫数学家利用这些东西.无疑地,还有人大反特反这些发明,他们抱残守缺,墨守成规,只顾私利……

巴多明认为:"使科学停滞不前的第二个原因,就是里里外外没有刺激与竞争.假如中国邻邦有一个独立的王国,它研究科学,它的学者足以揭露中国人在天文学中的错误,中国人也许可以如大梦初醒,皇帝变得谨慎、追求进步;据我所知,中国只想去抑制这个王国,使之静默无言,勉强它恭恭敬敬地接受中国的正朔;人们可以看见中国人不只一次为了皇历而作战."

"内部也无竞争,连轻描淡写的竞争也没有.我已说过,研究天文学绝不是走向富贵荣华之路.走向高官厚禄的康庄大道,就是读史、学律、学礼,就是要学会怎样做文章,尤其是要对题发挥,咬文嚼字,措辞得当,无懈可击.这些文人学士,一旦考中功名,可以青云直上,安富尊荣,随之而来,炙手可热.有意做官的人,官位有的是,回到本省,可以被看做地方官,他们的家庭就可以免掉各种徭役,他们可以享受许多特权."

"(清代)建国初期,就有天文学家及几何学家,他们经过严格考试之后才被分配到钦天监,但是以后经过考验及功绩,他们当了省官或京官,假如数学及数学家更为尊荣的话,我们今日就有长期的观察记录,对我们大有用处,使我们少走许多弯路."

他还认为:"中国只为自己而学,虽然他们研究天文学比所有的国家都早,但只是到了紧急关头,才毛遂自荐地加以利用.考试如何,接着是老一套;老是故步自封,不想腾飞,就如你们所说,他们不但为没有促使科学进步着急,而且仅仅局限于完全必需的事物,凡事依照个人利益及国家的安全,不必处心积虑地钻研纯理论性的事物,他们既不能使我们幸福,也不能使我们安宁."

从这封信可看出,巴多明对中国科学的现状的分析是很有见地的.他认为国家必须从长远打算,重视知识分子,特别是要重视那些进行具体观测的钦天监的科学家;要有竞争体制,并暗示了向别国学习先进的东西;科举制对科学的发展是不利的,导致了人们追求高官厚禄,而不去研究天文学.巴多明认为解决的办法之一是:"要使这些科学在中国兴旺发达,一个皇帝不够,而是要许多皇帝连续地优待勤学苦练、有创造发明之士;建立稳固的基金,以奖励有功人员;提供差旅费及必要的工具;解决数学家落魄穷困之扰,不致受不学无术者之折磨."这些话至今仍有其现实意义.直到 1998 年世界著名数学家陈省身先生在接受杰克逊(Allyn Jackson)采访时还说:"我想在中国,数学进步的主要障碍是工资太低.”在观察中国古代科学发展状态的诸多欧洲人中,伏尔泰是其中最重要的一位,有人曾风趣地称:“当伏尔泰用中国的茶碗喝着阿拉伯的咖啡时,他感觉到他的历史视野扩大了.”伏尔泰对中国发生兴趣的原因是多方面的,他从小(1704 ~ 1711)在耶稣会士创办的路易大帝学校学习过,而这个学校与来华耶稣会士有较为密切的关系.伏尔泰不仅对中国古史、哲学、音乐、戏剧、道德感兴趣,也对中国科学非常关注.有人曾评论伏尔泰,说他不仅在形而上学方面有很深的造诣,并且在科学史上也有一定涵养.他关于中国科学的论述主要表现在对中国天文学史、中国文明史上的重要发明,以及对长城与大运河的评论.如在《哲学辞典》论中国的条目中,即以赞赏的口气论及中国天文观测的可靠:“中国古代编年史计算出来的 32 次日蚀,其中倒有 28 次是已经被欧洲数学家证实是准确无误的.”更有价值的是,伏尔泰对中国科学落后的原因作了较多的论述.伏尔泰有关中国科学的认识来自纳尔特(D. F. de Navarrete,1618—1686)主教、门多萨、亨宁斯(Henningius)、古斯曼(Louis de Gusman)主教、曾德昭、巴多明、宋君荣以及其他耶稣会士的一些著作.他认为中国科学与艺术落后的原因,主要表现在道德、教育和语言等方面.在《路易十四时代》一书中,伏尔泰认为:对祖先的崇拜导致了中国人缺乏胆识;并把中国人对祖先的崇拜与欧洲人对亚里士多德的崇拜结合起来.在《哲学辞典》中更直截了当地认为崇敬祖先在中国阻碍了物理学、几何学和天文学的进步.在给 Pauw 的第四封信中,伏尔泰认为中国没有好的数学家,这与教育制度很有关系.在《风俗论》中,伏尔泰写道:“试问中国人为什么这样落后,这样停滞不前? 为什么天文学在他们那里古已有之却故步自封,这些人好像天生如此,和我们的性格不同,他们只想发明机器,有利民生,一劳永逸,不愿越雷池一步.很多艺术、科学源远流长,连绵不断,而进步是这样少,也许有两个原因:其一就是这个民族敬祖敬得出奇,在他们眼中看来,凡是老祖宗传下来的都是圆满无缺的;其二就是语言的性质,语言为一切知识之本.”他认为中国语言是所有认识的首要原则,因此他把科学落后与语言相联系,并把中国汉字的规范化以及字母化看做是促进科学进步的一个条件.

在历史领域,伏尔泰最先把中国置于世界中来考察.在《世界史》一书中,伏尔泰在首章论述了中国历史的悠久,指出:中国人的本性的力量使他们能够很早就有许多创造发明,诸如火药、印刷术和指南针等.但伏尔泰认为中国人没有能力进一步发展自己的发明创造,当他们发明了某种东西以后,就止步不前了,而西方人却设法把中国人的发明发展到一个新的高度,并扩展到了一个新的领域;尽管欧洲人在科学的洞察力方面比中国人差一些,但他们却能迅速地使科学上的发明创造趋于完善;这种推进事物发展的独特能力就使西方处于主动地位.这种观点与莱布尼兹在《中国近事》中所阐述的几乎一致.

伏尔泰在《风俗论》的第 18 条“论中国”的导论及《哲学辞典》关于中国的条

目中,认为"在科学上,中国人还处在我们200年前的阶段."而在《中国、印度、鞑靼通信》中作者以为:"更为令人惊奇的是,中国的科学历史有这么悠久,而中国人停滞在我们欧洲在10、11、12世纪的水平."伏尔泰的这种言论,把中国科学的落后程度夸大了.

法国重农学派代表人物奎奈(F.Quesnay,1694—1774)认为造成中国缺乏抽象思考及逻辑观念的原因是中国传统的实用性,"虽然中国人很好学,且很容易在所有的学问上成功,但是他们在思辨上很少进步,因为他们重视实利,所以他们在天文、地理、自然哲学、物理学及很多实用的学科上有很好的构想,他们的研究倾向应用科学、文法、伦理、历史、法律、政治等看来有益于指导人类行为及增进社会福利的学问."这与莱布尼兹的看法相一致.

1741年和1742年,休谟(David Hume,1711—1776)出版了他的《论文集》.此书收集了近50篇论文,其中不少谈到了中国.他把中国的科学与文化同贸易联系在一起,他认为没有什么能比若干邻近而独立的国家通过贸易和政策联合在一起更有利于提高教养和学问了.中国恰恰在这一方面有很大的缺陷,从而使原来可能发展出更完美和完备的教养和科学,在许多世纪的进程中,收获甚微.从外部来说,其原因在于没有更多的外贸对象,但从内部来说,是由于中国处于大一统的状态之下,说一种语言,在一种法律统治下,赞成相同的生活方式;对权威的宣传和敬畏,造成了勇气的丧失.休谟实际上以自己的见解回答了为什么在那个非凡的帝国,科学只取得了如此缓慢的进展这一问题.

狄德罗曾分析过中国没有出现像欧洲那些天才的原因,主要在于东方精神的束缚,在他看来,东方精神趋于安宁、怠惰,只囿于最切身的利益,对成俗不敢逾越,对于新事物缺乏热烈的渴求.而这一切恰恰与科学发展所需要的探索精神格格不入.他说:"虽然中国人的历史比我们悠久,但我们却远远走在了他们的前面."狄德罗是从中国文化的角度看待中国的问题,而莱布尼兹是从一个科学家的角度去看待中国科学,是比较求实的态度,这与一些旅行家的偏见是不可等量齐观的.

巴多明与法国思想家的看法,后来在一些法国科学著作中也有体现,如法国数学家蒙塔克莱(Montucla)在其所著《数学史》的第四卷中曾专门论述了中国科学,认为语言、敬祖、对数学的不重视导致了中国科学的落后.18世纪末19世纪初,也就是当英国大使马嘎尔尼出使中国会见乾隆皇帝的前后,也有许多英国人提到中国科学的现状与落后的原因.由于英国当时正经历着工业革命,科学得到了迅猛的发展,随之而产生的价值观念的变化使许多英国人在评论时对中国社会的缺陷进行了批评,这时对中国科学的评论则带有明显的轻蔑倾向.

2.不先利其器——落后的符号对中国数学发展的影响

近代数学特别之处,是大量使用符号.一套合适的符号绝不仅仅起到速记的作用,它能够精确、深刻地表达某种概念、方法和逻辑关系.算筹只能表示整数与分数,算盘连表示分数都有困难,更不用说无理数了.各种运算只能借助文字来叙述,算筹是无法表示的.这妨碍了数学进一步抽象化.

用形式化的数学语言,即以符号形式来表示数学中各种量、量的关系、量的变化以及在量之间进行推导和演算,这是数学发展的重要条件.符号可以帮助建立数的概念,这些概念是不能从简单的观察和直接计算中发现的;符号给出了方便地实行各种数学运算的可能性;问题的陈述、推理的过程以及定理的证明,运用简明的数学符号可以大大简化和加速思维的进程,没有合适的数学符号就不可能有现代数学.常常是由于缺乏能够说清楚真正实质的符号,数学的某个领域就得不到发展.典型的例子就是代数学:为了写出"一般的"代数方程式 $a_0x^n+a_1x^{n-1}+\cdots+a_nx^n=0$,从丢番图到维耶特和莱布尼兹用了整整3个世纪.可见采用先进的数学符号十分重要.由于我国古代数学中,对问题的陈述主要是用文字给出的,没有采用较先进的符号方法.

我国古代数学家朱世杰用天、地、人、物来表示4个未知数,其系数分别放在"天"的下方、左方、右方和上方.上、下、左、右4个方位,只能放4个未知数,如果有5个未知数,就无法安排,推广到 n 个更不可能了.

筹算数学发展到13世纪,已经达到了它的顶峰,再向前迈进,必须突破筹算的限制,向符号代数转化.但由于种种原因,这一步没有完成.本来用天、地、人、物表示未知数,已有引入符号的苗头.但从14世纪起,我国数学停滞了300年,错过了向符号代数转化的契机.

其次,在筹算和珠算的运算过程中,参与运算的数字随着运算的进行而消失,中间出现的数字没有保留下来,最后只看到运算的结果.每一步是否有错,很难查出,也不容易发现一般的规律.从某种意义上说算筹算盘,即是当时施用的没有存储设备的简易"计算机".

总之,筹算与珠算的特长是数值计算.我国在13世纪以前完全发挥了它的优越性,在计算方面取得了光辉的成就.在人类的文明史上,中华民族在2 000多年的时间里长期依靠这种直观的、具有符号特征的、可操作的运演算器,表明了人类古代数学的一种代表倾向的算法特征,它与古希腊数学代表了人类古代数学的算法和演绎的两种发展趋势.随着数学进一步发展,要求更高的抽象化和符号化,筹算和珠算就显露出它的弱点.而且中国人过于敬祖也是符号改良

的一大障碍,以清末大数学家李善兰为例,李善兰爱国心切,曾幻想"人人习算,制器日精,以威海外各国,令震慑,奉朝贡."但在使用西方算学符号方面,却又谨小慎微,严守"祖宗家法",沿用中算符号或硬造符号,而不愿或不敢大胆引进西方通用的符号与形式,在普及西算方面埋下了诸多障碍.

据华东师范大学张奠宙先生在其《中国数学史话》中考证李善兰和伟烈亚力在译《代微积拾级》时,采用过一些西方符号,如乘号×,除号÷,等号=,根号$\sqrt{\ }$,指数(位于右上角)等.但他更多的是采用汉字替代西算符号.如阿拉伯数字(1,2,3,…)改为汉字的数目字(一,二,三,……).26个英文字母用甲乙丙丁戊己庚辛壬癸的十字天干取代a到j,续用子丑寅卯辰巳午未申酉戌亥的十二字地支取代k到v,最后剩下的$xyzw$则代之以天地人元.希腊字母α,β,γ等则用二十八星宿的名称代替(即角、亢、氐等).函数符号f用"函",自然对数的底e用"讷"(指对数的发明者纳皮尔,Nepier).把加减号(+,-)改为⊥丅(取上、下两字之形状).特别是微分符号"d"及积分符号"$\int$",竟用微积两字的偏旁"彳""禾"取代.这就形成了一套光怪陆离的符号体系,令人读之,宛若天书.试举数例

$$\text{天彳天⊥地彳地=卯地彳天}\quad (x\mathrm{d}x+y\mathrm{d}y=my\mathrm{d}x)$$

$$\text{天}^{\text{寅}}=\frac{\text{一丅天}}{\text{一}}\qquad \left(\sum x^n=\frac{1}{1-x}\right)$$

第二例中用了分数中分隔分子分母的横线符号,但因中文是从上到下的顺序,所以分母在上面,分子在下面.究其心态,当为保护"国粹".但此类举动,未免狭隘.至今读来,竟有滑稽之感了.

李善兰的译法,以后一直被奉为范本.包括清末另一位大数学家华蘅芳(1833—1902)也悉数采用,可见此程式符合当时的社会心理习惯及社会氛围.在华蘅芳的著作中,提到行列式时倒是采用了西算符号

$$\begin{vmatrix} \text{甲} & \text{乙} & \text{丙} \\ \text{丁} & \text{戊} & \text{己} \\ \text{庚} & \text{辛} & \text{壬} \end{vmatrix} = \text{甲戊壬⊥丁辛丙⊥庚乙己丅庚戊丙丅辛巳甲丅壬丁乙}$$

其中提到黎卡提(Riccati)方程时$\frac{\mathrm{d}y}{\mathrm{d}x}+by^n=ax^m$时,写为

$$\frac{\text{彳天}}{\text{彳地}}\text{⊥乙地}^{\text{卯}}=\text{甲天}^{\text{寅}}$$

当时使用较广的数学教科书,不少是教会学校的传教士编译的.其中狄考文(Rev. Calvin. W. Mateer)和邹立文合译的《笔算数学》、《代数备旨》、《形学备旨》,谢洪赉、潘慎文(Rev. A. P. Parker)合译的《八线备旨》(三角学)和《代形合参》(解析几何学)等书最为普及.

狄考文是美国长老会传教士,1864 年来华,在山东登州创办蒙养学堂(齐鲁大学前身),是开办最早的教会学校之一.他是西方各国主张进行教育侵略的鼓吹者,曾在 1877 年召开的“在华基督教传教士大会”上,主张“传教士的工作也像军队一样,主要不在于招降个人,而在于征服整个国家”.在这次会上,各派传教士成立了学校教科书委员会.狄考文正是本着这种教育侵略的目的,编译了一套数学教材,借以培养亲美的高等知识分子.他深知“西学”在清朝受到抵制,在形式上必须使清朝官员易于接受.因此,《笔算数学》有文言和白话两个版本,以迎合不同需要.这也是第一部采用白话文的教科书.此外,《笔算数学》正式采用了阿拉伯数字.该书第一章第六款是“数目字的样式”,其中写道:“大概各国有各国的数目字,虽然各国发音不一样,而意思和字迹却都相同,这种字容易写,笔算也很合用,看大势是要通行天下万国的…….”但当时所用的阿拉伯数目字是采用直写的.正如《笔算数学》序中所称:“西国笔算,数目各皆横列,以其文字原系横行,是故写之念之实无有不便也.今中国即系竖行,则数目写法亦当随之,方为合宜.”狄考文为了使读者易于接受,在《笔算数学》序中又称“……但恐有人仍欲横法,故书中一切算式具将两法并列,随人择用也…….”

至于书的排印形式,仍然按照传统的直行规格.这对于初学者来说确实有很多困难,不易接受.所以,到 1903 年,由彭致君编著的《代数备旨全草》改为横排形式.该书的凡例上说明:“原书布市概用直行,为省费纸起见,于学者殊为不便.今特改为横行,以便阅者.原书记数悉用阿拉伯数字,虽为天下通行之数字,而我中国人脑中向无此字,贸然行用转费记忆,故易为汉文……”.直排改为横排,确实是进步,但再把阿拉伯数字改回一,二,三,……,却又退回去了.

这里为让读者有个直观印象我们抄录 1897 年的算学大考题中的两则.

(1)今有式$\frac{\text{天}\top\text{三}}{\text{天}} = \frac{\text{天}}{\text{天}\bot\text{四}}$,求天之同数.

$$\left(\frac{x}{x-3} = \frac{x+4}{x},\text{求 } x.\right)$$

(2)今有式二天⊥三地⊤人 = 四五,

三天⊥三人⊤地 = 四二,求天地人之同数.

四地⊥四人⊤天 = 五五,

$$\left(\begin{aligned} 2x + 3y - z &= 45, \\ 3x + 3z - y &= 42,\text{求 } x,y,z. \\ 4y + 4z - x &= 55, \end{aligned}\right)$$

进入 20 世纪之后,官办的京师大学堂内,数学记号仍承旧制.教科书一律竖排,没有阿拉伯数字,更不要说白话文了.现华东师范大学图书馆藏有《普通新代数学教科书》一套,共六卷,日本上野清著,中国徐宪臣译.扉页上盖有“京师大学堂选用课本乙巳四月付印”十五个字组成的朱红大印.随手一翻,便见

$$\frac{\text{五}}{\text{丁}^{\text{二}}}\top\frac{\text{三}}{\text{丙}^{\text{二}}}\perp\frac{\text{二七}}{\text{甲}^{\text{二}}\text{乙}^{\text{二}}}\left(\text{实为今之}\frac{d^2}{5}-\frac{c^2}{3}+\frac{a^2b^2}{27}\right)$$

乙巳年即 1905 年,这一年爱因斯坦发表相对论,希尔伯特的 23 个问题已经出现了五个年头,拓扑学、泛函分析、微分几何、群表示论正在迅猛发展.然而这时的中国最高学府,还在使用这样套着沉重枷锁的数学公式.封建思想对人的束缚,由此可见一斑.

李善兰等创造的这套记号,有识之士早就认为没有必要.辛亥革命(1911年)之后,终于废弃不用.从 1859 年《代微积拾级》出版算起,*xyzw* 取代天地人元的过程,前后竟经历了半个世纪之久.

3.光辉的一页——清末的重要数论专著《数根丛草》

从前面的介绍可以看出中国古代数学确实存在着重实用不重理论探究的倾向,但不能一概而论,就最纯的数论而言,中国古代也有重要贡献,张祖贵先生曾在《自然科学史研究》中专门评论介绍了一部数论专著《数根丛草》.

张祖贵先生指出:数论,在中国古代及现代都有着光辉的历史.《数根丛草》则是 19 世纪末中国数学家研究素数论的重要著作,可惜长期以来未受到人们的重视.

《数根丛草》是方士镲撰述的一部判别素数方法的著作.方士镲,字梅荪,湖北天门人,活跃于清末年间,专攻舆地、数学,并认为数学研究对测量舆地有所帮助,于国防有所裨益.今存《数根丛草》一卷,系方士镲 1896 年撰,有余经华补草和序,光绪二十三年(1897 年)鄂垣初刻本.在《数根丛草》开篇,尚署有"表兄刘守沂、刘正江、刘守戴,门人余经藩、余经菻、周国柱、邓启昆、堂姪月浩校算,门人龙瑞兰、刘鸿藻、龙芑瑞校字".可见,在方士镲身边,聚集了不少演习数学的弟子.方士镲研究数学颇有心得,留下的著述除《数根丛草》外,尚有《合数术》(1898 年上海石印本).两部著作在内容上有密切的关系.

数根,系素数(Prime Numbers)之中文原始译名,"数根者,唯一能度而他数不能度."素数判别方法的研究,始于清末数学家李善兰的《考数根法》(1872).这是我国近代素数论方面最早的论著,主要成就是提出了素数判别的四种方法:

(1)屡乘求一法,其中有著名的费马(小)定理;

(2)天元求一法;

(3)小数循环法;

(4)准根分级法.

随后，华蘅芳又著《数根术解》，讨论了李善兰的方法，并论述了算术基本定理等内容.

在李善兰所取得成果的基础之上，方士镳在 1896 年完成的《数根丛草》中，提出了 20 种判别素数的方法，将素数判别理论推向了一个新的高度.他在该书序中写道：

> "考数根古今无通术，惟近世西学《几何原本》颇论其理，然未明言其所以考求之术.海宁李壬叔(善兰)先生曾创四法，惜乎近人鲜有证其源者，是以未通行于世.士镳于丙申孟夏校释《合数》，门人邓启昆以所录李先生考数根四法求解.士镳细加推索，知李法全从合数得来，始叹先生生平于西学诸书搜览可谓博矣.释合数既毕，乃于李法外别创廿法，不揣固陋，付诸楮墨，非敢与先生角胜，聊为世之读先生四法而莫解者，或者睹士镳诸术，多所触类而引申也."

因此，方士镳的工作可以看做是李善兰素数论的继承与发展.他在《数根丛草》中的成就，可与李善兰的《考数根法》媲美.《数根丛草》中提出了不少具有重要价值的、独创的方法(如第 6,7,8,9,17,20 术等)；他还得到了世界数学史上著名的定理第 12 术，无论是从时间上，还是该定理的应用上，这项工作都值得称道；除此之外，方士镳还在这部著作中创造性地发展了西方数学中常用的方法，并改进了《考数根法》中的方法.

《数根丛草》中提出了一个判别素数的重要方法：考数根第十二术."术曰：置本数减一，为连乘数限.乃从一，二，三以至数限各数连乘，加一为实，以本数为法.除之，除尽者是数根；不尽者非数根."

记本数为 N，得 $1\cdot2\cdot3\cdot\cdots\cdot(N-1)+1=(N-1)!+1$.

若 $(N-1)!+1\equiv0(\bmod N)$，则 N 为素数；

若 $(N-1)!+1\not\equiv0(\bmod N)$，则 N 为非素数.

上述结果就是数论中著名的基本定理 —— 威尔逊定理：P 为素数的充分必要条件是

$$(P-1)!+1\equiv0(\bmod P)$$

威尔逊曾写信给著名数论大师华林(E. Waring, 1736—1798)，猜想该结论(威尔逊定理)可能是正确的.1770 年，华林未加证明就将这个结果披露了.1773 年，法国著名数学家拉格朗日证明了这一结果.其实，早在 1682 年，伟大的德国学者莱布尼兹就提出了同样的结论.

威
(John W
1741—1793
国数学家.
威斯特摩
于同地.

我们认为，方士镳独立地得到了威尔逊定理，并把它作为判别素数的方法，他的这一成就不仅超过了李善兰、华蘅芳在素数论方面的贡献，而且可与西方

一些数学家的工作媲美.

首先,方士镤在威尔逊定理方面的工作,无论是在李善兰的《考数根法》,还是在华蘅芳的《数根术解》中都没有雏形.在1896年前后,已经翻译或著述的诸多数学著作中,也没有这一结果.如流传甚广的《代数难题解法》中的"数之性情"部分,刊于1903年的综合了当时已传入的许多代数学(包括数论)知识的《溥通新代数》中的"数之性情"的章节,都没有提及这一重要定理.

张祖贵先生检索了当时刊登科技文章的刊物,如《六合丛刊》、《格致汇编》、《中西闻见录》等,在所刊登的数学文章中,都不见有威尔逊定理的介绍.倒是光绪二十八年(1902)的《湘学报》转载了《中西闻见闻》上李善兰的文章,并加编者按:"考数根古无其法,自海宁李壬叔先生始创之,其理极精深,极准确;惟仅见《中西闻见录》中,传本甚稀,故特重刊以饷学者."可见直到1902年,《考数根法》仍是人们仅见的素数判别方法的重要著作.同年上海书局石印本《算数名义释例》中之"数根"条,原封不动地转载了《湘学报》上李善兰的文章,甚至连编者按也一同转载.

在《数根丛草》成书的1896年前后,西方数学界也正在研究威尔逊定理的结论、证明与应用,并将其作为判别素数的方法.这一历史事实,著名数学史家、代数学家迪克森(L. E. Dickson,1874—1954)在《数论史》第一卷"素数判别"(Tests for Primality)一节中写道:

> "n是素数,当且仅当n能整除$1+(n-1)!$,这一事实曾为莱布尼兹(公元1682年)、拉格朗日(公元1773年)、金蒂(Genty,公元1788年)、勒贝格(Lebesgue,公元1862年)和卡塔兰(Catàlan,公元1888年)注意过……进一步将其作为判别素数方法的人有西波那(Cipolla,公元1903年)、科尔(Cole,公元1903,1904年)、萨迪(Sardi,公元1867年)、兰伯特(Lambert,公元1769年)、塞格蒙迪(Zsigmondy,公元1893年)、盖革巴(Gegenbauer,公元1885,1886年)、乔里沃德(Jolivald,公元1904年)、欧拉(Euler,公元1745年)、切比雪夫(Tchebychef,公元1851年)、谢夫戈斯(Schaffgotsch,公元1786年)、比德尔(Biddle,公元1907,1908年)、亥尔维茨(公元1896年),此外,在冯·科赫(Von Koch,公元1894年)、海斯(Hayashi,公元1900、1901年)、安德努利(Andreoli,公元1912年)以及皮特维谢(Petrovitch,公元1913年)的论文中也可看到……甘比利(D. Gambioli,公元1898年)和美斯勒(O. Meissnei,公元1906年)讨论了威尔逊定理之逆定理用于判别(素数)时难以实用的问题……奇阿(A. Chiari,公元1910,1911年)引用了周知的素数判别方法,如威尔森定理之逆定理."

在《数论史》第一卷第 59 ~ 84 页中的“费马和威尔森定理”一节中，迪克森给出了证明威尔森定理的历史，欧拉、高斯等著名数学家都曾给出过证明，最晚的独立证明迟至 1913 年左右. 迪克森还指出：“维尔谢茨 - 杰森（J. L. Wildschütz-Jessen，1914 年）给出了费马定理和威尔森定理的历史综述.”

莱布尼兹、威尔森、华林、拉格朗日、欧拉等早就得到或证明了威尔森定理，但他们的工作并未在数学界得到广泛传播（否则迪克森还提到 19 世纪末 20 世纪初研究这一结果的数学家，就毫无意义了）. 人们在 20 世纪追溯历史时，才从文献中了解到他们早就获得了这一成果. 事实上，莱布尼兹、欧拉等人的著作仍在整理中，人们不时发现，不少人费了许多心血得到的结论，他们早就得到了.

早期数学家对威尔森定理的探索被历史淹没了. 19 世纪西方数学家重又“发现”、“证明”威尔森定理，并将之用于判别素数，这一工作持续到 1910 年. 这样，就排除了传教士将威尔森定理传入中国的可能性，而在方士镳之前的中国数学家又没有这个定理的雏形. 因此，完全可以肯定，方士镳独立地得到了威尔森定理，并将其作为判别素数的方法. 从时间上说，正好与德国著名代数学家、哥廷根学派的赫维茨（A. Hurwitz，1859—1919）是同一年. 在迪克逊的上述历史叙述中，在方士镳之后将威尔逊定理作为判别数学方法的西方数学家，至少有 8 位，他们的工作因为是各自独立的，因而得到承认而载入史册.

因此，方士镳在威尔森定理方面的成就，可列入世界先进水平，在清末中国数学家中实属难能可贵.

他还给出了利用对数简化威尔森定理判别素数的方法，即考数根第十三术. “术曰：置一，二，三，四，五以至本数减一对数，挨次加之，共得对数若干. 将此对数之前一个对数，以本数之对数减之. 查对数表有无此对数. 有，则本数是数根；无，则本数非数根.”

但在《数根丛草》中，方士镳也给出了两个错误的方法.

考数根第十术. “术曰：置本数减一为方指数. 任取一个数根（小于本数者），自乘再乘，至方指数等于本数减一为止，乃于乘得之数内减一，以本数度之. 能度尽者，本数是数根；不能度尽者，本数非数根.”

记本数为 N，任取一个素数 $P(P < N)$.

若 $P^{N-1} - 1 \equiv 0 (\bmod N)$，则 N 为数根（素数）；

若 $P^{N-1} - 1 \not\equiv 0 (\bmod N)$，则 N 为非素数.

第十术实际上是费马（小）定理：若 N 是素数，$(a, N) = 1$，则

$$a^{N-1} - 1 \equiv 0 (\bmod N)$$

的逆命题之一种形式. 但费马（小）定理之逆命题并不成立！

方士镳这一错误源于华蘅芳：“李氏秋纫（李善兰）有考数根之捷术：以本

数乘二之对数,求得其真数,减二,余以本数度之,能度尽者,本数为数根;不能度尽者,本数非数根.”华蘅芳认为李善兰提出了这样的方法:若 $2^N-2\equiv 0(\bmod N)$,则 N 为素数.其实,李善兰根本没指出过这样的“捷术”,他甚至谨慎地认为费马(小)定理之逆命题不成立.方士锳试图将华蘅芳(误作为李善兰)的结论由 $2^N-2\equiv 0(\bmod N)$ 推广到所有素数 P,$P^N-P\equiv 0(\bmod N)$,当然是错误的.

作为第十术对数运算的第十一术也就跟着错了.

自1640年费马(小)定理被提出来后,在近200年的时间里,人们都以为其逆命题成立,其中不乏像莱布尼兹、哥德巴赫这样的大数学家.19世纪初,西方数学家举出反例,证明费马(小)定理之逆命题不成立.因此,华蘅芳、方士锳错误不是偶然的.这一错误同时也说明了,方士锳《数根丛草》中的结果是独立得到的.他在素数论方面的成就(除第十术、第十一术外),在19世纪中国数学史上写下了光辉的一页,从而也从一个方面驳斥了中国古代数学只重方法不重理论,只重应用,不重抽象的观点.这对增强民族自信心是大有益处的.

我国著名数学家,机器证明专家,中国数学学会理事长吴文俊先生在他主编的《现代数学新进展》的序言的最后,颇有信心地说:“复兴不仅是振兴中国数学,使自秦汉迄宋元傲居世界舞台中央的中国数学重展昔日雄风于今日,应该是完全可能的.”

附录

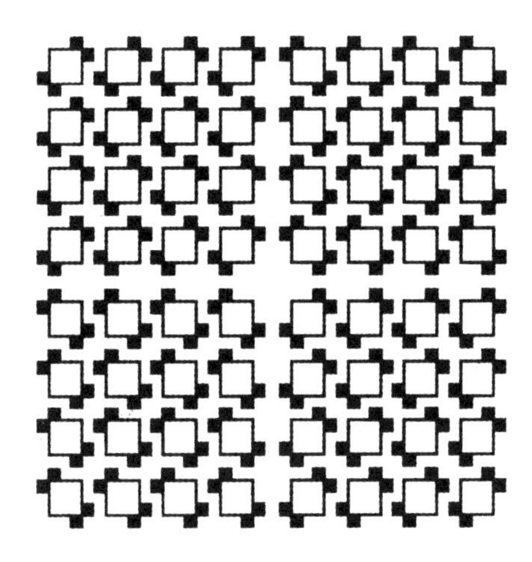

椭圆曲线理论初步

附录一

1.引　言

日本数学奥林匹克与日本制造一样缺乏原创性，但工于模仿且能推陈出新.与我国的CMO相比虽技巧性稍逊一筹但能紧跟世界数学主流且命题者颇具数学鉴赏力，知道哪些是"好数学"，哪些是包装精美的学术垃圾.随着时间的推移我们越来越能体会到其眼光的独到以及将尖端理论通俗化的非凡能力.例如，1992年日本数学奥林匹克预赛题第3题为

［**试题** A］　坐标平面上，设方程

$$y^2 = x^3 + 2\,691x - 8\,019$$

所确定的曲线为 E，连接该曲线上的两点(3,9)和(4,53)的直线交曲线 E 于另一点，求该点的坐标.

解　由两点式易得所给直线的方程为 $y = 44x - 123$.将它代入曲线方程并整理得

$$x^3 - 1\,936x^2 + (2\times 44\times 123 + 2\,691)x - (123^2 + 8\,019) = 0$$

由韦达定理得

$$x + 3 + 4 = 1\,936$$

所以所求点 x 的横坐标为

$$x = 1\,936 - (3 + 4) = 1\,929$$

这道貌似简单的试题实际上是一道具有深刻背景的椭圆曲线特例.

2. 牛顿对曲线的分类

笛卡儿早就讨论过一些高次方程及其代表的曲线. 次数高于 2 的曲线的研究变成众所周知的高次平面曲线理论,尽管它是坐标几何的组成部分. 18 世纪所研究的曲线都是代数曲线,即它们的方程由 $f(x, y) = 0$ 给出,其中 f 是 x 和 y 的多项式. 曲线的次数或阶数就是项的最高次数.

牛顿第一个对高次平面曲线进行了广泛的研究. 笛卡儿按照曲线方程的次数来对曲线进行分类的计划深深地打动了牛顿,于是牛顿用适合于各该次曲线的方法系统地研究了各次曲线,他从研究三次曲线着手. 这个工作出现在他的《三次曲线例举》(Enumeratio Linearum Tertil Ordinis) 中, 这是作为他的 Opticks(光学) 英文版的附录在 1704 年出版的. 但实际上大约在 1676 年就做出来了,虽然在 La Hire 和 Wallis 的著作中使用了负 x 值,但牛顿不仅用了两个坐标轴和负 x 负 y 值,而且还在所有四个象限中作图.

牛顿证明了怎样能够把一般的三次方程

$$ax^3 + bx^2y + cxy^2 + dy^3 + ex^2 + fxy + fy^2 + hx + jy + k = 0$$

所代表的一切曲线通过坐标轴的变换化为下列四种形式之一:

(1) $xy^2 + ey = ax^3 + bx^2 + cx + d$;

(2) $xy = ax^3 + bx^2 + cx + d$;

(3) $y^2 = ax^3 + bx^2 + cx + d$;

(4) $y = ax^3 + bx^2 + cx + d$.

牛顿把第三类曲线叫做发散抛物线(diverging parabolas),它包括如图 1 所示的五种曲线. 这五种曲线是根据右边三次式的根的性质来区分的:全部是相异实根;两个根是复根;都是实根但有两个相等而且复根大于或小于单根;三个根都相等. 牛顿断言,光从一点出发对这五种曲线之一作射影,然后取射影的交线就能分别得到每一个三次曲线.

牛顿对他在《例举》中的许多断言都没有给出证明. James Stirling 在他的《三次曲线》中证明了或用别的方法重新证明了牛顿的大多数断言,但是没有证明射影定理, 射影定理是由法国数学家克莱罗 (Clairaut Alexis-Claude. 1715—1763) 和弗朗塞兄弟(Francois Nicole, 1683—1758) 证明的. 其实牛顿识别了七十二种三次曲线. 英国数学家斯特灵(Stirling James, 1692—1770) 加上了四种,修道院院长 Jean-Paul de Gua de Malves 在他 1740 年题为《利用笛卡儿的分析而不借助于微积分去进行发现 ……》(Usage de Vanalyse de Descartes pourdécouvrir sans le Secours du calcul differential...) 的书里又加了两种.

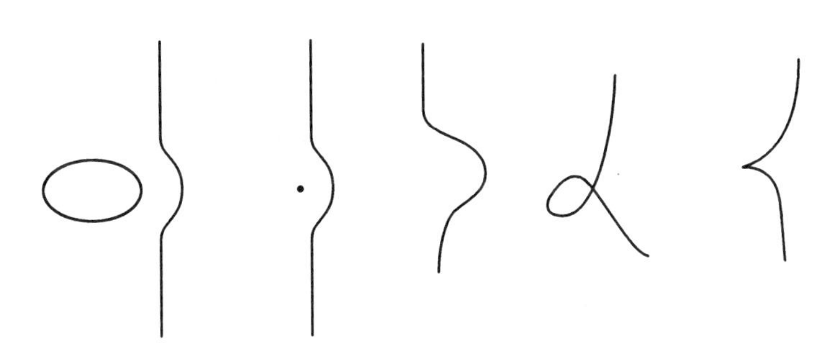

图 1

牛顿关于三次曲线的工作激发了关于高次平面曲线的许多其他研究工作.按照这个或那个原则对三次和四次曲线进行分类的课题继续使18和19世纪的数学家们感兴趣.随着分类方法的不同所找到的分类数目也不同.

椭圆曲线是三次的曲线,不过它们是在一个适当的坐标系内的三次曲线.任一形如

$$y^2 = (x-\alpha)(x-\xi)(x-\gamma)(x-\delta)$$

的四次曲线可以写成

$$\left(\frac{y}{x-\alpha^2}\right) = \left(1-\frac{\beta-\alpha}{x-\alpha}\right)\left(1-\frac{\gamma-\alpha}{x-\alpha}\right)\left(1-\frac{\delta-\alpha}{x-\alpha}\right)$$

因此它在坐标为

$$X = \frac{1}{x-\alpha}, Y = \frac{y}{x-\alpha^2}$$

之中是三次的,特别地,$y^2 = 1 - x^4$ 在坐标 $X = \frac{1}{x-\alpha}, Y = \frac{y}{(x-\alpha)^2}$ 之下化为三次的:$Y^2 = 4X^3 - 6X^2 + 4X - 1$.这一变换在数论中尤为重要,因为它使得位于一条曲线上的有理点(x, y)对应于另一条上的有理点(X, Y),这样的坐标变换称为双有理的.

牛顿发现了一个惊人的事实:所有关于 x, y 的三次方程皆可通过双有理坐标变换化为如下形式的方程

$$y^2 = x^3 + ax + b$$

1995年证明了费马大定理的安德鲁·怀尔斯就是椭圆曲线这一领域的专家.1975年安德鲁·怀尔斯开始了他在剑桥大学的研究生生活.怀尔斯的导师是澳大利亚人约翰·科茨(John Coates),他是伊曼纽尔学院的教授,来自澳大利亚新南威尔士州的波森拉什.他决定让怀尔斯研究椭圆曲线,这个决定后来证明是怀尔斯职业生涯的一个转折点,为他提供了攻克费马大定理的新方法所需要的工具.研究数论中的椭圆曲线方程的任务(像研究费马大定理一样)是当它们有整数解时把它算出来,并且如果有解,要算出有多少个解,如

$y^2 = x^3 - 2$ 只有一组整数解 $5^2 = 3^3 - 2$.

3. 椭圆曲线与椭圆积分

"椭圆曲线"这个名称有点使人误解,因为在正常意义上它们既不是椭圆又不弯曲,它们只是如下形式的任何方程

$$y^2 = x^3 + ax^2 + bx + c,\text{这里 } a,b,c \in \mathbf{Z}$$

它们之所以有这个名称是因为在过去它们被用来度量椭圆的周长和行星轨道的长度.

在一定意义上说,椭圆积分是不能表为初等函数的积分的最简单者,椭圆函数则以某些椭圆积分的反函数形式出现.

设 R 为 x 与 y 的有理函数.令 $I = \int R(x,y)\mathrm{d}x$.如果 y^2 为 x 的二次或更低次的多项式,则 I 可用初等函数表示.如果 y^2 为 x 的三次或四次多项式,则 I 一般不能用初等函数表示,并叫做椭圆积分(elliptic integral)

在椭圆积分中一个重要的贡献是以德国数学家魏尔斯特拉斯名字命名的:用一个适当的变换

$$x' = \frac{ax+b}{cx+d}, ad - bc \neq 0$$

可把椭圆积分 I 化为一个这样的椭圆积分,其中多项式 y^2 具有规范形式(勒让德规范形式和魏尔斯特拉斯典则形式).其魏尔斯特拉斯典则形式为 $y^2 = 4x^3 - g_2x - g_3$,这里 g_2, g_3 为不变量,是实数或复数.I 恒可表示为有理函数的积分与第一、第二、第三种椭圆积分的线性组合.在魏尔斯特拉斯典则形式中可表为

$$\int \frac{\mathrm{d}x}{y}, \int \frac{x\mathrm{d}x}{y}, \int \frac{\mathrm{d}x}{(x-c)y}$$

其中 $y = \sqrt{4x^3 - g_2x - g_3}$.

魏尔斯特拉斯生于德国西部威斯特伐利里(Westphalia)的小村落奥斯腾费尔德(Ostenfelde)曾师从以研究椭圆函数著称的古德曼(C. Gudermann).

椭圆积分应用很广.在几何中,椭圆函数或椭圆积分出现于下列问题的求解之中:决定椭圆、双曲线或双纽线的弧长,求椭球的面积,求旋转二次曲面上的测地线,求平面三次曲线或更一般的一个亏格 1 的曲线的参数表示,求保形问题等.在分析中,它们可用于微分方程(拉梅方程,扩散方程等等);在数论中则应用于包括费马大定理等各种问题中;在物理科学里,椭圆函数及椭圆积分出现在位势理论中,或者通过保形表示或者通过椭球的位势,出现在弹性理论、

刚体运动、热传导或扩散论的格林函数以及其他一些问题中.

4. 阿贝尔、雅可比、艾森斯坦和黎曼

在19世纪20年代,阿贝尔(Abel)和雅可比(Jacobi)终于发现了对付椭圆积分的方法.那就是研究他们的反演.比如说,要研究积分

$$u = g^{-1}(x) = \int_0^x \frac{\mathrm{d}t}{\sqrt{t^3 + at + b}}$$

我们转而研究它的反函数 $x = g(u)$,这样一来可将问题大大简化,就如同我们研究函数 $x = \sin u$ 来代替研究 $\arcsin x = \int_0^x \frac{\mathrm{d}t}{\sqrt{1 - t^2}}$,特别是这时我们面对的已不是多值积分而是一个周期函数 $x = g(x)$.

$\sin u$ 和 $g(u)$ 之间的差异在于:只有当允许变量取复数值时,才能真正看出 $g(u)$ 的周期性,而且 $g(u)$ 有两个周期,即存在非零的 $w_1, w_2 \in \mathbf{C}, \frac{w_1}{w_2} \notin \mathbf{R}$,使得

$$g(u) = g(u + w_1) = g(u + w_2)$$

有许多方法可让这两个周期显露出来,一种方法是德国数学家艾森斯坦(Eisenstein Ferdinand Gotthold Max, 1823—1852)最早提出的,今天还在普通使用,要点是先写出显然具有周期 w_1, w_2 的一个函数

$$g(u) = \sum_{m,n \in \mathbf{Z}} \frac{1}{(u + mw_1 + mw_2)^2}$$

然后通过无穷级数的巧妙演算导出其性质.最终你会发现 $g^{-1}(x)$ 正是我们开始时考虑的那类积分.

另一种方法是研究 t 在复平面上变化时被积函数 $\frac{1}{\sqrt{t^3 + at + b}}$ 的行为,按照黎曼(Riemann Georg Friedrich Bernhard, 1826—1866)的观点,视双值"函数" $\frac{1}{\sqrt{t^3 + at + b}}$ 为 $\mathbf{C}$ 上的双叶曲面,你将发现两个独立的闭积分路径,其上的积分值为 w_1 和 w_2,这种方法更深刻,但要严格化也更困难.

由于 $g(u) = x$,根据基本的微积分知识可知

$$g'(u) = \frac{\mathrm{d}x}{\mathrm{d}u} = \frac{1}{\frac{\mathrm{d}x}{\mathrm{d}u}} = \frac{1}{\frac{1}{\sqrt{x^3 + ax + b}}} = \sqrt{x^3 + ax + b} = y$$

所以 $x = g(u), y = g'(u)$ 给出了曲线 $y^2 = x^3 + ax + b$ 的参数化.

椭圆$\frac{x^2}{a^2}+\frac{y^2}{b^2}=1$的弧长的计算可化到椭圆积分.实际上,对应于横坐标自0变到x的那一段弧,等于

$$l(x)=\int_0^x\sqrt{1+y'^2}\mathrm{d}x=a\int_0^{\frac{x}{a}}\sqrt{\frac{1-k^2t^2}{1-t^2}}\mathrm{d}t$$

其中$t=\frac{x}{a},k^2=\frac{a^2-b^2}{a^2}$,这是勒让德形式的第二种椭圆积分.椭圆的全长可用完全椭圆积分来表示$l=4a\int\sqrt{\frac{1-k^2t^2}{1-t^2}}\mathrm{d}t=4aE(k)$这就是我们称其为椭圆积分而称它们的反函数为椭圆函数的根据.

5. 椭圆曲线的加法

实数域中加法规则的几何描述如图2所示.

要对点$P(x_1,y_1)$和$Q(x_2,y_2)$做加法,首先过P和Q画直线(如果$P=Q$就过点P画曲线的切线)与椭圆曲线相交于点$R(x_3,-y_3)$,再过无穷远点和点R画直线(即过点R做x轴的垂线)与椭圆曲线相交于点$S(x_3,y_3)$,则点S就是P和Q的和,即$S=P+Q$.

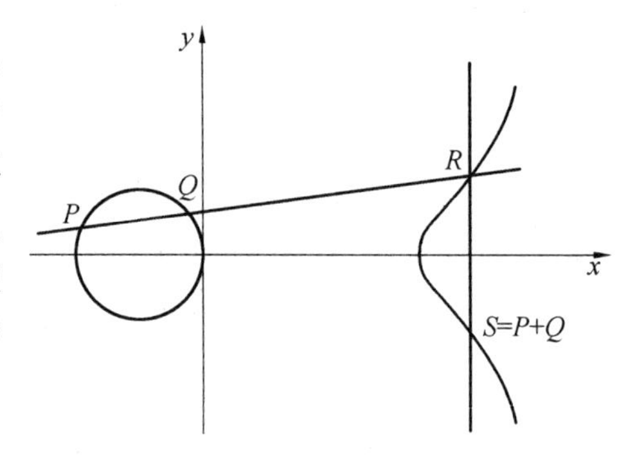

图2

讨论:情形一:$x_1\neq x_2$.

设通过点$P(x_1,y_1)$和$Q(x_2,y_2)$直线为L:情形一实际上是点$P(x_1,y_1)$与自己相加,即倍点运算.这时定义直线$L:y=\lambda x+\gamma$是椭圆曲线$y^2=x^3+ax+b$在点$P(x_1,y_1)$的切线,根据微积分理论可知,直线的斜率等于曲线的一阶导数,即

$$\lambda=\frac{\mathrm{d}y}{\mathrm{d}x}$$

而对该椭圆曲线进行微分的结果是

$$2y\cdot\frac{\mathrm{d}y}{\mathrm{d}x}=3x^2+a$$

联合上面两式,并将点$P(x_1,y_1)$代入有

$$\lambda = \frac{3x_1^2 + a}{2y_1}$$

再按照与情形一相同的分析方法,容易得出如下结论:

对于 $x_1 = x_2$,且 $y_1 = y_2$ 有

$$P(x_1, y_1) + P(x_1, y_1) = 2P(x_1, y_1) = S(x_3, y_3)$$

其中,$x_3 = \lambda^2 - 2x_1$,$y_3 = \lambda(x_1 - x_3) - y_1$,$\lambda = \frac{3x_1^2 + a}{2y_1}$,即对于情形一和情形三,它们的坐标计算公式 $y = \lambda x + v$,则直线的斜率为

$$\lambda = \frac{y_2 - y_1}{x_2 - x_1}$$

将直线方程代入椭圆曲线方程 $y^2 = x^3 + ax + b$,有

$$(\lambda x + v)^2 = x_3 + ax + b$$

整理得

$$x^3 - \lambda^2 x^2 + (a - 2\lambda v)x + b = 0$$

该方程的三个根是椭圆曲线与直线相交的三个点的 x 坐标值,而点 $P(x_1, y_1)$ 和 $Q(x_2, y_2)$ 分别对应的 x_1 和 x_2 是该方程的两个根.这是实数域上的三次方程,具有两个实数根,则第三个根也应该是实数,记为 x_3.三根之和是二次项系数的相反数,即

$$x_1 + x_2 + x_3 = -(-\lambda^2)$$

因此有 $x_3 = \lambda^2 - x_1 - x_2$.

x_3 是第三点 R 的 x 坐标,设其 y 坐标为 $-y_3$,则点 S 和 y 坐标就是 y_3.由于点 $P(x_1, y_1)$ 和 $R(x_3, -y_3)$ 均在该直线上,其斜率可表示为

$$\lambda = \frac{-y_3 - y_1}{x_3 - x_1}$$

即

$$y_3 = \lambda(x_1 - x_2) - y_1$$

所以,对于 $x_1 \neq x_2$,有

$$P(x_1, y_1) + Q(x_2, y_2) = S(x_3, y_3)$$

其中 $$x_3 = \lambda^2 - x_1 - x_2, y_3 = \lambda(x_1 - x_2) - y_1, \lambda = \frac{y_2 - y_1}{x_2 - x_1}$$

情形二:$x_1 = x_2$,且 $y_1 = -y_2$.

此时,定义 $(x, y) + (x, -y) = 0$,(x, y) 是椭圆曲线上的点,则 (x, y) 和 $(x, -y)$ 是关于椭圆曲线加法运算互逆的.

情形三:$x_1 = x_2$,且 $y_1 = y_2$.

设 $y_1 \neq 0$,否则就是情形二.此时相对于本质上是一致的,只是斜率的计算方法不同.

利用上述推导的公式我们可以对开始提到的日本赛题给出一个公式法解答：

因为 $x_1 = 3, y_1 = 9, x_2 = 4, y_2 = 53$，且 $x_1 \neq x_2$ 是属于情形一，则

$$\lambda = \frac{y_2 - y_1}{x_2 - x_1} = \frac{53 - 9}{4 - 1} = 44$$

故 $x_3 = \lambda^2 - x_1 - x_2 = 44^2 - 3 - 4 = 1\ 929$.

椭圆曲线上的加法运算从 P 和 Q 两点开始，通过这两点的直线在第三点与曲线相交，该点的 x 轴对称点即为 P 和 Q 之和. 对密码学家来说，对椭圆曲线加法运算真正感兴趣的是一个点与其自身相加的过程. 也就是说，给定点 P，找出 $P + P$(即 $2P$). 点 P 还可以自加 k 次，得到一点 w，且 $w = kP$.

公钥加密法是一种现代加密法，该算法是由 Diffie, Hellmann 于 1976 年提出的. 在这之前所有经典和现代加密法中，一个主要的问题是密钥，它们都只有一个密钥，这个密钥既用来加密，也用来解密. 这看上去很实用也很方便，但问题是，每个有权访问明文的人都必须具有该密钥. 密钥的发布成了这些加密法的一个弱点. 因为如果一个粗心的用户泄漏了密钥，那么就等于泄漏了所有密文. 这个问题被 Diffie, Hellmann 所解决，他们这种加密法有两个不同的密钥：一个用来加密，另一个用来解密. 加密密钥可以是公开的，每个人都可以使用它来加密，只有解密密钥是保密的. 这也称为不对称密钥加密法.

实现公钥有多种方法和算法，大多数都是基于求解难题的. 也就是说，是很难解决的问题. 人们往往把大数字的因子分解或找出一个数的对数之类的问题作为公钥系统的基础. 但是，要谨记的是，有时候并不能证明这些问题就真的是不可解的. 这些问题只是看上去是不可解的，因为经历了多年后仍未能找到一个简单的解决办法. 一旦找到了一个解决办法，那么基于这个问题的加密算法就不再安全或有用了.

现在最常见的公钥加密法之一是 RSA 体制(以其发明者 Rivest, Shamir 和 Adleman 命名的). 在椭圆曲线中也存在着这样一个类似的难以分解的问题. 描述如下：给定两点 P 和 W，其中 $W = kP$，求 k 的值，这称为椭圆曲线离散对数问题(elliptic curre discrete logarithm problem). 用椭圆曲线加密可使用较小密钥而提供比 RSA 体制更高的安全级别.

6. 椭圆曲线密码体制

椭圆曲线理论是代数几何、数论等多个数学分支的一个交叉点. 一直被人们认为是纯理论学科，对它的研究已有上百年的历史了. 而椭圆曲线密码体系，

即基于椭圆曲线离散对数问题的各种公钥密码体制,最早于1985年曲 Miller 和 Koblitz 分别独立提出,它是利用有限域上的椭圆曲线有限群代替基于离散对数问题密码体制中的有限循环群所得到的一类密码体制.

在该密码体制提出的当初,人们只能把它作为一种理论上的选择,并未引起太多的注意.这主要有两个方面的原因,一方面来自它本身,另一方面来自它外部.对来自它本身的原因有两点:一是因为当时还没有实际有效的计算椭圆曲线有理点个数的算法,人们在选取曲线时遇到了难以克服的障碍;二是因为椭圆曲线上点的加法过于复杂,使得实现椭圆曲线密码时速度较慢.对于来自外部的原因我们可以这样理解,在椭圆曲线密码提出之时,RSA 算法提出已有数年,并且其技术已逐渐成熟,就当时的大数分解能力而言,使用不太大的模数,RSA 算法就已很安全,这样一来,与 RSA 算法相比,椭圆曲线密码无任何优势可言.早在椭圆曲线密码提出以前,Schoof 在研究椭圆曲线理论时就已发现了一种有限域上计算椭圆曲线有理点个数的算法,只是在他发现这一算法还可以用来构造一种求解有限域上的平方根的算法时,才将它发表.从理论上看,Schoof 算法已经是多项式时间的算法了,只是实际实现很复杂,不便于应用.从1989年到1992年间,Atikin 和 Elkies 对其做出了重大的改进,后来在 Covergnes, Morain, Lercier 等人的完善下,到1995年人们已能很容易地计算出满足密码要求的任意椭圆曲线有理点的个数了.椭圆曲线上有限群阶的计算,以及进一步的椭圆曲线的选取问题已经不再是椭圆曲线密码实用化的主要障碍了.

自从1978年 RSA 体制提出以后,人们对大数分解的问题产生了空前的兴趣,对有限域上离散对数的研究,类似于大数分解问题的研究,它们在本质上具有某种共性,随着计算机应用技术的不断提高,经过人们的不懈努力后,目前人们对这两类问题的求解能力已有大幅度的提高.

椭圆曲线密码理论是以有限域上的椭圆曲线的理论为基础的,其理论的迅速发展有力地推动了椭圆曲线的发展及一门新的学科——计算数论的发展.此外,它更重要的价值在于应用,一方面,在当今快速发展的电子信息时代,其应用会迅速扩展到银行结算,电子商务、通信领域等.目前,国外已有大量的厂商已经使用或者计划使用椭圆曲线密码体制.加拿大的 Certicom 公司把公司的整个赌注都投在椭圆曲线密码体制上,它联合了 HP,NEC 等十多家著名的大公司开发了标准 SEC,其 SEC1.0 版已于2000年9月发布.著名的 Motorala 则将 ECC (Elliptic Curve Cryptosystem)用于它的 Cipher Net,以此把安全性加入应用软件.总之,它已具有无限的商业价值,另一方面,也具有重大的军事价值.

总之,开始提到的那道竞赛题是我们了解椭圆曲线这一新领域的一个窗口.

椭圆函数理论初步

附录二

1. 椭圆函数的一般性质

1. 椭圆函数的定义

所谓椭圆函数，是指一个半纯函数，它的周期总可以由比值是虚数

$$\tau = \omega' : \omega$$

的两个基本周期 2ω 与 $2\omega'$ 用相加与相减的方法来得到.

简单地说，一个半纯函数叫做椭圆函数，就是说它是一个周期为 $2\omega, 2\omega'$ 的双周期函数，而这两个周期的比值 τ 是一个虚数. 这样的函数 $f(z)$ 适合以下关系

$$f(z + 2\omega) = f(z), f(z + 2\omega') = f(z) \quad ①$$

由此推出

$$f(z + 2m\omega + 2n\omega') = f(z) \quad ②$$

其中 m 与 n 表示任何整数，正的负的或是零都可以.

我们的问题之一是要想用这个或那个解析的工具来构成一些基元，使得利用这些基元，一切椭圆函数就都可以用有限形式表示出来. 换句话说，我们提出的问题是要从上述描绘性的定义出发来给任何椭圆函数以解析的表示方法. 对于有理函数，我们有两种解析表示法. 在第一种方法中起主要作用的，是有理函数的极点与对应于它们的主要部分，这种方法使我们能把有理函

数展开成部分分式.有理函数的第二种解析表示法,是利用零点与极点的性质,这就给我们以用线性因子的乘积之比来表示有理函数的可能性.

类似地,为了解决上面所提起的关于椭圆函数的问题,我们要来建立两个公式,其中之一是要把它展开成一些简单的基元之和,清楚地指出函数的极点与主要部分,另一个是要把椭圆函数表成初等因子的乘积之比,清楚地指出函数的零点与极点.在开始进行这个工作之前,我们要先讨论椭圆函数的一系列的一般性质.

附注 在椭圆函数的定义中,我们假定了它的基本周期的比值 $\tau = \frac{\omega'}{\omega}$ 是一个虚数.

可以证明,假如这个比值是实数,那么函数就是单周期函数或者是常数.此外,今后我们将认为比值 $\tau = \frac{\omega'}{\omega}$ 的虚数部分的系数是正的,这总是可以办得到的,只要我们改变基本周期之一的符号就行.

2.周期平行四边形

要想给双周期性以几何解释,我们来考虑复数平面上的四个点

$$z_0, z_0 + 2\omega, z_0 + 2\omega + 2\omega', z_0 + 2\omega'$$

其中 z_0 是任意一个复数.

因为比值 $\tau = \frac{\omega'}{\omega}$ 是虚数,所以这四点代表一个平行四边形的顶点.

令

$$z'_0 = z_0 + 2m\omega + 2n\omega'$$

(m, n 都是整数),于是,下列四点

$$z'_0, z'_0 + 2\omega, z'_0 + 2\omega + 2\omega', z'_0 + 2\omega'$$

是一个平行四边形 P_{mn} 的顶点,这个平行四边形 P_{mn} 可以由基本平行四边形 $P = P_{00}$ 经过一个平移来得到.

给 m 与 n 以一切可能的整数值,我们得到一组平行四边形 P_{mn},它们彼此全等,并且盖住了整个平面(图 1).

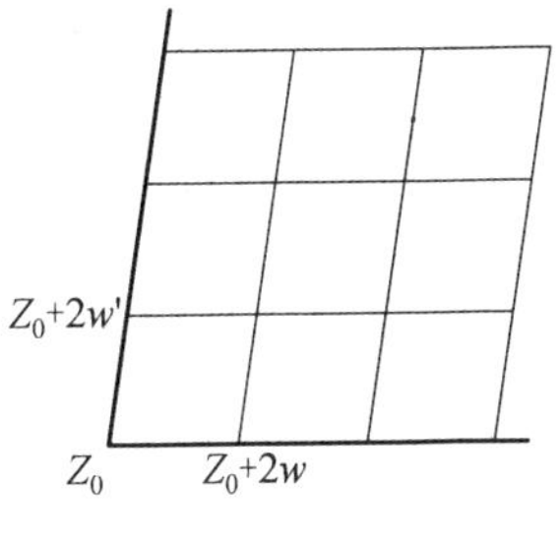

Z$_0$+2w'

Z$_0$ Z$_0$+2w

图 1

要想使得组内任何两个平行四边形都没有公共点,我们算作每一个平行四边形 P_{mn} 只有一部分边界,即边线

$$\overline{z'_0, z'_0 + 2\omega}, \overline{z'_0, z'_0 + 2\omega'}$$

端点 $z'_0 + 2\omega$ 与 $z'_0 + 2\omega'$ 也都除外.

至于平行四边形 P_{mn} 的另外两边,我们把它们看做是属于与 P_{mn} 紧邻的平

行四边形.这样一来,平面上任何一点就属于一个而且只属于一个平行四边形,例如 $P_{m'n'}$.

下列形式的点

$$z + 2\mu\omega + 2\nu\omega'$$

(其中 μ 与 ν 是任何整数) 称为与点 z 是同余的或等价的;它们在平行四边形 $P_{m'+\mu,n'+\nu}$ 中所占的位置与点 z 在 $P_{m'n'}$ 中所占的位置完全一样.

在这些等价点中有一个属于基本平行四边形 P 的点(这个点是 $z - 2m'\omega - 2n'\omega'$).

因此,我们可以说,平面上的每一点只与基本平行四边形上唯一的一个点等价.我们称平行四边形 P_{mn} 为周期平行四边形;从这些周期平行四边形中来选定一个基本平行四边形 P,显然是完全任意的.现在我们可以几何地来说明关系 ② 了.关系式 ② 表明:函数 $f(z)$ 在所有的等价点上都取同一个值.因此,在一个平行四边形上来研究椭圆函数就足够知道它在整个平面上的性质.

3.基本定理

定理 1 椭圆函数的导函数也是椭圆函数.事实上,微分关系式 ① 我们得到

$$f'(z + 2\omega) = f'(z), f'(z + 2\omega') = f'(z)$$

所以,导函数 $f'(z)$ 与原函数有同样的周期 2ω 与 $2\omega'$.另一方面,和 $f(z)$ 一样,作为一个单值函数,$f'(z)$ 在有限范围内除极点外,不能有另外的奇异点,因为如果 $f(z)$ 在某一点是全纯的,那么导函数 $f'(z)$ 在这一点也同样是全纯的,而如果 $f(z)$ 在某一点并非全纯而是有一个极点,那么在这一点 $f'(z)$ 也同样只能有一个极点.因此 $f'(z)$ 是一个半纯函数,具有周期 2ω 与 $2\omega'$.按照定义,它是一个椭圆函数,其周期就是原函数的周期.

定理 2 不是常数的椭圆函数,在周期平行四边形上至少有一个极点.

事实上,假如不然,我们就有了不是常量的整函数.它的周期平行四边形是平面的一个有限部分,在连它的边界在内的这个区域上,函数是全纯的.当然,函数更是连续的,因而也就是有界的.因此,一定有这样一个正数 M 存在,使得在整个基本平行四边形上都有

$$|f(z)| < M$$

因为对于其他的平行四边形来说,函数 $f(z)$ 的值是重复的,所以不等式 $|f(z)| < M$ 对 z 平面上所有的点 z 都是对的.这就是说,我们的整函数 $f(z)$ 在整个平面上都是有界的.按照刘维尔定理,$f(z)$ 就必然是一个常数.这个矛盾说明了定理的正确性.

推论 1 如果周期相同的两个椭圆函数在周期平行四边形上具有同样的

极点并且有相等的主要部分,则它们仅仅相差一个常数.

事实上,设 $f_1(z)$ 与 $f_2(z)$ 是具有相同的周期 2ω 与 $2\omega'$ 的两个椭圆函数,在周期平行四边形上具有同样的极点并且有相等的主要部分. 于是,它们的差 $f_1(z)-f_2(z)$ 就是一个没有极点,周期为 2ω 与 $2\omega'$ 的双周期函数. 按照刚才证明的定理,这个差恒等于一个常数.

推论 2 如果两个周期相同的椭圆函数在周期平行四边形上具有相同的,而且是同级的零点与极点,则它们仅仅相差一个常数因子.

事实上,设 $f_1(z)$ 与 $f_2(z)$ 是两个椭圆函数,具有相同的周期 2ω 与 $2\omega'$,并且在周期平行四边形上有相同的而且是同级的零点与极点. 于是,它们的比值 $\dfrac{f_1(z)}{f_2(z)}$ 是一个双周期函数,周期是 2ω 和 $2\omega'$,并且,这个比值没有极点. 因此,按照上面证明的定理,这个比值是一个常数.

定理 3 椭圆函数关于周期平行四边形上所有的极点的残数之和等于零.

首先我们要注意:如果周期平行四边形的边界上有椭圆函数的极点,我们总可以稍微移动一下这个平行四边形,使得在原来的平行四边形的边界上的极点,变成在移动后的平行四边形的内部. 我们用

$$z_0, z_0+2\omega, z_0+2\omega+2\omega', z_0+2\omega'$$

表示这个新的平行四边形的顶点,在这个新平行四边形的边界上就再没有函数 $f(z)$ 的极点. 按照关于残数的一般定理,只要沿着这个平行四边形的周界按照正方向计算积分 $\frac{1}{2\pi i}\int f(z)\mathrm{d}z$,我们就可以得到关于平行四边形内全部极点的残数之和 S. 因此,我们有

$$S=\frac{1}{2\pi i}\int_{z_0}^{z_0+2\omega} f(z)\mathrm{d}z+\frac{1}{2\pi i}\int_{z_0+2\omega}^{z_0+2\omega+2\omega'} f(z)\mathrm{d}z+\frac{1}{2\pi i}\int_{z_0+2\omega+2\omega'}^{z_0+2\omega'} f(z)\mathrm{d}z+\frac{1}{2\pi i}\int_{z_0+2\omega'}^{z_0} f(z)\mathrm{d}z \qquad ③$$

其中每个积分都是沿着在积分中所指出的两点的连线计算的. 在第三个积分中作替换

$$z=z'+2\omega'$$

利用周期性,就得到

$$\frac{1}{2\pi i}\int_{z_0+2\omega+2\omega'}^{z_0+2\omega'} f(z)\mathrm{d}z=\frac{1}{2\pi i}\int_{z_0+2\omega}^{z_0} f(z'+2\omega')\mathrm{d}z'=\frac{1}{2\pi i}\int_{z_0+2\omega}^{z_0} f(z')\mathrm{d}z'$$

因此,式 ③ 中第一个积分与第三个积分之和等于

$$\frac{1}{2\pi i}\int_{z_0}^{z_0+2\omega} f(z)\mathrm{d}z + \frac{1}{2\pi i}\int_{z_0+2\omega}^{z_0} f(z')\mathrm{d}z'$$

换句话说,等于零,因为这两个积分是沿着同一个线段的两个正好相反的方向计算的.

同理,我们可以断定第二个积分与第四个积分之和也是零,这只要在前一个积分中引用替换 $z = z' + 2\omega$ 就行了.再回到公式(3),我们就得到 $S = 0$.

定理 4　在周期平行四边形上,椭圆函数所取的每一个(有限的或无穷的)值的次数都一样.假定 α 是任意一个复数.我们来证明,方程 $f(z) = \alpha$ 在周期平行四边形上的根的数目与函数 $f(z)$ 在这个周期平行四边形上的极点的数目一样.自然,我们总是这样了解,计算函数 $f(z) - \alpha$ 的零点或它的极点的数目时,每一个零点或极点是几级的我们就算它几次.为了证明我们的论断,我们首先指出,如果在周期平行四边形的边界上有函数 $f(z) - \alpha$ 的零点或极点,我们总可以稍微移动一下这个平行四边形,使得在它的边界上的零点和极点都变成在移动后的平行四边形的内部.

我们用

$$z_0, z_0 + 2\omega', z_0 + 2\omega + 2\omega', z_0 + 2\omega'$$

来表示这个移动后的平行四边形的顶点;在它的边界上再没有函数 $f(z) - \alpha$ 的零点和极点.

造一个辅助函数

$$F(z) = \frac{f'(z)}{f(z) - \alpha}$$

它是一个周期为 2ω 与 $2\omega'$ 的椭圆函数,并且在所讨论的周期平行四边形的边界上没有极点.对于这个函数利用定理 3 就有

$$\frac{1}{2\pi i}\int F(z)\mathrm{d}z = \frac{1}{2\pi i}\int \frac{f'(z)}{f(z) - \alpha}\mathrm{d}z = 0 \qquad ④$$

这里积分路线是取正方向的平行四边形的边界.另一方面,我们知道,积分

$$\frac{1}{2\pi i}\int \frac{f'(z)}{f(z) - \alpha}\mathrm{d}z$$

表示函数 $f(z) - \alpha$ 在积分闭路的内部的零点和极点的个数之差.

因为按照式 ④ 这个积分等于零,从而方程式 $f(z) = \alpha$ 在周期平行四边形内部的根的数目与函数 $f(z)$ 在这同一个平行四边形内部的极点的数目相等.定理于是得到了证明.

如果 $f(z)$ 在周期平行四边形上每个值都取 s 次,我们就说它是一个 s 级的椭圆函数.

根据定理 3,在周期平行四边形上只有一个简单极点的椭圆函数不可能存

在.因此,总是 $s \geqslant 2$,换句话说,没有一个级的椭圆函数.下面,我们要具体地去造出一个二级的椭圆函数来.当然更高级的椭圆函数也存在.

定理 5 椭圆函数在周期平行四边形上所有的零点之和与所有的极点之和之差等于它的某个周期,即

$$\sum_{k=1}^{s} \alpha_k - \sum_{k=1}^{s} \beta_k = 2\mu\omega + 2\nu\omega'$$

其中 α_k 是零点,β_k 是极点,都在周期平行四边形上,自然,在零点之和与极点之和的计算中,每个零点或极点是几级的就应该计算几次.为了证明起见,我们首先注意:如果在周期平行四边形的边界上有椭圆函数的零点或极点,稍微移动一下这个平行四边形,我们就可以使在原来的周期平行四边形的边界上的零点或极点都移入移动后的平行四边形的内部.用

$$z_0, z_0 + 2\omega, z_0 + 2\omega + 2\omega', z_0 + 2\omega'$$

表示这个移动后的平行四边形的顶点;在它的边界上函数 $f(z)$ 再没有零点或极点.于是,众所周知,所求的零点和与极点和之差可以表成下列积分的形式

$$\frac{1}{2\pi i}\int z \frac{f'(z)}{f(z)} dz$$

其中积分是沿着平行四边形周界的正方向取的.因此,我们有

$$\sum_{k=1}^{s} \alpha_k - \sum_{k=1}^{s} \beta_k = \frac{1}{2\pi i}\int z \frac{f'(z)}{f(z)} dz \qquad ⑤$$

在沿着平行四边形周界的积分中,我们先考虑和数

$$\frac{1}{2\pi i}\left[\int_{z_0}^{z_0+2\omega} z\frac{f'(z)}{f(z)}dz + \int_{z_0+2\omega+2\omega'}^{z_0+2\omega'} z\frac{f'(z)}{f(z)}dz\right]$$

在第二个积分中用 $z + 2\omega'$ 替换 z 再利用周期性,这个和就变成表达式

$$-\frac{2\omega'}{2\pi i}\int_{z_0}^{z_0+2\omega} \frac{f'(z)}{f(z)}dz = -\frac{2\omega'}{2\pi i}[\ln f(z_0 + 2\omega) - \ln f(z_0)]$$

因为 $f(z_0 + 2\omega) = f(z_0)$,所以,括弧内的数等于零或 $2\pi\nu i$,其中 ν 是整数;因此,这两个积分之和总是等于 $2\nu\omega'$.同样地,其余两个积分之和

$$\frac{1}{2\pi i}\left[\int_{z_0+2\omega}^{z_0+2\omega+2\omega'} z\frac{f'(z)}{f(z)}dz + \int_{z_0+2\omega'}^{z_0} z\frac{f'(z)}{f(z)}dz\right]$$

根据同样的论证知道,也总是等于 $2\mu\omega$,其中 μ 是整数.把这些结果代入式⑤中,就成为

$$\sum_{k=1}^{s} \alpha_k - \sum_{k=1}^{s} \beta_k = 2\mu\omega + 2\nu\omega'$$

这就是我们所要证明的.

附注 把上述定理应用到函数 $f(z)-a$ 上，其中 a 是任意一个复数，我们就知道：在周期平行四边形上，方程 $f(z)=a$ 的根之和，与函数 $f(z)$ 在这个平行四边形上的极点之和，对 $f(z)$ 的基本周期 2ω 与 $2\omega'$ 来说是同余的.

4. 二级椭圆函数

我们先提出两个需要注意之点：

a) 假如周期为 2ω 与 $2\omega'$ 的椭圆函数 $f(z)$ 满足关系式

$$f(z)=-f(K-z) \tag{⑥}$$

其中 K 是一个常数，则

$$\frac{1}{2}K,\frac{1}{2}K+\omega,\frac{1}{2}K+\omega' \text{ 与 } \frac{1}{2}K+\omega+\omega'$$

都是函数 $f(z)$ 的零点或极点. 事实上，在关系式 ⑥ 中令 $z=\frac{1}{2}K$，就得到

$$f\left(\frac{1}{2}K\right)=-f\left(\frac{1}{2}K\right)$$

由此可见，$\frac{1}{2}K$ 是函数 $f(z)$ 的零点或极点.

令 $z=\frac{1}{2}K+\omega$，得到

$$f\left(\frac{1}{2}K+\omega\right)=-f\left(\frac{1}{2}K-\omega\right)=-f\left(\frac{1}{2}K+\omega\right)$$

由此推出 $\frac{1}{2}K+\omega$，同理 $\frac{1}{2}K+\omega'$ 与 $\frac{1}{2}K+\omega+\omega'$，都是函数 $f(z)$ 的零点或极点. 数值 $\omega,\omega',\omega+\omega'$ 与它们的一切同余数都称为半周期.

设 $K=0$，即 $f(z)$ 满足关系式 $f(z)=-f(-z)$，我们就得到所谓奇椭圆函数.

根据以上所证明的，对于这种函数来说，点 $z=0$，从而所有的周期，都如同半周期一样，是函数的零点或极点.

b) 假如周期为 2ω 与 $2\omega'$ 的椭圆函数 $f(z)$ 满足关系式

$$f(z)=f(K-z) \tag{⑦}$$

其中 K 是一个常数，则

$$\frac{1}{2}K,\frac{1}{2}K+\omega,\frac{1}{2}K+\omega',\frac{1}{2}K+\omega+\omega'$$

都是导函数 $f'(z)$ 的零点或极点. 事实上，微分关系式 ⑦，就可以看到，导函数 $f'(z)$ 是满足关系式 ⑥ 的，于是根据 a) 款就得出我们的论断.

在特别情形，如果 $K=0$，换句话说，如果 $f(z)$ 是一个偶函数 $(f(z)=f(-z))$ 时，则它的导函数是一个奇函数，而且以代表它的周期和半周期的点作为零点或极点.

现在我们把以上所述的两个结果应用到二级椭圆函数上去.

令 β_1,β_2 表示此函数在周期平行四边形上的极点.先假定 $\beta_1 \neq \beta_2$,换句话说,假定它们都是简单极点.根据定理5,如果 $f(z) = f(z_1)$,就有 $z + z_1 \equiv \beta_1 + \beta_2$,由此推出下列形如式 ⑦ 的关系式

$$f(z) = f(\beta_1 + \beta_2 - z)$$

因此,根据上述的提示 b)

$$b_1 = \frac{\beta_1 + \beta_2}{2}, b_2 = \frac{\beta_1 + \beta_2}{2} + \omega, b_3 = \frac{\beta_1 + \beta'_2}{2} + \omega'$$

$$b_4 = \frac{\beta_1 + \beta_2}{2} + \omega + \omega' \tag{8}$$

就是导函数 $f'(z)$ 的零点或极点.另一方面,我们知道导函数 $f'(z)$ 的极点;β_1 与 β_2 是它的二级极点.因为点 β_1 与 β_2 显然不与式⑧中的点同余,所以,在式⑧中的四个点上,$f'(z)$ 都应该为零.现在我们来造一个函数

$$F(z) = [f(z) - f(b_1)][f(z) - f(b_2)][f(z) - f(b_3)][f(z) - f(b_4)]$$

它是一个八级的椭圆函数,与 $f(z)$ 有同样的周期,点 β_1 与 β_2 是这个函数的四级的极点,并且式 ⑧ 中的四点都是它的二级零点.

上面的后一个论断之所以成立,是因为在式 ⑧ 中的四个点上,函数 $F(z)$ 与它的导函数都等于零.由于 $f'^2(z)$ 是一个与 $F(z)$ 具有同样周期,并且具有相同的同级的零点与极点的椭圆函数,根据定理 2(推论 2),我们就有

$$f'^2(z) = CF(z)$$

由此

$$f'(z) = \sqrt{CF(z)} \tag{9}$$

令

$$f(z) = w, CF(z) = R(w)$$

就得到

$$z = \int \frac{\mathrm{d}w}{\sqrt{R(w)}} \tag{10}$$

其中 $R(w)$ 是 w 的一个四次多项式.因此,二级的椭圆函数 $w = f(z)$ 可以看做一个第一种类型的椭圆积分 ⑩ 的反函数.

现在假定 $\beta_1 = \beta_2$,换句话说,二级椭圆函数 $f(z)$ 在点 β_1 有一个二级极点.在这种情形,$f(z)$ 满足关系式

$$f(z) = f(2\beta_1 - z)$$

点 β_1 就是 $f'(z)$ 的一个三级极点,它的零点是

$$\alpha_1 = \beta_1 + \omega, \alpha_2 = \beta_1 + \omega', \alpha_3 = \beta_1 + \omega + \omega'$$

我们造一个函数

$$\Phi(z) = [f(z) - f(\alpha_1)][f(z) - f(\alpha_2)][f(z) - f(\alpha_3)]$$

这是一个与$f(z)$有同样周期的六级椭圆函数；点β_1是它的六级极点，点$\alpha_1,\alpha_2,\alpha_3$是它的二级零点. 这里，后一个论断之成立，是因为函数$\Phi(z)$与它的导函数在点$\alpha_1,\alpha_2,\alpha_3$都等于零.

由于$f'^2(z)$是一个与$\Phi(z)$有同样周期的椭圆函数，并且有相同的同级的零点与极点，根据定理2(推理2)，就得出

$$f'^2(z) = C\Phi(z)$$

从而

$$f'(z) = \sqrt{C\Phi(z)} \tag{11}$$

令

$$f(z) = w, C\Phi(z) = R_1(w)$$

就得到

$$z = \int \frac{\mathrm{d}w}{\sqrt{R_1(w)}} \tag{12}$$

其中$R_1(w)$是w的一个三次多项式. 因此，在二级极点的情形，椭圆函数可以看做是一个第一种类型的椭圆积分⑫的反函数.

2. 魏尔斯特拉斯函数

我们可以把整函数$\sin z$表成无穷乘积的公式，在这个公式中，清楚地指出了这个函数的简单零点$k\pi$. 跟这个公式密切联系着的，是它的对数导数$\frac{(\sin z)'}{\sin z}=\cot z$的一个表达式，它把在点$k\pi$有简单极点的半纯函数$\tan z$表成一个简单分式的无穷级数，清楚地指出这个函数的一切极点与他们的主要部分. 最后，把$\tan z$的展开式加以微分，我们还可以得到$\frac{1}{\sin^2 z}=-(\tan z)'$的一个表达式，它把在点$k\pi$有二级极点的半纯函数$\frac{1}{\sin^2 z}$表成一个简单分数的无穷级数，清楚地指出这个函数的一切极点与他们的主要部分.

我们目前的问题，是要仿照刚才所讲的，引进三个函数来加以考察，这些函数都以在下列各点

$$w = 2m\omega + 2n\omega' (m, n \text{ 为整数})$$

具有一级零点的简单的整函数作为基元，并且

$$I\left(\frac{\omega'}{\omega}\right) > 0$$

要造这些函数，我们要用到无穷乘积的魏尔斯特拉斯公式.

预备定理 对于每一个大于2的正数α，级数

$$\sum{}' \frac{1}{w^{\alpha}} \tag{13}$$

都是绝对收敛的.

符号$\sum'$与$\prod'$分别表示除$w=0(m=0,n=0)$以外,经过所有w的其他值的级数与乘积.

要证明这个预备定理,我们来考虑一串平行四边形$P_1,P_2,\cdots,P_n,\cdots$,这些平行四边形以点$z=0$为公共中心,它们的边平行于$\omega$与$\omega'$,并且各以下面一点为一个顶点

$$2\omega+2\omega',4\omega+4\omega',\cdots,2n(\omega+\omega'),\cdots$$

在平行四边形P_1的周界上有八个w点,在P_2的周界上可以找到十六个这样的点,并且一般地说,在P_n的周界上有$8n$个w点.用δ表示从原点到平行四边形P_1的周界的最短距离,于是,从$z=0$到P_n的周界的距离就是$n\delta$.因此

$$\sum{}' \frac{1}{|w|^{\alpha}} < \sum_{n=1}^{\infty} \frac{8n}{n^{\alpha}\delta^{\alpha}} = \frac{8}{\delta^{\alpha}} \sum_{n=1}^{\infty} \frac{1}{n^{\alpha-1}}$$

这表明了当$\alpha>2$时,上面不等式左边的级数是收敛的,也就是说,级数⑬是绝对收敛的.

函数σ,ζ与γ.现在我们可以来造出以w点为一级零点的整函数了.因为根据预备定理,级数$\sum' \frac{1}{|w|^3}$收敛,所以根据无穷乘积的魏尔斯特拉斯公式

$$z\prod{}'\left(1-\frac{z}{w}\right)\mathrm{e}^{\frac{z}{w}+\frac{z^2}{2w^2}}$$

表示一个以$w=2m\omega+2n\omega'$各点为简单零点的整函数.依照魏尔斯特拉斯,我们把这个函数记作$\sigma(z)$.

于是

$$\sigma(z)=z\prod{}'\left(1-\frac{z}{w}\right)\mathrm{e}^{\frac{z}{w}+\frac{z^2}{2w^2}} \tag{14}$$

如果我们愿意明显地指出$\sigma(z)$是依赖于2ω与$2\omega'$这两个常数的,我们可以把它写成$\sigma(z;2\omega,2\omega')$的形式.

在乘积⑭内把对应于w与$-w$的两个因子合在一起,式⑭可以改写成

$$\sigma(z)=z\prod{}'\left(1-\frac{z^2}{w^2}\right)\mathrm{e}^{\frac{z^2}{w^2}} \tag{14'}$$

其中,乘积经过一切对应于满足条件

$$m>0,n\text{ 任意};m=0,n>0$$

的整数m与n的$w=2m\omega+2n\omega'$的值.

从式⑭′我们看出$\sigma(z)$是奇函数,即

$$\sigma(-z)=-\sigma(z)$$

并且 $\sigma(z)$ 是关于 z,ω 与 ω' 的一次齐次函数，即

$$\sigma(kz;2k\omega',2k\omega)=k\sigma(z;2\omega',2\omega)$$

从式 ⑭′，我们不难得到函数 $\sigma(z)$ 的幂级数展开式，它在整个平面上收敛

$$\sigma(z)=z-c_5z^5-c_7z^7-\cdots \tag{15}$$

由此我们看出

$$\sigma(0)=0,\sigma'(0)=1,\sigma''(0)=\sigma'''(0)=\sigma^{(4)}(0)=0$$

因为由式 ⑭ 取对数得到的级数，在平面上任何有限部分内都一致收敛，只要把对应于这个部分内的 w 点的开始有限项略去不计. 所以，根据魏尔斯特拉斯定理，我们可以造出函数 $\sigma(z)$ 的对数导函数的展开式，记作 $\zeta(z)$.

于是我们得

$$\frac{\sigma'(z)}{\sigma(z)}=\zeta(z)=\frac{1}{z}+\sum{}'\left(\frac{1}{z-w}+\frac{1}{w}+\frac{z}{w^2}\right) \tag{16}$$

函数 $\zeta(z)$ 是半纯的，它所有的一级极点就在 w 各点，在每一个极点上，残数都等于 1. 从式 ⑯ 我们看到，如果用 k 乘 z,ω,ω'，函数 ζ 就乘上了 $\frac{1}{k}$，换句话说，$\zeta(kz;2k\omega,2k\omega')=\frac{1}{k}\zeta(z;2\omega,2\omega')$. 因此，$\zeta(z;2\omega,2\omega')$ 是 z,ω,ω' 的 -1 次的齐次函数.

从式 ⑯，我们不难得到函数 $\zeta(z)-\frac{1}{z}$ 的幂级数展开式，它的收敛半径等于从原点到最近的 w 点的距离. 如果留意到，当 α 是奇整数时，级数 $\sum{}'\frac{1}{w^{\alpha}}$ 等于零，那么，令 $\sum{}'\frac{1}{w^{2n}}=\frac{a_n}{2n-1}$，我们就得到

$$\zeta(z)=\frac{1}{z}-\frac{a_2z^3}{3}-\frac{a_3z^5}{5}-\cdots-\frac{a_nz^{2n-1}}{2n-1}-\cdots \tag{17}$$

由此可见，$\zeta(z)$ 是一个奇函数.

展开式 ⑯ 在平面上任何有限部分内都是一致收敛的，只要把对应于这个部分内的 w 点的开始有限项略去不计. 因此，这个展开式可以逐项微分. 用 $\gamma(z)$ 记函数 $\zeta(z)$ 的带上负号的导函数，我们就得到

$$\gamma(z)=-\zeta'(z)=\frac{1}{z^2}+\sum{}'\left(\frac{1}{(z-w)^2}-\frac{1}{w^2}\right) \tag{18}$$

函数 $\gamma(z)$ 是一个以各 w 点为二级极半纯函数，并且在这些点上，残数都等于零. 显然，根据 ⑱ 这个函数还是一个偶函数，即

$$\gamma(-z)=\gamma(z)$$

微分级数 ⑰，我们得到

$$\gamma(z)=\frac{1}{z^2}+a_2z^2+a_3z^4+\cdots+a_nz^{2n-2}+\cdots \tag{19}$$

同时知道,代表 $\gamma(z)-\frac{1}{z^2}$ 的幂级数⑲与代表 $\zeta(z)-\frac{1}{z}$ 的幂级数⑰有相同的收敛圆.

微分公式⑱,我们先算出

$$\gamma'(z)=-\frac{2}{z^3}-2\sum{}'\frac{1}{(z-w)^3}$$

这可以改写成

$$\gamma'(z)=-2\sum\frac{1}{(z-w)^3}$$

其中求和无例外地经过 w 的一切值.

由此,容易推出

$$\gamma'(z+2\omega)=\gamma'(z),\gamma'(z+2\omega')=\gamma'(z)$$

积分得

$$\gamma(z+2\omega)=\gamma(z)+C_1,\gamma(z+2\omega')=\gamma(z)+C_2$$

最后分别令 $z=-\omega,z=-\omega'$,并应用函数 $\gamma(z)$ 是偶函数的性质,我们得到

$$C_1=0,C_2=0$$

这就表明

$$\gamma(z+2\omega)=\gamma(z),\gamma(z+2\omega')=\gamma(z) \tag{⑳}$$

因此,总结起来说,函数 $\gamma(z)$ 是一个二级的椭圆函数,以 2ω 及 $2\omega'$ 为基本周期,并且以点 $z=0$ 与其一切等价点 w 为它的二级极点.

如果我们想要明显地表示出函数 $\gamma(z)$ 对于周期的依赖关系,可以用 $\gamma(z;2\omega;2\omega')$ 记它.

从式⑱得出

$$\gamma(kz;2k\omega,2k\omega')=\frac{1}{k^2}\gamma(z;2\omega,2\omega')$$

这个关系式表明 $\gamma(z;2\omega,2\omega')$ 是 z,ω,ω' 的一个 -2 次的齐次函数.

函数 $\gamma(z)$ 的导函数 $\gamma'(z)$ 是一个三级的椭圆函数,也以 2ω 与 $2\omega'$ 为周期,并且以与 $z=0$ 等价的各点为它的三级极点;它在周期平行四边形上有三个简单零点;这三点与 ω,ω' 以及 $\omega+\omega'$ 同余,也就是说,它们都是半周期.我们还知道,具有二重极点的二级椭圆函数 $\gamma(z)$ 与它的导函数之间应该有下面的关系

$$\gamma'^2(z)=C[\gamma(z)-\gamma(\omega)][\gamma(z)-\gamma(\omega+\omega')][\gamma(z)-\gamma(\omega')] \tag{㉑}$$

另一方面,我们可以直接从级数⑲出发来建立 $\gamma(z)$ 与 $\gamma'(z)$ 之间的关系.事实上

$$\gamma'(z)=-\frac{2}{z^3}+2a_2z+4a_3z^3+\cdots$$

由此

$$\gamma'^2(z) = \frac{4}{z^6} - \frac{8a_2}{z^2} - 16a_3 + P_1$$

其中,P_1 是 z 的一个正幂级数的和.仿此可得

$$\gamma^3(z) = \frac{1}{z^6} + \frac{3a_2}{z^2} + 3a_3 + P_2$$

其中 P_2 也是一个 z 的正幂级数的和.

总结起来,可以写成

$$\gamma'^2(z) - 4\gamma^3(z) + 20a_2\gamma(z) = -28a_3 + P_3$$

其中 P_3 是 z 的一个正幂级数的和.

上式左边是一个周期为 2ω 与 $2\omega'$ 的椭圆函数,并且,这个式子的右边指出,这个椭圆函数没有极点.因此,它应该是一个常数,这只有当 $P_3 \equiv 0$ 才可以.

因此,我们有

$$\gamma'^2(z) = 4\gamma^3(z) - 20a_2\gamma(z) - 28a_3$$

或者引用另外的符号写成

$$\gamma'^2(z) = 4\gamma^3(z) - g_2\gamma(z) - g_3 \tag{㉒}$$

其中我们设

$$g_2 = 20a_2 = 60\sum{}' \frac{1}{w^4}, g_3 = 28a_3 = 140\sum{}' \frac{1}{w^6} \tag{㉓}$$

式 ㉒ 是式 ㉑ 展开了的形式.

令 $\gamma(z) = u$,从式 ㉒ 可以看出:$u = \gamma(z)$ 是一个魏尔斯特拉斯式的第一种类型的椭圆积分

$$z = \int_u^\infty \frac{\mathrm{d}u}{\sqrt{4u^3 - g_2u - g_3}} \tag{㉔}$$

的反函数.

显然,这里根号下的多项式不能有重根,因为否则积分 ㉔ 就可以表成初等函数了.反过来,我们可以证明,任意选定 g_2 与 g_3 使得根号下的多项式没有重根,则积分 ㉔ 的反函数就是一个函数 $\gamma(z)$.我们用 e_1, e_2, e_3 表 ㉒ 右边多项式的根,则式 ㉒ 成为

$$\gamma'^2(z) = 4\gamma^3(z) - g_2\gamma(z) - g_3 = 4(\gamma(z) - e_1)(\gamma(z) - e_2)(\gamma(z) - e_3) \tag{㉕}$$

把这个公式与(21) 比较,即得

$$e_1 = \gamma(\omega), e_2 = \gamma(\omega + \omega'), e_3 = \gamma(\omega') \tag{㉖}$$

前面已经提到,e_1, e_2, e_3 三个数彼此都不相同.比较式 ㉕ 的两边,我们得到下面的关系

$$e_1+e_2+e_3=0, e_1e_2+e_2e_3+e_3e_1=-\frac{g_2}{4}, e_1e_2e_3=\frac{g_3}{4} \quad ㉖'$$

函数 $\zeta(z)$ 与 $\sigma(z)$ 不可能以 2ω 与 $2\omega'$ 为周期，因为第一个函数在周期平行四边形上只有一个简单极点，而第二个没有极点. 但是从函数 $\gamma(z)=-\zeta'(z)$ 的周期性可以推出 ζ 的一个类似周期性的性质，即

$$\zeta(z+2\omega)=\zeta(z)+2\eta, \zeta(z+2\omega')=\zeta(z)+2\eta' \quad ㉗$$

其中 η 与 η' 是某两个常数，或者，一般说来，当 m 与 n 是任何整数时，都有

$$\zeta(z+2m\omega+2n\omega')=\zeta(z)+2m\eta+2n\eta' \quad ㉘$$

数 η 与 η' 可以看做函数 ζ 的特殊值. 要确定这个特殊值，我们在式 ㉗ 内，分别令 $z=-\omega$ 与 $z=-\omega'$，就得到

$$\zeta(\omega)=\zeta(-\omega)+2\eta, \zeta(\omega')=\zeta(-\omega')+2\eta'$$

再利用 ζ 是一个奇函数的性质，就得到

$$\eta=\zeta(\omega), \eta'=\zeta(\omega') \quad ㉙$$

这个公式表明，η 与 η' 是 ω 与 ω' 的 -1 次齐函数（从函数 ζ 的齐次性推出）. 数 η,η' 与半周期 ω,ω' 之间有一个值得注意的关系，我们用下面的方法来引出这个关系.

首先我们把周期平行四边形稍微移动一下，使得极点 $z=0$ 在移动后的平行四边形内.

我们用

$$z_0, z_0+2\omega, z_0+2\omega+2\omega', z_0+2\omega'$$

代表这个平行四边形的四个顶点；在这个平行四边形的边上，没有函数 $\zeta(z)$ 的极点.

因为函数 ζ 对于极点 $z=0$ 的残数是 1，所以把函数 $\zeta(z)$ 沿上面这个平行四边形的周界积分，就得到

$$\int_{z_0}^{z_0+2\omega}\zeta(z)\mathrm{d}z+\int_{z_0+2\omega}^{z_0+2\omega+2\omega'}\zeta(z)\mathrm{d}z+\int_{z_0+2\omega+2\omega'}^{z_0+2\omega'}\zeta(z)\mathrm{d}z+\int_{z_0+2\omega'}^{z_0}\zeta(z)\mathrm{d}z=2\pi\mathrm{i} \quad ㉚$$

式中所有的积分，都是沿着连接所示各点的直线段计算的. 把第一个与第三个积分合并起来，在后一个积分中使用替换

$$z=u+2\omega'$$

并利用 ㉗，就得到

$$\int_{z_0}^{z_0+2\omega}\zeta(z)\mathrm{d}z+\int_{z_0+2\omega+2\omega'}^{z_0+2\omega'}\zeta(z)\mathrm{d}z=\int_{z_0}^{z_0+2\omega}\zeta(z)\mathrm{d}z+\int_{z_0+2\omega}^{z_0}\zeta(u+2\omega')\mathrm{d}u=$$

$$-\int_{z_0}^{z_0+2\omega}[\zeta(u+2\omega')-\zeta(u)]\mathrm{d}u=-2\eta'\cdot 2\omega$$

仿此,把关系式 ㉚ 中第二与第四个积分合并起来,得到它们之和等于

$$2\eta \cdot 2\omega'$$

代入关系式 ㉚ 即得

$$2\eta \cdot 2\omega' - 2\eta' \cdot 2\omega = 2\pi i$$

或即

$$\eta\omega' - \eta'\omega = \frac{\pi i}{2} \tag{31}$$

这就是所谓勒让德关系式.关系式 ㉗ 可以改写成

$$\frac{\sigma'(z+2\omega)}{\sigma(z+2\omega)} = \frac{\sigma'(z)}{\sigma(z)} + 2\eta$$

$$\frac{\sigma'(z+2\omega')}{\sigma(z+2\omega')} = \frac{\sigma'(z)}{\sigma(z)} + 2\eta'$$

积分后就得到

$$\ln \sigma(z+2\omega) = \ln \sigma(z) + 2\eta z + \ln C$$

$$\ln \sigma(z+2\omega') = \ln \sigma(z) + 2\eta' z + \ln C'$$

或即

$$\sigma(z+2\omega) = C e^{2\eta z}\sigma(z), \sigma(z+2\omega') = C' e^{2\eta' z}\sigma(z)$$

现在剩下来决定常数 C 与 C'.为此,在上面恒等式中,令 $z=-\omega$ 与 $z=-\omega'$,就得到

$$\sigma(\omega) = C e^{-2\eta\omega}\sigma(-\omega), \sigma(\omega') = C' e^{-2\eta'\omega'}\sigma(-\omega')$$

利用 $\sigma(z)$ 是一个奇函数,从上式即得

$$C = -e^{2\eta\omega}, C' = -e^{2\eta'\omega'}$$

因此,最后得到

$$\begin{cases}\sigma(z+2\omega) = -e^{2\eta(z+\omega)}\sigma(z)\\ \sigma(z+2\omega') = -e^{2\eta'(z+\omega')}\sigma(z)\end{cases} \tag{32}$$

由此,根据 ㉛,就有

$$\sigma(z+2\omega+2\omega') = -e^{(2\eta+2\eta')(z+\omega+\omega')}\sigma(z)$$

根据公式 ㉜,把数 2ω 与 $2\omega'$ 加到变数上的时候,函数 $\sigma(z)$ 就获得一个指数形式的因子.函数 $\sigma(z)$,$\zeta(z)$ 与 $\gamma(z)$ 是首先由魏尔斯特拉斯引进的.我们可以证明一切以 2ω 及 $2\omega'$ 作周期的椭圆函数,都是 $\gamma(z)$ 与 $\gamma'(z)$ 的有理函数.因此,$\gamma(z)$ 与 $\gamma'(z)$ 的有理函数的全体,也就是以 2ω 及 $2\omega'$ 为周期的椭圆函数的全体.

3. 任意椭圆函数的简单分析表示法

1. 把椭圆函数表成一些简单基元之和

假设 $f(z)$ 是一个 s 级的椭圆函数,以位于一个周期平行四边形上的 β_1, $\beta_2,\cdots,\beta_s$ 为简单极点.用 B_k 表示函数对于极点β_k 的残数,我们有 $\sum\limits_{k=1}^{s} B_k = 0$(定理 3).

现在作出下列表达式

$$F(z) = \sum_{k=1}^{s} B_k\zeta(z-\beta_k)$$

根据关系式 ㉗ 所表示的函数 ζ 的性质,我们得到

$$F(z+2\omega) = F(z) + 2\eta\sum_{k=1}^{s} B_k$$

$$F(z+2\omega') = F(z) + 2\eta'\sum_{k=1}^{s} B_k$$

因为 $\sum\limits_{k=1}^{s} B_k = 0$,所以上式可以写成

$$F(z+2\omega) = F(z), F(z+2\omega') = F(z)$$

故 $F(z)$ 是以 2ω 与 $2\omega'$ 为基本周期的一个椭圆函数.另一方面,不难看出函数 $F(z)$ 以 β_k 为它的简单极点,相当的残数是 B_k.因此,给定的椭圆函数 $f(z)$ 只能与 $F(z)$ 相差一个常数项,换句话说

$$f(z) = C + \sum_{k=1}^{s} B_k\zeta(z-\beta_k) \quad ㉝$$

其中常数 C 可以由函数$f(z)$ 在异于极点的一点的值来决定.

反过来,从以上的结论,我们还可以看出:每一个像 ㉝ 那样形状的表达式,其中 β_k 是在周期平行四边形上的任意s 个不同的点,而 B_k 是满足条件 $\sum\limits_{k=1}^{s} B_k = 0$ 的任意 s 个数,都代表一个 s 级的椭圆函数,以 $\beta_1,\beta_2,\cdots,\beta_s$ 为它的极点,并以

$$\frac{B_1}{z-\beta_1},\frac{B_2}{z-\beta_2},\cdots,\frac{B_s}{z-\beta_s}$$

为对应的主要部分.以下我们来把式㉝推广到多重极点的情形.设$f(z)$是一个 s 级的椭圆函数,以在周期平行四边形上的 $\beta_1,\beta_2,\cdots,\beta_q$ 为极点,我们用

$$\frac{B_{k1}}{z-\beta_k} + \frac{B_{k2}}{(z-\beta_k)^2} + \cdots + \frac{B_{ks_k}}{(z-\beta_k)^{s_k}} \quad ㉞$$

表这个函数对于极点 β_k 的主要部分，β_k 的级假定是 $s_k(s_1+s_2+\cdots+s_q=s)$.

现在造下列表达式

$$F(z)=\sum_{k=1}^{q}\Big[B_{k1}\zeta(z-\beta_k)+B_{k2}\gamma(z-\beta_k)-\frac{B_{k3}}{2!}\gamma'(z-\beta_k)+\cdots+(-1)^{s_k}\frac{B_{ks_k}}{(s_k-1)!}\gamma(s_k-2)(z-\beta_k)\Big]$$

因为 $\sum\limits_{k=1}^{q}B_{k1}=0$，所以根据上面的分析，又由于函数 γ 与它的各个导函数的周期性，可以推出 $F(z)$ 是一个以 2ω 及 $2\omega'$ 为周期的椭圆函数. 另一方面，从函数 $F(z)$ 的表达式，我们看到它在点 β_k 有 s_k 级的极点，而以㉚为其主要部分. 因此，给定的函数 $f(z)$ 只能与 $F(z)$ 相差一个常数项，换句话说

$$f(z)=C+\sum_{k=1}^{q}\Big[B_{k1}\zeta(z-\beta_k)+B_{k2}\gamma(z-\beta_k)-\frac{B_{k3}}{2!}\gamma'(z-\beta_k)+\cdots+(-1)^{s_k}\frac{B_{ks_k}}{(s_k-1)!}\gamma(s_k-2)(z-\beta_k)\Big] \tag{35}$$

其中常量 C 可以用函数 $f(z)$ 在异于极点的一点上的值来决定.

反之，如果常量 B_{k1} 满足条件 $\sum\limits_{k=1}^{q}B_{k1}=0$，而 β_k 是在一个周期平行四边形上的任意 q 个点，则一切像㉟那样的表达式永远代表一个 s 级的椭圆函数，以 β_k 为极点，而且对应的主要部分是㉞.

2. 把椭圆函数表成基本因子的乘积之比

在上段中，我们得到了把椭圆函数表成一些简单基元之和的公式，这种公式与把有理函数分成部分分式的方法，可以看成是互相对照的. 现在我们引进另外一个可以表出一切椭圆函数的公式；这个公式将要与把有理函数表成分子、分母都是一次因子之积的方法互相对照.

假定 $f(z)$ 是一个椭圆函数，在周期平行四边形上，有零点 $\alpha_1,\alpha_2,\cdots,\alpha_s$，极点 $\beta_1,\beta_2,\cdots,\beta_s$，又这些点可以互相不同，也可以部分地互相重合（在有多重零点或多重极点的情形）.

我们有

$$\sum_{k=1}^{s}\alpha_k=\sum_{k=1}^{s}\beta_k+2\gamma\omega+2\gamma'\omega'$$

取

$$\beta'_s=\beta_s+2\gamma\omega+2\gamma'\omega'$$

来代替 β_s，即得

$$\alpha_1+\alpha_2+\cdots+\alpha_s=\beta_1+\beta_2+\cdots+\beta_{s-1}+\beta'_s \tag{36}$$

现在造下列表达式

$$F(z)=\frac{\sigma(z-\alpha_1)\cdot\sigma(z-\alpha_2)\cdot\cdots\cdot\sigma(z-\alpha_s)}{\sigma(z-\beta_1)\cdot\sigma(z-\beta_2)\cdot\cdots\cdot\sigma(z-\beta'_s)}$$

它代表一个半纯函数，以点 α_k 及其等价点为零点，并且以点 β_k 及其等价点为极点.

我们要证明，$F(z)$ 是一个以 2ω 及 $2\omega'$ 为基本周期的椭圆函数. 事实上，利用式 ㉜ 所表达的函数 σ 的性质，我们有

$$F(z+2\omega)=e^{2\eta A}F(z),F(z+2\omega')=e^{2\eta' A}F(z)$$

其中

$$-A=\alpha_1+\alpha_2+\cdots+\alpha_s-\beta_1-\beta_2-\cdots-\beta'_s=0$$

这就表明

$$F(z+2\omega)=F(z),F(z+2\omega')=F(z)$$

这样，两个椭圆函数 $f(z)$ 与 $F(z)$ 有相同的周期，而在周期平行四边形上又有同样的零点与极点，并且对应的级都相等. 因此，他们彼此只能相差一个常数因子，所以我们有

$$f(z)=C\frac{\sigma(z-\alpha_1)\cdot\sigma(z-\alpha_2)\cdot\cdots\cdot\sigma(z-\alpha_s)}{\sigma(z-\beta_1)\cdot\sigma(z-\beta_2)\cdot\cdots\cdot\sigma(z-\beta'_s)} \qquad ㊲$$

常数 C 可以用两种方法去决定，或者给出函数 $f(z)$ 在一个非零点也非极点的点上的值，或者把左右两边展成级数然后比较对应的项.

显然，从上面的证明，反过来还可以推出，只要 $\alpha_1,\alpha_2,\cdots,\alpha_s,\beta_1,\beta_2,\cdots,\beta_{s-1}$ 是在周期平行四边形上(部分重合或全体不同)，而且

$$\beta'_s=\alpha_1+\alpha_2+\cdots+\alpha_s-\beta_1-\beta_2-\cdots-\beta_{s-1}$$

则表达式 ㊲ 就代表一个 s 级的椭圆函数，以 $\alpha_1,\alpha_2,\cdots,\alpha_s$ 为零点，而以 $\beta_1,\beta_2,\cdots,\beta'_s$ 为极点.

作为所导出的式 ㊲ 的一个应用，我们来考虑函数 $\gamma(z)-\gamma(u)$，这个函数在 $z=0$ 有一个二级的极点而在 $z=\pm u$ 有零点. 因此，按照式 ㊲，我们有

$$\gamma(z)-\gamma(u)=C\frac{\sigma(z+u)\sigma(z-u)}{\sigma^2(z)}$$

要决定常数 C，我们把两边展成 z 的幂级数，再比较 $\frac{1}{z^2}$ 的系数.

我们有

$$\sigma(z+u)=\sigma(u)+z\sigma'(u)+\cdots$$
$$\sigma(z-u)=\sigma(-u)+z\sigma'(-u)+\cdots$$
$$\sigma^2(z)=z^2+\cdots$$
$$\sigma(-u)=-\sigma(u)$$

因此，在右边，$\frac{1}{z^2}$ 的系数等于 $-C\sigma^2(u)$，而左边则等于 1. 由此可见

$$1=-C\sigma^2(u),\text{即 } C=-\frac{1}{\sigma^2(u)}$$

这就是说

$$\gamma(z)-\gamma(u)=-\frac{\sigma(z+u)\sigma(z-u)}{\sigma^2(z)\sigma^2(u)} \tag{38}$$

4. 函数 σ_k

上面我们曾经引进了式 ㉕,它把 $\gamma'^2(z)$ 表示成三个因子的乘积,按照这个公式,右边的乘积是一个单值解析函数的平方.其实,我们可以证明,这三个因子 $\gamma(z)-e_k(k=1,2,3)$ 也都是单值解析函数的平方.要想说明这一点,我们首先在式 ㊳ 中令 $u=\omega$,即得

$$\gamma(z)-e_1=\gamma(z)-\gamma(\omega)=-\frac{\sigma(z+\omega)\sigma(z-\omega)}{\sigma^2(z)\sigma^2(\omega)} \tag{39}$$

根据式 ㉜,我们可以写

$$\sigma(z+\omega)=\sigma(z-\omega+2\omega)=-e^{2\eta(z-\omega+\omega)}\sigma(z-\omega)$$

换句话说

$$\sigma(z+\omega)=-e^{2\eta z}\sigma(z-\omega) \tag{40}$$

因此,㊴ 可以改写成

$$\gamma(z)-e_1=e^{2\eta z}\frac{\sigma^2(z-\omega)}{\sigma^2(\omega)\sigma^2(z)}=\left[\frac{e^{\eta z}\sigma(z-\omega)}{\sigma(\omega)\sigma(z)}\right]^2$$

只要在式 ㊳ 中令 $u=\omega+\omega'$ 及 $u=\omega'$,跟上面同样做法,我们就可以把其他两个差同样表成两个整函数的商的平方.这样,我们有

$$\gamma(z)-e_k=\left[\frac{\sigma_k(z)}{\sigma(z)}\right]^2 \tag{41}$$

或即

$$\sqrt{\gamma(z)-e_k}=\frac{\sigma_k(z)}{\sigma(z)} \tag{41'}$$

其中我们取

$$\sigma_1(z)=e^{\eta z}\frac{\sigma(\omega-z)}{\sigma(\omega)},\sigma_2(z)=e^{(\eta+\eta')z}\frac{\sigma(\omega+\omega'-z)}{\sigma(\omega+\omega')}$$

$$\sigma_3(z)=e^{\eta' z}\frac{\sigma(\omega'-z)}{\sigma(\omega')} \tag{42}$$

方程式 ㊶′ 确定了三个二次根式是 z 的单值函数.我们要来研究一下函数 $\sigma_k(z)$ 的某些性质.

显然三个函数 $\sigma_k(z)$ 都是整函数,并且在式 ㊷ 中令 $z=0$ 就得到

$$\sigma_k(0)=1 \quad (k=1,2,3)$$

在式 ⑩ 中用 $-z$ 代替 z,并利用函数 $\sigma(z)$ 是一个奇函数的性质,我们可以把 ⑩ 改写成

$$\sigma(\omega-z)=\mathrm{e}^{-2\eta z}\sigma(\omega+z)$$

这就是说

$$\sigma_1(z)=\mathrm{e}^{-\eta z}\frac{\sigma(\omega+z)}{\sigma(\omega)}=\sigma_1(-z)$$

同样的结果对于函数 $\sigma_2(z)$ 与 $\sigma_3(z)$ 也都成立,换句话说,函数 $\sigma_k(z)$ 都是偶函数.把 z,ω,ω' 换成 $kz,k\omega,k\omega'$,并利用 $\sigma(z;2\omega,2\omega')$ 与 $\eta(2\omega,2\omega')$ 的齐次性,我们可以断定:函数 $\sigma_k(z;2\omega,2\omega')$ 都是 z,ω,ω' 的 0 次的齐次函数.

把式 ⑪ 代入式 ㉕,再开平方,即得

$$\gamma'(z)=\pm 2\frac{\sigma_1(z)\sigma_2(z)\sigma_3(z)}{\sigma^3(z)}$$

剩下只要去确定上面公式里的正负号.为此,用 z^3 乘公式的两边,再使 z 趋向于零.因为

$$z^3\gamma'(z)\to-2,\sigma_k(0)=1,\sigma(0)=0,\sigma'(0)=1$$

所以我们可以断定,在上面这个公式中,必须取 $-$ 号,换句话说

$$\gamma'(z)=-2\frac{\sigma_1(z)\sigma_2(z)\sigma_3(z)}{\sigma^3(z)} \tag{43}$$

最后,我们要看一看,当变数增加一个周期时,函数 $\sigma_k(z)$ 是怎样变化的.为了要把所得到的公式化成同样的形式,我们引进下面的记号

$$\omega_1=\omega,\omega_2=\omega+\omega',\omega_3=\omega'$$

并且,对应地

$$\eta_1=\eta,\eta_2=\eta+\eta',\eta_3=\eta'$$

用这些记号,式 ⑫ 就成为

$$\sigma_k(z)=-\mathrm{e}^{\eta_k z}\frac{\sigma(z-\omega_k)}{\sigma(\omega_k)} \quad (k=1,2,3) \tag{44}$$

同时,式 ㉜ 变成

$$\sigma(z+2\omega_k)=-\mathrm{e}^{2\eta_k(z+\omega_k)}\sigma(z) \tag{32'}$$

从式 ㊹ 出发,利用 ㉜′ 与勒让德恒等式 ㉛,则不难算出

$$\sigma_k(z+2\omega_k)=-\mathrm{e}^{2\eta_k(z+\omega_k)}\sigma_k(z) \quad (k=1,2,3) \tag{45}$$

以及

$$\begin{gathered}\sigma_k(z+2\omega_h)=\mathrm{e}^{2\eta_h(z+\omega_h)}\sigma_k(z)\\ k\neq h\\ k=1,2,3\\ h=1,2,3\end{gathered} \tag{46}$$

作为式㉜′,㊺与㊻的推论,我们得到

$$\frac{\sigma_k(z+2\omega_k)}{\sigma(z+2\omega_k)}=\frac{\sigma_k(z)}{\sigma(z)},\frac{\sigma_k(z+2\omega_h)}{\sigma(z+2\omega_h)}=-\frac{\sigma_k(z)}{\sigma(z)}\quad(k\neq h) \tag{47}$$

及

$$\frac{\sigma_k(z+2\omega_l)}{\sigma_h(z+2\omega_l)}=\frac{\sigma_k(z)}{\sigma_h(z)},\frac{\sigma_k(z+2\omega_h)}{\sigma_h(z+2\omega_h)}=-\frac{\sigma_k(z)}{\sigma_h(z)} \tag{48}$$

其中,k,h 与 l 可以取互相不同的数值 1,2,3.

5. 雅可比椭圆函数

由下面公式所确定的三个函数称为雅可比椭圆函数

$$\mathrm{sn}\ u=\sqrt{e_1-e_3}\frac{\sigma(z)}{\sigma_3(z)},\mathrm{cn}\ u=\frac{\sigma_1(z)}{\sigma_3(z)},\delta\mathrm{n}\ u=\frac{\sigma_2(z)}{\sigma_3(z)} \tag{49}$$

其中 $u=z\sqrt{e_1-e_3}$①.

利用式㊼与㊽,我们可以看到这些函数都是椭圆函数:sn u 以 $4\omega\sqrt{e_1-e_3},2\omega'\sqrt{e_1-e_3}$ 为基本周期;cn u 以 $4\omega\sqrt{e_1-e_3},(2\omega+2\omega')\cdot\sqrt{e_1-e_3}$ 为基本周期,而 δn u 以 $2\omega\sqrt{e_1-e_3},4\omega'\sqrt{e_1-e_3}$ 为基本周期.

知道了函数 $\sigma(z)$ 与 $\sigma_k(z)$ 的零点,我们就可以写出雅可比函数的零点与极点,如下:

	零　点	极　点
sn u	$(2m\omega+2n\omega')\sqrt{e_1-e_3}$	$[2m\omega+(2n+1)\omega']\sqrt{e_1-e_3}$
cn u	$[(2m+1)\omega+2n\omega']\sqrt{e_1-e_3}$	$[2m\omega+(2n+1)\omega']\sqrt{e_1-e_3}$
δn u	$[(2m+1)\omega+(2n+1)\omega']\sqrt{e_1-e_3}$	$[2m\omega+(2n+1)\omega']\sqrt{e_1-e_3}$

显然,每一个雅可比函数,在基本周期平行四边形上都有两个简单零点与两个简单极点.因此,它们都是二级椭圆函数.因为 σ 是奇函数,而 σ_k 是偶函数,所以 sn u 是奇函数而 cn u 与 δn u 是偶函数.又 sn 0 = 0,cn 0 = 1,δn 0 = 1.

我们用任意数 k 乘 ω 与 ω',但不改变 u 的数量,则因为在这时候 $\sqrt{e_1-e_3}$ 被 k 除(e_1 与 e_3 是 ω 与 ω' 的 -2 次的齐次函数),于是 z 就要用 k 乘.

---

① 对于 $\sqrt{e_1-e_3}$ 我们可以理解为它的两个可能值的任何一个,因为根据 σ 是奇函数,σ_k 是偶函数,式㊾并不随着根式 $\sqrt{e_1-e_3}$ 前的符号不同而有所改变.

由此,我们从函数 $\sigma(z)$ 与 $\sigma_k(z)$ 对于 z,ω,ω' 的齐次性可以推出下面的结论:用任意数乘 ω 与 ω',雅可比函数 $\mathrm{sn}\ u,\mathrm{cn}\ u,\delta\mathrm{n}\ u$ 都不变.换句话说,这些函数对于 ω 与 ω' 都是零次的,也就是说,它们只依赖于 u 与比值 $\tau=\frac{\omega'}{\omega}$.

因此,如果我们想把雅可比函数对于周期的依赖性明显地表示出来,就可以把它们记做

$$\mathrm{sn}(u;\tau),\mathrm{cn}(u;\tau),\delta\mathrm{n}(u;\tau)$$

从已知的诸公式 $\gamma(z)-e_k=\left(\frac{\sigma_k(z)}{\sigma(z)}\right)^2$ 中消去函数 $\gamma(z)$,我们得到联系三个雅可比函数的两个关系式

$$\mathrm{sn}^2u+\mathrm{cn}^2u=1,\frac{e_2-e_3}{e_1-e_3}\mathrm{sn}^2u+\delta\mathrm{n}^2u=1$$

或者,令

$$k^2=\frac{e_2-e_3}{e_1-e_3}$$

(k 称为我们的函数的模数),我们就得到

$$\mathrm{cn}^2u=1-\mathrm{sn}^2u,\delta\mathrm{n}^2u=1-k^2\mathrm{sn}^2u \tag{50}$$

利用雅可比函数 ㊾,我们可以把已知的关系式 ㊸

$$\gamma'(z)=-2\frac{\sigma_1(z)\sigma_2(z)\sigma_3(z)}{\sigma^3(z)}$$

改写成

$$\gamma'(z)=-2(e_1-e_3)\frac{\frac{3}{2}\mathrm{cn}\ u\delta\mathrm{n}\ u}{\mathrm{sn}^3\ u} \tag{51}$$

另一方面,把关系式

$$\gamma(z)-e_3=\left(\frac{\sigma_3(z)}{\sigma(z)}\right)^2=\frac{e_1-e_3}{\mathrm{sn}^2\ u}$$

对于 u 求导数,即得

$$\gamma'(z)=-2(e_1-e_3)\frac{\frac{3}{2}(\mathrm{sn}\ u)'}{\mathrm{sn}^3u} \tag{52}$$

比较 ㊿ 与 ㊿,我们得到

$$(\mathrm{sn}\ u)'=\mathrm{cn}\ u\delta\mathrm{n}\ u \tag{53}$$

现在把恒等式 ㊿ 微分一下,并利用 ㊿,我们就得到另外两个雅可比函数的导数公式

$$(\mathrm{cn}\ u)'=-\mathrm{sn}\ u\delta\mathrm{n}\ u,(\delta\mathrm{n}\ u)'=-k^2\mathrm{sn}\ u\mathrm{cn}\ u \tag{54}$$

要想得到函数 $\mathrm{sn}\ u$ 所适合的微分方程,我们把关系式 ㊿ 平方起来,再利用

式 ㊿,就得到

$$\left(\frac{\mathrm{dsn}\ u}{\mathrm{d}u}\right)^2=(1-\mathrm{sn}^2u)(1-k^2\mathrm{sn}^2u)$$

或者令 $x=\mathrm{sn}\ u$,即得

$$\frac{\mathrm{d}x}{\mathrm{d}u}=\sqrt{(1-x^2)(1-k^2x^2)}$$

并且当 $u=0$ 时可以算做 $x=0$ 而且右边的根式等式 1,因为根据 ㊸$\mathrm{sn}'(0)=1$.

分离变数并积分,就得到

$$u=\int_0^x\frac{\mathrm{d}x}{\sqrt{(1-x^2)(1-k^2x^2)}} \tag{55}$$

由此可见,函数 sn u 是一个勒让德的第一种类型的椭圆积分的反函数.

反过来可以证明,只要复数 k^2 不等于 0 与 1,积分 ㊺ 的反函数就是一个雅可比函数 sn u.这表明我们可以用 k 这个数来代替 τ 作为构造雅可比函数的基本元素.以后我们要用保角映射的观点来详细地讨论积分 ㊺ 的一个特殊情形,就是当 k 是实数,而且在 0 与 1 之间的情形.

我们可以看到,在这种情形下,一个周期是实数而另一个是纯虚数.由于,当 $z=\omega$ 时,即当 $u=\omega\sqrt{e_1-e_3}$ 时,函数 cn u 等于零,也就是说 sn u 等于 1,所以

$$\omega\sqrt{e_1-e_3}=\int_0^1\frac{\mathrm{d}x}{\sqrt{(1-x^2)(1-k^2x^2)}} \tag{56}$$

因此,式 ㊻ 右边的积分值等于函数 sn u 的一个周期的四分之一.

6. 西塔函数

1. 整周期函数的展开式

我们已经把雅可比椭圆函数表作整函数 σ 与 σ_k 之比.这些函数,σ 与 σ_k,是没有周期的:但是我们将要看到,如果把某些指数因子结合到它们上面,就可以从它们得到具有周期的整函数来.

由于函数 σ 与 σ_k 的这种改变,雅可比椭圆函数就可以表成新的整周期函数之比.

和以前的表示法相比,这种新表示法的优点就在于:引进来代替 σ 与 σ_k 的整周期函数可以展开成收敛很快的傅里叶级数.

作为本段的准备,我们先讨论有周期的整函数的一般情形,并且导出这种函数的傅里叶展开式.设整函数 $\varphi(z)$ 有基本周期 2ω,换句话说,设

$$\varphi(z+2\omega)=\varphi(z) \tag{57}$$

从原点作 2ω,再分别通过它的起点与终点,作二直线 AB 与 CD 与其垂直,于是我们得到函数 $\varphi(z)$ 的周期性的一个带形区域(图2).边 CD 可以用变换 $z'=z+2\omega$ 从 AB 得出来.

在 z 平面上,施行变换 $t=\frac{z\pi i}{\omega}$,代替上面提到的带形,我们就得到 t 面上一个宽度是 2π 的带形区域,它的边界是实轴和一条与实轴平行的直线.

现在令 $z=e^t$,我们知道,在 z 平面上,对应于我们的带形的,是沿着正实轴剪开的整个平面,并且剪口的两个边缘就是带形的两个边界的映射象.因此,由 AB 与 CD 所围成的 z 平面上的带形被映射成沿正实轴剪开的 z 平面,并且在剪口上有同一个附标的两点,就是 z 平面上由 $z'=z+2\omega$ 这个关系联系起来的点的映射象.由于我们的函数 $\varphi(z)$ 的周期性,如果把它看成 z 的函数,它就在剪口的两个边缘有同一的值,换句话说,它在整个 z 平面上,除开 $z=0$ 与 $z=\infty$ 两点外,是一个单值的解析函数.因此,我们可以写出它的罗朗展开式(此展开式对于 z 平面上一切有限点 $z\neq 0$ 都是收敛的),即

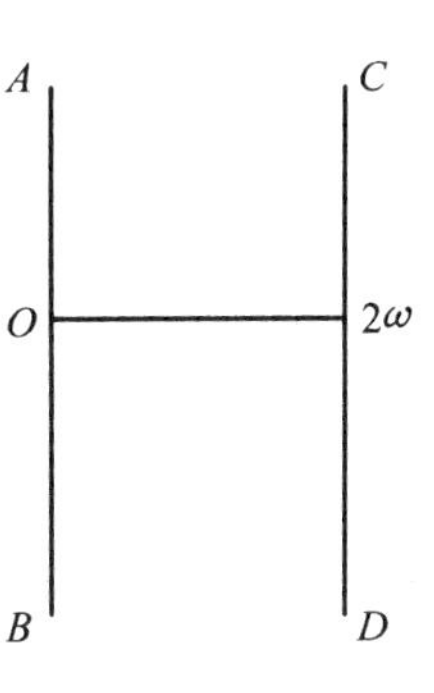

图 2

$$\varphi(z)=\sum_{n=-\infty}^{+\infty}c_nz^n=\sum_{n=-\infty}^{+\infty}c_ne^{\frac{\pi iz}{\omega}n}$$

因为函数 $z=e^{\frac{\pi iz}{\omega}}$ 不取 $z=0$ 这个值,所以这个级数对于任何一个 z 都是绝对收敛的,并且在 z 平面上的每一个有限部分内,还都是一致收敛的.

这样,我们已经证明了以下的定理:每一个以 2ω 为周期的整函数,在整个复变数 z 的平面上,都可以表成下列级数的形状

$$\varphi(z)=\sum_{n=-\infty}^{+\infty}c_ne^{\frac{\pi iz}{\omega}n} \tag{58}$$

这个展开式还可以写成另外一种形式,只要我们利用欧拉公式,把对应于绝对值相等而符号相反的 n 的项归并起来.

这样,我们就得到

$$\varphi(z)=c_0+\sum_{n=1}^{\infty}\left(a_n\cos\frac{n\pi z}{\omega}+b_n\sin\frac{n\pi z}{\omega}\right) \tag{59}$$

其中

$$a_n=c_n+c_{-n},b_n=i(c_n-c_{-n})\quad(n=1,2,\cdots)$$

2. **函数** θ

我们要做的事，是要引进一个以 2ω 为周期的整函数 $\theta\left(\frac{z}{2\omega}\right)$ 来代替函数 $\sigma(z)$，并加以讨论. 为了这个目的，我们把一个指数因子附加到函数 $\sigma(z)$ 上去

$$\varphi(z) = e^{az^2+bz}\sigma(z)$$

并利用式 ㉜ 来挑选 a 与 b，使得新函数 $\varphi(z)$ 以 2ω 为周期.

根据 ㉜，我们有

$$\varphi(z+2\omega) = -e^{a(z+2\omega)^2+b(z+2\omega)+2\eta(z+\omega)}\sigma(z) = -e^{4a\omega z+4a\omega^2+2b\omega+2\eta(z+\omega)}e^{az^2+bz}\sigma(z)$$

$$\frac{\varphi(z+2\omega)}{\varphi(z)} = -e^{2(2a\omega+\eta)(z+\omega)+2b\omega} \tag{60}$$

又仿此，我们得到

$$\frac{\varphi(z+2\omega')}{\varphi(z)} = -e^{2(2a\omega'+\eta')(z+\omega')+2b\omega'} \tag{61}$$

为了使式 ⑥⓪ 的右边等于 1，我们取

$$a = -\frac{\eta}{2\omega}, b = \frac{\pi i}{2\omega}$$

于是，利用勒让德关系式 ㉛，式 ⑥① 可以化成下面的形式

$$\frac{\varphi(z+2\omega')}{\varphi(z)} = -e^{-\frac{\pi i}{\omega}(z+\omega')+\pi i\frac{\omega'}{\omega}} = -e^{-\frac{\pi iz}{\omega}} = -x^{-2}$$

其中已设

$$\frac{z}{2\omega} = v, e^{i\pi v} = e^{\frac{i\pi z}{2\omega}} = x \tag{62}$$

这样，对于函数

$$\varphi(z) = e^{-\frac{\eta z^2}{2\omega}+\frac{i\pi z}{2\omega}}\sigma(z) = e^{-\frac{\eta z^2}{2\omega}}x\sigma(z) \tag{63}$$

以下两个等式成立

$$\varphi(z+2\omega) = \varphi(z), \varphi(z+2\omega') = -x^{-2}\varphi(z) \tag{64}$$

因为 $\varphi(z)$ 是一个以 2ω 为周期的整函数，所以根据前一段中的结果，它就有下列形式的展开式

$$\varphi(z) = \sum_{n=-\infty}^{+\infty} c_n e^{\frac{\pi iz}{\omega}n} = \sum_{n=-\infty}^{+\infty} c_n x^{2n}$$

另一方面，把 $2\omega'$ 加到 z 上，就等于把 $\tau = \frac{\omega'}{\omega}$ 加到 v 上，或者用

$$q = e^{i\pi\tau} \tag{65}$$

去乘 x，所以

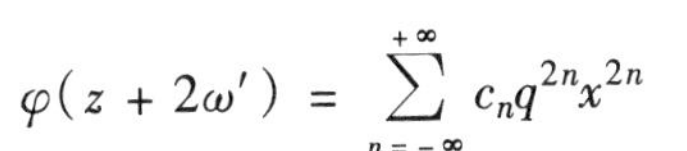

$$\varphi(z+2\omega')=\sum_{n=-\infty}^{+\infty}c_nq^{2n}x^{2n}$$

并且从式 64 的第二个等式得到

$$\sum_{n=-\infty}^{+\infty}c_nq^{2n}x^{2n}=-\sum_{n=-\infty}^{+\infty}c_nx^{2n-2}=-\sum_{n=-\infty}^{+\infty}c_{n+1}x^{2n}$$

比较 x 的同次项的系数,即得

$$c_{n+1}=-q^{2n}c_n=-q^{\left(n+\frac{1}{2}\right)^2-\left(n-\frac{1}{2}\right)^2}c_n$$

或

$$(-1)^{n+1}q^{-\left(n+\frac{1}{2}\right)^2}c_{n+1}=(-1)^nq^{-\left(n-\frac{1}{2}\right)^2}c_n$$

由此可见,表达式

$$(-1)^nq^{-\left(n-\frac{1}{2}\right)^2}c_n$$

对于一切整数 n,都应当保有同一个数值.令

$$(-1)^nq^{-\left(n-\frac{1}{2}\right)^2}c_n=C\mathrm{i}$$

其中 C 是某一个常数,我们就有

$$c_n=(-1)^nq^{\left(n-\frac{1}{2}\right)^2}C\mathrm{i}$$

所以

$$\varphi(z)=C\mathrm{i}\sum_{n=-\infty}^{+\infty}(-1)^nq^{\left(n-\frac{1}{2}\right)^2}x^{2n} \tag{66}$$

根据式 63,函数 $\sigma(z)$ 可以写成

$$\sigma(z)=\mathrm{e}^{\frac{\eta z^2}{2\omega}}x^{-1}\varphi(z)$$

比较最后这两个公式,我们很自然地引出了一个新函数

$$\theta(v)=\mathrm{i}\sum_{n=-\infty}^{+\infty}(-1)^nq^{\left(n-\frac{1}{2}\right)^2}x^{2n-1} \tag{67}$$

它与 $\sigma(z)$ 有下面的关系

$$\sigma(z)=\mathrm{e}^{\frac{\eta z^2}{2\omega}}C\theta(v) \tag{68}$$

剩下的事就是去确定常数 C.为此,我们要注意到 $z=2\omega v$,故由上面的公式 $\theta(0)=0$,这就说明,当 $v\to 0$ 时,$\frac{\theta(v)}{v}$ 趋于 $\theta'(0)$.

用 z 除式 68 的两边,然后令 z 趋向于零,得到

$$1=\frac{1}{2\omega}C\theta'(0)$$

由此 $C=\frac{2\omega}{\theta'(0)}$,这就是说

$$\sigma(z)=e^{\frac{\eta z^2}{2\omega}}\frac{2\omega}{\theta'(0)}\theta(v) \tag{69}$$

现在来把函数 $\theta(v)$ 的幂级数展开式 ⑥⑦ 变换成三角级数. 为着这个目的, 我们用 v 表示正奇数,先假定

$$\nu=2n-1\quad(n=1,2,3,\cdots)$$

于是,$n=\frac{\nu+1}{2}$,然后设

$$\nu=-2n+1\quad(n=0,-1,-2,\cdots)$$

由此得 $n=\frac{-\nu+1}{2}$,于是式 ⑥⑦ 可以改写成

$$\theta(v)=\mathrm{i}\Big[\sum_{\nu}^{1,3,5,\cdots}(-1)^{\frac{\nu+1}{2}}q^{\frac{\nu^2}{4}}x^{\nu}+\sum_{\nu}^{1,3,5,\cdots}(-1)^{\frac{-\nu+1}{2}}q^{\frac{\nu^2}{4}}x^{-\nu}\Big]$$

上式中每一项都是按正奇数值 ν 来求和的. 由于

$$(-1)^{\frac{\nu+1}{2}}=(-1)^{\nu}(-1)^{\frac{-\nu+1}{2}}=-(-1)^{\frac{-\nu+1}{2}}=-(-1)^{\frac{\nu-1}{2}}$$

与

$$x^{\nu}-x^{-\nu}=e^{i\pi\nu v}-e^{-i\pi\nu v}=2i\sin\nu\pi v$$

我们可把上面 $\theta(v)$ 的表达式写成

$$\theta(v)=\mathrm{i}\sum_{\nu}^{1,3,5,\cdots}(-1)^{\frac{\nu-1}{2}}q^{\frac{\nu^2}{4}}(x^{-\nu}-x^{\nu})$$

或即

$$\theta(v)=2\sum_{\nu}^{1,3,5,\cdots}(-1)^{\frac{\nu-1}{2}}q^{\frac{\nu^2}{4}}\sin\nu\pi v=$$

$$2[q^{\frac{1}{4}}\sin\pi v-q^{\frac{9}{4}}\sin 3\pi v+q^{\frac{25}{4}}\sin 5\pi v+\cdots] \tag{70}$$

这个函数 $\theta(v)$ 是一个奇整函数,在它的构造中,要用到位于上半平面的数 $\tau=\frac{\omega'}{\omega}(q=e^{i\pi\tau})$,因此,它有时也记作 $\theta(v;\tau)$. 显然当 $|q|<1$ 时级数 ⑦⓪ 收敛得很快.

3. 函数 θ_k

在雅可比椭圆函数的表达式,除函数 σ 外还包含三个函数 σ_k. 要想把雅可比椭圆函数表成整函数之比,而每一个整函数又可以表成收敛很快的级数,我们应该除 θ 之外还要考虑另外三个函数 θ_k. 这些整函数 θ_k 是对应于整函数 σ_k 的,正像前段中所讨论的函数 θ 是对应于函数 σ 的一样. 我们都知道

$$\sigma_1(z)=e^{\eta z}\frac{\sigma(\omega-z)}{\sigma(\omega)}$$

换句话说,根据式 ⑥⑧

$$\sigma_1(z)=\frac{C}{\sigma(\omega)}e^{\eta z+\frac{\eta}{2\omega}(\omega-z)^2}\theta\left(\frac{\omega-z}{2\omega}\right)$$

或

$$\sigma_1(z)=C_1e^{\frac{\eta z^2}{2\omega}}\theta\left(\frac{1}{2}-v\right) \tag{71}$$

其中 C_1 是一个新的常数.

现在我们要求出函数 $\theta\left(\frac{1}{2}-v\right)$ 的三角级数展开式. 因为 $\theta(v)$ 是奇函数,我们有

$$\theta\left(\frac{1}{2}-v\right)=-\theta\left(v-\frac{1}{2}\right)$$

由于从 v 减去 $\frac{1}{2}$ 等于用 $-\mathrm{i}$ 乘 $x=e^{\mathrm{i}\pi v}$,根据 ⑰ 我们得到

$$\theta\left(\frac{1}{2}-v\right)=-\mathrm{i}\sum_{n=-\infty}^{+\infty}(-1)^nq^{\left(n-\frac{1}{2}\right)^2}(-\mathrm{i}x)^{2n-1}=\sum_{n=-\infty}^{+\infty}q^{\left(n-\frac{1}{2}\right)^2}x^{2n-1}$$

由此,我们令

$$\theta_1(v)=\sum_{n=-\infty}^{+\infty}q^{\left(n-\frac{1}{2}\right)^2}x^{2n-1} \tag{72}$$

于是式 ⑪ 成为

$$\sigma_1(z)=C_1e^{\frac{\eta z^2}{2\omega}}\theta_1(v) \tag{73}$$

要确定常数 C_1,我们令 $v=0$. 于是 $z=0$,$\sigma_1(0)=1$,所以

$$1=C_1\theta_1(0) \text{ 或即 } C_1=\frac{1}{\theta_1(0)}$$

因此,最后得到

$$\sigma_1(z)=e^{\frac{\eta z^2}{2\omega}}\frac{\theta_1(v)}{\theta_1(0)} \tag{74}$$

剩下来要把函数 $\theta_1(v)$ 的幂级数 ⑫ 变换成三角级数的形式,这可以像对于 $\theta(v)$ 一样的作法.

做了这样的变换之后,我们就得到

$$\theta_1(v)=2[q^{\frac{1}{4}}\cos\pi v+q^{\frac{9}{4}}\cos3\pi v+q^{\frac{25}{4}}\cos5\pi v+\cdots] \tag{75}$$

以后为了简单起见,当 $v=0$ 时我们就总不写出变数来,所以

$$\theta_1=2[q^{\frac{1}{4}}+q^{\frac{9}{4}}+q^{\frac{25}{4}}+\cdots],\theta'=2\pi[q^{\frac{1}{4}}-3q^{\frac{9}{4}}+5q^{\frac{25}{4}}-\cdots] \tag{76}$$

这些级数收敛得很快,因为 $|q|<1$,此外,这些级数的和都是确定在上半平面的 τ 的全纯函数. 由于

$$\sigma_2(z)=e^{\eta_2z\frac{\sigma(\omega_2-z)}{\sigma(\omega_2)}}$$

其中，$\eta_2=\eta+\eta'$，$\omega_2=\omega+\omega'$，根据式⑱就得到

$$\sigma_2(z)=\frac{C}{\sigma(\omega_2)}e^{\eta_2 z+\eta\frac{(\omega_2-z)^2}{2\omega}}\theta\left(\frac{\omega_2-z}{2\omega}\right)$$

或
$$\sigma_2(z)=C_2e^{\frac{\eta z^2}{2\omega}}e^{\left(\eta'-\eta\frac{\omega'}{\omega}\right)z}\theta\left(\frac{1}{2}+\frac{\tau}{2}-v\right)$$

再由勒让德关系式，成为下列形式

$$\sigma_2(z)=C_2e^{\frac{\eta z^2}{2\omega}}x^{-1}\theta\left(\frac{1}{2}+\frac{\tau}{2}-v\right) \tag{77}$$

同样做法，我们可以得到

$$\sigma_3(z)=C_3e^{\frac{\eta z^2}{2\omega}}x^{-1}\theta\left(\frac{\tau}{2}-v\right) \tag{78}$$

现在我们来把函数 $\theta\left(\frac{1}{2}+\frac{\tau}{2}-v\right)$ 与 $\theta\left(\frac{\tau}{2}-v\right)$ 也展开成三角级数. 由于函数 $\theta(v)$ 是奇函数，我们有

$$\theta\left(\frac{1}{2}+\frac{\tau}{2}-v\right)=-\theta\left(v-\frac{1}{2}-\frac{\tau}{2}\right)$$

因为从 v 减去 $\frac{1}{2}+\frac{\tau}{2}$，等于用 $-iq^{-\frac{1}{2}}$ 去乘 $x=e^{\pi iv}$，所以根据⑰

$$\theta\left(\frac{1}{2}+\frac{\tau}{2}-v\right)=$$
$$-i\sum_{n=-\infty}^{+\infty}(-1)^n q^{\left(n-\frac{1}{2}\right)^2}\left(-iq^{-\frac{1}{2}}x\right)^{2n-1}=$$
$$q^{-\frac{1}{4}}x\sum_{n=-\infty}^{+\infty}q^{(n-1)^2}x^{2n-2}$$

或者把求和的变数 n 换成 $n+1$，就得到

$$\theta\left(\frac{1}{2}+\frac{\tau}{2}-v\right)=q^{-\frac{1}{4}}x\sum_{n=-\infty}^{+\infty}q^{n^2}x^{2n} \tag{79}$$

完全一样的办法，得出

$$\theta\left(\frac{\tau}{2}-v\right)=q^{-\frac{1}{4}}ix\sum_{n=-\infty}^{+\infty}(-1)^n q^{n^2}x^{2n} \tag{80}$$

比较最后这两个公式与⑰，⑱两个表达式，我们引进新函数 $\theta_2(v)$ 与 $\theta_3(v)$

$$\theta_2(v)=\sum_{n=-\infty}^{+\infty}q^{n^2}x^{2n} \tag{81}$$

$$\theta_3(v)=\sum_{n=-\infty}^{+\infty}(-1)^n q^{n^2}x^{2n} \tag{82}$$

然后把表 $\sigma_2(z)$ 及 $\sigma_3(z)$ 的公式改写成下面的形式

$$\sigma_2(z)=\overline{C}_2e^{\frac{\eta z^2}{2\omega}}\theta_2(v) \tag{83}$$

$$\sigma_3(z) = \overline{C}_3 e^{\frac{\eta z^2}{2\omega}} \theta_3(v) \tag{84}$$

其中 $\overline{C}_2$ 与 $\overline{C}_3$ 是两个新的常数.要确定它们,可以令 $z = 0$,也就是 $v = 0$;于是得到

$$1 = \overline{C}_2 \theta_2(0), 1 = \overline{C}_3 \theta_3(0)$$

即

$$\overline{C}_2 = \frac{1}{\theta_2}, \overline{C}_3 = \frac{1}{\theta_3}$$

因此,最后有

$$\sigma_2(z) = e^{\frac{\eta z^2}{2\omega}} \frac{\theta_2(v)}{\theta_2(0)}, \sigma_3(z) = e^{\frac{\eta z^2}{2\omega}} \frac{\theta_3(v)}{\theta_3(0)} \tag{85}$$

函数 $\theta_2(v)$ 与 $\theta_3(v)$ 的幂级数 81 与 82,可以很容易地变换成三角级数,方法和我们已经对函数 $\theta(v)$ 与 $\theta_1(v)$ 所做的一样.

我们由此得到的结果如下

$$\begin{cases} \theta_2(v) = 1 + 2q\cos 2\pi v + 2q^4\cos 4\pi v + 2q^9\cos 6\pi v + \cdots \\ \theta_3(v) = 1 - 2q\cos 2\pi v + 2q^4\cos 4\pi v - 2q^9\cos 6\pi v + \cdots \end{cases} \tag{86}$$

特别情形,当 $v = 0$ 时,我们得

$$\begin{cases} \theta_2 = 1 + 2q + 2q^4 + 2q^9 + \cdots \\ \theta_3 = 1 - 2q + 2q^4 - 2q^9 + \cdots \end{cases} \tag{87}$$

因为按照假定 $|q| < 1$,所以这些级数都收敛得很快,此外,这些级数的和都是确定在上半面的 τ 的全纯函数.

4. 西塔函数的性质

上段中引进的四个西塔函数都是自变数 v 的整函数,并且其中每一个都依赖于一个参变数 τ(τ 是在上半平面的一个复数).因此,当我们想把这些函数对于 τ 的依赖关系明白表示出来时,我们可以把它们记作

$$\theta(v;\tau), \theta_k(v;\tau) \quad (k = 1,2,3)$$

从西塔函数的三角展开式可以看出,他们中间的第一个 $\theta(v)$ 是奇函数,而其余的 $\theta_k(v)$ 则全都是偶函数.我们从西塔函数的三角展开式出发,立刻就可以知道,当变数 v 增加了 $\frac{1}{2}$ 时,这些函数是怎样变化的

$$\theta\left(v + \frac{1}{2}\right) = \theta_1(v), \theta_1\left(v + \frac{1}{2}\right) = -\theta(v)$$

$$\theta_2\left(v + \frac{1}{2}\right) = \theta_3(v), \theta_3\left(v + \frac{1}{2}\right) = \theta_2(v)$$

要想知道当变数 v 增加上 $\frac{\tau}{2}$ 时,这些函数的改变情形,就需要从它们的幂

级数表达式出发,这是因为把$\frac{\tau}{2}$加到变数v上,等于用$q^{\frac{1}{2}}$去乘x.因此,据㊼得

$$\theta\left(v+\frac{\tau}{2}\right)=\mathrm{i}\sum_{n=-\infty}^{+\infty}(-1)^n q^{\left(n-\frac{1}{2}\right)^2} q^{\frac{2n-1}{2}} x^{2n-1}=$$

$$\mathrm{i}q^{-\frac{1}{4}}x^{-1}\sum_{n=-\infty}^{+\infty}(-1)^n q^{n^2} x^{2n}$$

根据㊷,这就是

$$\theta\left(v+\frac{\tau}{2}\right)=\mathrm{i}l\theta_3(v)$$

其中

$$l=q^{-\frac{1}{4}}x^{-1}=q^{-\frac{1}{4}}\mathrm{e}^{-\mathrm{i}\pi v} \quad ㊽$$

用相仿的方法,我们可以证明

$$\theta_1\left(v+\frac{\tau}{2}\right)=l\theta_2(v),\theta_2\left(v+\frac{\tau}{2}\right)=l\theta_1(v),\theta_3\left(v+\frac{\tau}{2}\right)=\mathrm{i}l\theta(v)$$

由此可以得到另外一些变换公式.例如

$$\theta_1(v+\tau)=\theta_1\left(v+\frac{\tau}{2}+\frac{\tau}{2}\right)=q^{-\frac{1}{4}}\mathrm{e}^{-\mathrm{i}\pi\left(v+\frac{\tau}{2}\right)}\theta_2\left(v+\frac{\tau}{2}\right)=$$

$$q^{-\frac{1}{4}}\mathrm{e}^{-\mathrm{i}\pi\left(v+\frac{\tau}{2}\right)}q^{-\frac{1}{4}}\mathrm{e}^{-\mathrm{i}\pi v}\theta_1(v)=q^{-1}x^{-2}\theta_1(v)$$

换句话说

$$\theta_1(v+\tau)=p\theta_1(v)$$

其中

$$p=q^{-1}x^{-2} \quad ㊾$$

以上所得到的结果可以列成表1如下.

表1

	$v+\frac{1}{2}$	$v+\frac{\tau}{2}$	$v+\frac{1}{2}+\frac{\tau}{2}$	$v+1$	$v+\tau$	$v+1+\tau$
θ	θ_1	$\mathrm{i}l\theta_3$	$l\theta_2$	$-\theta$	$-p\theta$	$p\theta$
θ_1	$-\theta$	$l\theta_2$	$-\mathrm{i}l\theta_3$	$-\theta_1$	$p\theta_1$	$-p\theta_1$
θ_2	θ_3	$l\theta_1$	$\mathrm{i}l\theta$	θ_2	$p\theta_2$	$p\theta_2$
θ_3	θ_2	$\mathrm{i}l\theta$	$l\theta_1$	θ_3	$-p\theta_3$	$-p\theta_3$

要想确定西塔函数的零点,我们要首先找出函数$\sigma(z)$的零点.记住函数$\theta(v)$与函数$\sigma(z)$相差只有一个指数形式的因子,这个因子是永远不等于零的,而函数$\sigma(z)$的零点是$z=2m\omega+2n\omega'$,我们只要用2ω除它就得到函数$\theta(v)$的零点

$$v = m + n\tau$$

这里 m,n 是任意两个整数.利用表 1 的第一横行,我们就可以得到其余的西塔函数的零点.例如

$$\theta_3(v) = -\mathrm{i}l^{-1}\theta\left(v + \frac{\tau}{2}\right)$$

由此,函数 $\theta_3(v)$ 的零点,可以由下列等式确定

$$v + \frac{\tau}{2} = m + n\tau$$

换句话说

$$v = m + \left(n - \frac{1}{2}\right)\tau$$

其中 m,n 是任意整数.

西塔函数的零点可以列成表 2 如下.

表 2

θ	$m + n\tau$	θ_2	$m + n\tau + \frac{1}{2} + \frac{\tau}{2}$
θ_1	$m + n\tau + \frac{1}{2}$	θ_3	$m + n\tau + \frac{\tau}{2}$

这个表指出,不同的西塔函数没有相同的零点,而由前一个表第五个竖行可以看到,函数 $\theta_2(v)$ 与 $\theta_3(v)$ 以 1 为周期,而函数 $\theta(v)$ 与 $\theta_1(v)$ 则以 2 为周期.以下我们来考虑把魏尔斯特拉斯函数与西塔函数联系起来的公式.大家都知道

$$\sqrt{\gamma(z) - e_k} = \frac{\sigma_k(z)}{\sigma(z)}$$

在这里,我们要用西塔函数来代替西格马函数,根据式⑲,⑭与⑮,我们就有

$$\sqrt{\gamma(z) - e_k} = \frac{1}{2\omega}\frac{\theta'}{\theta_k}\frac{\theta_k(v)}{\theta(v)} \quad (k = 1,2,3) \tag{90}$$

在这些公式中,令 $z = \omega\left(即\ v = \frac{1}{2}\right)$,再令 $z = \omega + \omega'\left(即\ v = \frac{1}{2} + \frac{\tau}{2}\right)$,就得到

$$\sqrt{e_1 - e_k} = \frac{1}{2\omega}\frac{\theta'}{\theta_k}\frac{\theta_k\left(\frac{1}{2}\right)}{\theta\left(\frac{1}{2}\right)}, \sqrt{e_2 - e_k} = \frac{1}{2\omega}\frac{\theta'}{\theta_k}\frac{\theta_k\left(\frac{1}{2} + \frac{\tau}{2}\right)}{\theta\left(\frac{1}{2} + \frac{\tau}{2}\right)}$$

利用表 1 中所列的西塔函数的变换公式,我们得到

$$\sqrt{e_1-e_2}=\frac{1}{2\omega}\frac{\theta'\theta_3}{\theta_1\theta_2},\sqrt{e_1-e_3}=\frac{1}{2\omega}\frac{\theta'\theta_2}{\theta_1\theta_3},\sqrt{e_2-e_3}=\frac{1}{2\omega}\frac{\theta'\theta_1}{\theta_2\theta_3}$$

这些公式还可以写成更简单的形式,只要我们利用下列恒等式

$$\theta'=\pi\theta_1\theta_2\theta_3 \tag{91}$$

关于这个恒等式的成立,我们在下面马上就要证明.

在利用了这个恒等式之后,上面的公式就更加化简成下列形式

$$\sqrt{e_1-e_2}=\frac{\pi}{2\omega}\theta_3^2,\sqrt{e_1-e_3}=\frac{\pi}{2\omega}\theta_2^2,\sqrt{e_2-e_3}=\frac{\pi}{2\omega}\theta_1^2 \tag{92}$$

要证明恒等式 ⑨①,我们先要引进一个微分方程,它是当我们把西塔函数都看成 v 与 τ 两个变数的函数时所共同适合的方程.

对于任一个给定的上半平面的数 τ,每一个西塔函数都是 v 的整函数;又对于任何一个给定的复数 v 而言,每一个西塔函数都是在上半平面的 τ 的全纯函数,因为在 $|q|\leqslant\rho<1$ 的条件下,级数 ⑦⓪,⑦⑤ 或 ⑧⑥ 都是一致收敛的.

现在来证明,作为 v 与 τ 两个变数的函数来说,四个西塔函数满足同一个二级微分方程

$$\frac{\partial^2\theta(v;\tau)}{\partial v^2}=4\pi\mathrm{i}\frac{\partial\theta(v;\tau)}{\partial\tau} \tag{93}$$

我们以函数 $\theta_3(v)$ 为例来验证这个方程.定义函数 $\theta_3(v)$ 的级数 ⑧⑥ 的一般项是

$$2(-1)^n q^{n^2}\cos 2n\pi v=2(-1)^n\mathrm{e}^{\mathrm{i}\pi n^2\tau}\cos 2n\pi v$$

把上式对 v 微分两次,即得

$$-8(-1)^n n^2\pi^2\mathrm{e}^{\mathrm{i}\pi n^2\tau}\cos 2n\pi v$$

这个结果和把一般项对 τ 微分一次再乘上 $4\pi\mathrm{i}$ 所得到的结果

$$4\pi\mathrm{i}[2(-1)^n\mathrm{i}\pi n^2\mathrm{e}^{\mathrm{i}\pi n^2\tau}\cos 2n\pi v]=-8(-1)^n n^2\pi^2\mathrm{e}^{\mathrm{i}\pi n^2\tau}\cos 2n\pi v$$

是完全相同的.

级数 ⑧⑥ 是可以逐项微分的,因为根据魏尔斯特拉斯定理,这个级数是一致收敛的.同样地,我们也可以验证这个方程对于其余的西塔函数也都是成立的.

现在回转来证明恒等式 ⑨①,我们要从关系式 ⑨⓪

$$\gamma(2\omega v)-e_k=\left[\frac{1}{2\omega}\frac{\theta'}{\theta_k}\frac{\theta_k(v)}{\theta(v)}\right]^2$$

出发,在这个关系式中,把西塔函数展开成马克劳林级数,再根据 $\theta(v)$ 是奇函数与 $\theta_k(v)$ 是偶函数,就得到

$$\gamma(2\omega v)-e_k=\left[\frac{1}{2\omega}\frac{1+\frac{\theta''_k}{\theta_k}\frac{v^2}{2}+\cdots}{v+\frac{\theta'''}{\theta'}\frac{v^3}{6}+\cdots}\right]^2$$

或即

$$\gamma(2\omega v) - e_k = \frac{1}{4\omega^2 v^2}\left[1 + \left(\frac{\theta''_k}{\theta_k} - \frac{1}{3}\frac{\theta'''}{\theta'}\right)\frac{v^2}{2} + \cdots\right]^2$$

因为 $\gamma(z)$ 的展开式在 $z = 0$ 的邻域内不含常数项,所以由上式得出

$$e_k = \frac{1}{4\omega^2}\left(\frac{1}{3}\frac{\theta'''}{\theta'} - \frac{\theta''_k}{\theta_k}\right)$$

又因 $e_1 + e_2 + e_3 = 0$,所以有

$$\frac{\theta''}{\theta'} = \frac{\theta''_1}{\theta'_1} + \frac{\theta''_2}{\theta'_2} + \frac{\theta''_3}{\theta'_3} \tag{94}$$

另一方面,当 $v = 0$ 时方程 ⑬ 给出

$$\theta''_k = 4\pi i\frac{\partial \theta_k}{\partial_\tau} \quad (k = 1,2,3)$$

把方程 ⑬ 对 v 微分,再令 $v = 0$,即得

$$\theta''' = 4\pi i\frac{\partial \theta'}{\partial \tau}$$

利用以上的两个关系式,式 ⑭ 就可以改写成

$$\frac{1}{\theta'}\frac{\partial \theta'}{\partial \tau} = \frac{1}{\theta_1}\frac{\partial \theta_1}{\partial \tau} + \frac{1}{\theta_2}\frac{\partial \theta_2}{\partial \tau} + \frac{1}{\theta_3}\frac{\partial \theta_3}{\partial \tau}$$

由此,对 τ 积分,就得到

$$\theta' = C\theta_1\theta_2\theta_3$$

其中 C 是与 τ 无关,也就是与 q 无关的一个常数.要确定这个常数,我们把展开式 ⑯ 与 ⑰ 代入恒等式的两边

$$2\pi(q^{\frac{1}{4}} - \cdots) = C(2q^{\frac{1}{4}} + \cdots)(1 + \cdots)(1 - \cdots)$$

比较最低次项,即含 $q^{\frac{1}{4}}$ 的项的系数,我们得到 $C = \pi$,这就证明了恒等式 ⑪.

7. 用西塔函数表示雅可比椭圆函数

前面我们曾经用下面的公式确定了三个雅可比椭圆函数

$$\mathrm{sn}\ u = \sqrt{e_1 - e_3}\frac{\sigma(z)}{\sigma_3(z)}, \mathrm{cn}\ u = \frac{\sigma_1(z)}{\sigma_3(z)}, \delta\mathrm{n}\ u = \frac{\sigma_2(z)}{\sigma_3(z)}$$

式中

$$u = z\sqrt{e_1 - e_3}$$

根据式 ⑲,⑭ 与 ⑮,把这些西格马函数用西塔函数去代替,并用关系式 ⑫

表$\sqrt{e_1 - e_3}$,我们就得到

$$\mathrm{sn}\ u = \pi\theta_2^2 \frac{\theta_3\theta(v)}{\theta'\theta_3(v)}, \mathrm{cn}\ u = \frac{\theta_3\theta_1(v)}{\theta_1\theta_3(v)}$$

$$\delta\mathrm{n}\ u = \frac{\theta_3\theta_2(v)}{\theta_2\theta_3(v)} \tag{95}$$

其中

$$u = \pi\theta_2^2 v \tag{96}$$

我们曾经把由条件 $k^2 = \frac{e_2 - e_3}{e_1 - e_3}$ 确定的数 k 称为雅可比椭圆函数的模数. 根据式 ⑨②,这个等式可以写成

$$k^2 = \frac{\theta_1^4}{\theta_2^4} \tag{97}$$

我们还要引进所谓的补充模数,它由下列等式来定义

$$k'^2 = \frac{\theta_3^4}{\theta_2^4} \tag{98}$$

把 ⑨② 内第一与第三两式平方相加,再利用第二个式子,就得到

$$\theta_1^4 + \theta_3^4 = \theta_2^4$$

这就表明

$$k^2 + k'^2 = 1 \tag{99}$$

式 ⑨⑦ 与 ⑨⑧ 把 k^2 与 k'^2 确定为 τ 的某些单值函数的平方,我们可以取

$$k = \frac{\theta_1^2}{\theta_2^2}, k' = \frac{\theta_3^2}{\theta_2^2} \tag{100}$$

再由于 θ_1 与 θ_2 是 τ 的单值函数,我们应该跟上面一样地考虑$\sqrt{k}$ 与$\sqrt{k'}$,所以可以取

$$\sqrt{k} = \frac{\theta_1}{\theta_2}, \sqrt{k'} = \frac{\theta_3}{\theta_2}, \sqrt{\frac{k'}{k}} = \frac{\theta_3}{\theta_1}$$

由此,根据 $\theta' = \pi\theta_1\theta_2\theta_3$ 得

$$\pi\theta_2^2 \frac{\theta_3}{\theta'} = \frac{\theta_2}{\theta_1} = \frac{1}{\sqrt{k}}$$

这样一来,式 ⑨⑤ 可以写成

$$\mathrm{sn}\ u = \frac{1}{\sqrt{k}} \frac{\theta(v)}{\theta_3(v)}, \mathrm{cn}\ u = \sqrt{\frac{k'}{k}} \frac{\theta_1(v)}{\theta_3(v)}$$

$$\delta\mathrm{n}\ u = \sqrt{k'} \frac{\theta_2(v)}{\theta_3(v)} \tag{101}$$

我们曾经指出了雅可比椭圆函数的周期,零点与极点. 利用西塔函数的变

换表1,我们可以造出雅可比函数的相当的表.为了这个目的,我们要留意到,把$\frac{1}{2}$或$\frac{\tau}{2}$加到v上等于把下式加到u上

$$\omega\sqrt{e_1-e_3}=\frac{\pi}{2}\theta_2^2 \text{或} \omega'\sqrt{e_1-e_3}=\frac{\pi}{2}\tau\theta_2^2$$

由此,利用基本关系式⑩,我们就可以从西塔函数的表1,得出雅可比椭圆函数的变换表3.

表 3

	$u+\omega\sqrt{e_1-e_3}$	$u+\omega'\sqrt{e_1-e_3}$	$u+(\omega+\omega')\cdot\sqrt{e_1-e_3}$	$u+2\omega\cdot\sqrt{e_1-e_3}$	$u+2\omega'\cdot\sqrt{e_1-e_3}$	$u+(2\omega+2\omega')\cdot\sqrt{e_1-e_3}$
sn	$\frac{\text{sn } u}{\delta\text{n } u}$	$\frac{1}{k}\frac{1}{\text{sn } u}$	$\frac{1}{k}\frac{\delta\text{n } u}{\text{cn } u}$	$-\text{sn } u$	$\text{sn } u$	$-\text{sn } u$
cn	$-k'\frac{\text{sn } u}{\delta\text{n } u}$	$-\frac{\text{i}}{k}\frac{\delta\text{n } u}{\text{sn } u}$	$-\text{i}\frac{k'}{k}\frac{1}{\text{cn } u}$	$-\text{cn } u$	$-\text{cn } u$	$\text{cn } u$
δn	$k'\frac{1}{\delta\text{n } u}$	$-\text{i}\frac{\text{cn } u}{\delta\text{n } u}$	$\text{i}k'\frac{\text{sn } u}{\text{cn } u}$	$\delta\text{n } u$	$-\delta\text{n } u$	$-\delta\text{n } u$

8.雅可比椭圆函数的加法公式

我们把v看做一个任意的参变数,来考虑变数u的三个函数

$$f_1(u)=\text{sn } u\,\text{sn}(u+v), f_2(u)=\text{cn } u\,\text{cn}(u+v), f_3(u)=\delta\text{n } u\,\delta\text{n}(u+v)$$

从表3,我们看到所有这些函数都以$2\omega\sqrt{e_1-e_3}$与$2\omega'\sqrt{e_1-e_3}$为周期.椭圆函数$f_1(u)$有简单极点的地方就是$\text{sn } u$或$\text{sn}(u+v)$有简单极点的地方.

列出$\text{sn } u$的极点的表上,我们可以看出,这些极点就是附标与$\omega'\sqrt{e_1-e_3}$或$-v+\omega'\sqrt{e_1-e_3}$相差一个周期的那些点,也就是相差一个下列形式的数的那些点

$$(2m\omega+2n\omega')\sqrt{e_1-e_3}$$

其中,m,n是任意整数.因此,在利用$2\omega\sqrt{e_1-e_3}$与$2\omega'\sqrt{e_1-e_3}$做成的基本周期平行四边形上,上述这种点只有两个.同样的结论可以适用于函数$f_2(u)$与$f_3(u)$.因此,我们的函数$f_k(u)$都是二级的椭圆函数,具有相同的周期,并且在周期平行四边形上有相同的一对简单极点.

显然,我们总可以选择常数A与B,使得函数

$$F_1(u)=f_2(u)+Af_1(u) \text{与} F_2(u)=f_3(u)+Bf_1(u)$$

都没有极点$u=\omega'\sqrt{e_1-e_3}$.对于这样选择的常数A与B,函数$F_1(u)$与

$F_2(u)$ 就是一级椭圆函数,换句话说,都是常数.因此,对于常数 A 与 B 的某种确定的选择,下面的关系式成立

$$\begin{cases}\mathrm{cn}\ u\mathrm{cn}(u+v)+A\mathrm{sn}\ u\mathrm{sn}(u+v)=C\\ \delta\mathrm{n}\ u\delta\mathrm{n}(u+v)+B\mathrm{sn}\ u\mathrm{sn}(u+v)=D\end{cases} \tag{102}$$

这里,A,B,C,D 对于 u 都是常数,只依赖于 v.要决定这些常数,我们在式 ⑩② 中令 $u=0$,于是得到

$$C=\mathrm{cn}\ v,D=\delta\mathrm{n}\ v$$

把关系 ⑩② 对 u 微分,再令 $u=0$,则由 ㊳ 与 ㊴ 得到

$$(\mathrm{cn}\ v)'+A\mathrm{sn}\ v=0,(\delta\mathrm{n}\ v)'+B\mathrm{sn}\ v=0$$

由此,根据 ㊴ 得到

$$A=\delta\mathrm{n}\ v,B=k^2\mathrm{cn}\ v$$

把这些求得的常数值代入关系式 ⑩②,它就变成

$$\begin{cases}\mathrm{cn}\ u\mathrm{cn}(u+v)+\delta\mathrm{n}\ v\mathrm{sn}\ u\mathrm{sn}(u+v)=\mathrm{cn}\ v\\ \delta\mathrm{n}\ u\delta\mathrm{n}(u+v)+k^2\mathrm{cn}\ v\mathrm{sn}\ u\mathrm{sn}(u+v)=\delta\mathrm{n}\ v\end{cases} \tag{103}$$

这些关系式是关于 u 与 v 的恒等式.把 u 换成 $-u$,把 v 换成 $u+v$,我们就从这些式子得到

$$\mathrm{cn}\ u\mathrm{cn}\ v-\delta\mathrm{n}(u+v)\mathrm{sn}\ u\mathrm{sn}\ v=\mathrm{cn}\ (u+v)$$

$$\delta\mathrm{n}\ u\delta\mathrm{n}\ v-k^2\mathrm{cn}(u+v)\mathrm{sn}\ u\mathrm{sn}\ v=\delta\mathrm{n}(u+v)$$

从这两个恒等式我们可以计算 $\mathrm{cn}(u+v)$ 及 $\delta\mathrm{n}(u+v)$,因此我们得到了雅可比函数 cn 与 δn 的加法公式.把 $\mathrm{cn}(u+v)$ 的值代入等式 ⑩③ 的第一个等式,就求出 $\mathrm{sn}(u+v)$,换句话说,得到了 sn 的加法公式.

这样,根据上述简单计算的结果,我们有

$$\begin{cases}\mathrm{sn}(u+v)=\dfrac{\mathrm{sn}\ u\mathrm{cn}\ v\delta\mathrm{n}\ v+\mathrm{sn}\ v\mathrm{cn}\ u\delta\mathrm{n}\ u}{1-k^2\mathrm{sn}^2u\mathrm{sn}^2v}\\ \mathrm{cn}(u+v)=\dfrac{\mathrm{cn}\ u\mathrm{cn}\ v-\mathrm{sn}\ u\mathrm{sn}\ v\delta\mathrm{n}\ u\delta\mathrm{n}\ v}{1-k^2\mathrm{sn}^2u\mathrm{sn}^2v}\\ \delta\mathrm{n}(u+v)=\dfrac{\delta\mathrm{n}\ u\delta\mathrm{n}\ v-k^2\mathrm{sn}\ u\mathrm{sn}\ v\mathrm{cn}\ u\mathrm{cn}\ v}{1-k^2\mathrm{sn}^2u\mathrm{sn}^2v}\end{cases} \tag{104}$$

我们知道,$\mathrm{sn}\ u$ 可以看成是一个第一种类型的椭圆积分的反函数,从此我们看出,当 $k=0$ 时函数 $\mathrm{sn}\ u$ 退化成 $\sin u$.另一方面,从式 ㊿ 我们看到,当 $k=0$ 时函数 $\mathrm{cn}\ u$ 与 $\delta\mathrm{n}\ u$ 分别变成 $\cos u$ 与 1.因此,如果在式 ⑩⑦ 中让 $k=0$,则这些等式中的前两个就是 sin 与 cos 的和角公式,而后一个退化成恒等式 $1=1$,这一点可以用三角函数中没有对应于 $\delta\mathrm{n}\ u$ 的函数这件事实来说明.

关于椭圆曲线的 Mordell-Weil 群

附录三

曾任北京大学校长的丁石孙教授曾在1988年9月26日，纪念闵嗣鹤教授学术报告会上指出：

椭圆曲线的算术是数论中的一个分支，十几年来，这方面的研究取得了很快的进展，同时也显示出它与数论中其他一些重要问题的密切联系，因而它的重要性日益受到人们的重视．下面对有关的问题作一简单的介绍．

1．定　　义

设 K 为一域，定义在域 K 上的一条不可约的、非奇异的亏格为1的射影曲线 E．若在曲线上取定一点 O，它的坐标在 K 中，就称为定义在 K 上的一条椭圆曲线，记为 E/K．在不致引起混淆的情况下，取定的点 O 就不明确标出了．

根据 Riemann-Roch 定理，椭圆曲线一定有一个平面上的方程

$$y^2+a_1xy+a_3y=x^3+a_2x^2+a_4x+a_6 \quad ①$$

其中，$a_1,a_2,a_3,a_4,a_6\in K$，取定的射影坐标为 $(0,1,0)$，以上的方程是椭圆曲线的仿射方程．方程①称为椭圆曲线 E/K 的一个魏尔斯特拉斯方程．当然，魏尔斯特拉斯方程不是唯一的，它们可以相差一个坐标变换

$$\begin{cases}x=u^2x'+r\\ y=u^3y'+u^2sx'+t\end{cases} \quad ②$$

其中，$u,r,s,t\in\overline{K},u\neq0$．

对于E上的我们可以定义一个运算:设$P_1(x_1,y_1)$,$P_2(x_2,y_2)$是E上的两点,联结P_1P_2的直线必与E相交于第三个点Q(根据 Bézout 定理),直线OQ又与E交于P_3,于是定义

$$P_1 + P_2 = P_3$$

不难证明,在这个运算下,E上点的全体构成一个交换群.

如果P_1,P_2的坐标全在K中,那么很容易看出Q以及P_3的坐标也在K中.这就说明E的全体在K上的有理点构成一个群.一般 地,对于任一域$L \supset K$,E在L上的有理点也构成一个群,这个群记为$E(L)$,用群论的记号,从

$$\overline{K} \supset L \supset K \text{ 有 } E(K) < E(L) < E(\overline{K})$$

在上面的定义中,也可能$P_1 = P_2$,这时P_1,P_2的联线就取在$P_1 = P_2$处的切线.

由于椭圆曲线E/K上的点成一交换群,所以椭圆曲线也就是一个一维的 Abel 簇.

椭圆曲线的某些讨论利用方程 ① 可以化为简单的代数运算,这种方法是有用的.不过应该指出,方程 ① 只有在没有奇点的情况下,才是椭圆曲线,否则是亏格为0的曲线.至于有无奇点,根据代数曲线的一般理论就归结为方程的判别式是否为零.

2. Mordell-Weil 群

在数论中,我们有兴趣的只是K为代数数域或者与之有联系的有限域与p进域.所谓椭圆曲线的算术主要是指对$E(K)$的研究,其中K为代数数域.

最简单的情形就是K为有理数域$\mathbf{Q}$.第一个结论是1922年 Mordell 证明的:$E(\mathbf{Q})$是一有限生成的交换群.这个结果是 Poincare 首先猜出的.到 1928 年,Weil 把 Mordell 的结论推广到K是一般代数数域的情形,而且把椭圆曲线也推广到一般 Abel 簇.

因之,现在习惯地称这个结果为 Mordell-Weil 定理,而对于代数数域K,群$E(K)$称为 Mordell-Weil 群.

根据交换群的基本定理,对于代数数域K,我们有

$$E(K) \cong E(K)_{tor} \oplus \mathbf{Z}^r$$

其中$E(K)_{tor}$为$E(K)$中全体有限阶元素组成的群,它是一有限群.

当$K = \mathbf{Q}$时,E. Lutz 与 T. Nagell 证明了:

设$E/\mathbf{Q}$为椭圆曲线,它的魏尔斯特拉斯方程为

$$y^2 = x^3 + Ax + B \quad A, B \in \mathbf{Z}$$

如果 $P \in E(\mathbf{Q})$ 是一非零的有限阶点,那么:

(1)$x(P), y(P) \in \mathbf{Z}$.

(2)$2P = 0$(即 $y(P) = 0$),或者

$$y(P)^2/(4A^2 + 27B^2)$$

这就说明,$E(\mathbf{Q})_{tor}$ 可以在有限步之内全部决定出来.

当 K 为一般的代数数域时,有限阶点 P 的坐标 $x(P)$ 与 $y(P)$ 也有类似的可除性的条件,因之,原则上容易决定.

1978 年 B.Mazar 证明了:

设 $E/\mathbf{Q}$ 为一椭圆曲线,于是有限阶子群 $E(\mathbf{Q})_{tor}$ 只有以下 15 种可能

$$\mathbf{Z}/N\mathbf{Z} \quad 1 \leqslant N \leqslant 10 \text{ 或 } N = 12$$

$$\mathbf{Z}/2\mathbf{Z} \times \mathbf{Z}/2N\mathbf{Z} \quad 1 \leqslant N \leqslant 4$$

每种可能的情形都是存在的.

自然地,人们希望在一般代数数域的情形也有相仿的结果.至少希望对任一代数数域 K 能有一常数 $N(K)$ 使

$$|E(K)_{tor}| \leqslant N(K)$$

普遍成立.但是直到现在还没有能证明这一点.Manin 在 1969 年证明了:

设 K 为一代数数域,$p \in \mathbf{Z}$ 是一素数,于是存在一常数 $N = N(K,p)$,对于任一椭圆曲线 E/K,$E(K)$ 的 p - 准素部分的阶能整除 p^N.

至于 Mordell-Weil 群的无限部分,也就是秩 r,则是个谜.现在还没有有效的方法来确定一条椭圆曲线的秩,即使在有理数域上也如此,虽然在我们见到的椭圆曲线中,绝大部分的秩很小,不过人们普遍相信,在有理数域上,椭圆曲线的秩是无界的,也就是可以有秩任意大的椭圆曲线.

1982 年 Mestre 给出一条秩 $\geqslant 12$ 的椭圆曲线

$$y^2 - 246xy + 35\,699\,029y = x^3 - 89\,199x^2 - 19\,339\,780x - 36\,239\,244$$

3. 关于 Birch-Swinnerton-Dyer 猜想

在二次型的算术研究中,Hasse-Minkowski 原理(即局部 - 整体原理)是关键性的.换句话说,二次型在局部域中的性质基本上决定了它在整体域中的性质.但是对于三次方程,或者说,对于椭圆曲线,Hasse-Minkowski 原则不成立.例如

$$3x^3 + 4y^3 + 5z^3 = 0$$

在每个局部域中都有解,但是它没有有理数解.

虽然如此,人们相信,局部性质总在相当程度上反映整体的性质,于是形成

下面的猜想.

设 $E/\mathbf{Q}$ 为椭圆曲线,Δ 为 E 的魏尔斯特拉斯方程的判别式($\Delta = 0$ 的充要条件为方程有奇点). F_p 为整数模素数 p 的域,F_p 为含有 p 个元素的域.

令 a_p 为 E 在 F_p 中解的个数,再令

$$t_p = 1 + p - a_p$$

定义

$$L_E(S) = \prod_{p \mid \Delta}(1 - t_p p^{-S})^{-1} \prod_{p \nmid \Delta}(1 - t_p p^{-S} + p^{1-2S})^{-1}$$

容易证明,上述无穷乘积当 $\mathrm{Re}(s) > \frac{3}{2}$ 时是收敛的.

Birch-Swinnerton-Dyer 猜想简单地说就是:

(1) $L_E(s)$ 可以解析延拓到整个复平面;

(2) $L_E(s)$ 在 $s = 1$ 处零点的阶就等于 $E(\mathbf{Q})$ 的秩.

这个猜想还远远没有证明,不过近二十年来,取得的不少部分结果使我们愈来愈相信它是对的.

当 $s = 1$ 时

$$(1 - t_p p^{-S} + p^{1-2S})^{-1} = \frac{p}{a_p}$$

由此可见,BSD 猜想与局部 - 整体原则是有关的. 同时,如果这个猜想成立,那么我们就有可能用解析的方法来计算 $E(\mathbf{Q})$ 的秩.

在假定 BSD 猜想的前提下,1983 年 J. Tunnell 证明了:设 n 为奇的无平方因子的整数,于是 n 是同余数(即 n 是某一边长为有理数的直角三角形的面积)的充分必要条件为方程 $2x^2 + y^2 + 8z^2 = n$ 的整数解的个数是方程 $2x^2 + y^2 + 32z^2 = n$ 的整数解的个数的二倍.

4. 高　度

在 Mordell-Weil 定理的证明中,要用到“无穷下降法”. 为了刻画点的复杂程度,作为一种度量,人们引入了高度的概念. 例如在射影直线上的有理点

$$P = \left(1, \frac{a}{b}\right) \quad a, b \in \mathbf{Z}$$

我们定义 P 的高度为

$$H(P) = \mathrm{Max}\{|a|, |b|\}$$

对于一般的情形,即 K 为一代数数域,$P^N(K)$ 为 N 上的 N 维射影空间,对于 $P^N(K)$ 中的点 $P = (x_0, x_1, \cdots, x_N)$,我们也可以定义 P 的高度 $H(P)$. 当 E/K

嵌入$P^N(K)$中,可以证明高度小于某一常数C的E/K上的点的个数总是有限的.在“无穷下降法”中,高度是一个重要的概念.不仅如此,在“丢番图几何”中,高度也是一个不可少的概念.

为了使用方便,取高度$H(P)$的对数,即

$$h(P)=\log H(P)$$

可以证明,对于椭圆曲线上的点,高度$h(P)$与一个二次型相差不大.例如,对于$P,Q\in E(K)$,可以证明

$$h(P+Q)+h(P-Q)=2h(P)+2h(Q)+O(1)$$

其中$O(1)$表示一个与P,Q无关的常数.Nèron首先提出,能否在E上定义出一个二次型,他给出了合适的定义,Tète也给出了定义,我们称他们定义的高度为标准高度$\hat{h}$.$\hat{h}$在E上适合:

(1)对所有的$P,Q\in E(\overline{K})$

$$\hat{h}(P+Q)+\hat{h}(P-Q)=2\hat{h}(P)+2\hat{h}(Q)$$

(2)对所有的$P\in E(\overline{K}),m\in\mathbf{Z}$

$$\hat{h}(mP)=m^2\hat{h}(P)$$

(3)$\hat{h}$在E上为一个二次型,即

$$\langle P,Q\rangle=\hat{h}(P+Q)-\hat{h}(P)-\hat{h}(Q)$$

是双线性的.

(4)$\hat{h}(P)\geqslant 0,\hat{h}(P)=0$当且仅当$P$为有限阶点.

(5)利用线性性,把$\hat{h}$推广到

$$E(K)\otimes_{\mathbf{Z}}\mathbf{R}$$

上是正定的.

如果$E(K)$的秩为r,那么$E(K)\otimes_{\mathbf{Z}}\mathbf{R}$就是一$r$维欧氏空间(度量为$\hat{h}$),而$E(K)$的无穷阶点构成$r$维欧氏空间中的一个格.

Nèron与Tète都证明了,对K的每个赋值$v\in M_K$,E上的点存在一局部高度$\hat{h}_v$,而标准高度$\hat{h}$可以分解成局部高度之和,这就给出了一个计算$\hat{h}$的方法.最近Silvermen根据Tète的想法并作了改进,给出了标准高度$\hat{h}$的一个计算法.

5. Mordell-Weil群的生成元

当$E(K)$的秩为r,即

$$E(K)\cong E(K)_{tor}\oplus\mathbf{Z}^r$$

设$P_1,\cdots,P_r$是$\mathbf{Z}^r$部分的一组生成元.我们定义,E/K的椭圆调整子$R_{E/K}$为

$$R_{E/K}=\det(\langle P_i,P_j\rangle)\quad i,j=1,\cdots,r$$

它也就是在欧氏空间 $E(K)\otimes\mathbf{R}$ 中格 $E(K)/E(K)_{tor}$ 的基本区域的体积.

$R_{E/K}$ 是椭圆曲线 E/K 的一个重要的算术不变量，在 BSD 猜想中，它出现在

$$\lim_{S\to1}(S-1)^{-r}L_E(S)$$

当中，因之在决定了椭圆曲线的秩之后，进一步定出 $E(K)/E(K)_{tor}$ 的一组生成元也是有意义的.

在 1983 年，我们证明了椭圆曲线

$$y^2+y=x^3-x^2$$

在 $K=\mathbf{Q}(\sqrt{-206})$ 上的秩为 3，它的一组生成元为

$$P_1=\left(-\frac{15}{8},\frac{7}{32}\sqrt{-206}-\frac{1}{2}\right)$$

$$P_2=\left(-\frac{55}{98},\frac{47}{1\ 372}\sqrt{-206}-\frac{1}{2}\right)$$

$$P_3=\left(-\frac{55}{8},\frac{43}{32}\sqrt{-206}-\frac{1}{2}\right)$$

1989 年张绍伟在他的硕士论文中证明了椭圆曲线

$$y^2=x^3+1\ 217x^2-96\ 135x$$

在有理数域 $\mathbf{Q}$ 上的秩为 5，它的一组生成元为

$$P_1=(-195,4\ 485)$$

$$P_2=(-1\ 105,5\ 525)$$

$$P_3=(-85,-85)$$

$$P_4=(255,10\ 965)$$

$$P_5=(39,2\ 379)$$

张绍伟还找出其他几条秩为 4 的椭圆曲线的生成元.

总之，椭圆曲线的算术的内容极其丰富，大量结果有待于发掘，大量的问题有待于解决，它是数论工作者一个极有希望的工作园地.

椭圆曲线的黎曼假设

附录四

1. 引　言

Riemann(黎曼)Zeta 函数 $\zeta(s)$ 对 $\mathrm{Re}(s)>1$ 定义为

$$\zeta(s)=\sum_{n=1}^{\infty}\frac{1}{n^{s}} \quad ①$$

利用函数方程可以将它解析延拓到整个平面上. 最开始的黎曼假设是断言黎曼 Zate 函数 $\zeta(s)$ 的非实零点都在直线 $\mathrm{Re}(s)=\frac{1}{2}$ 上. 在他 1859 年的标志性著作中,黎曼为了导出由 Gauss(高斯),Legendre(勒让德) 及其他人对 $\pi(x)$ 估计为 $\frac{x}{\log x}$ 的猜测(这里 $\pi(x)$ 是代表 $\leqslant x$ 的素数个数) 作出了上述断言. 黎曼还暗示以后再回来搞这件事,他"目前先将其放在一旁". 显然黎曼有生之年太短,没有足够时间做这个. 直到今日,尽管有无数个例证是符合黎曼假设的,但是没有人能够证明它. 然而,数学家们作出很多黎曼 Zeta 函数的推广及类比,其中 Dirichlet(狄利克雷),Dedekind(戴德金),E. Artin(阿廷),F. K. Schmidt(施密特)以及 Weil(韦尔) 等人,而黎曼假设在其中的某些情形下是成立的.

这些情形之一是椭圆曲线的黎曼假设. 这是由 E · 阿廷提出,为 Hasse(哈塞) 所证明,因此也以哈塞定理之名为人所熟知.

我们将在下面陈述这个结果,然后转向本文的两个主要问题:(i) 简单讲述这两种黎曼假设不仅是近似的类比,而且确实是同一更广的框架下的两个例子;(ii) 关于有限域上椭圆曲线上的黎曼假设的一个初等证明.这个分别在"整体(域的)Zeta 函数"和"哈塞定理的初等证明"中叙述,而且可以彼此独立地读它们.

我们的证明基于 Manin(马宁)的思想,除了用了"基本恒等式"之外,内容是自我包含的.这个恒等式是作为一个技巧性的引理出现在式⑲.它的证明虽然比较复杂,但完全是初等的,而且是我们对黎曼假设的证明中极小的说明部分.

2.陈　述

固定一个素数 p.对每一个 $r \geqslant 1$,存在唯一的有限域 F_q,它有 $q = p^r$(个)元素.为了简化起见,从现在开始我们假定 p 不是 2 或 3.这样,我们的椭圆曲线可以用魏尔斯特拉斯方程来定义

$$y^2 = x^3 + ax + b \quad (a, b \in F_q) \tag{②}$$

其中 $4a^3 + 27b^2 \neq 0$,以使右方三次方程没有重根(这就保证了对应曲线没有奇点).

对于有限域上曲线的黎曼假设有几种等价的表述,我们给出其中的两个.如果我们将椭圆曲线记为 E,我们可以(暂时地)定义它的 Zeta 函数为

$$Z_E(t) = \frac{1 - a_q(E)t + qt^2}{(1 - t)(1 - qt)} \tag{③}$$

它对 E 的依赖关系出现在分子中的系数 $a_q = a_q(E)$ 上.这时 $a_q = q - N_q$,其中 N_q 等于式②在 F_q 中的解的个数.(在下面的"整体(域的)Zeta 函数"中我们将给出一个与黎曼 Zeta 函数有明显的联系的 $Z_E(t)$ 的等价公式)

对 E 的黎曼假设是断言:如果 $Z_E(q^{-s}) = 0$,则 $\mathrm{Re}(s) = \frac{1}{2}$.但为了证明这个猜想,我们将黎曼假设改述为关于 a_q 的界的形式.

为什么期望 a_q 有界是自然的呢?假定在 x 变化时,$x^3 + ax + b$ 的值在 F_q 中是均匀分布的,我们将有 E 中一个点使 $x^3 + ax + b$ 为0.因 q 为奇数,有 $\frac{q-1}{2}$ 个 $x^3 + ax + b$ 的非零值是非平方元,不能给出 E 上的点.而对另外 $\frac{q-1}{2}$ 个元素则有 $(\pm y)^2 = x^3 + ax + b$ 对于某个 $y \in F_q$,即对每个 x 给出两个解.那么 N_q 的期望值为 $1 + 2 \cdot \frac{q-1}{2} = q$,并且 a_q 就是 N_q 与期望值之间的偏差.

沿着这个思路,我们断言,事实上 a_q 的界

$$|N_q - q| \leqslant 2\sqrt{q} \quad ④$$

等价于 E 的黎曼假设.

事实上,若 $Z_E(q^{-s}) = 0$,则我们看到 q^s 是多项式

$$f(u) = u^2 - a_q u + q$$

的一个根.注意,不等式④成立当且仅当 $f(u)$ 的判别式 $a_q^2 - 4q \leqslant 0$,它的成立当且仅当 $f(u)$ 的两个根 u_1, u_2 是共轭复数,或相等.实际上这等价于 $|u_1| = |u_2|$.因为 $f(u)$ 的常数项 $q = u_1u_2$,这就是说④成立当且仅当 $f(u)$ 的两根绝对值都是 $\sqrt{q}$,也就是当且仅当对所有满足 $Z_E(q^{-s}) = 0$ 的 s,我们有 $|q^s| = \sqrt{q}$,因此 $\mathrm{Re}(s) = \frac{1}{2}$.

从广义上说,存在这样的几何解释,它允许黎曼假设用代数几何叙述证明,但是对黎曼原来的 Zeta 函数的情形仍然是十分棘手的.

3.整体(域的)Zeta 函数

上面式③给出了椭圆曲线的 Zeta 函数,但完全看不出来它与黎曼 Zeta 函数有任何关系.但是两者都是整体域上 Zeta 函数的特殊情形.整体域是由戴德金与 E·阿廷分别引入的,是下列两种类型的域之一.

1.数域,是 **C** 的一个子域,它作为在 **Q** 上向量空间的维数是有限的.(我们记得 **C** 的每一个子域都包含 **Q** 作为子域,所以 **Q** 是最小的数域)

2.由曲线

$$F(x, y) = 0 \quad ⑤$$

定义的函数域,$F(x, y)$ 是 q 元有限域 F_q 上(即系数在 F_q 中)的不可约多项式.作为定义,曲线⑤定义的函数域是整环 $F_q[x, y]/(F(x, y))$ 的商域.

我们还要补充一句,这两个域乍看起来是完全不相干的,但我们能够给出统一的定义,它们有很多重要的相似的地方,常常是猜想或结果在一个里面解决了就等于在另一个里面也成立.经典形式的黎曼假设和它在椭圆曲线的形式只是这个现象的很多例子之一而已.

定义戴德金 Zeta 函数最直接、自然的办法就是用整理想的术语定义数域的 Zate 函数.但是,由于无穷远点的缘故,这样的定义在曲线的函数域方面变得很棘手,同时对两种情形都能适合马上工作最好的方法是从整体域的赋值作起,下面我们将遵循这条路.

3.1 赋值

假设 K 是一个域,我们记 K 的非零元素集合为$K^{\times}$. K 上一个(离散)赋值定义为一个映射 $v: K^{\times} \to \mathbf{Z}$,满足以下条件:

(1)$v(xy) = v(x) + v(y)$;

(2)$v(x+y) \geqslant \min\{v(x), v(y)\}$.

根据约定,我们总是令 $v(0) = +\infty$,将赋值 v 扩充为一个映射 $K \to \mathbf{Z} \cup \{+\infty\}$.本文通篇都不考虑零映射的平凡赋值. K 上两个赋值等价是指它们按比例变化可变为同一个赋值.注意每个赋值可唯一地正规化为一个等价赋值,使它满射到 $\mathbf{Z}$ 上.我们总是在赋值等价类上工作,并总是假定我们的赋值是以上述方法被正规化了的.我们以 V_K 记 K 的赋值的集合.

例(p 进赋值) 假定 $K = \mathbf{Q}$,从 $p = 2,3,5,\cdots$ 中固定一个素数.设 x 是 $\mathbf{Q}$ 中非零元素,我们写

$$x = p^{v_p(x)} \cdot \frac{a}{b}$$

其中 $v_p(x) \in \mathbf{Z}$ 且 a, b 为满足$(p, ab) = 1$的非零整数.也就是说 $v_p(x)$ 是唯一确定的正整数,负整数或零,它是在有理数 x 展开为不同素因子幂次乘积中出现p 的幂次.群同态 $v_p: \mathbf{Q}^{\times} \to \mathbf{Z}$ 给出了 $\mathbf{Q}$ 上的赋值,叫做 p 进赋值(p - adic valuation).

3.2 定义

我们的起始点是黎曼 Zeta 函数的欧拉乘积公式表达

$$\zeta(s) = \sum_{n=1}^{\infty} \frac{1}{n^s} = \prod_p \left(1 - \frac{1}{p^s}\right)^{-1} \qquad ⑥$$

式 ⑥ 中乘积是对所有的素数 p 所取的.

我们的任务是将这个公式转换为用纯粹$\mathbf{Q}$上的赋值术语表达的等价公式.这样使我们可以考虑整体域上的 Zeta 函数,当这个域就是 $\mathbf{Q}$ 时,我们就回到了黎曼 Zeta 函数.

第一步是颇为直接的:奥斯特洛夫斯基(Ostrowski) 有一个定理说,每一个$\mathbf{Q}$上赋值都等价于上面所讨论的 p 进赋值v_p.于是我们可以对式 ⑥ 中乘积的指标集合加以变换,代替$\mathbf{Q}$中所有素数,我们可以考虑乘积取在$\mathbf{Q}$上的赋值集合.不过,我们还需一些附加的定义.

假定我们有一个域 K,及 K 上的一个赋值v.我们可以定义 K 的子集 O_v, p_v 如下

$$O_v := \{x \in K \mid v(x) \geqslant 0\}$$

$$p_v := \{x \in K \mid v(x) > 0\}$$

从赋值定义我们立刻看出,这二者都是 K 的加法子群.事实上,我们知道 O_v 是 K 的子环,而 p_v 是 O_v 中素理想,但这对我们眼前的目的并不重要,最重要的是我们可以作商 O_v/p_v,当这个商是有限时,我们可以定义 v 的范数 $N_v := \#(O_v/p_v)$.

此时我们断言,对于 p 进赋值 v_p 有 $p = N_{v_p}$.

例(再说 p 进赋值) 我们看到 O_{v_p} 是分母与 p 互素的分数集合,而 p_{v_p} 是其中分子是 p 的倍数的分数子集.我们可以检验 O_{v_p}/p_{v_p},它是由 $0,1,\cdots,p-1$ 的等价类组成,所以我们得到 $N_{v_p} = p$ 这个断言.

我们可以重写黎曼 Zeta 函数为

$$\zeta(s) = \prod_{v \in V_{\mathbf{Q}}} \left(1 - \frac{1}{N_v^s}\right)^{-1} \qquad ⑦$$

这种形式立刻可以推广到整体域.实际上关键的事实是整体域中对任一赋值 v,商 O_v/p_v 只有有限多个元素,所以可以定义范数 N_v.于是给出了整体域 K,我们就可以定义 K 的整体 Zeta 函数 $\zeta_K(s)$ 如下

$$\zeta_K(s) = \prod_{v \in V_K} \left(1 - \frac{1}{N_v^s}\right)^{-1} \qquad ⑧$$

我们已经看到 $\zeta_{\mathbf{Q}}(s) = \zeta(s)$,因此 $\zeta_K(s)$ 是黎曼 Zeta 函数的合适的推广.

3.3 戴德金 Zeta 函数

黎曼假设在整体域中的各种各样的形式都有一个限定,那就是不能偏离预给的对象的个数.在椭圆曲线 E 的黎曼假设中,这个限定就是 E 的点数,如式④中所展示的.对经典的黎曼假设,如我们前面所讲的,这个限定就是在给定范围中的素数个数.这可以推广到数域的情形,这时的黎曼假设对于域的表达是限定为不偏离域中素理想的数值.我们简要介绍一下,数域中的 Zeta 函数怎样用素理想的术语重新写出来.

对于数域 K,我们有一个自然子环 O_K,叫做 K 的整数环.它是由 K 中满足 $\mathbf{Z}$ 上首项系数为 1 的方程的根所组成,特别地,高斯引理说 $O_{\mathbf{Q}} = \mathbf{Z}$(注意这决不是显然的,甚至 O_K 是 K 的子环也不显然).现在我们转而将 p 进赋值概念扩充到 O_K 上,此时,我们必须用素理想 p 定义,而不是用素数 p.奥斯特洛夫斯基定理也可以推广为 K 上所有的非平凡赋值都是 p 进赋值 v_p.进一步,我们还可以稍微容易地验证,虽然 O_{v_p} 远比 O_K 大,我们确有恒等式 $\#(O_K/p) = \#(O_{v_p}/p_{v_p})$,所以我们定义 $N(p) := \#(O_K/p)$,我们可重写 Zeta 函数(这时称之为数域 K 的戴德金 Zeta 函数 $\zeta_K(s)$)如下

$$\zeta_K(s) = \prod_{p}\left(1 - \frac{1}{N(p)^s}\right)^{-1} \qquad ⑨$$

乘积是对 O_K 的所有非零素理想p实行的.我们再次看到黎曼 Zeta 函数与 $\zeta_{\mathbf{Q}}(s)$ 是重合的.

为了作黎曼假设,我们仍需将这种 Zeta 函数扩充到全平面上.这要借助于函数方程$\zeta_K(s)$来完成.尽管有由黎曼证明的众所周知的$\zeta_{\mathbf{Q}}(s)$的函数方程,还有为人所熟知的欧拉证明了当 $s = 2,4,6,8$ 时 $\zeta_{\mathbf{Q}}(s) = 0$,并利用$\zeta_{\mathbf{Q}}(s)$对 s 为实的情况,重新证明了欧几里得关于素数无限性的定理.尽管如此,直到 1917 年赫克(Hecke)才将黎曼 Zeta 函数的函数方程推广到任意数域 K 上.对于戴德金 Zeta 函数的推广的黎曼假设(GRH)是说 $\zeta_K(s)$ 的非实零点都位于 $\mathrm{Re}(s) = \frac{1}{2}$ 这条线上,其中 K 是一数域.

3.4 有限域上的曲线及其 Zeta 函数

现在考虑一条曲线 C,由 q 个元素的有限域 F_q 上的不可约多项式

$$F(x,y) = 0 \qquad ⑩$$

所定义.假设 K 是这条平面曲线C的函数域,即整环 $F_q[x,y]/(F(x,y))$ 的商域.

这时发现 K 的赋值与C上的点密切相关,其中点的坐标允许取自包含 F_q 的任一有限域中的元素.基本思想是相当简单的:我们可将 K 中元素视为C的有理函数,如果两个有理函数 $G_1(x,y)/H_1(x,y)$ 和 $G_2(x,y)/H_2(x,y)$ 的分子与分母都是模 $F(x,y)$ 同余的,这时我们就认为它们定义了 C 上同一函数.如果我们选一个点 $P \in C$,我们就能定义 K 上一个赋值v_p,对 K 中一个函数,我们就按着它在 P 上零点或极点的阶来定义赋值.然而,还有一些应当考虑的细节.首先 C 必须是完备的,意思就是除了仿射平面上的 C 点以外,我们须将无穷远包括到 C 中来.第二是 C 必须处处(包括无穷远点)都是非奇异的.这是为了保证函数零点的阶在各点上都是可以定义的.为此,我们从现在起永远假定曲线 C 是完备且非奇异的.最后,也是最本质一点是我们将会看到 C 上不同的点可能给出同一赋值.

在椭圆曲线的情形,前两点都没有问题:我们加上无穷远点一个点,它可以被认为是坐标属于 F_q 的,而且所有点都是非奇异的.而第三点是真的,而且甚至在直线情形也会发生.

例(直线上的赋值)　由于具体的理由,我们考虑 $F(x,y) = y$ 并且$q = 3$ 的情形.我们有 $F_3[x,y]/(y) \cong F_3[x]$,所以 $K \cong F_3(x)$.这简单地对应于 F_3 上的仿射直线,看做平面中的 x 轴.这条曲线上的点由 x 的值唯一定义,在 F_3 中,或在 F_3 的任一扩域中.(严格地说,我们也应将单个的无穷远点包括进来,

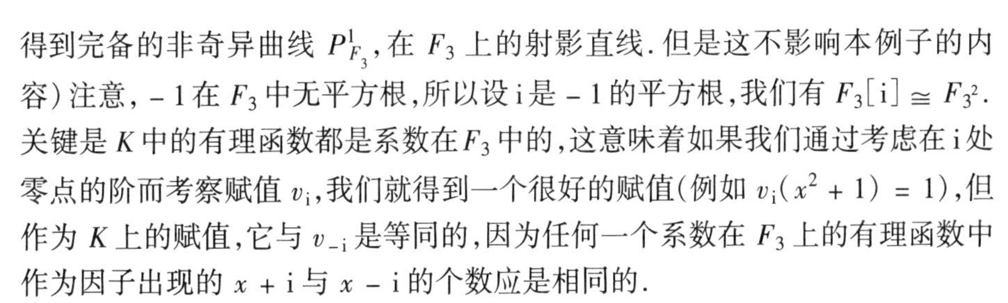

得到完备的非奇异曲线 $P^1_{F_3}$，在 F_3 上的射影直线. 但是这不影响本例子的内容）注意，-1 在 F_3 中无平方根，所以设 i 是 -1 的平方根，我们有 $F_3[\mathrm{i}] \cong F_{3^2}$. 关键是 K 中的有理函数都是系数在 F_3 中的，这意味着如果我们通过考虑在 i 处零点的阶而考察赋值 v_{i}，我们就得到一个很好的赋值（例如 $v_{\mathrm{i}}(x^2+1)=1$），但作为 K 上的赋值，它与 $v_{-\mathrm{i}}$ 是等同的，因为任何一个系数在 F_3 上的有理函数中作为因子出现的 $x+\mathrm{i}$ 与 $x-\mathrm{i}$ 的个数应是相同的.

更一般地，上述正确的叙述对任一曲线 C 都成立，C 上的每一个点可定义一个 K 的赋值，而且每个 K 的赋值都能以这种形式产生. 但需要说明的是如果有一个 $P \in C$，坐标在 F_{q^m} 上，但 F_{q^m} 不是最小的域，则存在 m 个点给出同样的赋值 v_p. 我们能证明对这样的点，有 $N_{v_p}=q^m$.

这样，作为一个简单的习题就得出了用 C 上点的计数所表述的 Zeta 函数的如下的等价公式

$$\zeta_K(s)=\exp\left(\sum_{m=1}^{\infty} N_m(C)\frac{q^{-ms}}{m}\right) \qquad ⑪$$

其中 $N_m(C)$ 是 C 中坐标在 F_{q^m} 中的点. 这样一来，计算 C 的 Zeta 函数基本上就等价于计数 C 在各个 F_q 的有限扩张上的点数. 当表达式 $\zeta_K(s)$ 以 C 的点的计数来表述时，习惯上都写为 $Z_C(t)$，$t=q^{-s}$，我们以后将一直遵从此约定.

我们可以用这个定义计算上面考虑过的当 $q=3$ 时，F_q 上的射影直线 $C=P^1_{F_q}$ 的情形. $P^1_{F_q}$ 的坐标在 F_{q^m} 上的点数为 q^m+1，因为每个点或是 x 的值在 F_{q^m} 中，或者无穷远点. 于是在式 ⑪ 中 $N_m(C)=q^m+1$，计算中此时的 Zeta 函数是一个容易的习题

$$Z_{P^1_{F_q}}(t)=\frac{1}{(1-t)(1-qt)} \qquad ⑫$$

我们也能证明由式 ② 给出的椭圆曲线 E 的 Zeta 函数原来就是式 ③，即是我们先前给出的定义. 尽管证明不是那么容易的.

一个真实但很难证明的命题是对所有曲线 C，其 Zeta 函数是 q^{-s} 的有理函数，所以我们可以将其扩充成复数域 $\mathbf{C}$ 之上的亚纯函数，而且我们还可以叙述在函数域上的推广的黎曼假设，假设断言 $\zeta_K(s)$ 的所有零点位于 $\mathrm{Re}(s)=\frac{1}{2}$ 这条线上，其中 K 是 F_q 上一条曲线的函数域.

3.5 韦尔猜想

事实上，我们所描绘的蓝图不是只限于曲线的. 其实，我们可以将其推广到 F_q 上的高维的代数簇 V，用式 ⑪ 作为它的 Zeta 函数 $Z_V(t)$ 的定义，用 t 代替 q^{-s}. 在 1948 年，韦尔猜想过：

(1) $Z_V(t)$ 是 t 的有理函数;

(2) $Z_V(t)$ 满足一个预先给定形式的函数方程;

(3) $Z_V(t)$ 有一个清晰的描述方程,使得它蕴含着 $Z_V(q^{-s})$ 的零点位于几条线上,即 $\mathrm{Re}(s)=\frac{(2j-1)}{2}, j=1,2,\cdots,\dim V$,也就是说黎曼假设(的类似物)成立.

曲线 Zeta 函数的有理性在 1931 年由 F·K·施密特建立.韦尔在 1948 年证明了对于曲线的黎曼假设.$Z_V(t)$ 的有理性是 1960 年由 Dwork 证明的.格罗登迪克(Grothendieck)发现了一个将代数几何思想应用于抽象代数簇的方法,这导致了韦尔猜想最困难部分——高维代数簇的黎曼假设——1974 年由德利哥尼(Deligne)证明,他由于这个结果得到了菲尔兹奖.

4.哈塞定理的初等证明

现在我们证明哈塞定理(即不等式④),也就是有限域上椭圆曲线的黎曼假设.证明基本上是马宁的,他的证明是在哈塞原来工作的基础上做的.开始我们先假定 k 是任一域,只要不包含 F_2 和 F_3 为子域即可.k 上的椭圆曲线 E 是一个曲线

$$y^2=x^3+ax+b \quad (a,b\in k) \tag{13}$$

满足 $4a^3+27b^2\neq 0$.

设 K 是包含 k 的任一域,则 $E(K)$ 由坐标在 K 中且满足式⑬的点和点 O(无穷远点)组成,它们形成一个阿贝尔(Abel)群.当 $k=\mathbf{Q}$ 且 $K=\mathbf{R}$,并设 x^3+ax+b 仅有一个实根时,这个群可从图 1 看到.

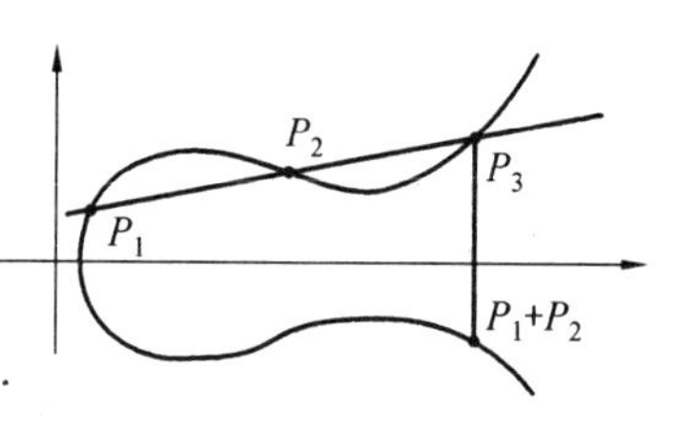

图 1

无穷远点 O 是在每条垂直线的两端.两点 P_1 和 P_2 的和是 P_1 与 P_2 的连线(如 $P_1=P_2=P$ 就是曲线⑬过点 P 的切线)与曲线⑬的第 3 个交点对于 x 轴的反射点.可以验证 O 是群中的零元素,点 (X,Y) 的逆是 $(X,-Y)$.

4.1 E 的扭曲线

为了证明有限域上椭圆曲线的黎曼假设,即不等式④,我们将在与 E 密切相关的另一椭圆曲线上做些工作.该曲线在函数域 $K=F_q(t)$ 上由

$$\lambda y^2=x^3+ax+b \tag{14}$$

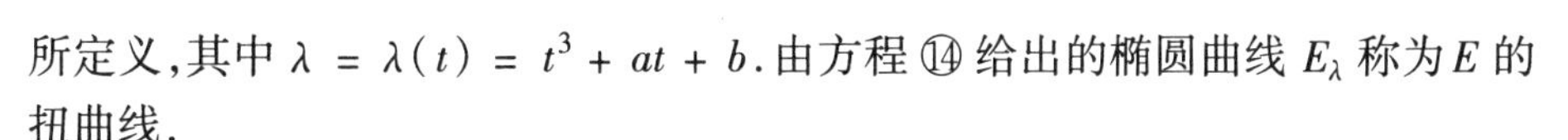

所定义,其中 $\lambda=\lambda(t)=t^3+at+b$.由方程⑭给出的椭圆曲线 E_λ 称为 E 的扭曲线.

设 $x(P)$ 记点 P 的 x - 坐标,我们计算在 $E_\lambda(K)=\{(x,y)\in K^2 \mid \lambda y^2 = x^3+ax+b\}\cup\{O\}$ 上的两点 P_1 和 P_2 之和的坐标 $x(P_1+P_2)$,$x(P_1+P_2)$ 用 $x(P_1)$ 和 $x(P_2)$ 表示的公式在不等式④证明中起了主导作用.我们将某些情形(如 $x(P_1)=x(P_2)$;P_1 或 P_2 为 O 等)先搁置一旁,因为我们在证明中不需要它们.

设 $P_j=(X_j,Y_j)\in E_\lambda(K)$,$j=1,2$.为计算 $x(P_1+P_2)$,我们写出过 P_1 和 P_2 的直线方程,为

$$y=\left(\frac{Y_1-Y_2}{X_1-X_2}\right)x+l \qquad ⑮$$

为得到这直线与三次曲线的第三个交点 P_3 的 x - 坐标 X_3,我们将式⑮代入⑭,得到

$$x^3-\lambda\left(\frac{Y_1-Y_2}{X_1-X_2}\right)^2x^2+\cdots=0 \qquad ⑯$$

因为 X_1,X_2,X_3 是方程⑯的 3 个解,方程⑯的左方是

$$(x-X_1)(x-X_2)(x-X_3)=x^3-(X_1+X_2+X_3)x^2+\cdots \qquad ⑰$$

比较式⑯和⑰中 x^2 的系数,可得

$$x(P_1+P_2)=X^3=\lambda\left(\frac{Y_1-Y_2}{X_1-X_2}\right)^2-(X_1+X_2) \qquad ⑱$$

4.2 弗罗贝尼乌斯(Frobenius)映射

证明不等式中的关键步骤是弗罗贝尼乌斯映射 Φ 和它的基本性质.对于一个固定的 q,设 K 是以 F_q 为子域的任一个域.我们定义 $\Phi=\Phi_q:K\to K$ 为由 $\Phi(X)=X^q$ 给出的函数.

我们总结了定理中所需要的弗罗贝尼乌斯映射的若干性质:

弗罗贝尼乌斯映射 $\Phi(X)=X^q$ 有下列性质:

(i) $(XY)^q=X^qY^q$.

(ii) $(X+Y)^q=X^q+Y^q$.

(iii) $F_q=\{\alpha\in K \mid \Phi(\alpha)=\alpha\}$.

(iv) 对于 $\phi(t)\in F_q(t)$,$\Phi(\phi(t))=\phi(t^q)$.

虽然在我们证明哈塞不等式中没有用到(iii),但(iii)意味着 $E(F_q)$ 由被 Φ 固定的点所组成.在其他哈塞不等式的证明中会直接用到这个事实.

证明 (i)是平凡的.

(ii)我们对 $r=\log_p q$ 用归纳法.如果 $r=1$,$q=p$,则

$$(X+Y)^p = \sum_{j=0}^{p}\binom{p}{j}X^jY^{p-j}$$

对于 $0 < j < p$,二项系数 $\binom{p}{j}$ 对某个整数 m 满足

$$\binom{p}{j} = \frac{p!}{j!(p-j)!} = p \cdot m$$

这是因为在分母中没有一个因子可以消去分子中的 p,而且 $\binom{p}{j}$ 又是整数.因为对所有 $\alpha \in K$ 有 $p\alpha = 0$,就得到 $r = 1$ 时(ii)成立.对于 $r > 1$,由归纳假定得

$$(X+Y)^q = ((X+Y)^{p^{r-1}})^p = (X^{p^{r-1}} + Y^{p^{r-1}})^p = X^q + Y^q$$

(iii) F_q 是非零元素全体 $F_q^{\times}$ 构成阶为 $q-1$ 的乘法群,因此由初等群论,有 $\alpha^{q-1} = 1$,对 $\alpha \in F_q^{\times}$.这就是说 F_q 中每个元素是次数为 q 的多项式 $t^q - t = t(t^{q-1}-1)$ 的根.由于一个 q 次多项式根的数目不能多于 q,因此 F_q 恰由 K 中为 $t^q - t$ 的根的元素组成.这就证明了(iii).

(iv) 由(i),(ii)和(iii)立刻可得到.

4.3 椭圆曲线的计数

回到 $K = F_q(t)$,我们现在展现如何从弗罗贝尼乌斯映射 Φ_q 的性质并利用椭圆曲线 $E_\lambda(K)$ 去计算方程 $y^2 = x^3 + ax + b(a,b \in F_q, q = p^r, 4a^3 + 27b^2 \neq 0)$ 的解 (x,y) 的个数,其中 $x,y \in F_q$.

显然 $(t,1)$ 和它的加法逆 $-(t,1) = (t,-1)$ 是在 $E_\lambda(K)$ 上的.利用弗罗贝尼乌斯映射的性质,也很清楚,点

$$P_0 = (t^q, (t^3 + at + b)^{\frac{q-1}{2}})$$

是属于 $E_\lambda(K)$ 的.

现在定义一个次数函数 d,利用它我们可以最终证明一个二次多项式没有实根.它的判别式在证明不等式④中起关键作用.对于 $n \in \mathbf{Z}$,设

$$P_n = P_0 + n(t,1)$$

加法是在 $E_\lambda(K)$ 中相加.定义 $d:\mathbf{Z} \to \{0,1,2,\cdots\}$ 如下

$$d(n) = d_n = \begin{cases} 0, \text{若 } P_n = 0 \\ \deg(\mathrm{num}(x(P_n))), \text{对其他点} \end{cases}$$

这里 $\mathrm{num}(X)$ 是有理函数 $X \in F_q(t)$ 的分子,取次数要在分式约简后.3个相继整数的次数函数值满足下列等式:

基本恒等式

$$d_{n-1} + d_{n+1} = 2d_n + 2 \tag{19}$$

证明式④的关键是下列关于次数函数与 N_q 的关系的定理,其中数 N_q 是 $y^2 = x^3 + ax + b(a, b \in F_q, 4a^3 + 27b^2 \neq 0)$ 在 F_q 中的解 (x, y) 的个数.

定理 1

$$d_{-1} - d_0 - 1 = N_q - q \tag{20}$$

证明 设 $X_n = x(P_n)$,因为 $P_0 \neq (t, 1)$,我们有 $P_{-1} \neq O$,所以 $d_{-1} = \deg(\text{num}(X_{-1}))$.由式⑱得到

$$X_{-1} = \frac{(t^3 + at + b)((t^3 + at + b)^{\frac{q-1}{2}} + 1)^2}{(t^q - t)^2} - (t^q + t) = \frac{t^{2q+1} + \text{较低次项}}{(t^q - t)^2} \tag{21}$$

后一表达式是通过前一式通分,取公分母 $(t^q - t)^2$ 并利用弗罗贝尼乌斯映射的性质(iv)得到的.我们希望在最后表达式中消去了任何公因子.因为 $t^q + t$ 一项是没有分母的,只要消去前式在第一项的公因子就足够了.

从弗罗贝尼乌斯映射的性质(iii)的证明过程可知,它等价于说 F_q 恰由 $t^q - t$ 的 q 个根组成,因此

$$t^q - t = \prod_{\alpha \in F_q} (t - \alpha)$$

所以为计算 d_{-1} 我们必须消去下列分式中的公因子

$$\frac{(t^3 + at + b)((t^3 + at + b)^{\frac{q-1}{2}} + 1)^2}{\prod_{\alpha \in F_q} (t - \alpha)^2}$$

可从分母中消去的因子只可能是下列两者之一:

(i) $(t - \alpha)^2$ 与 $(\alpha^3 + a\alpha + b)^{\frac{q-1}{2}} = -1$;

(ii) $(t - \alpha)$ 与 $\alpha^2 + a\alpha + b = 0$.

(注意根据假设 $t^3 + at + b$ 无重根).设

$$m = \text{第 1 类因子个数}$$

$$n = \text{第 2 类因子个数}$$

由于第 1 类因子与第 2 类因子是互素的,所以

$$d_{-1} = 2q + 1 - 2m - n$$

因为 $d_0 = q$,于是给出

$$d_{-1} - d_0 - 1 = q - 2m - n \tag{22}$$

若一个 $\alpha \in F_q$ 使 $\alpha^3 + a\alpha + b$ 为非零平方元,则给出 $y^2 = x^3 + ax + b$ 的两个根,当 $\alpha^3 + a\alpha + b = 0$ 时只能给出 $y^2 = x^3 + ax + b$ 的一个解.由欧拉判别法可知 $\alpha^3 + a\alpha + b$ 是非平方元,当且仅当 $(\alpha^3 + a\alpha + b)^{\frac{q-1}{2}} = -1$,所以 m 是计数

的那些不对应 $y^2 = x^3 + ax + b$ 的任一解的元素个数.因此

$$N_q = 2q - n - 2m$$

或者

$$N_q - q = q - 2m - n \tag{23}$$

等式⑳从㉒和㉓得出.

定理 2 次数函数 $d(n)$ 是 n 的一个二次多项式,事实上有

$$d(n) = n^2 - (d_{-1} - d_0 - 1)n + d_0 \tag{24}$$

证明 对 n 用归纳法.对 $n = -1$ 和 0,式㉔是平凡的.由基本恒等式和归纳假定

$$\begin{aligned} d_{n+1} = 2d_n - d_{n-1} + 2 = \\ & 2(n^2 - (d_{-1} - d_0 - 1)n + d_0) - \\ & ((n-1)^2 - (d_{-1} - d_0 - 1)(n-1) + d_0) + 2 = \\ & (n+1)^2 - (d_{-1} - d_0 - 1)(n+1) + d_0 \end{aligned}$$

另一方向的归纳步骤是类似的.

黎曼假设的证明 我们考虑二次多项式

$$d(x) = x^2 - (N_q - q)x + q$$

的两个根 x_1, x_2.如果不等式④不成立,则 x_1, x_2 是两个不同的实根,可设 $x_1 < x_2$.同时,从 $d(x)$ 的构造知它只能在 $\mathbf{Z}$ 上取非负整数值,所以必然存在某个 $n \in \mathbf{Z}$,使得

$$n \leqslant x_1 < x_2 \leqslant n + 1 \tag{25}$$

因为 $d(x)$ 的系数在 $\mathbf{Z}$ 中,我们知 $x_1 + x_2$ 和 $x_1 \cdot x_2 \in \mathbf{Z}$,所以

$$(x_1 - x_2)^2 = (x_1 + x_2)^2 - 4x_1x_2 \in \mathbf{Z}$$

又因式㉕成立,我们必有 $x_1 = n, x_2 = n + 1$,注意 $x_1x_2 = q$ 是一素数的幂,这成立必须 $q = 2, n = 1$ 或 -2,这是矛盾的,因为我们一直假定 $p \neq 2$.我们的结论是式④必须成立,这正是我们所要的.

一个椭圆曲线的猜想[①]

附录五

香港中文大学的黎景辉教授曾介绍了一个涉及数论、代数几何和调和分析的著名猜想——Weil 关于椭圆曲线的猜想.全文分四个部分,分别描述椭圆曲线、模形论、2 × 2 矩阵群表示理论和 Langlands 的猜想.它的目的是报导上述四个方面的过去十多年中所出现的成果,指出整个理论的一点来龙去脉及提供一些参考文献以便读者阅读和进修.为了便于阅读,我们把部分定义和一些有关的问题的讨论写在本节最后的注记里.

Ⅰ.椭圆曲线

1.设 K 是一任意的域.在 K 上的椭圆曲线 E 是指定义在 K 上的一维可换簇.简单地说,E 是一条亏数为 1 的非奇异代数曲线,同时 E 是一个可换的代数群,群的零点是 K 上的有理点.每一椭圆曲线都有一个仿射魏尔斯特拉斯模型,这模型是由方程式

$$y^2 + a_1xy + a_3y = x^3 + a_2x^2 + a_4x + a_6 \qquad ①$$

给出的一条代数曲线,其中 $a_i \in K$.假如 K 的特征不为 2,3 的话,我们可作变换

$$y = x + \frac{a_1^2 + 4a_2}{12}, y' = 2y + a_1x + a_3$$

这样式 ① 就变成经典的魏尔斯特拉斯方程

$$(y')^2 = 4y^3 - g_2y - g_3 \qquad ②$$

① 原作者黎景辉.

其中，$g_2, g_3 \in K$，这时，E 的群运算 + 就很容易用坐标写出：如果(x_1, y_1)，(x_2, y_2) 是 E 上两点的坐标，(x_3, y_3) 是$(x_1, y_1) + (x_2, y_2)$ 的坐标，则

$$x_3 = -x_1 - x_2 + \frac{1}{4}\left(\frac{y_2 - y_1}{x_2 - x_1}\right)^2$$

$$y_3 = -\left(\frac{y_2 - y_1}{x_2 - x_1}\right)(x_3) + \frac{y_2 x_1 - y_1 x_2}{x_2 - x_1}$$

假如 K 是复数的话，以上的群运算可以由以下的图 1 表达.

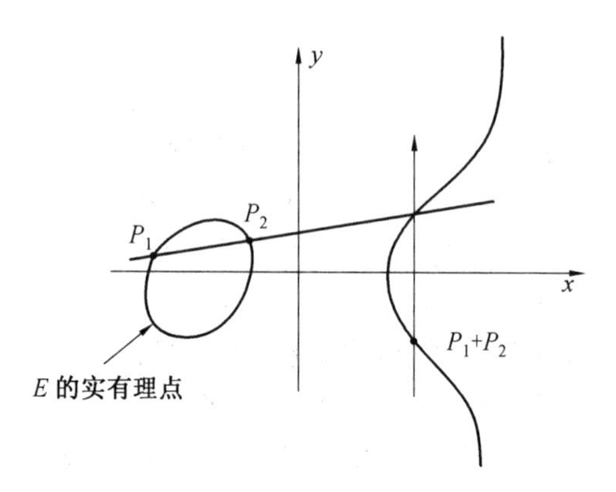

图 1

2. 设 $\mathbf{Q}$ 是有理数域，E 是在 $\mathbf{Q}$ 上定义的椭圆曲线，则 E 有一个由方程 ① 所定义的魏尔斯特拉斯模型满足下述条件：

(i) 方程 ① 中的系数 $a_i \in \mathbf{Z}$(整数)；

(ii) 对每一个整数 p，判别式

$$\Delta = \Delta(a_1, \cdots, a_6) = -(a_1^2 + 4a_2)^2[(a_1^2 + 4a_2)a_6 - a_1 a_3 a_4 + a_2 a_3^2 - a_4^2] - 8(a_1 a_3 + 2a_4)^3 - 27(a_3^2 + 4a_6)^2 + 9(a_1^2 + 4a_2)(a_1 a_3 + 2a_4) \cdot (a^2 + 4a_6)$$

的 p - 阶为最小. 对 $a \in \mathbf{Z}$，以 $\overline{a}$ 表示 a 在 $\mathbf{Z}/p\mathbf{Z}$ 的象. 方程

$$y^2 + \overline{a}_1 xy + \overline{a}_3 y = x^3 + \overline{a}_2 x^2 + \overline{a}_4 x + \overline{a}_6 \qquad ③$$

给出一条定义在 $F_p(=\mathbf{Z}/p\mathbf{Z})$ 上的代数曲线，以 E_p 表示之，称 E_p 为 E 对模 p 的约化(reduction mod p).

如果 $p \nmid \Delta(a_1, \cdots, a_6)$($p$ 不能除尽 Δ)，则 $\overline{E}_p$ 仍然是一条椭圆曲线；否则 $\overline{E}_p$ 是一条只有一个奇点，亏数为零的代数曲线. 设

$$N = N(E) = \prod_{p \mid \Delta} p^{f_p}$$

称 N 为 E 的前导子(conductor)(其中 f_p 为整数，N 的定义可参考 Ogg(Elliptic

curves with wild ramification, 1967)). N 是用来度量 E 的"坏"约化(bad reduction)的程度.

以 $\overline{E}_p(F_p)$ 表示 $\overline{E}_p$ 的 F_p- 有理点, $N_1(p)$ 表示 $\overline{E}_p(F_p)$ 里的元素个数. 这就是说, $N_1(p)$ 是不定方程③在 F_p 上的解的个数加1;也可以说成, $N_1(p)$ 是同余方程

$$y^2 + a_1xy + a_3y \equiv x^3 + a_2x^2 + a_4x + a_6 \pmod p$$

的解的个数加 1, 集 $\{N_1(p) \mid p$ 为素数$\}$ 可以看做 E 的一个算术数据. 我们把这些数据存储在一个解析函数里: E 的 Hasse-Weill ζ- 函数是

$$\zeta(E,s) = \prod_{p<\infty}(1 - a_pp^{-s} + \psi(p) \times p^{1-2s})^{-1} \tag{4}$$

其中

$$s \in \mathbf{C}, a_p = 1 + p - N_1(p)$$

$$\psi(p) = \begin{cases} 0 & 若\ p \mid N(E) \\ 1 & 若\ p \nmid N(E) \end{cases}$$

设 $p \nmid N(E)$, a_1 和 a_2 为满足以下方程的复数

$$1 - a_pu + pu^2 = (1 - a_1u)(1 - a_2u)$$

则根据椭圆曲线的黎曼假设

$$|\alpha_1| = |\alpha_2| = p^{\frac{1}{2}} \tag{5}$$

由此容易证明无穷乘积④在右半平面 $\mathrm{Re}(s) > \frac{3}{2}$ 上决定一个解析函数. 现在我们可以写下 Weil(Uber die Bestimmung Dirichletsche Reihen durch Funktionalgleichungen, 1967) 在 1967 年提出的

猜想甲 设 E 是定义在 $\mathbf{Q}$ 上的椭圆曲线, N 为 E 的前导子; χ 是一个对模 m 之原 Dirichlet 特征标(参看:华罗庚的《数论导引》第7章 §3),其中 $(m,N) = 1$. 设

$$\zeta(E,s) = \sum_{n=1}^{\infty} c_nn^{-s} \tag{6}$$

为 $\zeta(E,s)$ 的 Dirichlet 级数展开. 定义

$$\zeta(E,\chi,s) = \sum_{n=1}^{\infty} c_n\chi(n)n^{-s} \tag{7}$$

及

$$L(E,\chi,s) = (m^2N)^{\frac{s}{2}}(2\pi)^{-s} \cdot \Gamma(s)\zeta(E,\chi,s) \tag{8}$$

则 $L(E,\chi,s)$ 是一个整函数(其中 $\Gamma(s)$ 是经典的 Γ 函数),在 $\mathbf{C}$ 的垂直带上有界,而且满足以下的函数方程

$$L(E,\chi,s) = w\frac{g(\chi)}{g(\overline{\chi})}\chi(-n)L(E,\overline{\chi},2 - s)$$

其中 $g(\chi) = \sum_{y=1}^{m} \chi(y) e^{\frac{2\pi i}{m}}$(高斯和),及 $w = \pm 1$.

这个看来很简单的猜想,目前还未解决,本文的目的在于介绍一个解决这个猜想的策略及这策略和庞大的 Langlands 计划的关系,作为日后介绍这个计划的准备.另一方面,猜想甲事实上是一个关于任意代数簇的 ζ - 函数之猜想的一个特殊情形,请参看 Serre(Facteurs locaux des fonctions zeta des variétés algébriques,1970) 的文章.为了叙述简单起见,以后我们假设猜想甲中的 $\chi = 1$.

3.作为以上猜想的一个实验数据,我们介绍一个例子:

设 E 是由方程

$$y^2 + y = x^3 - x^2 \tag{⑨}$$

所定义的椭圆曲线,⑨ 的判别式是 -11;E 的前导子是 11.可以证明 E 与以下的 Fricke 曲线 E' 同演(isogenous)

$$y^2 = -44x^3 + 56x^2 - 20x + 1 \tag{⑩}$$

因而 $\zeta(E,s) = \zeta(E',s)$.另一方面,设 G 为上半复平面

$$\Gamma_0(11) = \left\{\begin{pmatrix} a & b \\ c & d \end{pmatrix} \in SL(2,\mathbf{Z}) \mid c \equiv 0 \bmod 11\right\}$$

则 Fricke 曲线为模簇(modular variety)$\Gamma_0(11) \setminus G$ 之模型(model).进一步设

$$\sum_{n=1}^{\infty} c_n e^{2\pi i n z}, c_1 = 1 \tag{⑪}$$

为在 $\Gamma_0(11)$ 上权 $= 2$ 的唯一尖形(cuspform),则

$$\zeta(E,s) = \sum_{n=1}^{\infty} c_n n^{-s}$$

这样根据 Hecke 的理论(参看本文 Ⅱ),猜想甲在 $\chi = 1$ 的情形下成立.

Ⅱ.模形论

F.Klein 曾说过,在他年青的时候,模函数(modular function) 理论是一门热门的学问,但这个理论被遗忘了 30 多年,直至最近,由于 Weil,Langlands,Selberg,Shimura 等人的工作,把整个局面完全反转过来,引起许多有为的青年数学工作者的兴趣(如 Deligne,Drinfeld 等),而介绍模形论(modular form) 的书更如雨后春笋,一时令人眼花缭乱(如 Gunning(Lectures on modular forms,1962),Ogg(Modular forms and Dirichlet series),Schimura(Introduction to the arithmetic theory of automorphic functions,1971),Schoeneberg(Elliptic modular functions,1974),Lehner(Lectures on modular forms, National Bureau of Standards,

1969), Rankin(Modular forms and functrons, 1977), Lang(Introduction to modular forms, 1976), 黎景辉(Lectures on modular forms, 1975) 等).

本文的目的只是替读者温习一下定义，和指出模形论与前面的猜想甲的关系.

以 $GL_2^+(\mathbf{R})$ 表示如下之群

$$\left\{\boldsymbol{\alpha}=\begin{pmatrix}a & b\\ c & d\end{pmatrix}\in GL_2(\mathbf{R}) \mid \det\boldsymbol{\alpha}>0\right\}$$

$GL_2^+(\mathbf{R})$ 作用在上半复平面 G 上

$$\alpha(z)=\frac{az+b}{cz+d}, z\in G, \boldsymbol{\alpha}\in GL_2^+(\mathbf{R}) \qquad ①$$

设

$$\Gamma_0(N)=\left\{\boldsymbol{\alpha}=\begin{pmatrix}a & b\\ c & d\end{pmatrix}\in SL_2(\mathbf{Z}) \mid c\equiv 0 \bmod N\right\}$$

称 $\Gamma_0(N)$ 内之元素 γ 为抛物元，如果 γ 在 $\mathbf{C}\cup\{\infty\}$ 内只有一个不动点，称这不动点为 $\Gamma_0(N)$ 之尖点(cusp)；$\Gamma_0(N)$ 之尖点一定在 $\mathbf{R}\cup\{\infty\}$ 内. 称两个尖点对 $\Gamma_0(N)$ 为等价的，如果有一个 $\Gamma_0(N)$ 内之元素把其中的一个尖点变为另一个尖点. 在每个等价类中取一代表，C 为由各代表所组成的集合. 设 $G^*=G\cup C$，则商空间 $\Gamma_0(N)\setminus G^*$ 为一紧致黎曼面. 再者，$\Gamma_0(N)\setminus G^*$ 是一个定义在 $\mathbf{Q}$ 上的射影代数簇 $X_0(N)$ 的 $\mathbf{C}$－有理点. 特别在 $\Gamma_0(N)\setminus G^*$ 的亏数为 1 时(如 $N=11,14,15$ 等)，$X_0(N)$ 为一椭圆曲线，而且若 $p\nmid N$，则 $X_0(N)$ 对 p 约化仍为一椭圆曲线.

设 $f(z)$ 为 G 上的函数，k 为非负整数，及

$$\begin{pmatrix}a & b\\ c & d\end{pmatrix}\in GL_2^+(\mathbf{R})$$

定义

$$(f\mid_k\alpha)(z)=(ad-bc)^{\frac{h}{2}}(cd+d)^{-k}\times f(\alpha(z)) \qquad ②$$

一个在 $\Gamma_0(N)$ 上权为 k 的模形是指一个满足以下条件定义在 G 上的函数 $f(z)$：

(i) $f\mid_k\gamma=f$，对所有 $\gamma\in\Gamma_0(N)$.

(ii) f 是 G 上的解析函数.

(iii) f 在 $\Gamma_0(N)$ 的每一个尖点上为一个解析函数. 因为 $\begin{pmatrix}1 & 1\\ 0 & 1\end{pmatrix}\in\Gamma_0(N)$，(i) 及 (iii) 的意思是，在 $\Gamma_0(N)$ 的每一个尖点上，$f(z)$ 有以下的傅里叶展开

$$f(z)=\sum_{n=0}^{\infty}a_n e^{2\pi i nz} \qquad ③$$

如果对每一个尖点，$f(z)$ 的傅里叶展开 ③ 中的系数 $a_0=0$，则称 $f(z)$ 为尖形(cusp form). 我们以 $S_k(\Gamma_0(N))$ 表示由在 $\Gamma_0(N)$ 上权为 k 的尖形所组成的向

量空间.

对每个素数 p,可以定义 $S_k(\Gamma_0(N))$ 上的 Hecke 算子,若

$$f(z)=\sum_{n=1}^{\infty}a_n e^{2\pi i n z}\in S_k(\Gamma_0(N))$$

则
$$T(p)f(z)=\sum_{n=1}^{\infty}a_{pn}e^{2\pi i n z}+\psi(p)p^{k-1}\sum_{n=1}^{\infty}a_n e^{2\pi i p n z}$$

其中 $\psi(p)=0$,如果 $p\mid N$,否则 $\psi(p)=1$. 设 r 为一正整数,则可以找到 $S_k(\Gamma_0(r))$ 的一个基 $\{{}^r g_j\}$,使其中每一个 ${}^r g_j$ 同时为算子 $T(p)((p,r)=1)$ 的本征函数. 以 $S_k^-(\Gamma_0(N))$ 代表由所有 ${}^r g_j(\delta,z)$(其中 r 为 N 的任意因子,δ 为 N/r 的任意因子)所生成的 $S_k(\Gamma_0(N))$ 的子空间. $S_k^+(\Gamma_0(N))$ 代表 $S_k^-(\Gamma_0(N))$ 的正交补 —— 正交关系是对 $S_k(\Gamma_0(N))$ 的 Peterson 内积而言的

$$(f,g)_k=\iint_{\Gamma_0(N)\backslash G}f(z)\overline{g(z)}y^k\frac{\mathrm{d}x\mathrm{d}y}{y^2}$$

在 $S_k^+(\Gamma_0(N))$ 内可以找到一个由算子集 $\{T(p)\mid (p,N)=1\}$ 的本征函数所组成的一个基. 这基内的每一个元素称之为 $\Gamma_0(N)$ 的原形(primitive form). 如果原形 f 的傅里叶系数 a_1 是 1,则称 f 为一标准原形(normalized primitive form). 我们可以写出以下的基本定理:

定理 Ⅱ 1(A)(Hecke(Über die Bestimmung Dirichletscher Reihen durch ihre Funktionalgleichung, 1936; Über Modulfunktionen und die Dirichletschen Reihen mit Eulerscher Produktenwiklung Ⅰ, Ⅱ, 1973))

若 $f\in S_k(\Gamma_0(N))$ 之傅里叶展开为

$$f(z)=\sum_{n=1}^{\infty}a_n e^{2\pi i n z},\ a_1=1$$

设
$$L(f,s,\chi)=(m^2N)^{\frac{s}{2}}(2\pi)^{-s}\Gamma(s)\sum_{n=1}^{\infty}\chi(n)a_n n^{-s}$$

其中 $(m,N)=1$,χ 为一个对模为 m 的原特征标.

设
$$g(\chi)=\sum_{x=0}^{m-1}\chi(x)e^{\frac{2\pi i x}{m}}$$

则:

(i) $L(f,s,\chi)$ 在某个右复半平面收敛而且可解析开拓为一整函数;此整函数在垂直带上有界,并满足以下的函数方程

$$L(f,s,\chi)=i^k\chi(N)g(\chi)^2m^{-1}L(f\mid_k[\boldsymbol{\sigma}],s,\overline{\chi})$$

其中
$$\boldsymbol{\sigma}=\begin{pmatrix}0 & -1\\ N & 0\end{pmatrix}$$

(ii) $\sum_{n=1}^{\infty}a_n n^{-s}=\prod_p(1-c_p p^{-S}+\psi(p)p^{k-1-2S})^{-1}$, 当且仅当, 对所有 p,

$T(p)f = c_p f$(其中 $\psi(p) = U$,如果$(p,N) \neq 1$).

定理 Ⅱ 1(B)(Weil)

给定正整数 k, N. 设 $a_1,\cdots,a_n,\cdots$ 为一个满足下列条件之复数序列:

(i) 存在 $\sigma > 0$,使 $|a_n| = O(n^{\sigma})$;

(ii) 存在 $k > \delta > 0$,使得Dirichlet级数 $\sum a_n n^{-s}$ 在$s = k - \delta$时绝对收敛;

(iii) 对任一个模为 m 的原特征标χ(其中 m 为任意与N互素的整数),$L(s,\chi) = (2\pi)^{-s}\Gamma(s)\sum \chi(n) a_n n^{-s}$ 可解析开拓为一个在垂直带上有界的整函数,并且有以下的函数方程

$$L(s,\chi) = \chi(N)g(\chi)^2 m^{-1}(m^2 N)^{\frac{k}{2}-s}L(k,s,\overline{\chi})$$

则
$$f(z) = \sum a_n e^{2\pi i n z} \in S_k(\Gamma_0(N))$$

很容易由以上定理看到 L 的猜想甲是和以下的猜想乙等价.

猜想乙 设 E 为一定义在 $\mathbf{Q}$ 上,前导子为 N 的椭圆曲线.$\zeta(E,s) = \sum a_n n^{-S}$ 为E 的ξ-函数,则函数

$$f(z) = \sum_{n=1}^{\infty} a_n e^{2\pi i n z}$$

是 $S_2(\Gamma_0(N))$ 内的一个标准原形,而且

$$L(f,s) = L(E,s)$$

Ⅲ.表示论

Jacquet-Langlands(Automorphic forms on GL(2),1970)用群表示论的语言把定理Ⅱ1写出来;但他们的理论不但能够同时处理所有的权 k 和所有的级N,而且还包括了非解析的模形论(如 Maass(Über eine neue Art von nicht analytischen automorphan Funktion und die Bestimmung Dirichletscher Reihen durch Funktionalgleichungen,1949)的实解析自守形论).

1.设 H 为一 Hilbert空间.一个 H 的有界线性变换T称为H的自同构,如果存在一个 H的有界线性变换S满足$TS = ST = I$(H的恒等变换).以 $GL(H)$ 表示 H 的所有自同构组成的集合.

设 G 为一局部紧致拓扑群,H 为一 Hilbert 空间.称一个群同态 $\Pi: G \to GL(H)$ 内 G 在H 上的表示,如果

$$GXH \to H:(g,v) \to \prod(g)v$$

为连续映射,如果 H 为一 n 维空间,则称$\prod$ 为一 n 维表示.称两个 G 的表示$(\prod_1, H_1)$,$(\prod_2, H_2)$为等价,如果存在一个Hilbert空间同构 $A: H_1 \to H_2$ 同时

满足以下条件

$$A\pi_1(g) = \pi_2(g)A \quad g \in G$$

则称 A 为 π_1 及 π_2 的交结算子(intertwining operator).称(π, H) 为酉表示,如果所有的 $\pi(g)$ 均为 H 上的酉算子.

2. 在这一节,设 $G = GL(2,\mathbf{R}), A = \left\{\begin{pmatrix} t_1 & 0 \\ 0 & t_2 \end{pmatrix} \mid t_1, t_2 \in \mathbf{R}^\times\right\}, N = \left\{\begin{pmatrix} 1 & x \\ 0 & 1 \end{pmatrix} \mid x \in \mathbf{R}\right\}$:$\mathbf{R}$ 为实数.T 为 G 的李代数,$T_C = T \otimes C$;U 为 T_C 的通用包络代数.以 $\in_-$ 代表在$\begin{pmatrix} -1 & 0 \\ 0 & 1 \end{pmatrix}$的 Dirac 测度.称 $H(G) = U_{\otimes}\in_- XU$ 为 G 的 Hecke 代数.$H(G)$ 是考虑支集为$\left\{\begin{pmatrix} \pm 1 & 0 \\ 0 & 1 \end{pmatrix}\right\}$的分布(广义函数);它以卷积为代数乘法.称 $H(G)$ 的一个在复向量空间 V 的表示 π 为容许表示(admissible representation),如果 π 约束在正交群 $O(2,R)$ 的李代数之后,π 分解为有有限重数的有限表示的代数和.G 的表示与 $H(G)$ 的表示对应,所以我们只需要研究 $H(G)$ 的表示.

设 μ_1, μ_2 为 $\mathbf{R}^\times$ 的特征标.$\mathscr{B}(\mu_1, \mu_2)$ 为由满足以下条件的函数 φ 所生成的空间:

(i)$\varphi\left(\begin{pmatrix} t_1 & * \\ 0 & t_2 \end{pmatrix} g\right) = \mu_1(t_1)\mu_2(t_2) \cdot \left|\dfrac{t_1}{t_2}\right|^{\frac{1}{2}} \varphi(g) \quad g \in G, t_1, t_2 \in \mathbf{R}^\times$

(ii)$\{\varphi_k \mid k \in SO(2,R)\}$ 生成一个有限维的复向量空间,其中

$$\varphi_k(g) = \varphi(g^k) \quad g \in G$$

若 $X \in U$,我们定义

$$\varphi * X = \frac{\mathrm{d}}{\mathrm{d}t}\varphi(g\exp(-tX)) \mid_{t=0}$$

则以下的方程定义一个 $H(G)$ 在 $\mathscr{B}(\mu_1, \mu_2)$ 上的表示 $\rho(\mu_1, \mu_2)$

$$\rho(\mu_1, \mu_2)\varphi = \varphi * (-X)$$

定理 Ⅲ1(Jacquet, Langlands)

(i) 如果不存在一个非零整数 p,使得 $\mu_1\mu_2^{-1}(t) = t^p \dfrac{t}{|t|}$,则 $\rho(\mu_1, \mu_2)$ 为一不可约表示;我们以 $\pi(\mu_1, \mu_2)$ 代替 $\rho(\mu_1, \mu_2)$.

(ii) 如果 $\mu_1\mu_2^{-1}(t) = t^p \dfrac{t}{|t|}$,$p$ 为正整数,则 $\mathscr{B}(\mu_1, \mu_2)$ 内存在一不变子空间

$$\mathscr{B}^s(\mu_1, \mu_2) = \{\cdots, \varphi_{-p-3}, \varphi_{-p-1}, \varphi_{p+1}, \varphi_{p+3}\cdots\}$$

其中 φ_n 由以下公式定义

$$\varphi_n(\begin{pmatrix} t_1 & * \\ 0 & t_2 \end{pmatrix}\begin{pmatrix} \cos\theta & -\sin\theta \\ \sin\theta & \cos\theta \end{pmatrix}) = \mu_1(t_1)\mu_2(t_2)\cdot\left|\frac{t_1}{t_2}\right|^{\frac{1}{2}}\mathrm{e}^{in\theta}$$

我们以 $\sigma(\mu_1,\mu_2)$ 表示在 $\mathscr{B}^s(\mu_1,\mu_2)$ 上的表示,称 $p+1$ 为 $\sigma(\mu_1,\mu_2)$ 的最低权;以 $\pi(\mu_1,\mu_2)$ 表示在有限维空间 $\mathscr{B}(\mu_1,\mu_2)/\mathscr{B}^s(\mu_1,\mu_2)$ 上的表示.

(iii) 如果 $\mu_1\mu_2^{-1}(t) = t^p\dfrac{t}{|t|}$,$p$ 为负整数,则 $\mathscr{B}(\mu_1,\mu_2)$ 内存在一个有限维不变子空间

$$\mathscr{B}^f(\mu_1,\mu_2) = \{\varphi_{p+1},\varphi_{p+2},\cdots,\varphi_{-p-3},\varphi_{-p-1}\}$$

我们以 $\pi(\mu_1,\mu_2)$ 表示在 $\mathscr{B}^f(\mu_1,\mu_2)$ 上的表示;以 $\sigma(\mu_1,\mu_2)$ 表示在 $\mathscr{B}(\mu_1,\mu_2)/\mathscr{B}^f(\mu_1,\mu_2)$ 上的表示;称 $\sigma(\mu_1,\mu_2)$ 的最低权为 $-p+1$.

(iv) $H(G)$ 的任一不可约容许表示必与一 $\pi(\mu_1,\mu_2)$ 或一 $\sigma(\mu_1,\mu_2)$ 等价,称任何与一个 $\sigma(\mu_1,\mu_2)$ 等价的表示为一个离散列表示(discrete series representation);如果 μ_1 与 μ_2 均为酉特征标,则称 $\pi(\mu_1,\mu_2)$ 为一酉连续列表示(unitary continuous series representation).

3. 在本节里设 $G = GL(2,\mathbf{Q}_p)$,$K = GL(2,\mathbf{Z}_p)$($\mathbf{Z}_p$ 为 p - 进整数).π 为 G 在复空间 V 上的一个表示,如果(i) 对每一个 $v\in V$,集$\{g\in G\mid\pi(g)v = v\}$ 为 K 的一个开子群.

(ii) 对每一个 K 的开子群 K',V 的子空间$\{v\in V\mid$ 对 K' 中的任一 k,$\pi(k)v = v\}$ 是有限维,则称 π 为容许表示.

设 μ_1,μ_2 为 $\mathbf{Q}_p^\times$ 的特征标.$\mathscr{B}(\mu_1,\mu_2)$ 为由满足下列条件的函数 φ 所生成的空间:

(i) $\varphi(\begin{pmatrix} t_1 & * \\ 0 & t_2 \end{pmatrix}g) = \mu_1(t_1)\mu_2(t_2)\left|\dfrac{t_1}{t_2}\right|^{\frac{1}{2}}\cdot\varphi(g)$,$g\in G$,$t_1,t_2\in Q_p^\times$.

(ii) φ 是局部常值函数.

以下之方程定义一个 G 在 $\mathscr{B}(\mu_1,\mu_2)$ 上的表示

$$\rho(\mu_1,\mu_2):\rho(\mu_1,\mu_2)(g)\varphi(g_1) = \varphi(g_1g)$$

如果 $\mu_1\mu_2^{-1}(x)\neq|x|$,或 $|x|^{-1}$,则 $\rho(\mu_1,\mu_2)$ 不可约,这时我们以 $\pi(\mu_1,\mu_2)$ 代替 $\rho(\mu_1,\mu_2)$,并称之为 G 的主列表示. 如果 $\mu_1\mu_2^{-1}(x) = |x|^{-1}$,则 $\mathscr{B}(\mu_1,\mu_2)$ 有一个一维不变子空间 $\mathscr{B}^f(\mu_1,\mu_2)$ 以 $\pi(\mu_1,\mu_2)$ 表示 G 在 $\mathscr{B}^f(\mu_1,\mu_2)$ 上的表示;以 $\sigma(\mu_1,\mu_2)$ 表示 G 在 $\mathscr{B}(\mu_1,\mu_2)/\mathscr{B}^f(\mu_1,\mu_2)$ 上的不可约表示. 最后,如果 $\mu_1\mu_2^{-1}(x) = |x|$,则 $\mathscr{B}(\mu_1,\mu_2)$ 有一个无限维不变子空间 $\mathscr{B}^s(\mu_1,\mu_2)$,以 $\sigma(\mu_1,\mu_2)$ 表示 G 在 $\mathscr{B}^s(\mu_1,\mu_2)$ 上的表示;以 $\sigma(\mu_1,\mu_2)$ 表示 G 在一维空间 $\mathscr{B}(\mu_1,\mu_2)/\mathscr{B}^s(\mu_1,\mu_2)$ 上的表示. 我们称 $\sigma(\mu_1,\mu_2)$,即($\mu_1\mu_2^{-1}(x) = |x|$ 或 $|x|^{-1}$ 时) 为 G 的特殊表示.

在另一方面，固定一个 $\mathbf{Q}_p$ 的特征标 τ. 设 L 为 τ 的任意一个可分二次扩张；σ 为 Galois 群 $\mathrm{Gal}(L/\mathbf{Q}_p)$ 中不为 1 的元素；设 $q(x) = xx^\sigma$ 及 $t_r x = x + x^\sigma$. ω 为 L 的一个特征标. 以 $\mathscr{S}_\omega(L)$ 表示由满足以下条件的定义在 L 上的复数值函数 φ 所生成的空间：

i) $\varphi(xh) = \omega^{-1}(h)\varphi(x), x \in L; h \in L$ 及 $q(h) = 1$,

ii) φ 为一个局部常值有紧致支柱的函数.

可以证明存在只有一个满足下列条件的 $SL(2,\mathbf{Q}_p)$ 在 $\mathscr{S}_\omega(L)$ 上的表示 r_ω^τ

$$r_\omega^\tau\left(\begin{pmatrix} 1 & u \\ 0 & 1 \end{pmatrix}\right)\varphi(x) = \tau(uq(x))\varphi(x)$$

$$r_\omega^\tau\left(\begin{pmatrix} 0 & 1 \\ -1 & 0 \end{pmatrix}\right)\varphi(x) = \gamma\int_L \varphi(y)\tau(t_r(x^\sigma y))\mathrm{d}y$$

其中 γ 为一高斯和. r_ω^τ 可以扩充为 $GL(2,\mathbf{Q}_p)$ 的一个不可约表示 $\pi(\omega)$，这表示与 τ 无关. 如果 $p \neq 2$，则 $\pi(\omega)$ 满足以下条件：对 $\pi(\omega)$ 的表示空间内的任意二元素 u, v，函数

$$g \to \langle \pi(\omega)u, v\rangle$$

的支柱在 G/Z 中的象是个紧致集；其中 Z 为 G 的中心；$\langle\cdot,\cdot\rangle$ 为 $\pi(\omega)$ 的表示空间上的一个内积. 我们称凡满足以上条件的表示为绝对尖性表示(absolutely cuspidal representation).

定理 Ⅲ 2 G 的不可约容许再表示必属以下任一种：

(i) 主列表示 $\pi(\mu_1,\mu_2)$，其中，μ_1,μ_2 均为酉特征标或 $\mu_2(x) = \overline{\mu_1(x)}$ 及 $\mu_1\mu_2^{-1}(x) = |x|^\sigma, 0 < \sigma < 1$.

(ii) 满足以下条件的特殊表示 $\sigma(\mu_1,\mu_2)$，$\sigma(\mu_1,\mu_2)$ 约束到 Z 上就相当乘一个酉特征标；

(iii) 满足以下条件的绝对尖性表示 π：π 约束到 Z 上就相当于乘一个酉特征标.

设 π 为 G 的一个不可约容许表示. 如果把 π 约束到 K 上的表示包括 K 的恒等表示，则称 π 为第一类表示. 设 μ 为 $\mathbf{Q}_p^\times$ 的一个特征标；μ 的前导子为满足以下条件的最大理想 $p^n Z_p$

$$\mu(1 + p^n Z_p) = 1$$

下面定义一个表示 π 的前导子 $c(\pi)$：

表示	前导子
$\pi=\pi(\mu_1,\mu_2)$(主列表示)	(μ_1 的前导子)(μ_2 的前导子)
$\pi=\sigma(\mu_1,\mu_2)$(特殊表示)	$\begin{cases} pZ_p, \text{如果 } \mu_1\mu_2^{-1} \text{ 是非分歧特征标} \\ (\mu_1\mu_2^{-1} \text{ 的前导子})^2, \text{其他情形} \end{cases}$
π 为绝对尖性表示	$p^N Z_p, N\geqslant 2$

如果 π 是个第一类表示,则 $c(\pi)=\mathbf{Z}_p$.

4.我们可把前面的资料组织起来,建立一个整体的理论.设 A 为 $\mathbf{Q}$ 的加值量(adeles).A 的每一个元素是一个无穷序列($a_\infty,\cdots,a_2,a_3,a_5,a_7,\cdots,a_p,\cdots$),其中 $a_\infty\in\mathbf{R},a_2\in\mathbf{Q}_2,\cdots,a_p\in\mathbf{Q}_p$;而且除了有限个 a_p 外,其余的 a_p 为 p 进整数.同样可以定义 $GL(2,A)$.$GL(2,A)$ 的任一个不可约容许酉表示 π 均可因子分解为一个无穷张量 $\otimes_p\pi_p$,其中 π_p 为 $GL(2,\mathbf{Q}_p)$ 的容许表示;π_p 完全由 π 决定,而且除了有限个素数外,π_p 为第一类表示.我们还可以定义 π 的 L-函数.首先,如果 $\mu(x)=|x|^r\left(\frac{t}{|t|}\right)^m$ 是 $\mathbf{R}^\times$ 的特征标,则设 $L(s,\mu)=\pi^{-\frac{2}{2(s+r+m)}}\times\Gamma\left(\frac{s+r+m}{2}\right)$;如果 μ 是 $\mathbf{Q}_p^\times$ 的一个不分歧特征标,则设 $L(s,\mu)=(1-\mu(p)p^{-s})^{-1}$,如果 μ 是 $\mathbf{Q}_p^\times$ 的一个分歧特征标,则设 $L(s,\mu)=1$.设 $\pi=\bigotimes_p\pi_p$,则 $L(s,\pi)=\prod_p L(s,\pi_p)$,其中 $L(s,\pi_p)$ 由以下决定:

表示	局部 L-函数
$\pi=\pi(\mu_1,\mu_2)$	$L(s,\mu_1)L(s,\mu_2)$
$\pi=\sigma(\mu_1,\mu_2),\mu_i(t)=t_i^s\left(\frac{t}{\lvert t\rvert}\right)^m$	$(2\pi)^{-s-s_1}\Gamma(s+s_1)$

$p<\infty$ 时:

表示	局部 L-函数
$\pi=\pi(\mu_1,\mu_2)$	$L(s,\mu_1)L(s,\mu_2)$
$\pi=\sigma(\mu_1,\mu_2)$	$L(s,\mu_1)$
$\pi=$绝对尖性	1

若 χ 为 $A^\times/\mathbf{Q}^\times$ 的一个特征标,则 $\chi\otimes\pi$ 为 π 及一维表示 $\chi(\det \boldsymbol{g})$ 的张量积.对 $GL(2,A)$ 的任一个表示 π,我们有 $\pi\left(\begin{pmatrix} a & 0\\ 0 & a\end{pmatrix}\right)=\psi(a)\times I$,其中 I 为恒等算子,ψ 为 A 的一个特征标.称 ψ 为 π 的中心特征标.

设 $Z_\infty^+=\left\{\begin{pmatrix} a & 0\\ 0 & a\end{pmatrix}\mid a\in\mathbf{R},a>0\right\}$ 及 $X=ZGL(2,\mathbf{Q})\backslash GL(2,A)$.

对 $\varphi \in L^2(X)$，我们定义 $T(g)\varphi(x) = \varphi(xg), x \in X, g \in GL(2,A)$，这样我们得到了 $GL(2,A)$ 在 $L^2(X)$ 上的右正则表示．设 $L_0^2(X)$ 为由 $L^2(X)$ 内满足以下条件的所有函数 φ 所生成的空间

$$\int_A \varphi\left(\begin{pmatrix} 1 & x \\ 0 & 1 \end{pmatrix} g\right) \mathrm{d}x = 0 \quad g \in GL(2,A)$$

以 T_0 表示 $GL(2,A)$ 在 $L_0^2(X)$ 上的右正则表示．我们称 $GL(2,A)$ 的一个不可约表示 π 为尖性(cuspidal)，如果 π 在 T_0 出现．

定理 Ⅲ3(Jacquet-Langlands)

设 π 为 $GL(2,A)$ 的一个不可约酉表示，ψ 为 π 的中心特征标，则 π 为尖性，当且仅当对 $A^\times/\mathbf{Q}^\times$ 的任一特征标，$L(s,\psi \otimes \pi)$ 满足以下条件：

(i) $L(s,\chi \otimes \pi)$ 可解析扩张为一在垂直带上有界的整函数；

(ii) $L(s,\chi \otimes \pi)$ 满足函数方程

$$L(s,\chi \otimes \pi) = \in(\pi,\chi,s) L(1-s,\chi^{-1} \otimes \pi)$$

其中 $\pi(g) = \psi^{-1}(g)\pi(g)$，$\in(\pi,\chi,s)$ 为一适当定义 π,χ 及 s 的函数．

5．设 $\quad K_p(N) = \left\{\begin{pmatrix} a & b \\ c & d \end{pmatrix} \in GL(2,Z_p) \mid c \equiv 0 \bmod N\right\}$

则映射

$$x + \mathrm{i}y \leftrightarrow \begin{pmatrix} y^{\frac{1}{2}} & xy^{-\frac{1}{2}} \\ 0 & y^{-\frac{1}{2}} \end{pmatrix}$$

定义一个同构

$$\Gamma_0(N) \mid G \leftrightarrow X/SO(2,R) \prod_{p<\infty} K_p(N)$$

我们可以把 $GL(2,A)$ 中任一个元素 g 写成 $\gamma g_\infty k$，其中 $\gamma \in GL(2,Q)$，$g_\infty = \begin{pmatrix} a & b \\ c & d \end{pmatrix} \in \{\boldsymbol{h} \in GL(2,R) \mid \det \boldsymbol{h} > 0\}$ 及 $\boldsymbol{h}_0 \in \prod_{p<\infty} K_p(N)$．这样透过以上的同构，可以把 $f \in S_k(\Gamma_0(N))$ 对应于一个 X 上的函数 φ_f

$$\varphi_f(g) = f(g_\infty(\mathrm{i}))j(g_\infty,\mathrm{i})^{-k}$$

其中

$$\mathrm{i} = \sqrt{-1}$$

$$g_\infty(\mathrm{i}) = \frac{a\mathrm{i} + b}{c\mathrm{i} + d}$$

$$j(g_\infty,\mathrm{i}) = \frac{c\mathrm{i} + d}{\sqrt{ad - bc}}$$

现在我们可以讨论Ⅱ，Ⅲ的关系．首先设 $\pi = \bigotimes_p \pi_p$ 为 $GL(2,A)$ 的一个不可约酉表示；π 满足以下条件：

(i)π 为尖性;

(ii)π 的前导子 $c(\pi) = \prod_{p<\infty} c(\pi_p) = N$;

(iii)π_∞ 与离散列表示 $\sigma(\mu_1, \mu_2)$ 等价,其中

$$\mu_1\mu_2^{-1}(t) = t^{k-1}\frac{t}{|t|}$$

(iv) 若 $p \nmid N$,π_p 与一个第一类表示 $\pi(\mu_1, \mu_2)$ 等价;

则据(i),可假设 π 为 T_0 的子表示,并且可以证明 π 的表示空间内满足以下条件的函数 φ 生成一个一维子空间

$$\varphi = (g^{k_\theta k_0}) = e^{ik\theta}\varphi(g)$$

其中 $k_\theta = \begin{pmatrix} \cos\theta & -\sin\theta \\ \sin\theta & \cos\theta \end{pmatrix}$,而且 $S_k(\Gamma_0(N))$ 内存在一个原形 f_π 使 $\varphi_{f\pi}$ 生成此一维空间. 还有对所有 $p \nmid N$,Hecke 算子 $T(p)$ 对 f_π 的作用是由方程

$$T(p)f_\pi = p^{\frac{k-1}{2}}(\mu_1^{-1}(p) + \mu_2^{-1}(p))f_\pi$$

给出.

在另一方面,设 f 为 $S_k(\Gamma_0(N))$ 内的一个标准原形,则 $\varphi_j \in L_0^2(X)$. 设 $H(f)$ 为由 $\{T(g)\varphi_f \mid g \in GL(2, A)\}$ 所生成的子空间,π_f 为 $GL(2, A)$ 在 $H(f)$ 上的右正则表示,则根据 Casselman(On some results of Atkin and Lehner), Miyake(On automorphic forms on GL_2 and Hecke Operators, 1971) 及 Jacquet-Langlands,π_f 为一不可酉表示,并且满足以上条件(i) 至(iv).

定理 Ⅲ4 $f \to \pi_f$ 是一个由 $S_k(\Gamma_0(N))$ 的正规化原形至 $GL(2, A)$ 的尖性表示等价类的一对一映射, 而且 $L(s, \pi_f) = L(s + \frac{k+1}{2}, f)$(参看: Gelbart(Automorphic forms on Adels groups, 1975)).

利用 f 与 π_f 的对应及 $L(s, \pi)$ 的性质,我们容易看到猜想乙可以推广为

猜想丙 设 E 为一定义在 $\mathbf{Q}$ 上的椭圆曲线,则存在一个 $GL(2, A)$ 的尖性表示 $\pi(E)$,使得 $L(\pi(E), s - \frac{1}{2}) = L(E, s)$.

Ⅳ. Langlands 猜想

这里介绍一个可能解决猜想丙的策略. 首先,对任一 $\mathbf{Q}$ 上的椭圆曲线 E,可以得到所谓局部 Weil 群 $W_{\mathbf{Q}_p}$ 的 2×2 表示 $\{\sigma_p(E)\}$. 根据 Langlands 的猜想 A,由 $\sigma_p(E)$ 我们得到 $GL(2, \mathbf{Q}_p)$ 的表示 $\pi_p(E)$. 再根据 Langlands 的猜想 B,可知 $\otimes \pi_P(E)$ 为尖性表示,如果由 $\{\sigma_p(E)\}$ 所决定的整体 Weil 群 $W_{\mathbf{Q}}$ 的 2×2 表示

σ 为不可约. 这样猜想丙就变为最后的猜想丁了.

1. Weil 群是由 Weil(Sur la théorie du corps de classes, 1951; Basic number theory, 2nd ed. 1973) 引进以修改 Galois 群.

设 $p=\infty$, 即 $\mathbf{Q}_\infty=\mathbf{R}$. 这时局部 Weil 群 W_R 是由 $\mathbf{C}^\times$ 及一个元素 e 所生成的群, 其中 e 满足条件: $e^2=-1, eze^{-1}=\bar{z}, z\in\mathbf{C}^\times$.

设 $p<\infty$, 令 $\overline{\mathbf{Q}}_p$ 为 $\mathbf{Q}_p$ 的一个代数闭包. 令 F 为 $\mathbf{Q}_p$ 的自同构: $x\mapsto x^p$, 则定义局部 Weil 群 $W_{\mathbf{Q}_p}$ 为由 F 所生成的 $\mathrm{Gal}(\overline{\mathbf{Q}}_p/\mathbf{Q}_p)$ 的(稠密)子群.

设 K 为一代数域, $K_{A^\times}$ 为 K 的乘直量群(idele group), $C_k=K_{A^\times}/K^\times$ 为 K 的乘值量类群(idele class group). 对 $\mathbf{Q}$ 的任一有限 Galois 扩张 K, 相对 Weil 群 $W_{K/\mathbf{Q}}$ 由以下的正合序列决定($\mathrm{Gal}(K/\mathbf{Q})$ 为 $K/\mathbf{Q}$ 的 Glois 群)

$$1\to C_K\to W_{K/\mathbf{Q}}\to \mathrm{Gal}(K/\mathbf{Q})\to 1$$

我们不去定义整体 Weil 群 $W_\mathbf{Q}$. 不过指出 $W_\mathbf{Q}$ 是一个拓扑群, 而且对任一个以上的 K, 存在一个标准满映射 $\alpha_K: W_\mathbf{Q}\to W_{\mathbf{Q}/K}$. 同时对 $W_\mathbf{Q}$ 的任一个有限维表示 σ, 存在一个 K 及 $W_{\mathbf{Q}/K}$ 的表示 σ_K, 使得 $\sigma=\sigma_K\alpha_K$. 在另一方面, σ 决定一组 $\{\sigma_p\}$, σ_p 为 $W_{\mathbf{Q}_p}$ 的有限维表示.

猜想 A 设 $\varepsilon_2(W_{\mathbf{Q}_p})$ 为 $W_{\mathbf{Q}_p}$ 的所有二维表等价类, $\varepsilon(GL(2,\mathbf{Q}_p))$ 为 $GL(2,\mathbf{Q}_p)$ 的所有不可约容许表示等价类, 则存在一个由 $\varepsilon_2(W_{\mathbf{Q}_p})$ 至 $\varepsilon(GL(2,\mathbf{Q}_p))$ 的一一对应: $\sigma\leftrightarrow\pi(\sigma)$. 而且 Artin-Weil 的 L - 函数 $L(s,\sigma)$ 及 ε - 因子 $\varepsilon(\sigma,s)$ 合于 $L(s,\pi(\sigma))=L(s,\sigma)$ 及 $\varepsilon(s,\pi(\sigma))=\varepsilon(s,\sigma)$. 基本上猜想 A 已被证明了.

2. 设 E 为任一 $\mathbf{Q}$ 上的椭圆曲线, 令

$$j(E)=1\,728g_2^3/(g_2^3-27g_3^2)$$

对 E, 我们可以造出一组局部 Weil 群的表示 $\{\sigma_p\}$. 纤维积(fibre product) $E_p=E_\mathbf{Q}\times\mathbf{Q}_p$ 为 $\mathbf{Q}_p$ 上的椭圆曲线. 对任一正整数 N, 令 $_NE_p$ 为 $E_p(\mathbf{Q}_p)$ 上满足条件 $N_p=0$ 的点 x (E_p 为一可换簇); 称 $_NE_p$ 的元素为 E_p 的 N 除点(N division point). 容易证明 $_NE_p$ 为一个秩为 2 的自由 $\mathbf{Z}/N\mathbf{Z}$ - 模(Lang (Abelian Varieties, 1959)). 对任一个素数 $l\neq p$, 我们定义 E_p 的 Tate - 模为

$$T_l(E_p)=\lim_{\substack{\leftarrow\\ n}}\ {}_{l^n}E_p\ (\lim_{\leftarrow} \text{为逆向极限})$$

根据定义, $T_l(E_p)$ 中任一元素为 $x=(x_n)_{n\geqslant 0}$; 其中 $lx_{n+1}=x_n$ 及 $l_{xn}^n=0$. 因为 l 进整数 $\mathbf{Z}_l=\lim\limits_{\leftarrow}\mathbf{Z}/l^n\mathbf{Z}$. 透过

$$z\cdot x=(z_nx_n), z=(z_n)\in\mathbf{Z}_l, x=(x_n)\in T_l(E_p)$$

我们可以把 $T_l(E_p)$ 看做一个秩为 2 的 $\mathbf{Z}_l$ - 模. 令 $V_l(E_p)=T_l(E_p)\otimes_{\mathbf{Z}_l}Q_l$. 进一步设 α 为 E_p 的一个自同态, 则通过

$$(x_1,x_2,\cdots)\to(\alpha x_1,\alpha x_2,\cdots)$$

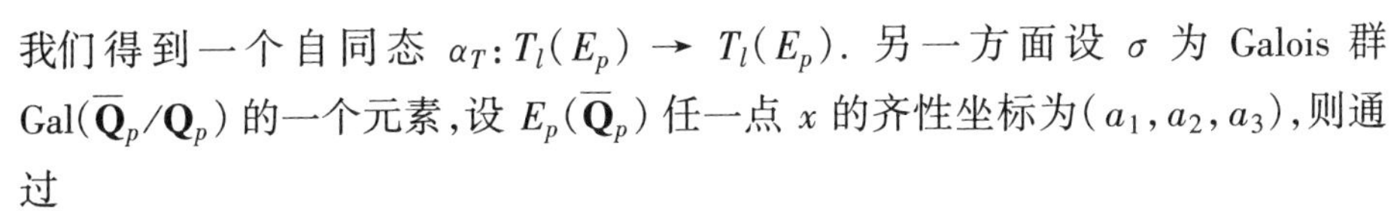

我们得到一个自同态 $\alpha_T: T_l(E_p) \to T_l(E_p)$. 另一方面设 σ 为 Galois 群 $\mathrm{Gal}(\overline{\mathbf{Q}}_p/\mathbf{Q}_p)$ 的一个元素,设 $E_p(\overline{\mathbf{Q}}_p)$ 任一点 x 的齐性坐标为(a_1,a_2,a_3),则通过

$$x^{\sigma} = (a_1{}^{\sigma}, a_2{}^{\sigma}, a_3{}^{\sigma})$$

可把 σ 看做 E_p 的一个自同态.这样我们便得到一个 Galois 群的表示

$$\sigma_{p,l}: \mathrm{Gal}(\overline{\mathbf{Q}}_l/\mathbf{Q}_l) \to V_l(E_p): \sigma \to \sigma_T$$

称 $\sigma_{T\cdot l}$ 为 E_p 的 l - 进表示(l-adic representation).

现在我们假设 $j(E)$ 为一 p - 进整数,则 E_p 对模p 约化仍然为一椭圆曲线.这时 $\sigma_{p,l}$ 决定了一个 $W_{\mathbf{Q}_p}$ 的表示,$\sigma_p: W_{\mathbf{Q}_p} \to GL(2,\mathbf{C})$;而且 σ_p 与l 无关.在另一方面,如果 $j(E)i$ 不是一个p 进整数,则设 $\overline{E}_p = E_p \underset{\mathbf{Q}_p}{X} \overline{\mathbf{Q}}_p$,及$(\overline{E}_p)\acute{e}_t$ 为$\overline{E}_p$ 配备了 étale 拓扑(Artin(Grothendieck Topology)).这时我们可以定义 Artin-Grothendieck étale 上同调群 $H^1((\overline{E}_p)\acute{e}_t, \mathbf{Z}/l^n\mathbf{Z})(l \neq p)$(参看 Grothendieck(Théorie des topos et cohomologie etalo des schémes(SGA 4)),Deligne(Cohomologie Etale SGA $4\frac{1}{2}$)).并设

$$H^1(\overline{E}_p, \mathbf{Z}_l) = \lim_{\leftarrow} H^1((\overline{E}_p)\acute{e}_t, \mathbf{Z}/l^n\mathbf{Z})$$

及 $H_l{}^1(\overline{E}_p) = H^1(\overline{E}_p, \mathbf{Z}_l) \otimes_{\mathbf{Z}_l} \mathbf{Q}_l$,则存在一个 $W_{\mathbf{Q}_p}$ 在$H_l{}^1(\overline{E}_p)$ 上的表示 $\sigma_{p,l}$,同时

$$\sigma_{p,l}: w \to \begin{pmatrix} \mu_1(w) & * \\ 0 & \mu_2(w) \end{pmatrix}$$

其中 μ_1 及 μ_2 为 Q_p^+ 的特征标,及 $\mu_1\mu_2^{-1}(x) = |x|^{-1}$;通过局部类域论(local class field theory)μ_1,μ_2 可看为 $W_{\mathbf{Q}_p}$ 的特征标.设(1,0) 及(0,1) 为 $\mathbf{C}^2$ 的基.以

$$sp(2)(F)((1,0)) = (1,0)$$

$$sp(2)(F(0,1)) = p^{-1}(0,1)$$

定义 $W_{\mathbf{Q}_p}$ 的一个二维表示$sp(2)$.令 $\sigma_p = sp(2) \otimes \mu_1 |\cdot|^{-1}$,则 $\sigma_p: W_{\mathbf{Q}p} \to GL(2, \mathbf{C})$ 为一个与 l 无关的 $W_{\mathbf{Q}_p}$ 的表示.最后,如果 $p = \infty$,则 σ_∞ 为从 $\mathbf{C}^\times$ 的特征标 $z \to |z|^{-1}z$ 得出的 $W_{\mathbf{Q}_p}$ 的导出表示(induced representation).

综合以上的事实,我们从一条 $\mathbf{Q}$ 上的椭圆曲线 E 得到时一组局部 Weil 群的表示$\{\sigma_p(E)\}$;然后,根据猜想 A,我们便得到了 $\pi_p(E) = \pi(\sigma_p(E))$,$\pi_p(E)$ 为 $GL(2,\mathbf{Q}_p)$ 的不可约容许表示.令 $\pi(E) = \otimes \pi_p(E)$.

猜想 B 如果 σ 为 $W_{\mathbf{Q}}$ 的一个不可约二维表示,则 $\pi(\sigma) = \otimes \pi_p(\sigma_p)$ 为 $GL(2,\mathbf{A})$ 的一个尖性表示.

利用以上的结果,我们可以把猜想丙改写成

猜想丁　设 e 为一定义在 $\mathbf{Q}$ 上的椭圆曲线,则 $\{\sigma_p(E)\}$ 是由一个 $W_{\mathbf{Q}}$ 的不可约表示 $\sigma_p(E)$ 决定,而且 $\pi(E)$ 有性质

$$L(\pi(E),s-\frac{1}{2})=L(E,s)$$

关于 Weil 的椭圆曲线猜想的研究工作,目前是非常活跃,我们的介绍就暂停在这里了.

后记:本文基本上是根据 Langlands1973 年在耶鲁大学的演讲写成的.

附　　注

1)所谓可换簇(abelian variety)是指一个完备的不可约群簇.目前可换簇的教科书有 Mumford(Abelian varieties),Lang(Abelian varieties,1959),Weil(Variétés abéliennes et courbes algébriques)和 Swinnerton-Dyer(Analytic theory of abelian varieties,1974).其中 Mumford 的书最新,是用架(scheme)的语言来写的,但是关于可换簇的 Jacobi 的理论,只好从 Lang 和 Weil 的书中学. Swinnerton-Dyer 的书最浅,而且又薄,只有 90 页.关于椭圆曲线有 Robert(Elliptic curves,1973)和 Lang(Elliptic functions,1973)的教科书及 Cassels(Diophantine equation with special reference to elliptic curves)和 Tate(Elliptic Curves;The arithematic of elliptic curves,1974)的文章.其中 Tate 的 Haverford 讲义的对象是大学生,所以写得非常浅易;Cassels 的进展文章(Abelian varieties)主要介绍椭圆曲线上有理点的算术,文内还讨论了著名的 Birch-Swinnerton-Dyer 猜想,关于这猜想最近的工作有 Coates 及 Weil(On the Conjucture of Birch and Swinnerton-Dyer,1977).

2)熟悉复变函数论的读者就会立刻认出方程(2)乃是魏尔斯特拉斯 P - 函数所满足的微分方程.实际上,定义在 $\mathbf{C}$ 上的椭圆曲线都是与 $\mathbf{C}/L$ 解析同构,其中 L 是 $\mathbf{Q}$ 里的一个格.设

$$P(z)=\frac{1}{z^2}+\sum{}'\left(\frac{1}{(z-\omega)^2}-\frac{1}{\omega^2}\right)$$

$$g_2=60\sum{}'\omega^{-4},g_3=140\sum{}'\omega^{-6}$$

其中 $P(z)$ 是关于 L 的魏尔斯特拉斯 P - 函数,$\sum$ 是对所有 $\omega\in L-\{0\}$ 求和.设 $X_0\subset\mathbf{C}^2$ 是由

$$y^2=4x^3-g_2x-g_3$$

所决定的代数曲线,则

$$\varphi_0:\mathbf{C}/L-\{0\}\to X_0:[z]\mapsto(P(z),P'(z))$$

是一个解析同构(其中 $P'(z)=\frac{\mathrm{d}P}{\mathrm{d}z}$).如果我们用齐性坐标的话,$\varphi_0$ 可以扩展到整个 $\mathbf{C}/L$ 上面.

3) 一个有理数 r 的 p - 阶为 n,如果 $r=p^r s$,其中 s 为一个与 p 互素的有理数.

4) 对任意一个定义在域 K 上的代数簇 V,可定义一个 ζ - 函数 $Z(V,s)$(参看 Serre(Facteurs locaux des fonctions zeta des variétés algébriques,1970) 及 Thomas(Zeta functions,1977)).这个 ζ - 函数的性质是近年来代数几何算术理论的主要研究对象.若 K 是一个有限域,Weil(Number of solutions of equations in finite fields,1949) 提出了关于 $Z(V,s)$ 的黎曼假设.其实早在 1936 年 Hesse 已证明了椭圆曲线的黎曼假设,Weil 在 1940 年证明任意曲线的黎曼假设,最后 Grothen Deck 的学生 Deligne(La conjecture de Weil I,1974) 在 1974 年证明了任意射映簇的黎曼假设.Deligne 的证明可算是 scheme 理论的一个巨大的成果,并且确定了这理论在代数几何中的地位.(Deligne 在 1978 年得了国际数学会的菲尔兹奖)

5) $SL(2,\mathbf{Z})$ 是指 2×2 的系数为整数($\mathbf{Z}$),行列式为 1 的矩阵.

6) 换句话说,f 是 $\Gamma_0(N)\setminus G^*$ 的典范层 Ω 的 k 次积的解析截面.模形只不过是自守形(automorphic form) 的一个特殊情形.介绍自守形近代的理论的 Borel(Introduction to automorphic form,1966;Fomes automorphes et series de Dirichlet,1976).设 G 是一半单李群,Γ 是 G 的一个算术子群(在我们现在的情形下,$G=SL(2,\mathbf{R})$,$\Gamma=\Gamma_0(N)$).Langlands(On the functional equations satisfied by Eisenstein series) 利用 Harish-Chandra 所定义的自守形,推广了 Selberg(Harmonic analysis and discontinuous groups in weakly symmetric Riemannian spaces with applications to Dirichlet series,1956;Discontinuous groups and harmonic analysis) 的结果,利用 Eisenstein 级数作出了 G 在 $L^2(\Gamma/G)$ 的正则表示的谱分解的连续部分.

7) 对一般的代数群也可以定义 Hecke 算子.

8) 原形理论首先由 Atkin-Lehner(Hecke operators on $\Gamma_0(m)$,1970) 提出(参看 Li(New forms and functional equations,1975)).

9) $X_0(N)$ 的 0 次因子除去主因子便是 $X_0(N)$ 的 Jacobi 行列式:$J_0(N)$.这是一在 $\mathbf{Q}$ 上定义的 g 维 J 换簇($g=X_0(N)$ 的亏数).称一权为 2 的标准原形 f 为有理,如 f 之所有傅里叶系数 a_n 为整数.这样,$T(p)-a_p$ 为 $J_0(N)$ 上的自同态.以 Y 表示所有这些自同态的象的并集,则商簇 $J_0(N)/Y$ 是一椭圆曲线,以 E_f 表之.因而得到

$$f\to E_f$$

它是一个由 $S_2(\Gamma_0(N))$ 里的有理标准原形集合到 $\mathbf{Q}$ 上的椭圆曲线同演类集合的对应.我们有以下的一个猜想:

$f \mapsto E_f$ 是一个一对一满映射(bijection),以上的猜想是与"猜想乙"及"同演猜想"等价的.关于此等问题,请参看 Birch Swinnerton-Dyer(Elliptic curves and modular functions,1975),Mazur Swinnerton-Dyer(Arithmetic of Weil curves, 1974), Serre(Abelian l-adic representations and elliptic curves,1968),Shimura(On elliptic curves with complex multiplications,1971),Yamamoto(Elliptic curves of prime power Conductor,1975).

10) 我们把 $L(f,s,l)$ 写成 $L(f,s)$.可以留意到 $L(f,s)$ 是 Dirichlet 级数 $\sum a_n n^{-s}$ 的 Mellin 变换

$$N^{\frac{S}{2}}\int_0^{\infty} f(\mathrm{i}y)y^{s-1}\mathrm{d}y = L(f,s)$$

11) 在前面,我们基本上介绍 $GL(2)$ 在 $\mathbf{Q}$ 的各个完备化(completion):$\mathbf{R}$, $\mathbf{Q}_p$(p 为素数)上的酉表示的分类(所有酉表示均为容许表示).当然我们可以用一个代数群代替 $GL(2)$,而提出同样的问题.在实(或复)数域上,李群的无限维容许表示的分类的问题,基本上由 Harish-Chandra 解决.这是一项伟大的工作,他用了二十多年时间来研究这问题(主要的工作是 Discrete series Ⅰ,Ⅱ, 1966)另一方面,在非 Archimedes 域上,代数群的无限维表示的分类的问题还是在初步阶段,可参看 Howe(Representation theory of $GL(n)$over a p-adic field, 1974),Jacquet(Zeta functions of simple algebras,1972),Harish-Chandra(Representation theory of p-adic groups),Casselman(Introduction to the representations of reductive p-adic group),Shalika(Representations of 2×2 unimodular group over local fields,1966).

12) 对于任意一个代数数域,也可以定义它的加值量(参看 Goldstein(Analytic number theory,1973)).若 G 是一个代数群,关于 $G(\mathbf{A})$ 的定义可看 Weil(Adeles and algebraic groups,1961),Gelfand Graev Pyatetskei-Shapiro(Representative theory and automorphic functions,1969).我们以加值量作为加法的赋值向量的简写,这样我们便可以把 ideles 译为乘值量.

13) 我们说 G 的表示(π',H')在(π,H)中出现,如果 H 内存在一个不变子空间 H_1,π_1 为 G 约束到 H_1 上的表示,而且(π',H')与(π_1,H_1)等价.

14)(i) 参看 P.Deligne,Formes modulaires et representations de $GL(2)$, Springer Lecture Notes Math., 349(1973) §3.2;J.B.Tunnell, On local Langlands conjucture for $GL(2)$,Inv. Math., 46(1978),179-200.

(ii) 当然如果我们把猜想 A 中的 $\mathbf{Q}$ 以任意的整体域 K(即代数数域,或有限域上的一元代数函数域)代替,情形就复杂得多了,而猜想 A 在这情形下还未

全部被解决，参看以上 Tunnell 的文章.

(iii) 再进一步，我们可以用一个定义在整体域 K 上的适约代数群 G 代替 $GL(2)$(我们把 reductive 译作“适约” 以便和 reducible“可约” 区别). 这时猜想 A 就变为 Langlands 计划中的一个问题. 要介绍 Langlands 计划就远超出本文的范围，读者可参看 Langlands(Probleme in the theory of automorphic forms, 1970) 及 Borel(Formes automorphes et series de Dirichlet, 1976). 在 1977 年夏天，美国数会在 Corvallis 开了一个 Summer Institute 全面讨论 Langlands 计划在目前的情形，可参看 Proceedings Symposia in Pure Mathematics: Represention s, Automorphic Forms and Lfunctions. 另外还可参看 Langlands, Some Contemporary problems with orighins in the Jugendtraum, Proc. Symposia Pure Math. AMS: Hilbert problems, 及黎景辉，介绍类域论：过去及未来?

(iv) 与这些有关，还有一个值得谈的问题：设 G 是半单李群，K 为 G 的一个极大紧致子群. 设 $X = G/K$ 为一对称有界域. 对 G 的任一算术子群 Γ，我们称 $\Gamma \setminus X$ 为一 Shimura 簇. 我们想用自守表示的 L – 函数去算 $\Gamma \setminus X$ 的 ζ – 函数. 目前，我们所知的情况，距离这问题的解决还很远. 可参看：Langlands, Zeta function of Hilbert moduli variety 及 Detigne, Travaux de Shimura, Springer Lecture Notes Math., 244(1971), 123-165.

15) Étale 上同调群是研究簇的算术的一个重要工具(比如在 Deligne(La Conjecture de Weil I, 1974), Langlands, Modular forms and l-adic representations, Springer Lecture Notes, 349(1973), 361-500). 要研究有关的理论，就一定先要学习 Grothendieck 的代数几何学(scheme 的理论等).

16) 猜想 B“差不多” 是和 Artin 猜想(Theorie der L-Reihen mit allgemeinen Gruppencharakteren, 1930) 等价. 设 K 为一整体域，$\overline{K}$ 为 K 的一个可分闭包，σ 为 Galois 群 $\mathrm{Gal}(\overline{K}/K)$ 的一个有限维表示，$\check{\sigma}$ 为 σ 的逆步表示，则 Artin 猜想为：Artin L – 函数 $L(s,\sigma)$ 可以解析扩张至 $\mathbf{C}$ 上的一个亚纯函数，而且满足以下的函数方程

$$L(s,\sigma) = \in (s,\sigma) L(1-s,\check{\sigma})$$

目前的工作是直接去证明猜想 B，然后用猜想 B 来证明 Artin 猜想. 当 σ 为一、二维不可约表示时，F 为 K 的任一个有限 Galois 扩张，则 $\sigma(\mathrm{Gal}(F/K))$ 在 $PGL(2, \mathbf{C})$ 的象一定与以下任一群同构：

(Ⅰ) 二面体群，(Ⅱ) 四面体群，(Ⅲ) 八面体群，(Ⅳ) 二十面体群

在第(Ⅰ)个情形时，Artin(Grothendieck Topology) 证明了 Artin 猜想. Langlands 证明在第(Ⅱ)个情形下的 Artin 猜想(参看 Gelbart 的报告：Springer Lecture Notes Math., 627(1977), 243-276). 关于第(Ⅳ)种情形，请参看 J.P.Buhler, Icosahedral Galois representations, Springer Lecture Notes Math., 654(1978). 其他

情形还在研究中.

17) 设 G 为拓扑群,P 为 G 的一个闭子群.设 G 为单位模(unimodular).(σ, V) 为 P 的一个表示.考虑映射

$$f: G \to V$$

使得(Ⅰ)f 对 G 的 Haar 测度可测;(Ⅱ)$f(pg) = \Delta(p)^{\frac{1}{2}}\sigma(p)f(g), p \in P, g \in G$,$\Delta$ 为 P 的模函数;(Ⅲ)f 在 $P \setminus G$ 上二次可积.以 H 表示由以上的函数 f 所生成的空间,我们可以用方程:$\pi(g)f(x) = f(xg)$ 定义 G 在 H 上的表示 π,称 π 为 σ 从 P 到 G 的导出表示.

有理指数的费马大定理①

附录六

1. 介　　绍

在这篇文章中,我们考虑费马大定理在有理指数$\frac{n}{m}$情形下的一个允许有复数根的推广,这里的 $n>2$. 使用复数根会有古怪的事情发生. 例如,在这种情形下对费马大定理有一个"新"的解

$$1^{\frac{5}{6}}+1^{\frac{5}{6}}=1^{\frac{5}{6}} \quad ①$$

这里的第 1 个 $1^{\frac{5}{6}}$ 实际是 $(e^{2\pi i})^{\frac{5}{6}}=e^{\frac{5\pi i}{3}}$,第 2 个是 $(e^{10\pi i})^{\frac{5}{6}}=e^{\frac{\pi i}{3}}$,第 3 个是 $(e^{0})^{\frac{5}{6}}=1$. 这样,方程变为更易明白的 $e^{\frac{5\pi i}{3}}+e^{\frac{\pi i}{3}}=1$. 因为方程使我们大多数人感觉不舒服(而且的确导致了混乱),所以我们觉得有必要把方程 $a^{\frac{n}{m}}+b^{\frac{n}{m}}=c^{\frac{n}{m}}$ 改写为

$$(a^{\frac{1}{m}})^{n}+(b^{\frac{1}{m}})^{n}=(c^{\frac{1}{m}})^{n}$$

的形状. 这时可以问:对正整数 a,b,c 的哪些 m 次根以及哪些满足 $\gcd(m,n)=1, n>2$ 的 n 有 $a^{n}+b^{n}=c^{n}$②?

我们得到的主要定理是:

定理 1　如果 m 和 n 是互素的正整数且 $n>2$,那么 $a^{\frac{n}{m}}+b^{\frac{n}{m}}=c^{\frac{n}{m}}$ 有正整数解 a,b,c,只有当 $a=b=c$, m 能被 6 整除而且使用 3 个不同的复 6 次方根时才能发生.

---

① 原题:Fermat's Last Theorem for Rational Exponents.

② 最后的方程似为"$(a^{1/m})^{n}+(b^{1/m})^{n}=(c^{1/m})^{n}$"之误.——编校注

设
$$S_m = \{z \in \mathbf{C} \mid z^m \in \mathbf{Z}, z^m > 0\}$$
为正整数的 m 次根的集合.这时,S_1 是正整数集.用这个记号,我们的主要定理变为:

定理 2 对满足 $n > 2$,而且 $\gcd(n, m) = 1$ 的整数 n 和 m,在 S_m 中的数 a,b 和 c 满足 $a^n + b^n = c^n$ 当且仅当:(1)6 整除 m;(2)a,b 和 c 是同一实数的不同复 6 次根.

确实,所有的解可用三元组$(\alpha e^{\frac{i\pi}{3}}, \alpha e^{\frac{i\pi}{3}}, \alpha)$的形式给出,这里的 α 属于 S_m,或者也许更奇怪的,用三元组$(\alpha e^{\frac{i\pi}{3}}, \alpha e^{-\frac{ni\pi}{3}}, \alpha)$的形式(因为 $\gcd(n, m) = 1$ 意味着 $n \equiv \pm 1 \pmod 6$).

在面对这类问题时,标准的做法不是寻求 $a^n + b^n = c^n$ 的解,而是寻找等价的方程$(\frac{a}{c})^n + (\frac{b}{c})^n = 1$ 的解.为此,对每个正整数 m,我们定义
$$T_m = \{z \in \mathbf{C} \mid z^m \in \mathbf{Q}, z^m > 0\}$$
这时,定理 1 是下面定理的一个推论:

定理 3 设 m 是个正整数,x_1 和 x_2 属于 T_m 且满足 $x_1 + x_2 = 1$,那么或者 x_1 和 x_2 都是有理数,或者 $x_1 = a_1 e^{\pm i\theta_1}$ 而且 $x_2 = a_2 e^{\mp i\theta_2}$,这里的 a_1, a_2, θ_1 和 θ_2 如后面的表 1(只有它的最后一行给出了费马方程的解)所述那样.

令人惊讶地,表 1 中的项对应于有趣的典型三角形:等边三角形,$45° - 45° - 90°$ 三角形,$30° - 60° - 90°$ 三角形,以及 $30° - 30° - 120°$ 三角形,而且这个定理的证明可以容易地作为 Galois 理论的基础定理的一个应用在抽象代数课上讲述.

定理 3 的证明(因此费马大定理的推广)需要一个(用到 Galois 理论的)技术性的结果以及三角几何学中正弦和余弦定律的简单应用.当然,为了得到推广,我们也需要 Wiles 和 Taylor 证明的 Fermat 大定理.我们也建议读者寻找 Zuehlke 给出的费马大定理到 Gauss 整数幂的有趣推广.Tomescu 和 Vulpescu-Jalea 考虑了有理指数的情况(包括 $n = 1,2$)但只限于实根.用 Galois 理论时的论证方法类似于把 Lang 猜想化简为 Mordel 猜想的标准方法.

定理 3 的证明分成 3 个重要步骤.我们先处理实根的情况,即 a 和 b 属于 $T_{m,\mathbf{R}} = T_m \cap \mathbf{R}$($T_m$ 中的实数集);接着我们证明那个技术性的引理;最后,我们证明对费马大定理的推广.

2. 实根的情况

我们从一个有关极小多项式的著名引理开始.

引理 4　如果 α 在一个域 F 上是代数的，那么在 $F[X]$ 中存在唯一一个首一不可约多项式 $p_\alpha(X)$ 满足 $p_\alpha(\alpha)=0$，而且，如果 $f(X)$ 是 $F[X]$ 中满足 $f(\alpha)=0$ 的一个多项式，那么 $p_\alpha(X)$ 在 $F[X]$ 中整除 $f(X)$.

我们把 $p_\alpha(X)$ 叫做 α 在 F 上的极小多项式，而且特别指出，在 F 上的扩域 $F(\alpha)$ 的次数满足 $[F(\alpha):F]=\deg(p_\alpha(X))$. 在本文中，我们将主要关注满足 α^m 属于 $\mathbf{Q}$ 的 α 的极小多项式. 像通常那样，我们用 $|\alpha|$ 表示复数 α 的模.

引理 5　如果 α^m 是 $\mathbf{Q}$ 中的一个元，而且当 $k<m$ 时，$|\alpha^k|$ 不是 $\mathbf{Q}$ 中元，那么 $X^m-\alpha^m$ 是 α 在 $\mathbf{Q}$ 上的极小多项式.

证明　虽然这个结果是众所周知的，但为了完整起见，我们仍引用一个证明. 设 ζ 是 m 次本原单位根，那么

$$X^m-\alpha^m=\prod_{j=1}^{m}(X-\zeta^j\alpha)$$

设 $p_\alpha(X)$ 是 α 在 $\mathbf{Q}$ 上的极小多项式. 根据引理 4，$p_\alpha(X)=\sum_{t=0}^{r}b_tX^t$ 整除 $X^m-\alpha^m$. 根据 $\mathbf{Q}$ 上多项式的唯一分解定理，$p_\alpha(X)$ 的常数项 b_0 是 $X^m-\alpha^m$ 的 r 个根的积. 因此，存在整数 t,r，使得 $b_0=\zeta^t\alpha^r$. 因为 b_0 是有理数，而且 $|b_0|=|\alpha^r|$，可知 $|\alpha^r|$ 也是有理数. 这样，按照假设有 $r\geqslant m$，这意味着 $p_\alpha(X)=X^m-\alpha^m$.

我们现在证明定理 3 的实数情形，这是建立定理的完全复数情形的一个重要步骤.

命题 6　设 m 是个正整数. 如果 a 和 b 是 $T_{m,\mathbf{R}}$ 中满足 $a+b=1$ 的元，那么 a 和 b 是有理数.

证明　设 k 是使得 $|a^k|=\pm a^k$ 属于 $\mathbf{Q}$ 的最小正整数. 按照引理 5，$p_a(X)=X^k-a^k$，而且 $[\mathbf{Q}(a):\mathbf{Q}]=k$. 因为 $b=1-a$，所以也有 $[\mathbf{Q}(b):\mathbf{Q}]=k$. 因而，$k$ 是使得 $|b^k|$ 是有理数的最小正整数，而且 $p_b(X)=X^k-b^k$ 属于 $\mathbf{Q}[x]$. 我们发现 $a=1-b$ 是 $(1-X)^k-b^k$ 的一个根. 基于引理 4，我们断定 X^k-a^k 整除 $(1-X)^k-b^k$. 这两个多项式有同样的次数，因此它们相差一个常数倍. 因为第 2 个多项式总有个线性项，故只要 $k=1$，这就能发生. 因此，a 和 b 是有理数.

此时，我们能陈述定理 1 的实数情形.

命题 7　设 m 和 n 是互素的正整数且 $n>2$，那么，在 $T_{m,\mathbf{R}}$ 中 $a^n+b^n=1$ 没有解 a 和 b.

证明　利用反证法，假设 $T_{m,\mathbf{R}}$ 中有 a 和 b 满足 $a^n+b^n=1$. 因为 $(a^n)^m$ 和 $(b^n)^m$ 都是有理数，命题 6 意味着 a^n 和 b^n 是有理数. 因为 a^n 和 a^m 都是有理数，我们推断 $a^{\gcd(m,n)}=a$ 是有理数. 一个相似的讨论可证明 b 是有理数. 结果，$a^n+b^n=1$ 对有理数 a,b 成立，这与费马大定理矛盾.

3. 需要的 Galois 理论片断

允许复根增加了困难,但 Galois 理论可以帮助我们绕过它.如果 $a^n+b^n=1$ 而且 $[\mathbf{Q}(a,b):\mathbf{Q}]>1$,那么 Galois 群的元在一对解 (a,b) 上的作用可以产生其他的解.这样,我们在这一节的主要目标是使用 Galois 理论去确定一个使一个 m 次分圆域中的元的 n 次幂是有理数的约束条件.

引理 8 设 m 和 n 是正整数.假设 a 是扩域 $\mathbf{Q}(\mathrm{e}^{\frac{2\pi i}{m}})$ 中满足 a^n 是有理数的一个实数.那么,a^2 也是有理数.

引理 8 的证明是这篇文章中我们需要 Galois 理论的唯一一个地方,已经知道这个引理或者愿意无条件相信它的读者可以安全地提前跳到第 4 节.为了证明引理 8,我们要依靠下面 3 个由 Galois 理论得到的结果.为了研究费马大定理,Kummer 特地建立了这些引理中的第一个.引理 9 是"Galois 理论的基本定理",引理 10 对搞清楚多项式的根是重要的.

在数论结果的存在性证明中,Galois 理论是一个代表性工具.该理论的一些基本的想法可以追溯到 J.L.Lagranger 的小册子《Réflexions sur la résolution algebraique deséquations》(1770 ~ 1771).在 1832 年,为了确定哪些代数方程是"可解的"(它们的根能用它们的系数表示出来),Galois 发展了一个普遍的理论.而且,当一个具体的方程可解时,在 Galois 理论的帮助下,我们能构造出它的"解".1976 年 3 月 20 日,C.F.Gauss 在证明正 17 边形的可构造性时发现了 Galois 理论的一个重要的特殊情况.在过去两个世纪,Galois 理论已经改变了代数学的环境,成为许多存在性证明中的一个不可缺少的工具.我们打算使用这个工具.我们用到的 Galois 理论中的两个重要概念是多项式的分裂域以及现在叫做域扩张的 Galois 群的东西.一个多项式 $p(x)$ 在一个域 F 上的分裂域是 F 的一个最小扩张域 K,使得 $p(x)$ 能在 K 上分裂成线性多项式.F 的一个扩张域 K 的 Galois 群 $\mathrm{Gal}(K/F)$ 是固定 F 中每个元的 K 的所有域同构的集合.

引理 9 设 m 是一个正整数,$K=\mathbf{Q}(\mathrm{e}^{\frac{2\pi i}{m}})$ 是 $\mathbf{Q}$ 添加 $\mathrm{e}^{\frac{2\pi i}{m}}$ 所生成的扩域.那么,群 $\mathrm{Gal}(K/\mathbf{Q})$ 是 Abel 的.

引理 10 如果 F 是一个域,K 是某个多项式在 F 上的分裂域,L 是一个中间域($F\subseteq L\subseteq K$),那以 L 是某个多项式在 F 上的分裂域当且仅当 $\mathrm{Gal}(K/L)$ 是 $\mathrm{Gal}(K/F)$ 的一个正规子群.

引理 11 令 K 是某个多项式在 F 上的分裂域.如果 $p(X)$ 是 $F[X]$ 的一个不可约多项式,而且在 K 中至少有一个根,那么 $p(X)$ 的所有根都在 K 中.

引理 8 的证明　设 m 和 n 是任意的正整数，而且假设 a 是 $K=\mathbf{Q}(e^{\frac{2\pi i}{m}})$ 中满足 a^n 是有理数的一个实数. 这时, Galois 群 $G=\mathrm{Gal}(K/\mathbf{Q})$ 是 Abel 的(引理 9). 从而, G 的每个子群都在 G 中正规. 特别地, 如果 $F=K\cap\mathbf{R}$, 那么 $\mathrm{Gal}(K/F)$ 在 $\mathrm{Gal}(K/\mathbf{Q})$ 中正规. 由 Galois 理论的基本定理知道, F 是 $\mathbf{Q}[X]$ 中某个多项式的分裂域.

令 k 是使 a^k 属于 $\mathbf{Q}$ 的最小正整数. 按照引理 5, a 在 $\mathbf{Q}$ 上的极小多项式是 X^k-a^k, 因此这个多项式在 $\mathbf{Q}$ 上不可约. 因为 a 属于 F, 引理 11 意味着 X^k-a^k 的所有根都在 F 中. 因为 F 是实数域的一个子域, 这保证了 X^k-a^k 的每个根都是实数. 这样, k 至多是 2, 从而正如所希望的那样, a^2 是个有理数.

我们注意到可以通过直接证明首一多项式

$$\prod_{\substack{1\leqslant k\leqslant\frac{m}{2}\\ \gcd(k,m)=1}}\left(X-2\cos\left(\frac{2k\pi}{m}\right)\right)$$

有整数系数来代替上面的证明的第一段, 从而确定 $F=\mathbf{Q}\left(\cos\frac{2\pi}{m}\right)$ 是个分裂域. 这个方法避免了使用 Galois 理论, 但有点复杂. 因为我们的一个目标是为大学抽象代数 课提供这个问题的处理方法, 我们选择了我们已给的证明.

4. 主要结果

为了证明主要结果: 我们需要一个关于 $\cos\frac{2k\pi}{m}$ 能取哪些有理值的引理. 我们特别指出:

引理 12　假设 k 和 m 是正整数. 如果 $\cos\frac{2k\pi}{m}$ 是个有理数, 那么 $2\cos\frac{2k\pi}{m}$ 是个整数.

证明　令 $\alpha=\frac{2k\pi}{m}$. 用些基本的运算, 我们能建立递归关系

$$2\cos(n\alpha)=2\cos((n-1)\alpha)\cdot 2\cos\alpha-2\cos((n-2)\alpha)$$

这时, 用一个简单的归纳论证可得

$$2=2\cos(m\alpha)=\sum_{j=0}^{m}a_j(2\cos\alpha)^j$$

这里的 $a_m=1$, 而且对于 $j=0,1,\cdots,m$, a_j 是个整数. 因此, $2\cos\alpha$ 是一个首位系数为 1 的多项式的根. 如果 $2\cos\alpha=\frac{p}{q}$, 那么对有理根进行的验证可得 $q=1$, 因此 $2\cos\alpha$ 是个整数.

我们现在可以证明定理 3 了.

定理3的证明　考虑 T_m 中满足 $x_1 + x_2 = 1$ 的元 x_1 和 x_2. 如果 x_1 和 x_2 是实数，那么命题6蕴涵了结果. 因此我们可以假设 x_1 或者 x_2 不是实数；因为它们的和是1，我们可以进一步假设它们都不是实数. 用复数的极坐标表示法，我们记 $x_1 = a_1 e^{i\psi_1}$，$x_2 = a_2 e^{i\psi_2}$，这里的 a_1 和 a_2 是正实数，而且 $-\pi \leqslant \psi_1, \psi_2 < \pi$. 因为 $\operatorname{Im}(x_1 + x_2) = 0$，$\sin \psi_1$ 和 $\sin \psi_2$ 有相反的符号. 具体地，对其中一个 j，我们有 $0 \leqslant \psi_j \leqslant \pi$，但对另一个有 $-\pi < \psi_j < 0$. 如果必要可重新设计 x_1 和 x_2，我们不妨假设 $0 \leqslant \psi_1 \leqslant \pi$. 这样的话，我们可设 $\theta_1 = \psi_1$，$\theta_2 = -\psi_2$，使得 $x_1 = a_1 e^{i\theta_1}$，$x_2 = a_2 e^{-i\theta_2}$. 注意到 $x_j^m (j = 1,2)$ 是有理数，我们推断 a_j 属于 $T_{M,\mathbf{R}}$，而且 $\theta_j = \dfrac{2k_j\pi}{2m}$ 对某个 k_j 成立. 用这个新符号，我们有

$$a_1 e^{i\theta_1} + a_2 e^{-i\theta_2} = 1$$

在图1中用图画描绘了这个复数加法，点 $a_1 e^{i\theta_1}$ 在第1象限，点 $a_2 e^{-i\theta_2}$ 在第4象限，虚线表示第2个向量的平移，组成了两个复数的向量和，那等于1.

重点考查这个图中处于第1象限的那部分，我们得到一个三角形，如图2所示，边长分别为 x_1, x_2 的模和1，角度由 θ_1, θ_2 以及 $\theta_0 = \pi - \theta_1 - \theta_2$ 给出.

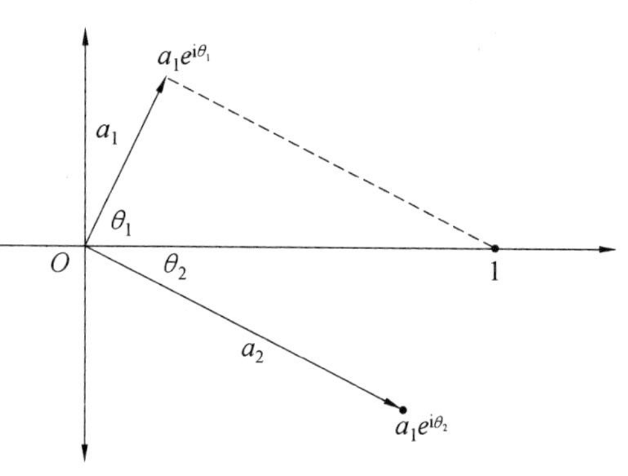

图1　$x_1^n + x_2^n$ 的复平面表示

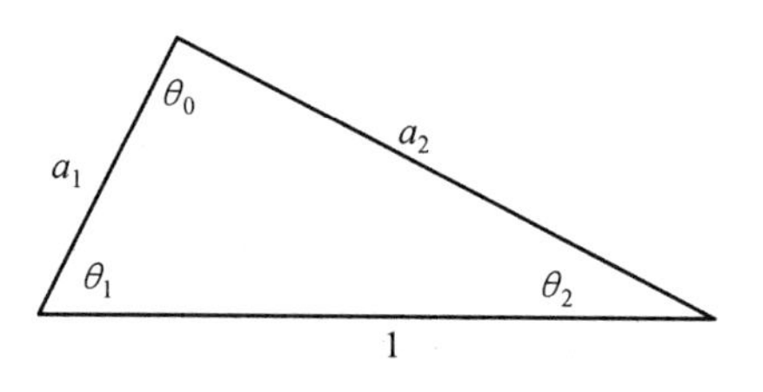

图2　与向量求和有关的三角形

因为三角形的内角和等于 π，所以 $\theta_0 = \dfrac{2k_0\pi}{2m}$ 对某个整数 k_0 成立. 按照正弦定律，$\dfrac{a_2}{1} = \dfrac{\sin \theta_1}{\sin \theta_0}$，而且 $\dfrac{a_1}{1} = \dfrac{\sin \theta_2}{\sin \theta_0}$. 现在，因为 $\sin \theta_j = \dfrac{(e^{i\theta_j} + e^{-i\theta_j})}{2i}$，而且 i 是1的一个四次根，所以 $\sin \theta_j$ 属于 $\mathbf{Q}(e^{\frac{2\pi i}{4m}})$. 因此 a_j 属于 $\mathbf{Q}(e^{\frac{2\pi i}{4m}}) \cap \mathbf{R}$. 这时，由引理8知道 a_1^2 和 a_2^2 都是有理数. 接下来，对我们的三角形应用余弦定律得到

$$1^2 = a_1^2 + a_2^2 - 2a_1a_2\cos \theta_0$$

$$a_2^2 = a_1^2 + 1^2 - 2a_1\cos \theta_1$$

$$a_1^2 = a_2^2 + 1^2 - 2a_2\cos \theta_2$$

由第一个方程得知 $\cos \theta_0 = \dfrac{a_1^2 + a_2^2 - 1}{2a_1a_2}$. 因为 a_1^2 和 a_2^2 是有理数，由

此得到 $\cos(2\theta_0)=(2\cos^2\theta_0)-1$ 是有理数.从而,$2\cos(2\theta_0)$ 是个整数(引理12).同样地,$2\cos(2\theta_1)$ 和 $2\cos(2\theta_2)$ 是整数.因此 $2\cos(2\theta_j)\in\{0,\pm1,\pm2\}$ 对 $j=0,1,2$ 成立.因为 $0<\theta_j<\pi(j=0,1,2)$,我们有 $\theta_j=\frac{p_j\pi}{12}$,这里 $p_j\in\{2,3,4,6,8,9,10\}$.因为 $\theta_0+\theta_1+\theta_2=\pi$,在 $\theta_1\geqslant\theta_2$ 的假设下,(θ_1,θ_2) 的可能值简化为一个短表

$$\left(\frac{2\pi}{3},\frac{\pi}{6}\right),\left(\frac{\pi}{6},\frac{\pi}{6}\right),\left(\frac{\pi}{4},\frac{\pi}{4}\right),\left(\frac{\pi}{2},\frac{\pi}{4}\right),\left(\frac{\pi}{2},\frac{\pi}{3}\right),\left(\frac{\pi}{2},\frac{\pi}{6}\right),\left(\frac{\pi}{3},\frac{\pi}{6}\right),\left(\frac{\pi}{3},\frac{\pi}{3}\right)$$

这些值都对应于一个经典三角形(即 $30°-30°-120°$ 三角形,$45°-45°-90°$ 三角形,$30°-60°-90°$ 三角形或者等边三角形).

解这些三角形,我们得到表1.

表1

三角形类型	θ_1	θ_2	a_1	a_2
$30°-30°-120°$	$\frac{2\pi}{3}$	$\frac{\pi}{6}$	1	$\sqrt{3}$
	$\frac{\pi}{6}$	$\frac{\pi}{6}$	$\frac{1}{\sqrt{3}}$	$\frac{1}{\sqrt{3}}$
$45°-45°-90°$	$\frac{\pi}{2}$	$\frac{\pi}{4}$	1	$\sqrt{2}$
	$\frac{\pi}{4}$	$\frac{\pi}{4}$	$\frac{1}{\sqrt{2}}$	$\frac{1}{\sqrt{2}}$
$30°-60°-90°$	$\frac{\pi}{2}$	$\frac{\pi}{3}$	$\sqrt{3}$	2
	$\frac{\pi}{2}$	$\frac{\pi}{6}$	$\frac{1}{\sqrt{3}}$	$\frac{2}{\sqrt{3}}$
	$\frac{\pi}{3}$	$\frac{\pi}{6}$	$\frac{1}{2}$	$\frac{\sqrt{3}}{2}$
等边三角形	$\frac{\pi}{3}$	$\frac{\pi}{3}$	1	1

这完成了定理3的证明.

我们现在准备证明定理2,即我们对费马大定理的推广.为简洁起见,我们在这里用稍微改动的形式重述它.

定理13 设 m 和 n 是互素的正整数,$n>2$.T_m 中存在 x 和 y 满足 $x^n+y^n=1$ 当且仅当6整除 m,此时 $x^m=y^m=1$.换句话说,在 S_m 中存在 x,y 和 z 使得 $x^n+y^n=z^n$ 当且仅当6整除 m,这时 $x^m=y^m=z^m$.

证明 假设 x 和 y 是 T_m 中的元,而且 $x^n+y^n=1$.令 $\gamma=x^n,\beta=y^n$.因

为 $\gamma^m=(x^n)^m=(x^m)^n$ 是有理数而且是正的,由此可知 γ 属于 T_m. 同样地,β 属于 T_m 而且 $\gamma+\beta=1$. 如果有必要,我们重标 γ 和 β,那么从定理 3 推出,或者 γ 和 β 都是有理数,或者 $\gamma=a_1e^{i\theta_1},\beta=a_2e^{-i\theta_2}$ 对表 1 中的某些 a_1,a_2,θ_1 和 θ_2 成立. 如果 γ 是有理数,那么 x^m 和 x^n 也是有理数,从而 $x=x^{\gcd(m,n)}$ 是有理数. 同样的讨论证明 y 是有理数,但 $x^n+y^n=1$ 与费马大定理矛盾. 这样,我们可以假设 γ 和 β 来自表 1 给出的值.

因为 $a_2^{\frac{m}{n}}=|\gamma^m|$ 是有理数,从而 a_2^m 是某个有理数的 n 次幂. 但是,观察表 1 中的值,这只有当 $\gcd(m,n)=n$ 或者 $a_1=a_2=1$,而且 $\theta_1=\theta_2=\frac{\pi}{3}$ 时才可能发生. 按照假设,$n>2$,而且 $\gcd(m,n)=1$,因此前一种情况是不可能的. 在后一种情况,$\gamma=e^{\frac{i\pi}{3}}$ 而且 $\beta=e^{\frac{i\pi}{3}}$. 同时,γ 是 T_m 中的元意味着 $e^{\frac{mi\pi}{3}}$ 是个正有理数,因此 m 被 6 整除而且 $\gamma^m=\beta^m=1$. 因为 $x^m=\gamma^{\frac{m}{n}}$ 是 1 的 n 次正有理单位根,从而有 $x^m=1$. 同样地,$y^m=1$. 正如所求.

用 $\gamma=e^{\frac{i\pi}{3}}$,我们能进一步限定 x 和 y,断定

$$x=\gamma^{\frac{1}{n}}=e^{\frac{(6k+1)i\pi}{3n}}$$

对某个 k 成立. 因为 $\gcd(m,n)=1$,而且 x^m 是有理数,由此得知 $6k+1$ 一定被 n 整除. 从而,这个 k 对 n 的模是唯一的,因此 x 是唯一的. 一个相似的讨论可证明 y 是唯一的.

另一方面,如果 $m=6l$,可设 $x=e^{\frac{in\pi}{3}},y=e^{-\frac{in\pi}{3}}$. 这时,$x^m=e^{2inl\pi}=1$. 类似地,$y^m=1$. 这说明 x 和 y 属于 T_m. 现在,定理的假设 $\gcd(m,n)=1$ 意味着 $\gcd(6,n)=1$,这样 $n^2\equiv 1 \pmod 6$. 由此可知,$x^n+y^n=e^{\frac{i\pi}{3}}+e^{-\frac{i\pi}{3}}=1$. 因此,$x$ 和 y 是 $x^n+y^n=1$ 在 T_m 中的唯一解(除了交换 x 和 y).

50 年来数理学在法国之概况[①]

附录七

1. 序　言

法国之于数理学，不但有长久及光荣之历史，即最近数十年来，彼邦一般学者之对于数理学之潜心研究，刻苦探讨，亦无处不足以使数理学得到新的材料和发展，此篇即就新的材料及进展略为述之.

这样广泛的一个题目，绝不是一短篇幅所能完事，所以择不精，语不详的地方，在所难免，惟希读者谅之.

在 19 世纪前半世纪，打开数理研究此条大道者，要算是傅里叶(J. B. J. Fourier)，柯西(A. L. Cauchy)及伽罗瓦(E. Galois)诸氏.傅氏关于热学解析理论之著作，在数学物理中，可算是很有价值，现在研究物理学中许多微分方程所用之方法，在此著作中，已具端倪，又傅氏级数，在物理数学两方面，也都是很重要的.

至于柯西氏，则无论在纯粹数理学，或应用数理学中，皆有很大的功劳.我们知道，复变数函数论，柯西乃是最伟大的创造者，自他以后，高等数理分析，乃得了新的生命和发展.

谈到伽罗瓦氏，我们实禁不住要为科学伤心.伽氏是一个天赋之才，尤其在数理方面，特别地显出精彩，但可惜他仅活了 21 岁，即与他所爱的科学长别了！伽氏虽然青年夭折，但在数理学中，他却已有了不少的贡献，譬如群论之基础概念，系得自伽氏，

① 原名"About Mathematics and Physics in France during These 50 Years".

并且他还应用于代数方程式论方面及证明！凡每一方程式，都有一代换群与之对应，在此代换群中，方程式之本性可以显出．此外，由他死前所留下的一封信，其中对于代数微分之积分方面，也有很重要的发现．

以上所述之三氏，乃近数十年来法国数理学之先导，凡学过数理学的人们，无有不景仰其伟大之建树而心向往者．

兹为便利起见，略将数理学分为数类，以叙述之．

2.解析函数论

解析函数创造者为柯氏，上边已经说过．柯氏以其常在劬劬劳劳、努力发掘宇宙知识之新宝藏，对于解析函数之论证，往往所用的形式，未免太简单，不易明了，然此并不能消灭其伟大之价值，盖解析函数之基础理论，自此已经成立，而永久不朽了．由于应用解析函数之定律于各特殊函数，往往容易得到此各特殊函数之主要特征．譬如椭圆函数论，就是不能磨灭的一例．首先研究双周期函数通论者为刘维尔氏（J. Liouville），稍后埃尔米特氏（C. Hermite）乃求沿周期格之积分，并得简单分数基本展开式．此二氏者，皆应用解析函数之普通定理，以研究椭圆函数，而为柯氏之继起者，此外，菲耶氏（Puiseux），布里奥氏（C. A. Briot），布凯氏（J. C. Bouquet）等，亦皆为柯氏之继起者．菲氏之关于代数函数之著作，可算为开一新时代，因为自此以后，非单值函数之存在状态，始得精确之概念，并在此著作中，柯氏所指出之积分周期概念，也得到显明的基础．布、布二氏之工作，在微分方程方面为特多．又二氏在所著之椭圆函数论中，专为柯氏发扬光大之地方，亦颇不少．

由上所述，可见复变数函数论之起源，在法国是如何的发达和进步．近 50 年来，法国学者之专力于此方面者，还是很多．有些是在解析函数通论中用功，有些是在某特殊函数中探索．解析函数，至梅雷（H. C. R. Meray）及魏尔斯特拉斯（K. Weierstrass）时，曾经由基础上重新建造，他们均以整级数为其研究理论之基本元素，不过柯氏之观察点，就以后黎曼氏（B. Riemann）所采取的，与梅、魏二氏之观察点，不久即趋于一致．

最近在法国，对于解析函数之普通理论，贡献特多者，要算是埃尔米特，拉盖尔（Laguerre），庞加莱（H. Poincaré），皮卡（É. Picard），阿佩尔（K. I. Appell），吉尔萨（E. J. B. Goursat），班勒卫（P. Painlevé），阿达马（J. Hadamard）及波莱尔（É. Borel）诸氏．从前之证明关于沿界线之积分等于零之柯氏定理，系假设引函数在界线上为连续性，及至古尔萨氏，始证明此假设非为必要的．柯氏与其门徒，只论及单值函数（fonction uniforme）之极点．及至德国之几何学家魏氏，始注意及较

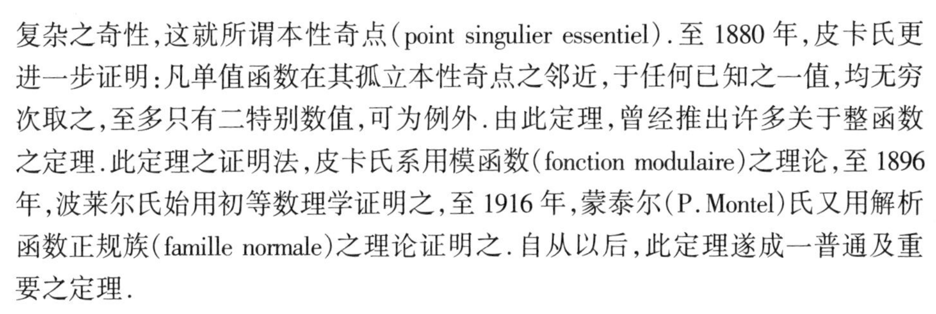

复杂之奇性,这就所谓本性奇点(point singulier essentiel).至1880年,皮卡氏更进一步证明:凡单值函数在其孤立本性奇点之邻近,于任何已知之一值,均无穷次取之,至多只有二特别数值,可为例外.由此定理,曾经推出许多关于整函数之定理.此定理之证明法,皮卡氏系用模函数(fonction modulaire)之理论,至1896年,波莱尔氏始用初等数理学证明之,至1916年,蒙泰尔(P.Montel)氏又用解析函数正规族(famille normale)之理论证明之.自从以后,此定理遂成一普通及重要之定理.

自1880年后,以上所述之几个几何学家,对于单值函数之概论,皆有很精深的研究.譬如阿佩尔和班勒卫之多项式级数展开式,庞加莱及古尔萨之空位函数(fonction lecunaire lespace lecunaire),及最近蒙泰尔之各展开式等,皆是很有价值的发现,而在数理学中永垂不朽的.

整级数在收敛圆上之收敛性之研究,在数理学中,是一件很重要之工作.在此方面,达布氏(D.Darboux)曾得到一部分很好之结果.至于阿达马氏关于此问题之工作,则更精密高明,而为研究此问题之基础,并他还特别注意收敛为截线时(conpure)之情形.继续阿达马氏而研究者波莱尔,楼(Leau)及帕布里(Fabry)诸氏.帕氏曾证明,凡收敛圆周普遍为一截线.

在整函数论中,类(geure)之概念,自拉格尔氏始引用.凡整函数之类及其根之分布,有很密切的关联.庞加莱曾求得一必要条件,令某一整函数属于某已知之类,阿达马氏再证明此条件也是充分的,并创立系数之递减与根数之递增间之关系,及应用此种结果从研究黎曼氏在素数论(nomber primers)中所取之某一函数.波莱尔氏专力于整函数之根之分配,及某全等式之不可能性,并继阿达马氏而研究整函数之增性.最近,布特鲁(P.L.Boutroux),当儒瓦(Denjoy),瓦利隆(G.Valiron)诸氏,对于整函数之增性问题,皆有很精深的研究.

波莱尔氏所研究之可和发散级数,以其可以应用以研究整级数在其收敛圆外之推广,在分析学中,颇为重要.在此方面,班勒卫氏之贡献,也很不少.

在多值函数(fonction multiforme)概论中,难点很多,关此问题,庞加莱曾证明一惊人的定理:设已知含一变数之任何一多值函数,我们都能用含一助变数之单值函数,以表明此多值函数及其变数.由此定理,可见多值函数可变为单值函数而研究之(至少在理论方面).班勒卫氏对于多值函数论,曾将各种奇点做一合理的分类,此亦可算为很有价值的贡献.

若由一变数之函数而至二变数之函数,则其困难,不知增加几倍.柯氏之基本定理,自庞加莱后,始推广至二重积分,并由此推出有理函数之残数之概念.此外,庞氏还证明凡设含有本性奇之单值函数,皆可用二整函数表之.

兹略观各特殊函数.在各特殊函数中之最多研究者,要算是含一变数之代数函数,代数曲线之类(geure)之概念,在阿贝尔(N.H.Abel)时,已具端倪,及至伽罗瓦氏始深究之,至黎曼氏及外氏时,再将此理论重为整理,并获得很多的改良.皮卡及庞加莱二氏,对代数微分之积分方面,皆有很精密的研究.阿佩尔氏尝从事研究乘数函数(fonction a multiplicateur)和第三种双周期函数之展开式.庞加莱之发现富克斯函数(fonction Fuchsienne)是近数十年来,数理学中最伟大的成就,而永垂不朽的.由此函数,他乃获得任何一代数曲线之单值函数助变表明法.凡与类高于单位之曲线对应之富克斯函数,均以全圆周或以在此圆周上之某之间断完备集(ensemble parfait discontiun)为本性奇点,此乃皮卡氏之一定理之结果,此定理是:若在一点之周围为单值性之二函数,系由类高于单位之一代数关系联络之,则此二函数不能以此点为孤立本性奇点.富克斯群(groupes Fuchsienne)之外还有较普遍的线性群,庞加莱称之为克莱因群(groupes Kleins),并研究之.在克莱因群中,圆周变为在各点皆有切线而无曲率之奇异曲线.

吾人于各函数,不但可展之为级数,或无穷乘积,而且可令其取连续分数之形状.拉格尔及哈尔方(Halphen)二氏,于此问题,曾指出许多很奇怪的情形.又斯蒂尔杰斯氏(T.Stieltjès)之笔记中,亦有关于某种连续分数之收敛性的普遍结论.

在多变数各特殊函数范围中,以阿贝尔函数最有研究.埃尔米特氏之关于此等函数之除法及变换法之著作,是很精密和明了的.黎曼氏所指出关于具有 $2n$ 周期数,含有 n 自变数之函数之周期数之关系,自庞加莱、皮卡及阿佩尔诸氏后,始得各种证明法.在此方面,库辛氏(P.Cousin)所获得者,很为丰富及精奥.他研究具有 $n+2$ 周期数,含有 n 自变数之函数之周期数之各种关系.阿佩尔之奇异函数,曾为汉伯尔(Humbert)之工作之对象,他所得之结论,不但有关于函数论,且与几何及数论皆有关系.此外,埃尔米特氏之于多项式,阿佩尔氏之发现超几何级数(séries hypergéometriques),皆是很有精彩的成就.

于庞加莱所研究之富克斯函数后,自然地,是要研究含有两变数的间断群,及与其对应之函数.皮卡氏曾研究其线性群,及某二次群,并获得广富克斯函数(fonctions hyper Fuchsiennes)和广阿贝尔函数(fonctions hyper Abeliennes).

3.微分方程式论

在17世纪中,力学之发展,乃是分析学伟大进步之起源.在科学历史中,此乃一关键时代.自此以后,才精确地知道,自然现象之研究,可以取数学之方式,并知道凡一组现象之改变,只是关于此组现象之现状,或至多也不过是一关于此组现象之现状及其无穷近之状态.若此,便产生了微分方程式,换言之,就是函数与引函数之关系.此概念自18世纪以来,曾定了分析学及几何学之发展之

方向.由此可见微分方程论之重要.

第一次精密地证明微分方程式之积分之存在者为柯西氏.当方程式及已知各项均为解析函数时,他之基本法则系应用强函数(fonction majorante).首先证明偏微分方程组之积分之存在者为里奎尔(C. Riquier),笛拉褚(Delassus)和嘉当(Cartan)诸氏,不过嘉当氏之证明法,与里、笛二氏之证明法略有不同耳.偏微分方程式之通积分(integrale générale)之存在,曾经过长时间的怀疑,即阿伯尔(Ampère)与柯西之观察点,亦各不同,及至古尔萨,始证明柯西之观察点比阿氏之观察点较为普遍.

若不假设方程式之各项为解析函数,柯氏也获得一法以证明普通微分方程式之积分之存在.皮卡及班勒卫二氏又证明柯氏之法则凡于积分及微分系数为连续性之域内,皆可适用.于普通微分方程式,皮卡氏还用逐次逼近法(methode d'appoximation succesives)以求其积分,并指出许多很有用的例.以后阿达马、古隆(Coulon)、哥冬(Cotton)诸氏,在此方面,皆继续有所建树.

微分方程之特别简单者为线性微分方程.首先研究线性微分方程之有理奇异点者(points singuliers réguliers)为德国之富克斯氏(I. L. Fuchs).至于无理奇异点(points singuliers irréguliers)之研究者,则要以庞加莱为先导.庞氏在此方面,曾有不少很有价值的贡献.又在线性微分方程方面,庞氏还有一很有精彩的发现,这发现与他所研究之富克斯函数互有关联,这就是用富克斯级数(séries théta Fuchsiennes)以求具有有理奇异点之代数线性微分方程之积分法.在特殊方程中,如古尔萨之超几何方程(equation hypergéométrique),埃尔米特所积分之拉梅方程(equation de Lamé),其系数为双周期函数,其积分为单值函数之皮卡方程,及可用指数函数和有理函数以积分之哈尔方方程等,皆是很精奥的发现.

在非线性微分方程中,我们一般不能由特别积分以求通积分.达布氏在某种方程中,曾由某特别积分求出通积分,这可算是很有价值的工作.在此方面,从前布里奥及布凯二氏所得之结果,最初曾得庞加莱和皮卡二氏之补充,其次又得欧顿尼(Autonne)和第拉(Dulac)二氏之继续工作,然此皆属小范围的研究,盖他们只注意于方程式中可看出之奇异点,而于因积分而变之他种奇异点,则未之道及也.依班勒卫氏之研究所得,凡此各奇异点,在一级方程中,皆为代数临界点(points critiques algébriques).依庞加莱氏,凡具有代数临界点的一级方程,皆可求出积分,或变为黎卡提(J. F. Riccati)方程式.后来,皮卡氏再证明在此处,庞氏所用之方法不能推至于二级方程.总之,在非线性方程研究中,难点甚多,及至班勒卫氏,始藉他天资的敏锐,探悉其中奥妙,而将难关打破,并获得具有固定临界点(points ritiques fixer)之各方程之形式.随班勒卫氏已开之路而继续研究者,为布特鲁,冈比埃(B. O. Gambier),沙怡(Chazy)及卡尼(Garnier)诸氏,并皆有很精彩的成就.

在实数域中,微分方程之研究,于几何及力学方面,很为重要.庞加莱对于由微分方程所决定之曲线问题,曾有很多的著作.在此方面之简单者,为一次一阶方程.最先吾人所研究者,为奇异点,颈(cols),结(nolud)和焦点(foger)等之本性,其次乃为封闭积分曲线,及与一极限封闭积分曲线为渐近线(asymptote)之积分曲线.至在高次一阶方程方面,要算庞加莱,班勒卫和阿达马诸氏贡献最多.庞氏曾指明拓扑学(geometrie de situation)在此等问题中之作用,班氏曾研究在力学中之各轨迹线,阿氏曾证明在复连接(connexion multiple)及曲率曲面中,测地线(géodétiques)之形状可与积分之常数之算求特性有关.

能决定一偏微分方程之一积分之条件,很为复杂.在含有二变数的二阶线性方程中,最先为吾人所研究者,乃是由于经过二特征线(caractéristique)以求积分曲面问题.古尔萨氏在他的关于二阶偏微分方程著作中,曾有很多的重要发现.白洞(Bendon),阿达马,笛拉褚及黎鲁(Le Roux)诸氏,在特征曲线研究中,亦皆有很多的贡献.

在特征方程中,极限条件(conditions aux limites)往往得自几何学或物理学.普通所研究者,均系实数,并特征线之本性在所研究之问题中之作用,很为紧要.皮卡氏曾证明,在线性方程中,若特征线为虚数,则其积分乃为解析的.此等问题,甚为复杂,至今尚无普遍法则,不过我们往往可以应用以上所述之皮卡之逐次逼近法(approximation successives).在此方面,我们得自庞加莱、皮卡、阿达马、亚达马尔(d'Ademar)、罗伊(LeRoy)、古隆及日抚利(Gévrey)诸氏之贡献者很多.

微分方程论在微分几何中,应用很多.在此方面,近几十年来,要以达布为领袖.他在曲面通论和正交曲面等著作,确是很伟大的贡献,而永垂不朽的.在此等著作中,他同时发表他个人研究之所得,及用新的法则以叙述前人所已得之.此外,古尔萨、疑查尔(Guichard)和柯尼希(Koenig)诸氏在此方面,也皆有不少的发现.

4.数论、代数及几何

在上边之解析函数论及微分方程论中,我们已连带略述及数理学中之其他各部分,可是我们对于数论,代数,几何及群论等,仍不能不特别地再为述之.

在数论中,最负盛名之一个是埃尔米特氏.他的基本观念,系引入连续变数.在高等算术中,他的许多工作,皆由此观念产生.又他所创立之各法则,实已使数论由此别开生面.在1873年,埃氏曾有一不朽的发现,这就是纳氏对数底e为超越数(transcendante)之证明.随埃氏之后,德国几何学者林德曼(F. vonLinde-

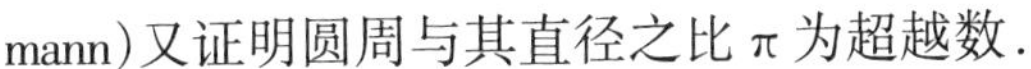

mann)又证明圆周与其直径之比π为超越数.

在高次代数方程论中,约当氏(C. Jordan)关于各型之等价论,很为重要,而使型论得到很大的进步.在二次型(forme guadratique)中,庞加莱曾引入新的观察点,而特别关于二次型之类(geure)方面.由于三元型(forme ternaire)之论证,庞氏又曾得到具有乘式定理(théoréme de multiplication)之一群富克斯函数.在各间断群中,皮卡和汉伯尔二氏曾应用埃尔特氏之连续可约法而为很精奥的研究,所得结果,很为美满.

在算术研究中,加因氏(Cahen)之工作及阿达马氏之关于素数之渐近论(théorie asymptotique),在数理历史中,可永垂不朽.

首先筑成代数方程式论之坚固基础者为伽罗瓦氏,在上边我们已经说过.近来,约当氏对于代换论及代数方程式论方面,曾发表很多精彩的著作.约氏深究伽罗瓦氏之思想,并关于本原群(groupes primitifs),可迁群(groupes transitifs)及合成群(groupes composés)等,增加很多重要发现.在代数方程式论中,约氏研究具有合成群之各方程式,并解决阿贝尔氏所命之一问题:试求已知次数及可用根号以解之各方程式,并判别某一方程式是否属于此各方程式中.此外在线性群(groupes linéaires)中,约氏还有很多工作.又古尔萨氏对此方面,也有相当的发现.

纯粹几何学及解析几何学,从来在法国是很发达的.譬如拉梅(G. Lamé),迷班(Dupin),彭赛列(J. - V. Poncelet),沙勒(M. Chasles)及贝特朗(J. L. F. Bertrand)诸氏,皆是很有贡献的几何学家.近来约当氏对于多面体及拓扑学等,皆有研究并发现两可任意伸屈之曲面之可互相贴合而不断裂及折叠之条件.拉格尔氏之工作之重要部分,系在几何方面.当他很幼时,已能补足彭赛列氏在投影几何中之著作,及后又扩充焦点论于代数曲线,及创立方向几何.第一次找到在平面中任何次双有理变换之例解者,为重哀尔氏(Jonquierés).稍迟,意大利之几何学者格摸纳氏(Cremona)乃创立双有理变换之普通理论.

哈尔方氏在几何方面最先是专力于查理氏之特征线(caractéristique)论,并解查理氏所不能解之一问题.在圆纹曲面(cyclique)论中,换言之,就是以无穷远圆为重线之四级曲面,要算拉格尔、达布及莫达尔(Montard)诸氏,最有研究.达、莫二氏同时发现三次正交之圆纹曲面组.达氏在他的关于曲线及曲面著作中,曾发表很多关于旋轮类曲线(courbes cyclides)及圆纹曲面之结论,并深究广阿贝尔函数与旋轮类曲线及圆纹曲面之关系.在凯莱(A. Cayley)几何中,达氏曾得非欧几何在欧氏空间之表释法.此结果往往有人归功于宠加莱氏,但其实乃达氏之发现.

哈尔方氏对于不平曲线(courbes ganches)曾有很多重要著作,此或是他在数理学中最有精彩的贡献.在此等著作中,往往论及函数论,并作解析几何之高深研究.哈氏曾将同次之曲线,分为各类,并引例证明他的分类法则之精确,他所举的例系将120次之各曲线,完全分类.在诸伟大贡献中,哈氏曾指告我们以如何决定已知次数之一不平曲线之貌似二重点(points doubles apperents)之数之下限,并证明凡与此下限对应之曲线皆在二次曲面上.

几个特殊曲面曾特别地引起几何学家之注意者,为施泰纳(J. Steiner)曲面,及库默尔(E. E. Kummer)曲面等.达布氏曾指出施泰纳曲面之渐近曲线(ligies asymptotiques)之几何产生法.皮卡氏曾证明,施泰纳曲面为非正则曲面(surfaces non régleés)中之唯一曲面,其截线为有理曲线(courbes unicursales).关于库默尔曲面,汉伯尔氏最有研究,并发现此等曲面之许多新的特性.

代数方程式论久已引出不变量(invariant)之概念,拉格尔氏在他的某一笔记中,曾告诉我们,此概念可以扩充至线性微分方程.哈尔方氏也对于不因任何单应变换(transformation homogrephique)而变之微分方程做了很精密的研究,直线之微分方程及二次曲线之微分方程,就是此等方程之二例.结果哈氏创立了线性方程之不变量之全论,而在数理学中放出新的光芒.

群论乃代数学之基础,并自李氏(M.S. Lie)创立代数群论后,他在分析学中之作用,亦颇不少.在李氏之工作中,群论仅是分类原则(principe de classification),乃至皮卡氏证明伽罗瓦氏对于代数方程式之观念如何能扩充至线性微分方程式后,群论乃成为简化原则(principe de reduction).随皮卡氏已开之路而继续研究者,有卫秀(Vessiot)和托哈(Drach)二氏.托哈氏首先证明有理群(groups de rationalité)之概念如何有扩充至一切普通微分方程或偏微分方程,这就他所谓为与几何积分或级数积分法或相反之逻辑积分也(integration logique).至于卫秀氏,则专研究伽罗瓦氏之理论,及其各种扩充情形,并已发表了不少很有精彩的著作.

在数理学中,普通的理论,往往必经特殊的应用后,始能在科学中占一坚固位置,可是在许多地方,以其理论太过广泛,若此特殊的应用,很不容易找到,即或找到,然而所得之结果,仅是已知之结果,在此各情形中,我们的理论,只是分类上颇有趣味,而非为发现新的真理之利器,因此,所以托哈氏之由于探索波曲面(surface des ondes)之曲率线(liques de courbure)之微分方程式之有理群,而求出久不能积分之方程式之积分一事,乃是很有价值的贡献,盖由此而群论之效用益见彰著也.

嘉当氏对于群论很有研究,尤其关于群之构造,及简单群之决定法等,贡献特多,在连续有限群中,李氏和其学生等已经创立了各原则,但无限群之原则,在那时候,还在探讨之中.乃至嘉当氏,才知道如何决定一切可迁的或不可迁的简单无限群,而为群论产生了许多新的材料.

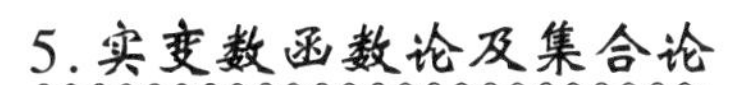

5.实变数函数论及集合论

抽象分析学中之一重要对象为函数之研究,换言之,则求二变数或多变数间之关系.函数中之最常用者为实数解析函数,它乃分析学中之重要部分,自从柯西以后,在德国有狄利克雷(P.G.L.Dirichlet)研究展开函数为三角函数之可能性之条件,黎曼氏(B.Riemann)研究可积分函数及不可积分函数之分别,魏尔斯特拉斯氏找得一没有引函数之连续函数,换言之,就是没有切线之连续曲线.在法国有达布氏研究间断函数(fonction discontinue),并找得许多没有引函数之连续函数,约当氏研究有界变差函数(fonction à variation bornée),并找得分平面为二不同部分之约当曲线.实变数函数论得诸数学泰斗之苦心焦思,惨淡探索,遂愈臻精确,大为进步,而为研究自然现象之主要利器.

集合论(théorie des ensembles)之创造者,为德国之数学家康托尔氏(M.B.Cantor).中间经许多数学家之辩论及努力,至今已能在数理学中占一位置.集合论在函数论及几何学中均有应用.首先给我们以点集测度(mesure d'un ensemble)之定义者,为约当氏.稍后波莱尔氏又研究此问题,并引入其测度为零之点集之概念.现在我们已知道有些定理,除在其测度为零之某一点集外,在其余各点,均为正确.譬如波氏定理,即其一例,此定理是:凡有界解析函数除在其测度为零之某一点集外,均等于一收敛多项式级数.又傅里叶级数,也是同样的例.

定积分(integrale définie)之研究,至黎曼氏后,几乎已登峰造极,不能再进了.但近来以勒贝格氏(H.L.Lebesgue)之悉心研究,始知数理学的此块园地,并非已经完全开垦,没留余地可耕.勒氏在此方面所得之结果,比黎氏的更为美满和普遍.最近波莱尔氏对于定积分之理论,亦很有研究和贡献.

贝尔氏(R.L.Baire)曾将一切实变数函数分为各类,并求使一实变数可展为多项式级数之条件.为要解答此问题,贝尔氏曾应用集合论.在简单级数之情形中,所求之条件是要此函数对于任何完备集(ensemble parfait)都为点态不连续的(poutuellement discontinue).勒贝格氏对于解析函数之研究与贝尔氏之研究,互有关连,也是很重要的.

在今日的分析学中,尚有一重要部分,这就是泛函演算(calcul fonctionnel).此学之第一重要算是变分法(calcul des variations).在一曲面上求由某一点到他一点之最短路线,乃是变分法之第一个问题,及后乃因力学中之各问题而渐次发达.最近阿达马氏所发表的变分法一书,可算是很有价值的著作.积分方程式论之创立者,为意大利之沃尔泰拉(V.Volterra)及瑞典之弗雷德霍姆(I.Fredholm)二氏,近来在法国甚为发达.黎鲁氏(Le Roux)积分其上限为变数之方程式,古尔萨氏关于正交核(noyaux orthogonoux)有所发现,皮卡氏对于第一种方程式及奇异方程(equation singulieres)等,有所贡献,马底氏(Marty)对于可对称核(noyaux symétrisables),工作很多.此外,阿达马,莱维(A.Lévy)及弗雷歇(M.R.Fréchet)诸氏,在积分方程论方面,亦皆很有研究,并有所成功.

最后关于四元数(quaternions),我也要说几句.此学之创造者为英国哈密顿氏(S.W.R.Hamilton).此学在英国颇为通用,此学在物理及力学中略有应用.近来在法国庞加莱,沙儿候(Larran)、嘉当诸氏,对于此学,皆有相当的建树.

6.数理学与物理学之关系

在此篇中,我想若附带的说几句关于物理学与数理学之关系,并非无用的,盖此二种科学,好比是肢体相连的双生兄弟,绝不能使其分离而有所损失.

在许多人的眼光中,数学家好像是些奇怪的东西,整天的在抽象的符号里头过生活,讨烦恼,其实数理学的起源,并非抽象的,而却是有实验性的,而几何学更是物理学之一部分.我们知道,在纪元前,巴比伦(Babylone)人已经晓得若在一圆中,作一正六边形,则此六边形之每边等于此圆之半径,此种知识,无疑的是由实验得来.同样的,我们又知道,从前在埃及之测量土地者,已经知道若一三角形之各边之比为3:4:5,则此三角形为一直角三角形.此等埃及及加尔德(Chalde)之实用几何,便是以后之理论之起点.

科学历史告诉我们,在纯粹的数理学与实用的数理学间,常有一个很密切的关联.譬如动力学及力学之发达,乃是数理学大进步之起点,就是一个很显著的例.无论奈端也好,伊梓斯(Huygens)也好,笛卡儿(R.Descartes)也好,他们都同时是数理学家,物理学家及机械学家.在数理研究中,当好像已经寻其底蕴,没有兴趣再进时,往往依赖于物理现象所生之问题,始之新的方向,而重为研究.譬如在希腊文化之晚年,几何学之理论,好似早已陷于停顿的状态,然以天文学之要求,三角学及球面几何学,乃以发达.我们知道,在现代的科学中,复变数函数论所占之地位如何重要,可是复变数函数之第一次发现,乃在达朗贝尔(d'Alembert)之关于流体阻力之笔记中.我们又知道,由于傅里叶之热学分析理论,曾经产出几多数学的问题.

由上可见物理学之研究,往往是数理学的发现之重要原因.从另一方面言之,数理学之所贡献于物理学者,也很重大.能使由归纳时期而进于演绎时期,能使各原理都得到一个简要方式,并由此而渐次推广,此皆是数理学之效能.我们知道,在力学中,假位移(deplacements virtnels)之原理,是多么简单,可是由于释述此原理之解析公式,我们所得之推广,则几乎与全部物理有关,我们又知

道,在天体力学中所有者不过是宇宙引力的定律,及几个由观察得来之常数,然以运算之无穷变化,我们几乎能说明一切星球运动之特别状况.总之,数理学家好比是一个造模型者,而物理学家则将其由实验得来之结果,分别地放在各适当的模型中,而使容易知道自然现象之各种关系.

7.结　论

综上所述,我们可看出近来数理学在法国之概况及其趋势,并由此而因性所近,择定努力的方向,是即此篇区区之意也.

依上之分类法,有时同一问题,可以列入此一类,或他一类,故此并非自然的及十分逻辑的分类法,不过为便利叙述起见,不得不如此耳.

在数理研究中,往往易于太过形式主义(formalisme)及太过象征主义(symbolisme),而不能由已得之结果,求出新的真理,或应用已得之结果于别的研究,可是若在此情形中,科学是不会有实在的进步的,关此一点,法国之数理学者,好像是特别的注意,盖他们常不忘记科学并非纯粹逻辑之演习,而留意于新的真理之发现,及各真理之关联也.

上边我们曾略述数理学与物理学之关系,但我们不要以为数理学之目的乃专为求致用于物理学,盖数理学除为研究自然现象者供给必要的工具外,还有其哲学和美学的目的者也.

椭圆曲线、阿贝尔曲面与正二十面体[①]

附录八

0.引　　言

这篇报告是根据 Klaus Hulek 于 1987 年在柏林为德国数学协会所做的演讲扩充而写成.

首先开始讨论正二十面体和它的对称群.第 2 节考虑椭圆曲线.从椭圆曲线的分类出发,我们用自然的方式引进水平结构与 Shioda 参量曲面(通用椭圆曲线).椭圆曲线的一个自然的推广是 Abel 簇,后者与它们的参量(moduli)将在第 3 节讨论.在第 4 节处理 Abel 簇的射影嵌入.P_4 中的 Abel 曲面的存在起着特殊的作用,这是首先由意大利数学家 A.Comessatti 在 1916 年指出的.这构造直接给出与 Hilbert 参量曲面的联系.第 5 节的中心是所谓的 Horrocks-Mumford 丛.它多次在正二十面体、椭圆曲线及 Abel 曲面之间起着联系作用.

1.正二十面体

在古代人们就已知道在三维空间 $\mathbf{R}^3$ 中正好有五个正多面体:正四面体、正六面体、正八面体、正十二面体与正二十面体.正二十面体有 12 个顶点、30 条棱和 20 个面.设想正二十面体坐落在 $\mathbf{R}^3$ 中,它的中心位于原点,而它的顶点都在单位球 S^2 上.

① 原题:Elliptische Kurven, abelsche Flächen und das Ikosaeder. 译自:Jahresbericht der De-utschen Mathematiker Vereinigung, 91(1989), 126-147.

正二十面体的对称群,即所谓的正二十面体群,由所有的把正二十面体 I 变为自身的旋转所组成.即

$$G=\{g\in SO(3,\mathbf{R});g(I)=I\}$$

不难看出它由三种类型的旋转所生成:

(i)旋转轴是两对径顶点的连线,旋转角为 $k\cdot\frac{2\pi}{5},k\in\{0,1,2,3,4\}$.

(ii)旋转轴是两相对棱中点的连线,旋转角为 $k\cdot\pi,k\in\{0,1\}$.

(iii)旋转轴是两相对面中点的连线,旋转角为 $k\cdot\frac{2\pi}{3},k\in\{0,1,2\}$.

计算轴的个数与旋转的阶数,得到群的阶

$$|G|=1+6\times4+15\times1+10\times2=60$$

可证明 G 是个单群,即不包含非平凡的正规子群.于是 G 同构于交错群 A_5.还有

$$G\cong A_5\cong PSL(2,\mathbf{Z}_5)$$

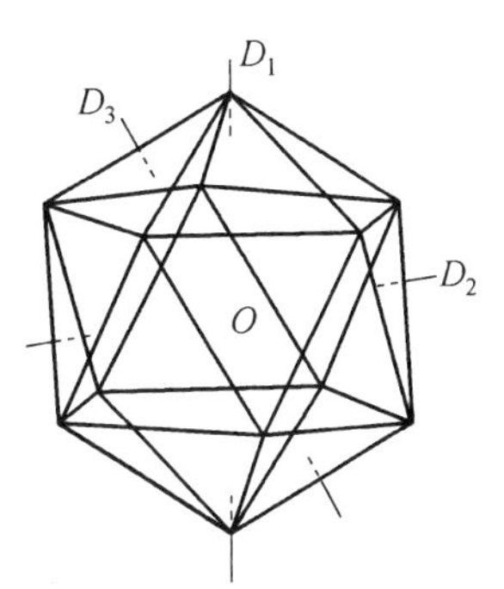

图1　正二十面体

借助球极投影

$$(x,y,z)\mapsto\frac{x+\mathrm{i}y}{1-z},N\to\infty$$

熟知可将2维球面与复射影直线等同

$$S^2\cong\mathbf{C}\cup\{\infty\}=P_1=P(\mathbf{C}^2)$$

正如F.Klein所注意到.通过适当选择正二十面体(图1)在2维球内的位置,可将 I 的顶点与

$$0,\infty,\varepsilon^K(\varepsilon^2+\varepsilon^3),\varepsilon^K(\varepsilon+\varepsilon^4)(\varepsilon=\mathrm{e}^{\frac{2\pi\mathrm{i}}{5}},k\in\{0,1,2,3,4\})$$

诸点等同.

通过球极投影(图2),$\mathbf{R}^3$ 中每个旋转定义了一个 P_1 到自身的保角变换.有包含关系

$$SO(3,\mathbf{R})\subset Aut(P_1)=PGL(2,\mathbf{C})$$

射影线性群 $PGL(2,\mathbf{C})$ 为特殊线性群二重地覆盖着.在这覆盖之下,$SO(3,\mathbf{R})$ 的原象是 $SU(2,\mathbf{C})$.这给出

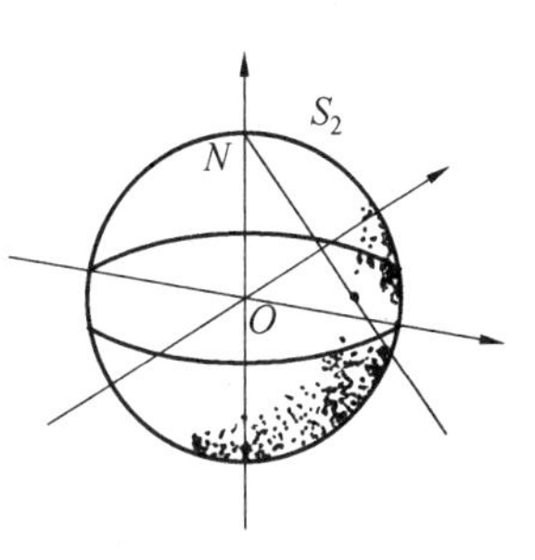

图2　球极投影

$$\begin{array}{ccccc}
\{\pm1\} & & \{\pm1\} & & \{\pm1\}\\
\downarrow & & \downarrow & & \downarrow\\
G' & \subset & SO(2,\mathbf{C}) & \subset & SL(2,\mathbf{C})\\
\downarrow 2:1 & & \downarrow 2:1 & & \downarrow 2:1\\
G & \subset & SO(3,\mathbf{R}) & \subset & PGL(2,\mathbf{C})
\end{array}$$

其中 G' 是 G 在 $SU(2,\mathbf{C})$ 中的原象. G' 称为双正二十面体群. 还有

$$G' \subseteq SL(2,\mathbf{Z}_5)$$

群 G' 由下列矩阵所生成

$$\boldsymbol{a}=\begin{pmatrix}-\varepsilon^3 & 0\\ 0 & -\varepsilon^2\end{pmatrix},\boldsymbol{c}=-\frac{1}{\sqrt{5}}\begin{pmatrix}\lambda & \lambda'\\ \lambda' & -\lambda\end{pmatrix}$$

其中

$$\lambda=\varepsilon-\varepsilon^4,\lambda'=\varepsilon^2-\varepsilon^3$$

$|a|^5=|c|^2=(|ac|)^3=-1$ 成立.

2. 椭圆曲线

设
$$H=\{z\in\mathbf{C};\mathrm{Im}\ z>0\}$$
为上半面. 每一 $\tau\in H$ 定义了一个网络

$$\Omega(\tau):=\mathbf{Z}+\mathbf{Z}\tau\subset\mathbf{C}$$

商空间

$$E_\tau=\mathbf{C}/\Omega(\tau)$$

是个拓扑的环面(即同胚于 $S^1\times S^1$). E_τ 也承载一个从 $\mathbf{C}$ 自然诱导而来的复结构,而成为亏格 1 的紧黎曼面. 亏格 1 的紧黎曼面也称为椭圆曲线.

每一个椭圆曲线都可用上述方式获得. 要描述两点 τ 与 τ' 何时同构,即椭圆曲线之间的双全纯等价,我们要用参量群

$$\Gamma=PSL(2,\mathbf{Z})=SL(2,\mathbf{Z})/\{\pm1\}$$

群 Γ 在 H 上的作用是

$$\tau\to\frac{a\tau+b}{c\tau+d};\begin{pmatrix}a & b\\ c & d\end{pmatrix}\in SL(2,\mathbf{Z})$$

注意 -1 在 H 上的作用是平凡的. 我们有熟知的

定理 2.1　椭圆曲线 E_τ 与 $E_{\tau'}$ 当且仅当 τ 与 τ' 相对于 Γ 等价时同构.

换言之,椭圆曲线的同构类与轨道空间 H/Γ 的点成一一对应. 商空间本身也是个(开)黎曼面,它通过 j 函数与 $\mathbf{C}$ 同构. 对应 $\tau\mapsto E_\tau$ 也是一对一的

$$\mathbf{C}\subseteq H/\Gamma\xrightarrow{\sim}\{\text{椭圆曲线}\}/\text{同构}$$

我们于是构造了椭圆曲线同构问题的一个(粗)参量空间,我们幸而有理想地细参量空间,即一复 2 维曲面 S 和一个投影 $\pi:S\to H/\Gamma$,使得每一点 $\bar{\tau}\in H/\Gamma$ 的纤维 $S_{\bar{\tau}}=\pi^{-1}(\bar{\tau})$ 为同构于 E_τ 的椭圆曲线. 然而这样的一个"通用"椭圆曲线在原有的基础上并不存在. 这是因为,与所有其他椭圆曲线相比较,由 $\tau=\mathrm{i}$ 与

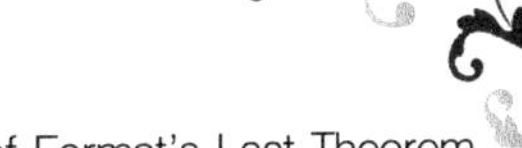

$\tau = e^{\frac{2\pi i}{3}}$定义的椭圆曲线有附加的自同构.但通过添设一个附加结构还是可以导致通用椭圆曲线.为了较详细地解释这一点,对给定椭圆曲线 E,让我们考虑 n 分点或 n 绕率点所组成的群

$$E^{(n)} = \{a \in E; na = 0\}$$

(关于 $n=2$ 情况,见图 3)有一个(非典范)同构

$$E^{(n)} \cong \mathbf{Z}_n \times \mathbf{Z}_n$$

群 $E^{(n)}$上有一个内蕴的、非退化的、交错的 $\mathbf{Z}_n$ - 双线型.为了说明这一点,把 E 写作 $E = \mathbf{C}/\Omega$.在 Ω 上有双线型

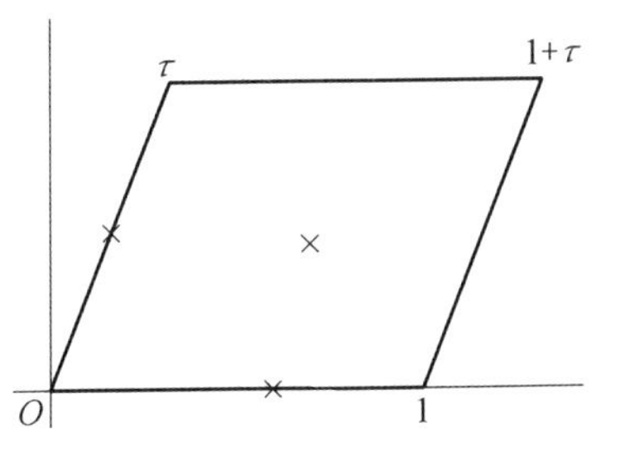

图 3　有二分点的网格

$$<,>:\Omega \times \Omega \to \mathbf{Z}$$

$$< k + l\tau, m + n\tau > = \det\begin{pmatrix} k & m \\ l & n \end{pmatrix}$$

n 分点 $\alpha, \beta \in E^{(n)}$有代表 $a', \beta' \in \frac{1}{n}\Omega$.定义

$$(,): E^{(n)} \times E^{(n)} \to \mathbf{Z}_n$$

$$(\alpha, \beta) := < n\alpha', n\beta' > \bmod n$$

这定义与代表的选择无关.

注记 2.2　有典范同构 $\Omega \cong H_1(E, \mathbf{Z})$.因此双线型$<,>$与相交乘积

$$H_1(E, \mathbf{Z}) \times H_1(E, \mathbf{Z}) \to \mathbf{Z}$$

等同.

定义 2.3　E 上的一个水平 n 结构是一组满足$(\alpha, \beta) = 1$ 的基 α, β.

为了描述有水平 n 结构的椭圆曲线的同构类.我们考虑 n 阶主同余子群(principal congruence subgroup)

$$\Gamma(n) = \{\gamma \in SL(2, \mathbf{Z}) : \gamma \equiv 1 \bmod n\}$$

作为 $SL(2,\mathbf{Z})$的子群,$\Gamma(n)$也作用在 H 上.商空间 $X_0(n) = H/\Gamma(n)$仍然是个开黎曼面,对每个 $\tau \in H, (\alpha, \beta) = \left(\frac{1}{n}, \frac{\tau}{n}\right)$定义了 E_τ 上的一个水平 n 结构.这对应诱导出一一对应

$$X_0(n) = H/\Gamma(n) \xrightarrow{\sim} \{\text{有水平 } n \text{ 结构的椭圆曲线}\}/\text{同构}$$

下面假设 $n \geqslant 3$.不难看出 $X_0(n)$是个细参量空间,即存在有水平 n 结构的通用椭圆曲线.更进一步,通过添加所谓的尖点可使 $X_0(n)$完备化而成为一紧黎曼面(代数曲线)

$$X(n) = X_0(n) + \text{尖点}$$

$X(n)$的亏格是

$$g(n)=1+\frac{n-6}{12}t(n)$$

其中

$$t(n)=\frac{1}{2}n^2\prod_{p\mid n}\left(1-\frac{1}{p^2}\right)$$

为尖点的个数.此处乘积中 $p\geqslant 2$ 表示素数.

Shioda 对每一 $n\geqslant 3$ 构造了一个射影代数曲面 $S(n)$,和一个满足下列性质的投影 $\pi:S(n)\to X(n)$:

(i)对 $x\in X_0(n)$,纤维 $E_x=\pi^{-1}(x)$为一光滑椭圆曲线.

(ii)对 $x\in X(n)\setminus X_0(n)$纤维 $E_x=\pi^{-1}(x)$为一由 n 条有理曲线组成的 n 边形每条的自相交数为 -2(图 4).

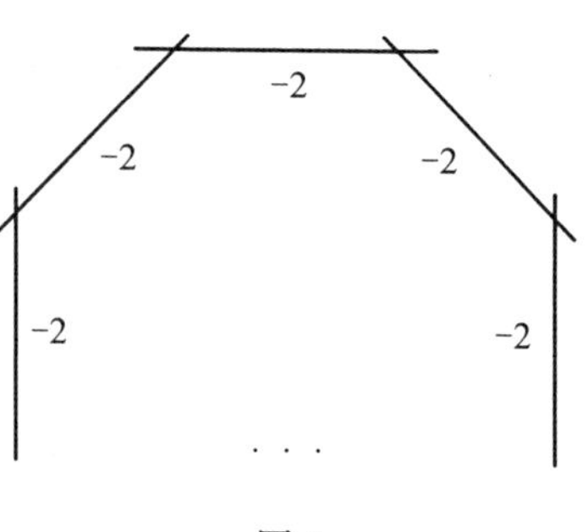

图 4

(iii)曲面 $S(n)$有 n^2 个截面,它们构成一个群

$$\mathbf{Z}_n\times\mathbf{Z}_n=\{\alpha L_{10}+\beta L_{01};\alpha,\beta\in\mathbf{Z}_n\}$$

(iv)对每个 $x\in X_0(n)$点组

$$\alpha_x=E_x\cap L_{10},\beta_x=E_x\cap L_{01}$$

在 E_x 上定义了一个水平 n 结构.三元组(E_x,α_x,β_x)是由 $x\in X_0(n)=H/\Gamma(n)$决定的有水平 n 结构的曲线.

特别地,$S(n)$在开集 $X_0(n)$上定义了一个有水平 n 结构的通用椭圆曲线.

定义 2.4 $S(n)$称为 n 阶 Shioda 参量曲面.

注记 2.5 通过"遗忘"水平 n 结构而得到一个映射

$$X(n)\to X(1)=P_1$$

这映射由下列群的作用所诱导

$$SL(2,\mathbf{Z})/\pm\Gamma(n)=PSL(2,\mathbf{Z}_n)$$

作为这节的结束,我还要讲一下椭圆曲线的射影嵌入.为此设 E 为有原点 0 的椭圆曲线.当 $n\geqslant 3$ 时,线丛 $\mathscr{L}=\mathscr{O}_E(n0)$是很丰富的.即存在 $\mathscr{L}$的截面向量空间的一组基 $s_1,\cdots,s_n\in H^0(E,\mathscr{L})$,使映射

$$\varphi:E\to P_{n-1}$$

$$x\mapsto(s_1(x):\cdots:s_n(x))$$

为一嵌入.E 在φ 下的象是所谓的 n 次椭圆正规曲线.当 $n=3$ 时,用这方式得到将 E 作为平面三次曲线的通常表示.每一椭圆正规曲线有一系列的对称,它们与 n 分点群 $E^{(n)}$密切相关.若 $x\in E$ 为任一点,用 $T_x:E\to E$ 表示 x 决定的位

移.线丛 $\mathscr{L}$ 在群 $E^{(n)}$ 的位移下不变,即

$$T_x^* \mathscr{L} = \mathscr{L}$$

对所有 $x \in E^{(n)}$ 成立.

在向量空间 $V = \mathbf{C}^n$ 上定义下列变换

$$\sigma : e_i \mapsto e_{i-1}$$

$$\tau : e_i \to \rho^i e_i (\rho = e^{\frac{2\pi i}{n}})$$

其中 $\{e_i\}$ 是 V 的标准基. σ 与 τ 所生成的群

$$H_n = < \sigma, \tau > \subset GL(n, \mathbf{C})$$

称为 n 阶 Heisenberg 群.群 H_n 的阶是 n^3,它是个中心扩充

$$1 \to \mu_n \to H_n \to \mathbf{Z}_n \times \mathbf{Z}_n \to 1$$

$$e \to e \cdot 1 = [\sigma, \tau]$$

$$\sigma \mapsto (1,0), \tau \mapsto (0,1)$$

此处 $\mathbf{Z}_n \times \mathbf{Z}_n = H_n/$中心 $= \mathrm{Im}(H_n \to PGL(n, \mathbf{C}))$.

由包含关系定义的 H_n 的表示称为 H_n 是 Schrödinger 表示.

群 $E^{(n)}$ 在 E 上的作用提升为 Heisenberg 群 H_n 在 $\mathscr{L}$ 上的作用.这定义了一个从 H_n 到 $H^0(E, \mathscr{L})$ 的表示它与 Schrödinger 表示对偶.它的意义如下:适当选取基 $s_1, \cdots, s_n$ 定义 E 的嵌入映射 φ,使成为 $P_{n-1}(V)$ 中的 H_n 不变的椭圆正规曲线. Heisenberg 群作为 n 分点群 $E^{(n)}$ 在 E 上作用.

定理 2.6 存在 $P_{n-1}(V)$ 中 H_n 不变的椭圆正规曲线与有水平 n 结构的椭圆曲线的同构类之间的一一对应.

3. Abel 族

设 $\omega_1, \cdots, \omega_{2g}$ 为 $\mathbf{C}^g$ 的一组 $\mathbf{R}$-基,令

$$\Omega = \mathbf{Z}\omega_1 + \cdots + \mathbf{Z}\omega_{2g}$$

为相应的网格.于是,如同在椭圆曲线($g = 1$)的情况,商空间

$$x = \mathbf{C}^g / \Omega$$

为一环面,它自然地承载着一个紧复流形的结构.与一维的情况大不相同,无法保证 x 是射影代数的.即存在到射影空间 P_n 的嵌入.

定义 3.1 若一复环面 x 同时也是射影代数的,则称它为 Abel 簇.

为了给出复环面 x 何时为 Able 簇的判定准则,我们考虑非退化错双线型

$$A : \Omega \times \Omega \to \mathbf{Z}$$

定义 3.2 双线性型 A 称为:Riemann 形式,如果 A 的 R-线性扩充满足:

(i) $A(\mathrm{i}x,\mathrm{i}y)=A(x,y)(x,y\in\mathbf{C}^g)$,

(ii) $A(\mathrm{i}x,y)>0(x\neq 0)$.

定理 3.3　x 是 Abel 族的充要条件是 x 上有 Riemann 形式.

适当选取 Ω 的基可使 Riemann 形式化为标准形

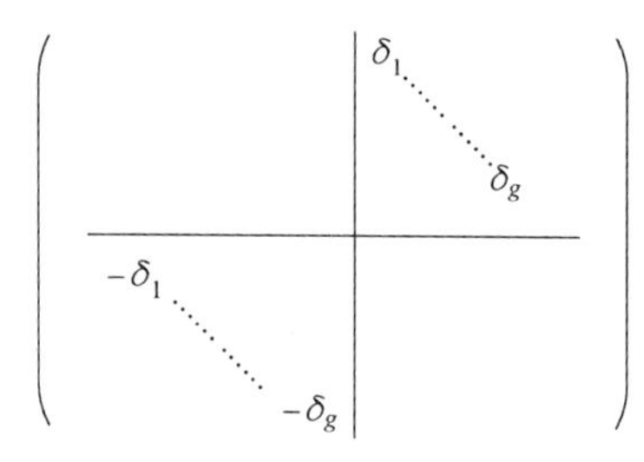

其中 δ_i 是自然数而 $\delta_i\mid\delta_{i+1},1\leqslant i\leqslant g$. 我们也称 A 定义了 $\delta=(\delta_1,\cdots,\delta_g)$ 型的极化. 若所有 $\delta_i=1$, 则称为主极化.

极化 A 定义了 x 上的一个线丛, 它在差一位移的情况下唯一地确定. 于是对于适当的网格把 x 写作商空间 $x=\mathbf{C}^g/\Omega$. 等同

$$\Omega=H_1(x,\mathbf{Z})$$

则可将 A 看为

$$\mathrm{Hom}(\Lambda^2 H_1(x,\mathbf{Z}),\mathbf{Z})=H^2(x,\mathbf{Z})$$

中的元素. 定义(3.2)中的条件(i)意味着

$$A\in H^2(x,\mathbf{Z})\cap H^{1,1}(x,\mathbf{Z})=NS(x)$$

这里 $NS(x)$ 是 x 的 Neron-Severi 群, 即 x 上所有的线丛的代数等价(位移)类群. 也常用 $\mathscr{L}$ 表示极化.

像椭圆曲线一样, 也可提出 Abel 簇的参量问题. 设固定上述 $\delta=(\delta_1,\cdots,\delta_g)$. 考虑 g 阶 Siegel 上半面, 它的定义如下

$$S_g=\{\tau\in M(g\times g,\mathbf{C}),\tau={}^t\tau,\mathrm{Im}\ \tau>0\}$$

当 $g=1$, 它就是普通的上半面. 设

$$\boldsymbol{J}=\begin{pmatrix}0 & 1_g\\ -1_g & 0\end{pmatrix}$$

为标准辛形式, 而

$$S_p(2_g,\mathbf{Q})=\{\boldsymbol{M}\in GL(2g,\mathbf{Q}),\boldsymbol{M}\boldsymbol{J}^{\mathrm{T}}\boldsymbol{M}=\boldsymbol{J}\}$$

为有理系数的辛群. $S_p(2g,\mathbf{Q})$ 作用在 Q^{2g} 的右边 $S_p(2g,\mathbf{Q})$ 以下式作用在 S_g 上

$$t\mapsto(\boldsymbol{A}\tau+\boldsymbol{B})(\boldsymbol{C}\tau+\boldsymbol{D})^{-1},\begin{pmatrix}\boldsymbol{A} & \boldsymbol{B}\\ \boldsymbol{C} & \boldsymbol{D}\end{pmatrix}\in S_p(2g,\mathbf{Q})$$

其中, $\boldsymbol{A},\cdots,\boldsymbol{D}$ 均为 $(g\times g)$ 矩阵. 这是 $SL(2,\mathbf{Z})$ 在 H 上作用的一个自然推广. 最后设

$$L(\delta)=\mathbf{Z}^g\times\delta_1\mathbf{Z}\times\cdots\times\delta_g\mathbf{Z}\in\mathbf{Z}^{2g}$$

及

$$\Gamma_0(\delta)=\{\boldsymbol{M}\in S_p(2g,\mathbf{Q});\boldsymbol{M}(L_\delta)=L_\delta\}$$

定理 3.4　存在一一对应

$$\mathscr{A}_0(\delta):S_g/\Gamma_0(\delta)\xrightarrow{\sim}\{(X,\mathscr{L});X\text{ 为 Abel 簇},\mathscr{L}\text{为 }\delta\text{ 型极化}\}/\text{同构}$$

$\mathscr{A}_0(\delta)$是有 δ 型极化的 Abel 簇的参量空间.

类似于椭圆曲线的情况,也可引进水平结构的概念.为此,我们定义

$$L^v(\delta)=\frac{1}{\delta_1}\mathbf{Z}\times\cdots\times\frac{1}{\delta_g}\mathbf{Z}\times\mathbf{Z}^g\subset\mathbf{Q}^{2g}$$

注意 $L^v(\delta)=\{x\in\mathbf{Q}^{2g};\boldsymbol{J}(x,y)\in\mathbf{Z}$ 对所有 $y\in L(\delta)\}$. 形式 $\boldsymbol{J}$ 在 $L^v\vee(\delta)/L(\delta)$上定义了一辛形式,以乘法的方式表达如下

$$(\bar{x},\bar{y})=\mathrm{e}^{2\pi\mathrm{i}J(x,y)}$$

现设 X 为给定极化及相应丛的 Abel 簇.于是定义了一个映射

$$\lambda:X\to\hat{x}=PiC^0X$$

$$x\mapsto\mathscr{L}_x=T_x^*\mathscr{L}\otimes\mathscr{L}^{-1}$$

其中 T_x 仍表 x 决定的位移.核

$$\ker\lambda=\{x\in X;T_x^*\mathscr{L}=\mathscr{L}\}$$

表示 x 的挠率点.类似椭圆曲线的 n 挠率点,$\ker\lambda$ 也有一个内蕴的辛形式.

我们最后考虑

$$\Gamma(\delta)=\{M\in\Gamma_0(\delta);(M-1)L^v(\delta)\subset L(\delta)\}$$

它们是保持网格不变而在 $L^v(\delta)/L(\delta)$上诱导出恒同映射的矩阵.

定理 3.5　存在一一对应

$$(\delta):S_g/\Gamma(\delta)\xrightarrow{\sim}\left\{\begin{matrix}(x,\mathscr{L},\alpha);v(x,\mathscr{L})\text{是有 }\delta\text{ 型极化的 Abel 簇},\\ \alpha:\ker\lambda\to L^v(\underline{\delta})/L(\delta)\text{为一辛同构}\end{matrix}\right\}/\text{同构}$$

换言之,$\mathscr{A}(\delta)$是有$(\delta_1,\cdots,\delta_g)$型极化与水平结构的参量空间.

注记 3.6　在 $g=1$ 的情况,δ_1 正好等于极化的相属线丛的次数 n. α 就是在第 2 节意义上的水平 n 结构.

注记 3.7　"遗忘"水平结构给出一映射

$$\mathscr{A}(\delta)\to\mathscr{A}_0(\delta)$$

它由群 $\Gamma_0(\delta)/\Gamma(\delta)$的作用给出.

4. Abel 族的射影嵌入

还是考虑 g 维的 Abel 簇.设给定 X 上$\delta=(\delta_1,\cdots,\delta_g)$型的极化 A.如已经

说明过的,A 在位移下唯一地确定一线丛 $\mathscr{L}$.一般性的理论导致

定理 4.1 当 $n\geqslant 3$,线丛 $\mathscr{L}^{\otimes n}$ 为很丰富,即存在 $\mathscr{L}^{\otimes n}$ 截面向量空间的基 $s_0,\cdots,s_N\in H^0(X,\mathscr{L}^{\otimes n})$ 使映射

$$\varphi_{\mathscr{L}^{\otimes n}}:X\to P_N$$

$$x\mapsto(s_0(x):\cdots:s_N(x))$$

为一嵌入.

从 Abel 簇的 Riemann-Roch 定理得

$$h^0(\mathscr{L}^{\otimes n})=\dim_C H^0(X,\mathscr{L}^{\otimes n})=n^g\delta_1,\cdots,\delta_g$$

上述构造导致到,相地于 X 的维数,相当高维射影空间的嵌入.在许多情况下,我们感兴趣的是把 X 嵌入维数尽可能小的射影空间.于是可用较小数目的多项式方程来描述 X.用代数几何中的标准方法不难给出每个 g 维簇到 P_{2g+1}的嵌入.对于 Abel 簇,可用简单方式证明不存在到 P_{2g-1}的嵌入.但我们仍然可以考虑边界情况 ,即将 Abel 簇嵌入到两倍维数的射影空间.

定理 4.2 若 g 维 Abel 簇有个到 P_{2g}的嵌入,则一定是下列二情况之一:

(i)$g=1$,x 是 P_2 中的 3 次曲线.

(ii)$g=2$,x 是 P_4 中的 10 次 Abel 曲面.

注记 4.3 (i)每一椭圆曲线可作为三次曲线而嵌入 P_{2n}.这由定理 4.1,取 $\mathscr{L}=\mathscr{O}_E(n0)$及 $n=3$.也能直接地得到,对相应的网格 Ω 有 $E=\mathbf{C}/\Omega$,考虑魏尔斯特拉斯 $\mathscr{P}$函数映射

$$\varphi:E\to P_2$$

$$x\mapsto(\mathscr{P}(x):\mathscr{P}'(x):1)$$

是个嵌入.函数 $\mathscr{P}$满足微分方程

$$(\mathscr{P}')^2=4\mathscr{P}^3-g_2\mathscr{P}-g_3$$

其中,g_2,g_3 是与网格无关的复常数.E 通过 φ 与平面三次曲线

$$y^2=4x^3-g_2x-g_3$$

同构.

(ii)不是每个 Abel 曲面都能嵌入到 P_4,一个必要条件是 X 有(1,5)型的极化.但也不是每个 Abel 曲面上(1,5)型的极化都定义到 P_4 的嵌入.

上定理指出,同平面三次曲线一齐,P_4 中的 Abel 曲面起着特殊的作用.但事先无从知道那样的曲面是否真正存在.关于它存在的证明,导致今日的许多研究方向:

(1)1972 年 Horrocks 与 Mumford 构造了著名的 Horrocks-Mumford 丛,它是个 P_4 上秩 2 不可分向量丛 F.设 $0\neq s\in H^0(P_4,F)$是个一般截面,他们证明零点集 $X_s=\{s=0\}$是个 10 次 Abel 曲面.我们将在第 5 节再讲它.

(2)如只对 Abel 曲面感兴趣,则可越过向量丛的理论.特别地,可试图回答下列问题:设给定 Abel 簇 X 及它上面一个来自(1,5)型极化的线丛 $\mathscr{L}$.在什么情况下 $\mathscr{L}$ 是很丰富,它是否定义了从 X 到 P_4 的嵌入?这问题在 1984 年被 S. Ramanan 解决.他的结果可描述如下:设 X 与 $\mathscr{L}$ 如上,则有循环商

$$\pi: X \to X/\mathbf{Z}_5 = Y$$

其中 Y 是个有主极化 $\mathscr{U}$ 的 Abel 簇而 $\mathscr{L} = \pi^* \mathscr{U}$. Y 有两种可能性:(a) Y 是一个亏格 2 曲线的 Jacobi 簇而 $\mathscr{U} = \mathscr{O}_Y(C)$. (b) $Y = E_1 \times E_2$ 分解成椭圆曲线的乘积而

$$\mathscr{U} = \mathscr{O}_Y(C)$$

$$C = E_1 \times \{0\} \cup \{0\} \times E_2$$

下面只考虑情况(a),于是 $D = \pi^{-1}(C)$ 是条亏格 6 的光滑曲线而 $\mathscr{L} = 0_X(D)$.

定理 4.4(Ramanan) 线丛 $\mathscr{L}$ 为很丰富,除了 D 有椭圆对合的情况外,它与 Galois 作用相适,即有交换图

$$\begin{array}{ccc} D & \xrightarrow{2:1} & E \\ {\scriptstyle\pi}\downarrow & & \downarrow{\scriptstyle 5:1} \\ C & \xrightarrow{2:1} & E' \end{array}$$

其中 E 与 E' 是椭圆曲线.

一般亏格 2 的曲线没有椭圆对合,这就给出了 P_4 中 Abel 曲面存在性的证明.类似的结果对情况(b).即 Y 可分时,也成立.

(3)最早构造 P_4 中 Abel 曲面的是意大利数学家 A. Comessatti.他的文章多年来被忽视. H. Lange 首先重新采用了其中的想法. Comessatti 的结果被扩充并用近代语言证明了.为了说明 Comessatti 与 Lange 的结果,考虑数域 $\mathbf{Q}(\sqrt{5})$ 和它的整数环

$$\mathscr{D} = \mathbf{Z} + \mathbf{Z}\omega, \omega = \frac{1}{2}(1+\sqrt{5})$$

更设: $\mathscr{D} \to \mathscr{D}$ 为共轭运算,它由 $\sqrt{5} \to -\sqrt{5}$ 所给出,对 $(z_1, z_2) \in H^2$,定义

$$\Omega = \Omega_{(z_1, z_2)} = \mathscr{D}\begin{pmatrix} 1 \\ 1 \end{pmatrix} + \mathscr{D}\begin{pmatrix} z_1 \\ z_2 \end{pmatrix}$$

这里 $\alpha \in \mathscr{D}$ 的乘法定义是

$$\alpha\begin{pmatrix} \omega_1 \\ \omega_2 \end{pmatrix} = \begin{pmatrix} \alpha\omega_1 \\ \alpha'\omega_2 \end{pmatrix}$$

容易证明 Ω 是 $\mathbf{C}^2$ 中的一个网格.令

$$X = X_{(z_1, z_2)} = \mathbf{C}^2 / \Omega_{(z_1, z_2)}$$

X 是个 Abel 簇,它自然地有个(1,5)型极化.为此,考虑 $A: \mathbf{C}^2 \times \mathbf{C}^2 \to \mathbf{C}$

$$A((x_1,x_2),(y_2,y_2))=\mathrm{Im}\left(\frac{x_1\overline{y_1}}{\mathrm{Im}\ z_1}+\frac{x_2\overline{y_2}}{\mathrm{Im}\ z_2}\right)$$

立刻可算出 A 在网格 Ω 上取整值并定义了一个(1,5)型的极化.

设 $\mathscr{L}$ 为相属的线丛.

定理 4.5(Comessatti-Lange) 若 $z_1\neq z_2$,则 $\mathscr{L}$ 是很丰富的,它定义了一个嵌入 $X_{(z_1,z_2)}\subset P_4$.

注记 (i)若 $z_1=z_2$ 上命题不成立,于是 $X_{(z_1,z_2)}$ 自然地分解为乘积 $\times E$.线丛 $\mathscr{L}$ 仍然定义了一个映射 $X\to P_4$,但却不是单射,它给出了到 P_4 中直纹 5 次曲面上的二重覆盖.

(ii)Lange 取形如 $\mathscr{L}=\mathscr{L}_0\otimes\omega^*\mathscr{L}_0$ 的极化 $\mathscr{L}$,其中 $\mathscr{L}_0$ 是 X 上的主极化而 ω 是由 $\omega\in\mathscr{D}$ 的乘积确定的自同构.这样他便可用较简单的几何方式去证明.原来 Comessatti 的证明依赖西塔函数的复杂计算.

Comessatti 和 Lange 所考虑的 Abel 曲面都有一个很特殊的性质.$\mathscr{D}$ 的乘法网格 Ω 映到自己,因此有包含关系

$$j:\mathscr{D}\to\mathrm{End}(X)$$

我们称 X 为具有 $\mathscr{D}$ 或 $\mathbf{Q}(\sqrt{5})$ 中实乘法的 Abel 曲面.有数域 $\mathbf{Q}(I)$ 中实乘法的曲面有所谓的 Hilbert 参量曲面作为它的参量空间.我不可能在本文中细讲 Hilbert 参量曲面,而只能涉及出现的特殊情况.

考虑群

$$SL(2,\mathscr{D})=\left\{\begin{pmatrix}\alpha & \beta\\ \gamma & \delta\end{pmatrix}\mid \alpha,\beta,\gamma,\delta\in\mathscr{D},\alpha\delta-\beta\gamma=1\right\}$$

则 Hilbert 参量群 $\Gamma=SL(2,\mathscr{D})/\{\pm1\}$ 在 H^2 上的作用是

$$(z_1,z_2)\mapsto\left(\frac{\alpha z_1+\beta}{\gamma z_1+\delta},\frac{\alpha' z_2+\beta'}{\gamma' z_2+\delta'}\right)$$

商空间

$$Y(5)=H^2/\Gamma$$

是 $\mathbf{Q}(\sqrt{5})$ 的 Hilbert 参量曲面.它可解释为有 $\mathbf{Q}(\sqrt{5})$ 实乘法的 Abel 曲面的参量空间.

我们进一步考虑对合

$$\sigma:H^2\to H^2;(z_1,z_2)\to(z_2,z_1)$$

曲面

$$Y_\sigma(5)=H^2/\Gamma\cup\Gamma_\sigma$$

便是 $\mathbf{Q}(5)$ 的对称 Hilbert 参量曲面.通过 σ 把 Abel 曲面等同,它们的实乘法由共轭区分.

类似以前考虑过的椭圆曲线的情况,最后可以考虑 $SL(2,\mathscr{D})$ 的同余子群,

我们局限于下列情况

$$\Gamma(\sqrt{5})=\{\gamma\in SL(2,\mathscr{D});\gamma\equiv 1\bmod(\sqrt{5})\}$$

于是称

$$Y(5,\sqrt{5})=H^2/\Gamma(\sqrt{5})$$

为属于 $\mathbf{Q}(\sqrt{5})$与理想$(\sqrt{5})$的 Hilbert 参量曲面.有一个自然的映射

$$Y(5,\sqrt{5})\to Y(\sqrt{5})$$

它是通过群作用

$$SL(2,\mathscr{D})\pm\Gamma(\sqrt{5})=PSL(2,\mathbf{Z}_5)=A_5$$

给出的.最后 $\mathbf{Q}(\sqrt{5})$与最理$(\sqrt{5})$的对称 Hilbert 参量曲面为

$$Y_\sigma(5,\sqrt{5})=H^2/\Gamma(\sqrt{5})\cup\Gamma(\sqrt{5})\sigma$$

这曲面也有一个 A_5 的作用.Hirzebruch 证明

$$Y_\sigma(5,\sqrt{5})=P_2-\{P_1,\cdots,P_6\}$$

这里群 A_5 在 P_2 上线性地作用,而 $P_1,\cdots,P_6$ 是这作用的极小轨道.

5. Horrocks-Mumford 丛

在 1972 年 Horrocks 与 Mumford 在 4 维复射影空间 P_4 上构造了一个秩 2 不可分向量丛 F.今天它被称为 Horrocks-Mumford 丛(简称 HM 丛).它基本上是仅知的 P_4 上秩 2 不可分丛.所有其他已知的例子都是通过对偶.用线丛扭曲及有限支覆盖的提升等简单运算而从 F 获得.F 上有丰富而有趣的几何性质,并且与许多其他数学课题密切相关.

Horrocks 与 Mumford 原来的构造是上同调的.为此考虑向量空间 $V=\mathbf{C}^5$ 及相应的射影空间 $P_4=P(V)$.

Horrocks 与 Mumford 构造一个复形

$$\Lambda^2V\otimes\mathscr{O}_P(2)\xrightarrow{p}\Lambda^2T_{P_4}\xrightarrow{q}\Lambda^2V\otimes\mathscr{O}_{P_4}(3)$$

上面 $\mathscr{O}_{P_4}(-1)$是 Hopf 丛,它的对偶丛 $\mathscr{O}_{P_4}(1)$是超平面线丛,而

$$\mathscr{O}_{P_4}(k)=\begin{cases}\mathscr{O}_{P_4}(1)^{\otimes k},\text{当 } k>0\\ \mathscr{O}_{P_4},\text{当 } k=0\\ \mathscr{O}_{P_4}(-1)^{\otimes k},\text{当 } k<0\end{cases}$$

T_{P_4}表 P_4 的切丛.映射 p 是向量丛的单射面 q 是满射.还有 $q\circ p=0$.丛 F 是这复形的上同调

$$F = \ker q / \operatorname{im} p$$

从这构造我们不难算出 F 的拓扑变量:即陈类

$$c_1(F) = 5, c_2(F) = 10$$

因为多项式 $1 + 5h + 10h^2$ 在 $\mathbf{Z}$ 上不可约,从而 F 不可分.

HM 丛的一个突出的性质是它的对称群.为此,我们考虑 Heisenberg 群 $H_5 \subset SL(5,\mathbf{C})$,它在第 2 节已经被引进了.设 N_5 是 H_5 在 $SL(5,\mathbf{C})$中的正规子群.于是有

$$N_5 / H_5 \cong SL(2,\mathbf{Z}_5)$$

而 N_5 是个半直积

$$N_5 = H_5 \times SL(2,\mathbf{Z}_5)$$

N_5 的阶是 15 000,且 N_5 作为对称群而作用在 F 上.正如以前讨论过的,H_5 与椭圆曲线(及 Abel 曲面)的对称性密切相关.$SL(2,\mathbf{Z}_5)$是双正二十面体群.

1. HM **丛与** Abel **曲面**

对向量丛 F 的截面空间有

$$\dim_C H^0(P_4, F) = 4$$

从 $F(-1) = F \otimes OP_4(-1)$没有截面,对每个截面 $0 \neq S \in H^0(X, F)$,零点集

$$X_s = \{s = 0\}$$

是个 $c_2(F) = 10$(次)的曲面.对一般的截面 s,可证明 S_s 是光滑的.从曲面的分类不难导出 X_s 是个 Abel 曲面.精确地说

定理 5.1(Horrocks-Mumford) 对应 $s \mapsto X_s$ 定义了一个同构

$$\left\{\begin{array}{l}0 \neq s \in H^0(P_4, F)\\ X_s \text{ 光滑}\end{array}\right\} / \mathbf{C}^* \xrightarrow{\sim} \left\{\begin{array}{l}(X, \mathscr{L}, \alpha), X\text{Abel 曲面}\\ \mathscr{L}\text{为很丰富}(1,5)\text{型极化}\\ \alpha \text{ 为水平结构}\end{array}\right\} / \text{同构} =: A^*(1,5)$$

注记 5.2 (i)上定理说某类 Abel 曲面表现为 HM 丛的截面曲面.更进一步:设 $X \subset P_4$ 为一 Abel 曲面(在坐标变换下)总存在一截面 $s \in H^0(P_4, F)$使 $X = X_s$.

(ii)反过来,对 Abel 曲面 $X \subset P_4$,可用 Serre 构造在 P_4 上一向量丛.在差可能的坐标选择下,它必须是 HM 丛 F.

(iii)定理 5.1 意味着,三维射影空间 $P\Gamma := (H^0(P_4 F))$中的一个开集,U 可解释为 Abel 簇的参量空间.有趣的是对称群 N_5 在这关系上所起的作用在 $H^0(P_4, F)$上.而且 N_5 诱导出正二十面体群在 $P\Gamma$ 上,因而也在 U 上(线性地)作用.在另一方面,有一开的包含关系

$$\mathscr{A}^*(1,5)\subset\mathscr{A}(1,5)=\left\{\begin{array}{l}(X,\mathscr{L},a),X\text{Abel 曲面}\\ \mathscr{L}\text{为}(1,5)\text{型极化}\\ a\text{ 是水平结构}\end{array}\right\}/\text{同构}$$

遗忘水平结构而得一映射

$$\mathscr{A}(1,5)\to\mathscr{A}_0(1,5)$$

它是通过群 $\Gamma_0(1,5)/\Gamma(1,5)=A_5$ 的作用诱导的. Horrocks 与 Mumford 证明这在 $\mathscr{A}^*(1,5)$上的作用与群 N_5 诱导的作用一致.

在前面已经谈到 Comessatti 与 Lange 发现的 P_4 中的 Abel 曲面所起的特殊作用. 也可提下列问题:何种截面 $s\in P\Gamma$ 相属的 Abel 曲面 X_s 有 $\mathbf{Q}(\sqrt{5})$中的实乘法而通过 Comessatti-Lange 的构造而嵌入. 在这情况,我称 X_5 为 Comessatti 曲面. 由定理 5.1,这曲面自然地承载着一个水平结构. 为了回答上述问题,要进一步地借助 A_5 在 $P\Gamma$ 上的作用. 不难看出 $P\Gamma$ 中正好有一个 A_5 不变的三次曲面. X 就是所谓 Clebsch 对角面. 为抽象曲面 X 由下式给出

$$X=\{\sum_{\lambda=0}^{4}x_i=\sum_{i=0}^{4}x_i^3=0\}\subset P_4$$

另一描述如下:考虑 A_5 在 P_2 上(基本上唯一的)作用. 这作用正好有极小轨道 $P_1,\cdots,P_6$,那么

$$X=\widetilde{P_2}(P_1,\cdots,P_6)$$

即 X 是P_2 在 $P_1,\cdots,P_6$ 点的开放(blow-up). 开放意味着去掉 $P_1,\cdots,P_6$ 而都补上射影直线.

在所有的三次曲面中,Clebsch 对角面有很特殊的性质,如 X 上 27 条直线都是实的. 最后用 $Y_\delta(5,\sqrt{5})$表 $\mathbf{Q}(\sqrt{5})$与理想$(\sqrt{5})$的对称 Hilbert 参量曲面的紧化. 它是通过 P_2 在 $P_1,\cdots,P_6$ 开放所得. 于是作为抽象曲面 X 与$\overline{Y_\sigma(5,\sqrt{5})}$同构. 容易理解但绝非明显的.

定理 5.3(Hulek-Lange) Comessatti 曲面族可用 Clebsch 对角面 $X\subset P\Gamma$ 参数化. 特别地,对应 $s\to X_s$ 导致一个同构 $X\cong\overline{Y_\sigma(5,\sqrt{5})}$.

A_5 轨道的点与那些能通过水平结构区分的 Comessatti 曲面符合.

2. HM 丛与椭圆曲线

必须讲课题的两个方面:

(1)Horrocks-Mumford 曲面的退化

我们在上文曾看到,对一般的截面 $s\in P\Gamma$,零点集 X_s 是个 Abel 曲面,它没有奇点,然而存在一族截面 s,它们的 X_s 是奇异的. 我们可将这类曲面理解为 Abel 曲面的退化. 于是有这类奇异 HM 曲面分类的问题.

为此，首先回忆具有水平 5 结构的椭圆曲线与 P_4 中 H_5 不变的 5 次曲线一一对应（定理 2.6）. 设 $E\subset P_4$ 是这样的一条椭圆曲线. 再设 $P_0\in E$ 不是一个二分点，即 $2P_0\neq 0$. 将每个 $P\in E$ 和它的位移 $P+P_0$ 连接. 而得一族直线 $L(P, P+P_0)$，它们一齐构成了一个直纹面

$$X=\bigcup_{P\in E}L(P,P+P_0)$$

X 是个 10 次曲面，它沿 E 奇异. 我们称 X 为一位移直纹面. 曲面 X 还有更进一步的退化：

(i)若 P_0 为零点 $\mathscr{O}\in E$，X 变为 E 的切曲面. 它沿 E 有一族尖点.

(ii)取 P_0 是不为 0 的二分点，则直线 $L(P-P_0,P)$与 $L(P,P+P_0)$总是相重. 此时 X 是个 5 次光滑椭圆直纹面. X 不能是一个截面 $s\in P\Gamma$ 的（理想论的）零点集. 然而却存在截面 s，它在 X 上双重地消失. 在这种情况，X 自然地承载着一个双重结构.

现在还有椭圆曲线 E 自身退化的情况. 在极限情况 E 分解成有五条直线的 H_5 - 不变的 5 边形. 这情况正好出现 12 次. 它们与 Shioda 参量曲面 $S(5)$的奇异纤维相符. 于是我们有下列退化情况

(iii)5 个光滑二次曲面的并.

二次曲面还能退化为（二重）平面，而我们有 5 个（有双重结构的）平面.

定理 5.4（Barth-Hulek-Moore） 每个 Horrocks-Mumford 丛的截面必为下列类型之一：

(i)Abel 曲面；

(ii)位移直纹面；

(iii)椭圆 5 次曲面的切曲面；

(iv)（有双重结构的）5 次椭圆直纹面；

(v)5 个光滑二次曲面的并；

(vi)5 个（有双重结构的）平面的并.

以上包括了所有的情况.

(2)跳跃现象

Horrocks-Mumford 丛在代数向量丛的参量理论的意义下是稳定的. 这等价于

$$H^0(P_4,\mathrm{End}\ F)\cong\mathbf{C}$$

即为 F 的单个自同态产生的相似变换（homothetien）. 在稳定丛有所谓跳跃现象的研究，在此不讲跳跃直线的情况.

定义 5.5 若 $F|E$ 不稳定，则称 $E\subset P_4$ 和 F 的跳跃平面.

对 F 及射影空间 $P_n(n\geqslant 3)$上所有其他稳定向量丛，我们可考虑跳跃平面族. 它的定义是

$$S(F):=\{E \mid E\text{ 是 }F\text{ 的跳跃平面}\}$$

Grassmann 流形 $Gr(2,4)$把 P_4 中所有的平面参数化,不难看出,$S(F)$是 $Gr(2,4)$的子族.

定理 5.6(Barth-Hulek-Moore) F 的跳跃平面构成的簇 $S(F)$同构于 5 阶的 Shioda 参量曲面,即

$$S(F) \cong S(5)$$

这结果也与下列 Decker 和 Schreyer 的唯一性定理密切相关.

定理 5.7(Decker-Schreyer) 若 F' 是 P_4 上秩 2 的稳定向量丛,且 $c_i(F')=c_i(F)$, $i=1,2$,则有坐标变换 $\varphi \in PGL(5,\mathbf{C})$使 $F'=\varphi * F$.

这定理的证明是通过对这类丛验证 $S(F') \cong S(5)$建立的.它隐含着下列命题.

系 5.8(Decker-Sckreyer) P_4 上具有陈类 $c_1=5, c_2=10$ 的在参量空间 $M_{P_4}(5,10)$是个齐性空间

$$M_{P_4}(5,10)=PGL(5,\mathbf{C})/(\mathbf{Z}_5 \times \mathbf{Z}_5) \times SL(2\mathbf{Z}_5)$$

最后,还要提一下

系 5.9(Decker) 不存在 P_5 上具有陈类 $c_1=5, c_2=10$ 的秩 2 稳定向量丛,特别地,Horrocks-Mumford 丛不能扩充到 P_5.

P_5 上正好有三个不同的具有 $c_1=5, c_2=10$ 的拓扑 $\mathbf{C}^2$ 丛.上述结果意味着这些拓扑丛上没有稳定代数向量丛的结构.猜想这些拓扑丛上完全没有代数结构.

几个数论及组合论经典问题简介

附录九

1. 华林问题

这是解析数论中堆垒素数方面的一个重要猜想. 1770年,华林(Waring)在其《代数沉思录》(《Meditationes Algebraicae》)中猜测:每个正整数都是4个平方数之和,9个立方数之和,19个4次方数之和等等. 其意是:对于每一整数 $k \geqslant 2$,皆存在一个仅依赖于 k 的整数 $S = S(k)$ 使每一个正整数 N 皆能表示为形式 $N = x_1^k + \cdots + x_s^k$,此处 $x_i(1 \leqslant i \leqslant s)$ 为非负整数.

1909年,希尔伯特用复杂的方法证明了 $S(k)$ 的存在性,首先解决了华林的这一猜想,1943年林尼克又利用密率给出了 $S(k)$ 存在性的又一证明.

华林同时还猜测 $S(k)$ 的最小值 $g(k) = 2^k + \left[\left(\frac{3}{2}\right)^k\right] - 2$,其中 $[x]$ 表示不超过 x 的最大整数. 1770年拉格朗日首先证明了 $g(2) = 4$, 1909年威弗里奇证明了 $g(3) = 9$,易证

$$g(k) \geqslant 2^k + \left[\left(\frac{3}{2}\right)^k\right] - 2$$

设 $G(k)$ 是使方程

$$N = x_1^k + \cdots + x_s^k \qquad *$$

对充分大的 n 可解的 $S(k)$ 的最小值,利用 $G(k)$ 的上界估计,可进一步证明如下结果.

(1) 当 $k\geqslant 6$ 时,有条件 $3^k-2^k+2\leqslant(2^k-1)\left[\left(\frac{3}{2}\right)^k\right]$ 时,则 $g(k)=2^k+\left[\left(\frac{3}{2}\right)^k\right]-2$,1964 年斯泰姆勒尔验证了此条件在 $6\leqslant k\leqslant 200\ 000$ 时成立. 1957 年马勒尔证明了当 k 充分大时此条件一定成立,并猜测对所有 $k\geqslant 6$ 这条件都成立.

(2)1964 年,陈景润证明了 $g(5)=37$,1985 年巴拉萨布雷尼安和德雷斯证明了 $g(4)=19$. 至此,关于 $g(k)$ 的研究已基本完成.

余下的问题是:

(1) 决定将 N 表为形式 * 的表示法数目 $R_{s(N)}^{(k)}$ 的渐近公式,其中的 S 希望其愈小愈好.

(2) 决定 $G(k)$,显然问题(1) 的解决亦将给予问题(2) 某些结果:若当 $S\geqslant\overline{G}(k)$ 时,$R_{s(N)}^{(k)}$ 有一个渐近公式,则 $G(k)\leqslant\overline{G}(k)$.

哈代 (Hardy, —1947), 英 学家. 生于 国克兰利 nleigh), 卒 桥.

1918 年哈代与拉马努然(H. Ramanujan,1887—1920) 建议了一个方法来处理问题(1) 中 $k=2$ 的情况. 由于这项工作的刺激,哈代与李特伍德(Littlewood) 于 1920 年开始了他们著名的分析系列论文,在其论文中他们发展了著名的"圆法" 来处理问题(1) 中 $k\geqslant 3$ 的情况, 他们先将 * 的解数转化为积分 $\int_0^1 T(\alpha)^s\mathrm{e}(-N\alpha)\mathrm{d}\alpha$. 其中 $T(\alpha)=\sum\limits_{x=1}^{p}\mathrm{e}(\alpha x^k)$,$\mathrm{e}(\theta)=\mathrm{e}^{2\pi\mathrm{i}\theta}$ 及 $p[N^{1/k}]$,然后把区间 $[0,1]$ 分为 E_1 和 E_2 两个部分,其分法与 n 有关,于是 $R_{s(N)}^{(k)}=\int E_1+\int E_2$,利用圆法哈代和李特伍德得到 $s\leqslant(k-2)2^{k-1}+5$,1938 年华罗庚结合指数和估计方法,证明了著名的华氏不等式

$$\int_0^1 |\ s(\alpha)\ |\ 2^L\mathrm{d}\alpha\ll N^{2^L-L+\varepsilon}$$

从而推出 $s\geqslant 2^k+1$. 1947 年华罗庚和维诺格拉多夫又推出 $s\geqslant 2k^2(2\ln k+\ln\ln k+2.5)$. 最近,沃恩(Vaughan) 将华氏不等式改进为

$$\int_0^1 |\ s(\alpha)\ |\ 2^L\mathrm{d}\alpha\ll N^{2^L-L}(\ln N)^{\varepsilon-\frac{1}{2}L(L-1)},2<L<k$$

稍后,赫斯 - 布朗又将其改进为

$$\int_0^1 |\ s(\alpha)\ |^{\frac{7}{8}}2^k\mathrm{d}\alpha\ll N^{\frac{7}{8}2^k-k+\varepsilon},k\geqslant 6$$

由他们的结果可以导出当 $s\geqslant 2^k(k\geqslant 3)$ 及 $s\geqslant\frac{7}{8}2^k+1(k\geqslant 6)$ 时不定方程 * 的解数有一个渐近公式.

由于哈代和李特伍德的工作,华林问题的研究被引向讨论 $G(k)$,并且他们猜测:当 $k = 2^m \geqslant 4$ 时,$G(k) \geqslant 4k$,在其他情形 $G(k) \leqslant 2k + 1$. 1959 年维诺格拉多夫用他和华罗庚得到的中值定理及华罗庚 1940 年证明的指数和方面的一个不等式证明了当 $k \geqslant 170\ 000$ 时

$$G(k) \leqslant k(2\ln k + 4\ln \ln k + 2\ln \ln \ln k + 13)$$

后来卡拉楚巴将其改进为

$$G(k) < 2k \ln k + 2k \ln \ln k + 12k$$

关于小的 k 值,1939 年达文波特(H. Darenport,1907—1969)证明了 $G(4) = 6$. 1942 年林尼克和沃森(G. N. Watson,1886—1965)用十分不同的方法证明了 $G(3) \leqslant 7$. 直到最近沃恩才证明了方程 * 在 $k = 3, s = 8$ 时可解.

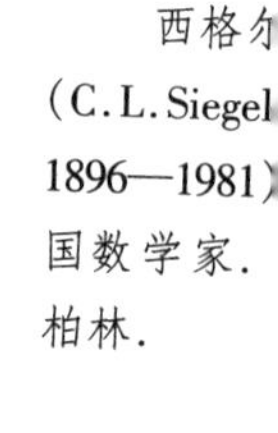

华林问题有各种推广形式,当把 $x_i (1 \leqslant i \leqslant s)$ 限制为素数时,称为华林-哥德巴赫(Waring-Goldbach)问题,是 1944 年由维诺格拉多夫和华罗庚提出的,华罗庚随即证明了当 $s \geqslant 2^k + 1 (k \leqslant 10)$ 及 $s \leqslant 2k^2(2\ln k + \ln \ln k + 2.5)$ $(k > 10)$ 时,方程 $N = P_1^k + \cdots + P_s^k$($P_i$ 都表素数)的解数有一个渐近公式,并且还得到了许多变元为素数与上述结果相类似的结果.

如果把方程 * 中的项 x_j^k 以整值多项式 $f(x_i)$ 代替,或更一般的以整值多项式 $f_i(x_j)$ 代替时被称为多项式华林问题,是 1937 年华罗庚和其他人所考虑的,在中国杨武之(杨振宁的父亲)最先研究了三次多项式的华林问题,他用初等方法证明了任一正整数是 9 个三角垛数之和. 华罗庚曾证明了每一个大的整数可以表成 8 个(满足必要的同余条件的)三次多项式之和. 他还给出了方程 $N = f(x_1) + \cdots + f(x_s)$ 当 $s \geqslant 2^k + 1 (k \leqslant 10)$ 和 $s \geqslant 2k^2(2\ln k + \ln \ln k + 2.5)$ $(k > 10)$ 时解数的渐近公式. 记 $G(f)$ 为对充分大的 N 使 $N = f(x_1) + \cdots + f(x_s)$ 都有解的最小整数 S,$\partial^\circ f$ 为 f 的次数,华罗庚证明了

$$G(f \mid \partial^\circ f = k) \leqslant (k + 1)2^{k+1}$$

$$G(f \mid \partial^\circ f = 3) \leqslant 8$$

以及对 $k \geqslant 5, \max\limits_f G(f) \geqslant 2^k - 1$,这里 $f(x)$ 遍历所有 k 次整系数多项式.

1957 年,达文波特研究了形如 $C(x_1, x_2, \cdots, x_n) = \sum\limits_{i=1}^n \sum\limits_{j=1}^n \sum\limits_{k=1}^n C_{ijk} x_i x_j x_k$ 的整系数三次齐次多项式,证明了如果 $n \geqslant 32$,则 $C(x_1, x_2, \cdots, x_n) = 0$ 至少有一组非显然的整数解存在,这一结果后来被进一步改进. 关于用多变数的型表示整数的问题为 B. A. Тартаковский、达文波特、布尔希(B. J. Blrch)、刘易斯(D. J. Lewis)等人所进一步发展.

在有限次代数数域上的广义华林问题最早是由西格尔于 1945 年所考虑的,他的工作相当于哈代-李特伍德的研究,更深刻地相当于维诺格拉多夫的研究的工作是日本的三井孝美于 1960 年完成的.

2. 相继素数差猜想

这是数论中一个有关素数分布的猜想,1855年德斯夫斯(A.Desboves)在讲述勒让德的一个未证明的定理时谈到:在任意一个大于6的整数及该数的二倍之间至少有两个素数;在两个相继平方数 n^2 及 $(n+1)^2$ 之间也至少有两个素数.后面一句话就是相继素数差猜想,亦称杰波夫猜想.

如果用 X,Y 表示实数,在区间 $[X,X+Y)$ 中是否一定存在素数这个问题,当 $X=n^2,Y=2n+1$ 时即为杰波夫猜想.当 X 取为第 n 个素数 P_n 时,如果在区间 $[X,X+Y)$ 中存在素数,那么 $n+1$ 个素数 P_{n+1} 必属于这个区间.即

$$P_n=X<P_{n+1}<X+Y=P_n+Y \qquad ①$$

由此可见相继素数差的猜想也可以称为区间中素数的猜想.问题的中心在于 Y 取什么数值时,在区间 $[X,X+Y)$ 中一定存在着素数.特别地1845年伯特兰(J.Bertrand)研究了 $X=Y$ 时的情形,即 X 与 $2X$ 之间是否存在素数问题.他证明了当 n 大于6且小于6 000 000时,在 $n/2$ 与 $n-2$ 之间一定至少有一个素数.后来人们就将这个问题称为伯特兰猜想.1854年切比雪夫用初等方法证明了伯特兰猜想,并且得到对于每一个大于1/5的数 ε 而言一定存在数 ξ,使得每一个大于或等于 ξ 的 x 下面结论成立:在 x 与 $(1+\varepsilon)x$ 之间至少存在一个素数.1888年,塞尔夫斯特(J.J.Selvester)将 ε 改进为0.166 88,他在1891年又将 ε 改进为0.092.1893年斯蒂尔吉斯(T.J.Stieltjes)和卡恩(E.Cahen)证明了 ε 可以取任意小的正数.

克拉默 Cramér, …—1985),瑞…学家.生于…哥尔摩.

由于式①中 Y 的选取关键在于 Y 与 X 的相对大小问题,所以人们又转而研究:当 X 为充分大时,θ 取什么数值可以使区间 $[X,X+X^{\theta})$ 中存在素数.

1921年,克拉默证明了:如果黎曼猜想是正确的,那么当 $X=P_n,Y=P_n^{\frac{1}{2}}\log P_n$ 时,区间 $[X,X+Y)$ 中必定有素数存在.这个结论非常接近杰波夫猜想,但遗憾的是目前黎曼猜想还没有得到证明.

显然伯特兰猜想相当于 $\theta=1$ 时的特例,而相继两平方数 n^2 与 $(n+1)^2$ 之间存在素数的问题近似于证明当 $\theta=\frac{1}{2}$ 时区间 $[X,X+X^{\theta})$ 中存在素数.1905年,马耶(Maillet)证明了至少有一个素数在两个小于 $9\cdot 10^6$ 的相继平方数之间.用强有力的解析方法,1930年,霍黑塞尔(G.Hoheisel)首先证明了当 X 充分大时,一定存在一个小于1的常数 θ,使得在区间 $[X,X+X^{\theta})$ 中必定存在素数,至于 θ 可以取什么数值,霍黑塞尔指出:取 $\theta=32\ 999/33\ 000$ 就已经足够了.1933年海尔伯伦证明了 θ 可以取249/250.1936年契达柯夫(Н.Г.Чулаков)证

海尔伯伦 Heilbronn, …—1975),加…数学家.

明了 θ 可取比 3/4 大的任何一个数. 1937 年英厄姆(A.E.Ingham)证明了如果存在常数 M 和 C 使得对于所有的实数 t,下列不等式成立,即

$$\left|\xi\left(\frac{1}{2}+\mathrm{i}t\right)\right| \leqslant Mt^{c}$$

那么,θ 就可以取任意一个比$\frac{1+4c}{2+4c}$ 小的数. 1949 年,闵嗣鹤证明了 c 可以取比 15/92 大的任何一个实数,从而 θ 就可以取大于 38/61 的任意实数. 1973 赫克斯利(M.N.Huxley)证明了 θ 可取大于 7/12 的数. 1979 年,伊瓦涅科(H.Iwaniec)与贾廷拉(M.Jutila)将筛法与解析方法相结合证明了 $\theta > 13/23$ 时,区间$[X, X+X^{\theta})$中一定有素数. 同年希思 – 布朗(Heath-Brown)和伊瓦涅科指出用上文的方法可以得到 $\theta > 5/9$ 并证明了 $\theta > 11/20$,这一结果在国际数论界受到了高度评价. 1981 年因凡涅斯又证明了 θ 可以取大于 17/31 的数. 1983 年伊瓦涅科与平托兹(J.Pintz)证明了 θ 可以取 23/42. 1981 年上海科技大学的楼世拓、姚琦证明了 $\theta > 35/64$. 1984 年他们又进一步证明了 $\theta > 6/11$.

3. 狄利克雷除数问题

此问题是数论中一类重要问题 —— 格点问题(或称整点问题,是研究一些特殊区域甚至一般区域中的格点的个数问题) 中的两大主要问题之一(另一个为高斯圆内格点问题).

设 $x > 1$,$D_2(x)$ 表区域 $1 \leqslant u \leqslant x, 1 \leqslant v \leqslant x, uv \leqslant x$ 上的格点的个数. 1849 年,狄利克雷证明了

$$D_2(x) = x\ln x + (2\gamma - 1)x + \Delta(x)$$

这里 $\Delta(x) = o(x^{\frac{1}{2}})$,$\gamma$ 是欧拉常数,这一问题的目的是要求出使余项估计 $\Delta(x) = o(x^{\lambda})$ 成立的 λ 的下确界 θ.

因为 $D_2(x) = \sum\limits_{n \leqslant x} d(n)$,其中 $d(n)$ 是除数函数(即 n 的所有正除数的个数),所以把这一格点问题称为狄利克雷除数问题.

利用初等方法,1903 年沃罗诺伊(Г.Ф.Воронои) 证明了

$$\Delta(x) = o(x^{\frac{1}{3}}\ln x)$$

即 $\theta \leqslant \frac{1}{3}$.

1922 ~ 1937 年这段时间里,范 · 德 · 科普特(Van der Corput) 提出了估计较为一般的三角和的出色的方法从而证明了 $\theta \leqslant 27/82$.

1950 年迟宗陶和 1953 年里歇先后证明了 $\theta \leqslant 15/46$,他们使用的都是闵嗣

鹤提出的方法.

1963 年,尹文霖通过对 $\xi(\frac{1}{2}+\mathrm{i}t)$ 的阶的估计,证明了 $\theta\leqslant 12/37$.

1973 年,Г. А. Колестник 将结果改进为 $\theta\leqslant 346/1\ 067$.

1985 年,Г. А. Колестник 又证明了 $\theta\leqslant 139/429$.

目前的最好结果是伊瓦涅科与莫若奚(Mozzochi)做出的 $\theta\leqslant 7/22$.

另一方面,1941 年英厄姆已证明了

$$\limsup_{x\to\infty}\frac{\Delta(x)}{x^{1/4}\ln^{1/4}x}>0,\liminf_{x\to\infty}\frac{\Delta(x)}{x^{1/4}}=-\infty$$

亦即 $\theta\geqslant\frac{1}{4}$.

另外,1926 年克拉默还对余项 $\Delta(x)$ 的均值作了估计,得出

$$\frac{1}{x}\int_1^x|\Delta(y)|\mathrm{d}y=o(x^{\frac{1}{2}})$$

据此他猜测 $\theta=\frac{1}{4}$,但是至今未能证明.

关于这一问题,里克特(H. E. Richert)1961 年还证明了如下的 Ω - 型结果(误差不能再好地估计之结果).

若 $\alpha_n(n=1,2,\cdots)$ 为一个复数数列及对于某 $\delta>0$,下式成立,即

$$\sum_{n\leqslant x}\alpha_n=x+o(x^{1/2-\delta})$$

则不能有 $\varepsilon>0$,使下式成立,即

$$\sum_{mn\leqslant x}\alpha_m\alpha_n=x\ln x+cx+o(x^{1/4-\varepsilon}),c\text{ 为常数}$$

此外,1904 年沃罗诺伊还得到过如下展开式,即

$$\sum_{n\leqslant x}d(n)=x\ln x+(2\gamma-1)x+\frac{1}{4}+\sqrt{x}\sum_{n=1}^{\infty}\frac{d(n)}{\sqrt{n}}F(2n\sqrt{nx})$$

其中,$\sum'$ 表示当 x 为整数 m 时,和式中的第 m 项取其一半相加得

$$F(x)=\frac{2}{\pi}\int_0^{\infty}\cos xu\cdot\sin\frac{x}{u}\mathrm{d}u$$

1922 年罗戈辛斯基(Rogosinski)运用实变函数的方法给予了新的证明,1926 年奥本海姆(A. Oppenheim)对此作了推广.

关于狄利克雷除数问题直接的推广是 K 维除数问题,还有一些推广见高斯圆内格点问题.

4. $\pi(x)$ 的问题

这是素数论中的一个古老而著名的问题,这里的 $\pi(x)$ 表示不超过 x 的素

数的个数.

1800年左右,勒让德根据数值计算提出如下猜想,即

$$\pi(x) \sim \frac{x}{\ln x - 1.083\ 66}, x \to +\infty$$

1849年,F·高斯在给恩克(Encke)的一封信中说,他在1792至1793年间考察在以1 000个相邻的整数为一段中的素数个数,发现对于大的值x素数的"平均分布密度"应是$\frac{1}{\ln x}$,因而提出

$$\pi(x) \sim \mathrm{Li}\ x, x \to +\infty$$

其中,$\mathrm{Li}\ n = \int_2^x \frac{\mathrm{d}u}{\ln u}$称为对数积分,有时以

$$\mathrm{Li}\ x = \lim_{\varepsilon \to 0}\left(\int_0^{1-\varepsilon} + \int_{1+\varepsilon}^x\right)\frac{\mathrm{d}\ u}{\ln u}$$

来代替$\mathrm{Li}\ x$,两者仅差一常数$\mathrm{Li}\ 2 = 1.04\cdots$,并且$\frac{x}{\ln x} \sim \mathrm{Li}\ x$,所以我们把命题$\pi(x) \sim \frac{x}{\ln x}(x \to +\infty)$称为素数定理.

首先对素数定理的研究做出极为重要贡献的是切比雪夫.他在1852年左右证明了存在两个正常数c_1与c_2使不等式

$$c_1\frac{x}{\ln x} \leqslant \pi(x) \leqslant c_2\frac{x}{\ln x}$$

成立,并相当精确地定出了c_1与c_2的数值,这被称为切比雪夫不等式.他还证明了

$$\varliminf_{x \to +\infty}\frac{\pi(x)\ln x}{x} \leqslant 1 \leqslant \varlimsup_{x \to +\infty}\frac{\pi(x)\ln x}{x}$$

由此可知,如果当$x \to +\infty$时,$\pi(x)$有渐近公式,则必为$\frac{x}{\ln x}$.

切比雪夫为了研究素数定理还引进了两个十分重要的函数,即

$$\theta(x) = \sum_{p \leqslant x}\ln p$$

$$\psi(x) = \sum_{n \leqslant x}\Lambda(n)$$

其中,$\Lambda(n)$是曼戈尔德(Mangoldt)函数,其性质为

$$\Lambda(n) = \begin{cases}\ln p, n = p^l, l \leqslant 1\\ 0, \text{其他}\end{cases}$$

切比雪夫证明了素数定理等价于命题

$$\theta(x) \sim x, x \to +\infty$$

或

$$\psi(x) \sim x, x \to +\infty$$

1859年,黎曼通过对复变函数

$$\xi(s)=\sum_{n=1}^{\infty}\frac{1}{n^{s}},\mathrm{Re}\ s>1$$

的研究得到了一个与 $\xi(s)$ 的零点有关的表示素数个数 $\pi(x)$ 的公式.

1896 年,哈达玛和波斯尼(de la Vallée Poussin) 沿着黎曼指出的方向,利用高深的整函数理论几乎同时独立证明了素数定理,其中的关键是证明了

$$\xi(1+\mathrm{i}t)\neq 0,\ -\infty<t<+\infty$$

1900 年,波斯尼证明了带余项的素数定理

$$\pi(x)=\mathrm{Li}\ x+o(x\cdot\exp(-c\sqrt{\ln x}))$$

所谓带余项(误差项) 的素数定理是指寻求误差 $\pi(x)-\mathrm{Li}\ x$ 的最佳估计.

1908 年,兰多(E. Landau) 不用整函数理论,但仍用较高深的单复变函数论知识证明了同样的结论. 在此之前李特伍德宣布利用估计外尔指数和的方法可将此结果改进为

$$\pi(x)=\mathrm{Li}\ x+o(x\cdot\exp(-c\sqrt{\ln x\ln\ln x}))$$

1901 年,冯在黎曼猜想成立的假设下证明了

$$\pi(x)=\mathrm{Li}\ x+o(x^{\frac{1}{2}}\ln x)$$

1914 年,李特伍德证明了

$$\limsup_{x\to\infty}\frac{\pi(x)-\mathrm{Li}\ x}{(\sqrt{x}/\ln x)\ln\ln\ln x}>0$$

$$\liminf_{x\to\infty}\frac{\pi(9x)-\mathrm{Li}\ x}{(\sqrt{x}/\ln x)\ln\ln\ln x}<0$$

即存在一个正常数 c,使得有无穷多个 x,使

$$\pi(x)-\mathrm{Li}\ x>c(\sqrt{x}\ln\ln\ln x)/\ln x$$

以及存在无穷多个 x,使

$$\pi(x)-\mathrm{Li}\ x<-c(\sqrt{x}\ln\ln\ln x)/\ln x$$

这表明素数定理的误差项的变化是十分不规则的,它的阶估计是不会低于 $x^{\frac{1}{2}}/\ln x$ 的,目前的最好的结果是 1958 年苏联的维诺格拉多夫借助于他的三角和估计法得到的

$$\pi(x)=\mathrm{Li}\ x+o(x\cdot\exp(-c\ln^{3/5}x/\ln\ln^{1/5}x))$$

自从哈达玛和波斯尼证明了素数定理之后,人们一直在寻求一个较为简单的证明.

兰多于 1953 年,哈代 - 李特伍德于 1917 年用初等复变函数论证明了素数定理(不带余项的),1981 年奇泽克用同样的方法证明了:对任意正数 $A>1$,有 $\pi(x)=\mathrm{Li}\ x+o(x(\ln x)^{-A})$. 这一结果最初是由沃尔辛(Wirsing) 和邦别里(Bombieri) 用很复杂的初等方法得到的.

十分有趣的是,格林(Gering)于1976年仅利用$\xi(s)$在半平面Re $s>1$的性质及简单的调和分析结果,证明了对任意的$\varepsilon>0$,有

$$\pi(x)=\mathrm{Li}\,x+o(x(\ln x)^{-\frac{5}{4}+\varepsilon})$$

特别值得一提的是,1949年塞尔伯格和厄尔多斯给出了除了需要e^x,$\ln x$等超越函数的简单性质外不需要任何微积分知识的初等证明,证明的基础是著名的塞尔伯格不等式

$$\sum_{p\leqslant x}\ln^2 p+\sum_{pq\leqslant x}\ln p\ln g=2x\ln x+o(x)$$

由于他们的杰出贡献,塞尔伯格获得了1950年的菲尔兹国际数学奖.厄尔多斯获得了1951年美国的代数和数论奖.

塞尔伯格和厄尔多斯的这种初等证明,也可以用来得到素数定理的余项估计,用这种方法,1952年,赖特(Wright)证明了

$$\pi(x)=\mathrm{Li}\,x+o(x(\ln x)^{-1}(\ln\ln x)^{-\frac{1}{2}})$$

1950年,厄尔多斯证明了存在一个常数$c>1$,使得

$$\pi(x)=\mathrm{Li}\,x+o(x(\ln x)^{-c})$$

1955年,范·德·科普特证明了$c=\frac{201}{200}$;

1960年,布鱼思奇(Breusch)证明了$c=\frac{7}{6}-\varepsilon$($\varepsilon$为任意小的正数);

1962年,沃尔辛证明了$c=\frac{7}{4}$;

1963年,А.Лусумбетов证明了$c=2-\varepsilon$(ε为任意小的正数);

1981年,巴洛格(Balog)证明了

$$\pi(x)=\mathrm{Li}\,x+o(x(\ln x)^{-\frac{5}{4}}(\ln\ln x))$$

还应该提及的是,1962年邦比里推广了塞尔伯格不等式,从而对任意的$c>1$,都有

$$\pi(x)=\mathrm{Li}\,x+o(x(\ln x)^{-c})$$

他的证明虽然在思路上类似于塞尔伯格的证明,但是极其复杂,使用了阿米特苏(Amitsur)1961年发展的关于塞尔伯格卷积和广义卷积的理论以及许多深刻的实变函数论的工具.1964年沃尔辛对这一结果给出了不同的初等证明.1970年戴蒙特(Diamond)和施泰尼(Steinig)利用卷积和以测度代替算术函数,通过推广塞尔伯格不等式和类似于沃尔辛的讨论证明了

$$\pi(x)=\mathrm{Li}\,x+O(x\cdot\exp(-c(\ln x)^{\frac{1}{7}})(\ln\ln x)^{-2})$$

这是目前不用复变函数论所得到的最好结论.

另外,1911年兰道还将素数定理推广为

$$\pi_{\gamma}(x) \sim \frac{1}{(\gamma-1)!}\frac{x(\ln\ln x)^{\gamma-1}}{\ln x}$$

其中,$\pi_{\gamma}(x)$表示不超过x的可表为相异的γ个素因数之积的自然数的个数.还有人在证明群论问题时出人意料地使用了素数定理.1900年,希尔伯特在巴黎的演讲中指出,$\pi(x) = \text{Li}(x) + o(x^{\frac{1}{2}}\ln x), x\to\infty$与黎曼猜想是等价的.

5.圆内格点问题

此问题是数论中一类重要问题——格点问题中的两个著名问题之一(另一个为狄利克雷除数问题).格点又称整点,是指坐标均为整数的点,格点问题是研究一些特殊区域甚至一般区域中的格点的个数问题.

1963年,高斯研究了以原点为圆心,以$\sqrt{x}$为半径的圆内的格点个数问题,他得到如下结果:

设$x>1$,$A_2(x)$表圆$u^2+v^2\leqslant x$上的格点个数,则$A_2(x)=\pi x+R(x)$,这里$R(x)=o(\sqrt{x})$.

求使余项估计$R(x)=o(x^{\lambda})$成立的λ的下确界α的问题,称为圆内格点问题或高斯圆问题.

圆内格点问题可以通过级数

$$\sum_{\substack{mn=-\infty \\ (mn)\neq(0,0)}}^{\infty}(m^2+n^2)^{-s}$$

表示为$\sum\limits_{n=1}^{\infty}r(n)n^{-s}$而转化成研究$H(x)=\sum\limits_{n\leqslant x}r(n)$的问题,其中$r(n)$为$u^2+v^2=n$的整数解$(u,v)$的个数.

利用初等方法,1906年谢尔宾斯基(W.Sier Pinski)证明了$\alpha\leqslant 1/3$.1922~1937年范·德·科普特证明了$\alpha\leqslant 37/112$.1934~1935年,蒂奇马什(E.C.Titchmarsh)证明了$\alpha\leqslant 15/46$.这些都是借助于他们提出的估计较为一般的三角和的出色的方法,即设$f(x)$是$k(k\geqslant 3)$次可微的实值函数,如果在$a\leqslant x\leqslant b(b-a\geqslant 1)$上,$0<\lambda\leqslant f^{(k)}(x)\leqslant h\lambda$(或者$0<\lambda\leqslant -f^{(k)}(x)\leqslant h\lambda$),则

$$\sum_{a\leqslant n\leqslant b}\exp 2\pi i f(n) = o(h^{2^{2-k}}(b-a)\lambda^{(2^k-2)^{-1}}(b-a)^{1-2^{2-k}}\lambda^{-(2^k-2)^{-1}})$$

1942年,华罗庚证明了$\alpha\leqslant 13/40$,1963年陈景润、尹文霖证明了$\alpha\leqslant 12/37$.1975年H.P.Шихман又将其稍加改进为$\alpha\leqslant 346/1\ 067$.1985年诺瓦克又证明了$\alpha\leqslant 139/429$.目前最好的结果是伊瓦涅科与莫若奚作出的为$\alpha\leqslant 7/22$.这无疑是对以往的结果所做出的巨大改进.

另外,早在1916年,哈代就已证明了

$$\lim_{x\to\infty}\sup\frac{p(x)}{x^{1/4}}=\infty,\ \inf_{x\to\infty}\lim\frac{p(x)}{x^{1/4}\ln^{1/4}x}<0$$

也就是 $\alpha\geqslant 1/4$,其中 $p(x)=A_2(x)-R(x)$.

1926年,克拉默又对余项 $R(x)$ 的均值作了估计,得到

$$\frac{1}{x}\int_1^x|p(y)|\mathrm{d}y=o(x^{1/4})$$

所以人们猜测,应该有 $\alpha=1/4$ 成立,但是至今未能证明.

关于 $r(n)$,1904年,沃罗诺伊还给出如下展开式:对于 $x>0$

$$\sum_{n\leqslant x}{}'r(n)=\pi x+\sqrt{x}\sum_{n=1}^{\infty}\frac{r(n)}{\sqrt{n}}J_1(2\pi\sqrt{nx})$$

其中,$\sum'$ 表示当 x 为整数 m 时,和式中的第 m 项取其一半相加,$J_1(x)$ 是(第一种)Bessel 函数.

戴德(Dedekind,1831—1916),国数学家.生德国不伦瑞卒于同地.

1920年,兰道给出了一个颇有几何学色彩的证明.

值得指出的是对于圆内格点问题人们还给出了种种推广,例如,设 $Q(u_1,\cdots,u_n)=\sum_{i,j=1}^{n}a_{ij}u_iv_j$($a_{ij}$ 为有理数,$a_{ij}=a_{ji}$)是行列式为 D 的正定二次型,求满足 $Q(m_1,\cdots,m_n)\leqslant x$ 的格点 $(m_1,\cdots,m_n)$ 的个数问题.

这个推广后的问题受爱泼斯坦(Epstein)的 ξ 函数的影响,发展成计算

$$F(x)=\sum_{(m_1,\cdots,m_n)\leqslant x}\exp 2\pi\mathrm{i}(\alpha_1m_1+\cdots+\alpha_nm_n)$$

的问题,即对每一格点加权 $\exp 2\pi\mathrm{i}(\alpha_1m_1+\cdots+\alpha_nm_n)$ 来求和.

1915年兰道首先得到

$$F(x)=\delta\frac{\pi^{n/2}}{\sqrt{D}\Gamma(n/2+2)}x^{n/2}+o(x^{\frac{n(n-1)}{2(n+1)}})$$

其中

$$\delta=\begin{cases}1,\text{当 }\alpha_1,\cdots,\alpha_n\text{ 全都是整数时}\\0,\text{其他情形}\end{cases}$$

当然在求格点个数时,$\delta=1$.

对于 $n=3$ 的特殊情形,维诺格拉多夫和陈景润分别把19/28改进为2/3.

由于高斯数域 $Q(\sqrt{-1})$ 上的戴德金 ξ 函数的四倍恰好等于 $\sum_{n=1}^{\infty}r(n)n^{-s}$,这样圆内格点问题又发展为关于戴德金 ξ 函数的 $H(x)$ 的估计问题.

与此相关的,1925年日本的未纲恕一应用阿丁(Artin)L 函数将兰道1912年得到的一个结果——不超过 x 的可表为两平方数之和的自然数的个数近似等于 $ax/\sqrt{\ln x}$,a 为正的常数推广到了有限次代数数域.

6. 范·德·瓦尔登猜想

这是组合数学中关于正项行列式的一个极为重要的猜想.

1926年荷兰数学家范·德·瓦尔登提出以下猜想:对于任何双随机矩阵 $\boldsymbol{A}$ 有

$$\mathrm{Per}(\boldsymbol{A}) \geqslant n!/n^n$$

等号当且仅当 $\boldsymbol{A} = \boldsymbol{J}_n$ 时成立.

范·德·瓦 登 (van der de, —1996), 荷 学家. 数学 , 生于阿姆 丹.

设 $\boldsymbol{A}$ 是 $n \times n$ 矩阵,矩阵元为 $a_{ij}(i = 1,\cdots,m;j = 1,\cdots,n)$,则 $\boldsymbol{A}$ 的正项行列式(Permanent) $\mathrm{Per}(\boldsymbol{A})$ 定义为

$$\mathrm{Per}(\boldsymbol{A}) = \sum_{\delta \in S_n} a_{1,\delta(1)}, a_{2,\delta(2)}, \cdots, a_{n,\delta(n)}$$

其中,S_n 表示 n 个符号的对称群.这样一个矩阵 $\boldsymbol{A}$ 称为双随机的,如果它的每个矩阵元都是非负实数并且每行之和与每列之和都等于1,则 $\boldsymbol{J}_n$ 是每个阵元都是 $\frac{1}{n}$ 的双随机矩阵.

马库斯 (rcus, —), 美国数 , 生于明尼 州.

1959年,马库斯和纽曼发表了关于范·德·瓦尔登猜想的第一篇论文.他们证明了在所有双随机矩阵的集合上,$\boldsymbol{J}_n$ 是正项行列式函数的局部极小点,他们推导出使其正项行列式达到极小的双随机矩阵应满足的性质,并对 $n = 3$ 的情形证明了这个猜想.此后,许多数学家写了大量的文章对于 $n = 4, n = 5$ 的情形,以及对许多特殊的类型的双随机矩阵证明了这个猜想.

纽曼 (wman, —1984), 英 学家, 生于

在另一个方向上,班于1976年,而弗里德兰(S.Friedland)于1979年彼此独立地证明了对于任何双随机矩阵 $\boldsymbol{A}$ 有

$$\mathrm{Per}(\boldsymbol{A}) \leqslant e^{-n}$$

班 (T. g, 1917—), 数学家.

这个结果并不比范·德·瓦尔登的猜想弱多少,因为由斯特灵公式,$n!/n^n$ 近似等于$\sqrt{2\pi n}e^{-n}$.

斯特灵 (ting, —1770), 英 学家, 生于 兰的斯特灵 卒于爱丁堡.

现在范·德·瓦尔登猜想已经由两位前苏联数学家独立地解决了.一位是乌克兰共和国建筑业计划与管理自动系统科学研究所的法利克曼(D.I. Falikman),另一位是基雷斯基克拉斯诺雅茨克的苏联科学院西伯利亚分院的基雷斯基(L.V.Kirensky)物理研究所的埃戈里奇夫(G.P.Egorychev).从时间上看是法利克曼先得到其证明,他早在1979年5月就把他的论文投寄给《数学注记》,而埃戈里奇夫一直到1980年末才散发他的论文的预印本.但法利克曼只是证明了范·德·瓦尔登定理,而埃戈里奇夫另外还得到更强的结果:$\boldsymbol{J}_n$ 是唯一的使正项行列式达到极小的双随机矩阵,虽然他们的证明在细节上有所差别,但都应用了亚历山大德诺夫在1938年得到的一个关于二次型的混合判别

式的不等式的特殊情形.

正如拉盖里阿斯(J.C.Lagarias)所指出的那样,范·德·瓦尔登猜想是一个富有挑战性的问题.但是,这问题的解决并没有给数学知识的现状带来革命性的变化,而要是黎曼猜想得到证明则肯定会这样.然而,范·德·瓦尔登猜想肯定可以得出比以前更好的互不同构的拉丁方和斯坦纳(Steiner)三元系的数目的下界,从长远观点看来,最有意义的结果是从关于二次型的混合判别式的亚历山大德诺夫不等式以及与此有关的关于凸体的混合体积的亚历山大德夫-芬切尔不等式可以推出大量的具有有趣组合解释的多重线性不等式.

守望灵魂——毕达哥拉斯的新生活之路[1]

附录十

希腊城邦人道主义思想的核心是哲学.构成希腊城邦人道主义的重要前提——善行、身心全面训练以及与二者相关的"人是什么"问题的提出和回答,均与哲学有不可分割的联系.希腊的哲学家们既是希腊城邦的教育家,也是她的科学家、思想家、信徒.他们还是荷马和赫西俄德传统的继承者和批判者,同时也是城邦人道主义的建立者.正是他们决定了整个城邦重要的价值取向,为城邦的教育与善行注入了属于城邦本身的独特的理念.希腊哲学家以伊奥尼亚哲学、以泰勒斯的自然主义为起点,以泰勒斯为代表的自然主义者对于希腊城邦人道主义的贡献在于,他们开创了一种新的思维方式,自然主义的思维方式,这种思维方式最显著的特征是理性主义.伊奥尼亚哲学家运用理性主义的方式,将东方的科学与宗教加以提炼,使之成为日后希腊城邦人道主义的重要内容.如果没有伊奥尼亚的自然哲学,希腊城邦人道主义是不可想象的.希腊哲学的另外一支,南意大利学派的哲学,以毕达哥拉斯为起点.由毕达哥拉斯及其学派开始,希腊文明发生了重大转变.正如策勒尔所说,由于一种源于奥尔弗斯神秘主义的外来因素的影响,希腊思想方式开始转变,这种转变从毕达哥拉斯学说开始."这种神秘主义对于希腊人的天性是一种格格不入的宗教崇拜,由于它和希腊思想的融合,产生了许多值得注意的新形式,对于随后的时期意义重大."[2]如果没有毕达哥拉斯的灵魂肉体二元论以及灵魂肉体净化的思

① 杜丽燕,《人性的曙光——希腊人道主义资源》,华夏出版社,2005年,第147-172页.
② 策勒尔,《古希腊哲学史纲》,第32页.

想,对于回答“人是什么”的问题,就缺乏更深层的基础.对于人的善行的要求,就没有内在的依据,对于人的教化就会停留在表面,教育便会沦为养家糊口的工匠技巧.由于毕达哥拉斯及其学派的影响,希腊人第一次开始关注无贵族和奴隶身份的人本身,毕达哥拉斯开创的新生活之路,首要目的是培养好人,而好人的标志是灵魂和肉体的纯洁,这是荷马身心俱美标准的延伸,所不同的是,少了几分荷马式的欢乐,多了几分东方式的凝重.人对人的认识第一次深入到了表面的日常生活之下.人开始思考自己的本质了.

1.毕达哥拉斯其人及其学派

·研究毕达哥拉斯的困难

根据西方的毕达哥拉斯权威策勒尔(Zeller)、格斯里(Guthrie)等人的看法,在毕达哥拉斯团体的成员费勒劳斯(Philolaus)以前,没有任何关于毕达哥拉斯及其学派的思想公诸于世.因此,费勒劳斯是第一个阐述毕达哥拉斯思想的人.这种看法来自柏拉图和亚里士多德,罗马时期的第欧根尼·拉尔修(Diogenes Laertius)和扬布里丘(Iamblichus)也持这种观点.造成这种状况的原因是多方面的.就毕达哥拉斯学派自身而言,他们有一个传统,就是静默原则和导师崇拜.因此,他们在相当长的时间内,对自己的学说和信仰秘而不宣.而将学说公诸于世时,常常把学派成员的思想统统放在毕达哥拉斯名下.这既造成了甄别材料的困难,又引起人们对材料真实性的怀疑.因此,人们始终无法弄清楚,究竟哪些思想属于毕达哥拉斯本人的,哪些是其学派成员的.即使在柏拉图和亚里士多德时代,也很难做出明确的区分.我们注意到,柏拉图只在很少的地方直呼毕达哥拉斯其名,而亚里士多德在谈及毕达哥拉斯时,常常含糊地使用“毕达哥拉斯派”之类的说法.就是在当时,毕达哥拉斯与毕达哥拉斯派也几乎是通用的名称.

19世纪西方古典主义兴起,重新燃起哲学界对文献的热情.然而,考据的结果似乎并不令人振奋.连希腊哲学巨擘策勒尔,也无法断定哪些作品是毕达哥拉斯的,哪些是其学派成员的.他甚至进一步断言,即使是毕达哥拉斯派的作品,也只有费勒劳斯的可信;间接材料,除了亚里士多德和柏拉图对毕达哥拉斯学派的评论是以真实的材料为依据以外,其余的均不可信.第欧根尼·拉尔修与扬布里丘的记载,也相当可疑.策勒尔区分了“传奇的解释”和“历史传统”,把他认为不可信的材料列入“传奇的解释”,也就是故事.可信的资料才属于“历史传统”.不过,在策勒尔那里,“历史传统”少而又少.这种看法虽然有些极端,毕竟不无道理.

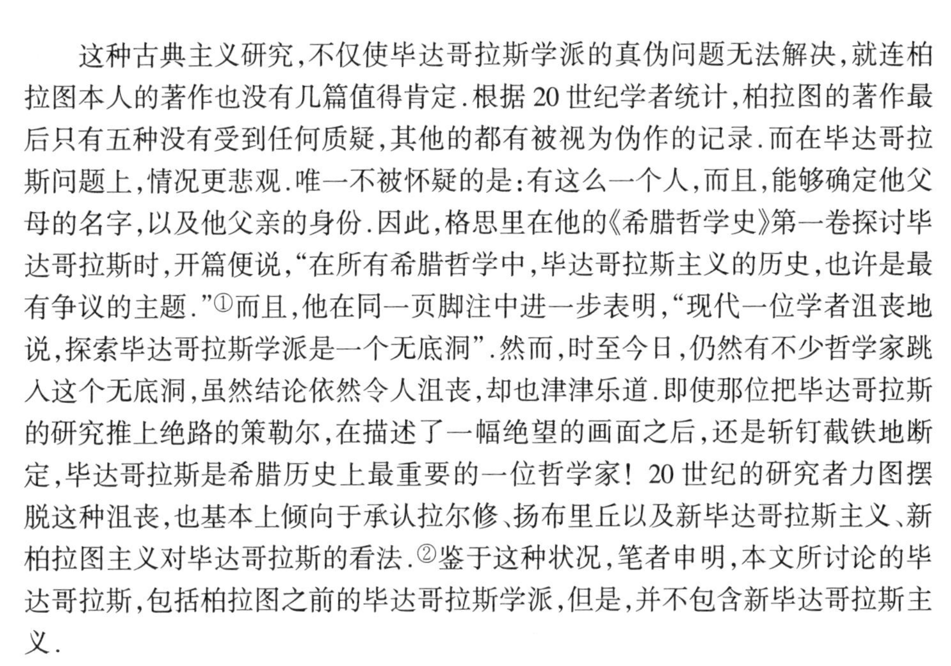

这种古典主义研究，不仅使毕达哥拉斯学派的真伪问题无法解决，就连柏拉图本人的著作也没有几篇值得肯定.根据20世纪学者统计，柏拉图的著作最后只有五种没有受到任何质疑，其他的都有被视为伪作的记录.而在毕达哥拉斯问题上，情况更悲观.唯一不被怀疑的是：有这么一个人，而且，能够确定他父母的名字，以及他父亲的身份.因此，格思里在他的《希腊哲学史》第一卷探讨毕达哥拉斯时，开篇便说，“在所有希腊哲学中，毕达哥拉斯主义的历史，也许是最有争议的主题.”[①]而且，他在同一页脚注中进一步表明，“现代一位学者沮丧地说，探索毕达哥拉斯学派是一个无底洞”.然而，时至今日，仍然有不少哲学家跳入这个无底洞，虽然结论依然令人沮丧，却也津津乐道.即使那位把毕达哥拉斯的研究推上绝路的策勒尔，在描述了一幅绝望的画面之后，还是斩钉截铁地断定，毕达哥拉斯是希腊历史上最重要的一位哲学家！20世纪的研究者力图摆脱这种沮丧，也基本上倾向于承认拉尔修、扬布里丘以及新毕达哥拉斯主义、新柏拉图主义对毕达哥拉斯的看法.[②]鉴于这种状况，笔者申明，本文所讨论的毕达哥拉斯，包括柏拉图之前的毕达哥拉斯学派，但是，并不包含新毕达哥拉斯主义.

·毕达哥拉斯生平

毕达哥拉斯(Pythagoras)，南意大利学派创始人，鼎盛年约公元前532—前529年.他的生平和著述并没有详细、可信的记载.各种说法矛盾之处颇多，因此毕达哥拉斯的身世、生平始终是一个谜.对于毕达哥拉斯生平的确定，西方学者多依据第欧根尼·拉尔修的记载.根据他的记载，毕达哥拉斯的父亲“是一位指环雕刻匠”，也有一些古代文献说他的父亲是位富商.“按照赫尔米波(Hermippus)的看法，毕达哥拉斯是萨莫斯人；或者根据阿里斯多克森(Aristoxenus)的说法，他是底伦群岛人，这些岛屿曾经被雅典人占领，土著居民被希腊人尽行遣散驱逐.”[③]他曾经做过叙鲁人费雷居德的门徒，恩师逝世后，他到了萨莫斯.

据扬布里丘记载，毕达哥拉斯青年时代有强烈的求知欲，他一直热衷于研究各类学术思想，同时对宗教信仰及仪式兴趣十足.他曾经求学于泰勒斯，但泰勒斯年事已高，教学生读书已经是力不从心，因而把他介绍给自己的学生，米利都学派的重要传人阿那克西曼德.泰勒斯也建议毕达哥拉斯到埃及学习(据说泰勒斯也曾经到埃及学习，埃及人的科学与宗教令他惊叹不已).毕达哥拉斯接受了老师的建议远赴埃及求学，在埃及生活了很长时间.他学会了埃及的语言和文字，在埃及人的寺院当过僧侣，亲身经历过埃及寺院的祭典仪式，对于宗教

---

① Guthrie, History of Greek Philosophy, Vol. 1, Cambridge, 1971, P.146.

② 参见 Zeller, A History of Greek Philosophy, Vol.1, London, 1881; Guthrie, History of Greek Philosophy, Vol. Cambridge, 1971; Burkert, Lore and Science inAncient Pytagoreanism, Harvard, 1972.中文著作，可参见汪子嵩主编《希腊哲学史》第一卷，人民出版社，1988年版；叶秀山，《前苏格拉底哲学研究》，三联书店，1982年版.

③ Diogenes Laertius, Lives of Eminent Philosophers, Book VIII, P.321.

思想、信仰、教阶体系有深切的了解.尤其使他震撼的是埃及人对于灵魂不灭和生死轮回的信念.在埃及与波斯战争中他被俘,当做俘虏带到波斯,在那里,他又生活了许多年,直接接触到了波斯国教琐罗斯德教,学到了琐罗斯德教的教义、一些禁忌、净化肉体和灵魂的方式、身心二元论等.这些对于毕达哥拉斯思想体系的形成产生了难以估量的影响.毕达哥拉斯从埃及和波斯留学回来以后,于公元前532年,因不满普利克拉底的暴政,离开母邦萨莫斯,移居南意大利的克罗顿.在那里定居下来,并且创立了著名的毕达哥拉斯学派."他和他的门徒受到极大的尊重."①

克罗顿位于靴形意大利的靴跟上.在毕达哥拉斯到来之前,这里的繁荣程度远不及米利都和萨莫斯,是大希腊范围内政治、军事经济、文化的落后地区.不过,与尚在起步阶段的希腊本土相比,却繁荣许多.毕达哥拉斯及其学派,就是在这样一种环境中迅速发展的,很快就吸引了一大批门徒.毕达哥拉斯学说的形而上学基础是灵魂和肉体二元论.他在克罗顿不仅讲学收徒,教书育人,而且还倡导一种新的生活方式.这种生活方式大致上是:学派内财产公有,日常生活以清心寡欲为原则,以药物净化身体,以数学、音乐、天文学、几何学净化灵魂.净化的信念和方式是毕达哥拉斯派对希腊文明最大的贡献之一.净化自己的身心也是毕达哥拉斯派安身立命的根本.尽管提倡身心净化最初只存在于这个学派之内,而且该学派一直离群索居,净化方式始终不为人所知,至少在毕达哥拉斯本人在世时一直是这样的.不过,在毕达哥拉斯本人逝世之后,大约在公元前5世纪,该派所在的南意大利发生了政治变故,结果导致该派人士被驱逐,由于毕达哥拉斯派成员在逃亡中流向希腊全境,尤其流向雅典等民主制地区,致使毕达哥拉斯派的思想、生活方式、信仰以及他们特有的净化方式得到广泛传播.

毕达哥拉斯在世时,该学派或者说教派有着严格的生活规则,成员有极高的自律能力,因而在意大利乃至整个希腊人心目中,他们是一群道德高尚的人,因而毕达哥拉斯及其学派在自己的栖息地克罗顿受到人们极大的尊重.不仅如此,"毕达哥拉斯感到他们自己的天职是成为他们的同胞精神向导——也就是支配.事实上,毕达哥拉斯团体在将近一个世纪的时间内,在大格拉埃西亚诸城市的政治中起着主导作用".②这与米利都学派的境遇不同.从相关资料可以看出,米利都学派在米利都似乎没有毕达哥拉斯这等雄心,在政治上也没有如此这般的影响.究竟是什么原因导致这些差异,我们不是很清楚,至少人们可以断定,哲学思想的差异是其中因素之一.按照 Kirk 和 Raven 的看法,"毕达哥拉斯学派的思想与米利都学派的思想,在原动力和特征方面有广泛的差别.米利都

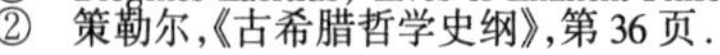

① Diogenes Laertius, Lives of Eminent Philosophers, Book VIII, P.323.
② 策勒尔,《古希腊哲学史纲》,第36页.

学派受天生的理智好奇心所驱动,他们不满足于旧的神话解释,试图对物理现象做理性的解释,而鞭策毕达哥拉斯学派的力量似乎是宗教的或者激情的……再者,米利都学派追求对世界的自然主义解释,……'而毕达哥拉斯学派(用亚里士多德的话来说)运用一种与物理学家不同的奇特的原则和要素,因为这些原则和要素来自非感觉物.'因此,毕达哥拉斯学派的宇宙论注重世界的形式或结构,而不是质料."①柏拉图也认为毕达哥拉斯学派创立的不是一种自然主义,而是一种生活态度.尽管这个学派包括毕达哥拉斯本人在内在科学方面有极高的造诣,而且在科学史上留下一笔丰厚的财产,然而,这个学派真正关心的不是科学而是人生,是人的正确的生活方式和态度,关注人的灵魂和身体.他们不仅倡导这样的生活方式和生活态度而且身体力行,因此,在克罗顿他们由于持这种生活态度而受到极大的尊重.他们内部也依据这些生活方式和处事原则维持和谐.彼此之间如兄弟一般,故而毕达哥拉斯学派也被人称做毕达哥拉斯兄弟会.

2. 对毕达哥拉斯的一般评价

毕达哥拉斯的名字,似乎总是与科学史上的事件相关.他最早提出哲学与哲学家这两个名称,并且断定哲学家就是爱智者.几何学在埃及人那里仅仅是测量土地的方法;尼罗河水涨落,常常把地界冲毁,为了确定地界,埃及人需要经常测量土地.因此,他们发明了一些测量土地的方式.毕达哥拉斯从他们那里学到了几何学的测量方式,但是,他并没有停留在简单的测量上,而是把埃及人用来丈量土地的实际操作,变成非物质的、概念化的公式,从而为几何学步入科学的殿堂奠定了基础.著名的"毕达哥拉斯定理"使他获得几何学家的称号.其实,说毕达哥拉斯是几何学之父大约也不为过.不仅如此,他发现了事物之间的数量关系,并用这种关系解释音乐和天体.他的名言"万物皆数"对柏拉图影响至深,传说柏拉图有感于这句名言,曾说"神可能是个几何学家".这虽然是一种幽默的表述,但是,它毕竟反映了几何学在柏拉图心目中的分量,而且柏拉图学园的大门上赫然写着"不懂几何学者不得入内",柏拉图学园在后期主要讲授数学和几何学.

埃及人观察天象发现,天狼星的出现总与尼罗河水的涨落有关,因此,在埃及出现了最早的天象学(也可以称做准天文学).毕达哥拉斯从埃及人那里学到了观测天象的方法.可以说,埃及人的天象观测,是毕达哥拉斯天文学的启蒙教

① Kirk & Raven, The Presocratic Philosophers, Cambridge, 1960, P. 216.

师.不过,毕达哥拉斯并不是简单地传达埃及人的发现,而是在他们的基础上进一步探索日月星辰的位置.根据第欧根尼·拉尔修的描述,毕达哥拉斯也是第一个发现晨星与暮星是同一颗星的人.而且,他把数学用于天体的观察,从而断定,天体是一个和谐的整体,地球是一个游动的球体.虽然他尚未明确提出日心说,但是,至少有地球是绕行的思想.

在中世纪,人们普遍认为,毕达哥拉斯是算术、几何学、天文学和音乐的创始人.文艺复兴时期,许多人文主义者运用毕达哥拉斯的黄金分割法与和谐比例进行艺术创作,那些颇具美感的不朽雕塑,也把毕达哥拉斯的科学家形象深深地嵌入其中.哥白尼承认,毕达哥拉斯的天文学概念是他的日心说的先驱.梅森先生这样评价哥白尼的日心说,“他的方法并没有什么新奇的地方,是从毕达哥拉斯以来就被天文学家所采用过的.”①伽利略也宣称自己是一个毕达哥拉斯主义者.莱布尼兹则自认为是继承毕达哥拉斯传统的最后一个哲学家和科学家.

现代科学,特别是数学和天文学,也沿袭了传统的看法.充分肯定毕达哥拉斯的科学成就.波耶在《微积分概念史》中指出:“早期毕达哥拉斯学派的数学,肯定是以推理为其特色的.毕达哥拉斯学派和柏拉图都注意到,演绎推理所得的结果跟观察的结果或归纳推理的结果非常符合.”②在毕达哥拉斯-柏拉图传统中,就连神都是几何学家,所以人们认为他的体系以推理为特征,也是合情合理的事.鉴于毕达哥拉斯及其学派在科学史上有如此多的第一,把毕达哥拉斯看做一个科学家或者自然哲学家不无道理.充分肯定毕达哥拉斯在科学上的重要地位,无论如何是天经地义的事情,笔者对此没有任何异议.

不过,笔者想提醒人们注意的是,许多思想家似乎忽略了一个最基本的事实,即在毕达哥拉斯的若干“第一”中,有一个“第一”对西方哲学和西方文明的价值,恐怕并不亚于其他“第一”.这就是他第一个把东方文化对灵魂问题的探讨,嫁接到希腊文化中,并且成功地使二者相互融合,从而为希腊,也为最早的西方哲学注入了人文主义的内容,并且通过对几何学、天文学、数学、音乐的改造,使这些科学(其实,最多算是自然哲学)成为关注灵魂、净化灵魂的一种手段,成为塑造人性或人类道德的首选方式,成为人文精神的核心.毕达哥拉斯在这方面的贡献,一直没有得到人们的足够重视,不能不说是一个遗憾.

然而也有一些科学家和哲学家,例如,罗素和海森堡,看到了毕达哥拉斯有关灵魂问题的思想,而且清楚地知道它们的传承关系,以及对于西方思想的影响.但是,他们并不认为这些思想有什么积极意义,甚至认为它们是一种负面的东西.这同样令人遗憾.

---

① 梅森,《自然科学史》,周煦良等译,上海译文出版社,1984年,第120页.
② 波耶,《微积分概念史》,上海师范大学数学系译,上海人民出版社,1977年,第1页.

海森堡以科学家特有的敏锐清楚地看到,"毕达哥拉斯学派是神秘主义的一个支派,它起源于酒神的礼拜仪式.这里早已建立了宗教与数学的联系,而数学从那时以来,已对人类思想发生了最强烈的影响.毕达哥拉斯似乎最早认识到数学形式化所固有的创造力.他们发现,如果两条弦的长度成简单的比例,它们将发出声音,这个发现表明,数学对理解自然现象能有多么大的意义."①应该说,海森堡注意到毕达哥拉斯的数学与其神秘主义的连带关系,并强烈感受到毕达哥拉斯的重要历史地位.他谈论毕达哥拉斯的影响时,引用了罗素那句名言:"我不知道还有什么人对于思想界有过像他那么大的影响."然而,海森堡心目中的影响,主要指他的数学.因为海森堡明确指出:"在毕达哥拉斯学派中,还包含许多我们难以理解的神秘主义."这里面有一个潜台词,就是宗教神秘主义的东西,与毕达哥拉斯的科学思想从根本上说是两回事.即使不理解毕达哥拉斯的神秘主义,也可以理解他的思想和影响.仿佛他的神秘主义是一个蜘蛛网,只须一抬手,便可以轻轻抹掉,根本不会影响人们对他的理解,反而能够使毕达哥拉斯的思想更加干净、清晰.抹掉了这个蜘蛛网,似乎更有利于对其思想真谛的认识和把握.

罗素在描述自己的思想发展时说:"自本世纪的初年起,我的哲学的发展大致可以说是逐步地舍弃了毕达哥拉斯."②现代的哲学家,恐怕没有什么人比罗素更清楚毕达哥拉斯思想的价值了.因为他清楚地看到,毕达哥拉斯的数学与宗教神秘主义有密切关系,与其灵魂学说有密切关系.他指出:"灵魂一词最初在希腊思想中出现的时候起源于宗教,虽然不是起源于基督教,但就希腊来说,他似乎起源于毕达哥拉斯学派的学说,他们信仰死后灵魂转生,目的是为了得到最终的拯救,这在于摆脱物质的束缚,而只要依附于肉体,它就必定受这种束缚."③经过南意大利学派的发展路线,"把灵魂作为不同于肉体的某种东西的学说,就成了基督教教义的一部分".凡讨论毕达哥拉斯的人,似乎都会引用罗素这句名言,以说明毕达哥拉斯灵魂学说对柏拉图主义和基督教的影响.然而,罗素所说"影响"分正负两个方面.遗憾的是,罗素将毕达哥拉斯式的灵魂的沉思看做一种冥想,属于负面的东西.

罗素告诉我们,他早年曾一度沉溺于数学的神秘主义,也获得过冥想的快乐.后来他认为,"在一个满是灾难痛苦的世界里,退隐到沉思冥想里享受一些快乐不能不算是出自自私,拒绝共同肩负灾难所加在别人身上的负担".④写《我的哲学发展》时,罗素依然记得"相信时的快乐",只是这些快乐"现在看来却大部分是荒谬的".罗素这段话有一个特殊的背景,那就是第一次世界大战爆

---

① 海森堡,《物理学与哲学》,范岱年译,商务印书馆,1984年,第31-32页.
② 罗素,《我的哲学发展》,温锡增译,商务印书馆,1982年,第191页.
③ 罗素,《我的哲学发展》,温锡增译,商务印书馆,1982年,第57页.
④ 罗素,《我的哲学发展》,第194页.

发.当他看到年轻人登上开往前线的火车,觉得自己不能置身于事外,不能再生活在抽象与沉思里.罗素的自责在这个特定的历史时期是完全可以理解的.即使像尼采这类孤芳自赏的贵族,在普法战争时,也还能与他并不看好的普通士兵同甘共苦.如果我们不是处于第一次世界大战这种特定的历史条件下,而是客观地看待毕达哥拉斯的灵魂的沉思,便应该承认,毕达哥拉斯式的沉思,绝不仅仅是个人爱好,而是为了探索一种新生活之路,其目的是拯救人类的灵魂.抽象与沉思不是自私的冥想.在一般情况下,笔者并不认同罗素的看法,而在第一次世界大战的前提下,笔者至多是理解罗素的自责.

罗素把自己的哲学历程描述为逐渐舍弃毕达哥拉斯的过程,实际上是说自己的思想历程就是由毕达哥拉斯的神秘主义开始,进而逐渐远离神秘主义的冥想,最终走向真正的数学或科学思维.这里面蕴含的前提也是科学与信仰的对立.布尔克特(Burkert)在评论策勒尔的研究时指出,策勒尔"在毕达哥拉斯作为宗教奠基者与匿名的毕达哥拉斯派数哲学之间,切开了一条裂口,把这些不同要素结合起来,表明它们最初的统一,必定是极其诱人的一种挑战".①其实,布尔克特对策勒尔的评论意味着,策勒尔对毕达哥拉斯的探索,其前提依然是科学与宗教对立,所以,才需要探讨二者的关系,才需要发现它们最初的联系.他清楚地看到,假如解决了这一问题,"就有可能深深地改变人们对文化史的理解".

笔者以为,这些看法有两个依据.第一,西方中心主义.这些西方学者清楚地知道,灵魂问题来自东方,特别是与他们心目中东方式的迷信和神秘主义相关,似乎这样的东西是没有什么可以肯定的东西.第二,是以近代科学和哲学体系为基础,对古代希腊哲学进行诠释.对于后者,笔者想多说几句.尽管本文主题不是讨论这个问题,但是,它对于理解毕达哥拉斯十分重要.

雅斯贝尔斯对近代科学进行过中肯的批评,他指出:"主宰自然,能力,效用,'知识就是力量',这是自培根以来的格言'他和笛卡儿描绘了技术未来的概貌.可以肯定,它并不是被用来反对自然的可怕力量,而是对自然规律的认识.这就是所谓人定胜天."②这种科学观的前提是"我只知道我能造的".它本身并不意味着人可以为所欲为,更不意味着"世界在整体上和原则上是可知的".科学动机包含着两种意志:技术意志和知识意志.近代"科学家的特征乃是对必然性的感情,准备适应自然总是自然科学家精神的一部分.不过他想知道自然在做什么,自然界发生了什么".这是科学家的"知者的自由".这里所说的自由,依然没有为所欲为的意思.但是,当这种自由被推向极端时,知者的自由就不是思想的自由与安宁,而是"为所欲为".由于科学在近现代社会明显的物质效用,因

---

① Burkert, Lore and Science in Ancient Pythagoreanism, Harvard, 1972, P.3.
② 雅斯贝尔斯,《历史的起源与目标》,魏楚雄等译,华夏出版社,1989年,第104页.

而它“一直享有巨大的威望.人们期待它解决一切问题,深入理解全部存在,帮助满足任何一种需求.……科学成为我们时代的标志,恰恰是它不再以科学形态出现的时候”.因为科学成为人们支配自然的手段,它的目的已经不再是科学所期待认识自然、适应自然,而是改造自然、做自然的主宰.于是自然由人们生活的一部分,变成了人们可以征服的对象.人与自然处于对立状态,人在奴役自然的同时,把自己沦为物欲的奴隶.尽管我们自诩我们的时代是科学的时代,但是,人类与科学精神的距离,从来没有像现在这样遥远.现代人只占有技术,甚至是技术的物质结果,却不享有任何科学.科学“精神本身被技术过程吞噬了”,造成科学服从技术,技术服从人的物欲的结果.雅斯贝尔斯认为,导致这种错误的原因是,近代科学把世界的可知性作为研究前提,特别是认为世界在整体上和原则上可知.既然世界可知,当然它也可以被创造,甚至可以从根本上被改变、被主宰.在这样的世界中,还有什么不可理解的神秘的灵魂呢?还需要信什么别的东西呢?信科学就够了.于是,科学在成为现代社会的新宠的同时,也成为现代社会的神话.

海德格尔指出,现代人普遍承认,“科学是现实事物的理论”.而“科学”仅仅指近现代科学.希腊文没有科学之类的概念.该概念在罗马帝国时期以拉丁文形式出现时,仅指学问和知识.学问与知识是十分宽泛的,它也包括类似于沉思冥想之类的东西.而不仅仅指近现代意义上的科学,当然它也包含与之相关的东西.“现实事物”是在我们的生活世界起作用的东西.“起作用”意味着“做”(tun),它的词干属于印欧语系的 dhe.“做”不仅仅指人的活动,不仅仅指行动意义上的活动,自然的生长与活动也是做,并且是在特定位置上的做.意思是说,“做”最根本的涵义是在生命和生活过程中的自然行动.“自然”是指生命和生活在此时此地、此情此景中的所为.这个所为与个人所拥有的一切相关.在中世纪,“起作用”还指房屋、器具、图像的产生.后来它的意义变窄了,只意味着缝纫、刺绣和编织意义的产生,即,物化的动作.但是,这个词不具有效应和起因的意思,也不是指一个物化结果的功用.而是在生命过程中自然而然的东西,是生命过程内在的部分.当然,在现实事物中起作用确实与现实事物的现实性变化相关,变化表明本身已经被“做”,即在工作、劳动中成为对象.在“做”的活动中获得成功就是“事实之物”.它相当于肯定和确定,17 世纪以来,“现实的”与“确定的”基本同义.它与假象、意见相对立.在近代科学中,现实事物成功的一面日益被强调,成功的对象达到了一个令人瞩目的可靠状态,被提升到一切其他事物之上,表现为“对象”或者“客体”.①它不仅与一般的事实相对立,而且与人相

① 以上内容可参考孙周兴等译《海德格尔选集》下卷,上海三联书店,1996 年版.其中有两篇文章集中展示了海德格尔对近代科学的反思:《现代科学、形而上学和数学》和《科学与沉思》.本文所叙述的内容均参考这两篇文章.

对立,与主体相对立.从生活与生命的一部分,变为与主体对立的东西,这就是希腊科学与近现代科学最根本的差别.

如果我们认同海德格尔的分析,那么我们完全可以说,在生活世界与在实验科学世界不同,实验科学世界是狭窄的、具体的、功利的,一切都在概念体系的刚性结构中,如同在无影灯下解剖尸体一样,似乎没有什么东西是不可以分割和界定的.而在生活世界,特别是在生命过程中,一切都具有内在的联系,我们无法清楚地界定生命中的任何一个具体的功能.一旦想界定它或者已经界定了它,它便不是活体了.既然如此,在希腊人的生活世界中,两种都源于沉思的东西具有某种不可分割的联系,便没有什么可以惊讶的.

笔者以为,毕达哥拉斯哲学是在希腊哲学氛围内的探索,力求寻找一种新的生活之路:通过宗教与科学和哲学的结合净化人的灵魂.其中守望灵魂是他的根本目的,而几何学、天文学、数学、音乐则是净化灵魂的手段.如果从毕达哥拉斯的使命来看,笔者以为,毕达哥拉斯与其说是一位有若干科学创造的科学家,不如说是一位灵魂的守望者.如果我们不仅仅把世界文明史的进程看做科学创造世界的过程,如果我们不是仅从文艺复兴以来的近代观点出发看待宗教问题,而是像柏格森那样坦诚地承认,唯有"人类依理性而生,同时也依宗教而生"的物种,我们就应该承认,宗教对于人之为人的重要作用,从而承认,毕达哥拉斯将灵魂问题引入希腊,并以科学作为净化灵魂的手段,同样是一种伟大的创举.

3.探索新生活之路的起点是关爱灵魂

鲁道夫·奥托(Rudolph Otto)指出,神秘主义有两条道路:一条是内省之路,柏罗丁是典型代表;另一条是合一梦想(Unifying Vision)之路,即目光向外,寻找多样化世界的"一",这是印度的《奥义书》作者所走的道路.不过,也有不少人同时兼有两条道路的特点,商羯罗和爱克哈特都是这样,奥古斯丁也是这样.虽然奥托没有提及毕达哥拉斯,但是,按照奥托所描述的两条道路的特点,我们完全可以说,毕达哥拉斯的神秘主义也属于两条道路合一的神秘主义.

第一条路——内省的神秘主义是"从外部事物抽身,退入自己灵魂的深处,认识隐秘的深处,认识触摸自我的可能性,这是第一种类型——内省的神秘主义特有的.这意味着沉入自我之中,以达到直觉,在自我的最内部,找到无限,或者上帝,或者梵天……一个人在这里并没有看到世界,而是洞察到了自我".①

① ② R.Otto,Mysticism East and West, New York, 1960,P.61.

因此,第一条道路尽管“必然有自己的灵魂学说,将其拉入神秘主义范围,从而形成一种特定的灵魂神秘主义(soul-mysticism),但是它升入更高体验之处,却在很大程度上始终保持着灵魂的神秘色彩”.②毕达哥拉斯哲学的起点是神秘主义的第一条道路.因为毕达哥拉斯哲学的起点,也可以说是首先从外部事物抽身,转向自我,转向自己的灵魂.以第一条道路为起点,就是以信仰为起点.毕达哥拉斯派的哲学首先建立在信仰基础上,而不是像一般的哲学体系那样,建立在概念体系或者科学公理的基础上.

第二条道路是在多样性的世界中寻找“一”.目光是向外的.“我们或者可以把它看做一种奇怪的幻想,或者看做瞥见世界之间的永恒的联系.”目光向外,但并不是科学的探索,因为他们之所以寻找多样性世界的“一”,只是出于奇怪的幻想,最多出于一种直觉.“更有可能的是,这种幻想是思辨思维的开端,不论是在印度,还是在贺拉斯那里都是这样,我们所说的希腊科学,也许就是这种东西的产物,即,它的非概念形式是一种神秘主义的直觉.总之,它不取决于学说,也不是从理性的思考中产生,不是为了探索因果关系,更不是起源于对世界进入科学解释的热望.它产生于一种启示的体验,这里面有一种追求这种梦想的天性——在这里天堂的眼睛是睁开着的.”①毕达哥拉斯哲学的起点是由第一条神秘主义的道路开始,即灵魂的神秘主义开始.而他净化灵魂的方式,则走向奥托所说的第二条道路:即目光向外寻找永恒世界的联系.正如奥托所说,它的非概念形式是一种神秘主义的直觉,不是从理性的思考中产生.但是,这样的起点,并不妨碍这种学说最终走向理性的思考.两条道路的结合可以走向地道的宗教神秘主义,奥菲斯教是这样,希腊文化与基督教结合,也是走了这样一条路.它也可以走向科学和理性.毕达哥拉斯本人也许做到了,也许有这样做的倾向,我们可以断定,沿着这条路走,希腊哲学的南意大利学派走向了真正的哲学思维.毕达哥拉斯式的神秘主义,经过形而上学的精制化以后,被包在这种哲学的核心之中,成为南意大利学派的灵魂和基本的价值取向.

第欧根尼·拉尔修记载,索希克拉底(Sosicrates)在他的《哲学家世系》(《Successions of philosophers》)中表明,费留斯(Philus)的独裁者莱昂(Leon)问毕达哥拉斯是什么人,毕达哥拉斯答曰“一个哲学家”.他把生活比做一场游戏,参加游戏者有三种不同的人,一种人为奖赏而来,是为追名者;一种人带着可卖的商品而来,是为逐利者;一种人仅仅是旁观者,是为观察和思想者.与此相应,有三种生活态度,“一些人滋长了奴隶的本质,贪婪地追名逐利,而哲学家则追求真理,因而是真理的主人”.②毕达哥拉斯心目中理想的生活态度就是做真理的主人,而

① Diogenes Laertius, Lives of Eminent Philosophers, VIII., the Loeb Classical Library, tran. by R.D. Hicks, P.327.

② Diogenes Laertius, Lives of Eminent Philosophers, VIII., the Loeb ClassicalLibrary, tran. by R.D.Hicks, P.328.

不是像寻常人那样,在名利场中搏击,成为物欲的奴隶.哲学“爱智”之“智”,指比常人更知道什么是真正的生活,什么是真正的人生,什么是真正的人.而不是仅仅拥有工匠般的技艺,或者较之寻常人更工于心计.对于毕达哥拉斯来说,哲学不是饭碗,不是赢利的手段,而是一种生活态度,一条生活之路.一旦步入这条道路,人的生活内容就不是为了追逐实际利益,而是为了思想.在名利场上,哲学家只是一个淡泊名利的旁观者.旁观者界定了哲学家对物欲的态度,也界定了哲学家在名利场中的位置:生活于其中,置身于事外.旁观者意味着,他的生活理由不是感官的物质享受,而是思想.思想是他心目中最神圣的净土.毕达哥拉斯的生活态度也表明,在他心目中,人至少应该有两个方面,有精神和思想的一面,也有感官和物欲的一面.这两个方面分别与灵魂和肉体相对应.肉体是有死的,而灵魂是不灭的.受肉体驱动,人便沉溺于物欲,因而是物欲的奴隶,过着堕落生活.人堕落,就不可能获得真理,也不会是真理的主人.关爱灵魂者,必须远离世俗的名利场和物欲纷争.这是典型的灵魂肉体二元论.可见,毕达哥拉斯式的生活态度,是建立在二元论的基础上的.灵魂与肉体二元论是毕达哥拉斯式生活态度的基本前提.而追求灵魂的净化,寻找净化灵魂的方式,就是毕达哥拉斯的使命.

策勒尔认为,灵魂肉体二元论并不是希腊本土的思想.它最初是由奥菲斯教引入希腊的.传统的希腊文化认为肉身的人是真正的人.灵魂只是一种无力的影像.相应阳光下的日常生活才是真实的生活,冥界只是现世的黯淡的模仿.因此,希腊人更注重现实利益,甚至是眼前利益.除了这些如同过眼烟云的利益以外,至于是否有来生,是否有什么不朽的东西,当时的希腊人是根本不会考虑的.因此,人们非常形象地把这种状况称作“希腊的乐天”,尼采就这样说过.就连他们的诸神,似乎也没有神的样子,他们的行为并不神圣,有时甚至可以说有失检点,什么鸡鸣狗盗之事都做.希腊世界的每一坏事,都和他们有关.当然他们也做好事,但那不是出于的善的考虑,在很多情况下是意气用事.尽管米利都学派完成了希腊文化的一次变革,但是,他们最多是把神话与现实自然界区分开来.他们最早把目光从迷离的神话世界投向自然,但是,他们的兴奋点在于为自然寻求统一的基础.所以后人通常称他们做自然哲学家.虽然泰勒斯也说过一切都是有灵魂的,然而,灵魂问题不是他关注的主要问题,他并不关注人本身的问题,或者说,主要关注的不是人的问题.奥菲斯教引入了“与希腊人的天性格格不入”的生活态度.这种态度“表明了一种东方起源”,从奥菲斯教开始,希腊人投身于神秘主义的二元论之中.①笔者同意策勒尔的看法,二元论确实不是希腊本土思想,奥菲斯教把它引入了希腊宗教之中,毕达哥拉斯则使它成为

① 参见策勒尔,《古希腊哲学史纲》,翁绍军译,商务印书馆,1996年,第一章.

哲学的基本内容.按照一些希腊研究者的看法,奥菲斯教与毕达哥拉斯学派之间,有着千丝万缕的联系.因此,无论从任何意义上讲,二元论都与毕达哥拉斯学派相关.

在公元前6世纪,毕达哥拉斯把灵魂肉体二元论介绍到希腊,并使之与希腊文化成功地嫁接.由于这种引进,希腊哲学出现了所谓南意大利学派.毕达哥拉斯的二元论由何而来,一直是希腊研究者争论的问题,归结起来,至少有三个来源.

第一,毕达哥拉斯从埃及人那里学来的.这是由希罗多德(Herodoti)的见闻直接证明的东西.认为这种信仰来自埃及的人,大多受希罗多德的影响.希罗多德记载:“在埃及,人们相信地下世界的统治者是戴美特尔和狄俄尼索斯.此外,埃及人还第一个教给人们说,人类的灵魂是不朽的,而在肉体死去的时候,人的灵魂便进到当时正在生下来的其他生物里面去,而在经过陆、海、空三界一切生物之后,这灵魂便再一次投生到人体里面来.这整个的一次循环要在三千年中间完成.早先和后来的一些希腊人也采用过这个说法.就好像是他们自己想出来的一样,这些人的名字我都知道,但我不把他们记在这里.”①通常认为,这里所说的“一些希腊人”,指毕达哥拉斯及其信徒.20世纪的希腊研究者基本上认同这一点.策勒尔的态度是,无法证明它意指毕达哥拉斯及其学派,或许它指奥菲斯教信徒.不过,希罗多德在该书的另一个地方谈到一个叫撒尔莫克斯的人,这个人是毕达哥拉斯的奴隶,此人后来回到他的国家.“他和在希腊人中绝非最差的智者毕达哥拉斯有过交往.因此,他给自己修建了一座会堂,在那里他招宴他国内的一流人士,并且教导他们说,不论是他,他的宾客,还是他的子孙都是永远不会死的,但是他们将要到一个他们会得到永生和享受一切福祉的地方去.”这分明是说,毕达哥拉斯的奴隶学到了该派的主张,回国后依样模仿,也主张灵魂不死和轮回转世,而且颇有一些信徒.

第欧根尼·拉尔修转述色诺芬尼(Xenophanes)的说法,一次,毕达哥拉斯路过一个地方,看到一个人在鞭打一条狗,毕达哥拉斯请求他停下来,因为他熟悉这声音,这是他朋友的灵魂生活在这狗的身体里.②这也表明,毕达哥拉斯本人相信灵魂转世.波费利(Porphyrius)告诉人们,没有任何信徒能够确切地知道毕达哥拉斯的教诲,因为他们团体内部有一个著名的静默原则.不过,还是有一些众所周知的事实,“第一,他认为灵魂是不朽的;第二,灵魂要转生到其他动物里;第三,过去的事件将在一个循环中重复自身,没有任何东西是绝对新的;第四,认为一切生物都有亲缘关系.毕达哥拉斯似乎是第一个把这一信仰引入希

① 希罗多德,《历史》,王以铸译,商务印书馆,1997年,上册,第165页.
② Diogenes Laertius, Lives of Eminent Philosophers, VII., P.353.

腊的人”.①

现代的古典研究者基本上对此持肯定态度.最谨慎的策勒尔也不得不表明,从埃及人那里获得灵魂不灭的思想并非不可能,只是无法证实.根据拉尔修和扬布里丘等人的描述,毕达哥拉斯在行成人仪式之际离开家乡来到埃及,他的整个年轻时代是在埃及度过的.最极端的说法是在埃及生活22年,最一般的说法是不少于16年.②即使取后一种说法,在埃及生活16年,那也是一段颇为漫长的年月.拉尔修记载,安提丰(Antiphon)在他的《论杰出德行的人》中表明,毕达哥拉斯在埃及长期地生活,已经学会了埃及语言、宗教、文化和技艺.因此,灵魂不灭和灵魂转世的思想来自埃及是有可能的.

第二,琐罗斯德教和希伯来文明的影响.这一假设主要来自罗马时期的一些作者,他们的根据是,毕达哥拉斯在埃及期间,正好赶上埃及被波斯国王冈比西斯(前525)的军队击败,毕达哥拉斯作为战俘,被带到波斯,在那里他接受了希伯来文明和波斯文明.不过,据笔者所知,当时的希伯来文明,还没有灵魂不灭的思想.如果他是在巴比伦获得灵魂不灭的思想,那么他应该得自琐罗斯德教.因为犹太教虽然历史悠久,但是,一直都是口述律法,成文经典的创作,大约在巴比伦之囚结束以后,从公元前5世纪到公元前3世纪创作完成.这一时期,他们在政治上是波斯帝国的属民,而在文化上,则是在波斯文化的直接辐射之下.犹太教成文经典的创作显然受到琐罗斯德教的影响.《摩西五经》是人们公认的《旧约》最古老的部分.《五经》描述犹太人在流浪生活中,也常常在某地停留下来,如果条件允许,会买一块地安葬死者.从《摩西五经》,我们依然可以看到,犹太人没有灵魂肉体二元论的思想.他们的先人虽然常常被说成几百岁才故去,然而,并没有关于他们的灵魂如何转世的描述.耶和华对犹太人的种种许诺中,几乎没有关于如何拯救他们灵魂的说法.福音书也记载过耶稣与撒都该人就人的复活问题展开的争论.即使是耶稣时代的犹太教,依然认为复活、轮回转世等思想是荒谬的.

在古典天启宗教中,最早持身心、灵肉二元论的是琐罗斯德教.他们相信,人逝去后,灵魂在肉体中要逗留若干天,然后再去该受审判的地方.虽然基督教的末世学颇为著名,但是,最早提出末世学的是琐罗斯德教,基督教的末世学是受琐罗斯德教影响.琐罗斯德教认为,尘世是有期限的,它每三千年一个周期,分别由善神统治三千年,恶神统治三千年,混合统治三千年,决战三千年.12 000年是整个世界的终结,那时,主阿胡拉·马兹达将降临,对人进行末日审判.在尘世选择恶者将进入炼狱,洗清罪恶.如果在冈比西斯攻陷埃及后,毕达

① 转引自 Guthrie, A History of Greek Philosophy, Cambridge, 1971, P.186.

② 参见 Gorman, Pythagoras: A Life, London, 1979. 书中对毕达哥拉斯在东方的经历有比较详尽的考察,而且综合介绍了各类相关的说法.

哥拉斯被作为俘虏带到波斯，那么，他与结束了巴比伦之囚的犹太人几乎是同一时期，而此时，琐罗斯德教早已经是波斯的国教了；犹太人亦在波斯文化和宗教的辐射下.返回耶路撒冷的犹太人和留在波斯的犹太人，都在波斯宗教和文化的辐射范围内.不仅如此，在庞大的波斯帝国版图内，波斯文化处于主导地位.几乎地中海文明都受到它的影响，就连希腊也不例外.①

根据波费利记载，毕达哥拉斯在波斯与一个琐罗斯德教信徒查拉塔(Zaratas)，学习琐罗斯德教学说.他从这个琐罗斯德教信徒那里学会了三件事，"(1)如何使自己摆脱以前堕落的生活，得到净化；(2)一个聪明的人如何成为纯洁的人的；(3)他听过一次讲道，得知如何在宇宙论中考察形而上学原则的性质".②这里面所说的"纯洁"和"净化"，都是指灵魂问题.在琐罗斯德教信条中，最重要的莫过于净化自己的灵魂，而且他有一系列净化的方式.毕达哥拉斯只从其中汲取了一点，即净化自己的灵魂是一种意志的自由选择，是自觉自愿的事情.除此之外，毕达哥拉斯提出的净化灵魂的方式，是地道的希腊式的.我们在后面还要专门探讨这一问题.

第三，奥菲斯教的影响.即使是策勒尔这样的怀疑主义，也不否定毕达哥拉斯深受奥菲斯教的影响.策勒尔甚至认为，毕达哥拉斯灵魂肉体二元论最可靠的来源，当首推奥菲斯教.然而，奥菲斯教所主张的灵魂不灭，也不是希腊本土的思想，它同样是从东方移植过来的.大约在公元前7—前5世纪(也有人说公元前6—前5世纪，不论怎么说，总是与希腊新移民建立的城邦相关)，随着希腊与东方交往日趋发达，东方的思想、文化和宗教进入希腊.在这种情况下，希腊兴起了奥菲斯教.因此，奥菲斯教的源泉来自东方，深受波斯的琐罗斯德教的影响.它通过色雷斯和吕底亚地进入希腊.奥菲斯教基本的主张是身心二元论.这种主张来自他们的狄俄尼索斯信仰.狄俄尼索斯是一个外来的酒神，据说埃及有狄俄尼索斯崇拜，在波斯也颇为盛行酒神崇拜.大约在公元前7—前5世纪，狄俄尼索斯进入希腊.他进入希腊后，很快就与当地崇奉的酒神相结合，形成独特的酒神崇拜.传说狄俄尼索斯曾经以一头公牛的形象被泰坦神撕碎，他们吞下了他的尸体.雅典娜救下了他的心脏，并把它带给宙斯.宙斯用这颗心脏造出一个新狄俄尼索斯，取名查格鲁斯.宙斯以自己的万钧雷霆摧毁了泰坦，用他们的骨灰造出一个人形，再把狄俄尼索斯那颗心脏置于人形中.从此，人就拥有双重性质：有死的肉体和不朽的灵魂.灵魂被禁锢在肉体之中，肉体是灵魂的枷锁.这种对立源自狄俄尼索斯与泰坦神的宿仇.灵魂在尘世必须经过数千年的轮回，经历植物、动物和人体阶段，方可得到净化.经过轮回得救不是一个自然过程，而是一个寻求信仰的过程.生活在尘世的人，必须信奉奥菲斯教，通过

① 参见 Afnan, Zoroaster's Influence on Greek Thought, New York, 1965.
② Gorman, Pythagoras: a Life, London, 1979, P.64.

信仰寻求拯救之道.就日常生活而言,信仰者需戒荤、戒豆,在献祭中需戒一切带血祭品.这些是灵魂从轮回中获救的必备条件.以这一信仰为中心,古代希腊形成了著名的奥菲斯教.①毕达哥拉斯派同样恪守这些禁忌.根据格利乌记载,亚里士多德曾经说过:"毕达哥拉斯禁止食用胎衣、心脏、海葵以及其他类似的东西."②第欧根尼·拉尔修记载:"毕达哥拉斯说……对待神必须时时尊敬,谨言慎行,素衣净身:净化来自清洗仪式,沐浴、净水,不受葬礼污染,远离分娩,避免毒物,不吃因病致死的动物的肉,忌食红星肉和黑尾、蛋类以及卵生动物、豆类."③奥菲斯教的禁忌与此基本相同.一些研究者根据禁忌推断,二者之间有着千丝万缕的联系.

我们所能看到的材料表明,奥菲斯教与毕达哥拉斯主义、继承毕达哥拉斯传统的柏拉图及柏拉图主义之间有着很深的渊源."毕达哥拉斯如此完全地接管了奥菲斯教传奇,致使亚里士多德把这些传奇完全归结为毕达哥拉斯的.更早一些,希俄斯的伊昂(Ion of Chios)甚至说,奥菲斯教的作品,就是毕达哥拉斯创作的."④阿芙南(Afnan)则从另一个角度分析问题,她否认二者有亲缘关系,认为"毕达哥拉斯主义尽管总体上与奥菲斯教不是同出一源,但是,他们的神秘主义倾向使他们走到一起,因为它的禁欲主义和宗教特征,与奥菲斯教相同".⑤布尔克特(Burkert)指出:"希罗多德表明,奥菲斯教与毕达哥拉斯主义在仪式方面有联系."希俄斯的伊昂也引证希罗多德的说法,"伊素克拉底说毕达哥拉斯写了一些诗,并且把它们归在奥菲斯名下".⑥布尔克特认为,希俄斯的伊昂与伊素克拉底想告诉人们,以奥菲斯名义创作的诗,其实是毕达哥拉斯创作的."毕达哥拉斯是这些诗的真正的作者."希罗多德在他的《历史》第二卷第80节谈到埃及人的丧葬习俗时说,羊毛织物不能带入神殿,也不能与死人一道埋葬,"在这一点上,他们遵从奥菲斯教和巴科斯教,这个规定实际上是埃及的和毕达哥拉斯的,因为凡是被传授这些教义的人,都不能穿着羊毛的衣服下葬".⑦柯克(G. S. Kirk)先生审慎地指出:"虽然我们很少知道毕达哥拉斯本人,我们甚至对他的直接追随者也所知甚少.但是,毫无疑问,毕达哥拉斯在克罗顿建立了一种宗教兄弟会或秩序,但是,没有充分的证据证明人们广泛认同的观点,即,这是效仿奥菲斯宗教社团.人们的确经常把他们的学说和实践与毕达哥拉斯的进行对比."⑧这些说法的可靠性一直受到人们的质疑,年代越是久

---

① 上述内容,请参考策勒尔的《古代希腊哲学史纲》.

② 亚里士多德,《毕达哥拉斯残篇》.苗力田等译,《亚里士多德全集》,第十卷,中国人民大学出版社,1997年,第229页.

③ 同上,也可参见 Diogenes Laertius, Lives of Eminent Philosophers, VIII. P. 335-345.其中详细说明毕达哥拉斯种种禁忌.

④ The Encyclopedia of Philosophy, V.5-6, New York, 1972, P.2.

⑤ Afnan, Zoroaster's Influence on Greek Thought, P.29.

⑥ Burkert, Lore and Science in Ancient Pythagoreanism, Harvard, 1972, P.128.

⑦ 希罗多德,《历史》,商务印书馆,上卷,1997年,第144页.

⑧ G.S.Kirk and J.E.Rabven, The Presocratic Philosophers, Cambridge, 1960. P.219-220.

远,人们越无法证实它们的可靠性.不过,即使这些说法靠不住,我们依然可以看到,奥菲斯教与毕达哥拉斯学派的某些学说和仪式极度相近,以至于人们很难把他们分开.依然可以看出,毕达哥拉斯学派与奥菲斯教之间有很深的渊源.他们之间的相互影响是完全可能的.

毕达哥拉斯派作为宗教团体对灵魂问题所持的看法固然非常重要,但是,它们与一些带有明显迷信色彩的内容混合在一起,因而常常被人们当做荒诞的内容予以忽略.不过,迷信的一面并不是毕达哥拉斯灵魂学说的全部.因为毕达哥拉斯对于灵魂问题,还进行了哲学的探讨.这种探讨依然不是理性的,依然处于神秘主义的直觉之中,但是,并非没有价值.

毕达哥拉斯认为,"人的灵魂可以分为三部分,智慧、理性和激情.智慧和激情是其他动物都具有的,只有理性是人独有的.灵魂的处所从心脏扩展到大脑;在心脏的部分是激情,位于大脑的部分是理性与智慧.感觉是从理性与智慧中流出的精华.理性是不朽的,而其他一切都是有死的.……灵魂是不可见的".①毕达哥拉斯对灵魂的解释大约包含如下几个内容.第一,人的一切能力、感觉、情感、思想等,都是灵魂的功能,由此引起灵魂与人的种种官能的关系问题.第二,在灵魂的诸种功能中,最高级的是理性,灵魂是不朽的,理性也是不朽的,理性是灵魂的核心.而毕达哥拉斯之后,希腊哲学家在灵魂问题上也有另外一种观点,认为理性是心灵的功能.由此引出灵魂与理性,灵魂、理性与心灵的关系.第三,灵魂不可见隐含了一个问题,即,它是物质的,还是非物质的.第四,灵魂转世以及灵魂在肉体内如此广阔的活动区域,提出了灵魂是否运动的问题.这些问题,毕达哥拉斯并没有完全解决,然而,他提出的问题本身引起了希腊哲学家们的讨论.希腊哲学史有相当的内容,是由对这一问题的探讨构成的.而且对这一问题的探讨,也使希腊哲学具有更加浓郁的人文主义气息,对于人的关注,对人的定位也更深入了.

首先,促进希腊哲学从自然转向人本身,毕达哥拉斯提出的灵魂问题起了重要作用.毕达哥拉斯学派把灵魂问题作为自己的核心问题,实际上是把人的目光引向自身,引向个人的最深处.通常认为,前苏格拉底是希腊哲学发展的第一阶段,说他们的贡献在于把哲学从神话中分离出来.由于他们更关注宇宙的统一性问题,因而通常把他们称做"自然哲学家".毕达哥拉斯由于在数学、天文学、几何学方面的成就,也被理所当然地划入这一范围.第一阶段又可以分为两个时期,第一时期为自然哲学时期,第二时期为智者时期.由智者开始,哲学家的目光开始从外界投向人类自身.这一任务到苏格拉底完成.因此,人们常常认为苏格拉底是这次转向的代言人.西塞罗在谈到苏格拉底时说,他"把哲学从天

---

① Diogenes Laertius, Lives of Eminent Philosophers, VIII., P.347.

上召回来，引进家家户户，使它成为探究生活和道德、善与恶所必需".[1]就结果而言，这些说法当然没有什么错.的确，把人的目光从外拉向内部，是在苏格拉底时代完成的，但是，促成这种转向的第一个契机，则是由毕达哥拉斯及其学派创造的.而且，促使希腊哲学与神话分离，大概是沿着两条不同的道路行进的：一条是米利都的自然主义，一条是南意大利学派.就哲学转向而言，恐怕毕达哥拉斯的南意大利学派更重要一些，因为毕达哥拉斯所探索的新生活之路，起点恰恰是人本身.不过，他的目光没有停留在人的日常饮食男女上，而是深入到人的内部，寻求人真正的本质，这便是灵魂问题.由于毕达哥拉斯把灵魂问题与人的感觉、激情和理性放在一起，从而把"认识你自己"定义为认识你自己的本质，即，认识人的最根本的内涵，认识人真正的本质.这一切虽然是后来的希腊哲学家共同探索的问题，然而它毕竟由毕达哥拉斯开始.

第二，毕达哥拉斯提出的灵魂问题，诱发了希腊人对生命本质的思考.最终得出的结论是人之为人，不在于肉体，而在于灵魂.灵魂问题讨论的集大成者亚里士多德指出，灵魂是实体.笔者以为，亚里士多德心目中的灵魂是一种精神实体.他指出，所谓实体首先拥有质料，其次拥有形式."质料是潜能，形式是现实.'现实'这个词有两层意义，其一是类似知识，另一是类似思辨."[2]"灵魂，作为潜在地具有生命的自然躯体的形式，必然是实体，这种实体就是现实性."所谓潜在地具有生命的自然躯体的形式，不是指肉体的外形，而是指"它是这样的躯体是其所是的本质".对于人来讲，作为实体的灵魂，就是人之为人的东西.躯体对于人来讲是一种潜在的存在，即，只是使人有可能成为人的载体，而灵魂才是使人成为人的现实性.这是从灵魂不灭引发的灵魂与肉体关系的结论.到亚里士多德这里，灵魂与肉体的关系，已经不是宗教神秘主义问题，而完全是哲学的形而上学层面的问题.这一改造经历了一个漫长的过程.亚里士多德的结论使我们看到，由毕达哥拉斯从东方引进的灵魂与肉体的问题，被经过形而上学的改造以后，成功地进入希腊文化之中，成为希腊文化的一个重要部分.由灵魂肉体的关系，最终引起对人的重新定位.即，对于人来讲，最现实、最真实的东西不是这具躯壳，而是灵魂.灵魂使人成为人.换句话说，精神实体才是人之为人的根本.灵魂是人自身之内的神."灵魂是有生命躯体的原因和本原"，它包含三种意义，"它是躯体运动的起点；是躯体的目的；是一切拥有灵魂的躯体的实体".躯体的运动就是存在，而存在就是生命，灵魂是躯体运动的原因，因而是躯体存在的原因.灵魂也是躯体的目的因.躯体的活动像理智的活动一样，总是为着某个目的，灵魂是为躯体提供目的的东西."所有的自然躯体都是灵魂的工具."灵魂也是位移的起点.也就是说，生命外部状态的变化和内在精神的变化，都是由

① 策勒尔，《古希腊哲学史纲》，P.81.
② 《亚里士多德全集》，苗力田等译，第三卷，《论灵魂》，1992年，第31页.

灵魂所驱动.例如,"感觉似乎就属于状态的变化,没有灵魂的东西,是不可能有感觉的,生成和毁灭也是如此."不仅如此,生命或者人的认识能力以及种种欲望,都是受灵魂驱动的.

第三,毕达哥拉斯提出灵魂不死和转世问题,经过希腊哲人的讨论,引申出灵魂与运动的关系问题.这个问题再进一步引申,可以把目光投向外部,或者用奥托的看法,从第一条神秘主义道路向第二条过渡.于是提出这样的问题:如果人的灵魂是人的内在神,统治着整个人的运作方式,那么在整个宇宙是否也有这样的东西?毕达哥拉斯沿着这条道路走,提出宇宙的本质是数,而数的本质是"一"的思想.无疑,这个"一"是一种抽象的本质,是一种精神性的实体.沿着这条思路走,深受毕达哥拉斯影响的巴门尼德[①]提出著名的"存在"概念,柏拉图提出善的理念,亚里士多德提出在整个宇宙中,存在一个不动的推动者,一个宇宙的目的因,一个永恒的精神实体.

笔者以为,毕达哥拉斯是从宗教神秘主义的角度提出灵魂问题,而包括毕达哥 拉斯本人在内的希腊哲学家,则用希腊哲学与科学特有的方法,对这一问题进行了探讨,成功地将东方神秘主义的东西,变成了希腊本土的形而上学问题.毕达哥拉斯在这一过程所起的作用是,他提出了新生活之路,用灵魂问题成功地吸引了哲学 家的视线,使之关注人本身的问题,对于灵魂问题的讨论,最终完成了对人的本质的定位,即对于人来说,真正的本质是他的灵魂.灵魂使人成为人.肉体只是使人成为人的一种潜能,它最终能否成为人取决于灵魂.成为怎样的人,是否成为具有高尚品德的人,同样取决于灵魂.不仅如此,它还引出了希腊哲学重要的形而上学问题(当然这个问题不仅是毕达哥拉斯派的,米利都学派寻求世界统一性的思路同样起了非常重要的作用).此外,对于毕达哥拉斯来说,灵魂问题至此尚未结束.因为由灵魂不灭必然引出另一个问题,我们如何呵护这一永生的东西?用毕达哥拉斯的语言来说,就是如何净化我们的灵魂?毕达哥拉斯对于这个问题的解决,也是地道的希腊式的.

4.新生活之路的重要内容是寻找净化灵魂的方式

毕达哥拉斯派的净化方式有两类,一类是净化肉体,一类是净化灵魂.净化肉体通常表现为恪守毕达哥拉斯的禁忌,按照亚里士多塞诺斯(Aristoxenus)的观点,毕达哥拉斯派也用药物净身,故而有不少学者认为,毕达哥拉斯是希腊医学之父.除了净化肉体以外,毕达哥拉斯派最重要的实践,当属净化灵魂.毕达

① 关于毕达哥拉斯派与巴门尼德的关系,汪子嵩先生的《希腊哲学史》第一卷有比较详细的说明.

哥拉斯派如何完成灵魂的净化，是没有定论的问题．不过，人们通常承认，音乐是毕达哥拉斯派净化灵魂的方式．亚里士多塞诺斯就曾经说过，“毕达哥拉斯派用音乐净化灵魂”．[①]这一点似乎没有什么可争议的地方．如果承认这一点，那么我们从音乐与其他科学的关系，可以推断出毕达哥拉斯净化灵魂的基本方式．对于毕达哥拉斯派来说，音乐之所以能够起到净化灵魂的作用，不在于它的内容，或者说不在于它的技艺的一面，即表现喜怒哀乐，或者英雄凯旋等．音乐的具体表现内容是与物欲的世界不可分割的，毕达哥拉斯并不认为这内容能够净化灵魂．他更注重音乐的非技艺的一面，即音阶所蕴含内在的数的比例，这些比例本身又蕴含着和谐．如果毕达哥拉斯用音乐净化灵魂具有数学层面上的意义，那么我们可以推测，凡是与数学相关的科学(尽管当时这样的学科并不是很多)，都是毕达哥拉斯派用来净化灵魂的手段．不过，这一点似乎并没有得到古典学者的认同．

极端的观点认为，科学是科学，宗教是宗教．论证的方式大约有两种，一种是策勒尔式的，一种是格思里式的．前者将学说与惯例分开，即将种种禁忌当做毕达哥拉斯宗教团体的惯例，而将科学和哲学当做他们的学说，二者泾渭分明．毕达哥拉斯的科学形象是有根有据的事实，而他关于灵魂的种种说法，也毋庸置疑．但是，由于他们以近代思想模式看待毕达哥拉斯思想中的两支，而且确实没有直接的资料证明，学说的两支都是毕达哥拉斯本人探求生活之路必需的内容，因此，断然采取将双方截然分开的做法．然而，如果将二者截然分开，似乎无法说明毕达哥拉斯为什么要进行科学的探索．这种前科学的探索对于毕达哥拉斯来说，仅仅像米利都学派那样，出于求知的渴望，还是有着非常实际的意义？

格思里式的看法，充分意识到这种划分方式带来的困难，因此，企图另辟蹊径．他们承认，在毕达哥拉斯思想中，宗教与科学和哲学不是互不相干的，而是“同一条生活道路的两个分支”．但是，他们的认可仅限于毕达哥拉斯本人，即毕达哥拉斯既关注灵魂问题，又探索科学与哲学．至于他的信徒，则并非都是哲学家，并非都对科学感兴趣．他们的根据是扬布里丘和波菲利的论述．扬布里丘和波菲利一直把毕达哥拉斯派分为若干等级，最高一级的信徒才修习哲学与科学．这些等级可以分为两类：acusmatici(惯例或习俗)和 mathematici(数学)．扬布里丘认为“承认 acusmatici 的是另外一些毕达哥拉斯派信徒，他们并不承认 mathematici”，他们的信条“由未加证明的格言组成，没有任何论据，而且加入了某些活动过程．……他们尽力保持神圣的启示，没有提出任何他们自己的东西”．[②]波菲利认为：“他的教诲有两种形式，因此，他的信徒也分为两类，一些被称做 mathematici，另一些被称作 acusmatici．前者已经掌握了他的智慧最深层、最

---

① Sirk & Raven, The Presocratic Philosophers, P.229.
② Guthrie, History of Greek Philosophy, Vol. 1, P.192.

详细的部分,而后者已经听到作品中那些精炼的格言,没有充分的解释."格思里由此断定,"毕达哥拉斯的天赋必然拥有理性和宗教两种性质,但是,在毕达哥拉斯那里,这两种性质几乎是不能统一的.这没有什么可以惊讶的,他和他的学派吸引了两种不同类型的人,一方面热心促进数学哲学的发展,另一方面,醉心于宗教虔诚,其理想是'毕达哥拉斯式的生活方式'.宗教部分的生活,与奥菲斯教极其相似,并且凭借类似的神秘主义为它的实践辩护.哲学部分必然忽略,甚至私下里蔑视虔诚者纯粹迷信的信仰.但是,不能否认它在毕达哥拉斯奠定的基础中发挥了作用".①这种说法,并非没有道理,因为当菲勒劳斯首次披露毕达哥拉斯的思想时,该学派已经分成两派,一派是以纯信仰为主,如格思里所说,他们更接近奥菲斯教,另一派以研修毕达哥拉斯的科学思想为主.正如格思里所描述,当时的毕达哥拉斯两派,有着明显的对立.对于毕达哥拉斯科学与宗教思想所持的两种意见,在 19 ~ 20 世纪颇为流行.虽然他们的角度不同,但是结论却惊人地相似.显然,两种说法依然有一个共同的前提,即科学与宗教在毕达哥拉斯那里是不可能和谐的.

耶格尔曾经满腹狐疑地问:所有这一切数学理论、几何学、音乐理论和天文学与灵魂不灭没有什么关系吗? 看到如此令人沮丧的结论,我们也不禁要问,对于毕达哥拉斯来说,宗教与科学和哲学真的没有什么关系吗? 或者在毕达哥拉斯思想中,科学、哲学与宗教果真如此对立吗? 它们真的没有任何内在的联系,仅仅是一个聪明人的两种嗜好吗?

也有学者企图找出毕达哥拉斯两个分支之间的关系,他们的根据是第欧根尼·拉尔修的记载,"物理学家赫拉克利特几乎在我们耳边大声疾呼,'毕达哥拉斯,尼撒库(Mnesarchus)之子,实践超乎常人的探索.'"②"许多学习都不能启迪智慧,只有讲授赫西俄德、毕达哥拉斯还有色诺芬尼和赫卡泰奥斯(Hecataeus)才可以开启智慧.因为这一种东西是智慧,它可以理解思想,在整个世界中起指导作用."许多学者根据赫拉克利特的两段话推断,毕达哥拉斯进行的探索主要是指科学探索.柯克(Kirk)先生和莱文(Raven)先生在他们的著作中,便把"ιστοριν"译作"scientific enquiry",这个词原本没有"科学的"(scientific)意思,它指凭借探索得到学问或者由探索获得知识和学识.笔者以为,它的意思可以引申为科学探索,但是,该词本身没这个意思,因为希腊没有近代意义上的科学可以引申为科学探索.最多可以说,这种探索是前科学的.笔者以为,据此推断,在前科学意义上,毕达哥拉斯及其学派是当时的"主要科学家"(leading scientist)应该是一个可信的说法.在这一问题上,从古到今的西方毕达哥拉斯研究者,似乎没有什么异议,因为毕达哥拉斯在他们心目中,毕竟是个科学家嘛.柯克先生和莱

① Guthrie, History of Greek Philosophy, Vol.1, P.192.
② Diogenes Laertius, Lives of Eminent Philosophers, VIII., P.325.

文先生之所以把“ιστοριν”译作“科学的探索”,是想借此证明,“毕达哥拉斯对科学感兴趣,也对灵魂的命运感兴趣.显而易见,对于毕达哥拉斯来说,宗教与科学并不是独立的两部分,彼此没有任何联系,毋宁说,它们是同一条生活道路上两个不可分割的因素”.①不过,他们清楚地意识到,“没有任何可信的证据证明毕达哥拉斯教诲的科学性质”.然而,这种证明方式仅仅表明,毕达哥拉斯是个有影响的哲学家和科学家,似乎并没有证明两个分支的关系.因此,他们据此断定毕达哥拉斯的宗教与科学是同一条生活道路上的两个分支,似乎显得比较勉强.

笔者以为,耶格尔的疑问本身说明,他不相信毕达哥拉斯的科学与宗教没有关系,而柯克先生和莱文先生在这一问题上的结论是正确的.不过,我们确实面临一个问题,就是证据不足,至少直接证据不足.然而,这并不意味着没有间接证据.在没有直接证据的情况下,间接证明也可以说明一定的问题.间接证据可以证明,在毕达哥拉斯体系中,科学、哲学与宗教不仅有关系,而且有密切的关系.毕达哥拉斯派寻求人净化的方式有两个方面:肉体和灵魂.用于净化肉体的方式,我们在前面已经讲过.净化身体只是毕达哥拉斯派的内容之一.如果他们主张灵魂不灭,那么,我们完全可以说,灵魂的净化问题,更应该是毕达哥拉斯终生关注的问题.全毕达哥拉斯一生奔波,旨在探寻一条新的生活之路,能为自己的思想找到一个真正的归宿,使自己的灵魂洁净地活在被净化的躯体中.双重净化才是毕达哥拉斯体系的正确轨道.那么,灵魂如何净化?既然毕达哥拉斯一生都在寻找灵魂净化之路,那么他找到了吗?如果科学研究与他的灵魂问题没有关系,他为什么不去努力实现净化灵魂的夙愿,而去从事与净化灵魂和肉体无关的事情呢?如果说没有直接的证据证明科学与灵魂问题之间有任何关联,那么我们同样没有办法回答上述问题、而且毕达哥拉斯被公认为科学家,他在科学上的贡献似乎没有什么人否认,然而,谁又直接证据证明毕达哥拉斯是科学家?最早披露毕达哥拉斯思想的人是菲勒劳斯,而最早系统阐述毕达哥拉斯定理的人,大约是欧几里得的《几何学原理》,时间是公元前4世纪.如果我们只限于毕达哥拉斯本人,不要说无法找到两支关系的证据,就连毕达哥拉斯体系的所有证据我们都不可能找到,因为即使是最不极端的研究者,也承认毕达哥拉斯本人没有任何作品被保留下来.关于毕达哥拉斯的所有思想,几乎都是通过后人的记载为人们所知.既然如此,我们应该把视野放宽一些.应该放眼毕达哥拉斯以后的希腊哲学,或者至少看看南意大利学派,把毕达哥拉斯放在希腊文化的承袭关系中.即使我们找不到直接的证据来证明毕达哥拉斯的科学与宗教相互关联,至少我们可以看到毕达哥拉斯以后的希腊哲学,是如何看

① Kirk & Raven, The Presocratic Philosophers, Cambridge, 1960, P.228.

待灵魂的净化与科学和哲学的关系的.

笔者的看法是,毕达哥拉斯的科学成就是他净化灵魂的手段,笔者的基本切入点是:毕达哥拉斯对科学的改造.把从东方学来的天文学、几何学还有几乎在各种族都盛行的音乐数学化,使之成为与物欲无关的符号,在此基础上使思维能够进行自由创造.这一改造是地道的希腊式的,以希腊人事事都求一个 logos,凡事都要找一个绝对完美的依据的思维方式为前提."正是毕达哥拉斯使几何学臻于完善……毕达哥拉斯在几何学的数学化方面进行了非常艰苦的工作,发现了音阶的和谐.他甚至没有忽略医学.计算者阿波罗多罗斯(Apollodorus)说,当毕达哥拉斯发现直角三角形的弦平方等于两直角边的平方时,举行了一次百牛祭大典."①不仅如此,毕达哥拉斯对天文学方面的改造,也经历了一个天文学的数学化过程,对于音阶与和谐的思考,完全是从音阶之间的数学关系入手的.可以说,毕达哥拉斯使天文学、几何学、音乐的完善过程,就是使之数学化的过程."毕达哥拉斯主要的追求是在数学方面,他在数学方面取得了最富有成效的进展."②毕达哥拉斯使科学数学化,是对希腊文化最重要的贡献.因为数学化的自然科学,摆脱了具体的物质的需求,纯粹成为一种思想的追求,"成为一种自由研究,一种值得自由人追求的东西".这不仅意味着它是与名利场上争斗的物欲的奴隶相对立的自由人的研究,而且是一种使人能够获得自由的研究.科学"变成了自由教育的形式,以一种非物质的、概念化的形式,考察原理的开端,追溯命题的起源".③对非物质的、概念东西的探索,正是毕达哥拉斯心目中的哲学家的意义所在.这一过程在柏拉图那里被称做灵魂的转向,只有经过这一转向,灵魂才能够得到净化.在科学的数学化过程中,我们找到了毕达哥拉斯派的灵魂学说与科学思想相结合的契机,它们毫无矛盾地结合了.

从南意大利学派的发展,也可以证明科学与灵魂净化的关系.柏拉图在《理想国》中,阐述过著名的"洞喻",由此直接切入了灵魂净化问题.笔者以为,柏拉图在这方面的论述,是毕达哥拉斯思想的发展和延伸.柏拉图说,让我们想象一个洞穴式地下室,它有一个长长的通道通向外面,可让和洞穴一样宽的一道光照进来.假设有一些人从小就住在这洞穴里,而且手脚头颈均被缚,背朝洞穴口,面朝洞穴后壁,不能动,也不能转头,只能盯着洞穴后壁.假如这时在洞穴外的高处有东西燃烧,在洞穴与高处之间有一条路,如果有人举着东西从路上经过,他们的影子便映射在洞穴的后壁上.被囚在里面的人会认为,他们看到的影子便是真物.如果过路人发出声音,他便会认定是这影子发出声音.他们不会想到,除了影子还会有什么别的实在.如果一个人挣脱了禁锢,站起来,走出洞穴,

---

① Diogenes Laertius, Live of Eminent Philosophers, VIII., P.331.
② Zeller, A History of Greek Philosophy, Vol.1, P.347.
③ Proclus, from Robinson, An Introduction to Early Greek Philosophy, Boston, 1968, P.67.

那么他必然感到十分不习惯.如果有人告诉他,他以前在洞穴里所看到的一切都是假象,一切认识都得从头开始.对于一个根本没有见过真实世界的人来说,他的适应过程应该是阴影—倒影—东西本身.他会觉得在夜里看东西比白天容易,看月光和星光比看日光容易.经过这一过程,被囚者才能看到太阳和日光了.柏拉图解释说,洞穴囚室相当于可见世界,火光相当于太阳的能力.

柏拉图指出,从被囚者在洞穴生活,到从洞穴中出来,再到看到真正的日光的过程,就是灵魂的上升过程.这个上升过程的第一个条件是整个身体转向.身体的转向意指灵魂的转向;投射在洞穴及其壁上的影子意指现象世界,或者可见世界;正面观看现实的眼睛则是指灵魂;而看到的最光明者即是“善的理念”,在毕达哥拉斯那里是“一”.生活在现象世界的人,也就是生活在名利场中的人,如同生活在洞穴中的人,他们所看到的世界是不真实的.然而,如果被囚禁在这个世界中的人不离开这个洞穴,他便始终以为它是真实的.大约毕达哥拉斯所说的争名逐利的生活态度,就是指把这种生活当做真实生活的人,如同在洞穴中一样.灵魂的净化必须首先完成转向,离开名利场.那么如何离开?也就是说,如何净化灵魂?通过教育!柏拉图对于这个问题的论述方式,通常被认为是典型的毕达哥拉斯派的.通过教育使灵魂转向并不意味着通过灌输知识使灵魂转向.因为灵魂里面本来就有知识,灵魂看不到光明的东西,不是因为它没有知识,而是因为被蒙蔽.因此,重要的问题就是“去蔽”.这一论点本身包含着灵魂不灭的观点,灵魂何以不需教育便有知识,因为灵魂是不灭的,可以轮回的.虽然柏拉图没有明确地说出这一点,但是,肯定灵魂拥有知识,意味着他承认毕达哥拉斯灵魂不灭的前提.柏拉图像毕达哥拉斯一样认为,灵魂“确实有比较神圣的性质”,它有一种永远不会丧失的能力,这种能力就是它的认识能力和知识.灵魂有知识并不意味着灵魂一定有正确的知识.有认识能力并不意味着他能够选择正确的生活之路.灵魂的认识能力可以使人行善,也可以使人作恶.例如,有些“机灵的坏人”,他们的灵魂是小人型的,他们对于自己所关注的事情,有极其敏锐的眼光.然而,却用来作恶.柏拉图与毕达哥拉斯一样,关注使灵魂摆脱变化的、欲望的世界,上升到真正的实在世界.他认为,必须通过四门首选学科——音乐、数学、几何学、天文学的修习,才可以达到这一目的.毋需多说,我们就可以清楚地知道,柏拉图不认为修习这四门首选学科,是灵魂学习知识或者技艺,或者是为灵魂增加什么东西,灵魂本来就拥有这些能力和知识,修习仅仅是为了把灵魂的视线引向无功利的、无物质利益的、纯精神的数字或者符号,以这种方式使灵魂转向!让灵魂“爱智”.我们再强调一遍,“爱智”(love of wis dom)之“智”,不是指技艺(arts),不是谋生的手段,甚至不是具体的知识内容,而是一种思想和精神性的东西,是完美的东西,在名利场之外的东西.修习这四门科学,就是为了让人的灵魂上升,挣脱与生俱来的现象世界的束缚,进入

完美的光明之中,成为一个懂得生活真意的人,完成灵魂的去蔽,使其得到净化.

这四门学科,何以能够使人的灵魂转向?首先说音乐,在常人心目中,它“以音调培养某种精神和谐(不是知识),以韵律培养优雅得体,以故事(或纯系传说的或较为真实的)语言培养与此相近的品质”.[①]这是音乐技艺的一面.但是,音乐作为陶冶道德、净化灵魂的手段,并不在于它的表现内容,因为具体的内容总有消极和积极之分.人在这样的内容中,依然能够感受到名利场的东西.音乐作为道德净化的手段,主要在于它的构成形式.就构成音乐的形式和音乐的深层内涵而言,音乐的本质是数学.毕达哥拉斯认为,音阶是依特定的数目构成,数是和声的本质.第 8 音是 2:1,第 5 音是 3:2,第 4 音是 4:3.音乐体现了宇宙的规则.“整个宇宙是按照某种和声构成的.由于它以数目而存在,所以按照数目和和声而构成.”[②]音乐对于灵魂的意义不在音乐本身,而在于它能够使人认识到,一切秩序归根结底都是数的比例,这种比例构成了一切事物的和谐.欣赏音乐,本质上是体味事物的和谐.而这种和谐是通过非物质的形式表现出来.当人欣赏音乐时,人的灵魂已经被拉向非物质的方向,进入数的范围内,即,进入事物的本质之内,在毕达哥拉斯看来,这就是进入真正的事物之内.

其次,数学.数学是“一个共同的东西——它是一切技术的、思想的和科学的知识都要用到的,它是大家都必须学习的最重要的东西之一”.[③]尽管人人都使用数学或者算学,但是很少有人能够正确使用它.因为人们通常用它来计算可变事物,数和算学当然有这个功能,这也是数学或者算学技艺的一面.但是,一堆计算绝不是数和数学的本质.数的本质是“一”.同一事物是“一”,同时又是多.而一是本质,多是现象.认识“一”必须脱离可变世界,把握真理.认识“一”,不是靠感觉,而是“用自己的纯粹理性”.只有这样“才能将灵魂从变化的世界转向真理的实在”.学习数学,尤其是认识“一”时,就是“用力将灵魂向上拉,并迫使灵魂讨论纯数本身.……迫使灵魂使用纯粹理性通向真理本身.”

第三,几何学.几何学首先是一种技艺,它有经验上可用的一面,如测量土地.但是,这一面可以把灵魂引向下面.为了实用,有一点点实际知识就够了,用不着学习什么几何学.埃及人没有理论,照样会测量土地.如果用几何学净化灵魂,就必须理解几何学的本质.“几何学的对象乃是永恒事物,而不是某种有时产生和灭亡的事物.”毕达哥拉斯开始的几何学是数学化的几何学,这样的几何学同样不是 art,而是自由思想的对象.

第四,天文学.天体在感官上虽然是一个个的星球,但是,在本质上是音乐

---

① 柏拉图,《理想国》,郭斌和等译,商务印书馆,1986 年,第 283 页.
② 《毕达哥拉斯残篇》,苗力田等译,见《亚里士多德全集》,第 10 卷,第 235 页.
③ 柏拉图,《理想国》,第 283 页.

的阶和数.它与构成音阶的比例同类."围绕宇宙中心旋转的诸天体,距离是有比例的,而且有的运动快些,有的慢些,所以在它们的运动中较慢者发出低音,较快者发出高音,这些音,由于与距离成比例,所以合成和谐的声音.既然他们说和声出于数目,所以自然把数目当做天体和宇宙的本原.由于他们设想,太阳和大地的距离比月亮远一倍,金星远二倍,水星远三倍,其他诸天体每一个的距离都按一定的比例,他们的运动是和谐的.距离最远的天体运动最快,距离最近的运动最慢,中间的天体按照距离的远近比例而运动.由于事物与数目的这种相似性,所以他们认为,存在着的东西既由数目构成,又是数目自身."①我们之所以全文引述亚里士多德这一大段话,是因为它大概是对毕达哥拉斯派关于天体与数学关系最完整的叙述.

按照毕达哥拉斯的看法,事物本质上是数,而数充分体现在这四个学科中,修习这四门首选学科就是引导灵魂认识事物的本质,使其去蔽,即,用这些非物质的、符号的、概念的东西吸引灵魂的视线,足以促使灵魂转向,从而完成灵魂的净化,最终从被缚的洞穴中走出来.灵魂净化的过程,就是把灵魂的视线从不完满的现象世界拉向完满的理念世界,或者"一".认识"一"就是认识事物的本质.由此可以推知南意大利学派提倡的教育,与智者有很大的差别,它并不是教给人们一种谋生的技艺,而是塑造人的灵魂.它所选定的学科,旨在于促使学生挣脱与生俱来的束缚,完成灵魂的转向.做一个道德高尚、灵魂干净的人.毕达哥拉斯-柏拉图的灵魂理论在希腊化时期被新毕达哥拉斯主义-新柏拉图主义进一步发挥,最终堂而皇之地进入基督教,成为基督教道德和基督教末世学的重要组成部分.

从希腊文明史,特别是从希腊文明与基督教的关系来看毕达哥拉斯的灵魂学说,可以说,东方的宗教与前科学与希腊哲学与自然哲学相结合,经过南意大利学派的发展,形成希腊文化特有的人文主义气息.灵魂问题的价值,如同被雅典娜救护下来,又被宙斯放入再生的狄俄尼索斯中的心灵一样,是希腊文化的生命力所在.这种生命力的实质在于它使两种不同的文化在希腊母体上成功地嫁接在一起.它的出现吸引了希腊文明的视线,守望真正意义上的人和人生,成为希腊哲学的重要内容,而且它也形成了希腊教育的基本取向,即,教育的本质是塑造人的灵魂,而不是仅仅教人一种谋生的技艺.这两个方面,构成希腊人道主义的基本内容:paideia,即,心灵塑造,也"指一种完善的教育".

从西方文明史来看,灵魂肉体的二元论同样是西方历史上最重要的发明.它并不比任何科学上的发明逊色,对于人类的精神生活来讲,也许它的意义远胜于科学.如果没有这种二元论,人们恐怕意识不到,肉体的欲望或者说感官的

① 《毕达哥拉斯残篇》,苗力田等译,见《亚里士多德全集》,第10卷,第235页.

欲望,对于做一个真正的人有什么妨碍,我们对于人究竟为何物,也许不会有现在的洞见.如果没有灵魂学说,人们所关注的问题,便只有短短几十年的瞬间.对于只有几十年生命的人来说,真正的胜利者,永远只是死亡.没有什么东西是永恒的.几十年的饮食儿女,几十年的生色犬马,几十年的名利场搏击,无所畏惧.藏族学者索甲仁波切先生指出:“我发现今日的教育否定死亡,认为死亡就是毁灭和失掉一切:换句话说,大多数人不是否定死亡,就是恐惧死亡.……其他人则以天真、懵懂的心情看待死亡,认为有某种不知名的理由,会让死亡解决他们的一切问题,因此,死亡就无可担忧了.……世界上最伟大的精神传统,当然包括基督教在内,都清楚地告诉我们:死亡并非终点.它们也都留下对未来世界的憧憬,赋予我们的生活神圣的意义.然而,尽管有这么多的宗教教义,现代社会仍然是一片精神沙漠,大多数人想象,这一生就只有这么多了.对于来世,如果没有真正或真诚的信仰,大多数人的生活便缺乏任何终极的意义.我终于体悟到,否定死亡的可怕影响力,绝不止于个人层面,它影响着整个地球.由于大多数人相信,人生就只有这么一世,现代人已经丧失长远的眼光,因此,全心全意肆无忌惮地为着自己的眼前利益而掠夺地球,生活自私地足以毁灭未来.”①对于死亡的看法,最根本的就是对于人是否有灵魂,灵魂是否不死的看法.经过近代科学与哲学的洗礼,灵魂不死和末日审判等都成了无稽之谈.航天技术的发展更清楚地告诉人们,人们想象中的上帝的天国,原来只是暗淡无光的宇宙空间.上帝不存在,因而无人进行末日审判.既然还没有发现太空和外太空有生命,那么那些以另外一种方式生活的灵魂在哪里呢? 这是我们现代人合乎情理的思想.不过,索甲仁波切从另一个方面,向我们描述了这一信仰破灭的后果,即,由于人没有什么可以畏惧的东西,因此,人可以为了现世的那么一点区区物质利益,损人利已,“生活自私地足以毁灭地球”.他预言:“如果人们相信今生之后还有来世,他们的整个生命观将全然改观,对于个人责任和道德也将了然于胸.……如果人们不深信这一世之后还有来世,必然会创造出一个以短期利益为目标的社会,对于自己的行为后果不会多加考虑.”在现代社会企图用灵魂不死或来世等宗教神话净化人们的灵魂,并非完全不可能,但是究竟有多大的可能性,或者究竟对多少人有效都很难说.然而,这并不意味着这类信仰对于道德没有效用.索甲仁波切先生的看法是有一定道理的.如果客观地看待西方历史,便会清楚地看到,灵魂不死和肉体二元论对于西方文化传统所起的至关重要的作用.

灵魂不死和灵魂肉体二元论虽然已经随着科学的发展成为过去,但是,在这种信仰影响下所形成的传统,并没有完全成为过去.20 世纪哲学虽然成为世

---

① 索甲仁波切,《西藏生死之书》,郑振煌译,中国社会科学出版社,1999 年,第 14 页.

俗化哲学,似乎不再关注什么灵魂问题,改为关注与人的现世生活相关的一系列问题.但是,我们在这样世俗化的学说中,依然能够找到灵魂和肉体二元论问题的影响.海德格尔曾讨论过人在生存论状态中的沉沦,似乎认为沉沦是不可避免的.这听起来有些恐怖,然而,细想起来也确实是这样.我有时在读他的书时不免感慨,他怎么能从哲学上把人的沉沦研究得如此透彻?! 人在世俗社会中生存,身不由己地沉沦.不过,他又明明白白地告诉我们,人有本真状态,而且人要不断地回到自己的本真状态.那么这个本真状态是什么,什么是人的本真本我? 当然很学术地讲就是人的 Being.这无疑是指使人成为人的那种东西.如果这个问题在古代希腊,用毕达哥拉斯式的看法,答案就应该是,人的本真状态就是人的灵魂的无蔽状态、纯净状态.就是通过纯精神性的数学、几何学、天文学、音乐,使人的灵魂离开物欲,离开变化无穷的现象界,接近那绝对完善的东西——“一”,或者如柏拉图所说“善的理念”.毕达哥拉斯把这一过程看做灵魂净化的过程,柏拉图则把这一过程称之为灵魂的上升过程.如果我们再换算一下,用今天的哲学语言来表述,这可能就是人摆脱沉沦的方式,即,生活在大千世界的人,只有在精神生活中才有真正的本真状态.在海德格尔著作中,很少看到灵魂这样的字眼.这并不奇怪,因为他是在世俗的层面上讨论问题.然而他依然涉及与灵魂层面相关的问题.于是海德格尔经常逃离那沉沦的生活状态,去山上的小木屋独处,大约是企图回归本真状态.我想在山上的海德格尔,可能不是什么大学教授或校长什么的.他暂时摆脱了因争夺生存空间而造成的种种不快,也可以在一时间内排遣因纳粹问题带来的阴影.此时的他,大约就是海德格尔这个人.他在沉思哲学,还是在沉思自己的本真状态? 我们不得而知.但是,无论是沉思中的哪一种,都是用独处擦拭灵魂上所蒙的污垢,他在“去蔽”,使灵魂上升、转向、净化.尽管柏拉图的“洞喻”告诉我们,灵魂上升的第一步是离开这个洞,而海德格尔在哲学中没有回到本真状态,却为自己建了一个精神味十足的小木屋! 屋喻! 这里避开了喧嚣的世俗争斗,使灵魂得到片刻的休息,哪怕只有片刻,也足以在瞬间让你知道,你究竟是谁.对于人来说,这难道不重要吗?

附录十一

1.毕达哥拉斯与音节①

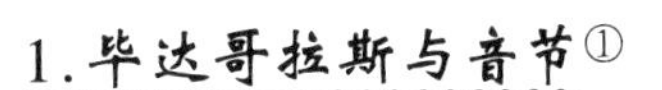

毕达哥拉斯不仅是一个数学家而且是一个音乐理论家.按照传说,毕达哥拉斯最先是在路过一家铁匠铺时,听到铁锤打击铁砧的声音,辨认出了四度、五度和八度三种和谐音,猜想是由于铁锤重量的不同导致了声音的不同,并通过称量不同铁锤重量确认了其间的关系.随后,又用不同长度的弦的振动实验发现了弦长与谐音的关系,因此,可以说"毕达哥拉斯是表现声音与数字比例和对应的千古第一人.比任何人更早把一种看起来好像是质的现象——声音的和谐——量化,从而辛苦建立了日后成为西方音乐基础的数学学说."

在这里,对于数学的特殊关心,以及对音乐的研究,导致毕达哥拉斯发现了音乐中和谐音程之间的数学关系,而和谐的概念,也由之首次正式进入到一种哲学的宇宙观之中.正如一位研究者所指出的:"毕达哥拉斯学派不仅仅关心数字和音乐与宇宙的和谐一致是很清楚的;他们将它们认同音乐是数字而宇宙是音乐."

(1)问题与基本术语.

弹弄一根琴弦,弦因作周期性的振动而发出一个音(a tone),它有四个基本要素.

① 本节内容取自于任教于台湾大学数学系的蔡聪明发表于《数学传括》.

音高(pitch):一个音的高低由弦振动的频率(frequency)决定,频率越大,音越高.频率定义为每秒振动的周期数,其单位叫做 Hertz(简记为 Hz),每秒振动一个周期数就叫 1Hz.

音长(length):一个音持续时间的长短.

音强(intensity):一个音的强弱,由振幅(amplitude)的大小决定,振幅越大,音越强.

音色(quality or color):由音波的形状决定,例如,小提琴与钢琴的声音不同就是波形不同所致.

其次,我们要介绍音程(interval)这个重要概念.衡量两个音的音高所形成的距离就叫做音程.因此,任何两个音都有音程.设两个音的频率分别为 f_1 与 f_2(不妨设 $f_1 < f_2$),如何定量地描述它们之间的音程呢?最常见的有下列三种(相通的)方法.

i 采用频率比 $f_1 : f_2$;

ii 采用频率的比例$\frac{f_2}{f_1}$;

iii 采用频率比值的对数 $\lg(\frac{f_2}{f_1})$,叫做对数音程.

总之,频率比(而非频率差)才是核心概念.这建立在下面的实验基础上面:四个音 f_1, f_2, f_3, f_4,如果具有$\frac{f_2}{f_1} = \frac{f_4}{f_3}$的关系,那么弹奏 f_1 与 f_2 跟弹奏 f_3 与 f_4 听起来感觉相同.因此,用频率比来定义音程是方便且适切的.例如,频率比为 1:2,2:3,3:4 时,分别为八度、五度及四度音程.

本文我们关切的是,音乐对数学所引发出的四个基本的"弦内之音"问题.

i 毕氏琴弦调和律:当两个音的频率成为简单整数比时,同时或接续弹奏,所发出的声音是调和的.为何会如此呢?

ii 如何定出音律,即定出音阶:

C,	D,	E,	F,	G,	A,	B,	C′
do	re	mi	fa	sol	la	si	do

的频率比?

iii 泛音之谜:弹弄一根琴弦,耳朵灵敏的人同时可以听出一个基音(the fundamental tone)与一组泛音(the overtones).如何解释呢?

iv 梅森(Mersenne, 1588—1648)的经验定律(1625 年),即

$$f \propto \frac{1}{l}\sqrt{\frac{T}{\rho}}$$

如何从理论上加以解释?其中 f 表弦振动的频率,l 表弦长,T 表张力,ρ

表密度.

两音的频率成简单整数比(例如,1:2,2:3,3:4,3:5,4:5,5:6,5:8)是调和的,这很容易用经验加以验证.不过,在理论上一直没有圆满的解释.例如,Galileo(1564—1643)就说过:"我一直无法完全明白,为什么有些音合奏是悦耳的,但是有些音合奏不但不悦耳,反而是冒犯."这个问题要等到 Helmholtz(1821—1894)提出拍音理论(the beat theory)才获得部分解决.

关于度量问题,在古代就有所谓的度、量、衡、律四种,其中的律就是指音律.世界上各民族对音律都有或多或少的研究,而且提出各式各样的音律.我们仅介绍较著名的毕氏音阶(the pythagoream scale)、纯律音阶(the just scale)以及十二平均律音阶(the tempered scale).

至于泛音之谜与梅森经验律的解释,经过 Taylor(1685—1731),Daniell Bernoulli(1700—1782),D'Alembert(1717—1783),Euler(1707—1783)及 Fourier(1768—1830)等人对于弦振动(vibrating string)的研究,终于发展出 Fourier 分析或叫调和分析(harmonic analysis).除了解决掉上述问题 iii 与 iv 之外,还从"弦内之音"延伸到热传导、位势论等"弦外之音"的收获.Fourier 分析法变成研究大自然的"照妖镜",剖析"任意函数"的利器,因此被誉为数学中一首美丽的诗(a scientific poem).

(2)毕氏音阶.

如何定出音阶的频率比?这是音乐的根本问题.相信音乐的背后有数学规律可循,并且努力去追寻出音律,这在历史上最早且最著名的要推毕氏学派.(Pythagorean school,约公元前五六世纪)

毕氏(Pythagoras,约前 585—前 500)发现音律有一段很有趣的故事.有一天毕氏偶然经过一家打铁店门口,被铁锤打铁的有节奏的悦耳声音所吸引(从前笔者在乡下小城镇曾见识过打铁店,现代人已不易有这种经验了).他感到很惊奇,于是走入店中观察研究,参见图 1.他发现有四个铁锤的重量比恰为 12:9:8:6,其中 9 是 6 与 12 的算术平均,8 是 6 与 12 的调和平均,9,8 与 6,12 的几何平均相等.将两个两个一组来敲打皆发出和谐的声音,并且

$12:6=2:1$ 的一组,音程是八度(an octave);

$12:8=9:6=3:2$ 的一组,音程是五度(a fifth);

$12:9=8:6=4:3$ 的一组,音程是四度(a fourth).

毕氏进一步用单弦琴(monochord)做实验加以验证,参见图 2.对于固定张力的弦,利用可自由滑动的琴马(bridge)来调节弦的长度,一面弹,一面听.在毕氏时代,弦长容易控制,而频率还无法掌握,故一切以弦长为依据.毕氏经过反复的试验,终于初步发现了乐音的奥秘,归结出毕氏的琴弦律.

i 两音之和谐悦耳跟其两弦之长成简单整数比有关;

ii 两音弦长之比为 4:3,3:2 及 2:1 时,是和谐的,并且音程分别为四度、五度及八度.

数学史家 E.T.Bell(1883—1960)认为这是科学史上第一个有记录的物理实验.毕氏非常幸运,他碰到了一个好问题,单纯而容易实验,并且结果只跟简单整数比有关,因此他成功了.Bell 说:

> "环绕在毕氏身边有数不清的神奇现象,引动着他的好奇心,激发出无穷的想象力,但是他却选择了对于思辨数学家很理想的一个科学问题:音乐的调和悦耳跟数有关系吗?如何有关系,是什么关系?他的教师 Thales 研究摩擦琥珀生电的现象,这对他也是无比的神奇,但是他直觉地避开了这个难缠的问题.如果当初他选择数学与电的关系来研究,他会陷于其中而得不到结果."

图 1

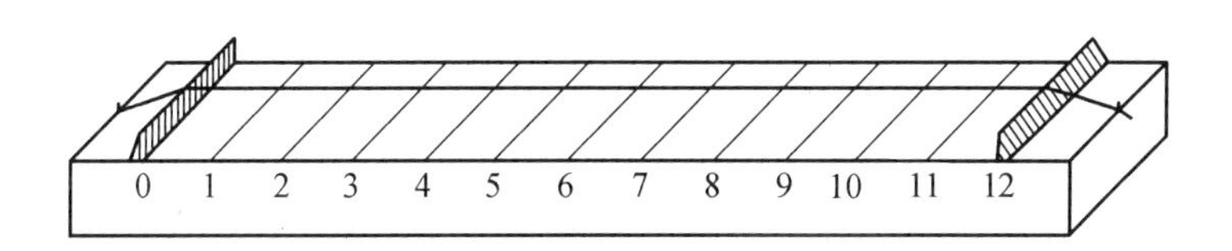

图2 单弦琴

更进一步,毕氏学派所推展的四艺学问:算术、音乐、几何学与天文学,也整个结合在整数与调和(harmony)之中.毕氏音律是弦长的简单整数比(算术的比例论);天文学的星球距离地球也成简单整数比,因此它们绕地球运行时会发出美妙的球体音乐(the harmony of spheres);几何图形是由点做成的,点是几何学的原子(atoms),点虽然很小,但具有一定的大小,所以任何两线段皆可度(commensurable),一切度量只会出现整数比,而整数比就是调和,就是悦耳的音乐.毕氏甚至说:"哲学是最上乘的音乐."(在古时候,哲学是爱智与一切学问的总称)他大胆地总结出"万物皆整数与调和"(All is whole number and harmony)的伟大梦想.这种对任何事物都相信有秩序与规律可寻,并且努力去追求单纯、和谐与美的精神,千古以降,随着毕氏思想的弦音而共鸣,代代都可以听见回声.

Bell 说得好:"谁会责怪热情的毕氏从可验证的事实,飞跃到不可验证的狂想呢? 音律的发现令人震惊,也使人飞扬.谁还会怀疑空间、数与声音合一于调和之中呢?"

但是好景不常,毕氏学派很快就发现到单位正方形的边长与对角线是不可共度的(incommensurable),这等价于$\sqrt{2}$不是整数比,因而毕氏的天空出现了破洞.这是数学史上的第一次危机,后来才由 Eudoxus(前408—约前355)作了炼石补天的工作.留下的石头,2 000 多年后被 Dedekind(1831—1916)拿来建构出实数系.这段历史美妙得有点像神话故事女娲炼石补天的情节.

回到定音阶的频率比问题.我们要采用较近代的术语来叙述.Galileo 发现弦振动的频率 f 跟弦长 l 成反比,即

$$f \propto \frac{1}{l}$$

因此,我们可以将毕氏所采用的弦长改为频率来定一个音的高低.从而毕氏的发现就是:两音的频率比为 1:2,2:3 及 3:4 时,分别相差八度、五度及四度音.例如,频率为 200 与 300 之两音恰好相差五度音.

定音阶的问题就是要在 1 与 2 之间插入 6 个简单整数比之分数,即

$$r_1 = 1 < r_2 < r_3 < r_4 < r_5 < r_6 < r_7 < r_8 = 2$$

使其中含有四度音$\frac{4}{3}$及五度音$\frac{3}{2}$.

毕氏采用"五度音循环法"来定出音阶:由 1 出发,不断升高五度音,即接续

乘以$\frac{3}{2}$,再降八度音(即除以2)或升八度音(即乘以2),拉回到1与2之间.详细情形如下列三个步骤.

i 任取一个基准音,不妨取为1,逐次升高五度得到

$$1,\frac{3}{2},(\frac{3}{2})^2,(\frac{3}{2})^3,(\frac{3}{2})^4,(\frac{3}{2})^5$$

或
$$1,\frac{3}{2},\frac{9}{4},\frac{27}{8},\frac{81}{16},\frac{243}{32}$$

ii 将i中的结果拉回到一个单纯八度音,即1与2之间,再由小排到大,即

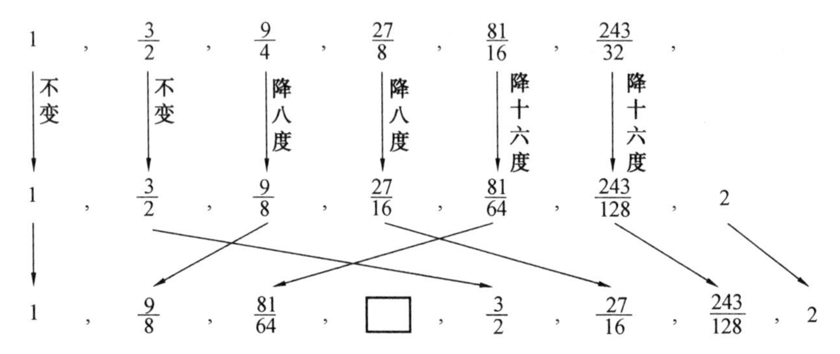

iii 在ii中还缺少一个很重要的第四音,还可以由1出发,往下降五度音,即乘以$\frac{2}{3}$得

$$\frac{2}{3}\leftarrow 1$$

再升八度音,得到第四音

$$\frac{2}{3}\rightarrow\frac{4}{3}$$

补到iii中,就得到毕氏音阶

C,	D,	E,	F,	G,	A,	B,	C
1,	$\frac{9}{8}$,	$\frac{81}{64}$,	$\frac{4}{3}$,	$\frac{3}{2}$,	$\frac{27}{16}$,	$\frac{243}{128}$,	2

毕氏透过单弦琴的实验,做出毕氏音阶的频率比.对于毕氏学派而言,音乐就是整数比.不仅止于此,这还贯穿于整个大自然、艺术与人生之中.据说毕氏临终之言是:“勿忘勤弄单弦琴.”(Remember to work with the monochord)

中世纪的Boethius(475—524)将调和理论分成三个等级,拾级而上,达于完美.最初级的是乐器的音乐(musica instrumentalis),包括歌唱及乐器演奏出来的音乐;其次是人类的音乐(musica humana),讲究身体与灵魂的调和、平衡与适当的比例;最完美的调和是世界的音乐(musica mundana),包括行星的井然有序之

运行,元素的适当比例混合,四季的循环以及大自然、宇宙的和谐. Boethius 坐过牢,在监牢中写出著名的《哲学的慰藉》一书.

事实上,毕氏音阶律也可以采用"三分损益法"(又叫做"管子法").在公元前4世纪,管子一书的地图篇记载有此法.九寸长的竹管,圆周长九分,所谓"三分损益法"就是交互使用"三分损一法"(即去掉三分之一的长)以及"三分益一法"(即将所剩再增加三分之一的长).改用频率的说法即为,由一个音出发,不妨取其为1,"三分损一法"就是乘以$\frac{3}{2}$(即升高五度音程),"三分益一法"就是乘以$\frac{3}{4}$(即降四度音程),如此交互相生,得到

$$1,\frac{3}{2},\frac{9}{8},\frac{27}{16},\frac{81}{64},2$$

由小排到大就得到所谓的"五声音阶"(the pentatonic scale),即

1,	$\frac{9}{8}$,	$\frac{81}{64}$,	$\frac{3}{2}$,	$\frac{27}{16}$,	2
宫	商	角	徵	羽	宫

孙子说:"声不过五,五声之变,不可胜听也."这五声指的就是宫、商、角、徵、羽.

再补上

$$\frac{81}{64}\times\frac{3}{2}=\frac{243}{128}$$

及第四音$\frac{4}{3}$就得到毕氏音阶(或叫七音音阶),即

1,	$\frac{9}{8}$,	$\frac{81}{64}$,	$\frac{4}{3}$,	$\frac{3}{2}$,	$\frac{27}{16}$,	$\frac{243}{128}$,	2
宫	商	角	变徵	徵	羽	变宫	宫
C	D	E	F	G	A	B	C′
Do	Re	Mi	Fa	Sol	La	Si	Do

如果说"音乐是听觉的数学",那么其数学就是音律;反过来,如果说"数学是理性发出的音乐",那么其音律就是逻辑.毕氏研究音律,并且把从古埃及与巴比伦接收过来的经验式的数学知识,尝试组织成逻辑演绎系统,这在精神上可以说是相通的、一贯的.虽然由于$\sqrt{2}$的出现而没有完全成功,但是毕氏却为后人(如欧几里得)作了重要的铺路工作.成功是踏在前人的失败上走出来的.

毕氏音阶好不好呢?要衡量一种音阶的好坏,通常都将它跟自然音程作比较.什么是自然音程呢?

根据毕氏的琴弦律,两音的频率愈成简单整数比愈调和,其音程就叫做自

然音程.下面我们列出调和的自然音程:

两音频率比	音程	两音频率比	音程
1:1	完全一度	1:2	完全八度
2:3	完全五度	3:4	完全四度
4:5	大三度	5:6	小三度
3:5	大六度	5:8	小六度

注意到,有的书将上表中的完全说成纯,例如,完全 8 度就是纯 8 度等等.

现在考虑毕氏音阶相邻两音之间的音程:

$$1,\ \frac{9}{8},\ \frac{81}{64},\ \frac{4}{3},\ \frac{3}{2},\ \frac{27}{16},\ \frac{243}{128},\ 2$$

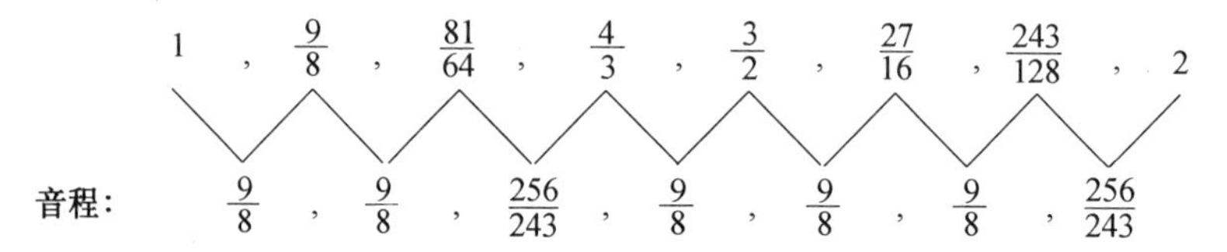

音程: $\frac{9}{8},\ \frac{9}{8},\ \frac{256}{243},\ \frac{9}{8},\ \frac{9}{8},\ \frac{9}{8},\ \frac{256}{243}$

其中$\frac{9}{8}$是全音程(whole tone),$\frac{256}{243}$是半音程(semi tone).所谓大三度是指含有两个全音,小三度是指含有一个全音与一个半音.

五度音程$\frac{3}{2}$与四度音程$\frac{4}{3}$都很好.但是大三度音程就有点儿走音:$\frac{\mathrm{Mi}}{\mathrm{Do}}$应该是$\frac{5}{4}=1.250$,而在毕氏音阶中,此比值为$\frac{81}{64}=1.265$,稍嫌尖锐.另外,小三度音程$\frac{\mathrm{Fa}}{\mathrm{Re}}$应该是$\frac{6}{5}=1.200$,但在毕氏音阶中,此比值为$\frac{4}{3}\div\frac{9}{8}=\frac{32}{27}=1.185$,又嫌稍低.

进一步,考虑半音音阶(the chromatic scale),也会出现问题.半音音阶的造法如下.

i 由任意点出发,不妨取为 1,上升与下降五度音程:

$(\frac{2}{3})^6$	$(\frac{2}{3})^5$	$(\frac{2}{3})^4$	$(\frac{2}{3})^3$	$(\frac{2}{3})^2$	$(\frac{2}{3})$	1	$\frac{3}{2}$	$(\frac{3}{2})^2$	$(\frac{3}{2})^3$	$(\frac{3}{2})^4$	$(\frac{3}{2})^5$	$(\frac{3}{2})^6$
↓	↓	↓	↓	↓				↓	↓	↓	↓	↓
$\frac{64}{729}$	$\frac{32}{243}$	$\frac{16}{81}$	$\frac{8}{27}$	$\frac{4}{9}$	$\frac{2}{3}$	1	$\frac{3}{2}$	$\frac{9}{4}$	$\frac{27}{8}$	$\frac{81}{16}$	$\frac{243}{32}$	$\frac{729}{64}$

ii 将 i 中的结果拉回到一个单纯八度音程之间:

$\frac{64}{729}$	$\frac{32}{243}$	$\frac{16}{81}$	$\frac{8}{27}$	$\frac{4}{9}$	$\frac{2}{3}$	1	$\frac{3}{2}$	$\frac{9}{4}$	$\frac{27}{8}$	$\frac{81}{16}$	$\frac{243}{32}$	$\frac{729}{64}$
↓升四个八度	↓升三个八度	↓升二个八度	↓升二个八度	↓升二个八度	↓升八度	↓不变	↓不变	↓降八度	↓降八度	↓降十六度	↓降十六度	↓降二十四度
$\frac{1\,024}{729}$	$\frac{256}{243}$	$\frac{128}{81}$	$\frac{32}{27}$	$\frac{16}{9}$	$\frac{4}{3}$	1	$\frac{3}{2}$	$\frac{9}{8}$	$\frac{27}{16}$	$\frac{81}{64}$	$\frac{243}{128}$	$\frac{729}{512}$

iii 再将 ii 由小排到大：

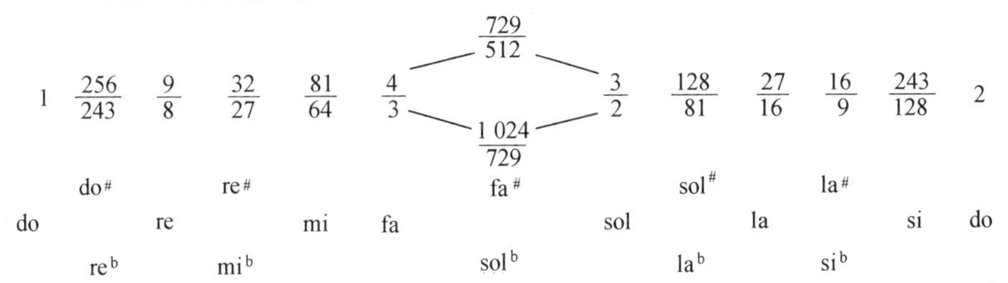

在 iii 中，我们看出了两个困难：首先半音的音程有两种，其一是 do－do#，re－re#，mi－fa，sol－sol#，la－la# 与 si－do 之间的音程为$\frac{256}{243}=1.053$；另一方面，do#－re，re#－mi，sol#－la 与 la#－si 之间的音程为$\frac{2\ 187}{2\ 048}=1.068$. 其次，同一个音符 fa# 与 sol# 取两个不同的值$\frac{729}{512}$与$\frac{1\ 024}{729}$.

这样建立起来的十二个钟的名称（表 1），就成为十二个音的名称，从而形成中国古典的全音域. 在《国语》中，阳音阶称为"律"，阴音阶称为"间"，即音出现在正律之间的意思，这一事实有力地表明，当时已经存在十二个半音的标准化的全音域了. 原文并没有详细记载关于计算音程所用的确切方法，但是这些名称出现的次序表明了一个中间阶段存在于它们的最终形式首次被记录在《吕氏春秋》中之前，以及一种把十二律分为六个一组的更为原始的描述被保存在《周礼》之中.

表 1 《国语》中钟的分类

阳钟		阴钟	
黄钟	"黄色的钟"	大吕	"大的调节器"
大簇①	"很大的丛聚"	夹钟	"被压缩的钟"
姑洗	"古老而纯净的"	仲吕	"中等的调节器"
蕤宾	"繁茂的"	林钟	"森林的钟"
夷则	"均等的尺规"	南吕	"南面的调节器"
无射	"不疲倦的"	应钟	"共鸣的钟"

iv 算术循环的引入.

在追述全音域发展的过程中，到目前为止我们已提到三个阶段. 首先，是《周礼》中记载的原始阶段，在这个阶段，音有了名称，虽然有些名称与最终采用的不同. 其次，是《国语》中列举的十二个钟，也分成六个一组，此时全部名称与

① 亦称太簇.

后来正统的全音域名称一致.我们不能确定这个全音域的音程或得到它们的方法,至于各音的频率则更无从知悉.但是,随着公元前240年左右《吕氏春秋》描述了十二个音的系列,便达到了一个新的阶段,因为尽管频率仍然未知,但了解如何得到这些音的系列已终于成为可能了.

因为这种十二音的全音域与所谓的毕达哥拉斯音阶有某些类似,研究毕达哥拉斯音阶与中国人的音阶之间在构成方面的差异是非常有意义的.希腊人用以发展音阶的乐器是里拉和齐萨拉琴,而不像在中国那样用的是编钟和编磬.希腊音阶的构架是用里拉外侧的两根弦调谐八度音程,然后再用内侧的两根弦调谐五度和四度音程.在荷马时代,所有弦的调音,全凭耳朵来听.直到公元前6世纪才有了定量的发现,即如果要计算八度、五度和四度音程,则需要知道1/2,2/3和3/4的弦长,这一发现被归功于毕达哥拉斯.大全音的音程位于四度与五度音程之间,这直到一个世纪之后才由菲洛劳斯(Philolaus)发现.那时,希腊音乐分成两派:一派以塔兰托的亚里士多塞诺斯(Aristoxenus of Tarentum)为代表,主张音程应由耳听来判断;另一派是毕达哥拉斯学派,主张音程本质上是数学的.毕达哥拉斯音阶的数学比中国全音域的数学要复杂得多,且需要平均值的知识.这种数学是柏拉图为形而上学的理由而不是为音乐的理由建立的,它的最广泛形式的完整描述则是由欧几里得给出的.

另一方面,中国音调的全音域只需要最简单的数学,并且不用八度音作为起点.的确,它包括的甚至根本不是一个真正的八度.唯一需要的数学运算就是交替地以2/3和4/3乘某些数字.基音的频率乘以3/2,就生成高完全五度的音.但在频率的概念存在之前,同样的关系只是以长度来表达的.谐振体的长度乘以2/3,相当于频率乘以3/2.因此,琴的弦长乘以2/3所得的弦,弹奏时发出比它的基音高完全五度的音.这是产生音的无尽的相生过程中的第一步(或"律").发完全五度音的谐振体的长度,再乘以4/3,结果发出的音要比完全五度低四度,因此也就产生在基音之上的一个大全音,因为$1\times 2/3\times 4/3=8/9$.这就是说,在两个四度音阶之间存在着与菲洛劳斯用不同方法发现的相同的音程,如

C————F(大全音) G————C

希腊人把全音音程作为音阶结构的基础,一个八度音程分成一个全音和两个四度,每个四度再分成两个全音和一个毕达哥拉斯半音即升半音(diesis).中国人并没有陷入希腊人的大半音(apotomē)和小半音(leimma)的复杂情况,而是从他们的基音(已提到过的黄钟)前进了两步,即以三度音的谐振体的长度乘以2/3,计算出音系列中的四度音,得到的长度为基音谐振体的长度的16/27,这就是他们的六度音.由这个六度音乘以4/3,即得到大三度,其乘积为64/81.我们

将会看到,这个音不是纯律的音,因为在纯律中,这个分数应该是4/5.但它与毕达哥拉斯的大三度相符.不论乘以2/3还是乘以4/3,这一过程要求全音域保持在一个八度音程范围之内,这样继续到第十二音,这些音就是十二“律”,如图3所示.中国人把这个过程说成是“生”,音的生成如同“母”生“子”.乘以4/3所得各音,称为“上生”;乘以2/3所得各音,称为“下生”.《吕氏春秋》载有这个体系的最早的记述(公元前239年),中国的全音域各音均依此而产生.

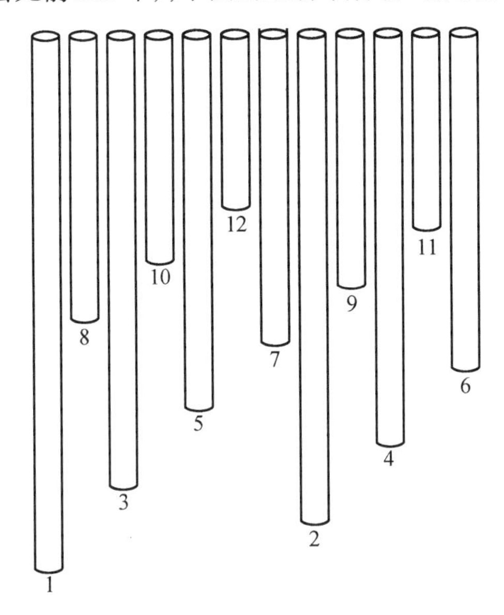

图3　按比例绘制的正统标准律管.鲁宾逊(K. Robinson)复原,用以说明上生和下生的原理

1.黄钟;2.大吕;3.大簇;4.夹钟;5.姑洗;6.仲吕;7.蕤宾;8.林钟;9.夷则;10.南吕;11.无射;12.应钟

根据这种“三分损益”原理计算出实际各长度的最古老的史料,是司马迁的《史记》(约公元前90年).他谈到吹管,并给出黄钟管长度为81(单位为一寸的十分之一).这个数字,在用分数2/3和4/3进行计算时,显然是一个很好的作为开始的数字.经校正若干明显的误差后,各管的长度见表2.这些律管的实际长度本身并无多大意义,因为没有进一步的资料,如管的直径等,我们无法计算它们的频率.但是表示这些长度的方式是很有意义的,因为小数系统与基于三分之一数的系统一起应用,有着明显的巴比伦风格.关于这一点,我们在后面还要讨论.

表 2　司马迁的律管长度计算

名称	寸	分	百分之三寸	总　长（未校正值）	总　长（校正值）
黄钟	8	1	—	8.1	8.1
大吕	7	5	1	7.53	7.585
大簇	7	2	—	7.2	7.28
夹钟	6	1	1	6.13	6.742
姑洗	6	4	—	6.4	6.4
仲吕	5	9	2	5.96	5.993
蕤宾	5	6	1	5.63	5.689
林钟	5	4	—	5.4	5.4
夷则	5	4	2	5.46	5.057
南吕	4	8	—	4.8	4.8
无射	4	4	2	4.46	4.495
应钟	4	2	2	4.26	4.266

在列出律管的实际长度以前，司马迁给出了作为计算基础的公式．现在，把他提出的关于全音域的全部十二个音（可加上第十三个音，即八度音，只须继续再做一步计算即得）的比例，与蒂迈欧的毕达哥拉斯音阶中的八个音的比例，作一比较是很有用的，这样就可以看到它们的相似之处和差异之处（表 3）．

表 3　中国音阶与希腊（毕达哥拉斯）音阶的比例之比较

	中国音阶	希腊音阶（毕达哥拉斯音阶）		中国音阶	希腊音阶（毕达哥拉斯音阶）
C	1	1	G	$\frac{2}{3}$	$\frac{2}{3}$
C$^{\#}$	$\frac{2\,048}{2\,187}$	—	G$^{\#}$	$\frac{4\,096}{6\,561}$	—
D	$\frac{8}{9}$	$\frac{8}{9}$	A	$\frac{16}{27}$	$\frac{16}{27}$
D$^{\#}$	$\frac{16\,384}{19\,683}$	—	A$^{\#}$	$\frac{32\,768}{59\,049}$	—
E	$\frac{64}{81}$	$\frac{64}{81}$	B	$\frac{128}{243}$	$\frac{128}{243}$
F	$\frac{131\,072}{177\,147}$	—	C	$\frac{262\,144}{531\,441}$	—
	—	$\frac{3}{4}$		—	$\frac{1}{2}$
F$^{\#}$	$\frac{512}{729}$	—			

左列各音只是作为说明而任意选取的．

2. 言必称希腊之误①

我们看到,毕达哥拉斯音阶与中国音阶(五度相生),不论在结构的一般形式上,还是在某些音(如八度音、四度音)的具体比例上,并不完全一致.即便如此,它们的相似之处还是相当明显,以至引起了几乎历时二百年的误解.

对中国音乐的理论基础用欧洲语言最早进行解释的,是耶稣会士钱德明于1776年在北京写成的,并于1780年在巴黎出版的著作.钱德明接受中国历史的传统年代记载,因此相信中国的音乐起源于公元前2698年.根据这种估计,在毕达哥拉斯诞生之前11个多世纪,中国人已有一种音阶了,它在许多音程上极类似于后来的毕达哥拉斯音阶.他断言,毕达哥拉斯学派声称发明这种音阶的说法,完全是一种"剽窃行为".至于剽窃究竟如何进行的,他并没有解释,但他假设,以爱好旅行著称的毕达哥拉斯或者很可能到过中国,或者遇见过传播音阶秘密的来自中国的人.钱德明注意到希腊的音阶与中国的音阶有一些差异,他认为希腊音阶是一种退化的形式.

19世纪,随着中国威望在国外的日益衰退以及希腊文化的复兴,完全推翻上述评价是意料之中的事.沙畹认为,关于公元前3世纪或公元前4世纪以前的中国的音阶,并无文献记载,他于是写道:"这同样的音乐体系,在中国人认识它以前两个多世纪,已由希腊人提出了.难道中国人不是从希腊人那里借来的吗?"沙畹还企图解释中国人是如何"借"这个声学体系的:"亚历山大的远征使文明的巨浪冲击到帕米尔高原的脚下,那里出现了十二根芦苇,它们唱的是希腊的音阶."这样的猜测并没有比钱德明的神话更吸引我们,但它们竟然在过去的50年里被人们接受了.对于钱德明,至少可以说,在他那个时代,人们并不认为两个系统的音阶是等同的.然而,自从沙畹不严格地把这些音阶描述为"同样的体系",错误就流传开了.沙畹本人也知道两者之间有差异,但他把这些差异归咎于中国人缺乏理解,他进而做出了有失大学者风度的结论:"此外,他们音乐的喧闹和单调的特点,也是众所周知的."

必须摒弃沙畹的假设,这不但因为中国人调谐十二个一套的编钟的时期与据认为毕达哥拉斯的生活年代处于同一个世纪,无论怎样是在亚历山大远征倘若将希腊公式引入中国文献而可能产生影响之前很久;而且也因为中国音阶在结构上与毕达哥拉斯音阶有本质的不同.然后,钱德明所认为的在这样早的时代曾发生过中国文化向希腊的传播,这种见解也不能认真接受.可以找到充分

---

① 本节内容取自李约瑟《中国科学技术史》第四卷.物理学及相关技术,科学出版社,上海古籍出版社.

理由的最简单的假设是,声学发现的萌芽从巴比伦向东西两个方向传播,一方面在希腊发展,另一方面在中国发展;也就是说,弹拨弦时发出的音的音高,部分地是由弦的长度决定的.更有甚之,已高度发展了弦乐器的巴比伦人可能观察到,在同样的张力情况下,一根弦的长度为另一根弦的一半,所发之音将为另一弦之八度音;若其长度为另一弦的三分之二,则其音为另一弦之五度音;若其长度为另一弦的四分之三,则其音为另一弦之四度音.这些比例的知识,就是发展中国的"五度相生"所必需的全部知识,也就是古代希腊人归功于毕达哥拉斯(称其为发明者或传播者)的全部的声学发现.毕达哥拉斯音阶在以后若干世纪内错综复杂的发展,包括将八度音阶再分成四度音阶、全音的定义以及在不早于公元前4世纪的某个时期再分四度音阶等,所有这些都是希腊人特有的发现.而且,对于蒂迈欧的音阶结构,它不是由一系列的完全五度,而是在毕达哥拉斯四声(tetractys)数字(1—2—3—4—8—9—27)之间求出等差中项和调和中项来构成,这在中国则没有与之对应的东西.

必须着重指出,说这些发现起源于巴比伦只是假设,因为关于巴比伦的音乐,我们知道得很少.不过,现存的证据似乎表明这种假设是问题的答案.

首先,很有趣并可能很重要的是,希腊和中国的传统都将其声学体系的起源归功于一个外国.在巴比伦被亚历山大大帝(Alexander the Great)占领以前写作的希腊作家们都说,毕达哥拉斯到过埃及;而后来的作家们则说,他在旅行中去过巴比伦.伊安布利库斯(Iamblichus)甚至还说,"音乐比例"的知识是由毕达哥拉斯从巴比伦带到希腊的.埃及人和巴比伦人肯定都知道并运用分数2/3和1/3.埃及人把调和级数的知识秘藏在一个盒内,这是由祭司阿梅斯(Ahmes)在纸莎草纸(图4)上记述的,现存大英博物馆莱茵特藏室(Rhind Collection),时代可定为公元前1700至公元前1100年之间.但是,归功于毕达哥拉斯的音乐发现无论由什么路径传播到希腊,可以肯定这些发现是建立在新月沃地区域久已知晓的事实基础上的.正如伯内特(Burnet)说:"作为一种国际语言的巴比伦语的使用,将能说明埃及人多少了解巴比伦天文学这一事实的原因."在亚历山大入侵之前,希腊人所具有的关于巴比伦科学的这种知识,就经由吕底亚和埃及传入希腊了.巴比伦衰亡之后,人们理解到科学的本源就在这个城市,这些传说自然就被采纳了.

毕达哥拉斯向东旅行到巴比伦的故事,与黄帝(传说中的帝王,据说在公元前27世纪时在位百年)的大臣伶伦西行的传说极其相似.根据传说,这位统治者的大臣们各司专职,伶伦被委派制订乐律.

(《吕氏春秋》记载)古时候黄帝命令伶伦制作律管.于是伶伦经大夏向西,行至阮隃山北麓,在嶰谿山谷中找到竹,其茎的中空(的部分)与(壁的)厚度都很均匀.他的竹节之间切下长度为3.9寸的一截,吹之,取其基音("宫")为黄钟

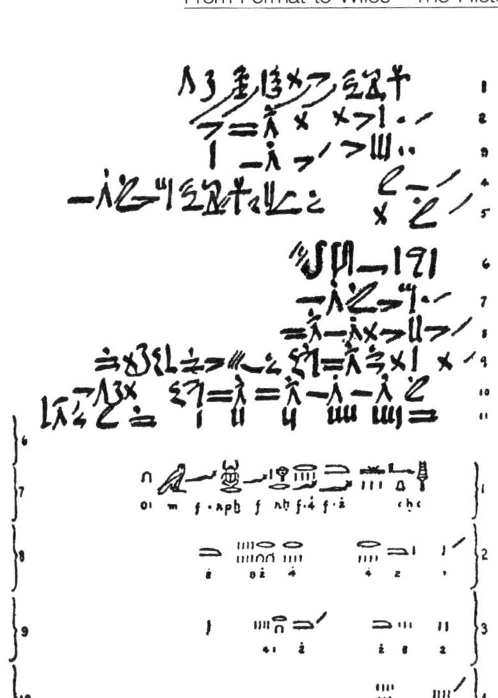

图4　莱茵特纸草书

管的基音.他又吹,说:"这相当好."接着制作了全部十二支管("筒").然后在阮隃山麓,他倾听雌雄凤凰的歌声,并将律管相应地分(为两组),雄音为六种,雌音亦为六种.为了使它们联合协调,同黄钟基音和谐它们.黄钟基音("宫")确实能够生成整个(音列).所以,黄钟基音是雌雄律管("律吕")的源泉和根本.

> 昔黄帝令伶伦作为律.伶伦自大夏之西,乃阮隃之阴,取竹于嶰谿之谷,以生空窍厚钧者,断两节间,其长三寸九分而吹之,以为黄钟之宫,吹曰舍少.次制十二筒,以之阮俞之下,听凤凰之鸣,以别十二律.其雄鸣为六,雌鸣亦六,以比黄钟之宫适合.黄钟之宫,皆可以生之,故曰黄钟之宫,律吕之本.

伶伦取均匀的竹子,在两节之间截一段,制成黄钟律管,然后,十二标准律管的其他各管亦相继产生.《吕氏春秋》又说,(伶伦回来之后)黄帝又命令伶伦和荣将铸造十二只钟,以便和谐五音("以和五音"),以此演奏壮丽的音乐.在仲春之月的乙卯日,当太阳在奎宿的时候,这些钟铸造完毕并呈献上去.命令这(套钟)称为咸池.

> 黄帝又命伶伦与荣将铸十二钟,以和五音,以施英韶.以仲春之月,乙卯之日,日在奎,始奏之.命之曰咸池.

这表明其他所有乐器均按照不变的标准钟所发出的五音的音高来进行调音,这一点极其重要.

隐藏在这个奇怪的故事中的真实情况可能是,早期钟不仅用来为需要调音的乐器定音高,而且钟本身又由弦来调音,弦的长度则由某些标准长度的竹决定,正如祭司阿梅斯所描述的八度音和五度音之比(它们成调和级数,即6:4:3)被保存在金字塔形盒子或珍宝箱中那样.保存具有准确长度的一些竹作为标准量器,这是先民的一项合理举措,并且也预示了我们自己用金属来保存标准量器的做法.

无疑,调和级数的声学含义最初并没有很好地被理解,因为在中国和希腊,我们都发现弦调音的公式应用于不十分适当的情况.例如,钱德明说,他曾检查和测量了在宫廷见到的一些磬石.这些磬是宋代制作的,它们的四条直边形成"律"的某些比例,即27寸、18寸、9寸和6寸,这在它们之间形成八度音和五度音.钱德明还观察到,较近时期制作的磬则不再用这些比例.将石板制成磬,使得其长度尺寸形成八度音和五度音,形成可能有魔力的或可能助记忆的用途,但这表明声学规律完全被误用了,因为平板和圆盘(如锣等)的音高,与弹性共振体(如弦和空气柱等)的音高,是不能用同样的方法测定的.

计算音程所需的比例知识的更为奇妙的应用,出现在《周礼·考工记》记载有关铸造技术的细节之中.这节文字是任何文明的文献中关于青铜铸造技艺最令人尊崇的遗产之一,因为它不可能迟于公元前3世纪,很可能还要早得多.这节文字系统地描述了一系列合金的性质和用途,并且规定了组成合金的各金属的比例.近代考古学研究指出,这种知识必定已在相当的程度上为商代的青铜铸造者所掌握.无论如何,人们难以理解地发现:在精确调音时,要求发出小三度、大三度、四度、五度、大六度和八度音的弦的长度的比例,即5/6,4/5,3/4,2/3,3/5和1/2,也以合金的铜的含量的形式出现.关于制造各种容器和工具时,锡与铜的比例在多大的程度上符合近代冶金学知识,以及分析现存的合金样品时,我们可以确定地说出古代实践的真相如何,这些将在适当的地方再予以讨论.此处的要点是指出在冶金学文献中出现了声学的数列(如果这一组简单的分数不仅仅是巧合的话).

谐和规律的误用,并不仅限于中国人,这也见于有关毕达哥拉斯的一个故事.这个故事最先为杰拉什的尼科马科斯(Nicomachus of Gerasa,活跃于公元100年)记载,后来又为伊安布利库斯、波伊提乌斯(Boethius)及其他学者记载,大意

如此.毕达哥拉斯经过一家铁匠铺旁,听到铁锤发出的声音形成八度、五度和四度的音程.他检查了这些铁锤,认为这种情形是由于锤头的重量不同而产生的,锤头的重量不同可发出不同的音.因此,他把四种相同重量作为实验的基础,但不管他如何试验,张紧不同的弦、敲击不同的花瓶、测量不同的长笛或单弦琴的长度,他总是得到形成谐和音的比例的6,8,9,12这些数字,6:12为八度音,8:12为五度音,9:12为四度音.说铁匠铺中的谐和音产生于成比例的锤头重量,与说磬石的音高取决于成比例的边长,两者同样不确实.在尼科马科斯时代,对此应已有充分的认识,因为对物体的声学性质早已作过详尽的测试.但是尼科马科斯和其他学者一再提到这个故事,表明了该故事具有值得尊重的传统,并且想使人相信,正如泰勒斯(Thales)利用巴比伦天文学的部分知识而有些预测幸运言中那样,毕达哥拉斯也可能引进巴比伦声学的有限知识而起初并未正确理解.但是希腊人由于有了可测量音程的单弦琴,他们的进步很快就远远超过了从巴比伦接受来的三个谐和音的知识.

制订历法时采用六十周期制,很可能是巴比伦影响中国的一个例子.发现这些事情是很有意思的:根据传说,黄帝派遣伶伦到西方以确定乐律,同时他委任大桡制作六十年的周期制,委任容成编订"谐和历法",以及划分官吏为五等.历法与音乐的联系尤其重要,因为我们从西方资料知道,这也是巴比伦的知识.普卢塔克写道:"迦勒底人说:'春对于秋,关系为四度;对于冬,关系为五度;对于夏,关系为八度.但如果欧里庇得斯(Euripides)正确地把一年分成夏季四个月、冬季四个月、秋季两个月、春季两个月,那么四季变化就成八度比例.'"

给出的这些比例的数字,事实上就是春季6、秋季8、冬季9、夏季12,即毕达哥拉斯用于音乐的谐和音的数字.根据这些比例,可以计算出巴比伦王国的四季为春季2.1个月、秋季2.7个月、冬季3.1个月、夏季4.1个月.短暂的春季和漫长的夏季对于巴比伦要比希腊更为典型,这一事实增加了这部著作的价值.

现在可以概括一下我们讨论的要点.中国的音阶本质上不同于毕达哥拉斯音阶,虽然它们之间的类似使得18世纪的作家们把一个仅仅看做是另一个的退化形式.较为满意的假设应该是,巴比伦人发现了产生八度、五度和四度音程的弦所必需的长度的数学规律.这种知识向东西两个方向传播,被希腊人和中国人各自独立运用.希腊人用先分八度音,而后再分四度音的方法,建立了他们的声学理论;中国人则从给定的基音出发,通过生成五度音和四度音相间的系列,发展了音的循环.

如果这个假设是正确的,那么它有助于说明对于希腊人和中国人来说,为什么有些概念是共同的,而另一些却各不相同.中国人与毕达哥拉斯学派一样,都认为数字是乐音的基础.除了《道德经》和《淮南子》中关于命理学的宇宙生成论的文字之外,《史记》明白地声称,"当数学表现为形式时,它们自身显现出音乐的声音"("……数,形而成声").另外,苏美尔人的竖琴的音板上常雕刻有公牛、绵羊或山羊,而在中国则把五音与五种家畜联系起来.但是,我们在中国文献中没有发现关于天球的和谐的理论,这是可以理解的,因为这一理论是希腊式推理的产物,来自运动必然产生声音的假设.中国人和巴比伦人相似,只是把一些数字与行星相联系,把一些乐音与数字相联系.

但是为什么从共同的起源开始,中国与希腊的声学理论所走的道路却如此不同,真正的原因必定是,应用巴比伦的比例理论时,中国和希腊的音乐和音阶当时实际上都已经存在,而且与生俱来地不相同,演奏的乐器也不相同.在希腊调音史上里拉和齐萨拉琴极为重要,在中国与之相应的却是钟和磬而不是任何弦乐器.在对调音的需要上二者也有天壤之别,前者须不断地调整,并须与人声的音高密切配合,而后者则一旦离开制作者之手,就不可改变了.

在我们这个时代之前的数个世纪中,东西方之间看来有过吹奏乐器的显著的交流.希腊古典时代使用双簧管即欧勒斯管,古典时代之后使用排箫;而在中国汉代才有"管",汉代之前很久即已有排箫("箫").今天排箫可见于从巴西的西北部和秘鲁,经大洋洲直到赤道非洲的极为广阔的弧形地带,如此散布表明了它有很早的起源.冯·霍恩博斯特尔(von Hornbostel)提出,曾有过一个时期,在一个管上用超吹十二度音,再降低一个八度的方法,产生二十三"律"或音级的音域.因为超吹得到的五度音比弦上以数学计量的五度音略小(差二十五音分),所以为了形成可与中国人用算术计算的十二律相比较的多少完整的循环,必须有二十三个音级.虽然这种循环好像未曾存在过,但是可以想象到,早期排箫的调音是根据三分损益原理进行的,中国人用此原理生成了十二律.

巴比伦人发现谐和音的比例,不久便为中国所知晓.对于一个努力追求恒定的音调、以使音乐及其魔力传留于统治王朝的民族来说,获得此项数学知识必定是兴奋的.

正如孟子所说:"当(圣人们)竭尽所能利用他们的听力时,他们用六律(数学比例?)决定五音的方法来扩展这种能力;人们不能超出它们的用途."

既竭耳力焉,继之以六律正五音,不可胜用也.

4个半世纪以后,汉代最伟大的声学和音乐专家之一蔡邕(133—192)讲了同样的话.他在注释《月令》时写道:"古代,决定钟的音调时,他们用耳听使钟的音达到一样.后来,当他们不可能做得更好时,就利用数,从而使得测量正确.如果测量的数字正确,那么音也是正确的.

古之为钟律者,以耳齐其声.后不能,则假数以正其度,度数正则音亦正矣.

数字的这种经验性和实验性的用途,对照强烈吸引秦汉时期众多学者的命理学游戏和数字神秘主义,是令人耳目一新的.当然无法确定引进巴比伦公式的确切年代,但是上面所引孟子的话与"新乐"的发展,两者在时间上有意义地一致,使得公元前4世纪成为这一引进的结束时期.

看来极可能的是,巴比伦的思想和观测的原型向东西两个方向传播;希腊人将其发展,形成了他们黄道和太阳体系;而中国人则以完全不同的方式将其发展,结果形成了具有二十八宿和拱极星座的极星和赤道体系.一些基本概念有着共同的起源,继之以不同途径的发展,这在声学方面似乎也有同样的情况.

附录十二[1]

法国数学家,美国哥伦比亚大学教授塞吉·兰(Serge Lang,1927—)在1982年5月15日的一次演讲.

塞吉·兰:这次讲演的目的依然是同大家一起做数学.为了去年未到场的听众方便,我先作几分钟的泛泛而谈.上次我问道:"数学对你意味着什么?"有人回答:"数字的运作,结构的运作."那如果我问你音乐是什么,你是不是回答说"音乐是音符的运作"呢?所以我再问一次:"对你说来:数学是什么?"

一位男士:是跟数字打交道.

塞吉·兰:不,不!不是跟数字打交道.

一位高中学生:是解决问题.

塞吉·兰:你比较接近了.解决问题——那是我上次试图告诉你们的.不仅仅是掌握什么东西,它对我们的心灵有更深的触动.不幸的是,除去个别天才的教员外,我们的小学、中学没有,或几乎没有让学生理解什么是数学,做数学是怎么回事.就在讲演会之前,我在布雷特(他组织了这次讲演)的办公室翻了翻十年级的教科书,叫人恶心.[听众中议论]是恶心,从各方面看都是,从头到尾缺少逻辑连贯,充塞毫无意义的小问题和枯燥无味的讲述……真令人作呕.[听众热烈讨论,一些笑声]

问:你能告诉我们此书的书名吗?

塞吉·兰:啊!我该把它带到这里来,我不在乎.你知道,我不怕坦言我之所想,但我把它放在楼上了.管他的,这些东西其实都差不多.[笑声]这些东西是同类项.所以我想告诉你们点别

[1] 摘自:塞吉·兰,著.《做数学之美妙三次公开讲演》.李德琅,译.郑秋成,校.成都:四川大学出版社,2001.

的,说明为什么数学家要做数学,而且毕其终身,那就是我试图告诉你们的.

上次,我们还谈了纯粹数学和应用数学的作用及其关系,简短地谈了谈.我还读了一段冯·诺伊曼的引文,就是他抱怨"巴罗克"数学的那段,他说:

> "当一个数学原则从实验源泉走出很远很远,进而产生了第二代、第三代思想,只是很间接地与'现实'相联系的思想,这些思想会为重大危险所包围.它变得越来越纯审美化,单纯地为艺术而艺术.如果这个研究领域周围有仍与实验密切联系的课题,或者,这学科是在具有特别优秀的鉴赏力的人们的影响下,这不一定是坏事.但重大的危险是学科会沿这条阻力特小的路线发展下去,像远离源泉的水流,分成众多无意义的支流,学科会变成杂乱无章的繁文缛节.换言之,远离实验源泉,或者经过大量抽象'近亲繁殖',数学学科就有退化的危险."

这是他在抱怨.还有一段冯·诺伊曼的引文,应该读给那些人听,这些人用前一段引文来烦扰我们,他们不知道或不提到第二段.现在我来读读.

> "但仍有很大一部分数学,它们的发展,原来绝无实用需求,无人知道,在哪个领域里它可能有用,而最终它变得有用;一般来说,数学上的普遍情况是:从一个数学发现到其应用之间,有一个时差,它可以从30年到100年不等,有时甚至更长.整个体系似乎在没有任何指向,没有任何实用背景的情况下运行……这对所有学科都是对的.在很大程度上,成功归于完全忘掉最终所求,拒不研究获利之事,只依赖于智能雅趣之准则的指引.遵循此道,长远来看其实会走到前面,远胜于严格按功利主义行事之所获."

我想,在数学中这种现象应好好研究.我还想,科学上,每个人都可以去判断这些观点的正确性.我相信,观察科学在日常生活中的作用,以及注意在这个领域中无为原则会得到的奇妙结果,是很有教益的.

正反两面都说到比什么都正确.[笑声]

好,泛泛之论已经够多了,让我们来做数学.

当然,如我去年所说,我不得不选择原则上人人能懂的课题.这意味着,大多数数学都被排除了.我为今天选的话题中肯定会出现数字.但我们要考虑的,要处理的,却不完全等同于计数时的数字.

我们不从数字出发,而像毕达哥拉斯一样,取一个直角三角形,边长为a,b,c.我想,人人都记得毕达哥拉斯定理,它说的是什么?[塞吉·兰指向一个男

青年,笑声]

男青年:平方的和——

塞吉·兰:是的,第一个平方是什么?它是 a——

男青年:a 平方加 b 平方等于 c 平方.

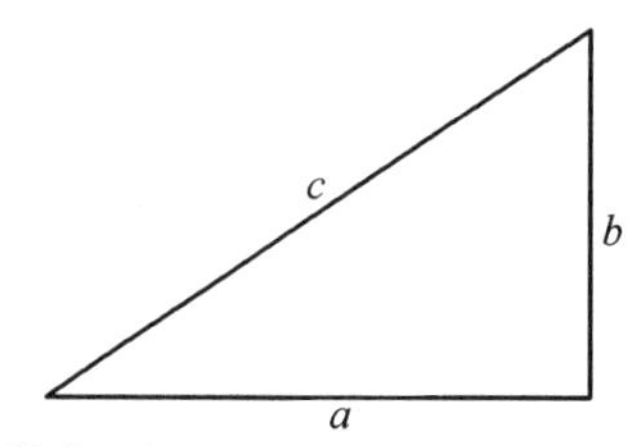

塞吉·兰:是的,那就是方程

$$a^2+b^2=c^2$$

现在,你知道这个方程的整数解吗?人人都知道什么是整数吧!1,2,3,4,5,6等等.那它有没有整数解呢?

听众:3,4,5.

塞吉·兰:不,等一下!我是问那个伙计.[笑声]让我来挑选.[笑声]特别重申我们的规则:听众中可能有,甚至一定有一些数学家.我要求他们不要介入对话,我的讲演不是针对他们的,如果他们介入对话,那是骗局.好了,让坐在那里的年轻人,给我一个解.

年轻人:3 平方加 4 平方等于 5 平方.

塞吉·兰:是的.现在,还有别的解吗?好,让我们举手表决,我们可是非常民主.你,先生,你说没有.坐在那边的男士说有.谁说没有?请举手.谁说有?有很多人说有.说答案有的人,请给我另一个解.先生?

一先生:[不回答]

塞吉·兰:你说过"有".

一先生:我知道还有很多其他解,但不知道哪些是解.

塞吉·兰:好,有谁知道另一个解吗?

听众:5,12,13.

塞吉·兰:那是对的,$25+144=169$.

一位高中学生:如果你有一个解(a,b,c),如果 d 是任一数,那(da,db,dc)也是解.

塞吉·兰:对,如果(a,b,c)是一个解,如果你用一整数 d 去乘它,你得到另一个解

$$(da)^2+(db)^2=(dc)^2$$

因此,问题的合理提法是:除去已经知道的两个解及其倍数外,还有没有其他解?

哪些说“有”？哪些说“没有”？哪些保持审慎的沉默？[笑声]无论如何，我们面对一个古希腊人就已经知道的问题.好，我们现在用 5 到 10 分钟来找出所有的解，我会证明这一点.我怎样证明呢？我把它们全都写出来.但我不能把它们一个一个地写下来，因为有无穷多个.我必须找一个一般的方法来写.我们先把问题变一变形式.如果我用 c^2 去除这个方程 $a^2+b^2=c^2$，我得到

$$(\frac{a}{c})^2+(\frac{b}{c})^2=1$$

令 $x=\frac{a}{c}, y=\frac{b}{c}$，于是方程 $a^2+b^2=c^2$ 变成

$$x^2+y^2=1$$

而如果 a, b, c 是整数，那 x, y 会是什么类型的数？

听众：有理数.

塞吉·兰：完全正确.因而，要找出 $a^2+b^2=c^2$ 的所有整数解，等于去找 $x^2+y^2=1$的所有有理数解.因为反过来，如果我有一个有理数解(x, y)，那我可以把每个数写成分数，以 c 为公分母，然后消去分母就得到 $a^2+b^2=c^2$ 的整数解.现在问题是找 $x^2+y^2=1$ 的所有有理数解.

你们知不知道方程 $x^2+y^2=1$ 表示什么？它的图象是什么？

听众：一个圆.

塞吉·兰：是的，我们可以画在这里.

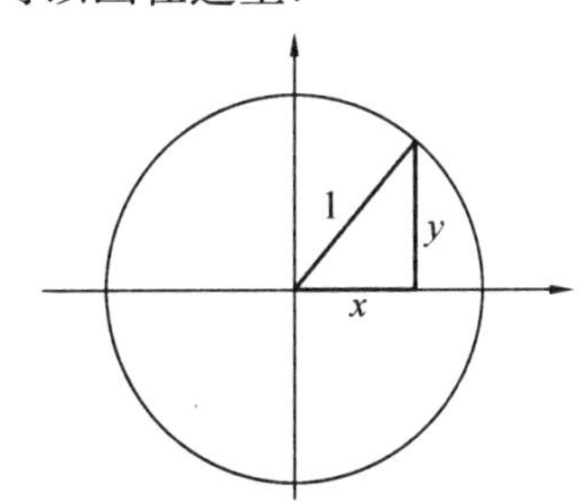

它是一个半径为 1 的圆，中心在坐标轴的原点.我们有一个斜边为 1 的直角三角形，直角边边长是 x, y.我们的问题可以说成，找出这个圆上的所有有理点，即坐标 x, y 为有理数的所有点.

在我找出所有这些解之前，我先写下一大批来.我令

$$x=\frac{1-t^2}{1+t^2}, y=\frac{2t}{1+t^2}$$

我写下这些公式——

A 先生：[略带挑战]但你把它想得就像……

塞吉·兰：不，不是我把它想得“就像”，老早以前就有人把它想得“就像”.

A 先生：是吗？真的是突然想到的？

塞吉·兰：不，当然不是，他玩数学，他看到了很多东西，然后他认识到这个

式子给出解.当他认识到这点时,他是在做数学,他是一个很棒的数学家.一旦他发现此事之后,晚辈们就用它、抄它.我现在就是这样,我并未声称其他什么.

A先生:你是否认为,发现这些结果以求有效地做数学正是数学稍差者之难处?

塞吉·兰:对这种事情,就像打鱼,数学家到哪里打鱼,是说不清楚的.数学家各自到自己能打到鱼的地方去.现在,我试图告诉你这个问题的完全解答.然后,我会给你一些未解决的问题.你可以做这些题,你可以自己去打鱼,如果这些鱼饵使你钓起一条大鱼,那你可以得到一个金质奖章或者巧克力奖章.

另一人:这是三角学吗? 不是?

塞吉·兰:你想它是什么就是什么,我没有时间讲太多细节了.它同时来自许多地方.①

现在,我们来验证我们的公式的确给出方程 $x^2+y^2=1$ 的解.用一点点代数,我们得到

$$x^2=\frac{1-2t^2+t^4}{1+2t^2+t^4},y^2=\frac{4t^2}{1+2t^2+t^4}$$

因此

$$x^2+y^2=\frac{1+2t^2+t^4}{1+2t^2+t^4}=1$$

于是我们得出一个等式,它对 t 的任何值都成立.如果我给 t 一个有理数值,对 x 和 y 我能得到什么?

听众:???

塞吉·兰:我得到有理数.我们从 t 出发,经过加、减、乘、除得到它们.因此我们得到有理数.

听众:是的.

塞吉·兰:看一个例子.哪一位,你,女士,请给我一个 t 的值.

女士:$\frac{1}{2}$.

塞吉·兰:谢谢.我们令 $t=\frac{1}{2}$,算一算

---

① 至今这些公式从何而来的问题常被提起,我原不知其答案.考虑到听众反应之强烈,包括演讲会上和会后,我决定查一查这些公式的历史.历史上,古希腊人已感兴趣于 $a^2+b^2=c^2$ 的整数解.欧几里得(公元前3世纪)已经知道公式

$$a=m^2-n^2,b=2mn,c=m^2+n^2$$

其中,m,n 是整数.丢番图(公元3世纪)已经知道如何处理分数,也知道如果用 m^2+n^2 去除上式且令 $t=m/n$,则可得到我前面已写出的公式.这些公式当然不是来自三角学.丢番图感兴趣于找这一类方程的整数解,就像刚才考虑的那个以及下面我们还要考虑的那些.找这种解的问题现在称为丢番图问题.这些方程称为丢番图方程.丢番图用这些公式解决了涉及毕达哥拉斯三角形及其他一些条件的问题.反过来的问题参见本演讲的末尾及文献.人们也许对丢番图如何表达他自己有兴趣,我把他的书第Ⅵ册的问题ⅩⅧ抄一些在这里:

要找一个直角三角形,其面积加上其斜边长是一个立方数,且其周长是一个平方数.

如上情况下,如假定其斜边长是一个立方数减去其面积之数,这会引到求一立方数,它加上2可得一个平方数的问题.

共有约三百页此类问题.

$$x=\frac{1-1/4}{1+1/4}=\frac{3/4}{5/4}=\frac{3}{5}$$

$$y=\frac{2\times 1/2}{1+1/4}=\frac{1}{5/4}=\frac{4}{5}$$

这样我们得到三角形3,4,5是吧? $\frac{1}{2}$不是很大,很自然地我们得到已经知道的解.现在,如果你想用另一个分数来做一些计算,可能不是如此简单的计算,你会找到其他解.你愿意给我另一个分数吗?

女士: $\frac{2}{3}$.

塞吉·兰: 很好,让我们快速计算一下

$$x=\frac{1-4/9}{1+4/9}=\frac{9-4}{9+4}=\frac{5}{13}$$

$$y=\frac{2\times 2/3}{1+4/9}=\frac{4/3}{13/9}=\frac{12}{13}$$

现在我们又回到刚才有人说到过的解5,12,13.很明显,你可以从任何分数 t,或者整数 t 出发,继续往下做.例如,如果你让 $t=154/295$,你会得到 x,y 的值,它们会更大些,且也给出解.由此,你已经看到怎样可得到无穷多个解.有一个定理说,所有的解,除去 $x=-1,y=0$ 不能由此法获得外,都能由这个公式给出.只要把 t 的有理值代入公式

$$x=\frac{1-t^2}{1+t^2},y=\frac{2t}{1+t^2}$$

中,就可以得到所有其他解.因为我想谈另外一个有些长的话题,我现在要跳过这个定理的证明.也许晚些时候,在演讲以后,可以有时间给出这个证明.

A先生: 你说人们看出存在无穷多个解,谁看出了?

塞吉·兰: 如果你把 t 的无穷多个值代入这些公式,你得到 x 的无穷多个值.

A先生: 但这并不是很容易看出的.

塞吉·兰: 这很容易,但我现在不想谈其细节了.

A先生: 但我想说这不是那么容易看出的.[听众中议论纷纷]

塞吉·兰: 那要看是哪个人在看它,他的眼睛有多好.①[笑声]

好,我们刚才考虑了方程 $x^2+y^2=1$.假定我们想推广这个方程,想研究其

---

① 无论你怎样去看,你可立即发现你想找的.例如,我们有方程

$$x(1+t^2)=(1-t^2)$$

所以 $(1+x)t^2=(1-x)$ 及 $t^2=\frac{1-x}{1+x}$.因而对 x 的每个值对应 t 或 $-t$ 的一个值,至多 t 的两个值给出同一个 x.

也可注意,如果 t 从0增加到1,此时 $1-t^2$ 减小,而 $1+t^2$ 增加,因而 $x=(1-t^2)/(1+t^2)$ 从1减小到0.特别地,不同的 t 给出不同的 x.

他的更复杂的方程.下一个复杂一些的,我们应考虑的方程类型是什么呢?让我指定一个人来说,那位女士.

女士:用另一个数来代替 1.

塞吉·兰:那是一种可能,我们可以研究 $x^2+y^2=D$.这有一套理论很类似于我们刚才所看到的.现在让我跳过它.

听众:看看方程 $x^2+y^2+3^2=d$.

塞吉·兰:很好,我们可以增加变量的个数,这引出一些非常有趣的问题.但我试图让你说出我心中所想,让你建议我希望所做.

听众:用立方来代替平方.

塞吉·兰:正是它.例如,方程 $x^3+y^2=D$,用 3 代替了 2.让我们把它写成经典的形式,即

$$y^2=x^3+D$$

例如,$y^2=x^3+1$,是否存在解?有解时,有无穷多个解吗?

听众:是的,2 和 3,因为 $3^2=2^3+1$.

塞吉·兰:还有其他解吗?

听众:$x=0,y=1$,以及 $x=-1,y=0$.

塞吉·兰:好的,我们已经有三个解了.还有其他解吗?

听众:$x=0,y=-1$.

塞吉·兰:很对,因为平方,我们可以取 y 或 $-y$.总结一下,我们有五对解了,即

$$x=0,y=\pm 1$$
$$x=-1,y=0$$
$$x=2,y=\pm 3$$

还有其他解吗?哪位说"是的"?请举手.哪位说"不是"?哪位保持谨慎的沉默?

这很不明显.找出这个方程以及其他一些类似方程的解,比起找方程 $x^2+y^2=1$ 的解来说,要困难得多.有一个定理说没有其他解了,可是我现在不能证明它.

现在,对于图象,谁知道一些什么?你知道怎样画图象吗?有谁不知道?请举起你的手,让我能够看到.[一些人举手]好,我简单解释一下什么是图象.

假定在这根轴上有 x 的值,另一根轴上有 y 的值.假设 x 的每个值是实数,对每个实数 x,我算出其立方,再加 1,这样我得到 y 的两个值为

$$y=\sqrt{x^3+1},y=-\sqrt{x^3+1}$$

如 $x=1$,则 $y=\pm\sqrt{2}$;

如 $x=2$,则 $y=\pm 3$;

如 $x=3$,则 $y=\pm\sqrt{28}$;

如 $x=-1$,则 $y=0$.

如果 x 是负数且小于 -1,那么 x^3+1 是负的,这就没有对应的 y 值了.反过来,如果 x 增加到无穷大,那 y 也增加到无穷大.对于每个 x,相应地有 y 和 $-y$,如下图所示.

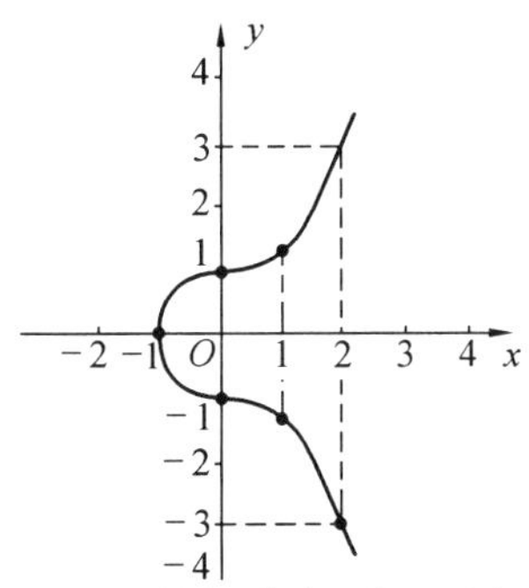

我们可以推广我们的方程,就如你们早些时候对 x^2+y^2 所作的那样,我们去考虑方程

$$y^2=x^3+D$$

其中,D 是正数或负数.我们还可以考虑方程 $y^2=x^3+x$,或 $y^2=x^3+ax$,在历史上,它们曾特别引人注意.例如,古希腊人和古阿拉伯人提出了如下的问题:什么样的有理数可以是一个直角三角形的面积?这个直角三角形要求有整数直角边长 a 及 b,就像我们在开头考虑过的那样.可以证明,A 是这样的数当且仅当方程

$$y^2=x^3-A^2x$$

有无穷多个有理解.①

最后,让我们考虑方程

$$y^2=x^3+ax+b$$

它包含了所有的情形.当我们讨论 $y^2=x^3+b$ 或 $y^2=x^3+ax$ 时,我们假定了 $b\neq0$及 $a\neq0$,不然这些方程会退化.同样,对一般的方程,我们假定 $4a^3+$

---

① 直角边为 a,b,斜边为 c 的直角三角形的面积可表示为

$$A=ab/2$$

因此,我们得到

$$c^2+4A=a^2+b^2+2ab=(a+b)^2$$
$$c^2-4A=a^2+b^2-2ab=(a-b)^2$$

由此推知,有理数 A 是直角三角形的面积当且仅当方程

$$u^2+4Av^2=w^2$$
$$u^2-4Av^2=z^2$$

同时有有理数解(u,v,w,z).在最近的一篇文章中汤那尔研究了这个问题并注意到如果从点(1,0,1,1)投影到 $Z=0$ 定义的平面,则可得上述方程组定义的曲线与一条平面曲线间的对应,这条曲线可以写成

$$y^2=x^3-A^2x$$

它正是我们现在要讨论的.汤那尔给出了一个判别法则以判定是否存在无穷多个解,这用到很新的、非常困难的数学理论.

$27b^2 \neq 0$,以保证适当的非退化性.为我们现在的目的,你不必深入到这种技术性问题中去.

一般的方程 $y^2 = x^3 + ax + b$ 的图象看起来像这样,有一支跑到无穷远,而有时,还有一个卵形线.

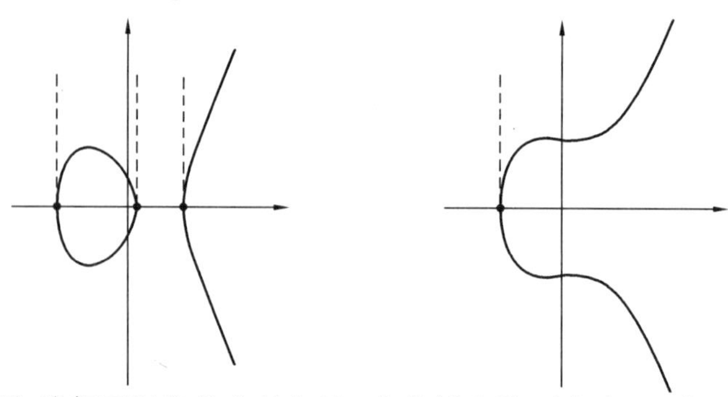

用这个图,我们可以定义点的加法.在曲线上取两个点 P 及 Q.我们用下述方法定义其和.通过 P 及 Q 的直线与此曲线交于第三个点.沿 x 轴取其镜象,我们找到一个新的点,记为 $P + Q$,这已画到下面的图上.

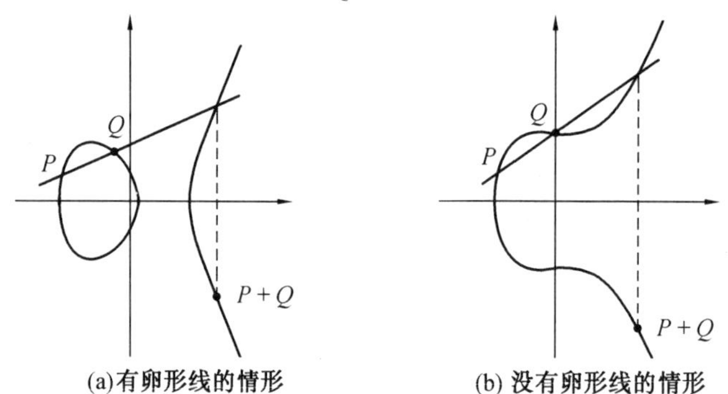

(a)有卵形线的情形　　(b) 没有卵形线的情形

一位大学生:但是,通过两点的直线不一定与曲线交于第三点.

塞吉·兰:啊,是吗?你可以给我一个例子吗?

一学生:是的,如果这直线是竖直的.

塞吉·兰:非常好的注解.她是对的,如果 Q 是 P 经 x 轴的镜像,那这条竖直的直线,并不与曲线相交于任何其他点.待会儿,我再回到这个特殊情况.但这实质上是这种现象的仅有的例子.在考察这种特殊情况之前,让我们先回到两个点的加法的定义.

我用到了符号 +,你有权指望它有某些性质,否则,我不应该用符号 +,这些性质是什么呢?

听众:???

塞吉·兰:你知道,+ 号是从通常的数的加法来的,我刚才定义了点的加法.那么,数的加法有哪些性质呢?

听众中一些人:它是一个群的法则.

塞吉·兰:不要用这种稀奇的字眼.

另一人:项的顺序可以掉过来.

塞吉·兰:是的,这是头一个性质,即我们一定有

$$P+Q=Q+P$$

这是对的.要计算 $Q+P$,我用同一条直线,所以我得到同一交点,因此有 $Q+P=P+Q$.还有什么别的性质可以指望?

听众中某人:结合律.

塞吉·兰:显然,你知道得太多了.[笑声]让别人说说.比如,那位女士.

女士:结合律.

塞吉·兰:是的,这是对的.什么意思呢?如果我取三个点的和,我可以有两种方法算它,即

$$P+(Q+R),(P+Q)+R$$

结合律的意思是这两种表示法是相等的,因此我们有

$$P+(Q+R)=(P+Q)+R$$

很明显 $P+Q=Q+P$,但你若试图证明结合律,你会发现不是这么容易.如果你试图蛮干,那你不可能成功,但是,这结论是对的.

还有别的什么性质?

一高中学生:一个零元素?

塞吉·兰:对了.哪点会是零元素呢?它是一个元素,满足

$$P+零元素=P$$

有这样的元素吗?

某人:就是那一点.

塞吉·兰:不.这要有些想象力.啊,[笑着说]坐在那里的男士喜欢这个.[指向上方]你是数学家吗?

男士:不,但我曾经是.[笑声]

塞吉·兰:我们不得不发明一个零元素.让我重画一个图象.

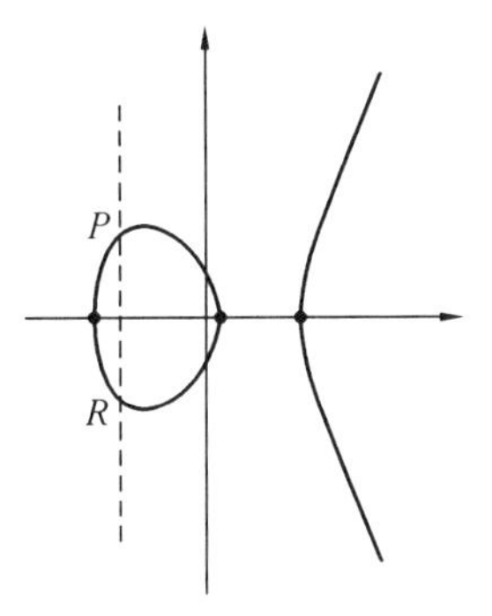

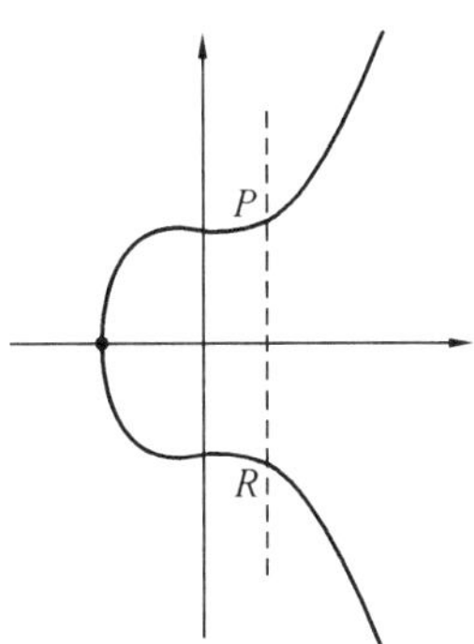

现在,给了你一个定点 P.我要找什么呢?我希望找这样的一个点,当我作通过点 P 与此点的直线时,这条直线与曲线相交在点 P 关于 x 轴的镜像.在图中,点 P 的镜像用点 R 表示,而通过点 P 与点 R 的直线是竖直直线.因此,如果有一个点 O 适合 $P+O=P$,这个点不能是平面上的任何点,因为它必须既在曲线上,又在竖直直线上.那我们怎么办?我们发明这样一个点.所有的竖直直线通向无穷远,向上和向下.我们约定,在无穷远的点都是同一个点.我们定义了唯一的在无穷远的点,把它视为所有竖直直线的交点.我们承认这一个约定,就是通过点 P 的竖直直线都同时通过点 P 和点 O,而且,如果这条直线与曲线交于点 R,那么 $P+R=O$.我们应将 R 称做什么?

听众:负 P.

塞吉·兰:是的,非常好,因为我们有条件

$$P+(-P)=O$$

这就是我们采用的约定.

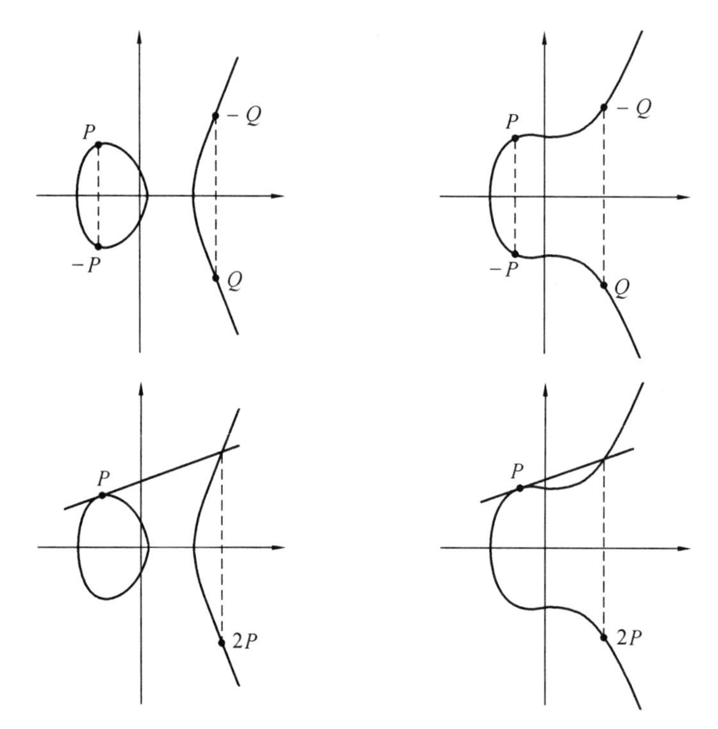

如果我想求 $P+P$,我该怎么办?

听众:取切线.

塞吉·兰:完全正确.曲线的过点 P 的切线,与曲线交于一个点,取其镜像就得到 $P+P$,我把它记成 $2P$.如果我想求 $3P$,怎么办?遵循同一过程取 $2P+P$ 即可,画一条通过 P 到 $2P$ 的直线,它与曲线相交于一个点,做其镜像就可求

出 $3P$.同样可做

$$4P=3P+P,5P=4P+P$$

等等.

现在有一个小问题.适合 $2P=O$ 的点 P 在哪里?用你的想象力.它们在哪里?你——[指向一听众]

一听众:不知道.

塞吉·兰:你已经知道怎样求 $2P$.我们作切线,看切线与曲线交在哪里,然后取镜像,我们得到 $2P$.现在,我希望 $2P$ 在无穷远点.

一男士:在竖直直线上.

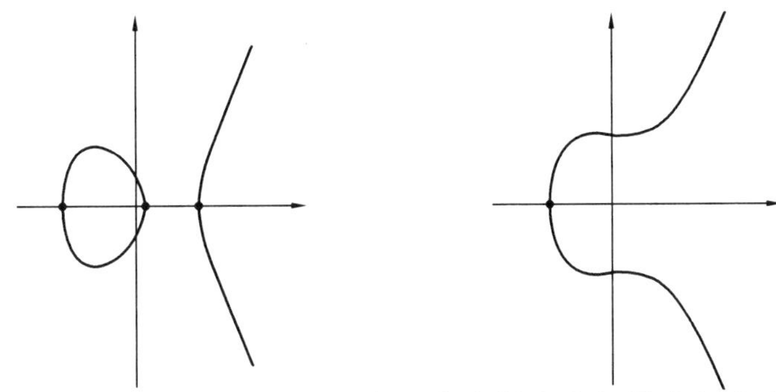

塞吉·兰:对了.满足 $2P=O$ 的点 P 应当是那些切线为竖直直线的点,因此,就在水平直线上,即 x 轴上的点.如果有卵形线的话,应当有3个这样的点.而如果没有卵形线,那就只有一个这样的点.当然,还要加上点 O.

假设我们已找到一个点 $P=(x,y)$,它是有理点,即它的坐标 (x,y) 是有理数.

那么,一般来说,我可以找到其他有理点:倍数点 $2P,3P,4P$ 等等都是有理点.我们看出这点道理是因为我们可以对两个点的加法给出一个公式.

我们来观察曲线 $y^2=x^3+ax+b$ 上的三个点,即

$$P_1=(x_1,y_1),P_2=(x_2,y_2),P_3=(x_3,y_3)$$

且假定 $P_3=P_1+P_2$.怎样能从 x_1,x_2,y_1,y_2 算出 x_3,y_3?公式是

$$x_3=-x_1-x_2+\left(\frac{y_2-y_1}{x_2-x_1}\right)^2$$

当然,如果 $x_1=x_2$,这个公式失去意义.在这种情形下,如果 $P=(x,y)$,我们用公式

$$x_3=-2x+\left(\frac{3x^2+a}{2y}\right)^2$$

来计算 $2P$.

[有6位听众此时离场]

这些公式,不是很容易发现的.它们比之求圆上有理点的公式来说,要深刻得多.你需要有系统的、具普遍性的一些想法,才能得出通过两点的直线与曲线相交于第三点的观念.但你只要照此办理,你又不觉得代数太麻烦的话,那你可以作几页纸的计算导出这些公式.让我们用这些公式去求有理点.举一个具体的例子,例如方程

$$y^2 = x^3 - 2$$

首先有一个解,$x = 3$ 和 $y = 5$.我们把这个解叫做 P.布雷特先生(演讲会组织者)友善地用计算器做了必要的计算,以求出 P 的倍数点.设 $2P = (x_2, y_2)$的坐标是

$$x_2 = \frac{129}{100}, y_2 = \frac{-383}{1\ 000}$$

他的做法就是把 $x = 3, y = 5$ 代进求 $2P$ 的公式.继续下去,他求出了以下的表.

曲线 $y^2 = x^3 - 2$

点(3,5)的倍数点 $nP = (x_n, y_n)$①

n	x_n	长度
1	3	
	1	1
2	129	3
	100	3
3	164 323	
	29 241	6
4	2 340 922 881	
	58 675 600	10
5	307 326 105 747 363	
	160 280 942 564 521	15
6	794 845 361 623 184 880 769	
	513 127 310 073 606 144 900	21
7	49 680 317 504 529 227 786 118 937 923	
	3 458 519 104 702 616 679 044 719 441	29
8	30 037 088 724 630 450 803 382 035 538 503 505 921	
	3 010 683 982 898 763 071 786 842 993 779 918 400	38
9	182 386 897 568 483 763 089 689 099 250 940 650 872 600 619 203	
	127 572 396 335 305 049 740 547 038 646 345 741 798 859 364 401	48
10	29 167 882 803 130 958 433 397 234 917 019 400 842 240 735 627 664 950 533 249	
	13 329 936 285 363 921 819 106 507 497 681 304 319 732 363 816 626 483 202 500	59
11	82 417 266 114 155 280 418 772 719 003 794 470 451 177 252 076 388 075 511 412 015 463 008 803	
	918 020 566 047 336 292 639 939 825 980 373 481 958 168 604 589 649 639 535 939 426 806 601	71

① 1后的两个数上面的表 x_1 的分子,下面的表 x_1 的分母,其余类推.——译者注

为了节省地方,y_n 的值被省略了.这可以用公式

$$-y_3=\left(\frac{y_2-y_1}{x_2-x_1}\right)(x_3-x_1)+y_1$$

来算出.

观察一下表中 x_n 的分母,你会发现,这些分数的分母非常规则地增长.实际上,它们增长方式的研究,正是丢番图方程理论中的基本问题之一,是在圆的方程之后,我已经讲了的最简单的例子.问题是找出这类方程的所有的解,整数的或有理数的.但是,这极为困难.至今,还不知道有一个方法可以求出所有的解.对特别的方程 $y^2=x^3-2$,我们凭观察写下了第一个解.但若我另外给你一个这种类型的方程,我们并没有一个有效的、系统的方法帮你求出第一个解来.这是数学家们面对的一大难题:用一个有效的方法求出第一个解.但是,假若我给了你第一个解,那你就可以用公式求出其他的解.

两种情况会随之发生.首先是类似于 $2P=O$ 的情形,但有可能用 $3P=O$, $4P=O$,$5P=O$ 等来代替 $2P=O$.一般而言,若 P 是曲线上一个点,对某个正整数 n,它满足

$$nP=O$$

那我们说 P 是一个有限阶点,或者,一个 n 阶点.一个问题就是是否存在很多有限阶点.现代数学的一个重要发现就是美泽(Mazur)在4年前发现的事实,若 P 是 n 阶有理点,那 n 不超过10或 $n=12$.此外,至多有16个有限阶有理点.①

第二种情况是,当你求 $2P,3P,4P,\cdots$ 时,你每次都得出一个新的点,就像一分钟以前看到的那张表一样,你可以看到这些点的数位很规则地增长.

在剩下的几分钟里,我要告诉你们,关于这些方程及其解的一些定理和猜测.

在1922年,莫德尔证明了彭加勒的一个猜测,这个猜测说总可以找到有限多个有理点

$$P_1,P_2,P_3,\cdots,P_r$$

使得曲线上所有的有理点都可以写成这些点的和;这意思是说存在整数 n_1, $n_2,\cdots,n_r$,它们依赖于 P,使得 P 可以写成和式

$$P=n_1P_1+n_2P_2+\cdots+n_rP_r$$

当然,这里的加法,是我刚才定义过的曲线上的加法.

[有人举手]

塞吉·兰: 什么?

---

① 美泽的方法是现代数学中最先进的方法,它用到了代数几何和模曲线理论.

一高中学生:什么是 r?

塞吉·兰:问得好! 在点 $P_1,\cdots,P_r$ 之间有可能有一些关系.例如,其中一些可能是有限阶的.我们可以这样来选取 $P_1,\cdots,P_r$,使得每个有理点可以表示为

$$P = n_1P_1 + \cdots + n_rP_r + Q$$

其中,系数 $n_1,\cdots,n_r$ 由 P 唯一确定,而 Q 是有限阶点.这意味着,在 $P_1,\cdots,P_r$ 之间没有关系.如此选择 r,则 r 是没有关系的点的最大可能个数.从庞加莱以来,r 就被称为曲线的秩.问题就在于决定秩 r 并求出点 $P_1,\cdots,P_r$.

一般说来,没有人知道怎样做.在一些特定情况下,有办法给这个问题一个答案.

对一般情形,有一些非常深刻的猜测.其中之一应归功于两位英国数学家贝奇(Birch)和斯温勒腾 - 代尔(Swinnerton-Dyer);它把秩表示成与方程相关的另一个非常复杂的东西,这里,我不可能再深入下去了.但是,你可以看出,我们知道得甚少.因为,没有人知道一个秩非常大的例子,甚至没有人知道一个秩大于 10 的例子(也许应改为 12).然而,数学家猜测存在秩任意大的情况.任何人都可以思考这个问题:求一曲线

$$y^2 = x^3 + D$$

其中,D 是整数,其秩大于 15 或 20 或 100,或任意大.我们相信这样的曲线存在,但求出它却是一巨大挑战.

最近,哥德费尔德(Goldfeld)从另一角度提出问题.他考察曲线

$$Dy^2 = x^3 + ax + b$$

其中 a,b 是固定的而 D 可以变.假定 D 是整数,$D=1,2,3,4,\cdots$,对这些 D 值,曲线的秩怎样变呢? 例如,有多少个小于或等于一个数 X 的整数 D,曲线的秩是 0,也就是说,曲线上最多可能有有限阶点,而没有其他点.有多少个 $D \leqslant X$,使曲线的秩为 1? 又有多少个 $D \leqslant X$,使曲线的秩为 2? 等等.哥德费尔德设想,秩为 0 和 1 的情形,会比较规则地出现;实际上,他指望秩为 0 的情形和秩为 1 的情形,各有密度二分之一.这就是说,大约一半这样的曲线,其秩为 0,还有大约一半,其秩为 1,当然这有依赖于曲线的另一些更复杂的不变量的波动.只有相对较少的一些 D 值,其秩大于 1.

一个基本的课题是,对上面的问题给出一个定量的回答.当然,对象曲线

$$y^2 = x^3 + D$$

其中,D 是变量,也可以有同样的问题.更一般地,对曲线族

$$y^2 = x^3 + ax + b$$

其中,a,b 是变量,也可以有同样的问题:对哪些 a,b 的值,其秩为 0,1,2,3,4 或者其他某个整数.因为我们甚至不知道是否存在这样的曲线,其秩大于 10,

我们离问题的答案还很远,有的只是一些猜测.

啊……一大堆代数.我希望不至于太多了.我只想试一试,看能不能把数学家们提出的问题,讲得让你们都能理解.但我已经讲了一个小时,该打住了.现在,我们看看,你们对以上所讲有些什么想法,另外,还有没有什么问题.

某人:您讲的这些东西有什么用处?

塞吉·兰:我去年就回答了这个问题:它让某些人感到刺激,其中包括我①.我不知道其他用处,也不关心它②,但我只是说我自己.就像冯·诺伊曼所说,一个人不知道,别人是否会给它找到用途.我只是想告诉你们,这是一类鼓舞人们,也鼓舞我的问题.

一高中生:这有些像物理学和电子学中的研究者,他们做实验但不知道会发现什么.例如,像发现青霉素一样.

塞吉·兰:没有万灵的答案,但你的评论在很大程度上是对的.

一男士:有一个问题我很感兴趣,就是空间的超维数.我听说罗巴切夫斯基(Lobatchevski)发现了3维空间.你相信这是极限呢,还是还有更高维的?

塞吉·兰:我不懂你所说的超维数的意思.

男士:你不懂超维数的意思?你是否相信空间只有3维?

塞吉·兰:如果你这样提出问题,[笑]那我至少可以给你分析这个问题,如果不是答案的话.你问我:"你是否相信空间只有3维?"你的空间一词是什么意思?如果你的空间是指"那个"[塞吉·兰手指房间],那由定义知道它只有3维.如果你想看到更高维,你就得接受给"维数"一个更一般的含义,那其实是很久以前人们就接受的含义.每次你可以把一个数同一个概念联系起来,你得到一个维数,不管你从哪种概念出发:物理的、力学的、经济的或其他的什么.力学上,除去3个表空间的维数外,你还可以有速度、加速度、曲率等等.经济学上,比如,可以取石油公司、食糖公司,也可以有钢铁公司、农业公司等等,还可以加上它们在去年的毛利润.对每个公司你得到一个数,因此得到1维.除此之外,当然,去年,1981年,这个数字1981就与时间相关.这样,你可以得到成百维.

顺便一提,如果你查一下狄得罗(Diderot)的百科全书,在"维数"这一条目中,你会看到达伦倍特(d'Alembert)写的评论,下面就是他的话:

> "用这种方式去考查多于3维的量,就像别的任何事一样正确.因为代数上,字母可以表示数,有理数或无理数.我上面说到,不可能相信有高于3维的空间.一位聪明的男士朋友相信,可以把时间看做第4维,时空在一起可以成为某种意义下的4维空间.这种想法可能被置

---

① 更不消说丢番图.
② 它已经在编码理论中得到应用.——译者注

疑,但是,对我来说,它似乎有某些好处,它是一种新观念.

自然,他的那位朋友,其实就是他自己,不过他很小心罢了.他懂得,维数概念不一定限于现实空间,你可以把它与任何情况相联系,只有你有一个变数.时间只是一个例子.

前面讨论的曲线的秩是另一个例子.我们可以说,如果曲线的秩为 r,那么,有理点形成一个 r 维空间.

某人:用计算机求解,在你的理论中对你有帮助吗?也许不是所有解,而是一些解.

塞吉·兰:肯定是的.贝奇和斯温勒腾-代尔猜测之提出,就是基于计算机上的实验数据、直观感觉以及理论的结果.历史上,一个点的倍数点的数位长度的增长率,就是由计算机发现的.说得确切些,如果你有曲线上的一个点 $P=(x,y)$,把 x 写成$\frac{c}{d}$,c 是分子,d 是分母.写出

$$nP=(x_n,y_n),x_n=\frac{c_n}{d_n}$$

问 c_n 增长得有多快?勒容(Néron)的一个定理说,c_n 的长度大体如 n^2 一般增长.在 P 的倍数点的表中,你可看出,当 $n\leqslant 11$ 时这种增长的情况.要把"大体"一词说得更准确一点的话,就需要更精确的数学语言,我可以说它是一个二次函数,但可相差一个有界函数.但在这里,我不想再深入下去了.我们可以写出长度的一个更精确的公式,但那要困难得多①.这里我只是说长度"大体"怎样变.

某人:你讲的点的加法与奇异引力问题有某种关系吗?

塞吉·兰:什么地方的奇异引力,物理上的?

某人:是的,多体问题,它给出某种类型的曲线.

塞吉·兰:你是物理学家吗?

某人:是的.

塞吉·兰:我不懂你的物理,而你不懂我的椭圆曲线.也许我们该互相了解一下了.我不知道如何回答你的问题,我不太懂物理.但那是可能的.[转向听众]你们看到了吧,刚才发生了什么事?我写上的一些公式,触动了这位先生的心弦.这些公式,向物理学家建议了某种东西,这就是思想的自由交融,这就是

① 设我们把 x 写成一个分数,$x=c/d$,c 是分子,而 d 是分母.定义点的高度为

$$h(p)=h(x(p))=\lg|c|,\lg|d|\text{之大者}$$

勒容定理说 $h(nP)=q(P)n^2+O(1)$,其中 $q(P)$是一个依赖于 P 的数,而 $O(1)$是一个有界项.数 $q(P)$称为勒容-塔特(Tate)二次型,因为塔特给出了一个非常简单的证明.数学家对数 $q(P)$提出了众多的问题.例如,它是不是有理数.人们相信不是,除非 P 是有限阶点.可以在点 P 与点 Q 间定义一个距离,使其平方正好是 $q(P-Q)$.这套理论的基本问题之一就是研究这个距离.

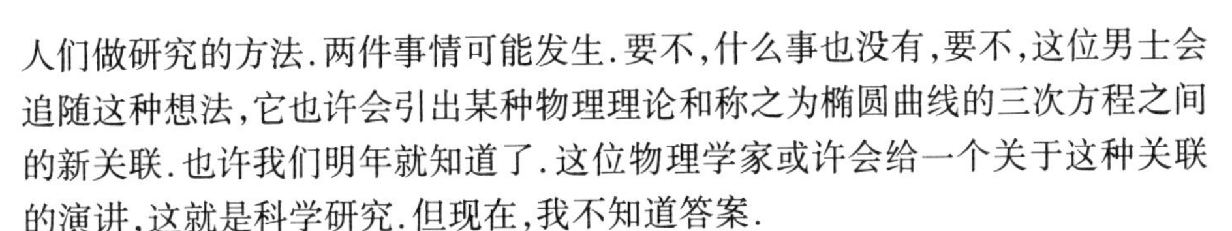

人们做研究的方法.两件事情可能发生.要不,什么事也没有,要不,这位男士会追随这种想法,它也许会引出某种物理理论和称之为椭圆曲线的三次方程之间的新关联.也许我们明年就知道了.这位物理学家或许会给一个关于这种关联的演讲,这就是科学研究.但现在,我不知道答案.

一男士:你能讲点费马大定理吗?

塞吉·兰:费马猜测?

男士:是的.

塞吉·兰:我们可以把刚才考察的问题加以推广,例如,考察 $x^3+y^3=1$,或更一般地

$$x^n+y^n=1$$

其中,n 是任意正整数.当3变成4时,会发生什么事?

某人:没有解!

塞吉·兰:先生,你懂得太多了,这是欺骗,请不要插嘴.另外,这里还是有解的,即

$$x=1,y=0\quad 或\quad x=0,y=1$$

[笑声]除了 $x=0$ 或 $y=0$ 外还有其他解吗?谁说"有"?谁说"没有"?谁不知道答案?[仍有少数人没举手]谁认为答案已经知道了?[笑声]谁认为还不知道答案?[笑声]

其实,还不知道答案.对 n 的一大批值,答案是知道的,但不知道一般的答案.这就是费马问题:方程 $x^n+y^n=1$,其中 n 是大于2的整数,是否有 $x\neq0$,$y\neq0$的有理数解?

一般的答案是不知道的.人们相信,答案是"没有这种解".①

一高中学生:人们是否指望某天能知道答案?

另一听众:但是费马说他知道答案.

塞吉·兰:是的,费马说了②,但人们仍然不知道.至于"人们是否指望某天能知道答案",这是什么意思?

学生:人们是否指望知道答案?这是可证明的,或者已经知道它是不能证明的?

塞吉·兰:不,实际上它是可证明的.数学家们,啊,小心点,我认识的数学家们——[笑声]相信它是可证明的.我想,如果你提出一个聪明的数学问题,总有

---

① 在这次演讲后几年,弗雷把费马问题与椭圆曲线理论联系起来.又经过许多数学家的努力,最终在1994年怀尔斯证明了费马大定理,即费马方程没有 $x\neq0,y\neq0$ 的有理解.其证明除了用到椭圆曲线理论外,还用到许多高深的数学理论.——译者注

② 更确切地说,费马在丢番图的文集上写了很多评注.在丢番图写到毕达哥拉斯方程 $a^2+b^2=c^2$ 的解的地方,费马写道,对更高次的方程,没有非平凡的解,他有一个奇妙的证明,但这里地方太小,他不能写下这个证明.

一天可以找到它的答案①.这就是说,只要认真思考这个问题,总有人能找到答案.不可解的问题,也就是,可以证明不能用各种方法去解决的问题,是病态的,我不关心它们.它们在“做数学”时不会出现.你得特意去找它们.

某人:聪明的问题的定义是什么?

塞吉·兰:没有定义.[笑声]

像这类你会遇到的问题,数学家相信,你可以试着去解决它,而且你可能成功.就是这样.人们甚至没有想过,它们是不可证明的这种可能性.如果你对这种可能想得过多,那你最好去干点别的什么,而不要做这种数学.它会妨碍你思考.

但是请看,也有一些模棱两可的问题,例如所谓连续统假定.它是我现在能想到的唯一的反例.

问:什么是连续统假定?

听众: 康托……

塞吉·兰:好,让我们稍微谈一点连续统假定.去年,有一位听众对实数是否可数感到很刺激.取所有的实数,就是在数直线上所有的数,或者换句话说,所有无限十进制数,就像

$$212.354\ 209\ 671\ 85\cdots$$

你另外还有正整数 1,2,3,4,…称一个集合可数,是说你可以给这个集合中的元素列一个表,有第一个、第二个、第三个等等,你可以列出这个集合中所有的元素,一个也不落下.一位听众去年要我证明实数是不可数的,我也给了证明.

数学家们,或康托,提出这样的问题.在可数集合(即可以像整数一样一个一个地去数的集合)和实数集合之间,是否有其他的数的集合,其基数介于它们之间,即是说,这个中间集合是不可数的,它的元素比可数集合的元素多,但又比实数集合的元素少?“少”的意思是什么?它的意思是,你不可能在这个集合的元素与实数集合的元素之间,建立起一个一一对应来.连续统假定就是说,没有这样的集合存在,它不可数,但它的元素比实数集合的元素少.考察我们记实数的方法,是用无限十进制数,它们看起来很像有理数(有理数是可数的).看起来,没有中间基数的集合的想法是合理的.

某人:也许有人试图在找答案.

塞吉·兰:当然,那就是为什么我说,这是我前面的说法的一个反例的原因.毫无疑问,这个问题是聪明的.有人已经找到答案,他没有被问题的提法所困惑,他就是柯恩(Paul Cohen).

---

① 我的用词“聪明”显然是荒唐的,这个句子也是缺陷,它没有适当地考虑到各人研究课题是怎样选取的.

问:哪一个世纪的?

塞吉·兰:最近,大约 15 年前.答案是,这个问题没有意义.你既不能证明存在这样的集合,也不能证明不存在这样的集合.答案就是这样,我们现在用的数学体系,对所有的需要,除去这个问题外,是够用的了,如果你再加上一个公理,断言连续统假定是对的,你仍然得到一个相容的体系.而如果你加上一条相反的公理,断言连续统假定不对,你依然可以得到一个相容的体系.

听众:它独立于你已经有的各公理.

塞吉·兰:对了.我的意思是说,这个问题提法就不好.就是说,当你说"集合"的时候,你并不知道你在说什么,模棱两可,来自集合的直观概念.人们对集合有某种直觉:一个集合就是一堆东西.[笑声]说一堆东西,如果你是说,所有实数,那可以;如果你是说,所有有理数,那也可以;如果你还说,一条曲线上的所有点,那还是可以的;但如果你说,所有集合,说所有的包括实数的集合,那就不可以了,它就不干活了.柯恩的答案的意义就是:我们的集合概念太空泛了,不足以保证,连续统假定有一个正面的或反面的答案.剩下的事就是,许多数学家感到,我们需要一个公理体系,它要在心理上让人满意;同时,又能包含连续统的一个答案,正面,或反面的都好.数学的这个方面使一些人感兴趣,而我个人不是真正感兴趣.但是,我承认,这是有价值的:一个问题,没人想到它的答案既非"是"也非"否";而这位伙计说:你们都错了,根本不可能有答案.

高中学生:费马猜测会不会也是这种类型呢?

塞吉·兰:你希望我怎样回答?从我的观点来说,我的答案是显而易见的.说它可能是这种类型的人,绝不是我,没门.

除此之外,有这样一个推断……[犹豫]如果,你成功地证明了费马问题是不可解的,那你事实上证明了费马猜测是对的.因为,如果存在一个反例,那某年某月某日某人,会用一个大型计算机把它找出来.但我不喜欢这种推断,就我而言,我把它视为一种正常状态,某年某人会证明费马大定理,或者证明它是错的.

问题:那你个人相信它是对的还是错的?

塞吉·兰:[犹豫]它是对的,除 $x=0$ 或 $y=0$ 外没有其他解.下面是我的理由.我们先从一个一般的观点来看这种方程的理论.莫德尔有一个一般的假设,我来描述一下.

取一个方程,例如

$$y^3+x^2y^7-312y^{14}+2xy^8-18y^{23}+913xy+3=0$$

这是所谓的一般的丢番图方程.我们一般地问:这个方程是否有无穷多个有理数解 x,y 呢?我们已经看到两类例子,存在这样的解.在第一类例子中,我们可以把 x,y 表示成 t 的两个式子,得到 t 的一个恒等式而知道它成立.这就是

我们运用公式

$$x=\frac{1-t^2}{1+t^2},y=\frac{2t}{1+t^2}$$

时发生的事情,后来发现 $x^2+y^2=1$ 是关于 t 的一个恒等式.显然(虽然有人反对),你会得到无穷多个解.那是一种可能性.

另一种可能性是,可以得到三次方程的解,这时公式是

$$x=R(t,u),y=S(t,u)$$

其中,t,u 满足方程 $t^2=u^3+au+b$,它有无穷多组解,而 R,S 是有理系数多项式的商.

第一种可能性称为亏格 0,而第二种可能性称为亏格 1.

莫德尔猜想说的是这样一件事.假设 $f(x,y)=0$ 是一个方程,其中 f 是一个整系数多项式.如果不可能把这个方程用类似于前面的公式化成亏格 0 或亏格 1 的情形,那么,这个方程只有有限多个解.这就是莫德尔猜想.

在一族像费马方程那样的方程中,让 n 变,应该只有很少个数的解.可以证明,对 $n\geqslant 4$,方程 $x^n+y^n=1$ 不能化为亏格 0 或亏格 1 的曲线.根据莫德尔猜测,费马方程只能有有限多个有理数解 x,y.有人用计算机算了很多,大约直到 $n=1\,000\,000$,到此为止,除去平凡的 $x=0$ 或 $y=0$ 外,都没有解.如果我们的感觉是对的,那么对更大的 n 应当仍然没有解,因为这一族方程应该比较规则地行事.如 n 比较小时没有解,那么 n 大时也应该没有解.这就是一般的直觉,常用来指引我们研究丢番图方程.好了,这是合理的假设.如果有人证明这是错的,我们随时准备放弃.这就是数学家的工作方法,我们作一些合理的假设,试图去证明某些事.但是,我们随时准备接受这些假设错了的证明,而后我们再重新开始.

[有人举手]谈谈计算机,你们用它吗?

塞吉·兰:啊,你说计算机,用了很多次.就是用计算机证明了直到 n 大约为 1 000 000,方程无解.

问:先生,我有一个问题——有一些问题,开始是在一定限制条件下解决的,而后,更好的数学家能够减少这些条件.但第一个证明依然用这些条件,为什么?

塞吉·兰:当你试图解决一个问题时,你先试着解决一些特殊情形,然后试着做更一般的情形.你的头一个想法,也许只对特殊情况有效.或许,更普遍的情况需要其他的想法.谁知道这些新想法什么时候到来?或者它们会跑到一个人那里,而不是另外的一个人那里.有人发表了第一篇文章,而后,另外的一个人基于这些结果和一些新想法,得到了进一步的结果,发表了第二篇文章.如此下去,直至一般的情况得以解决.事情就是这样发展的.这并不意味着,成功地

减少了限制条件的数学家,就比别人"更好".恰恰相反,第一个数学家,可能显示了更多的想象力,可能开辟了整个的新研究领域,而那是以前没有人理解的领域.也许第一个人的贡献,应该比后继者受到更多的赞扬,后继者仅仅是发展了第一个人的计划.

问:让我稍稍改变一下话题.在你的演讲的开头,你提到法国的数学教育——

塞吉·兰:到处如此,全世界都一样.

问:话题是关于眼前利益.你怎么看事情的这个方面?这似乎是一个一般性问题.

塞吉·兰:我怎么看事情吗?我不懂这个问题,它太一般性了.

一高中学生:你认为数学应该怎么教呢,只为它的美妙,而不管它在物理上的应用,还是至少在高中后期,应转向物理、转向应用?

塞吉·兰:你的问题的提法太、太……不共戴天了.一种方法不应排斥另一种方法.显而易见,一个极端的否定,并不是相反的极端,要顺其自然.当然,教数学要讲应用,但不时地,你可以说:好,让我们来看看 $x^2+y^2=1$,让我们来求它的所有有理解.有些人会喜欢它,而另一些人不喜欢它,但我知道,这种东西会使学生喜欢.我知道这点,是因为我曾经多次给十五六岁的青年讲过这个问题,而他们喜欢,他们觉得有趣.演讲的开头,他们知道一个解,也许有的人知道其他解,也许更多的解,但没人知道得更多.而5分钟以后,我们成功地给出了无穷多个解!听着,你若没有积极反应那实在是麻木不仁.[笑声]好吧,这不是说你不能搞应用.

问:你在耶鲁大学时,你是这样教学的吗?

塞吉·兰:这样?像在这里一样?是的,当然,就像这样.[塞吉·兰指向某人.笑]自然地!你希望我用别的什么方法呢?今天,有些人听不懂,我挑选一个话题……我想看看,与你们一起做数学时能走多远.话题有些深.因为我需要代数公式,用它们面对周末演讲会听众,有些危险.[笑]不要认为我没有意识到困难.[提到写出第一个公式时有6个人退场]我就想看看结果如何,这还不太坏.

听众:不坏,不坏.

塞吉·兰:例如说,他,他[指向这些人],还有坐在那里的物理学家.显然,他们体会到了一些东西,各自不同的东西.即使只有这三个人,那也值,何况还有其他许多人.即使你没听懂一些公式,你仍然坐在这里,没有强迫你①.

问:是否有希望解决尚未解决的那些数学上的大问题?

① 演讲开头有约200人,几乎客满.问题讨论期间,约有一半人留下.

塞吉·兰:那正是数学家正在做的研究.他们希望能解决至今未解决的问题.如果他们不这样希望,那按定义,他们就不能算是做研究的数学家.

问:但你们也发现问题吗?

塞吉·兰:是的,当然.发现问题而为之工作,为之集中精力去干,至少也与解决问题一样重要.做数学也包含发现问题,提出猜测.例如,在哥德费尔德的工作之后,我提出了一个问题,找出曲线族

$$y^2 = x^3 + D$$

的秩的渐近性状.例如当 D 变化时,对一个给定的大于 1 的秩来说,它的密度应该是 0;但是,它也许还有某些渐近性状,如下界,这是一个比简单地找出任意大的秩的曲线更强的问题.

问:也许在数学教学中,至少是开始阶段,过多地强调了解决问题,而没有向学生展示怎样提出问题.这就是为什么我想回到你刚才所说到的话题的原因.有些人提出,在应用数学中搞 模式化或者类似的东西.很有意义的是,联系一些简单问题而提出更多的问题,然后再去解决它们.或许,这方面正是数学教育的缺陷.

塞吉·兰:不是某一点上有缺陷,总是有很多的缺陷.如果你给我教科书,我会告诉你其中具体的缺陷.我不能给出一般的评论,我喜欢说具体的例子.我可以指出书中我认为是缺点的东西.许多缺点与教师有关,与班级有关,与内部或外部的环境有关.无论我说了什么,我都不是指有单一的原因、单一的条件引起这些缺点.

问:把这些缺点罗列出来也许有益.

塞吉·兰:也许,但那以后呢……听着,我把去年的演讲写下来了,就在这里.这是我说过的,说到做到.今年我还会这样做,这次演讲也要发表.你可以看到,我如何表述自己,我怎样做数学,这是严肃的事.但不是说,别人也要按我的做法去做.不同的人可以有不同的做法.总之,做你爱做的事.我的观点从来是不排他的.我只说我自己,不喜欢推广.

一高中学生:我是一位高中学生,我反对数学教学中的某些东西.

塞吉·兰:几年级?

学生:十一年级.打从很小开始,我面对各种证明,但是,用你的与音乐相类比的话来讲,我看不出它们的美妙.学校里的做法毫无味道.当一个人搞音乐时,他进入音乐的美妙,而不只是节奏,或音乐理论……

塞吉·兰:总之,美妙的证明不在课程表上.有大量的美妙的证明,常常被略去了.管他的,你是否喜欢我今天讲的,这些结构,丢番图方程?

学生:是的.

塞吉·兰:你会用计算机吗?

学生:是的.

塞吉·兰:在哪里,这里吗?

学生:不,是在学校里,在郊区.但如果你愿意,我想那里的人们也愿意听听你今天的讲演.但是,他们也许看不出其中的美妙,不是人人都能看出来的.

塞吉·兰:当然,在一种审美环境中,一些人立即感觉到美,一些人迟一点感觉到美,也有些人根本不觉得美.这是审美环境中的典型状况.我并不求每个人都认为我今天所讲的是美妙的.而且,我们今天的公式

$$x_3 = -x_2 - x_1 + \left(\frac{y_2 - y_1}{x_2 - x_1}\right)^2$$

稍复杂了一点,但它能给出方程的无穷多个解这一点,我觉得很诱人.我不知道你怎么想,但你提出这么多问题,说明你的反应是积极的.

物理学家:在法国学校中,看起来,负担沉重和缺乏理解的主要原因,是在整个教学大纲背后,总是试图讲明逻辑结构,甚至对很小的孩子也这样做,这是完全不容争议的.无论在物理上或数学上,从不允许教师不给出清楚的证明就断言某件事.

塞吉·兰:我完全同意你的估计,我与你一样感到痛心.教科书真是变得在某种程度上枯燥无味和卖弄学问.我说不出别的.

一大学生:我是一个学生.我看到了这些问题,但我没有时间去处理它们.如果我们要去做这些,那么,到了40岁我们还会是初学者.

塞吉·兰:但是没人让你全年都去做.当你走讲音乐会,没人要你全部时间搞音乐直到40岁.

学生:数学课上,我们见到一些有趣的问题,但如果深入进去,就会花去一个又一个小时.但是,我们又有许多其他事要做.课程也太重,不允许我们对这类事情感兴趣.

塞吉·兰:那与水平有关.我想课程表中充满了废物,扔掉这些废物没人会觉得可惜.[笑]

学生:你能告诉我哪些是废物吗?

塞吉·兰:把书给我拿来我就告诉你.你可以发现越来越多练习仅是技术性的,它没有教给任何人任何东西①.

[上段对话是从一长段泛泛的讨论中摘出——太宽泛了,主要是关于教育.现在,转向我对最后一个问题的回答]

我终生沉湎于数学.就像这次一样,我也不时地和你们一起做数学.我宁愿做这件事,而不愿泛泛而谈.我宁愿来这里作这种演讲,让你们看到,我怎样教

---

① 这里我误解了.我在说初中和高中.到大学生的程度,情况有些不同,而且很复杂.我对他所说的很同情,但现在不是讨论大学程度的教育的互相矛盾的各种要求的时候.

学,用手指着你,让你问问题……如果这样做行的话,那也不失为一种行事方法.也许,这样一来,你会发现你自己的灵感,也会想和别人试比高低.我的办法就是这样,而不是训诫式地高谈阔论.我不喜欢广泛性.这不是说我不作推广,有时也作,但我并不喜欢.

今天,我取得了某种成功,例如[指那位高中生]你叫什么名字?

学生:吉列斯.

塞吉·兰:吉列斯是问了数学问题的人之一.别的人躲在教学法问题后面.我喜欢吉列斯的问题.

另一中学生:[叫昂图望,他去年也参加了]你讲了公式

$$x=\frac{1-t^2}{1+t^2},y=\frac{2t}{1+t^2}$$

这公式给出方程 $x^2+y^2=1$ 的除去 $x=-1,y=0$ 外的所有解.现在,你可以给我们证一下吗?

塞吉·兰:是的,当然,我早就盼望有谁问这个问题了.证明很容易.设 (x,y) 是一个有理解.令

$$t=\frac{y}{x+1}$$

不要问我它从哪里来的,稍有才干你就能自己把它求出来.①现在我们有

$$t(x+1)=y$$

平方起来得到

$$t^2(x+1)^2=y^2=1-x^2=(1+x)(1-x)$$

约去 $x+1$ 得到

$$t^2(x+1)=1-x$$

因此

$$t^2x+t^2=1-x$$

即

$$x(1+t^2)=1-t^2$$

除以 $1+t^2$ 得出

$$x=\frac{1-t^2}{1+t^2}$$

再写一行就可得出 y 的相应公式.

利用17世纪就有了的坐标法,及用曲线来表示方程的思想,可以给出以上讨论的一个几何解释.就是说 $y=t(x+1)$ 是一根直线的方程,这根直线通过点 $x=-1,y=0$,而其斜率为 t.这根直线和以原点为圆心,半径为1的圆相交于点 (x,y),其中

---

① 拉胥德(G.Lachaud)告诉我:丢番图,以及古希腊人,并未考虑公式是否给出所有解的问题.他告诉我这个结果归于10到11世纪的阿拉伯人.证明这个结果所需的代数程度大体与丢番图用的代数相当,我们事后来看,一旦问题提出,解决问题就容易了.

$$x=\frac{1-t^2}{1+t^2}, y=\frac{2t}{1+t^2}$$

这正是我们所要证明的.

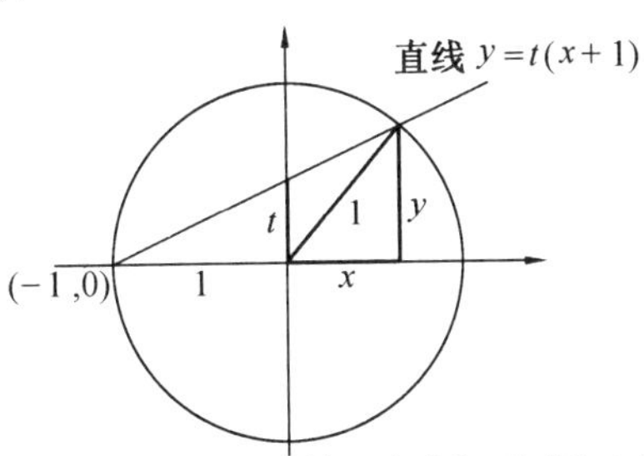

我还想对整数解与有理解的关系说几句话.我们已经看到,像

$$y^2=x^3+ax+b$$

这样的方程可以有无穷多个有理点,正如对某个有理点 P 作出其倍数点 nP 所得出的.例如,在例子

$$y^2=x^3-2$$

中,我们从点 $P=(3,5)$ 出发而得到.可以证明这些点是曲线上仅有的整点.进而,有一个非常普遍的定理叫泽格尔(Siegel)定理,它说,曲线 $y^2=x^3+ax+b$ 上的整点的个数总是有限的.

当 a,b 皆为整数时,任何有限阶点 (x,y) 必定是整点,也就是说 x,y 是整数,这是努茨-纳盖尔(Lutz-Nagell)的定理断言的.当然,反过来不一定对,例如在 $x=3,y=5$ 的例子中,这个点不是有限阶点.

顺便提一下,让我给你一个关于有限阶点的练习.我们回到曲线 $y^2=x^3+1$,已找出它的整点

$$x=0,y=\pm 1;x=2,y=\pm 3,x=-1,y=0$$

我说过,没有其他有理点了.由此推知,你取上述点中任何一个,例如 $P=(2,3)$,那它的某个倍数点 nP,一定是 0.所以,我要你们去计算出 $2P,3P,4P,5P$,这可以很容易地用加法公式算出,也可以在图上画出.你会很容易地得出其他整点,而且看到

$$5P=-P$$

因此 $6P=5P+P=0$,即点 P 是 6 阶点.①

布雷特先生:[两天后问的一个问题]你说过有理点的阶最多是 12.但如果考察所有实数点,是否有任意高阶的点?

塞吉·兰:是的,而且可以把它们描述得相当精确.首先,为简单起见,设这曲线没有卵形线.这时对任何整数 $n\geqslant 2$,一定存在一个点 P,其阶正好为 n(即

① 感谢布雷特先生,他画了一张非常清晰的图(见下图).图中清楚地标出了无穷阶点和有限阶点.注意,P_1 是 6 阶点,P_2 是 3 阶点,P_3 是 2 阶点.

P 不是更低阶的点),而且每个 n 阶点,都是点 P 的一个倍数点.如果有卵形线,情况差不多一样,但是,有可能相差一个二阶点.

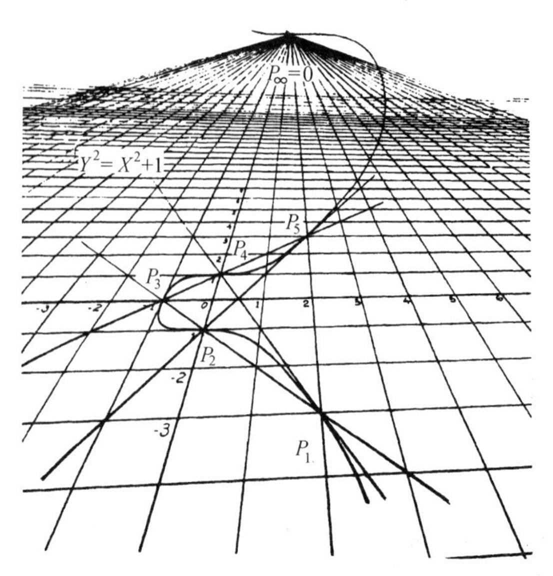

1982 年 8 月补注

演讲之后,我继续考虑了如何确定有理点和整点的问题,试图得到更紧凑的猜测.泽格尔的证明不能给出整点的上界(指用方程 $y^2 = x^3 + ax + b$ 的系数表示的上界).现在设 a, b 是整数.

在特殊情况 $y^2 = x^3 + b$ 时,贝克(Baker)给出了有效的上界,虽然这远不是可以指望的最佳可能上界.例如,霍尔(Marshall Hall)猜测当 b 是整数时,x 的绝对值的上界是 b^2 乘一个与 P 无关的常数①.我想,也许人们对一般情况也可以指望一个类似的界.一件很有意思的事是,证明存在一个常数 k,使得对任何整点 (x, y),整数 x 的绝对值不超过一个常数乘以 a^3 与 b^2 的绝对值中大者的 k 次方.可以写成如下形式,即

$$|x| \leqslant C \cdot \max(|a|^3, |b|^2)^k$$

找出这样的界,将是对这类曲线的研究的重大进展.

另一有趣的问题是,求一些无限阶元的界.更准确地说,设 $P = (x, y)$ 是一

① 一个数的绝对值是它的数值而永远取正号.例如 3 的绝对值是 3, -3 的绝对值也是 3.而 x 的绝对值记作 $|x|$.

个有理点,如我们已经做过的,令 $x=c/d$.定义 P 的高度

$$h(P)=\log\max(|c|,|d|)$$

对贝奇-斯温勒腾-代尔猜测的研究,使我得出如下的猜测.对非数论专家来说,这个猜测也容易理解.

存在点 $P_1,\cdots,P_r$,它们的顺序,是按高度的增加来排列的,就像我们早先考察过的,它们满足关系

$$h(P_r)\leqslant C^{r^2}\max(|a|^3,|b|^2)^{1/12+\varepsilon}$$

其中,C 是某一常数,而当 $\max(|a|^3,|b|^2)$ 无限增大时,ε 会接近于 0.

存在这样的界,可以使得求出所有有理点的有效方法成为可能,因为,它们都可以从点 $P_1,\cdots,P_r$ 及有限阶点出发,经过加法及减法而求出.

注意,从一些表中,例如卡塞尔斯或塞尔墨(Selmer)造的表,似乎可以看出,有一个更好的界存在.如果我们令

$$H(P)=\max(|c|,|d|)$$

那么,大体上有不等式

$$H(P)\leqslant\max(|a|^3,|b|^2)^k$$

其中,$k=1,2$ 或 3.

让我给你一个具体的数字例子,它取自塞尔墨的表.他考虑的是方程(有点像费马方程)

$$X^3+Y^3=DZ^3$$

而雷特先生使用计算机把表中最大的解化回我们考察过的方程的形式,即

$$y^3=x^3+2^4 3^3 D^2$$

也就是 $b=2^4 3^3 D^2$.

取 $D=382$.于是我们有一个解 $x=u/z$,其中

$$u=96\ 793\ 912\ 150\ 542\ 047\ 971\ 667\ 215\ 388\ 941\ 033$$

$$z=195\ 583\ 944\ 227\ 823\ 667\ 629\ 245\ 665\ 478\ 169$$

读者可以把这个解与 b^2 比较一下.你可看出 $u\leqslant b^6$,所以 $k=3$ 就行了.一件有趣的事是,我们对这种多项式界作统计分析,而不使用先前猜测的对数界.

参考文献

[1] 赫克 E. 代数数理论讲义[M].王元,译.北京:科学出版社,2005.
[2] 邓宗琦.数学家辞典[M].武汉:湖北教育出版社,1990.
[3] 梁宗巨.数学家传略辞典[M].济南:山东教育出版社,1989.
[4] 张奠宙,等.现代数学家传略辞典[M].南京:江苏教育出版社,2001.
[5] 张贤科.代数数论导引[M].长沙:湖南教育出版社,1999.
[6] BRAUN M.微分方程及其应用:上册[M].张鸿林,译.北京:人民教育出版社,1979.
[7] 胡作玄.从费尔马到维尔斯 350 年历程[M].济南:山东教育出版社,1996.
[8] 解恩泽,徐本顺.世界数学家思想方法[M].济南:山东教育出版社,1993.
[9] ALF VAN DER POORTEN. Fermat's Last Theorem[M].哈勃肯:Wiley 出版公司,1996.
[10] 李迪.中外数学史教程[M].福州:福建教育出版社,1993.
[11] 黄文璋.数学欣赏[M].北京:中国统计出版社,2001.
[12] 北京大学哲学系,外国哲学史教研室.西方哲学原著选读:上卷[M].北京:商务印书馆,1989.
[13] 伊夫斯 H.数学史菁华[M].江嘉尔,译.成都:四川教育出版社,1988.
[14] 田淼.中国数学的西化历程[M].济南:山东教育出版社,2005.
[15] 张贤科.代数数论导引[M].北京:高等教育出版社,2006.
[16] 陈景润.初等数论[M].北京:科学出版社,1980.
[17] 熊全淹.初等整数论[M].武汉:湖北人民出版社,1982.
[18] 冯克勤.代数数论入门[M].上海:上海科学技术出版社,1988.
[19] 冯克勤.交换代数基础[M].北京:高等教育出版社,1985.
[20] 华罗庚.数论导引[M].北京:科学出版社,1979.
[21] 柯召,孙琦.数论讲义[M].北京:高等教育出版社,1986.
[22] 陆洪文.二次数域的高斯猜想[M].上海:上海科学技术出版社,1995.
[23] 陆洪文,李云峰.模形式讲义[M].北京:北京大学出版社,1995.
[24] 潘承洞,潘承彪.初等数论[M].北京:北京大学出版社,1992.
[25] 阎满富,王朝霞.初等数论及其应用[M].北京:中国铁道出版社,1999.
[26] 冯克勤,余红兵.初等数论[M].合肥:中国科学技术大学出版社,1989.
[27] 塞尔 J P.数论教程[M].冯克勤,译.丁石孙,校.上海:上海科学技术出版

社,1980.
[28] 西格尔 G L.超越数[M].魏道政,译.北京:科学出版社,1958.
[29] MANIN YU I,PANCHISHKIN A A. 现代数论导引[M].2 版.北京:科学出版社,2006.
[30] 朱尧辰,徐广善.超越数引论[M].北京:科学出版社,2003.
[31] 裴定一.模形式和三元二次型[M].上海:上海科学技术出版社,1994.
[32] 王元.王元论哥德巴赫猜想[M].济南:山东教育出版社,1999.
[33] 闵嗣鹤.数论的方法[M].北京:科学出版社,1983.
[34] 张德馨.整数论:第一卷[M].北京:科学出版社,1958.
[35] 奥库涅夫 Л R.数论简明教程[M].洪波,译.上海:上海科学技术出版社,1959.
[36] 苏什凯维奇 A K. 数论初等教程[M].叶乃膺,译.北京:高等教育出版社,1956.
[37] VAUGHAN R C.哈代-李特伍德方法[M].2 版.北京:世界图书出版公司,1998.
[38] 卡拉楚巴 A A.解析数论基础[M].潘承彪,张南岳,译.北京:科学出版社,1984.
[39] 曹珍富.不定方程及其应用[M].上海:上海交通大学出版社,2000.
[40] 闵嗣鹤,严士健.初等数论[M].北京:高等教育出版社,1957.
[41] 维诺格拉多夫 И M. 数论基础[M].裘光明,译.北京:高等教育出版社,1952.
[42] 潘承洞,潘承彪.素数定理的初等证明[M].上海:上海科学技术出版社,1988.
[43] 冯克勤.从整数谈起[M].长沙:湖南教育出版社,1998.
[44] 柯召,孙琦.谈谈不定方程[M].上海:上海教育出版社,1980.
[45] 黎景辉,蓝以中.二阶矩阵群的表示与自守形式[M].北京:北京大学出版社,1990.
[46] 单墫.初等数论[M].南京:南京大学出版社,2000.
[47] 格列菲斯 P.代数曲线[M].北京:北京大学出版社,1985.
[48] 叶扬波.模形式与迹公式[M].北京:北京大学出版社,2001.
[49] 李文卿.数论及其应用[M].北京:北京大学出版社,2001.
[50] 黎景辉,赵春来.模曲线导引[M].北京:北京大学出版社,2002.
[51] 潘承洞,潘承彪.模形式导引[M].北京:北京大学出版社,2002.
[52] 高建福.无穷级数与连分数[M].合肥:中国科学技术大学出版社,2005.
[53] 柯召,孙琦.初等数论 100 例[M].上海:上海教育出版社,1980.

[54] 胡作玄.从毕达哥拉斯到费尔马[M].郑州:河南科学技术出版社,1997.
[55] 德里 H.100 个著名初等数学问题——历史和解[M].上海:上海科学技术出版社,1982.
[56] 孙琦,旷京华.素数判定与大数分解[M].沈阳:辽宁教育出版社,1987.
[57] 蒋增荣.数论变换[M].上海:上海科学技术出版社,1980.
[58] 李克正.交换代数与同调代数[M].北京:科学出版社,1998.
[59] 裴定一,祝跃飞.算法数论[M].北京:科学出版社,2002.
[60] 潘承洞,潘承彪.初等代数数论[M].济南:山东大学出版社,1991.
[61] 冯克勤.代数数论[M].北京:科学出版社,2000.
[62] ROSEN KENNETH H.初等数论及其应用[M].北京:机械工业出版社,2004.
[63] 曹珍富.丢番图方程引论[M].哈尔滨:哈尔滨工业大学出版社,1989.
[64] 辛钦 A Я.数论的三颗明珠[M].上海:上海科学技术出版社,1984.
[65] 曹珍富.数论中的问题与结果[M].哈尔滨:哈尔滨工业大学出版社,1994.
[66] 乐茂华.初等数论[M].广州:广东高等教育出版社,2002.
[67] KATZ VICTOR J.数学简史[M].北京:机械工业出版社,2004.
[68] 克莱因 莫里斯.古今数学思想[M].上海:上海科学技术出版社,2002.
[69] 梁宗巨.数学历史典故[M].沈阳:辽宁教育出版社,1995.
[70] 丹皮尔 W C.科学史[M].李珩,译.张今,校.桂林:广西师范大学出版社,2001.
[71] 游安早.数学发展的文化视角[M].北京:中国文联出版社,1999.
[72] 蒋述亮.中国在数学上的贡献[M].太原:山西教育出版社,1991.
[73] YAN SONG Y.计算数论[M].北京:世界图书出版公司,2004.
[74] SCHROEDER M R.数论在自然科学和通讯中的应用[M].2 版,英文版.北京:世界图书出版公司,1990.
[75] 柯召文集编委会.柯召文集[M].成都:四川大学出版社,2000.
[76] SILVERMAN JOSEPH H,TATE JOHN. 椭圆曲线上的有理点[M].纽约:斯普林格出版公司,1991.
[77] ANDREWS GEORGE E. 数论[M].纽约:Dover Press,1971.
[78] NATHANSON MELVYN B.数论中的基本方法[M].北京:世界图书出版公司,2003.
[79] ELLIOTT P D T A. 算术函数和整数乘积[M].纽约:斯普林格出版公司,1985.
[80] KENNETH LRELAND MICHAEL ROSEN.近代数论的经典引论[M].北京:世界图书出版公司,1990.

[81] FRIEDBERG RICHARD. An Adventurer' Guide to Number Theory[M]. New York:Dover press,1994.

[82] IEVEQUE WILLIAM. Fundamentals of Number Theory[M]. New York: Dover press,1996.

[83] KENDIG KEITH.初等代数几何[M].纽约:斯普林格出版公司,1977.

[84] EDWARDS HAROLD. 费马最后定理[M].纽约:斯普林格出版公司,1977.

[85] HARTSHORNE ROBIN.代数几何[M].北京:世界图书出版公司,1999.

[86] KOBLITZ NEUL.P进数、P进分析和方函数[M].纽约:斯普林格出版公司,1977.

[87] JEAN-PIERRE SERRE. 局部域[M].纽约:斯普林格出版公司,1980.

[88] LANG SERGE.割圆域:(Ⅱ)[M].纽约:斯普林格出版公司,1980.

[89] DAVENPORT HAROLD. Multiplicutive Number Theory[M].纽约:斯普林格出版公司,1967.

[90] HECKE ERICH.代数数论讲义[M].纽约:斯普林格出版公司,1981.

[91] WASHINGTON LAWRENCE C.割圆域引论[M].纽约:斯普林格出版公司,1982.

[92] KENNETH IRELAND MICHAEL ROSEN. A Clussicul Introduction to Modern Number Theory[M].纽约:斯普林格出版公司,1981.

[93] LANG SERGE.代数函数和阿贝尔函数引论[M].纽约:斯普林格出版公司,1981.

[94] KOBLITZ NEAL.椭圆曲线和模形式引论[M].纽约:斯普林格出版公司,1984.

[95] SILVERMAN JOSEPH H.椭圆曲线的算术理论[M].北京:世界图书出版公司,1991.

[96] KOBLITZ NEAL.数论和密码学教程[M].纽约:斯普林格出版公司,1987.

[97] LUNG SERGE. 椭圆函数[M].纽约:斯普林格出版公司,2003.

[98] JEAN-PIERRE SERRE.代数群和类域[M].影印版.北京:世界图书出版公司,1999.

[99] HARRIS JOE.代数几何基础教程[M].北京:世界图书出版公司,1992.

[100] COHEN HENRI.计算代数数论教程[M].北京:世界图书出版公司,1996.

[101] HARRY POLLURD,HAROLD G DIAMOND. The Theory of Algebraic Numbers [M].New York:Dover press,1998.

[102] COHAN HARREY. Advanced Number theory[M]. New York: Dover press, 1980.

[103] RIBENBOIM PAULO.素数论题[M].纽约:斯普林格出版公司,1989.

[104] FRIED MICHAEL D, JARDEN MOSHE.算术域[M].纽约:斯普林格出版公司,1986.
[105] BEILER ALBERT H. Recreations in the Theory of Numbers[M]. New York: Dover press,1969.
[106] NICHOLS RANDALL K. ICSA 密码学指南[M].北京:机械工业出版社,2004.
[107] JOHN DAVID COX, O'SHEA LITTLE DONAL.理想数、簇与算法[M].北京:世界图书出版公司,1991.
[108] 王元.王元文集[M].长沙:湖南教育出版社,1999.
[109] 潘承洞.潘承洞文集[M].济南:山东教育出版社,2000.
[110] 伊夫斯 H.数学史概论[M].欧阳绛,译.太原:山西经济出版社,1986.
[111] 沃龙佐娃.索菲娅传[M].张小川,王印宝,张可昕,译.长沙:湖南文艺出版社,1995.
[112] KATZ VICTOR J. 数学史通论[M].2 版.李文林,邹建成,胥鸣伟,等译.北京:高等教育出版社,2004.
[113] 胡作玄,赵斌.菲尔兹奖获得者传[M].长沙:湖南科学技术出版社,1984.
[114] 吴文俊.世界著名数学家传记:数学家Ⅰ、Ⅱ、Ⅲ[M].北京:科学出版社,1992.
[115] 钱克仁.数学史选讲[M].南京:江苏教育出版社,1989.
[116] 张奠宙.数学史选讲[M].上海:上海科学技术出版社,1997.
[117] 科布利茨安希.科瓦列夫斯卡娅[M].赵斌,译.北京:科学技术文献出版社,1990.
[118] 王青建.数学史简编[M].北京:科学出版社,2004.
[119] 辛格 西蒙.费马大定理[M].上海:上海译文出版社,1998.
[120] 刘钝,韩琦,等.科史薪传[M].沈阳:辽宁教育出版社,1997.
[121] 林永伟,叶立军.数学史与数学教育[M].杭州:浙江大学出版社,2004.
[122] 郭金彬,孔国平.中国传统数学思想史[M].北京:科学出版社,2004.
[123] 郜舒竹.数学的观念、思想和方法[M].北京:首都师范大学出版社,2004.
[124] 高隆昌.数学及其认识[M].北京:高等教育出版社,2001.
[125] 马忠林.数学教育史[M].南宁:广西教育出版社,2001.
[126] 李文林.数学史教程[M].北京:高等教育出版社,2000.
[127] 赵小平.现代数学大观[M].上海:华东师范大学出版社,2001.
[128] 李心灿.当代数学大师[M].北京:航空工业出版社,1994.
[129] 斯蒂思 L A.今日数学[M].马继芳,译.上海:上海科学技术出版社,1982.
[130] 王浩.哥德尔[M].康宏逵,译.上海:上海译文出版社,1997.

[131] 中国科学技术协会.中国科学技术专家传略:数学卷Ⅰ[M].石家庄:河北教育出版社,1996.
[132] 瑞德 康斯坦丝.希尔伯特[M].袁向东,李文林,译.上海:上海世纪出版集团,2006.
[133] 陈诗谷,葛孟曾.数学大师启示录[M].北京:中国青年出版社,1991.
[134] 蒋文蔚.数学发现与成就[M].桂林:广西师范大学出版社,1996.
[135] 张奠宙.数学史选讲[M].上海:上海科学技术出版社,1997.
[136] 梁宗巨.世界数学通史[M].沈阳:辽宁教育出版社,1996.
[137] 杜石然,孔国平.世界数学史[M].长春:吉林教育出版社,1996.
[138] 西格尔.丢番图几何基础[M].纽约:斯普林格出版公司,1983.
[139] PARENT D P.数论问题集[M].纽约:斯普林格出版公司,1984.
[140] 佟文廷.代数K－理论[M].南京:南京大学出版社,2005.
[141] 李克正.代数几何初步[M].北京:科学出版社,2004.
[142] 张顺燕.数学的源与流[M].北京:高等教育出版社,2000.
[143] APOSTOL TOM M.数论中的模函数和迪利克雷级数[M].纽约:斯普林格出版公司,1976.
[144] 维诺格拉多夫 I M.维诺格拉多夫文集[M].纽约:斯普林格出版公司,1984.
[145] ROSEN KENNETH H.数论及其应用[M].London:AddIson-wesley press,1984.
[146] LANG SERGE.Algebra Revised[M].3版.北京:世界图书出版公司,1993.
[147] 哈尔莫斯 保罗.我要做数学家[M].马元德,沈永欢,胡作玄,等译.南昌:江西教育出版社,1999.
[148] 维纳 诺伯特.我是一个数学家[M].周昌忠,译.苏理焕,穆国豪,校.上海:上海科学技术出版社,1987.
[149] 江晓原.多元文化中的科学史[M].上海:上海交通大学出版社,2005.
[150] 丘成桐.纪念陈省身先生文集[M].杭州:浙江大学出版社,2005.
[151] 弗格森 威廉.希腊帝国主义[M].晏绍祥,译.上海:上海三联书店,2005.
[152] 汪子嵩,范明生,陈村富,等.希腊哲学史(1)[M].北京:人民出版社,1997.
[153] 斯科特.数学史[M].侯德润,张兰,译.桂林:广西师范大学出版社,2002.
[154] 罗素 伯特兰.西方的智慧[M].马家驹,贺霖,译.北京:世界知识出版社,1992.
[155] 拉斐尔 雷 蒙克 弗雷德里克.大哲学家[M].韩震,王成兵,译.呼和浩特:内蒙古人民出版社,2004.

[156] 阿西莫夫 I.古今科技名人辞典[M].北京:科学出版社,1985.
[157] 冯克勤.代数数论简史[M].长沙:湖南教育出版社,2002.
[158] TRAPPE WADE, LAWRENCE WASHINGTON.密码导论及编码原理[M].影印版.北京:科学出版社,2004.
[159] 张焕国,刘玉珍.密码学引论[M].武汉:武汉大学出版社,2003.
[160] 章照止.现代密码学基础[M].北京:北京邮电大学出版社,2004.
[161] 陈恭亮.信息安全数学基础[M].北京:清华大学出版社,2004.
[162] MAO WENBO.现代密码学理论与实践[M].王继林,伍前红,等译.王育民,姜正涛,审校.北京:电子工业出版社,2004.
[163] CARRETT PAUL.密码学导引[M].吴世忠,宋晓龙,郭涛,等译.北京:机械工业出版社,2003.
[164] 冯登国.网络安全原理与技术:第2卷[M].北京:科学出版社,2003.

⊙后记

1923年9月2日,俞平伯在给周作人的信中说:

> 近日偶念及中国旧诗词之特色至少有三点:(1)impressive,(2)indirect,(3)inarticulate.推演出来自非长文不办,然先生以为颇用得否?

这三个以I打头的英语单词都是借用,当然不可循其本义,但细按俞平伯一贯的文心,似可意译为:(1)悠然心会(impressive),(2)朦胧蕴藉(indirect),(3)浑然一体.

一篇合格的新闻作品一定要具有以下5个要素,简记为5个W,即when(何时),where(何地),who(谁),what(什么),why(为什么).

在本书中我们已经将前四个W交待清楚了,现在我们再来说说第五个W.我们不妨也问自己几个为什么.第一个为什么是:这是一本很难懂的科普书.一本难懂的科普著作为什么会有读者呢?这可称为"沃什问题".

在全球最畅销的科普著作《时间简史》大卖后也引起了人们同样的发问,《波士顿环球报》专栏作家戴维·沃什曾写道:"《时间简史》是一本真正难懂的书"——难懂得似乎连沃什都不能理解这本书的程度."简直没办法看下去,至少在相当多人的水平上是这样.但是很难相信,大部分买了这本书的人会读过它,更不用说读懂它了……究竟是怎么回事呢?”角谷美智子在《纽约时报》上曾这样评论:“对于外行读者来说,要掌握霍金先生关于其新的宇宙观念的全部论述实在是太难了.”角谷还给那些浓缩章节如“涉及‘虚时间’、‘弦论’和宇宙‘暴胀’模型的,列出了参考书目,读者发现那是不可能跟得上的.”虚时间的概念尤其使马丁·加德纳感到灰心丧气.他在《纽约时报书评》上这样评论霍金的书:“要仔细一点解释这个新模型是没有希望的,因为它用到了……‘虚时间’……除了模糊的类比之外,霍金并不打算说明他的模型.”

美国随笔作家查理·克劳撒默把《时间简史》的成功归功于它与《圣经》的相似性.他认为,即使人们不能完全理解这两本书,但只要拥有它们就“可以表达某种有心拜读的尊敬”(虽不能至,心向往之).当问到他对许多拥有《时间简史》的读者很可能都没有读完它的事实有什么看法时,克劳撒默说:“许多人也没有读过他们的《圣经》.但是他们喜欢把它放在身边.”确实,《时间简史》中的难懂的章节只可能增添霍金的神秘色彩.难道还有什么宗教经文里没有含混、难懂或是无解的片段吗?(霍华德·里奇著.《时间简史导读》.郑志丰,译.长沙:湖南科学技术出版社,2006年,P.91-94)

霍金将这种对“沃什问题”的回答尽情发挥又编出了一本洋洋百万字的科普经典——《站在巨人的肩上——物理学和天文学的伟大著作集》(中译本由辽宁教育出版社出版),在中译本序中北京大学吴国盛教授写道:

“霍金编得起劲,读者有什么理由也跟着读呢?有一种回答是,因为它是霍金编的,不是说,读《时间简史》,懂与不懂都是收获吗?不是说,《时间简史》是如今买得最多,读得最少的一本书吗?作为一种读书时尚,读霍金的书不需要理由.”

第二个问题是虽然一定会有读者,但读者会多么?能不能出现叫好不叫座的情况,也就是为什么一本几乎没人读懂的书会一再重印?2006年6月霍金的另一部早期著作《时空的大尺度结构》([英]S·W·霍金,[南非]G·F·R·埃利斯著.王文浩,译.李泳,审校.湖南科学技术出版社)在我国被翻译出版.这部书被专业物理学家认为读不到第10页(迈克尔·怀特·约翰·格里宾著.《斯蒂芬·霍金传》,上海译文出版社,2002年第1版,P.118),这是一本以物理学家所不擅长的微分几何(有几本物理学巨著书名就叫《物理学家用的微分几何》.这就说明并不是所有物理学家都精通此道.不然为什么没有《物理学家用的初等代数》呢)为基本工具来研究数学家所不熟悉的宇宙学问题,所以这种判断是准确的.按常理这种书因其高、精、专、尖、深其发行量应该是非常小的,但正是这么一本初版后再也未作修订的著作却几乎年年重印,从原版的版权页上可以发现,至20世纪末它已重印达15次之多,成为一部名副其实的经典之作.有许多学生是慕名购置,但专家说:“他们的阅读不会超过第二页.”

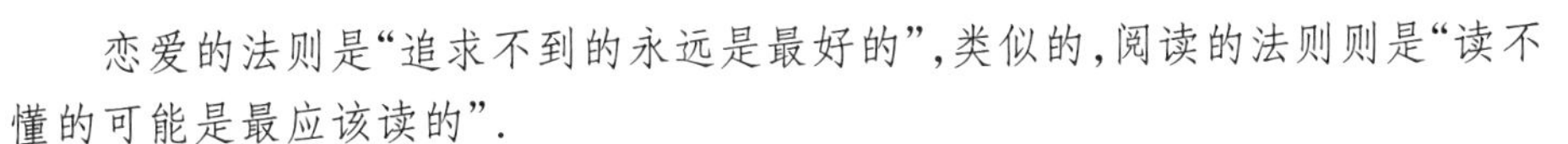

恋爱的法则是"追求不到的永远是最好的",类似的,阅读的法则则是"读不懂的可能是最应该读的".

在菲尔兹奖得主丘成桐教授给中国科学院研究生所做的报告中就谈到了这个问题,他说:

"从前我到伯克利去念研究生时,我花了很大功夫去听很多不同的科目,有些人觉得很奇怪,为什么我会去听那些课?我觉得这些课对我有好处,过了几十年后我还是觉得有好处.有些课在我去听的当时可能不懂,可是听了还是觉得有好处,因为一个人的脑袋的想法并不是那么简单的,有时候某些东西当时可能不懂,可是慢慢地就能领悟很多东西.我举例来讲,我做博士论文的时候,我刚好要用到群论的东西,当时我问过许多专家,但是都不懂,我突然想到从前在某一堂课上听过一个有关这方面的论文,我忘了当时讲的是什么课,但我记得大概在那里可以找这方面的文章,所以我花了两天的时间在图书馆,结果给我找到差不多是我所要的文章.假如当初不去听这门课的话,我完全没有这个机会,所以有时候听一门不懂的课,有很多不同的帮助,所以很多研究生我跟他们讲,你们去听课不一定要懂,你坐在那边总比不坐在那边好,你不坐在那边的话,你完全不可能知道有其他的方法."(余翔林,邓勇主编.《科学的力量》(第六辑).北京:科学出版社,2005,P.30)

仿此是不是也可以这样告诉那些潜在的读者,你看这本书不一定要看懂,你翻翻它总比不翻它要好.这是一个必要条件,爱读书的人不一定成功,但不爱读书就一定不成功,即有之未必行,无之必不行.

第三个为什么是:为什么要逆出版潮流而动?科普书可以说是目前出版市场的另类,绝非主流.目前的图书出版热点是所谓"管理类",教人如何做小豆腐店的CEO,水果摊的CFO,如何将刚开张一年的小杂货铺打造成百年老店,进入世界500强.故意渲染成功者发家历程中几个戏剧性的情节而刻意漠视人家长时期默默无闻的艰苦努力,进而激发起引车卖浆之流迅速致富的欲望.除此还有所谓"励志类"图书,通过成功人士痛说革命家史(无外乎年幼家贫,母丧父病,辍学务农,饱尝人间冷暖之类),然后发奋努力,终成人上人,随后便到处指点江山,著书立说为涉世不深的青少年规划人生.此类说教的一个典型案例是一个苹果的故事:一个饥寒交迫的年轻人只拥有一只苹果,是吃掉维持生命还是卖掉赚钱对他来说是一个艰难的选择,最后他决定卖掉,经过用力在衣服上擦拭,苹果鲜红欲滴,很快便卖出,赚了一美金,之后马上又买了两只苹果卖掉后赚了两美金,……故事的结局是年轻人终成亿万富翁(但故事的真正情节是第三天年轻人突然得到了三千万美元的遗产).这样的图书害人之深不可小看,它掩饰了由草根到富豪,由凡人到大腕之间那关键的"一跳".另外,还有貌似科学的人生咨询,特别是某些由从事教育工作的业内人士所著的书,更是具有某种欺骗性.因为它完全漠视了人生的深刻性与多样性,用一套简单、肤浅,有时会导致阶段性成功的理论,为大量有着不同资质、不同性情、不同理想、不同际遇,而且一定会有着不同命运的年轻人套用一套模式,这是科学至上在人文领域的反映.其副作用的发作是缓慢的,但却是灾难性的.

还有对所谓天才的宣传也是对青年人的误导,似乎只要掌握技巧,便可快速成功.丘成桐先生说:“我在国外多年,遇到许多很出名的数学家,甚至许多有名的物理学家我也见过,但我认为并没有一个是真正的像报纸上所讲的是天才,我所认识的大科学家,都是经过很大的努力,才能够达到他所达到的成就,我的学生问我:“为什么你做得比我好?”我说很简单,我比你用功.我在办公室或是在家里边,我天天想问题,你们在外面玩,而我花了功夫在解决想了很久的问题,我总比你不想、不花时间成就大一点……我想很多出名的科学家在表现有所不同的时候,你会觉得他是天才,事实上他用在后面的功夫是很多的.”(《科学的力量》)

在伪书、假书大行其道的今天,严肃的科学普及图书似乎是不受欢迎的.本书的出版时机可说是既“不合时宜”又“恰逢其时”(党的十八大报告特别强调了文化与出版的重要意义),匈牙利马克思主义哲学家卢卡奇有一个洞见,说商品形式会“渗透到社会生活的所有方面,并按照自己的形象来改造这些方面”.目前图书的出版也越来越受控于资本方的意志,大众阅读趣味与社会思潮影响着图书的销售,销售方左右着图书的印数,而印数决定着书稿的命运,所以是主动迎合投怀送抱还是被动跟随无可奈何,亦或孤独坚守矢志不移都在极大地困扰着作者及编辑(但似乎也存在良好互动的可能).

诸如此类问题已经越来越多地引起人们的关注,数学家大多清高,超拔于世俗之外,以入世过深为耻,所以不屑于参加此类空谈,有个别有感而发,也因或疏于表述技巧或语不惊人遂淹没于噪声之中,所以借鉴其他方面专家的思考会有助于认清问题的实质.艺术批评家朱其指出:

“今天的中国粗放,充满活力和给人以未来的希望,在物质和身体上给人感官享受和刺激,但在人性和自我养护上又极其残酷和粗暴,中国当代艺术也类似于美国六七十年代的波普艺术时期,资本主义的鼎盛让那一代艺术家感到绝望,在一个只有资本才能对抗资本的时代,前卫艺术家所能做的就是将自己的艺术资源变成钱,或者将自己手里的作品变成可以换取资本的商品,唯其如此似乎才能对资本主义进行最后的反戈一击,以获得尊严.

“在走向鼎盛资本主义的兼顾不得自我平衡发展的时期,商人变得渴望向艺术家靠拢,艺术家变得越来越崇拜商人.这是一个资本和精神不允许同时积累的时期,所以积累起资本的人和在精神对抗中的人自然发生一种彼此需求.”(卢杰,等.《潮流反潮流》.长江文艺出版社,2006年,P.259)

从广义上看数学与资本的关系也大体与艺术与资本的关系相同.从表层看互相排斥但深层次上又相互需要,就是那种类似"近则不敬,远之则怨"的微妙关系.

关于出版理由,我想有两点,一是牵涉经典,二是意义深远.

作家海岩曾说:"过去,10 年前说的话,10 年后还能说,现在是去年说的话,今年就过时了,再说就老土.去年大家还关心的事情,今年已经不关心了;去年认为正确的事情,今年不正确了.小说变成速朽的东西,很难说什么东西是经典的,永恒的.(夏榆编著.《物质时代的文化真相》.北京:文化艺术出版社,P.116)人们心目中的少数偶像,也快速历经从政治明星到腐败分子,从经济人物到鲸吞国资的贪污犯,从道德楷模到无耻之徒,从学术领袖到抄袭能手之间快速切换,使人蒙生"不是我不明白,是世界变化快"的慨叹,追求永恒寻求秩序是人类获得安全感的深层需要.一切都变了,什么没变,哪些东西是我们世代熟悉的,也就是问:什么是经典内容,我们说不随时间流逝而淡出人们视野的就是经典,所以要素在于时间要久,而且要经久不衰.

英国数学家哈代去世后,他的墓志铭来自他生前的一本著作《一位数学家的辩白》:

"当我感觉沮丧,和被迫听一些浮夸而无聊的人说话的时候,我仍然会对自己说:'是的,我做了一件你们永远都做不到的事情,那就是我在一些诸如整数的分拆问题上与李特伍德和拉玛努金进行了合作.'"(彼特·哈曼,西蒙·米顿著.《剑桥科学伟人》.李佐文,刘博宇,姜雪,叶慧君,译.保定:河北大学出版社,2005 年,P.159-160)

同样,我们也可以说:"当我们在喧嚣的商品大潮中感受到声音微弱时,当我们在权势的社会中感觉到力量单薄时,我们仍然会对自己说:'是的,我们做了一件你们永远都不会去想的事,为数学文化的繁荣鼓与呼.'这是一个可以没意义,不能没意思的时代,但我们坚信意义的存在,我们的意义就在其中."

为了这个意义,我们在努力,在积累,可以说锲而不舍(从这个意义上说愚公移山、精卫填海仍有其现实意义).

在丘宏义先生所著的《中国物理学之父吴大猷》的序言中,丘先生讲道:"我要用一个实例来阐明如何可以"以无生有".我们知道,原始人行猎大多用石矛、石斧、弓箭等等,集体去行猎;可是美国西南的霍彼(Hopi)族印第安人,可以赤手空拳,"单枪匹马"去猎鹿,诸位知道鹿很敏捷,很机警,用弓箭去射甚至于用猎枪去打都不容易,那么霍彼猎人是如何猎到鹿的?说穿了,大家会觉得简单可笑,这族人精于追踪,鹿一走过,会在草原上留下行迹,一段被鹿撞断的树枝,甚至于一枚掉下的叶子,都能告诉猎人鹿的去向,这位猎者继续追踪下去,每次接近了,鹿一跃而起,这位猎者从容不迫地追过来,可以一追踪就追好几天.最后鹿筋疲力尽,倒地不起,这位猎人从容地走过来,把鹿绑了,扛在肩上带回去,这就是锲而不舍的精神.(丘宏义著.《中国物理学之父吴大猷》.乌鲁木齐:新疆人民出版社,2004年,P.2-3).

上一代最重要的数学家之一,克朗耐克(Kronecker)(在将集合论创始人——康托迫害成精神病这件事上他有不可推卸的责任)曾用拉丁文对仗句写下了这样的话:

> 我们是数学中真理的诗人,
> 但我们的创造还得经验证.
> (Nos mathematici sumus isti veri poetae
> Sed quod fingimus nos et probare decet)

仿此,我们还可以说:

> 我们想成为数学文化的传播者,
> 但我们的效果还须读者的认可.

女作家王海鸰曾说,老年男性再婚时对女人的询问往往不像年轻人那样问她好不好看,而是问她难不难看.因为好看已不可能,只有退而求其次要求不难看即可.科普书与畅销小说不同,读者也同样不能要求手不释卷,仅仅是不望而生厌即可.

最后需要告知读者的是本书的编者并非代数数论专家,充其量只能算做是数学爱好者,编写过程可用“上穷碧落下黄泉,动手动脚找东西”来形容,当然乐在其中.

法国一位考据学家曾这样描述这份工作:“是的,毫无疑问,这是一种雕虫小技.但世界上有多少其他的工作,它用来回报我们辛劳的方式,是让我们常有机会狂呼:‘我找到了(Eureka).’”(Charles-Victor Langlois and Charles Seignobos, Introduction to Historical Studies)

刘培杰

2012.10